全国科学技术名词审定委员会

公　布

核科学技术名词

CHINESE TERMS IN NUCLEAR SCIENCE AND TECHNOLOGY

2024

核科学技术名词审定委员会

国家自然科学基金资助项目

科学出版社

北　京

内 容 简 介

本书是全国科学技术名词审定委员会审定公布的核科学技术名词，内容包括：核物理、核化学与放射化学、核聚变、辐射物理、核反应堆、粒子加速器、脉冲功率技术及其应用、同位素、核探测与核电子学、核测试与分析、铀矿地质、铀矿冶、核燃料与核材料、核化工、辐射防护、核安全、核医学、核农学、核技术工业应用等(含辐射研究)、计算物理、其他，21 个一级类目，共 7542 条。本书对每条名词均给出了定义或注释。

本书公布的名词是科研、教学、生产、经营以及新闻出版等部门应遵照使用的核科学技术规范名词。

图书在版编目（CIP）数据

核科学技术名词/核科学技术名词审定委员会审定. —北京：科学出版社，2024.3
全国科学技术名词审定委员会公布
ISBN 978-7-03-076707-3

Ⅰ.①核… Ⅱ.①核… Ⅲ.①核技术-名词术语 Ⅳ.①TL-61

中国国家版本馆 CIP 数据核字（2023）第 197748 号

责任编辑：周　涵　田轶静 / 责任校对：彭珍珍
责任印制：张　伟 / 封面设计：马晓敏

科 学 出 版 社 出版

北京东黄城根北街 16 号
邮政编码：100717
http://www.sciencep.com

北京中科印刷有限公司印刷
科学出版社发行　各地新华书店经销

*

2024 年 3 月第 一 版　开本：787×1092　1/16
2024 年 3 月第一次印刷　印张：52 1/4
字数：1 236 000

定价：268.00 元
（如有印装质量问题，我社负责调换）

全国科学技术名词审定委员会
第七届委员会委员名单

特邀顾问：路甬祥　许嘉璐　韩启德

主　　任：白春礼

副 主 任：梁言顺　黄　卫　田学军　蔡　昉　邓秀新　何　雷　何鸣鸿　裴亚军

常　　委（以姓名笔画为序）：

田立新	曲爱国	刘会洲	孙苏川	沈家煊	宋　军	张　军
张伯礼	林　鹏	周文能	饶克勤	袁亚湘	高　松	康　乐
韩　毅	雷筱云					

委　　员（以姓名笔画为序）：

卜宪群	王　军	王子豪	王同军	王建军	王建朗	王家臣
王清印	王德华	尹虎彬	邓初夏	石　楠	叶玉如	田　森
田胜立	白殿一	包为民	冯大斌	冯惠玲	毕健康	朱　星
朱士恩	朱立新	朱建平	任　海	任南琪	刘　青	刘正江
刘连安	刘国权	刘晓明	许毅达	那伊力江·吐尔干		孙宝国
孙瑞哲	李一军	李小娟	李志江	李伯良	李学军	李承森
李晓东	杨　鲁	杨　群	杨汉春	杨安钢	杨焕明	汪正平
汪雄海	宋　彤	宋晓霞	张人禾	张玉森	张守攻	张社卿
张建新	张绍祥	张洪华	张继贤	陆雅海	陈　杰	陈光金
陈众议	陈言放	陈映秋	陈星灿	陈超志	陈新滋	尚智丛
易　静	罗　玲	周　畅	周少来	周洪波	郑宝森	郑筱筠
封志明	赵永恒	胡秀莲	胡家勇	南志标	柳卫平	闻映红
姜志宏	洪定一	莫纪宏	贾承造	原遵东	徐立之	高　怀
高　福	高培勇	唐志敏	唐绪军	益西桑布	黄清华	黄璐琦
萨楚日勒图		龚旗煌	阎志坚	梁曦东	董　鸣	蒋　颖
韩振海	程晓陶	程恩富	傅伯杰	曾明荣	谢地坤	赫荣乔
蔡　怡	谭华荣					

核科学技术名词审定委员会委员名单

核科学技术名词编写委员会委员名单

主　　任：柳卫平
副 主 任 (以姓名笔画为序)：
    汪小琳　　张　闯　　张志俭　　夏海鸿
委　　员 (以姓名笔画为序)：
    王荣福　　王海峰　　石金水　　叶国安　　朱升云　　任永岗　　刘　永
    刘克新　　刘录祥　　刘振安　　刘森林　　池雪丰　　苏艳茹　　杜　进
    李思凡　　杨建俊　　吴建军　　何作祥　　何高魁　　应阳君　　汪小琳
    沈兴海　　张　闯　　张　健　　张生栋　　张志俭　　张金带　　陆道纲
    陈　伟　　陈宝军　　林　敏　　林承键　　罗志福　　郑卫芳　　赵凤民
    赵守智　　郝樊华　　柳卫平　　哈益明　　钟万里　　信天民　　侯海全
    夏海鸿　　唐传祥　　崔海平　　彭太平　　葛学武　　董家齐　　曾心苗
    曾正中　　褚泰伟　　翟茂林
秘 书 长：刘建桥
顾　　问 (以姓名笔画为序)：
    于鉴夫　　王　志　　王德林　　申立新
副秘书长 (以姓名笔画为序)：
    尹忠红　　徐若珊
成　　员 (以姓名笔画为序)：
    于　娟　　刘文平　　时春丽　　张宝珠　　张徐璞　　秦昭曼

核科学技术名词编写专家

核物理组：
  组长：林承键
  成员：赵玉民 庞丹阳 冯兆庆 何建军 沈彩万

核化学与放射化学组：
  组长：张生栋
  成员：崔海平 沈兴海 王祥云 秦 芝 杨素亮 丁有钱

核聚变组：
  组长：刘 永
  成员：董家齐 朱思铮 丁 宁 吴俊峰 丁玄同 曹莉华

辐射物理组：
  组长：陈 伟
  成员：丁李利 齐 超 吴 伟 王 立 杨筱莉 李 楠

核反应堆组：
  组长：张志俭
  成员：赵守智 信天民 陆道纲 赵强

粒子加速器组：
  组长：张 闯
  成员：唐传祥 刘克新 杨建俊

脉冲功率技术及其应用组：
  组长：石金水
  成员：王新新 严 萍 刘克富 刘 毅 刘金亮 杨建华 丛培天
    曾正中 金 晓 杨汉武 杨建华 颜 骥

同位素组：
  组长：罗志福
  成员：杜 进 褚泰伟 陈宝军 何舜尧 唐 显 刘宜树 魏洪源
    杜晓宁 向学琴 张华北 张锦明 杨 敏 胡 骥 张 岚

核探测与核电子学组：

　　组长：刘振安

　　成员：何高魁　李　澄　刘以农

核测试与分析组：

　　组长：彭太平

　　成员：邱孟通　郝樊华　罗　军　郑　春　刘　荣　张昌盛

铀矿地质组：

　　组长：张金带

　　成员：赵凤民　徐贵来　张杰林　郭冬发　王志明

铀矿冶组：

　　组长：苏艳茹

　　成员：王海峰　李秦　钟平汝　丁红芳　杨明理

核燃料与核材料组：

　　组长：池雪丰

　　成员：任永岗　吴建军　马晓娟

核化工组：

　　组长：郑卫芳

　　成员：晏太红　张　华　丁戈龙　李思凡　曹　智

辐射防护组：

　　组长：刘森林

　　成员：侯海全　陈　凌　董柳灿　王仲文　汪传高

核安全组：

　　组长：张　健

　　成员：钟万里　兰自勇　耿文行　石俊英

核医学组：

　　组长：何作祥　王荣福

　　成员：刘　萌　陈雪祺

核农学组：

　　组长：哈益明

　　成员：叶庆富　刘录祥　陈云堂　高美须　龚君淘　路大光

核技术工业应用等(含辐射研究)组:

组长:翟茂林

成员:葛学武　曾心苗　林铭章　彭　静　许自炎　王连才

计算物理组:

组长:应阳君

成员:沈华韵　束小建　刘海风　王瑞利

其他组:

组长:林　敏

成员:张积运　曹淑琴　姚瑞全

白 春 礼 序

科技名词伴随科技发展而生，是概念的名称，承载着知识和信息。如果说语言是记录文明的符号，那么科技名词就是记录科技概念的符号，是科技知识得以传承的载体。我国古代科技成果的传承，即得益于此。《山海经》记录了山、川、陵、台及几十种矿物名；《尔雅》19 篇中，有 16 篇解释名物词，可谓是我国最早的术语词典；《梦溪笔谈》第一次给"石油"命名并一直沿用至今；《农政全书》创造了大量农业、土壤及水利工程名词；《本草纲目》使用了数百种植物和矿物岩石名称。延传至今的古代科技术语，体现着圣哲们对科技概念定名的深入思考，在文化传承、科技交流的历史长河中作出了不可磨灭的贡献。

科技名词规范工作是一项基础性工作。我们知道，一个学科的概念体系是由若干个科技名词搭建起来的，所有学科概念体系整合起来，就构成了人类完整的科学知识架构。如果说概念体系构成了一个学科的"大厦"，那么科技名词就是其中的"砖瓦"。科技名词审定和公布，就是为了生产出标准、优质的"砖瓦"。

科技名词规范工作是一项需要重视的基础性工作。科技名词的审定就是依照一定的程序、原则、方法对科技名词进行规范化、标准化，在厘清概念的基础上恰当定名。其中，对概念的把握和厘清至关重要，因为如果概念不清晰、名称不规范，势必会影响科学研究工作的顺利开展，甚至会影响对事物的认知和决策。举个例子，我们在讨论科技成果转化问题时，经常会有"科技与经济'两张皮'""科技对经济发展贡献太少"等说法，尽管在通常的语境中，把科学和技术连在一起表述，但严格说起来，会导致在认知上没有厘清科学与技术之间的差异，而简单把技术研发和生产实际之间脱节的问题理解为科学研究与生产实际之间的脱节。一般认为，科学主要揭示自然的本质和内在规律，回答"是什么"和"为什么"的问题，技术以改造自然为目的，回答"做什么"和"怎么做"的问题。科学主要表现为知识形态，是创造知识的研究，技术则具有物化形态，是综合利用知识于需求的研究。科学、技术是不同类型的创新活动，有着不同的发展规律，体现不同的价值，需要形成对不同性质的研发活动进行分类支持、分类评价的科学管理体系。从这个角度来看，科技名词规范工作是一项必不可少的基础性工作。我非常同意老一辈专家叶笃正的观点，他认为："科技名词规范化工作的作用比我们想象的还要大，是一项事关我国科技事业发展的基础设施建设工作！"

科技名词规范工作是一项需要长期坚持的基础性工作。我国科技名词规范工作已经有110年的历史。1909年清政府成立科学名词编订馆，1932年南京国民政府成立国立编译馆，是为了学习、引进、吸收西方科学技术，对译名和学术名词进行规范统一。中华人民共和国成立后，随即成立了"学术名词统一工作委员会"。1985年，为了更好地促进我国科学技术的发展，推动我国从科技弱国向科技大国迈进，国家成立了"全国自然科学名词审定委员会"，主要对自然科学领域的名词进行规范统一。1996年，国家批准将"全国自然科学名词审定委员会"改为"全国科学技术名词审定委员会"，是为了响应科教兴国战略，促进我国由科技大国向科技强国迈进，而将工作范围由自然科学技术领域扩展到工程技术、人文社会科学等领域。科学技术发展到今天，信息技术和互联网技术在不断突进，前沿科技在不断取得突破，新的科学领域在不断产生，新概念、新名词在不断涌现，科技名词规范工作仍然任重道远。

110年的科技名词规范工作，在推动我国科技发展的同时，也在促进我国科学文化的传承。科技名词承载着科学和文化，一个学科的名词，能够勾勒出学科的面貌、历史、现状和发展趋势。我们不断地对学科名词进行审定、公布、入库，形成规模并提供使用，从这个角度来看，这项工作又有几分盛世修典的意味，可谓"功在当代，利在千秋"。

在党和国家重视下，我们依靠数千位专家学者，已经审定公布了65个学科领域的近50万条科技名词，基本建成了科技名词体系，推动了科技名词规范化事业协调可持续发展。同时，在全国科学技术名词审定委员会的组织和推动下，海峡两岸科技名词的交流对照统一工作也取得了显著成果。两岸专家已在30多个学科领域开展了名词交流对照活动，出版了20多种两岸科学名词对照本和多部工具书，为两岸和平发展作出了贡献。

作为全国科学技术名词审定委员会现任主任委员，我要感谢历届委员会所付出的努力。同时，我也深感责任重大。

十九大的胜利召开具有划时代意义，标志着我们进入了新时代。新时代，创新成为引领发展的第一动力。习近平总书记在十九大报告中，从战略高度强调了创新，指出创新是建设现代化经济体系的战略支撑，创新处于国家发展全局的核心位置。在深入实施创新驱动发展战略中，科技名词规范工作是其基本组成部分，因为科技的交流与传播、知识的协同与管理、信息的传输与共享，都需要一个基于科学的、规范统一的科技名词体系和科技名词服务平台作为支撑。

我们要把握好新时代的战略定位，适应新时代新形势的要求，加强与科技的协同发展。一方面，要继续发扬科学民主、严谨求实的精神，保证审定公布成果的权威性和规范性。科技名词审定是一项既具规范性又有研究性，既具协调性又有长期性的综合性工作。在长期的科技名词审定工作实践中，全国科学技术名词审定委员会积累了丰富的经验，形成了一套完整的组织和审定流程。这一流程，有利于确立公布名词的权威性，有利于保证公布名词的规范性。但是，我们仍然要创新审定机制，高质高效地完成科技名词审定公布任务。另一方面，在做好科技名词审定公布工作的同时，我们要瞄准世界科技前沿，服务于前瞻性基础研究。习总书记在报告中特别提到"中国天眼"、"悟空号"暗物质粒子探测卫星、"墨子号"量子科学实验卫星、天宫二号和"蛟龙号"载人潜水器等重大科技成果，这些都是随着我国科技发展诞生的新概念、新名词，是科技名词规范工作需要关注的热点。围绕新时代中国特色社会主义发展的重大课题，服务于前瞻性基础研究、新的科学领域、新的科学理论体系，应该是新时代科技名词规范工作所关注的重点。

未来，我们要大力提升服务能力，为科技创新提供坚强有力的基础保障。全国科学技术名词审定委员会第七届委员会成立以来，在创新科学传播模式、推动成果转化应用等方面作了很多努力。例如，及时为 113 号、115 号、117 号、118 号元素确定中文名称，联合中国科学院、国家语言文字工作委员会召开四个新元素中文名称发布会，与媒体合作开展推广普及，引起社会关注。利用大数据统计、机器学习、自然语言处理等技术，开发面向全球华语圈的术语知识服务平台和基于用户实际需求的应用软件，受到使用者的好评。今后，全国科学技术名词审定委员会还要进一步加强战略前瞻，积极应对信息技术与经济社会交汇融合的趋势，探索知识服务、成果转化的新模式、新手段，从支撑创新发展战略的高度，提升服务能力，切实发挥科技名词规范工作的价值和作用。

使命呼唤担当，使命引领未来，新时代赋予我们新使命。全国科学技术名词审定委员会只有准确把握科技名词规范工作的战略定位，创新思路，扎实推进，才能在新时代有所作为。

是为序。

2018 年春

路甬祥序

我国是一个人口众多、历史悠久的文明古国，自古以来就十分重视语言文字的统一，主张"书同文、车同轨"，把语言文字的统一作为民族团结、国家统一和强盛的重要基础和象征。我国古代科学技术十分发达，以四大发明为代表的古代文明，曾使我国居于世界之巅，成为世界科技发展史上的光辉篇章。而伴随科学技术产生、传播的科技名词，从古代起就已成为中华文化的重要组成部分，在促进国家科技进步、社会发展和维护国家统一方面发挥着重要作用。

我国的科技名词规范统一活动有着十分悠久的历史。古代科学著作记载的大量科技名词术语，标志着我国古代科技之发达及科技名词之活跃与丰富。然而，建立正式的名词审定组织机构则是在清朝末年。1909 年，我国成立了科学名词编订馆，专门从事科学名词的审定、规范工作。到了新中国成立之后，由于国家的高度重视，这项工作得以更加系统地、大规模地开展。1950 年政务院设立的学术名词统一工作委员会，以及 1985 年国务院批准成立的全国自然科学名词审定委员会(现更名为全国科学技术名词审定委员会，简称全国科技名词委)，都是政府授权代表国家审定和公布规范科技名词的权威性机构和专业队伍。他们肩负着国家和民族赋予的光荣使命，秉承着振兴中华的神圣职责，为科技名词规范统一事业默默耕耘，为我国科学技术的发展做出了基础性的贡献。

规范和统一科技名词，不仅在消除社会上的名词混乱现象，保障民族语言的纯洁与健康发展等方面极为重要，而且在保障和促进科技进步，支撑学科发展方面也具有重要意义。一个学科的名词术语的准确定名及推广，对这个学科的建立与发展极为重要。任何一门科学(或学科)，都必须有自己的一套系统完善的名词来支撑，否则这门学科就立不起来，就不能成为独立的学科。郭沫若先生曾将科技名词的规范与统一称为"乃是一个独立自主国家在学术工作上所必须具备的条件，也是实现学术中国化的最起码的条件"，精辟地指出了这项基础性、支撑性工作的本质。

在长期的社会实践中，人们认识到科技名词的规范和统一工作对于一个国家的科技发展和文化传承非常重要，是实现科技现代化的一项支撑性的系统工程。没有这样一个系统的规范化的支撑条件，不仅现代科技的协调发展将遇到极大困难，而且在科技日益渗透人们生活各方面、各环节的今天，还将给教育、传播、交流、经贸等多方面带来困难和损害。

全国科技名词委自成立以来，已走过近 20 年的历程，前两任主任钱三强院士和卢嘉锡院士为我国的科技名词统一事业倾注了大量的心血和精力，在他们的正确领导和广大专家的共同努力下，取得了卓著的成就。2002 年，我接任此工作，时逢国家科技、经济飞速发展之际，因而倍感责任的重大；及至今日，全国科技名词委已组建了 60 个学科名词审定分委员会，公布了 50 多个学科的 63 种科技名词，在自然科学、工程技术与社会科学方面均取得了协调发展，科技名词蔚成体系。而且，海峡两岸科技名词对照统一工作也取得了可喜的成绩。对此，我实感欣慰。这些成就无不凝聚着专家学者们的心血与汗水，无不闪烁着专家学者们的集体智慧。历史将会永远铭刻着广大专家学者孜孜以求、精益求精的艰辛劳作和为祖国科技发展做出的奠基性贡献。宋健院士曾在 1990 年全国科技名词委的大会上说过："历史将表明，这个委员会的工作将对中华民族的进步起到奠基性的推动作用。"这个预见性的评价是毫不为过的。

科技名词的规范和统一工作不仅仅是科技发展的基础，也是现代社会信息交流、教育和科学普及的基础，因此，它是一项具有广泛社会意义的建设工作。当今，我国的科学技术已取得突飞猛进的发展，许多学科领域已接近或达到国际前沿水平。与此同时，自然科学、工程技术与社会科学之间交叉融合的趋势越来越显著，科学技术迅速普及到了社会各个层面，科学技术同社会进步、经济发展已紧密地融为一体，并带动着各项事业的发展。所以，不仅科学技术发展本身产生的许多新概念、新名词需要规范和统一，而且由于科学技术的社会化，社会各领域也需要科技名词有一个更好的规范。另一方面，随着香港、澳门的回归，海峡两岸科技、文化、经贸交流不断扩大，祖国实现完全统一更加迫近，两岸科技名词对照统一任务也十分迫切。因而，我们的名词工作不仅对科技发展具有重要的价值和意义，而且在经济发展、社会进步、政治稳定、民族团结、国家统一和繁荣等方面都具有不可替代的特殊价值和意义。

最近，中央提出树立和落实科学发展观，这对科技名词工作提出了更高的要求。我们要按照科学发展观的要求，求真务实，开拓创新。科学发展观的本质与核心是以人为本，我们要建设一支优秀的名词工作队伍，既要保持和发扬老一辈科技名词工作者的优良传统，坚持真理、实事求是、甘于寂寞、淡泊名利，又要根据新形势的要求，面向未来、协调发展、与时俱进、锐意创新。此外，我们要充分利用网络等现代科技手段，使规范科技名词得到更好的传播和应用，为迅速提高全民文化素质做出更大贡献。科学发展观的基本要求是坚持以人为本，全面、协调、可持续发展，因此，科技名词工作既要紧密围绕当前国民经济建设形势，着重开展好科技领域的学科名词审定工作，同时又要在强调经济社会以及人与自然协调发展的思想指导下，开展好社会科学、文化教育和资源、生态、环境领域的科学名词审定工作，促进各个学科领域的相互融合和共同繁荣。科学发展观非常注重可持续发展的理念，因此，我们在不断丰富和发展已建立的科技名词体系的同时，还要进一步研究具有中国特色的术语学理论，以创建中国的术语学派。研究和建立中国特色的术语学理论，也是一种知识创新，是实现科技名词工作可持续发展的必由之路，我们应当为此付出更大的努力。

当前国际社会已处于以知识经济为走向的全球经济时代，科学技术发展的步伐将会越来越快。我国已加入世贸组织，我国的经济也正在迅速融入世界经济主流，因而国内外科技、文化、经贸的交流将越来越广泛和深入。可以预言，21世纪中国的经济和中国的语言文字都将对国际社会产生空前的影响。因此，在今后10到20年之间，科技名词工作就变得更具现实意义，也更加迫切。"路漫漫其修远兮，吾今上下而求索"，我们应当在今后的工作中，进一步解放思想，务实创新、不断前进。不仅要及时地总结这些年来取得的工作经验，更要从本质上认识这项工作的内在规律，不断地开创科技名词统一工作新局面，做出我们这代人应当做出的历史性贡献。

2004 年深秋

卢嘉锡序

科技名词伴随科学技术而生，犹如人之诞生其名也随之产生一样。科技名词反映着科学研究的成果，带有时代的信息，铭刻着文化观念，是人类科学知识在语言中的结晶。作为科技交流和知识传播的载体，科技名词在科技发展和社会进步中起着重要作用。

在长期的社会实践中，人们认识到科技名词的统一和规范化是一个国家和民族发展科学技术的重要的基础性工作，是实现科技现代化的一项支撑性的系统工程。没有这样一个系统的规范化的支撑条件，科学技术的协调发展将遇到极大的困难。试想，假如在天文学领域没有关于各类天体的统一命名，那么，人们在浩瀚的宇宙当中，看到的只能是无序的混乱，很难找到科学的规律。如是，天文学就很难发展。其他学科也是这样。

古往今来，名词工作一直受到人们的重视。严济慈先生 60 多年前说过，"凡百工作，首重定名；每举其名，即知其事"。这句话反映了我国学术界长期以来对名词统一工作的认识和做法。古代的孔子曾说"名不正则言不顺"，指出了名实相副的必要性。荀子也曾说"名有固善，径易而不拂，谓之善名"，意为名有完善之名，平易好懂而不被人误解之名，可以说是好名。他的"正名篇"即是专门论述名词术语命名问题的。近代的严复则有"一名之立，旬月踟蹰"之说。可见在这些有学问的人眼里，"定名"不是一件随便的事情。任何一门科学都包含很多事实、思想和专业名词，科学思想是由科学事实和专业名词构成的。如果表达科学思想的专业名词不正确，那么科学事实也就难以令人相信了。

科技名词的统一和规范化标志着一个国家科技发展的水平。我国历来重视名词的统一与规范工作。从清朝末年的科学名词编订馆，到 1932 年成立的国立编译馆，以及新中国成立之初的学术名词统一工作委员会，直至 1985 年成立的全国自然科学名词审定委员会(现已改名为全国科学技术名词审定委员会，简称全国名词委)，其使命和职责都是相同的，都是审定和公布规范名词的权威性机构。现在，参与全国名词委领导工作的单位有中国科学院、科学技术部、教育部、中国科学技术协会、国家自然科学基金委员会、新闻出版署、国家质量技术监督局、国家广播电影电视总局、国家知识产权局和国家语言文字工作委员会，这些部委各自选派了有关领导干部担任全国名词委的领导，有力地推动科技名词的统一和推广应用工作。

全国名词委成立以后，我国的科技名词统一工作进入了一个新的阶段。在第一任主任委员钱三强同志的组织带领下，经过广大专家的艰苦努力，名词规范和统一工作取得了显著的成绩。1992 年三强同志不幸谢世。我接任后，继续推动和开展这项工作。在国家和有关部门的支持及广大专家学者的努力下，全国名词委 15 年来按学科共组建了 50 多个学科的名词审定分委员会，有 1800 多位专家、学者参加名词审定工作，还有更多的专家、学者参加书面审查和座谈讨论等，形成的科技名词工作队伍规模之大、水平层次之高前所未有。15 年间共审定公布了包括理、工、农、医及交叉学科等各学科领域的名词共计 50 多种。而且，对名词加注定义的工作经试点后业已逐渐展开。另外，遵照术语学理论，根据汉语汉字特点，结合科技名词审定工作实践，全国名词委制定并逐步完善了一套名词审定工作的原则与方法。可以说，在 20 世纪的最后 15 年中，我国基本上建立起了比较完整的科技名词体系，为我国科技名词的规范和统一奠定了良好的基础，对我国科研、教学和学术交流起到了很好的作用。

在科技名词审定工作中，全国名词委密切结合科技发展和国民经济建设的需要，及时调整工作方针和任务，拓展新的学科领域开展名词审定工作，以更好地为社会服务、为国民经济建设服务。近些年来，又对科技新词的定名和海峡两岸科技名词对照统一工作给予了特别的重视。科技新词的审定和发布试用工作已取得了初步成效，显示了名词统一工作的活力，跟上了科技发展的步伐，起到了引导社会的作用。两岸科技名词对照统一工作是一项有利于祖国统一大业的基础性工作。全国名词委作为我国专门从事科技名词统一的机构，始终把此项工作视为自己责无旁贷的历史性任务。通过这些年的积极努力，我们已经取得了可喜的成绩。做好这项工作，必将对弘扬民族文化，促进两岸科教、文化、经贸的交流与发展做出历史性的贡献。

科技名词浩如烟海，门类繁多，规范和统一科技名词是一项相当繁重而复杂的长期工作。在科技名词审定工作中既要注意同国际上的名词命名原则与方法相衔接，又要依据和发挥博大精深的汉语文化，按照科技的概念和内涵，创造和规范出符合科技规律和汉语文字结构特点的科技名词。因而，这又是一项艰苦细致的工作。广大专家学者字斟句酌，精益求精，以高度的社会责任感和敬业精神投身于这项事业。可以说，全国名词委公布的名词是广大专家学者心血的结晶。这里，我代表全国名词委，向所有参与这项工作的专家学者们致以崇高的敬意和衷心的感谢！

审定和统一科技名词是为了推广应用。要使全国名词委众多专家多年的劳动成果——规范名词，成为社会各界及每位公民自觉遵守的规范，需要全社会的理解和支持。国务院和 4 个有关部委[国家科委(今科学技术部)、中国科学院、国家教委(今教育部)和新闻出版署]已分别于 1987 年和 1990 年行文全国，要求全国各科研、教学、生产、经营以及新闻出版等单位遵照使用全国名词委审定公布的名词。希望社会各界自觉认真地执行，共同做好这项对于科技发展、社会进步和国家统一极为重要的基础工作，为振兴中华而努力。

值此全国名词委成立 15 周年、科技名词书改装之际，写了以上这些话。是为序。

卢嘉锡

2000 年夏

钱 三 强 序

科技名词术语是科学概念的语言符号。人类在推动科学技术向前发展的历史长河中，同时产生和发展了各种科技名词术语，作为思想和认识交流的工具，进而推动科学技术的发展。

我国是一个历史悠久的文明古国，在科技史上谱写过光辉篇章。中国科技名词术语，以汉语为主导，经过了几千年的演化和发展，在语言形式和结构上体现了我国语言文字的特点和规律，简明扼要，蓄意深切。我国古代的科学著作，如已被译为英、德、法、俄、日等文字的《本草纲目》、《天工开物》等，包含大量科技名词术语。从元、明以后，开始翻译西方科技著作，创译了大批科技名词术语，为传播科学知识，发展我国的科学技术起到了积极作用。

统一科技名词术语是一个国家发展科学技术所必须具备的基础条件之一。世界经济发达国家都十分关心和重视科技名词术语的统一。我国早在 1909 年就成立了科学名词编订馆，后又于 1919 年中国科学社成立了科学名词审定委员会，1928 年大学院成立了译名统一委员会。1932 年成立了国立编译馆，在当时教育部主持下先后拟订和审查了各学科的名词草案。

新中国成立后，国家决定在政务院文化教育委员会下，设立学术名词统一工作委员会，郭沫若任主任委员。委员会分设自然科学、社会科学、医药卫生、艺术科学和时事名词五大组，聘请了各专业著名科学家、专家，审定和出版了一批科学名词，为新中国成立后的科学技术的交流和发展起到了重要作用。后来，由于历史的原因，这一重要工作陷于停顿。

当今，世界科学技术迅速发展，新学科、新概念、新理论、新方法不断涌现，相应地出现了大批新的科技名词术语。统一科技名词术语，对科学知识的传播，新学科的开拓，新理论的建立，国内外科技交流，学科和行业之间的沟通，科技成果的推广、应用和生产技术的发展，科技图书文献的编纂、出版和检索，科技情报的传递等方面，都是不可缺少的。特别是计算机技术的推广使用，对统一科技名词术语提出了更紧迫的要求。

为适应这种新形势的需要，经国务院批准，1985 年 4 月正式成立了全国自然科学名词审定委员会。委员会的任务是确定工作方针，拟定科技名词术语审定工作计划、实施方案和步骤，组织审定自然科学各学科名词术语，并予以公布。根据国务院授权，委员会审定公布的名词术语，科研、教学、生产、经营以及新闻出版等各部门，均应遵照使用。

全国自然科学名词审定委员会由中国科学院、国家科学技术委员会、国家教育委员会、中国科学技术协会、国家技术监督局、国家新闻出版署、国家自然科学基金委员会分别委派了正、副主任担任领导工作。在中国科协各专业学会密切配合下，逐步建立各专业审定分委员会，并已建立起一支由各学科著名专家、学者组成的近千人的审定队伍，负责审定本学科的名词术语。我国的名词审定工作进入了一个新的阶段。

这次名词术语审定工作是对科学概念进行汉语订名，同时附以相应的英文名称，既有我国语言特色，又方便国内外科技交流。通过实践，初步摸索了具有我国特色的科技名词术语审定的原则与方法，以及名词术语的学科分类、相关概念等问题，并开始探讨当代术语学的理论和方法，以期逐步建立起符合我国语言规律的自然科学名词术语体系。

统一我国的科技名词术语，是一项繁重的任务，它既是一项专业性很强的学术性工作，又涉及亿万人使用习惯的问题。审定工作中我们要认真处理好科学性、系统性和通俗性之间的关系；主科与副科间的关系；学科间交叉名词术语的协调一致；专家集中审定与广泛听取意见等问题。

汉语是世界五分之一人口使用的语言，也是联合国的工作语言之一。除我国外，世界上还有一些国家和地区使用汉语，或使用与汉语关系密切的语言。做好我国的科技名词术语统一工作，为今后对外科技交流创造了更好的条件，使我炎黄子孙，在世界科技进步中发挥更大的作用，做出重要的贡献。

统一我国科技名词术语需要较长的时间和过程，随着科学技术的不断发展，科技名词术语的审定工作，需要不断地发展、补充和完善。我们将本着实事求是的原则，严谨的科学态度做好审定工作，成熟一批公布一批，提供各界使用。我们特别希望得到科技界、教育界、经济界、文化界、新闻出版界等各方面同志的关心、支持和帮助，共同为早日实现我国科技名词术语的统一和规范化而努力。

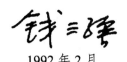

1992 年 2 月

前　言

　　核科学技术是一门基础科学与技术科学相交叉的综合性尖端学科。包括核物理、核化学与放射化学、裂变反应堆工程技术、粒子加速器、核聚变工程技术与等离子体物理学、核燃料循环技术、辐射物理与技术、核安全、辐射防护技术、放射性废物处理与处置技术、核设施退役和核技术应用等。核科学技术始于 20 世纪上半叶，其诞生和发展与人类社会紧密相关，是国家科技水平和综合国力的重要标志之一。经过几代科学家和工程技术人员的不懈努力，我国在核科学技术各个领域取得了举世瞩目的辉煌成就，建立了比较完整的核工业体系，进入了世界核大国的行列。

　　核科学技术具有以下显著的特点：核燃料循环产业和学科链条长，应用学科交叉多；面临"双碳"的新要求，核能作为一种清洁高效能源，我们国家采取的是积极发展的策略；同时，核科技行业具有发展历史长、学科跨度广的特点。进入 21 世纪以来，核科学技术作为一门战略性前沿学科，受到世界各国更加广泛的重视和关注。随着国内外学术交流和经贸往来日益频繁，亟须从一个更广的视角对核科学技术名词进行规范化梳理，以适应信息化和全球化的发展态势。

　　受全国科学技术名词审定委员会的委托，2015 年，中国核学会组建了核科学技术名词审定委员会、核科学技术名词编写委员会，时任中国核学会理事长李冠兴院士担任核科学技术名词审定委员会主任，中国原子能科学研究院副院长柳卫平研究员担任核科学技术名词编写委员会主任，秘书长由中国核学会秘书长担任。33 位院士和专家担任审定委员会委员，聘请了 52 位专家担任编写委员会委员，工作任务包括名词的审定及其定义或释义的编纂两大方面。

　　核科学技术名词审定项目于 2015 年启动，经过筹备阶段(确定审定委员名单、编写框架和分工表)，于 2016 年 1 月 31 日召开核科学技术名词审定委员会、核科学技术名词编写委员会成立大会，组建了核科学技术名词审定工作的组织机构。2016 年 10 月份召开核科学技术名词会议确立了学科框架、工作草案以及收词原则。2017 年 6 月份召开核科学技术名词第二次审定会，会上形成了《核科学技术名词》一审稿。2018 年 1 月份召开了核科学技术名词第三次审定会，形成《核科学技术名词》二审稿。2019 年 4 月份召开了核科学技术名词第四次审定会，审查通过三审稿。2019 年 5 月～2021 年 7 月进行最终稿的修改、审定和查重等工作。2021 年 7～9 月召开了两次会议，对重复名词进行了最后审定，形成了《核科学技术名词》上报稿，上报全国科学技术名词审定委员会。

　　下面对《核科学技术名词》作如下说明：

　　(1)本次公布的名词共分为 21 个一级类目：01.核物理、02.核化学与放射化学、03.核聚变、04.辐射物理、05.核反应堆、06.粒子加速器、07.脉冲功率技术及其应用、08.同位素、09.核探测与核电子学、10.核测试与分析、11.铀矿地质、12.铀矿冶、13.核燃料与核材料、14.核化工、

15.辐射防护、16.核安全、17.核医学、18.核农学、19.核技术工业应用等(含辐射研究)、20.计算物理、21.其他。

(2)所收的词目为核科学技术各领域的基本词、常用词和重要词。为了体现学科的完整性和系统性，也选收了一些与核科学技术密切相关的跨学科基础词。

(3)我们经过反复讨论，制订了重复名词的审定原则。定名一致、内涵一致的重复术语删去其中一条，尽量保留在基础的类目中，定义部分相互参考，保留了某一条或合并修订；定名一致、内涵不同的术语，各自保留；中文定名不一致、内涵一致的术语，合并成一条，选择正称名和又称名，保留在适当的章节。

在八年多的筹备、编写、审定过程中，名词审定工作得到了很多院士、专家、学者的大力帮助和支持。在最后复审阶段，我们邀请了核科学技术名词审定编写委员会之外的唐立、叶沿林、顾忠茂、吕征、肖雪夫、金革、陈启明等院士和专家做了大量的复审工作，为《核科学技术名词》最终定稿提出了宝贵的意见和建议。在此，本委员会向所有帮助完成这项工作的所有核科技工作者表示衷心的感谢。

此时，我们不禁深深怀念李冠兴院士。2015 年前后，李冠兴院士找到柳卫平，希望他牵头把《核科学技术名词》编撰的事情抓起来，他说：这个事情很重要，但涉及学科非常多，中国核学会责无旁贷，一定要带领团队完成这个艰巨的任务。李院士的信任，使我们倍感任务光荣，责任巨大；有李院士作为审定委员会主任，大家又增添了信心。在此以后，大家在李院士的指导下，邀请核科学技术各个领域的专家编写和指导，全体成员全力投入，分工负责，精益求精、反复打磨，历时 9 年，终于完成，形成了 21 个一级类目，共 7542 个条目和释义的核科学技术名词体系，其间李院士多次指导，使大家受益匪浅。《核科学技术名词》的最终公布也是在用我们的成果告慰李冠兴院士。

核科学技术是一个庞大的学科体系，并在继续发展之中，核科学技术名词的规范和发展也需要一个渐进的过程。希望国内外同行、专家和学者继续提出宝贵意见和建议，以便进一步修订，使之日臻完善。

核科学技术名词审定委员会

2024 年 1 月

编 排 说 明

一、本书公布的是核科学技术名词，共 7542 条，每条名词均给出了定义或注释。

二、本书分核物理、核化学与放射化学、核聚变、辐射物理、核反应堆、粒子加速器、脉冲功率技术及其应用、同位素、核探测与核电子学、核测试与分析、铀矿地质、铀矿冶、核燃料与核材料、核化工、辐射防护、核安全、核医学、核农学、核技术工业应用等（含辐射研究）、计算物理、其他，共 21 个一级类目。

三、正文按汉文名所属学科的相关概念体系排列。汉文名后给出了与该词概念相对应的英文名。

四、每个汉文名都附有相应的定义或注释。定义一般只给出其基本内涵，注释则扼要说明其特点。当一个汉文名有不同的概念时，则用(1)、(2)等表示。

五、一个汉文名对应几个英文同义词时，英文词之间用","分开。

六、凡英文词的首字母大、小写均可时，一律小写；英文除必须用复数者，一般用单数形式。

七、"[ ]"中的字为可省略的部分。

八、主要异名和释文中的条目用楷体表示。"全称""简称"是与正名等效使用的名词；"又称"为非推荐名，只在一定范围内使用；"俗称"为非学术用语；"曾称"为被淘汰的旧名。

九、正文后所附的英汉索引按英文字母顺序排列；汉英索引按汉语拼音顺序排列。所示号码为该词在正文中的序码。索引中带"*"者为规范名的异名或在释文中出现的条目。

目　录

01. 核 物 理

01.01 核物理基础类

01.001 原子核 atomic nucleus
简称"核(nucleus)"。原子中心高密度的部分，由质子和中子组成。其线度约 10^{-15} m，仅为原子直径的 10^{-4}，密度约为 10^{17} kg/m³，集中了 99.96% 以上原子的质量。

01.002 原子核物理[学] atomic nuclear physics
简称"核物理[学]"。研究原子核的组成与结构、相互作用和变化规律的一门学科。属于物理学分支，是核技术应用的基础。

01.003 质子 proton
带一个单位正电荷的一种亚原子粒子。符号 p 或 p⁺，其质量为 1.67262192369(51) $\times 10^{-27}$ kg，半径为 0.84～0.88 fm。最轻的化学元素氢的原子核，即氢离子，记为 ¹H。

01.004 中子 neutron
不带净电荷的一种亚原子粒子。符号 n 或 n⁰，其质量为 1.67492749804(95) $\times 10^{-27}$ kg，半径约 0.8 fm。

01.005 电子 electron
带一个单位负电荷的一种亚原子粒子。符号 e 或 e⁻，其质量为 9.1093837015(28) $\times 10^{-31}$ kg，是基本粒子之一。

01.006 核子 nucleon
质子和中子的统称，自旋为 1/2 的费米子。

01.007 核电荷数 nuclear charge number
又称"原子序数(atomic number)"。原子核所含的质子数目，即核内全部质子所带正电荷的数目。常用符号 Z 表示。

01.008 原子质量 atomic mass
原子的质量。当忽略核外电子结合能时，原子质量等于原子核与核外电子的质量之和。

01.009 原子质量单位 atomic mass unit
原子的质量单位。符号 u，以 ¹²C 原子的 1/12 为此单位，即 1 u=M(¹²C)/12= 1.66053906660 (50) $\times 10^{-27}$ kg。

01.010 核质量 nuclear mass
原子核的质量。当忽略核外电子的结合能时，原子核的质量等于原子与核外电子的质量之差。

01.011 核质量数 nuclear mass number
原子核中核子的总数，即质子数 Z 和中子数 N 之和。常用符号 A 表示，即 $A=Z+N$。

01.012 质量亏损 mass defect
原子核的核子质量和与原子核质量之差，即 $\Delta M(Z, A)=[Z \times M(^1\text{H})+ N \times m_\text{n}]-M(Z, A)$。

01.013 质量过剩 mass excess
原子核实际质量(以 u 为单位)与质量数之差，即 $\Delta(Z, A)=M(Z, A)-A$。

01.014 分离能 separation energy
把一个或者几个核子(或核子集团)从一个原子核分离出来时所需的能量。

01.015 结合能 binding energy
又称"束缚能"。两个或几个自由状态的核子(或核子集团)结合成一个原子核时所释放的能量。

01.016 比结合能 specific binding energy
又称"平均结合能(average binding energy)"。原子核的结合能与核子数之比,即结合能除以质量数。

01.017 中子结合能 neutron binding energy
从原子核中分离一个中子所需要的能量。

01.018 质子结合能 proton binding energy
从原子核中分离一个质子所需要的能量。

01.019 核素 nuclide
具有特定原子序数(即质子数或核电荷数)、质量数(即核子数)和核能态,且其平均寿命长到足以被观测(一般长于 10^{-12} s)的一种原子核。常用符号 ^AX 表示,其中 X 是元素符号,A 是质量数。

01.020 核素图 chart of nuclides
以质子数 Z 为一个坐标、中子数 N 为另一个坐标所构成的一张核素分布的二维图。

01.021 贝塔稳定线 beta-stability line
又称"β 稳定线(β-stability line)"。具有 β 稳定性的原子核在核素图上都集中在一条狭长的区域内,其中心所形成的一条曲线。

01.022 滴线 drip line
最后一个核子结合能趋于零,原子核达到稳定性极限时所形成的核素图的边界线。

01.023 质子滴线 proton drip-line
最后一个质子结合能趋于零,原子核达到丰质子一侧稳定性极限时所形成的核素图上的一条边界线。

01.024 中子滴线 neutron drip-line
最后一个中子结合能趋于零,原子核达到丰中子一侧稳定性极限时所形成的核素图上的一条边界线。

01.025 同位素 isotope
具有相同原子序数(质子数),但质量数或中子数不同的一类核素。

01.026 同量异位素 isobar
具有相同质量数,但质子数不同的一类核素。

01.027 同核异能素 isomer
质量数和质子数均相同,但所处的能量状态不同的一类核素。

01.028 丰中子核素 neutron-rich nuclide
又称"缺质子核素(proton-deficient nuclide)"。N/Z 值大于 β 稳定线上同位素的核素。在 Z-N 为 X-Y 平面的核素图中,处于 β 稳定线上方区域。

01.029 丰质子核素 proton-rich nuclide
又称"缺中子核素(neutron-deficient nuclide)"。Z/N 值大于 β 稳定线上同位素的核素。在 Z-N 为 X-Y 平面的核素图中,处于 β 稳定线下方区域。

01.030 丰中子同位素 neutron-rich isotope
又称"缺质子核素(proton-deficient isotope)"。在 Z-N 为 X-Y 平面的核素中,β 稳定线上方具有相同原子序数,但质量数不同的一类核素。

01.031 丰质子同位素 proton-rich isotope
又称"缺中子同位素(neutron-deficient isotope)"。在 Z-N 为 X-Y 平面的核素中,β 稳

定线下方具有相同原子序数，但质量数不同的一类核素。

01.032 慢[中子俘获]过程 slow [neutron capture] process

简称"s过程(s-process)"。宇宙中铁以上元素的核合成的主要过程之一，主要包括一系列β稳定线及其附近原子核的衰变。s过程更靠近稳定线，经历时间长，约为年量级，一般发生在中子密度相对较小、温度较低的星体中，如红巨星。

01.033 快[中子俘获]过程 rapid [neutron capture] process

简称"r过程(r-process)"。宇宙中铁以上元素的核合成的主要过程之一，主要包括一系列丰中子原子核的衰变。r过程比s过程更远离稳定线，经历时间短，约为毫秒量级，主要发生在核心坍缩的Ⅱ型超新星和中子星并合过程中。

01.034 质子[俘获]过程 proton [capture] process

简称"p过程(p-process)"。通过质子俘获合成从硒到汞丰质子核素的过程。

01.035 快质子[俘获]过程 rapid proton [capture] process

简称"rp过程(rp-process)"。主要发生在高温高密的天体环境中的核合成过程。包括一系列(p, γ)反应、(α, p)反应和β衰变，在一些极端条件下进行到SnSbTe循环终止，形成质量数直到$A=110$左右的核素。

01.036 核自旋 nuclear spin

原子核的总角动量，是核内所有核子的自旋角动量和轨道角动量耦合的结果。常用I表示原子核的自旋量子数，它是核自旋在特定方向(对称轴方向)上投影的最大值(以$\hbar$为单位)，以此表示核自旋的大小。

01.037 宇称 parity

描述粒子在空间反演$(r \rightarrow -r)$下变换性质的相乘性量子数。是粒子的内禀属性之一，常用P表示。如果描述某一粒子的波函数在空间反演变换下改变符号，则该粒子具有奇宇称$(P=-1)$；如果波函数在空间反演变换下保持不变，则该粒子具有偶宇称$(P=+1)$。

01.038 同位旋 isospin

描述自旋和宇称相同、质量相近而电荷数不同的几种粒子归属性质的量子数。例如，质子和中子的同位旋均为1/2，而同位旋的第三分量分别为+1/2和-1/2，呈现对称性。

01.039 核转动惯量 nuclear moment of inertia

原子核转动时惯性的量度。

01.040 核电矩 nuclear electric moment

原子核内由电荷分布不均匀而产生的整体极矩。

01.041 核磁矩 nuclear magnetic moment

原子核内由核子自旋以及核子运动而形成的磁矩。

01.042 核半径 nuclear radius

原子核内核子分布的范围。表征原子核的大小，一般取为密度下降到中心密度一半处的半径，常用R表示。对于球形或近球形核，核半径通常与质量数A的立方根成正比，即$R=r_0 \times A^{1/3}$，$r_0 \approx 1.1 \sim 1.3$ fm。

01.043 核物质 nuclear matter

由无穷多核子组成的理想多体系统。核子间存在强相互作用但忽略电磁相互作用，是用来研究原子核的大块性质及检验核力的一种理想模型。

01.044 核密度 nuclear density

原子核单位体积内的质量。由于每个核子所占的体积近似为一常量，所以核物质密度 $\rho \approx 1.66 \times 10^{17} \text{ kg/m}^3$。

01.045 核物质相变 phase transition of nuclear matter

核物质从一种相态到另一种相态的转变。如液相与气相之间的变化。

01.046 重离子 heavy-ion

质量比 α 粒子重的原子核。有时认为 α 粒子是最轻的重离子。

01.047 反质子 antiproton

质子的反粒子。带有一个单位负电荷，其电荷和磁矩与质子相反，质量和其他性质与质子相同。

01.048 反中子 antineutron

中子的反粒子。其磁矩与中子相反，质量和其他性质与中子相同。

01.049 正电子 positron

又称"反电子"。电子的反粒子。带有一个单位正电荷，符号 e^+，其电荷及磁矩与电子相反，质量和其他性质与电子相同。

01.050 反物质 antimatter

由反粒子组成的物质。

01.051 反物质原子核 antimatter nucleus

由反质子和反中子组成的带负电荷的原子核。

01.052 夸克 quark

在量子色动力学理论框架下的一种基本粒子。参与强相互作用，是构成物质的基本单元。已知的夸克有 6 种(味)：上夸克 u、下夸克 d、奇异夸克 s、粲夸克 c、底夸克 b 和顶夸克 t，都是自旋为 1/2 的费米子。

01.053 胶子 gluon

在量子色动力学理论框架下，传递夸克之间强相互作用的粒子。已知的胶子有 8 种，都是静质量为 0、电荷为 0、自旋为 1 的玻色子，具有色荷。

01.054 夸克-胶子等离子体 quark-gluon plasma

在高温高密时由渐近自由的夸克和胶子组成的等离子体。是物质的一种形态。

01.055 强子 hadron

参与强相互作用的一类亚原子粒子。包括重子和介子。

01.056 重子 baryon

由奇数个(最少 3 个)夸克组成的复合亚原子粒子。包括质子、中子以及它们的反粒子等。

01.057 轻子 lepton

不参与强相互作用的自旋为 1/2 的费米子。包括电子、μ 子、τ 子和与之相应的中微子 (v_e、v_μ 和 v_τ) 以及它们的反粒子。

01.058 缪子 muon

又称"μ 子"。轻子的一种，带一个单位负电荷，自旋为 1/2，静质量为 $1.883531627(42) \times 10^{-28} \text{ kg}$，约为电子的 210 倍。

01.059 缪原子 muonic atom

又称"μ 原子"。核外电子被 μ 子取代而形成的一种奇异原子。

01.060 介子 meson

由一个夸克和一个反夸克组成的复合亚原子粒子。静质量介于轻子和重子之间，是自旋为整数的强子，包括 π 介子、K 介子和 η 介子等。

超过核子，是自旋为半整数的重子，包括 Λ、Σ^+、Σ^0、Σ^-等。

01.061 介子原子 mesonic atom
核外电子被带负电荷的介子取代而形成的一种原子。

01.063 超核 hypernucleus
含有超子的原子核。

01.062 超子 hyperon
带奇异数的一类亚原子粒子的总称。静质量

01.064 中微子 neutrino
不带电的轻子。常用符号 ν 表示，包括 ν_e、ν_μ、ν_τ 以及它们的反粒子。

01.02 相互作用类

01.065 强相互作用 strong interaction
又称"色相互作用(color interaction)"。自然界四种基本相互作用中的一种，由夸克通过带有颜色的胶子传递的相互作用。在 1 fm 距离上，其强度约为电磁相互作用的 137 倍、弱相互作用的 10^6 倍、引力相互作用的 10^{38} 倍。

01.066 弱相互作用 weak interaction
自然界四种基本相互作用中的一种，由 W 及 Z 玻色子的交换所传递的相互作用。因为这两种玻色子很重，弱相互作用力程非常短，在 0.1～0.01 fm 量级。

01.067 电磁相互作用 electromagnetic interaction
自然界四种基本相互作用中的一种，是带电粒子之间通过电磁场传递的相互作用。在 1 fm 距离上，其强度小于强相互作用，而大于弱相互作用和引力相互作用。

01.068 核相互作用 nuclear interaction
核子-核子之间、核子-核之间或者核-核之间的相互作用。

01.069 有效相互作用 effective interaction
根据实际问题构造出的包含核力基本性质

的相互作用。

01.070 核力 nuclear force
核子之间的强相互作用力。是强相互作用在核子外部的剩余相互作用。

01.071 库仑力 Coulomb force
电荷之间的电磁相互作用力。

01.072 自旋轨道耦合力 spin-orbit coupling force
粒子的自旋自由度与轨道角动量自由度之间耦合的相互作用力。

01.073 离心力 centrifugal force
当三维空间运动分解到一维径向运动时，核子绕核心的轨道运动或核绕中心的运动而产生一个附加的离开中心的径向力。

01.074 等离心近似 isocentrifugal approximation
又称"无科里奥利近似(no-Coriolis approximation)""旋转坐标系近似(rotating frame approximation)"。在旋转体系中忽略轨道角动量变化的一种近似。轨道角动量的矢量可以用标量近似描述。

01.075 短程力 short-range force
粒子之间的距离超过某个很短的范围时作用力的强度急剧减小为零的作用力。如强相互作用力和弱相互作用力。

01.076 长程力 long-range force
粒子之间的相互作用可以延伸到超过系统的尺度，甚至到无穷远的作用力。如电磁相互作用力和万有引力。

01.077 有效力程 effective range
力场作用的有效范围。

01.078 中心力 central force
又称"有心力"。存在一个中心点，方向沿着中心点与粒子之间的连线，大小仅与中心点和粒子之间距离相关而与粒子之间方向无关的力。

01.079 非中心力 non-central force
又称"非有心力"。不指向中心点的作用力。如张量力。

01.080 交换力 exchange force
在量子系统中由粒子交换对称性所导致的一种相互作用力。

01.081 配对 pairing
通常指两个同类核子(两个质子或两个中子)耦合形成自旋反平行、总轨道角动量为零、总自旋为零的库珀对。而质子与中子可以耦合形成自旋角动量平行的库珀对。

01.082 [配]对力 pairing force
两个核子因为配对而导致的一种相互作用力。

01.083 [配]对效应 pairing effect
由核子配对而导致的物理效应。如原子核质量的奇偶差。

01.084 [配]对关联 pairing correlation
核子配对所导致的两体关联。

01.085 张量力 tensor force
与相互作用的两个粒子自旋取向相关的非中心力。是核力的一种成分。

01.086 三体力 three-body force
不存在于两体系统而仅出现在三体系统的力。

01.087 平均场 mean field
多体系统中单个粒子受到其他粒子的相互作用之和所形成的等效平均势场。如核结构模型中单核子所受的中心势场。

01.088 剩余相互作用 residual interaction
平均场以外的相互作用。

01.089 宏观势 macroscopic potential
又称"唯象势(phenomenological potential)"。基于原子核的宏观几何图像(形变、方向角等)，依据经验形式调整参数拟合实验结果获得的核(或核子)与核(或核子)之间的相互作用势。

01.090 [半]微观势 [semi-] microscopic potential
从核子–核子相互作用势出发，通过核物质密度分布推导出的核(或核子)与核相互作用势。从原子核层次上看，这种相互作用势是微观的；但由于核子–核子相互作用势仍是从实验数据中抽取的，其本质上是半微观的。

01.091 光学[模型]势 optical [model] potential
核反应中描述弹核和靶核之间相互作用的势。包括实部和虚部，与描述光的散射和吸收的复折射率类似，故称光学势。

01.092 实[部]势 real [part] potential
光学势中的实数部分。

01.093 虚[部]势 imaginary [part] potential
光学势中的虚数部分。

01.03 放射性和衰变类

01.094 放射性 radioactivity
不稳定原子核自发地放出各种射线(如 α 射线、β 射线、γ 射线等)的现象。

01.095 天然放射性 natural radioactivity
天然存在的不稳定核素所具有的放射性。

01.096 人工放射性 artificial radioactivity
用人工方法通过核反应(如反应堆或加速器上进行)产生的不稳定核素所具有的放射性。

01.097 阿尔法粒子 alpha particle
又称"α 粒子(α-particle)"。氦-4 原子核,由两个质子和两个中子组成。

01.098 贝塔粒子 beta particle
又称"β 粒子(β-particle)"。电子或正电子。

01.099 伽马光子 gamma photon
又称"γ 光子(γ-photon)"。原子核内放出的高能量光子。是一种高频率的电磁波。通常情况下指能量大于 124 keV 的光子、频率大于 3×10^{19} Hz 的电磁波。

01.100 阿尔法放射性 alpha radioactivity
又称"α 放射性(α-radioactivity)"。原子核自发地放射出 α 粒子的现象。

01.101 贝塔放射性 beta radioactivity
又称"β 放射性(β-radioactivity)"。原子核自发地放射出电子(β^-)或者正电子(β^+)的现象。

01.102 伽马放射性 gamma radioactivity
又称"γ 放射性(γ-radioactivity)"。处于激发态的原子核向基态跃迁放射出 γ 光子的现象。

01.103 阿尔法射线 alpha ray
又称"α 射线(α-ray)"。高速运动的氦-4 原子核。

01.104 贝塔射线 beta ray
又称"β 射线(β-ray)"。高速运动的电子或正电子。

01.105 伽马射线 gamma ray
又称"γ 射线(γ-ray)"。高能量的光子或波长极短的电磁波。

01.106 阿尔法射线谱 alpha-ray spectrum
又称"α 谱(α-spectrum)"。α 粒子的能量分布。

01.107 贝塔射线谱 beta-ray spectrum
又称"β 谱(β-spectrum)"。β 粒子的能量分布。

01.108 伽马射线谱 gamma-ray spectrum
又称"γ 谱(γ-spectrum)"。γ 光子的能量分布。

01.109 阿尔法衰变 alpha decay
又称"α 衰变(α-decay)"。原子核自发地放射出 α 粒子而发生转变的过程。

01.110 贝塔衰变 beta decay
又称"β 衰变(β-decay)"。原子核自发地放射出 β 粒子或俘获一个轨道电子而发生转变的过程。放出电子的过程称为 β^- 衰变,放出正电子的过程称为 β^+ 衰变,俘获轨道电子的过程称为电子俘获过程。

01.111 伽马衰变 gamma decay
又称"γ 衰变(γ-decay)"。原子核通过发射 γ

光子从激发态跃迁到较低能态的过程。

01.112　自发衰变　spontaneous decay
原子核自发地放射各种射线(如 α 射线、β 射线、γ 射线等)而衰变的过程。

01.113　衰变率　decay rate
单位时间内原子核发生衰变的数目。

01.114　衰变定律　decay law
放射性原子核的数量随时间而变化的规律。

01.115　半衰期　half-life [period]
放射性原子核的数目衰减到初值一半时所需要的统计期望时间。是表征放射性衰变统计规律的特征量之一，常用符号 $T_{1/2}$ 表示。

01.116　平均寿命　mean lifetime
原子核从产生到衰变平均存在的时间。

01.117　衰变常数　decay constant
单位时间内一个原子核的衰变概率。是表征放射性衰变统计规律的特征量之一，常用符号 λ 表示，与半衰期 $T_{1/2}$ 的关系为 $\lambda = \dfrac{\ln 2}{T_{1/2}}$。

01.118　分支比　branching ratio
某一种衰变道所占的比率。通常用百分数表示。

01.119　分衰变常数　partial decay constant
单位时间内一个原子核通过某一种衰变道的衰变概率。

01.120　衰变能　decay energy
原子核衰变过程中释放出的能量。

01.121　母核　parent nucleus
衰变前的原子核。

01.122　子核　daughter nucleus
衰变后的原子核。

01.123　延迟衰变　delayed decay
母核衰变(通常是 β 衰变)后子核自发地发射粒子的次级衰变。

01.124　级联衰变　cascade decay，series decay
一个连续的衰变过程，其中某一个核素经过放射性衰变而转化成下一个核素，直到达到一个稳定的核素。

01.125　缓发中子　delayed neutron
母核衰变(通常是 β 衰变)后子核自发地发射的中子。

01.126　缓发质子　delayed proton
母核衰变(通常是 β 衰变)后子核自发地发射的质子。

01.127　盖革-努塔尔定律　Geiger-Nuttall law
描述 α 衰变能 E 和衰变常数 λ 之间的变化规律，即 $\lg\lambda = a_1 E^{-1/2} + a_2$，其中 a_1 和 a_2 为常数。由 H. Geiger 和 J. M. Nuttall 于 1911 年提出。

01.128　[预]形成因子　[pre-]formation factor
描述衰变前在原子核内形成衰变集团(通常是 α 粒子)概率的一个因子。

01.129　双贝塔衰变　double β-decay
又称"双 β 衰变"。原子核自发地放出两个电子或两个正电子，或发射一个正电子同时又俘获一个轨道电子，或俘获两个轨道电子的过程。

01.130　两中微子双贝塔衰变　two neutrino double-β decay，2νββ decay
放出两个中微子或两个反中微子的双 β 衰变。

01.131　无中微子双贝塔衰变 neutrinoless double-β decay，0νββ decay
不放出中微子或反中微子的双 β 衰变。

01.132　费米跃迁 Fermi transition
又称"F 跃迁(F transition)"。发生 β 衰变时，如果出射的电子(或正电子)和反中微子(或中微子)的自旋反平行，耦合成总自旋 $S=0$，则遵循费米选择定则，初末态的总角动量改变 $\Delta J=0$。

01.133　伽莫夫–泰勒跃迁 Gamow-Teller transition
又称"G-T 跃迁(G-T transition)"。发生 β 衰变时，如果出射的电子(或正电子)和反中微子(或中微子)的自旋平行，耦合成总自旋 $S=1$，则遵循 G-T 选择定则，初末态总角动量的改变 $\Delta J=0$，±1。

01.134　费米函数 Fermi function
又称"库仑修正因子(Coulomb correction factor)"。β 衰变概率公式中考虑了库仑场影响之后添加的一个修正因子，是子核电荷数 Z 和 β 粒子能量 E 的函数，常用 $F(Z, E)$ 表示。

01.135　库里厄图 Kurie plot
从实验上测得 β 粒子的动量分布 $I(p)$ 来作 $[I(p)/(Fp^2)]^{1/2}$ 对能量 E 的图。

01.136　萨金特曲线 Sargent curve
β 衰变半衰期(或衰变常数)与衰变 β 粒子最大能量的关系。

01.137　比较半衰期 comparative half-life
反映某一 β 衰变跃迁类型的物理量。等于该分支衰变的半衰期 $T_{1/2}$ 乘以相应的费米积分 $f(Z, E)$，记为 $fT_{1/2}$，通常使用其对数，即 $\lg (fT_{1/2})$，记为 $\lg ft$。

01.138　容许跃迁 allowed transition，permitted transition
又称"允许跃迁"。一般指符合跃迁选择定则的跃迁。在 β 衰变中，衰变前后能级的轨道角动量 l 改变为 0 的跃迁为容许跃迁，相应原子核的角动量改变为 0 或者 +1/−1，宇称不变。

01.139　超容许跃迁 superallowed transition
又称"超允许跃迁"。母核与子核波函数很相像的容许跃迁。

01.140　禁戒跃迁 forbidden transition
一般指不符合跃迁选择定则的跃迁。在 β 衰变中，衰变前后能级的轨道角动量 l 改变大于 0 的跃迁为禁戒跃迁，l 为禁戒跃迁的级次。

01.141　电跃迁 electric transition
发射 γ 光子，由电相互作用引发的跃迁。例如，发射的光子角动量为 L，则光子的宇称为 $(-1)^L$，跃迁级数为 2^L。

01.142　磁跃迁 magnetic transition
发射 γ 光子，由磁相互作用引发的跃迁。例如，发射的光子角动量为 L，则光子的宇称为 $(-1)^{L+1}$，跃迁级数为 2^L。

01.143　跃迁概率 transition probability
在单位时间内由某一能级跃迁到另一能级的粒子数与该能级原有粒子数之比。

01.144　约化跃迁概率 reduced transition probability
对初态角动量求平均、对末态角动量求和的跃迁概率。是实际测量得到的跃迁概率。

01.145　轨道电子俘获 orbital electron capture
原子核俘获一个核外轨道电子而使核内的一个质子转化为中子并放出中微子的过程。

01.146　俘获辐射　capture radiation
轨道电子被原子核俘获，伴随外层电子填充内层电子空位发射出特征 X 射线。

01.147　俄歇电子　Auger electron
原子内层电子被激发电离形成空位，较高能级电子跃迁至该空位，多余能量使原子外层电子激发发射，形成无辐射跃迁，这个过程中被激发而发射的外层电子。

01.148　内转换　internal conversion
原子核退激时把激发态能量直接交给核外壳层电子使之发射出来的现象。是核退激的一种方式。

01.149　内转换系数　internal conversion coefficient
内转换过程的跃迁概率与发射 γ 光子的跃迁概率之比。

01.150　内转换电子　internal conversion electron
内转换过程放出来的电子。

01.151　质子放射性　proton radioactivity
又称"质子衰变(proton decay)"。原子核发射出质子的一种放射性现象。

01.152　双质子放射性　two-proton radioactivity
又称"双质子衰变(two-proton decay)"。原子核同时或连续发射出两个质子的一种放射性现象。

01.153　重离子放射性　heavy-ion radioactivity
原子核发射出重离子的一种放射性现象。

01.154　集团衰变　cluster decay
原子核发射出核子集团(如 α 集团、重离子集团等)的一种衰变。

01.155　衰变宽度　decay width
衰变核所处能级的自然宽度。反映了核衰变的快慢。

01.156　约化衰变宽度　reduced decay width
原子核的 α 衰变宽度与 α 粒子透过库仑势垒的概率之比。可以衡量 α 粒子的形成概率。

01.157　霍伊尔态　Hoyle state
经由 3α 过程产生的碳-12 的一个激发能为 7.654 MeV、自旋宇称为 0^+ 的共振态。由弗雷德·霍伊尔(Fred Hoyle)于 1954 年预言。

01.158　衰变链　decay chain
一个放射性核素递次衰变到一个稳定核素的整个过程。

01.159　放射性核素　radioactive nuclide
又称"不稳定核素(unstable nuclide)"。具有放射性的不稳定原子核，能自发地放出射线(如 α 射线、β 射线、γ 射线等)，通过衰变形成稳定的核素。

01.160　放射性衰变　radioactive decay
不稳定原子核自发地放射出射线而转变为另一种原子核的过程。

01.161　钍系　thorium series
从 ^{232}Th 开始经过 10 次连续衰变到达 ^{208}Pb 经过的成员系列。

01.162　铀系　uranium series
从 ^{238}U 开始经过 14 次连续衰变到达 ^{206}Pb 经过的成员系列。

01.163　锕系　actinium series
从 ^{235}U 开始经过 11 次连续衰变到达 ^{207}Pb 经过的成员系列。

01.164　镎系　neptunium series
从 ^{241}Pu 开始经过 13 次连续衰变到达 ^{209}Bi 经过的成员系列。

01.04　核 结 构 类

01.165　核结构　nuclear structure
研究核子如何通过核力和电磁相互作用构成原子核以及原子核的形状、能级、自旋和宇称等问题，是原子核物理学研究的重要内容。

01.166　核谱学　nuclear spectroscopy
以衰变粒子为探针，研究衰变粒子能谱及其特征，从而了解原子核能级的半衰期、能量、自旋、宇称以及衰变的类型、能量和分支比等核结构信息的一种方法。

01.167　阿尔法衰变谱学　alpha-decay spectroscopy
又称"α 衰变谱学(α-decay spectroscopy)"。通过 α 衰变能谱及其特征研究原子核能级结构的一种谱学方法。

01.168　贝塔衰变谱学　beta-decay spectroscopy
又称"β 衰变谱学(β-decay spectroscopy)"。通过 β 衰变能谱及其特征研究原子核能级结构的一种谱学方法。

01.169　伽马射线谱学　gamma-ray spectroscopy
又称"γ 射线谱学(γ-ray spectroscopy)"。通过 γ 衰变能谱及其特征研究原子核能级结构的一种谱学方法。

01.170　幻数　magic number
原子核由质子和中子构成，在质子数或中子数为某个特定数值时，该原子核较周围原子核稳定，这些数值被称为幻数。迄今已知的长寿命原子核的幻数有 2、8、20、28、50、82 以及中子数 126。

01.171　幻[数]核　magic [number] nucleus
质子数或中子数为幻数的原子核。

01.172　双幻[数]核　double magic [number] nucleus
质子数和中子数均为幻数的原子核。

01.173　核态　nuclear state
又称"核能级(nuclear energy level)"。原子核所处的具有能量本征值的量子态。

01.174　基态　ground state
能量最低的核态。

01.175　激发态　excited state
被激发的、能量高于基态的核态。

01.176　激发能　excitation energy
原子核激发态与基态的能量差。

01.177　亚稳态　metastable state
具有较长寿命，能被测量到的原子核激发态。

01.178　同位旋相似态　isobaric analogy state
又称"同位旋多重态(isospin multiplet)"。核子数 A、自旋宇称 J^π、同位旋量子数 T 都相同，但同位旋第三分量 T_z 不同的一系列核态。

01.179 核子组态 nucleonic configuration
核子在单粒子轨道上的分布。

01.180 组态混合 configuration mixing
在能量本征态上不同核子组态的叠加。

01.181 单粒子态 single-particle state
可以用单个核子的状态描述的一种原子核组态。

01.182 谱幅度 spectroscopic amplitude
在交叠波函数中单粒子波函数的占比。

01.183 谱因子 spectroscopic factor
简称"S 因子(S-factor)"。谱幅度的平方，表征核态处于某个单粒子态的概率。

01.184 渐近归一化系数 asymptotic normalization coefficient
简称"ANC 系数(ANC coefficient)"。在渐近区域价核子波函数与惠特克(Whittaker)函数的比例系数。

01.185 激发 excitation
原子核吸收能量，从能量较低的核态跃迁到能量较高的核态的过程。

01.186 退激发 deexcitation
原子核放出能量，从能量较高的核态跃迁到能量较低的核态的过程。

01.187 库仑激发 Coulomb excitation
通过电磁相互作用而引起的原子核激发。

01.188 核激发 nuclear excitation
通过核相互作用而引起的原子核激发。

01.189 单粒子激发 single-particle excitation
原子核内单粒子运动状态改变而引起的激发。

01.190 集体激发 collective excitation
原子核内全部核子(或大部分核子)协同运动而引起的激发。

01.191 伽马跃迁 gamma transition
又称"γ 跃迁(γ transition)"。原子核通过吸收(或放出)γ 光子激发(或退激发)从一个态跃迁到另一个态的过程。

01.192 绝热系数 adiabaticity parameter
表征原子核是否容易被激发的一个参数。与初末态的能量差以及单位时间内从相互作用获得的能量相关。

01.193 韦斯科普夫单位 Weisskopf unit
以单粒子电磁跃迁概率作为单位，以此来衡量原子核电磁跃迁概率的大小。

01.194 集体转动 collective rotation
原子核内所有核子(或大部分核子)绕空间某个轴所做的整体的旋转运动。

01.195 集体振动 collective vibration
原子核内所有核子(或大部分核子)在平衡状态附近所做的整体的振荡运动。

01.196 能级纲图 [energy] level scheme
综合描绘原子核各个能级性质及其跃迁关系的示意图。

01.197 能级密度 [energy] level density
单位能量区间的核能级数目。用于描述核能级分布的疏密程度。

01.198 能级寿命 [energy] level lifetime
能级的平均生存时间。是描述原子核激发态稳定性的一个物理量，寿命越长，激发态越稳定。

01.199 转动能级 rotational [energy] level
原子核由于集体转动而产生的能级。

01.200 振动能级 vibrational [energy] level
原子核由于集体振动而产生的能级。

01.201 尼尔逊能级 Nilsson [energy] level
在形变的平均场中独立粒子运动产生的能级。呈现形变核壳层结构。

01.202 镜像核 mirror nuclei
质子数和中子数互换的一对原子核。

01.203 偶−偶核 even-even nucleus
质子数和中子数都为偶数的原子核。

01.204 偶−奇核 even-odd nucleus
质子数为偶数、中子数为奇数的原子核。

01.205 奇−偶核 odd-even nucleus
质子数为奇数、中子数为偶数的原子核。

01.206 奇−奇核 odd-odd nucleus
质子数为奇数、中子数为奇数的原子核。

01.207 偶 A 核 even-A nucleus
质量数为偶数的原子核。

01.208 奇 A 核 odd-A nucleus
质量数为奇数的原子核。

01.209 核形变 nuclear deformation
原子核偏离球形的形状变化。

01.210 球形核 spherical nucleus
形状呈球形的原子核。此时原子核没有特定的方向。

01.211 近球形核 near-spherical nucleus
形状接近球形的原子核。

01.212 形变核 deformed nucleus
又称"变形核"。形状偏离球形的原子核。

01.213 轴对称形变 axially-symmetric deformation
相对某个轴具有旋转对称性的形变。

01.214 超形变 super-deformation
长轴半径约为短轴半径两倍的椭球形变。

01.215 巨超形变 hyper-deformation
长轴半径约为短轴半径三倍的椭球形变。

01.216 三轴形变 triaxiality deformation
三个对称主轴不相同的椭球形变。

01.217 在束 γ 谱学 in-beam γ-spectroscopy
通过在线测量粒子束与靶核相互作用形成的原子核激发态退激时(几乎是瞬时)发出的 γ 射线来研究原子核结构和性质的一种谱学方法。

01.218 伽马角分布 gamma angular distribution
核反应生成的激发态原子核退激光子相对于束流方向的分布。

01.219 伽马−伽马角关联 gamma-gamma angular correlation
连续放出两个级联 γ 辐射光子的概率随这两个 γ 光子发射方向的夹角的变化。

01.220 伽马光子线形极化 gamma-ray linear polarization
原子核退激放出 γ 光子的电矢量相对于传播方向和束流方向构成平面的极化分布。

01.221 带 band
自旋值规则变化,内禀结构相似,通过级联 γ 跃迁相联系的一组能级。

01.222 基态带 ground state band
包含基态的带。

01.223　转动带　rotational band
内禀结构相似的一组转动能级。

01.224　振动带　vibrational band
内禀结构相似的一组振动能级。

01.225　高自旋态　high-spin state
原子核具有高自旋的状态。一般指自旋量子数大于 10 的核态。

01.226　回弯　backbending
原子核的转动惯量随转动角频率增加，在超过某个转动角频率时转动惯量急剧增大，呈现出 S 形的现象。回弯现象在形变核的晕态中普遍存在，是带交叉引起的。

01.227　转晕态　yrast state
在一定激发能下原子核具有最高角动量的核态，或者在一定角动量下原子核具有最低激发能的核态。

01.228　转晕线　yrast line
对应于给定激发能的最高角动量态之间的连线，或者对应于给定角动量的最低激发能态之间的连线。

01.229　转晕带　yrast band
能级为转晕态的带。

01.230　旋称　signature
核子角动量为半整数的旋量。旋量在转动 180° 后转动算符的本征值称为旋称量子数，原子核的旋称量子数为上述核子旋称量子数的乘积。

01.231　旋称反转　signature inversion
由不同旋称量子数区分两支伙伴带：能量较低的为优惠带，较高的为非优惠带，从某一角频率开始，非优惠带能量上低于旋称优惠带。

01.232　手征性　chirality
三维系统具有旋转、平移操作不变性而不具有镜像操作不变性的一种对称性。

01.233　手征双重带　chiral doublet band
手征量子数不同，其他内禀结构相同的两条转动带。

01.234　闯入态　intruder state
由于自旋轨道劈裂等导致的从上一壳层降低至下一壳层的单粒子态。

01.235　束缚态　bound state
能量小于粒子分离能的核态。

01.236　非束缚态　unbound state
能量大于粒子分离能的核态。

01.237　共振态　resonant state
能量大于粒子分离能的分立的核态。

01.238　连续态　continuum state
能量大于粒子分离能的连续分布的核态。

01.239　平均场近似　mean field approximation
将原子核内核子受到的核子之间相互作用近似为一个与其他核子产生的中心势场的近似方法。可以将数量巨大的互相作用的多体问题转化成一个粒子处在一个平均场中的单体问题，是研究复杂多体问题常用的一种方法。

01.240　壳[层]模型　shell model
又称"独立粒子模型 (independent-particle model)"。把原子核中每个核子近似地看作在一个包含强自旋轨道耦合作用势的平均场中独立运动的模型。平均场中独立粒子运动产生量子化的轨道，呈现壳层结构，可以通过核子在壳层上的填充研究原子核结构。

01.241 集体模型 collective model
用宏观坐标描述原子核作为一个整体进行集体运动的模型。

01.242 液滴模型 liquid-drop model
根据原子核结合能和体积与核子数的近似正比关系，将原子核类比作一个带电液滴，将核子类比作液体中分子的原子核模型。液滴模型在一定程度上能够阐明原子核的静态性质和动力学规律，如质量规律、表面振动、变形核的转动以及核裂变等。

01.243 统计模型 statistical model
考虑核子统计属性的一种模型。它将激发的原子核视作一个达到统计平衡的体系，而不考虑其演化的动力学过程，从而用热力学的方法考察原子核的激发能、核温度和蒸发粒子的组成与动能等宏观观测量及其之间的相互关系。

01.244 单粒子模型 single-particle model
用单个核子在平均场下的状态描述原子核结构的一种理论模型。

01.245 集团模型 cluster model
描述原子核结构的一种理论模型。认为核内核子结合成若干"集团"，而原子核则通过这些集团之间的相互作用结合在一起。多个核子以集团的形式出现于核内，使集团内部的自由度可以近似地冻结，并引入集团整体的定域坐标(如集团之间的相对坐标)，适用于某些特征核结构谱的描写。

01.246 相互作用玻色子模型 interacting boson model，IBM
原子核结构的一个理论模型。在该模型中，偶-偶核的价核子之间因短程吸引而导致自旋为 0 和 2 的配对能量最低，分别近似为自旋为 0 和 2 的玻色子，原子核低能态的结构取决于玻色子之间的相互作用。

01.247 相互作用玻色子–费米子模型 interacting boson-fermion model，IBFM
奇质量数原子核结构的一个理论模型。在该模型中，原子核低能态由价核子配对所对应的玻色子和未配对的核子所构成，哈密顿量包括玻色子部分、单核子部分和玻色子–费米子相互作用三部分。

01.248 推转壳模型 cranking shell model
核子填充在形变的尼尔逊能级上，原子核以匀角速度 ω 被推转，描述集体转动的模型。

01.249 弱束缚核 weakly-bound nucleus，loosely-bound nucleus
核子或核子集团结合能较小的原子核。通常价核子或价核子集团的分离能小于 5 MeV 的原子核可以看作弱束缚核。

01.250 紧束缚核 tightly-bound nucleus，deeply-bound nucleus
核子或核子集团结合能较大的原子核。

01.251 晕核 halo nucleus
在弱束缚情况下，少数核子的分布远离核芯形成空间扩展的、低核物质密度的核。

01.252 中子晕 neutron halo
由中子形成的晕结构。一个中子形成晕的核称为单中子晕核，两个中子形成晕的核称为双中子晕核。

01.253 质子晕 proton halo
由质子形成的晕结构。一个质子形成晕的核称为单质子晕核，两个质子形成晕的核称为双质子晕核。

01.254 波罗米昂核 Borromean nucleus
原子核由三个组分构成，其中任意两个组分都不能构成一个束缚的原子核。典型的例子

是 ^{11}Li 原子核，其两个中子和 ^{9}Li 核芯构成一个相互嵌套的束缚系统，任意两个组分构成的子系统(n+n 或 n+^{9}Li)都不是束缚的。Borromean 一词来自于 13 世纪意大利米兰地区波罗米奥(Borromeo)贵族的纹章。

01.255 中子皮 neutron skin
某些原子核的最外层存在的一个由中子形成的皮层。在此皮层中的中子密度远高于质子密度。

01.256 质子皮 proton skin
某些原子核的最外层存在的一个由质子形成的皮层。在此皮层中的质子密度远高于中子密度。

01.257 皮核 skin nucleus
存在中子皮或质子皮的原子核。

01.258 奇特核 exotic nucleus
弱束缚状态下具有奇特结构(如晕、皮结构或集团结构等)的原子核。

01.259 集团结构 cluster structure
又称"团簇结构"。原子核内核子自发形成结团的一种结构。如 α 集团结构。

01.260 反转岛 inverse island
由于闯入态产生能级次序反转，一些具有较稳定结构且寿命较长的原子核所形成的一个同位素岛。

01.05 核 反 应 类

01.261 核反应 nuclear reaction
原子核与原子核或者原子核与其他粒子(如中子、带电粒子和 γ 光子等)之间的相互作用所引起的变化。是原子核物理学研究中的重要内容。

01.262 核-核碰撞 nucleus-nucleus collision
原子核与原子核之间的碰撞。

01.263 核反应运动学 nuclear reaction kinematics
研究由能量-动量守恒关系制约的核反应前后粒子的能量、动量及其相互关系的一门学科。

01.264 逆运动学 inverse kinematics
研究弹核质量比靶核质量大的情况下的核反应运动学。具有向前的圆锥效应。

01.265 圆锥效应 cone effect
在核反应中，当出射粒子相对于反应体系质心的速度小于体系质心的速度时，出射粒子将只出现在具有一定张角的圆锥内的现象。

01.266 核反应动力学 nuclear reaction dynamics
研究原子核的状态在核反应过程中的变化与原子核之间相互作用的关系的一门学科。

01.267 低能核反应 low-energy nuclear reaction
入射粒子在质心系的单核子能量 $E/A \lesssim 20$ MeV 的核反应。此时核子能量比核内核子的费米能量低，原子核基本上能够保持其完整性，集体自由度显著。

01.268 中能核反应 intermediate-energy nuclear reaction
入射粒子在质心系的单核子能量(E/A)大约为 20 MeV$<E/A<$200 MeV 的核反应。此时原子核能被击碎，发生碎裂反应等，核子的自由度显著。

01.269 高能核反应 high-energy nuclear reaction
入射粒子在质心系的单核子能量 $E/A \gtrsim 200$ MeV 的核反应。此时反应能量高于 π 介子的产生阈，更微观的自由度开始出现。

01.270 束流通量 beam flux
单位时间内轰击到单位面积靶上的入射粒子数目。

01.271 放射性离子束 radioactive ion beam
又称"放射性核束(radioactive nuclear beam)""稀有离子束(rare ion beam)"。由放射性原子核构成的离子束流。

01.272 [炮]弹核 projectile nucleus
又称"入射粒子(incident particle)"。在实验室坐标系中动能不为零的轰击其他原子核的入射原子核。核反应一般可表示为 a+A⟶b+B，记作 A(a, b)B，其中 a 为弹核。

01.273 靶核 target nucleus
在实验室坐标系中动能为零的被其他原子核轰击的原子核。核反应一般可表示为 a+A⟶b+B，记作 A(a, b)B，其中 A 为靶核。

01.274 出射粒子 outgoing particle
核碰撞后出射的可被探测到的粒子。通常是质子、中子、光子或较轻的类弹原子核。核反应一般可表示为 a+A⟶b+B，记作 A(a, b)B，其中 b 为出射粒子。

01.275 反冲核 recoil nucleus
核碰撞后被反冲的原子核。通常是较重的类靶原子核。核反应一般可表示为 a+A⟶b+B，记作 A(a, b)B，其中 B 为反冲核。

01.276 [剩]余核 residual nucleus
又称"残余核"。核反应发生后残余的较重的原子核。常指激发态原子核(如复合核)蒸发粒子后剩余的原子核。

01.277 反应道 reaction channel
核碰撞中每一种初、末态粒子组合所对应的过程。对一定的入射粒子和靶核，能发生的反应道往往不止一种，与入射能量有关。

01.278 入射道 entrance channel，incoming channel
弹核和靶核在发生碰撞之前的反应道。

01.279 出射道 exit channel，outgoing channel
碰撞后核反应体系所对应的反应道。

01.280 反应能 reaction energy
核反应过程中释放出的能量。

01.281 反应 Q 值 reaction Q-value
某个反应道的反应能。通常用符号 Q 表示。如果反应前后的粒子都处于基态，反应 Q 值可以由反应前后质量差通过质能关系得到；如果某个粒子处于激发态，反应 Q 值则需要减去相应的激发能。

01.282 放能反应 exothermic reaction
反应能大于零的核反应。

01.283 吸能反应 endothermic reaction
反应能小于零的核反应。

01.284 反应阈[值]能[量] threshold energy
简称"反应阈"。在实验室系中，能引起吸能反应的入射粒子的最低能量。

01.285 带电粒子反应 charged-particle reaction
由带电粒子引起的核反应。

01.286 中子[引起]反应 neutron [induced] reaction
由中子引起的核反应。

01.287 光[致]核反应 photo-nuclear reaction
由光子引起的核反应。

01.288 重离子[核]反应 heavy-ion [nuclear] reaction
重离子引起的核反应。

01.289 反应截面 reaction cross-section
描述 1 个入射粒子与单位面积靶上 1 个靶核或 1 个靶核与单位面积上 1 个入射粒子发生反应的概率的物理量。具有面积量纲，国际单位为 m^2，常用单位为靶恩(barn)，简称靶(b)，$1\ b=10^{-28}\ m^2$。

01.290 总截面 total cross-section
所有反应道的截面之和。

01.291 分截面 partial cross-section
某一个反应道的截面。

01.292 微分截面 differential cross-section
出射粒子在单位立体角内的反应截面。单位为靶/球面度(b/sr)。

01.293 双微分截面 double-differential cross-section
出射粒子在单位立体角内和单位能量区间内的反应截面。单位为靶/(球面度·兆电子伏)〔b/(sr·MeV)〕。

01.294 积分截面 integration cross-section
由微分截面对相应的微分量(如立体角、能量等)进行积分而得到的截面。

01.295 相对截面 relative cross-section
不同反应道分截面的比值。

01.296 绝对截面 absolute cross-section
单个反应道分截面的数值，或者所有反应道总截面的数值。

01.297 几何截面 geometrical cross-section
弹核与靶核相互作用半径所对应圆的面积。

01.298 激发函数 excitation function
核反应截面随入射粒子能量的变化关系。

01.299 核散射 nuclear scattering
由核相互作用引起的散射。

01.300 散射振幅 scattering amplitude
散射理论中出射球面波相对于入射平面波的概率幅。是散射角度的函数。

01.301 散射相移 scattering phase shift
散射波相对于入射平面波的相位的变化。

01.302 散射长度 scattering length
散射相移的正切与波数的比值在波数趋于零时的极限。是描述低能散射的一个物理量。

01.303 碰撞参数 impact parameter
又称"瞄准距离(impact distance)"。弹核中心与靶核中心的切向距离。

01.304 偏转函数 deflection function
出射粒子偏转角度随碰撞参数的变化关系。

01.305 擦边碰撞 grazing collision
弹核和靶核在最趋近时的距离约等于两核半径之和的一种碰撞。

01.306 库仑散射 Coulomb scattering
由库仑相互作用引起的散射。

01.307 莫特散射 Mott scattering
全同粒子的库仑散射。

01.308 索末菲参数 Sommerfeld parameter
又称"库仑参数(Coulomb parameter)"。由两个带电粒子电荷数(Z_1, Z_2)和相对运动速度(v)定义的一个无量纲参数。常用符号 η 表示，$\eta = Z_1 Z_2 e^2/(\hbar v)$，是表征库仑能相对于运动学能量的一个重要参数。

01.309 光学模型 optical model
与光在半透明介质中的散射和吸收类比，用含有实部和虚部的相互作用来描述核反应过程的一种唯象模型。

01.310 弹性散射 elastic scattering
散射前后系统的总动能相等，原子核的内部能量不发生变化的一种散射。弹核和靶核的状态在反应前后均保持不变。

01.311 虹散射 rainbow scattering
偏转函数取极值时的散射。在某一角度(即虹角)处，散射包含多个碰撞参数散射的贡献，微分截面随角度改变呈现急剧的变化。这种现象与彩虹的成因类似，故称为虹散射。

01.312 库仑虹 Coulomb rainbow
主要由库仑相互作用引起的虹散射现象。

01.313 核虹 nuclear rainbow
主要由核相互作用引起的虹散射现象。

01.314 非弹性散射 inelastic scattering
简称"非弹散射"。散射前后弹核或靶核的状态发生改变，但其各自的质子数和中子数均不变的一种散射。

01.315 去弹性散射 nonelastic scattering
简称"去弹散射"。除去弹性散射以外的所有散射。

01.316 准弹性散射 quasi-elastic scattering
简称"准弹散射"。接近于弹性散射的一种散射。传统上，准弹性散射包括非弹性散射、少数核子转移等接近弹性散射的周边反应过程。近年来,广义的准弹性散射也包括了弹性散射。

01.317 库仑势垒 Coulomb barrier
弹核与靶核碰撞过程中，受到长程库仑排斥势和短程核吸引势的作用，两个相互作用势叠加所形成的一个势垒。

01.318 [库仑]势垒高度 [Coulomb] barrier height
库仑势垒的最高值。

01.319 [库仑]势垒半径 [Coulomb] barrier radius
库仑势垒最高值所对应的两个核质心之间的距离。

01.320 复核系统 composite nuclear system
又称"复核体系"。由若干核子或者核子集团所形成的系统。

01.321 复合核 compound nucleus
弹核与靶核形成一个复核系统后，所有自由度均弛豫到平衡状态，形成一个中间过程的原子核。复合核忘记了自己的形成历史，其寿命较长，通常以蒸发粒子或裂变等方式衰变。

01.322 直接反应 direct reaction
入射粒子同靶核作用，不经过复合核阶段而直接生成反应产物的核反应。反应时间与两核碰撞时间(弹核穿越靶核直径的距离所需要的时间)相当。

01.323 多步过程 multistep process
原子核在碰撞过程中经历不止一次的激发或核子交换而达到末态的核反应。

01.324 削裂反应 stripping reaction
直接反应过程中，有一个或少数几个核子从弹核转移到靶核的反应，即弹核被削裂为一个或几个核子的反应。

01.325 拾取反应 pickup reaction
直接反应过程中，有一个或少数几个核子从靶核转移到弹核的反应，即弹核拾取一个或几个核子的反应。

01.326 转移反应 transfer reaction
直接反应过程中，从一个原子核转移一个或几个核子到另外一个原子核的反应。包括削裂反应和拾取反应。

01.327 电荷交换反应 charge exchange reaction
出射粒子与剩余核相当于弹核与靶核交换了电荷的两体反应。典型反应类型如(p, n)反应等。

01.328 深度非弹性散射 deep inelastic scattering
又称"深部非弹性碰撞(deep inelastic collision，DIC)"。两个原子核在碰撞时深度交叠但并未熔合在一起，可以迁移相当数量的核子，存在一定的能量和角动量耗散，两核大体保持各自的完整性，产物质量集中在弹靶附近但有较宽的分布的一种核反应。

01.329 阻尼碰撞 damped collision
两个原子在碰撞时交换大量核子形成复核体系，由于核物质的黏滞性而存在大量能量和角动量耗散的一种核反应。

01.330 多核子转移反应 multinucleon transfer reaction
两个原子核在接触时发生多个核子迁移的

一种核反应。一般发生在两核深度交叠的情况。

01.331 敲出反应 knockout reaction
把核内一个或几个核子直接敲出的一种核反应。

01.332 破裂反应 breakup reaction
弹核或靶核破裂成两个或多个碎块的一种核反应。常发生于弱束缚核参与的情况。

01.333 碎裂反应 fragmentation reaction
反应体系碎裂成很多核子或核子集团的一种核反应。通常指弹核碎裂，发生于能量较高的情况。

01.334 散裂反应 spallation reaction
能量足够高的轻核与中重或重核发生碰撞使靶核碎裂成很多核子或核子集团的一种核反应。

01.335 俘获反应 capture reaction
弹核或其部分克服库仑势垒被靶核俘获而形成复核系统的一种核反应。

01.336 辐射俘获反应 radiative capture reaction
靶核俘获弹核形成的复核系统处于激发态，并通过发射γ射线退激发的一种核反应。

01.337 熔合反应 fusion reaction
弹核或其部分被靶核俘获最终形成复合核的一种核反应。

01.338 全熔合反应 complete fusion reaction
弹核的全部被靶核俘获的熔合反应。

01.339 不完全熔合反应 incomplete fusion reaction
弹核的一部分被靶核俘获的熔合反应。

01.340　复合核反应　compound nuclear reaction

从弹核被靶核俘获到形成复合核的一个核反应中间阶段。

01.341　核裂变　nuclear fission

一个原子核分裂成几个中等质量原子核的一种核反应。

01.342　三分[核]裂变　ternary [nuclear] fission

一个原子核分裂成三个核碎片而至少有两个碎片具有中等质量数的裂变。

01.343　自发裂变　spontaneous fission

处于基态或同质异能态的重原子核在没有外加粒子或能量诱发的情况下发生的裂变。

01.344　诱发裂变　induced fission

由外来粒子(包括光子)轰击而引起的核裂变。

01.345　贝塔延迟裂变　beta-delayed fission

又称"β延迟裂变(β-delayed fission)"。不稳定原子核在发生β衰变后，处于高激发态而进一步发生的核裂变。

01.346　熔合–裂变　fusion-fission

弹核与靶核形成高激发、高角动量的复合核体系，经复杂演化后最终发生裂变的过程。

01.347　快裂变　fast fission

由于角动量大，高离心势使裂变势垒消失，复核体系形成后快速断裂为若干碎片的裂变。

01.348　准裂变　quasi-fission

复核体系的质量、角动量等多个自由度尚未平衡而发生的裂变。

01.349　预平衡裂变　pre-equilibrium fission

复核体系的自由度尚未平衡而发生的裂变。在某种情况下，特指 K 预平衡裂变，即 K 自由度(总自旋在对称轴上的投影)尚未平衡而其他自由度已达平衡的裂变。

01.350　全熔合裂变　complete fusion-fission

弹核与靶核发生全熔合反应形成复合核后发生的裂变。裂变碎片具有空间各向同性的角分布。

01.351　可裂变核　fissionable nucleus

能够发生裂变的原子核。

01.352　可裂变性　fissility

在描述原子核裂变时，表征原子核裂变可能性大小的物理量。通常用 Z^2/A 来衡量。

01.353　可裂变参数　fissility parameter

描述原子核因形变而引起裂变的难易程度的物理量。数值上等于按原子核液滴模型计算的库仑能与2倍表面能之比。

01.354　熔合势垒　fusion barrier

发生熔合反应时相应的库仑势垒。一般指零角动量的库仑势垒。

01.355　裂变势垒　fission barrier

可裂变核从初态到断点的形变过程中由于势能变化形成的势垒。其最高点对应于裂变鞍点。

01.356　势垒分布　barrier distribution

势垒高度对反应能量的概率密度函数。熔合势垒分布可由熔合截面和能量的乘积对能量二次微分得到。

01.357　垒下熔合　sub-barrier fusion

又称"亚垒熔合"。两个碰撞的原子核在质心系相对运动能量低于库仑势垒高度时通过隧道效应发生的熔合反应。

01.358　耦合道效应　coupled-channel effect
反应道之间由某些自由度的匹配而产生相互影响的效应。

01.359　耦合道模型　coupled-channel model
描述反应道之间耦合效应的核反应模型。

01.360　动力学极化　dynamical polarization
两核碰撞过程中由动力学效应造成核势的变化。

01.361　超重核稳定岛　island of superheavy nucleus
简称"超重岛(superheavy island)"。理论预言在超重双幻核附近可能存在寿命较长的大量超重核素，形成一个超重核稳定岛。超重岛中心的中子幻数普遍认为是 184，质子幻数不确定，可能是 114、120、126。

01.362　共振反应　resonance reaction
当入射粒子能量为某些数值时，反应产物能够布居在产物核的某些能级上，使反应截面极大增加的一种核反应。在激发曲线上呈现出一些尖锐的峰。

01.363　共振能量　resonance energy
发生共振反应时所对应的能量。

01.364　共振宽度　resonance width
发生共振反应时共振峰半高宽所对应的能量范围。

01.365　布雷特–维格纳公式　Breit-Wigner formula
简称"B-W 公式(B-W formula)"。用于描述共振反应截面和入射粒子能量的关系式。

01.366　巨共振　giant resonance
原子核中全部或大部分核子参与整体运动所形成的一种集体性的振动型激发模式。其激发能一般在 10 MeV 以上，共振宽度约几兆电子伏特，截面随质量数增大而增大。

01.367　矮共振　pygmy resonance
能量较低的集体振动模式。激发能一般低于 10 MeV，通常发生于具有低密度核物质的原子核，如晕核。

01.368　复合核理论　compound-nucleus theory
描述复合核反应的理论模型。把核反应分成两个阶段：第一阶段为吸收阶段，入射粒子和靶核强烈相互作用，并将能量分配到靶内核子而达到统计平衡，形成复合核；第二阶段为衰变阶段，复合核处于激发态，核子间不断发生碰撞和能量交换，按不同概率以多种可能的反应道，如蒸发粒子、裂变等，发生衰变。

01.369　形状弹性散射　shape-elastic scattering
又称"势散射(potential scattering)"。由相互作用势直接引起的、不经过复合核过程的弹性散射。

01.370　复合[核]弹性散射　compound-elastic scattering
复合核分解成出射粒子和剩余核，出射粒子与弹核相同，剩余核与靶核相同，同时出射粒子与剩余核均处于基态的一种两体反应过程。

01.371　预平衡发射　pre-equilibrium emission
非平衡核反应过程中伴随的粒子发射。

01.372　激子模型　exciton model

用核内核子间碰撞产生粒子–空穴对来描述介于直接核反应和复合核反应之间的非平衡核反应过程的一种理论模型。这种被激发的粒子与空穴统称为激子。

01.373　门[槛]态　doorway state

核反应过程经历的一种中间结构态，有一定的能量和宽度分布。

01.374　蒸发粒子　evaporation particle

有一定温度(处于激发态)的原子核所蒸发出来的粒子。

01.375　蒸发谱　evaporation spectrum

蒸发粒子的动能分布。服从麦克斯韦–玻尔兹曼分布。

01.376　豪泽–费希巴赫模型　Hauser-Feshbach model

描述复合核衰变过程的一种统计模型。利用复合核的形成和衰变无关的假设，某一衰变道概率和同一反应道的形成截面有关，复合核的反应截面是所有可能衰变道截面的求和。

01.377　蒸发模型　evaporation model

描述复合核退激过程的一种统计模型。复合核形成后通过蒸发粒子来退激发，出射粒子概率与吸收截面、复合核激发能和能级密度等有关。

01.378　输运模型　transport model

基于原子核之间的相互作用势梯度而建立的描述核–核碰撞在非平衡状态下核子大规模迁移的一种理论模型。

01.379　格劳伯模型　Glauber model

利用核子–核子相互作用对核密度积分得到散射相移来描述在中高能条件下近似直线穿越的核碰撞的一种理论模型。

01.380　法捷耶夫方程　Faddeev equation

由路德维希·法捷耶夫(Ludvig Faddeev)提出，描述三体反应中的弹性散射、交换反应和破裂反应等的多反应道方程。

01.381　替代反应　surrogate reaction

用一种粒子代替另外一种粒子的反应。它们形成相同复合核，从而可以研究被替代反应体系的反应截面。

01.382　准自由散射　quasi-free scattering

入射粒子与靶核碰撞将能量和动量直接转移给靶核内某个核子(或核子集团)，靶核其余部分作为旁观者基本不参与反应，入射粒子可以看作仅在该核子(或核子集团)上发生散射的一种核反应。

01.06　核　天　体　类

01.383　核天体物理[学]　nuclear astrophysics

研究宇观世界的天体物理与研究微观世界的核物理相结合形成的一门交叉学科。其应用核物理的知识阐释宇宙和恒星中核演化过程及其影响。

01.384　天体核反应　stellar nuclear reaction

在宇宙和天体环境下发生的核反应。反应能量通常在 500 keV 以下。

01.385　[核]反应网络　[nuclear] reaction network

在宇宙和天体演化进程中发生一系列核反

应所构成的网络。

01.386　[核]反应率　[nuclear] reaction rate
在单位时间、单位体积内核反应发生的总次数(统计平均值)。是描述核反应发生快慢的物理量,常用 $\langle \sigma v \rangle$ 表达,其中 σ 为核反应截面,v 为两个粒子的相对运动速度。

01.387　伽莫夫因子　Gamow factor
描述低能带电粒子隧穿库仑势垒概率的一个因子。隧穿概率 $P \propto \exp[-(E_G/E)^{1/2}]$,其中 E_G 称为伽莫夫能量,由乔治·伽莫夫(George Gamow)于 1928 年提出。

01.388　伽莫夫峰　Gamow peak
在天体能量下带电粒子隧穿库仑势垒形成的一个发生核反应最有效的峰。

01.389　伽莫夫窗口　Gamow window
伽莫夫峰半高宽所对应的能量区域。

01.390　天体物理 S 因子　astrophysical S-factor
对于带电粒子引起的核反应,扣除库仑排斥效应后重新刻度的反应截面。其包含了全部的核效应,定义为:$S(E)=E\sigma(E)/\exp(-2\pi\eta)$,其中 η 为索末菲参数。对于非共振核反应,天体物理 S 因子随能量缓慢平滑地变化,利用这种特性可以把实验测量的激发函数向天体物理感兴趣的低能区做合理的外推。

01.391　大爆炸核合成　big-bang nucleosynthesis,BBNs
又称"原初核合成(primordial nucleosynthesis)"。在宇宙大爆炸后 10～1800 s 内发生的核合成过程。产生的轻元素主要是氢、氦以及微量的锂。

01.392　恒星核合成　stellar nucleosynthesis
在恒星等天体环境中的核合成过程。是除大爆炸核合成元素外元素(或核素)合成的主要机制,在宇宙化学元素起源和演化、恒星的演化及能量的产生过程中起着极为重要的作用,包括 p-p 反应链、3α 过程、碳氮氧(CNO)循环和 s 过程等。

01.393　爆发性核合成　explosive nucleosynthesis
在极高温度、极高密度的天体环境下,如在新星、X 射线暴和超新星等爆发性天体现象中所发生的核合成过程。包括 r 过程和 rp 过程等。

01.394　宇宙锂问题　cosmological lithium problem
又称"锂疑难(lithium problem)"。大爆炸核合成理论预言宇宙中氢和氦丰度值与天文观测结果相符合,但锂丰度预言值与天文观测值存在偏差,其中锂-7 的预言值比观测值高约三倍,而锂-6 则低约三个数量级。

01.395　氢燃烧　hydrogen burning
在恒星环境中,四个氢原子核(质子)合成为一个氦原子核并放出能量的过程。合成过程发生在一系列反应中,在太阳中心,该过程被称为 p-p 反应链;在大质量恒星的内部,通过一系列被称为碳氮氧(CNO)循环的反应将氢合成为氦。

01.396　质子－质子反应链　proton-proton reaction chain
简称"p-p 反应链(p-p chain)"。一系列能把四个氢原子核合成为一个氦原子核的反应过程。其净结果是四个质子合成一个氦核并放出能量,即 $4^1\text{H} \longrightarrow {}^4\text{He}+2e^++2\nu_e$。

01.397　碳氮氧循环　CNO cycle
一些大质量恒星内部的温度远高于太阳内部的温度,氢燃烧可以通过碳氮氧循环来进行，是一个类似化学中的催化反应的过程。其中包括质子吸收和一系列核衰变的过程，其净结果是四个质子合成一个氦核并放出能量的过程。

01.398　高温碳氮氧循环　hot CNO cycle
在爆发性天体的高温高密环境中，热核反应截面增大，大量短寿命原子核俘获质子的速率接近或超过其 β 衰变的速率，热核反应流可扩展到远离稳定线，形成更复杂的碳氮氧循环，由于涉及更高的温度，这些催化循环通常被称为高温碳氮氧循环。

01.399　氦燃烧　helium burning
在恒星演化过程中，当恒星温度足够高时，氦-4 原子核合成为碳，继之氧、氖、镁等原子核的天体核合成过程。

01.400　三阿尔法过程　triple-alpha process
简称"3α 过程(3α-process)"。由三个氦-4 原子核形成一个碳-12 的熔合反应过程。

01.401　等待点　waiting-point
在天体核合成网络中，相对于核合成过程的时标具有较长寿命的核素所处的节点。

01.402　等待点核　waiting-point nucleus
处于等待点上的核素，具有较长寿命，通常是具有幻数的原子核。

02. 核化学与放射化学

02.01　放 射 化 学

02.001　放射化学　radiochemistry
研究天然和人工放射性元素的化学以及这些放射性元素在化学过程中应用的一门科学。它既是近代化学的一个分支，又是核科学的一个重要组成部分。主要包含放射性元素化学、核化学、核药物化学、放射分析化学、同位素生产及标记化合物、环境放射化学等领域。

02.002　放射性胶体　radiocolloid
由放射性物质作为分散相或分散相组分之一所形成的胶体。除了具有一般胶体的特性外，还具有放射性。按形成原因可分为真胶体和假胶体。

02.003　真胶体　real-colloid
微量放射性核素和相对离子形成难溶化合物，但有时析出的颗粒太小，不足以形成沉淀，而形成的分散在溶液中的胶体(直径为 $1\sim100$ nm)。

02.004　假胶体　pseudocolloid
微量放射性核素本身浓度不足以形成难溶化合物，而是被吸附在溶液中杂质微粒上形成的胶体。

02.005　放射性气溶胶　radioactive aerosol
固体或液体放射性微粒悬浮在空气或气体介质中形成的分散体系。放射性气溶胶的粒径一般为 $10^{-3}\sim10^3$ μm。放射性气溶胶是造成人体内照射的主要威胁。

02.006　放射性吸附　adsorption of radioactivity
放射性核素从液相或气相转移到固体物质表面上的过程。微量放射性核素常常在常量物质沉淀表面或其他固体物质表面上吸附。吸附现象广泛，吸附机制也不尽相同。

02.007　共沉淀　co-precipitation

微量的放射性核素以离子形式存在于溶液中时，常常不能形成独立的固相，向溶液中加入某种常量元素的化合物形成沉淀时，将微量的放射性核素从溶液中载带下来的过程。

02.008　同晶共沉淀　isomorphic coprecipitation

形成沉淀时，当放射性核素分布于常量物质晶体的内部时，与常量物质形成混合晶体而一起沉淀出来的过程。

02.009　吸附共沉淀　adsorptive coprecipitation

微量物质吸附在常量晶体或无定形沉淀的表面，从溶液中转移到固相的过程。其研究在放射化学中具有重要意义。

02.010　赫洛平定律　Khlopin law

微量组分在溶液和沉淀之间的分配定律。即同晶共沉淀在晶体和溶液之间达到热力学平衡时，微量组分(如放射性元素)和常量组分在固相和液相之间的分配比是一个常数。

02.011　载体　carrier

能载带某种微量的物质共同参与某种化学或物理过程的另一种物质。放射化学研究中核衰变和核反应过程生成的元素的量通常极少，为 $10^{-8} \sim 10^{-12}$ g，不能用处理常量物质的化学方法进行分离，可引入载体，使微量物质与载体一同进行分离。

02.012　反载体　holdback carrier

在加入载体使微量物质沉淀时，常常也可能使其他不需要的放射性杂质进入沉淀中，从而造成放射性沾污。为了减少这种沾污，常常加入一定量可能沾污核素的稳定同位素作为反载体。

02.013　超铀元素真胶体　transuranium element real-colloid

超铀离子水解产物或其与地下水中其他一些配体形成的难溶化合物。其量很小，不足以形成沉淀，而形成一些微小的聚集体，分散在地下水中。价态不同的超铀离子水解倾向为：$An^{4+} > AnO_2^{2+} > An^{3+} > AnO_2^+$。

02.014　超铀元素假胶体　transuranium element pseudo-colloid

游离态的超铀元素离子或其水解产物形成的聚集体与地下水中存在的颗粒物表面作用，形成的新颗粒物。

02.015　清除剂　scavenger

又称"清扫剂"。具有较大吸附表面的疏松沉淀物，通过沉淀吸附或共沉淀作用将一种或数种放射性核素的大部分从溶液中清除的物质。

02.016　快速放化分离　rapid radiochemical separation

测定短寿命核素的放射化学分离技术。包括自动批式断续技术和在线连续技术两类。

02.017　无机离子交换剂　inorganic ion exchanger

能与溶液中的离子发生离子交换反应的不溶性无机固体物质。

02.018　离子交换膜　ion exchange membrane

具有离子交换功能的高分子材料制成的薄膜。按其功能和结构，可分为阳离子交换膜、阴离子交换膜、两性交换膜、镶嵌离子交换膜、聚电解质膜五种类型。

02.019　高效液相色谱分离 high performance liquid chromatography

采用高压注入液体流动相于分离柱进行色谱分离的方法。其优点是迅速、连续、高效、灵敏。

02.020　萃取色谱分离 extraction chromatographic separation

又称"反相萃取色谱法(reversed phase extraction chromatography)""反相分配色谱法(reversed phase partition chromatography)"。在支持体(担体)上附着或吸附的有机萃取剂作固定相,各种无机水溶液作流动相,当流动相流过固定相时,被分离物质在相间连续多次地进行着萃取和反萃取的过程。

02.021　放射性污染环境调查 environmental investigation of radioactive contamination

根据控制污染、改善环境质量的要求,对某一地区造成的放射性污染的水平和原因进行调查,推算放射性污染的源项,建立污染源档案,评估并比较对环境的危害程度及其潜在危险,确定该地区的重点控制对象(主要污染源和主要污染物)及控制方法的过程。

02.022　离子交换分离 ion exchange separation

利用离子交换剂与溶液中的离子发生交换进行分离的一种固液分离方法。离子交换的过程就是交换剂中的离子与溶液中的离子实现总量上的等电荷互换,从而达到分离溶液中目标离子的效果。

02.023　沉淀分离 precipitation separation

向溶液中加入一种沉淀剂,使待分离元素(离子)以固相化合物形式沉淀析出的化学分离方法。

02.024　挥发分离 volatilization separation

又称"气态分离法(gaseous separation method)"。基于混合物中各组分的挥发性不同而实现分离的一种过程。该法在放射化学分离中得到了应用,例如,利用氢化物的挥发性,从裂变产物中分离放射性砷和锑。

02.025　电化学分离 electrochemical separation

利用放射性元素电化学性质上的差异所进行的分离。按照分离的原理和方法,电化学分离可分为三种方法,即电化学置换法、电解沉积法和电泳法。

02.026　自发电沉积 self-electrodeposition

又称"电化学置换(electrochemical replacement)"。水溶液中一种元素的离子自发地沉积在另一种金属电极上的过程。其基本原理是电极电势低的金属可以把电极电势高的金属离子置换出来,使之与溶液中其他离子分离。影响自发电沉积的因素有电极电势、溶液组成、电极的表面状态和温度等。

02.027　电解沉积 electrolytic deposition

电解液中的离子在外加电动势的作用下沉积在电极上的过程。电解沉积作为制源(靶)技术应用较广。根据电解液性质的不同,电解沉积法制源有电解水解法和分子电镀法两种。

02.028　电泳法 electrophoresis

利用电场作用下电解质溶液中带电粒子(离子和胶体粒子等)向两极移动的电迁移进行分离和鉴定的方法。

02.029　放射性纯度 radioactive purity

全称"放射性核素纯度(radionuclidic purity)"。某种核素的放射性活度占产品总放射性活度的百分含量。只与放射性杂质的量有关,与非放射性杂质无关。

02.030　放射化学纯度 radiochemical purity

在样品的总放射性活度中,处于特定化学状

态的某种核素的放射性活度所占的百分比。

02.031　放射化学产率　radiochemical yield
在经过放射化学分离后，获得目标产物的放射性活度占总活度的百分数。

02.032　同位素分馏　isotope fractionation，isotopic fractionation
由于同位素质量不同，因此在物理、化学及生物化学作用过程中，一种元素的不同同位素在两种或两种以上物质(物相)之间的分配具有不同的同位素比值的现象。

02.033　同位素化学　isotope chemistry
研究同位素在自然界的分布、同位素分析、同位素分离、同位素效应和同位素应用的化学分支学科。

02.034　同位素交换　isotope exchange，isotopic exchange
体系中同位素发生再分配的过程。在体系的物理和化学状态都不变化的情况下，在不同分子间、同一分子和不同相间、相同原子或同位素原子之间都存在同位素交换反应。

02.035　半交换期　exchange half-time，exchange half-life
同位素交换反应进行到一半所需要的时间。

02.036　同位素载体　isotopic carrier
用放射性核素的稳定同位素或长寿命同位素作为载体。

02.037　非同位素载体　non-isotopic carrier
一种载体，化学性质与被载带放射性核素相似的不同元素。

02.038　载体共沉淀　carrier coprecipitation
当样品中待检测或分离的某种成分含量极少、难以直接沉淀时，可加入与其性质相同或能与其结合的物质(载体)一起沉淀的技术。

02.039　不加载体分离　no-carrier-added separation
在放射化学分离中不额外加入其他稳定物质作为载体的分离技术。

02.040　无载体分离　carrier-free separation
在放射化学分离中不含有被研究核素稳定同位素和其他非同位素载体的分离技术。

02.041　反常混晶　anomalous mixed crystal
某些化学性质不相似，而且结晶结构也不相似的两种物质形成的混晶。

02.042　放射化学分离　radiochemical separation
用化学或物理的方法使放射性物质与稳定物质分离或几种放射性物质彼此分离的技术。

02.043　气载碎片　airborne debris
用气体(如氦气)流喷射从加速器靶子上反冲出来的反应产物碎片。可以用于测定半衰期小至 50 ms 的核素。

02.044　痕量级　trace level
待分析元素含量在 $10^{-6} \sim 10^{-9}$ g。

02.045　超痕量级　ultra trace level
待分析元素含量在 $10^{-9} \sim 10^{-12}$ g。

02.046　放射性淀质　radioactive deposit
镭射气 (^{222}Rn)、钍射气 (^{220}Rn) 和锕射气 (^{219}Rn) 衰变后生成的一系列具有放射性的核素，这些核素先漂游在空中，然后由于静电作用沉积在器壁或物体表面的过程。

02.047　放射性沉降物　radioactive fallout
核爆炸烟云和尘柱中的放射性粒子或其他原因形成的空中放射性粒子，在自身重力和气象因素等的作用下，沉降到地面的放射性物质。

02.048　[放射性]去污　[radioactive] decontamination

用物理、化学或生物的方法去除或降低放射性污染的过程。去污可分为初步去污、深度去污、在役去污、事故去污和退役去污。

02.049　自扩散　self-diffusion

纯组元的晶体中，不依赖于浓度梯度的扩散。

02.050　自吸收　self-absorption

放射性辐射被发出该辐射的物质本身吸收。

02.051　自散射　self-scattering

放射性辐射被发出该辐射的物质本身散射。

02.052　反散射　back-scattering

射线与物质作用时，相对于入射方向，散射角大于90°的散射。

02.053　放射性本底　radioactive background

自然环境中的宇宙射线和天然放射性物质构成的辐射总称。

02.054　放射性标准　radioactive standard

经过精确测定、比对、公认的，可作为放射性活度计量标准的放射性物质或制品。

02.055　放射性标准源　radioactive standard source

性质和活度在某一确定的时间内均为已知，能作为对比标准用的一种放射性核素。标准放射源按照状态可以分为固体标准源、液体标准源和气体标准源。

02.02　放射性元素化学

02.056　宇生放射性核素　cosmogenic radionuclide

自然界中高能宇宙射线与大气作用，进行核反应形成的放射性核素。如 ^3H、^7Be、^{14}C、^{22}Na 等。

02.057　天然放射性元素　natural radioelement

自然界存在的、已知同位素具有放射性的元素。是一些原子序数大于83的重元素，包括钋、砹、氡、钫、镭、锕、钍、镤和铀。

02.058　天然放射性核素　natural radionuclide

在自然界天然存在、自发进行放射性衰变的核素。根据来源可分为三类：天然放射系(铀系、钍系和锕系)核素(如铀系中的 ^{238}U、钍系中的 ^{232}Th 和锕系中的 ^{235}U)及其衰变子体(如 ^{234}Th、^{228}Ra 和 ^{231}Th)；宇宙射线作用于地球大气层产生的核素(如 ^3H、^7Be 等)；不成系列的长寿命核素(如 ^{40}K、^{87}Rb 等)。

02.059　人工放射性核素　artificial radionuclide，man-made radionuclide

自然界不存在、借助于反应堆和带电粒子加速器等人工合成的放射性核素。包括锝、钷和原子序数大于93的元素。

02.060　钋　polonium

原子序数为84的天然放射性元素，其元素符号为Po。属第六周期 VIA 族，已发现质量数为 186～227 的钋同位素，其中 ^{209}Po 半衰期最长为 124 a。钋最重要的同位素是 ^{210}Po，其 α 衰变半衰期为 138.4 d，衰变子体为稳定核素 ^{206}Pb，1898 年由居里夫妇发现。钋元素组成的单质是银白色金属，在黑暗中发光，氧化态有−2、+2、+4、+6，以+4 最稳定。

02.061　氡　radon

原子序数为 86 的天然放射性元素，其元素符号为 Rn。已发现质量数 193～231 的氡同位素，其中 219、220、222 同位素天然存在，^{222}Rn 半衰期最长为 3.82 d。氡是一种稀有惰性气体。1899 年由 R. B. 欧文斯和 E. 卢瑟福发现。通常条件下为无色无味的气体，易压缩为无色的发磷光液体，固体有天蓝色的钻石光泽。

02.062　砹　astatine

原子序数为 85 的天然放射性元素，其元素符号为 At。属第六周期ⅦA族，已发现质量数 191～229 的砹同位素，其中 215、216、218、219 同位素天然存在，^{210}At 半衰期最长为 8.1 h。氧化态有–1、+1、+3、+5、+7。1940 年由加州大学伯克利分校获得。活泼性较碘低。

02.063　钫　francium

原子序数为 87 的天然放射性元素，其元素符号为 Fr。已发现质量数 197～233 的钫同位素，均为不稳定放射性元素，其中 223、224 同位素天然存在，^{223}Fr 半衰期最长为 21 min。1933 年由法国佩里发现并命名。具有金属光泽，氧化态为+1，化学性质活泼。

02.064　镭　radium

(1)原子序数为 88 的天然放射性元素，其元素符号为 Ra。属第七周期ⅡA族，已发现质量数 201～234 的镭同位素，其中 223、224、226、228 同位素天然存在，^{226}Ra 半衰期最长约为 1600 a。1898 年由居里夫妇发现。(2)金属镭。纯的金属镭几乎是无色的，但是暴露在空气中会与氮气反应产生黑色的氮化镭(Ra_3N_2)，氧化态为+2，化学性质活泼。

02.065　锕　actinium

原子序数为 89 的天然放射性元素，其元素符号为 Ac。为锕系元素中第一个元素，已发现质量数 205～236 的锕同位素，其中 227 和 228 同位素天然存在，^{227}Ac 半衰期最长为 21.78 a。1899 年由法国德比埃尔内发现。锕元素组成的单质是银白色金属，氧化态为+3、+2，化学性质与镧和钇十分相似。

02.066　镤　protactinium

原子序数为 91 的天然放射性元素，其元素符号为 Pa。属锕系元素，已发现质量数 211～239 的镤同位素，其中 231 和 234 同位素天然存在。1913 年由美国化学家法扬斯发现，银灰色金属，镤的氧化态有+3、+4 和+5，五价镤的化学性质与铌钽相近。

02.067　人工放射性元素　artificial〔radio〕element

又称"人造放射性元素(man-made〔radio〕element)"。通过人工核反应合成而被鉴定的放射性元素。有锝、钷、镅、镉、锫、锎、锿、镄、钔、锘、铹、𬬭、𬬻、镥、镎、镥、镀、铋、铹、铕、铈、铱、镁、铕、砹及氮。

02.068　锝　technetium

原子序数为 43 的人工放射性元素，其元素符号为 Tc。属第五周期ⅦB族，已发现质量数 85～121 的锝同位素。^{98}Tc 半衰期最长为 4.2×10^6 a，核裂变产生的最重要的锝同位素是 ^{99}Tc(半衰期 2.1×10^5 a)。1937 年，由美国加州大学伯克利分校物理学家欧内斯特·劳伦斯发现，银灰色金属，氧化态有+1～+7，其中+4 和+7 较稳定。

02.069　钷　promethium

原子序数为 61 的人工放射性元素，其元素符号为 Pm。属镧系元素，已发现质量数为 128～163 的钷同位素，^{145}Pm 半衰期最长为 18 a。1945 年由马林慈基、格伦丁宁和克里尔发现。氧化态为+3。其物理化学性质与钕和钷相似。

02.070 镎 neptunium

原子序数为 93 的人工放射性元素，其元素符号为 Np。属锕系元素。已发现质量数为 219、225～244 的镎同位素，其中 ^{237}Np(半衰期 2.1×10^6 a)为乏燃料中最重要的长寿命次锕系核素之一。1940 年由埃德温·麦克米伦和 P. H. 艾贝尔森发现，其单质为银白色金属，有放射性。在酸性水溶液中，Np^{3+} 为浅蓝色或红紫色，Np^{4+} 为黄绿色，NpO_2^+ 为浅蓝绿色，NpO_2^{2+} 为玫瑰色或红色。Np(Ⅶ)在碱性溶液中为绿色，在高氯酸中则为褐色。在溶液中+5 最稳定。

02.071 镅 americium

原子序数为 95 的人工放射性元素，其元素符号为 Am。属锕系元素，已发现质量数为 223、229、230、232～249 的镅同位素，^{243}Am 半衰期最长为 7364 a，其中 ^{241}Am(半衰期 432 a)为乏燃料中最重要的长寿命次锕系核素之一。1944 年由西博格、詹姆斯和摩根发现，其单质为银白色金属，有光泽，在水溶液中氧化态有+2～+7，其中以+3 最为稳定。

02.072 锔 curium

原子序数为 96 的人工放射性元素，其元素符号为 Cm。属锕系元素，已发现质量数为 233～252 的锔同位素，其中 ^{244}Cm(半衰期 17.6 a)为乏燃料中主要的锔同位素，^{247}Cm 半衰期最长为 1.56×10^7 a。1944 年由美国加州大学伯克利分校发现，其单质为银白色金属，氧化态有+3、+4，以+3 较稳定。

02.073 锫 berkelium

原子序数为 97 的人工放射性元素，其元素符号为 Bk。属锕系元素，已发现质量数为 233、234、236、238～253 的锫同位素，其中 ^{247}Bk 半衰期最长为 1380 a。1949 年由美国劳伦斯伯克利国家实验室发现。其单质为柔软的银白色金属，氧化态有+3、+4，水溶液中以+3 较稳定。

02.074 锎 californium

原子序数为 98 的人工放射性元素，其元素符号为 Cf。属锕系元素，已发现质量数为 236～256 的锎同位素，其中 ^{251}Cf 半衰期最长为 898 a，最重要的是 ^{252}Cf。1950 年由美国加州大学伯克利分校合成，其单质为银白色金属，在水溶液中有+2、+3、+4 三种氧化态，+3 很稳定，具有典型三价锕系元素离子的性质。

02.075 锿 einsteinium

原子序数为 99 的人工放射性元素，其元素符号为 Es。属锕系元素，已发现质量数为 240～257 的锿同位素，其中 ^{252}Es 半衰期最长为 472 d。1952 年由加州大学伯克利分校的吉奥索等发现。其单质为银白色金属，具有顺磁性，氧化态有+2、+3，氧化态+3 在固体和水溶液中最为稳定，并呈绿色。

02.076 镄 fermium

原子序数为 100 的人工放射性元素，其元素符号为 Fm。属锕系元素，已发现质量数为 241～259 的镄同位素，^{257}Fm 半衰期最长为 100 d。1952 年由美国加州大学伯克利分校发现，化学性质类似于稀土元素，镄的氧化态有+2、+3，水溶液中主要以+3 氧化态存在。

02.077 钔 mendelevium

原子序号为 101 的人工放射性元素，其元素符号为 Md。属锕系元素，已发现质量数为 245～260 的钔同位素，其中 ^{258}Md 半衰期最长为 55 d。1955 年由吉奥索等人发现。钔在水溶液中的氧化态有+1、+2 和+3，钔的稳定氧化态是+3。

02.078 锘 nobelium

原子序数为 102 的人工放射性元素，其元素符号为 No。属锕系元素，已发现质量数为 248～

260、262 的锘同位素，其中 ^{255}No 半衰期最长为 3.5 min。1957 年由斯德哥尔摩诺贝尔研究所合成，锘的化学性质与碱土金属相似，在水溶液中最稳定的氧化态是+2，在氧化剂 [如铈(Ⅳ)] 存在下，锘才表现为+3 氧化态。

02.079　铹　lawrencium

原子序数为 103 的人工放射性元素，其元素符号为 Lr。属锕系元素，已发现质量数为 252～262、266 的铹同位素，其中 ^{266}Lr 半衰期最长为 11 h。1961 年由美国乔克等发现。其单质为银白色或灰色金属，在水溶液中显示稳定的+3 氧化态，铹的氯化物的挥发性和在固体表面的吸附行为与其他三价锕系元素(镅、锔、镄)氯化物相似。

02.080　𬬻　rutherfordium

原子序数为 104 的人工放射性元素，其元素符号为 Rf。属第七周期ⅣB 族，已发现质量数为 253～263、265、267 的同位素，其中 ^{267}Rf 半衰期最长约为 1.3 h。1964 年由联合原子核研究所发现。化学性质类似于锆和铪，更接近铪。

02.081　𬭊　dubnium

原子序数为 105 的人工放射性元素，其元素符号为 Db。属第七周期ⅤB 族，已发现质量数为 255～263、266、267、268、270 的同位素，其中 ^{268}Db 半衰期最长为 28 h。由美国加州大学伯克利分校、劳伦斯伯克利国家实验室和联合原子核研究所共同发现。Db 很容易被玻璃表面所吸附，这是ⅤB 族 Nb、Ta 的典型性质。

02.082　𬭳　seaborgium

原子序数为 106 的人工放射性元素，其元素符号为 Sg。属第七周期ⅥB 族，已发现的同位素质量数有 212～266、269 和 271，^{265}Sg 半衰期最长为 20 s。Sg 最稳定的价态是+6。

02.083　𬭚　bohrium

原子序数为 107 的人工放射性元素，其元素符号为 Bh。属第七周期ⅦB 族，已发现的同位素质量数有 260～267、270～272 和 274，其中 ^{262}Bh 半衰期最长为 102 ms。1976 年由联合原子核研究所发现。其单质为银白色或灰色，可能为金属态。

02.084　𬭛　hassium

人工放射性元素，其元素符号为 Hs。属第七周期ⅧB 族，已发现的同位素质量数有 263～267、269、270、273、275、277 和 278，其中 ^{265}Hs 半衰期最长为 2 ms。1984 年由德国达姆施塔特重离子研究所合成，这是目前已发现的固态密度最高的元素。

02.085　鿏　meitnerium

原子序数为 109 的人工放射性元素，其元素符号为 Mt。属第七周期ⅧB 族，已发现的同位素质量数有 266、268、270 和 274～278，其中 ^{266}Mt 半衰期最长为 0.0038 s。1982 年由德国达姆施塔特重离子研究所合成。其单质为银白色或灰色，具有强放射性，可能是金属态，化学性质近似于铱。

02.086　𫟼　darmstadtium

原子序数为 110 的人工放射性元素，其元素符号为 Ds。属第七周期ⅧB 族，已发现的同位素质量数有 267、269～271、273、277、279～282 和 294，其中 ^{281}Ds 半衰期最长为 9.6 s。1994 年由德国达姆施塔特重离子研究所合成。

02.087　𬬭　roentgenium

原子序数为 111 的人工放射性元素，其元素符号为 Rg。属第七周期ⅠB 族，已发现的同位素质量数有 272、274 和 278～282。

02.088　鿔　copernicium

原子序数为 112 的人工放射性元素，其元素符号为 Cn。属第七周期ⅡB族，已发现的同位素质量数有 277 和 281~286。1996 年由德国达姆施塔特重离子研究所合成。

02.089　钅尔　nihonium
原子序数为 113 的人工放射性元素，其元素符号为 Nh。属第七周期ⅢA族，已发现的同位素质量数有 278 和 282~286。2004 年由日本理化学研究所和俄美的研究团队发现。

02.090　铁　flerovium
原子序数为 114 的人工放射性元素，其元素符号为 Fl。属第七周期ⅣA族，已发现的同位素质量数有 284~290, ^{289}Fl 半衰期最长约为 2.6 s。由联合原子核研究所和美国劳伦斯利弗莫尔国家实验室发现。

02.091　镆　moscovium
原子序数为 115 的人工放射性元素，其元素符号为 Mc。属第七周期ⅤA族，该族中最重的元素，已发现的同位素质量数有 287~290。2003 年由联合原子核研究所发现。

02.092　铊　livermorium
原子序数为 116 的人工放射性元素，其元素符号为 Lv。属第七周期ⅥA族，已发现的同位素质量数有 289~293。2000 年由俄罗斯联合原子核研究所和美国劳伦斯利弗莫尔国家实验室合成。

02.093　石田　tennessine
原子序数为 117 的人工放射性元素，其元素符号为 Ts。属第七周期ⅦA族，属于卤素之一，金属单质。已发现的同位素质量数有 293、294。2010 年由联合原子核研究所首次合成成功。

02.094　氜　oganesson
原子序数为 118 的人工放射性元素，其元素

符号为 Og。属第七周期 0 族，是目前人类合成的最重的元素，已发现的同位素质量数有 293、294。2006 年由美国劳伦斯利弗莫尔国家实验室合成。

02.095　锕系收缩　actinide contraction
锕系元素随着原子序数的增大，原子半径和同价离子半径反而减小的效应。锕系收缩连续而不均匀，随原子序数增加，收缩幅度减小。锕系收缩起因于 5f 电子对 6d 及 7s 电子的屏蔽作用不完全。

02.096　锕系酰　actinyl
五价、六价锕系元素在水溶液中主要以"酰基"离子 MO_2^+、MO_2^{2+}(M=U、Np、Pu、Am)存在。锕系元素与氧共价结合形成的这种 MO_2^{n+} 基团称为锕系酰。

02.097　奥克洛现象　Oklo phenomena
一种天然自发链式裂变反应，并自行调节的现象。因在加蓬共和国的奥克洛铀矿区被发现而得名。专家们推测，大约在 20 亿年前，奥克洛地区的铀矿品位较高，^{235}U 的丰度很高(达 3%以上)，且矿层足够厚，还有水作为中子慢化剂，具备现代轻水堆中链式反应的条件，于是发生了这种现象。

02.098　超钚元素　transplutonium element
原子序数大于 94，即钚以后的元素。已发现的超钚元素包括原子序数为 95~103 的锕系元素和超锕系元素(104~118 号元素)。

02.099　钚酰　plutonyl
钚(Ⅴ)或钚(Ⅵ)与氧组成的化学形式为 PuO_2^+ 和 PuO_2^{2+} 的基团。

02.100　超锕系元素　transactinide element
又称"锕系后元素(transactinide element)"

"超重元素(superheavy element)"。原子序数大于 103，即铹系以后的元素。目前已发现原子序数为 104～118 的超铹系元素。

02.101　超铀元素 transuranium element，TRU

原子序数大于 92，即铀以后的元素。已发现的超铀元素包括锕系 93～103 号元素和超锕系元素(104～118 号元素)。

02.102　伴生放射性矿物 radioactivity associated mine

天然放射性核素含量较高的非铀矿(如稀土矿和磷酸盐矿等)。

02.103　稳定岛 island of stability，stability island

核物理理论推测，由幻数质子和中子构成的稳定原子核及其附近相对比较稳定的一群原子核的集合。

02.104　超重核 superheavy nucleus

质子数大于 103 的核素。核物理中曾有经典原子核的液滴模型理论，预言原子的质子数不能超过 104，但是原子核的量子壳层理论预言存在质子数大于 104 的超重核，现在已人工合成了质子数为 105～118 的核素。

02.105　核素在淡水生物中的浓集系数 radionuclide concentration coefficient for freshwater biota

生物富集能力可用生物浓缩系数表示：$BCF = c_b/c_e$，BCF 为生物浓缩系数，c_b 为某元素或难降解的物质在机体内的浓度，c_e 为某元素或难降解的物质在机体周围环境中的浓度。BCF 与物质的特性、生物特性和环境条件有关。

02.106　放射性元素 radioactive element，radioelement

已知同位素具有放射性的元素。已发现的放射性元素包括锝、钷、钋以及元素周期表中钋以后的所有元素。

02.107　超锔元素 transcurium element

原子序数大于 96，即锔以后的所有元素。已发现的超锔元素包括锕系 97～103 号元素和锕系后元素(104～118 号元素)。

02.108　超锎元素 transcalifornium element

原子序数大于 98，即锎以后的元素。已发现的超锎元素包括锕系 99～103 号元素和锕系后元素(104～118 号元素)。

02.109　铀 uranium

原子序数为 92 的天然放射性元素，其元素符号为 U。是自然界中能够找到的最重元素。已发现质量数为 215～219 和 221～255 的铀同位素，其中 234、235、238 三种同位素天然存在，质量分数分别为 0.006%、0.720% 和 99.274%。铀元素组成的单质的新切面呈银白色，在空气中氧化后失去光泽，形成黑色的致密氧化膜。铀氧化态有+3、+4、+5、+6，以+6 最稳定。

02.110　钍 thorium

原子序数为 90 的天然放射性元素，其元素符号为 Th。已发现质量数为 208～238 的钍同位素，其中质量数为 232 的同位素天然存在，^{230}Th 半衰期最长为 7.54×10^4 a。1815 年由贝齐里乌斯发现。钍元素组成的单质是银白色金属，暴露在大气中变为灰色，质地柔软，氧化态有+3、+4 价。

02.111　铀酰 uranyl

铀(Ⅴ)或铀(Ⅵ)与氧组成的化学形式为 UO_2^+ 和 UO_2^{2+} 的基团。

02.112　六氟化铀　uranium hexafluoride

化学式为 UF_6 的化合物。常温常压下近乎白色固体，沸点(升华点)56.4 ℃；化学性质活泼，极易水解；有剧毒；应用于铀同位素的分离。

02.113　次锕系元素　minor actinide

辐照过的核燃料中的次要锕系元素或次量锕系元素。即除铀、钚以外的少量其他锕系元素，如镎、镅、锔等，其核素大多为半衰期较长的 α 放射性核素。

02.114　核素在海洋生态系统中的转移　radionuclide transfer in marine ecosystem

放射性核素在海洋生态系统中从低营养级到高营养级通过海洋生物体壁交换、表面吸附、体内吸收和摄食活动获得核素，又通过体壁交换、生物分解和生物新陈代谢排泄放核素的过程。

02.03　核　化　学

02.115　核化学　nuclear chemistry

(1)用化学方法研究原子核及核反应的一门化学分支学科。(2)广义地用于表示核科学的化学方面。主要研究核性质、核转变的规律及核转变的化学效应。根据研究对象的不同，其分支学科有裂变化学、聚变化学、热原子化学、反冲化学、核衰变化学、靶化学、宇宙化学等。

02.116　裂变化学　fission chemistry

以可裂变核素和裂变产物为研究对象，用放射化学方法研究核结构及核裂变规律的核化学分支学科。主要的研究内容包括重核素裂变性质、裂变产物质量分布和电荷分布、发现和鉴别新的裂变产物核素、裂变产物化学状态及裂变化学的方法学等。

02.117　裂变产物的化学状态　chemical state of fission product

重核裂变时，所生成的裂变产物的价态和化学行为。裂变产物的化学状态最终所处的价态、形成的化合物或络合物取决于裂变碎片及其衰变子体所处的介质环境、所具有的初始能量、裂变产物元素的性质。

02.118　裂变碎片的反冲反应　recoil reaction of fission fragment

裂变碎片与介质原子或遭到损伤的分子、分子基团相结合，形成某种化合物的过程。裂变碎片在生成的过程中获得巨大的反冲动能和激发能，在动能的耗散过程中与介质作用，失去自身的能量，电离和激发介质的原子或分子，并形成化合物。

02.119　聚变化学　fusion chemistry

研究核聚变所采用的化学方法及实现核聚变所涉及的化学问题的一门学科。其主要内容有，测定有关的核数据；研究聚变核燃料循环；探索聚变堆所用材料的性质；建立有关的分析方法；以及研究等离子体与物质的相互作用等。

02.120　热原子化学　hot atom chemistry

核反应过程和核衰变过程中所产生的激发原子与周围环境作用引起的化学效应的研究，是现代放射化学的一个重要领域。

02.121　齐拉-却尔曼斯效应　Szilard-Chalmers effect

在中子核反应中由生成核的反冲引起靶物

质的化学变化。因其由齐拉(L. Szilard)和却尔曼斯(T. A. Chalmers)发现而命名。最初是在碘乙烷的 $^{127}I(n, \gamma)^{128}I$ 核反应过程中发现，反应后得到的 ^{128}I 大部分是以元素态或离子态形式存在。

02.122 [放射性]活度 radioactivity, activity

单位时间内放射性核衰变的数目。常用 A 表示，国际单位为贝可勒尔(Bq)。

02.123 [放射性]衰变常数 [radioactive] decay constant

放射性原子核在单位时间内发生衰变的概率，以 λ 表示。衰变常数的倒数就是放射性原子核的平均寿命，它与半衰期 $T_{1/2}$ 的关系是：$T_{1/2}=\ln2/\lambda$。

02.124 [放射性]衰变纲图 [radioactive] decay scheme

标明一个核素核衰变能级及其衰变路径的图。通过衰变纲图，可以一目了然地看到每种核素衰变时放出哪些射线，以及它们之间的相互关系，从而获得关于衰变过程和各种射线的完整图像。例如，^{60}Co 衰变纲图如下所示。

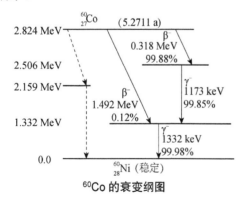

^{60}Co 的衰变纲图

02.125 [放射性]衰变链 [radioactive] decay chain

一个放射性核素逐次衰变直到衰变至一个稳定核素或发生裂变为止的整个过程。最早

研究的衰变链是自然界存在的钍系、铀系和锕系三个天然放射系。以后，又用人工方法制备了许多新的放射系，下图所示是 ^{237}Np 的衰变链。

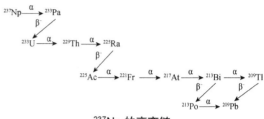

^{237}Np 的衰变链

02.126 核素在环境介质和生物体中的浓度比 concentration ratio of radionuclide in biota to environment

核素在环境介质和生物体中的浓度比 $\gamma=C_b/C_e$。其中 C_b 为某核素在生物体内的浓度，C_e 为某核素在环境介质中的浓度。该值表达的是生物机体内某种物质的浓度和环境中该物质本身的性质以及生物和环境等因素的相关程度。

02.127 [核]同质异能素 nuclear isomer

凡核内质子数和中子数都相同而原子核处于不同能量状态的核素，彼此称为同质异能素。例如 ^{99}Tc 与 ^{99m}Tc 互为同质异能素。

02.128 [核反应的]Q 值 Q value [of a nuclear reaction]

核反应前后的能量变化，$Q=E(\text{reactant})-E(\text{product})$。$Q$ 值为正的核反应是放热反应，Q 值为负的核反应是吸热反应。

02.129 [裂变产物的质量分布曲线的]峰谷比 peak to valley ratio [of mass distribution curve of fission product]

裂变产物的质量分布曲线中峰区最大的裂变产额与谷区最小的裂变产额的比值。该比值随激发能增大而减小。

02.130 [吸能核反应的]阈能 threshold energy [of an endoergic nuclear reaction]

为使反应能 $Q<0$ 的反应发生，入射粒子至少应具有的动能大小。对确定的反应，当 $Q<0$ 时，反应阈能的大小可由下面简单公式进行计算：

$$E_{阈} = \frac{M_a + M_A}{M_A} |Q|$$

02.131 K 俘获 K-capture

原子核俘获一个轨道电子使核内一个质子转变为中子，同时放出一个中微子的核衰变过程。由于 K 电子层距原子核最近，K 层电子被俘获的概率最大，因此常称为 K 俘获。

02.132 α 谱学 α-spectroscopy

研究核素放出 α 粒子能谱的精细结构，以及反应产物的各种参量随入射 α 粒子能量变化的规律等，获得有关核结构和核反应机制的信息的一门学科。是原子核物理学的一个分支。

02.133 β⁺衰变 β⁺-decay

原子核内由 1 个质子转变成中子同时放出正电子和中微子的过程。

02.134 β 谱学 β-spectroscopy

研究 β 谱的测量以及根据 β 谱研究原子核 β 衰变规律和原子核的特性的一门学科。是原子核物理学的一个分支学科。

02.135 γ 谱学 γ-spectroscopy

主要是通过实验测量 γ 射线的能量、相对强度、能级寿命、角分布、级联关系、内转换系数以及 γ 跃迁的多级性，以确定核能级的位置、自旋和宇称等，为核结构及核反应机制提供信息的一门原子核物理学的分支学科。

02.136 γ 射线能谱法 γ-ray spectrometry

通过测量核素的 γ 射线能谱对被测样品中放射性核素进行定性鉴别和定量分析的方法。

02.137 靶化学 target chemistry

有关靶性质和制备的化学。通常，为了得到高比活度和高放射性化学纯度的产品，靶核种类、靶物质纯度、靶材料的厚薄、均匀性与同位素丰度等必须满足一定的要求，辐照后靶物质中的放射性元素需进行分离、纯化，并制成适用的化合物形式。

02.138 初级裂片 primary fragment

原子核发生裂变后一分为二，断点以后形成的两个裂片。两个初级裂片在其巨大的库仑斥力作用下分开，具有很大的动能，继续高速运动，从介质中俘获电子，损失能量，最终停留在介质中，经历时间约为 10^{-12} s。初级裂片处于高激发态，通过发射中子和 γ 射线释放其一部分能量。

02.139 次级碎片 secondary fragment

裂变生成的初级裂片会瞬发中子和 γ 射线从而释放一部分激发能，当初级裂片的激发能小于最后一个中子的结合能时，只能通过多次 β 衰变(多半伴随发射 γ 射线)退激。这种瞬发过程刚刚结束而放射性衰变过程尚未开始的裂片称为次级裂片。

02.140 簇放射性 cluster radioactivity

不稳定的重原子核自发发射一个质量大于 α 粒子的核子簇团(重离子)而转变为另一种核的过程。

02.141 簇衰变 cluster decay

不稳定的重原子放出一个核子簇团的过程。簇衰变有如下规律：①发射的重离子能量一般为 2～2.5 MeV/核子；②这些重离子都是丰中子核子；③衰变产物位于双幻数核 ^{208}Pb(Z=82，N=126)附近。

02.142 弹靶组合 projectile-target combination

核反应中组成入射道的弹核和靶核的总称。一个弹靶组合，对应一个核反应的入射道，可以产生一个或多个出射道。例如，^{12}C 被氘核轰击产生 ^{13}N 放出中子的过程表示为：$^{12}C+D\longrightarrow ^{13}N+n$，其中 ^{12}C 与氘核即是一个弹靶组合。

02.143 第二代子体核素 granddaughter nuclide

一个核素经连续两次衰变所生成的核素。例如，铀-238 衰变成钍-234，再衰变成镤-234，镤-234 即是第二代子体核素。

02.144 电荷分布宽度 width of charge distribution

核裂变中具有某一特定质量数的独立裂变产物可能所带电荷数的范围。常用高斯曲线描述裂变产额与电荷数的关系，高斯曲线在横坐标上的取值范围即是电荷分布宽度。

02.145 独立产额 independent yield

核裂变时直接生成某一裂变产物核素的概率。即在裂变碎片发射了瞬发中子和瞬发 γ 光子之后，在质量链上任何先驱核素衰变之前由复合核裂变直接生成的那部分产额。

02.146 对称裂变 symmetric fission

裂变核分成两个相同的碎片，裂变碎片呈对称性的核裂变。

02.147 反冲室 recoil chamber

加速器中与靶直接接触的一种充气电离室。可以直接测量反冲的带电粒子数目。

02.148 反冲原子化学 chemistry of recoil atom

研究高能反冲原子(能使化学键断裂的原子)与周围环境作用引起的化学效应的一门学科。反冲原子是核转变过程中由于放射粒子而获得反冲能量的原子。反冲原子化学研究反冲氚化学、反冲碳化学、反冲卤素化学和固相反冲原子化学等。

02.149 放射性的生长与衰变 growth and decay of radioactivity

在一段时间内，母体核不断衰减，子体核素不断生成的过程。

02.150 放射性束 radioactive beam

放射性核素构成的束流。放射性核素能自发地放射各种射线(包括 α、β 和 γ 等)。束流是指由带电粒子或中性粒子群构成的连续射线。

02.151 放射性衰变律 radioactive decay law

服从指数衰减规律的放射性核素衰变的规律。$A=A_0e^{-\lambda t}$，$\lambda=\ln2/T$，其中，A 为 t 时放射性核素的活度；A_0 为 $t=0$ 时放射性核素的活度；λ 为衰变常数；t 为经过的时间；T 为半衰期。

02.152 放射性暂时平衡 radioactive transient equilibrium

当母体和子体都是放射性核素，母体核素的半衰期不太长，但仍然大于子体核素的半衰期时，母体核随时间的减少不能忽略的情况下达到的放射性平衡。达到平衡后，子母体活度之比为常数。

02.153 放射性长期平衡 radioactive secular equilibrium

当母体和子体都是放射性核素，而母体核素的半衰期很长且比子体核素的半衰期长得多时，母子体之间所建立的放射性平衡。长期平衡时，子母核的放射性活度与母体核的放射性活度相等，并随母体核的半衰期衰变。

02.154 非对称裂变 asymmetric fission
裂变核分裂生成两个质量不同的碎片，裂变碎片呈非对称性的核裂变。

02.155 分独立产额 fractional independent yield
裂变产物链中某核素的独立产额占该衰变链链产额的份额。

02.156 分累积产额 fractional cumulative yield
累积产额(指某一裂变产物核素的独立产额，加上到指定时间由于 β 衰变生成该核素的产额)占该衰变链的链产额的份额。

02.157 分支衰变 branching decay
某些放射性核素可以同时以几种方式衰变的现象。例如，^{64}Cu 以 $β^-$、$β^+$ 和 EC 三种方式进行衰变。

02.158 分子镀 molecular plating
在有机体系中的电沉积。具有沉积效率高、沉积时间短、设备简单、操作方便的优点，镀层均匀、牢固。特别适合于制备锕系核素的 α 测量源。

02.159 俘获 capture
入射粒子与原子核相互作用，原子核吸收入射粒子的过程。

02.160 俘获截面 capture cross-section
粒子击中靶核后被原子核俘获的概率。单位为靶恩(b)，$1 b=10^{-28}$ m^2。

02.161 辐射俘获 radiation capture
原子核俘获一个粒子并发射瞬发 γ 射线的过程。放出的 γ 辐射称为俘获 γ 辐射。一般来说，辐射俘获反应机制与入射粒子能量有关。在核反应堆中，中子辐射俘获是一个重要的反应过程。

02.162 辐射俘获截面 radiation capture cross-section
入射粒子与原子核相互作用发生辐射俘获过程的概率。辐射俘获过程是原子核获得粒子并同时放出 γ 射线的核反应过程。通用单位为靶恩(b)，$1 b=10^{-28}$ m^2。

02.163 富集靶 enriched target
经过同位素富集后，靶核的同位素丰度较高的靶。可采用富集靶进行中子辐照，以提高 (n, r)反应生成的放射性核素的比活度。有时，为避免产生不需要的同位素，将靶材料制成富集靶进行核反应。

02.164 共振截面 resonance cross-section
入射粒子和靶核所组成的核体系的质心能量同该体系的一个准稳态的能量相等或很接近时，反应截面出现较大值的现象。由于核反应共振导致的出射粒子概率增加的部分称为共振截面。

02.165 核素释出源项 source term of radio-nuclide released
核设施在正常运行期间或发生事故时，释入环境的放射性物质的形态、数量、组分以及释放随时间变化的其他释放特征。通常可分为常规源项和事故源项两类。

02.166 核衰变 nuclear decay
原子核自发地发射出某种粒子而转变为另一种核的过程。放射性的类型除了放射 α、β、γ 粒子以外，还有放射正电子、质子、中子、中微子等粒子以及自发裂变、β 缓发粒子等。

02.167 核衰变化学 nuclear decay chemistry
研究包含放射性核素的分子在衰变过程(包括 $β^-$、$β^+$、α 衰变，电子俘获，同质异能跃迁和内转换)中所引起的化学变化的一门学科。是热原子化学的一个分支学科。

02.168 恒电荷密度假设 hypothesis of unchanged charge density

关于裂变产物电荷分布的一种假说。认为最概然电荷 Z_p 与裂变产物的质量数 A 的比值，即裂变碎片的荷质比 Z_p/A 与裂变核放出中子后的荷质比 $Z/(A-\bar{\nu})$ 相等，$\bar{\nu}$ 为一次裂变释放的瞬发中子数的平均值。

02.169 缓发中子发射体 delayed neutron emitter

核裂变时少数新形成的在 β 衰变过程中发射缓发中子的核素。例如，质量数为 87 的质量链，其链成员 ^{87}Br 经过 β 衰变到 ^{87}Kr。^{87}Kr 的一个激发能级可以发射中子，则 ^{87}Kr 就是缓发中子发射体。

02.170 缓发中子前驱核素 delayed neutron precursor

核裂变时少数新形成的在 β 衰变过程中发射缓发中子的核素的母体核素。例如，质量数为 87 的质量链，其链成员 ^{87}Br 经过 β 衰变到 ^{87}Kr。^{87}Kr 的一个激发能级可以发射中子，则 ^{87}Br 就是缓发中子前驱核素。

02.171 幻核 magic nucleus

质子数和中子数或二者之一为幻数的原子核。幻数指某些特殊的数，中子或质子为这些数时，原子核的稳定性较高，迄今已发现的幻数有 2、8、20、28、50、82、126，另外有物理学家认为 6、14、16、30、32 也可能为幻数。

02.172 激发曲线 excitation curve

激发函数绘成的曲线。

02.173 继发裂变 sequential fission

引发裂变反应后，一代又一代裂变产物成为母体，继续进行裂变的现象。

02.174 交叉轰击 cross bombardment

观察不同核反应产物来识别放射性核素的技术。

02.175 角分布 angular distribution

核反应出射粒子各方向的概率相对原子核自旋方向是各向异性的。

02.176 居里 Curie, Ci

早期放射性物质的放射性强度的单位。符号 Ci，一居里等于一克镭衰变成氡的放射强度，为纪念居里夫人而命名。现在放射性强度的国际单位是贝可勒尔(Bq)。1 居里(Ci)= 3.7×10^{10} 贝可勒尔(Bq)。

02.177 易裂变核素 fissile nuclide

在慢中子作用下具有显著的裂变截面的核素。重要的易裂变核素有 ^{233}U、^{235}U、^{239}Pu。

02.178 可裂变核素 fissionable nuclide

能进行裂变(无论何种过程引起)的核素。原则上，质量数在 150 以上的核都可由高能粒子和高能光子引起裂变，都是可裂变核素。但是习惯上指铅、铋以上的重核，如 ^{232}Th、^{238}U、^{237}Np 和 ^{241}Am 等，它们可以由快中子引起裂变。

02.179 可转换核素 fertile nuclide

俘获中子后能转变为易裂变核素的核素。如 ^{232}Th、^{238}U。

02.180 累积产额 cumulative yield

某核素的独立产额与其质量链上所有先驱核的独立产额之和。

02.181 离心势垒 centrifugal barrier

由于角动量引起的核反应的能量势垒升高，相对于静电能量引起的库仑势垒升高的部分。在解释奇-奇核的 α 衰变中，现有理论和实验数据是有分歧的，引起分歧的部分原因是角动量的影响，即离心势垒的影响。

02.182　核素在海洋生物中的浓集系数　radionuclide concentration coefficient for marine biota

核素在海洋生物中的浓集系数可以衡量海洋生物对核素的富集能力，可以表示为：BCF=C_b/C_e。其中 BCF 为海洋生物浓缩系数，C_b 为核素在海洋生物中的浓度，C_e 为核素在海水中的浓度。BCF 与核素的特性、生物特性和海洋环境条件有关。

02.183　裂变产额　fission yield

裂变中产生某一给定种类裂变产物的份额。细分为原始裂变产额和累计裂变产额。

02.184　裂变产物　fission product

核裂变生成的裂变碎片及其衰变产物。裂变产物有 200 多种核素，质量数在 70～160。

02.185　裂变产物[衰变]链　fission product [decay] chain

核裂变发生后，生成的裂变产物核素，除少数(约 100 多种)是稳定核素之外，绝大部分是远离 β 稳定线的丰中子核素，要通过多次 β 衰变(多半伴随发射 γ 射线)退激，这种放射性裂变产物的一系列 β 衰变就形成了裂变产物衰变链。

02.186　核裂变产物电荷分布　nuclear charge distribution of fission product

原子核裂变产生的具有同一质量的各裂变产物核素的核电荷与其在裂变中生成概率的关系。从电荷分布图上可以看出围绕着一个最可几电荷呈现出一条高斯分布曲线。

02.187　裂变产物质量分布　mass distribution of fission product

又称"裂变产物按质量分布的产额"。原子核裂变产生的裂变产物核素的质量数与其在裂变中生成概率的关系。通常用链产额与质量数的关系来绘制质量分布曲线。裂变产

物的质量分布与裂变核的种类、激发能和入射粒子的能量有关。

02.188　裂变产物化学　fission product chemistry

以裂变产物(又称裂片元素)为对象，研究其在核能利用中的化学行为的一门放射化学分支学科。

02.189　裂变计数器　fission counter

裂变过程中易变核素分裂为不同的核素,对该过程中放射性生长和衰变进行检测的仪器。

02.190　裂变截面　fission cross-section

一个入射粒子使单位面积上一个靶核发生裂变反应的概率。裂变截面 σ 的单位是靶恩(b)，简称靶，1 b=10^{-28} m^2。

02.191　裂变碎片　fission fragment

重核裂变时生成的核。重核裂变成两块碎片的概率比裂变成 3 块或 3 块以上的概率要大得多。一般两块碎片的质量分配是不均匀的，一块较重，一块较轻，质量分布呈现明显的两个峰。

02.192　裂变同质异能素　fission isomer

又称"裂变同核异能素"。处于裂变双峰势垒第二势阱内的某一能态，具有极短的裂变半衰期的重原子核。其特征是具有长轴与短轴之比约为 2∶1 的大形变。

02.193　裂片元素合金　fissium

裂变过程中可裂变核素分裂为不同的核素，其中由贵金属裂变产物组合成的合金。

02.194　母体核素　parent nuclide

在放射性衰变链中，核素由前一核素衰变而成，前者称为后者的母体核素，后者称为前者的子体核素。

02.195　奇异原子化学　exotic atom chemistry
基本粒子物理和化学相互渗透的边缘学科。奇异原子就是普通原子中的一个电子被其他带负电的粒子(如 μ^-、π^-等)代替，或是原子核中的一个质子被一个带正电的粒子(如 e^+、μ^+等)代替而组成的原子。

02.196　前驱核素　precursor nuclide
在放射性衰变链中，位于指定核素之前的核素。如果放射性衰变生成的子体核素也是放射性核素，它将继续衰变到第二代子体。如果后者还是不稳定的，它将衰变到第三代子体，这样一代一代地连续衰变下去。

02.197　核转变化学　nuclear transformation chemistry
研究核衰变和核反应等原子核转变过程所产生的激发原子(或称热原子)与周围环境作用引起的化学效应的一门学科。是核化学的分支。

02.198　热原子退火　hot atom annealing
固态母体化合物经核转变过程而发生的化学变化随着对这些固体做某种处理(如热处理或辐射处理)而部分或全部消失，并恢复母体化合物的形式的过程。固体物质在辐射作用下，其密度、杨氏模量、电阻率等物理性质的变化也有退火效应。

02.199　人工放射性衰变系　decay series of artificial radionuclide
一个包含若干人工放射性核素的系列。该系列中，每一种核素通过放射性衰变(不包括自发裂变)转变为下一种核素，直到形成一种稳定核素。

02.200　散射截面　scattering cross-section
入射粒子与原子核相互碰撞而改变运动方向或同时也改变能量的过程的截面。散射截面一般包括弹性散射截面和非弹性散射截面两部分。

02.201　射流传送　jet transfer
在反应堆或加速器中，靶室中的离子束被高压气体(通常用氦气)载带形成一种混合有粒子的气体，射流气体的传输过程即射流传送。射流传送技术是适合于短寿命核素研究的一种快速而有效的在线脱束方法。

02.202　生成截面　production cross-section, formation cross-section
某种核素通过核反应转变为另外一种核素的反应概率。符号为 σ，通用单位为靶恩(b)，$1\,b=10^{-28}\,m^2$。

02.203　受屏蔽核　shielded nuclide
在裂变产物的某些衰变链上，若某个裂变产物的前驱核是一个稳定核，也就是说，该 β 衰变链被这个稳定核阻断了，这种衰变链中紧接在稳定核后面的核素被称为受屏蔽核。受屏蔽核裂变产物只能由裂变直接(独立)生成。

02.204　束化学　beam chemistry
研究带电的粒子流，对加速器而言主要是电子、质子和离子流等形成的束流在不同能量、流强和形态下，针对加速器的各种参数，如强度、位置、密度分布等，进行测量的方法的学科。

02.205　天然胶体　natural colloid
大小在 $1\sim100$ nm 的微粒均匀分散在另一介质中所形成的分散体系。在地下水中普遍存在着天然胶体，其组成、结构和粒径差别很大，与所在含水层体系的地球化学性质有关，是核素由近场向远场迁移的主要载体。

02.206　双幻核　double magic nucleus
当原子核的质子数或中子数为 2、8、20、28、55、82 以及中子数为 126 时，原子核特别稳定，这些数被称为幻数，质子或中子为幻数的原子核，称为幻核，也可以两者皆是幻数，称为双幻核。

02.207　瞬发辐射　prompt radiation

在核反应(如裂变或辐射俘获)中发射的辐射。在时间上没有可测的延迟，有别于经过可测量的时间以后由该核反应产物发射的辐射。

02.208　天然放射性衰变系　decay series of natural radionuclides

包含若干天然放射性核素的系列中，每一种核素通过放射性衰变(不包括自发裂变)转变为下一种核素，直至形成一种稳定核素，简称放射系或衰变系。初始核素 ^{232}Th、^{235}U、^{238}U 分别构成三个天然放射性衰变系。

02.209　同质异能素比　isomer ratio, isomeric ratio

具有相同质量数和原子序数而处于较长寿命激发态的核素称为同质异能素，同质异能素中，高自旋同质异能素的生成截面与低自旋同质异能素的生成截面之比，称为同质异能素比。

02.210　同中子异位素　isotone

简称"同中子素"。中子数 N 相同而质子数 Z 不同的核素。

02.211　透射系数　transmission coefficient

对于入射粒子，是穿过靶核附近的库仑势垒和离心势垒进入靶核内的概率；对于出射粒子，是穿过母核近旁的库仑势垒和离心势垒离开母核的概率。其大小与入射(出射)粒子的种类、能量和角动量有关。

02.212　形状同质异能素　shape isomer

按尼尔逊(Nilsson)模型，核的单粒子能级的高低与核的形状有关的同质异能核素。开壳层形状下，能量较高，闭壳层形状下，能量

降低，核的能量随形状变化出现峰与谷的交替和起伏，若激发态处于较深的谷处，核的寿命比较长。

02.213　亚原子粒子　subatomic particle

比原子更小的粒子。包括基本粒子和由基本粒子组成的复合粒子。基本粒子是指没有内部结构，即不是由其他粒子复合而成，不能再分的粒子。

02.214　铱反常　iridium abnormality

地球地壳的铱含量很低(0.001 μg/g)(陨石可达 0.65 μg/g)，在全球上百处的白垩纪末-新生纪初的界面黏土层中发现有铱富集，即铱含量比该黏土层上部和下部的铱平均含量高数倍到数十倍的现象。

02.215　远离 β 稳定线核素　nuclide far from β stability

在以 N 为横坐标、Z 为纵坐标的核素图上，除了位于或紧靠 β 稳定线两侧的 285 种稳定或半衰期很长的核素外，其余 2710 余种不稳定核素分布在 β 稳定线的上下两边。理论预言还有约 3000 种核素，它们分布在离 β 稳定线更远的区域，称为远离 β 稳定线核素。

02.216　直接裂变产额　direct fission yield

裂变产生的某一种裂变产物的概率就叫裂变产额，在先驱核未衰变之前，直接生成特定核素的裂变次数与裂变总数之比。

02.217　质量产额　mass yield

(1)质量链上最后一个链成员的累积产额。
(2)如果某一质量链上存在屏蔽核，包括屏蔽核在内的所有核素的独立产额之和。

02.218　放射性污染评价及治理　evaluation and governance of radioactive contamination

针对范围较大的放射性污染场地，选择或采

集代表性样品，进行地表水及地表土壤中放射性核素的种类、浓度、γ辐射水平及其随时间的变化进行分析评估，并形成对环境进行治理保护的措施。

02.219　准易裂变核素　quasi-fissible nuclide
可直接通过 β 衰变转换为易裂变核素的核素。易裂变核素中，^{233}U 和 ^{239}Pu 可分别通过核素 ^{233}Th、^{233}Pa 和 ^{239}U、^{239}Np 的 β 衰变而生成，因此核素 ^{239}U、^{239}Np、^{233}Th、^{233}Pa 称为准易裂变核素。

02.220　最概然电荷　most probable charge
原子核发生裂变时，裂变碎片生成瞬间，生成具有相同质量数而核电荷数不同的多个碎片中生成概率最大的碎片的电荷数。

02.221　最小势能假说　hypothesis of minimum potential energy
在断点前复合核的电荷重排使得体系的势能最小。原子核裂变时的电荷分布，可用最小势能假说，或核电荷密度假说，或等电荷位移假说来估算。

02.222　热中子　thermal neutron
(1)与所在介质处于热平衡状态的中子。(2)泛指能量在该范围的中子。标准的热中子能谱是麦克斯韦谱，温度是 293.58 K(20 ℃)，对应中子能量是 0.0253 eV，与它对应的中子速度是 2200 m·s^{-1}，中子波长是 0.1798 nm。

02.223　冷中子　cold neutron
动能为毫电子伏量级或更低量级的中子。能量小于 0.0005 eV，在常温慢化剂的正常反应堆的中子谱中，冷中子所占份额仅 2% 左右。

02.224　超热中子　epithermal neutron
动能大于热扰动的中子。常常指能量在 0.2 eV～10 keV 的中子。超热中子经常被用于中子活化分析、放射医疗及测井分析中。

02.225　高能中子　high-energy neutron
能量在 10 MeV 以上的中子。另外，加速器轰击靶子或高能宇宙射线轰击大气层产生的次生粒子也属于高能中子。

02.226　奇异原子　exotic atom
(1)普通原子中的一个电子被其他带负电的粒子，如 μ^-、π^- 等代替。(2)原子核中的一个质子被其他带正电的粒子，如 e^+、μ^+ 等代替而组成的原子。

02.227　介子化学　meson chemistry, meschemistry
研究从介子原子形成到消失的整个过程中涉及的介子与介质作用引起的化学效应的一门学科。找出介子与介质原子序数 Z 和电子结构之间存在的关系和规律，观察介子与介质作用引起的化学效应是介子化学研究的主要内容。

02.228　介子素　mesonium
属于另一类奇异原子。在这类原子中，虽然原子核外仍为负电子，但其原子核却被 μ^+ 所取代。这类奇异原子实际上只能由一个 μ^+ 作为原子核，与 e^- 组成类似于氢原子那样的简单的原子。用符号 Mu 来表示。

02.229　正电子素　positronium
正负电子对束缚系统，Ps。正电子素有两个基态：电子与正电子的自旋互相平行，构成三重态，称为正-正电子素；电子与正电子的自旋互相反平行，构成单重态，称为仲-正电子素。

02.230　正电子素化学　positronium chemistry
研究正电子与某些物质中的电子形成一种处于亚稳束缚态的正电子素及其化学特征的一门分支学科。

02.231　高能原子　energetic atom

在齐拉-却尔曼斯(Szilard-Chalmers)效应中，受到反冲作用的激发原子具有很高的能量，比一般的热平衡能量要高 3 个数量级，比一般的分子化学键能也高得多。这类具有很高能量的原子就称为高能原子。

02.232　保留　retention

在核转变过程中，一部分放射性同位素未能从靶子化合物中分离出来的现象。

02.233　假保留　pseudo-retention

除了以原始化合物形式保留以外，还包括与母体化合物性质相近的化合物形式的保留。其与一定的分离方式相联系。

02.234　反冲　recoil

如果一个静止的物体在内力的作用下分裂成两部分，一部分向某个方向运动，另一部分必然向相反的方向运动的现象。

02.04　放射分析化学

02.235　放射分析化学　radioanalytical chemistry

又称"核分析化学"。分析化学的一个分支，属于应用放射化学领域。主要利用放射性核素或核辐射进行定性和定量分析的一门学科。常用的分析方式分为三类：一是利用样品中的放射性核素进行分析的方法，如放射化学分析法等；二是通过在样品中加入放射性同位素而进行分析的方法，即放射性同位素示踪方法，如同位素稀释法、放射免疫分析法等；三是利用适当种类和能量的入射粒子轰击样品，通过测定出射特征辐射的性质和强度而进行分析的方法，即核分析方法，如中子、带电粒子及光子活化法，基于 β、中子、光子等的吸收和散射法等。

02.236　核反应分析　nuclear reaction analysis

全称"带电粒子瞬发核反应分析(analysis of transient nuclear reaction of charged particle)"。由入射粒子引起物质元素发生核反应，进而探测其瞬发生成物(带电粒子、中子、γ射线)以确定物质成分与含量的一种离子束分析技术。优点是分析速度快，可以利用不同的反应道以及出射粒子的核反应运动学的关系，更有力地鉴别元素和消除干扰反应。

02.237　中子散射分析　neutron scattering analysis

利用中子与靶物质发生弹性散射或非弹性散射研究靶物质组成和结构的分析方法。在弹性散射过程中，反应能为零。在非弹性散射过程中，$n+X \longrightarrow X^*+n'+Q$，反应能 $Q<0$，作用后产生受激核 X^*，而中子损失为激发该核所需的能量。

02.238　中子衍射分析　neutron diffraction analysis

利用中子衍射作用测定物质结构和组成的分析方法。可研究包括氢原子在内的晶体结构，通过与铁磁物质的磁散射，还可以用来确定物质中原子磁矩的大小、取向和分布等。尤其适用于需用厚容器的高、低温和高压条件下的材料结构分析。

02.239　中子照相术　neutron photography

利用中子束穿透物体时的衰减程度显示物体内部结构的摄影技术。由于中子在物体内的衰减程度取决于核性质，因此中子照相术适用于重 Z 物质内轻元素的显像。中子照相术可分为冷中子照相、热中子照相和快中子照相。

02.240 中子活化分析 neutron activation analysis，NAA

以中子为入射粒子的活化分析。是根据中子活化产生的感生放射性核素所具有的衰变特性(半衰期、射线能量和强度)进行的元素的定性和定量分析。该分析方法具有高灵敏度、高准确度、非破坏性、无试剂空白污染和多元素同时分析等优点。

02.241 分子活化分析 molecular activation analysis

将元素形态分离技术(如化学分离和生物化学分离等)与高灵敏度的中子活化分析技术相结合，从分子或细胞水平实现的元素的分析。具有灵敏度高、准确度好、用样量少、不破坏样品、可提供多种元素的化学形态信息等优点。

02.242 仪器中子活化分析 instrumental neutron activation analysis，INAA

样品受中子照射后，直接用核辐射探测器测量其放射性的分析方法。具有灵敏度高、准确性好、基体效应小、多元素分析、无损分析等优点。尤其是无须进行复杂的前处理，可以避免样品溶解过程中待测元素丢失或污染。

02.243 超热中子活化分析 epithermal neutron activation analysis

利用动能大于热扰动的中子(常常指能量在 $0.1\sim1$ eV 的中子)活化物质的分析。裂变反应堆孔道中的中子源一般为 $0\sim10$ MeV 的混合谱，需进行合适的慢化过滤才能得到超热中子束。

02.244 冷中子活化分析 cold neutron activation analysis

冷中子是指动能为 meV 量级或更低量级的中子，冷中子散射特性更适合研究凝聚态的亚微结构及激发，特别是高分子化合物和生物大分子，而以冷中子为入射粒子的活化分析是根据中子活化产生的感生放射性核素所具有的衰变特性(半衰期、射线能量和强度)进行的元素的定性和定量分析。

02.245 扰动角关联技术 perturbed angular correlation technique

母核衰变的放射性子核从激发态经由一定寿命的中间态跃迁到基态或低能态，超精细相互作用引起释放的两个级联 γ 射线的角关联发生扰动；若中间态由核反应直接产生，其释放的 γ 角分布被扰动，以上现象称为扰动角关联。基于扰动角关联的、有广泛应用的核物理分析技术为扰动角关联技术。

02.246 正电子湮灭技术 positron annihilation technique

一项较新的核物理技术。利用正电子在凝聚物质中的湮灭辐射带出的物质内部的微观结构、电子动量分布及缺陷状态等信息，从而提供一种非破坏性的研究手段的技术。

02.247 瞬发 γ 射线中子活化分析 prompt gamma ray neutron activation analysis，PGNAA

通过测量中子轰击靶元素产生的寿命约 10^{-14} s 的复合核所释放出来的瞬发 γ 射线进行的定性定量分析。

02.248 现场中子活化分析 in-situ neutron activation analysis

利用中子发生器原位对待测物质进行中子活化的分析方法。中子发生器中最常用的是锎-252 自发裂变的中子源，中子注量率可达到 2.3×10^{12} n/(g·s)。

02.249　带电粒子活化分析　charged particle activation analysis，CPAA

利用试样所带电粒子辐照感生的放射性核素的特征辐射鉴别和测量元素和核素的活化分析方法。用加速器等设备加速带电粒子辐照试样才可使带电粒子克服库仑势垒进入靶核。

02.250　光子活化分析　photon activation analysis，PAA

用加速器或同位素源产生的高能 γ 光子照射样品的活化分析方法。其主要利用的是(γ, γ)、(γ, n)、(γ, 2n)、(γ, p)等光核反应。适用于原子序数较小的轻元素和一些热中子活化分析不灵敏的元素分析，如碳、氟、铜、铅等。

02.251　绝对测量法　absolute measurement method

被测的量可以从仪器上直接读出数值或利用已确定的物理常数对测量值进行处理的方法。其特点是被测量可以直接和标准量进行比较。

02.252　相对测量法　relative measurement method

将待测物与一个标准量相比较而获得量值的测量方法。相对测量法简单方便，适宜于大量重复性测量。

02.253　X 射线发生器　X-ray generator

用位于阴极的灯丝电源为 X 射线管灯丝提供加热电流，当灯丝加热到一定温度时，灯丝中的自由电子溢出并发射出来，利用高压发生器提供的高压加速后形成高能电子流轰击阳极的金属靶，产生 X 射线的装置。

02.254　扩展 X 射线吸收精细结构　extended X-ray absorption fine structure，EXAFS

元素的 X 射线吸收系数在吸收边高能侧 $30\sim1000$ eV 的振荡。由吸收了 X 射线的原子与邻近配位原子相互作用产生，利用傅里叶变换，吸收边高能侧的多个叠加正弦波在

空间按其壳层分开，获得原子间距和配位数等结构信息。

02.255　X 射线吸收近边结构　X-ray absorption near edge structure，XANES；near edge X-ray absorption fine structure，NEXAFS

物质的 X 射线吸收谱中从吸收阈值处的吸收边到吸收边以上约 50 eV 之间的谱结构。是反映物质的局域结构和局域电子特性的主要信息。

02.256　μ 子谱学　muon spectroscopy

研究衰变 μ 子的能谱和 μ 子衰变产生的电子能谱的一门学科。

02.257　[带电]粒子激发 X 射线荧光分析　[charged] particle-induced X-ray emission，PIXE

以带电粒子作激发源的 X 射线荧光分析方法。利用质子、α 粒子或重离子轰击样品，使样品激发出荧光(特征 X 射线)，通过对荧光的测量和分析定性定量分析样品。该方法具有高灵敏度、无损、多元素定量分析、取样量少的特点。可利用锂漂移硅探测器及能谱分析来确定元素的种类，而标识谱线强度可用于确定元素的含量。

02.258　质子激发 X 射线荧光分析　proton-induced X-ray emission，PIXE

利用受质子激发后产生的特征 X 射线的能量和强度来进行物质定性和定量分析的方法。其分析灵敏度可达 10^{-16} g，相对灵敏度可达 $10^{-6}\sim10^{-7}$ g/g。原则上可分析原子序数大于 13 的元素。

02.259　能量色散 X 射线分析　energy dispersive X-ray analysis，EDXA

采用能聚焦的入射电子可以激发初级 X 射线，不同元素发射出来的特征 X 射线波长不

同，能量也不同。利用 X 射线能量不同而开展的元素分析法。

02.260 同步辐射 X 射线荧光分析 synchrotron radiation X-ray fluorescence analysis，SRXRF

采用由加速器产生的同步辐射作光源进行 X 射线荧光分析的方法。与常规 X 射线荧光分析相比，同步辐射具有光通量大、频谱宽、偏振性好等优点，分析灵敏度高，取样量少，分析快，可作微区三维扫描分析给出被测元素的分布特征。

02.261 全反射 X 射线荧光分析 total reflection X-ray fluorescence analysis，TRXF

利用原级 X 射线束能在样品表面产生全反射激发进行的 X 射线荧光分析的方法。是一种超痕量多元素表面分析技术。由于采用全反射 X 射线激发，该方法具有散射本底极低、取样量小、检出限低的优势。

02.262 交叉束技术 cross beam technique

研究电子与原子、分子的交叉束碰撞的实验技术。通过电子与原子、分子的交叉束碰撞及其研究，不仅可以获得原子、分子的各种激发荧光谱，还可以测量原子、分子的各种微分截面、动量转移截面和总截面。

02.263 离子束分析 ion beam analysis

利用加速器产生的带电粒子束轰击材料而发射的 X 射线、γ 射线、粒子等次级辐射，通过次级辐射测量它们的含量、深度分布、沟道效应以反映单晶材料损伤的深度分布和原子定位的分析方法。

02.264 背散射分析 backscattering analysis

通过探测大角散射离子能谱来确定靶物质特性的分析方法。对于一定能量和质量的入射离子轰击靶物质时发生库仑散射，散射离子的能量及其强度同靶核的质量数、含量和散射角有关。具有快速、定量、无损，同时分析多元素的优点。

02.265 沟道效应 channeling effect

入射带电粒子束的方向接近或平行于晶体的某一个主晶轴方向或主晶面方向时，核反应、粒子激发 X 荧光和卢瑟福背散射等近距相互作用呈现概率大大减少，粒子的射程明显增加的强烈方向性的效应。

02.266 核微探针 nuclear microprobe

用于微米尺度组成分析的核装置。高能粒子与样品原子相互作用而释放出射线或粒子，这些射线或粒子的能量和强度分布与样品微区的元素含量和结构状态密切相关。

02.267 阻塞效应 blocking effect

物体在受池壁和池底或筒壁限制的流体中与其在无限流体中运动时，由流场的不同而引起的受力的差异。

02.268 电感耦合等离子体质谱法 inductively coupled plasma mass spectrometry，ICP-MS

以独特的接口技术将电感耦合等离子体的高温电离特性与质谱计的灵敏快速扫描的优点相结合而形成的一种高灵敏度的分析技术。可以分析同位素组成。

02.269 热电离质谱法 thermal ionization mass spectrometry，TIMS

通过加热使原子电离后引入质谱仪进行分析的方法。可以分析从 Li 到 U 的大部分元素。主要用于同位素分析。

02.270 束-箔谱学 beam-foil spectroscopy

基于高速离子穿过箔靶时先被激发，随后退激时放出能量相应的光子这种效应，来研究原子或离子性质的一门学科。研究内容包括原子或离子的光谱、能级、激发态的寿命，原子光谱的精细结构和原子光谱的超精细结构，并由此进一步探讨离子同固体原子的相互作用机制等。

02.271　在束谱学　in-beam spectroscopy

通过测量粒子束与靶核相互作用形成的原子核激发态退激时瞬发 γ 射线，获得核结构信息的一门学科。是研究原子核高自旋态的有力工具。通常指在束 γ 谱学。

02.272　同位素稀释分析　isotope dilution analysis，IDA

将放射性示踪剂与待测物混合均匀后，根据混合前后放射性比活度的变化来计算所测物质的含量的分析方法。如无合适的放射性示踪剂，也可用富集的稳定同位素代替，通过质谱仪分析其稀释前后同位素丰度的变化进行分析。

02.273　逆同位素稀释分析　reverse isotope dilution analysis，RIDA

又称"反同位素稀释分析"。与直接稀释法相反，将稳定同位素加到含有放射性同位素的待测样品中，可以求出样品中原有的稳定同位素载体的含量的分析方法。

02.274　亚化学计量分析　substoichiometric analysis

在标准溶液和用标准溶液进行同位素稀释的待测样品溶液中，分别加入等量少于化学计算量的试剂后，分离出相同部分量的待测物，再通过测量两者的放射性活度而进行定量的一种分析。

02.275　亚化学计量同位素稀释分析　substoichiometric isotope dilution analysis

基于亚化学计量原理的同位素稀释分析。该方法避免了测量分离出的待测样品的质量

或化学效率，大大提高了同位素稀释法的灵敏度。

02.276　无[放射]源探询　passive interrogation

利用外界辐射源检测核材料的分析方法。探测系统不会与检测物直接接触的一种检测方式。无源探询仅用无损的方法得到信息，分析结果并不一定准确。

02.277　有[放射]源探询　active interrogation

利用核材料自身放射性进行核查的分析方法。探测系统与检测物是有相互作用并通过检测待测物质的次级辐射的一种检测方式。包括 X 射线辐照法、γ 扫描和中子辐射探询法。

02.278　有源中子探询　active neutron interrogation

利用中子与物质有相互作用产生次级辐射来检测待测物特性的一种检测方法。包括中子透射/快中子照相法、中子弹性散射法、热中子分析法、快中子分析法、脉冲快/热中子分析法。

02.279　放射电化学分析　radioelectrochemical analysis

利用电化学方法分析电化学池内放射性溶液的组成、含量以及与其电化学性质影响关系而建立起来的一种分析方法。分为电位法、电解法、电导法和伏安法等。该法可定性定量分析有机物或无机物。

02.280　放射量热法　radiometric calorimetry

通过测量放射性物质或放射源的释热功率来确定其放射性活度的一种绝对测量法。在与外界环境没有能量交换的情况下，由物质的比热和温度的变化值求得吸收剂量。

02.281　热色谱法　thermochromatography

利用样品中各组分在色谱柱上吸附性能的

差异，在色谱分离的同时进行热脱附以提高分离效率的一种吸附气相色谱法。

02.282　放射性滴定　radiometric titration
用滴定体积变化的指示点来确定溶液的放射性活度的方法。最简单的放射性滴定法是利用生成难溶性沉淀的指示方法。放射性滴定的准确度与沉淀的溶解度有关，准确度约为±2%。

02.283　放射性电泳　radioelectrophoresis
带电的放射性标记化合物离子在电场作用下沿一定方向迁移而实现分离和鉴定目的的方法。在电场作用下由于被分离物质的离子形式、电荷晕和离子半径不同，而迁移方向和速度不同，从而达到分离的目的。

02.284　放射免疫电泳　radioimmunoelectrophoresis
用放射性核素(通常采用碘-125)标记的抗原(或抗体)作为示踪物，用于免疫电泳对抗原(或抗体)进行定性或定量分析，采用自显像的办法获得检测结果的电泳技术。该方法较之免疫电泳具有更高的检测灵敏度。

02.285　放射性检测　radioassay
对从事放射性操作(包括医用射线诊断与治疗)的场所和人员以及环境(如核试验场、核设施等周围大气、水体和土壤)的放射性污染(包括 α 射线、β 射线、γ 射线和中子等)进行的检测。

02.286　放射计量学　radiometrology
探测射线穿过物质时产生的离子、电子和光子这些二级产物的学科。放射性计量工作包括制备放射源，即放射性计量标准、死时间测量、α 粒子能谱测量、X 射线与 γ 射线的测量和照射量标准的建立、吸收剂量的计量、中子测量等。

02.287　放射性受体分析　radioreceptor assay
利用受体与其配体结合的特异性以及放射性检测的灵敏性而建立的一种微量生物分析方法。通常是将放射性核素(如碘-125、氚等)标记于配体上进行分析检测。此分析方法广泛地应用于药物研究、临床诊断等领域。

02.288　穆斯堡尔谱仪　Mössbauer spectrometer
用于测定物质 γ 射线无反冲共振吸收效应的仪器。是由穆斯堡尔效应的同位素 γ 源、记录 γ 射线的探测器、电子线路以及使放射源移动的驱动装置等组成的系统。测量穆斯堡尔效应的方法有透射法和背散射法两种，具有分辨率高、灵敏度高、不受其他核和元素干扰的特点，适用于含一定量 Fe、Sn 的样品，可以提供价态、化学键性、阳离子占位和有序-无序分布、配位结构、磁性和相分析等方面的信息。

02.289　放射性配基分析　radioligand binding assay，R[L]BA
放射性配基结合到受体上而对受体进行研究的方法。受体是细胞膜或细胞内一些能与生物活性分子，如神经递质、激素、蛋白质抗原以及药物或毒素等相互作用的大分子。受体的放射性配基大多是氚标记物。

02.290　瞬发辐射分析　prompt radiation analysis
基于由核反应产生的瞬发辐射的探测进行元素组成分析的方法。主要有(n, γ), (γ, γ′)和(p, γ)等，尤以(n, γ)核反应的截面高、入射中子和出射的瞬发 γ 辐射有良好的穿透率作为常用的辐射分析。

02.291　放射性释放测定　radio-release determination
对释放到环境中的含有放射性核素的气体、液体或固体物质中放射性活度或含量的测定。

02.292　放射极谱法　radiopolarography
通过测定电解过程中所得到的极化电极的电流–电势(或电势–时间)曲线来确定溶液中被测放射性物质浓度的一类电化学分析方法。包括控制电势极谱法和控制电流极谱法两大类。

02.293　放化传感器　radiochemical sensor
利用待测样品中放射性射线与敏感性的化学物质相互作用，将其放射性射线转换为电信号而进行监测的仪器。一般由微型柱、电子学测量系统及分析处理系统组成，可实现放射性在线监测。

02.294　放射化学分析　radiochemical analysis
简称"放化分析"。利用适当的方法分离纯化样品后，通过测量放射性来确定样品中所含放射性物质数量的技术。

02.295　激光共振电离质谱法　laser reso-nance ionization mass spectrometry
将激光共振电离质谱学与质谱学结合起来产生的一种新的分析方法。其原理是在激光光子作用下，样品分子或原子吸收一个或几个激光光子后，激发到某一个激发态，然后再吸收一个光子使之电离，得到正离子或离子对。由于激光的波长和能量可以进行适当调节，所以其能有选择性地电离，实现高含量同量异位素存在下痕量核素的同位素分析。

02.296　同位素年代测定　isotope dating
利用放射性同位素衰变规律来测定某种物质所经历时间的方法。常采用的方法有 ^{238}U-^{208}Pb 法、^{232}Th-^{208}Pb 法、^{40}K-^{40}Ar 法和 ^{14}C 法等。

02.297　活化分析　activation analysis
用一定能量和流强的中子、带电粒子或者高能 γ 光子轰击试样，使待测原子受激活化，然后测定由核反应生成的放射性核素衰变时放出的缓发辐射，或者直接测定核反应时放出的瞬发辐射，从而实现核素及元素定性和定量分析的方法。

02.298　液体闪烁计数法　liquid scintillation counting
通过液体闪烁探测器测定放射性活度的方法。把放射性溶液直接均匀混合于闪烁液中，辐射粒子直接和闪烁液作用，也是一种计数法。

02.299　切连科夫计数法　Cerenkov counting
利用高速带电粒子在透明介质中产生的切连科夫效应来测量放射性活度的方法。常常利用切连科夫计数法来测定复杂核素中 ^{90}Sr 活度，且不需放化分离。

02.05　环境放射化学

02.300　环境放射化学　environmental radio-chemistry
研究放射性核素在环境介质(如大气、土壤、水体等)中的输运、扩散、沉降以及吸附、迁移、转化、富集、载带等过程行为及相关的热力学、动力学、氧化还原、结构变化、种态变化等行为规律的一门学科。是放射化学的一个重要分支学科。

02.301　海洋环境放射化学　marine environ-mental radiochemistry
研究海洋中放射性元素(核素)的含量分布和存在形式，并通过含量分布的时空变化研究海水中放射性核素的来源、归宿、迁移变化规律以及海洋中可能的储量的一门学科。海洋环境放射化学具有地域特征。

02.302　放射性核素海洋输运　marine transport of radionuclides
海洋中的放射性元素或核素以离子态、胶体或颗粒态形式，在海洋环境中经物理(混合、扩散)、化学(吸附、絮凝、解吸、沉降)、生物(吸收、吞食、排遗)、地质(成矿、埋藏)等作用过程的运动。

02.303　放射性核素化学形态　species of radionuclide
又称"放射性核素化学种态"。在确定的环境条件下，放射性核素以确定的价态和组成形成的分子或离子。环境中的放射性核素的浓度一般较小，在极低的浓度条件下，放射性核素的种态分布可能与其常量同位素的化学形态分布不尽相同。

02.304　放射性核素化学形态分析方法　analysis method for species of radionuclide
又称"放射性核素化学种态分析方法"。测定放射性核素种态的分析方法。如在某水溶液体系中，综合利用光谱、质谱和放射性测量技术定量或定性地给出某种核素的种态及其相对含量的方法。

02.305　放射性核素岩体扩散　diffusion of radionuclide in rock formation
放射性核素在岩矿表面发生吸附，向岩石基体内部微孔、裂隙中渗透、迁移等的过程。

02.306　放射性核素水环境微观反应　microscopic reaction of radionuclide in aqueous environment
放射性核素在水环境中由于体系组成、酸度、温度、氧化还原电势、CO_2浓度等条件影响而发生的溶解、沉淀、吸附、解吸、氧化还原、络合、离子交换、胶体形成等物理化学变化。

02.307　水解反应　hydrolysis reaction
无机离子或有机分子与水分子发生的反应。反应中无机离子与H—OH断键生成的H^+或OH^-之一结合，有机分子基团与—OH基团结合。

02.308　氧化−还原　oxidation-reduction
反应物间发生的电子迁移(转移或偏移)使元素价态发生变化的过程。

02.309　吸附−解吸　adsorption-desorption
吸附是指物质从体相富集到表(界)面上的现象。吸附是一种界面现象，可在各种界面(如固−气、固−液、液−液、液−气等界面)上发生。解吸是吸附的逆过程。它指所吸附的组分(气体或溶质)从吸附剂上释放出来。

02.310　沉淀−溶解　precipitation-dissolution
当水与固体表面接触时，同时发生固体的风化和溶解的过程。在溶液中，固体矿物质被不断溶解直到达到平衡或者所有的矿物质被消耗，随后将导致矿物质的沉淀。矿物质的沉淀和溶解与溶液的温度、压力、盐度和酸度密切相关。

02.311　晶格置换　lattice substitution
在黏土矿物晶体中，一部分阳离子被另外的阳离子所置换，而晶体结构不变，产生过剩电荷的现象。

02.312　放射性污染环境修复　remediation for radioactivity-contaminated environment
根据放射性污染的程度、污染核素种类、环境化学特性、沉积特性等采用自然衰减消除、化学修复、物理修复、植物修复、微生物修复或多种联合修复方法对污染环境进行治理使环境的污染程度降低或达到无污染的原有状态的过程。

02.313　放射性污染环境　radioactivity-contaminated environment
由于人类活动导致放射性核素经扩散、迁

移、转化或累积于环境中，放射性物质含量超过国家标准的环境。对人类或其他生物的正常生存和发展造成影响。

02.314 铀矿山环境污染 environmental pollution from uranium mines
铀矿山开采、铀矿冶炼等过程产生的放射性物质及铀矿冶炼过程中添加的化学试剂导致周围环境中放射性元素和重金属含量增高的过程。

02.315 大气放射性污染 radioactivity-contaminated atmosphere
人类核试验、核能开发、核技术应用等核活动及核事故等过程向大气环境中释放放射性核素，造成放射性核素含量高于相应法规标准的规定的，导致环境污染的现象。

02.316 地表水放射性污染 radioactivity-contaminated surface water
人类活动排放出的放射性污染物进入地表水体，使水体的放射性水平显著高于本底或超过国家规定的标准的现象。土壤、地下水等环境介质中的放射性核素也可能迁移扩散到地面水中，造成地面水污染。

02.317 土壤放射性污染 radioactivity-contaminated soil
放射性核素由于核设施异常排放，或者通过大气沉降、水体迁移等途径进入土壤，使土壤放射性水平高于本底或超过国家规定的标准的现象。污染物进入土壤后，可通过食物链进入生物圈，威胁人类或其他物种的生命安全。

02.318 核电站周边放射性污染 radioactive contamination around the nuclear power plant
由核电厂放射性物质(废气、废水等)的异常排放或者核事故所造成的核电站周边一定范围内的放射性污染。放射性核素的种类根

据情况不同，可能包括放射性碘、锶、铯等。

02.319 放射性污染环境治理 radioactivity-contaminated environment governance
采用物理、化学、生物技术手段或综合措施，对污染的大气、水体和土壤中放射性污染核素进行治理的过程。

02.320 氡的污染 radon pollution
矿石、土壤、水体、建筑材料等介质释放的氡(Rn)散布在空气中，造成空气中氡的含量高于国家标准规定的水平的现象。空气中氡污染可对人体造成内照射危害。天然放射系衰变产生的氡有氡-219、氡-220、氡-222，氡-222是人受天然照射的最主要来源。

02.321 氡的治理 radon control
采取有效措施降低环境或工作场所中氡含量的方法。如矿石场降氡措施有通风、密闭、控制污染、排除矿坑水、清除堆积的矿石等。环境氡的控制措施有居住选址避开高氡本底地区，住宅、公共建筑物选择符合要求的建筑材料，加强房间通风换气等。

02.322 污染地表水净化 purification of contaminated surface water
采用沉淀、吸附、化学破坏等方法对污染的地表水进行处理，使污染地表水达到原有的无害水平或符合相关标准的规定的过程。地表水污染包括放射性核素污染、重金属污染以及有机物污染等。

02.323 植物修复 phytoremediation
通过植物的吸收、挥发、根滤、降解、稳定、富集等作用，使土壤或水体中污染物含量降低的治理措施，达到净化环境的目的。

02.324 辐射环境直接测量 direct environmental measurement of radiation
利用便携式或车载式γ能谱仪器、剂量率仪

或者热释光剂量计等设备对环境就地进行辐射水平测量，通常主要是针对γ辐射水平的测量，以得到所处环境放射性核素含量或者辐射水平值的方法。

02.325　环境放射化学分析　radiochemistry analysis of radioactivity in environment

对环境介质中放射性核素的含量、浓度、化学形态等进行的分析测定。环境样品的特点是基体量大、成分复杂和待测物质浓度低。通常需要对样品进行预处理、浓集、分离和纯化等，最后用质谱法测定含量或用放射性测量方法测定其放射性活度，是放射化学分析的重要组成部分。

02.326　环境样品前处理　pretreatment of environmental sample

环境样品在分析测试前进行预先处理的过程。水样可采用酸化、冷冻、添加载体或稳定剂、过滤澄清等方法。土壤样品须经风干、研磨过筛及恒温烘烤处理。生物样品经灰化、熔融处理。目的在于缩小样品体积或质量，破坏有机物，使待测组分转入溶液中。

02.327　环境样品中放射性核素分离纯化　separation and purification of radionuclide in environment sample

采用溶剂萃取、离子交换、萃取色层等方法从预处理后的环境样品中对目标核素进行富集和提取，并实现与基体或干扰元素分离的化学过程。化学分离纯化方法的选择主要取决于样品的放射性强度和最终使用的测量技术。

02.328　环境样品放射性测量　radioactive measurement of environmental sample

环境样品中目标核素含量低，按照其衰变特性，可采用α-能谱法、光子闪烁法、液体闪烁法、径迹法等放射性测量方法对其放射性活度进行的测定。

02.329　环境水中放射性分析与测量　radioanalysis and measurement of environmental water

对环境水样品通过介质调整、蒸发浓缩或沉淀法等前处理，萃取法、离子交换法或萃取色层法等富集纯化方法，得到分离纯化后的样品后采用能谱法或质谱法实现目标核素放射性活度或含量分析测定的方法。

02.330　生物中放射性分析与测量　radioanalysis and measurement of organism

针对生物样品采用灰化、溶解、浸取等前处理步骤，萃取法、离子交换法或萃取色层法等富集纯化过程，并采用能谱法或质谱法实现目标核素放射性活度或含量分析测定的方法。

02.331　土壤与岩石中放射性分析与测量　radioanalysis and measurement of soil and rock

对土壤、岩石样品先经风干、研磨过筛、恒温烘烤，再进行全溶解、浸取法或熔融法的前处理步骤，之后选用萃取法、离子交换法或萃取色层法等富集纯化过程，最终采用能谱法或质谱法实现目标核素放射性活度或含量分析测定的方法。

02.332　放射性核素大气扩散模型　diffusion model for radionuclide in atmosphere

应用数学方法来描述放射性核素污染物与大气环境之间的扩散关系。扩散模型包括统计模型、箱模型、数值模型、高斯模型等。大气扩散模型是大气环境管理的有力工具和重要手段，对环境管理、评价、规划和预测可提供坚实的科学基础。

02.333　放射性核素地表水迁移　migration of radionuclide in surface water

放射性核素在地表水体中因机械、物理、化学或生物作用，发生空间位置的相对移动的方式。物理迁移是放射性核素由水流动导致的弥散或沉积与再悬浮,化学迁移是放射性核素在水中的水解、络合、氧化还原等过程,生物方式是水生生物对放射性核素的吸附、吸收、代谢及转化等。

02.334 放射性核素生态链转移 transfer of radionuclide in ecological chain

放射性核素在生态链中的转移途径如下:大气→植物→人或动物→人或大气→沉降至土壤→植物→人或动物→人;水体→水生植物或鱼→人或水体→土壤→人或动物→人。另外,某些放射性物质容易在某些生物中表现出明显的浓集作用。

02.335 剂量模型 dose model

为计算外照射或内照射对人体造成的剂量而建立的数学模型。通常,需要对外照射的几何条件作出必要的简化假设,引入适当的剂量转换因子来估算外照射剂量;内照射则针对不同器官赋予不同的组织权重因子,进而估算全身有效剂量。

02.336 剂量转换系数 dose conversion coefficient

防护量与粒子注量或者粒子对应的自由空气比释动能 K 之间的转换系数。用于人体有效剂量和器官当量剂量的计算和防护评价。

02.337 环境中的氚 tritium in environment

地球表面和大气层中存在的本底氚。

02.338 环境中氚的分布 distribution of tritium in environment

环境介质(如大气、水体和土壤)中氚的分布。包括氚的化学形态和氚的浓度等要素。

02.339 环境中氚的存在形态 species of tritium in environment

大气中的氚主要以含氚水(HTO)、元素态氚(HT 或 T_2)和氚化碳氢化合物(CH_3T)形态存在;水体中的氚主要以氚水(T_2O 或 HTO)形式存在;生态系统中的氚主要以组织自由水氚(TFWT)和有机结合氚(OBT)形式存在。

02.340 氚在环境中的迁移和转化 migration and transformation of tritium in environment

氚在环境中因机械、物理、化学或生物作用,发生空间位置的相对移动(即氚的迁移),以及存在形式或存在状态的转变(即氚的转化)的过程。

02.341 氚的生物转移 biological transfer of tritium

存在于大气、水体、土壤等环境中的各种形态的氚通过食物链迁移而转移到生物和人体的过程。

02.342 环境中氚的分析 tritium analysis in environment

对分布在环境水、大气(或空气)、土壤沉积物和生物体中的各种形态的氚的取样测量的过程。分析目标包括含氚水(HTO)、有机结合氚(OBT)、含氚的氢气(HT)等。

02.343 大气中氚的测量 tritium measurement in atmosphere

大气中的氚可通过鼓泡器、无动力采样器(干燥剂吸附或冷阱捕集器)取样处理后,用液体闪烁计数法进行测量,也可通过电离室或正比计数器进行实时测量。

02.344 环境水中氚的测量 tritium measurement in environmental water

利用高灵敏度液体闪烁计数方法等对环境水中的氚进行测量。

02.345 生物体中氚的分析与测量 tritium analysis and measurement in organism

通过适当方法将生物样品中的有机结合氚

(OBT)转化为含氚水(HTO)后,用液闪测定其中的氚含量。

02.346 环境中氚的生物效应 biological effect of tritium in environment
环境中的氚引起生物种属的聚集、生化改变、细胞变异、致畸、致癌、遗传改变等的生物效应。

02.347 氚的致癌效应 carcinogenic effect caused by tritium
氚的电离辐射作用于生物细胞,引起细胞基因改变或基因的调控、表达改变,导致恶性肿瘤发生的效应。

02.348 氚的致畸效应 teratogenic effect caused by tritium
氚的电离辐射作用,引发生物体畸变、子代发育缺陷的效应。

02.349 氚的遗传效应 genetic effect caused by tritium
氚的电离辐射作用于遗传细胞,引起遗传细胞的存活率改变、细胞突变、胚胎发育障碍、子代发育不良等与遗传相关的生物效应。

02.350 放射生态学 radioecology
研究环境中放射性物质在生态系统中迁移、转化规律及其与生态系统和人类健康关系的一门学科。

02.351 放射性核素在生态系统中的转移 radionuclide transfer in econological system
放射性核素在生态系统食物链中由低营养级向高营养级生物通过摄食等过程发生转移的方式。该转移模式可表示为:非生物物质中的放射性核素→植物→动物→人,人是这种转移模式的最后一个环节。

02.352 气载放射性核素在陆地生态系统的转移过程 airborne radionuclide transfer process in terrestrial ecosystem
放射性核素以气溶胶形式随载气扩散后经沉降转移到陆地生态系统,进入土壤-植物系统中的过程。

02.353 核素在土壤-植物系统的转移过程 radionuclide transfer process from soil to plant
核素因植物根系吸收从土壤迁移到植物体内,并在植物体内转移;因植物新陈代谢、死亡回到土壤;以及随土壤中水分运动在土壤中迁移的过程。

02.354 核素土壤-植物转移系数 radionuclide transfer coefficient from soil to plant
农作物通过其根系对土壤中各核素吸收能力的大小。符号为 CR。可表示为:CR=单位质量(干重)作物中元素的浓度/单位质量(干重)土壤中元素的浓度。

03. 核 聚 变

03.01 核聚变基础

03.001 能量得失相当条件 breakeven condition
又称"零能量盈亏堆条件(zero-energy break-even reactor condition)"。在核聚变产生的高能量带电 α 粒子被完全约束在聚变堆中加热等离子体的条件下,聚变堆释放的总功率通过热电转换产生的电功率等于聚变堆中等离子体的损失功率时，等离子体的密度 n、能量约束时间 τ_E 和温度 T 所满足的条件。其数学表达式为 $\eta(P_n+P_r+P_t)=P_r+P_t$，其中，$P_n$ 为聚变中子的功率，P_r 和 P_t 分别为辐射损失功率和热传导损失功率，η 为热电转换效率。

03.002　聚变点火条件　fusion ignition condition

简称"点火条件(ignition condition)"。又称"自持燃烧条件(self-sustaining burning condition)"。核聚变产生的带电高能量 α 粒子对等离子体的自加热足以平衡其能量损失时，等离子体的密度 n、能量约束时间 τ_E 和温度 T 所满足的条件。其数学表达式为 $P_\alpha=P_b+P_L$，式中 P_α 是 α 粒子加热等离子体的功率，P_b、P_L 分别为等离子体轫致辐射损失功率及由热传导和从等离子体中逃逸的粒子引起的损失功率。

03.003　聚变电厂　fusion power plant

利用核聚变能发电的电厂。

03.004　聚变反应堆　fusion reactor

简称"聚变堆"。能维持稳定的可控核聚变反应，并有能量增益输出的核聚变装置。

03.005　聚变能量增益因子　fusion energy gain factor

聚变反应产生的能量与维持聚变反应所消耗的能量之比。分为物理增益因子 Q 和工程增益因子 Q_E，其定义分别为：Q=(总输出热能–加热能量输入)/加热能量输入，Q_E=(总输出电能–电能输入)/电能输入，其间的关系近似为：Q=10 对应 Q_E=1.8，Q=2.9 对应 Q_E=0。

03.006　聚变–裂变混合堆　fusion-fission hybrid reactor

利用聚变反应堆芯部产生的聚变中子在含有可裂变物质的聚变堆包层中引起核裂变的装置。可用于产生易裂变燃料、嬗变核废物并获得能量增益。

03.007　聚变实验装置　fusion experimental device

用于开展受控聚变研究的实验设施。

03.008　聚变示范堆　fusion demonstration reactor，fusion DEMO reactor

又称"聚变演示堆"。有足够的净功率输出，用以验证关键技术(材料、燃料自持)、安全性、经济性等的聚变反应堆。

03.009　聚变中子学　fusion neutronics

研究核聚变所产生的中子在介质中的运动及其与介质的相互作用的一门科学。

03.010　劳森判据　Lawson criterion

又称"劳森条件(Lawson condition)"。理想循环的聚变堆中，聚变堆能释放的总功率通过热电转换产生的电功率等于聚变堆中等离子体的损失功率时，等离子体的密度 n、能量约束时间 τ_E 和温度 T 所满足的条件。其数学表达式为 $\eta(P_{fu}+P_r+P_t)=P_r+P_t$，其中，$P_{fu}$ 为聚变产生的功率，P_r 和 P_t 分别为辐射和热传导损失功率，η 为热电转换效率。

03.011　冷等离子体模型　cold plasma model

等离子体的一种近似模型，用于研究热效应可以忽略的物理过程。

03.012　屏蔽包层　shielding blanket

聚变堆中用于屏蔽中子和 γ 射线，保护磁体和结构材料的包层。

03.013　强耦合等离子体　strong coupled plasma

高密度低温等离子体，其带电粒子间的平均库仑势能大于平均动能。

03.014 聚变燃料循环 fusion fuel cycle

聚变燃料的注入、回收、增殖、提取和再注入。

03.015 燃烧等离子体 burning plasma

在其中发生的核聚变产生的高能量带电粒子(如氘-氚反应产生的氦核)的能量在维持聚变反应中起主导作用的等离子体。其中，其他加热可以显著减少甚至完全关断。

03.016 热核等离子体 thermonuclear plasma

能实现核聚变反应的高温高压等离子体。

03.017 热核聚变 thermonuclear fusion

高温等离子体中发生的核聚变。

03.018 弱电离等离子体 weakly ionized plasma

电离度很低，带电粒子与中性粒子的碰撞在系统动力学中起决定作用的等离子体。

03.019 弱耦合等离子体 weakly coupled plasma

低密度高温等离子体，其带电粒子的平均动能大于平均库仑势能。

03.020 受控热核聚变 controlled thermal nuclear fusion

反应过程可以人为控制，聚变能以非爆炸的形式释放的热核聚变。

03.021 增殖包层 breeding blanket

聚变堆中，通过中子轰击锂产生聚变燃料氚并可提取聚变能量的外部结构层。

03.022 占空因子 duty factor

有效功率输出时间占总运行时间的份额。

03.023 自持燃烧 self-sustaining burn

不需要由外部输入能量，完全由聚变阿尔法粒子维持持续运行的聚变反应。

03.024 阿尔芬波 Alfven wave

磁化等离子体中的低频电磁波。其相速度称为阿尔芬速度，由阿尔芬在 1942 年研究宇宙动力学时发现。

03.025 阿尔芬速度 Alfven velocity

阿尔芬波的相速度。$v_A = B/(\mu_0\rho)^{1/2}$，其中 B、μ_0 和 ρ 分别为磁感应强度、真空磁导率和等离子体密度。

03.026 弗拉索夫方程 Vlasov equation

又称"无碰撞玻尔兹曼方程(collision-free Boltzmann equation)"。无碰撞等离子体速度分布函数满足的动理学方程。

03.027 福克尔-普朗克方程 Fokker-Planck equation

考虑带电粒子间由库仑力引起的长程、小角度两体碰撞时，等离子体的速度分布函数满足的动理学方程。

03.028 等离子体激元 plasmon

在金属和电介质的交界面上由受激电子和其产生的场组成的准粒子结构。

03.029 电子等离子体波 electron plasma wave

又称"朗缪尔波(Langmuir wave)"。通过电子的热可压缩性传播的频率为电子等离子体频率的高频静电波。

03.030 电子等离子体频率 electron plasma frequency

等离子体的基本特征频率。描述等离子体中的电子对扰动的响应的时间尺度，$\omega_{pe} = (n_e e^2/\varepsilon_0 m_e)^{1/2}$，其中 n_e、e 和 m_e 及 ε_0 分别是等离子体的电子密度、电子的电荷和质量及真空介电常数。

03.031　对流不稳定性　convective instability
有电子和中性粒子碰撞的等离子体中，由与磁场平行的电流和与磁场垂直的等离子体密度梯度的耦合引起的不稳定性。

03.032　长谷川−三间方程　Hasegawa-Mima equation
描述二维非均匀磁化等离子体中静电湍流的最简单模型方程。密度响应假设为绝热，只考虑电势扰动引起的漂移运动，$\mathrm{d}\left(\rho_i^2\nabla_\perp^2\phi\right)/\mathrm{d}t-\partial\phi/\partial t=0$，其中，$\mathrm{d}(\cdot)/\mathrm{d}t=\partial(\cdot)/\partial t+(1/B)\left[\phi,(\cdot)\right]$，$B$ 为磁场，ρ_i 为离子回旋半径，ϕ 为扰动电势，$[A,B]$ 为 Poisson 括号。

03.033　波玻格基伊理论　BBGKY theory
研究普通气体非平衡态统计性质的动理学理论。由波哥留波夫(Bogolyubov)、玻恩(Born)、格林(Green)、基尔伍德(Kirkwood)和伊万(Yvon)等人发展，也用于研究等离子体多体相互作用。

03.034　伯格克模　Bernstein-Greene-Kruskal mode
又称"BGK 模(BGK mode)"。一种稳态非线性静电振荡。由波捕获粒子引起的速度分布函数在波相速度附近的平化维持。

03.035　Chodura 鞘层判据　Chodura sheath criterion
磁场与器壁斜交时器壁附近形成鞘层的条件。即离子垂直于器壁的速度等于或大于声速(离子平行于磁场的速度大于声速)。

03.036　多流体理论　multi-fluid theory
把多组分等离子体的每一种组分(电子、不同组分的离子)各自当成一种流体处理的理论。

03.037　非中性等离子体　non-neutral plasma
电子的总电荷和离子的总电荷不相等的等离子体。

03.038　等离子体焦点　plasma focus
将等离子体枪和箍缩相结合产生高温度($3\sim4$ keV)、高密度(10^{23} m^{-3})、短脉冲(100 ns)聚变等离子体的一种途径。

03.039　放电清洗　discharge cleaning
通过等离子体放电，清除吸附在第一壁上的原子的方法。这些吸附原子会因入射离子、中性粒子、电子和光子而解吸，导致等离子体中杂质积累或密度失控。

03.040　伪聚变中子　false neutron
在聚变实验装置中，不是由聚变反应直接产生的中子。

03.041　非热发射　non-thermal emission
偏离麦克斯韦分布的超热粒子产生的电磁波或光发射。

03.042　朗道阻尼　Landau damping
当波的相速度与等离子体中粒子的运动速度相近时，由波和粒子的共振相互作用引起的波的阻尼。是无碰撞等离子体中的一种重要的阻尼机制，由苏联物理学家朗道发现。

03.043　广义欧姆定律　generalized Ohm's law
包含霍尔效应、电子逆磁和电阻的欧姆定律。

03.044　极限环振荡　limit cycle oscillation
由等离子体压强梯度、湍流和带状流之间的非线性相互作用引起的等离子体参数的振荡。

03.045　静电振荡　electrostatic oscillation
只有扰动电场，没有扰动磁场的振荡。一般发生在低温或低比压等离子体中。

03.046　单流体理论　single fluid theory
把多组分等离子体当成一种流体处理的理论。

03.047 射线轨迹跟踪 ray tracing
又称"光路跟踪"。用几何光学近似的方法计算电磁波在等离子体中的传播、吸收和反射的一种方法。

03.048 双流体理论 two fluid theory
把电子和离子各当成一种流体处理的理论。适用于电子和离子之间没有达到热动平衡的等离子体。

03.049 低温等离子体 low temperature plasma
含电子、正离子、负离子、激发态的原子或分子、基态的原子或分子，并表现出集体行为的准中性电离气体。电子温度一般在几电子伏特至几十电子伏特之间。

03.050 冷等离子体 cool plasma
表观温度接近或略高于环境温度，电子温度远高于离子温度的低温等离子体。含有大量高能量的电子(最高达几十电子伏)、离子、活性粒子，具有极高的活性，在微电子、表面工程、功能薄膜制备、环保及消毒灭菌等方面有许多应用。

03.051 热等离子体 thermal plasma
温度最高为几十电子伏特，处于局部热力学平衡状态的低温等离子体。

03.052 尘埃等离子体 dusty plasma
由纳米到微米量级的尘埃颗粒沉浸在电离气体中所组成的等离子体。

03.053 平衡等离子体 equilibrium plasma
电子温度与离子、气体温度大致相等，宏观上处于完全热力学平衡状态的等离子体。一般气体压力在1个标准大气压附近，主要在环保、焊接、切割、材料熔炼等领域应用。

03.054 非平衡等离子体 non-equilibrium plasma
电子温度远远高于被电离气体及离子温度

的等离子体。主要用于薄膜制备、表面工程、消毒灭菌等。

03.055 低气压等离子体 low pressure plasma
在小于1个标准大气压条件下产生的等离子体。一般由直流辉光放电、中频放电、射频放电、微波放电和电弧放电等方式产生，主要应用于薄膜制备、表面工程等领域。

03.056 常压等离子体 atmospheric pressure plasma
在接近1个标准大气压条件下产生的等离子体。一般由介质阻挡放电、电晕放电、射频放电、冷射流放电、微空心阴极放电、滑动弧等方式产生，主要应用于环保、材料制备等领域。

03.057 等离子体物理气相沉积 plasma physical vapor deposition
在真空条件下，利用加热或等离子体过程将材料源(固体或液体)表面气化成气态原子、分子或部分电离，并将其沉积到基体表面构成具有特殊功能的薄膜的技术。

03.058 等离子体化学气相沉积 plasma chemical vapor deposition
利用等离子体激活反应气体，在基体表面或近表面空间进行化学反应并生成固态薄膜的技术。

03.059 微弧氧化 microarc oxidation
全称"微弧等离子体氧化(microarc plasma oxidation)"。对放置在电解液中的金属或合金施加负偏压，通过调节电解液成分与相应电参数，依靠弧光放电产生的瞬时高温高压条件，在金属或合金表面生长出以基体金属氧化物为主的陶瓷膜层的过程。

03.060 等离子体化学 plasma chemistry
研究低温等离子体条件下化学反应的一门

化学分支学科。

03.061　等离子体刻蚀　plasma etching
利用等离子体中离子、游离基和中性原子团与材料之间的物理溅射和化学反应来蚀刻材料表面的方法。

03.062　等离子体活化　plasma activation
通过等离子体处理来改变材料表面润湿性、浸渍性、可涂覆性和黏合性等性质的方法。

03.063　等离子体消毒灭菌　plasma sterilization
利用低温等离子体中处于亚稳态的活性粒子、电子和发出的紫外线杀死细菌和病毒，

以达到消毒灭菌目的的方法。

03.064　等离子体医学　plasma medicine
使用等离子体来取代或者辅助药物和传统的医疗手段的医学分支。是一门涉及等离子体物理、生命科学和临床医学的多学科性医学。

03.065　等离子体隐身　plasma stealth
在武器装备部件周围形成等离子云来实现规避电磁波探测的一种隐身技术。

03.066　等离子体天线　plasma antenna
利用等离子体(或电离气体)来作为传导电磁能量介质的新型天线。

03.02　磁约束聚变

03.067　环向磁场　toroidal magnetic field
又称"纵向磁场(longitudinal magnetic field)"。在环形磁约束装置(托卡马克、仿星器等)中沿大环方向的磁场。

03.068　环状磁场位形　toroidal magnetic configuration
磁力线构成嵌套闭合环面系统的磁场位形。

03.069　反场箍缩　field reversed pinch
利用反场位形约束和压缩加热等离子体的一种聚变研究装置。其特点是具有低本底磁场、高等离子体电流和比压。

03.070　反场位形　field reversed configuration
在放电过程中，本底磁场的方向发生反转的磁场位形。

03.071　托卡马克　Tokamak
一种环形磁约束聚变研究装置。其约束磁场由外部线圈和等离子体电流共同提供，具有

轴对称性。

03.072　等离子体比压　plasma pressure ratio
又称"β 值(β value)"。等离子体的动力压强(nT)与约束磁场的压强($B^2/2\mu_0$)之比。

03.073　磁化等离子体　magnetized plasma
磁场对其性质和运动起决定作用的等离子体。

03.074　磁阱　magnetic well
磁场强度沿磁力线不均匀的磁位形中的弱磁场区域。

03.075　磁镜　magnetic mirror
磁场强度中间低两端高的直线磁场位形。带电粒子在两端高磁场区域之间来回反弹，可减少端损失。

03.076　仿星器　stellarator
又称"螺旋器(helitron)"。一种环形磁约束聚变研究装置。其约束磁场完全由外部线圈

提供，具有螺旋对称性。

03.077　磁约束装置　magnetic confinement device
用磁场来约束等离子体的各种装置(如托卡马克、仿星器、磁镜、反场箍缩等)的总称。

03.078　国际热核聚变实验堆　International Thermonuclear Experiment Reactor，ITER
世界上第一个大型的以氘-氚等离子体放电为主的托卡马克热核聚变实验反应堆。用于验证和平利用核聚变能的科学可行性和部分工程可行性，由中国、欧盟、印度、日本、韩国、俄罗斯和美国七方合作建造，建在法国的卡达拉奇。

03.079　磁分界面　magnetic separatrix
封闭磁面区和开放磁面区的分界面。

03.080　磁场冻结　magnetic field frozen
在垂直于磁场的方向，导电流体和磁力线黏附在一起的现象。

03.081　磁场剪切　magnetic shear
简称"磁剪切"。磁力线斜率在垂直于磁场方向的变化率。

03.082　磁场位形　magnetic configuration
约束等离子体的磁场结构。

03.083　磁岛　magnetic island
由共振扰动磁场在有理磁面上产生的岛状磁面结构。

03.084　磁岛偏滤器　magnetic island divertor
有磁岛结构的偏滤器。

03.085　安全因子　safety factor
表征磁力线的倾斜角的物理量。因其为等离子体稳定性的一个度量而得名。

03.086　磁通量面　magnetic flux surface
简称"磁面(magnetic surface)"。由磁力线构成的面。其上任何一点的法线都与该点的磁力线正交。

03.087　磁螺旋度　magnetic helicity
表征磁场的螺旋特性的物理量。为磁矢势 A 与磁感应强度 B 的标积对一个封闭磁面包围的体积 V 的体积分，即 $K = \int_V A \cdot B \mathrm{d}r$。磁螺旋度在理想磁流体中是守恒量。

03.088　磁马赫数　magnetic Mach number
等离子体的流体速度与阿尔芬速度之比。

03.089　磁雷诺数　magnetic Reynolds number
磁场在等离子体中的扩散时间与阿尔芬波在等离子体中的传播时间之比。$S_M = \tau_R / \tau_A$，与磁黏滞系数成反比。

03.090　磁通管　magnetic flux tube
全称"磁通量管"。由磁力线构成的管，其表面上任何一点的法线始终与该点的磁力线正交。

03.091　磁通函数　magnetic flux function
只依赖于磁通量的各种物理量的表达形式。

03.092　磁轴　magnetic axis
磁约束聚变等离子体嵌套型闭合磁面结构中半径最小的磁面之中心。

03.093　环径比　aspect ratio
环形等离子体的大半径与小半径之比。

03.094　等离子体拉长比　plasma elongation
等离子体横截面的长轴与短轴之比。

03.095　极向磁场　poloidal field
在环状磁场位形中，在小环方向的磁场分量。

03.096　剪切磁场　shearing field
磁力线斜率在垂直于磁场方向有变化的磁场。

03.097　紧凑环　compact torus
环径比小于 2 的轴对称环状位形。

03.098　开端磁场位形　open magnetic configuration
磁力线在其中不闭合的磁场位形。比如磁镜。

03.099　球马克　spheromak
一种紧凑的轴对称环形磁约束聚变研究装置。其环向磁场由通过稳态电流驱动获得的等离子体电流产生，没有环向场线圈和欧姆变压器，因其真空室具有球形拓扑结构而得名。

03.100　球 形 环　spherical torus，spherical Tokamak，ST
一种低环径比的托卡马克，一般环径比在 1.5 左右，且通常拉长比较大。

03.101　旋转变换角　rotational transform angle
在环状磁场位形中，磁力线绕大环一周时其在小环方向所改变的角度。数值上等于安全因子的倒数乘 2π。

03.102　有理磁面　rational magnetic surface
磁力线在小环和大环方向各绕整数(m 和 n)圈后闭合，安全因子为有理数 $q=m/n$ 的磁面。

03.103　封闭磁面　closed magnetic surface
又称"闭合磁面"。不与任何物体相交的磁力线构成的磁面。如托卡马克和仿星器中等离子体约束区的磁面。

03.104　环效应　toroidicity effect
由环形磁场引起的曲率、磁场梯度、捕获粒子、新经典输运、自举电流等各种效应之总称。

03.105　反磁剪切　reverse magnetic shear
又称"负磁剪切(negative shear)"。剪切值为负的磁场剪切。

03.106　非圆截面等离子体　noncircular cross section plasma
其横截面为有拉长度和三角形变等的环形等离子体。

03.107　刮削层　scrape off layer
环形磁约束装置中，最外封闭磁面与真空室壁之间的等离子体区域。

03.108　导向中心　guiding center
又称"回旋中心(cyclotron center)"。在磁场中，带电粒子受洛伦兹力作用绕磁力线做回旋运动的轨道中心。

03.109　导向中心漂移　guiding center drift
导向中心在垂直于磁场方向的运动。

03.110　磁场梯度漂移　magnetic field gradient drift
由磁场强度的不均匀性引起的导向中心漂移。

03.111　捕获粒子　trapped particle
又称"俘陷粒子""俘获粒子"。在沿磁力线强度不均匀的磁场中，由于磁矩守恒的限制而被约束在弱场区的带电粒子。

03.112　磁矩　magnetic moment
在磁场中运动的带电粒子的一个物理量。$\mu = mv_{\perp}^2 / 2B$，被称为第一绝热不变量，其中，$v_{\perp}$ 是粒子在与磁场垂直方向的速度，B 是磁感应强度，m 是粒子的质量。

03.113 绝热不变量 adiabatic invariant
又称"浸渐不变量"。在随时间和空间缓慢变化的磁场中，带电粒子的运动守恒物理量。比如磁矩。

03.114 电漂移 electric drift
由常电场力引起的在磁场中运动的带电粒子的导向中心的漂移运动。$V=E\times B/B^2$，其中，V、E 和 B 分别为漂移速度、电场强度和磁感应强度。

03.115 反磁漂移 diamagnetic drift
又称"逆磁漂移"。由磁约束等离子体的压强梯度引起的漂移运动。因其有减弱约束磁场的趋势而得名。

03.116 轨道面 orbit surface
带电粒子在磁场中的运动轨道所在的曲面。

03.117 粒子箍缩 particle pinch
粒子从低密度区向高密度区聚集的输运现象。

03.118 单粒子轨道理论 single particle orbit theory
描述单个带电粒子在外加电磁场中运动的理论。

03.119 曲率漂移 curvature drift
约束磁场的力线弯曲(带电粒子感受到的离心力)引起的漂移。

03.120 损失锥 loss cone
又称"漏失锥"。在沿磁力线强度不均匀的磁场中运动的带电粒子的速度空间中，满足 $v_\perp^2/v^2 < B/B_m$ 的圆锥状区域。其中，$v_\perp$ 是粒子在与磁场垂直方向上运动的速度，v 是总的速度，B 和 B_m 分别是弱场区和强场区的磁感应强度。

03.121 损失锥不稳定性 loss-cone instability
又称"漏失锥不稳定性"。一种速度空间的不稳定性。由损失锥漏失引起的速度分布函数对麦克斯韦平衡分布的偏离驱动。

03.122 逃逸电子 runaway electron
当等离子体中的电场高于临界值 $[E_c=3ne^3\ln\Lambda/(4\pi\varepsilon_0^2 m_e v_c^2)]$ 时，速度高于 v_c，受电场的加速超过等离子体碰撞引起的减速，最终逃离等离子体的电子。

03.123 通行粒子 passing particle
在沿磁力线强度不均匀的磁场中，沿磁力线自由通行而不被约束在弱场区的粒子。

03.124 香蕉轨道 banana orbit
在环形磁约束核聚变装置中，被捕获在弱场区的粒子轨道。因其在极向截面内的投影像香蕉而得名。

03.125 雪崩模型 avalanche model
湍流在等离子体中传播和增长的一种模型。湍流在传播过程中不断吸收扰动能量而非线性增长，因与雪崩过程类似而得名。

03.126 重力漂移 gravitational drift
在磁场中，由重力引起的带电粒子导向中心的漂移运动。

03.127 磁流体力学 magnetohydrodynamics，MHD
关于导电流体(等离子体)在磁场中的运动规律的一门学科。

03.128 流体方程 fluid equation
流体理论的基本方程。包括流体的连续性方程、运动方程和能量方程。

03.129 双流体方程 two fluid equation
把电子和离子作为两种流体处理，分别考虑其连续性方程、运动方程和能量方程。是双流体理论的基本方程。

03.130　约化磁流体力学方程　reduced magnetohydrodynamic equation
由流体的连续性方程、运动方程、能量方程和简化欧姆定律的麦克斯韦方程组构成的一组方程。

03.131　准中性　quasi-neutrality
电子的总电荷近似等于离子的总电荷而使等离子体呈电中性的特性。

03.132　磁流体力学方程　magnetohydrodynamic equation
简称"磁流体方程"。磁流体力学的基本方程。包括等离子体的连续性方程、运动方程、能量方程和完整的麦克斯韦方程组。

03.133　磁流体力学平衡　magnetohydrodynamic equilibrium
简称"磁流体平衡"。等离子体受到的电磁力与其压强梯度引起的扩张力相抵消而产生的平衡。

03.134　格拉德-沙夫拉诺夫方程　Grad-Shafranov equation
轴对称系统的磁流体平衡方程。即到达平衡时，等离子体压强分布、电流分布和外加平衡磁场之间的关系方程。

03.135　内电感　internal inductance
由等离子体内部的电流分布决定的电感。

03.136　沙夫拉诺夫位移　Shafranov shift
托卡马克平衡位形中，不同磁面的中心位置并不重合，最外闭合磁面的中心与各磁面中心之间的水平距离。

03.137　限制器　limiter
又称"孔栏"。托卡马克中把等离子体和真空室器壁分开的挡板。有极向和环向两种，用于保护真空室器壁和内部部件，并减少再循环和杂质。

03.138　磁流体波　magnetohydrodynamic wave
磁化等离子体中，有三支可用磁流体方程描述的波：剪切阿尔芬波、快磁声波和慢磁声波。第一支是不可压缩波，以阿尔芬速度沿磁场方向传播。后两支为可压缩的磁声波，按其速度的快慢(阿尔芬速度或声速)而加以区别。

03.139　磁流体不稳定性　magnetohydrodynamic instability
磁流体力学中各种宏观低频不稳定性的总称。

03.140　磁流体发电　magnetohydrodynamic generation，MHD generation
利用导电流体切割磁力线流动时可以在流体中感生电动势这一原理进行的发电。

03.141　磁流体力学能量原理　magnetohydrodynamic energy principle
判断等离子体中理想磁流体扰动是否稳定的一种方法。根据能量原理，如果偏离等离子体平衡位形的扰动导致整个体系势能增大，则该平衡位形对这种扰动是稳定的；反之则是不稳定的。这里，等离子体的势能包括等离子体的内能和磁场能。

03.142　磁重联　magnetic reconnection
全称"磁场线重联(magnetic field line reconnection)"。在耗散等离子体中，由扰动磁场引起的本底磁场的力线断开并与原本相邻的力线重联的现象。

03.143　垂直位移不稳定性　vertical displacement instability
在非圆截面托卡马克装置中，引起等离子体柱在竖直方向对平衡位置的偏离的扰动的发展。

03.144　剥离模　peeling mode
由边缘电流密度梯度驱动的一种磁流体不稳定性。可导致边缘局域模。

03.145　剥离-气球模　peeling-ballooning mode
由边缘电流密度梯度和压强梯度驱动的磁流体不稳定性。可导致边缘局域模。

03.146　磁镜不稳定性　magnetic mirror instability
当与磁场垂直的等离子体压强大于平行于磁场的压强时，由压强各向异性引起的不稳定性。

03.147　电阻壁模　resistive wall mode
在托卡马克装置中，由等离子体压强引起的、与容器壁的有限电阻率相关的一种磁流体不稳定性。

03.148　电阻不稳定性　resistive instability
由等离子体的有限电阻率引起的各种不稳定性。如电阻撕裂模、电阻气球模等。

03.149　动理学磁流体力学　kinetic magnetohydrodynamic
一种处理等离子体中多时空尺度物理现象的理论模型。该模型用磁流体力学描述本底等离子体，用动理学方法描述高能量粒子，通过耦合可以研究高能量粒子的动理学效应对本底等离子体的影响。

03.150　第二稳定区　second stability regime
等离子体的压强梯度高于某个阈值而气球模稳定的区域。是相对于压强梯度低于一个较低的阈值而气球模稳定的第一稳定区而言的。

03.151　边缘局域模　edge localized mode, ELM
托卡马克装置高约束模放电的等离子体台基区中的一种准周期性的、剧烈的迸发现象。会降低边界等离子体的密度和温度。其不稳定性与边缘陡峭的密度、温度梯度和电流密度梯度相关，不同类型的 ELM 能导致等离子体约束性能的退化，或严重损坏偏滤器等面向等离子体的内部构件(PFC)。

03.152　边带模　side band mode
在三波相互作用中附带产生的波模。

03.153　宏观不稳定性　macro-instability
扰动波长与等离子体的空间尺度可比的不稳定性。

03.154　极向比压　poloidal pressure ratio，poloidal β
等离子体的动力压强(nT)与极向磁场的压强($2\mu_0 B_p^2$)之比。

03.155　交换不稳定性　interchange instability
又称"槽纹不稳定性(flute instability)"。由压强梯度驱动的一种磁流体不稳定性。导致高压强区的流体与低压强区的流体错位相向流动，形成槽纹状结构。

03.156　静电不稳定性　electrostatic instability
没有磁场的扰动，只有电荷分离引起的空间电荷所产生的静电场扰动的不稳定性。

03.157　局域不稳定性　local instability
扰动仅局限在某些特殊位置附近有限的空间区域。不引起整个等离子体及边界发生明显扰动的不稳定性。

03.158　锯齿振荡　sawtooth oscillation
在托卡马克等离子体放电中观察到软 X 射线信号(电子温度)上的周期性振荡。因其形似锯齿而得名，由内扭曲模的非线性发展、崩塌引起。

03.159　绝对不稳定性　absolute instability
在其存在的空间的所有点处其幅值都随时间增长的扰动。

03.160　克鲁斯卡尔–沙夫拉诺夫条件　Kruskal-Shafranov condition
强磁场中载有表面电流的等离子体柱对理想磁流体扰动为稳定的条件。即等离子体柱边界处的安全因子大于1。

03.161　腊肠形不稳定性　sausage instability
磁场中的载流等离子体柱的半径在一个横截面附近的局部收缩引起的磁流体不稳定性。因等离子体的形变类似腊肠而得名。

03.162　理想磁流体不稳定性　ideal magnetohydrodynamic instability
无耗散等离子体中的磁流体不稳定性。

03.163　扭曲不稳定性　kink instability
磁场中的载流等离子体柱的一种理想磁流体不稳定性。其扰动形式为等离子体柱的整体扭曲(极向模数 $m=1$)，故而得名。

03.164　破裂不稳定性　disruptive instability
托卡马克等离子体的一种突发的、剧烈的非线性不稳定现象。导致等离子体的热能猝灭和放电熄灭。

03.165　普适不稳定性　universal instability
由等离子体的密度梯度驱动的不稳定性。

03.166　气球不稳定性　ballooning instability
环状位形中由等离子体的压强梯度驱动、在坏曲率区容易发展的不稳定性。

03.167　瑞利–泰勒不稳定性　Rayleigh-Taylor instability
由重力场中低密度流体支撑高密度流体或低密度流体加速高密度流体引起的一种流体不稳定性。

03.168　哨声不稳定性　whistler instability
当垂直于磁场方向的电子温度大于平行于磁场方向的温度时，由温度各向异性引起的沿磁力线传播的电子回旋频率区的电磁不稳定性。

03.169　水龙带不稳定性　fire-hose instability
平行于磁场方向的等离子体压强大于垂直方向的压强时，由压强各向异性引起的沿磁力线传播的阿尔芬频率区的不稳定性。

03.170　撕裂不稳定性　tearing instability
在有限电阻等离子体中由电流密度梯度驱动，引起磁场重联形成磁岛的磁流体不稳定性。

03.171　苏丹姆判据　Suydam criterion
处于纵向磁场 B_z 中，载有纵向体电流的等离子体柱对局部模稳定的必要条件。即磁剪切与等离子体压强梯度满足条件 $(2\mu_B/B_z^2)(dP/dr)+(r/4)(d\mu_B/\mu_B dr)^2>0$，其中，$\mu_B=B_\theta/rB_z$，$B_\theta$ 为等离子体电流产生的极向磁场，P 和 r 分别为等离子体压强和径向坐标。

03.172　锁模　mode locking
在空间传播的扰动模式，由于特定物理因素的影响，转换成相速度为零的扰动过程。

03.173　特罗荣比压极限　Troyon β limit
特罗荣根据气球模不稳定性理论得到的托卡马克等离子体的最高比压值。其数学表达式为 $\beta(\%)=2.8I/aB_\phi$，其中，β 为百分比值，I 和 a 分别为等离子体电流(mA)和小半径(m)，B_ϕ 为环向磁场(T)。

03.174　纹波模　rippling mode
等离子体电阻率的空间不均匀性引起的不

稳定性。

03.175 新经典撕裂模 neoclassical tearing mode

由扰动磁场产生的磁岛引起的自举电流的变化驱动的撕裂模。

03.176 鱼骨模 fishbone mode

高能量粒子驱动的内扭曲模。因其极向扰动磁场信号有类似比目鱼骨状的结构而得名。

03.177 晕电流 halo current

在非圆截面托卡马克等离子体的垂直位移事件中产生的，在非闭合磁面区流动并通过周围的导电结构闭合的电流。

03.178 轴对称模 axisymmetric mode

扰动量有轴对称性的模的总称。等离子体的均匀垂直位移是其中危害最大的一种，必须外加反馈控制场来稳定。

03.179 电子伯恩斯坦波 electron Bernstein wave

热等离子体中，垂直于磁场传播的频率接近电子回旋频率的静电波。

03.180 电子回旋波 electron cyclotron wave

频率为电子在磁场中的回旋频率的电磁波。

03.181 [慢]磁声波 ［slow］magneto-acoustic wave

等离子体中的一种低频磁流体力学疏密波。垂直于磁场方向传播，频率远低于离子回旋频率和离子等离子体频率。

03.182 高混杂波 upper hybrid wave

磁化等离子体中频率满足 $\omega_{UH}^2=\omega_{pe}^2+\Omega_e^2$ 的电磁波。其中，等式右方的第一项为电子等离子体频率，第二项为电子回旋频率。

03.183 低混杂波 lower hybrid wave

磁化等离子体中的一种本征静电波。其频率满足 $1/\omega_{LH}^2=1/(\omega_{pi}^2+\Omega_i^2)+1/\Omega_i\Omega_e$，其中，$\omega_{pi}$ 为离子等离子体频率，Ω_i 和 Ω_e 分别为离子和电子回旋频率，常在环形等离子体中驱动环向电流。

03.184 剪切阿尔芬本征模 shear Alfven eigenmode

一种阿尔芬本征模。其扰动磁场垂直于本底磁场，波矢量平行于本底磁场，色散关系近似为 $\omega=k_\parallel v_A$，其中，ω、$k_\parallel$ 和 v_A 分别为模的频率、波矢量和阿尔芬速度。

03.185 剪切阿尔芬波 shear Alfven wave

一种阿尔芬波。相应的等离子体位移和扰动磁场均与波矢量和本底磁场垂直，是等离子体的垂直动能和磁力线弯曲的磁能之间的转换引起的振荡之传播。

03.186 静电波 electrostatic wave

只有振荡电场而没有振荡磁场的波。其电场与波的传播方向平行。

03.187 压缩阿尔芬波 compressional Alfven wave

一种阿尔芬波，相应的等离子体位移近似垂直于本底磁场，扰动磁场和波矢量的垂直分量都与平行分量近似相等，是等离子体的动能和磁压缩能之间的转换引起的振荡之传播。

03.188 快磁声波 fast magnetosonic wave

一种基本的磁流体动力学波。波矢 k 与磁场 B 斜交，扰动电场的偏振是混杂的，即同时具有横向(垂直于波矢)和纵向(平行于波矢)分量，色散关系与温度有关。

03.189 朗缪尔振荡 Langmuir oscillation

冷等离子体中的一种频率为电子等离子体频率的高频静电振荡。

03.190 离子伯恩斯坦波 ion Bernstein wave, IBW

简称"伯恩斯坦波"。频率略高于离子回旋频率的垂直于磁场传播的静电波。

03.191 离子等离子体频率 ion plasma frequency

等离子体的一个重要特征频率。描述等离子体中的离子对扰动的响应的时间尺度，$\omega_{pi}=(n_iq^2/\varepsilon_0m_i)^{1/2}$，其中，$n_i$、$q$ 和 m_i 及 ε_0 分别是等离子体的离子密度、离子的电荷和质量及真空介电常数。

03.192 输运垒 transport barrier

等离子体中，横越磁场的输运系数远低于湍流输运系数，温度或密度分布陡峭的径向有限区域。

03.193 绝热压缩加热 adiabatic compression heating

在保持与外界无热量交换的条件下，通过增强外部磁场、压缩等离子体体积而提高等离子体温度($TV^{\gamma-1}$=常数)的加热方法，其中 T、V 和 g 分别为等离子体的温度、体积和比热比。

03.194 带状磁场 zonal magnetic field

环形等离子体中由电磁湍流产生的一种磁场结构。在环向和极向均匀分布，在径向有介观尺度的空间结构。

03.195 阿尔芬[波]不稳定性 Alfven [wave] instability

频率为阿尔芬频率的电磁不稳定性。通常在有电子回旋波或中性束注入加热的托卡马克等离子体中被观测到，由高能量粒子的径向压强梯度驱动。

03.196 阿尔芬本征模 Alfven eigenmode, AE

频率在阿尔芬连续谱间隙中的电磁本征模。

如环形阿尔芬本征模(TAE)、反剪切阿尔芬本征模(RSAE)和比压阿尔芬本征模(BAE)等。

03.197 阿尔芬频率间隙 Alfven frequency gap

在环状磁场位形中，由磁场在极向的不均匀性引起的，由环向模数相同、极向模数相差 1 或 2 的模间的耦合产生的阿尔芬连续谱间的间隙。

03.198 阿尔法粒子隧道效应 alpha particle channeling

阿尔法粒子能量传输通道的一种理论模型。通过波将阿尔法粒子能量传输给燃料离子，使燃料离子温度高于电子温度，从而提高聚变效率。

03.199 阿尔法粒子加热 alpha particle heating

由核聚变产生的阿尔法粒子(通过碰撞)加热本底等离子体的加热途径。

03.200 反常电子热传导 anomalous electron thermal conductivity

实验中观测到的，约为新经典理论预言值的一百倍的电子横越磁力线的热传导。通常认为是由微观不稳定性发展成的湍流引起。

03.201 反常输运 anomalous transport

实验中观测到的，为新经典理论预言值的十倍或更大的横越磁力线的输运。通常认为是由微观不稳定性发展成的湍流引起。

03.202 反扩散 antidiffusion

由扩散的结果反推扩散源构成的方法。

03.203 香蕉区 banana regime

新经典输运理论中，粒子碰撞频率远小于捕获粒子回弹频率的区间。输运主要由捕获粒子决定，因捕获粒子运动轨迹在横截面上的投影如香蕉而得名。

03.204　束-等离子体不稳定性　beam-plasma instability

少量冷的高速粒子(其密度远小于背景密度，速度远大于背景等离子体热速度)在等离子体中激发的不稳定性。

03.205　比压阿尔芬本征模　beta induced Alfven eigenmode，BIAE

由等离子体的可压缩性导致的，发生在阿尔芬连续谱低频间隙中的本征模。

03.206　滴状截面结构　blob

从分界面内的等离子体中间隙性地爆发并对流输运到刮削层的一种相干结构。这种结构沿磁力线方向延伸，其垂直于磁场方向的截面呈液滴状，线度有限，其中的密度和温度均高于刮削层本底等离子体。

03.207　玻姆扩散　Bohm diffusion

又称"玻姆输运(Bohm transport)"。玻姆根据扩散湍流理论导出的等离子体横越磁场的扩散。其扩散系数与磁场强度成反比，比经典扩散系数大几个数量级，被认为是扩散系数的上限。

03.208　自举电流　bootstrap current

在环形磁约束系统中，当有捕获(香蕉)粒子存在时由径向压强梯度引起的自发环向电流。

03.209　尾隆不稳定性　bump-in-tail instability

一种微观不稳定性，当等离子体中存在少量高速粒子时，等离子体速度分布的高能尾部会形成有一定宽度的鼓包，从而激发的不稳定性。

03.210　经典输运　classical transport

等离子体中以带电粒子间的库仑碰撞或带电粒子与中性粒子的碰撞为机制的输运过程。

03.211　粒子团簇注入　cluster injection

高背压低温气体通过拉瓦尔喷嘴射流过程产生分子团簇，用超声分子束注入技术将分子团簇注入等离子体中的过程。

03.212　共沉积　co-deposition

材料表面被腐蚀的碳，在捕获 H/D/T 后又沉积回材料壁的过程。是氚滞留在磁聚变装置中最重要的机制。

03.213　碰撞区　collisional region

又称"普费尔施-施吕特尔区(Pfirsch-Schluter region)"。在新经典理论中，粒子碰撞频率远大于捕获粒子反弹频率的等离子体参数区间。在此区中等离子体输运可以用流体理论描述。

03.214　无碰撞漂移不稳定性　collisionless drift instability

耗散机制为朗道共振的漂移不稳定性。漂移不稳定性是由离子和电子的温度梯度，以及等离子体密度梯度等驱动的一类微观不稳定性，其特征频率和增长率与电子或离子的逆磁漂移频率可比。

03.215　无碰撞不稳定性　collisionless instability

碰撞效应可以忽略的，由波-粒子共振效应决定的微观不稳定性。

03.216　无碰撞撕裂不稳定性　collisionless tearing instability

在无碰撞等离子体中，由压强梯度与磁能驱动的电磁微观不稳定性。耗散机制包括电子惯性、霍尔效应、压强梯度和朗道共振等。

03.217　无碰撞捕获电子模　collisionless trapped electron mode，CTEM

在环形磁场位形中，碰撞效应可以忽略的，由捕获电子空间非均匀性驱动的电子漂移波不稳定性。

03.218 传导限制状态 conduction-limited regime
又称"高再循环状态(high recycling regime)"。中等密度放电中偏滤器的运行状态。由于热导率有限，从刮削层上游到靶板沿磁力线平行方向有明显的密度梯度。

03.219 约束定标律 confinement scaling law
用统计方法，从实验数据中得到的(能量)约束时间对聚变实验装置和等离子体参数的依赖关系。

03.220 连接长度 connection length
沿磁力线连接两点间的距离。在环形约束等离子体中，刮削层里的磁力线是开放的，终止于材料表面，连接长度为从刮削层的某点沿磁力线到材料表面的最短距离。

03.221 电流猝灭 current quench
托卡马克等离子体电流在几个毫秒内突然而快速衰减的过程。不是电流扩散，而是热淬灭的后果之一，会产生巨大的电磁力和大量逃逸电子。

03.222 回旋阻尼 cyclotron damping
当波的频率接近带电粒子的回旋频率，波的电场偏振方向与带电粒子的回旋方向相同时，带电粒子与波共振获得能量而使波能量减少的现象。

03.223 漂移-回旋不稳定性 drift-cyclotron instability
在磁化等离子体中，当离子漂移频率与其回旋运动频率接近时，由等离子体的静电漂移振荡的波与离子的回旋运动之间的耦合激发的静电微观不稳定性。一般在漂移振荡的波矢大(波长小)或离子的回旋半径大时发生。

03.224 回旋共振加热 cyclotron resonance heating
当电磁波在等离子体中传播时，若波的频率接近带电粒子的回旋频率，将出现共振现象，此时波的折射率趋于无穷大，波的能量被粒子吸收，从而使粒子被加热。

03.225 脱靶状态 detached regime
高密度放电中偏滤器的运行状态。靶板处等离子体密度和温度都降至很低的水平，当温度足够低时，体复合及作用在平行等离子体流上的离子-中性粒子摩擦拖曳力变得重要，降低了密度，使偏滤器等离子体与靶板脱离。

03.226 回旋共振 cyclotron resonance
带电粒子在磁场中的回旋频率与入射电磁波的频率相等时发生的共振。

03.227 耗散捕获电子不稳定性 dissipative trapped electron instability
又称"耗散捕获电子模(dissipative trapped electron mode，DTEM)"。在环形磁场位形中，由捕获电子的碰撞效应引起的电子漂移波不稳定性。

03.228 偏滤器 divertor
托卡马克中用于排热、控制杂质和排除氦灰等的特殊部件，由靶板、挡板及抽气口等组成。偏滤器通过改变磁场位形，使边缘区域的磁力线发生偏离，从而把粒子和能量偏滤到特定的区域，并在中性化后被抽走，从而避免高能量粒子轰击主放电室壁，减少从器壁释放出的杂质。

03.229 漂移近似 drift approximation
处理带电粒子在磁场中运动的一种近似方法。用导向中心的运动描述粒子的运动，在回旋半径和回旋周期远小于电磁场时空变化的特征长度和时间以及电场很弱等条件下适用。

03.230　漂移不稳定性　drift instability
垂直于磁场方向的密度梯度或温度梯度引起的等离子体逆磁漂移(有时还包括磁场梯度等因素引起的各种漂移)所激发的一类低频微观不稳定性。

03.231　漂移动理学　drift kinetics
基于单粒子运动的漂移近似,用导向中心的速度分布函数代替粒子速度分布函数的动理学理论。

03.232　漂移波　drift wave
非均匀磁化等离子体中由漂移运动产生的一类低频静电波,沿逆磁漂移方向传播。漂移运动由垂直于磁场方向的温度、密度和磁场梯度引起。

03.233　漂移波湍流　drift wave turbulence
由漂移不稳定性非线性发展导致的湍流。在磁约束聚变等离子体,静电漂移波湍流主要是由离子温度梯度模和捕获电子模等漂移不稳定性导致的,被认为是引起反常输运的重要机制。

03.234　边缘输运垒　edge transport barrier
磁约束聚变等离子体中,最外封闭磁面内温度和密度陡变的边缘区域。该区域内输运系数剧烈减小,是高约束模的主要特征。

03.235　有效电荷数　effective charge number
在非单一离子成分的等离子体中,用来描述平均离子电荷数的物理量。其定义为 $Z_{\text{eff}}=1/n_e(\sum n_j Z_j^2)$,其中,$n_e$、$n_j$ 和 Z_j 分别是电子密度、j 类离子的密度和电荷数,求和对所有离子成分进行。

03.236　电场剪切　electric field shear
电场在垂直于磁面方向的变化率。会产生ExB 剪切流,从而减小反常输运。

03.237　电磁不稳定性　electromagnetic instability
等离子体中有静电场、磁场及相应的感应电场的扰动的不稳定模。

03.238　电磁湍流　electromagnetic turbulence
由电磁不稳定性非线性发展导致的湍流。在磁约束聚变等离子体中,电磁湍流主要由磁流体不稳定性和阿尔芬不稳定性产生。

03.239　电子回旋共振加热　electron cyclotron resonance heating
利用高频电磁波加热等离子体电子的一种方法。由大功率微波管发射的微波在等离子体内传播,在波频与电子回旋频率相等的区域,发生电子回旋共振,电子被加热。

03.240　电子漂移波　electron drift wave
非均匀磁化等离子体中由电子漂移运动产生的一类低频静电波,沿电子逆磁漂移方向传播。

03.241　电子漂移波不稳定性　electron drift wave instability
垂直于磁场方向的空间密度梯度或温度梯度引起的电子逆磁漂移所激发的低频微观不稳定性。

03.242　电子温度梯度模　electron temperature gradient mode,ETGM
简称"ETG 模(ETG mode)"。垂直于磁场方向的电子温度梯度引起的低频短波长静电模。是引起托卡马克中反常电子热输运的一种机制,对离子输运影响很弱。

03.243　电子热输运　electron thermal transport
等离子体中电子的能量横越磁力线的输运。包括扩散和对流。目前实验观测值比理论预言值大两个数量级。

03.244 无边缘局域模的高约束模 edge localized mode-free high confinement-mode, ELM-free H-mode

没有边缘局域模伴随产生的高约束模的统称。通常高约束模运行时会产生边缘局域模，但在某些条件下，比如在高碰撞率等离子体中注入气体，可以获得增强氘阿尔法的高约束模(EDA)和增强再循环高约束模(HRS)，或者在低碰撞率等离子体中，如果激发边缘共振振荡，则可以获得平静的高约束模(QH-mode)。

03.245 边缘局域模高约束模 high confinement-mode with edge localized mode, ELMy H-mode

有边缘局域模伴随产生的高约束模的统称。是最常见的一类高约束模。通常高约束模运行时会产生边缘局域模。根据边缘局域模发生时引起的能量损失的大小和等离子体的状态可以分为多种边缘局域模高约束模，比如，I型ELMy H-mode，Ⅲ型ELMy H-mode 等。

03.246 高能量粒子 energetic particle

又称"快粒子(fast particle)"。由聚变反应和辅助(如中性束注入、离子回旋共振或电子回旋共振)加热产生的粒子。包括阿尔法粒子、离子和电子，其能量远高于本底等离子体中的离子和电子。

03.247 高能量粒子模 energetic particle mode, EPM

高能量粒子的驱动力足以克服阿尔芬连续谱阻尼而激发的阿尔芬不稳定性。

03.248 带状流 zonal flow

环几何位形中由湍流的非线性相互作用产生的极向和环向对称、径向局域的极向等离子体流。带状流不直接产生径向输运，它对湍流涡旋的剪切作用可以调节湍流水平，减

小反常输运。

03.249 完全电离等离子体 fully ionized plasma

电离度等于1的等离子体。如日冕、核聚变中的高温等离子体。一般等离子体中存在电子(n_e)、离子(n_i)和中性粒子(n_n)。电离度定义为 $n_e/(n_e+n_n)$。

03.250 测地声模 geodesic acoustic mode, GAM

带状流的一个高频分支。是环向和极向模数均为零的静电扰动、极向模数 $m=1$ 的密度扰动的相关模，存在于任何有封闭磁面、磁力线测地曲率不为零的磁约束系统中。

03.251 格林沃尔德密度 Greenwald density

托卡马克中会发生等离子体破裂的电子密度值。由格林沃尔德根据实验总结得到，与等离子体电流及小半径有关，表示为 $n_G(10^{20}\ \text{m}^{-3}) = I_p(\text{MA}) / \pi a^2(\text{m}^2)$。

03.252 回旋玻姆扩散 gyro-Bohm diffusion

横越磁场的一种反常扩散模型。相应的扩散系数为 $D_{gB} = \rho_s^3(\Omega_i / L_\perp)$，比玻姆扩散系数小一个系数 $D_{gB} = \delta_i D_B$，其中 $\rho_s = c_{se} / \Omega_i$，$\delta_i \approx \rho_s / L_\perp$。

03.253 回旋流体理论 gyrofluid theory

对回旋动理学方程取矩导出的流体力学理论。区别于普通流体模型，考虑了有限回旋半径效应。

03.254 回旋动理学 gyrokinetics

把粒子运动分解为绕磁力线的快速回旋运动和回旋中心的慢漂移，通过对回旋角作平均，保留有限回旋半径效应的动理学理论。适用于时间尺度大于回旋周期、空间尺度与粒子回旋半径同量级的物理现象。

03.255　螺旋波　helical wave
又称"低杂波频段的快波(fast wave in lower hybrid wave range)"。它的传播特征与哨声波类似,即群速度主要在背景磁场方向。它缓慢地沿径向旋入等离子体,并逐渐沉积能量,因而具有较强的离轴电流驱动特征。

03.256　磁螺旋度注入　magnetic helicity injection
通过对等离子体外加一个平行于磁场的电场或微波场注入磁螺旋度,从而维持或驱动等离子体电流的一种方法。磁螺旋度在理想磁流体力学(MHD)中是守恒的,但在电阻MHD中因欧姆耗散而衰减。磁螺旋度 H 的演化方程为 $\mathrm{d}H/\mathrm{d}t = 2\Phi_\varphi V_\varphi - 2\int \eta \boldsymbol{j} \cdot \boldsymbol{B} \, \mathrm{d}v$ ，方程右端第二项为磁螺旋度的欧姆耗散,第一项即为磁螺旋度的源项,其中 Φ_φ 是等离子体中的环向磁通, V_φ 是环电压,通过外加 Φ_φ 和 V_φ 即可向等离子体中注入磁螺旋度。

03.257　高约束模功率阈值　high confinement mode power threshold
又称"H-模功率阈值(H-mode power threshold)""L-H 转换功率阈值(L-H conversion power threshold)"。实现低约束模式(L-mode)向高约束模式(H-mode)转换所需的最低加热功率。

03.258　高约束模式　high confinement mode
简称"H-模(H-mode)"。在低约束模放电等离子体中,当加热功率超过某个阈值时,能量约束时间突然增加的约束状态。H-模等离子体的能量约束时间可为相应的低约束模式的 2 倍以上。H-模的特征之一是在等离子体边缘有很陡的温度和密度梯度,即边缘输运垒。通常在 H-模中存在边缘局域模(ELM)。

03.259　H-L 转换　H-L transition
在高约束模放电过程中,当加热功率低于高约束模功率阈值或运行条件变差时,从高约束模转换成低约束模的过程。

03.260　改善的低约束模式　improved L-mode
简称"I-模(I-mode)"。一种约束模式。其能量输运是高约束模式,粒子输运却是低约束模式,没有边缘局域模,I-模的功率阈值大于 H-模的功率阈值。

03.261　约束增强因子　improved confinement factor
又称"约束改善因子(constraint improvement factor)"。等离子体的能量约束时间与用 L-模定标律计算得到的能量约束时间之比。

03.262　杂质屏蔽　impurity screen
阻止杂质离子向主等离子体内部输运的现象。屏蔽效率取决于杂质产生机制和产生源的分布、本底等离子体状态以及偏滤器位形。

03.263　杂质植入　impurity seeding
从外部向等离子体注入少量的高 Z 杂质。用于增加辐射、减轻偏滤器靶板热负荷、缓解等离子体破裂等。

03.264　感应驱动等离子体电流　inductive plasma current drive
在托卡马克中通过欧姆线圈放电,在真空室中产生感应电场,由感应电场电离气体后驱动等离子体电流的过程。

03.265　内部输运垒　internal transport barrier, ITB
芯部等离子体中温度和密度陡变的区域。该区域内输运系数剧烈减小,具有径向局域性,与有理磁面相关。

03.266　离子声波不稳定性　ion acoustic instability
一种频率为离子声频率的低频静电不稳定

性。其不稳定条件是离子与电子的相对速度要大于离子声速，电子温度高于离子温度。

03.267 离子声波 ion acoustic wave
等离子体中的一种低频静电波。离子和电子基本耦合在一起，在波的传播方向振荡。离子提供振荡的惯性，主要恢复力为电子热压强。

03.268 离子回旋共振加热 ion cyclotron resonance heating，ICRH
利用低频电磁波加热等离子体离子的一种方法。用天线在等离子体内激发离子回旋波，在波频与离子回旋频率相等的区域发生离子回旋共振，离子被加热。

03.269 离子回旋波 ion cyclotron wave
等离子体中平行于外磁场方向传播的一种电磁波。其频率低于但接近离子回旋频率。此波是圆偏振的，其旋转方向与离子在外磁场中的回旋方向相同。

03.270 离子回旋波电流驱动 ion cyclotron wave current drive，ICCD
通过向等离子体中注入离子回旋波来驱动等离子体电流的途径。注入的离子回旋波和快离子相互作用，把动量交给快离子，快离子通过和电子的碰撞驱动等离子体电流。

03.271 离子温度梯度模 ion temperature gradient mode，ITGM
垂直于磁场方向的离子温度梯度引起的低频静电模。是引起托卡马克中反常离子热输运的一种机制，对电子输运影响很弱。

03.272 中间相 I-phase
在辅助加热功率接近 H-模功率阈值时，边缘等离子体参量(压强、静电扰动等)有低频(十千赫左右)振荡的放电状态(阶段)。

03.273 动理学阿尔芬本征模 kinetic Alfven eigenmode
考虑了带电粒子动理学效应(如有限离子回旋半径和轨道宽度效应及有限电子惯性)的阿尔芬本征模。

03.274 动理学阿尔芬波 kinetic Alfven wave
具有与离子回旋半径可比拟的垂直波长。包含了有限离子回旋半径效应和电子惯性修正的阿尔芬波。

03.275 动理学气球模 kinetic ballooning mode，KBM
包括了带电粒子动理学效应(如有限离子拉莫尔半径和动理学共振等)的气球模。

03.276 逆朗道阻尼 reverse Landau damping
又称"朗道增长(Landau growth)"。由苏联物理学家朗道发现的阻尼效应的逆效应。波在等离子体中传播时，在粒子的分布函数中，满足波和粒子共振条件 $\omega = |k|v$ 的点附近，如果 $\omega - |k|v > 0$ 的离子数多于 $\omega - |k|v < 0$ 的离子数，则波从粒子获得能量而引起增长。

03.277 L-H 转换 L-H transition
在低约束模放电中，当加热功率高于高约束模功率阈值时，从低约束模转换成高约束模的过程。

03.278 L-H 转换功率阈值定标 L-H transition power threshold scaling
又称"H-模功率阈值定标(H-mode power threshold scaling)"。通过大量实验数据分析拟合得到的，实现高约束模所需的功率阈值对等离子体参数的依赖关系。即 $P_{LH}(MW) = 0.042n_e^{0.73}(10^{20} \ m^{-3})B_T^{0.74}(T)S^{0.98}(m^2)$，其中 P_{LH} 为 L-H 转换功率阈值，n_e 为电子密度，B_T 为环向磁场，S 为等离子体的表面积。

03.279 低约束模式 low confinement mode
简称"L-模(L-mode)"。对欧姆加热的等离子体增加射频波或中性束注入等辅助加热时,等离子体的能量约束时间随加热功率的增加而减小的约束模式。

03.280 磁鞘 magnetic sheath
等离子体和材料表面交界处的一个非常窄的过渡区,由德拜鞘和磁预鞘组成。德拜鞘有几个德拜长度宽,磁预鞘产生于磁力线相对于材料表面的入射掠角,其宽度为几个离子拉莫尔半径。磁鞘电场对材料的腐蚀、再沉积等过程有很强的影响。

03.281 微观不稳定性 microinstability
又称"动理学不稳定性(kinetic instability)""速度空间不稳定性(velocity space instability)"。由速度分布函数偏离麦克斯韦分布引起的不稳定性。涉及速度空间分布的扰动和变化,必须用动理学理论描述。微观不稳定性一般不引起位形空间的大尺度扰动。

03.282 微撕裂模 microtearing mode
极向模数 m 和环向模数 n 都很大的一类撕裂模。对应于尺度非常小的磁岛结构。

03.283 微湍流 microturbulence
磁约束等离子体中由微观不稳定性引起的小尺度(毫米量级)湍流。

03.284 动量约束时间 momentum confinement time
表征动量从等离子体中损失的特征时间。处于热平衡态的等离子体中,动量约束时间被定义为总的动量矩除以总力矩。

03.285 能量约束时间 energy confinement time
表征能量从等离子体中损失的特征时间。处于热平衡态的等离子体中,能量约束时间被定义

为总的能量储量(MJ)除以总加热功率(MW)。

03.286 边缘多元非对称辐射 multifaceted asymmetric radiation from the edge, MARFE
托卡马克边界等离子体中一种环向对称的增强辐射环,极向不对称且局域,通常出现在环内侧或偏滤器位形的 X 点周围。MARFE的出现通常是密度极限破裂的前兆。

03.287 负离子源中性束注入 negative ion source neutral beam injection
负离子经加速再中性化后,注入等离子体的方法。其优点是负离子能量可高达几百 keV,中性化效率远高于同等能量的正离子,适用于高温燃烧等离子体装置。

03.288 新经典理论 neoclassical theory
考虑了环形磁场中带电粒子运动特征(比如香蕉轨道效应)的经典理论。

03.289 新经典输运 neoclassical transport
考虑了等离子体环效应(如复杂的带电粒子轨道等)的经典输运理论。由于环效应的存在,等离子体依照带电粒子的碰撞频率可分为三个区域:碰撞频率高的流体区、碰撞频率低的捕获粒子区(香蕉区)及介于两者之间的过渡区,即平台区。环效应的存在使等离子体的横向输运在三个区域都比经典结果要大很多倍。

03.290 中性束注入电流驱动 neutral beam injection current drive
简称"中性束电流驱动(neutral beam current drive)"。由切向注入的中性粒子束通过碰撞和电荷交换产生的快离子流驱动的电流。中性束注入产生的快离子与本底电子碰撞,引起电子在快离子方向流动,可产生反方向的屏蔽电流,由于环形等离子体中存在捕获电子和杂质,快离子流可超过屏蔽电流而驱动

等离子体电流。

03.291 中性束注入加热 neutral beam injection heating
简称"中性束加热(neutral beam heating)"。注入等离子体中的高能中性粒子,通过与本底离子进行电荷交换或由于电离而变成高能离子,再与等离子体中的电子和离子发生库仑碰撞而慢化,从而加热等离子体。

03.292 非感应电流驱动 noninductive current drive
用射频波或中性束注入等驱动等离子体电流的方法。有利于磁聚变装置的稳态运行,可用于控制等离子体中的不稳定性及优化约束性能。

03.293 非局域输运 nonlocal transport
空间某点的粒子(动量、能量)流不仅依赖于当地的等离子体参数,且与其他空间点的参数有关的输运。

03.294 非共振加热 nonresonance heating
通过波的模转换或与粒子的非线性相互作用,而不是通过波与粒子的共振相互作用实现的加热。比如电子回旋波的 O 模转换成 X 模,再转换成电子伯恩斯坦波,或强阿尔芬波等都有可能实现非共振加热。

03.295 欧姆加热 Ohmic heating
利用焦耳热来对等离子体加热的一种方式。当电流流过等离子体时,由于碰撞产生电阻,引起焦耳热,从而达到加热等离子体的目的。

03.296 粒子约束时间 particle confinement time
表征粒子从等离子体中逃逸的特征时间。定义为没有源时粒子密度下降到初始值的 e($\sim$2.7)分之一的时间。

03.297 台基 pedestal
全称"高约束模台基(pedestal in high confinement plasma)"。高约束模中,等离子体边缘处具有很大压强梯度的一个狭窄区域。与边缘输运垒相关,由台基高度、宽度和梯度等参数表征。

03.298 弹丸注入 pellet injection
将气体(主要是氢或其同位素氘)冷冻成固体,以小丸形式注入等离子体中。用于加料或控制边界局域模的频率和大小。

03.299 普费尔施-施吕特尔电流 Pfirsch-Schluter current
托卡马克中,磁场梯度漂移和曲率漂移引起电荷分离而产生的沿磁力线的电流。

03.300 等离子体诊断学 plasma diagnostics
研究等离子体诊断方法的一门学科。等离子体诊断是用一种或多种仪器测量等离子体参数并分析等离子体特性状态的过程。

03.301 等离子体发射 plasma emission
等离子体发出光、热和电磁波等行为的总称。一般包括受激离子、原子、分子的跃迁引起的发射(如线发射)、复合发射、加速粒子引起的发射(如轫致发射、粒子在磁场中的回旋发射等)以及等离子体集体效应所引起的发射等。

03.302 面向等离子体部件 plasma facing component,PFC
聚变装置真空室内,暴露在高温等离子前的部件。承受从等离子体芯部传出的巨大能流、粒子流和强辐射,包括第一壁、偏滤器靶板等。

03.303 等离子体加料 plasma fueling
向等离子体中注入工作气体或弹丸以维持或提高其密度的过程。

03.304　等离子体加热　plasma heating
增加等离子体的平均能量(即温度)，获得高温等离子体的过程。加热手段主要有欧姆加热、射频波加热和中性束加热等。

03.305　等离子体箍缩　plasma pinch
流过等离子体的强电流与其产生的磁场之间的相互作用引起等离子体柱的径向收缩。可用于加热和约束等离子体。

03.306　等离子体湍流　plasma turbulence
等离子体中由不稳定性的非线性相互作用导致的混沌状态。包括静电湍流和电磁湍流。

03.307　等离子体浸润面　plasma wetted area
刮削层与偏滤器靶板相交的区域。是芯区跨越分界面的能流和粒子流在靶板上的沉积区域。

03.308　等离子体与壁相互作用　plasma-surface interaction，PSI
等离子体与壁表面接触，造成壁材料被腐蚀、改性及物质迁移，影响等离子体参数和品质的过程。

03.309　坪区　plateau regime
新经典理论中，等离子体粒子碰撞频率与捕获粒子反弹频率可比的区间。在此区中等离子体扩散系数不随碰撞频率变化。

03.310　角向箍缩加热　poloidal pinch heating
在极向流过等离子体的强电流与其产生的磁场之间的相互作用引起等离子体柱的径向收缩，从而对等离子体加热和约束的过程。

03.311　温度剖面不变性　temperature profile consistency〔stiffness〕
又称"温度剖面刚性(temperature profile rigidity)"。在聚变实验中观测到等离子体温度剖面不随加热方式改变的特性。这种温度剖面不变性与等离子体不稳定性的温度梯度阈值相关。

03.312　准线性湍流理论　quasi-linear turbulent theory
处理等离子体弱湍流的一种近似理论。主要讨论扰动引起的粒子分布函数在相空间随时间的线性演化，以及与此相关的输运和约束问题。在这一理论中，只考虑波-粒子相互作用，不考虑其他非线性现象(波-波相互作用，波对粒子的捕获粒子效应和波动饱和机制等)。

03.313　射频波电流驱动　radio frequency current drive
向等离子体中注入射频波，使电子的速度分布函数发生畸变，偏离麦克斯韦对称分布，从而在等离子体中产生电流的过程。如低杂波电流驱动、电子回旋波电流驱动等。

03.314　射频波加热　radio frequency heating
向等离子体中注入射频波，通过与粒子的朗道共振和回旋共振把能量传递给等离子体，从而加热等离子体的过程。主要有离子回旋波、低杂波和电子回旋波加热。

03.315　再循环　recycle
磁约束聚变装置中，放电时间内等离子体离子运动到第一壁，经过面复合、再发射返回等离子体，经再电离，又运动到第一壁，如此往返达到的稳态过程。

03.316　再沉积　re-deposition
磁约束装置中，由等离子体与壁相互作用释放出的壁材料原子，被电离后在等离子体作用下返回到壁上的杂质迁移过程。

03.317　共振磁场扰动　resonant magnetic perturbation，RMP
由围绕装置的线圈组合在等离子体中产生的扰动磁场。扰动场的角向/环向模数(m/n)

与边缘安全因子 q_{95} 相匹配引起共振,用于控制边缘局域模。

03.318 雷诺协强 Reynolds stress
与湍流相关的动力压强张量。在聚变等离子体中可产生剪切流,抑制湍流。

03.319 赖斯定标 Rice scaling
高约束模放电中,等离子体环向旋转速度与等离子体储能之间的经验关系: $V_\varphi = cW/I_p$,其中 V_φ 和 W 分别为等离子体环向旋转速度和储能,I_p 为等离子体电流,c 为常数。

03.320 安全因子极限 safety factor limit
托卡马克中螺旋不稳定性的稳定条件。即安全因子 q 大于 1 的条件,$q(a) \equiv aB_\varphi/RB_\theta$。

03.321 剪切流 sheared flow
在径向有梯度的环向或极向的等离子体流。

03.322 鞘层热传输系数 sheath heat transmission coefficient
联系鞘层入口端的等离子体参数与轰击材料壁的能流 q 的物理参数 γ。定义为 $q = \gamma T_s \Gamma_s$,其中 Γ_s 是进入鞘层的粒子流,T_s 是鞘层入口端的等离子体温度。

03.323 鞘层限制状态 sheath-limited regime
又称"低再循环状态(low recycling regime)"。低密度放电中偏滤器的运行状态。在刮削层中沿磁力线方向没有明显的温度梯度。鞘层决定了从刮削层等离子体到固体表面的粒子和能量输运,从芯部输入的能量几乎全部流向了靶板。由于靶板处的再循环流正比于线平均密度的平方,又称为低再循环状态。

03.324 PIC 模拟 particle-in-cell simulation,PIC simulation
从粒子层面出发,采用计算机模拟等离子体的性质和物理过程的一种计算方法。通过追踪带电粒子云在电磁场中的运动来获得等离子体系统时空演化特性。空间网格上的电荷和电流密度、粒子云受到的电磁力均由粒子云权重计算给出。

03.325 离子束慢化时间 slowing-down time of ion beam
单能离子束在等离子体中通过碰撞而热化的时间。

03.326 雪花偏滤器 snowflake divertor
有两个 X 点,形状像雪花的偏滤器位形。是一种先进的偏滤器位形,通过引进第二个 X 点(极向磁场为零的点),形成一个大雪花状的六角形分界面结构,不仅增大了极向磁通扩张,还比传统偏滤器多了两个能流通道,可降低偏滤器靶板单位面积上的热负荷。

03.327 稳态运行 steady-state operation
托卡马克的一种连续运行模式。其中等离子体电流主要由自举电流以及由中性束和射频波注入等驱动的非感应电流维持。

03.328 混合运行模式 hybrid operation mode
托卡马克装置中由自举电流、中性束或射频波注入驱动电流和感应电流共同维持的运行模式。

03.329 超声分子束注入 supersonic molecular beam injection
高压气体通过拉瓦尔喷嘴产生超过声速的分子流注入等离子体的过程。有速度高和束的发散度小等优点,是磁约束聚变的一种加料方式。

03.330 超级 X 偏滤器 supper-X divertor
一种先进的偏滤器。通过一组偏滤器线圈,

在大半径方向偏转磁力线，把偏滤器靶板置于更大的大半径处，增大了连接长度和受负荷面积，有利于辐射冷却和杂质屏蔽。

03.331　热猝灭　thermal quench

又称"温度猝灭(temperature quench)"。由磁岛发展引起的磁场遍历化，导致能量约束性能退化，并使全部热能突然损失到限制器或偏滤器靶板上的快速过程。热猝灭时间与装置尺寸有很大的关系。

03.332　环形阿尔芬本征模　toroidal Alfven eigenmode，TAE

全称"环形性引起的阿尔芬本征模(Alfven eigenmode caused by circularity)"。环形磁约束等离子体中，在环形效应引起的阿尔芬连续谱的间隙中产生的离散模。容易被高能量粒子(特别是阿尔法粒子)激发。

03.333　捕获粒子不稳定性　trapped particle instability

又称"俘获粒子不稳定性"。在环形磁场位形中，由捕获粒子空间非均匀性驱动的不稳定性。包括捕获电子模和捕获离子模等。

03.334　湍性等离子体　turbulent plasma

湍流对其物理性质有重要作用的等离子体。

03.335　湍流谱　turbulent spectrum

湍性扰动强度的频率谱和波数谱的总称。

03.336　湍性输运　turbulent transport

由湍性扰动引起的粒子、动量和能量的扩散和对流。是反常输运的主要原因。

03.337　壁处理　wall conditioning

减少第一壁上的原子释放的手段。包括烘烤真空室、等离子体放电清洗和(硅、硼、锂)涂膜等。

03.338　韦尔箍缩　Ware pinch

在托卡马克等离子体中，由环向电场引起的捕获粒子的径向箍缩。相关的径向(向内)的粒子通量为 $\Gamma \sim \varepsilon^{1/2} n E_\phi / B_\theta$，其中 $\varepsilon^{1/2}$ 是捕获粒子份额，n 是等离子体密度，E_ϕ 和 B_θ 分别是环向电场和极向磁场。

03.339　哨声波　whistler wave

沿磁力线传播的一种右旋电磁波。其频率在 $\Omega_i \ll \omega \ll \Omega_e$，其中 Ω_i、Ω_e 分别是离子和电子的回旋频率。

03.340　静电湍流　electrostatic turbulence

在低比压条件下，由静电不稳定性非线性发展导致的混沌状态。能引起等离子体的反常输运。

03.03　惯性约束聚变

03.341　惯性约束聚变　inertial confinement fusion，ICF

通过内爆对热核燃料进行压缩，使其达到极高的温度和密度，利用自身内爆运动约束等离子体，在高温高密度热核燃料飞散之前，实现聚变核反应。

03.342　激光惯性约束聚变　laser inertial confinement fusion

利用激光作为驱动源的惯性约束聚变。

03.343　烧蚀面　ablation front

激光或辐射向高密度物质区传输能量的加

热面。被加热的物质变成等离子体从该面向外膨胀飞散。

03.344 烧蚀层 ablator
球形靶丸包裹聚变燃料的外层材料。激光或辐射烧蚀该层材料产生烧蚀压力，推动球形靶丸产生聚心内爆。

03.345 阈上电离 above-threshold ionization
在强激光与原子相互作用过程中，原子通过吸收多个低能光子产生自由电子的光电电离过程。

03.346 反常吸收 anomalous absorption
通过共振和非共振波-粒子相互作用使得电子获得能量的过程。

03.347 爆炸时间 bang time
在惯性约束聚变内爆阻滞阶段，热核反应速率达到峰值的时刻。

03.348 束匀滑 beam smoothing
控制激光光斑的空间相干尺度和时间相干尺度，抑制不稳定性发展的技术手段。

03.349 贝尔-普勒赛特效应 Bell-Plesset effect，BP effect
在柱和球收缩几何内爆中，由收缩比变化导致流体不稳定性增长变强或减弱的效应。

03.350 气泡竞争 bubble competition
在多尺度扰动的流体力学不稳定性过程中，不同尺度扰动通过非线性相互作用发生合并，并产生更大尺度扰动的现象。

03.351 中心点火 central ignition
在惯性约束聚变中，通过聚心内爆压缩聚变燃料，在中心局部区域形成满足点火条件的高温等离子体热斑的点火方式。

03.352 啁啾脉冲放大 chirped pulse amplification，CPA
一种产生超短超强激光脉冲的技术。超短脉冲激光振荡器产生的种子脉冲，首先经过脉冲展宽器展宽，降低峰值功率，随后经放大器放大，再经压缩器压缩，从而产生超短超强激光脉冲。

03.353 碰撞吸收 collisional absorption
电子在高频电磁波的电场中做抖动运动，离子通过电子-离子碰撞吸收电磁波能量的过程。

03.354 碰撞电离 collisional ionization
一个自由电子与原子中的束缚电子碰撞发生的电离。

03.355 锥壳靶 cone-in-shell target
一种激光驱动快点火内爆靶形结构。由靶丸和引导锥构成，靶丸包含内爆压缩聚变燃料，引导锥提供快点火束的产生和传输通道。

03.356 收缩比 convergence ratio
惯性约束聚变靶丸内爆初始半径与最大压缩时刻靶丸半径之比。

03.357 冕区 corona
在靶物质周围，电子密度低于临界密度的等离子体区域。入射激光在冕区传播、反射、散射及吸收。

03.358 临界密度 critical density
电磁波可以在其中传播的等离子体最高电子密度。高于此密度时，波将被反射。

03.359 直接驱动 direct-drive
激光直接作用于靶丸表面产生烧蚀压驱动内爆的激光驱动方式。

03.360　双壳层靶　double-shell target
一种激光驱动点火内爆靶形结构。包含两层分离的壳，外壳层由激光或辐射驱动，通过碰撞驱动内壳层压缩聚变燃料达到点火条件。

03.361　下散射比　down-scatter-ratio，DSR
氘氚聚变中，能量在 10～12 MeV 与能量在 13～15 MeV 的中子数量之比。该比值用来确定惯性约束聚变燃料压缩面密度。

03.362　驱动器效率　driver efficiency
激光驱动器输出激光能量与输入电能之比。

03.363　电磁孤立子　electromagnetic soliton
在低密度等离子体中缓慢传播的空间局域电磁波。

03.364　重离子聚变　heavy-ion fusion，HIF
用强流、中能重离子束流作为驱动源来实现惯性约束核聚变的一种途径。

03.365　电子抖动运动　electron quiver motion
电子在激光电场中的快速振荡运动。

03.366　快点火　fast ignition
一种惯性约束聚变点火途径。先采用间接或直接驱动方式压缩聚变燃料，然后利用高能电子束、质子或离子束在压缩聚变燃料中沉积能量，形成热斑从而实现点火。

03.367　馈入　feed-in
惯性约束聚变靶丸内爆中，外界面流体不稳定性扰动耦合到内界面的过程。

03.368　馈出　feed-out
惯性约束聚变靶丸内爆中，内界面流体不稳定性扰动耦合到外界面的过程。

03.369　成丝不稳定性　filamentational instability
激光在等离子体中传输时，如果激光辐照不均匀，可以通过有质动力效应、相对论效应或者热效应等排开等离子体，造成密度减小，折射系数变大，激光波阵面扭曲，激光强度进一步变大，发生不稳定性，最终光束呈丝状的现象。

03.370　限流　flux limitation
在粒子扩散输运数值模拟中，为避免扩散流超过直穿流的非物理现象而采用的一种近似方法。

03.371　弗劳德数　Froude number
流体力学中表征流体惯性力与重力相对大小的无量纲参数。等于流体速度平方与重力和特征长度乘积的比值。

03.372　重离子束　heavy-ion-beam
由质量大于阿尔法粒子的离子构成的离子束。

03.373　高能量密度物理学　high energy density physics，HEDP
研究能量密度大于每立方厘米 10 万焦耳状态下的物质特性和运动规律的一门学科。

03.374　黑腔　hohlraum
激光间接驱动惯性约束聚变中，用于将激光能量转化为软 X 射线的近封闭空腔体。由高原子序数元素构成，空腔表面有供激光注入的小孔。

03.375　黑腔能量学　hohlraum energetics
研究黑腔内不同形式能量间转换过程的一门学科。包括激光-X 光转换中的能量分配、激光转换为 X 光的效率，以及黑腔内部辐射场等特性。

03.376 热斑 hot spot
惯性约束聚变中经过内爆压缩或直接加热等过程形成的中心高温稠密等离子体区域。

03.377 流体力学效率 hydrodynamic efficiency
惯性约束聚变内爆中驱动器加源结束时刻，靶丸获得的最大动能与沉积在靶丸的驱动能量之比。

03.378 点火判据 ignition criterion
在惯性约束聚变点火内爆靶设计中用来衡量内爆是否达到点火条件的量化判断公式。该公式中包含重要的惯性约束聚变内爆特征物理量(包括一维理想和高维非理想物理因素)的定标关系。

03.379 内爆动力学 implosion dynamics
研究内爆压缩过程中核燃料状态变化规律的一门学科。

03.380 内爆阻滞 implosion stagnation
惯性约束聚变内爆靶丸达到最大压缩的阶段(或状态)。

03.381 间接驱动 indirect-drive
将激光或离子束注入黑腔内，产生辐射场，驱动靶丸内爆的驱动方式。

03.382 飞行形状因子 in-flight aspect ratio, IFAR
壳层半径与壳层厚度之比是表征激光惯性约束聚变内爆过程中流体稳定性的特征量。

03.383 集成模拟 integrated simulation
利用数值模拟程序对激光间接驱动全过程(包括激光注入黑腔、激光-X 光转换、辐射输运、辐射烧蚀内爆压缩及聚变点火过程)的模拟。

03.384 熵增因子 isentrope parameter
表征惯性约束聚变内爆过程中内爆壳层压缩性的物理量。为内爆壳层的压力与同样密度条件下壳层费米简并压力之比。

03.385 激光烧蚀 laser ablation
激光加热材料，受热材料膨胀飞散的过程。

03.386 激光印痕 laser imprint
激光束强度的中、小尺度空间不均匀性引起的扰动源。

03.387 激光粒子加速 laser particle acceleration
激光等离子体相互作用中，通过场效应、碰撞效应或者波-粒子相互作用等将激光能量转换成粒子动能，产生高能量粒子的过程。

03.388 局域热动平衡 local thermal equilibrium, LTE
在辐射流体中任一时间任一空间局部区域物质和辐射场处于同一温度的平衡状态。

03.389 多群辐射扩散 multi-group radiation diffusion
辐射光子在光性厚介质中传输行为的一种近似描述。辐射光子按照能量大小分为不同的群，假设同群辐射光子具有相同的行为，群内辐射光子传输时接近各向同性，辐射光子流的大小和方向由辐射光子空间分布的梯度决定。

03.390 六孔球腔 octahedral spherical hohlraum
激光间接驱动聚变研究使用的一种球形黑腔构型。六个激光注入孔均匀分布在球形黑腔表面，相邻两个激光注入孔的连线构成一个正八面体。

03.391　光损伤　optical damage
激光引起的光学元件表面或内部特征永久性损伤。包括光吸收导致的热损伤、介质击穿以及高功率导致的介质化学键破坏。

03.392　光学参量啁啾脉冲放大　optical parametric chirped pulse amplification，OPCPA
简称"OPCPA 技术(OPCPA technology)"。一种获得高增益、高对比度激光的技术。结合了光学放大(OPA)和啁啾脉冲放大(CPA)技术的优点，通过一束高能量单色泵浦光和一束低能量啁啾宽带种子光在非线性晶体中进行参量耦合获得高增益、高对比度激光。

03.393　参量不稳定性　parametric instability
当泵浦波的幅度超过阈值时，等离子体中的本征振荡模式和噪声涨落在泵浦波(如激光)的调制下，从泵浦波吸收能量和动量，从而增长的过程。

03.394　普朗克平均自由程　Planck mean free path
在辐射流体中以辐射场能谱作为统计平均权重值获得的辐射自由程。

03.395　基准设计靶　point design target
为点火装置的设计建造指标的选取提供重要的参考依据，经过优化设计的点火靶。

03.396　激光有质动力　laser ponderomotive force
激光空间不均匀产生的非线性低频力，正比于激光强度的梯度，方向与电荷正负无关，指向光强减弱的方向，对电子的作用远大于离子，与激光等离子体中多种非线性现象密切相关。

03.397　辐射压加速　radiation pressure acceleration，RPA
超短超强激光与靶相互作用中，光波的有质动力引起的粒子加速。

03.398　辐照不对称性　radiation assymmetry
间接驱动惯性约束聚变中，利用黑腔产生 X 射线辐射，由于黑腔构型等，位于黑腔中心的靶丸球表面上的辐射流存在差异的现象。

03.399　辐射温度　radiation temperature
黑腔内辐射场接近黑体辐射场分布(即普朗克分布)时对应的黑体辐射温度。

03.400　辐射流体力学　radiation-hydrodynamics
研究辐射输运及其与物质的相互作用的一门流体动力学学科。

03.401　相对论 $J \times B$ 加热　relativistic $J \times B$ heating
电子在线偏振相对论激光电场中运动，洛伦兹力的二倍频分量对电子的加速。

03.402　共振吸收　resonance absorption
P 偏振斜入射激光在非均匀等离子体临界面附近通过电子–静电波相互作用吸收激光能量的过程。

03.403　火箭模型　rocket model
利用火箭推动原理研究内爆靶丸烧蚀运动规律的唯象模型。

03.404　罗斯兰平均自由程　Rosseland mean free path
在辐射流体中以辐射场能谱的温度梯度作为统计平均权重值获得的辐射自由程。

03.405　自聚焦　self-focusing
由等离子体或光强的不均匀性导致激光在等离子体传输中光束汇聚和激光强度增强的过程。

03.406　自加热　self-heating
聚变产物对自身聚变燃料的直接加热。

03.407　自持燃烧波　self-sustaining burn wave
在惯性约束聚变点火中，聚变点火放能区界面仅依靠热核反应能向未达到点火条件的燃料区逐步扩张的运动。

03.408　冲击点火　shock ignition
利用驱动源产生的高强度冲击波压缩和加热已接近最大压缩状态的聚变燃料，从而达到点火条件的一种点火方式。

03.409　冲击波时间调配　shock timing
在激光惯性约束聚变中通过控制多个冲击波产生和汇合的时序实现高压缩内爆的冲击波调控技术。

03.410　受激布里渊散射　stimulated Brillouin scattering，SBS
入射激光在低于临界密度区域衰变为散射光波和离子声波的三波耦合过程。

03.411　受激拉曼散射　stimulated Raman scattering，SRS
入射激光在低于四分之一临界密度区域衰变为散射光波和电子等离子体波的三波耦合过程。

03.412　靶面法向鞘场加速　target normal sheath acceleration，TNSA
激光作用在薄膜靶表面产生超热电子，超热电子穿透靶后堆积在靶表面薄层内，形成的鞘层静电场对离子的加速过程。

03.413　热电效应　thermo-electric effect
在高温等离子体中，等离子体温度空间分布不均匀性导致电子由高温区域向低温区域运动而形成电流的现象。

03.414　双等离子体衰变　two plasma decay，TPD
四分之一临界密度附近入射激光共振衰变成两个朗缪尔波的过程。

03.415　真空加热　vacuum heating
P 偏振超短激光入射到密度很陡的等离子体表面上，电子在激光电场的半个周期中被拉出到真空中，并在下半个周期中被拉回到等离子体中，从而对边界附近的电子加热。

03.416　视因子　view factor
真空中收光面接收到的辐射能与发光面发射出的辐射能之比。

03.417　体点火　volume ignition
聚变燃料整体压缩和加热达到聚变点火条件的点火方式。

03.418　腔壁反照率　wall albedo
在辐射烧蚀材料的过程中烧蚀材料再发射辐射流与入射辐射流之比。

03.419　波破　wave breaking
在大振幅波与粒子相互作用中，波有效加速粒子后产生很强的朗道阻尼，导致波快速衰竭的现象。

03.420　韦伯不稳定性　Weibel instability
由等离子体的速度空间各向异性分布或温度各向异性驱动的一种电磁不稳定性。可使空间局部电流密度加强，等离子体被强烈地箍缩，形成高密度细丝。

03.421　中子产额各向异性　neutron yield anisotropy

在惯性约束聚变中，聚变中子通过密度、温度和速度空间不均匀的高密度聚变燃料时，由于多普勒效应和散射慢化等因素，中子能谱分布在空间各个方向上存在差异的现象。

03.422　产净比　yield-over-clean，YOC

惯性约束聚变内爆实验中子产额与一维理想条件下中子产额之比。

03.423　Z 箍缩　Z-pinch

载有轴向电流的等离子体在电流产生的角向磁场作用下自箍缩或向中心轴运动的柱形等离子体位形。

03.424　稠密 Z 箍缩　dense Z-pinch

内爆压缩等离子体直径小于 1 mm、密度约为固体密度的十倍到百倍的 Z 箍缩。

03.425　喷气 Z 箍缩　gas puff Z-pinch

利用喷气作为初始负载的 Z 箍缩。

03.426　快 Z 箍缩　fast Z-pinch

内爆时间在百纳秒量级的 Z 箍缩。

03.427　Z 箍缩等离子体　Z-pinch plasma

Z 箍缩约束位形中的等离子体。

03.428　Z 箍缩等离子体辐射源　Z-pinch plasma radiation source

Z 箍缩内爆滞止时形成的高温高密度等离子体产生的软X射线辐射、硬X射线辐射源的总称。

03.429　内爆时间　implosion time

Z 箍缩电流流过负载起到负载等离子体在中心轴处滞止的时间间隔。

03.430　箍缩电流　pinch current

脉冲功率驱动器与 Z 箍缩负载耦合，流过负载等离子体的电流。

03.431　电热不稳定性　electro-thermal insta-bility

Z 箍缩内爆早期，负载电导率随温度变化特性引起焦耳加热非均匀沉积形成的一种磁流体不稳定性。

03.432　丝阵　wire-array

由多根金属丝均匀排列为圆柱形阵列构成的一种 Z 箍缩初始负载构型。

03.433　嵌套丝阵　nested wire-array

两个或多个同轴金属丝阵构成的 Z 箍缩初始负载构型。

03.434　芯–晕结构　core-corona structure

电流通过 Z 箍缩丝阵，欧姆加热金属丝形成的低密度晕等离子体包裹高密度丝芯的单丝结构。

03.435　消融阶段　ablation phase

Z 箍缩放电的早期阶段，电流通过金属丝阵，单丝形成芯–晕结构，丝阵产生的晕等离子体在电磁力作用下向轴线运动。

03.436　质量消融率　mass ablation rate

丝阵 Z 箍缩中在欧姆加热下消融的丝阵质量变化率。

03.437　内爆阶段　run-in phase

消融阶段形成的等离子体在全局磁场作用下加速内聚的 Z 箍缩过程。

03.438　雪耙模型　snow-plow model

描述 Z 箍缩内爆动力学过程的简化模型。假定内爆过程中一个理想导体的柱形壳筒始终保持无限薄及柱对称性，电流鞘层或磁压像一把雪耙，将所遇到的等离子体堆积在鞘层内，使其与鞘层以同样的速度向内运动。

03.439　磁瑞利-泰勒不稳定性　magneto-Rayleigh-Taylor instability
Z 箍缩内爆中磁场推动等离子体加速运动引起的瑞利-泰勒不稳定性。

03.440　滞止阶段　stagnation phase
Z 箍缩内爆等离子体在对称轴附近减速停止,动能转化为内能,产生强 X 射线辐射的过程。

03.441　拖尾质量　trailing mass
在一定条件下,丝阵 Z 箍缩内爆到滞止阶段,仍停留在丝阵初始位置附近的等离子体的质量。

03.442　辐射坍塌　radiative collapse
辐射降温导致热压小于磁压,Z 箍缩等离子体被压缩到极高密度状态的过程。

03.443　静态壁黑腔　static-walled hohlraum
Z 箍缩内爆产生的强 X 射线辐射被直接引入固壁腔室的一种 Z 箍缩黑腔构型。

03.444　双 Z 箍缩黑腔　double Z-pinch hohlraum
两个相同的 Z 箍缩内爆构成初级黑腔产生辐射,并输运进入次级腔室的一种 Z 箍缩黑腔构型。

03.445　动态黑腔　dynamic hohlraum
一种 Z 箍缩黑腔构型。高 Z 材料的 Z 箍缩等离子体碰撞低密度泡沫产生辐射,Z 箍缩等离子体作为黑腔壁。

03.446　辐射激波　radiating shock
动态黑腔形成过程中,Z 箍缩等离子体碰撞低密度泡沫形成的激发等离子体辐射的激波。

03.447　准球形内爆　quasi-spherical implosion
利用 Z 箍缩技术,通过调节负载的初始构形、质量分布实现的近球对称的等离子体聚心内爆。

03.448　磁化套筒惯性聚变　magnetized liner inertial fusion
由快 Z 箍缩套筒内爆压缩预先磁化和预先加热的柱形燃料实现磁惯性聚变的技术途径。

04. 辐 射 物 理

04.01　一般性术语

04.001　抗辐射加固技术　radiation hardening technology
提高系统在辐射环境中的抗辐射损伤能力,确保完成规定任务的技术。

04.002　抗核加固　nuclear hardening
简称"核加固"。为保证系统在核爆炸环境中能够可靠实现规定功能而采取的防护措施。

04.003　辐射　radiation
核辐射、电磁辐射和光辐射的统称。在抗辐射加固技术领域主要是指核爆辐射、空间辐射、强激光和高功率微波等。

04.004　核辐射　nuclear radiation
原子核从一种结构或一种能量状态转变为另一种结构或另一种能量状态过程中所释

放出来的微观粒子流或能量。

04.005 电磁辐射 electromagnetic radiation
能量以电磁波形式在空间传播。

04.006 辐射效应 radiation effect
辐射与物质相互作用产生的物理、生物等现象。

04.007 辐射损伤 radiation damage
辐射导致材料、器件或系统等性能下降或失效的现象。通常又分为硬损伤和软损伤

两类。

04.008 抗辐射性能 radiation hardness
在辐射环境中，材料、器件或系统对辐射损伤敏感程度的度量。

04.009 辐射环境模拟技术 simulation technology of radiation environment
利用加速器、反应堆、电磁脉冲模拟器、Z箍缩等离子体辐射源、同位素源等装置或数值模拟产生辐射环境的技术。

04.02 辐 射 环 境

04.010 辐射环境 radiation environment
有辐射存在的环境。如核爆炸辐射环境、空间辐射环境和其他辐射源或装置产生的辐射环境。

04.011 核爆辐射环境 nuclear explosion radiation environment
核爆炸产生的中子、γ 射线、X 射线、光辐射和电磁脉冲等环境。

04.012 库存核武器辐射环境 radiation environment in nuclear stockpile
库存核武器中的核材料自发辐射产生的环境。

04.013 自相摧毁辐射环境 fratricide radiation environment
核爆炸导致邻近的己方核弹头毁伤的辐射环境。

04.014 人工辐射带 artificial radiation belt
由于高空核爆炸等人为原因形成的被地磁场稳定捕获的带电粒子带。

04.015 空间辐射环境 space radiation environment
地球外层空间存在的自然辐射环境。包括地球辐射带、银河宇宙线、太阳宇宙线和等离子体，主要成分有电子、质子、重离子和中子等。

04.016 太阳风 solar wind
太阳上层大气射出的等离子体带电粒子流。

04.017 太阳宇宙线 solar cosmic rays
太阳耀斑、日冕物质抛射等爆发性太阳活动时发射出的、短时存在的高能带电粒子。主要是质子，其次是 α 粒子、电子和少量重离子。

04.018 银河宇宙线 galactic cosmic rays
来自银河系和河外星系的高能带电粒子。主要是质子，其次是 α 粒子、电子和少量重离子。

04.019 空间等离子体 space plasma
又称"太空等离[子]体"。在行星际空间及地球磁层、电离层等区域存在的等离子体。

04.020　地磁捕获　geomagnetic trapping
进入地磁场的空间带电粒子由于围绕磁力线的螺旋运动、磁力线南北镜点间的弹跳运动以及沿东西方向的漂移运动，而较长时间内相对稳定地停留在地磁场中的现象。

04.021　地球辐射带　earth radiation belt
又称"范艾伦辐射带(Van Allen radiation belt)"。地球周围被地磁场稳定捕获的带电粒子区域。主要成分是电子和质子。根据距离地面高度的不同，分为内辐射带和外辐射带。

04.022　外辐射带　external earth radiation belt
又称"外范艾伦辐射带(external Van Allen radiation belt)"。在地球赤道平面上高度 10000～60000 km 范围，子午平面上的纬度边界为±55°～±70°。主要包括质子和电子，质子能量小于几 MeV，其通量随能量增加迅速减小，电子能量 0.04～4 MeV。

04.023　内辐射带　internal earth radiation belt
又称"内范艾伦辐射带(internal Van Allen radiation belt)"。在地球赤道平面上高度 600～10000 km 范围。主要包括质子、电子和少量重离子，质子能量 0.1～400 MeV，电子能量 0.04～7 MeV。

04.024　南大西洋异常区　south Atlantic anomaly
南大西洋上空地磁场强度偏弱导致该区域上空的内辐射带下边界下降，形成位于内辐射带捕获粒子通量偏高的异常区域。

04.025　磁暴　magnetic storm
太阳活动导致地球磁层持续几小时到几天的剧烈扰动现象。磁暴期间，经常伴发磁层亚暴，还可能引发高能电子暴。

04.026　磁层亚暴　magnetospheric substorm
地球磁尾和高纬电离层发生的剧烈扰动现象。

04.027　高能电子暴　high-energy electron storm
地球辐射带中能量为几百 keV 到几十 MeV 的电子通量增强的事件。通常发生在磁暴期间，可持续数天。

04.028　极光粒子　aurora particle
在地球高磁纬地区沿磁力线沉降到极光带的辐射带粒子和太阳风粒子等。

04.029　软 X 射线　soft X ray
又称"冷 X 射线(cold X ray)"。光子能量小于 10 keV 的 X 射线。

04.030　硬 X 射线　hard X ray
又称"温 X 射线(warm X ray)"。光子能量在 10～100 keV 范围内的 X 射线。

04.031　超硬 X 射线　ultra-hard X ray
又称"热 X 射线(hot X ray)"。光子能量大于 100 keV 的 X 射线。

04.032　高能 X 射线　high energy X ray
光子能量大于 1 MeV 的 X 射线。

04.033　相对论电子束　relativistic electron beam，REB
电子能量达到相对论能区的电子束。

04.034　强流二极管　intense current diode
又称"高功率二极管(high power diode)"。束流强度大于 1 kA 的粒子束二极管。

04.035　强聚焦二极管　intense bunching diode
通过自磁场或外加磁场实现束流强聚焦的二极管。

04.036　黑体辐射　black body radiation
表面反射系数为零的理想物体以电磁波的形式向外辐射能量。

04.037 大气层核爆炸 atmospheric nuclear explosion

爆心在海平面以上不足 30 km 的空中核爆炸或地面核爆炸。

04.038 Z 箍缩等离子体辐射 Z-pinch plasma radiation

Z 箍缩等离子体产生的特征辐射(线辐射)、韧致辐射(连续辐射)、复合辐射(连续辐射)、中子辐射等。

04.039 Z 箍缩丝阵负载 Z-pinch wire array load

由金属细丝构成的阵列型 Z 箍缩负载构型。

有柱状单层笼形、平面型、多层嵌套笼形等多种构型。

04.040 Z 箍缩喷气负载 Z-pinch gas puff load

由单层或多层嵌套喷气系统将气体喷入 Z 箍缩负载区,在流过的大电流作用下形成等离子体并向轴线箍缩的负载形式。

04.041 Z 箍缩惯性约束聚变 Z-pinch inertial confinement fusion

利用 Z 箍缩产生的高压将聚变材料迅速加热并压缩至极高的温度和密度,实现惯性约束聚变。

04.03 辐射效应与损伤

04.042 电离辐射效应 ionizing radiation effect

因辐射与物质相互作用产生电子-空穴对,导致辐射损伤的现象。

04.043 瞬时电离辐射效应 transient ionizing radiation effect

又称"剂量率效应(dose rate effect)"。主要指核爆 γ/X 射线剂量率导致的辐射损伤现象。

04.044 电离辐射总剂量效应 total ionizing dose effect,TID

简称"总剂量效应"。辐射诱生电荷造成材料、器件或系统电学参数长期变化的现象。

04.045 X 射线剂量增强效应 X-ray dose enhancement effect

当 X 射线通过高、低原子序数两种材料的界面时,高原子序数材料内产生的次级电子向低原子序数材料内转移,导致低原子序数材料分界面附近能量沉积增强的现象。

04.046 界面态 interface state

硅-二氧化硅界面处位于禁带中的能级或能带,可在很短的时间内和衬底半导体交换电荷的现象。

04.047 氧化物陷阱电荷 oxide-trapped charge

辐照导致二氧化硅价键损伤,形成局部陷阱所俘获的电荷。

04.048 阈值电压漂移 threshold voltage drift

辐射环境下金属-氧化物-半导体场效应晶体管(MOSFET),栅介质及沟道界面的诱生氧化物陷阱电荷、界面态引起 MOSFET 阈值电压变化的现象。

04.049 载流子散射 carrier scattering

载流子在半导体中运动,与晶格原子或电离杂质等相互作用,发生运动速率或方向改变的现象。

04.050 沟道载流子迁移率衰减 channel carrier mobility degradation

辐射引入沟道界面态陷阱对载流子散射作用增强,导致载流子迁移率下降的现象。

04.051 热–力学效应 thermal-mechanical effect

脉冲辐射作用在材料表面引起能量沉积、高温高压、热击波和结构响应等现象。

04.052 冲击波 shock wave

核爆炸时，爆炸中心压力急剧升高，使周围介质中形成连续传播的压力脉冲波。

04.053 脉冲载荷 pulse load

脉冲外力作用在物体上的载荷。

04.054 烧蚀 ablation

辐射能量沉积导致材料由表面向内发生熔融、蒸发、升华或分解等现象。

04.055 热激波 thermal shock wave

脉冲辐射在材料中沉积能量产生陡峭的压力梯度而形成的应力波。

04.056 结构响应 structure respond

脉冲载荷造成的结构振动、屈曲、塑性变形等现象。

04.057 比释动能因子 kerma factor

对于单能中子，中子的比释动能与该单能中子注量的比值称为比释动能因子。计算公式如下：$(F_n)_{E,Z}=K/\Phi$，$(F_n)_{E,Z}$ 是能量为 E 的中子在被辐照物质 Z 中的比释动能因子；K 是比释动能，单位是 rad 或 cGy；Φ 是单能中子的注量，单位是中子/cm^2。

04.058 冲量耦合系数 impulse coupling coefficient

材料单位面积上的喷射冲量与能注量的比值。

04.059 初始光电流 primary photocurrent

由于电离辐射在 PN 结附近产生大量的电子–空穴对，过量的电荷载流子穿过 PN 结而构成的电流。

04.060 脆性断裂 brittle fracture

材料未经明显的变形而发生的断裂。断裂时材料几乎没有发生过塑性变形。

04.061 弹性应变 elastic strain

材料在施加一定载荷后发生形变，当外力去除后能迅速恢复原状的现象。

04.062 低剂量率增强效应 enhanced low dose rate sensitivity，ELDRS

在相同总剂量辐照条件下，低剂量率(小于 0.5 Gy(Si)/s)辐照的器件性能退化大于高剂量率辐照的现象。

04.063 二次光电流 secondary photocurrent

由初始光电流在双极晶体管内经电流放大 h_{FE} 倍而倍增的电流。

04.064 剂量率翻转 dose rate upset

在瞬时辐照下，器件参数的瞬态变化和持续时间引起数字电路状态发生变化，或超过模拟电路规定水平的现象。

04.065 剂量率烧毁 dose rate burnout

在瞬时辐照下，流经 PN 结的异常大电流对半导体器件造成永久损伤，导致器件中正常电流中断的现象。

04.066 剂量率闩锁 dose rate latchup

脉冲电离辐射产生的光电流使器件内寄生结构导通，而且在光电流消失后，器件仍然保持大电流状态的现象。

04.067 局部光电流 local photocurrent

瞬时电离辐射在单元电路内部的晶体管 PN 结中感生的光电流。

04.068 路轨塌陷效应 rail span collapse effect

辐射感生光电流流经电源线和(或)地线，在互联阻抗上产生压降，导致电源电压下降和(或)地电压上升，造成数字电路噪声容限降低的现象。

04.069 全局光电流 global photocurrent
局部光电流直接或经放大后流入电路的电源线和(或)地线，在布线上形成的光电流。

04.070 塑性应变 plastic strain
材料在施加一定载荷后发生形变，当外力去除后不能恢复原状的现象。

04.071 退火系数 annealing factor
辐照后某时刻的辐射损伤值与经过长时间退火后稳定的辐射损伤值之比。

04.072 延性断裂 ductile fracture
伴随明显塑性变形而形成延性断口的断裂。延性断裂一般包括纯剪切变形断裂、韧窝断裂、蠕变断裂等。

04.073 应变 strain
物体内任一点因各种作用引起的相对变形。

04.074 应力 stress
受力物体截面上，单位面积上的内力。

04.075 中子单粒子效应 neutron induced single event effect
由单个中子入射在器件材料当中产生的单粒子效应。

04.076 核电磁脉冲 nuclear electromagnetic pulse，NEMP
核爆炸释放的 γ 射线、X 射线等与周围介质相互作用而产生的脉冲电磁场。

04.077 高空[核]电磁脉冲 high-altitude [nuclear] electromagnetic pulse，HEMP
地球大气外层核爆炸产生的脉冲电磁场。核爆炸高度一般大于 30 km。高空电磁脉冲的主要特点是场强高、频谱宽、作用范围大，主要威胁电子系统工作。

04.078 系统电磁脉冲 system-generated electromagnetic pulse，SGEMP
由核爆炸释放的 γ 射线和 X 射线与系统构件相互作用，从系统构件表面激发的脉冲电磁场。

04.079 源区电磁脉冲 source region electromagnetic pulse，SREMP
在核爆炸爆心附近区域产生的核电磁脉冲。

04.080 电磁脉冲效应 electromagnetic pulse effect
电磁脉冲作用于电气或电子系统使其出现辐射损伤的现象。

04.081 电磁应力 electromagnetic stress
电磁场与电气或电子系统相互作用，在系统部件上产生的电压、电流或电荷。

04.082 残余内应力 residual internal stress
电磁应力穿过电磁屏障，进入系统内部剩余的电压、电流或电荷。

04.083 电磁耦合 electromagnetic coupling
电磁场或电磁能从一个系统转移到另一个系统的现象。

04.084 转移阻抗 transfer impedance
当编织屏蔽电缆内导体电流为零时，屏蔽层轴向电压变化率与轴向电流之比。常用单位为 mΩ/m。

04.085 位移损伤 displacement damage
器件材料原子或晶格被粒子碰撞离开原来位置导致辐射损伤的现象。

04.086 非电离能量损失 non-ionizing energy loss，NIEL

粒子穿过物质时扣除电离能量损失后在物质中沉积的能量。

04.087 1 MeV 中子损伤等效 1 MeV neutron damage equivalence

不同能量中子产生相同位移损伤所需的 1 MeV 中子注量。

04.088 单粒子效应 single event effect，SEE

单个粒子穿过器件敏感区域，电离产生的电子-空穴对被电场收集形成脉冲电流，导致器件辐射损伤的现象。

04.089 临界电荷 critical charge，Q_c

维持双稳态触发器电路逻辑状态所需的最小电荷量。

04.090 敏感体积 sensitive volume

可以引发单粒子效应的器件敏感区域的体积。

04.091 单粒子翻转 single event upset，SEU

单粒子效应导致器件逻辑状态翻转的现象。

04.092 单粒子瞬态 single event transient，SET

单粒子效应导致器件输出异常脉冲信号的现象。

04.093 单粒子锁定 single event latchup，SEL

单粒子效应导致体硅互补金属-氧化物-半导体场效应晶体管(CMOS)集成电路寄生可控硅导通，在电源端和接地端之间形成低电阻通道的现象。

04.094 单粒子栅穿 single event gate rupture，SEGR

单粒子效应导致金属-氧化物-半导体场效应晶体管(MOSFET)绝缘栅介质击穿的现象。

04.095 单粒子烧毁 single event burnout，SEB

单粒子效应导致功率 MOSFET 寄生晶体管二次击穿等热损伤的现象。

04.096 单粒子功能中断 single event function interrupt，SEFI

单粒子效应导致逻辑器件不能完成规定的逻辑功能的现象。

04.097 单粒子多位翻转 multiple cell upset，MCU

单粒子效应导致器件两个以上存储单元逻辑翻转的现象。

04.098 充放电效应 charging and discharging effect

卫星在轨道运行期间与空间带电粒子环境相互作用发生的静电荷累积以及诱发空间静电放电的现象。按照卫星充放电发生位置的不同可分为表面带电和内带电两类。

04.099 单粒子效应截面 single event effect cross section

表征器件对单粒子效应的敏感程度。效应试验中利用单粒子事件数除以垂直入射时单位面积上入射粒子的总数进行计算。

04.100 辐射损伤等效 radiation damage equivalence

不同种类或能量的辐射在材料、器件中造成相同的损伤效果。

04.101 空间辐射环境模拟技术 simulation technology of space radiation environment

利用地面模拟装置考察电子器件或系统的辐照损伤，进而评价电子器件或系统在空间辐射环境中抗辐射能力的技术。

04.102 空间辐射效应与损伤 space radiation effect and damage

工作在空间辐射环境中的电子器件或系统由于辐射与器件材料相互作用沉积能量发生性能退化或瞬时扰动的现象。

04.103 临界线性能量转移值 critical linear energy transfer, critical LET

带电粒子入射到材料中，在单位路径长度上损失的能量称为线性能量转移值，能够引起器件发生单粒子效应的最小线性能量转移值称为临界线性能量转移值。

04.104 卫星法拉第筒 Faraday cage structure of satellite

又称"卫星法拉第笼"。卫星结构、电子部件外壳和电缆屏蔽层组成物理及电气连续的屏蔽结构。

04.105 漏斗效应 funnel effect

当粒子穿过半导体敏感区时，沿离子径迹方向形成漏斗形电场畸变，产生的载流子在漏斗电场作用下，很快分离漂移到电极的现象。

04.106 空间线性能量转移谱 space linear energy transfer spectrum, space LET spectrum

空间粒子通量随线性能量转移值的分布。

04.107 布拉格曲线 Bragg curve

辐射粒子的能量损失率沿其径迹的变化曲线。

04.108 绝对带电 absolute charging

卫星作为一个整体相对空间等离子体获得净电荷积累并形成电势差的现象。

04.109 不等量带电 differential charging

又称"差分带电"。在空间等离子体环境中，卫星表面的材料特征参数不同或光照条件不同，导致相邻材料或结构间形成不同的充电电势。

04.110 二次放电效应 secondary arcing effect

又称"持续放电(continuous discharge)"。空间静电放电导致航天器上高压大功率部件中的绝缘性能降低，同时高电压引起放电通道上持续时间较长的电流流过，甚至形成永久性放电通道的现象。

04.111 静电放电损伤 damage induced by electrostatic discharge

静电放电产生的电磁脉冲导致星上电子设备工作异常的现象。

04.112 卫星内带电 satellite internal charging

空间高能电子穿透卫星表面，在星内材料或悬浮导体中积累电荷的现象。

04.113 累积效应 accumulation effect

辐射损伤随辐照量的累积而变化的现象。

04.114 软错误 soft error

可纠正或恢复的错误。

04.115 永久损伤 permanent damage

又称"硬损伤(hard damage)"。不可恢复的辐射损伤。

04.116 协和效应 synergetic effect

几种辐射同时作用或不同辐射效应相互影响而导致辐射损伤的现象。

04.117 截面 cross-section

一个入射粒子与单位面积靶上一个靶核发生反应的概率。

04.118 电子对效应 pair-production effect
能量大于 1.02 MeV 的光子在原子核的库仑场中湮灭，产生一个正电子和一个负电子的现象。

04.119 质量阻止本领 mass stopping power
用面密度表示的辐射与物质相互作用经过单位路程后的能量损失。单位是 J·m²/kg。

04.120 吸收剂量率 absorption dose rate
单位时间内的吸收剂量。单位是 Gy/s。

04.121 粒子注量 particle fluence
穿过单位面积的粒子总数。单位是 m^{-2}。

04.122 粒子注量率 particle fluence rate
单位时间内的粒子注量。单位是 $m^{-2} \cdot s^{-1}$。

04.04 辐射防护与加固

04.123 系统加固 system radiation hardening
根据系统在要求的辐射环境中因辐射损伤导致的技术性能变化，为确保系统全寿期内能够完成规定任务而采取的措施。

04.124 硬件加固 hardware radiation hardening
对软件保持透明，主要通过容错、冗余、屏蔽等硬件手段实现加固的方法。

04.125 软件加固 software radiation hardening
利用硬件提供的故障检测功能，在软件上通过容错、冗余、刷新等手段实现加固的方法。

04.126 均衡加固 balanced radiation hardening
针对多种辐射因素，综合考虑可靠性和硬件加固、软件加固的开销，选择合适方案的加固方法。

04.127 总体优化 overall optimization
以系统抗辐射性能、可靠性等要求为目标，综合考虑各种加固技术的开销，选择最佳总体方案的设计方法。

04.128 指标分配 performance assignment for hardening
依据系统的抗辐射性能指标，按最佳性价比原则和可实现能力，对组成系统不同层次的单元提出抗辐射加固指标的过程。

04.129 容差设计 tolerance design
根据元器件参数容差与辐射损伤导致的性能退化，进行余量设计的方法。

04.130 容错设计 fault-tolerant design
系统在组成部分出现特定故障的情况下，仍能执行规定功能的设计方法。

04.131 冗余设计 redundant design
用多于完成功能所必需的资源提供高可靠性的设计方法。

04.132 时间冗余 temporal redundancy
在不同时间段内重复同一功能，检测瞬时故障的冗余方法。

04.133 物理冗余 physical redundancy
使用多个同构或异构的单元，提供故障检测和故障隔离功能，完成同一项功能的冗余设计方法。

04.134 信息冗余 information redundancy
通过在数据中附加冗余的信息以达到故障检测、故障屏蔽或容错目的的设计方法。

04.135　降额设计　degrading design
在低于额定应力的条件下使用元器件，提高可靠性的设计方法。

04.136　冷备份　cold spare
处于关断状态的备份模块。需要上电、状态同步才能替换发生故障的主份。

04.137　温备份　warm spare
处于加电状态的备份模块。其状态、数据、工作流程与主份不同，需要状态同步才能替换发生故障的主份。

04.138　热备份　hot spare
处于开机状态的备份模块。其状态、数据、工作流程与主份相同，可以在最短的时间内替换发生故障的主份。

04.139　瞬时回避　circumvention
探测到瞬时威胁环境后迅速关闭系统全部或部分电源，待威胁过后重新恢复系统工作，实现系统防护的方法。

04.140　检纠错　error detection and correction
利用前向纠错编码，实现存储器或通信信道故障的检测与恢复的设计方法。

04.141　看门狗　watchdog timer
通过异构的定时器检测处理器程序是否正常运行的冗余设计方法。即预先设定的时间内处理器未发出定时器重置指令(喂狗)，则定时器发出处理器复位信号(狗咬)。

04.142　系统重构　system reconfiguration
变更系统的物理或逻辑互联，防止故障模块导致系统失效，并可通过冗余模块使系统恢复正常的方法。

04.143　定时刷新　periodic scrubbing
通过定时局部重新载入处理器程序、静态随机存储器型现场可编程门阵列(SRAM 型FPGA)配置等数据，消除积累的辐照故障的在线故障恢复方法。

04.144　电磁屏蔽效能　electromagnetic shielding effectiveness
屏蔽体抑制电磁辐射的程度。通常用屏蔽系数来表征。

04.145　滤波　filtering
针对指定频段进行衰减或滤除的防护方法。

04.146　等电势设计　equivalent potential design
通过结构设计、材料选择等方法消除由卫星表面不等量带电引起的电势差，使卫星表面充电电势差小于要求的静电放电安全阈值的方法。

04.147　电势主动控制　active control of potential
通过采用适当的装置或结构，如等离子体发射器、场致电子发射器等，降低卫星表面充电电势的方法。

04.148　电荷泄放通道　charge leakage path
通过电荷泄放电阻接地等手段，为卫星电路结构或大面积材料提供良好的导电路径。

04.149　器件设计加固　radiation hardening by design，RHBD
通过版图和电路结构设计提高器件抗辐射能力的方法。

04.150　器件工艺加固　radiation hardening by process
通过场区、栅氧等工艺设计和过程控制提高器件抗辐射能力的方法。

04.151 器件封装加固 radiation hardening by packaging
通过封装材料和结构设计提高器件抗辐射能力的方法。

04.152 加固标准单元库 radiation hardened standard cell library
可用于构建抗辐射加固集成电路，具有一定抗辐射能力的基本单元集合。

04.153 双互锁存储单元 dual interlocked storage cell
将存储体的节点进行备份，与主节点同时作用，从而抑制单粒子效应的存储单元结构。是一种常用的存储类加固单元结构。

04.154 栅氧 gate oxide
金属-氧化物-半导体场效应晶体管(MOSFET)中，介于金属和半导体之间的薄氧化层。是栅与沟道的电隔离介质材料。

04.155 局部氧化物隔离技术 local oxidation of silicon，LOCOS
又称"平面隔离技术(plane isolation technology)"。采用局部屏蔽(如 Si_3N_4)氧化技术生长厚氧化层，实现器件之间表面隔离的技术。

04.156 轻掺杂漏极技术 lightly doped drain，LDD
在金属-氧化物-半导体场效应晶体管(MOSFET)沟道靠近漏极附近设置一个低掺杂的漏区结构以承受部分电压，减弱漏区电场的技术。

04.157 浅槽隔离 shallow trench isolation，STI
利用离子刻蚀在场区形成浅的沟槽，然后用淀积二氧化硅(SiO_2)介质填充，实现高密度隔离，用于制作深亚微米以下器件的隔离技术。

04.158 短沟道效应 short-channel effect，SCE
沟道长度减小到一定程度后出现的一系列二级物理效应。

04.159 高 K 栅介质 high-K gate dielectric
介电常数比二氧化硅高，并可用于集成电路工艺的栅介质材料。是解决集成电路工艺特征尺寸进入深亚微米后，短沟道效应导致栅介质减薄，从而提高介质击穿电压的措施。

04.160 环形栅晶体管 enclosed layout transistor
采用闭合栅结构消除源漏之间栅边沿场区漏电通道的晶体管。

04.161 保护环 guard ring
采用条状或环状注入区实现衬底/阱接触，抑制互补金属-氧化物-半导体场效应晶体管(CMOS)器件闩锁的结构。

04.162 钝化加固技术 passivation hardening technology
采用特殊的介质层对器件表面进行保护处理，减少器件受辐射环境影响的技术。

04.163 应力消除技术 stress relief technology
在半导体工艺中，采用退火等方法来消除材料或结构应力，使其诱生的缺陷减少的技术。

04.164 界面态控制技术 interface state control technology
通过控制氧化层生长过程中的气氛、退火条件，减少硅与二氧化硅界面上硅的悬挂键、结构缺陷、杂质离子引入的技术。

04.165　栅氧化层加固工艺　gate oxide hardening process
通过优化栅氧化层的生长及退火条件，以减少二氧化硅-硅界面态密度、氧化层中固定正电荷及辐照陷阱电荷，抑制辐照产生的阈值漂移、跨导降低等影响的技术。

04.166　高可靠超薄栅氧技术　high reliability of ultra-thin gate oxide technology
通过优化栅氧化层的生长及退火条件，形成质量可靠、厚度极薄的栅氧化层的技术。

04.167　复合栅介质　composite gate dielectric
采用两种或以上的介质作为栅氧层，以遏制辐照后漏电流的增长。

04.168　场区加固　field area hardening
通过器件场区介质的材料选择、结构设计及场区杂质浓度控制，减少辐照诱生陷阱电荷，降低辐射环境下寄生场管的漏电流和阈值电压漂移的技术。

04.05　辐照试验与数值模拟

04.169　辐照　irradiation
用射线照射物体。

04.170　辐照试验　irradiation test
根据试验目的，按规定的方法，用射线照射被试物，检测被试物在辐射环境中性能变化的试验。

04.171　辐射场参数　radiation field parameter
表征辐射场特性的物理参数。如能量、强度和时间特性等。

04.172　效应参数　effect parameter
表征受试物辐射效应或损伤程度及其变化的参数。

04.173　在线测量　on-line measurement
在辐照期间对被试物相关参数的测量。

04.174　加速试验　accelerated test
用合理的技术手段在较短的时间内模拟等效长时间辐射损伤的试验方法。

04.175　退火　annealing
辐照试验后辐射损伤随时间衰退的现象。

04.176　最劣偏置　the worst-case bias
器件在辐照试验中产生最严重辐射损伤的偏置状态。

04.177　微束试验　microbeam test
用束斑尺寸与器件敏感部位尺寸相当或更小的射线束进行辐照试验的方法。

04.178　n/γ 比　neutron gamma ratio
在中子、γ射线混合场中，样品辐照期间中子注量和γ射线剂量的比值。

04.179　有界波电磁脉冲模拟器　guided-wave electromagnetic pulse simulator
以传输线结构形成导波边界，在一定空间范围内产生近似于单一平面波的电磁辐射环境，能够模拟自由空间传播的高空电磁脉冲的设备或装置。

04.180　辐射波电磁脉冲模拟器　radiating-wave electromagnetic pulse simulator
以双锥、偶极子等辐射天线，在一定空间范围内产生的，模拟传播到地(水)面的高空电磁脉冲的设备或装置。

04.181 GTEM 室 gigahertz transverse electromagnetic cell，GTEM cell

用于常规的辐射发射和敏感度测试的锥形横电磁波小室或无回波室。其设计成可以覆盖典型的电磁兼容测试的整个频率范围，以期实现：①在推荐测试空间内可建立准确的均匀场；②将背景噪声减至最小，提高测试灵敏度；③与标准的地面屏蔽反射式场地的测量结果有良好的对应关系。

04.182 表面电流注入 surface current injection

模拟电磁脉冲传导环境的一种试验方法。利用感性、容性等耦合技术，采用单点或多点等注入方式，直接在系统外壳或仪器设备箱表面注入电流，模拟电磁脉冲传导环境。

04.183 波阻抗 wave impedance

对采用复数符号的正弦电磁波，表示在一个点上的电场和磁场的复数量之比。

04.184 插入损耗 insertion loss

又称"介入损耗"。在传输系统中由插入网络引起的损耗。以插入网络之前馈送到接在网络之后的那部分系统的功率与插入网络之后馈送到该系统同一部分的功率之比表示，通常以分贝(dB)表示。

04.185 场强 field strength

通常指电场矢量的大小，一般以伏每米表示；也可指磁场矢量的大小，一般以安每米表示。

04.186 超宽带高功率微波 ultra wide band high power microwave

峰值功率大于 100 MW、上升前沿为亚纳秒或皮秒量级、相对带宽超过 25% 的电磁脉冲。

04.187 传导耦合 conducted coupling

电磁脉冲作用于一个或多个导体，在导体上产生电压和电流的过程。

04.188 垂直极化 vertical polarization

电磁波的一种极化类型。如果电场矢量位于入射面内，磁场矢量与入射面垂直，即磁场矢量平行于地面，则称这种电磁波是垂直极化的。

04.189 地面零点 ground zero

爆心在地面上的投影点。

04.190 电[磁]偶极子 electric ［magnetic］ dipole

集中在接近的两点上的、符号相反的、两个相等的电(磁)量的组合体。

04.191 电磁脉冲的频域响应 frequency-domain response to electromagnetic pulse

电磁脉冲响应的一种表示形式。描述了响应量随频率的变化，一般通过对电磁脉冲时域响应进行傅里叶变换得到。

04.192 电磁脉冲的时域响应 time-domain response to electromagnetic pulse

电磁脉冲响应的一种表示形式。描述了响应量随时间的变化，一般通过测量系统直接测量得到。

04.193 电磁脉冲降级度 electromagnetic pulse degradation degree

电子系统(电路)在电磁脉冲辐射下，某些特性的退化程度。

04.194 电磁脉冲敏感性 electromagnetic pulse sensibility

系统、分系统、组件、电路和元器件对很宽频谱范围的电磁脉冲能量的响应程度。

04.195 电磁脉冲易损性 electromagnetic pulse vulnerability

在电子系统设计中，由于某些特殊性或问题，损害和削弱系统在电磁脉冲环境中的生存能力。

04.196　端口保护装置　terminal protection device

安装在敏感电路与地之间,用于保护电子部件免于雷电或电磁脉冲损伤的开关装置。

04.197　高功率微波源　high power microwave source

能够产生 500 MW 以上(均方根)功率,并能将其传输到微波负载(如天线)的微波源。

04.198　核电磁脉冲模拟器　nuclear electromagnetic pulse simulator

在一定空间范围内能模拟高空核爆炸产生辐射区瞬时电磁场的设备。

04.199　后门耦合　back-door coupling

电磁脉冲通过系统的缝隙或孔洞进入系统,干扰或烧毁电子设备的现象。

04.200　毁伤阈值　vulnerability threshold

造成一种设备某种确定的毁坏的最低电磁应力水平。

04.201　火花隙　spark gap

含有两个或多个电极用以产生火花放电的器件。

04.202　近区　near region

大气层核爆炸时,距地面零点 10～100 km 的区域。

04.203　孔缝耦合　aperture coupling

电磁场与不完全屏蔽的系统相互作用时,部分能量通过孔、缝隙等不连续点进入系统内部的现象。

04.204　浪涌保护装置　surge protection device

又称"电涌保护器"。用于限制暂态过电压和分流浪涌电流的装置。它至少应包含一个

非线性电压限制元件。

04.205　雷电电磁脉冲　lightning electromagnetic pulse

与雷电放电相关的电磁辐射。由其所产生的电场和磁场可能与电力、电子系统耦合产生破坏性的电压浪涌和电流浪涌。

04.206　雷电直接效应　lightning direct effect

当雷电电弧附着时伴随产生的高温、高压冲击波和电磁能量对系统所造成的燃烧、溶蚀、爆炸、结构畸变和强度降低等效应。

04.207　内电磁脉冲　internal electromagnetic pulse,IEMP

又称"腔体系统电磁脉冲(cavity system electromagnetic pulse)"。由核爆炸释放的 γ 射线和 X 射线与系统壳体材料相互作用,在系统内部形成的瞬变电磁场。

04.208　引入点　point of entry

系统中某个固定的关键点。电磁能量在该点可以明显地传入或传出设备、分系统或系统。

04.209　平行板电磁脉冲模拟器　parallel plate electromagnetic pulse simulator

以平行板传输线结构形成导波边界,在一定空间范围内产生近似于单一平面波的电磁辐射环境。能够模拟自由空间传播的高空电磁脉冲的设备或装置。

04.210　前门耦合　front-door coupling

电磁脉冲在系统的天线、传输线等媒介中产生感应电流,电流通过线路进入系统内部的现象。

04.211　水平极化　horizontal polarization

电磁波的一种极化类型。如果磁场矢量位于入射面内,电场矢量与入射面垂直,即电场矢量平行于地面,则称这种电磁波是水平极

化的。

04.212 天线增益 antenna gain
在给定方向的相同距离处，天线辐射的场强与等功率条件下各向同性标准天线辐射的场强之比。

04.213 下截止波导 waveguide below cutoff
用来衰减低于截止频率的所有频率的电磁波的一种金属波导。截止频率由波导的横向尺寸和几何构形及波导内电介质物质特性确定。

04.214 源区 source region
爆心周围以康普顿电流和传导电流为主的区域。源区半径的大小与爆炸方式、爆高、威力、介质密度等因素有关。

04.215 中、远区 middle，far region
大气层核爆炸时，距地面零点 100 km 以外的区域。

04.216 阻抗稳定网络 line impedance stabilization network，LISN
又称"人工电源网络(artificial power network)"。插入受试设备电源进线中的网络。在给定频率范围内它可以使受试设备与主电源隔离，并为干扰电压的测量提供一个规定的负载阻抗。

04.217 脉冲电流注入 pulsed current injection
模拟电磁脉冲通过传导耦合进入系统内部的试验方法。也用于测量电磁脉冲防护装置或器件的性能。

04.218 故障注入 fault injection
将辐射引起的故障模式引入被试物或被试物的仿真模型，模拟辐射损伤的试验方法。

04.219 故障覆盖率 fault coverage
在辐照试验或故障注入试验中，测量系统可检测或可检验被试物的故障数与被试物同类故障总数之比。

04.220 地磁亚暴环境模拟试验 magnetospheric substorm environment simulation test
利用真空室和电子枪模拟空间地磁亚暴带电环境，进行卫星部组件或表面材料的表面充电电势及静电放电参数测试的试验。

04.221 材料带电特性试验 material charging characteristics test
利用地面带电模拟试验装置进行材料充电速率或充电水平等测试的试验。

04.222 卫星放电不敏感性试验 satellite discharging insensitivity test
在卫星适当位置上，采取直接或间接等方式注入一系列静电放电电流脉冲，验证卫星系统抗静电干扰能力及安全余量的试验。

04.223 数学建模 mathematics modeling
根据现象和实践经验归纳出一套反映其内部因素数量关系的数学公式、逻辑准则和具体算法，用以描述和研究客观规律的过程。

04.224 数值模拟不确定度 uncertainty in numerical simulation
由计算机、计算方法、计算模型和参数等引入的计算结果的不确定度。

04.225 电磁拓扑 electromagnetic topology
应用数学中的拓扑理论从整体上分析系统电磁耦合的方法。

04.226 卫星三维屏蔽分析 3-D radiation shielding analysis for satellite
根据卫星整星实际构形及设备布局，进行卫星内、外任意一点在全向空间不同方向上屏蔽质量分布的三维建模分析和在轨辐射剂量计算的过程。

04.227　剂量深度曲线 depth-dose curve

采用特定轨道上实心球屏蔽模型,计算的辐射剂量随屏蔽厚度变化的曲线。

04.228　单粒子翻转率预估 single-event up-set rate prediction,SEU rate prediction

基于器件的单粒子效应敏感度数据和轨道空间环境中高能粒子环境,获得器件在真实空间环境中单粒子翻转事件发生频度的方法。

04.229　卫星表面充电平衡电势 equilibrium potential of satellite surface charging

卫星表面带电过程中,正、负电荷达到动态平衡时的充电电势。

04.230　电流平衡基本方程 current balance basic equation

用于描述卫星表面带电过程中不同电流源电流进出动态过程的基本方程。通过设定表面净电流为零,可得到卫星表面充电平衡电势。

04.231　卫星表面带电分析 satellite surface charging analysis

利用卫星在等离子环境中的带电模型,通过电流、储存电荷、电场和充电电势的计算来分析其表面带电的过程。

04.232　静电放电响应分析 static discharging response analysis

通过空间静电放电模型和卫星结构电路模型,分析静电放电对卫星危害程度的过程。

04.06　抗辐射性能评估

04.233　抗辐射性能评估 evaluation for radiation hardness

依据试验数据或基于试验的数值模拟数据,或以上两类数据,通过定性或定量分析,评价材料、器件或系统的抗辐射性能。

04.234　抗辐射加固设计指南 guideline for designing of radiation hardening

用于指导器件或系统进行抗辐射加固设计的原则。

04.235　抗辐射能力 capability of radiation hardening

器件或系统在辐射环境中完成规定任务的能力。

04.236　抗辐射性能预测 prediction for radiation hardness

依据试验数据或基于试验的数值模拟数据,或以上两类数据,通过定性或定量分析,预测材料、器件、系统的抗辐射性能。

04.237　平均故障间隔时间 mean time to failure

发生相邻两次故障的平均间隔时间。

04.238　裕量 margin

器件或系统允许工作的性能范围超出阈值的部分。

04.239　不确定性 uncertainty

物理量分散程度的表征。

04.240　不确定性分布 distribution of uncertainty

物理量的不确定性在该物理量变化范围内的概率分布。通常用密度函数表示。

04.241　试验不确定度 uncertainty in test

表征合理地赋予试验结果的分散性,与试验

方法和测量结果相联系的参数。

04.242 试验不确定度评定 evaluation of uncertainty in test
依据试验过程的数学模型和不确定度的传播规律分析给出试验不确定度的过程。分为不确定度 A 类评定和不确定度 B 类评定。

04.243 失效概率 failure probability
器件或系统不能实现规定功能的状态的概率。

04.244 错误 error
器件或系统出现不正确的输出信号。

04.245 错误概率 error probability
器件或系统出现不正确的输出信号的概率。

04.246 置信因子 confidence factor
对应于所给置信度的误差限与标准偏差之比。

04.247 贝叶斯方法 Bayesian method
根据贝叶斯定理，综合利用先验信息和现场信息对各类未知参数进行统计推断的数学方法。

04.248 故障树方法 fault tree method
通过对可能造成产品故障的硬件、软件、环境、人为因素等进行分析，画出故障树，确定产品故障原因的各种可能组合方式及其发生概率的方法。

04.249 裕量与不确定度量化方法 quantification of margins and uncertainties method
简称"QMU 方法(QMU method)"。通过量化抗辐射性能的裕量和不确定度，采用裕量与不确定度之比评价系统抗辐射性能的方法。

04.250 安全裕度法 safety margin method
采用系统的辐射损伤阈值剂量和要求承受的辐射剂量差与后者的比值，评价系统抗辐射性能的方法。

04.251 指数裕度法 exponential margin method
应用层次分析的方法建立不同毁伤因素或不同分系统相对重要度的一种多因素评估方法。

04.252 层次分析方法 analytic hierarchy process
定性判断和定量分析相结合的、系统化、层次化的一种多准则决策方法。它按照人的决策思维的基本特征，即分解、判断和综合，将评价者对复杂系统的决策思维过程规范化和数量化。

04.07 专 用 术 语

04.253 运载系统 launch system，carry system
运载火箭、地面设备和工程设施的总称。

04.254 机动发射 maneuvering launch
利用运输工具适时改变地点发射导弹的方式。

04.255 空间 space
地球大气层以外的宇宙空间。

04.256 人造地球卫星 artificial earth satellite
简称"人造卫星""卫星"。环绕地球运行的无人航天器。

04.257 弹道导弹 ballistic missile
推力终止后，大部分弹道符合自由抛物体轨迹的导弹。按其射程可分为洲际导弹、远程导弹、中程导弹和近程导弹。

04.258　卫星平台　satellite platform
由卫星服务系统组成的可支持某一种或几种有效载荷的组合体。

04.259　卫星总体设计　satellite system design
根据任务书和合同要求,按照系统工程方法优选卫星总体方案,确定卫星分系统的构成,并拟定、协调、优选和控制卫星各项参数和性能指标,使卫星达到设计要求的过程。

04.260　卫星分系统　subsystem of satellite
完成卫星某一主要功能的星上部件、组件的组合。

04.261　卫星设计寿命　design lifetime of satellite
根据研制任务书或合同规定而设计的卫星在运行轨道上的正常工作时间。

04.262　地球同步轨道　geosynchronous orbit
卫星轨道周期和地球自转周期(约 23h56min4s)相等的顺行轨道。

04.263　地球静止轨道　geostationary orbit
简称"静止轨道"。卫星轨道倾角和偏心率为零的地球同步轨道。

04.264　太阳同步轨道　sun-synchronous orbit
卫星轨道平面东进角速度与太阳在黄道上运动的平均角速度相等的轨道。

04.265　极地轨道　polar orbit
卫星轨道倾角等于 90°的轨道。

04.266　太阳电池阵　solar cell array
简称"太阳阵"。以串、并联方式组合的太阳电池组及其结构等组成的发电装置。

04.267　卫星遥控　satellite command
从地面发送指令对卫星工作状态实施控制的技术。

04.268　卫星环境　satellite environment
卫星从总装出厂到工作终止所经受的各种环境。包括地面环境、发射环境、空间环境和返回环境。

04.269　绝缘体上硅　silicon-on-insulator, SOI
制备在绝缘介质上的单晶硅材料。是辐射加固器件常用的材料之一。

04.270　片上系统　system on chip
又称"SOC 器件(SOC device)"。具有系统功能的单片集成电路。

04.271　非易失存储器件　non-volatile memory, NVM
存储数据在系统掉电后保持状态的存储器。

05. 核 反 应 堆

05.01　反应堆物理

05.001　反应堆物理　reactor physics
从中子与原子核的相互作用出发研究和确定反应堆物理特性的理论。

05.002　快中子　fast neutron
能量大于 0.1 MeV 的中子。

05.003　易裂变同位素　fissile isotope
仅靠热中子就能够诱发其发生裂变反应的核素。

05.004　可裂变同位素　fissionable isotope
只有当入射中子能量高于一定值时，才能诱发其发生裂变反应的核素。

05.005　丰度　abundance
同位素在该种元素所有同位素中的相对含量。通常用质量百分比表示。

05.006　浓缩铀　enriched uranium
又称"富集铀"。经过同位素提炼，^{235}U 含量超过天然铀中 ^{235}U 含量的铀元素或铀化合物。

05.007　微观截面　microscopic cross section
一个入射粒子与前进方向上单位面积内一个靶核发生核反应的概率。

05.008　宏观截面　macroscopic cross section
一个粒子在介质中前进单位距离发生核反应的概率。

05.009　螺旋管式蒸气发生器　helical tube steam generator
以螺旋形传热管为传热元件的蒸汽发生器。

05.010　中子密度　neutron density
单位体积内的中子数。

05.011　中子注量率　neutron fluence rate
单位时间内进入以空间某点为中心的适当小球体的中子数除以该球体的最大截面积的商。常用单位为 $n/(cm^2 \cdot s)$。也等于空间某点中子数密度与中子平均速度之乘积。

05.012　中子角密度　neutron angular density
单位体积内，某一运动方向的中子数。

05.013　中子角通量　neutron angular flux
中子角密度与中子速率的乘积。

05.014　中子角流量　neutron angular current
又称"角中子流(angle neutron flow)"。中子角密度与中子速度的乘积。

05.015　中子核数据　neutron nuclear data
核工程中所用的有关中子核反应的数据总称。包括各种核反应堆的截面、出射粒子的分布、能谱等。

05.016　共振积分　resonance integral
在共振峰的宽度内，微观吸收截面与中子通量乘积对能量的积分。

05.017　多普勒效应　Doppler effect
又称"多普勒展宽(Doppler broadening)"。靶核的热运动随着温度的增加而增加，导致共振峰的宽度随着温度的上升而增加、峰值截面减小的现象。

05.018　裂变能　fission energy
重核发生裂变反应释放的能量。

05.019　裂变中子　fission neutron
重核发生裂变反应时发射的中子。

05.020　缓发中子先驱核　precursor of delayed neutron
在衰变过程中能够发射缓发中子的裂变碎片。

05.021　缓发中子份额　delayed neutron fraction
缓发中子在全部裂变中子(瞬发中子和缓发中子)中所占的比例。

05.022　缓发中子产额　delayed neutron yield
平均每次裂变能够产生的缓发中子数目。

05.023 燃料活性长度 active fuel length
燃料组件活性段的长度。

05.024 活性区高度 active height
反应堆中堆芯燃料组件活性段的高度。

05.025 链式裂变反应 chain fission reaction
中子与裂变物质发生裂变反应产生的裂变中子，继续引起其他裂变材料的裂变并逐代延续下去的反应过程。

05.026 有效增殖因子 effective multiplication factor
新生一代的中子数和产生它的直属上一代中子数之比。也可定义为系统内中子的产生率除以系统内中子的总消失率(包括吸收率和泄漏率)。

05.027 六因子公式 six-factor formula
描述有限介质内中子循环过程对有效增殖系数影响的公式。表达式为：有效增殖系数等于快中子增殖因子、逃脱共振吸收概率、热中子利用系数、有效裂变中子数、快中子不泄漏概率、热中子不泄漏概率等六个因子的乘积。

05.028 快中子增殖因子 fast fission factor
由一个初始裂变中子所得到的，慢化到 ^{238}U 裂变阈能以下的平均中子数。

05.029 逃脱共振吸收概率 resonance escape probability
慢化过程中逃脱共振吸收的中子份额。

05.030 热中子利用系数 thermal neutron utilization factor
被燃料吸收的热中子数在堆芯吸收热中子总数中的份额。

05.031 有效裂变中子数 reproduction factor
又称"热裂变因子"。燃料每吸收一个热中子所产生的平均裂变中子数。

05.032 不泄漏概率 non-leakage probability
反应堆内没有泄漏出堆外的中子份额。

05.033 无限介质增殖因数 infinite multiplication factor
无限介质内的有效增殖因子。

05.034 反应堆临界状态 critical state of nuclear reactor
反应堆有效增殖系数等于 1 的状态。此时反应堆内中子的产生率等于中子的总消失率。

05.035 反应堆超临界状态 supercritical state of nuclear reactor
反应堆有效增殖系数大于 1 的状态。此时反应堆内中子的产生率大于中子的总消失率。

05.036 反应堆次临界状态 subcritical state of nuclear reactor
反应堆有效增殖系数小于 1 的状态。此时反应堆内中子的产生率小于中子的总消失率。

05.037 瞬发临界 prompt critical
仅靠裂变产生的瞬发中子就能够使反应堆达到临界的状态。

05.038 瞬发周期 prompt period
反应堆达到瞬发临界时的反应堆周期。

05.039 临界尺寸 critical size
反应堆达到临界时堆芯的尺寸。

05.040 临界质量 critical mass
反应堆达到临界时堆芯装载的核燃料的质量。

05.041 中子慢化 neutron moderation
中子通过与慢化剂原子核发生散射降低速

度的过程。

05.042　慢化剂　moderator
反应堆中用来降低裂变中子能量的材料。

05.043　慢化能力　slowing-down power
慢化剂平均对数能降增量与宏观散射截面的乘积。

05.044　慢化比　moderating ratio
慢化剂慢化能力与宏观吸收截面的比值。

05.045　慢化密度　slowing-down density
单位时间、单位体积内慢化到某能量 E 以下的中子数。

05.046　慢化能谱　slowing-down spectrum
在慢化过程中,反应堆内中子密度(中子通量密度)按照能量的分布。

05.047　慢化时间　slowing-down time
在无限介质内,裂变中子由裂变能 E_0 慢化到热能 E_{th} 所需要的平均时间。

05.048　空间自屏效应　space self-shielding effect
中子在进入到吸收截面较大的介质中,首先被外层的介质吸收,造成内部的中子通量比外层的低,结果使得内层吸收介质不能充分有效地吸收中子。

05.049　能量自屏效应　energy self-shielding effect
在共振能区内,由于吸收截面有很大的增大和剧变,共振能区内中子通量密度急剧下降畸变,并在共振能量处出现很大凹陷的现象。

05.050　扩散时间　diffusion time
无限介质内,热中子从产生到被俘获以前所经过的平均时间。

05.051　中子代时间　neutron generation time
中子寿命与有效增殖系数的比值。

05.052　菲克定律　Fick's law
描述中子流密度矢量与中子通量密度关系的定律。当中子密度分布不均匀时,存在中子的定向移动,从密度高处移向密度低处,大小与密度的梯度成正比。

05.053　扩散系数　diffusion coefficient
中子流密度矢量与负的中子通量密度梯度的比值。

05.054　单群扩散理论　one-group diffusion theory
在扩散理论中认为所有的中子具有单一能量。

05.055　扩散长度　diffusion length
表征热中子从产生到被吸收穿行距离的物理量。扩散长度的平方等于扩散系数除以宏观吸收截面。

05.056　功率峰因子　power peak factor
堆芯内部热中子通量密度的最大值与热中子通量密度的平均值之比。

05.057　堆芯功率密度　core power density
堆芯内单位时间、单位体积内由裂变反应释放的能量。

05.058　堆芯功率分布　core power distribution
堆芯内功率的空间分布。

05.059　平均功率密度　average power density
整个堆芯内功率密度的平均值。

05.060　象限功率倾斜比　quadrant power tilt ratio
将反应堆分为若干象限,在某象限测得的最大功率值与所有象限测得的功率平均值之比。

05.061 轴向偏移 axial offset
反应堆堆芯上部功率和下部功率之差与堆
芯上部功率和下部功率之和的比值。通常以
百分数的形式表示。

05.062 能群 energy group
把中子能量区域按照大小分为若干个能量
区间，每个能量区间称为一个能群。计算过
程中认为每个能群内的中子能量是相同的。

05.063 燃耗 depletion
核燃料同位素成分随时间的变化。

05.064 氙中毒 xenon-135 poisoning
^{135}Xe 对热中子有很大的吸收截面，随着反
应堆的运行，裂变产物 ^{135}Xe 不断产生和积
累，使得堆芯的剩余反应性减少的效应。

05.065 钐中毒 samarium-149 poisoning
^{149}Sm 对热中子有较大的吸收截面，随着反
应堆的运行，裂变产物 ^{149}Sm 不断产生和积
累，使得堆芯的剩余反应性减少的效应。

05.066 碘坑 iodine well
反应堆停堆后，^{135}Xe 的浓度先增加后减小，
堆芯剩余反应性先减小后增加的现象。

05.067 氙振荡 xenon oscillation
大型热中子反应堆中，局部区域内中子通量
密度变化引起局部区域 ^{135}Xe 浓度和中子平
衡关系变化，形成功率密度、中子通量密度
和 ^{135}Xe 浓度的空间振荡。

05.068 反应堆死时间 reactor dead time
反应堆停堆后，堆芯剩余反应性先减小后增
加，如果停堆前功率水平较高，则停堆后堆
芯剩余反应性在一段时间内将小于 0，这段
时间称为反应堆死时间。

05.069 堆芯寿期 core lifetime
新装料堆芯从开始运行到有效增殖系数降
为 1 时，反应堆满功率运行的时间。

05.070 寿期初 beginning of life，BOL
堆芯寿期初期。

05.071 寿期中 middle of life，MOL
堆芯寿期中期。

05.072 寿期末 end of life，EOL
堆芯寿期末期。

05.073 等效满功率天 effective full power day，EFPD
循环长度的折算单位。等于反应堆以满功率
运行一天。

05.074 等效满功率小时 effective full power hour，EFPH
循环长度的折算单位。等于反应堆以满功率
运行一个小时。

05.075 燃耗深度 burn-up level
燃料贫化程度的一种度量。通常定义为装入
堆芯的单位质量核燃料所产生的能量。

05.076 燃耗方程 burnup equation
描述燃耗链与裂变产物链中核素成分随时
间变化规律的方程。

05.077 设计燃耗 design burn-up
反应堆设计时给定的燃耗深度。

05.078 核燃料转换 nuclear fuel conversion
通过转换物质产生易裂变同位素的过程。

05.079 堆芯平均燃耗 average core burn up
堆芯燃耗深度的平均值。

05.080 转换比 conversion ratio
反应堆中每消耗一个易裂变材料原子所产生的新的易裂变材料的原子数。

05.081 核燃料增殖 nuclear fuel breeding
当转换比大于 1 时,易裂变核素的产生率将大于消耗率,这种情况称为核燃料的增殖。

05.082 反应性 reactivity
有效增殖系数减去 1 后除以有效增殖系数。是反应堆偏离临界状态的度量。

05.083 反应性系数 reactivity coefficient
反应堆的某一个参数发生单位变化引起的反应性变化。

05.084 温度系数 temperature coefficient
反应堆堆芯温度发生单位变化引起的反应性的变化。

05.085 压力系数 pressure coefficient
一回路中压力发生单位变化引起的反应性的变化。

05.086 空泡系数 void coefficient
慢化剂空泡份额发生单位变化引起的反应性变化。

05.087 多普勒反应性系数 Doppler coefficient of reactivity
又称"燃料温度系数(fuel temperature coefficient)"。核燃料温度发生单位变化引起的反应性变化。

05.088 功率系数 power coefficient
功率发生单位变化引起的反应性变化。

05.089 功率亏损 power defect
又称"积分功率系数(integral power coeffi-

cient)"。功率发生变化时,引起的反应性变化的总量。

05.090 初始反应性 initial reactivity
新建反应堆所具有的剩余反应性。

05.091 剩余反应性 excess reactivity
所有控制毒物移出堆外时堆芯的反应性。

05.092 停堆深度 shut-down margin
当全部控制毒物都投入堆芯时,反应堆所达到的负反应性。

05.093 控制棒价值 control rod worth
控制棒所能控制的反应性。

05.094 硼微分价值 boron differential worth
堆芯冷却剂中单位硼浓度变化所引起的反应性变化。

05.095 中子价值 neutron worth
单位时间内消除或产生一个中子所引起的反应堆反应性的减少或增益。

05.096 化学补偿控制 chemical shim control
在一回路冷却剂中加入可溶性化学毒物来控制反应性。

05.097 临界硼浓度 critical boron concentration
反应堆达到临界时的硼浓度。

05.098 点堆动力学方程 equation of point reactor kinetics
将反应堆作为一个整体,不考虑控制空间分布建立的中子动力学方程。

05.099 反应堆周期 reactor period
堆芯中子密度(功率)增加 e 倍所需要的时间。

05.100 倒时方程 inhour equation
倒时方程是反应堆稳定周期(T)与引入反应性(ρ)之间的关系式。

05.101 堆芯燃料管理 reactor core fuel management
在保证反应堆安全可靠的前提下为获得最佳的比燃耗、降低燃料成本和改善反应堆运行性能，以及尽可能降低压力容器所受的中子注量而进行的技术经济分析和管理工作。

05.102 平衡循环 equilibrium cycle
理想情况下是一个无限的循环序列，其中每个循环的性能参数(如循环长度、新料富集度、一批换料量及平均卸料燃耗深度等)都保持相同，运行循环进入一个平衡状态。

05.103 分批换料法 batch refueling scheme
将反应堆内的燃料组件分批卸出堆芯，每次换料时只将燃耗深度较深的燃料卸出堆芯，其余燃耗较浅的燃料停留在堆芯内进入下一循环。

05.104 低泄漏堆芯 refueling core for low neutron leakage
采用能减少中子的径向泄漏的燃料管理方案所构成的堆芯。

05.105 多群输运方程 multi-group transport equation
采取多群近似后的中子输运方程。

05.106 稠密栅格 dense lattice
反应堆内燃料棒之间的间距小于中子在慢化剂内平均自由程的栅格。

05.107 等效栅元 equivalent cell
栅格计算中，为了简化计算，将正方形或六角形栅格等效成的栅元面积相等的无限圆柱栅元。

05.108 反应堆核设计 reactor nuclear design
反应堆堆芯物理设计和反应堆辐射屏蔽设计的统称。

05.109 反应堆物理启动 reactor physical start-up
在反应堆正式运行前从次临界到临界过程中所做物理实验的统称。

05.110 反应堆物理实验 reactor physics experiment
研究反应堆物理参数及有关核特性的实验。

05.02 反应堆热工水力

05.111 反应堆热工水力学 reactor thermal-hydraulics
又称"反应堆热工流体力学(reactor thermal hydrodynamics)"。研究反应堆内热能的释放、传递以及通过冷却剂系统载出堆外的一门学科。

05.112 反应堆流体力学 reactor fluid mechanics
用分析方法研究反应堆内流体运动规律以及流体与结构部件相互作用的一门学科。

05.113 [反应堆]热功率 thermal power [of a reactor]
反应堆输出的可利用热能所对应的功率。

05.114 额定功率 rated power
反应堆在额定工况下输出的功率。

05.115 反应堆功率密度 reactor power density

反应堆单位体积堆芯所产生的热功率。

05.116　额定功率密度　rated power density
在额定功率下单位体积堆芯所产生的热功率。

05.117　燃料线功率密度　linear power density of fuel element
采用束棒式燃料组件反应堆，单位长度燃料元件产生的热功率。

05.118　燃料元件表面热流密度　heat flux of fuel element surface
燃料元件表面单位面积传递给冷却剂的热功率。

05.119　燃料比功率　fuel specific power
堆芯内单位质量核燃料所产生的热功率。

05.120　余热　residual heat
停堆后，裂变产物衰变和缓发中子引发裂变所产生的热量以及积存在燃料、结构材料和传热介质中的热量总和。

05.121　衰变热　decay heat
放射性核素衰变时所产生的热量。

05.122　衰变功率　decay power
停堆后反应堆内相应于衰变热的功率。

05.123　欠热沸腾　subcooled boiling
又称"过冷沸腾"。冷却剂在接近加热表面处已达到饱和温度而在冷却剂通道截面上的大部分仍低于饱和温度的沸腾。

05.124　泡核沸腾　nucleate boiling
又称"核态沸腾"。气泡在加热壁面上的气化核心产生和离开的过程。

05.125　膜态沸腾　film boiling
冷却剂在加热表面上形成蒸气薄膜的沸腾。

05.126　偏离泡核[核态]沸腾　departure from nucleate boiling，DNB
在泡核沸腾向膜态沸腾转变过程中，由于加热表面和冷却液体之间形成的气膜减少了从表面到液体的传热，使局部传热恶化的现象。

05.127　干涸　dry out
在高含气率区由壁面上的液膜消失造成的沸腾临界。

05.128　偏离泡核沸腾热流密度　departure from nucleate boiling critical heat flux
在低含气率条件下，沸腾传热过程偏离核态沸腾时对应的最大热流密度。

05.129　干涸热流密度　dryout critical heat flux
在高含气率条件下，加热面的液膜被全部蒸干时对应的热流密度。

05.130　临界热流密度　critical heat flux
偏离泡核沸腾热流密度和干涸热流密度的统称。

05.131　偏离泡核[核态]沸腾比　departure from nucleate boiling ratio，DNBR
燃料元件包壳上给定点的偏离泡核沸腾热流密度与实际热流密度之比。

05.132　单通道模型　single channel model
将反应堆堆芯内的冷却剂通道分为热通道和平均通道，并认为各通道在整个堆芯高度上是孤立的、封闭的，与其他通道之间没有冷却剂的质量、动量和能量交换。

05.133　子通道模型　subchannel model
在反应堆热工水力计算中，人为地将燃料通道划分成若干通道，并在某种程度上考虑各通道间横向搅混相互作用的一种分析方法。

05.134　热通道　hot channel
堆芯中考虑了核的和工程的各种不利因素后，热流密度和(或)比焓升最大的一条可能限制堆功率输出的燃料通道。

05.135　平均通道　average channel
与热通道相对的一种假想通道。假设该通道内的反应堆堆芯参数是堆芯总体参数的平均值。

05.136　热通道因子　hot channel factor
曾称"热管因子(heat pipe factor)"。考虑核的和工程的各种不利因素后，热通道中反应堆冷却剂的比焓升或轴向平均热流密度与相应的堆芯平均比焓升或平均热流密度的比值。

05.137　工程热通道因子　engineering hot channel factor
燃料元件、栅格、燃料芯块直径、密度和富集度等的制造偏差、下腔室流量分配、流量交混和旁流等对热通道热流密度或比焓升的影响因子。

05.138　核热通道因子　nuclear hot channel factor
只考虑堆芯功率分布不均的不利因素后，热通道的比焓升或轴向平均热流密度与堆芯平均比熔升或平均热流密度的比值。

05.139　热点　hot spot
反应堆热工分析中，考虑核的和工程的各种不利因素后，燃料元件温度最高或偏离泡核沸腾比最小的燃料元件上的一点。

05.140　热点因子　hot spot factor
热点的热流密度与堆芯平均热流密度的比值。

05.141　核热点因子　nuclear hotspot factor
只考虑堆芯功率分布不均匀等不利因素后，热

点的热流密度与堆芯平均热流密度的比值。

05.142　工程热点因子　engineering hot point factor
只考虑燃料元件和燃料芯块尺寸、密度和富集度的制造偏差等工程不利因素后，热点的热流密度与堆芯平均热流密度的比值。

05.143　热组件因子　hot-assembly factor
释热率最大的燃料组件与堆芯平均释热率之比。

05.144　轴向峰因子　axial peaking factor
某燃料元件轴向最大释热率与该燃料元件轴向平均释热率之比。

05.145　径向峰因子　radial peaking factor
堆芯内径向燃料元件(或组件)最大释热率与堆芯平均释热率之比。

05.146　工程因子　engineering factor
反映燃料组件(元件)制造和安装等工程因素对热流密度影响的因子。

05.147　接触热导　contact heat conduction
燃料包壳和芯块处于接触状态的传热系数。

05.148　池式沸腾　pool boiling
又称"大容积沸腾(bulk boiling)"。浸没在大容积静止液体内的加热壁面上的沸腾过程。

05.149　流动沸腾　flow boiling
流体流动系统内(通常流道壁为加热面)的沸腾。

05.150　冷却剂欠热度　subcooling of coolant
又称"过冷度"。冷却剂平均温度低于其系统压力下的饱和温度的数值。

05.151 壁面过热度 wall superheat
壁面温度高于其系统压力下的饱和温度的数值。

05.152 再湿润温度 rewetting temperature
水沿炽热表面流动时开始能与热表面直接接触的最高壁面温度(即最低膜态沸腾温度)。

05.153 泡核沸腾起始点 onset of nucleate boiling，ONB
由欠热沸腾向泡核沸腾开始转变的位置。

05.154 净蒸气产生起始点 onset of net vapor generation，ONVG
加热管内产生泡核沸腾后，气泡开始脱离加热壁面，使主流液体内开始存在净蒸气的位置。

05.155 单相流 single phase flow
单个物相的流动。

05.156 两相流 two-phase flow
同时存在两个物相并且具有明确的相界面的流动。

05.157 质量流量 mass flow rate
单位时间内通过流道的工质质量。

05.158 体积流量 volumetric flow rate
单位时间内通过流道的工质体积。

05.159 真实含气率 true quality
又称"质量含气率(mass vapor content)"。流过通道截面的气相质量流量与气-水两相流的总质量流量之比。

05.160 循环倍率 circulation ratio
流过通道截面的气-水两相流的总质量流量与其中气相质量流量之比。为质量含气率的倒数。

05.161 平衡含气率 equilibrium quality
又称"热力学含气率(equilibrium thermodynamic quality)"。根据热平衡方程定义的含气率，为流道某截面上两相流体的焓值与对应条件下饱和水焓值的差值与汽化潜热之比。

05.162 体积含气率 volumetric flow quality
又称"容积含气率"。单位时间内，流过通道的两相流总容积中，气相所占的容积份额。

05.163 空泡份额 void fraction
又称"截面含气率(section steam content)"。两相流中某一截面上，气相所占截面与总流道截面之比。

05.164 混合折算速度 mixture superficial velocity
单位时间内，流经通道任一流通截面上的气-液混合物的总容积。

05.165 气相折算速度 superficial velocity of the gas phase
单位时间内，流经通道任一流通截面上的气相的容积。

05.166 液相折算速度 superficial velocity of the liquid phase
单位时间内，流经通道任一流通截面上的液相的容积。

05.167 漂移速度 drift velocity
各相的真实速度与两相混合物的折算速度的差值。

05.168 滑速比 slip ratio
气相的真实流速与液相真实流速之比。

05.169 两相流流型 flow pattern of two-phase flow
气液两相流动中两相介质的分布形态。

05.170 [竖直通道]泡状流 [vertical tube]
bubbly flow
气相以小气泡形式不连续地分布在连续的液体流中的两相流型。

05.171 [竖直通道]弹状流 [vertical tube]
slug flow
通道内大的气泡和大的液体块相间出现，气泡与壁面被液膜隔开，且气泡的长度变化相当大，流动的大气泡尾部常常出现许多小气泡的两相流型。

05.172 [竖直通道]搅浑流 [vertical tube]
churn flow
弹状流中大的气泡破裂后形成的形状很不规则的气泡，有许多小气泡掺杂在液流中，液相在通道内交替上下运动，流动特征是振荡型的流型。

05.173 [竖直通道]环状流 [vertical tube]
annular flow
液相沿着管壁周围连续流动，中心则是连续的气体流，在液膜和气相核心流之间还存在着一个波动的交界面的两相流型。

05.174 [竖直通道]细束环状流 [vertical tube] wispy-annular flow
流型特征和环状流类似，在气芯中液相弥散相的浓度足以使小液滴连成串向上流动，犹如细束的流型。

05.175 [竖直通道]雾状流 [vertical tube]
drop flow
加热通道内随着环状流中的液膜不断蒸发直至干涸，液相全部变成液滴弥散在气相中演化而来的流型。

05.176 [水平通道]塞状流 [horizontal tube]
plug flow
水平通道内，气泡聚结形成大气塞，主要在

通道上方通过，在大气塞后面，还会出现一些小气泡的流型。

05.177 [水平通道]分层流 [horizontal tube]
stratified flow
水平通道内气相、液相分别在通道上、下方流动，两者之间有一个比较光滑的交界面的流型。

05.178 [水平通道]波状流 [horizontal tube]
wavy flow
分层流动中气相的流速增加到足够高时，在气相和液相的交界面产生了一个沿着流动方向传播的扰动波，气液界面像波浪一样的流型。

05.179 [水平通道]弹状流 [horizontal tube]
slug flow
当水平通道内气相速度比波状流的速度更高时，这些波最终会碰到流道顶部表面而形成气弹，此时许多大的气弹在通道上部高速运动，而底部则是波状液流的流型。

05.180 [水平通道]环状流 [horizontal tube]
annular flow
水平通道内气相在通道中心流动，液相在通道壁面上流动，由于重力影响，周向的液膜厚度不均匀，管道底部的液膜比顶部厚的流型。

05.181 热分层 thermal stratification
由于受到温度变化的影响，流体在空间上出现的温度、密度分布不均匀的现象。

05.182 两相流模型 two-phase flow model
描述两相流动特性的物理图像和数学方程。

05.183 均相流模型 homogeneous flow model
通过合理地定义两相混合物的平均值，把两相流当作具有这种平均特性，遵循单相流体基本方程的均匀介质的模型。

05.184 分相流模型 separated flow model
把两相流看成是分开的两股流体流动,把两相分别按照单相流处理,各相具有独立的流速和物性参数,并且计入相间作用,对各相分别建立流体动力学方程,也可以将各相的方程加以合并得到守恒方程。

05.185 两流体模型 two-fluid model
将每一种流体都看作充满整个流场的连续介质,针对两相分别写出质量、动量和能量方程,通过相间界面间的相互作用(质量、动量和能量的交换)将两组方程耦合在一起。适用于可当作连续介质研究的任何两元混合物。

05.186 漂移流模型 drift flux model
在热力学平衡的假设下,建立在两相平均速度场基础上的一种模型。气相相对于两相流的混合速度有一个漂移速度,液相则有一个反向的漂移速度以保持流动的连续性,模型同时考虑了相间的滑动和分布特性。

05.187 两相压降 two-phase pressure drop
两相流从通道的一个截面到另一个截面的静压差。

05.188 摩擦压降 frictional pressure drop
流体沿等截面直通道流动时由沿程摩擦阻力的作用而引起的不可逆压力损失。

05.189 提升压降 gravitational pressure drop
又称"重位压降"。流体流动过程中由势能的改变所引起的静压力变化。

05.190 加速压降 acceleration pressure drop
因流体速度发生变化而引起的静压力变化。流体速度的改变可由流体密度变化引起,也可由流道截面面积变化引起。

05.191 局部压降 local pressure drop
又称"形阻(shape of resistance)"。流体通过突然扩大或者缩小的流通截面、弯管、接头、阀门、定位架、孔板等所造成的集中不可逆压力损失。

05.192 两相摩擦压降倍率 two-phase friction pressure drop multiplier
在相同情况下两相摩擦压降与单相摩擦压降之比。

05.193 临界流 critical flow
容器内流体向外流动时背压降低到某个值后再进一步降低,流量也不会增加的现象。

05.194 两相流动不稳定性 two-phase flow instability
两相流受到扰动后发生的流量漂移或者流量振荡现象。

05.195 密度波振荡 density wave oscillation
在一定的回路布置和运行工况影响下,由系统的流量、产气率和压降之间的多重反馈作用产生的流体密度波型脉动。

05.196 对数平均温差 logarithmic mean temperature difference
换热器内冷热流体换热温差在整个换热器面积上的积分平均值。

05.197 强迫循环 forced circulation
依靠泵或风机的外力迫使工质在回路内循环流动的过程。

05.198 自然循环 natural circulation
在闭合回路内依靠冷段(向下流动)和热段(向上流动)中的流体密度差在重力的作用下产生驱动压头来实现的流动循环。

05.199　流量惰走　flow coastdown
泵失去电源后依靠转子惰转和流动惯性维持流量逐渐下降的过程。

05.200　层流　laminar flow
流体力学中，流体各质点的运动都与壁面平行，各平行层之间不发生流体交混的流动状态。

05.201　湍流　turbulence flow
流体质点在与流道壁面平行流动的同时还存在着横向速度脉动。即流体微团还做无规则湍动的流动状态。

05.202　水力等效直径　hydraulic equivalent diameter
又称"水力当量直径"。通道的四倍流通面积和湿润周长之比。

05.203　热工裕量　thermal margin
热工上在满足安全限值要求后额外留出的运行裕度。

05.03　反应堆基本组成

05.204　核反应堆　nuclear reactor
利用裂变物质，使之发生可控、自持链式裂变反应堆的装置。通常指裂变反应堆。

05.205　反应堆结构　reactor structure
反应堆本身的结构。主要包括堆芯、堆内构件、反应堆容器和控制棒驱动机构等部件。

05.206　[反应堆]堆芯　[reactor] core
反应堆内能进行链式核裂变反应的区域。

05.207　增殖区　breeding region
增殖堆中放置可转换材料的区域。

05.208　燃料元件　fuel element
反应堆内以核燃料作为主要成分的结构上独立的最小构件。其具体形状有棒状、板状和球状等。

05.209　燃料组件　fuel assembly
组装在一起并且在堆芯装料和卸料过程中不拆开的一组燃料元件。

05.210　增殖组件　breeder assembly
增殖堆中以可转换材料为主要成分的燃料组件。

05.211　调节棒　regulating rod
用于微调或精调反应性的控制棒。

05.212　补偿棒　shim rod
用于补偿反应性长期变化的控制棒。

05.213　安全棒　safety rod
为紧急停堆提供负反应性储备的控制棒。

05.214　控制棒组件　control rod assembly
燃料组件内所布置的控制棒组成的部件。

05.215　阻力塞组件　plug assembly
在不插控制棒、可燃毒物和中子源的燃料组件内，为限制导向管旁流而设置的组件。

05.216　可燃毒物　burnable poison
放入反应堆内通过其逐渐燃耗来补偿反应性长期缓慢变化的中子吸收体。

05.217　可溶毒物　soluble poison
可溶于反应堆冷却剂中的中子吸收剂。

05.218　一次中子源　primary neutron source
又称"初级中子源"。首次装料的堆芯，启动时需要装入的可自发产生中子的中子源。其目的是提高反应堆初次启动时的中子注量率水平，以避开测量盲区，保证新建反应堆初次启动安全，常用锎、镭-铍、钋-铍和锔-铍等放射性中子源。

05.219　反射层　reflector
从堆芯逃脱的中子部分散射回堆芯的物体。

05.220　控制棒驱动机构　control rod drive mechanism，CRDM
升降或保持控制棒在一定位置的装置。

05.221　堆内构件　reactor internal
在反应堆容器内，除燃料组件、燃料相关组件及增殖组件以外的所有其他构件的统称。

05.222　堆芯栅板　core grid
设置在堆芯端部，使燃料组件和堆内中子探测器定位的部件，常分为堆芯上栅板和堆芯下栅板。

05.223　反应堆栅格　reactor lattice
反应堆堆芯内燃料元件、冷却剂和慢化剂以栅元形式构成的特定规律性排列。

05.224　燃料栅元　fuel cell
反应堆各栅格中具有相同材料组成和几何形状的单元。

05.225　定位格架　spacer grid
燃料组件中用于分隔、支撑固定燃料元件的结构部件。

05.226　下管座　bottom nozzle
设在燃料组件骨架底部对组件进行定位的构件。

05.227　上管座　top nozzle
设在燃料组件上部，对组件进行定位，并承受控制棒驱动机构的构件。

05.228　[堆芯]吊篮　[core] barrel
反应堆内盛放堆芯的带法兰的圆筒。

05.229　一次屏蔽体　primary shield
围绕堆芯所设置的屏蔽体。其主要作用是把来自堆本体的辐射在停堆时减弱到检修人员能在其附近进行必要的维修，运行时减弱到周围设备、材料辐照损伤所允许的水平。

05.230　二次屏蔽体　secondary shield
把一回路有关设备的辐射水平和把贯穿一次屏蔽体后的辐射水平降低到允许水平的屏蔽体。

05.231　热屏蔽体　thermal shield
为减少致电离辐射在反应堆外区的发热和减少向外区的传热而设置的屏蔽体。

05.232　控制棒导向管　control rod guide tube
组装在燃料组件中为控制棒运动提供导向和水力缓冲的管件。

05.233　[控制棒驱动机构]耐压壳　[control rod drive mechanism] pressure housing
控制棒驱动机构中承受反应堆冷却剂压力的密封容器。由密封壳和驱动轴行程套管两部分组成。

05.234　堆芯围板　core baffle
设置在堆芯燃料区外围用于屏蔽中子和保证冷却剂流过堆芯的结构部件。

05.235　反应堆容器　reactor vessel
用于容纳和支承堆芯、堆内构件，以及装设控制棒驱动机构的部件。

05.236 反应堆压力容器 reactor pressure vessel

具有一定承压能力的反应堆容器。作为冷却剂的压力边界，是防止放射性物质向外释放的一道重要屏障。

05.237 辐照监督管 irradiation monitoring tube

将压力容器的母材和焊缝材料制成试样，装入不锈钢管，沿堆芯活性段高度固定在堆内构件吊篮筒体外侧，以监督和预示压力容器辐照后材质变化的部件。

05.238 熔化堆芯收集器 melting core catcher

又称"堆芯捕集器(core catcher)"。用于某些反应堆的一种专设安全装置。它安装于堆芯结构下部，专用于在堆芯发生熔化事故时收集流落的熔融燃料和材料。

05.239 辐照孔道 radiation channel

利用反应堆进行辐照的孔道。

05.240 跑兔 rabbit, shuttle

实验堆使用的内装辐照样品，快速通过堆芯的小容器。

05.04 核反应堆类型

05.241 热中子反应堆 thermal neutron reactor

用慢化剂把快中子速度降低，使之成为热中子，再利用热中子来进行链式反应的一种装置。

05.242 快中子反应堆 fast neutron reactor

没有中子慢化剂的核裂变反应堆。采用快中子直接轰击裂变材料发生裂变。

05.243 轻水反应堆 light water reactor

使用普通水作为冷却剂及慢化剂的核反应堆。

05.244 重水反应堆 heavy water reactor

利用重水作为中子慢化剂的核反应堆。

05.245 石墨反应堆 graphite-moderated reactor

利用石墨作为中子慢化剂的核反应堆。

05.246 水冷反应堆 water-cooled reactor

以水为冷却剂介质冷却堆芯的反应堆。

05.247 气冷反应堆 gas cooled reactor

以气体为介质冷却堆芯的反应堆。

05.248 液态金属冷却反应堆 liquid metal cooled reactor

以液态金属为介质冷却堆芯的反应堆。

05.249 熔盐堆 molten salt reactor

主冷却剂以及燃料本身都是熔盐混合物的反应堆。

05.250 压水堆 pressurized water reactor

以加压的水为冷却剂和慢化剂的反应堆。

05.251 沸水堆 boiling water reactor

以沸腾轻水为慢化剂和冷却剂并在反应堆压力容器内直接产生饱和蒸汽的反应堆。

05.252 研究堆 research reactor

又称"实验堆""试验堆"。利用可控裂变链式反应所产生的射线束(如中子和 γ 射线)作为研究手段的核反应堆。

05.253 脉冲堆 pulsed reactor

能在短时间间隔内达到超临界状态，而后自动回到初始状态，从而产生很高脉冲功率和很强中子通量，并能安全可靠地多次重复运行的反应堆。

05.254 零功率堆 zero power reactor
用于研究反应堆物理特性的功率极低(一般在 100 W 以下)的反应堆。

05.255 微型研究堆 miniature research reactor
简称"微堆"。用于短寿命放射性同位素生产以及科研、教学的功率很低的微小型反应堆。核燃料装量略大于临界质量。

05.256 高通量工程实验堆 high flux engineering test reactor
用于动力堆燃料长期辐照试验和材料辐照损伤研究，或生产高比度放射性同位素的反应堆。具有较高的快中子通量密度和热中子通量密度。

05.257 临界装置 critical facility
专门用于设计阶段对构成堆芯的核燃料和其他材料的各种布置方式和组成进行临界实验测量、确定其临界特性，为校验理论计算提供依据的物理实验装置。

05.258 次临界装置 subcritical assembly
有效中子增殖因子总是小于 1 的反应堆物理实验装置。

05.259 游泳池式研究堆 swimming pool research reactor
堆芯置于一大水池中的研究用反应堆。具有高度灵活性，便于开展各种研究工作。

05.260 生产堆 production reactor
主要用于生产易裂变材料或放射性同位素的反应堆。

05.261 动力堆 power reactor
可供发电或推进动力用的反应堆。

05.262 核电站 nuclear power plant
又称"核电厂"。利用核裂变或核聚变反应所释放的能量产生电能的热力发电厂。

05.263 船用核动力装置 merchant ship nuclear power plant
用于船舶、潜艇、航母等设施上的核动力推进装置。包括反应堆和热能转换系统。

05.264 模式堆 model reactor
在建造一座新型核反应堆之前，先建造一座性能和尺寸一样或相近的试验性反应堆，目的是验证设计，考验系统设备，暴露问题和摸清反应堆性能。

05.265 浮动核电站 floating nuclear power plant
建造在可移动浮动平台上的核电站。

05.266 空间核电源 space nuclear power
用核裂变能或核衰变能作热源，通过静态转换或动态转换，为空间飞行器提供电力的装置。

05.267 热离子反应堆电源 thermion nuclear reactor power supply
利用热离子发射原理直接将核反应产生的热能转换为电能的供电装置。

05.268 热离子能量转换器 thermionic energy converter
利用热离子发射现象将热能直接转换为电能的装置。

05.269 空间核推进动力装置 space nuclear propulsion unit
利用核能作为航天器推进能源的核动力装置。

05.270　供热堆　heating reactor
用于提供热能的反应堆装置。

05.271　热电联产堆　heat and electricity co-generation reactor
同时用于提供热能和电能的反应堆装置。

05.272　核能海水淡化装置　nuclear energy seawater desalination unit
利用核反应堆产生的热能使海水脱盐转化为淡水的装置。

05.273　第四代核能系统　generation Ⅳ nuclear energy system
具有更好的安全性、经济竞争力，核废物量少，可有效防止核扩散的一类先进核能系统的统称。代表了先进核能系统的发展趋势和技术前沿。

05.274　钠冷快堆　sodium-cooled fast reactor
以液态钠作为冷却剂的快中子反应堆。

05.275　气冷快堆　gas-cooled fast reactor
以高温气体作为冷却剂的快中子反应堆。

05.276　铅冷快堆　lead-cooled fast reactor
以液态铅作为冷却剂的快中子反应堆。

05.277　超临界水堆　supercritical water-cooled reactor
以超临界水为冷却剂和慢化剂的反应堆。

05.278　超高温气冷堆　very high-temperature gas reactor
反应堆冷却气体出口温度达到 1000 ℃的气冷反应堆。

05.279　行波堆　traveling wave reactor
一种使用铀锆或铀钚锆金属燃料的钠冷快堆。具有可同时实现增殖和焚烧且能规模化使用贫铀的技术特征，增殖和焚烧功率峰值具有移动的行波特点。

05.280　裂变聚变混合堆　fission-fusion hybrid reactor
聚变堆包层中含有裂变材料，聚变与裂变共存于一起的反应堆。

05.281　加速器驱动次临界反应堆系统　accelerator driven sub-critical reactor system，ADS reactor system
利用中能强流质子加速器产生的散裂中子源来驱动次临界反应堆，以维持其链式反应的核能系统。

05.05　压水堆核电厂

05.282　压水堆核电厂　pressurized water reactor nuclear power plant，PWR nuclear power plant
采用加压型轻水反应堆的核电厂。

05.283　核岛　nuclear island
核蒸气供应系统及其配套设施和其所在厂房的总称。

05.284　常规岛　conventional island
核电装置中汽轮发电机组及其配套设施和它们所在厂房的总称。

05.285　核电厂配套设施　balance of nuclear power plant
核电厂中核岛和常规岛以外的配套建筑物和构筑物及其设施的统称。

05.286 核电厂外围设施 nuclear power plant peripheral facilities
根据需要在核电厂外围设置预防核事故的设施。

05.287 反应堆厂房 reactor building
核电站主工艺厂房的外部屏蔽结构。主要功能为承受主回路系统发生事故时冷却剂汽化所造成的峰值压力和温度,并限制放射性物质释放到控制区以外。

05.288 反应堆辅助厂房 reactor auxiliary workshop
用于布置与核电厂运行必需的、与安全无关的辅助系统的厂房。同时设置有部分维修区域。

05.289 汽轮发电机厂房 steam turbine generator building
用于布置汽轮发电机组、凝汽器、凝结水泵、给水泵、给水加热器、除氧器、汽水分离再热器及二回路有关的辅助系统的厂房。

05.290 主控制室 main control room
为操纵员提供实现运行目标所必需的人机接口和有关信息设备并进行操作的房间。

05.291 换料水池 refueling pool
压水堆在换料时充以含硼水用于存放堆内构件并进行换料操作的水池。

05.292 乏燃料水池 spent fuel pool
核电厂用于贮存乏燃料的水池。

05.293 反应堆冷却剂系统 reactor coolant system
使反应堆冷却剂在规定的压力、温度条件下循环,并带出堆芯热量的系统。

05.294 地震监测系统 earthquake monitoring system
核电站用于测量和记录地震时地面运动和重要的大型构筑物及设备的地震响应运动的仪表和系统。

05.295 给水–蒸汽回路 feedwater-steam circuit
核电厂内产生蒸汽以驱动汽轮机做功的汽水循环系统。

05.296 主凝结水系统 main condensate system
汽轮机凝汽器中的凝结水经凝结水泵抽出、升压,再经化学水精处理、轴封加热器、低压加热器输送至除氧器的管道系统。

05.297 冷却水系统 cooling water system
冷却水换热并经降温,再循环使用的给水系统。包括敞开式和密闭式两种类型。

05.298 去离子水系统 deionized water system
通过阴、阳离子交换树脂对水中的各种阴、阳离子进行置换从而除去水中离子杂质的系统。

05.299 辅助蒸汽系统 auxiliary steam system
主要汽水循环以外,与锅炉和汽轮机及其辅助设备启动、停机和正常运行有关的加热和备用汽的供汽系统。

05.300 通风系统 ventilation system
控制厂房空气质量的系统。

05.301 核辅助系统 nuclear auxiliary system
为了维持反应堆冷却剂系统安全可靠运行设置的压力安全系统、辅助水系统、水质控制系统、工程安全设施、废物处理系统等一系列辅助系统。

05.302 废物处理系统 waste treatment system
对运行过程中产生的具有放射性的液态、气态和固态废物进行收集、贮存和处理的系统。

05.303 压力安全系统 pressure safety system
控制反应堆冷却剂系统压力波动，防止一回路超压或者压力过低的系统。

05.304 空气调节系统 heating ventilation and air conditioning system
厂房温度、湿度、空气清净度以及空气循环的控制系统。

05.305 反应堆保护系统 reactor protection system
产生与保护任务有关的信号以防止反应堆状态超过规定的安全限值或缓解超过安全限值后果的系统。

05.306 核动力装置安全联锁 safety interlock of nuclear power plant，safety interlock of NPP
核动力装置出现规定条件时发出联锁信号并且闭锁与该条件不相容或不必要的安全动作的功能。

05.307 反应堆仪表和控制系统 reactor instrumentation and control system
对反应堆进行监测和控制所用的仪表设备和系统。

05.308 反应堆噪声 reactor noise
夹杂在反应堆正常运行信号中的随机信号。

05.309 专设安全设施 engineered safety feature
核电厂在事故工况下投入使用并执行安全功能，以控制事故后果，使反应堆在事故后达到稳定的、可接受状态而专门设置的各种安全系统的总称。

05.310 燃料元件破损检测系统 fuel element rupture monitoring system
用以检测反应堆内燃料元件破损的系统。

05.311 功率调节系统 power regulating system
调节反应堆功率使之满足外负荷的功率需要的系统。

05.312 放射性取样系统 radioactive sampling system
为分析水质及其放射性核素和活度而从反应堆一回路系统取出有代表性的液体和气体样品的系统。

05.313 核蒸气供应系统 nuclear steam supply system
利用核燃料的裂变能转变为蒸气热能以供给汽轮机做功的系统。

05.314 冷却剂净化系统 coolant purification system
将部分冷却剂从反应堆冷却剂系统中引出，去除其中杂质后再送回使用的系统。

05.315 给水调节系统 feedwater control system
通过调节给水流量将蒸汽发生器水位维持在设定范围内的系统。

05.316 化学和容积控制系统 chemical and volume control system
为保证冷却剂的水容积、化学特性的稳定和控制反应性变化而设置的系统。

05.317 安全注射系统 safety injection system
又称"应急堆芯冷却系统(emergency core cooling system)"。反应堆发生事故导致堆芯失去冷却时，将水应急注入反应堆以持续导出堆芯余热的系统。对于压水堆核电厂，通常由安全注射箱、高压安全注射和低压安全注射三个子系统组成。

05.318 安全壳喷淋系统 containment spray system

在失水事故和安全壳内主蒸汽管道破裂事故后降低安全壳内的峰值压力和温度以防止安全壳超压而设置的系统。

05.319 安全壳隔离系统 containment isolation system

将安全壳内各个系统向安全壳外一切可能的联系通道关闭以阻止或限制放射性物质向环境释放的各种装置的总称。

05.320 安全壳氢复合系统 containment hydrogen recombination system

反应堆失水事故后使安全壳内大气中由于燃料组件金属包壳与水反应及水的辐射分解反应产生的氢气浓度不超过最低可燃极限，以防止发生氢爆的系统。

05.321 安全壳通风和净化系统 containment ventilation and purge system

为创造反应堆运行和停堆换料期间人员进入安全壳所需的环境，排出安全壳中空气热量并去除其中有害物质以及参与失水事故后将空气冷却而设置的若干系统的总称。

05.322 余热排出系统 residual heat removal system

又称"停堆冷却系统(shutdown cooling system)"。用于冷停堆时排出堆芯余热的系统。

05.323 辅助给水系统 auxiliary feedwater system

正常给水系统或启动给水系统不可用时，向蒸汽发生器提供给水，以导出堆芯余热、确保反应堆安全的系统。

05.324 设备冷却水系统 component cooling water system

冷却一回路带放射性介质设备，并将热量传至最终热阱的闭式中间冷却系统。

05.325 乏燃料储存水池冷却及净化系统 spent fuel pit cooling and clean-up system

保证乏燃料元件贮存池的持久冷却，并对乏燃料贮存水池进行注水、排水和净化的系统。

05.326 燃料破损监测系统 fuel rupture detection system

监测反应堆燃料元件破损并确定破损位置的系统。分为反应堆运行期间的实时监测和停堆后的破损燃料定位监测两类。

05.327 硼回收系统 boron recycle system

用蒸发和离子交换的方法处理冷却剂并回收浓硼酸的系统。

05.328 放射性废气处理系统 radioactive exhaust gas treatment system

用于收集正常运行包括预计运行事件时产生的放射性废气，并将其进行处理，使其放射性水平低于环境排放的允许值，再向环境排放的系统。

05.329 放射性废液处理系统 radioactive liquid waste treatment system

用于收集核电厂在正常运行包括预计运行事件时产生的放射性废液，并对其处理，使其放射性水平低于环境排放允许值，然后作为补充液参加再循环或向环境排放的系统。

05.330 放射性固体废物处理系统 radioactive solid waste treatment system

处理和贮存放射性固体废物的系统。

05.331 核电厂供电系统 power supply system of nuclear power plant

在核电厂正常运行和事故工况下提供所需电源的系统。分为正常供电系统和应急供电系统两大部分。

05.332　核电厂供水系统　water supply system of nuclear power plant
在核电厂正常运行和事故工况下提供所需水源的系统。主要有循环冷却水、工艺补水、消防水和生活用水四类。

05.333　核电厂消防系统　fire protection system of nuclear power plant
核电厂各个厂房火灾探测、报警、灭火和缓解火灾后果的系统。

05.334　第二停堆系统　second reactor trip system
作为反应堆停堆常设系统的后备和补充，采用不同的反应性控制原理来停闭反应堆的系统。

05.335　松动件监测系统　loose part monitoring system
检测和诊断反应堆内部金属零部件松动和脱落的系统。

05.336　堆内构件振动监测系统　vibration monitoring system of reactor internals
根据压力容器外的中子噪声特征及压力容器的振动特征来监测反应堆内构件和燃料组件振动状态的系统。

05.337　核燃料装卸运输和储存系统　nuclear fuel handling and storage system
用于燃料和堆芯部件的接收、装卸、贮存和回收的系统。

05.338　反应堆硼和水补给系统　reactor boron and water supply system
化学和容积控制系统的支持系统。由水补给、硼酸制备及补给和化学添加三个子系统组成。

05.339　化学物添加系统　chemical addition system
用于向反应堆冷却剂系统中添加联氨、pH控制剂及氢气等的系统。

05.340　非能动安全系统　passive safety system
不依赖外来的触发和动力源，靠重力、蓄压势、设备承压能力等自然本性来实现安全功能的系统。

05.341　蒸汽发生器排污系统　steam generator blowdown system
收集和处理蒸汽发生器的排污水以便回收热量和复用二回路水的系统。

05.342　厂房循环冷却水系统　plant circulating cooling water system
冷却水换热并经降温，再循环使用的给水系统。

05.343　汽轮机调节油系统　steam turbine regulating oil system
向控制汽轮机进气阀阀位的伺服执行机构和汽轮机超速保护控制器及自动停机脱扣装置提供高压动力油的系统。

05.344　蒸汽旁路排放系统　steam bypass system
通过将主蒸汽直接排入凝汽器带走反应堆热量的系统。

05.345　危急遮断系统　emergency trip system
汽轮发电机组的安全保护装置。当存在某种可能导致机组受损害时，可使汽轮机自动紧急遮断，保护机组的安全。

05.346　汽轮机润滑油系统　steam turbine lubricating oil system
为汽轮机摩擦组件提供润滑和冷却润滑油

的系统。

05.347 凝汽器真空系统 condenser vacuum system
建立并维持凝汽器所需真空的系统。

05.348 海水冷却水系统 seawater cooling water system
以海水作为冷却介质循环运行的冷却水系统。

05.349 应急柴油发电机系统 emergency diesel generation system
核电厂失去正常电源后向厂内安全重要设备供给电能的应急电源系统。

05.350 回热抽气系统 regenerative extraction steam system
从汽轮机数个中间级抽出一部分蒸汽，用于加热给水的系统。

05.351 地坑再循环系统 pit recirculation system
在电站失水事故后再循环工况下，将地坑收集的含硼水提供的堆芯冷却和安全壳喷淋的补给水源系统。

05.352 核动力装置报警系统 alarm system of nuclear power plant
在核动力装置偏离正常工况时，以灯光和音响或屏幕显示的方式，向操纵员提供警告信息，使操纵员能在核动力装置出现异常事件之前作出有效反应的系统。

05.353 稳压器 pressurizer
用于稳定和调节反应堆冷却剂系统工作压力的设备。

05.354 稳压器波动管 surge line of pressurizer
连接稳压器的底封头和一环路热段的一段

连接管路。

05.355 稳压器电加热元件 electric heater of pressurizer
让电流通过电阻丝发热来加热稳压器中液体的装置。

05.356 稳压器喷淋阀 spray valve of pressurizer
通过将冷段的冷却剂喷淋注入稳压器来降低系统压力的阀门。

05.357 稳压器先导式安全阀组 pilot type safety valve group of pressurizer
稳压器用于安全保护的阀组。每个安全阀组由一个保护阀和一个串联的隔离阀组成。

05.358 稳压器卸压阀 relief valve of pressurizer
为保证稳压器工作压力设置的能自动启闭的阀门。

05.359 稳压器泄压箱 relief tank of pressurizer
稳压器泄压时接收排放蒸汽的容器。

05.360 蒸汽发生器 steam generator
把反应堆一回路冷却剂从堆芯获得的热量传给二回路工质使其变成蒸汽的热交换设备。

05.361 自然循环蒸汽发生器 natural circulation steam generator
二次侧给水在传热面外形成自然循环流动的蒸汽发生器。

05.362 U 形管蒸汽发生器 U-tube steam generator
传热管采用倒 U 形的自然循环蒸汽发生器。

05.363　直流蒸汽发生器　once-through steam generator

二次侧给水一次流过换热面，经预热、蒸发和过热产生过热蒸汽的蒸汽发生器。

05.364　汽水分离器　separator of steam generator

自然循环蒸汽发生器上部用来分离蒸汽中所夹带的水分的装置。

05.365　传热管　heat transfer tube

蒸汽发生器中用于一、二回路工质传递热量的管道。

05.366　蒸汽限流器　steam flow limiter

安装在蒸汽发生器蒸汽出口管嘴中的一种装置。作用是在发生蒸汽系统失压事故时，限制蒸汽发生器的蒸汽流量。

05.367　反应堆冷却剂泵　reactor coolant pump

用于输送反应堆冷却剂，使其在冷却剂回路内循环流动的泵。

05.368　屏蔽泵　canned motor pump

泵体和电机组合在一个全封闭的结构内的一种类型的反应堆冷却剂泵。

05.369　轴封泵　shaft seal pump

泵壳与电机是分开的，在泵轴上设有动密封结构的一种类型的反应堆冷却剂泵。

05.370　容控箱　volume control tank

化学和容积控制系统中用于排出气体或承担系统水容积变化的容器。

05.371　高压安注泵　high pressure safety injection pump

一回路安全注射系统的主要设备。当反应堆主回路系统发生小破口失水事故时，迅速启动，向反应堆内注水，以防止事故的进一步扩大，确保反应堆安全。

05.372　上充泵　charging pump

将化学和容积控制系统净化后的下泄水重新输送回反应堆冷却剂系统的泵。

05.373　下泄回路　discharge circuit

化学和容积控制系统的组成部分。下泄流从冷却剂泵与压力容器间一个环路的冷管段上引出。

05.374　上充回路　charging circuit

化学和容积控制系统的组成部分。上充泵从容积控制箱吸水，送回反应堆冷却剂系统。

05.375　净化回路　clean-up circuit

通过过滤、离子交换等手段连续去除冷却剂中溶解和悬浮杂质的系统。分为高压净化系统和低压净化系统。

05.376　再生式热交换器　recuperative heat exchanger

化学和容积控制系统的重要设备。换热器两侧分别是下泄流和上充流。

05.377　换料水箱　refueling water storage tank

布置在安全壳内为换料过程提供水源的设备。

05.378　过滤器　filter

用于除去颗粒状杂质的设备。

05.379　树脂床　resin bed

利用离子交换树脂去除水中的金属离子及氯离子等离子杂质的设备。

05.380　安全注射泵　safety injection pump

在反应堆失水事故时向反应堆注水以保证堆芯冷却的泵。可分为高压安注泵和低压安注泵两类。

05.381　设备冷却水波动箱　component cooling water surge tank
用于补偿设备冷却水系统中由温度变化或泄漏引起的水体积变化的设备。

05.382　设备冷却水泵　component cooling water pump
驱动设备冷却水流动的设备。

05.383　安全壳　containment
防止在反应堆失水事故和严重事故下放射性物质向环境释放，并保护反应堆冷却剂压力边界和安全系统抗御外部事件(如台风、飞机坠落和飞射物撞击等)的构筑物。

05.384　安全壳贯穿件　containment penetration
为工艺管道、电缆穿过安全壳时保持安全壳屏障的完整性和密封性而设置在安全壳壁上的穿墙连接部件。

05.385　安全壳设备闸门　containment equipment airlock
反应堆重型设备进出安全壳的通道。

05.386　安全壳人员闸门　containment personnel airlock
在反应堆投运后供工作人员和小型设备进出安全壳的通道。

05.387　地坑　pit
安全壳内用于收集泄漏和喷淋的含硼水的构筑物。

05.388　污水坑泵　sewage pit pump
用来将核岛反应堆送来的工艺废水、化学废水输送到目的地进行储存和处理的设备。

05.389　爆破阀　explosion valve
核电站非能动安全系统中的关键设备。主要用于核电站第四级自动卸压系统、低压安注系统以及安全壳再循环系统。

05.390　反应堆厂房环形吊车　polar crane in reactor building
用于反应堆建造及换料、维修期间设备的吊装运输、位于反应堆大厅上部的带有环形大车轨道的桥式吊车。

05.391　蒸汽泄压阀　steam relief valve
为了保护系统安全，用于蒸汽系统泄压的阀门。

05.392　蒸汽旁路阀　steam bypass valve
在汽轮机事故保护停机、发电机脱扣或突降负荷时，排走蒸汽发生器内过量蒸汽的阀门。

05.393　主蒸汽隔离阀　main-steam isolation valve
设置在主蒸汽管道上，隔离蒸汽发生器向汽轮发电机组供气的阀门。

05.394　蒸汽速关阀　fast-closing steam valve
又称"主汽门(main value)"。主蒸汽管路与汽轮机之间的主要关闭机构。在紧急状态时能立即节断汽轮机的进汽，使机组快速停机。

05.395　核汽轮机组　nuclear steam turbine
通常指用于压水堆核电厂、沸水堆核电厂、重水堆核电厂和石墨水冷堆核电厂的饱和蒸汽汽轮机组。

05.396　汽轮机　turbine
又称"蒸汽透平(steam turbine)"。将蒸汽的能量转换成为机械功的旋转式动力机械。

05.397　高压缸　high pressure cylinder
汽轮机的重要组成部分。进气为新蒸汽，排

气经汽水分离再热后送入低压缸。

05.398　低压缸　low pressure cylinder
汽轮机的重要组成部分。进气为经汽水分离再热后的高压缸排气，乏汽排入凝汽器。

05.399　饱和蒸汽汽轮机　saturated-steam turbine
又称"湿蒸汽轮机(wet steam turbine)"。以饱和状态的蒸汽作为新蒸汽的汽轮机。

05.400　汽水分离再热器　moisture separator reheater
位于汽轮机高、低压缸之间，将汽轮机高压缸排汽中水分分离，并利用新蒸汽加热送往低压缸，以提高其干度的装置。

05.401　凝汽器　steam condenser
将汽轮机排汽冷凝成水的一种换热器。

05.402　给水泵　feed water pump
将给水从除氧器水箱中抽出，升压输送到蒸汽发生器的泵。

05.403　除氧器　deaerization plant
用于除去溶解于给水中氧及其他气体的设备。

05.404　循环泵　circulating pump
循环水系统的重要设备。负责将经过过滤的冷却水输送到冷凝器。

05.405　应急柴油发电机组　emergency die-sel generator set
厂用电和外电网无法提供电力供应时，采用柴油发电机组作为备用电源。

05.406　燃料运输容器　fuel transport container
专门管理、专用于运输核燃料组件的容器。

05.407　核电厂安全性　safety of nuclear power plant
核电厂保护工作人员、公众和环境免受放射性危害的性能。

05.408　核电厂可靠性　reliability of nuclear power plant
在规定的寿期内，在保护人和环境不受超过限度的电离辐射和放射性损害的条件下，核电厂维持其正常商业供电运行的能力。

05.409　核电厂经济性　economic competi-tiveness of nuclear power plant
以若干经济指标表征的核电厂的经济效益特性和核电厂在经济上的竞争力。主要指标是比投资(每千瓦建造费)和发电成本(每千瓦小时发电费用)。

05.410　核电站选址　nuclear power plant site
依据有关设计基准筛选和评定核电厂厂址的过程。

05.411　核承压设备设计、制造、安装资格许可证　design，manufacture and in-stallation permit of nuclear pressure retaining component
国家核安全局向符合条件的申请单位批准可以设计、制造、安装某堆型某类型压力设备的许可证。

05.412　核电厂项目管理　project management of nuclear power plant
对核电厂建设期间质量、进度和建设费用进行协调和控制(俗称三大控制)的管理业务。

05.413　核电厂质量控制　quality control of nuclear power plant
核电厂中为保证某一物项或服务的质量满足规定要求而必须进行的有计划的系统化的活动。

05.414 核电厂建设进度控制 scheduling in construction of nuclear power plant

根据核电厂建设各阶段的任务、资源(人力、资金、材料和时间)状况、工作顺序编制进度表,并按此对核电厂建设项目的进度实施控制。

05.415 核电厂投资控制 investment control of nuclear power plant

主要通过概算、预算和合同对核电厂建设全过程费用进行的控制。

05.416 核电厂建设进度控制点 schedule control point for construction of nuclear power plant

核电厂建设进度表中必须加以控制的一些关键事件和关键决策点。

05.417 核电厂建设网络进度 network schedule for construction of nuclear power plant

核电厂建设网络进度设置以单项工作为基础,将项目各阶段的各项任务按流程有向、有序、合乎逻辑地连接成网络状计划。

05.418 核电厂生产准备 operation preparation for nuclear power plant

核电厂投入生产运行所需完成的一系列准备工作。包括组织准备、人员准备、物质准备、文件准备、执照申请等。

05.419 核电厂定期试验 nuclear power plant periodic test

处于运行阶段的核电厂按运行技术规格书的要求,在确定的时间间隔内,按照试验程序所规定的方法,对机组、系统、部件或构筑物所进行的测定性能参数或检查其可用性的工作。

05.420 核电厂状态的控制 nuclear power plant status control

核电厂通过严格的管理规程和技术措施,使运行人员掌握机组、系统和设备现状并对状态的改变予以有效地监督和控制,使它们的状态符合运行技术规格书对于运行限值和条件的规定,并支持核电厂安全和可靠地运行。

05.421 核电厂维修 nuclear power plant maintenance

为了确保核电厂构筑物、系统和设备在设计寿期内保持、恢复和实现其设计功能和质量所进行的一切维修活动。

05.422 寿期管理 life management

使核电厂达到设计预期寿期或得以延长所采取的一切措施。

05.423 核电厂项目经济分析 economic analysis of nuclear power plant project, economic analysis of NPP project

通过对核电厂建设项目的技术方案、项目费用和效益的分析以及经济效果的计算来研究该项目的经济效果。

05.424 核电厂比投资 specific investment of nuclear power plant

核电厂每千瓦装机容量的固定资产投资。有基础价比投资、固定价比投资和建成价比投资三种表征方式。

05.425 核发电成本 electricity generating cost of nuclear power plant, electricity generating cost of NPP

核电厂单位发电量的生产成本。包括基本建设、运行维修、核燃料和退役等方面投入的资金。

05.426 核燃料循环成本 nuclear fuel cycle cost

核电厂生产单位上网电量平均需花费在核燃料循环方面的全部费用。

05.427 核电厂负荷因子 load factor of NPP
核电站实际发电量占额定发电量的比例。其大小与实际负荷和停运时间有关。

05.428 核电厂可用因子 availability factor of NPP
核电厂在确定的时间内能够发电的时间与这个时间长度之比。

05.429 在役检查 inservice inspection
按照国家核安全法规的要求,为确保核安全相关设备的结构和承压边界的完整性所进行的一系列检验和试验。

05.430 厂用电 factory electricity
发电厂或变电所在生产过程中,自身所使用的电能。

05.431 核电厂安装 nuclear power plant installation
核电厂建设过程中在工程现场所进行的包括前期工程、土建施工和设备安装在内的全部活动。

05.432 核电厂设计 nuclear power plant design
核电站设计的工作总称。包括概念设计、总体设计和初步设计。

05.433 核电厂调试 nuclear power plant commissioning
核电厂已安装完毕的部件和系统试运转并进行性能验证以确认是否符合设计要求、是否满足性能标准的过程。

05.434 固有安全运行性能 inherent safe operating performance
核反应堆在运行参数偏离正常时能依靠自然物理规律趋向安全状态的性能。

05.435 纵深防御的实体保障 physical security of defence in depth
为了阻止放射性物质向外扩散,在设计时在人与环境中设置的多道实体屏障。

05.436 运行工况 operating condition
又称"运行状态(running state)"。核动力装置(或者核电厂)正常工况和异常工况的总称。

05.437 正常运行工况 normal operating condition
核动力装置在规定的正常运行限值和条件范围内的运行。包括装换料、启动、临界、稳态功率运行、升降负荷、允许限额内的超功率运行、备用、停堆以及日常维修等工况。

05.438 中等频率事件 medium frequency accident
又称"预期运行事件(expected running event)"。在运行寿期内预计会出现一次或数次偏离正常运行的运行过程。

05.439 极限事故 limiting accident
在运行寿期内发生频率极低的事故(预计为每堆年 $10^{-6} \sim 10^{-4}$)。这类事故的后果包含了大量放射性物质释放的可能性,但单一的极限事故不会造成应对事故所需的系统(包括应急堆芯冷却系统和安全壳)丧失功能。

05.440 非能动安全设施 passive safety facility
不依赖外来的触发和动力源,而靠自然对流、重力、蓄压势等自然本性来实现安全功能的设施。

05.441 能动安全设施 active safety facility
依赖外来的触发和动力源来实现安全功能的设施。

05.442 操纵员执照 operator license
由中国核安全管理机构颁发的允许担任操纵核设施控制系统工作的个人资格证书。

05.443 首次装料 first loading
核电厂完成冷态、热态调试后，第一次将核燃料装入反应堆的操作过程。

05.444 首次临界 first critical
反应堆建成后第一次达到临界状态。

05.445 零功率试验 zero power test
为了掌握反应堆的物理性能，反应堆临界后在极低功率水平下进行的反应堆物理试验。

05.446 运行规程 operation procedure
核电厂运行人员对机组系统进行各种操作和监护、处理系统和设备故障及各种事故的书面文件。

05.447 反应堆启动 reactor start-up
通过从堆芯内相继提升控制棒和稀释冷却剂(慢化剂)毒物浓度等方法，将反应堆由次临界状态逐步达到临界状态的操作。

05.448 维修停堆模式 maintenance shut-down mode
核电厂因维修而停堆的运行状态。

05.449 异常运行规程 abnormal operation procedure
核电厂运行人员在异常运行状态下对机组系统进行各种操作和监护、处理系统和设备故障及各种事故的书面文件。

05.450 停堆换料 shut-down refueling
为保证反应堆的正常运行，定期停堆把用过的乏燃料取出和补充新的核燃料的反应堆换料方式。

05.451 运行限制条件 limiting condition for operation
核动力厂的运行限值和条件应包括：安全限值、限制性的安全系统整定值、正常运行的限值和条件、监督要求、偏离运行限值和条件时的行动说明。

05.452 总体规程 general procedure
用以指导机组起动和停运总体活动的文件。包括机组起动或停运过程所经历的若干个标准模式的变换。

05.453 运行安全管理体系 operational safety management system
核电厂营运单位为贯彻国家法律和法规、为推进高水准的安全文化并确保实现安全目标所采取的使所有动作有章可循的一整套组织措施和行政管理制度。

05.454 运行人员培训考核与取照 training, assessment and licensing of operating personnel
核电厂操纵员和高级操纵员掌握相应知识和技能及对他们进行考核，并获取相应资格证书的过程、方式和手段。

05.455 核电厂运行性能指标 operation performance indicator of nuclear power plant
核电厂衡量其运行期间的核安全、可靠性、机组效率以及人身安全等方面的定量描述。

05.456 运行技术规格书 operating technical specification
核电厂处于正常运行工况下操纵员必须遵守的技术规定。包括安全限值、安全系统整定值、正常运行的限值和条件、监督要求以及在某些安全相关系统的功能不可用时操纵员所要遵循的运行规定。

05.457　运行安全评估　operational safety review

核电厂为持续改进运行安全所实施的主要以安全管理为主题的自我评估活动或由外部机构主持的评估活动。

05.458　基本负荷运行方式　base load operating mode

电厂带基本负荷运行，即以最大功率连续安全地运行。

05.459　负荷跟踪运行方式　load following operating mode

一种"堆跟机"的运行方式。要求核电厂参与电网的负荷跟踪，实现调峰运行，机组的输出与电网需求相适应。

05.460　事故处理规程　accident procedure

核电厂在偏离正常运行工况或事故时，用于指导运行人员判断情况、在保护系统触发紧急停堆、停机或专设安全设施动作后采取规定后续行动以缓解或限制事故后果的书面操作规程。

05.461　状态导向应急操作规程　state oriented emergency operational procedure

根据安全相关参量的当前值及所有安全功能受冲击的程度确定的状态，将不同的事故状态转入长期安全状态的应急操作规程。

05.462　事件导向应急操作规程　event oriented emergency operational procedure

用于处理特定的事件或事故的应急操作规程。

05.463　严重事故导则　severe accident procedure

当核电厂无法执行所有事故处理规程，事故工况有可能演化成为可能导致反应堆堆芯严重损坏，甚至破坏安全壳完整性、造成环境放射性污染及公众人身伤亡的严重事故时所执行的一种特殊事故处理规程。

05.464　冷启动　reactor cold start-up

反应堆处于冷停堆状态下的启动。

05.465　热启动　reactor hot start-up

反应堆处于热停堆状态下的启动。

05.466　冷停堆　cold shutdown

反应堆处于次临界并有足够停堆深度，冷却剂已冷却到接近环境温度的停堆状态。

05.467　热停堆　hot shutdown

反应堆冷却剂温度和压力均处于热态的一种次临界停堆状态。

05.468　核电厂运行模式　operation mode of nuclear power plant

根据反应堆功率水平、反应性状态、冷却剂温度和压力等条件，规定的正常运行工况下反应堆可维持的不同状态，每种状态称为一种运行模式。

05.469　不停堆换料　on-power refueling

特定类型的反应堆，在稳定功率运行过程中定期用一定数量的新燃料元件替换堆芯内达到预定燃耗深度的燃料元件的操作。

05.06　其他堆型

05.470　快中子堆钠介质系统　sodium system of fast reactor

钠冷快堆中钠冷却剂系统和中间回路钠冷却介质系统及其辅助系统的总称。

05.471　快中子堆钠设备清洗系统　cleaning system for sodium equipment of fast reactor

将钠冷快堆中与钠接触且需检修更换的机

械设备中残留的钠清洗干净的系统。

05.472 快中子堆钠火消防系统 sodium fire protection system of fast reactor
监测和处理钠火的专用设施和系统的总称。

05.473 钠机械泵 mechanical sodium pump
以机械力驱动液态钠流动的泵。

05.474 钠-水蒸汽发生器 Na-water steam generator
两侧流动工质分别为液态钠和水的蒸汽发生器。

05.475 转换区组件 conversion zone assembly
快堆中布置在燃料组件区外围,在反应堆运行过程中将可裂变核素转换为易裂变核素的部件。

05.476 金属绕丝 metal wire
以一定的螺距缠绕在钠冷快堆燃料棒表面的细金属丝。起定位和绕流的作用。

05.477 反应堆钠池 reactor sodium pool
池式钠冷快堆中容纳整个堆芯连同一回路钠泵/中间热交换器以及一回路的其他设备的大型液态钠池。

05.478 一次钠系统 primary sodium system
流动工质为液态钠的一回路系统。

05.479 二次钠系统 secondary sodium system
流动工质为液态钠的二回路系统。

05.480 中间热交换器 intermediate heat exchanger
用于将一回路液态钠吸收的裂变释热传递给二回路的液态钠的热交换器。

05.481 池式系统 pool type system
一次系统的一种类型,整个一次系统即反应堆、一次泵和中间热交换器都放置在反应堆钠池内。

05.482 电磁钠泵 electromagnetic pump
钠冷快堆系统中使用的利用电磁力推动流体运动的泵。

05.483 高温气冷堆球状燃料装卸系统 spherical fuel handling system of HTGR
球床型高温气冷堆中新燃料元件、再循环燃料元件和石墨元件在堆芯内装卸、运输和在堆外储存所使用的设备总称。

05.484 独立热交换器 independent heat exchanger
钠冷快堆事故工况下,用作将反应堆一回路钠的热量传递给事故余热排出系统中间回路钠的换热器。

05.485 钠-钠热交换器 sodium-to-sodium heat exchanger
两侧流动工质均为液态钠的热交换器。

05.486 增殖再生区 breeder zone
钠冷快堆中布置可转换材料的区域。

05.487 双层安全容器 double container
钠冷快堆采用的内外双层结构的安全容器。

05.488 旋转屏蔽塞 rotating shield plug
简称"旋塞"。钠冷快堆换料时在高温密闭环境中引导堆内换料机寻址定位的设备。

05.489 堆内换料机 in-pile refueling machine
钠冷快堆布置在反应堆内的换料设备。主要用于在反应堆和传输系统之间运输核燃料组件。

05.490 控制棒上导管 control rod upper guide tube
控制棒导向管的上部分。控制棒束通过此导向管插入堆芯。

05.491 控制棒导管提升机构 control rod guide tube lifting machine
用于提升控制棒导管的机构。

05.492 装卸料提升机 charge-discharge lifting machine
钠冷快堆在装卸料时用于提升核燃料组件的设备。

05.493 堆顶固定屏蔽 reactor roof fixed shield
钠冷快堆堆顶的屏蔽结构。用于支撑钠池以及一次泵、中间热交换器等设备。

05.494 堆顶防护罩 reactor roof hood
钠冷快堆用于保护堆顶设备的构件。

05.495 不锈钢反射层组件 stainless steel reflector assembly
使从堆芯逃逸的中子反弹回堆芯的组件。

05.496 碳化硼屏蔽组件 boron carbide shield assembly
为反应堆容器和容器内的重要部件提供中子等屏蔽的组件。

05.497 锎中子源组件 californium neutron source assembly
利用锎-252自发裂变产生中子的中子源组件。

05.498 大栅板联箱 major grid plate
堆芯组件的支承固定装置。

05.499 小栅板联箱 minor grid plate
堆芯组件的支承固定装置。置于大栅板联箱上部。

05.500 主容器 main vessel
堆芯、堆内部件及高温液态钠的容器。是一回路主冷却系统冷却剂钠的第一道边界。

05.501 保护容器 guard container
主容器破裂时由保护容器维持一回路主冷却系统冷却剂钠的边界。是钠的第二道边界。

05.502 压力管部件 pressure tube component
用于将高温液态钠导入堆芯和中间热交换器的部件。

05.503 保护容器排泄管 guard container drain pipe
用于保护容器泄压的管道。

05.504 氩气取样管 argon sampling tube
从各氩气用户定期取样的设备。

05.505 氩气吹扫管 argon scavenging tube
从工艺系统中吹扫排出氩气的公共集气管。

05.506 温度-应变测量系统 temperature and strain measuring system
用于测量设备应变随温度变化的系统。

05.507 钠泵润滑油冷却系统 sodium pump lube oil cooling system
在一回路钠循环泵主轴的工作密封中建立液封，起密封、润滑和冷却作用的系统。

05.508 钠泵蒸馏水冷却系统 sodium pump distilled water cooling system
用蒸馏水冷却一回路钠循环泵轴双端面机械密封和上部轴承润滑油的系统。

05.509 钠泵空气冷却系统 sodium pump air cooling system
采用冷却风机抽取工艺间内的空气冷却钠泵顶盖的系统。

05.510 蒸汽发生器事故保护系统 steam generator accident protection system
用以释放换热器破裂发生钠–水反应事故工况下产生的高压和钠的氧化物、氢化物的系统。

05.511 钠充–排系统 natrium filling and discharging system
在反应堆运行前和停运后为反应堆一回路主冷却系统、二回路主冷却系统、非能动余热排出系统、一二回路辅助系统等提供充钠和排钠的系统。

05.512 钠净化系统 natrium clean-up system
保持钠的清洁，防止化学污染和放射性微粒污染的系统。

05.513 钠分析检测系统 natrium analyzing and detecting system
对一、二回路中钠进行质量监测控制的系统。

05.514 反应堆气体加热系统 reactor gas heating system
在反应堆主容器充钠前预热反应堆主容器、主容器内部设备及构件以及反应堆保护容器的系统。

05.515 氩气系统 argon system
为所有液态金属与空气的交界面提供惰性保护气氛和压力控制的系统。

05.516 一次氩气吹扫与衰变系统 primary argon scavenging and decay system
用于将工艺系统吹扫排出的氩气贮存起来，待其放射性活度衰变降低以后送往一次氩气分配系统重复使用的系统。

05.517 真空系统 vacuum system
对设备和系统进行真空处理的系统。

05.518 乏燃料组件清洗系统 spent fuel assembly cleaning system
用于清洗从反应堆中取出的乏燃料组件(包括正常的或破损的)表面附着钠的系统。

05.519 设备清洗系统 equipment cleaning system
核电站设备和实验性反应堆(热交换设备、管道和接管、基础燃料装置设备等)中定期对设备进行清洗的系统。

05.520 部件和结构冷却系统 component and structure cooling system
保证反应堆各部件和结构在所有工况下都保持在适当的温度范围内的重要系统。

05.521 蒸汽发生器卸压系统 steam generator pressure relief system
用于防止蒸汽回路压力过高，当蒸汽压力达到一定阈值时，打开安全阀使蒸汽卸压的系统。

05.522 燃料破损检测系统 fuel burst detecting system
用于检测燃料破损、定位破损位置、拆换修复破损燃料棒的系统。

05.523 钠缓冲罐 sodium buffer tank
布置在冷管段，用以补偿二回路主冷却系统中钠膨胀的设备。

05.524 钠空气热交换器 sodium-to-air heat exchanger
非能动余热排出系统的空冷器。通过空气的自然循环冷却钠工质。

05.525 超压保护系统 overpressure protection system
补偿反应堆在各个过渡工况时主容器内保护气体(氩气)热膨胀，防止反应堆主容器和保护容器中气体超压的系统。

05.526 氮气淹没系统 nitrogen flooding system

当房间内发生大量钠泄漏时，用氮气将燃烧的钠淹没覆盖，使其与空气隔绝，从而使钠火因窒息而熄灭的系统。

05.527 钠阀 sodium valve

钠冷快堆系统对管道中的载热介质钠起截断或调节作用的阀门设备。

05.528 钠水反应 sodium-water reaction

由蒸汽发生器传热管破损引起的钠与水发生的剧烈反应。

05.529 钠火事故 sodium fire accident

由钠泄漏与空气接触引起的钠燃烧事故。

05.530 一回路过程检测系统 primary loop process detecting system

监测一回路系统在正常运行、事故以及事故后过程参数的系统。

05.531 二回路过程检测系统 secondary loop process detecting system

监测二回路系统在正常运行、事故以及事故后过程参数的系统。

05.532 电动式驱动机构 dynamoelectric driving mechanism

以电力作为动力的控制棒驱动机构。

05.533 内置式再循环泵 interior recycle valve

二回路凝结水系统的关键设备。用于输送凝结水进行二次深度除氧。

05.534 十字形控制元件 crisscross control element

形状为十字形的控制棒元件。

05.535 电力水力联合驱动机构 electric and hydraulic hybrid-driven mechanism

同时使用电力以及水力作为动力的控制棒驱动机构。

05.536 沸水堆内置泵 internal pump of boiling water reactor

沸水堆直接设置在反应堆压力容器底部的泵。

05.537 重水堆排管容器 calandria vessel for heavy water reactor，calandria vessel for HWR

重水堆的反应堆容器。其主要功能是包容重水慢化剂、支承燃料管组件和反应性控制机构及提供端部屏蔽。

05.538 重水堆压力管 pressure tube for HWR

重水堆堆芯内支承和定位燃料组件并形成冷却剂流道的部件。其与一回路热传输系统相连，是反应堆承压边界的一部分。

05.539 重水堆换料机 refueling machine of HWR

重水反应堆在不停堆情况下进行换料操作的设备。

05.540 氦气轮机 helium gas turbine

用高温高压氦气作为工质把热能转换成机械能的设备。

05.541 高温气冷堆热气导管 hot gas duct of high temperature gas-cooled reactor，hot gas duct of HTGR

高温气冷堆的高温氦气出入反应堆容器的套管型管道。

05.542 氦循环风机 helium circulator

高温气冷堆内使冷却剂氦气流动的设备。

05.543 氦气阀门 helium valve
高温气冷堆中氦气回路中使用的阀门。能够耐受氦气很强的渗透性。

05.544 全陶瓷型元件 fully-ceramic component
全陶瓷型燃料元件由包覆燃料颗粒弥散分布在碳化硅基体中制备而成，包覆燃料颗粒包括核燃料核芯及在所述核芯外依次包覆的疏松碳化硅层、碳化硅过渡层和致密碳化硅层。

05.545 球床堆 pebble-bed reactor
采用球形燃料元件堆积在灌装容器内作为热源，惰性气体或接近惰性气体作为冷却剂的反应堆。

05.546 涂敷颗粒燃料 coated particle fuel
表面有热解碳、碳化硅等涂层的燃料颗粒。

05.547 棱柱堆 prismatic reactor
燃料元件采用棱柱形状的高温气冷堆。

05.548 氦气鼓风机 helium blower
向高温气冷堆输入氦冷却剂的装置。

05.549 卸球管 discharging tube
球床堆堆芯底部卸出乏燃料球的管道。

05.550 氦净化系统 helium purification system
高温气冷堆中净化氦气中存在的放射性裂变产物和其他杂质的系统。

05.551 堆芯辅助换热器 core auxiliary heat exchanger
事故工况下，用于控制堆芯热量，防止堆芯过热损坏从而导致放射性物质泄漏的装置。

05.552 节流联箱 throttling header
联箱起到汇集工质及对工质进行再分配的作用，即改变工质流量的装置。

05.553 过球计数装置 over ball count device
对球床堆的装料和卸料过程中进入和离开堆芯的燃料球检测和记录的系统。

05.554 燃耗测量装置 burn-up measurement apparatus
对球床堆卸料过程中离开堆芯的燃料球进行在线燃耗检测的装置。

05.555 燃料球再装载系统 fuel pebble reload system
将离开球床堆堆芯的燃料球再次装载入堆芯的系统。

05.556 燃料装卸机 fuel handling machine
装卸燃料元件的装置。防止换料过程中放射性物质泄漏。

05.557 燃料移送机构 fuel transfer mechanism
对具有放射性的燃料元件进行转移的系统。

05.558 双回路冷却系统 dual-loop cooling system
具有两个冷却剂流动通道，对堆芯进行冷却的系统。

05.559 预应力混凝土安全壳 prestressed concrete containment vessel
高温气冷堆中包容反应堆壳体的预应力混凝土安全壳。

05.560 氦气储存系统 helium storage system
高温气冷堆中用于储存所用氦气的系统。包括作为承压容器的氦气储存罐以及相应的管道、阀门、压力表等设备。

05.561　汽-水排放系统　steam-water dump system

维持蒸汽发生器内压力，防止二次侧超压的系统。

05.562　氦风机辅助系统　helium fan auxiliary system

抽送高温气冷堆氦冷却剂的装置。

06. 粒子加速器

06.01　加速器原理和类型

06.001　粒子加速器　particle accelerator

简称"加速器"。利用电磁场增加带电粒子速度(动能)的装置。可将电子、质子和重离子等粒子束的速度增加到每秒几百万米直至接近光速。按被加速粒子种类分，有电子加速器、质子加速器和重离子加速器等；按粒子的轨道形状分，有直线加速器、回旋加速器和环形加速器等；按加速电场的特征分，有高压加速器、感应加速器、高频加速器和激光加速器等；按加速器的用途分，有医用加速器、辐照加速器、无损检测加速器、离子注入机、同步辐射光源、自由电子激光、散裂中子源、放射性核束装置、静止靶加速器和对撞机等。粒子加速器作为一门应用物理和核技术应用的学科，主要包括加速器物理、加速器技术和加速器应用。

06.002　加速原理　acceleration principle

在加速器中具有普遍意义的基本规律。如自动稳相原理、交变梯度聚焦原理(强聚焦原理)、等时性加速原理和激光等离子体加速原理等。

06.003　束流　beam

在加速器中呈束状运动的粒子流。按被加速的粒子种类不同，有电子束流、正电子束流、质子束流、反质子束流和重离子束流等。

06.004　束团　bunch

在加速器中由于纵向聚焦形成的团状运动粒子的总合。

06.005　束流能量　beam energy

在加速器中一般指带电粒子运动的动能。单位用电子伏(eV)表示，即 1 个电子电荷通过 1 V 的电势差所获得的能量。当能量较高时，可采用千电子伏(keV)、兆电子伏(MeV)、吉电子伏(GeV)和太电子伏(TeV)等。

06.006　束流强度　beam intensity，beam current

单位时间通过某一截面的粒子数。由于加速器束流中的粒子都带有电荷，也常用电流的单位来表述束流强度的值，如安培(A)、毫安(mA)和微安(μA)等。

06.007　束团长度　bunch length

束团在其运动方向上占据的空间和相对应的时间。分别用长度单位或时间单位来表述。束团在空间上呈某种分布，通常以其特征量表述其长度；对于高斯分布的束团，以标准偏差表征其长度。

06.008　束流横向截面　beam profile

束团在与其运动方向垂直的平面上的投影，以截面的面积表示其大小。束团在空间上呈某种分布，通常以其特征量表征截面的两个正交方向的尺寸；对于高斯分布的束团，以标准偏差作为其尺寸。

06.009 脉冲束 pulsed beam
(1)在高压型加速器中,指存在间隔的束流。
(2)在谐振型加速器中,指束团间隔大于谐振
电场周期的束流。

06.010 连续束 continuous beam
(1)在高压型加速器中束团之间不存在间隔
的束流。(2)在谐振型加速器中,指束团间隔
与谐振电场周期相同的束流。

06.011 脉冲流强 pulse current
对于脉冲束,在脉冲持续的时间内单位时间
通过空间某一截面的电荷量。

06.012 平均流强 average current
对于脉冲束和连续束,单位时间通过空间某
一截面的平均电荷量。

06.013 峰值流强 peak current
对于强度随时间变化的束流,在某一时刻的
最高瞬时流强。

06.014 加速 acceleration
利用电磁场提高带电粒子的运动速度的过
程。粒子运动的最高速度小于光速,在接近
光速的情况下,加速的效果主要是增加粒子
的动能。

06.015 加速[电]场 accelerating field
用以提高粒子运动速度的电磁场。通常是以
各种方式产生的电场或交变电磁场中的电
场成分。

06.016 加速梯度 accelerating gradient
粒子在加速部件中单位长度的能量增益。常
用 MeV/m 或 GeV/m 作为单位。

06.017 加速电压 accelerating voltage
加速间隙上的电势差。对于直流高压型加速
器,为正负电极上的电势差;对于谐振型加

速器,指加速间隙上交变电压的峰值。

06.018 高压加速 high voltage acceleration
利用直流高电压对带电粒子进行加速。

06.019 射频加速 radiofrequency acceleration
利用射频电场对带电粒子进行加速。

06.020 感应加速 inductive acceleration
利用随时间变化的磁场产生的感生电场进
行加速。

06.021 自动稳相原理 principle of phase stability
描述在同步加速器中,存在能量和相位偏
差的非同步粒子在射频加速场的作用下
自动围绕中心粒子(即同步粒子)稳定振荡
的理论。由 V. Veksler 和 E. Mcmillan 在
1944 年提出,成为同步加速器的理论
基础。

06.022 弱聚焦原理 weak focusing principle
在偏转磁铁中引入低磁场梯度的四极场分
量,使粒子同时在水平和垂直方向实现聚焦
的理论。是弱聚焦加速器的理论基础。

06.023 交变梯度聚焦原理 alternating gradient focusing principle
又称"强聚焦原理(strong focusing principle)"。高磁场梯度的聚焦磁铁和散焦磁铁
以一定的方式交替放置,使粒子在水平和垂
直方向都实现更强聚焦的理论。是强聚焦加
速器的理论基础。

06.024 组合作用聚焦 combining function focusing
将二极场和四极场组合在同一个电磁元件
(通常是组合作用磁铁)中,同时实现偏转和
聚焦的工作方式。

06.025　分离作用聚焦　separate function focusing

二极场和四极场分别采用不同的电磁元件(通常是二极磁铁和四极磁铁)，分别实现偏转和聚焦的工作方式。

06.026　激光加速　laser acceleration

利用激光产生的强电磁场对粒子进行加速，从而有可能获得比常规加速器高 2～3 个量级的加速梯度。

06.027　尾场加速　wakefield acceleration

利用束流或激光在介质中产生的电磁场对粒子进行加速。这里的介质包括金属结构、电介质和等离子体等，不同介质对应于不同类型的尾场加速。

06.028　激光尾场加速　laser-wakefield acceleration

利用激光在通过介质后在其中产生的电磁场对粒子进行加速。

06.029　等离子体尾场加速　plasma-wakefield acceleration

利用驱动束激起的等离子体波对带电粒子进行加速。这里的驱动束包括带电粒子束流或激光束，对应于束流等离子体尾场加速和激光等离子体尾场加速。

06.030　束流尾场加速　beam wake-field acceleration

利用带电粒子束流在介质中产生的电磁场对粒子进行加速。通常用低能强流束驱动，把流强相对较弱的束流加速到高能量。

06.031　激光等离子体尾场加速　laser-plasma-wakefield acceleration

利用激光在介质中产生等离子体波对带电粒子进行加速。

06.032　鞘层加速　sheath acceleration

一种激光加速的机制。利用激光射入介质产生的等离子体鞘层加速离子，有望获得高于传统加速器两个数量级以上的加速电场梯度。

06.033　有质动力　ponderomotive force

非均匀电磁场振荡产生的一种非线性力。可用以加速带电粒子和提供横向聚焦。

06.034　激光光压加速　laser pressure acceleration，LRPA

一种激光驱动的加速机制。利用激光在固体薄膜的有质动力加速离子，有望获得高于传统加速器两个数量级以上的加速电场梯度。

06.035　电子群聚　electron bunching

电子束在微波电场的作用下从均匀分布到产生纵向密度调制、形成束团的过程。

06.036　横向振荡　transverse oscillation，betatron oscillation

又称"感应加速器振荡"。带电粒子在聚焦场的作用下，在与其运动方向垂直的平面方向上位置与偏角围绕中心轨道变化的周期性运动，这种振荡最早在感应加速器中发现并得以研究。

06.037　纵向振荡　longitudinal oscillation

又称"同步振荡(synchrotron oscillation)"。非同步粒子在射频加速场的作用下，其能量和相位围绕中心粒子(即同步粒子)的周期性变化。是同步加速器中粒子运动的基本特征。

06.038　聚焦　focusing

加速器粒子在电磁场作用下返回中心轨道或中心粒子附近的现象。包括横向和纵向两个方向。

06.039　弱聚焦　weak focusing

在偏转磁铁中引入低磁场梯度的四极场分

量，使粒子同时在水平和垂直方向实现的一种聚焦。

06.040　交变梯度聚焦　alternating gradient focusing
又称"强聚焦(strong focusing)"。高磁场梯度的聚焦磁铁和散焦磁铁以一定的方式交替放置，使粒子在水平和垂直方向实现强聚焦的一种聚焦方式。

06.041　横向聚焦　transverse focusing
粒子在与其运动方向垂直的平面上的聚焦。包括水平和垂直两个方向。

06.042　聚束　bunching
束团中的粒子在射频场的作用下纵向会聚的现象。

06.043　散束　debunching
束团中的粒子在外加电磁场、束流尾场、空间电荷和穿越临界能等效应的作用下纵向离散的现象。

06.044　振荡频率　oscillation frequency
单位时间内粒子在横向或纵向振荡的周期数。单位为赫兹(Hz)。

06.045　振荡频数　tune
粒子在一个回旋周期内横向或纵向振荡的周期数。

06.046　横向振荡频数　transverse tune
粒子在一个回旋周期内横向振荡的周期数。分为水平和垂直两个方向，为无量纲量。

06.047　纵向振荡频数　longitudinal tune
粒子在一个回旋周期内纵向振荡的周期数。为无量纲量。

06.048　孔径　aperture
加速器中限制横向束流运动的最大范围。

06.049　同步辐射　synchrotron radiation
相对论性带电粒子在偏转(径向向心加速)时沿轨道切线方向发出的电磁辐射。因最先在同步加速器中发现并研究而得名。

06.050　韧致辐射　bremsstrahlung
高能量的带电粒子通过物质时在原子核电场作用下减速时发出的一种电磁辐射。

06.051　沟道辐射　channeling radiation
带电粒子在晶体沟道中运动时发出的一种电磁辐射。

06.052　束致辐射　beamstrahlung
在对撞机中束流受到相向运动的另一束流的电磁场的作用产生的一种电磁辐射。

06.053　[对撞]亮度　luminosity
表征对撞机性能最重要的物理量之一。为单位时间内某种粒子反应的产额与该粒子产生截面的比值，单位为 $cm^{-2} \cdot s^{-1}$。

06.054　积分亮度　integrated luminosity
在某一段时间内亮度随时间的积分值。表征在该时间区段内获取粒子反应的数据量。

06.055　[光源]亮度　brightness，brilliance
表征光源性能最重要的物理量之一。在同步辐射等基于加速器中，定义为单位时间、单位光源面积与单位立体角和 0.1%能量宽度(带宽)中的光子数，这样定义的亮度单位为 $Ph/(s \cdot mm^2 \cdot sr^2 \cdot 0.1\%BW)$。

06.056　康普顿背散射　Compton back-scattering
低能光子与相对论性电子束流相互作用产生高能量光子的过程。

06.057　束流注入　beam injection
采用冲击磁铁和切割器等电磁元件将束流从加速器外部导入加速器真空盒，使之在加速器中运动的过程。

06.058　负离子注入　negative-ion injection
带负电荷的离子束在加速器入口被剥离若干电子，转化为带正电荷的粒子进入加速器的过程。负离子注入有利于正离子在加速器中的积累，负氢离子注入常用于强流质子加速器。

06.059　束流引出　beam ejection，beam extraction
采用冲击磁铁和切割器等电磁元件将束流从加速器真空盒导出，使之用于打靶实验等用途或注入到下一级加速器。

06.060　束流传输线　beam transport line
利用各种电磁元件将在真空盒中的束流从粒子加速器系统的某一部位输运到另一个部位的装置。经常应用于束流从粒子源或上一级加速器注入或引出到下一级加速器或实验靶之间。

06.061　粒子束流冷却　particle beam cooling
以某种方式减小粒子束流的发射度(相当于降低束流的"温度")，是粒子加速器中提高束流性能的重要技术。根据采用的方式不同，有电子冷却、随机冷却、激光冷却和电离冷却等。

06.062　电子冷却　electron cooling
利用高性能的电子束流与离子束以相同的速度运动，通过两者之间的库仑散射减小离子束流发射度的一种方法。适用于能量较低粒子束的冷却。

06.063　随机冷却　stochastic cooling
利用宽带反馈系统对横向束流振荡和纵向能量分散进行衰减，从而减小束流发射度的一种方法。对于较大发射度和能量分散的束流具有显著的冷却效果。

06.064　激光冷却　laser cooling
利用高性能激光和粒子加速器中的束流相互作用减小束流发射度。具有冷却速度快等优点。

06.065　电离冷却　ionization cooling
利用束流通过某种材料时将其原子电离使自身的动量减小，从而减小归一化发射度的一种方法。主要应用于缪子束流的冷却。

06.066　高压型加速器　high voltage accelerator
利用高压电源产生的电场加速带电粒子的加速器。按电场产生的方法不同分为：倍压加速器、静电加速器、高频高压型加速器、高压变压器型加速器、中频变压器型加速器、绝缘芯变压器型加速器和电子帘加速器等。这类加速器受高压击穿的限制，所达到的能量较低而流强较高，广泛应用于核物理研究和辐照等方面，也常用作下一级加速器的注入器。

06.067　倍压加速器　Cockcroft-Walton accelerator，voltage-multiplying accelerator
采用倍压整流电路产生的直流高电压加速带电粒子的一种高压型加速器。因其结构简单、造价较低而得以广泛应用。

06.068　静电加速器　electrostatic accelerator
又称"范德格拉夫加速器(van der Graaff accelerator)"。由美国科学家范德格拉夫首先研制成功，利用静电高压加速带电粒子的一种高压型加速器。

06.069　串列加速器　tandem accelerator
在静电加速器基础上发展起来的、由两段(或多段)加速管组成的加速器。其两端为地电势，负离子通过两段之间的电子剥除装置转变为正离子，并在另一加速管中继续加速，从而成倍提高等效加速电压。

06.070　高频高压型加速器　high-frequency high-voltage accelerator
又称"地那米加速器(dynamitron)"。以并激耦合倍压线路产生的直流高压加速粒子束流，广泛应用于辐照加工等领域的一种高压型加速器。

06.071　高压变压器型加速器　high-voltage transformer accelerator
利用中频变压器产生交流高压经整流获得的直流高压加速粒子束流，应用于辐照加工和无损检验等领域的一种高压型加速器。

06.072　绝缘芯变压器型加速器　insulating-core-transformer accelerator
一种高压型加速器。利用彼此绝缘的多台变压器铁芯上的各次级绕组输出的电压，经整流后串联产生的高电压加速粒子束流。

06.073　电子帘加速器　electron curtain accelerator
以圆筒形真空室为阳极、安装在圆筒中心的金属丝为阴极，从金属圆筒下侧的长条形窗口引出帘状电子束流的一种高压型加速器。

06.074　花瓣形加速器　Rhodotron
电子束在腔外的二极磁铁作用下偏转返回，从而在同轴谐振腔的内轴与外壁之间建立的径向电场作用下得以多次加速的一种连续波单腔往复式电子加速器。因其轨道呈花瓣形而得名。

06.075　脊型加速器　Ridgetron
电子束在通过脊形谐振腔间隙时被加速，在腔外的二极磁铁作用下偏转返回，多次通过腔间隙加速到所需能量的一种连续波往复式电子加速器。

06.076　圆形加速器　circular accelerator
带电粒子在偏转场的作用下回旋，重复通过加速部件而得以持续加速，使能量逐圈增加。回旋加速器、同步回旋加速器、同步加速器和固定磁场交变梯度加速器等都属于圆形加速器的一类结构呈圆形或准圆形的加速器。

06.077　电子感应加速器　betatron
利用交变电流励磁的主导磁铁在环形真空室内产生的涡旋电场来加速电子的一种装置。

06.078　回旋加速器　cyclotron
它利用恒定的主导磁场使带电粒子在 D 形真空盒中回旋，经加在 D 形盒间隙上的射频电场多次加速，束流沿螺旋形轨道运动的一种圆形加速器。按加速粒子不同，有电子回旋加速器和离子回旋加速器等；按磁铁类型，有常温回旋加速器和超导回旋加速器；按回旋频率的特性，有常规回旋加速器和等时性回旋加速器。

06.079　电子回旋加速器　microtron
利用电子在获得能量增益时速度在较短时间即能接近光速的特点，在主导磁场和加速电场频率保持恒定的情况下，电子沿螺旋形轨道回旋的周期虽随路径增长而加大，仍保持为加速电场周期的整数倍而得以持续加速的一种回旋加速器。

06.080　等时性回旋加速器　isochronous cyclotron
一种回旋加速器。其沿束流轨道的平均磁场随轨道半径增大而上升以补偿离子质量相对论增长效应，使离子的回旋频率在加速过程中保持不变。按等时性磁铁的形态不同，有扇形聚焦回旋加速器和分离扇回旋加速器等。

06.081 扇形聚焦回旋加速器 sector focusing cyclotron

利用磁极上的各种平面扇形叶片提供聚焦力的一种等时性回旋加速器。包括直边扇形回旋加速器和卷边螺旋扇形回旋加速器等。

06.082 分离扇回旋加速器 separated-sector cyclotron

一种等时性回旋加速器。其主磁铁由若干块扇形磁铁以一定的间隔排列组成。

06.083 紧凑型回旋加速器 compact cyclotron

采取高磁场、小间隙和强聚焦等措施优化主磁铁等系统，实现设备紧凑的一种回旋加速器。

06.084 同步回旋加速器 synchrocyclotron, cyclosynchrotron

又称"稳相加速器(phasotron)""调频回旋加速器(frequency-modulated cyclotron)"。采用调频技术使粒子加速电场的频率随粒子的回旋频率同步变化，以保持同步加速条件的一种回旋式加速器。

06.085 同步加速器 synchrotron

磁场强度和加速电场的频率分别与粒子能量和回旋频率保持同步的一种环形加速器。按聚焦方式分，有弱聚焦同步加速器和强聚焦同步加速器；按加速粒子种类分，有电子同步加速器、质子同步加速器和重离子同步加速器等；按功能分，有增强器、储存环和环形对撞机等。

06.086 弱聚焦同步加速器 weak focusing synchrotron

采用弱聚焦原理设计其聚焦结构的同步加速器。

06.087 交变梯度同步加速器 alternating gradient synchrotron

又称"强聚焦同步加速器(strong focusing synchrotron)"。采用交变梯度原理设计其聚焦结构的同步加速器。

06.088 质子同步加速器 proton synchrotron

加速质子束流的同步加速器。

06.089 电子同步加速器 electron synchrotron

加速电子束流的同步加速器。

06.090 重离子同步加速器 heavy-ion synchrotron

加速重离子束流的同步加速器。

06.091 固定磁场交变梯度加速器 fixed-field alternating-gradient accelerator，FFAG accelerator

采用恒定磁场和交变梯度强聚焦的一种圆形加速器。兼有回旋加速器连续束和强聚焦加速器的特点。

06.092 电子加速器 electron accelerator

加速电子束流的加速器。

06.093 质子加速器 proton accelerator

加速质子束流的加速器。

06.094 重离子加速器 heavy-ion accelerator

加速重离子束流的加速器。

06.095 缪子加速器 muon accelerator

加速缪子束流的新型加速器。缪子是一种不稳定的粒子，在这种加速器里，质子打靶产生的缪子在冷却后被迅速加速到高能量，由于相对论性效应，其寿命增加，应用于中微子工厂和缪子对撞机等。

06.096 直线加速器 linear accelerator，linac
束流的轨道为直线的谐振型加速器。按加速粒子种类分，有电子直线加速器、质子直线加速器和重离子直线加速器；按加速方式分，有行波直线加速器、驻波直线加速器、感应直线加速器、射频四极场加速器和漂移管直线加速器等。

06.097 射频直线加速器 radio frequency linac
利用射频电磁场加速带电粒子的一种直线加速器。

06.098 射频四极场加速器 radio frequency quadruple，RFQ
利用射频四极电场同时对带电粒子进行横向聚焦和纵向加速的一种直线加速器。常用于质子和重离子直线加速器的注入器。

06.099 行波直线加速器 traveling-wave linac
利用行波形式传播的射频电磁场加速带电粒子的一种直线加速器。

06.100 驻波直线加速器 standing-wave linac
利用驻波形式的射频电磁场加速带电粒子的一种直线加速器。

06.101 漂移管直线加速器 drift-tube linac，DTL
利用金属漂移管屏蔽处于减速相位的电场而在漂移管间隙加速带电粒子的一种驻波直线加速器。

06.102 维德罗加速器 Wideroe accelerator
E. 维德罗于 1928 年发明的在漂移管上加高频电压加速离子的早期直线加速器。

06.103 阿尔瓦瑞兹加速器 Alvarez accelerator
E. 阿尔瓦瑞兹于 1947 年设计建造的世界上第一台质子直线加速器。

06.104 电子直线加速器 electron linear accelerator，electron linac
一种加速电子束流的直线加速器。

06.105 质子直线加速器 proton linear accelerator，proton linac
一种加速质子束流的直线加速器。

06.106 重离子直线加速器 heavy-ion linear accelerator，heavy-ion linac
一种加速重离子束流的直线加速器。

06.107 缪子直线加速器 muon linear accelerator，muon linac
一种加速缪子束流的直线加速器。

06.108 超导直线加速器 superconducting linear accelerator，superconducting linac
采用射频超导加速腔的直线加速器。具有加速梯度高、能量损耗小等优点，可以加速电子、质子和重离子等束流。

06.109 注入器 injector
为后级加速器提供束流的装置。常用的类型有高压型加速器、直线加速器和回旋加速器等。

06.110 预注入器 pre-injector
注入器的第一级加速器。早年多采用高压型加速器，后更多采用结构较为紧凑的射频四极场加速器。

06.111 增强器 booster
串级加速器中注入器后面的加速器。进一步提高束流的能量并将其注入下一级加速器。

06.112 储存环 storage ring
对束流进行积累、储存和加速的同步加速器。按粒子种类分，有电子储存环、质子储存环、反质子储存环、重离子储存环和缪子储存环等；按功能分，有同步辐射储存环、积累环、冷却储存环和对撞机储存环等。

06.113　电子储存环　electron storage ring
对电子束流进行积累、储存和加速的储存环。按其功能，有同步辐射储存环和对撞机储存环等。

06.114　质子储存环　proton storage ring
对质子束流进行积累、储存和加速的储存环。

06.115　反质子储存环　antiproton storage ring
对反质子束流进行积累、储存和加速的储存环。

06.116　重离子储存环　heavy-ion storage ring
对重离子束流进行积累、储存和加速的储存环。

06.117　缪子储存环　muon storage ring
对缪子束流进行积累、储存和加速的储存环。

06.118　同步辐射光源　synchrotron radiation source
利用相对论性电子(或正电子)在磁场中偏转时产生同步辐射的一种新型高性能光源。

06.119　同步辐射装置　synchrotron radiation facility
由同步辐射光源、光束线和实验站组成的实验装置。用以开展原子和分子层次物质结构相应的诸多学科研究和应用。

06.120　衍射极限储存环　diffraction limit storage ring
一种高性能的同步辐射加速器。其束流发射度接近所产生的 X 射线衍射极限。

06.121　自由电子激光装置　free-electron laser，FEL
一种利用相对论性自由电子通过周期分布的磁场，将能量传递给光辐射使其强度增大而产生强相干辐射的装置。

06.122　自发射自放大自由电子激光装置　self-amplified spontaneous emission free-electron laser，SASE-FEL
一种对相对论电子束在波荡器中产生的自发辐射进行放大而不需要外来种子激光的自由电子激光装置。

06.123　高增益高次谐波放大自由电子激光装置　high gain harmonic generation free-electron laser，HGHG-FEL
一种对种子激光的高次谐波进行高增益放大而产生短波长、高稳定自由电子激光的装置。

06.124　能量回收直线加速器　energy recovery linac，ERL
一种以其低发射度电子束在弧区产生高亮度同步辐射光，而在返回加速器时束流处于射频腔减速相位而得以回收其能量的装置。

06.125　散裂中子源　spallation neutron source
一种利用加速器产生的高能质子束轰击靶物质中的原子核，从而产生脉冲散裂中子的装置。它与同步辐射光源互相补充，用于开展原子和分子层次物质结构的诸多学科的研究和应用。

06.126　对撞机　collider
一种利用两束相向运动的高能粒子束对撞，以提高有效相互作用能量的高能物理实验装置。按束流轨道形状分，有环形对撞机和直线对撞机等；按对撞粒子的种类分，有正负电子对撞机、电子-电子对撞机、质子-质子对撞机、质子-反质子对撞机、电子-质子对撞机、重离子对撞机、电子-重离子对撞机、缪子对撞机和伽马-伽马对撞机等。

06.127　环形对撞机　circular collider
利用两束相向运动的粒子束在储存环里对撞进行高能物理实验的装置。按其结构主要有单环对撞机和双环对撞机两种。

06.128 直线对撞机 linear collider

利用直线加速器产生的两束高能粒子对撞进行高能物理实验的装置。可避免高能粒子在偏转时的同步辐射能量损失，用于超高能量正负电子对撞。

06.129 正负电子对撞机 electron-positron collider

利用两束相向运动的正负电子对撞进行高能物理研究的装置。按其结构形状分，有环形(单环与双环)正负电子对撞机和直线对撞机。

06.130 质子−质子对撞机 proton-proton collider

利用在各自的储存环里相向运动的两束质子对撞进行高能物理研究的装置。

06.131 积累环 accumulator ring

对来自注入器的束流进行积累以提高其流强和性能并注入下一级加速器的一种储存环。

06.132 质子−反质子对撞机 proton-antiproton collider

利用质子和反质子对撞进行高能物理研究的装置。有单环和双环两种结构。

06.133 电子−质子对撞机 electron-proton collider

利用电子束和质子束对撞进行高能物理研究的装置。

06.134 重离子对撞机 heavy-ion collider

利用两束重离子对撞进行高能核物理和高能物理研究的装置。

06.135 电子-离子对撞机 electron-ion collider

利用电子和离子对撞进行高能核物理和高能物理研究的装置。

06.136 缪子对撞机 muon collider

利用两束缪子对撞进行高能物理研究的新型装置。

06.137 中微子工厂 neutrino factory

利用缪子在储存环里回旋时沿切线方向发出的强流中微子进行高能物理研究的新型装置。

06.138 B-介子工厂 B-factory

工作在 B-介子产生阈附近(质心能量 10.6 GeV)的一种双环、高亮度正负电子对撞机。

06.139 τ-粲工厂 τ-charm factory

工作在 τ-粲能区(质心能量 2～5 GeV)的一种双环、高亮度正负电子对撞机。

06.140 F-介子工厂 F-factory

工作在 F-介子产生阈附近(质心能量 1.02 GeV)的一种双环、高亮度正负电子对撞机。

06.141 伽马−伽马对撞机 gamma-gamma collider

利用激光和电子束康普顿背散射产生的两束高能伽马光子对撞进行高能物理研究的装置。

06.142 激光加速器 laser accelerator

利用激光产生的电磁场加速带电粒子的新型加速器。有激光等离子体尾场加速器、逆自由电子激光加速器和介质激光加速器等。强激光中的电场可高达 10^9 V/cm 以上，从而有可能获得比常规加速器高 2～3 个量级的加速梯度。

06.143 等离子体加速器 plasma accelerator

利用驱动束在介质中产生的等离子波加速带电粒子的新型加速器。按驱动束种类的不同，有激光等离子体尾场加速器、束流等离子体尾场加速器等。

06.144 尾场加速器 wakefield accelerator

利用束流或激光在介质中产生的电磁场对

带电粒子进行加速的新型加速器。这里的介质包括金属腔体、光栅、电介质和等离子体等，对应于不同类型的尾场加速器。

06.145　等离子体尾场加速器　plasma wakefield accelerator，PWFA
利用驱动束在介质中产生的等离子波加速带电粒子的新型加速器。有激光等离子体尾场加速器、束流等离子体尾场加速器等。

06.146　束流尾场加速器　beam wake-field accelerator，BWFA
利用带电粒子束流在介质中产生的电磁场加速带电粒子的新型加速器。通常用低能强流束作为驱动，把流强较弱的束流加速到高能量。

06.147　双束加速器　two-beam accelerator，TBA
一种利用强流束在谐振腔内产生的电磁场加速另一束流的加速器。

06.148　逆自由电子激光加速器　inverse free-electron accelerator
电子束在横向周期性磁场中，与共轴通过的激光相互作用而获得能量的加速器。

06.149　电介质尾场加速器　dielectric wake field accelerator，DWA
利用束流或激光在电介质中产生的电磁场

加速带电粒子的新型加速器。

06.150　加速器质谱计　accelerator mass spectrometer，AMS
一种结合加速器和质谱计特点的装置。通过将样品电离所产生的离子加速到较高能量，利用离子剥离和离子计数等技术手段有效消除待测放射性核素的分子离子和同量异位素干扰，从而具有超高灵敏度，可用于年代测定和同位素示踪等领域。

06.151　医用加速器　medical accelerator
用于肿瘤的放射治疗、医用放射性同位素生产的加速器。主要类型有电子直线加速器、质子与重离子同步加速器和回旋加速器等。

06.152　辐照加速器　irradiation accelerator
利用束流的放射性效应进行材料改性、烟气处理、辐照育种和消毒灭菌等方面应用的加速器。主要类型有电子直线加速器和各种高压型加速器等。

06.153　无损检测加速器　nondestructive testing accelerator
利用束流打靶产生的 X 射线对物体进行透射检测的加速器。通常采用的类型是电子直线加速器。

06.02　加速器物理

06.154　加速器物理　accelerator physics
又称"束流物理(beam physics)"。物理学的分支学科，带电粒子加速器中涉及的基础和应用物理知识的总称。研究内容包括带电粒子束的运动规律、加速器有关的电磁场基础物理、带电粒子束应用中涉及的基础物理学知识等。

06.155　束流动力学　beam dynamics
描述粒子加速器中带电粒子束运动规律的动力学理论。通常分为描述束流的纵向运动规律(如自动稳相原理、纵向聚束和纵向集体效应等)的束流纵向动力学和描述横向运动规律(如弱聚焦与强聚焦原理、横向发射度补偿和横向集体效应等)的束流横向动力学和纵向与横向耦合效应的动力学等。

06.156 束流光学 beam optics
描述束流在加速器的聚焦结构中的运动规律的理论。

06.157 磁聚焦结构 lattice
由磁铁元件(二极铁、四极铁、六极铁、八极铁等)以及漂移段组成的束流聚焦单元。

06.158 FODO 结构 FODO cell
由对束流在水平方向聚焦的磁铁、束流漂移段、在垂直方向散焦的磁铁、束流漂移段组成的磁聚焦结构单元。

06.159 DBA 结构 double bend achromat cell
包含有两块偏转磁铁的消色差磁聚焦结构单元。

06.160 TBA 结构 triple bend achromat cell
包含有三块偏转磁铁的消色差磁聚焦结构单元。

06.161 MBA 结构 multi-bend achromat cell
包含有多于三块偏转磁铁的消色差磁聚焦结构单元。

06.162 束腰 beam waist
束流在传输方向上某个位置出现的横向尺寸极小的情况。

06.163 薄透镜 thin lens
对透镜的一种简化假设。其中透镜的纵向长度取为零,束流通过时位置不变,只受到一个横向的冲量。

06.164 厚透镜 thick lens
电磁场沿其纵向有一定的分布的透镜。束流在透镜的不同纵向位置,受到不同的横向作用。

06.165 像差 aberration
束流聚焦元件对非傍轴束流的作用与傍轴近似的理想情况的差别。

06.166 色差 chromatic aberration
束流中粒子能量的不同而引起的聚焦元件对束流的作用与中心粒子的差别。

06.167 消色差 achromatic
通过束流光学的设计实现在横向磁聚焦结构内束流能散的影响为零。

06.168 相空间 phase space
由束流中粒子的位置分量与动量分量组成的坐标空间。

06.169 绝热阻尼 adiabatic damping
在粒子动量变化比较缓慢的假设下,粒子振荡幅度随其能动量增加而衰减的现象。

06.170 发射度 emittance
束流中所有的粒子在相空间中占据的体积。

06.171 均方根发射度 rms emittance
以束流中粒子的位置分量和动量分量的均方根值表示的发射度。

06.172 归一化发射度 normalized emittance
相对论速度 β 和相对论能量 γ 与几何发射度的乘积。在绝热条件下,束流在加速过程中归一化发射度保持不变。

06.173 几何发射度 geometric emittance
以粒子空间位置及横向散角组成的相空间的体积。

06.174 投影发射度 projected emittance
束流在通过某一纵向位置时的空间位置及动量在相空间中形成的体积。

06.175　切片发射度　slice emittance
束团沿纵向切成片，每一片的粒子在相空间所占的体积。是研究电子束团与其辐射光相互作用时的重要概念。

06.176　发射度交换　emittance exchange
电子束团通过由二极磁铁和横向偏转腔等组成的特定传输单元时，其横向发射度与其纵向发射度发生的互换。

06.177　接收度　admittance，acceptance
能在加速器的真空盒中无损失地运动的束流的最大发射度。

06.178　能散度　energy spread
束流中粒子动能的统计方差与其统计平均值的比值。

06.179　动量散度　momentum spread
束流中粒子动量的统计方差与其统计平均值的比值。

06.180　β 函数　betatron function
又称"自由振荡函数(oscillation function)""包络函数(envelope function)"。描述束流最大横向尺寸随纵向坐标变化的函数。

06.181　共振　resonance
当粒子振荡频率与外力的频率满足一定关系时，粒子的振荡幅值迅速增加的现象。

06.182　共振频率　resonance frequency
发生共振时粒子的振荡频率。

06.183　线性共振　linear resonance
在忽略高次项的线性近似下，当粒子振荡频率与外力频率满足一定关系时，振幅不断增大的现象。

06.184　非线性共振　nonlinear resonance
在考虑高次项的情况下，粒子振荡将含有各级非线性项，在与之相互耦合的外力作用下，产生的高阶共振。

06.185　参数共振　parametric resonance
当自由振荡的频率接近半整数时发生的共振。

06.186　和共振　sum resonance
粒子运动的径向与垂向的振荡频率线性相加为整数时发生的共振。

06.187　差共振　difference resonance
粒子运动的径向与垂向的振荡频率线性相减为整数时发生的共振。

06.188　Twiss 参量　Twiss parameter
又称"柯朗-斯奈德参量(Courant-Snyder parameter)"。由柯朗(Courant)和斯奈德(Snyder)引入，描述束流在周期性的磁聚焦结构中的传输包络特征的参量。

06.189　闭轨　closed orbit
粒子在环形加速器的周期性电磁场中做自由振荡所围绕的一条闭合轨道。

06.190　闭轨畸变　closed orbit distortion
在环形加速器中，由于二极磁场偏离理想值而引起的束流的闭合轨道相对于中心轨道的变化。

06.191　闭轨校正　closed orbit correction
在环形加速器中，根据束流位置监测器(BPM)获得的束流位置信息，利用适当设置的校正二极子的磁场把闭轨补偿到中心轨道附近的过程。

06.192　同步粒子　synchronous particle
在同步加速器中被加速束流的所有粒子中，回旋频率与射频加速电场频率严格满足整数倍关系的粒子。

06.193 同步相位 synchronous phase
在同步加速器中同步粒子经过加速腔时射频加速电场的相位。

06.194 相速度 phase velocity
电磁波等相位面沿粒子运动方向的移动速度。

06.195 群速度 group velocity
电磁波在加速结构中的能量传输速度。

06.196 色品 chromaticity
在同步加速器中，表征不同动量的粒子由于磁刚度不同而受到的聚焦强度不同所引起横向振荡频数变化的物理量。

06.197 色散 chromatic dispersion
由粒子动量与同步粒子的动量不同而引起轨道的偏差。

06.198 色散函数 dispersion function
用以描述粒子动量的相对变化所引起的轨道位移大小的函数。

06.199 动力学孔径 dynamic aperture
束流粒子不会因为单粒子动力学效应而丢失的最大尺寸。

06.200 集体效应 collective effect
带电粒子束流在加速器中运动时，所受到的除外加电磁场以外的其他各种电磁场作用的总称。包括空间电荷效应、单束团效应、多束团效应、电子云效应、离子俘获、快离子效应和束–束相互作用效应等。

06.201 单束团效应 single bunch effect
又称"短程力效应(short-range effect)"。束团产生的尾场对其自身粒子的运动产生的扰动。

06.202 多束团效应 multi-bunch effect
又称"长程力效应(long-range effect)"。束流产生的尾场对后继束团的运动产生的扰动。

06.203 集体不稳定性 collective instability
由加速器中的集体效应引起的束流不稳定现象。

06.204 头尾不稳定性 headtail instability
环形加速器中的一种单束团效应产生的束流横向不稳定性。束团尾部粒子受到头部粒子产生的尾场的作用，同步振荡又使头尾粒子周期性交换，在足够高的束团流强下，会引起束团的自由振荡不稳定。

06.205 耦合模不稳定性 mode coupling instability
又称"快头尾不稳定性(fast headtail instability)"。环形加速器中的一种单束团效应产生的束流横向不稳定性。束团头部粒子的小的横向位置偏差激励的尾场，作用于尾部的粒子使其发生横向位置偏移并逐圈累加，在足够高的束团流强下，会引起尾部粒子产生很大的偏移而打在真空管道上丢失。

06.206 耦合束团不稳定性 coupled bunch instability
又称"多束团不稳定性(multi-bunch instability)"。由多束团效应引起的束流不稳定性。

06.207 离子俘获 ion trapping
电子储存环中的一种束流与离子相互作用的效应。真空管道中残留的气体原子被束流电离后形成离子，在一定条件下会被束流稳定地束缚在轨道附近，即俘获，从而影响束流的运动，造成粒子损失。

06.208 快离子不稳定性 fast beam-ion instability
电子储存环中，束流俘获的离子与束流之间

的非线性耦合效应引起的一种束流不稳定性。会引起束流发射度的迅速增长。

06.209　电子云不稳定性　electron cloud instability
在正电子和正离子储存环中，同步辐射所激发的光电子，在一定条件下会聚集在束流轨道附近形成电子云而引起的一种束流横向不稳定性。

06.210　微波不稳定性　microwave instability
在尾场的波长短于束团长度的情况下，在足够高的束团流强下出现的单束团纵向不稳定性。是一种束流纵向不稳定性，会导致束团长度和动量散度的增大。

06.211　罗宾逊不稳定性　Robinson instability
由射频腔基模产生的一种束流纵向不稳定性。束团通过射频腔时，由于粒子纵向位置的不同，以不同的相位与腔中电磁场相互作用，从而造成不同的能量交换关系，在一定的相位条件下引起纵向运动不稳定。

06.212　[粒子振荡的]朗道阻尼　Landau damping
束流中由于粒子的自由振荡、同步振荡频率或回旋频率的分散，对束流集体不稳定性产生的振幅增长的一种衰减作用。

06.213　束内散射　intra-beam scattering
带电粒子束团内部粒子与粒子的库仑散射过程。主要是指多粒子参与的散射过程，会引起束流横向和纵向发射度增长。

06.214　束–气散射　beam-gas scattering
带电粒子与真空室中的剩余气体的原子核发生的一种弹性和非弹性碰撞效应。造成粒子运动方向改变和能量损失，使束流寿命下降。

06.215　束团拉伸　bunch lengthening
环形加速器中由于阻抗的存在，束团长度变长的一种单束团效应。

06.216　耦合阻抗　coupling impedance
表征加速器中束流与周围真空器件环境相互作用特征的物理量。是尾场函数在频域的对应。强度为 I 的束流通过器件时感应出电压 V，V/I 即为该器件的耦合阻抗。

06.217　横向阻抗　transverse impedance
横向尾场函数在频域的对应。其公式表述为
$$Z_{\mathrm{m}}^{\perp}(\omega) = \frac{\mathrm{i}}{c}\int_{-\infty}^{+\infty}\mathrm{d}z W_{\mathrm{m}}(z)\exp\left(-\mathrm{i}\frac{\omega z}{c}\right)。$$

06.218　纵向阻抗　longitudinal impedance
纵向尾场函数在频域的对应。其公式表述为
$$Z_{\mathrm{m}}^{//}(\omega) = \frac{1}{c}\int_{-\infty}^{+\infty}\mathrm{d}z W_{\mathrm{m}}'(z)\exp\left(-\mathrm{i}\frac{\omega z}{c}\right)。$$

06.219　特征阻抗　characteristic impedance
又称"并联阻抗(parallel impedance)"。单位长度上的特征阻抗。其公式表述为 $R_{\mathrm{M}} = -E_0^2\Big/\left(\dfrac{\mathrm{d}p}{\mathrm{d}z}\right)$，其中 E_0 是基波电场纵向分量的振幅，$\mathrm{d}p/\mathrm{d}z$ 是单位长度结构中的欧姆损耗。

06.220　损失因子　loss factor
描述束流通过阻抗器件时束流能量损失大小的物理量。其单位为 V/pC。

06.221　高次模　higher order mode，HOM
束流通过加速器的结构时，在结构中激励起的尾场中频率高于基模的其他模式尾场的总称。

06.222　束流崩溃效应　beam breakup effect
直线加速器中的一种强束流效应。束团的头部粒子微小的横向位置偏差激励的尾场，作用于尾部的粒子使其发生横向位置偏移。如果束流足够强，这个偏移在整个加速器中累加的结果将使尾部粒子产生很大的偏移而打在真空管道上丢失。

06.223　束–束相互作用　beam-beam interaction
在粒子对撞机的对撞点处，一个束流受到另一束流电磁场的作用，以及对束流运动产生的效应。

06.224　寄生束–束相互作用　parasitic beam-beam interaction
在多个束团对撞的情况下，两个束团在对撞点以外的位置处相遇时的束–束相互作用。在设计时要求两个束流分开的距离足够大以减小这种相互作用。

06.225　束–束作用参量　beam-beam parameter
束流对撞引起的横向振荡线性频移。是表征束–束作用强度的物理量。

06.226　动量压缩因子　momentum compaction factor
轨道长度差异与动量差异的比值。在环形加速器中，表征动量与中心粒子存在差异的粒子做回旋运动时闭合轨道长度差异的物理量。

06.227　传输矩阵　transfer matrix
描述粒子在加速器和束流传输线中运动时，在某一位置的位移、偏角和动量等参量到另一位置的相应参量关系的矩阵。

06.228　潘诺夫斯基–文泽尔定理　Panofsky-Wenzel theorem
描述纵向及横向尾场势的关系的定理。定义 $\overline{F}$ 为尾场势，该定理给出：$\nabla_\perp \overline{F}_{//} = \dfrac{\partial}{\partial z} \overline{F}_\perp$，和 $\nabla_\perp \cdot \boldsymbol{F}_\perp = 0$。在频域中，该定理的表达形式为：$Z_m^{//}(\omega) = \dfrac{\omega}{c} Z_m^\perp(\omega)$。

06.229　束流负载效应　beam loading
在高流强下射频腔基模产生的一种效应。粒子加速器中束流与加速电场相互作用，带走电磁场的能量而使其幅值下降，反过来影响被加速束流的性能。

06.230　尾场　wakefield
束流通过加速器的金属真空管道等结构时在其后激励起的电磁场产生单束团和多束团等集体效应。

06.231　尾场势　wake potential
跟随在激励束流之后的单位检验电荷所受到的尾场力。是表征尾场特性的物理量。

06.232　尾场函数　wake function
描述尾场势沿束团纵向分布的函数。通常分为横向尾场函数和纵向尾场函数。

06.233　空间电荷效应　space charge effect
在带电粒子束团内部，粒子受到其他粒子库仑力作用产生的效应。通常会使其横向发射度或能散度增大。

06.234　束流操控　beam manipulation
利用二极磁铁、四极磁铁、偏转腔、聚束腔等器件，对束流的横向及纵向分布进行控制，以实现某些特定需求的过程。

06.235　束团压缩　bunch compression
利用束团中粒子在磁铁元件中轨迹长度或速度差异，使束团的纵向尺寸减小的过程。

06.236　束晕　beam halo
由于空间电荷等效应在束流的外围形成的离散粒子的总称。因其晕状分布而得名。

06.237　束流寿命　beam lifetime
加速器中束流的重要参量之一。表征束流在加速器中存在的时间长短，其影响因素有电磁场误差、束–气散射、束内散射、量子效应、单束流不稳定性和束–束相互作用等。

06.238 量子寿命 quantum lifetime
在同步加速器中，由于粒子同步辐射发射的光量子能量涨落，引起纵向与横向振荡幅度增大而丢失所相应的束流寿命。

06.239 托切克寿命 Touschek lifetime
由于束内散射引起的粒子丢失所相应的束流寿命。

06.240 亮度寿命 luminosity lifetime
某一时刻的亮度下降为其 1/e 所需要的时间。是描述粒子对撞机在束流强度随时间衰减时，对撞亮度下降快慢的参量。

06.241 暗电流 dark current
在电子枪及加速结构中，金属表面的高梯度电场或其他原因(如光照、电子轰击和加热等)而产生的电子，在后续的加速场中被俘获和加速所产生的电流。

06.242 束流匹配 beam matching
入射束流发射度相空间分布与束流传输系统入口处的接受度相空间形状一致的情况。

06.243 宏粒子 macro-particle
在束流动力学的模拟计算中，通常用 N 个模拟粒子来代替一定电荷量 Q 的束流，每一个模拟粒子所带的电荷量为 Q/N，这样的模拟粒子称为宏粒子。

06.244 束流包络 beam envelope
束流中粒子运动轨迹的横向最大值沿束流运动方向的分布。

06.245 辐射阻尼 radiation damping
在同步加速器中，由同步辐射引起的束流能量散度以及横向振荡幅度随时间衰减的现象。

06.246 阻尼时间 damping time
振幅衰减为原来的 1/e 的时间。是描述粒子振荡幅度随时间衰减快慢的参量。

06.247 量子涨落 quantum fluctuation
在同步加速器中，粒子在偏转时发射同步辐射的光量子在统计上的起伏现象。与辐射阻尼共同作用使束流具有非零的发射度。

06.248 量子激发 quantum excitation
由量子涨落造成的粒子振荡幅度增长的现象。

06.249 相干同步辐射 coherent synchrotron radiation
在一定条件下产生的功率更高的同步辐射。当电子束的横向几何均方根发射度小于 $\lambda/4\pi$ 时，其同步辐射光具有横向相干性；另外，当具有 N 个电子的束团的纵向长度远小于同步辐射波长 λ 时，其辐射具有纵向相干性，并且辐射功率正比于 N^2。

06.250 极化束流 polarization beam
在所包含的粒子中，两个方向自旋的粒子数不相等的束流(电子、正电子、质子等)。

06.03 加速器技术

06.251 加速器技术 accelerator technology
与加速带电粒子相关的各种技术(含各种部件)。包括带电粒子产生、加速、传输和测量等方面的技术，如粒子源技术、真空技术、磁铁技术、射频微波技术、低温超导技术、电源技术、束流测量技术、控制技术、注入与引出技术和加速器准直测量技术等。

06.252　离子源　ion source
使中性原子或分子电离从而产生正负离子的装置。离子一般以束流方式引出，可作为粒子加速器的源头或直接应用。离子源一般包含离子产生和约束、引出电极以及真空系统等。产生离子的机制主要有电子碰撞电离、离子溅射电离和激光电离。基于电子碰撞电离的离子源有潘宁离子源、双等离子体、高频离子源、电子回旋共振离子源等。对应于离子溅射电离和激光电离机制的离子源分别为溅射离子源和激光离子源。

06.253　等离子体离子源　plasma ion source
通过形成等离子体而产生离子束的一种离子源。包含电子回旋共振离子源、潘宁离子源、高频离子源和双等离子体离子源等。

06.254　高频离子源　RF ion source
利用低压气体中高频放电现象产生等离子体的一种离子源。通常包含放电管、高频功率系统、进气管和离子引出系统。

06.255　潘宁离子源　Penning ion source
一种电子碰撞电离型离子源。其放电室由处在轴向磁场中的管状空心阳极和一对同轴的阴极构成，一个阴极为电子源，与另一个对阴极形成轴向静电电子阱，可从阳极侧边或对阴极中心开孔引出离子束。

06.256　双等离子体离子源　duoplasmatron ion source
带有两级放电(等离子体)的一种电子碰撞电离型离子源。可产生高达 100 mA 的强流正离子束，通过电子磁抑制或偏轴引出，也可以产生负离子束。

06.257　电子回旋共振离子源　electron cyclotron resonance ion source
简称"ECR 离子源(ECR ion source)"。基于磁场中电子回旋共振和微波加热电离产生离子的一种离子源。包括产生高电荷态的 ECR 离子源(工作频率大于 2.45 GHz)和产生强流单电荷离子的 ECR 离子源(工作频率一般为 2.45 GHz)。磁场越高越有利于高电荷态离子的产生，因此高电荷态 ECR 离子源常采用超导磁体结构。

06.258　电子束离子源　electron beam ion source
采用高密度载能电子束产生高电荷态离子的一种离子源。电子束由强螺线管透镜聚焦，沿电子束形成负空间电荷静电离子阱，俘获正离子并使其逐级电离直至达到高电荷态。

06.259　表面电离离子源　surface ionization ion source
利用表面电离机制从高温金属表面蒸发、电离所吸附的原子或分子从而产生离子束的一种离子源。既可以产生正离子，也可以产生负离子。

06.260　负离子源　negative ion source
产生负离子束的离子源。一般为−1 电荷态的离子。

06.261　激光离子源　laser ion source
将高功率激光束作用到固态靶面上从而产生激光等离子体的一种离子源。电子主要通过逆轫致辐射机制吸收激光能量，加热后通过碰撞将能量传递给离子，适合于产生高电荷态强流脉冲离子束，尤其是难熔固态金属的离子。

06.262　极化离子源　polarized ion source
产生极化离子束的一种离子源。一般由原子束产生器、极化器和电离器三部分组成。在极化器中首先获得电子自旋极化原子，然后通过超精细相互作用实现原子核的极化，极化原子束在电离过程中极化度损失很小，从而形成极化离子束。

06.263 电子枪 electron gun
能产生电子束并将其加速到一定能量的一种装置。一般包含阴极、加速结构和聚焦引出系统等。按产生电子的阴极分类，有热阴极电子枪、光阴极电子枪和场致发射阴极电子枪等；按加速结构分类，有直流电子枪、常温射频电子枪和射频超导电子枪等；按电子束团结构分类，有脉冲电子枪和连续束电子枪等。

06.264 热阴极电子枪 thermal-cathode electron gun
阴极为金属灯丝结构的一种电子枪。通过将灯丝加热到约 1000 ℃的高温而发射电子，在电场作用下从阳极射出。

06.265 微波电子枪 RF electron gun
采用微波电场加速光阴极产生电子束的一种电子枪。

06.266 光阴极电子枪 photo-cathode electron gun
利用激光轰击阴极通过光电效应产生电子束的一种电子枪。阴极材料可为金属或半导体，驱动激光波长与相应材料的电子脱出功相匹配。反映光阴极性能的参数为量子效率，即产生的光电子数与打到光阴极上的光子数之比。

06.267 极化电子枪 polarized electron source
产生极化电子束的一种电子枪。其产生的电子束中一个自旋方向的电子数多于另一个自旋方向的电子数，电子束的极化程度以两个自旋方向的电子之差与两者之和的比值，即电子自旋极化度表征。

06.268 正电子源 positron source
泛指产生正电子束的装置。在加速器技术中，主要指用于正负电子对撞机产生正电子束的装置，最常用的方法是用高能电子轰击高原子序数金属，通过级联簇射过程产生正负电子对。其主要物理机制是电子在原子核电场中产生轫致辐射伽马光子进而转化为正负电子对。正电子源主要由正电子转换靶、靶后匹配和聚焦加速等部分构成。此外，还有基于同步辐射轰击转化靶、逆康普顿散射光子轰击转换靶和电子轰击单晶沟道效应等机制的高流强正电子源。

06.269 磁铁 magnet
产生磁场从而对带电粒子束进行聚焦、偏转以及轨道和参量校正等作用的束流光学元件。可以是通过线圈产生磁场的常规或超导电磁铁，也可以是由永磁材料制成的永久磁铁。

06.270 磁极 magnetic pole
磁铁铁芯结构中形成有效作用磁场的部分。其表面通常具有磁铁中最高的磁感应强度，根据所需磁场分布需求，形状可以是平面，也可以是曲面。

06.271 磁轭 magnetic yoke
磁铁的铁芯中与产生有效作用磁场的磁极间隙构成闭合磁路的部分，同时对磁极起支撑作用，一般由高磁导率的软磁材料制成。

06.272 励磁线圈 exciting coil, energizing coil
电磁铁中缠绕在靠近磁极处的磁轭上的导线绕组。通电后即可产生磁场。

06.273 励磁电流 exciting current, energizing current
励磁线圈中通过的电流强度。对加速器中采用的电磁铁，励磁电流通常为数十安培或更高。

06.274 场指数 field index
表征偏转磁铁聚焦性能的参量。定义为偏转半径与中心磁场强度的比值和磁场的径向梯度之乘积，其数值在 0 和 1 之间时，粒子在径向和垂向均得到聚焦。

06.275 磁场梯度 magnetic field gradient
磁铁的磁感应强度随空间位置的变化率。单位为特斯拉/米(T/m)或高斯/厘米(G/cm)。

06.276 边缘场 fringe field
磁铁两端从磁间隙磁场区到无磁场区过渡区域中的磁场。

06.277 一次谐波场 first harmonic field component
磁铁中随空间分布的磁场经傅里叶展开后除基波(平均场)外的第一项分量。

06.278 高次谐波场 higher-order harmonic field components
磁铁中随空间分布的磁场经傅里叶展开后的第二项(二次谐波项)以后的高次谐波项(含二次谐波项)所对应的磁场分量。

06.279 一次积分 first field integral
磁铁中磁场强度沿中轴线从入口到出口(含边缘场)积分一次的积分值。决定带电粒子离开磁铁元件时的偏转角度。

06.280 二次积分 second field integral
磁铁中磁场强度沿中轴线积分一次的积分值再沿中轴线从入口到出口(含边缘场)积分一次所得的值。决定带电粒子离开磁铁元件时的横向位置偏离。

06.281 谐波分量 harmonic component
磁铁中随空间分布的磁场经傅里叶展开后除基波(平均场)外的各项所对应的磁场分量。依次有一次谐波分量、二次谐波分量等。

06.282 脉冲磁铁 pulsed magnet
能够产生具有脉冲结构磁场的磁铁。脉冲磁场具有上升时间、平顶时间和下降时间。

06.283 二极磁铁 dipole magnet
有两个磁极(N 极和 S 极)的磁铁。通常在磁极间产生均匀磁场，用于带电粒子束的偏转或导向，其边缘场也可以产生较弱的聚焦作用。

06.284 四极磁铁 quadrupole magnet
有四个对称分布的磁极，且其 N 极和 S 极交替排列的磁铁。所产生的磁场梯度(磁场的一阶导数)为常数，通常采用四极磁铁组对带电粒子束进行聚焦。

06.285 六极磁铁 sextupole magnet
有六个对称分布的磁极，且其 N 极和 S 极交替排列的磁铁。产生的磁场的一阶导数为零，二阶导数为常数，常用于同步加速器中色品的校正。

06.286 八极磁铁 octupole magnet
有八个对称分布的磁极，且其 N 极和 S 极交替排列的磁铁。所产生的磁场一阶和二阶导数均为零，三阶导数为常数，在加速器中主要用于产生朗道阻尼和非线性扩束等。

06.287 偏转磁铁 bending magnet
在加速器中用于对带电粒子束的运动轨道进行偏转的二极磁铁。

06.288 螺线管 solenoid
由导线围绕束流运动方向的轴线绕制而成的束流光学元件。线圈通电后能产生轴对称的磁场，在加速器中一般用于较低能量带电粒子束的聚焦和成像。

06.289 导向磁铁 steering magnet
又称"二极校正磁铁(dipole corrector)"。在加速器中用于对带电粒子束的运动方向作细微调节的二极磁铁。其磁场一般为均匀场。

06.290　曲柄磁压缩器　chicane
在加速器中对线性能量调制的带电粒子束团的长度进行压缩或拉伸的磁铁组合。一般由四块二极磁铁组成，其中首尾两块的磁场强度及方向相同，中间两块与首尾两块的磁场强度相同而方向相反。

06.291　阿尔法磁铁　alpha magnet
带电粒子在其中的运动轨迹为希腊字母阿尔法形的磁铁元件，并因此而得名。常用于直线加速器中束流的偏轴注入或束团长度压缩等。

06.292　插入件　insertion device
同步辐射光源中用于产生比偏转磁铁更高强度电磁辐射的磁铁元件。通常为扭摆器和波荡器，因插入在同步加速器的直线节中而得名。

06.293　扭摆器　wiggler
又称"扭摆磁铁"。具有周期性磁场分布的磁铁元件，由多组交替排列的 N 极和 S 极组成。电子束在其周期性磁场的作用下，轨道沿轴线做较大幅度的扭摆运动，产生电磁辐射。扭摆器的磁场强度参数一般远大于 1，常用于同步辐射光源中。

06.294　波荡器　undulator
具有周期性磁场分布的磁铁元件，由多组交替排列的 N 极和 S 极组成。电子束在其周期性磁场的作用下，轨道沿轴线做较小幅度的扭摆运动，产生电磁辐射。波荡器的磁场强度参数一般小于等于或略大于 1，常用于同步辐射光源或自由电子激光装置中。

06.295　波荡器周期　undulator period
波荡器中磁场沿轴线周期性变化的基本单元。

06.296　斜场波荡器　tapered undulator
磁场强度或周期长度沿轴线方向变化的波荡器。通常用于维持自由电子激光中辐射场与电子能量的共振关系。

06.297　低温波荡器　cryogenic undulator
工作在低温但非超导状态下的波荡器。能够产生比常温波荡器更强的磁场。

06.298　超导波荡器　superconducting undulator
使用超导线圈产生周期性磁场的电磁型波荡器。相比于常温波荡器，可具有更小的周期长度与更高的磁场。

06.299　超导磁铁　superconducting magnet
励磁线圈采用超导材料制作的磁铁。工作在超导状态下，能产生远高于常温磁铁的磁场强度或磁场梯度。

06.300　开关磁铁　switching magnet
通过改变励磁电流的方向使磁场极性快速变化而将带电粒子束流偏转到不同方向的二极磁铁。

06.301　冲击磁铁　kicker magnet
提供短时间脉冲磁场的二极磁铁。脉冲磁场具有很快的上升下降沿(通常为百纳秒量级)，其作用是在环形加速器一个回旋周期内对注入或引出的带电粒子束团进行瞬间偏转，使其进入或偏离加速器的中心轨道。

06.302　凸轨磁铁　bump magnet
提供短时间脉冲磁场的二极磁铁。脉冲磁场具有较快的上升下降沿(通常为毫秒量级)，其作用是使环形加速器闭轨在局部快速凸起，与切割磁铁配合实现束团的注入或引出。

06.303　切割磁铁　septum magnet
在结构上将磁铁所在空间分割为有场区和无场区的一种二极磁铁。常用于环形加速器的注入和引出系统。

06.304　扇形磁铁　sector magnet
磁极纵向截面为扇形的二极磁铁。

06.305　矩形磁铁　rectangular magnet
磁极纵向截面为矩形的二极磁铁。一般用于对带电粒子束流进行小角度偏转。

06.306　H 型磁铁　H-shaped magnet
磁轭具有双支撑结构，截面形状与字母 H 类似的二极磁铁。其磁极面在 H 中间横道的中部截断处。

06.307　C 型磁铁　C-shaped magnet
磁轭具有单支撑结构、截面形状与字母 C 类似的二极磁铁。磁极面为"C"的两个端点。

06.308　阻尼磁铁　damping magnet
对通过其中的束流增强辐射阻尼作用的磁铁元件。常指电子储存环中用来改变束流发射度的一种扭摆磁铁，同时也可以为同步辐射用户供光。

06.309　磁极间隙　magnetic pole gap
二极磁铁两个磁极面之间的距离。通常磁极间隙较大的磁铁制造成本较高且边缘场效应更为明显。

06.310　磁场测量　magnetic field measurement
对各种磁铁产生的磁场特性进行的测量。主要包括磁场分布、一次积分、二次积分、场梯度等，对脉冲磁铁还包括磁场的时间结构，即平顶区均匀度、上升下降沿等。

06.311　剩磁　remanence
由于铁磁质磁滞回线的特性，电磁铁在励磁电流降到零后仍存在的磁场。通常可以采用加一定大小反向电流的方法抵消剩磁。

06.312　磁铁芯柱　magnetic core, iron core
磁铁中构成磁轭的一部分。通常指缠绕励磁线圈的部分。

06.313　磁场垫补　magnetic field shimming
在磁铁磁极间隙中加入小块磁极材料或放置小线圈，以对磁场进行局部调整，用于改善均匀度、减小边缘场等目的。

06.314　磁场调节线圈　magnetic field correction coil
在磁铁磁极间隙中放置的小线圈。用于对磁场进行局部调整，以改善均匀度或减小边缘场等。

06.315　励磁曲线　magnetic excitation curve
电磁铁励磁过程中磁感应强度随励磁电流变化的曲线。在低场区由于剩磁效应，在高场区由于饱和效应，曲线呈现非线性。

06.316　磁场误差　magnetic field error
在设计、加工、安装过程中由非理想因素引起的磁铁磁场相对于理想值的偏离。

06.317　高阶场误差　higher-order field error
对磁场空间分布或时间波形作傅里叶分析后得到的基频以上的高阶磁场分量。

06.318　磁透镜　magnetic lens
利用磁场对带电粒子进行聚焦的束流光学元件。包括磁四极透镜(即四极铁)和螺线管透镜。

06.319　校正磁铁　correction magnet
用于对带电粒子束的轨道位移、横向振荡频率和色品等进行校正的磁铁。

06.320　高压电源　high voltage power supply
输出电压在 5 kV 以上直至上百千伏的直流电压源。典型的产生高压的方法为多级倍压整流，由变压器、整流器、主辅电容器和控制电路构成。在加速器领域中主要用于离子源、电子枪、静电分析器、静电透镜和静电导向器等。

06.321 恒流源 constant current source
在加速器中一般指以半导体元件为功率转换的大功率电力设备。输出的电流从数安培到上千安培，用于各种磁铁的励磁，一般由基准源、功率变换器、调节器、滤波器和负载等部分组成。

06.322 恒压源 constant voltage source
电压保持恒定的直流电源。

06.323 脉冲电源 pulsed power supply
产生脉冲电压和脉冲电流的电源。其性能指标主要有上升下降沿和脉冲平顶稳定度等。

06.324 高压脉冲发生器 high voltage pulse generator
由脉冲发生器和脉冲成形电路组成的装置。可产生兆伏量级高压，兆安量级或更高电流的短脉冲。

06.325 磁铁脉冲电源 pulsed magnet power supply
用于脉冲磁铁励磁从而产生脉冲磁场的电源。

06.326 脉冲平顶稳定度 pulse flat-topped stability，pulse topped stability
衡量脉冲电源输出电压或电流稳定程度的参量。通常用电流或电压平顶区变化的峰-峰值或有效值与平顶区平均值的比值表示。

06.327 开关电源 switching power supply
利用半导体器件使输出功率交替开通与关断的一种电源。其工作原理主要有逆变型开关变换和斩波型开关变换。

06.328 输出纹波 output ripple
表征电源输出电压或电流中交流成分的参量。其大小通常用输出电流或电压中交流成分的峰峰值或有效值与相应直流输出值的比值表示，有时也直接用交流成分的绝对值表示。

06.329 直流传感器 direct current transducer
通常采用霍尔元件，将被测直流电流转换为小电压或小电流信号输出的一种测量直流电流强度的仪器。

06.330 脉冲调制器 pulse modulator
将工频交流电转换成直流高压脉冲的一种装置。一般由充电电源、能量存储、开关和脉冲成形几部分组成。

06.331 脉冲成形电路 pulse forming circuit
对高压脉冲发生器产生的高压脉冲进行整形，使其波形变为近似方波的一种电路。通常由双同轴传输线、充电电阻、断路开关和负载电阻等部分构成。

06.332 隔离变压器 isolation transformer
输入绕组和输出绕组之间有绝缘隔离的一种变压器。绝缘介质通常采用变压器油，可用以为处于高电势上的电器供电，避免对地的高压击穿。

06.333 波导 wave guide
用于传输电磁波的一种金属管道，其内壁为低电阻率金属以减小传输中的功率损耗。管道横截面通常为矩形和圆形，相对应的波导称为矩形波导和圆波导。波导有其特定的截止频率，频率低于该截止频率的电磁波不能在波导中传播，传播较低频率的电磁波需要较大尺寸的波导。

06.334 同轴传输线 coaxial transmission line
由彼此绝缘的同轴金属圆柱(内导体)和圆筒

(外导体)构成的一种长线结构。用于传播高频信号或大功率电磁波。

06.335 行波加速腔 traveling wave accelerating cavity

使电磁波在其中以一定方式行进传播的一种波导,使带电粒子"骑"在一定加速相位上被行波电场加速。由于带电粒子运动速度一般小于电磁波的相速度,因此行波加速腔中通常都采用慢波结构来减小相速度,使行波和带电粒子同步。

06.336 驻波加速腔 standing wave accelerating cavity

具有各种不同结构的一种金属谐振腔。通过微波功率耦合在谐振腔内建立特定模式的驻波电磁场,利用其中的交变电场加速带电粒子。常用的驻波加速腔有椭球型谐振腔和同轴线型谐振腔。表征驻波加速腔特性的主要参数有品质因数(Q_0)和几何分路阻抗(R/Q)等。

06.337 L 波段 L band

电磁波谱中频率在 1～2 GHz 的微波波段。

06.338 C 波段 C band

电磁波谱中频率在 4～8 GHz 的微波波段。

06.339 S 波段 S band

电磁波谱中频率在 2～4 GHz 的微波波段。

06.340 X 波段 X band

电磁波谱中频率在 8～12 GHz 的微波波段。

06.341 Ku 波段 Ku band

电磁波谱中频率在 12～18 GHz 的微波波段。

06.342 填充时间 filling time

射频加速腔在脉冲模式工作时,加速电压从零上升到设定值所需要的时间。

06.343 移相器 phase shifter

对电磁波的相位进行调整的一种微波器件。常见的有传输线、铁氧体、旋转金属片和波纹波导等类型。

06.344 鉴相器 phase discriminator

能够鉴别出输入信号的相位差、使输出电压与两个输入信号之间的相位有确定关系的一种器件。通常包含定向耦合器、混频器和差分放大器等,是锁相环的重要组成部分。

06.345 功率耦合器 power coupler

用于将微波功率源产生的能量传输到加速结构中以加速带电粒子的一种能量传输器件。一般由传输线、陶瓷窗和其他辅助结构(阻抗转换和匹配结构、冷却系统、真空抽气口等)组成。

06.346 功率合成器 power combiner

利用多个功率放大电路同时对输入信号进行放大之后再合成相加的器件。可获得远大于单个功放电路输出功率的总输出功率。

06.347 功率分配器 power divider

将一路输入微波信号分成两路或多路输出的一种微波器件。

06.348 混频器 mixer

采用非线性或时变元件,将两个输入信号混合而产生和频与差频输出信号的一种器件。

06.349 平衡混频器 balance mixer

用混合连接把两个单端口混频器组合在一起,从而改善输出信号与本振信号隔离状况的一种混频器。

06.350 双平衡混频器 double balance mixer, DBM

采用两个混合结或变换器使所有端口之间

良好隔离，并能抑制射频输入和本振信号偶次谐频的一种三端口混频器。

06.351　环流器　circulator
将入射的电磁波按照由静偏磁场确定的方向顺序传入下一个端口的一种多端口射频器件。其特点是单向传输射频信号能量，多用于射频功率放大器的输出端与负载之间，起到各自独立、互相"隔离"的作用，从而保护功率放大器。

06.352　隔离器　isolator
具有单向传输特性的一种非互易二端口器件。由磁化的铁氧体片、传输线和输入输出连接组成，在规定的方向上传输仅有很小的损耗，而在另一个方向上传输有很大的损耗(隔离)，常应用于高功率源与负载之间，以阻断可能出现的反射，从而保护功率源。

06.353　定向耦合器　directional coupler
具有定向传输特性的一种四端口功率耦合(分配)元件。常用于信号的隔离、分离和混合，如功率的监测、源输出功率稳幅、信号源隔离、传输和反射的扫频测试等，主要技术指标有方向性、隔离度、驻波比、耦合度和插入损耗等。

06.354　基模　fundamental mode
谐振腔中谐振频率最低的模式。加速腔一般采用基模对带电粒子进行加速。

06.355　高阶模　high order mode
频率高于基模谐振频率的模式。加速腔中的高阶模通常由带电粒子束团激发，束团激励的部分高阶模会损耗束团的部分能量，并在腔体内建立起一定的高阶模场，其产生的纵向和横向电场均对后续束团作用，通常会引起束团发射度、能散度增大和束流寿命下降。对于加速腔中有害的高阶模，需要进行抑制和引出，以保证束流品质。

06.356　高阶模耦合器　high order mode cou-pler
一种微波耦合结构。用于把带电粒子束在加速腔中产生的高阶模的功率耦合出来并进行衰减，以减小高阶模的场对束流产生的有害影响，主要有同轴型、波导型和束管型三种类型。

06.357　信号拾取器　signal pick-up
能从谐振腔中提取(耦合)出微波信号，用于微波测量和控制的一种微波耦合结构。其外部品质因数一般要远高于谐振腔的固有品质因数，以减小从谐振腔中提取的微波功率。

06.358　加速模　accelerating mode
加速腔中用来加速带电粒子的电磁场模式。一般为基模中的 π 模，也有部分加速结构采用其他模式(如 2π/3 模等)。

06.359　速调管　klystron
将直流功率转换为射频功率的一种装置。可输出直至兆瓦级的脉冲功率，常用作射频加速器的功率源，一般由电子枪、谐振腔、漂移管、功率耦合器和电子收集器等部分构成。

06.360　磁控管　magnetron
通过电子和微波电磁场交换能量产生微波功率的一种电真空器件。其用途之一是作为射频加速器的功率源，一般由阴极、阳极、磁铁和功率耦合装置等部分构成。

06.361　能量倍增器　energy doubler
能将微波功率源输出的峰值功率倍增的一种装置。由两个过耦合谐振腔、波导网路以及在功率源激励端的180°倒相器组成，通过合理选择波导网路和倒相器的参量，使两个谐振腔释放出的微波和功率源输出的微波实现二次叠加，从而使输入到加速器负载的功率倍增，同时脉冲宽度变窄。

06.362 射频发射机 radio frequency transmitter

能产生射频信号的一种电子器件。能激励天线发射出射频电磁场，在加速器中提供射频功率用以加速带电粒子。

06.363 固态放大器 solid state amplifier

一种把具有放大作用的电路集成封装成一体，起放大信号作用的模块。主要有双极性晶体管、金属－氧化物半导体场效应管(MOSVET)和横向扩散金属－氧化物半导体(LDMOS)场效应管三种。与真空管放大器相比，具有稳定性好、可靠性高、寿命长、能耗低、维护便利等优点。

06.364 感应输出管 inductive output triode

又称"速调四极管(klystrode)"。将静电控制管与速调管相互结合而成的一种密度调制微波管。与速调管相比，具有体积小、重量轻、效率高等特点，除用于为射频加速腔提供射频功率外，还广泛应用于通信和广播、电视技术领域。

06.365 四极管 tetrode

以静电控制原理制成的一种微波电子管。由中心向外有四个电极：热阴极、第一栅极、第二栅极和阳极。常见的四极管有束射四极管、直热四极管和多子四极管等，其特点是对电源要求低、环境性能好、结构简单、频率和相位稳定性好、低频谱特性好、脉冲功率大。

06.366 水负载 water load，dummy load

利用流动的水作为微波吸收体，对微波功率进行吸收的一种器件。按其工作方式可分为吸收式水负载和辐射式水负载两种。

06.367 驻波比 standing wave ratio，SWR

微波传输线上电压的最大振幅值(波峰)和最小振幅值(波谷)之比。是衡量一个微波元器件的重要参量之一。驻波比的范围为1到无穷大，驻波比等于1时，为完全匹配状态，传输线上无反射；驻波比为无穷大时，为全反射状态。

06.368 射频腔 radio frequency cavity

谐振频率在射频范围内(300 kHz～300 GHz)，用于加速带电粒子的谐振腔。

06.369 边耦合腔 side-coupling cavity

一种双周期单元链稳定加速结构。由在轴线上排列的加速单元腔和两侧每两个相邻加速单元腔之间交替排列的耦合单元腔构成，适合在较高频率下工作，用于加速具有较高能量($\beta > 0.5$)的带电粒子。

06.370 谐波腔 harmonic cavity

工作频率为主射频腔频率整数倍的谐振腔。通过抵消或增强主射频腔在纵向上的聚焦力使储存环中的束团拉长或缩短。使用较多的有三次谐波腔和五次谐波腔。谐波腔有主动式和被动式两种，主动式谐波腔由外部功率源提供功率，被动式谐波腔靠束流激发谐波电磁场。

06.371 聚束腔 bunching cavity

一种用于压缩带电粒子束流脉冲宽度，即束团长度的射频谐振腔。其工作原理为让束团以一个合适的相位通过谐振腔，使得在时间上相对于中心参考粒子超前的粒子受到一个相对减速的作用，相对于中心参考粒子落后的粒子受到一个相对加速的作用，从而使束团长度受到压缩。聚束的代价是束流能散增加。

06.372 盘荷波导 disk loaded waveguide

一种慢波加速结构。即在圆波导中沿轴向按等距离依次放置中间带有小孔，外沿和圆波导内壁相连接的金属圆盘，使在其中行进的TM01波受到加载圆盘的作用而慢化，从而能同步地加速带电粒子。

06.373 慢波结构 slow-wave structure
在普通波导管中加入的一种特殊结构，可以使波导中的电磁波相速度低于光速，从而同步地加速带电粒子。

06.374 同轴谐振腔 coaxial resonant cavity
由内、外导体构成的类似于同轴线结构的一类谐振腔。利用其内外导体之间的射频场加速带电粒子。根据其工作频率和内导体长度之间的关系分为四分之一波长腔(QWR)和二分之一波长腔(HWR)以及其他变形结构。

06.375 表面场 surface field
加速腔内表面处的电磁场。在设计时须通过优化结构尽量降低表面电场以减小场致发射。对于超导加速腔，还需要通过优化尽量降低表面磁场。

06.376 次级电子倍增 secondary electron multipacting
一定能量的电子轰击固体表面产生二次电子且二次电子发射系数大于1时所产生的电子数成倍增加的效应。

06.377 腔耗 cavity dissipation
由于谐振腔存在表面电阻，在腔内建立电磁场时在其内表面产生的焦耳热损耗。超导腔可以将腔耗减小到接近零。

06.378 微波窗 microwave window
采用低损耗材料(陶瓷等)加工而成的既能让微波基本上无损通过又能起到真空隔离作用的一种微波器件。按其工作温度可分为热窗和冷窗，后者一般用于超导加速器。

06.379 调谐器 tuner
用以小范围调节射频加速腔谐振频率的一

种装置。根据调谐方式可分为内调谐器和外调谐器两大类，内调谐器通过调节插入谐振腔内的电容、电感元件的位置改变腔的储能和等效电容、电感，从而改变谐振频率；外调谐器则通过谐振腔外的机械装置对腔进行压缩或拉伸来调节其谐振频率。

06.380 快调谐 fast tuner
加速器运行中对加速腔的频率进行在线快速调谐的方式。通常利用压电陶瓷产生的快变化机械压力作用于加速腔外壁对加速腔的频率进行实时调谐，以补偿洛伦兹力失谐、麦克风效应和束流负载效应引起的加速腔谐振频率的变化。

06.381 慢调谐 slow tuner
通常指由精密电机驱动的机械装置对加速腔谐振频率进行的响应相对较慢的调谐方式。常用于对加速腔频率的一次性慢变化进行预调谐补偿。

06.382 冷测 low level RF test
在低电平射频场下对微波器件进行的性能测试，只使用信号发生器或网络分析仪提供的微波功率而不需要功率放大器。

06.383 门钮 coaxial to waveguide converter
又称"同轴转波导"。微波传输装置中用于连接波导和同轴线的器件。其基本工作原理是将同轴线的内导体加长作为天线或探针，向波导内馈入能量或从波导中提取能量，实现微波在波导和同轴线之间的传输。根据同轴线内导体加长段的位置分为接触式和非接触式两大类。

06.384 带宽 bandwidth
在一定工作条件下微波器件能满足技术指标要求的工作频率范围。是微波器件的重要技术指标之一。根据计算方法的不同，有绝对带宽、相对带宽和倍频程三种表示法。根据衡量带宽的技术指标可分为增益带宽和功率带宽等。

06.385　分路阻抗　shunt impedance
表征谐振腔中某一谐振模式在腔壁上产生的损耗的物理量。其数值等于腔的射频电压的平方与消耗在腔壁上的功率之比。

06.386　几何分路阻抗　geometry shunt impedance
分路阻抗与固有品质因数之比。其数值与腔的频率、大小和材料等因素无关，仅与腔的几何形状相关，是表征谐振腔在给定储能下产生腔电压能力的物理量。

06.387　品质因数　quality factor
当谐振腔处于稳定的谐振状态时，腔内的总储能与一个周期内腔体的损耗之比。符号为 Q_0，是表征谐振结构储存能量或频率选择能力大小的物理量。品质因数越高，谐振腔储能能力越强，腔耗越小，同时谐振曲线也越尖锐，即谐振腔的选频特性越好。

06.388　外部品质因数　external quality factor
处于稳定谐振状态的谐振腔内的总储能与一个周期内在与谐振腔耦合的外部器件中的损耗之比。是表征微波谐振结构(如谐振腔)在与外部器件连通时，能量向其他器件泄漏快慢的物理量。其数值与外电路的负载相关，通常指匹配负载条件下的值。

06.389　腔压　cavity voltage
谐振加速腔产生的加速电压的峰值。单位通常为兆伏(MV)。

06.390　峰值电场　peak field
一定储能条件下谐振腔内电场的最大值。通常位于谐振腔内表面曲率半径较小处，在设计时应使其小于击穿场强。

06.391　耦合系数　coupling coefficient
谐振腔的固有品质因数 Q_0 与外部品质因数 Q_e 的比值，即为切断输入功率后通过耦合口泄漏到腔外的功率与谐振腔消耗的功率之比。是反映外部微波回路向谐振腔传输功率能力的物理量。

06.392　欠耦合　under coupling, weak coupling
耦合系数小于 1 的耦合状态。这种情况下，谐振腔达到稳定平衡后有反射功率。

06.393　临界耦合　critical coupling
耦合系数等于 1 的耦合状态。在这种情况下，谐振腔达到稳定平衡后刚好没有反射功率。

06.394　过耦合　over coupling, strong coupling
耦合系数大于 1 的耦合状态。这种情况下，谐振腔达到稳定平衡后有反射功率。在加速器中，常通过调整谐振腔的外部品质因数使谐振腔空载时为过耦合，而在载束运行时处于临界耦合附近，以提高功率源的使用效率。

06.395　反射系数　reflection coefficient
微波传输线上任意一处的反射波电压与入射波电压的比值。通常为一个复数，同时反映反射波电压与入射波电压幅度和相位的关系。

06.396　串扰　cross-talk
在加速器技术中，通常指谐振腔不同端口之间的耦合现象。可造成提取信号失真。

06.397　扼流结构　choke
使微波传输路径上没有接触的两点之间保持微波短路的结构。能阻止特定频段的微波在自身内的传播，常应用于射频电子枪的微波短路结构和扼流型波导法兰盘等。

06.398　主振荡器　master oscillator
在射频系统中作为基准或参考的振荡器。通

过分频或者锁相环等方式为系统中其他部分提供射频信号，通常具有频率稳定性高、相位噪声小等特点。

06.399　失谐角　detuning angle
表征谐振腔的谐振频率与外部激励信号频率间差别的物理量。其正切函数值为谐振腔与外部激励信号的相对频率差乘以谐振腔的 2 倍有载品质因数。

06.400　视在失谐角　visual detuning angle
又称"负载角(loading angle)"。表征谐振腔内的微波信号(谐振腔与束流的合成信号)与外部激励信号频率差的物理量。当外部激励信号的频率与谐振腔内微波信号的频率一致时，视在失谐角为零，谐振腔的反射功率最小。

06.401　电容耦合　capacitance coupling
又称"电耦合"。微波传输线中通过电场产生的微波能量转移或交换。

06.402　电感耦合　inductive coupling
又称"磁耦合(magnetic coupling)"。微波传输线中通过磁场产生的微波能量转移或交换。

06.403　高压脉冲调制器　high voltage modulator
利用充放电和大功率开关器件构成的电路将直流高压转换为一定波形的高压脉冲的一种装置。在加速器中常用作速调管的高压脉冲电源。

06.404　闸流管　thyratron
由阴极、阳极和栅极组成的一种热阴极低气压放电真空管。在加速器中用作高压脉冲调制器和冲击磁铁电源中的大功率电子开关。

06.405　低电平控制　low level RF control
对射频功率源激励信号的频率、电压幅度和相位等参量进行的控制。其控制信号的功率

和电压远低于射频腔激励信号的功率和电压。

06.406　幅度稳定度　amplitude stability
表征射频场的幅度随时间变化程度的物理量。通常定义为一段时间内射频场幅度的均方根相对误差。

06.407　相位稳定度　phase stability
表征射频场的相位随时间变化程度的物理量，通常定义为一段时间内射频场相位的均方根相对误差。

06.408　自激励控制　self-excitation control
通过提取谐振腔自回路中噪声信号的幅度和相位，从而控制谐振腔射频场的方法。

06.409　频控环　frequency control loop
低电平控制系统中的反馈环路之一。通常通过测量失谐角、采用一定的控制算法和调节谐振腔的调谐器，实现对腔的谐振频率的控制，使之能补偿束流负载效应，并减小谐振腔的反射功率。

06.410　相控环　phase control loop
低电平控制系统中的反馈环路之一。通常通过测量射频场相位、与参考值进行比较、采用一定的控制算法和调节激励信号的相位，实现对谐振腔射频场的相位进行控制，使之与参考信号保持适当的相位差。

06.411　幅控环　amplitude control loop
低电平控制系统中的反馈环路之一。通常通过射频场幅度测量、与参考值进行比较、采用一定的控制算法和调节激励信号的幅度，实现对谐振腔射频场的幅度进行控制，使之满足所要求的稳定度。

06.412　射频密封　radio frequency seal
一种防止或减小微波传输线路或微波谐振

腔中由于表面电流通路上存在机械组装结构等引起的射频场泄漏的特殊结构。

06.413　真空盒　vacuum chamber

在加速器领域中指带电粒子束在其中运动的真空容器。一般由不锈钢、铜和铝等金属制成，用真空法兰和波纹管等部件连接，并在其上安装真空泵和真空计等部件，分别用以维持真空和测量真空度。

06.414　带前室真空盒　antechamber

在电子储存环中采用的一种真空盒。其截面分两个部分，一部分是束流通道，另一部分则作为同步光通道(前室)，两室由狭缝相通。带前室真空盒主要用于电子储存环弧区，有利于同步辐射光的集中吸收和减小二次电子与束流的相互作用。

06.415　D 形盒　Dee

回旋加速器的两个半圆形真空盒，因形状像字母 D 而得名，在两 D 形盒之间的间隙馈入频率与带电粒子回旋频率匹配的高频电场以加速带电粒子。

06.416　真空计　vacuum gauge

用来测量低于大气压的气体压力的测量仪器。一般由测量探头(真空规)及相应的控制线路两部分组成，广泛应用于粒子加速器中。

06.417　热偶规管　thermocouple gauge

真空计的一种。一般用于低真空测量，属于热传导真空规，利用低压力情况下气体热传导与压力的关系来测量气体压力，结构简单，使用方便，但热稳定性差，测量精度不高，测量范围在 $4 \times 10^2 \sim 1 \times 10^{-1}$ Pa。

06.418　冷规　cold cathode gauge

全称"冷阴极真空电离规(cold cathode ionization vacuum gauge)"。真空计的一种。利用冷阴极放电原理制成，用于测量高真空。

冷规一般有两种，一种是潘宁规，测量下限可到 10^{-5} Pa，另一种是磁控管式真空规，测量下限可以到 $10^{-10} \sim 10^{-11}$ Pa。

06.419　无油泵　oil-free pump

与真空容器连接部分不含任何矿物或合成油脂的一种真空泵。通常用于不能有任何油污染的真空系统，如高真空度储存环和射频超导加速腔等。

06.420　分子泵　turbomolecular pump

为获得高真空和超高真空而常用的一种真空泵。利用高速旋转的叶片对碰撞到其表面的气体分子传输切向动量所产生的牵引作用，使出口与入口产生压强差。分子泵工作于分子流条件下，需要前级泵与之配合使用。

06.421　罗茨泵　Roots pump

利用两个"8"字形转子在泵室内旋转以达到排气、抽气目的的一种真空泵。根据泵体结构可分为两类，非直排大气型和直排大气型。非直排大气型需接前级泵，其极限压强一般为 5×10^{-2} Pa。

06.422　机械泵　mechanical pump

加速器常用的一种真空泵。通常作为分子泵的前级泵使用。机械泵通过由电极带动的高速旋转的偏心转子和定子构成的空腔反复吸入、压缩再排出的过程将气体从容器中抽出，其极限真空一般为 10^{-1} Pa。

06.423　钛升华泵　titanium sublimation pump

利用新鲜钛膜的化学吸附作用进行抽气的一种真空泵。泵中的钛升华器所产生的钛沉积在冷的泵体壁面上，形成新鲜的钛膜，吸附氮、氧和一氧化碳等活性气体，形成稳定的化合物，达到抽气的作用，其极限真空可达 10^{-8} Pa 量级。

06.424 非蒸散型吸气剂泵 non-evaporable getter pump

简称"NEG 泵(NEG pump)"。利用吸气剂材料与活性气体发生化学反应的一种化学吸附泵。其生成极低蒸气压的固体化合物，从而抽除真空系统中的各种活性气体，与离子泵配合极限真空可达 10^{-10} Pa。

06.425 溅射离子泵 sputter ion pump

主要由钛阴极、阳极和产生恒定磁场的磁铁构成的一种吸附型真空泵。利用数千伏高电压使残余气体分子电离形成离子并由钛阴极吸附，是加速器中最常用的真空泵之一。

06.426 低温泵 cryo-pump

利用低温表面对气体分子的冷凝作用降低真空容器中气压的一种真空泵。

06.427 等离子体密封窗 plasma seal window

以级联电弧放电形成的热等离子体来实现真空隔离的一种装置。在真空一侧通过多级差分泵组维持所需要的气压差，从而实现真空密封，可用于加速器的束流引出，具有能量损失小、热效应低，允许通过的束流强度大和辐射损伤小等优点，并对束流有聚焦作用。

06.428 真空密封 vacuum seal

对真空设备各部件连接处密封以隔绝外围的高气压环境。分为可拆卸密封和不可拆卸密封，前者又分为静密封和动密封。

06.429 真空阀 vacuum valve

真空系统中用于调节气流量、连通或阻断管道的部件。

06.430 真空闸板阀 vacuum gate valve

一种最常用的真空阀。其闸板(密封板)一般为圆形或矩形，闸板运动的方向与气体流动方向垂直，通过闸板的开启与封闭起到连通或阻断真空管道的作用。

06.431 快阀 fast closing valve

能够快速关闭的一种真空阀。从启动到完全封闭的时间一般在 1 ms 以内。

06.432 冷阱 cold trap

高真空和超高真空系统中常用的一种低温装置。能吸附各种可凝气体，多用于真空泵入口和真空室之间，可有效吸附来自真空泵的反流蒸气及部分裂解物，同时也可以抽除来自真空室的蒸气，提高真空室的洁净度和真空度。

06.433 气载 gas load

单位时间内进入真空系统的气体总量。当真空系统气压达到平衡时，气载等于抽气系统的抽速与系统压强的乘积。经过长时间抽气的真空室的气载主要来自漏气和真空室材料表面出气等。

06.434 光子吸收器 photon absorber

用以阻挡和吸收束流通过偏转磁铁时产生同步辐射光的一种元件。用以避免同步光照射在波纹管、真空盒等束流部件上，通常由带水冷的无氧铜制成，大量用于高能电子储存环中。

06.435 检漏 leak detection

通过各种手段检查真空容器漏气率的行为。以确定是否存在大于真空容器允许的最大漏气率的漏气点，其最常用的设备是氦质谱检漏仪。

06.436 除气 degassing

利用加热烘烤、离子束轰击和光照射等手段降低真空容器材料的表面出气率，以有效提高系统所能达到的极限真空的方法。

06.437 法兰 flange

又称"凸缘"。位于管道端部的一种外凸缘对称结构件。常用于真空容器、真空泵等之间的连接，也用于真空容器开口端的密封。

06.438　波纹管　bellows
具有一定伸缩量、外观呈波纹状的一种柔性耐压管道。常用于真空管道之间的连接。不锈钢波纹管具有良好的柔性、耐腐蚀、可烘烤、出气率低，在真空系统中应用比较广泛。

06.439　射频屏蔽波纹管　RF shielding bellows
内部加有金属屏蔽结构，使波纹管内形成连续光滑内表面的一种波纹管。通常有指型结构、网型结构和弹簧指压型结构，其要求是既可随波纹管伸缩又能保持波纹管内表面形成光滑表面，以减小强流束流通过时由波纹管表面起伏引起的耦合阻抗。

06.440　冷板　cryo-panel
常用于回旋加速器中的一种低温抽气装置。大型回旋加速器主磁铁扇形谷区空间较大且真空度要求较高，外置真空泵组无法满足抽速要求，因此常采用内插式低温金属板作为辅助真空抽气装置。冷板包含液氮温度下的屏蔽板、主金属冷板(20 K 以下)和热交换管道，冷量由制冷机提供。

06.441　真空盒镀膜　vacuum chamber coating
利用真空蒸发、真空溅射等方法在真空盒内表面镀上一层薄膜，以降低真空室内表面的二次电子发射系数和出气率等，从而减小电子云密度、提高系统的极限真空度。

06.442　准直　alignment
加速器安装过程中将各种加速、聚焦、导向和束测元件的物理中心沿一条直线或曲线精确定位的过程。对束流质量和加速器运行的可靠性、稳定性十分重要。

06.443　准直基准　alignment reference
用于建立准直坐标系的参考点。一般根据基准点先建立好测量坐标系，然后对各束流元件进行准直安装和测量。

06.444　平差计算　adjustment calculation
基于最小二乘法处理各种观测结果的一种理论和计算方法。可求出存在冗余观测量的最可信结果，并对测量精度进行评估。

06.445　激光准直　laser alignment
利用激光准直仪来进行高精度系统准直的一种方法。充分利用了激光方向性和相干性好等优点。

06.446　束线支架　beam line stand
支撑束流管线及各种束流光学元件的支架。一般具有多维精细调节机构，以便于束线的准直。

06.447　限束光阑　beam diaphragm
限制束流通过的一种装置。通常采用中心通孔可开合变化的薄片结构，用以选取需要的束流。

06.448　法拉第筒　Faraday cylinder
一种杯状阻拦式带电粒子束流强度测量装置。可用于束流强度的绝对测量。其杯体部分一般由束流光阑、次级电子抑制电极和测量电极三部分构成，测量电极对地绝缘，圆环形的次级电子抑制电极一般加数百伏负偏压，光阑接地，对抑制电极有屏蔽作用。

06.449　束流位置探头　beam position monitor，BPM
一种非拦截式束测装置。为安装在束流管道上的四个电极，当带电粒子束团从管道中通过时，四个电极会感应出强度与束团距离相关的信号，通过后端电子学的信号处理，得到束团的横向位置信息。

06.450　切连科夫辐射发射度测量仪　Ceren-kov radiation emittance meter

利用电子束通过介质时产生的切连科夫辐射进行束流发射度测量的一种装置。其辐射光强度正比于束流密度，从而将对电子束的测量转换为对光的测量，适用于强流短脉冲电子束的诊断。

06.451　荧光屏探测器　fluorescent screen monitor

利用带电粒子打在荧光材料上发光的特性直接测量束流截面的一种装置。由于粒子打在荧光屏上产生热效应的限制，只适用于低平均流强的束流截面测量。

06.452　电光采样法　electro-optic sampling method

利用电光效应晶体和超快线偏振激光，通过测量束团库仑场分布实现带电粒子束团长度测量的一种非拦截式束测方法。

06.453　偏转腔　deflecting cavity

使粒子运动方向发生偏转的一种射频谐振腔。一般工作在TM_{110}模式，利用其横向磁场对带电粒子产生横向偏转作用，常用于束团纵向分布测量、粒子束分离、对撞机对撞交叉角效应补偿、同步辐射光脉冲压缩和发射度交换等。

06.454　相干渡越辐射法　coherent transition radiation method，CTR method

利用束团通过非均匀介质产生的相干渡越辐射作为束测手段测量带电粒子束流的能量、长度和发射度等的方法。

06.455　相干同步辐射法　coherent synchrotron radiation method

利用束团产生的相干同步辐射作为手段，测量带电粒子束流的截面、长度等参量的一种方法。

06.456　发射度仪　emittance meter

测量带电粒子束流发射度的一种装置。根据不同测量方法有缝丝(屏)发射度仪、孔屏发射度仪和次级辐射发射度仪三大类。

06.457　阿利森发射度仪　Allison emittance meter

一种高分辨率的带电粒子束流发射度测量装置。由安装在步进电机驱动的平台上的前端狭缝、偏转电极、后端狭缝和法拉第杯等部件组成。

06.458　束流剖面仪　beam profile monitor

测量带电粒子束流横向密度分布的一种仪器。利用倾斜放置且高速旋转的细丝对束流在水平和垂直两个方向上进行扫描，并通过示波器显示瞬时束流密度分布。由于扫描丝很细，所以束流剖面仪也可以看作非阻拦式束测装置，主要用于监测束流截面大小、密度分布和中心位置。

06.459　条纹相机　streak camera

用于快速测量光强随时间变化的一种装置。通常由输入狭缝、聚焦透镜、光阴极、偏转电极、图像增强管、荧光屏和CCD (charge coupled device, 电荷耦合器件)相机等部分构成，因所成图像为条纹状而得名。在加速器中，结合电子束团产生的同步辐射光、自由电子激光以及渡越辐射光等，条纹相机常用于测量束团长度、纵向分布、横向尺寸和发射度等，还用于对光阴极注入器驱动激光分布的测量。

06.460　束晕检测仪　beam halo monitor

测量带电粒子束流外围粒子(束晕)的一种装置。通常采用带水冷的刮束板进行测量，给出主束流以外的带电粒子的横向分布及强度等信息，通常具有较高的灵敏度或较大的动态范围。

06.461　三梯度法　three gradient method

又称"透镜扫描法(lens scanning method)"。测量束流发射度的一种间接方法。通过改变某一透镜(如四极透镜或螺线管透镜)的强度，并测量经其下游传输后束流的横向尺寸，根据束流包络变换理论，推算出四极透镜处的束流椭圆基本参数，并得到束流的发射度。

06.462　缝丝测量法　slit and wire method

利用金属丝或狭缝，对束流截面进行扫描测量发射度的一种直接方法。

06.463　胡椒瓶法　pepper pot method

测量束流发射度的一种方法，因其包含有类似胡椒瓶漏孔的多孔板而得名。其基本工作原理为在束流通过的路径上插入多孔板，在其后一定距离处放置荧光屏，由荧光屏上的束流斑点的形状和大小推算出胡椒瓶孔处束流的散角，对所有斑点进行综合分析从而得出束流发射度。

06.464　束流能谱仪　energy spectrometer

又称"能量分析器(energy analyzer)"。测量带电粒子束能谱的一种装置。其工作原理基于带电粒子在二极磁铁磁场中的偏转(色散)量与能量的对应关系，对能量较低的电子束也采用电偏转方法。

06.465　束流变压器　beam current transformer

通常由绕有线圈的环形磁芯和放大电路组成的一种非拦截式束流强度测量装置。测量时，束流穿过磁芯产生变化的磁场，相当于变压器的初级线圈，变换的磁场在次级线圈中产生电流信号，经放大处理后即可获得束流强度信息。

06.466　束流收集器　beam dump

又称"束流垃圾桶"。安装在加速器束流传输线末端，对使用过的束流进行收集的一种装置。通常包括金属靶、冷却系统和辐射屏蔽系统。

06.467　积分束流变压器　integrating current transformer，ICT

带有积分电容的一种束流变压器。通常由两个磁芯构成，束流通过一个磁芯对电容充电从而保存电荷量信息，电容通过绕有线圈的另一个磁芯放电得到展宽的电流脉冲信号，电流脉冲积分正比于束团电荷量，常用于短脉冲束团电荷量的测量。

06.468　快速束流变压器　fast current transformer，FCT

采用高初始磁导率和低损耗材料磁芯的一种束流变压器。具有纳秒级的上升时间，从而实现束流流强的快速测量。

06.469　壁电流探头　wall current monitor

用于测量带电粒子束电流强度的一种装置。利用束流通过真空管道时产生的反向感应电流(镜像壁电流)，从跨接在陶瓷隔离段两端的取样电阻拾取电压信号，从而获得束团纵向分布和束流强度的信息。

06.470　束流积分仪　current integrator

输出信号正比于输入信号电荷量的一种测量仪器。通常由积分电路、极性甄别器和脉冲成形电路组成，用于测量法拉第杯所收集到的平均电流。

06.471　丝扫描器　wire scanner

测量束流中粒子横向分布的一种阻拦式装置。通过检测粒子打在金属丝上产生的电流确定其分布，用于测量束流截面形状、发射度和能散度等参量。

06.472　激光丝束流截面探测器　laser wire beam profile monitor

利用高亮度的脉冲激光代替丝扫描器的一种细丝。通过探测激光与带电粒子的散射

(通常为康普顿背散射)光子，实现对带电粒子横向分布扫描的装置。与丝扫描器相比，不存在细丝发热等问题，可用于强流束的测量。

06.473 逐束团测量 bunch by bunch measurement

通过宽带电路对加速器中各个束团参量的快速测量。获取每个束团通过探测器(通常为束流位置探头)时的横向位置和纵向相位等，用于研究束团耦合振荡等束流不稳定性。

06.474 束团长度探测器 bunch length monitor

对束团纵向长度进行实时测量的一种装置。包括监测皮秒束团的条纹相机、同步辐射与切连科夫辐射、偏转腔、谐振腔耦合，以及监测亚皮秒束团的相干渡越辐射、电光采样等探测器。

06.475 束团形状探测器 bunch shape monitor

测量带电粒子束团中粒子空间分布的一种装置。包括束流截面探测器和束团长度探测器等。

06.476 快速法拉第筒 fast Faraday cylinder

一种特殊设计的法拉第筒。一般采用同轴结构，其带宽较大，具有很快的上升沿和高时间分辨率，可快速响应束流强度变化，测量重复频率最高可达到射频频率。

06.477 束流损失探头 beam loss monitor

通过探测带电粒子打在束流管壁等处产生的电离辐射以监测束流损失的一种装置。包括气体电离室、PIN 二极管、闪烁体等电离辐射探测器。

06.478 电离型截面探测器 ionization profile monitor，IPM

基于测量带电粒子束在真空室内残余气体中产生离子的截面分布来确定束流横向分布的一种装置。

06.479 束流荧光探测器 beam induced fluorescence monitor，BIF monitor

基于测量带电粒子束在真空室内某些残余气体(如氮气)中产生的可见光波段的荧光来确定束流横向分布的一种装置。

06.480 相位测量仪 phase meter

测量束团相位的一种装置。一般通过测量带电粒子束团感应产生的电磁场信号与参考信号间的相位差得以实现。

06.481 同步辐射探头 synchrotron radiation monitor

通过测量束流在偏转时产生的同步辐射光获取束流信息的一种装置。可用于束流位置、束流分布和束流稳定性等的非拦截式测量。

06.482 逐圈测量 turn by turn measurement

在环形加速器中一圈一圈地获取束流位置和相位信号。通常由前端束流位置探头和后端的电子学线路等组成，可用于确定注入效率和阻尼速率、研究和抑制束流相干振荡和测量动力学孔径等。

06.483 基于束流准直 beam based alignment，BBA

一种基于束流位置测量的加速器部件准直方法。通常用于束流位置探测器附近的四极磁铁或六极磁铁的准直，精度可达 10 μm 量级。

06.484 纵向反馈 longitudinal feedback

采集束团纵向相位等信号并通过反馈对束流进行控制。用于抑制束流纵向不稳定性，通常由相位测量探头、反馈控制器和纵向作用腔等组成。

06.485　横向反馈　transverse feedback
采集横向束流位置等信号并通过反馈对束流进行控制。用于抑制束流横向不稳定性，通常由束流位置探头、反馈控制器和快速偏转器等组成。

06.486　逐束团反馈　bunch by bunch feedback
探测储存环中每个束团的位置信号，经计算处理后形成反馈信号，再通过执行装置作用到该束团上以对其振荡进行阻尼。包括横向和纵向逐束团反馈，用于抑制横向和纵向耦合束团不稳定性。

06.487　实验物理与工业控制系统　experimental physics and industrial control system，EPICS
由国际加速器和实验物理界联合开发的一种开放式控制软件平台。包含数据显示、记录、分析等多种高层次工具，适用于加速器、大型天文望远镜等科学仪器的控制系统。

06.488　加速器控制标准模型　standard model of accelerator control
加速器控制系统普遍采用的基本结构。主要由操控界面、数据传输系统和前端计算机组成。

06.489　分布式控制　distributed control system
加速器的一种控制方式。系统中多台控制器分别控制不同对象，各自构成自洽的子系统，同时各子系统间互相通信协调，由集中操作管理系统完成总体控制功能。

06.490　集中式控制　centralized control system
加速器的一种控制方式。所有控制功能都由一台主控制器完成的控制系统，其软件系统相对复杂，适用于规模较小且功能比较单一的控制场合。

06.491　数据存档服务器　archiver
将系统中实时数据储存到文件或者数据库中，并提供历史数据查询接口的一种计算机。

06.492　控制台　console
为加速器调试、运行操作人员提供全系统数据监测和设备远程操控等功能的设备。主要由计算机终端、接口设备和输入工具等组成。

06.493　控制室　control room
放置控制台，用于加速器调试运行数据监控和设备操控的房间，通常独立于安装加速器设备的空间。

06.494　定时系统　timing system
为束流的注入、加速、偏转、信号的采样等提供系列时序信号，实现各种同步或延时功能的系统。

06.495　门禁系统　access control system
加速器装置出入口门安全管理的重要环节。通过电子、机械、光学、计算机通信和自动识别等技术，实现人员进出的安全管理。

06.496　加速器安全联锁　safety interlock of accelerator
加速器中为保证人身和设备安全建立的保护系统。包括人身保护系统和机器保护系统等。

06.497　人身保护系统　personal protection system，PPS
防止加速器运行时人员遭受辐射和高压等伤害的系统。包括辐射联锁保护、高压联锁保护、门禁系统、视频监控、警戒标示、巡更清场等多种设施和措施。在有涉及人身安全的异常情况时，这些设施和措施使加速器立即停机或无法启动。

06.498 机器保护系统 machine protection system，MPS
用于保护加速器设备安全的系统。其功能之一是通过各种联锁系统使加速器必须按设定的开关和调试流程进行，避免因为误操作等损坏设备。另一个功能是在加速器装置中有部分设备损坏或运行不正常时，及时停止整器运行，防止造成更多的设备损坏。

06.499 椭球形超导腔 elliptical superconducting RF cavity
沿径向剖面为椭圆形的一种轴对称薄壳型超导腔。通常用于加速中高 β 粒子束。

06.500 四分之一波长谐振腔 quarter wave resonator，QWR
由内、外导体构成的一种谐振腔。在结构上等效于一段端接电容负载的同轴线，因腔长约为其谐振波长的四分之一而得名。

06.501 半波长谐振腔 half wave resonator，HWR
由内、外导体构成的一种谐振腔。在结构上等效于一段两端短路的同轴线，因腔长约为其谐振波长的一半而得名。

06.502 轮辐式腔 spoke cavity
外形像带辐条的轮子的一种谐振加速腔。工作在同轴传输线的 TEM 电磁波模式。其物理模型可以简化为两端短路的同轴线模型。

06.503 CH 腔 CH cavity
德国法兰克福应用物理研究所发展的一种中低 β 多间隙漂移管型加速腔。

06.504 分离环谐振腔 split ring resonator，SLR
20 世纪 70 年代质子或重离子加速器采用的一种加速结构。由一对彼此反向的环臂一端相连并接地，另一端错开并形成类似漂移管的结构和加速间隙，每个环臂可近似等效为一段四分之一波长谐振线。

06.505 低 β 腔 low β cavity
用以加速相对论速度 β 较低的粒子束的谐振腔。对应的 β 通常小于 0.2，主要类型有 QWR 腔、HWR 腔、Spoke 腔和 CH 腔等。

06.506 中 β 腔 medium β cavity
用以加速相对论速度 β 值为 0.2～0.7 粒子束的谐振腔。加速能量低于 1 GeV 的质子束和离子束，主要腔型有椭球形腔、轮辐式(Spoke)腔和半波长共振(HWR)腔。

06.507 高 β 腔 high β cavity
用以加速相对论速度 β 大于 0.8 的谐振腔。通常采用 TM_{010} 模加速带电粒子，常用于加速电子、正电子和高能质子，主要腔型是椭球形腔。

06.508 纯铌腔 niobium cavity
采用高纯度铌材料加工制造的谐振腔。

06.509 大晶粒铌腔 large grain niobium cavity
采用晶粒尺度从几厘米到几十厘米、晶界明显的大晶粒铌材制造的纯铌超导腔。

06.510 细晶铌腔 fine grain niobium cavity
采用晶粒尺度一般在 45～90 μm，晶粒大小均匀的铌材制造的超导腔。是目前制造纯铌超导腔普遍使用的材料。

06.511 腔失超 cavity quench
当超导腔内表面场强超过某一特定值时，由超导状态转化为非超导状态的现象。此时射频场会在腔的内表面的非超导状态处产生大量的热，使腔的品质因数迅速下降，并释放出其储存的能量。

06.512　表面处理　surface treatment
为消除各种缺陷，提高腔的加速梯度，对超导加速腔内表面进行的各种物理、化学和机械处理。常用的表面处理方式有：机械抛光、化学抛光、电化学抛光、干冰处理和高压水冲洗等。

06.513　电子束焊接　electron beam welding
利用具有一定能量的电子束轰击置于真空室中的焊件，使焊接处熔化结合的一种焊接方法。其特点是不需要引入焊料，常用于超导加速腔的制造。

06.514　加强筋　stiffening
增强加速腔机械强度的一种结构。在加速器中常用于真空盒和谐振腔机械设计。

06.515　场平坦度　field flatness
在有多个腔室的加速腔中表征各个腔室中电场一致性的参量。公式表述为：
$$S = 1 - \frac{V_{\max} - V_{\text{avg}}}{V_{\text{avg}}} \times 100\%$$，其中 $V_{\max}$ 和 V_{avg} 分别为腔中轴向电场峰值的最大值和平均值。对多腔室超导腔，在安装前场平坦度一般要达到98%以上。

06.516　场调平　field flatness tuning
对多腔室加速腔中的不同腔室分别进行调谐，使其具有较好的场平坦度的过程。通常采用特殊设计的机械装置对各腔室进行压缩或拉伸。

06.517　薄膜腔　thin film cavity
采用磁控溅射和蒸镀等工艺在铜、铌或其他金属制成的加速腔内表面沉积一层超导薄膜材料而制成的超导加速腔。使用的薄膜材料有纯铌、$NbSn_3$ 和 MgB_2 等。

06.518　品质因数下降　Q slope
超导腔的品质因数随加速电场的提高而出现下降的现象。

06.519　垂直测试　vertical test
将超导腔竖直放置在装有大容积液氦内筒的低温测试装置(竖井)中进行的性能检测。用以获得腔的加速梯度、品质因数以及表面电阻等关键参数。

06.520　水平测试　horizontal test
在与实际运行的超导加速器相似的装置中对超导腔进行的性能检试。因超导腔一般为水平放置而得名。

06.521　竖井　vertical test stand
进行竖直测试的装置。包括圆柱形液氦杜瓦、液氮屏、磁屏蔽、端盖大法兰、低温管道阀门、外筒和微波系统等，因装置通常处于地下而得名。

06.522　磁屏蔽　magnetic shield
在超导加速器或垂直、水平测试系统中对外部环境磁场的隔离和衰减。通常采用一定厚度的高磁导率铁磁材料(软铁、硅钢、坡莫合金等)做成的屏蔽罩实现其屏蔽效果。

06.523　缓冲化学抛光　buffered chemical polishing，BCP
通过化学试剂对样品表面凹凸不平区域的选择性溶解作用消除磨痕、浸蚀整平的一种方法。

06.524　电抛光　electropolishing，EP
利用电化学作用使金属表面平整而有光泽的一种工艺。为电镀的反过程。

06.525　氮掺杂　nitrogen doping
利用化学反应将氮原子掺入铌超导腔表面以改进超导腔性能的一种方法。

06.526　液氦槽　liquid helium tank
将超导加速腔浸泡在其中的液氦容器。是超

导加速组元的重要组成部分。

06.527 液氮屏 liquid nitrogen shielding
在超导加速器恒温器中处于液态氮温度(77 K)的铜屏。用以减少由热辐射造成的 4 K 或 2 K 液氦冷量损耗。

06.528 高温处理 high temperature treatment
一种提高超导腔性能的处理方法。通常指对超导铌腔进行 800~1200 ℃温度下时长为数小时的烘烤,用于去除超导腔的机械应力(退火)和去除铌材中所含的杂质。

06.529 低温烘烤 low temperature baking
一种提高超导腔性能的处理方法。通常指对超导铌腔进行 100~160℃的温度下 12~48 h 的烘烤,用于解决超导腔在中高梯度下 Q-slope(品质因数下降)的问题。

06.530 高压水冲洗 high press rinsing
一种射频超导腔内表面处理方法。通常是在 10~100 级超净室中用大约 100 个标准大气压压力的超纯水喷头上下移动冲洗超导腔内表面,以去除超导腔内表面残余颗粒与吸附的化学物质,对减小场致发射有一定作用。

06.531 洛伦兹失谐 Lorentz force detuning
超导腔在其内部电磁场的洛伦兹力作用下发生形变,使谐振频率偏离设计频率的现象。

06.532 洛伦兹系数 Lorentz coefficient
超导腔在洛伦兹失谐情况下,谐振频率的变化 Δf 与加速梯度 E_{acc} 的平方成正比:$\Delta f = K_L E_{acc}^2$,其中的线性系数 K_L 称为洛伦兹系数。

06.533 麦克风效应 microphonics
由机械振动引起的超导腔谐振频率的周期性变化。其中的振动源多来自外界传入的噪声、恒温器内液氦波动及氦气流动产生的振动等。

06.534 表面电阻 surface resistance
谐振腔的焦耳热损耗功率与表面电流(或表面磁场)对腔内面积的积分值之比。通常指谐振腔金属内表面的射频电阻。是一个反映谐振腔内表面射频场的焦耳热损耗的物理量。

06.535 BCS 电阻 Bardeen-Cooper-Schrieffer resistance, BCS resistance
根据超导 BCS 理论得出的射频电磁场中超导体的表面电阻。大小与射频场频率的平方成正比。

06.536 剩余电阻 residual resistance
通常是指超导体降温到绝对零度时仍然残留的表面电阻。来源于超导体内的杂质和晶格缺陷对电子的散射,以及由于俘获外部磁场在二类超导体中形成的磁通钉扎等。

06.537 超热临界磁场 superheating critical field
第二类超导体在射频场中所能承受的最大磁场强度。通常大于下临界磁场。

06.538 峰值磁场 peak magnetic field
加速谐振腔在某一模式下腔内磁场最大处的磁场强度值。这个值大于材料的超热临界磁场时超导腔将发生失超。

06.539 静态热损 static heat loss
在超导腔内未加射频功率和任何热负载的情况下,外界热量通过传导、对流和辐射传入恒温器内的低温部分而消耗的冷量。

06.540 动态热损 dynamic heat loss
当超导腔加载射频功率时,由于腔内表面的焦耳热损耗而产生的低温系统冷量。超导腔工作时加速梯度越高,动态热损越大。

06.541　超导加速组元　cryomodule

通常指超导直线加速器的一个完整的基本单元。由低温恒温器、超导加速腔、绝热悬挂支撑结构、射频功率耦合器、束流聚焦元件及管道、低温传输线及接口、调谐器及低电平控制回路等组成，可包含一个或多个各种类型的超导加速腔。

06.542　低温恒温器　cryostat

泛指用于维持其内部设备或样品处于低温状态的容器。一般由高真空箱体、冷屏、绝热支撑结构以及内部的低温设备等组成。在超导加速器中，低温恒温器指为射频超导腔提供低温环境的容器，通常由液氦槽、液氮屏、带端盖的真空外筒、低温接口和低温管道等组成。

06.543　超导腔弹性系数　elastic coefficient of superconducting cavity

用调谐器对超导腔进行调谐时，超导腔谐振频率与调谐器压力之比。单位通常为 kHz/N。

06.544　2 K 低温系统　2 K cryogenic system

采用温度为 2 K 的低压液氦作为冷却工质的低温系统。通常在 4 K 低温系统基础上增加了 2 K 冷箱和减压降温泵组等。

06.545　4 K 低温系统　4 K cryogenic system

采用常压液氦作为冷却工质的低温系统。常压附近的液氦温度约为 4.2 K，主要包括压缩机、氦液化器、储液杜瓦、低温传输管线、阀箱以及负载等。

06.546　氦压稳定度　stability of helium pressure

表征恒温器内液氦面上氦气压强的稳定程度的参量。为减小氦压的变化引起的超导腔谐振频率的变化，氦压的波动需要稳定在一定的范围内。

06.547　氦液面稳定度　stability of liquid helium

表征恒温器在工作时内部液氦面稳定程度的参量。为保持超导加速器中氦气压力和流量的稳定，氦液面的波动需要稳定在一个比较小的范围内。

06.548　快速降温　fast cool down

向超导腔的液氦槽中快速地灌入液氦，从而使超导腔从非超导态迅速冷却到超导转变温度以下的一种方法。有助于减少超导腔内部的钉扎磁通，进而提高腔的品质因数。

06.549　低温传输管线　cryogenic transfer line

连接低温制冷机、阀箱以及恒温器等设备，用于传输低温流体的管道系统。

06.550　低温阀箱　cryogenic distribution valve box

低温传输管线或恒温器上安放低温阀门的真空箱体。用于低温工质流量的控制。

06.551　低温卡口　bayonet

低温传输管线与低温制冷机、阀箱或恒温器之间的一种可拆卸连接装置。

06.552　液氦加热器　liquid helium heater

放置在液氦容器中的加热装置。一般用于在热负载变化时对液氦加热以维持氦液面和压强稳定，或蒸发多余的液氦。

06.553　低温系统失超保护　quench protection of cryogenic system

在超导状态下工作的设备在失超时保护低温系统的一系列措施。在探测到失超后，迅速启动切断功率源、打开或关闭相关阀门以及启动安全阀泄放等措施，以保护低温系统设备并使其能够尽快恢复正常运行。

06.554　爆破片　rupture disk
一种不能重复闭合的泄压装置。多用于保护压力容器免于在过压或破坏性真空条件下受损，常用于超导加速器的低温恒温器中。

06.555　共振引出技术　resonance extraction
利用横向振荡共振使粒子振幅增大而从环形加速器中引出束流的一种技术。主要有半整数共振引出和1/3整数共振引出。

06.556　慢引出技术　slow extraction
一种相对于快引出的环形加速器束流多圈引出技术。最常用的是共振引出，引出时间一般在$10^6 \sim 10^7$个粒子回旋周期。

06.557　单圈注入　single-turn injection
利用安装在直线节的快速脉冲电磁偏转装置在一个回旋周期内将带电粒子注入到同步加速器中的方法。

06.558　多圈注入　multi-turn injection
通过调整凸轨和负离子剥离等方法，在若干回旋周期内将粒子注入到同步加速器中的束流注入技术。

06.559　单圈引出　single turn extraction
又称"快引出(fast extraction)"。利用安装在环形加速器直线节处的快速脉冲电磁偏转装置，将束流在一个回旋周期内一次性全部从加速器中引出的技术。

06.560　切削引出　shaving extraction
利用场强以一定方式增大的冲击磁铁和薄切割磁铁，在数圈到数十圈内将束流一片一片地从加速器中引出的技术。

06.561　剥离引出　stripping extraction
在加速负离子的回旋加速器中，利用电子剥离器将负离子转换为正离子，从而从加速器中引出的技术。

06.562　再生引出　regenerative extraction
在引出区特定方位角处引入一个负梯度场(引发器)和一个正梯度场(再生器)，形成较强的二次谐波梯度场使径向粒子自由振荡振幅增加而从加速器中被引出的一种半整数共振引出技术。

06.563　电荷剥离器　charge stripper
利用高速离子与气体或固体的相互作用将离子外层电子剥离的一种装置。将负离子剥离成正离子的剥离器常用于串列静电加速器，将正离子剥离成更高电荷态离子的电荷剥离器则常用于在加速场强不变的条件下使粒子获得更高的加速能量。

06.564　电荷交换器　charge exchanger
将正离子转变为负离子的一种装置。工作介质通常为碱金属蒸气，常用于只能注入负离子的加速器，如串列静电加速器等。

06.565　束流扫描　beam scan
利用交变电场或磁场将束流周期性地偏转到在一定范围内不同位置的过程。有电扫描、磁扫描和电磁混合扫描，常用于大面积样品的束流辐照。

06.566　束流脉冲化技术　beam pulsed technology
将直流束转变成脉冲束的一种技术。一般首先将直流束用斩束器进行切割，再用聚束器对保留下来的束流段进行聚束，形成所需要的短脉冲束。

06.567　交叉场分析器　Wein filter
对粒子速度进行选择的一种束流分析装置。由磁铁和一对静电极板构成，其中的静电场E和恒定磁场B相互垂直，故得其名。

06.568　静电分析器　electrostatic analyzer
由静电场对带电粒子束流进行能量分析的

一种装置。按其产生静电场的极板有平板型、同轴柱面型和同心球面型等，其中同轴柱面极板最为常用。

06.569 静电透镜 electrostatic lens
能够产生轴对称静电场的用于带电粒子聚焦的电极系统的统称。其电极可以是圆筒、有孔膜片或二者的组合，通常用于低能粒子束的聚焦。

06.570 静电四极透镜 electrostatic quadrupole lens
利用电四极场对带电粒子束进行聚焦的一种束流光学元件。通常用于较低能量的粒子束的聚焦。

06.571 浸没透镜 immersion lens
静电透镜的一种。在两个同心的且具有不同电势的轴对称电极之间产生聚焦场，因类似于光学浸没透镜而得名。

06.572 单透镜 single lens
静电透镜的一种。一般由三个轴对称电极组成，两边电极上的电势相同，中间电极上的电势与两边电极电势不同。

06.573 聚束器 buncher
对带电粒子束流进行纵向聚束的一种装置。由射频谐振腔、耦合器和功率源等部分组成。

06.574 散束器 debuncher
对带电粒子束流进行纵向散束的一种束流部件。由射频谐振腔、耦合器和功率源组成，工作原理与聚束器类似而工作相位不同。

06.575 斩束器 chopper
又称"束流扫描切割器"。对束流进行纵向分割的一种装置。主要由束流偏转器和狭缝等构成。

06.576 加速管 accelerator tube
(1)通常指高压型加速器中产生均匀加速电场的管状部件。一般由多段绝缘环和金属电极片交替封接构成，带电粒子在其中被电场加速从而获得能量。(2)由多个加速腔组成的管状加速结构。

06.04 加速器应用

06.577 加速器应用 accelerator application
加速器在科学研究、国防军工和国民经济各行业应用的统称。加速器广泛应用于基础科学研究、核爆模拟、抗核加固、安全检查、核废料处理、辐照加工、工业探伤、农业生产、医疗卫生、环境保护、考古研究等多个行业和领域。

06.578 在线同位素分离装置 isotope separation on-line facility
对加速器打靶或反应堆中产生的核反应产物进行质量分离、鉴别和衰变特性测量的装置。能把核反应产物的传送、电离、分离、收集和分析测定等过程组成一条流水线，是合成和研究短寿命新核素如超铀元素以及远离 β 稳定线核素的重要实验装置。

06.579 加速器质谱分析 accelerator mass spectrometry analysis，AMS
加速器与质谱分析相结合的一种超灵敏分析技术。主要用以分析及测量自然界中存在的一些含量极低的长寿命放射性同位素。加速器质谱装置通常由离子源、注入系统、加速器、分析系统、探测器、计算机控制与数据获取系统等部分组成。

06.580　逆康普顿散射伽马射线源　inverse Compton scattering gamma source
又称"康普顿背散射伽马射线源(Compton back-scattering gamma source)"。一种基于相对论电子与低能光子非弹性碰撞而使光子获得能量产生伽马射线的新型高能光源。

06.581　汤姆孙散射 X 射线源　Thomson scattering X-ray source
利用激光与相对论电子束弹性相互作用，在电子束前进方向产生准单能 X 射线的一种装置。

06.582　超快电子衍射装置　ultra-fast electron diffraction，UED
利用超短脉冲激光与光电阴极相互作用产生的超短脉冲电子束，经过加速和聚焦后在样品上衍射成像的一种装置。能形成具有高时间和空间分辨的衍射图像，是一种实时观测原子分辨尺度物质结构的有效工具。

06.583　软 X 射线显微成像　soft X-ray microscopy
基于同步辐射光源等装置产生的高品质软 X 射线束进行高分辨率成像的一种技术。X 射线与物质间相互作用，可产生一些不同于可见光与物质相互作用的信号。通过测定这些信号的位置，并对信号进行处理即可得到反映这些样品信息的图像。

06.584　同步辐射 X 射线衍射　synchrotron radiation X-ray diffraction
基于同步辐射光源产生的 X 射线束进行衍射成像的一种技术。具有强度高、方向性好、偏振、脉冲时间结构好等特性，应用于凝聚态物理、原子核分子物理、化学、医学和辐射剂量学等诸多研究领域。

06.585　同步辐射红外光谱技术　synchrotron radiation infrared spectroscopy technology
基于同步辐射光源提供的高亮度、高分辨率红外光束的一种光谱技术。具有光谱宽、亮度高、分辨率高的特征，广泛应用于生命科学、化学化工、医学等诸多领域。

06.586　医用质子回旋加速器　medical proton cyclotron
能提供能量在数十到数百兆电子伏的连续波质子束，用于放射性药物生产和恶性肿瘤的放射治疗等的一种应用于医学领域的质子回旋加速器。

06.587　医用质子同步加速器　medical proton synchrotron
能提供能量通常在 70~250 MeV 连续可调的脉冲质子束，用于恶性肿瘤的放射治疗的一种应用于医学领域的小型质子同步加速器。

06.588　医用质子同步回旋加速器　medical proton synchrocyclotron
用于局部恶性肿瘤的放射治疗的一种质子同步回旋加速器。能产生能量为 200~250 MeV 的脉冲质子束，其中超导同步回旋加速器是小型化、低成本质子放射治疗装置的一个发展方向。

06.589　医用电子加速器　medical electron accelerator
应用于医学领域的一种电子加速器。有电子感应加速器和电子直线加速器两类，后者是使用最为广泛、数量最多的医用加速器，其提供的低能电子束打靶产生的 X 射线，广泛应用于局部恶性肿瘤的放射治疗。

06.590　医用重离子加速器　medical heavy-ion accelerator
应用于医学领域的一种重离子加速器。一般

为加速碳离子的同步加速器，可提供能量在每核子 40~500 MeV 连续可调的脉冲碳离子束，用于局部恶性肿瘤的放射治疗。

06.591 粒子治疗 particle therapy
利用加速器产生的粒子束直接照射病灶，进行人体内局部肿瘤放射治疗的技术。由于粒子束剂量分布具有布拉格峰特性，和 X 射线相比，粒子束治疗更精准、对正常组织的伤害更小。粒子治疗又可分为质子治疗和重离子治疗。重离子束主要是碳离子束，与质子束相比，重离子束的布拉格峰更尖锐、横向半影较小、相对生物学效应更高。

06.592 电子治疗 electron therapy
利用电子加速器产生的电子束直接照射病灶，对皮肤癌等浅层肿瘤、疤痕疙瘩和皮肤深度烧伤等进行放射治疗的一种技术。

06.593 中子束放射治疗 neutron therapy
用加速器提供的高能质子束打靶产生的中子束或核反应堆提供的中子束治疗肿瘤的技术。包括快中子治疗和硼中子俘获治疗等。

06.594 光子治疗 photon therapy
用放射性同位素产生的 γ 射线和电子直线加速器提供的电子束打靶产生 X 射线等光子束照射病灶，进行人体内局部肿瘤的一种放射治疗技术。

06.595 散射束流扩展法 scattering beam expansion method
基于加速器的粒子放射治疗肿瘤装置中的一种被动型的束流横向扩展方法。在束流传输线上放置散射片将从加速器中引出的小截面离子束横向扩展成治疗所需的几十厘米的照射野，同时根据肿瘤的形状，使用准直适形器和补偿器获得较好的适形度。

06.596 磁铁摆动扩展法 magnet swing expansion method
基于加速器的粒子放射治疗肿瘤装置中的一种被动型的束流横向扩展方法。在束流线的前后放置两个二极磁铁，分别产生水平和垂直两个相互正交又与束流方向相互垂直的交变磁场，从而使得束流在中心轴上下左右来回摆动，获得较大面积的均匀照射面。

06.597 铅笔束扫描法 pencil beam scanning method
基于加速器的粒子放射治疗肿瘤装置中的一种主动型的束流扫描治疗的方法。将直径为 3~5 mm 的铅笔束射入体内，使布拉格峰处在肿瘤区域内一个照射点，不断地上下和左右移动铅笔束照射点，同时改变粒子的能量，使铅笔束的作用空间占满肿瘤所处的三维空间。

06.598 点扫描法 spot scanning method
铅笔束扫描的一种方法。当一个照射点照完之后，快速改变扫描铁的励磁电流，移动束流至下一个照射点的位置，继续照射，直至完成所有点的照射。

06.599 光栅扫描法 raster scanning method
铅笔束扫描的一种方法。在照射点之间移动时，不关断束流，而是快速移动束流位置，以缩短扫描照射所需的时间。

06.600 量程调制器 range modulator
在采用散射束流扩展法和磁铁摆动扩展法治疗装置中常用的一个调制能量的部件。用于在肿瘤部位形成一个均匀的剂量分布，即扩展的布拉格峰。

06.601 降能器 energy degrader
在基于固定引出能量加速器的质子放射治疗装置中，为了治疗人体内不同深度的病灶，安装在引出束流线上的一种用于降低质子束能量的部件。一般采用石墨材料。

06.602 调强适形放疗技术 intensity modulated radiation therapy，IMRT

通过制定复杂的治疗计划，根据肿瘤的三维形状调节辐射的强度，精确控制肿瘤内特定区域的辐射剂量的一种高精度放射治疗的方法。

06.603 图像引导放疗技术 image guided radiotherapy，IGRT

一种精准放射治疗技术。在患者进行治疗前或治疗过程中利用各种先进的影像设备对肿瘤及正常器官进行实时的监控，在治疗中充分考虑人体组织在治疗过程中的运动和分次治疗间的位移误差等因素。

06.604 调强适形质子治疗技术 intensity modulated proton therapy，IMPT

应用质子束治疗肿瘤的一种调强适形放疗技术。通过制定复杂的治疗计划，精准控制质子治疗的深度和质子束流的强度，使其治疗的范围与肿瘤轮廓相匹配。

06.605 扩展布拉格峰 spread-out Bragg peak，SOBP

在粒子治疗中，通过能量调制器等设备使粒子束能量随时间在一定范围内周期性变化，在肿瘤区域形成能量沉积大致均匀的一系列布拉格峰的组合。

06.606 医用正电子成像 medical positron imaging

又称"正电子发射成像(positron emission tomography，PET)"。一种基于放射性核素(通常是由加速器产生的质子打靶生产的丰质子放射性核素)衰变产生的正电子和生物体内的负电子发生湮灭辐射反应的成像技术。

06.607 X 射线光刻 X-ray lithography

利用同步辐射光源等装置产生的 X 射线，借助光致抗蚀剂将掩模版上的图形转移到基片上的一种技术。应用于微电子和微机械加工等领域。

06.608 集装箱检查系统 large container inspection system

利用 X 射线、伽马射线的强大穿透能力对集装箱等大型物件进行透射成像的一种装置。适用于海关和其他场所的货运集装箱的快速检查。

06.609 X 射线安检机 X-ray inspection system

采用 X 射线扫描成像技术对物品进行快速检查的一种装置。广泛应用在机场、车站、地铁站等公共场所的安全检查。

06.610 中子发生器 neutron generator

基于氘-氚或氘-氘聚变反应的一种低能加速器中子源。分为密封中子管、紧凑型中子发生器和强流中子发生器等三类，应用于基础研究和工业等领域。

06.611 离子注入机 ion implanter

可以产生动能在几十至几百千电子伏的离子并将其注入固体表面的一种设备。主要由离子源、静电高压加速器、质量分析器、聚焦透镜系统、扫描系统和靶室组成，广泛应用于半导体器件的制造、金属与绝缘材料的表面处理和研究等领域。

06.612 离子注入型半导体探测器 ion implantation semiconductor detector

采用离子注入工艺制成 PN(或 NP)结构的一种半导体探测器。

06.613 加速器辐照加工 accelerator irradiation processing

利用加速器产生的电子、质子和重离子等粒子束照射物质，通过电离辐射与物质相互作用产生的物理、化学和生物学效应，对材料进行加工处理的一种技术。

06.614　废气电子束脱硫脱硝　desulfurization and denitrification of exhaust gases

利用加速器产生的电子束辐照含有 SO_2 和 NO_x 等污染物的废气，经过一系列电化学过程，生成硫酸铵和硝酸铵等固态化合物的一项应用技术。

06.615　高分子化合物的辐照改性　irradiation treatment of macromolecular compound

利用加速器提供的离子束辐照高分子化合物材料，通过聚合、交联、降解、接枝和固化等效应使材料的物理性质得以改善。

06.616　污水辐射处理　radiation treatment of waste water

利用加速器提供的电子束对污水进行辐照，降低其中的生化需氧量、化学需氧量和有机总碳量等，并杀灭其中的病原体的过程。

06.617　废料辐照回收利用　recovery and utilization of waste

利用加速器提供的束流对塑料和纤维素等有机废料进行辐照处理，实现大分子的降解并作为工业原料再次利用的过程。

06.618　污泥辐照处理　sludge irradiation treatment

利用加速器提供的电子束对污泥进行辐照，降低其中的生化需氧量、化学需氧量和有机总碳量等，并杀灭病原体的过程。

06.619　加速器驱动次临界系统　accelerator driven sub-critical system，ADS

利用加速器产生的吉电子伏量级高能质子与重金属靶核发生散裂反应产生中子，驱动处于次临界状态的裂变反应堆，可将长寿命的放射性核废料嬗变为短寿命核素的装置。

06.620　重离子惯性约束聚变　heavy-ion inertial confinement fusion

利用加速器提供的高功率脉冲重离子束驱动的惯性约束核聚变。

06.621　加速器驱动的增殖堆　accelerator-driven breeding reactor

利用中能加速器产生的强束流将钍-232 或铀-238 转变为易裂变的铀-233 或钚-239 并供热堆使用的一种核燃料增殖堆。

06.622　粒子束武器　particle beam weapon

利用加速器产生的高能、强流粒子(电子、质子和重离子)束流打击目标的一种先进武器装备。

07.　脉冲功率技术及其应用

07.01　脉 冲 特 性

07.001　脉冲功率技术　pulsed power technology

研究强电脉冲功率放大的技术。通常以较低功率在较长的时间存储电场或磁场能量，然后借助各种开关进行快速能量切换和脉冲压缩，在极短时间内将电磁能量释放到负载上，在负载上得到高脉冲功率。

07.002　脉冲上升时间　pulse rise time

脉冲波形从零上升到最大值所需的时间。由于脉冲波形的幅值在零和最大值附近通常变化缓慢，难以准确确定零和最大值所对应的时刻，因此，通常将脉冲波形从峰值的 10%上升到峰值的 90%所需的时间规定为脉冲上升时间。

07.003　脉冲下降时间　pulse fall time
脉冲波形从最大值下降到零所需的时间。通常将脉冲波形从峰值的 90%下降到峰值的 10%所需的时间称为脉冲的下降时间。

07.004　猝发脉冲　burst pulses
脉冲功率装置的一种工作模式。在一段较短的时间内，脉冲功率装置以一定的重复频率(即每秒输出脉冲的个数)向负载输出有限个数的脉冲。

07.005　脉冲幅度　pulse amplitude
脉冲波形的幅值。

07.006　脉冲串　pulse bursts
猝发脉冲工作期间所输出的一组或多组脉冲序列。

07.007　重复频率　repetitive rate
脉冲功率装置在单位时间(通常指秒)所输出脉冲的个数。

07.008　电绝缘　electrical insulation
介质处于难以导通电流的状态。

07.009　脉冲放电　pulse discharge
放电电流以脉冲形式存在，而非连续电流。

07.010　真空放电　vacuum discharge
真空中导通电流的状态。在通常条件下，真空中没有载流体，难以导通电流。但是，在某些特定条件下(如场致发射导致局部电极汽化、微粒脱离电极表面、电极或真空器壁气体解吸附)，真空间隙中将出现大量气体或金属蒸气，导致放电。

07.011　火花放电　spark discharge
瞬间或间歇性的流注或电弧放电现象。其很快熄灭的原因是电源难以维持其放电。脉冲功率源的储能有限，放电常常呈现火花放电特征。

07.012　赝火花放电　pseudospark discharge
又称"伪火花放电"。工作在帕邢曲线最小值$(Torr \cdot cm)_{min}$ 左边的低气压放电，而不是帕邢曲线最小值右边的火花放电。(注: 1 Torr= 133 Pa)

07.013　脉冲平顶　pulse flat-top
在脉冲功率技术领域，脉冲波形常常呈现梯形，除了上升沿和下降沿之外，中间还有一段较为平坦的顶部，称之为脉冲平顶。

07.014　击穿　breakdown
在一定条件下(如高电场)，绝缘体内将产生大量的载流体，使其转变为难以承受高电压并可以导通大电流的状态。

07.015　自击穿　self-breakdown
在没有其他外界条件下，仅仅由于绝缘体两端电压超过其耐受电压而发生的击穿过程。

07.016　击穿强度　breakdown strength
绝缘体自击穿时内部的(平均)电场强度。

07.017　同步　synchronization
在脉冲功率实验中，通常要求各脉冲源和诊断仪器按照预先设定时序动作的过程。

07.018　抖动　jitter
脉冲信号延时相对于其平均值的偏差称为脉冲信号的抖动。通常用延时偏差的均方根值来定义。

07.019　延时　delay time
触发信号和脉冲产生信号之间的时间差称为脉冲延时。

07.020 闪络 flashover
固体电介质发生了沿面放电并且发展成贯穿性的击穿现象。此时的电压称为闪络电压。

07.021 脉冲波形 pulse wave form
反映脉冲信号幅值随时间变化的图形。脉冲波形的主要参数包括上升时间、下降时间、脉冲宽度和平顶部分的平坦度等。

07.022 底宽 bottom width
单个脉冲从脉冲起始时刻到脉冲归零时刻的时间宽度。

07.023 反射脉冲 reflective pulse
在脉冲向前传输过程中，当遇到由波阻抗不同的介质构成的交界面时，会有一部分脉冲能量继续向前传输，另一部分脉冲能量则按原路反向传输，这部分反向传输的脉冲称为反射脉冲。

07.024 传递效率 transfer efficiency
脉冲在一个系统中传递时，该系统输出脉冲能量与输入脉冲能量之比。

07.02 储能技术

07.025 脉冲电容器 pulse capacitor
可以在短时间内将电容器中储存的能量释放出来，输出脉冲大电流的电容器。

07.026 Z 型 Marx 发生器 Z type Marx generator
放电回路呈 Z 形状的低电感 Marx 发生器。

07.027 S 型 Marx 发生器 S type Marx generator
放电回路呈 S 形状的低电感 Marx 发生器。

07.028 电感隔离型 Marx 发生器 inductive isolated Marx generator
用隔离电感取代通常隔离电阻，以实现快速充电的 Marx 发生器。

07.029 脉冲发电机 impulse generator
将机械储能转化为脉冲电能的发电机。

07.030 爆炸磁通压缩发生器 explosive magnetic flux compression generator
把化学能转换为电能的装置。利用炸药爆炸产生的机械能压缩磁场，以实现脉冲电流的放大。

07.031 爆电发生器 electro-explosive generator
在冲击波加载下，通过铁电材料去极化实现储存的能量向电能转换的装置。

07.032 冲击电流发生器 impulse current generator
利用电容器组或多个电容器并联作为能量储存元件，通过短路放电，对负载输出脉冲大电流的装置。

07.033 冲击电压发生器 impulse voltage generator
采用 Marx 发生器原理，将多级电容器串联起来放电，产生脉冲高电压的装置。

07.034 惯性储能 inertial energy storage
依靠旋转机械和飞轮的动能来储存能量的技术。

07.035 电感储能 inductive energy storage
利用电感通过电流产生磁场储存能量的技术。

07.036 电容储能 capacitive energy storage
利用电容两端施加电压产生电场储存能量

的技术。

07.037 限流电阻 ballast resistor
又称"镇流电阻"。为限制回路电流而串联在回路中的电阻。

07.038 储能密度 energy storage density
能量存储器件单位体积或单位重量储存的能量。

07.039 功率密度 power density
器件或装置在单位体积或单位重量下对负

载释放的功率。

07.040 储能电介质 energy storage dielectric
简称"储能介质"。将能量存储起来的一种媒介。一般通过电介质的极化实现。

07.041 超级电容器 supercapacitor
利用电极和电解液之间形成的界面双电层电容来存储电能的一种储能器件。其特点是小体积、大电容。

07.03　脉　冲　形　成

07.042 脉冲变压器 pulse transformer
用于改变脉冲电压幅值、极性和阻抗匹配的变压器。

07.043 Tesla 变压器 Tesla transformer
原、副边具有相同固有振荡频率的脉冲变压器。

07.044 传输线变压器 transmission line transformer
利用传输线对脉冲的时间延迟作用，通过传输线输入和输出串并联连接实现电压和阻抗变换的脉冲变压器。该变压器具有工作频率高、频带宽等特点。

07.045 脉冲传输线 pulse transmission line
由两根长的金属导体按一定电特性要求构成的器件。用于传输电脉冲。

07.046 脉冲形成线 pulse forming line, PFL
利用波过程形成一定宽度脉冲的传输线。

07.047 布鲁莱恩线 Blumlein line
又称"双线"。利用双传输线并联充电、串联放电形成一定脉冲宽度的脉冲形成线。

07.048 脉冲陡化 pulse sharpening
减小脉冲前沿的技术。

07.049 层叠传输线倍压器 stacked line voltage multiplier
将多个脉冲形成线层叠在一起实现电压倍增的装置。

07.050 固态脉冲形成线 solid pulse forming line
基于固态介质的脉冲形成线。

07.051 非均匀传输线 non-uniform transmission line
阻抗沿脉冲传播方向变化的传输线。

07.052 阻抗匹配 impedance match
一个脉冲传输系统与另一个相连的脉冲传输系统或负载的阻抗相等的状态。

07.053 脉冲成形网络 pulse forming network, PFN
又称"人工线""仿真线"。用集中参数的电容和电感代替具有分布参数的传输线的网络。能够形成具有一定脉宽的脉冲，达到与脉冲形成线相类似的功能。

07.054　直线型脉冲变压器　linear pulsed transformer

全称"多磁芯分布式脉冲变压器"。多个磁芯的初级和次级为单匝线圈，各个初级回路同时独立放电，而次级回路共用，使输出电压按初级电压和磁芯个数进行放大的脉冲变压器。

07.055　直线脉冲变压器驱动源　linear transformer driver，LTD

基于直线型脉冲变压器的高电压脉冲发生器。

07.056　感应电压叠加器　inductive voltage adder，IVA

通过磁感应隔离法实现多路脉冲电压及电功率叠加的装置。原来与直线脉冲变压器相同，但其初级线圈通常采用发生器作为驱动源。每个磁芯上并联的初级线圈数量受限（通常 1～2 路），因此常用作高电压脉冲的产生。

07.057　磁绝缘　magnetic insulation

利用强磁场偏转阴极发射的电子，阻碍其抵达阳极，从而实现绝缘的技术。

07.058　磁脉冲压缩　magnetic pulse compression

利用磁开关实现脉冲压缩的技术。

07.059　预脉冲　pre-pulse

先于主脉冲到达负载的脉冲，通常是前级脉冲线的电压在输出前因电路耦合作用到负载的结果。

07.060　脉冲调制　pulse modulation

为获取具有特定脉冲参数所采用的升压、脉冲压缩功率放大和阻抗变换等技术。

07.061　可饱和脉冲变压器　saturable pulse transformer

通过磁芯非饱和状态到饱和状态的转化，可依次实现脉冲变压器和磁开关功能的一种脉冲变压器。

07.062　磁绝缘传输线　magnetic insulation transmission line

利用磁绝缘原理实现超高功率电脉冲传输的一种传输线。

07.063　杂散电感　stray inductance

在电路中由连线或者电路结构本身引入的电感。

07.064　杂散电容　stray capacitance

在电路中由连线或者电路结构本身引入的电容。

07.04　开　　关

07.065　磁开关　magnetic switch

利用磁性材料的非线性特性，即当磁芯饱和后感抗迅速下降，实现从高阻抗的断开状态向低阻抗的导通状态变化的开关。

07.066　真空开关　vacuum switch

利用真空作为绝缘介质的闭合开关。

07.067　断路开关　opening switch

从低阻抗的导通状态转变为高阻抗的断开状态的开关。通常配合电感储能系统使用。

07.068　撬棒开关　crowbar switch

又称"撬断开关"。与主电路并联，在一定条件下闭合，用于切断或大幅度减小主电路电流的开关。有时具有与斩波开关相同的功能。

07.069　斩波开关　chopping switch

与主电路并联，在一定条件下闭合使主电路

被短路的开关。有时具有与撬棒开关相同的功能。

07.070　三电极开关　tri-electrode switch
由高压、触发和低压三电极构成的闭合开关。触发后开关间隙内电场畸变，或局部放电产生带电粒子与光子，受此影响开关迅速由关断状态变为导通状态。

07.071　三电极火花开关　trigatron spark gap switch
一种触发针埋在低电压电极中的三电极开关。

07.072　触发真空开关　triggered vacuum switch，TVS
通过触发放电导通的真空开关。是一种受控闭合开关。

07.073　半导体断路开关　semiconductor opening switch，SOS
利用半导体二极管的电流反向截止特性进行工作的断路开关。也可以主动注入电荷使开关从导通状态迅速转变为断开状态，从而实现受控断路。

07.074　赝火花开关　pseudospark switch
又称"伪火花开关"。工作在帕邢曲线极小值左侧的一种气体开关。间隙内通常充低压氢气或氘气，阴极为空心结构。

07.075　气体开关　gas switch
采用气体作为工作介质的放电闭合开关。

07.076　光导开关　photoconductive semiconductor switch
是一种光控闭合开关。受到光脉冲照射后，光电半导体材料吸收光子产生电子空穴对，材料的电导率增加，以此来实现开关的导通。

07.077　脉冲晶闸管　pulse thyristor
利用浪涌特性导通脉冲大电流的晶闸管开关。

07.078　引燃管　ignitron
低气压真空闭合开关。正向电压施加到引燃极与阴极后，场致发射形成电弧产生汞蒸气，引起阴阳极之间弧光放电实现导通的器件。

07.079　陡化开关　peaking switch
又称"峰化开关"。为实现更陡的脉冲电压前沿，用以截断脉冲部分前沿的闭合开关。

07.080　触发　triggering
通过外加电脉冲、光脉冲等手段，改变开关的导通或关断状态的技术。

07.081　反向触通晶体管　reverse switching dynistor，RSD
又称"RSD 开关(RSD switch)"。由数量众多的有公共集电结的 PNPN 晶闸管单元和 NPN 晶体管单元并联而成的固态半导体开关。通过施加反向脉冲电流在开关中形成等离子体，从而实现开关的正向导通。

07.082　脉冲高压隔离硅堆　high-voltage-pulse isolated silicon stack
为提高耐压，将多个二极管串联形成的集成器件。在高功率脉冲电路中起隔离与保护作用的高压硅堆。

07.083　闭合开关　closing switch
从高阻抗的断开状态转变为低阻抗的导通状态的开关。

07.084　多级多通道火花开关　multistage multi-channel spark switch
由多个间隙串联构成的气体开关。在放电中易于形成多通道放电，能够显著减小开关的火花电感，提高稳定性，降低触发脉冲的阈值。

07.085　水开关　water switch
采用去离子水作为工作介质在脉冲电压条件下使用的闭合开关。

07.086　激光触发开关　laser triggered switch
利用高功率激光使焦点及其附近的气体或其他介质发生局部电离从而实现触发的闭合开关。

07.087　场畸变开关　field distortion switch
一种电触发闭合开关。内部电场因施加触发脉冲电压后发生畸变，导致部分间隙率先放电导通，再引起剩余间隙导通，并最终实现全间隙闭合的多电极开关。

07.088　火花电感　spark inductance
又称"通道电感"。开关导通后火花通道的电感。

07.089　火花电阻　spark resistance
又称"通道电阻"。开关导通后火花通道的电阻。

07.05　负载及应用

07.090　二极管　diode
由阴极和阳极两个电极构成的器件。两个电极上通常施加高电压，以产生粒子束。

07.091　电子束二极管　electron beam diode
由阴、阳极构成，能够产生并加速电子束的器件。

07.092　场浸型二极管　immersion magnetic diode
阴极浸入外加轴向磁场中的二极管。特点是电子束刚性好，不易受扰动。

07.093　棒箍缩二极管　rod pinch diode
又称"杆箍缩二极管"。用于产生轫致辐射，包括一个环形阴极和一根沿阴极中心孔穿出的直径很小的阳极杆。

07.094　高功率离子束二极管　high power ion beam diode
用于产生高功率离子束的器件。

07.095　光致发射　photoelectronic emission
物体吸收光辐射后，部分电子的能量提高到足以克服表面势垒而逸出的一种电子发射现象。

07.096　爆炸发射　explosive emission
阴极表面微尖端受场致发射电子加热爆炸产生等离子体表面鞘层，进而从该等离子体中发射电子的一种现象。

07.097　热发射　thermal emission
发射体受到加热，其内部部分电子能量提高到足以越过发射体的表面势垒而逸出的一种电子发射现象。

07.098　虚阳极　virtual anode
阴阳极间正离子累积改变电场分布，使得电子在靠近阳极时不再加速，并滞留下来与正离子一同形成的与阳极电势接近的等离子体区域。

07.099　虚阴极　virtual cathode
当电子束电流达到或略大于空间电荷限制流时，部分电流在二极管空间聚集形成的与阴极电势接近的区域。

07.100　布里渊流　Brillouin flow
阴极发射束流的一种方式。发射束流的正则角动量恒定或为零。

07.101　栅极　grid electrode
场致发射三极管中的一极。主要起控制电流的作用。

07.102　冷阴极　cold cathode
外部强电场引起发射体表面势垒高度降低,禁带宽度变窄后,发射体内部电子由于隧道效应而逸出电子,由此种发射方式构成的阴极。

07.103　热阴极　hot cathode
发射体受到加热,其内部部分电子能量提高到足以越过发射体的表面势垒而逸出,由此种发射方式构成的阴极。

07.104　光阴极　photocathode
发射体吸收光辐射,使体内部分电子的能量提高到足以克服表面势垒而逸出,由此种发射方式构成的阴极。

07.105　源限制　source limited
阴极的电子发射能力、发射性能由外加电场、发射材料特性、场增强因子等因素决定的现象。

07.106　空间电荷限制　space charge limited
由于带电粒子束自身的空间电荷效应限制传输电流的现象。

07.107　铁电阴极　ferroelectric cathode
阴极发射材料采用铁电材料制作而成的阴极。

07.108　环形电子束　annular electron beam
电子束团的横截面呈环状的电子束。

07.109　储备式阴极　dispenser cathode
发射材料储备于阴极发射体之中的一种热致电子发射阴极。

07.110　虚阴极振荡器　vircator
当阴极发射的电子束流超过空间电荷极限流时,在距阳极不远处将形成虚阴极,电子在阴极和虚阴极之间来回振荡,从而激发微波辐射的器件。

07.111　层状流　laminar flow
粒子运动的路径互不交叉的束流。从束流剖面上看,粒子轨迹如层状。

07.112　顺位流　parapotential flow
带电粒子束在正交的电场与磁场作用下顺着电场等位(势)面运动所形成的粒子束流。

07.113　磁旋管　magnicon
利用圆偏转机构和相对论电子束获得高功率和高效率的一种偏转调制微波器件。工作于 TM_{110} 模式。

07.114　电磁脉冲模拟器　electromagnetic pulse simulator
一种高功率的脉冲电磁场产生装置。主要用于强电磁脉冲(如高空核爆电磁脉冲)效应模拟试验。

07.115　高功率微波　high power microwave
一般指平均功率大于 1 MW 或峰值功率大于 100 MW、频率为 0.3~300 GHz 的电磁辐射。

07.116　电磁套筒内爆　imploding liner
利用流经套筒的大电流产生的强磁场与套筒相互作用使套筒向轴线内聚运动,从而实现电磁能向物体运动动能转换的一种技术。

07.117　高阻抗加速器　high impedance accelerator
一般指二极管阻抗高于 10 Ω 的加速器。

07.118　低阻抗加速器　low impedance accelerator
一般指二极管阻抗低于 10 Ω 的加速器。

07.119 介质壁加速器 dielectric wall accelerator
由绝缘微堆构成加速间隙或加速管的加速器。绝缘微堆由毫米量级或更薄的环状绝缘层与金属层交替层叠经特殊工艺制作而成。

07.120 等离子体焦点装置 dense plasma focus
产生等离子体焦点的装置。一般采用脉冲大电流气体放电产生稠密的等离子体，等离子体电流产生的强磁场又会约束等离子体自身，通过箍缩使之被压缩在一个很小的区域内，从而形成高温、高密度、短脉冲的等离子体焦点。该装置可辐射出高强度的 X 射线和粒子束。

07.121 直线感应加速器 linear induction accelerator
通过电磁感应产生的电场加速带电粒子的加速器。其中带电粒子的运动轨迹近似为直线。

07.122 爆磁压缩 explosive magnetic flux compression
全称"爆炸磁通量压缩"。是利用炸药爆炸产生的能量压缩磁场，实现炸药化学能向电磁能转换的一种技术。

07.123 辐射成像 radiography
利用射线观察物体内部物理特征的技术。可以在不破坏物体的情况下获得物体内部的结构和密度等信息。

07.124 闪光照相 flash radiography
利用短脉冲高强度射线对高速运动的物体进行透视照相的技术，以获取被透视物体指定时刻(即短脉冲射线照射时刻)的瞬态图像。

07.125 磁透镜成像 magnetic lens radiography
采用类似光学透镜功能的磁透镜进行成像的技术。采用磁透镜可以把受到库仑散射作用的粒子重新汇聚起来，从而减小图像模糊程度。

07.126 电子照相 electron radiography
利用高能电子透射被诊断物体进行成像，以获取被诊断物体内部物理特征的技术。

07.127 质子照相 proton radiography
利用高能质子透射被诊断物体进行成像，以获取被诊断物体内部物理特征的技术。

07.128 X 射线照相 X-ray radiography
利用较高能量、小焦斑的 X 射线透射被诊断物体进行成像，以获取被诊断物体内部物理特征的技术。

07.129 电磁发射器 electromagnetic launcher
将电磁能转化为负载动能的装置。根据结构和原理的不同，可分为线圈式、轨道式电磁发射器。

07.130 电磁轨道炮 electromagnetic rail gun
轨道式电磁发射器在动能武器中的应用形式。采用平行放置的导轨、可滑动的金属电枢构成电流回路，利用大电流产生的安培力加速电枢推动弹丸获得动能。

07.131 电磁线圈炮 electromagnetic coil gun
线圈式电磁发射器在动能武器中的应用形式。利用驱动线圈和弹丸导电部分的磁通耦合机制加速弹丸向前运动，获得动能。

07.132 定向能武器 directed energy weapon
利用各种束能(激光束、粒子束、微波束等)产生杀伤力的武器。

07.133 功率合成技术 power combining
将多个功率单元的输出功率叠加起来，给负载提供足够大输出功率的技术。主要用于功率的合成与分配(有隔离作用)及阻抗变换。

07.134　脉冲汇流　pulse conflux
把多组脉冲电源释放的电流汇集起来并施加到负载上的技术。

07.135　X 箍缩　X-pinch
由相互交叉成 X 形的两根或多根金属丝产生的箍缩。在脉冲大电流作用下，金属丝交叉区域被快速汽化形成等离子体，该等离子体在洛伦兹力作用下高速内爆箍缩达到高温高密度状态，并辐射出 X 射线。

07.136　sin/cos 线圈　sin/cos coil
每一绕组的匝数沿柱面按角向 sin 或 cos 函数分布的线圈。在该线圈包围的圆柱内近轴处可产生径向均匀磁场。

07.137　螺线管磁轴　solenoid magnetic axis
磁场分布的对称轴。

07.138　磁轴校正　magnetic axis collimation
当磁铁或线圈的几何对称轴与磁场分布的磁轴不一致时，对磁轴予以校正以使两轴一致的行为。

07.139　交变极性场聚焦　alternating polarity magnetic focus
沿带电粒子束行进方向采用极性交替变化的磁场对带电粒子束进行的聚焦。

07.140　辐射波模拟器　radiation simulator
采用天线将快前沿电脉冲转换成电磁辐射的装置。常用天线包括偶极子和双锥天线。

07.141　詹布拉透镜　Zumbro lens
可用于消除质子照相过程中因库仑散射引起的图像模糊的一种磁透镜。

07.142　脉冲放电脱硫脱硝　pulsed discharge desulfurization and denitrification
利用脉冲功率技术脱除烟气中的 SO_2(二氧化硫)和 NO_x(氮氧化物)的技术。

07.143　脉冲电除尘　pulse electric dust removal
利用脉冲放电将尘埃附到电极上的除尘方法。是静电除尘的一种发展形式。

07.06　测　　量

07.144　电流测量电阻　current-viewing resistor，CVR
用于测量电流的阻值已知的电阻。

07.145　分流器　shunt
在测量较大电流时采用的小电阻。测量时将低电感的已知小电阻和负载并联，小电阻两端电压和流过的电流成正比。

07.146　磁场探头　B-dot sensor
一种磁场微分测量探头。主体为一单匝导电环，当通过环路的磁通量变化时，环路感应电压和磁场变化的时间导数成正比。

07.147　电容分压器　capacitive divider
利用串联电容分压原理测量高电压的器件。测量时将两个电容串联接在待测高电压和地电势间，容量较大的电容两端电压较低，通过测量此低电压即可得到待测高电压。

07.148　电流探头　current sensor
测量电流的器件的统称。

07.149　电场探头　D-dot sensor
一种电场微分测量的探头。由两个导体构成，当所在位置电场变化时导体上电荷变化形成的电流和电场对时间的导数成正比。

07.150　法拉第旋光效应　Faraday rotation effect
一种磁光效应。在某些介质中，外加磁场可导致光的偏振面发生旋转，旋转角度和磁场强度成正比，该效应可用来测量磁场。

07.151　接地　grounding
将装置的导电部分与某参考电势(通常为大地)相连。

07.152　克尔效应　Kerr effect
一种电光效应。在某些介质中外加电场时会产生折射率的变化，变化量与外加电场强度的平方成正比，可利用该效应来测量电场。

07.153　罗戈夫斯基线圈　Rogowski coil
一种脉冲电流测量器件。通常由一个均匀密绕在环形骨架上的线圈构成。

07.154　电流互感器　current transformer
一种电流测量器件。待测电流作为初级，次级输出电流为待测电流除以次级绕组匝数。

07.155　检波器　detector
由半导体二极管和电容组成的，用以提取高频信号包络的器件。

07.156　热电偶　thermocouple
利用温差电动势原理把温度转换成可测电压的测温元件。

07.157　电磁屏蔽　electromagnetic shielding
隔绝或减弱特定区域内电磁场的措施。常用于抑制电磁干扰或噪声。

07.158　屏蔽室　shielding room
可隔离外界干扰，保证室内设备正常工作的一种电磁屏蔽装置。

07.159　干扰　interference
影响正常工作的杂散信号。

07.160　微分探头　differential sensor
与被测物理量的时间导数成正比的传感器。

07.161　积分器　integrator
把待测信号进行时间积分的器件。

07.162　霍尔元件　Hall sensor
利用霍尔效应进行电流测量的元件。

07.163　瞬态响应　transient response
测量系统在脉冲信号输入时，其输出从初始状态到稳定状态的变化过程。

07.164　频率响应　frequency response
测试元件或测量系统获取信号的增益随频率的变化曲线。

07.165　壁电流　wall current
束流传输过程中在管道内壁上产生的感应电流。

07.166　过冲　overshoot
峰值或谷值超过设定电压的波形。表现为一个尖端脉冲。

07.167　阶跃响应　step response
测量系统在阶跃信号激励下的输出特性。

07.168　波形畸变　waveform distortion
测量波形对实际信号的偏离。

07.169　*LCR* 电桥　*LCR* bridge
一种测量阻抗的仪器。可以测量电感、电容、电阻等参数。

07.170 补偿 compensation

为消除波形畸变采取的修正措施。

07.171 脉冲高压分压器 pulsed high voltage divider

用于测量脉冲高电压信号的分压器。

07.172 渡越辐射 transition radiation

运动带电粒子在不均匀条件(如不均匀介质、边界条件、时变介质)下产生的辐射。渡越辐射的频谱很宽,覆盖了微波到 X 射线波段。

07.173 光学渡越辐射成像 optical transition radiography

利用可见光波段的渡越辐射获取图像的方法。

07.174 束流质心 beam centroid

粒子束横截面内分布粒子的电荷质量中心。

07.175 反磁回路 diamagnetic loop

运动的带电粒子具有抗磁性,在束流传输管道中做螺旋运动的束流会引起轴向磁场的变化,置于附近的线圈将感生电压信号,通过测试该电压可以获取束流横向尺寸的信息,由此构成的测试回路。

07.176 束流包络半径 beam envelope radius

轴对称运动束流最外层粒子位置处对应的半径。

07.177 螺旋运动 corkscrew motion

带电粒子在轴对称磁场中运动时,其轨迹呈螺旋状的运动。

07.178 电荷累积效应 charge accumulation effect

在电流流动过程中,不同电阻率的分界面上会出现电荷累积,累积的电荷将导致电场畸变的效应。

07.179 电阻环 resistor loop

在高功率信号测试中,由于单个取样电阻承受功率受限,常常把多个电阻呈环状并联,以提高取样电阻承受功率能力的环状电阻器件。

07.07 脉冲功率器件

07.180 同步机 synchronization device

对多个同步运行设备进行高精度时序同步控制的电子学仪器。

07.181 延时机 time-delay device

将电信号延迟一段时间的电子学仪器。

07.182 延时线 time-delay line

将电脉冲延迟一段时间的传输线。

07.183 水电阻 water resistor

电解液充满于两个极板之间构成的一个导电体。通过调节极板间的距离和电解液的浓度可以改变水电阻的阻值。

07.184 高功率固体电阻 high power solid resistor

由陶瓷或其他材料制成的能承受100 MW级高功率脉冲加载的固体电阻。

07.185 高梯度绝缘微堆 high gradient insulator,HGI

由毫米量级或更薄的环状绝缘层与金属层交替叠加经特殊工艺制作而成的绝缘器件。

07.186 绝缘栅双极型晶体管 insulated gate bipolar transistor,IGBT

由场效应管和双极型晶体管复合而成的一种全控开关器件。其输入极为场效应管,输出极为 PNP 晶体管。

07.187　网络分析仪　network analyser
在宽频带内进行扫描测量以确定网络参量的综合性微波测量仪器。

07.188　晶闸管　thyristor
包括三个或更多的结，能从断态转入通态，或由通态转入断态的双稳态半导体器件。

07.189　整流二极管　rectifier diode
对反向恢复时间和反向浪涌功率没有特别要求，主要用于工频的整流管。

07.190　快恢复二极管　fast recovery diode
反向恢复时间较短，恢复电荷量较小，可以在较高频率下工作的二极管。

07.191　门极可关断晶闸管　gate turn-off thyristor，GTO
施加适当极性门极信号，可以由通态转换到断态或从断态转换到通态的三端晶闸管。

07.192　集成门极换流晶闸管　integrated gate commutated thyristor，IGCT
基于门极可关断晶闸管(GTO)结构、利用集成栅极结构进行栅极驱动、采用缓冲层结构及透明发射阳极技术的大功率半导体开关器件，具有晶闸管的通态特性及晶体管的开关特性。

07.193　晶体管　transistor
能提供功率放大并具有三个或三个以上端子的半导体器件。

07.194　金属-氧化物-半导体场效应晶体管　metal-oxide-semiconductor field effect transistor，MOSFET
每个栅极和沟道之间的绝缘层是氧化材料的绝缘栅场效应晶体管。

08. 同 位 素

08.01　放射性同位素

08.001　放射性同位素　radioisotope
如果两种原子质子数目相同，但中子数目不同，在周期表是同一位置的核素，这两者就叫同位素。某种元素中不稳定的同位素，会自发地放出 α 射线、β 射线或通过电子俘获等方式进行衰变，具有特征的半衰期，称为放射性同位素。

08.002　α 手套箱　alpha glove box
通过特制手套进行 α 核素实验操作的封闭的、具有通风系统的箱状设备。

08.003　放射性核素发生器　radionuclide generator
从较长半衰期的放射性母体核素中分离出由其衰变而产生的较短半衰期放射性子体核素的装置。放射性核素发生器可以为人们多次地、安全方便地提供核纯、无载体、高比活度和高放射性浓度的短半衰期核素，在医学、工业、科研等领域中得到了广泛应用。按照母体与子体核素分离方法的不同，放射性核素发生器可分为离子色谱发生器、溶剂萃取发生器和升华发生器。

08.004　人造放射性同位素　artificial radio-isotope
又称"人工放射性同位素"。通过核反应等方式由人工制备的放射性同位素。

08.005 天然放射性同位素 natural radioisotope

存在于自然界中的放射性同位素。

08.006 同位素分离 isotope separation

同一元素的不同核素之间的分离。通常的分离方法有离心、扩散、激光、交换、精馏等。

08.007 同位素富集 isotope enrichment

经同位素分离后，某一同位素丰度得到提高的过程。

08.008 铅室 lead chamber

用于屏蔽放射性物质或本底对样品的干扰而设计内含空腔的铅制装置。

08.009 同位素示踪剂 isotope tracer

为观察、研究和测量某物质在特定过程中的行为而加入的一种超微量(痕量)同位素标记物。由配基、连接体与信号源三部分构成。配基的性质或行为与被示剂物相同或差别极小，加入量少，易于探测，性质稳定。包括放射性同位素示踪剂、稳定同位素示踪剂。

08.010 同位素示踪技术 isotopic tracer technique

通过观察同位素示踪剂的行为来研究具体对象的物理、化学和生物学等行为和特性的技术。

08.011 医用同位素 medical radioisotope

可用于医学显像、功能测定和治疗的放射性同位素。

08.012 放射性浓度 radioactive concentration

单位体积液体中所含的放射性活度。

08.013 气动跑兔 pneumatic rabbit

内装样品的容器由气压驱动快速进出核反应堆使样品接受辐照的一种装置。

08.014 靶 target

在核反应中被核轰击的物质。一般要求靶子符合以下几个方面：①靶核含量高；②不能含有反应截面很大的杂质；③靶子物应该具有较好的化学稳定性、热稳定性和辐照稳定性；④靶子的厚度符合要求。

08.015 靶托 target holder

核反应中用来支撑或固定靶的装置。

08.016 制靶技术 targetry

核反应研究及放射性同位素生产过程中靶的制备方法。常用的有真空蒸发法、电镀法、滚压法、重离子溅射法和电磁同位素分离器制靶法等。

08.017 内靶 internal target

放入加速器真空室内直接受粒子流照射的靶。是加速器生产放射性核素的组件之一。

08.018 外靶 external target

放入加速器真空室外受偏转粒子流照射的靶。

08.019 放射性产额 radioactive yield

在一定条件下(如粒子强度、给定时间等)通过核反应生产某种放射性核素的量与总束流通量之比。

08.020 ^{13}C/^{14}C-呼气试验诊断试剂 ^{13}C/^{14}C breath test diagnostic reagent

服用 ^{13}C/^{14}C 标记试剂后，检测呼出的 ^{13}CO$_2$/^{14}CO$_2$ 进行疾病诊断的一种试剂。

08.021 钼-99/锝-99m 发生器 molybdenum-99/technetium-99m generator

从放射性母体核素 ^{99}Mo 中分离出子体核素 ^{99m}Tc 的装置。

08.022 钨-188/铼-188 发生器 tungsten-188/rhenium-188 generator

从放射性母体核素 ^{188}W 中分离出子体核素 ^{188}Re 的装置。

08.023 锗-68/镓-68 发生器 germanium-68/gallium-68 generator

从放射性母体核素 ^{68}Ge 中分离出子体核素 ^{68}Ga 的装置。

08.024 锡-113/铟-113m 发生器 stannum-113/indium-113m generator

从放射性母体核素 ^{113}Sn 中分离出子体核素 ^{113m}In 的装置。

08.025 锶-82/铷-82 发生器 strontium-82/rubidium-82 generator

从放射性母体核素 ^{82}Sr 中分离出子体核素 ^{82}Rb 的装置。

08.026 锶-90/钇-90 发生器 strontium-90/yttrium-90 generator

从放射性母体核素 ^{90}Sr 中分离出子体核素 ^{90}Y 的装置。

08.027 锌-62/铜-62 发生器 zincum-62/copper-62 generator

从放射性母体核素 ^{62}Zn 中分离出子体核素 ^{62}Cu 的装置。

08.028 锕-225/铋-213 发生器 $[^{225}\text{Ac}]/[^{213}\text{Bi}]$ generator

以 ^{225}Ac 为母体核素，^{213}Bi 为子体核素的核素发生器。用以获得治疗用放射性核素 ^{213}Bi。

08.029 铅-212/铋-212 发生器 plumbum-212/bismuth-212 generator

从放射性母体核素 ^{212}Pb 中分离出子体核素 ^{212}Bi 的装置。

08.030 氚 tritium

又称"超重氢(superheavy hydrogen)"。氢的一种放射性同位素。符号为 T 或 ^{3}H，原子核由一个质子和两个中子所组成，发生 β 衰变，半衰期 12.43 a。氚在自然界中存在极微，主要通过核反应制得，氚主要用于制备热核武器、科学研究中的标记化合物、氚光源等。

08.031 碳-11 carbon-11

碳的一种放射性同位素。符号为 ^{11}C，原子核由 6 个质子和 5 个中子所组成。发生 β$^+$ 衰变，半衰期 20.39 min，^{11}C 的重要用途是制备放射性药物，核医学上用于正电子发射断层显像，进行肿瘤等疾病的显像诊断。

08.032 碳-14 carbon-14

碳的一种放射性同位素。符号为 ^{14}C，原子核由 6 个质子和 8 个中子所组成，发生 β 衰变，半衰期为 5730 a。^{14}C 的一个重要用途是以 ^{14}C 标记化合物为示踪剂，探索研究化学和生命科学中的微观运动规律，在医学中 ^{14}C 标记的尿素可以用于检测幽门螺杆菌的呼气试验。

08.033 氮-13 nitrogen-13

氮的一种放射性同位素。符号为 ^{13}N，原子核由 7 个质子和 6 个中子所组成，发生 β$^+$ 衰变，半衰期 9.97 min，^{13}N 的重要用途是制备放射性药物，核医学上用于正电子发射断层显像，进行肿瘤等疾病的显像诊断。

08.034 氧-15 oxygen-15

氧的一种放射性同位素。符号为 ^{15}O，原子核由 8 个质子和 7 个中子所组成，发生电子俘获(EC)、β$^+$ 衰变，半衰期 122.24 s，^{15}O 的重要用途是制备放射性药物，核医学上用于正电子发射断层显像，进行肿瘤等疾病的显像诊断。

08.035 氟-18 fluorin-18

氟的一种放射性同位素。符号为 ^{18}F，原子核由 9 个质子和 9 个中子所组成。发生 β^+ 衰变，半衰期为 1.83 h，^{18}F 的重要用途是制备放射性药物，核医学上用于正电子发射断层显像，进行肿瘤等疾病的显像诊断。

08.036 磷-32 phosphor-32

磷的一种放射性同位素。符号为 ^{32}P，原子核由 15 个质子和 17 个中子所组成，发生纯 β 衰变，半衰期为 14.3 d，^{32}P 用途广泛，其化合物胶体磷酸铬可用于控制癌性腹水和作为某些恶性肿瘤的辅助治疗，用 ^{32}P 制成的敷贴器可用于治疗神经性皮炎、毛细血管瘤等某些皮肤病，在农业上 ^{32}P 可用作示踪原子研究植物的营养吸收、转运、积累、降解、残留、排除等规律。

08.037 磷-33 phosphor-33

磷的一种放射性同位素。符号为 ^{33}P，原子核由 15 个质子和 18 个中子所组成，发生纯 β 衰变，半衰期为 25.35 d。

08.038 铁-55 iron-55

铁的一种放射性同位素。符号为 ^{55}Fe，原子核由 26 个质子和 29 个中子所组成，发生 EC 衰变，半衰期为 2.744 a，可用于测厚源制备及荧光分析。

08.039 钴-57 cobalt-57

钴的一种放射性同位素。符号为 ^{57}Co，原子核由 27 个质子和 30 个中子所组成，发生 EC 衰变，半衰期为 271.74 d，可制成放射源用于穆斯堡尔谱仪分析。

08.040 钴-60 cobalt-60

钴的一种放射性同位素。符号为 ^{60}Co，原子核由 27 个质子和 33 个中子所组成，半衰期为 5.27 a，^{60}Co 主要用于制备放射源，在农业上常用于辐射育种、辐射防治虫害和食品辐射保藏与保鲜，在工业上常用于无损探伤、辐射加工以及用于厚度、密度、物位的测定和在线自动控制，在医学上用于肿瘤的放射治疗等。

08.041 镍-63 nickel-63

镍的一种放射性同位素。符号为 ^{63}Ni，原子核由 28 个质子和 35 个中子所组成，半衰期为 100.1 a，^{63}Ni 主要用于制备 β 放射源，用于 β 活度测量和 β 能量响应刻度时的参考源和工作源、色谱仪电子捕获器、离子感烟探测器、电子管内电离源、气相层析的电子俘获探头等。

08.042 铜-64 copper-64

铜的一种放射性同位素。符号为 ^{64}Cu，原子核由 29 个质子和 35 个中子所组成，半衰期为 12.70 h，^{64}Cu 衰变时同时发射有 β^+ 和 β^- 电子，可以用于正电子发射断层显像(PET)和放射性治疗。

08.043 铜-67 copper-67

铜的一种放射性同位素。符号为 ^{67}Cu，原子核由 29 个质子和 38 个中子所组成，半衰期为 61.83 h。

08.044 镓-67 gallium-67

镓的一种放射性同位素。符号为 ^{67}Ga，原子核由 31 个质子和 36 个中子所组成，半衰期为 3.26 d，可用于肿瘤和炎症的显像诊断。

08.045 镓-68 gallium-68

镓的一种放射性同位素。符号为 ^{68}Ga，原子核由 31 个质子和 37 个中子所组成，半衰期为 67.71 min，核医学上用于正电子发射断层显像，进行肿瘤等疾病的显像诊断。

08.046 锗-68 germanium-68

锗的一种放射性同位素。符号为 ^{68}Ge，原子核由 32 个质子和 36 个中子所组成，半衰期为 270.93 d，主要用于 ^{68}Ge-^{68}Ga 制备。

08.047　硒-75　selenium-75

硒的一种放射性同位素。符号为 ^{75}Se，原子核由 34 个质子和 41 个中子所组成，以电子俘获方式进行核衰变，半衰期为 120.4 d，以电子俘获方式进行核衰变，伴随的 γ 射线能量复杂，主要为 0.265 MeV，主要用于工业探伤，医学上也用于胰腺及甲状腺扫描。

08.048　溴-76　bromine-76

溴的一种放射性同位素。符号为 ^{76}Br，原子核由 35 个质子和 41 个中子所组成，半衰期为 16.2 h，核医学中可用于正电子显像。

08.049　氪-85　krypton-85

氪的一种放射性同位素。符号为 ^{85}Kr，原子核由 36 个质子和 49 个中子所组成，半衰期为 10.76 a，主要由核反应堆制备，可作为机场跑道和煤矿照明用的自发光源中的激活成分、气体示踪剂及测定各器官血液流动情况的示踪剂。

08.050　铷-82　rubidium-82

铷的一种放射性同位素。符号为 ^{82}Rb，原子核由 37 个质子和 45 个中子所组成，半衰期为 1.2575 min，核医学中可用于正电子显像。

08.051　锶-89　strontium-89

锶的一种放射性同位素。符号为 ^{89}Sr，原子核由 38 个质子和 51 个中子所组成，发生 β 衰变，半衰期为 50.53 d，锶-89 的一个重要用途是用于治疗原发性和转移性骨肿瘤。

08.052　锶-90　strontium-90

锶的一种放射性同位素。符号为 ^{90}Sr，原子核由 38 个质子和 52 个中子所组成，发生 β 衰变，半衰期为 28.79 a，可用于制备 ^{90}Sr-^{90}Y 发生器及 ^{90}Sr 核电池。

08.053　钇-86　yttrium-86

钇的一种放射性同位素。符号为 ^{86}Y，原子核由 39 个质子和 47 个中子所组成，发生 EC β$^+$衰变，半衰期为 14.74 h。

08.054　钇-90　yttrium-90

钇的一种放射性同位素。符号为 ^{90}Y，原子核由 39 个质子和 51 个中子所组成，发生 β 衰变，半衰期为 64.00 h，核医学中可用于肝癌和其他肝肿瘤治疗。

08.055　锆-89　zirconium-89

锆的一种放射性同位素。符号为 ^{89}Zr，原子核由 40 个质子和 49 个中子所组成，发生 EC β$^+$衰变，半衰期为 78.41 h，核医学中可用于正电子显像，尤其是用于单抗的标记。

08.056　钼-99　molybdenum-99

钼的一种放射性同位素。符号为 ^{99}Mo，原子核由 42 个质子和 57 个中子组成，发生 β 衰变，半衰期为 2.75 d，一个重要的用途是制备钼锝发生器。

08.057　锝-99　technetium-99

锝的一种放射性同位素。符号为 ^{99}Tc，原子核由 43 个质子和 56 个中子组成，发生 β 衰变，半衰期为 2.11×10^5 a，^{99}Tc 是一个产额高、寿命长的裂变产物，在生态系统中有较大的迁移性，可作为超导材料和抗腐剂，用于航天航海和科学研究，制作稳定的 β 标准源等。

08.058　锝-99m　technetium-99m

锝的一种放射性同位素。符号为 ^{99m}Tc，原子核由 43 个质子和 56 个中子组成，半衰期为 6.02 h，是锝-99 的同质异能素。锝-99m 发射单一的低能 γ 射线，是理想的核医学显像核素，锝-99m 标记的放射性药物可用于脑、心肌、肿瘤、骨等的显像，在核医学临床诊断中得到了广泛应用。

08.059　锡-117m　stannum-117m

锡的一种放射性同位素。符号为 ^{117m}Sn，原子核由 50 个质子和 67 个中子组成，半衰期为 14.00 d，其药物在核医学中可用于骨转移瘤及疼痛治疗。

08.060　铟-111　indium-111

铟的一种放射性同位素。符号为 ^{111}In，原子核由 49 个质子和 62 个中子组成，半衰期为 2.8 d，主要用于制备放射性药物，在核医学上用于疾病的诊断与治疗。

08.061　碘-123　iodine-123

碘的一种放射性同位素。符号为 ^{123}I，原子核由 53 个质子和 70 个中子组成，半衰期为 13.27 h，^{123}I 最适于制备核医学诊断用放射性药物，可用于甲状腺功能诊断、脑血流显像、心肌显像及肾功能诊断等。

08.062　碘-124　iodine-124

碘的一种放射性同位素。符号为 ^{124}I，原子核由 53 个质子和 71 个中子组成，半衰期为 4.176 d，其药物在核医学中既可用于显像，也可用于治疗。

08.063　碘-125　iodine-125

碘的一种放射性同位素。符号为 ^{125}I，原子核由 53 个质子和 72 个中子组成，半衰期为 59.41 d，利用其发出的低能 γ 射线，可做成简便、高精度的骨密度测定装置，最广泛的应用是制备体外放免分析用的标记化合物，用于疾病的体外诊断，也可以制成密封放射源用于前列腺癌等肿瘤的植入治疗。

08.064　碘-131　iodine-131

碘的一种放射性同位素。符号为 ^{131}I，原子核由 53 个质子和 78 个中子组成，半衰期为 8.02 d，在核医学中，^{131}I 除了以 NaI 的形式直接用于甲状腺功能检查和甲状腺疾病治疗外，还可用来标记多种化合物，用于体内

或体外诊断以及疾病治疗。

08.065　氙-133　xenon-133

氙的一种放射性同位素。符号为 ^{133}Xe，原子核由 54 个质子和 79 个中子组成，半衰期为 5.2475 d，在核医学中，可用于肺通气及脑血流显像。

08.066　铯-137　cesium-137

铯的一种放射性同位素。符号为 ^{137}Cs，原子核由 55 个质子和 82 个中子组成，半衰期为 30.02 a，可用于制备 γ 放射源，在工业上用于密度测量、厚度测量、测井、核辐射称重，高活度 ^{137}Cs 放射源还可用于辐照育种、辐照储存食品以及辐照杀菌等。

08.067　钷-147　promethium-147

钷的一种放射性同位素。符号为 ^{147}Pm，原子核由 61 个质子和 86 个中子组成，半衰期为 2.62 a，为 β 辐射体，在衰变过程中，除释放出 β 粒子外，还能释放一定能量的 γ 射线。主要用于刻度和校正仪表、工业厚度计及用作同位素热源等。

08.068　钐-153　samarium-153

钐的一种放射性同位素。符号为 ^{153}Sm，原子核由 62 个质子和 91 个中子组成，半衰期为 46.284 h，在核医学中，可用于骨显像及骨转移疼痛治疗。

08.069　钬-166　holmium-166

钬的一种放射性同位素。符号为 ^{166}Ho，原子核由 67 个质子和 99 个中子组成，半衰期为 26.824 h，在核医学中主要用于肿瘤等疾病的放射性治疗。

08.070　镱-169　ytterbium-169

镱的一种放射性同位素，符号为 ^{169}Yb，原子核由 70 个质子和 99 个中子组成，半衰期为 32.018 d，在核医学中可以用于肿瘤等疾

病的显像诊断及治疗。

08.071　镥-177　lutecium-177
镥的一种放射性同位素。符号为 ^{177}Lu，原子核由 71 个质子和 106 个中子组成，半衰期为 6.647 d，在核医学中，可用于骨显像及转移疼痛治疗。

08.072　钨-188　tungsten-188
钨的一种放射性同位素。符号为 ^{188}W，原子核由 74 个质子和 114 个中子组成，半衰期为 69.78 d，主要用于制备 ^{188}W-^{188}Re 发生器。

08.073　铼-188　rhenium-188
铼的一种放射性同位素。符号为 ^{188}Re，原子核由 75 个质子和 113 个中子组成，半衰期为 17.004 h，在核医学中，标记的放射性药物可用于脑、心肌、肿瘤、骨等的显像。

08.074　铱-192　iridium-192
铱的一种放射性同位素。符号为 ^{192}Ir，原子核由 77 个质子和 115 个中子组成，半衰期为 73.83 d，可制备成放射源用于工业 γ 照相探伤、医疗等。

08.075　铊-201　thallium-201
铊的一种放射性同位素。符号为 ^{201}Tl，原子核由 81 个质子和 120 个中子组成，半衰期为 72.91 h，氯化亚铊(^{201}Tl)可作为亲肿瘤或脓肿显像剂，也可用作心肌断层显像。

08.076　铋-212　bismuth-212
铋的一种放射性同位素。符号为 ^{212}Bi，原子核由 83 个质子和 129 个中子组成，半衰期为 60.55 min，利用其衰变发射的 α 粒子的放射性，可用于肿瘤的治疗。

08.077　钋-210　polonium-210
钋的一种放射性同位素。符号为 ^{210}Po，原子核由 84 个质子和 126 个中子组成，半衰期为 138.38 d，可用于制备 α 放射源以及 ^{210}Po-Be 中子源等放射源，应用于测厚仪、反应堆启动、中子测井等。

08.078　砹-211　astatine-211
砹的一种放射性同位素。符号为 ^{211}At，原子核由 85 个质子和 126 个中子组成，半衰期为 7.214 h，利用其衰变发射的 α 粒子的放射性，可用于肿瘤的治疗。

08.079　镭-223　radium-223
镭的一种放射性同位素。符号为 ^{223}Ra，原子核由 88 个质子和 135 个中子组成，半衰期为 11.44 d，利用其衰变发射的 α 粒子的放射性，可用于肿瘤的治疗。

08.080　锕-225　actinium-225
锕的一种放射性同位素。符号为 ^{225}Ac，原子核由 89 个质子和 136 个中子组成，半衰期为 9.92 d，利用其衰变发射的 α 粒子的放射性，可用于肿瘤的治疗。

08.081　钍-227　thorium-227
钍的一种放射性同位素。符号为 ^{227}Th，原子核由 90 个质子和 137 个中子组成，半衰期为 18.697 d，利用其衰变发射的 α 粒子的放射性，可用于肿瘤的治疗。

08.082　铀-235　uranium-235
铀的一种放射性同位素。符号为 ^{235}U，原子核由 92 个质子和 143 个中子组成，半衰期为 7.04×10^{8} a，是主要的裂变材料之一，可用于制备核武器。

08.083　铀-238　uranium-238
铀的一种放射性同位素。符号为 ^{238}U，原子核由 92 个质子和 146 个中子组成，半衰期为 4.4684×10^{9} a，可作为飞行器的配重块，或放射线疗法及工业用放射造影器材的屏蔽物及放射性物质使用的货箱；军事上则常用作贫铀弹或装甲板材。

08.084　钚-238　plutonium-238
钚的一种放射性同位素。符号为 ^{238}Pu，原子核由 94 个质子和 144 个中子组成，半衰期为 87.7 a，可用于制作同位素热源和核电池，广泛应用于宇宙飞船、人造卫星、极地气象站等的能源。

08.085　钚-239　plutonium-239
钚的一种放射性同位素。符号为 ^{239}Pu，原子核由 94 个质子和 145 个中子组成，半衰期为 24110 a，是主要的裂变材料之一，可用于制备核武器。

08.086　镅-241　americium-241
镅的一种放射性同位素。符号为 ^{241}Am，原子核由 95 个质子和 146 个中子组成，半衰期为 432.2 a，经 α 衰变生成 ^{237}Np，可用于制造镅铍中子源，利用其发射的 α 射线与烟雾粒子作用造成空气电离的原理可应用于离子感烟探测器。

08.087　锎-252　californium-252
锎的一种放射性同位素。符号为 ^{252}Cf，原子核由 98 个质子和 154 个中子组成，半衰期为 2.65 a，可用于制作小型中子源(中子测井)、医用(生产医用短寿命放射性同位素)和辐射育种等不同领域。

08.02　稳定同位素

08.088　稳定同位素　stable isotope
原子序数(核电荷数)相同，质量数不同(中子数不同)，化学性质基本相同，半衰期大于 10^{15} a 的核素。

08.089　同位素丰度　isotope abundance
一种元素中，某一同位素占该元素的总原子数百分比。

08.090　天然同位素丰度　natural isotope abundance
某一同位素在其所属元素中因天然存在而占有的总原子数百分比。

08.091　富集倍数　multifold enrichment factor
经分离后，目标同位素丰度与其他组分丰度比值的提高倍数。

08.092　特征时间　characteristic time
同位素富集过程中，各点的同位素丰度达到稳定状态所需的时间称为平衡时间，特征时间即平衡时间的特征值。

08.093　同位素平衡　isotope equilibrium
在同位素交换过程中，正反应速率与逆反应速率相等的状态。

08.094　同位素示踪原子　tracer-isotope atom
又称"标记原子(tagged atom)"。可通过监测仪器检测同位素组分变化的特定原子。

08.095　同位素标记试剂　isotope labeled reagent
分子中含有一种或几种元素标记同位素原子，利用其示踪性而进行分析测定的化学试剂。用同位素置换后的试剂，其化学性质通常没有发生变化，可参与同类的化学反应，但它易于测定，故可用作示踪剂来研究物质的运动和变化的规律。同位素标记试剂可分为放射性标记试剂和稳定性标记试剂两种。

08.096　同位素比值　isotope ratio
该元素重同位素的丰度与轻同位素的丰度

之比。

08.097　δ 值　delta value，δ value
用于描述同位素丰度微小变化的量。通常以其与某一标准物质的同位素比值的千分差（δ‰）来表示，其值可以是正值，也可以是负值。

08.098　同位素稀释　isotope dilution
同位素丰度被稀释下降的现象。

08.099　热力学同位素效应　thermodynamic isotope effect
又称"同位素热力学效应"。同一元素的同位素原子(或分子)之间质量的相对差异而引起的同位素在不同相或不同化学形式之间分布的差异。

08.100　同位素动力学效应　dynamic isotope effect
同位素质量的差异引起的反应速率上的差异。

08.101　生物学同位素效应　biology isotope effect
又称"同位素生物学效应"。生物体内的化合物因同位素取代而改变生物的生长和代谢状况。

08.102　同位素分馏效应　isotopic fractionation effect
某元素的同位素在物理、化学、生物等反应过程中以不同比例分配于不同物质之中的现象。

08.103　同位素记忆效应　isotopic memory effect
又称"残留效应(residual effect)"。在同位素测定过程中，由于前一试样的残留，后续同位素样品的分析结果受到影响的现象。

08.104　同位素稀释质谱法　isotope dilution mass spectrometry
将已知质量和丰度的高丰度稳定同位素作为指示剂加入样品中，均匀混合，用质谱仪测定混合前后同位素丰度的变化，由此计算出样品中该元素含量的方法。

08.105　稳定同位素药物　stable isotope medicine
含有稳定同位素的一类特殊药物。

08.106　同位素诊断技术　isotopic diagnostic technology
利用含有稳定或放射性同位素的诊断试剂或药物进行医学诊断的技术。

08.107　同位素诊断试剂　isotopic diagnostic reagent
用于医学诊断的各类同位素标记化合物或制剂。

08.108　半交换时间　half-time of exchange
同位素交换反应中，产物的浓度等于交换反应达平衡时产物浓度 1/2 所需要的时间。

08.109　恒浓度点　constant concentration point
同位素富集过程中，塔内物料丰度等于进料丰度的点。

08.110　开口级联　open cascade
不含有提取段的由多个分离级串联组成的同位素分离系统。

08.111　完整级联　complete cascade
含有提取段的由多个分离级串联组成的同位素分离系统。

08.112　级联提取率　cascade extraction ratio
原料同位素物流经过由多个分离级串联组成的分离系统后提取产品的比率。

08.113　相对抽提率　relative extraction ratio
同位素分离系统的实际产率与极限产率的比值。

08.114　低温精馏法　cryogenic distillation method
利用气体液化技术，根据分子间沸点的差异进行精馏，使不同同位素组分气体在低温下得到分离的方法。

08.115　NO-HNO₃化学交换法　NO-HNO₃ chemical exchange method
利用 NO-HNO₃ 之间同位素传质交换反应分离 ^{15}N 同位素的方法。

08.116　水精馏法　water distillation
利用含有不同氢、氧同位素水的沸点差异进行精馏，从而实现氢、氧同位素分离的方法。

08.117　热扩散法　thermal diffusion method
利用质量不同的气体分子在有温度梯度的环境中扩散速率不同的原理分离同位素的方法。

08.118　极限产量　maximum yield
同位素分离系统的理论最大产量。

08.119　同位素生物合成　isotopic biosynthesis
以同位素标记物替代相应原料，经过生化反应合成各种化合物的过程。

08.120　细胞培养稳定同位素标记技术　stable isotope labeling by amino acid in cell culture
利用稳定同位素标记的必需氨基酸通过细胞培养将蛋白质标记后，结合质谱技术对蛋白表达进行定量分析的一种技术。

08.121　同位素亲和标签技术　isotope-coded affinity tag technology，ICAT
使用具有不同质量的同位素亲和标签标记处于不同状态下含半胱氨酸的蛋白质肽段，利用串联质谱技术对混合的样品进行质谱分析的一种蛋白质定量分析技术。

08.122　同位素标记相对和绝对定量技术　isobaric tag for relative and absolute quantitation，iTRAQ
采用同位素编码的标签，通过标记多肽的氨基基团，而后进行串联质谱分析，同时比较多种不同样品中蛋白质的相对含量或绝对含量的技术。

08.123　空气动力学同位素分离法　aerodynamic isotope separation process
当流动的气体混合物受到高线性或离心加速时所产生的组分上的差异而进行同位素分离的方法。

08.124　激光同位素分离法　laser isotope separation process
根据同位素粒子(原子或分子)在吸收光谱上的微小差别，应用单色性极好的激光有选择性地将某一种同位素粒子激发到某一特定的激发态，再采用物理的或化学的方法将激发的同位素粒子与未激发的其他同位素粒子分开的方法。

08.125　化学同位素分离法　chemical isotope separation process
利用元素的不同同位素化学反应上的差别进行同位素分离的方法。

08.126　电磁分离[法]　electromagnetic separation [method]
利用离子在磁场中的运动轨道曲率随质荷比不同而变化这一特性进行同位素分离的一种方法。

08.127　双温交换[法] dual temperature exchange [method]

某元素的一种同位素通过在两种不同温度条件下进行交换而得到浓缩分离的一种方法。

08.128　硫化氢–水交换法 hydrogen sulfide-water exchange method

利用在级联(或塔)内硫化氢和水经过氢与氘的传质交换反应实现氢氘同位素分离的方法。

08.129　氕 protium

氢的一种稳定同位素。符号为 H，原子核由一个质子组成。

08.130　氘 deuterium

又称"重氢"(heavy hydrogen)。氢的一种稳定同位素，符号为 D 或 ^{2}H，原子核由一个质子和一个中子组成，氘用于热核反应，在化学和生物学的研究中作示踪原子。

08.131　硼-10 boron-10

硼的一种稳定同位素。符号为 ^{10}B，原子核由 5 个质子和 5 个中子组成，热中子俘获截面大，在核工业领域主要用于反应堆的中子吸收剂或屏蔽材料，在核医学方面，含 ^{10}B 化合物主要用于中子俘获疗法，用于脑胶质瘤等肿瘤的治疗。

08.132　碳-13 carbon-13

碳的一种稳定同位素。符号为 ^{13}C，原子核由 6 个质子和 7 个中子所组成，主要用于农业科学、临床医疗诊断、环境科学研究的示踪剂。

08.133　氮-15 nitrogen-15

氮的一种稳定同位素。符号为 ^{15}N，原子核由 7 个质子和 8 个中子所组成，主要用于农业科学、生命科学、环境科学研究的示踪剂。

08.134　氧-18 oxygen-18

氧的一种稳定同位素。符号为 ^{18}O，原子核由 8 个质子和 10 个中子所组成，是制备氟-18 的一种靶原料。

08.135　氖-20 neon-20

氖的一种稳定同位素。符号为 ^{20}Ne，原子核由 10 个质子和 10 个中子所组成，是制备激光陀螺用氦–氖激光器的关键材料。

08.136　氖-22 neon-22

氖的一种稳定同位素。符号为 ^{22}Ne，原子核由 10 个质子和 12 个中子所组成，是制备激光陀螺用氦–氖激光器的关键材料。

08.137　氙-124 xenon-124

氙的一种稳定同位素。符号为 ^{124}Xe，原子核由 54 个质子和 70 个中子组成，是制备碘-125 的一种靶原料。

08.138　锂-6 lithium-6

锂的一种稳定同位素。符号为 ^{6}Li，原子核由 3 个质子和 3 个中子所组成，锂-6 是一种用于核聚变和氚制造的化学元素。

08.139　硅-28 silicon-28

硅的一种稳定同位素。符号为 ^{28}Si，原子核由 14 个质子和 14 个中子所组成，主要用于高性能半导体元件。

08.140　硫-34 sulfur-34

硫的一种稳定同位素。符号为 ^{34}S，原子核由 16 个质子和 18 个中子所组成，主要作为农业科学、地质科学、环境科学研究的示踪剂。

08.141　钴-59 cobalt-59

钴的一种稳定同位素。符号为 ^{59}Co，原子核由 27 个质子和 32 个中子所组成，是生产耐热合金、硬质合金、防腐合金、磁性合金和各种钴盐的重要原料。

08.142 镍-62 nickel-62
镍的一种稳定同位素。符号为 ^{62}Ni，原子核由 28 个质子和 34 个中子所组成，是制备微型核电池材料镍-63 的原材料。

08.143 镍-64 nickel-64
镍的一种稳定同位素。符号为 ^{64}Ni，原子核由 28 个质子和 36 个中子所组成，是正电子发射断层显像(PET)时常用的一种正电子放射性核素铜-64(半衰期 12.7 h)的原料。

08.144 钼-98 molybdenum-98
钼的一种稳定同位素。符号为 ^{98}Mo，原子核由 42 个质子和 56 个中子所组成，是 ^{235}U 的重要裂变产物，存在于辐照后的核燃料中。主要用于研究地球化学、地质学和环境科学。

08.145 碲-124 tellurium-124
碲的一种稳定同位素。符号为 ^{52}Te，原子核由 52 个质子和 72 个中子所组成，是制备高放射性活度碘-124 的原材料。

08.146 镱-176 ytterbium-176
镱的一种稳定同位素。符号为 ^{176}Yb，原子核由 70 个质子和 106 个中子所组成，是重要的激光材料。

08.03 放 射 源

08.147 放射源 radioactive source
由放射性核素制成的小型紧凑的放射性同位素辐射源。放射源的基本特点是能够不断地提供有实用意义的辐射。放射源按所释放射线的类型可分为 α 放射源、β 放射源、γ 放射源和中子源等，按照放射源的封装方式可分为密封放射源和非密封放射源。

08.148 放射性标准溶液 radioactive standard solution
采用绝对测量技术，精确地测量出其比活度值，且在化学、物理性质方面达到一定要求的放射性溶液。

08.149 源芯 source core
又称"活性块(active area)"。放射源中带有放射性物质的活性区域。

08.150 源窗 source window
为了使放射源有效射线具有足够高的发射率，在源包壳上设计的适于射线发射的源工作面。

08.151 源包壳 capsule
为了防止放射性物质泄漏或扩散而设置的保护性外壳，通常由金属制成。

08.152 焊缝 welded joint
通过焊接方式，源包壳融合、对接的区域。

08.153 源底托 base
放射源中承载放射性物质的托片。托片一般采用金属(如不锈钢、镍片等)或无机材料(如陶瓷体)等材质。

08.154 保护层 protective layer
为防止放射性物质扩散而施加的保护涂层(或膜)。一般为有机材质。

08.155 密封放射源 encapsulated radioactive source
密封在包壳内或与某种材料紧密结合的放射

性物质。在规定的使用条件下和正常磨损下，这种包壳或结合材料足以保持源的密封性。

08.156　非密封放射源　unencapsulated radioactive source
未经包壳或覆盖层密封的含放射性物质的放射源。一般不满足密封放射源定义中所列条件的源。

08.157　放射源外形尺寸　outline dimension
放射源外部几何尺寸。一般采用直径×高度(厚度)、长×宽×高表示，需要与应用环境尺寸相匹配。

08.158　活性区尺寸　active area dimension
放射源内部具有有效放射性区域的尺寸。

08.159　放射源表面污染　radioactive surface contamination
在放射源表面上存有超过一定限值放射性物质的状态。包括非固定污染和固定污染。

08.160　粒子能谱　particle energy spectrum
脉冲幅度经能量刻度后，计数率随粒子能量变化的关系曲线。能谱一般与具体粒子种类有关，如 α 能谱、β 能谱、γ 能谱、中子能谱等。

08.161　光子发射率　photon emissivity
单位时间内通过放射源表面向外发射的光子数量。单位以 $photon/(m^2 \cdot s)$ 表示。

08.162　光子束　photon beam
一束具有一定能量向特定方向发射的光子。

08.163　中子输出率　neutron output ratio
单位时间内放射源发射出的中子数量。单位以 n/s 表示。

08.164　使用期限　service life
放射源能保持其安全性和有效性的一个时间期限。

08.165　建议使用期　recommended working life
放射源能保持其安全性并能满足使用要求的一个时间期限。

08.166　原型源　prototype source
某种密封放射源的原始样品。作为制造同类型源的一个模型，以便检测其性能，一般不含放射性物质或含有进行示踪监测用的少量放射性物质。

08.167　原型源分级检验　prototype source scoring test
对某种原型源所进行的性能检验。作为密封放射源分级的依据，检验项目包括温度、振动、冲击、穿刺等。

08.168　放射源泄漏检验　radioactive source leakage check
用于检测放射性物质是否由放射源向外部环境迁移的方法。一般分为以下 6 种方法：湿式擦拭法、干式擦拭法、浸泡法、真空鼓泡法、氦质谱法、热液体鼓泡法。

08.169　电离效应　ionization effect
带电粒子通过物质时，与其周围原子的壳层电子发生库仑作用，使其获得能量，当电子获得足以克服原子核对它束缚的能量时，就能脱离原子成为自由电子，形成正负离子对的现象。

08.170　半厚度值　half thickness value
射线通过某种物质时，强度减弱为初始值一半物质的屏蔽层厚度。

08.171　质能吸收系数　mass-energy absorption coefficient
非带电粒子在穿过单位质量厚度物质后转移

给次级带电粒子的动能被局部吸收的份额。

08.172 特征射线 characteristic ray
粒子与物质相互作用时，物质内部电子发生轨道跃迁，产生具有尖锐峰值的连续 X 射线能谱，该峰值所对应的 X 射线能量即为某一元素的特征辐射。

08.173 同位素电池 radioisotope battery
将同位素衰变过程中产生的热能、高速带电粒子动能或其次级效应转变成电能的装置。

08.174 固定表面污染 fixed surface contamination
正常工作条件下进行放射性物质的操作时，不会因受到人或仪器的机械运动而影响表面放射性污染。

08.175 α 放射源 α radioactive source
用发射 α 粒子的核素所制成、以发射 α 粒子为主要特征的一种放射源。用于制备 α 放射源的放射性核素主要有钋-210、镭-226、钍-228、铀-238、铀-239、镅-241、锔-242 和锔-244 等。

08.176 β 放射源 β radioactive source
以发射 β⁻粒子为基本特征的放射源。制备 β 放射源的核素主要有氚、碳-14、钠-22、钴-58、镍-63、氪-85、锶-90、钷-147 和铊-204 等。

08.177 γ 放射源 γ radioactive source
以发射 γ 辐射为基本特征的放射源。用于制备 γ 放射源的核素有铁-55、钴-57、钴-60、硒-75、铯-137、铥-170、铱-192、铀-238、镅-241 等。

08.178 同位素热源 radioisotope heat source
放射性核素发射的带电粒子和 γ 辐射，与物质相互作用，最终被物质阻止和吸收，射线的动能转变为热能，吸收体温度升高，利用这一特性将放射性核素制备成的放射源。如钚-238 同位素热源、锶-90 同位素热源等。

08.179 俄歇电子源 Auger electron source
由于原子中的电子被激发而产生的次级电子。在原子壳层中产生电子空穴后，处于高能级的电子可以跃迁到这一层，同时释放能量。当释放的能量传递到另一层的一个电子时，这个电子就可以脱离原子发射，被称为俄歇电子。利用具备此种特性核素制备成的放射源有铁-55 俄歇电子源。

08.180 内转换电子源 internal conversion electron source
内转换电子是原子核从激发态到较低的能态或基态的跃迁。对于剥去电子的裸核，一般只能通过发射 γ 光子(如果可能，也可以产生正负电子对)实现退激。当核外存在电子时，原子核还可以把能量传递给某个壳层电子(如 K 层电子)使电子发射出来，实现退激，这种现象称为内转换。利用具备此种特性核素制备成的放射源有铋-207 内转换电子源。

08.181 轫致辐射源 bremsstrahlung source
高速带电粒子与物质相互作用能产生一种辐射，其能谱与放射性核素 β 能谱、靶物特性等有关，利用此特性制备的放射源叫轫致辐射源。能制备此种放射源的核素有钷-147、磷-32 等。

08.182 中子源 neutron source
能产生较高中子通量的一种装置。常伴有 γ 辐射。种类包括反应堆中子源、同位素中子源(如镭-铍源、钋-铍源)、加速器中子源等。常用于活化分析、辐射育种、肿瘤治疗以及在核武器中及时引起链式反应等。

08.183 (α, n)反应中子源 (α, n) reaction neutron source

利用放射性核素衰变发射的 α 粒子与某些轻元素发生(α, n)核反应产生中子的放射源。适用的放射性核素有 ^{210}Po、^{210}Pb、^{226}Ra、^{238}Pu、^{241}Am 和 ^{242}Cm 等。

08.184 (γ, n)反应中子源 (γ, n) reaction neutron source

又称"光中子源(photoneutron source)"。由可发射高能 γ 射线的核素与 Be 或 D_2O 靶发生(γ, n)核反应产生中子的放射源。如锑-124-铍中子源。

08.185 自发裂变中子源 spontaneous fission neutron source

利用自发裂变核素能自发产生中子这一特性制成的放射源。如锎-252 自发裂变中子源。

08.186 低能光子源 low energy photon source

发射出能量低于 150 keV 的 γ 和 X 光子的放射源。如镅-241 低能光子源、铁-55 低能光子源等。

08.187 参考源 reference source

进行放射性物质活度或能谱分析时，一种作为标准进行对比的放射源。

08.188 标准源 standard source

采用绝对测量技术，能精确地测量出其活度值的放射源。可校准其他同类型放射源的活度。放射性标准源分为活度标准源和能谱仪器刻度标准源。大多数标准源都是活度标准源，标准源总不确定度的大小：一级标准源(总不确定度<2%)和二级标准源(总不确定度为 3%～5%)。

08.189 α 标准源 α standard source

由 α 放射性核素制备的标准源。如镅-241 α

标准源、钚-239 α 标准源等。

08.190 β 标准源 β standard source

由发射 β$^-$、β$^+$放射性核素制备的标准源。如氢-3 β 标准源、铊-204 β 标准源、钷-147 β 标准源等。

08.191 γ 标准源 γ standard source

由发射 γ 射线放射性核素制备的标准源。可分为 γ 谱仪刻度用标准源、γ 辐射剂量仪检查用源和高活度 γ 测量用活度标准源，如铯-137 γ 标准源、钴-60 γ 标准源等。

08.192 穆斯堡尔源 Mössbauer source

用于研究穆斯堡尔谱学的特殊放射源。在一定条件下能发射相当比例的无反冲 γ 辐射，如钴-57 穆斯堡尔源等。

08.193 点源 point source

应用时可以忽略其几何尺寸，从一个点发射出射线的放射源。

08.194 面源 surface source

射线由端面发射的放射源。如钴-57 面源。

08.195 线源 line source

一种细长的圆柱状放射源。其长度远大于直径，放射性物质在长度方向上均匀分布。

08.196 环状源 annular source

几何形状为环形的一种放射源。如镅-241 环状低能光子源等。

08.197 组合源 combined source

由几种放射性核素联合制备或多种放射源组合而成的放射源。如锎-252/铯-137 中子/γ 组合源、镅-241/碘-125 组合源等。

08.198 测厚源 thickness source

用于测量物体厚度的放射源。如锶-90 测厚源、钷-147 测厚源等。

08.199　初级启动中子源　primary startup neutron source

在反应堆装料期间和物理启动时用来核安全监督的中子源。

08.200　次级启动中子源　secondary startup neutron source

反应堆停堆后再启动和换料时用来核安全监督的中子源。常用的是 Sb-Be 源。它们开始放在堆内时并不发射中子，只有在反应堆投入运行后才具有发射中子的能力。

08.201　测井源　well-logging source

采用中子活化分析原理,用于石油勘探的放射源。常用的放射源有镅-241/铍中子源、锎-252 自发裂变中子源等。

08.202　工业探伤源　industry flaw detection radioactive source

利用放射源的射线对金属构件或其他材料内部结构进行照相的无损检测技术。主要放射源为 γ 射线放射源。常用探伤源有铱-192 γ 源、钴-60 γ 源、硒-75 γ 源等。

08.203　电镀制源工艺　electroplate radioactive source preparation technology

在适当电压的作用下，使溶液中放射性金属离子在阴极表面还原为金属或某种化合物，从而得到源芯的工艺。如钴-57 穆斯堡尔源、铁-55 低能光子源等的制备工艺。

08.204　陶瓷制源工艺　ceramic radioactive source preparation technology

把放射性物质掺杂到陶瓷面釉料中均匀混合，经高温烧结后附着在陶瓷体表面，得到陶瓷源芯。如钚-238 低能光子源、锶-90 β 放射源的制备工艺。

08.205　搪瓷制源工艺　enamel radioactive source preparation technology

把放射性物质掺杂到搪瓷面釉料中均匀混合，通过高温烧结，使其附着在已搪有底釉的金属底托上，得到搪瓷源芯的制备工艺。如镅-241 低能光子源的制备工艺。

08.206　玻璃制源工艺　glass radioactive source preparation technology

把放射性物质掺杂到玻璃料中，经高温烧结形成玻璃体，得到玻璃源芯的制备工艺。如镅-241 低能光子源、锶-90 β 放射源的制备工艺。

08.207　粉末冶金制源工艺　powder metallurgy radioactive source preparation technology

采用粉末冶金技术制备含放射性物质的毛坯，然后将其夹封在延展性好、抗腐蚀性强的金属材料中，经滚压轧制成源箔的制备工艺。如镅-241 α 放射源、钷-147 β 放射源的制备工艺。

08.208　化学镀制源工艺　chemical plating radioactive source preparation technology

又称"自催化镀(electroless plating)"。在无电流通过的情况下，放射性金属离子在同一溶液中还原剂的作用下通过可控制的氧化还原反应在具有催化表面(催化剂一般为钯、银等贵金属离子)的镀件上还原成金属，从而在镀件表面上获得放射性金属沉积层的过程。如在盐酸溶液中钋-210(+4 价)可自沉积在银、镍、铋等金属表面。

08.209　真空蒸发制源工艺　vacuum evaporation radioactive source preparation technology

在真空条件下，通过高温加热方式，将放射

性物质蒸发，然后沉积在耐高温材料上，从而得到放射性源芯的工艺。可用于钋-210 α标准源的制备。

08.210 粉末混合压片制源工艺 powder mixing and pressing radioactive source preparation technology

将放射性核素的氧化物粉末与非放射性粉末混合在一起，加压制备成源芯的工艺。如氧化镅-241/铍粉混合压片制备镅-241/铍中子源。

08.211 高温挥发制源工艺 high temperature evaporation radioactive source preparation technology

制备 ^{210}Po-Be 中子源芯的一种工艺。主要过程为将表面沉积有 ^{210}Po 的铜粉或金片与铍粉一起密封在不锈钢壳中，加热到 1000 ℃，使 ^{210}Po 汽化并扩散到整个源壳内。

08.212 热压制源工艺 heat pressing radioactive source preparation technology

将放射性物质同时进行加压、加热制备成源芯的工艺。如钚-238 热源的制备工艺。

08.213 热等静压制源工艺 iso-static hot press radioactive source preparation technology

将放射性样品放置到密闭的容器中，向样品施加各向同等的压力，同时施以高温，在高温高压作用下，样品得以烧结和致密化的制备工艺。如钚-238 热源的制备工艺。

08.214 电弧等离子烧结制源工艺 arc plasma sintering radioactive source preparation technology

将含放射性样品粉末装入石墨等材质制成的模具内，利用上、下模冲及通电电极将特定烧结电源和压制压力施加于烧结粉末，经放电活化、热塑变形和冷却完成制取高性能

材料的一种新的粉末冶金烧结技术。

08.215 分子电镀制源工艺 molecular plating radioactive source preparation technology

有机溶剂和微量放射性无机酸溶液在高压、低电流密度作用下，放射性核素以氢氧化物或其他化合物形式沉积在阴极，制备源芯的一种工艺。如镅-241 α 放射源、锎-252 裂片源的制备工艺。

08.216 电溅射制源工艺 electric sputtering radioactive source preparation technology

以一定能量的粒子(离子或中性原子、分子)轰击放射性样品固体表面，使固体近表面的原子或分子获得足够大的能量而最终逸出固体表面再淀积成薄膜的一种放射源制备工艺。电溅射制源工艺只能在一定的真空状态下进行。

08.217 溶液蒸发制源工艺 solution evaporation radioactive source preparation technology

含放射性物质的溶液经加热、溶剂蒸发、放射性核素沉积在托片，制备成源芯的工艺。用于制备放射性示踪剂、测量样品。

08.218 共电沉积制源工艺 common electric deposition radioactive source preparation technology

在放射性水溶液中加入金属粉末，使放射性核素与金属粉末一起沉积在阴极表面，制备成源芯的工艺。用于制备镅-241、钚-239 等锕系核素高活度标准源。

08.219 电喷射制源工艺 electro-spray radioactive source preparation technology

含有放射性物质(化合物)的有机溶剂在电场作用下，经毛细管喷到托片(金属、陶瓷或塑

料材质)上,制备成源芯的工艺。用于制备大面积标准源。

08.220 电泳制源工艺 electrophoresis radioactive source preparation technology

放射性胶体物在高压电场的作用下迁移到与其所带电荷相反的电极上,制备成源芯的工艺。用于制备锕系核素标准源。

08.221 离子交换制源工艺 ion exchange radioactive source preparation technology

源托片上涂敷有有机或无机交换剂,放射性核素经离子交换,制备成源芯的工艺。用于制备一些超钚核素标准源。

08.222 有机聚合制源工艺 organic polymerization radioactive source preparation technology

将含有 ^{3}H 或 ^{14}C 的单体合成有机聚合物,如聚甲基丙烯酸甲酯,制备成源芯的工艺。用于制备氢-3、碳-14 标准源和辐射源。

08.223 镅-241 α 放射源 americium-241 α radioactive source

以核素镅-241 作为发射体制备的放射源。利用其衰变发射的 α 射线的电离作用,制备离子感烟探测器、静电消除器、避雷针、负氧离子发生器、电离式气体密度计等。

08.224 钚-239 α 放射源 plutonium-239 α radioactive source

以核素钚-239 作为发射体制备成的 α 放射源。利用其衰变发射的 α 射线的电离作用,制备离子感烟探测器、静电消除器、避雷针、负氧离子发生器、电离式气体密度计等。

08.225 钋-210 α 放射源 polonium-210 α radioactive source

以核素钋-210 作为发射体制备成的 α 放射源。利用其衰变发射的 α 射线的电离作用,制备离子感烟探测器、静电消除器、避雷针、负氧离子发生器、电离式气体密度计等。

08.226 氚钛靶 tritium-titanium target

由钛作为吸氚膜材料,吸附氚制备而成的靶材。主要用于氚氘中子发生器中的氚靶。

08.227 镍-63 β 放射源 nickel-63 β radioactive source

以核素镍-63 作为发射体制备成的 β 放射源。用于 β 活度测量和 β 能量响应刻度时的参考源和工作源、色谱仪电子捕获器、离子感烟探测器、电子管内电离源、气相层析的电子俘获探头等。

08.228 氪-85 β 放射源 krypton-85 β radioactive source

以核素氪-85 作为发射体制备成的 β 放射源。主要在工业上用于 β 辐射测厚仪、密度测量仪等。

08.229 锶-90 β 放射源 strontium-90 β radioactive source

以核素锶-90 作为发射体制备成的 β 放射源。主要在工业上用于 β 辐射测厚仪、密度测量仪等。

08.230 钌-106 β 放射源 ruthenium-106 β radioactive source

以核素钌-106 作为发射体制备成的 β 放射源。主要在工业上用于 β 辐射测厚仪、密度测量仪等。

08.231 钷-147 β 放射源 promethium-147 β radioactive source

以核素钷-147 作为发射体制备成的 β 放射源。主要在工业上用于 β 辐射测厚仪、密度测量仪等。

08.232　铊-204 β 放射源　thallium-204 β radioactive source

以核素铊-204 作为发射体制备成的 β 放射源。主要在工业上用于 β 辐射测厚仪、密度测量仪等。

08.233　钴-60 γ 放射源　cobalt-60 γ radioactive source

以核素钴-60 作为 γ 发射体制备成的 γ 放射源。在农业上常用于辐射育种、辐射防止虫害和食品辐射保藏与保鲜，在工业上常用于无损探伤、辐射加工以及用于厚度、密度、物位的测定和在线自动控制等。

08.234　铯-137 γ 放射源　caesium-137 γ radioactive source

以核素铯-137 作为 γ 发射体制备成的 γ 放射源。在工业上用于辐射探伤、密度测量、厚度测量、测井、核辐射称重。高活度 ^{137}Cs 放射源还可用于辐照育种、辐照储存食品以及辐照杀菌等。

08.235　铱-192 γ 放射源　iridium-192 γ radioactive source

以核素铱-192 作为 γ 发射体制备成的 γ 放射源。主要在工业上用于辐射探伤。

08.236　硒-75 γ 放射源　selenium-75 γ radioactive source

以核素硒-75 作为 γ 发射体制备成的 γ 放射源。可用于工业探伤，医学上也用于胰腺及甲状腺扫描。

08.237　镅-241 低能光子源　americium-241 low energy photon source

以核素镅-241 作为发射体制备的放射源。利用其在 α 衰变时伴随发射 59.5 keV γ 辐射和 11.9～20.8 keV Np-LX 辐射，用镅-241 可以制成只能透过 59.5 keV γ 辐射的单束光子源，也可制成同时具有两组能量不同辐射的双束光子源。镅-241 低能光子源在 X 射线荧光分析中有重要应用。

08.238　钚-238 低能光子源　plutonium-238 low energy photon source

以核素钚-238 作为低能光子发射体制备成的低能光子源。用于在 X 射线荧光分析时提供光子源。

08.239　铁-55低能光子源　iron-55 low energy photon source

以核素铁-55 作为低能光子发射体制备成的低能光子源。用于在 X 射线荧光分析时提供光子源。

08.240　镉-109 低能光子源　cadmium-109 low energy photon source

以核素镉-109 作为低能光子发射体制备成的低能光子源。用于在 X 射线荧光分析时提供光子源。

08.241　碘-125低能光子源　iodine-125 low energy photon source

以核素碘-125 作为低能光子发射体制备成的低能光子源。用于在 X 射线荧光分析时提供光子源。

08.242　钆-153低能光子源　gadolinium-153 low energy photon source

以核素钆-153 作为低能光子发射体制备成的低能光子源。用于在 X 射线荧光分析时提供光子源。

08.243　次级低能光子源　secondary low energy photon source

高速带电粒子或光子轰击原子使其激发，受激原子通过发射特征辐射恢复到基态，利用此原理制备成的低能光子源。

08.244 钴-57穆斯堡尔源 cobalt-57 Möss-bauer source

由核素钴-57制备成的一种放射源。是用于研究穆斯堡尔谱学的特殊放射源，与一般放射源的不同之处是，在一定条件下具有相当比例的无反冲γ辐射。

08.245 锎-252中子源 californium-252 neutron source

由自发裂变核素锎-252制备成的一种中子源。一般用于工业在线分析、中子活化以及中子测井等。

08.246 镅-241-铍中子源 americium-241-beryllium neutron source

由放射性核素镅-241衰变发射的α粒子与铍作用产生中子的放射源。一般用于中子测井、水分分析等。

08.247 钚-238-铍中子源 plutonium-238-beryllium neutron source

由放射性核素钚-238衰变发射的α粒子与靶子铍作用产生中子的放射源。一般用于中子测井、反应堆启动等。

08.248 钋-210-铍中子源 polonium-210-beryllium neutron source

由放射性核素钋-210衰变发射的α粒子与靶子铍作用产生中子的放射源。一般用于反应堆启动等。

08.249 锑-124-铍中子源 stibium-124-beryllium neutron source

由放射性核素锑-124衰变发射的γ射线与靶子铍作用产生中子的放射源。一般用于中子活化分析等。

08.250 锎-252裂片源 californium-252 both-ridium source

由自发裂变核素锎-252制备成的一种裂片源。一般用于核物理测量等研究领域。

08.251 钠-22正电子源 sodium-22 positron source

由正电子核素钠-22制备成的放射源。

08.252 锗-68刻度源 germanium-68 graduated source

由核素锗-68制备成的一种参考源。一般用于正电子发射断层(PET)校准等。

08.253 钴-57刻度源 cobalt-57 graduated source

由核素钴-57制备成的一种参考源。

08.254 钚-238同位素热源 plutonium-238 radioisotope heat source

以核素钚-238为原料制备成的同位素热源。

08.255 钚-238同位素电池 plutonium-238 radioisotope battery

以钚-238同位素热源为热能来源，利用热/电转换等方式制备成的一种电池。为空间航天器、极地无人区监测器、水下探测器、心脏起搏器提供能量保障。

08.256 锶-90同位素热源 strontium-90 radioisotope heat source

以 $SrTiO_3$ 等作为锶-90热源燃料形式，经热压成型制备而成的同位素热源。

08.257 锶-90同位素电池 strontium-90 radioisotope battery

以锶-90同位素热源为热能来源，利用热/电转换等方式制备成的一种电池。为地面、水上或水下一些装置提供能量。

08.258 镍-63微电池 nickel-63 micro-battery

以核素镍-63为原料制备成的同位素微型电池。

08.259　静电消除器　static electricity eliminator

利用由放射源(如钋-210 α 放射源、钷-147 β 放射源)发射出的 α 或 β 离子可以将空气分子电离形成正负离子对的特性，根据正负电荷中和原理使物体表面静电得以消除的装置。

08.260　放射性同位素避雷器　radioactive isotope lightning arrester

安装有放射源(如镅-241 α 放射源)的高性能避雷器。该装置由镅-241 发射的 α 射线使避雷器附近空气电离产生大量离子，雷电中的电荷则可沿着此离子云形成导电通路，经避雷器导向大地。

08.261　离子感烟探测器　ionization smoke detector

因烟雾粒子的产生使装有放射源(如镅-241 α 放射源)的电离室电离电流发射改变，从而实现火灾报警的探测器。

08.262　电离真空计　ionization vacuum gauge

利用 α 粒子引起电离产生的离子数量与介质气体压力有关这一特性进行工作的仪表。常用的 α 源有镅-241、钋-210 等，源活度为 0.37~37 MBq。

08.263　电子俘获鉴定器　electron capture detector

该装置电离室中，安装有低能 β 或 α 源，当电子亲和性的化合物进入电离室时，电离粒子减少，电离电流下降，由此，可以根据化合物通过色谱柱的时间对其进行鉴定。可选用的放射源有铁-55 俄歇电子源、氢-3、镍-63、钷-147 β 源以及镅-241 α 源。

08.264　放射性发光管　radioactive luminotron

由 β 放射性物质与发光材料结合在一起制备成的放射性发光体。如氢-3 发光管、钷-147 发光管等。

08.265　β 反散射测厚　β backscatter thickness gauging

利用 β 粒子作用于物体时，反射辐射强度与样品厚度具有一定关系的原理，测定物体厚度。如磷-32 β 射线反散射测量覆盖层厚度，氪-85 β 放射源测镍基体镀金厚度。

08.266　β 透射测厚　β transmission thickness gauging

β 射线通过吸收体将被吸收，其被吸收而减弱的程度与吸收体的厚度及密度有关，利用这一特性可以确定已知材料物体的厚度。如钷-147 β 放射源测薄纸、塑料膜厚度等。

08.267　密度计　density gauge

射线通过某种材料时，其辐射强度减弱程度与所通过材料的密度有关，根据此原理测定该物质密度的装置。如铯-137 γ 源密度计可以监测输油管中的石油密度。

08.268　γ 辐射探伤　γ radiation flaw detection

一束 γ 射线通过物体，其强度因吸收和散射而减弱，减弱程度与射线所通过物体的厚度、密度有关，也和射线的能量有关，利用这一特性可以检测出物体内部结构情况，达到探伤目的。用于辐射探伤的放射源一般有钴-60 γ 源、铱-192 γ 源、铥-170 γ 源等。

08.269　料位计　level gauge

γ 射线通过某种材料时，其辐射强度减弱程度与所通过材料的密度与厚度有关，根据此原理测定密闭容器中物质位置的装置。常用的放射源有钴-60 γ 源、铯-137 γ 源。

08.270　γ 测厚仪　γ thickness gauge

γ 射线通过吸收体后，其辐射强度减弱程度与吸收体材料厚度有关，利用此原理进行物料厚度测量的装置。常用的放射源有镅-

241(3.7 GBq)、铯-137(1.85 GBq)。

08.271　灰分计　ash meter

γ 射线通过煤炭时，其辐射强度减弱程度与煤炭中灰分的含量有关，根据此原理测定煤炭中灰分含量的装置。常用的有镅-241、钚-238、镉-109 等低能光子源。

08.272　测井　logging

在进行石油和天然气地质勘探时，用于判定地质构造(矿床厚度、岩层孔隙度、渗透性和碳氢化合物含量等)的核探测分析技术。常用的中子源有镅-241 铍、钚-238 铍中子源及锎-252 自发裂变中子源。

08.04　放射性药物

08.273　放射性药物　radiopharmaceutical

可直接用于人体内进行医学诊断或疾病治疗的放射性核素及其标记化合物。包括含有放射性核素或由其标记的无机、有机化合物和生物制剂。

08.274　放射性药物整体设计法　integrated design for radiopharmaceutical

在放射性药物设计中，用放射性金属–螯合基团替换目标化合物的一部分结构，尽量保持原有分子的大小、形状和结构。

08.275　诊断用放射性药物　diagnostic radiopharmaceutical

用于体内脏器或病变组织的结构、代谢和功能等诊断的放射性药物。

08.276　有效半减期　effective half-life

某种指定的放射性核素在生物系统中由于放射性衰变和生物排出的综合作用而近似地按指数规律减少，该核素的数量减少一半所需的时间。

08.277　放射性标记药盒　kit for radiopharmaceutical preparation

具有固定的组成，包括适量的配体、还原剂、赋形剂、稳定剂、缓冲剂等，把它们预先制成无菌无热原的冻干品保存，使用时加入所需的放射性核素，常可一步法得到所需的药物。

08.278　放射性药物体外稳定性　in vitro stability of radiopharmaceutical

在药物或示踪剂制备、运输或储存过程中，耐受外界不利条件，如高温、高湿、氧化性、强电离辐射等，而保持自身结构和性质稳定的特性。主要包括化学稳定性、辐射稳定性、标记稳定性等。化学稳定性是指放射性药物具有确定的较为稳定的化学结构，使其在制备过程和药物储存过程中，不易发生分解、氧化、还原等化学变化，否则由此而生成的复杂的副产物将影响药物的使用性能和有效使用期。辐射稳定性是指药物对自身辐射作用的耐受能力。标记稳定性是指放射性核素的原子或基团与化合物结合的牢固程度。

08.279　放射性药物体内稳定性　in vivo stability of radiopharmaceutical

当放射性药物引入机体后，不会因为介质条件的改变或生物活性物质的改变(如酶的作用等)而发生分解、变性或标记核素脱落的特性。一般通过动物体内试验来鉴定。

08.280　双功能连接剂　bifunctional conjugating agent

在放射性药物制备中同时连接放射性核素和药效基团的连接剂。

08.281　双功能螯合剂　bifunctional chelator

含有两个或更多供电子基团的有机或无机化合物分子。可以同时连接放射性核素和待标记化合物。用于蛋白、肽类的放射性核素标记，常用的有 NHS-MAG$_3$、HYNIC、DTPA 等。

08.282 氘代试剂 deuterated reagent
化合物中一个或多个氢原子被稳定同位素 ^2H 取代的试剂。

08.283 偶联物 conjugate
将两种以上相同或者不同的分子利用共价键、配位键连接形成的化合物。

08.284 偶联设计法 conjugation-based design approach
将放射性金属-螯合基团与配体连接，该连接部位与靶受体相互作用位点相距较远，原则上不影响与相应靶受体的亲和性和选择性。

08.285 竞争放射分析 competitive radioassay
利用特异抗体与标记抗原和非标记抗原的竞争结合反应，通过测定放射性复合物量来计算出非标记抗原的量的一种超微量分析技术。包括利用抗原抗体免疫反应的放射免疫分析法，利用特异结合蛋白质的竞争性蛋白结合分析法和放射受体分析法等。

08.286 化学纯度 chemical purity
样品中以某一特定化学形式存在的物质重量占该样品总重量的百分比。

08.287 核药物 nuclear pharmaceuticals
可直接用于人体内进行医学诊断或疾病治疗的放射性或稳定核素及其标记化合物。包括含有放射性或稳定核素及由其标记的无机、有机化合物和生物制剂。

08.288 核药[物]学 nuclear pharmacy
研究核素标记药物的一门药学分支学科。

08.289 分子探针 molecular probe
用放射性核素或其他物质标记，能与某种特异靶分子结合，并且可以被灵敏检测到的示踪物质。

08.290 放射自显影图 autoradiogram
将含有放射性物质的实验样品与感光胶片紧贴在一起一段时间，利用放射性核素发射的射线使感光材料感光并经显影后获得的图像。

08.291 放射性药物学 radiopharmacy
研究放射性核素标记药物的一门药学分支学科。

08.292 放射药剂学 radiopharmaceutics, radiopharmacy
核医学中制备和调配供诊断、治疗用并具有药物性质的标记化合物的一门学科。

08.293 放射性药物化学 radiopharmaceutical chemistry
研究医用放射性核素及其放射性药物的制备、性质和应用及有关理论的一门学科。是核医学的支柱和基础之一。

08.294 放射性药品 radioactive drug
经过国家药品监督管理部门批准，具有批准文号、质量标准、规格标准和使用说明书，允许市场流通与销售的放射性核素制剂或者其标记药物。

08.295 单克隆抗体标记 labeling of monoclonal antibody
采用直接或间接的方法，通过共价键或者配位键将放射性核素或者其他标记基团与单克隆抗体连接起来的技术。

08.296 包被 coating
抗原或抗体结合到固相载体表面的过程。

08.297 抗原 antigen
能刺激机体免疫系统使之产生特异性免疫应答，并能与相应免疫应答产物(抗体或抗原受体)在体内外发生特异性结合的一类物质。

08.298 单克隆抗体 monoclonal antibody
由淋巴细胞杂交瘤技术产生、只针对复合抗原分子上某一抗原决定簇结合的特异性抗体。

08.299 标记率 labeling efficiency
引入到标记化合物分子中的稳定或放射性核素的量占用于标记反应的相应核素总量的百分比。是反映标记效率的参数。

08.300 靶组织 target tissue
外源性探针进入生物体内发生特异性结合的目标组织。

08.301 靶体积 target volume
获得处方剂量的肿瘤临床灶和亚临床灶。包括器官运动和摆位误差。

08.302 [体内]生物分布 [in vivo] biodistribution
一种放射性药物注射在活体内，特定时间、特定组织或器官滞留的量占总注射量的百分比。

08.303 正电子发射断层显像药物 positron emission topography pharmaceutical
简称"PET药物(PET pharmaceutical)"。可直接用于人体内进行医学诊断或疾病治疗的正电子核素及其标记化合物。包括含有正电子核素或由其标记的无机、有机化合物和生物制剂。

08.304 放射性核素制剂 medical radioactive preparation
医学诊断、治疗和疾病研究所用的含有放射性核素的各种剂型的制剂。

08.305 炎症显像剂 infection imaging agent
用于鉴别感染、发炎的放射性核素及其标记化合物。主要用于隐匿性感染病灶的定位诊断、关节炎及炎症性肠道疾病等的鉴别诊断、疗效评估等方面。

08.306 血液灌注显像剂 blood perfusion imaging agent
用于测量血流量的放射性药物。被认为是第一代放射性药物。

08.307 血池显像剂 blood pool imaging agent
用于血池显像的放射性药物。通常用于检测血管容积明显高于邻近组织的器官或病变。

08.308 放射性显像剂 radiolabeled imaging agent，radioactive imaging agent
用于显像的放射性核素及其标记化合物。是代谢、器官、受体、功能等显像剂的总称，包括正电子发射计算机断层显像药物、单光子发射计算机断层显像药物。

08.309 微型正电子发射计算机断层显像 micro positron emission computed tomography，micro PET
基于正电子发射计算机断层显像临床诊断技术发展起来的专门用于小动物活体实验研究的断层显像装置。

08.310 微型单光子发射计算机断层显像 micro single photon emission computed tomography，micro SPECT
基于单光子发射计算机断层显像临床诊断技术发展起来的专门用于小动物活体实验研究的断层显像装置。

08.311 肾显像剂 renal imaging agent

用于肾脏显像的放射性药物。

08.312 切连科夫成像技术 Cerenkov imaging technique

利用核素通过切连科夫辐射产生可探测光的特性进行光学成像的技术。

08.313 热区显像剂 hot spot imaging agent

主要被病变组织摄取、正常组织不摄取或摄取少、静态显像上病灶组织的放射性高于正常组织的放射性药物。

08.314 冷区显像剂 cold spot imaging agent

被正常组织摄取、病变组织摄取低或不摄取、在静态影像上病灶表现为放射性稀疏或缺损的放射性药物。

08.315 器官显像剂 organ imaging agent

用于器官显像的放射性药物。

08.316 脑显像剂 brain imaging agent，cerebral imaging agent

用于脑组织显像的放射性药物。按照成像脑组织的属性又可进一步分为脑血流灌注、脑代谢(葡萄糖代谢、蛋白质代谢等)、神经递质、神经受体和转运蛋白等不同类型的放射药物。

08.317 甲状腺显像剂 thyroid imaging agent

用于甲状腺疾病诊断的放射性药物。

08.318 基因显像剂 gene imaging agent

在 DNA、mRNA 或蛋白质水平上无创性地显示基因及其表达产物的功能动力学变化的放射性药物。

08.319 骨显像剂 bone imaging agent

用于骨显像的放射性药物。

08.320 功能显像剂 functional imaging agent

结合显像设备获得机体或器官血流、生理或生化功能状态图像的放射性药物。

08.321 反义核酸显像剂 antisense nuclear acid imaging agent

含有放射性核素的反义核酸。可以利用碱基配对的原理与体内核酸特异性结合而进行显像。

08.322 多药耐药性显像剂 multidrug resistance imaging agent

用于多药耐药性的核素显像剂。多药耐药是指肿瘤细胞长期接触某一化疗药物，产生的不仅对此种化疗药物有耐药性，而且可对其他结构和功能不同的多种化疗药物有交叉耐药性。

08.323 多模态显像剂 multi-modality imaging agent

能同时被两种或两种以上影像设备使用的显像剂。比如核医学/光学、光学/核磁共振、光学/超声双模态显像剂。

08.324 斑块显像剂 plaque imaging agent

能与斑块特异结合，从而反映斑块的区域和密度的放射性药物。多用于阿尔茨海默病的诊断。

08.325 治疗用放射性药物 therapeutic radiopharmaceutical

利用所含有的放射性核素发射的射线在生物体内产生电离作用及其生物效应达到治疗目的的放射性药物。

08.326 治疗用放射性核素 therapeutic radionuclide

可用于治疗用放射性药物的放射性核素。多为可发射 α、β、俄歇电子的核素，如 ^{223}Ra、^{89}Sr 等。

08.327　诊断治疗用放射性核素　theragnostic radionuclide

可同时发射适合核医学显像诊断的 γ 射线(或正电子)和适合治疗的 α、β 射线的核素。

08.328　诊断治疗放射性核素对　theragnostic radionuclide pair

适用于诊断的核素与适用于治疗的核素。通常具有相似的化学性质，可方便相互替代与药物前体结合，且在体内具有相似的药代动力学和靶点。

08.329　硼中子俘获治疗药物　drug used in boron neutron capture therapy

硼中子俘获治疗中以非放射性的 ^{10}B 标记的药物。用来将 ^{10}B 运输至待治疗的靶部位，如［^{10}B］巯基十二硼烷二钠盐(BSH)、［^{10}B］对-二羟苯基硼酰苯丙氨酸(BPA)。

08.330　放射性籽源　radioactive seed source

又称"放射性粒子""放射性种子(radioactive seed)"。通常将放射性核素封装于惰性金属颗粒内，植入体内用于近距离放射治疗的装置。

08.331　单光子发射计算机断层显像药物　single photon emission computed topography pharmaceutical

又称"SPECT 药物(SPECT pharmaceutical)"。可直接用于人体内进行医学诊断或疾病治疗的单光子核素及其标记化合物。包括含有单光子核素或由其标记的无机、有机化合物和生物制剂。

08.332　免疫放射分析　immunoradiometric assay，IMRA

利用过量放射性标记抗体与抗原(待测物)进行免疫反应，分离抗原-抗体复合物后，用测量放射性的方法测量并计算抗体中结合部分与游离部分的比值，从而确定分析物的量。该法特别适于不易得到标记抗原或标记后易失活的生物活性物质的分析。

08.333　校正合成效率　corrected synthesis yield

在制备短半衰期放射性核素标记化合物过程中，评价放射化学合成速度快慢、效率高低的一项指标。根据放射性核素衰变规律，校正至开始时标记化合物的放射性活度占该放射性核素总活度的百分率。

08.334　不校正合成产率　uncorrected synthesis yield

在制备短半衰期放射性核素标记化合物结束后，不进行放射性核素衰变校正，直接测量得到标记化合物的放射性活度占开始合成时该放射性核素总活度的百分率。

08.335　转移螯合　transchelation

又称"配体交换(ligand exchange)"。一种间接制备锝配合物的方法。先将高价锝还原后与一种结合较弱的配体形成配合物，然后再加入另一种结合较强的配体形成配合物，这种方法可准确地产生具有一种氧化态的锝配合物，而且可以避免还原剂的干扰。

08.336　自动合成装置　automatic synthesis device

通过计算机控制，将预置包括高辐射剂量同位素在内的多种化学试剂通过一定程序依次加入反应瓶，并实现加热、搅拌、冷却、转移等，最后纯化得到符合药物标准、可供人体注射的自动化控制系统，以替代人工手动操作，大大降低操作者的辐射剂量的自动化模块。

08.337　碳-11 标记方法　［^{11}C］labeling method

采用亲核取代方法，将碳-11 标记到化合物或大分子的过程。常用的亲核试剂为碘代甲烷，被进攻的核为氮、氧、硫和碳。

08.338　亲核氟[18F]化　nucleophilic [18F]-fluorination

采用亲核取代方法，将氟-18 标记到化合物或大分子的过程。通常由加速器通过 $^{18}O(p, n)^{18}F$ 生产氟离子，在无水条件下，通过相转移催化剂发生亲核反应。

08.339　亲电氟[18F]化　electrophilic [18F]-fluorination

采用亲电加成或亲电取代反应，将氟-18 标记到化合物的过程。由加速器通过 $^{18}O(p, n)^{18}F$ 生产出氟气体，直接应用或转化为活泼的氟化试剂，再进行加成或取代。一般亲电氟化反应的标记物为有载体化合物。

08.340　间接标记方法　indirect labeling method

又称"辅基标记法(prosthetic group labeling method)"。对一些无法直接标记或不适合高温标记的化合物或大分子，往往需要首先制备一个活泼的标记前体，然后再与目标分子偶联的方法。

08.341　氟-18 标记方法　method of [18F]-fluorination

放射性的氟原子通过化学方法结合到分子或特定物质的方法。通常是指通过亲核取代、亲电加成(取代)或者同位素交换标记化合物或生物大分子的方法。

08.342　直接标记方法　direct labeling method

通过取代、加成等方法将放射性核素直接连接到目标化合物上的标记方法。

08.343　氯化锶[89Sr]　strontium [89Sr]-chloride

利用 ^{89}Sr 发射的 β 射线治疗由前列腺癌、乳腺癌及其他癌肿的骨转移灶引起的疼痛的一种放射性治疗药物。

08.344　来昔决南钐[153Sm]　samarium [153Sm]-lexidronam

^{153}Sm 与依地四膦酸形成的螯合物。一种放射性治疗药物，利用 ^{153}Sm 发射的 β 射线治疗患有成骨性骨转移，核素骨扫描显示有放射性浓聚灶患者的疼痛。

08.345　二氯化镭[223Ra]　radium [223Ra] dichloride

含放射性核素 ^{223}Ra 的一种放射性治疗药物。利用 ^{223}Ra 发射的 α 射线杀伤邻近细胞，用于治疗有骨转移症状但无已知内脏转移的去势抵抗性前列腺癌患者。

08.346　碘[131I]美妥昔单抗　iodine [131I]-metuximab

含放射性核素 ^{131}I 的一种放射性治疗单抗药物。利用单抗的靶向作用和 ^{131}I 发射的射线治疗不能手术切除或术后复发的原发性肝癌，以及不适宜作动脉导管化学栓塞(TACE)或经 TACE 治疗后无效、复发的晚期肝癌。

08.347　碘[131I]肿瘤细胞核人鼠嵌合单克隆抗体注射液　iodine [131I] tumor necrosis therapy monoclonal antibody injection，131I- TNT

用于实体瘤放射免疫治疗的 ^{131}I 标记的一种人鼠嵌合型单抗注射液。该单抗靶向作用于肿瘤坏死区中变性、坏死细胞的细胞核，将其荷载的放射性 ^{131}I 输送到实体瘤坏死部位，通过其局部放射性而对实体瘤组织细胞产生杀伤作用。

08.348　碘[131I]化钠　sodium iodide [131I]

含放射性核素 ^{131}I 的一种放射性治疗药物。利用甲状腺对碘的浓集作用和 ^{131}I 发射的 β、γ 射线，可用于对甲状腺疾病的治疗和诊断。也作为原料用于制备其他碘[131I]标记化合物。

08.349　碘[125I]密封籽源　iodine [125I]-brachytherapy source

将吸附 ^{125}I 的银丝芯源置入高纯钛管，焊接密封后制备成的放射性籽源。适用于对射线低至中性敏感的多种肿瘤永久性植入治疗。

08.350 高锝[⁹⁹ᵐTc]酸钠 sodium pertechnetate [⁹⁹ᵐTc]

含放射性核素 ⁹⁹ᵐTc 的一种放射性诊断药物。用于甲状腺、脑、唾液腺、异位胃黏膜等的单光子断层显像。也用作制备其他 ⁹⁹ᵐTc 标记药物的原料。

08.351 锝[⁹⁹Tc]亚甲基二膦酸盐 [⁹⁹Tc] methylenediphosphonate, [⁹⁹Tc]-MDP

含放射性核素 ⁹⁹Tc 的一种放射性治疗药物。用于类风湿性关节炎等自身免疫性疾病及骨科疾病的治疗。

08.352 锝[⁹⁹ᵐTc]植酸盐 technetium [⁹⁹ᵐTc] phytate

含放射性核素 ⁹⁹ᵐTc 的一种放射性诊断药物。用于肝、脾及骨髓的单光子断层显像。

08.353 锝[⁹⁹ᵐTc]依替菲宁 technetium [⁹⁹ᵐTc] etifenin

一种含放射性核素 ⁹⁹ᵐTc 的放射性诊断药物。用于肝胆系统的单光子断层显像。

08.354 锝[⁹⁹ᵐTc]亚甲基二膦酸盐 technetium [⁹⁹ᵐTc] methylene-diphosphonate, [⁹⁹ᵐTc]-MDP

含放射性核素 ⁹⁹ᵐTc 的一种放射性诊断药物,用于全身或局部骨的单光子断层显像。诊断骨关节疾病、原发或转移性骨肿瘤病等。

08.355 锝[⁹⁹ᵐTc]双半胱乙酯 technetium [⁹⁹ᵐTc] bicisate, [⁹⁹ᵐTc]-ECD

含放射性核素 ⁹⁹ᵐTc 的一种放射性诊断药物。用于各种脑血管性疾病(梗死、出血、短暂性缺血发作等),癫痫和痴呆、脑瘤等疾病的脑血流灌注的单光子断层显像。

08.356 锝[⁹⁹ᵐTc]双半胱氨酸 technetium [⁹⁹ᵐTc] N, N'-ethylenedicy-steine, [⁹⁹ᵐTc]-EC

一种含放射性核素 ⁹⁹ᵐTc 的放射性诊断药物。用于肾脏的单光子断层显像,诊断各种肾脏疾病引起的肾脏血液灌注、肾功能变化和了解尿路通畅性。

08.357 锝[⁹⁹ᵐTc]喷替酸盐 technetium [⁹⁹ᵐTc] pentetate, [⁹⁹ᵐTc]-DTPA

含放射性核素 ⁹⁹ᵐTc 的一种放射性诊断药物。用于肾脏的单光子断层显像,包括肾动态显像、肾功能测定、肾小球滤过率测量和监测移植肾等。

08.358 锝[⁹⁹ᵐTc]聚合白蛋白 technetium [⁹⁹ᵐTc] albumin aggregated

含放射性核素 ⁹⁹ᵐTc 的一种放射性诊断药物。用于肺灌注显像、肺梗死及肺疾患的诊断和鉴别诊断。

08.359 锝[⁹⁹ᵐTc]焦磷酸盐 technetium [⁹⁹ᵐTc] pyrophosphate

含放射性核素 ⁹⁹ᵐTc 的一种放射性诊断药物。用于急性心肌梗死病灶的单光子断层显像,也用于骨显像。

08.360 锝[⁹⁹ᵐTc]甲氧异腈 technetium [⁹⁹ᵐTc] methoxyisobutylisonitrile, [⁹⁹ᵐTc]-MIBI, technetium [⁹⁹ᵐTc] sestamibi

含放射性核素 ⁹⁹ᵐTc 的一种放射性诊断药物。用于冠状动脉疾患(心肌缺血、心肌梗死)或甲状旁腺增生成腺瘤等疾病的 SPECT 显像诊断。

08.361 锝[⁹⁹ᵐTc]放射性药物 technetium [⁹⁹ᵐTc] labeled radiopharmaceutical

放射性核素 ⁹⁹ᵐTc 标记的放射性诊断药物。用于单光子发射断层显像。

08.362 磷[^{32}P]酸钠盐 sodium phosphate [^{32}P]

磷-32 是反应堆生产的磷-31 的放射性同位素。β-衰变，半衰期 14.3 d，最大射线能量 1.71 MeV。磷-32 原子取代磷酸钠分子中的磷-31 原子形成磷-32 酸钠盐，用于多种疾病的内、外核素放射治疗。

08.363 [^{177}Lu]-镥道塔泰特 [^{177}Lu]-labeled DOTATATE，[^{177}Lu]-oxodotreotide，[^{177}Lu]-DOTA-(Tyr3)-octreotate，[^{177}Lu]-DOTA0-Tyr3-octreotate

利用 ^{177}Lu 的辐射效应，有效治疗进展期进行性的生长抑素受体阳性的肠道神经内分泌瘤的放射性药物。

08.364 [^{68}Ga]-镓道塔泰特 [^{68}Ga]-labeled DOTATATE，[^{68}Ga]-oxodotreotide，[^{68}Ga]-DOTA-(Tyr3)-octreotate，[^{68}Ga]-DOTA0-Tyr3-octreotate

镓-68 放射性标记药物。可以用于成年和儿童患者中生长抑素受体阳性神经内分泌肿瘤的正电子发射断层显像(PET)。

08.365 [^{18}F]-氟代脱氧葡萄糖 [^{18}F]-fluo-rode-oxyglucose，[^{18}F]-FDG

由放射性 ^{18}F 取代天然葡萄糖结构中与 2 号碳原子相连羟基的取代物。主要用于肿瘤、中枢神经和心脏等的正电子发射断层显像。

08.366 [^{82}Rb]-氯化铷 [^{82}Rb]-rubidium chlo-ride

以氯化铷方式存在的一种铷-82 同位素。正一价的铷与钾离子相似，可以迅速被心肌细胞摄取，主要用于心肌灌注正电子发射断层显像(PET)。

08.367 [^{18}F]-氟美他酚 [^{18}F]-GE-067，flute-metamol

氟-18 标记的、化学结构类似匹兹堡化合物 B 的正电子放射性药物。主要用于诊断阿尔茨海默病(AD)。

08.368 [^{18}F]-氟罗贝它 [^{18}F]-AV-45，florbetapir

氟-18 标记的一种放射性显像药物。采用正电子发射断层显像(PET)评价阿尔茨海默病(AD)或其他认知下降的患者脑内 Aβ 淀粉斑块分布和沉积量。

08.369 [^{18}F]-氟化钠 [^{18}F]-sodium fluoride

由医用回旋加速器通过 ^{18}O(p,n)^{18}F 生产，氟离子经生理盐水转换成氟化钠。主要用于骨扫描、诊断肿瘤骨转移。

08.370 [^{18}F]-氟代多巴 [^{18}F]-fluorodopa

氟-18 标记的 L-多巴的类似物。在体内经神经元脱羧酶后以多巴胺的形式存在，最开始用于帕金森病(PD)的诊断，近年来主要用于神经内分泌肿瘤的诊断。

08.371 [^{18}F]-氟比他班 [^{18}F]-BAY94-9172，florbetaben

氟-18 标记的一种二苯乙烯衍生物。主要用于临床常规大脑中的 Aβ 淀粉样斑块诊断。

08.372 3'-脱氧-3'-[^{18}F]-氟代胸腺嘧啶核苷 3'-deoxy-3'-[^{18}F]-fluorothymidine，[^{18}F]-FLT

一种最常用的测定细胞增殖的核酸代谢显像剂。可反映胸苷激酶-1(TK1)的活性，还可区别炎症病灶和肿瘤病灶，与肺癌增殖的相关性优于 ^{18}F-FDG，从而有助对肿瘤的良恶性鉴别、转移灶的寻找、抗增殖治疗疗效的评估和预后作出准确的判断，是一种极具应用前景的肿瘤显像剂。

08.373 [^{18}F]-氟咪索硝唑 [^{18}F]-fluoromisoni-dazole，[^{18}F]-FMISO

一种用于肿瘤乏氧的正电子发射断层显像(PET)剂。

08.374 **[¹⁵O]-水** [¹⁵O]-water

在钯催化下氧-15气体与氢反应，在线生产氧-15水。[¹⁵O]-水常用于研究组织内血流，主要是脑、心脏和肿瘤等血流和肺血管外水量。

08.375 **[¹³N]-氨** [¹³N]-ammonia

通过 $^{16}O(p, a)^{13}N$ 核反应，以天然水为靶材料，生成[¹³N]-氨。水溶液中为正一价阳离子，即氨离子，应用于心肌灌注显像。

08.376 **[¹¹C]-匹兹堡化合物 B** [N-methyl-¹¹C]2-(4-methylaminophenyl)-6-hydroxybenzothiazole，[¹¹C]-PIB

一种碳-11标记的苯并噻唑类似物。用于检测阿尔茨海默病患者脑内 Aβ 斑块分布。

08.377 **[¹¹C]-雷氯必利** [¹¹C]-raclopride

一种 ¹¹C 标记的多巴胺 D2 受体的选择性拮抗剂。正电子发射断层显像(PET)可以评价脑内多巴胺 D2 受体的分布情况，用于中枢神经系统疾病的诊断，如帕金森病的诊断。

08.378 **[¹¹C]-甲基-N-2β-甲基酯-3β-(4-F-苯基)托烷** [¹¹C]-methyl-N-2β-carbomethoxy-3β-(4-fluorophenyl)tropane，[¹¹C]-CFT

碳-11标记的可卡因类似物。可用于多巴胺转运蛋白显像，适用于帕金森病的诊断。

08.379 **[¹¹C]-蛋氨酸** [¹¹C]-methionine

碳-11标记的甲基硫氨酸。参与蛋白质的合成，反映了蛋白质的合成速率，在大脑正常组织中摄取较低，主要用于胶质瘤的诊断和疗效评估。

08.380 **[¹¹C]-胆碱** [¹¹C]-choline

一种磷脂类显像剂。通过特异性转运载体进入细胞，最终代谢为磷脂酰胆碱而整合到细胞膜上。主要用于肿瘤脑转移和前列腺癌的诊断。

08.381 **[¹¹C]-醋酸钠** [¹¹C]-sodium acetate

一种含 ¹¹C 的放射性诊断药物，用于心肌代谢显像及肝细胞癌、透明细胞癌和前列腺癌的诊断及评价。

08.05 标记化合物

08.382 **标记化合物** labeled compound

化合物中某一个或多个原子或其化学基团，被其易辨认的同位素、其他易辨认的核素或其他基团所取代而得到的化合物。

08.383 **准定位标记** nominal labeling

又称"名义定位标记"。从标记方法预测示踪原子主要标记在化合物分子中指定位置上，而实际结果未做鉴定或鉴定结果为指定位置上的标记原子数少于 95% 的标记化合物。

08.384 **稳定同位素标记** stable isotope labeling

化合物中的一个或几个原子被其稳定同位素所取代形成标记化合物的过程。

08.385 **非活泼氚** non-labile tritium

又称"稳定氚"。在氚标记化合物制备过程中与碳原子结合的氚原子。在含有羟基的溶剂中，这些氚原子很难与氢原子发生交换而失去氚。

08.386 自辐解 self-radiolysis
又称"辐射自分解(radiation self-decomposition)"。由于标记化合物分子所含放射性核素的电离辐射作用，标记化合物本身的结构被破坏而产生放射化学杂质或化学杂质，从而丧失原有特性的现象。

08.387 微生物分解 microbial decomposition
放射性标记的氨基酸、核苷酸或糖类等标记化合物污染微生物以后，会很快被代谢分解的方式。

08.388 外来标记化合物 foreign labeled compound
在被研究的分子中引入分子中不包含的元素(外来元素)的放射性同位素或荧光基团。所得化合物在所研究的方面具有与原化合物相同或相似的生物学特性。比如葡萄糖类似物、2-氟-2-脱氧-D-葡萄糖。

08.389 同位素效应 isotopic effect
同一元素的同位素具有相同的电子构型，因而具有相似的化学性质。但同一元素的不同的同位素具有不同的质量，它们虽然能发生相同的化学反应，但平衡常数有所不同，反应速率也有所不同，这种差别称为同位素效应。

08.390 同位素标记 isotope labeling
化合物中的一个或几个原子被其同位素所取代形成标记化合物的过程。

08.391 同位素[组成]未变化合物 isotopically unmodified compound
又称"天然同位素丰度化合物(natural isotopic abundance compound)"。所有元素的宏观同位素组成与其天然同位素组成相同的一类化合物。例如甲烷、乙醇。

08.392 同位素[组成]改变的化合物 isotopically modified compound
组成元素中至少有一种元素的宏观同位素组成与该元素的天然同位素组成有可以测量的差别的一类化合物。例如 C-13-甲醇。

08.393 双核素标记 dual-nuclide labeling
用两种示踪原子(同一元素的两种同位素或两种元素)取代化合物分子中两个原子的标记方法。用于示踪观察分子中不同基团的特性和作用。

08.394 溶剂同位素效应 solvent isotope effect
当溶剂由 H_2O 变为 D_2O 或从 ROH 变为 ROD 时，反应速率随之发生变化，这种效应称为溶剂同位素效应。溶剂同位素效应的研究多是比较 H_2O 或 D_2O 中或者它们作为混合溶剂时反应的速率常数变化情况，被研究的体系大多数是酸碱催化反应。

08.395 全标记化合物 generally labeled compound
标记化合物分子中与标记原子相同的任意位置上的原子均有可能被标记原子所取代但取代程度不必相同的化合物。

08.396 稳定同位素标记无机化合物 stable isotope labeled inorganic compound
用稳定同位素取代化合物分子中的一个或几个原子的无机化合物。

08.397 稳定同位素标记有机化合物 stable isotope labeled organic compound
用稳定同位素取代化合物分子中的一个或几个原子的有机化合物

08.398 稳定同位素标准物质 stable isotope referencematerial
以稳定同位素为主要特征量值的一种标准物质。

08.399 氘标记化合物 deuterium labeled compound
简称"氘化物"。用氘(^2H 或 D)原子取代化合物分子中的一个或几个氢原子的标记化合物。

08.400　碳-13 标记化合物　carbon-13 labeled compound
用碳-13(^{13}C)原子取代化合物分子中的一个或几个碳原子的标记化合物。

08.401　氮-15 标记化合物　nitrogen-15 labeled compound
用氮-15(^{15}N)取代化合物分子中的一个或几个氮原子的标记化合物。

08.402　氧-18 标记化合物　oxygen-18 labeled compound
用氧-18(^{18}O)取代化合物分子中的一个或几个氧原子的标记化合物。

08.403　同位素标记氨基酸　isotope labeled amino acid
用同位素取代氨基酸分子中的一个或几个同类原子的标记氨基酸。

08.404　同位素标记多肽　isotope labeled peptide
用同位素取代多肽分子中的一个或几个原子而使之能被识别的标记化合物。

08.405　同位素标记螺旋藻　isotope labeled spirulina
用同位素培养的螺旋藻。

08.406　同位素标记葡萄糖　isotope labeled glucose
用同位素取代分子中的一个或几个原子的葡萄糖。

08.407　同位素混合标记化合物　multiple-isotope labled compound
用同位素取代化合物分子中的两种以上元素而形成的化合物。

08.408　同位素全标记化合物　isotope total labeled compound
用某一种同位素取代化合物分子中该元素的全部原子所形成的化合物。

08.409　同位素内标试剂　isotope internal standard reagent
明确同位素丰度、浓度等确定的标记化合物。

08.410　冷标记　cold labeling
采用同种元素的非放射性同位素代替放射性核素进行的标记操作。目的是制备非放射性标准品，熟悉标记操作过程等。

08.411　均匀标记化合物　uniformly labeled compound
化合物分子中所有与标记原子相同的原子均被同等程度取代的化合物。用符号"U"来表示。

08.412　氘代率　deuterated ratio
氘标记化合物中氘原子占原化合物中应取代的氢原子的百分比。

08.413　稳定同位素定位标记　stable isotopic positioning label
用稳定同位素取代化合物分子中指定位置的一个或几个原子的标记方法。

08.414　稳定同位素探针技术　stable isotope probe technique
向研究对象样品中添加稳定同位素标记的示踪剂。通过观察稳定同位素示踪剂的行为来研究具体对象的物理、化学和生物学等行为和特性的技术。

08.415　化学分解　chemical decomposition
放射性标记化合物由于本身化学结构不稳定而发生的分解。

08.416 非定位标记 non-specific labeling
标记原子在标记分子中的标记位置不固定的一种标记方法。

08.417 放射性核素标记 method of radionuclide labeling
用放射性核素与某些化合物分子基团结合的技术。常用方法有同位素交换法、氯胺-T法、乳过氧化物酶法、固相氧化法、连接标记法等。

08.418 放射性碘标记 radioiodination
用放射性碘原子与某些化合物分子基团结合而不影响原有化合物的化学和生物学性质的技术。常用方法有同位素交换法、氯胺-T法、乳过氧化物酶法、固相氧化法、连接标记法等。

08.419 放射性标记化合物 radiolabeled compound
用放射性核素取代分子的一种或几种原子，使之能被放射性探测技术识别用作示踪剂的化合物。

08.420 多核素标记 multiple-nuclide labeling
用多种示踪原子取代化合物分子中多个原子的标记方法。用于示踪观察分子中不同基团的特性和作用。

08.421 定位标记 specifically labeled compound
将标记原子局限于标记分子中指定位置的标记方法。

08.422 碘化损伤 iodination damage
化合物经碘标记后失去部分或全部原有的生物或免疫活性的特性。

08.423 氘化 deuteration
用氘取代化合物中的某一个或多个原子而得到的氘代合物的方法。

08.424 次级同位素效应 secondary isotopic effect
二级同位素效应。当一个反应进行时，在速度决定步骤中与同位素直接相连的化学键不发生形成或断裂，而是分子中其他化学键发生变化所观察到的同位素效应。

08.425 次级分解 secondary decomposition
标记化合物溶于溶剂后，溶剂分子吸收射线能量而生成一系列激活产物，激活产物与标记化合物分子相互作用，而导致化合物分解。

08.426 氚化 tritiation
又称"氚标记(tritium labeling)"。用氚取代化合物中的某一个或多个原子而得到的氚标记化合物的方法。

08.427 氚标记化合物 tritium labeled compound
用氚取代化合物中的某一个或多个原子而得到的化合物。

08.428 氚比 tritium ratio
又称"氚单位(tritium unit)"。表示氚含量的概念，在10^{18}个氢原子中含有一个氚原子时，称为一个氚比或氚单位。

08.429 初级外分解 primary external decomposition
由于放射性核素衰变发射的射线直接作用于标记化合物分子而发生的分解。

08.430 初级同位素效应 primary isotopic effect
又称"一级同位素效应"。当一个反应进行时，在速度决定步骤中发生反应物分子的同位素化学键的形成或断裂反应所观察到的同位素效应。

08.431 初级内分解 primary internal decomposition
由于放射性核素衰变为稳定核素或者其他放射性核素而引起的标记化合物分子结构破坏的分解方式。

08.432 活泼氚 labile tritium
又称"不稳氚"。在氚标记化合物制备过程中与 O、N、S 等原子结合的氚原子。在含有羟基的溶剂中这些氚原子很容易与氢原子发生交换而失去氚。

08.433 标记前体 labeled precursor
用于标记前的含有易于标记或可连接上放射性核素的位点的一类化合物。

08.434 曝射标记 exposure labeling
又称"韦茨巴赫技术(Wilzbach technique)"。利用氚发射的 β 射线激活氚分子本身和目标化合物分子,促使氚与目标化合物分子中的氢交换生成标记化合物。具体方法是将目标化合物置于氚氛围中保持一段时间,然后回收剩余氚,对产品通过分离纯化即得到氚标记产物。

08.435 同位素交换法 isotope exchange
用放射性同位素与化合物中非放射性同位素原子之间的交换反应制备标记化合物的方法。可逆反应,可通过调节反应条件(温度、pH 值等)和加入催化剂控制反应。

08.436 生物合成法 biosynthesis
利用动物、植物、微生物的代谢或酶的生物活性制备放射性标记物的一种方法。

08.437 热原子反冲标记法 hot atom recoil labeling
简称"反冲标记"。利用核反应所产生的带有高动能的放射性核与有机化合物分子发生反应,生成携带该核素的标记化合物的一种制备方法。

08.438 酶促合成 enzymatic synthesis
采用含有酶的制剂进行催化反应的一种合成方式。

08.439 酶促碘标记 enzymatic iodination
以酶为催化剂进行放射性碘标记的一种方法。优点是不接触高浓度强氧化剂和还原剂,对蛋白或抗原的活性损伤小,缺点是酶本身也是蛋白质,易碘化,产物分离纯化困难。

08.440 氯甘脲标记法 iodogen labeling method
以氯甘脲为氧化剂进行放射性碘标记的一种方法。固相法将氯甘脲固定在容器上,标记率高,对蛋白损伤小,易于产物分离。

08.441 氯胺-T 法 chloramine-T method
以氯胺 T(N-氯代对甲苯磺基酰胺钠盐)进行放射性碘标记蛋白质或多肽分子的一种方法。氯胺 T 氧化作用温和,水溶液中水解产生次氯酸使碘氧化成碘分子(单质碘),与酪氨酸等残基反应完成标记。

08.442 加速离子标记 accelerated ion labeling
放射性核素或化合物经电离成为离子而在一电场中加速至获得一定动能,这时与欲标记或可标记的化合物相遇并反应生成标记化合物的方法。

08.443 电解碘化法 electrolytic iodination
将放射性碘化钠和含有蛋白或抗原的 0.9%氯化钠溶液混合,通过恒定的微电流使碘离子氧化为碘分子,再将抗原碘化的一种方法。其优点是蛋白中的氨基酸残基不受损伤,能保持生物活性与免疫活性,碘标记物比活度高；缺点是技术复杂，反应时间较长。

08.444 催化氚卤置换 catalytic halogen-tritium replacement
在催化剂存在条件下，用氚取代化合物分子中的卤素原子(氟原子除外)以制备氚标记化合物的技术。

08.445 氚气曝射法 tritium gas exposure method
氚曝射标记方法的一种。具体方法是将欲标记的化合物置于氚气中保持一段时间，然后回收剩余氚气，对产品通过分离纯化得到氚标记化合物。

08.446 氚化金属还原 reduction with tritiated metalhydrides
硼氚化钠、硼氚化锂、氚化铝锂等氚化合物是一类重要的氚化还原剂，它们能有选择地还原羧酸、酯、醛、酮等成为相应的醇，而且标记物的氚原子定位十分可靠，是一种重要的定位氚标记方法。

08.447 博尔顿−亨特标记法 Bolten-Hunter labeling method
博尔顿−亨特(Bolten-Hunter)首先提出的一种标记方法。先将碘标记在酰化剂上(3-(4-羟基苯)-丙酸琥珀酰亚胺酯)，然后将碘标记的酰化剂与欲标记的蛋白或抗体相结合，在反应中不需要加入氧化剂和还原剂，不会损伤被标记蛋白或抗体的免疫活性，特别适用于标记不含酪氨酸而只有脂肪族氨基酸的蛋白、多肽等化合物。

08.448 C-14 尿素 [^{14}C]-urea
碳-14 原子取代尿素分子中的碳-12 原子形成碳-14 尿素。主要用于呼气试验中诊断幽门螺杆菌感染。

08.449 重氧水 heavy oxygen water
又称"氧-18 水"。由氢和氧-18 组成的水。分子式是 $H_2{}^{18}O$。

08.450 低氘水 deuterium depleted water
又称"超轻水(super light water)"。氘含量低于 130ppm(1ppm=10^{-6})的水。

09. 核探测与核电子学

09.01 基础概念

09.001 电离 ionization
入射粒子与物质原子的轨道电子发生库仑相互作用而损失能量，轨道电子获得能量，电子获得的能量足以克服原子核的束缚，脱离原子成为自由电子的过程。

09.002 放射性自影像 autoradiography
又称"放射自显影术"。利用放射性样品自身发出的射线，使核乳胶或 X 射线胶片感光，借以观察放射性物质在样品中分布情况

的方法。

09.003 活时间 live time
测量装置对输入信号能正确响应的时长。

09.004 死时间 dead time
装置对相继输入信号不能正确响应的时长。

09.005 能量刻度 energy calibration
确定入射粒子的能量与多道分析器的道数

或其他能量测量仪器输出之间对应关系的实验工作。

09.006　电离能　ionization energy
带电粒子通过介质时与介质原子发生相互作用，在相互作用中入射粒子将其部分能量传递给核外电子，使介质原子产生电离或激发，促使产生一电子–离子对所需要的能量。

09.007　正比区　proportional region
气体探测器或计数管所加的工作电压范围。在此电压范围内气体放大因子大于 1，其脉冲幅度正比于最初的离子对总数。此时，气体放大因子与计数管灵敏体积内最初生成的离子对总数无关。

09.008　有限正比区　region of limited proportionality
处于正比区与盖革–米勒区之间的计数管的工作电压范围。在此电压范围内气体放大因子与计数管灵敏体积内最初生成的离子对总数有关。

09.009　盖革–米勒区　Geiger-Müller region
计数管所加的工作电压范围。在此电压范围内气体放大因子大于 1，入射粒子引起的初始电离导致气体自持放电。

09.010　坪　plateau
核辐射探测器特性曲线的一部分。在此区间测得的电流或计数率与外加电压基本无关。

09.011　核磁共振　nuclear magnetic resonance，NMR
低能态的原子核吸收交变磁场的能量，跃迁到高能态的现象。这是根据有磁矩的原子核(如氢-1、碳-13、氟-19、磷-31 等)在磁场作用下能产生能级间的跃迁原理而采用的一种技术。

09.012　淬灭　quench
在盖革–米勒计数管中，单次电离事件后，终止自持放电的过程。

09.013　时间分辨　time resolution
相继出现且仍然可以分辨的两个脉冲之间应经历的最小时间间隔。

09.014　核四极共振　nuclear quadrupole resonance，NQR
在零场或小的恒定磁场中，这些能级间磁偶极跃迁的激发和检测的现象。在低于四方晶体点对称性的纯金属或金属间化合物中，核四极矩 Q 与晶体的电场梯度间的相互作用导致了简并核能级的分裂。

09.015　变换增益　conversion gain
放大器在线性动态范围内输出物理量除以输入物理量所得的商。

09.016　极零[点]相消　pole-zero cancellation
又称"零极点相消"。单极性脉冲经过微分电路后会产生一个过冲(复频域的零点和极点)，通过改造成形网络参数使传输函数中的零点移动与极点相同而相消，从而消除信号过冲的技术。

09.017　粒子鉴别　particle identification
为确定射线和粒子的能量、强度和性质(所带的电荷量 Z、质量 M、质量数 A 等)所采用的技术手段。

09.018　上升时间　rise time
信号从初始幅度变化到最终幅度(最大幅度)所度过的时间。通常为信号的 $10\%\sim90\%$ 或 $20\%\sim80\%$。

09.019　单光子计数　single photon counting
基于光的粒子性探测方法。对每个光子单独测量，以一定时间内记录的光子数的多少来表示信号的大小。

09.020　淬灭效应　quenching effect
在一些通过光、电或化学等作用所引起的物质发光过程中，使激发态物质不经过光辐射跃迁就失去能量回到基态的作用。能使发光物质的发光效率大大降低。造成这一效应的主要因素是不参与发光过程的第三者物质(溶剂分子或共存物质)，同激发态粒子碰撞，使之失去大量能量，或与之作用，改变受激物质形态等。

09.021　时间游动　time walk
信号的上升时间变化导致定时甄别器输出时刻变化的现象。如采用前沿定时甄别器对信号进行定时，对不同幅度的信号，过阈时间发生变化，从而产生的定时误差。

09.022　时间抖动　time jitter
又称"时间晃动"。探测器噪声和触发定时电路前面的电路噪声叠加在输入信号上面，使输入信号幅度产生统计性的变化，因而在触发过阈时刻造成超前或滞后的统计涨落，该统计涨落导致的定时误差称为时间抖动。

09.023　道比　channel ratio
多道分析器的一个技术参数。用多道分析仪的输入脉冲幅度除以道宽的比值。

09.024　总电离　total ionization
直接电离粒子以任何方式所产生的离子对总数。

09.025　探测效率　detection efficiency
在规定的几何条件下，单位时间探测到的某类型粒子数与已知的辐射源同类型粒子的发出数之比。

09.026　探测器效率　detector efficiency
探测器测到的光子数或粒子数与同一时间间隔内入射到探测器上的同类型的光子数或粒子数之比。

09.027　[探测器的]灵敏体积　sensitive volume [of a detector]
探测器中对辐射灵敏并能提供信号的那部分体积。

09.028　中子灵敏材料　neutron sensitive materials
中子探测器中能与入射中子作用以直接产生电离粒子(包括核反应的裂变碎片)的材料。

09.029　[探测器的]使用寿命　useful life [of a detector]
在限定的辐射和环境条件下，探测器的特性能保持在规定的容差范围内的最长使用时间或最大累计计数。

09.030　[中子探测器的]燃耗寿命　burn-up life [of a neutron detector]
中子探测器对给定能量分布的中子注量所能承受的估计值。超过此值后，探测器的灵敏材料将消耗到使探测器的性能指标超出规定的容差。

09.031　电离电流　ionization current
在被电离的介质中所产生的离子和电子在电场的作用下移动时于收集电极回路中形成的电流。

09.032　[探测器的]剩余电流　residual current [of a detector]
在探测器不再承受外辐射以后继续产生的电流。

09.033　漏电流　leakage current
探测器在工作电压下，无辐照时产生的电流。

09.034　电子收集时间　electron collection time
电离辐射从给定点离子对的产生到电子被收集电极收集之间的时间间隔。

09.035　离子收集时间　ion collection time
电离辐射从给定点离子对的产生到离子被收集电极收集之间的时间间隔。

09.036　康普顿连续谱　Compton continuum
伽马射线因康普顿效应在探测器中未留下全部能量而形成的连续脉冲幅度谱。

09.037　收集电极　collecting electrode
电离室或计数管的电极。用于收集电离辐射产生的电子或离子。

09.038　[探测器的]最大可接受辐照率　maximum acceptable irradiation rate [of a detector]
探测器能在规定条件下工作的最高剂量率或粒子注量率。

09.039　磷光　phosphorescence
撤去激励辐照后继续保持相当长时间的发光现象。

09.040　荧光　fluorescence
仅在辐照期间可观测的发光现象。

09.041　热释光　thermoluminescence
某些物质受到电离辐照后会将能量留在物质内(潜能)，再受热时出现的发光现象。

09.042　能谱峰　spectral peak
能谱中包含一个局部最大值的那部分。通常是一次单能辐射的全部能量。

09.043　[核辐射探测器]偏置　bias [of a radiation detector]
使探测器能为产生所需电场因而有效收集电荷而施加给探测器的电压。

09.044　[核辐射探测器]甄别阈　discrimination threshold [of a radiation detector]
脉冲被收集的最低幅度值。

09.045　脉冲高度分布谱　spectrum of a pulse height distribution
脉冲的计数随脉冲幅度的分布图。

09.046　保护环　guard ring
用于降低电离室或计数管的收集电极与其他电极间的漏电流和(或)限定电势梯度及灵敏体积的一种辅助电极。

09.047　淬灭电路　quenching circuit
在单次电离事件发生后，通过降低、抑制或反向加在盖革-米勒计数管电极上的电位来实现淬灭的电路。

09.048　淬灭气体　quenching gas
为确保放电的自淬灭，充入盖革-米勒计数管内的混合气体的组分。

09.049　气体放大　gas multiplication
由入射粒子由于电离辐射在气体中产生的离子对，在强的电场作用下获得能量再产生更多离子对的重复过程。

09.050　气体放大因子　gas multiplication factor
经气体放大后的最终离子对的总数与初始离子对数之比。

09.051　汤森雪崩　Townsend avalanche
一个带电粒子由于与气体碰撞而迅速产生大量次级带电粒子的气体放大过程。

09.052　盖革-米勒阈 Geiger-Müller threshold

计数管工作于盖革-米勒区所需加的最低电压。

09.053　[计数管的]临界电场 critical field [of a counter tube]

引起气体放大所需的最小电场强度。

09.054　[计数管的]边缘效应 end effect [of a counter tube]

由于靠近计数管收集极边缘电场的畸变而对测量结果产生影响的效应。

09.055　[盖革-米勒计数管的]过电压 over-voltage [of a Geiger-Müller counter tube]

工作电压与盖革-米勒阈之间的压差。

09.056　坪斜 plateau relative slope

坪区的斜率。表示外加电压每变化 100 V 时电流或计数率变化的百分数。

09.057　[核辐射探测器的]特性曲线 characteristic curve [of radiation detector]

在所有其他参数都不变的情况下，计数率或电流强度与核辐射探测器工作电压的关系曲线。是所有探测器在脉冲模式下工作的一种特性。对于在电流模式下工作的探测器，此特性曲线是饱和曲线。

09.058　[光晕计数管的]放电噪声 discharge noise [of a corona counter tube]

当不存在电离辐射时，由电晕效应引起的一次稳定放电的电流或电压的波动。

09.059　[电离室中的]猝发 burst [in an ionization chamber]

由一个或多个高能粒子入射到电离室的气体中或室壁上而引起的，在短时间内突然生成大量离子对的过程。

09.060　反应堆周期仪 period meter for reactor

与一个或多个探测器相连接、用于指示反应堆时间常数(反应堆周期)的电子装置。

09.061　[电离室的]饱和电压 saturation voltage [of an ionization chamber]

在给定的辐照下，为得到饱和电流给电离室所需加的最小电压。

注："95%饱和电压"这类术语的内涵可以引申为为得到"95%饱和电流"所必须施加的电压。

09.062　[补偿电离室的]补偿因子 compensation factor [of a compensated ionization chamber]

补偿电离室对伴生辐射的灵敏度与它在无补偿情况下对同一伴生辐射的灵敏度之比。

09.063　[补偿电离室的]补偿比 compensation ratio [of a compensated ionization chamber]

补偿因子的倒数。是表示补偿电离室的一个性能指标。

09.064　饱和曲线 saturation curve

在给定的辐照下，电流电离室输出电流随所加电压变化的特征曲线。用于确定饱和电流与饱和电压。

09.065　布拉格-戈瑞空腔 Bragg-Gray cavity

在固体介质内存在的气体腔。其小到不足以干扰介质内初级和次级辐射的分布。

09.066　电离径迹 ionization track

粒子发生电离的路径。通过径迹室、核乳胶等可见。

09.067　闪烁 scintillation

由分子退激引起的、持续时间约几微秒或更

短的闪光。

09.068　闪烁持续时间　scintillation duration
闪烁体发射光子时光强从 10%到 90%光子的时间间隔。

09.069　下降时间　fail time
一般指信号的幅度从其最大值的 90%下降到 10%所持续的时间间隔。

09.070　建立时间　setting time
阶跃变化的信号从初始值变化到稳态值的某一规定允许的误差范围内(如 5%)的值时所需的时间。通常的允差值是±2%和±5%。对于非线性特性，宜规定输入变量的幅度和位置。

09.071　能量分辨率　energy resolution
表征辐射谱仪能够精确测量粒子能量的能力。能量分辨率用单能粒子分布曲线中峰的半高宽(能量)除以峰位的能量表示。

09.072　反应性仪　reactivity meter
与一个或多个探测器相连接、用于指示反应堆反应性的电子装置。

09.073　过零游动　cross-over walk
双极性脉冲由脉冲幅度变化引起的脉冲过零时刻的变化。

09.074　等效噪声电荷　equivalent noise charge
在前置放大器中，输出端的噪声能量折合到输入端得出的噪声电荷数。

09.075　微分非线性　differential nonlinearity
输出和输入关系曲线的斜率对参考直线的斜率的最大偏差。以百分数表示。

09.076　积分非线性　integral nonlinearity
输出输入响应曲线中与线性响应曲线的最大偏差与输出最大幅度值的比值。以百分数表示。

09.077　谱线图　spectrum
通常指某一特定量的统计个数随着该量大小变化的分布图。例如，某一放射源的发射粒子个数与其能量的关系，即能谱。

09.078　计数　count
辐射计数装置对单一事件的数量响应。

09.079　计数率　count rate，counting rate
单位时间的计数。

09.080　飞行时间　time-of-flight
粒子在两个给定点之间运动所用的时间。

09.081　灵敏度　sensitivity
对于一个给定的被测量值，观测量的变化与相应的被测量的变化之比。

09.082　计数损失　count loss
由分辨时间或诸如脉冲堆积或死时间等现象引起计数率的损失，进而导致的误差。

09.083　分辨时间校正　resolving time correction
考虑到由于分辨时间而损失的脉冲数，对实际观测到的脉冲数进行的校正。

09.084　死时间校正　dead time correction
考虑到由于死时间而损失的脉冲数，对实际观测到的脉冲数进行的校正。

09.085　响应时间　response time
从输入发生阶跃变化到(电路或其他设备)输出信号第一次达到其最终值的某一给定百分数(通常取 90%)时所经历的时间。

09.086 响应阈 response threshold
能够让电路产生输出响应的最小脉冲幅度。

09.087 间歇时间 paralysis time
通常为了使分辨时间的校正更精确,用间歇电路强加到分辨时间上的一个恒定的预定值。

09.088 恢复时间 recovery time
当一个后续脉冲幅度达到其之前脉冲最大幅度的某一确定的百分数时,放大器做出响应所经历的最小时间间隔。

09.089 滞后时间 latency time
粒子到达探测器产生信号至触发系统给出触发判选结果之间的时间间隔。

09.090 复原时间 restoration time
电路或设备输出饱和后恢复其常规性能所需的时间。

09.091 数字偏置 digital offset
为了移动模拟基线在数字–模拟变换器的输入信号中减去或加上的数字值。

09.092 实时间 real time
装置完成一次任务(例如,多道分析器获取脉冲幅度分布数据)所经历的实际时间。在现代测量与控制系统中指随着信号变化而同时进行的测量或控制的事件。

09.093 模拟偏置 analog offset
为了改变模拟–数字变换器输入信号的量值,从输入信号中减去的模拟量。一般使其对应零道址。

09.094 峰康比 peak-to-Compton ratio
在单能 γ 辐射的脉冲高度谱上,全能吸收峰的峰位道计数与康普顿连续谱的康普顿端的道计数之比。

09.095 峰总比 peak-to-total ratio
在单能 γ 辐射的脉冲幅度谱上,全能吸收峰内包含的计数与整个谱包含的计数之比。

09.096 光电峰 photoelectric peak
由核辐射探测器中的光电效应产生的那部分能谱响应曲线。

09.097 全吸收峰 total absorption peak
在核辐射探测器中,能谱响应曲线对应光子能量全吸收的那部分。

09.098 逃逸峰 escape peak
在 γ 辐射谱上,以下情况产生的峰:(1)由于探测器中产生电子对,以及一个或两个 511 keV 的湮灭光子从探测器敏感部分逃逸;(2)由于探测器中的光电效应,以及作为光电效应结果而发射的 X 射线光子从探测器敏感部分逃逸(X 射线逃逸峰)。

09.099 噪声 noise
探测器或电子器件产生的电子(离子或空穴)数量会有随机涨落,而这些载流子由于热运动,在电阻中的数量也会产生随机涨落,因而导致电流或电压的瞬时波动。电流或电压的这种瞬时波动在核电子学中称为噪声。

09.100 输入等效噪声 equivalent noise referred to input
将输出端的实际噪声折算到输入端所对应的噪声值。

09.101 校准曲线 calibration curve
用解析、图形或表格的形式表示系统响应与被测变量标准值的函数关系。

09.102 额定范围 rated range
为保证性能而指定给仪器的被测、观察、提供或设定的量值的范围。

09.103　统计涨落　statistical fluctuation
由辐射源发射过程及其被探测过程中探测器和电子学的随机特性引起的输出信号变化。当探测器处于辐照状态时，其值规定为输出信号(不包含各种漂移)平均值的$\pm 2\sigma$。

09.104　信号饱和　signal saturation
输出信号对输入值的增加不再响应的状态。

09.105　死区　dead band，dead zone
量值的某些有限范围，在此范围之内输入变量的变化不能引起输出变量的任何可测的变化。

09.106　交流供电输入电压　AC power input voltage
电装置允许输入的交流供电电压值。

09.107　电源稳定性　stability of power supply
在所有影响量保持不变时，电源在规定的预热时间之后的一段指定时间内，其稳定输出量的最大变化。

09.108　纹波　ripple
叠加在电源直流输出电压上的残余交流分量的周期性波动。

09.109　瞬态效应　transient effect
任何影响量发生阶跃变化之后，电源稳定输出量的响应特性。

09.110　过流保护　over-current protection
为使电源不被过大电流(包括短路电流)损坏

的保护装置和(或)连接的设备。

09.111　过压保护　over-voltage protection
为使电源不被过高电压损坏的保护装置和(或)连接的设备。

09.112　过温[热]保护　over-temperature [heat] protection
为使电源不被过高温度损坏的保护装置和(或)连接的设备。

09.113　测量误差　error of measurement
测量结果与其真值的差值。

09.114　相对误差　relative error
测量误差与被测量真值的比值。

09.115　固有误差　intrinsic error
在参考条件下确定的测量仪器的误差。

09.116　动态范围　dynamic range
电路或设备输出允许的最大信号值与最小信号值的比值。

09.117　线性误差　linearity error
代表输出量与输入量函数关系的曲线对一条直线的偏离。

09.118　系统误差　systematic error
在可重复的条件下，同一被测量无穷多次测量值的平均值与该被测量约定真值的差值。

09.119　随机误差　random error
在可重复的条件下，同一被测量的一次测量值与无穷多次测量值的平均值的差值。

09.02　探　测　器

09.120　电离室　ionization chamber
充有合适的气体或混合气体或保持真空并

加有电场的电离探测器。所加电场不足以产生气体放大作用，却能将电离辐射在探测器灵敏体积中产生的离子和电子收集到电极上。例如，脉冲电离室、积分电离室和电流电离室。

09.121　脉冲电离室　pulse ionization chamber
对每次探测到的电离事件都产生一个输出脉冲的电离室。

09.122　电流电离室　current ionization chamber
由电离辐射而产生电离电流的电离室。

09.123　积分电离室　integrating ionization chamber
用于测量在预定时间间隔内出现的多次独立电离事件产生的累积电荷的电离室。

09.124　屏栅电离室　grid ionization chamber
在两个平行板电极间加一个金属网式的屏栅电极所构成的电离室。是一种脉冲电离室，通常用于测量粒子或裂变碎片的能量，其附加电极保持在中间电势以减少重离子的影响。

09.125　涂硼电离室　boron-lined ionization chamber
使用电离室壁上或在形状适宜的电极上的硼灵敏层来探测热中子的电离室。电离是由中子与涂层中的硼进行核反应所产生的 α 粒子和锂核引起的。

09.126　裂变电离室　fission ionization chamber
使用裂变物质作灵敏层来探测中子的电离室。电离是由中子和可裂变物质进行核反应所产生的裂变碎片引起的。根据所使用的可裂变物质，探测热中子、快中子或各种能量的中子都是可能的。

09.127　反冲核电离室　recoil nuclei ionization chamber
利用快中子与低原子序数核碰撞形成的反冲核产生的电离来探测快中子的电离室。

09.128　反冲质子电离室　recoil proton ionization chamber
利用快中子与低原子序数核碰撞形成的反冲核产生的电离来探测快中子，当所充气体是氢气时，反冲核电离室称为反冲质子电离室。

09.129　布拉格-戈瑞电离室　Bragg-Gray ionization chamber
用于确定介质中 X 或 γ 辐射或中子的吸收剂量或空气比释动能的电离室。该电离室的特性(如灵敏体积、气体压力、室壁的性质和厚度)满足布拉格-戈瑞空腔规定的条件。

09.130　自由空气电离室　free air ionization chamber
灵敏体与大气相通，以空气作为介质的，主要用于照射量绝对测量的电离室。电离室的设计：①要准确规定计算照射量所依据的空气体积，并且辐射束及其产生的大部分次级电子都不会打到电极上；②准确规定计算照射量所依据的空气体积，并且辐射束及其产生的可观数量的次级电子都不会打到电极上。

09.131　空气等效电离室　air-equivalent ionization chamber
室壁和电极材料以及所充气体与空气具有相同有效原子序数的电离室。当空气等效电离室是以自由空气电离室校准时，可用其确定空气中的吸收剂量或空气比释动能。在该电离室内产生的电离与没有电离室的情况下在同一点的空气中产生的电离实质上是一样的。

09.132　液体壁电离室　liquid-wall ionization chamber
使液体的表面构成室壁，用于测量该液体的 α 或 β 放射性活度的电离室。

09.133 无壁电离室 wall-less ionization chamber

灵敏体积不是由电离室壁限定，而是由电场的电力线所限定的电离室。该电场取决于电极的形状、排列方式和电极间的电势差。

09.134 外推电离室 extrapolation ionization chamber

为了外推出电离室对灵敏质量为零时的响应，可改变某个特性(通常是电极间的距离)的电离室。

09.135 补偿电离室 compensated ionization chamber

其设计实际上可消除叠加在被测辐射上的其他辐射影响的差分电离室。通常设计补偿是为了有效降低中子-γ混合场中γ辐射的影响。

09.136 多步雪崩室 multistep avalanche chamber

利用两级或更多级电离雪崩放大过程的粒子探测器。

09.137 电子收集脉冲电离室 electron collection pulse ionization chamber

利用电子迁移率比离子迁移率高很多，主要收集电子而获得输出信号的脉冲电离室。

09.138 离子收集脉冲电离室 ion collection pulse ionization chamber

由全部收集离子和电子而获得输出信号的脉冲电离室。

09.139 三氟化硼电离室 boron trifluoride ionization chamber

使用三氟化硼气体来探测热中子的电离室。电离是由中子与硼进行核反应所产生的α粒子和锂核引起的。

09.140 放射性活度测量仪 radioactivity meter

用于测量放射源活度并配备指示或记录仪器的装置。

09.141 差分电离室 difference ionization chamber

结构上分为两部分的电离室。其输出电流为两部分电离电流的差。

09.142 内充气体放射源电离室 ionization chamber with internal gas source

全部或部分充有待测活度的放射性气体的电离室。

09.143 电容器电离室 capacitor ionization chamber

测量因辐射诱发的电容放电引起构成电容器的电极间电势差变化的电离室。

09.144 2π电离室 2π ionization chamber

用于在立体角为2π球面度的范围内探测放射源辐射的电离室。

09.145 4π电离室 4π ionization chamber

用于在立体角为4π球面度的范围内探测放射源辐射的电离室。

09.146 井型电离室 well-type ionization chamber

用于在立体角接近4π的范围内测量辐射体放射性活度的电离室。在电离室内有一中心圆柱形的井，被测源就放置于井中。

09.147 驻极体电离室 electret ionization chamber

高压电极用具有永久性表面电势的驻极体或永久极化电介质代替的一种电离室。由于所充气体的电离，驻极体的表面电势降低，可用来测量待测的辐射剂量。

09.148 指形电离室 thimble ionization chamber

外部电极的形状和尺寸类似于指套筒的电离室。

09.149 流气式电离室 gas-flow ionization chamber

其内部有气体连续流过的电离室。

09.150 计数管 counter tube

工作在正比区或盖革-米勒区的脉冲电离探测器。

09.151 浸入式计数管 dip counter tube

可浸入或淹没在液体中测量其活度的计数管。

09.152 火花计数管 spark counter tube

当强电离粒子通过时，能在电极间产生火花的核辐射探测器。

09.153 强流计数管 strong current counter tube

在一定范围内，其输出平均电流与入射的 γ 射线强度的对数成正比，用于探测高强度 γ 射线的卤素计数管。

09.154 涂硼正比计数管 boron-lined proportional counter tube

在壁上或适当形状的电极上涂有硼灵敏层，利用中子和硼的核反应所产生的 α 粒子和锂核引起的初始电离来探测热中子的正比计数管。

09.155 反冲核计数管 recoil nuclei counter tube

利用快中子和低原子序数的原子核碰撞产生的反冲核引起电离来探测快中子的计数管。如果初始电离是由反冲质子引起的，这种计数管称为反冲质子计数管。

09.156 薄壁计数管 thin wall counter tube

管壁的吸收低到足以探测低能辐射的计数管。

09.157 窗计数管 window counter tube

外壁上被称为"窗"的部分吸收低到足以探测低能辐射的计数管。例如，侧窗计数管、钟罩计数管。

09.158 裂变计数管 fission counter tube

含有可裂变物质的灵敏衬里、用于探测热中子和快中子的计数管。初始电离主要由中子和灵敏衬里进行核反应所产生的裂变碎片引起。

09.159 液体计数管 liquid counter tube

用于测量液体放射性活度的计数管。其典型结构为圆柱形管，外面套有一个同轴固定式的或可移动的圆柱形杯。被测放射性液体置于杯与计数管之间的环状空间内。

09.160 外阴极计数管 external cathode counter tube

管壳一般为玻璃，其外表面涂覆碳或金属构成阴极的计数管。

09.161 平面计数管 flat counter tube

由两块金属平行板阴极及在平行板间悬挂着若干条互相平行且与平板相平行的金属丝阳极构成的正比计数管。

09.162 辐射探测装置 radiation detection assembly

用于对入射电离辐射产生响应信号的装置。

09.163 缪子计数器 muon counter

测量 μ 子的方向和位置，鉴别 μ 子与其他种类粒子的探测器。

09.164 电晕计数器 corona counter

由电离粒子引起电流急剧变化，并能维持电

晕放电的计数管。

09.165 簇射计数器 shower counter
测量电磁作用粒子能量的一种探测器。它由能量吸收物质和粒子计数管多层叠加构成，通过测量电磁簇射的次级粒子的沉积能量(总电子数)和簇团位置，得到 γ 和 e 等粒子的能量、簇团大小、入射位置，用于鉴别 γ 和 e 等电磁作用粒子与其他种类粒子。

09.166 有机计数器 organic counter
在惰性气体中加少量多原子分子气体(如酒精)的盖革-米勒计数管。

09.167 卤素计数器 halogen counter
工作气体中添加氯或溴等卤素气体产生自淬灭效果的盖革计数器。

09.168 正比计数器 proportional counter
工作在正比区的计数器。

09.169 三氟化硼计数器 boron trifluoride counter
充有三氟化硼气体，利用中子和硼的核反应所产生的 α 粒子和锂引起的初始电离来探测热中子的正比计数管。

09.170 氦-3 计数器 helium-3 counter
充有氦-3、用于探测中子的正比计数管。初始电离是由中子与氦-3 进行核反应所产生的质子和氚核引起的。

09.171 反冲质子计数器 recoil proton counter
含有氢或含氢物质，利用快中子和氢核碰撞产生的反冲质子引起的电离来探测快中子的计数管。

09.172 自淬灭计数器 self-quenched counter
仅靠所充气体而不采取其他措施就能淬灭

的盖革-米勒计数管。例如，卤素猝灭计数管、有机蒸汽猝灭计数管。

09.173 流气式探测器 gas flow detector
借助于气体在探测器中的低速流动，以保持其中充有适当的气体介质的核辐射探测器。

09.174 内充气体探测器 internal gas detector
测量充在探测器内的全部或部分气体的放射性活度的核辐射探测器。例如，内充气体放射源的电离室。

09.175 阻性板探测器 RPC detector
中间通工作气体，由两层高阻抗的平行电极板组成的一种探测器。当粒子通过该气体室时，产生雪崩或流光信号，在气体室外面通过读出条引出感应信号。

09.176 微结构气体探测器 micro-pattern gas detector
自 20 世纪 90 年代以来，利用现代的微加工技术研发出的新型具有电子雪崩放大功能的气体粒子探测器的总称。

09.177 微网气体探测器 micro-mesh gaseous detector
用金属网代替阴极丝平面，刻有微条的板作为阳极平面的探测器。这种探测器在金属网和阳极的极小间隙内加有很强的电场。当粒子入射到网上方的漂移区内时，因区内电场较低，所产生的原电离电子漂移到下面的强电场区产生雪崩。1997 年由乔马塔里斯(Y. Giomataris)在欧洲核子研究中心(CERN)和法国最先研制成功。

09.178 多丝正比室 multiwire proportional chamber
又称"恰帕克室(Charpak chamber)"。由一

系列平行且等间距的阳极丝构成的平面，置于上下对称的两个阴极丝平面之间所构成的正比型气体探测器。室内充有气压略高于大气压的气体，阴、阳极之间加有一定电压，当入射带电粒子在室内气体中产生的初始电离电子漂移到阳极附近时产生气体放大，从而在丝上产生脉冲信号，它可提供入射粒子能量损失和二维位置信息。

09.179　漂移室　drift chamber
利用测量电离电子在电场中的漂移时间来确定入射粒子的位置的气体探测器。如多丝漂移室、均匀电场漂移室和可调电场漂移室等。

09.180　时间扩展室　time expansion chamber
一种特殊类型的漂移室，通过把漂移空间分为两个区域：低场强区导致的低漂移速度提供高精度时间测量，和邻近信号丝的高场强区提供高放大倍数导致大信号输出，因而获得更精确的时间测量。

09.181　阴极条探测器　cathode strip chamber detector, CSC detector
阴极条室是一种在阴极平面板上排列有读出条的多丝正比室。采用小漂移距离提高了响应速度，允许高计数率(约 1 kHz/cm^2)，其条状阴极采用雪崩重心法读出，能改善空间分辨率。

09.182　闪烁探测器　scintillation detector
由闪烁体构成的核辐射探测器。该闪烁体通常直接或通过光导与光敏器件光耦合。闪烁体由闪烁物质组成，电离粒子在闪烁物质中沿其路径产生光辐射猝发。

09.183　组织等效闪烁探测器　tissue equivalent scintillation detector
由有效原子序数近似于软组织的材料构成的辐射闪烁探测器。有些塑料闪烁体与组织

近似等效。

09.184　空气等效闪烁探测器　air-equivalent scintillation detector
由有效原子序数等于或近似等于空气的材料构成的辐射闪烁探测器。

09.185　闪烁体　scintillator
用一定数量的闪烁物质做成适当形状的闪烁探测元件。

09.186　塑料闪烁体　plastic scintillator
有机闪烁体的一种，是将有机闪烁物质溶在塑料单体中进行热聚合而成的。一般通过低温的缓慢聚合然后在高温下聚合完成。常用的塑料闪烁溶剂有聚苯乙烯、聚乙烯基甲苯、一级二甲基苯乙烯系列等。

09.187　初级闪烁体　primary scintillator
在放射性液体闪烁测量中作为初级荧光发光体，在射线作用下发出荧光。

09.188　闪烁室　scintillation chamber
室的内壁覆盖一薄层闪烁物质的探测元件。

09.189　溴化镧探测器　lanthanum tribromide detector，LaBr$_3$ detector
由掺铈溴化镧晶体和一定型号的光电倍增管组成探测器。掺铈溴化镧(LaBr$_3$:Ce)是新型无机闪烁体，其平均原子序数高，对 γ 射线具有较高的阻止本领，同时其光输出产额高、衰减时间短，有潜力用作低强度脉冲 γ、中子混合场中脉冲 γ 射线束测量的电流型探测器。

09.190　氯化镧探测器　lanthanum chloride detector，LaCl$_3$ detector
由掺铈氯化镧和一定型号的光电倍增管组成的探测器。掺铈氯化镧(LaCl$_3$:Ce)是新型无机闪烁体。其平均原子序数高，对 γ 射

线具有较高的阻止本领，同时其光输出产额高、衰减时间短，有潜力用作低强度脉冲 γ、中子混合场中脉冲 γ 射线束测量的电流型探测器。

09.191　半导体　semiconductor
在正常情况下，总电导率在导体与绝缘体之间的物质。总电导率由两种符号的电荷载流子形成，电荷载流子密度可以用外部手段加以改变。

09.192　半导体探测器　semiconductor detector
利用在半导体电荷载流子耗尽区中电子-空穴对的产生和运动来探测和测量辐射的半导体器件。

09.193　PN 结探测器　PN junction detector
利用反向偏置的 PN 结的耗尽层对粒子进行探测的半导体探测器。

09.194　面垒探测器　surface barrier detector
由表面反型层形成电荷载流子耗尽区(势垒)的半导体探测器。

09.195　全耗尽半导体探测器　totally depleted semiconductor detector
耗尽层厚度与半导体材料厚度实质上相等的半导体探测器。

09.196　硅[锂]探测器　Si [Li] detector
由锂向硅中漂移制作而成的探测器。

09.197　锗[锂]探测器　Ge [Li] detector
用锂漂移方法制成的半导体锗探测器。

09.198　化合物半导体探测器　chemical compound semiconductor detector
用化合物半导体做成的探测器。一般是用平均原子序数高、禁带宽度大、净杂质浓度低的化合物半导体材料(如碘化汞、碲化镉、碲锌镉、砷化镓等)做成的，用于室温探测 γ 射线。

09.199　位置灵敏半导体探测器　position sensitive semiconductor detector
对入射到探测器表面的电离辐射离子能给出其一维或二维位置的探测器。

09.200　钝化保护离子注入平面硅探测器　passivated implanted planar silicon detector，PIPS detector
离子掺杂形成的 PN 结型半导体探测器。其灵敏区很薄，对 γ 射线不灵敏，输出脉冲信号快，能量分辨率高，非常适合于测量 α 和 β 放射性的场合。

09.201　碲化镉探测器　cadmium telluride detector，CdTe detector
由碲化镉晶体构成的半导体探测器。具有灵敏度高、探测效率高、能量分辨率好、可以在室温下使用，以及对湿度不敏感和体积小等优点，但有容易极化的不足。

09.202　碲锌镉探测器　cadmium zinc telluride detector，CZT detector
由碲化锌和碲化镉合金构成的半导体探测器。碲锌镉在不降低其他性能的同时，掺入锌以解决极化问题。

09.203　溴化铊探测器　thallium bromide detector，TlBr detector
由溴化铊晶体构成的半导体探测器。具有阻止本领高、禁带宽、高电阻率、高密度等特点，是目前理想的中高能 X、γ 射线探测器。

09.204　碳化硅探测器　silicon carbide detector，SiC detector
由硅原子和碳原子通过共价键结合形成的陶瓷状化合物晶体构成的探测器。其禁带宽度比硅大，故可以在高温中工作，且具有暗电流小、信噪比好的优点，具有能量分辨率好、耐辐照等特性。

09.205　氮化镓探测器　gallium nitride detector，GaN detector

由氮化镓化合物构成的半导体探测器。是一种宽禁带半导体。由于具有大的直接带隙，可在宽的光谱区域里有效地发光，用于高频、高压、高温和大功率的场景。

09.206　金刚石探测器　diamond detector

以金刚石材料为介质构成的探测器。具有响应快、灵敏度高、动态范围大、平响应、击穿电压高、抗辐射等优点。可用于 X 射线、高能带电粒子以及中子等粒子的探测。

09.207　像素探测器　pixel detector

由大量非常小的长方形 PN 结为二维基本探测单元而构成的位置灵敏型半导体探测器，具有好的二维空间分辨率。像素探测器需要复杂的读出电子学配合工作。

09.208　硅像素探测器　silicon pixel detector

又称"硅像素传感器"。通常采用硅平面工艺制成的探测器。具有小的尺寸、低本征噪声、耐本征辐射等特点。

09.209　硅条探测器　silicon strip detector

在 PN 结硅片型半导体探测器外侧敷盖多个金属条以确定粒子位置的粒子探测器。

09.210　耗尽型场效应像素探测器　depleted field effect transistor pixel detector，DEPFET pixel detector

由耗尽型场效应晶体管作为探测单元的像素探测器。通过沟道栅极下附加的深离子注入，构建在全耗尽衬底上的场效应晶体管，既能实现粒子探测功能和像素内信号的放大，还能降低功耗、增加像素密度、降低本征噪声等。

09.211　绝缘衬底硅探测器　silicon on insulator detector fully-depleted silicon-on-insulator detector，SOI detector FDSOI detector

通过把硅晶体管结构建构在绝缘体之上，即通过在顶层硅和背衬底之间引入一层氧化层材料，在绝缘体上形成半导体薄膜的技术而构建的半导体探测器。元器件间的介质隔离可以彻底消除体硅 CMOS(互补型金属氧化物半导体)电路中的寄生闩锁效应。这种探测器还具有寄生电容小、集成密度高、速度快、工艺简单、短沟道效应小及特别适用于低压低功耗等优势。

09.212　绝缘衬底硅像素探测器　SOI pixel detector

在标准集成电路 SOI 工艺的基础上，采用高阻衬底晶圆，通过增加衬底离子注入和箱型结构接触孔制作，提供探测灵敏单元、电路和互联，进而构成的硅像素探测器。这种探测器具有高度集成的特点，适用于某些特殊场合，例如高能物理实验的顶点探测器。

09.213　扩散结探测器　diffused junction detector

用施主(N)型或受主(P)型杂质扩散的方法产生结的半导体探测器。

09.214　注入结探测器　implanted junction detector

用施主(N)型或受主(P)型杂质注入的方法产生 PN 结的半导体探测器。例如，离子注入探测器。

09.215　补偿型半导体探测器　compensated semiconductor detector

在 P 型区与 N 型区之间存在施主(N)和受主(P)几乎彼此平衡的区域(补偿型半导体)的半

导体探测器。

09.216 锂漂移半导体探测器 lithium drifted semiconductor detector
在外加电场和高温的作用下，使锂(N 型)离子在 P 型晶体中移动以平衡(补偿)束缚杂质，从而获得补偿区的补偿型半导体探测器。

09.217 内放大半导体探测器 amplifying semiconductor detector
由类似雪崩的次级过程产生电荷倍增的半导体探测器。

09.218 透射式半导体探测器 transmission semiconductor detector
包括入射窗和出射窗在内，其厚度薄到足以允许粒子完全穿过的半导体探测器。

09.219 dE/dx 半导体探测器 dE/dx semiconductor detector
其灵敏体积厚度远小于入射粒子射程，且入射和出射的死层厚度又小于探测器灵敏体积厚度的全耗尽层半导体探测器。用于测量粒子单位路径能损。

09.220 涂硼半导体探测器 boron coated semiconductor detector
表面涂有硼-10、用于探测热中子的半导体探测器。电离是由中子在涂层内的核反应所产生的带电粒子引起的。

09.221 涂锂半导体探测器 lithium coated semiconductor detector
表面涂有锂-6、用于探测热中子的半导体探测器。电离是由中子在涂层内的核反应所产生的带电粒子引起的。

09.222 裂变半导体探测器 fission semiconductor detector
表面涂有裂变物质、用于探测热中子的半导体探测器。电离主要是由中子与裂变物质进行核反应所产生的裂变碎片引起的。

09.223 晶体导电型探测器 crystal conduction detector
由晶体结构均匀的半导体做成的电离探测器。

09.224 高纯半导体探测器 high-purity semiconductor detector
采用高纯度(如电阻率高)半导体材料的半导体探测器。

09.225 辐照补偿半导体探测器 radiation compensated semiconductor detector
经过预先对半导体材料大剂量辐照，其电子结构是由辐射损伤掺杂造成的补偿型半导体探测器。

09.226 多结型半导体探测器 multijunction semiconductor detector
采用几个 PN 结组合的半导体探测器。

09.227 平板型半导体探测器 planar semiconductor detector
探测器的灵敏体积为平板型的半导体探测器。

09.228 同轴型半导体探测器 coaxial semiconductor detector
以环绕中心轴的圆柱形体积为探测灵敏区的半导体探测器。

09.229 普通电极锗同轴半导体探测器 conventional-electrode germanium coaxial semiconductor detector
由 P 型圆柱体高纯锗为探测灵敏体，外柱表面通过 N 型触点连接正偏压，同轴内表面通过 P 型触点连接负偏压的半导体探测器。

09.230 反电极锗同轴半导体探测器 reverse-electrode germanium coaxial semiconductor detector

由 N 型圆柱体高纯锗为探测灵敏体，外柱表面通过 P 型触点连接负偏压，同轴内表面通过 N 型触点连接正偏压的半导体探测器。

09.231 保护环半导体探测器 guard ring semiconductor detector

为了降低表面电流和噪声，有一个围绕探测器灵敏面的辅助 PN 结的半导体探测器。

09.232 镶嵌半导体探测器 mosaic semiconductor detector

为了增加灵敏面积，用镶嵌式结构将几个独立的探测器并联的半导体探测器。

09.233 径迹探测器 track detector

利用辐射在其内部产生的径迹以获得与辐射粒子有关动量等信息的核辐射探测器。

09.234 固体径迹探测器 solid track detector

当核粒子穿过绝缘体时，造成一定密度的辐射损伤，经适当处理，形成可观测的径迹，用绝缘体记录粒子径迹的探测器。

09.235 蚀刻径迹探测器 etched track detector

重带电粒子经过构成核辐射探测器材料时，造成材料的局部损伤，其表面经腐蚀后，使损伤的局部显示出来，由此可测量粒子引起的径迹数目的探测器。使用某种转换材料后，该探测器也可用于探测中子。

09.236 云室 cloud chamber

含有过饱和蒸汽、沿电离粒子路径产生的离子作为凝结中心的径迹室。

09.237 气泡室 bubble chamber

在过热液体中、沿电离粒子的路径液体沸腾时形成气泡的径迹室。

09.238 火花室 spark chamber

利用气体火花放电的一种高能带电粒子探测器。采用在平板电极上加高电压，使高能带电粒子在特殊气体介质中产生可以观测到的火花。

09.239 流光室 streamer chamber

利用粒子在极强的电场中电荷雪崩增殖过程发出的流光，观测捕捉流光标志的带电粒子径迹，从而进行探测的粒子探测器。

09.240 核乳胶 nuclear emulsion

用于记录单个电离粒子径迹的照相乳胶。使用反冲质子的方法，核乳胶也可用于探测快中子。

09.241 径迹室 track chamber

辐射在其中产生可见粒子径迹的探测器。

09.242 扩散室 diffusion chamber

室壁间的温差引起饱和蒸汽连续扩散而产生过饱和蒸汽的云室。

09.243 威尔逊云室 Wilson cloud chamber

由于快速膨胀，在短时间内产生过饱和蒸汽的云室。

09.244 时间投影室 time projection chamber

利用粒子径迹产生电离电子的漂移时间和漂移方向的投影位置确定径迹三维坐标的探测器。

09.245 量能器 calorimeter

测量粒子能量、位置、飞行方向的探测器。入射粒子在量能器探测介质中通过各种电磁相互作用或强相互作用把它们的能量沉积在探测器中，所沉积的能量通过介质中的灵敏部分转变为可测量的物理量，如电离电荷、闪烁光、切连科夫光等。这些物理量的大小正比于入射粒子的能量。

09.246 电磁量能器 electromagnetic calorimeter
测量电子、光子等发生电磁相互作用的粒子探测器。

09.247 强子量能器 hadronic calorimeter
专门测量发生强相互作用的粒子探测器。由于高能强子对物质的穿透能力要比光子和电子强得多，电磁量能器不足以完全吸收它们。强子量能器的厚度和物质含量要远远超过电磁量能器，并转换成可测量的电信号。

09.248 飞行时间计数器 time-of-flight counter
用来测量粒子飞行时间的探测器。一般利用产生快信号的探测器，比如由多个塑料闪烁体探测器组成的时间触发系统。可提供快速的时间参考，也可提供分辨粒子的手段。

09.249 切连科夫探测器 Cerenkov detector
使用能产生切连科夫效应的介质、用于探测相对论粒子的核辐射探测器。介质直接或通过光导与光敏器件进行光耦合。

09.250 穿越辐射探测器 transition radiation detector
由产生穿越辐射的辐射体、记录穿越辐射的计数器和其他电子学仪器共同组成的探测器。测量高速带电粒子穿过不同介子表面产生的穿越辐射强度，确定粒子运动的洛伦兹因子 γ。

09.251 核辐射探测器 nuclear radiation detector
用于将电离辐射的能量转换为光电信号，并适合于观测的辐射探测器。

09.252 中子探测器 neutron detector
一类能探测中子的探测器。中子与物质相互作用主要是中子与原子核的强相互作用，即核反应。探测中子就是探测中子与原子核发生核反应产生的次级粒子。主要有核反冲法、核反应法、核裂变法、活化法。

09.253 X 射线探测器 X-ray detector
接收到射线照射，然后产生与辐射强度成正比的电信号，将 X 射线能量转换为可供记录的电信号的装置。

09.254 火花探测器 spark detector
当强电离粒子通过时，能在电极间产生火花的核辐射探测器。例如火花室、罗森布拉姆探测器。

09.255 热释光探测器 thermoluminescence detector
使用热释光介质的核辐射探测器。当其受热激发时能发光，发光量是探测器在电离辐射照射过程中贮存的能量的函数。

09.256 光致发光探测器 photo luminescence detector
用光致发光材料做成的核辐射探测器。当其受电离辐射照射后，再接受某一波长光辐射时能发出另一波长的光辐射(通常在可见光谱区内)，光的强度是电离辐射过程中贮存在探测器中能量的函数。

09.257 自给能中子探测器 self-powered neutron detector
无需外加电源，通过中子的活化和(或)激发作用产生弱电信号的中子探测器。

09.258 阈探测器 threshold detector
利用阈反应原理制成的探测器。

09.259　顶点探测器　vertex detector
高能短寿命粒子在加速器对撞点产生后很快就衰变成其他粒子，这个衰变位置的点就是衰变产生粒子运动轨迹的顶点，测量衰变粒子运动轨迹顶点的探测器紧贴着束流管的带电粒子径迹探测器由数层安排成圆柱形的径迹探测器构成。其功能是精确测定高能粒子径迹的方向，从而确定粒子衰变顶点的空间坐标。

09.260　微通道板探测器　micro-channel plate detector，MCP detector
一种大面阵的高空间分辨的电子倍增探测器。具备非常高的时间分辨率。

09.261　硅光电倍增探测器　silicon photo-electron multiplier detector，SiPM detector
由多个工作在盖革模式下的雪崩光电二极管(APD)构成的阵列型光电转换器件，每个雪崩光电二极管包含一个大阻值猝熄电阻。所有像素单元并联输出，构成一个面阵列，形成 SiPM 的探测器。

09.262　硅漂移室探测器　silicon drift detec-tor，SDD
用硅漂移室做成的核辐射探测器。硅漂移室是在 N 型的硅片的两个表面，注入杂质，形成重掺杂 P^+ 条，在边缘形成一个 N^+ 微条与中间未耗尽区相连，当外加一定的负偏压后，整个硅片实现全耗尽。硅片内部的电势分布在 z 方向成为抛物线形，中心的电势最低，靠近两个表面的部位最高。当带电粒子穿过探测器时产生电子空穴对，电子就会落入低电势的谷中，然后沿着电场的 x 方向分量向微条 N^+ 漂移，形成电信号。

09.263　线性探测器　linear detector
输出信号与入射粒子能量呈线性关系的核辐射探测器。输出信号是一个与在探测器灵敏体积中所损失能量有关的量。

09.264　非线性探测器　non-linear detector
输出信号与入射粒子能量呈非线性关系的核辐射探测器。

09.265　活化探测器　activation detector
利用在核辐射辐照下产生的感生放射性来测定辐射粒子注量(率)的探测器。

09.266　中子热电偶　neutron thermopile
通过吸收中子诱发反应产生的粒子而使材料变热，使用热电偶测量的中子探测器。

09.267　电荷发射探测器　charge emission detector
在电离辐射作用下所产生的带电粒子从一个极板转移到另一个极板而改变极板间电势差的电容器式探测器。

09.268　2π 核辐射探测器　2π radiation detector
在立体角为 2π 球面度的范围内，用于探测核辐射的探测器。

09.269　4π 核辐射探测器　4π radiation detector
在立体角为 4π 球面度的范围内，用于探测核辐射的探测器。

09.270　井型探测器　well-type detector
其灵敏体积中具有井型结构的核辐射探测器。将被测核素置于井型结构中，可在立体角接近 4π 球面度的范围内用于 α、β、γ 或 X 发射体的高效探测。

09.271　化学探测器　chemical detector
利用电离辐射在其灵敏体积材料中诱发的化学反应产物来探测电离辐射的探测器。

09.272　辐射损伤探测器　radiodefect detec-tor
利用电离辐射在其灵敏体积材料中产生的

缺陷来探测辐射的探测器。

09.273 浸入式探测器 dip detector
浸入或淹没在待测活度液体中的核辐射探测器。

09.274 辐射发光探测器 radioluminescence detector
利用探测器灵敏体积材料的核辐射发光效应的一种探测器。

09.275 次级发射探测器 secondary emission detector
由限定容积的真空腔体构成的核辐射探测器。由腔壁上射出的二次电子在适当外加电压作用下收集而形成探测器电流。

09.276 量热探测器 calorimetric detector
其信号是在探测器灵敏体积材料中吸收电离辐射所产生的热能度量值的核辐射探测器。

09.277 电离探测器 ionization detector
利用探测器灵敏体积中的电离效应而获得信号的核辐射探测器。

09.278 脉冲电离探测器 pulse ionization detector
工作在电离模式，即在工作电压范围未发生电子倍增，只收集初级电离产生的电子总数而生成脉冲输出信号的探测器。

09.279 光电倍增管 photomultiplier tube，multiplier phototube
由光阴极、电子倍增器和阳极组成，用于把光信号转换为电信号的真空器件。

09.280 硅光电倍增器 silicon photomultiplier，SiPM
一种新型的光电探测器件。由工作在盖革模式的雪崩二极管阵列组成，具有增益高、单光子灵敏、偏置电压低、对磁场不敏感、结构紧凑等特点。

09.03 核 电 子 学

09.281 前端电子学 front end electronics，FEE
研究探测器输出的微弱的电信号经过放大和成形处理以后由模数转换器转变成计算机能够接收的数据的一门学科。是大型谱仪系统中探测器数据读出的重要环节。

09.282 前置放大器 preamplifier
直接跟探测器连接对微弱电信号进行放大的电路。

09.283 电荷灵敏前置放大器 charge sensitive preamplifier
将电荷量转换为电压幅度的放大器。通过高增益运算放大器输出端和输入端之间的负反馈电容，输入端等效电容很大，电荷量转

换为输出电压幅度稳定，信噪比高。

09.284 脉冲光反馈电荷灵敏前置放大器 pulsed light-feedback charge sensitive preamplifier
主要由电荷灵敏放大和限值甄别及光驱动模块两部分组成的前置放大器。在正常工作状态下，限值甄别及光驱动模块连接的发光二极管不导通，输入级场效应晶体管的栅极处于电荷积累过程。由于电荷的积累，电荷灵敏环输出电平逐渐抬高，当此电平达到预定的限值时，甄别器推动光驱动给出大幅度脉冲，使发光二极管导通发出强光，场效应管的栅-沟道结在此光照下，产生很大的反向电流，用以泄放反馈电容上积累的电荷，

使电路保持正常工作。

09.285 电压灵敏前置放大器 voltage sensitive preamplifier
探测器输出的电流经过放大器输入端的电容转换成电压后进行放大的电压放大器。输出电压幅度与探测器产生的电荷量成正比。

09.286 电流灵敏前置放大器 current sensitive preamplifier
对探测器输出的电流信号进行直接放大的一个并联反馈电流放大器。输出电压或电流都与输入电流成正比，故称之为电流灵敏前置放大器。

09.287 定时滤波放大器 timing filter amplifier
用于定时的前置放大器输出信号有时还要进一步放大才能驱动定时电路，需要一种能保留时间信息的宽带放大电路，并带有滤波成形电路以减小噪声对定时性能的影响的放大器。

09.288 近高斯脉冲成形 near-Gaussian pulse shaping
又称"准高斯型"。把信号形状改变到接近于高斯型波形的过程。

09.289 谱仪放大器 spectroscope amplifier
用于幅度谱测量的线性脉冲放大器。通常包含放大、脉冲成形、反堆积、基线恢复等电路，并有足够好的稳定性和合适的谱响应宽度。

09.290 稳谱器 spectrum stabilizer
通过对谱仪中某些部件(如探测器、高压电源、放大器、分析器等)的漂移进行补偿来减少谱畸变的功能单元。

09.291 堆积效应 pile-up effect
由于第一个脉冲与后续脉冲之间的间隔时间太短，放大器不能正确响应后续脉冲甚至第一个脉冲的幅度的现象。两个信号的间隔在信号的半宽度以内，导致信号峰位变化的堆积称为峰堆积；两个信号的间距大于半宽度，但小于信号宽度的堆积称为尾堆积。

09.292 基线漂移 baseline shift
尾堆积的存在使信号的基线发生的偏移和涨落的现象。

09.293 基线恢复 baseline restorer
消除基线偏移和涨落的电路，用于改善分辨率。

09.294 堆积判弃 pile-up rejection
又称"反堆积(anti pile-up)"。两个信号在产生的时间上比较接近因而信号的波形发生重叠造成信号形状的改变，称为信号的堆积。信号的堆积会对信号产生时刻的测量以及幅度的测量造成较大的误差甚至错误，因而需要进行判断和排除。这种对信号堆积的判断和排除称为堆积拒绝。

09.295 线性门 linear gate
在其关闭时截断、开启时打开，使输入模拟信号线性通过的一种功能单元。

09.296 过阈时间测量 time over threshold measurement
利用定时甄别器对输入信号前沿的过阈时间和信号后沿的过阈时间进行测量，从而得到信号时间与幅度信息的方法。该方法仅采用时间测量电路，系统简单、集成度高。

09.297 甄别器 discriminator
只有当输入信号超过一个预定阈值时才产生一个输出逻辑脉冲的功能电路单元。

09.298 符合电路 coincidence circuit
只有在规定的时间间隔内在规定的几个输

入端按预定的组合出现信号时，才产生一个输出信号的功能单元。

09.299 反符合电路 anticoincidence circuit
在特定的持续时间间隔内，在一个或几个指定的输入端有输入脉冲，而另外一个或几个指定的输入端没有输入脉冲时才有输出信号的功能单元。

09.300 上升时间甄别器 rising time discriminator
又称"前沿定时电路(leading edge discriminator)"。一个阈值确定的触发电路，在探测器输出或经过放大器放大后的信号的前沿超过阈值时，电路产生脉冲输出作为定时信号。是检出定时信号的最简单方法。

09.301 过零甄别器 zero crossing discriminator
通过成形技术把单极性信号成形为经过零点的双极性信号，并使信号在过零时刻产生定时输出的甄别器。

09.302 恒比定时 constant ratio timing
为解决前沿定时的幅度游动效应而出现的定时技术。输入脉冲形状不变的条件下，阈值不是固定值，而是选择为幅度值的固定比例，在输入脉冲的形状不变时，这个固定比例的时间晃动最小。

09.303 模拟-数字变换器 analogue-to-digital converter，ADC
把模拟信号数字化，提供表征模拟量输入信号的数字式输出信号的装置或部件。

09.304 时间-数字变换器 time-to-digital converter
用输出的数字信号来表征输入信号的时间的装置。该数字代表两个输入脉冲(如启动脉冲和停止脉冲)之间的时间间隔，或代表一个输入信号的持续时间。

09.305 数字-模拟变换器 digital-to-analogue converter，DAC
提供表征数字式输入信号的模拟量输出信号的装置或部件。

09.306 时间-幅度变换器 time-amplitude converter，TAC
用输出信号的幅度来表征输入信号时间间隔的装置。输出信号的幅度正比于两个输入信号的时间间隔，或正比于一个输入信号的持续时间。

09.307 幅度-时间变换器 amplitude-time converter
用输出信号的时间来表征输入信号的幅度的装置。或输出一个信号，其持续时间正比于输入信号的幅度；或输出两个信号。其中一个信号相对于另一个信号延迟的时间间隔正比于输入信号的幅度。

09.308 脉冲成形器 pulse shaper
对应输入信号输出具有规定形状特征(幅度和宽度)脉冲的功能单元。

09.309 现场可编程逻辑阵列 field programmable logic array，FPGA
在 PAL、GAL、CPLD 等可编程器件的基础上进一步发展的复杂集成电路。是作为专用集成电(ASIC)领域中的一种半定制电路而出现的，既解决了定制电路的不足，又克服了原有可编程器件门电路数有限的缺点。

09.310 专用集成电路 application specific integrated circuit，ASIC
为特定用户或特定电子系统制作的集成电路。能实现整机系统的优化设计，性能优越，保密性强。

09.311　延时电路　delay circuit
将输入信号延迟一段时间再输出的一种功能单元。

09.312　总线　bus
计算机或数字仪表或功能插件之间的多通道电气连接。通过总线连接信息可以从总线连接任一信息源被传输至任一目的地。

09.313　插件　module
通常具有前面板并能单独或多个一起插入机箱的插拔式单元。如 NIM 插件。

09.314　核仪器插件标准　nuclear instrumentation module standard
又称"NIM 标准(NIM standard)"。核仪器与测量领域的第一个电子学插件模块化设计的标准。该标准给出了机箱和插件的机械尺寸、电源和信号的电气标准，符合 NIM 标准的插件可以在 NIM 机箱中互换而不用担心电源的供电。NIM 插件的高度是 8.75 英寸(1 英寸=2.54 厘米)，宽度必须是 1.35 英寸的整倍数，分别称之为单宽、双宽、三宽等 NIM 插件。

09.315　核仪器插件　nuclear instrumentation module，NIM
在科学和工业领域中使用的符合 NIM 标准的标准化插件式核仪器系统中的部件。

09.316　NIM 机箱　nuclear instrumentation module bin，NIM bin
用于容纳并支持符合 NIM 标准的核仪器插件工作的机箱。

09.317　计算机辅助测量与控制标准　computer automated measurement and control standard
简称"CAMAC 标准(CAMAC standard)"。核物理与粒子物理领域制定的第一个有数据传输总线。除了常规的机箱和插件的机械

和电气标准，它还规范了机箱数据传输所需的数据总线、快控制信号，以及时钟和定时信号、信息传输方式等。按此标准建立的 CAMAC 机箱、各种插件和 CAMAC 软件就组成了 CAMAC 系统。

09.318　计算机辅助测量与控制机箱控制器　computer automated measurement and control crate controller
简称"CAMAC 机箱控制器(CAMAC crate controller)"。安装在 CAMAC 机箱控制站中或者安装在一个或多个 CAMAC 机箱标准站中的功能单元。提供机箱内的时钟，控制数据通路的数据收集并向机箱外进行传输。

09.319　并行 CAMAC 机箱控制器　parallel CAMAC crate controller
全称"并行计算机辅助测量与控制机箱控制器(parallel computer automated measurement and control crate controller)"。CAMAC 机箱为了高速数据传输输出数据时采用并行分支干线与上一级控制器进行连接的功能单元。一般此连接距离比较近。

09.320　串行 CAMAC 机箱控制器　serial CAMAC crate controller
全称"串行计算机辅助测量与控制机箱控制器 (serial computer automated measurement and control crate controller)"。采用串行数据线与上一级控制器进行连接因而能够支持远距离数据传输的 CAMAC 机箱控制器。

09.321　快总线　fastbus
一种标准化模块式的数据高速采集和控制系统。该系统具有大量的地址域且可能按单机箱系统或多机箱系统配置，在多机箱系统中机箱能够与多个处理器一起自动运行，也可以为实现数据传输、控制和整个系统寻址信息提供路径。

09.322　欧洲通用板卡标准　versa module eurocard standard

又称"VME 标准(VME standard)"。它是基于欧洲标准卡(Eurocard)和摩托罗拉(Motorola)公司的通用总线标准(Versa BUS)构成的灵活可扩展的背板总线系统。于 1981 年由摩托罗拉等公司共同推荐。该总线标准着眼于建立支持具有各种计算功能任务的插件的灵活环境，已经成为计算机行业非常流行的协议，并被国际电子与电气工程师协会定义为 IEEE 1014—1987 标准。

09.323　紧凑型计算机接口标准　compact peripheral component interconnect standard，CPCI standard

又称"紧凑型 PCI"。国际工业计算机制造者联合会(PCI Industrial Computer Manufacturer's Group，PICMG)于 1994 年提出来的一种总线接口标准。是以计算机外部组件电器规范(PCI 电气规范)为标准的高性能工业用总线。1995 年 11 月 PCI 工业计算机制造者联合会颁布了 CPCI 规范 1.0 版，以后相继推出了 PCI-PCI Bridge 规范、Computer Telephony TDM 规范和 User-defined I/O pin assignment 规范。核技术应用，特别是控制领域，也把 CPCI 当作标准之一。

09.324　xTCA 标准　xTCA standard

由中国科学院高能物理研究所(IHEP)、美国斯坦福加速器中心(SLAC)、费米国家加速器实验室(FNAL)以及德国电子同步加速器研究所(DESY)四家单位与部分厂商于 2009 年联合发起并专门为核与粒子物理实验领域制定的最新的仪器标准。作为 ATCA 标准和 MicroTCA 标准的补充标准被国际工业计算机制造者联合会(PICMG)接收为国际标准。

09.325　快控制系统　fast control system

在谱仪系统中，能够在微秒量级或更快的时间内将控制信息传送到系统各个部分的控制系统。其控制信号为快控制信号。快控制具有实时性。

09.326　慢控制系统　slow control system

在大型谱仪系统中，通过计算机发出指令对系统内各子探测器的环境监测、气体系统、高压系统、安全联锁等子系统进行测量监控的系统。对应的计算机指令和控制信号被称为慢控制指令和信号。慢控制指令和信号的响应时间允许在毫秒量级或更慢。

09.327　触发判选　trigger

在核物理和高能物理实验中，实时地利用各子探测器系统的信号或数据，判断数据集合的好坏，并通知数据获取子系统把坏事例扔掉，只存储有意义的好事例的子系统，称为触发系统。好事例的定义随着不同实验的目的不同而变化。

09.328　流水线式处理　pipeline processing

现代加速器通过缩短束团间隔增加数团数量的方法来提高亮度的方法。亮度越高，不但好事例越多，本底也越高。数团间隔的减少导致两个数团的对撞间隔不足以进行一个有效逻辑判断。同时为了更好地选择好事例和抑制本底事例，触发系统越来越复杂，做出触发判选所需的总时间也增长，甚至超过整个束团串周期。因此采用了流水线处理技术，即在系统总时钟的控制下，电子学的数据按每个时钟进行存储，触发系统对信号的处理也拆解成按时钟多步骤依次分步处理。这样尽管总时间仍然很长，但前面处理的结果传给后续部分处理后，就可以继续处理新的数据而不需等待，减小死时间而不浪费加速器的亮度。

09.329　模式识别　pattern recognition

在谱仪探测器中，由于探测器的结构具有一定的规律，比如构成漂移室径迹的各层丝信号组合具有一定的组合规律,量能器中的能量沉积簇团的相对位置也有一定的对称规律等。在触发系统的信号处理中也利用这些明确的规律构成的模式,处理电路通过与预存于查找表中的各种模式的对比,找出对应好事例的各种模式,进而综合判断得出触发判选的最后结果。

09.330 特征提取 feature extraction
利用探测器的模拟数据,找出构成好事例的探测器的径迹组合、能量沉积、簇团的分布、击中位置、对称性等探测器数据的特征,进而在实验中利用这些特征在触发系统中判断好事例(模式识别)的技术。

09.331 一级硬件触发 L1 trigger
由于探测器信号有快有慢,触发系统把信号的快慢进行分类分级处理,最快的信号先处理(一级 L1),L1 级通过后再与其他比较慢的信号一起进行判断(二级 L2),L2 级通过后再与最慢的信号一起进行判断得出三级 L3 结果作为最后的结果。由于电子技术和计算机技术的发展,现代触发把基于硬件并采用流水线处理技术的触发统称为一级硬件触发。

09.332 高级触发 high level trigger
又称"事例过滤(event filter)"。现代触发由基于硬件的一级硬件触发和基于软件的高级触发两部分构成。高级触发基于计算机中央处理器的软件处理,因而可以通过精细地计算进行准确的事例选择。

09.333 触发表 trigger table
为了实验的灵活性,触发系统提供的一种可灵活修改实验内容和目的可选实验条件和目的的参数表。

09.334 数据获取 data acquisition,DAQ
大型实验中,在计算机的控制下把电子学数字化产生的数据进行检查、汇总后进行存储,并对实验运行进行的监测。在小型实验中一般泛指电子学及其数字化后的完成数据存储所有电子学及计算机。

09.335 随机脉冲产生器 random pulser
随机脉冲产生器可以分为模拟式和数字式两大类。模拟式随机脉冲产生器由随机噪声源加甄别器及成形电路构成。数字式随机脉冲产生器用单片机给出随机脉冲间隔,或者用伪随机码给出随机脉冲。

09.336 单道分析器 single-channel analyser
只有当输入信号的幅值落在其设置的上、下阈值之间时才产生一个输出逻辑脉冲的装置。

09.337 多道分析器 multichannel analyser
多于一道的分析器。通常包含有足够多的道数。其按照输出信号的一个或多个特性(幅度、时间等)对信号进行分类计数,从而测定其分布函数。

09.338 幅度分析器 amplitude analyser
分析来自一个或几个核辐射探测器的输出信号幅度与给定参数或量(如能峰、能量分辨等)的关系的辐射测量装置。

09.339 滑移脉冲产生器 sliding pulser
输出的脉冲幅度随时间线性增加(或下降)的脉冲信号发生器。主要用于测量多道脉冲分析器或其他仪器的线性。

09.340 定标器 scaler
给出信号单位时间计数的计数器。用于监视各种信号的计数率,如各判选电路输出的触发条件信号和通过各级判选的计数率,以及死时间等。

09.341 可逆定标器 reversible scaler
输入端每进入一个脉冲,根据控制要求,可使其存数加一或减一的计数器。

09.342 时间分析器 time analyser
分析来自一个或几个核辐射探测器的输出信号时间信息与给定参数或量(如时间分布、时间分辨等)的关系的辐射测量装置。

09.343 [脉冲]选择器 [pulse] selector
每当输入脉冲的某一规定特性处于规定的限值之内时就产生输出信号的功能单元。

09.344 静电计 electrometer
测量少量电荷或弱电流的仪器。

09.345 率表 ratemeter
连续指示平均计数率的仪器。

09.346 对数率表 logarithmic ratemeter
输出指示正比于计数率对数的率表。

09.347 模拟率表 analogue ratemeter
采用模拟指针输出的率表。

09.348 差分线性率表 difference linear ratemeter
输出指示正比于两计数率差分的率表。

09.349 数字率表 digital ratemeter
能提供数字输出显示的率表。

09.350 线性率表 linear ratemeter
输出指示正比于计数率的率表。

09.351 计数率表 counting ratemeter
测量单位时间脉冲数(计数率)的仪器。

09.352 可重构核仪器 reconfigurable nuclear instrumentation
采用数字脉冲处理技术、各种探测功能核和重构调度算法,针对不同的核探测需求,在一个基本的硬件框架下进行功能和测量方式上的组合,以实现不同核探测的目的的设备。

09.04 谱仪及系统

09.353 γ 射线谱仪 gamma-ray spectrometer
基于定量测量 γ 辐射能谱的仪器。

09.354 双臂谱仪 double-arm spectrometer
含有两个探测臂的谱仪。为了研究特定的物理题目而设计的专用设备。仅选择反应产物中两个特定的粒子,分别在两个臂中进行记录和测量。如果两个被测粒子互为反粒子,如正负电子或正负 μ 子,则这两个探测臂是对称的,反之是不对称的。这类谱仪有很强的本底甄别能力及很好的触发选择系统,从而能有效地选择并探测特定的粒子。

09.355 反康普顿 γ 谱仪 anti-Compton gamma ray spectrometer
能利用反符合降低 γ 谱中康普顿效应产生的

连续分布成分的谱仪。

09.356 飞行时间中子谱仪 time-of-flight neutron spectrometer
通过测量中子飞行时间测定中子束能谱的谱仪。

09.357 反冲质子[能]谱仪 recoil proton spectrometer
通过测量反冲质子的能量分布来测定快中子能谱的辐射谱仪。这些反冲质子是由快中子在含氢探测器中的弹性散射产生的。

09.358 胶片剂量计 film dosemeter, film badge, photographic dosimeter
用受辐照后显影的照相胶片作为核辐射探测器的剂量计。显影后胶片变黑的程度就是吸收剂量的指示。

09.359 辐射报警装置 radiation warning apparatus
当超过预置的辐射水平时能提供视觉或听觉警示信号的仪器。辐射报警系统可以由监测系统触发。

09.360 辐射测量仪 radiation meter
用于测量电离辐射的仪器。

09.361 辐射含量计 radiation content meter
带有电离辐射源,用于测量物体中规定的元素或物质的数量的测量装置。

09.362 辐射能谱仪 radiation spectrometer
由一个或多个核辐射探测器和与其连接的分析器组成,用于确定电离辐射能谱的辐射测量设备。

09.363 辐射监测器 radiation monitor
用于测量电离辐射水平并能发出报警信号的装置。辐射监测仪也可以提供定量信息。

09.364 辐射指示器 radiation indicator
借助于可视或可听信号,对与电离辐射有关的量提供粗略估计的一种装置。

09.365 剂量计 dosemeter
用于测量吸收剂量或剂量当量的辐射仪。广义上讲,用于测量其他有关辐射量(如照射量、注量等)的仪表也使用这条术语,但不推荐用此法。

09.366 光致发光剂量计 photo luminescence dosemeter
又称"光致荧光剂量计"。使用光致荧光探测器来测量剂量的剂量计。

09.367 环境剂量计 environmental dosemeter
用于测量环境辐射的剂量仪。

09.368 核素线性扫描机 nuclide linear scanner
利用放射性同位素示踪技术,用探测器探测γ射线,实现脏器的显影,即将放射性同位素标记在药物上并引入人体,然后通过探测器在体外扫描脏器部位,探测其产生的γ射线,并记录放射性药物在体内的分布情况,以形成扫描图像的设备。

09.369 医用回旋加速器 medical cyclotron
专门为医学应用而设计制造的一种小型回旋加速器。主要用于生产反应堆所不能生产的、更适于医用目的的缺中子核素,或利用它来加速质子、氘、^{3}He 等轰击铍或锂靶产生中子束,进行快中子治疗。这类加速器结构紧凑、占用面积小、功耗少、管理方便,适合于安装在大的核医学基地而成为现代化医疗中心的重要设备。

09.370 医用电子直线加速器 medical electron linear accelerator
可提供单一或多挡 X 射线,并可提供可调能量的电子线的直线加速器。其 X 射线因焦点小,几乎不存在几何半影。随着能量的提高,剂量建成区变深,有利于保护皮肤。电子线只适合治疗浅部肿瘤,由于有剂量跌落区,根据肿瘤位置深浅选择电子线能量,能有效保护不是肿瘤的正常组织。

09.371 核听诊器 nuclear stethoscope
用于测量心脏功能参数的一种轻便核仪器。由γ闪烁探头、测量系统、显示系统和微型计算机组成。静脉注射放射性核素标记示踪剂以后,核听诊器能自动测量核素通过心脏的血流动力学过程,显示左心室的时间-放射性浓度曲线,计算心排血量比值、射血分数、肺循环时间等参数。可用于充血性心肌病、冠心病运动实验前后检查,了解各种药物对心脏功能的影响,以及冠心病的早期诊断等方面的研究。

09.372 动态功能检查仪 dynamic function survey meter

把某种与一定器官的生理学过程或代谢过程有关的放射性核素或标记物引入体内，而从体外测量放射性在该器官中随时间变化的情况，以反映器官功能的设备。

09.373 表面污染剂量仪 surface contamination meter

通过测量物体表面放射性发射率来确定物体表面放射性污染程度的辐射仪。

09.374 剂量率计 dose ratemeter

用于测量电离辐射造成的吸收剂量率的辐射仪。

09.375 测氡仪 radon meter

测量地下水、土壤和空气中氡气浓度的一种仪器。

09.376 全身辐射计 whole-body radiation meter

用于测量人体中放射性核素的设备及其连接的组件。其包含一个或多个对环境电离辐射本底厚重屏蔽的核辐射探测器。有时这种设备包括 γ 射线谱仪。

09.377 全身 γ 谱分析器 whole-body gamma spectrum analyser

包括全身内部污染测量仪、幅度分析器和数据处理设备的测量系统。用于鉴定人体内存在的放射性核素并分别测定其活度。

09.378 热释光剂量计 thermoluminescent dosemeter

由一个或多个热释光探测器组成的无源装置。其安装在一个合适的支撑物中以便佩戴在身上或放在环境中，其目的是评估它所在位置或其附近的相应剂量当量。

09.379 伽马相机 gamma camera

临床核医学中以放射性药物为示踪剂，用大型闪烁探头从体外对脏器或组织照相，进行静态及动态的显像检查和功能测定的设备。

10. 核测试与分析

10.01 核武器一般术语

10.001 核武器 nuclear weapon

利用重原子核的链式反应或(和)轻原子核的自持聚变反应释放出巨大能量而产生爆炸，对目标实施大规模杀伤破坏作用的武器。

10.002 核武器系统 nuclear weapon system

构成核武器作战能力各部分的总称。一般包含战斗部(或核弹头)、运载工具、发射(投掷)设备、配套技术设备和相应的指挥控制系统等。

10.003 战略核武器 strategic nuclear weapon

用于打击战略目标、执行战略任务的核武器。一般由威力较高的核武器和射程较远的投射工具组成。

10.004 战术核武器 tactical nuclear weapon

用于打击战役、战术纵深内重要目标的核武

器。威力一般不超过万吨梯恩梯(TNT)当量，作用距离数十至数百千米。

10.005　核弹头　reentry vehicle bearing a nuclear warhead
装有核战斗部的导弹头部。一般由核装置与弹头壳体、功能部件及其控制系统等组成。

10.006　核导弹　nuclear missile
带有核战斗部的弹道导弹。

10.007　核战斗部　nuclear warhead
核武器系统直接完成战斗使命的部分。由核爆炸装置、引爆控制系统、功能部件和相应的结构部件组成。

10.008　裂变武器　fission weapon
利用铀、钚等重原子核链式反应，瞬时释放巨大能量的核武器。

10.009　原子弹　atomic bomb
裂变武器的统称。包括纯裂变型原子弹和助爆型原子弹。

10.010　枪法原子弹　gun-type atomic bomb
利用炸药爆炸产生的强驱动力，把两块或数块处于次临界状态的裂变装料迅速堆拢在一起，瞬时达到超临界状态而发生核爆炸的一种原子弹。

10.011　内爆法原子弹　implosion-type atomic bomb
用炸药爆炸产生的内聚冲击波压缩处于次临界状态的裂变材料，使其密度升高达到超临界状态而发生核爆炸的一种原子弹。

10.012　助爆型原子弹　boosted atomic bomb
利用在裂变材料芯的中心空腔添加的少量氘氚气体发生聚变反应产生大量中子，从而大幅提高裂变材料利用率和增加其威力的一种原子弹。

10.013　氢弹　hydrogen bomb
利用裂变链式反应提供的能量，使氘氚的轻核产生自持聚变反应，瞬间释放巨大能量的核武器。

10.014　三相弹　three-phase bomb
放能过程经历由裂变到聚变再到裂变三个阶段的一种氢弹。各核国家核武库中的绝大部分氢弹都属于这种类型。

10.015　中子弹　neutron bomb
以高能中子为主要杀伤因素，冲击波和光辐射效应相对减弱的一种特殊性能的小型氢弹。

10.016　减少剩余辐射弹　reduced residual radiation weapon
为减少剩余辐射效应，以冲击波为主要杀伤破坏因素的一种特殊性能氢弹。

10.017　核电磁脉冲弹　nuclear electromagnetic pulse weapon
一种增强电磁效应的特殊性能核武器。一般在大气层以上爆炸，用于干扰、毁坏敌方通信系统或武器的电子部件。

10.018　核炸弹　nuclear bomb
用飞机运载和投放的装有核战斗部的炸弹。

10.019　核深水炸弹　nuclear depth bomb
装有核战斗部的被投掷到深水区引爆的炸弹。

10.020　核钻地弹　nuclear earth penetrator
能钻入地下一定深度后爆炸的核炸弹或核弹头。

10.021 核地雷 nuclear mine
装有核战斗部的地雷。

10.022 核鱼雷 nuclear torpedo
装有核战斗部的鱼雷。

10.023 核炮弹 nuclear artillery shell
装有核战斗部的炮弹。

10.024 核武器小型化 nuclear weapon minia-
turization
为提高作战性能,核武器在保持一定杀伤力
的条件下向尺寸小、重量轻的方向(高比威
力)发展的趋势。

10.025 发射训练核弹头 reentry vehicle bea-
ring a training nuclear warhead
供部队发射训练用的模拟弹头。通常由真
实部件和部分模拟件组成,并有发烟发光
功能。

10.026 教练核弹头 reentry vehicle bearing
an instructional training nuclear war-
head
采用非核和非爆炸的代用材料,仿真核弹
头而制造的、供部队教学和训练使用的模
拟弹头。

10.027 核武器事故 nuclear weapon accident
核武器由意外引起的核爆炸、非核爆炸以及
放射性污染等事件。

10.028 异常环境 abnormal environment
武器系统在服役历程中出现意外事故(跌落、
火烧、雷击、水淹等)条件下所遇到的力学、
热学、电磁学等非正常环境的统称。

10.029 地面设备 assembling-checking grou-
nd equipment
由核武器装检设备、定检设备、辐射监测设
备和运输设备等组成的全部设备。

10.030 装检设备 assembling-checking spe-
cial equipment
用于核武器装配、检测与调试等专用设备的
统称。为地面设备的一部分。

10.031 地面[艇上、机上]测控设备 ground
[on-submarine, on-aeroplane] equip-
ment for test and control
用于检测、控制和监视核战斗部电子学系统
及其所属装置的地面(舰上、机上)设备的
统称。

10.02 核 装 置

10.032 核[爆炸]装置 nuclear [explosion]
device
具有核爆炸功能的裂变装置或聚变装置。

10.033 裂变装置 fission device
利用铀、钚等重原子核链式裂变反应,释放
出巨大能量的装置。

10.034 聚变装置 fusion device
能实现大规模聚变反应放能的装置。通常由

初级系统和次级系统构成。

10.035 [核装置]初级 [nuclear device] pri-
mary
又称"扳机""引爆弹"。氢弹中用于引发
下一级核能释放的纯裂变或助爆型裂变
装置。

10.036 [初级]弹芯 [primary] pit
氢弹初级系统中裂变材料及其功能结构层。

10.037 热核反应三要素 three essential factor for thermonuclear reaction
决定聚变总反应数的热核材料温度、密度和反应维持时间。

10.038 [氢弹]次级 [hydrogen bomb] secondary
又称"氢弹主体(hydrogen bomb body)"。氢弹中由初级系统引发，实现大规模热核反应放能的装置。

10.039 热核点火 thermonuclear ignition
使聚变燃料系统的温度和密度升高并实现自持聚变反应的动作。

10.040 自持热核燃烧 self-sustaining thermonuclear burn
聚变燃料系统依靠自身热核反应产生的能量而维持高温燃烧的状态。

10.041 起爆[传爆]序列 initiation [explosive] train
为使主装药按设计要求实现爆轰，按爆炸能量递增顺序构成的火工品和炸药部件系统。通常包括雷管、传爆和起爆元件。

10.042 爆轰序列 detonation train
由起爆传爆序列和主装药构成的爆轰系统。

10.043 起爆元件 initiation component
起爆主装药并在其中形成一定形状爆轰波的炸药部件或装置。

10.044 主装药 main charge
为内爆压缩核材料或推拢核材料提供能量的主要炸药部件。

10.045 钝感高能炸药 insensitive high explosive，IHE
对撞击、摩擦、冲击波、热、电、静电火花等外来刺激不敏感，难以由燃烧转为爆轰的主能炸药。

10.046 核燃耗 burn-up of nuclear fuel
核材料参与核反应而消耗的量与初始量的比值。

10.047 核点火 nuclear ignition
由少量中子在预定时刻引发核装置中裂变材料的链式反应，从而形成核爆炸的动作。

10.048 过早点火 preignition
裂变武器(或核装置初级)因中子先于预定点火时刻引发裂变反应，并使核爆威力降低的动作。

10.049 核点火部件 nuclear ignition component
按预定程序和反应机制适时提供一定中子产额的部件。

10.050 [核装置]化爆 [nuclear device] chemical explosion
只是核装置的炸药发生了爆炸，但释放的核能可以被忽略的爆炸。

10.051 堆前料 pre-irradiation uranium
未经反应堆中子照射，一般含有极少 ^{236}U 的铀材料。

10.052 堆后料 post-irradiation uranium
经反应堆中子照射，一般含有较多 ^{236}U 的铀材料。

10.053 物理品位 physical grade
固体聚变材料中各有用成分的原子质量之和占总质量的百分比。

10.054 化学品位 chemical grade
固体聚变材料中各有用成分的分子质量之和占总质量的百分比。

10.055　氘丰度　deuterium abundance

氢同位素及其化合物中氘原子数与氢同位素的原子总数之比。

10.056　[核装置]自热　[nuclear device] self-heating

核装置中因核材料衰变释放能量而引起温度升高的现象。

10.03　核武器性能

10.057　核武器战术技术性能　military characteristics of nuclear weapon

核武器在服役和作战中具备的特性和能力。

10.058　威力　yield

核装置爆炸释放的总能量。

10.059　[梯恩梯]当量　TNT equivalent

用释放相同能量的梯恩梯炸药的质量表示核爆炸能量的一种习惯计量。通常用千吨梯恩梯当量、百万吨梯恩梯当量作为计量单位。

10.060　比威力　yield-to-weight ratio

核装置(核战斗部、核弹头)爆炸威力与其质量的比值。是衡量核武器设计水平的一个概略指标。

10.061　等效百万吨数　equivalent megatonnage

以百万吨梯恩梯当量为单位计量的核弹威力数值的 2/3 次方。用以衡量核爆炸对城市、交通枢纽等地面目标的破坏能力。

10.062　核爆炸高度　height of nuclear burst

核武器(或核装置)在地面(水面)以上爆炸时，从爆心到地面(水面)投影点的相对高度。

10.063　比高　scaled height of burst

全称"比例爆高"。核弹爆炸高度与其威力立方根的比值。用以衡量爆心在地面(水面)投影点冲击波超压值的经验参量。

10.064　裂变威力　fission yield

核弹中铀和钚等重原子核裂变反应产生的能量。

10.065　聚变威力　fusion yield

核弹中氘和氚等轻原子核聚变反应产生的能量。

10.066　核武器安全性　safety of nuclear weapon

在核武器正常的维护使用中，防止因操作失误、设备或武器故障等发生意外的涉及人身和场地安全事故的能力。

10.067　核武器安保性　security of nuclear weapon

核武器能抵制任何非授权使用和在异常环境或被袭击情况下保证安全的能力。

10.068　核武器可靠性　reliability of nuclear weapon

核武器能够可靠使用的程度。包括可投射率、核爆可靠度及贮存寿命。

10.069　核武器安全概率风险评估　probable risk estimation of nuclear weapon

以核武器因意外事故而发生核爆和钚散落污染分别作为顶事件而进行的故障树安全分析方法。

10.070　核战斗部自毁　nuclear warhead self-destruction

在核武器发射(投掷)后，为了安全或其他原因，有意使战斗部失去或降低核爆炸能力而自行毁坏的行为。

10.071 核爆可靠度 reliability of nuclear explosion

在规定的条件下和时间内，核战斗部按规定性能指标实现核爆的概率。

10.072 核武器生存概率 survival probability of nuclear weapon

现役核武器在敌方发动第一次核打击后仍能保持功能的能力。

10.073 核武器突防概率 penetrability probability of nuclear weapon

核武器突破敌方各种防御后仍保持其战斗性能的能力。

10.074 核武器贮存期 storage period of nuclear weapon

在按规定状态储存、维护、检测的前提下，核武器能保证其设计性能的储存期限。

10.04 引爆控制和遥测系统

10.075 核战斗部电子学系统 electronics system for nuclear warhead

核战斗部中引爆控制系统和外中子源系统等电子、电气部分的总称。

10.076 核武器引爆 firing the nuclear weapon

使核武器中的核爆炸装置起爆的动作。

10.077 程序控制装置 programer

在引爆控制系统中根据预定工作程序及获得的飞行环境、目标等信息给出控制及引爆信号的装置。

10.078 勤务保险 service safety

为增加核弹头在装配、贮存、运输、检测、维修和对接等地面勤务过程中的安全性所采取的保险措施。

10.079 解保 arming

核武器由保险状态转变到待爆状态的动作。

10.080 装定高度 preset height of fuzing

核武器发射或投掷前，在引爆控制系统中设置的引信动作高度。

10.081 核战斗部电子学系统联试 integrated test of electronics system for nuclear warhead

检查核战斗部电子学系统功能、性能参数和各装置间及分系统间的电气匹配与电磁兼容性的试验。

10.082 引爆控制系统 safety arming fuzing and firing system

简称"引控系统"。按预定程序工作，适时解除保险，发出各种预定的控制信号并引爆核装置的系统。

10.083 外中子源系统 external neutron generator

简称"外源系统"。在核装置外部于预定时间产生满足核点火所需要中子脉冲的系统。

10.084 惯性引信 inertia fuze

又称"过载引信"。利用核弹头再入段的加速度等信息，在预定高度处给出引爆信息的引信。

10.085　雷达引信　radar fuze

按雷达原理工作，在预定高度处给出引爆信息的引信。

10.086　碰撞引信　impact fuze

又称"触发引信(contact fuze)"。依靠与目标直接接触、碰撞而作用的一种引信。

10.087　保险装置　safety device

在引爆控制系统中防止误发引爆和控制信号的装置。

10.088　同步引爆装置　simultaneously firing device

简称"同步装置"。产生多路电脉冲，能同时引爆多个雷管的装置。

10.089　安保系统　security and safety system

能够防止核战斗部在异常环境下意外解保与防范非授权使用的系统。

10.090　三位一体战略核力量　triadic strategic nuclear force

由陆基洲际弹道导弹、海基潜射弹道导弹和战略轰炸机三个部分组成的战略核力量。

10.091　打击软目标能力　capability of striking soft target

核武器毁伤城市、工业基地、军事基地、港口等暴露在地面或浅地表面下设施等抗压强度不高的目标及电源、电信、电子系统的能力。

10.092　打击硬目标能力　capability of striking hardened target

核武器摧毁导弹地下发射井和地下指挥所等具有较高抗压强度、不易被摧毁的目标的能力。

10.093　导弹预警系统　ballistic missile early warning system

用于尽早发现并跟踪测量来袭导弹弹道参

数，确定来袭导弹发射阵位及其攻击目标，为国家战略防御决策提供预警信息的系统。

10.094　导弹核武器的突防装置　penetration aid of nuclear missile

为突破对方导弹防御系统，在导弹或弹头上采取的对抗装置。如干扰机、干扰条、各种诱饵和采取的加固措施等。

10.095　反侦察能力　anti-reconnaissance capability

导弹核武器系统有效防止被敌方发现和识别的能力。

10.096　反拦截能力　anti-interception capability

针对对方反导防御系统拦截手段，我方采取相应对抗措施以突破拦截武器拦截的能力。

10.097　反识别对抗　recognition countermeasure

针对对方探测系统对来袭目标进行分类、识别和辨认等功能，采取相应的对抗措施，以降低探测系统对目标的识别能力。

10.098　导弹核武器的戒备率　alerting rate of nuclear missile

处于戒备状态并能在规定发射准备时间内实施作战发射的导弹核武器数量占部署导弹核武器总数的百分比。

10.099　导弹核武器射程　range of nuclear missile

导弹核武器从发射点到弹着点或爆心投影点间的地面距离。

10.100　导弹核武器投掷质量　throw weight of nuclear missile

包括核战斗部、突防装置、释放机构、末助

推装置和末制导系统等有效载荷的质量总和。是衡量导弹运载能力的重要指标。

10.101　第一次核打击　first nuclear strike
首先使用核武器突然袭击敌人的城市、工业目标和具有重要军事作用的发射井、核武库等点目标的行为。

10.102　第二次核打击　second nuclear strike
对敌方核袭击的报复性核反击行为。

10.103　更换打击目标能力　retargeting capability
处于待发状态的导弹系统，当接到需要更换打击目标的指令时，该系统所具备的选择目标和重新装订目标诸元的能力。

10.104　核打击目标　target of nuclear strike
核武器的打击对象。

10.105　核黑匣子　nuclear black box
用于授权使用战略核武器的密码指令装置的俗称。

10.106　核突击　nuclear strike
使用核武器对敌方实施的突然袭击。

10.107　核爆炸方式　type of nuclear burst
在空中不同高度或地(水)下不同深度实施核爆炸的形式。

10.108　核武器投射　projection of nuclear weapon
将核武器投射到预定目标所采用的方式方法。

10.109　服役历程　stockpile to target sequence，STS
核武器从库存至打击目标所经历的事件和环境的时序描述。

10.110　核武器的延寿与退役　lifetime extension and decommissioning of nuclear weapon
核武器的延寿指对已经达到使用寿命的核武器进行的延长其服役年限的工作。核武器的退役是指核武器退出服役，不再继续作为军事装备的活动。

10.111　核武器改造　improvement of nuclear weapon
针对某些核武器原有作战使用性能不适应作战需求的情况，以技术改造的方式，使其满足作战需要的过程。

10.112　核武器软毁伤效应　soft destructive effect of nuclear weapon
遭受核打击而引起的社会心理效应、社会经济后效效应及生态遗传后效应。

10.113　核武器社会效应　society effect of nuclear weapon
核战争和核威慑对社会现实的影响和作用。

10.114　核武器心理效应　psychology effect of nuclear weapon
核战争和核威慑对社会个体、群体的心理影响作用。

10.115　核武器寿命　lifespan of nuclear weapon
核武器从出厂到无法满足战术技术性能和作战使用要求的整个过程的时间。

10.116　核武器运用运筹分析　operation research and analysis of nuclear weapon employment
定量分析核武器运用问题并选择优化方案的理论、方法和活动。为核武器的正确运用提供理论指导和数量依据。

10.117　核武器自相摧毁效应 fratricidal effect of nuclear weapon

连射或齐射两枚以上核导弹时，如果达到目标上空的各核弹头起爆时间相接近，出现已起爆的核弹头使邻近尚未起爆的己方核弹头遭到摧毁、失效和偏离预定目标等现象。

10.118　核武器作战效能 operational effectiveness of nuclear weapon

核武器在使用时达到预期作战效果的能力。

10.119　核作战计划 nuclear operation plan

有核国家决策当局为使用核力量而做的精心策划和准备。

10.120　核武器事故响应 nuclear weapon accident response

又称"核武器事故应急行动"。在发生核武器事故的紧急状态下为控制或减轻事故后果而采取的行动及措施。

10.05　核　试　验

10.121　爆室 explosion chamber

平洞核试验时，用于放置核装置、点火部件及部分测试设备等的小室。

10.122　核武器杀伤破坏效应 injurious and destructive effect of nuclear weapon

核武器爆炸产生的各种杀伤破坏因素对人员和物体造成的毁伤作用及效果。杀伤破坏因素主要有：冲击波、光辐射、早期核辐射、放射性沾染和核电磁脉冲等。

10.123　瞬时杀伤破坏因素 transient injurious and destructive factor

核爆炸后较短时间内对目标的杀伤破坏因素如冲击波、光(热)辐射、电磁脉冲、早期核辐射和 X 射线的统称。

10.124　核爆炸冲击波 shock wave from nuclear explosion

核武器爆炸后在周围介质中形成的以超声速向外传播、具有压力等物理参数强间断面的应力波。

10.125　核爆辐射 radiation from nuclear explosion

核爆炸及其次生核辐射源释放出的中子、γ射线以及 X 射线等。

10.126　[核爆]光[热]辐射 light [thermal] radiation [of nuclear explosion]

核爆炸形成的高温高压火球辐射出的极其强烈的光和热。

10.127　早期核辐射 initial nuclear radiation

核爆炸最初十几秒内，伴随核反应和反应产物衰变过程放出的具有很强贯穿能力的中子和γ射线。

10.128　核爆炸地球物理效应 geophysical effect of nuclear explosion

核爆炸引起的人为极光、人工辐射带、地磁扰动、电离层扰动、无线电波传播异常、哨声、地电和地震等地球物理现象。

10.129　核爆炸空气冲击波 air shock wave in nuclear explosion

核武器爆炸后在空气中形成的以超声速向

外传播、具有压力等物理参数强间断面的应力波。

10.130 弱冲击波聚焦 weak shock wave focusing

核爆炸远区的弱冲击波受气象、地形等条件影响在某一区域汇聚，导致该区域内的冲击波超压大大超过该距离处于正常情况下的冲击波超压的现象。

10.131 力学方法定当量 method of determining explosive yield by using mechanic effect

利用核武器爆炸的力学效应来诊断武器爆炸威力的方法。

10.132 压力自记仪[钟表式等] automatic recorder of air shock wave pressure

在核爆炸冲击波触发下自动记录冲击波的压力波形的仪器。具有代表性的有林俊德院士研制的钟表式压力自记仪，成功记录了中国首次核试验的冲击波波形。

10.133 地下核爆炸力学效应 mechanical effect in underground nuclear explosion

地下核爆炸产生的冲击波以及其衰减形成的弹性波、地震波对岩土介质、地下结构和地表等产生的各种效应。

10.134 岩土介质破坏分区 damage zone of rock and soil in underground explosion

又称"岩石破坏分区"。地下核爆炸的爆心附近岩土按照不同的破坏现象或者破坏机理划分的区域。

10.135 爆炸成坑效应 cratering effect of explosion

近地面空中爆炸、触地爆炸及浅层地下爆炸时在地表产生弹坑的效应。

10.136 近区地运动 ground motion in the near-source region of underground explosion

全称"核爆炸近区地运动测量"。地下爆炸中爆心附近岩土介质的运动。其剧烈程度明显大于远区地震运动。

10.137 核试验安全 nuclear test safety

为防止核爆炸对核试验场及邻近地区的人员和设施造成危害而采用的方法和措施的总和。是一项涉及核试验各个方面的系统工程。

10.138 力学安全 mechanical safety

为保证地下核试验零后不发生"冒顶"和"放枪"现象而采取的抗力措施和要求。

10.139 安全设计 safety design

为保证核试验安全，研究确定相关安全技术措施和指标要求的设计过程。

10.140 安全边界 safe boundary

核爆炸时为保证人员、设备或建筑安全所需的距离。

10.141 埋深[最小抵抗线] depth of burial [line of least resistance]

又称"绝对埋深"。核装置爆炸中心的埋设深度。最小抵抗线为从爆心到地表(山表)之间的最短距离。

10.142 回填堵塞 backfilling

为保证地下核试验堵塞安全，利用工程材料对井筒(或坑道)进行封堵的技术措施。

10.143 放射性封闭 radioactive material containment

为了减轻地下核爆炸产生的放射性物质对环境和人员的影响，将放射性物质尽可能封闭在地下有限区域的技术和方法。

10.144　封闭壳　containment cage
地下核试验中，核爆炸冲击波过后介质回弹形成的完整球形壳体。壳体内存在压缩应力场，具有较好的封闭性能。

10.145　管道封堵　pipe plugging
地下核试验中为防止爆炸产物和能量通过管道大量泄漏而对通爆室管道进行封堵的方法和措施。

10.146　坑道封闭　tunnel closed
地下核试验中为阻止放射性产物通过坑道泄漏而对坑道进行封堵的方法和措施。

10.147　放射性泄漏评估　radioactive material containment evaluation
在地下核试验中，零前预测放射性物质泄漏量及泄漏对人员和环境的影响、零后对放射性封闭措施和效果进行评价的方法和过程。

10.148　管道电流　pipeline current
地下核试验中，沿金属管道流动的核爆 γ 辐照电流。

10.149　康普顿挡墙　screen of Compton current
全称"康普顿电子挡墙"。地下核试验中，为减小电缆外层导体上的 γ 辐照电流对核试验近区物理测试信号的干扰而采取的接地措施。由于传输电缆上的干扰电流主要是由康普顿电子引起的，故称康普顿挡墙。

10.150　核辐射屏蔽　nuclear radiation shield
为减小核辐射对核试验测试的干扰或对人员造成的危害，对核爆辐射进行屏蔽的方法和措施。

10.151　伽马辐照电流　gamma radiation-induced current
系统受伽马射线照射在导体或电缆中引起的电流。是由于伽马射线与系统介质发生康普顿效应、光电效应和电子对效应等作用过程产生运动电荷而形成的电流。

10.152　核辐射环境　nuclear radiation environment
核爆辐射在传输过程中形成的空间辐射场。

10.153　核爆炸效应　nuclear explosion effect
核爆炸产生的各种杀伤因素及其对人员和物体造成的毁伤作用及效果。

10.154　核爆炸火球　nuclear explosion fireball
核爆炸释放的能量迅速加热弹体和周围空气而形成的猛烈膨胀的高温发光气团。

10.155　剩余放射性　residual radioactivity
核爆炸产生的长期存在的放射性。包括核爆炸放射性产物和剩余核材料的放射性以及感生放射性。

10.156　电离层效应　ionospheric effect
核爆炸引起的电离层局部区域电子密度空间分布的改变或扰动。

10.157　高空核爆炸效应　effect of the high altitude nuclear explosion
爆心在海拔 30 km 以上的核爆炸产生的各类空间辐射环境及其对物体造成的毁伤作用及效果。

10.158　X 射线热–力学效应　thermo-mechanical effect induced by X-ray radiation
核爆 X 射线辐照到结构或材料表面，其能量沉积致使材料内部产生热激波，能量沉积达到一定阈值后，还会使表面材料熔融或汽化，产生喷射冲量，继而导致结构发生弹塑性变形、屈曲、多模态振动甚至破裂等结构响应，这些效应统称为 X 射线热–

力学效应。

10.159 平洞工程 engineering of tunnel nuclear test
平洞核试验中所有工程的统称。一般包括坑道、洞内工号(含爆室)、回填堵塞、通风空调、供电接地、回收工程、洞外工程等。

10.160 试验工程布局 test engineering arrangement
根据试验总体方案要求确定的各子项工程之间的相互空间位置关系。

10.161 主坑道 main tunnel
连接坑道口与爆室的坑道。

10.162 测试廊道 testing tunnel
主要供核试验测试项目使用的坑道。一般以爆心为圆心呈辐射状布置。

10.163 环形廊道 circular tunnel
为方便测试廊道掘进、测试设备安装、测试电缆布放及坑道回填而设置的连通各测试廊道的通道。

10.164 抗辐射加固廊道 tunnel for radiation hardening
在平洞核试验中用于抗辐射加固研究项目的试验廊道。

10.165 取样钻场 drilling site for sampling
安装钻机进行钻孔施工和提取样品的场所。

10.166 回收廊道 recovery tunnel
在平洞核试验中，出于各种研究需要，可以在爆前将某些材料或样品布放在坑道中的预定爆心距离上，使之承受核爆炸各种效应的单种或多种作用；爆后利用预设的通道，使人员直接进入预定地点提取材料或样品，可以减少回收过程中样品的附加损伤，这样

预设的通道称之为回收廊道。

10.167 中子吸收层 neutron absorption layer
核试验中敷贴在爆室壁面用来慢化和吸收中子的一层特殊材料。

10.168 洞外工程 external tunnel construction
又称"地下核试验地面工程(external tunnel construction of underground nuclear test)"。在平洞核试验中坑道以外的工程。

10.169 坑道回填堵塞工程 tunnel backfilling engineering
在平洞核试验中，为了阻止核爆炸产生的有害物质向外喷射、泄漏和渗透，采用选定的工程材料对坑道进行再填实和填塞的工程。

10.170 回填堵塞段 backfilling plug
在坑道和环形廊道等部位设置的用于阻止核爆炸产生的有害物质往外喷射、泄漏和渗透的工程结构。

10.171 预制块回填段 brick backfilling plug
用水泥砂浆砌筑混凝土预制块，按安全堵塞方案要求，由自封段、回填段等封填起来的一段工程结构。

10.172 注浆回填段 grouting backfilling plug
在产品就位及测试工作准备就绪后，在两道钢筋混凝土挡墙之间用注浆泵注入特定配比的水泥浆，以封闭试验后爆室内放射性物质外泄为目标的密实结构。

10.173 钢筋混凝土挡墙 reinforced concrete barricade
设置在主坑道内用于阻挡核爆炸产物和回填物往外运移的钢筋混凝土墙体结构。具有抗力和密封功能。

10.174 防护密闭门 protective airtight door
设在坑道内用于阻挡高压气流、放射性气体以及其他有害气体穿透的门。

10.175 平洞配套工程 tunnel supporting construction
直接同主坑道、爆室等主体工程结合，以实现工程目标或满足测试、安全需求的那些必备的非主体工程。

10.176 井下事故 down shaft accident
在竖井钻井工程实施过程中所发生的一些比较严重的钻井异常现象、井下设备故障和工程事故的总称。

10.177 竖井钻探取样 drill sampling of shaft nuclear test
通过钻探方式提取竖井试验空腔中放射性固态样品的施工过程。

10.178 车群场坪 level ground for vehicle group
用于布设竖井试验测控车辆的场坪。

10.179 井场设计 shaft site design
竖井核试验的主体工程、配套工程和辅助工程在井场的布置规划设计。

10.180 平洞钻探取样 drilling and coring of tunnel nuclear test
通过钻探方式提取平洞试验空腔中放射性固态样品的施工过程。

10.181 工程测试 testing in nuclear test engineering
在核试验工程建设的勘测、设计、施工和使用管理过程中，对工程项目的环境、状态、性能和使用状况及其效果等所进行的监视和观测。用以评价工程环境、验证设计思想、检查施工质量、判析使用效果、考察工程裕量和发现事故隐患。

10.182 地表破坏效应 ground damage effect
封闭式地下核爆炸瞬间产生的强大冲击波(在远区则转变为地震波)，对爆心周围地表产生的强烈破坏作用，是地下核爆炸所能看见的最直观、最普遍的效应之一。常见的地表破坏效应包括：地面抬升、地面塌陷、核爆炸断层、地裂缝、边坡坍塌、地表松动破碎、土石碎块抛掷、建筑物和植被的破坏等。

10.183 岩石破坏分区 rock damage zone
地下核爆炸应力波在向外传播的过程中对围岩造成不同程度和形式的破坏。可分为破碎压实区、破裂松散区、裂纹区、弹性区及地表剥离区。

10.184 坑道破坏分区 tunnel damage zone
在平洞地下核试验中，根据核爆炸对试验坑道的破坏程度和破坏特征所划分的不同范围。沿坑道随距爆心距离的增加，一般可分为压实区、堵塞区、严重倒塌区、剥离区和安全区。

10.185 围岩冲击变质作用 induced shock metamorphic effect on surrounding rock
地下核爆炸冲击波及后期热效应造成对周围岩石的重结晶作用和岩石中矿物晶体的变形和破裂。

10.186 地下水异常 groundwater abnormality
由核爆炸作用引起的地下水水位升降、泉水流量变化、水质和水温变化、水中气体浓度变化等现象的总称。

10.187 核爆炸断层[断层重新活动] nuclear explosion fault
在地质历史时期受构造应力作用而产生，在核爆炸应力波的作用下重新活动的断层。

10.188 岩体物理场异常 physical field abnormality in rock

地下核爆炸引起的周围岩体中电导率、温度、磁性、重力、弹性等地球物理场明显不同于核爆前的异常变化。

10.189 工程选址 siting in nuclear test engineering

采用各种技术手段勘选出满足公众安全、工程施工及测试要求的试验工程场地，并提供相应选址勘察报告和图件资料为试验工程设计提供依据的活动。

10.190 地下核试验泄漏监测 leakage monitoring in underground nuclear test

地下核试验中，测量泄漏到地表或大气中的非放射性有害气体浓度和放射性核素种类及活度浓度、照射剂量，分析泄漏时间特性、泄漏途径和泄漏放射性分布，估算泄漏量和泄漏份额等的一系列活动。

10.191 γ 遥测 γ telemetering

在放射性泄漏区域和污染较严重地区的预定点上布设探测器，应用遥控、遥测技术进行远距离实时遥控测量地下核试验泄漏放射性 γ 剂量率的一种技术。γ 遥测系统主要由主机控制系统、中继站系统和 γ 探测器组成。

10.192 放射性气溶胶监测 radioaerosol monitoring

采用滤纸或滤膜等对泄漏的放射性气溶胶进行采集，在现场直接测量或在实验室进行放射化学处理分析，通过计算得到气溶胶中放射性核素活度浓度的一系列测量分析活动。

10.193 泄漏放射性气体分析 leakage radioactive gas analysis

对泄漏的放射性气体进行就地测量或取样实验室分析获取放射性核素种类和活度浓度的监测活动。取样实验室分析时通常采用活性炭法、真空钢瓶法等进行取样。

10.194 云照剂量测量 radioactive cloud dose measurement

将剂量元件按一定规律布放在地下核试验现场不同点来测量核试验后现场不同点或区域 γ 累积剂量的活动。该项技术早期用于测量大气层核试验放射性烟云对地面产生的 γ 剂量，因此简称云照剂量测量。

10.06 核测试诊断

10.195 物理测试 physical diagnosis

全称"近区物理测试(near area physical testing)"。通过测量核爆炸释放出的中子、γ 射线、X 射线、可见光、冲击波以及电磁脉冲等来诊断核装置的有关性能及反应过程。

10.196 总作用时间 total action time

从核装置雷管点火到核反应开始之间的时间间隔。

10.197 初级中子增殖率 primary neutron multiplication rate

核装置(初级或次级)系统中中子数对时间的相对变化率。

10.198 聚变高能伽马 fusion γ-ray

在氘氚聚变反应时产生的能量为 16.7 MeV 的伽马辐射。

10.199 快俘获高能伽马 fast capture γ-ray
高能中子与重材料发生非弹反应时产生的能量在 10 MeV 以上的伽马辐射。

10.200 中子针孔照相 neutron pinhole image
在选定时间间隔记录核装置沿特定方向发射的泄漏中子,即核装置泄漏中子通过厚针孔在像平面上的强度分布。

10.201 X 射线测温 temperature measuring with X-ray
通过测量某些特定波长的 X 射线辐射强度诊断等离子体温度的方法。

10.202 时间关联 time correlation
建立不同被测物理量间的时间关系。

10.203 瞬发伽马同步触发 synchronized trigging with prompt γ
以核爆装置起爆后的瞬发伽马作为触发信号对记录设备进行同步触发,并进行时间关联的一种方法。

10.204 联试 joint check of measuring system
利用系列指令信号和模拟信号,检验测量系统的工作状态或相互间时间逻辑关系的一组操作。

10.205 探测系统 detection system
能可靠地将待测辐射量转换为可供传输的信号的系统。一般包括屏蔽、准直和探测等部分。

10.206 传输系统 transmitting system
将探测系统输出的信号可靠地传输到远处进行记录的系统。

10.207 记录系统 recording system
可靠记录并给出量值的一台或多台仪器及其相关器件组成的系统。

10.208 等效半径 equivalent radius
按泄漏辐射强度进行加权平均给出的核装置外界面半径。

10.209 测试刚架 rack for measurement instrument
在地下核试验中,用于布放测试系统等刚性构架的总称。

10.210 [探测器]测点 detecting position〔of a detector〕
探测系统中探测器或辐射转换体布放的位置。

10.211 测试管道 line-of-sight pipe
地下核试验中,为保证核装置出壳辐射不被回填物质阻挡能达到探测系统而设置的管道。

10.212 捕获穴 capture hole
为减少入射粒子反向散射对探测器的干扰而设置的倒锥形孔穴。

10.213 反冲质子靶室 neutron-proton-scattering chamber
在真空腔体内,在一定位置利用探测器收集入射中子与靶产生的反冲质子信号的探测系统。

10.214 康普顿二极管探测器 Compton diode gamma detector
由收集极接收伽马与发射极作用产生的康普顿电子从而获得电流的探测器。其电流与伽马强度成正比。

10.215 [厚针孔]管道因子 〔pinhole〕pipe factor
物面位置均匀辐射源通过厚针孔所成图像各点强度归一化至中心点位置强度随径向分布的曲线。

10.216　点扩散函数　point spread function
物面上的一点被成像系统在像面上扩展成的二维分布函数。用以表征成像系统空间分辨限制所引起的图像退化(空间模糊效应)。

10.217　电缆[幅频]补偿　cable frequency-amplitude compensation
将电缆与高通网络串接在一起形成组合系统，使某一频率范围内的各种频率信号通过这种组合系统后具有尽可能相似的幅度衰减。

10.218　核试验零时　zero time of nuclear test
在核试验中发出起爆指令的时刻。

10.219　放化诊断　radiochemical diagnosis
用放射化学方法定量分析核材料中的主要核素在爆炸前后的变化情况，得出核武器(或核爆炸装置)中核反应的综合结果和推算出释放的核能，从而提供核爆炸威力等性能参数的方法。

10.220　气体样品　gas sample
含有核爆产生的气体裂变产物(聚变产物)和气体示踪等供放化分析用的混合气体。

10.221　钢丝绳气体取样　gas sampling by steel cable
利用安装在压力型透气软管内的透气钢丝绳，从核爆形成的空腔和烟囱区域内获取核爆生成气体样品的一种取样方法。

10.222　固体样品　drill-core sample
含有核爆炸产生的裂变产物、聚变产物、剩余的核材料和结构材料、指示剂、核爆中子活化产物等供放化分析用的样品。

10.223　钻探取样　drill sampling
在地下核试验中，利用钻探方式获取供放化分析用的固体样品的一种取样方法。

10.224　锅底样品　puddle sample
由地下核爆炸形成的空腔底部类似玻璃体的固体样品。

10.225　取样系数　sampling coefficient
被测核素在诊断样品中的含量(折算成核试验零时的值)与该核素在核装置爆炸结束时刻的总量之比值。

10.226　分凝　fractionation
核爆发生时，汽化的核材料及其反应产物，在冷凝过程中发生分馏，核素组成在固溶体中发生变化的现象。

10.227　活化指示剂　activation indicator
为了诊断核装置的某些性能而加入与核爆炸产生的中子或带电粒子进行核反应的核素。

10.228　体活化指示剂　body activation indicator
在核装置中，均匀添加在某部件中的活化指示剂。

10.229　面活化指示剂　surface activation indicator
在核装置中，均匀涂在某部件表面的活化指示剂。

10.230　内活化法　method of internal activation indication analysis
将活化指示剂放在核装置内的特定部位，核爆后测定活化产物以诊断核装置某些性能的方法。

10.231　外活化法　method of external activation indication analysis
将活化指示剂放在核装置外的特定部位，核爆后测定活化产物以诊断核装置某些性能的方法。

10.232　反照中子　albedo neutron
核装置爆炸过程中，泄漏出壳的被爆室壁及周围物质反射回来的中子。

10.233　地爆增强因子　enhancement factor for underground nuclear explosion
因反照中子的存在，在同一核装置在地下核爆炸时，其威力及有关参数相对于无反照中子时的相对增强因子。

10.234　示踪剂　tracer
在利用核爆炸生成物样品进行诊断时，为测定取样系数或流程产额而定量加入的核素。

10.235　铀本底　uranium background
由核爆炸时介质物质(尘埃、土壤、岩石)、取样器材、化学分离使用的试剂和实验室环境物质等引入待测铀样品中的天然铀。

10.236　平均裂变产额　average fission yield
根据核装置中中子能量对裂变产额进行归一计算得出的在该爆炸条件下的裂变产额。

10.237　折合裂变产额　mean fission yield
按照入射中子能谱份额加权的裂变产物某一核素或某一质量链在裂变过程中产生的概率。

10.238　气体裂变产物　gas fission product
核材料吸收中子发生裂变产生的气体核素。

10.239　固体裂变产物　solid fission product
核材料吸收中子发生裂变产生的固体核素。

10.240　聚变产物　fusion product
在特定条件下，热核材料发生聚变产生的核素。

10.241　气体取样系数　gas sampling coefficient
被测气体核素在诊断样品中的含量(折算成核试验零时的值)与该核素在核装置爆炸结

束时刻的总量之比值。

10.242　固体取样系数　solid sampling coefficient
被测固体核素在诊断样品中的含量(折算成核试验零时的值)与该核素在核装置爆炸结束时刻的总量之比值。

10.243　裂变材料　fission materials
在中子作用下能够产生裂变反应并释放能量的材料。通常包括铀材料和钚材料。

10.244　聚变材料　fusion materials
又称"热核材料(thermonuclear materials)"。在高温下能够产生聚变反应并释放能量的材料。通常包括氘、氚和锂-6等。

10.245　装料　load
核试验装置中的核材料。

10.246　铀装料　uranium load
核试验装置中的铀材料。

10.247　钚装料　plutonium load
核试验装置中的钚材料。

10.248　^{235}U 燃耗　U-235 burn-up
^{235}U 吸收中子发生核反应的份额。

10.249　^{238}U 燃耗　U-238 burn-up
^{238}U 吸收中子发生核反应的份额。

10.250　^{239}Pu 燃耗　Pu-239 burn-up
^{239}Pu 吸收中子发生核反应的份额。

10.251　再燃耗　reburn-up
核材料吸收中子发生核反应的生成物再发生核反应的份额。

10.252　串级反应　serial reaction
某些指示剂(或核材料)活化产物的再活化

反应。

10.253 外活化指示剂 external activation indicator
指示剂加放在核装置之外的外活化指示剂。

10.254 内活化指示剂 internal activation indicator
指示剂加放在核装置之内的活化指示剂。

10.255 气体指示剂 gas activation indicator
相态为气体的指示剂。

10.256 固体指示剂 solid activation indicator
相态为固体的指示剂。

10.257 空中核试验 air nuclear test
爆心在空中一定高度的核试验。

10.258 地面核试验 ground nuclear test
爆心在地面的核试验。

10.259 地下核试验 underground nuclear test
在地面下一定深度进行核爆炸的试验。包括浅层地下核爆炸和封闭式地下核爆炸。

10.260 水下核试验 underwater nuclear test
爆心在水面下一定深度的核试验。

10.261 竖井核试验 shaft nuclear test
在垂直地面向下钻探一定深度,在其底部放置核装置、各种探测器和钢架,按封闭要求回填后实施核爆炸的井。

10.262 平洞核试验 tunnel nuclear test
利用山体开掘特殊设计的坑道,在坑道内放置核装置和各种探测器,并按照特殊的设计方案回填堵塞之后,用于实施核爆炸。

10.263 取样 sampling
获取用于核试验放化诊断的样品。

10.264 飞机穿云取样 airplane sampling
在空中核试验中,利用飞机携带特定类型的取样器,获取微米到亚微米范围颗粒的核试验样品的取样方法。

10.265 火箭取样 rocket sampling
在空中核试验中,利用火箭携带特定类型的取样器,获取核试验样品的取样方法。

10.266 炮伞取样 cannon sampling
在空中核试验中,利用大炮向烟云发射携带特定滤材的降落伞,获取核试验样品的取样方法。

10.267 布盘取样 located dish sampling
在地面核试验中,在爆点附近放置取样盘收集核试验沉降微粒的取样方法。

10.268 玻璃体样品 glassy sample
由地下核试验形成的空腔底部类似玻璃体的样品。

10.269 气溶胶样品 aerosol sample
由空爆(或空腔)试验形成的微小固体颗粒样品。

10.270 气体示踪剂 gaseous tracer
表征气体取样系数的气体核素。

10.271 干法溶样 dry dissolution
把过滤材料置于瓷皿中,通过灰化分解样品的溶样方法。

10.272 湿法溶样 wet dissolution
用含强氧化剂浓酸将过滤材料或玻璃体分解的溶样方法。

10.273 稀释剂 spiker
已知其中一种或多种核素组成,用于确定样品其他核素特性量值的物质。

10.274　活度测量　radioactivity measurement
通过对待测核素发出的 α、β、γ 等射线进行测量，从而计算出该物质活度的方法。分为绝对测量和相对测量两类。绝对测量无须通过中间手段而直接测得；相对测量则通过中间手段(某标准装置或标准样品)间接测量。

10.275　活度相对测量　relative radioactivity measurement
将被测样品与结构相同，密度、组分相同(或相近)的已知标准样品，在相同条件下进行测量，然后根据标准样品活度求出被测样品的放射性活度的过程。

10.276　核素平衡法　nuclide balance method
利用核装置中的核素在核爆前后核素守恒的关系的一种方法。

10.277　丰度差法　method of isotopic abundance difference
在满足一定近似条件的情况下，通过核爆前后铀、钚同位素丰度的变化测定出相应核素裂变燃耗的方法。

10.278　稀释迭代法　dilution iterative method
采用同位素稀释原理，将回收铀样品视为核装置核爆后铀份额与天然铀本底的混合，以其中之一(如核装置份额)为稀释剂，通过迭代扣除天然铀本底的方法。

10.279　铀钍关联法　method of relevance thorium with uranium ratio
利用铀本底与钍的含量之间存在的关系达到扣除铀本底的方法。

10.280　分组物料平衡法　method of mass balance in group
将铀同位素分成铀-235 和铀-238 两组，对其建立物料平衡方程并求解的方法。

10.07　军 控 核 查

10.281　核取证学　nuclear forensics
对截获的非法贩卖的核材料或放射性物质及其相关材料进行同位素组成、含量等特征分析，为核溯源提供证据的一门交叉学科。

10.282　传统取证学　traditional forensics
对样品任何相关特征进行分析，为侦测提供证据的一门学科。

10.283　附属证据　affiliated evidence
在确定样品的属性特征时，起辅助作用的相关证据。

10.284　截获核材料　interdiction of nuclear materials
对非法运输的核材料进行截获的行为。

10.285　截获放射性材料　interdiction of radio materials
对非法运输的放射性材料进行截获的行为。

10.286　未辐照过的直接使用材料　unirradiated direct use materials
无需经过嬗变或进一步浓缩即可直接用来制造核爆炸部件的核材料。

10.287　非直接使用材料　indirect use materials
需经过嬗变或进一步浓缩才能用来制造核爆炸部件的核材料。

10.288　商用放射源　commercial radioactive source

用于医疗、工业等非军事目的的放射性物质。

10.289　无看管源　orphan source

被其合法的拥有者遗弃或者完全忽略而不受任何形式监管的放射源。

10.290　恐怖核爆炸　terrorist nuclear detonation

恐怖分子采用偷盗等非法手段获取核爆炸装置，并在某一区域引爆，故意使人员受到伤亡、引起恐慌而达到某种政治目的的活动。

10.291　中子编码成像　coded source neutron imaging

利用编码中子源对被检物进行成像的中子成像方法。其检测图像需要经过重建以获得被检物的结构信息。

10.292　粗糙核装置　improvised nuclear device

核材料利用效率较低的核爆炸装置。

10.293　核取证调查　nuclear forensic investigation

查明非法活动中所用核材料或放射性物质来源的全过程。

10.294　核材料走私源头　source of contraband nuclear materials

走私核材料最初的国家、时间等信息。

10.295　核材料走私路线　route of contraband nuclear materials

非法活动中所用核材料或放射性物质所经过的路径。

10.296　表征　characterization

用以确定放射性证物的本身属性对其特征量进行分析的活动。

10.297　核取证学实验室　nuclear forensic laboratory

为核取证调查、溯源等活动提供技术、设备以及分析的实验室。

10.298　识别标志　signature

区别于其他材料的本征特征。

10.299　元素表征　elemental characterization

采用元素特征来确定样品属性的方法。

10.300　全元素表征　full elemental analysis

采用样品中所有元素特征来确定样品属性的方法。

10.301　主要元素表征　major elemental analysis

采用样品中主要元素特征来确定样品属性的方法。

10.302　次要元素表征　minor elemental analysis

采用样品中次要元素特征来确定样品属性的方法。

10.303　痕量元素表征　trace constituent

采用样品中痕量元素特征来确定样品属性的方法。

10.304　化学表征　chemical characterization

采用样品中化学组成结构等特征来确定样品属性的方法。

10.305　同位素表征　isotopic characterization

采用样品中一种或多种元素的同位素组成特征来确定样品属性的方法。

10.306　地域指示剂表征　geographical tracer characterization

采用样品中某种元素或其元素的同位素组

成特征来确定样品所在地的方法。

10.307　年龄表征　age characterization
采用样品中某种元素或其元素的同位素组成特征来确定样品年龄的方法。

10.308　相表征　phase characterization
采用样品中某种元素相位特征来确定样品属性的方法。

10.309　物理表征　physical characterization
采用样品表面特征、密度等物理特征来确定样品属性的方法。

10.310　爆炸燃耗　efficiency of the nuclear device
核爆炸中核材料发生裂变反应、俘获反应等核反应的份额。

10.311　核取证解读　nuclear forensic interpretation
将材料表征数据与其生产历史进行关联的过程。

10.312　截获材料固有特征信息　diagnostic information inherent in the interdicted materials
截获材料中不易伪造，反映其特征的信息。

10.313　一般线索　general clues
有助于将材料归入某个大类或者能缩小其来源国范围的信息。

10.314　特定线索　specific clue
能够确定材料来源或生产日期的特征信息。

10.315　生产工艺　method of production
为获得某种材料而经过特殊处理过程的总称。

10.316　生产时间　time of production
某种材料生产完成的时刻。

10.317　传输途经路线　transit route and the way
核材料或放射性物质从生产完成到截获所经过的路径。

10.318　失去监管的途径　regulatory oversight was lost
核材料或放射性物质从失控状态到截获所经过的路径。

10.319　材料曾经停留过的具体地点　specific location in the history of the materials
核材料或放射性物质从生产完成到截获所到达过的地点。

10.320　反演模型　inverse model
从截获材料的特征信息，反演到材料原始特征所采用的模型和方法。

10.321　核取证溯源　nuclear attribution
确定非法活动中所用核材料或放射性物质源头和途经路线的过程。

10.322　外源信息　exogenic information
与事件有密切关系，但又不属于材料分析和结果解读的信息。

10.323　核取证知识库　knowledge base of nuclear process
用于核取证溯源而建立的核材料生产工艺和相关数据的资料库。

10.324　生产历史　production history
与非法活动中所用核材料或放射性物质的生产过程相关的时间信息。

10.325　材料的源头　the point of origin of materials
走私核材料和放射性物质最初的国家、时间等信息。

10.326 非破坏性分析 non destructive assay, NDA

不对样品本身造成损伤的分析方法。

10.327 宏量分析工具 bulk analysis tool

用于分析截获样品表面特征、密度等宏观特征所采用的设备。

10.328 痕量分析技术 trace technique

分析截获样品中痕量(含量<10^{-6})元素等特征的技术。

10.329 微量分析技术 micro-analytical technique

分析截获样品中微量(含量10^{-4}~10^{-6})元素等特征的技术。

10.330 成像分析 imaging analysis

对截获样品中外观、结构等特征进行分析的成像方法。

10.331 微区分析 microanalysis

对截获样品中微区结构、元素组成等特征进行分析的方法。

10.332 编码中子源 coded neutron source

连续分布的中子被编码板器件隔离成的具有一定编码模式的中子源。

10.333 同位素比质谱仪 isotope ratio mass spectrometry

利用电磁学原理使离子按照其荷质比进行分离，从而测定物质的同位素比值和含量的仪器。

10.334 军备控制 arms control

通过双边或多边国际协定对武器系统(包括武器本身及其指挥控制、后勤保障和相关的情报收集系统)的研制、试验、生产、部署、使用及转让或武装力量的规模等进行的限制。

10.335 裁军 disarmament

通过双边或多边国际协定对武器装备或武装力量进行的裁减。

10.336 军事稳定性 military stability

又称"战略稳定性(strategic stability)"。双方在军事力量方面达到的平衡。

10.337 危机稳定性 crisis stability

特指减少危机中爆发核战争的可能性。

10.338 军备竞赛稳定性 arms race stability

对峙各方都不感到自己在军备发展中处于劣势的状态，从而都不发展削弱对方威慑力量的有效性和破坏危机稳定性的新式武器。

10.339 限制 limit

对武器的类型、装备数量、性能和武装力量的规模等进行限制。

10.340 冻结 freeze

停止某一武器装备领域的所有新的活动。

10.341 削减 reduction

对现有武器装备和装备人员数量进行削减。

10.342 禁止 ban

不得再进行某一类武器的研制、生产、部署和使用并应销毁现有库存。

10.343 销毁 destruction

人为使核武器不易被修复，以及在其规定的或计划中的实际用途不再起作用的工作。销毁军控和裁军中一种最彻底的方式。

10.344 改组武库构成 restructuring of the arsenal

改组对抗双方武库的武器型号、数量等组成结构，以增强危机稳定性。

10.345　建立信任与安全措施　confidence and
security-building measure
国家之间为消除猜疑和恐惧、缓解紧张局势
以防止爆发战争而采取的措施。

10.346　核战略　nuclear strategy
筹划和指导核力量发展和运用的战略。

10.347　核威慑理论　theory of nuclear deter-
rence
使对手相信通过蓄意发动战争所取得的利
益最终抵不上采取这种行动所付出的代价，
从而不敢发动战争(特别是核战争)的军事
理论。

10.348　核武器制胜论　theory of victory de-
cided by nuclear weapon
主张拥有并依靠强大的核力量就能夺取战
争胜利的军事理论。

10.349　火箭核战略理论　theory of rocket
nuclear strategy
苏联赫鲁晓夫时期盛行的一种军事战略理
论。认为未来战争必然是由火箭核大战决定
战争结果的军事理论。

10.350　核战争　nuclear war
以核武器为主要打击手段的战争。

10.351　第一次打击战略　first strike strategy
美国在 20 世纪 50 年代提出的一种核战略理
论。主张一旦美苏之间爆发战争，美国应凭
借核优势在战争开始时首先给予对方的城
市和工业目标以毁灭性打击。

10.352　第二次打击战略　second strike strategy
美国在 20 世纪 60 年代提出的一种核战略理
论。主要思想是要确保在遭到大规模核打击
的情况下能够保存足够的核报复力量，用以
对对方实施有效的核反击，给予对方造成难
以承受的损失。

10.353　打击城市战略　counter-city strategy
美国在 20 世纪 60 年代提出的一种核战略理
论。在核战争中把对方的城市作为核打击的
目标。

10.354　打击军事力量战略　counter-force
strategy
美国在 20 世纪 60 年代提出的一种核战略理
论。在核战争中，区分对方的城市目标和军
事目标，以便集中力量摧毁敌方军事力量，
而将自身可能受到的攻击和伤亡限制在最
低限度，同时使对方对美国的城市和居民采
取同样慎重和克制的态度。

10.355　最低限度核威慑战略　minimum
deterrence strategy
英国在 20 世纪 60 年代确定的一种核战略理
论。由于核武器具有空前规模的毁伤能力，
以至于没有国家愿意冒险承受最低规模的核
攻击，因此可只保留最低限度的核威慑力量。

10.356　有限核威慑战略　limited deterrence
strategy
法国奉行的核战略。不谋求与对手在核力量
对比上的平衡，而是建立一支规模有限且有
效的核力量，足以造成对手无法忍受的损
失，起到威慑对手、遏制战争的作用。

10.357　相互确保摧毁战略　mutual assured
destruction strategy
特指 20 世纪苏美双方均拥有可靠的第二次
核打击能力。即在一方首先实施核打击后，
另一方仍保留有摧毁对方的核报复能力。

10.358　不首先使用核武器　no-first-use of
nuclear weapon
拥核国家不对任何国家首先使用核武器的
承诺。

10.359 核伦理学 nuclear ethics
核时代运用道德原则处理国家关系的一种
理论。

10.360 接到预警即发射 launch-on-warning
美国提出的一种核作战的方式。接到敌方发
射战略导弹的预警信息但来袭导弹尚未到
达目标时即发射己方路基战略导弹，以免被
对方第一次打击导致全部摧毁。

10.361 受攻击后发射 launch-under-attack
在来袭核弹头到达目标区爆炸后再发射己
方路基战略导弹，以避免由于预警系统出现
错误而发生事故性核战争。

10.362 核冬天 nuclear winter
大规模核战争后可能出现的地球表面气温
大幅降低的现象。由大量尘埃遮蔽太阳辐射
所致。

10.363 降低核武器的警戒水平 de-alerting
为减少核战争危险而采取不瞄准对方目标、
弹头和弹体分离、解除或降低战斗状态的信
任措施。

10.364 不瞄准对方目标 de-targeting
五个核国家不将战略核导弹瞄准对方目标
的协议。

10.365 弹头与弹体分离 de-mating
将核弹头与投掷系统分开。

10.366 解除或降低战斗状态 de-activation
解除所有战略核导弹的战斗状态或降低其
等级。

**10.367 中子定量成像方法 neutronquantifi-
cational imaging method**
通过对中子成像检测图像进行线灰度等分
析以得到被检物内部结构定量信息的中子
成像方法。

**10.368 分导式多弹头 multiple independently
targetable reentry vehicle**
母舱按预定飞行程序分别导引和释放各个
子弹头并使其沿不同弹道攻击单个或多个
目标的导弹弹头。

**10.369 机动弹头 maneuverable reentry ve-
hicle**
在沿惯性弹道飞行过程中能改变自身飞行
速度和方向从而改变飞行弹道的弹头。

10.370 放射性武器 radiological weapon
利用非核爆炸手段散布放射性物质，以其衰
变所产生的核辐射作为杀伤因素的武器。

10.371 核武器库存 nuclear weapon stockpile
进入国家核武库的所有核弹。包括已部署的
和处于贮存状态的弹头，但不包括退役下来
的弹头。

10.372 现役核库存 active nuclear stockpile
目前所有部署的核弹头。

10.373 非现役库存 inactive nuclear stockpile
仅拆卸下氚部件，存放在军用贮存库中的核
弹头。

**10.374 后备核弹头 "hedge" warhead stock-
pile**
将美俄削减战略武器条约中规定削减的弹
头从运载工具上卸下贮存以便需要时能快
速重新部署的弹头。

10.375 部署核武器 deployed nuclear weapon
随时可用于完成各项战斗任务，平时处于各
级战备状态的核弹和运载系统。

**10.376 核爆炸探测 detection of nuclear
explosion**
判明核爆炸是否发生，并获取核爆炸性质、

时间、位置、威力和方式等信息的活动。

10.377　射程　firing range
弹头从发射点到目标的距离。

10.378　投掷重量　throw weight
弹道导弹按规定的弹道和射程能向目标投掷的总重量。

10.379　有效载荷　payload
火箭和导弹为完成其规定任务而携带的载荷。

10.380　反应时间　response time
处于待命发射状态的导弹从接到发射命令到发射出去所需的时间。

10.381　摧毁概率　kill probability
在一定条件下，预期毁伤目标可能性大小的定量测度，其大小取决于命中概率和是否接近目标易毁伤部位等因素。

10.382　戒备率　alert rate
处于戒备状态可供实战使用的武器占现役武器总数的百分比。

10.383　突防能力　penetration ability
己方导弹突破敌方导弹防御系统的能力。

10.384　生存能力　survivability
导弹武器系统在受到敌方攻击后仍可保持其战斗力的能力。

10.385　抗超压能力　counter-overpressure capability
武器系统承受敌方核武器攻击所产生的超压能力。

10.386　点目标　point target
小尺寸目标，即目标尺寸比来袭弹头的威力

半径小得多的目标。

10.387　面目标　area target
大面积目标，如城市、军事基地、海港等。

10.388　加固目标　hardened target
采用工程技术措施使抗打击能力增强到预定水平的目标。

10.389　中子实时成像方法　neutron real-time imaging method
实时检测被检物动态过程的中子成像方法。成像速度一般在 25 帧/秒以上。

10.390　主动段　powered phase
弹道导弹有动力推进的飞行阶段。

10.391　再入段　reentry phase
弹道导弹弹头从再入地球稠密大气层的起始点至地面目标的飞行阶段。

10.392　大气层核试验　atmospheric nuclear test
爆炸高度在 30 km 以下的空中核爆炸和地面核爆炸。

10.393　高空核爆炸　high-altitude nuclear test
爆炸高度在 30 km 以上的核爆炸。

10.394　水下核爆炸　underwater nuclear explosion
在水下一定深度进行的核爆炸。包括浅水核爆炸和深水核爆炸。

10.395　比例爆炸高度　scaled height of nuclear burst
爆炸高度与爆炸威力立方根的比值。

10.396　比例埋深　scaled depth of burst
爆炸深度与爆炸威力立方根的比值。

10.397 核爆炸现象学 nuclear explosion phenomenology

研究不同环境中核爆炸后的宏观现象及对环境造成的变化以及这些变化时间特性的一门学科。

10.398 暂停核试验 moratorium on nuclear testing

美苏等核国家在军备控制中暂时停止核试验的一项措施。

10.399 和平核爆炸 peaceful nuclear explosion

为科学研究与发展国民经济等民用目的服务的核爆炸。

10.400 核试验场 nuclear test site

进行核试验的固定场地,如美国的内华达核试验场。

10.401 解耦地下核爆炸 decoupled underground nuclear explosion

为了逃避地震波监测和核查,在地下足够大空腔中进行的核爆炸。

10.402 核爆炸模拟 simulation of nuclear explosion

利用各种模拟手段研究核爆炸的方法。一般包括核爆炸效应模拟和核爆炸物理模拟。

10.403 核爆炸模拟的流体动力学实验 hydrodynamic experiment of simulation for nuclear test

为模拟核爆炸所进行的流体动力学实验。

10.404 流体核实验 hydronuclear experiment

对用某些惰性材料取代部分裂变材料的核装置进行化学爆炸压缩,模拟初级爆炸过程的实验。

10.405 次临界实验 subcritical experiment

在实验过程中使核装置中的核材料被控制在次临界状态下进行的实验。

10.406 零当量实验 zero-yield experiment

核反应释放的核能极小,可以忽略不计的爆炸实验。

10.407 核库存技术保障与管理计划 stockpile stewardship and management program

在禁止核试验后,美国实施的一项确保未来核武库安全和可靠的核武库维护计划。

10.408 以科学为基础的核库存技术保障与管理计划 science based stockpile stewardship and management program

以科学为基础,实施的核库存技术保障与管理计划。

10.409 核武器用裂变材料 fissionable materials used for nuclear weapon

铀-235、钚-239 同位素丰度分别超过 90%、95% 的材料,即武器级铀和武器级钚。

10.410 特种可裂变材料 special fissionable materials

含铀-235、钚-239、铀-233 其中一种或几种的裂变材料。

10.411 直接使用材料 direct-use materials

可直接用来制造核爆炸部件的核材料。

10.412 可用于武器的材料 weapon-usable materials

浓缩度大于 20% 的铀-235 或丰度小于 20% 的钚-239 的金属、合金、化合物。

10.413　核武器用裂变材料生产设施 productive facilities of fissile materials for nuclear weapon

用于生产核武器用材料的浓缩厂、乏燃料处理厂等。

10.414　中子显微成像 neutronmicroscope imaging

通过聚焦导管将中子束聚焦后再对被检物进行成像的中子成像方法。获得检测图像为被检物的显微放大成像结果,可用于某些精细结构样品的无损检测。

10.415　浓缩厂 enrichment plant

浓缩铀的生产设施。

10.416　特种同位素分离计划 special isotope separation program

美国能源部从 20 世纪 70 年代中期到 80 年代末期执行的一项用激光分离法把反应堆级钚浓缩为武器级钚的研究与发展计划。

10.417　产钚堆 plutonium production reactor

以生产武器级钚为主要目的的反应堆。

10.418　产氚堆 tritium production reactor

以生产武器级用氚为主要目的的反应堆。

10.419　海军反应堆 naval reactor

又称"舰艇堆"。为海军各类舰艇提供推进动力而设计建造的核反应堆。

10.420　下游设施 downstream facility

使用、处理和贮存禁产公约生效后为其他目的所生产裂变材料的设施。

10.421　现有库存 existing stock

各国为核武器和舰艇堆已生产的裂变材料。

10.422　多余的裂变材料 surplus fissile materials

国防不再需要的钚和高浓缩铀。

10.423　重要量 significant quantity

有可能用来制造一个核爆炸装置所需核材料的大致数量。其中考虑了转换和制造过程中不可避免的损耗。

10.424　防止核扩散 prohibition of nuclear proliferation

防止核武器用材料、设备及核武器技术扩散到其他非核国家。

10.425　导弹的固有能力 inherent capabilities of missile

衡量导弹作为运载工具能把多重的有效载荷投掷到多远距离的能力。

10.426　国家技术手段 national technical mean

国家拥有的用于军控与裁军条约核查的侦察技术手段。

10.427　成像侦察卫星 imaging reconnaissance satellite

利用光、电和遥感等技术获取地面图像情报的侦察卫星。

10.428　国际监测系统 international monitoring system

为监测是否进行违约核爆炸而建立的全球监测系统。

10.429　地震监测网 seismological monitoring network

为了监测地下核试验而建立的地震监测网络。由全球 50 个基本台站和 120 个辅助台站组成。

10.430　大气放射性核素监测网 radionuclide monitoring network

为了监测地下核试验而建立的放射性核素监测网络。由全球 80 个基本台站组成,其中 40 个台站除了能测量放射性微粒外还具备测量惰性气体的能力。

10.431 次声监测网 infrasound monitoring network
为了监测核试验而建立的由全球 60 个次声台站组成的次声监测网络。

10.432 水声监测网 hydroacoustic monitoring network
为了监测水下核试验而建立的水声监测网络。由全球 11 个台站组成，其中 6 个是水听器台站，5 个是测量 T 相信号的岸边地震台。

10.433 国际数据中心 international data centre
"全面禁止核试验条约组织"技术秘书处下属的监测数据接收、处理和提供服务的机构。

10.434 余震检测 aftershock detection
利用地震仪监测地下核爆炸后的余震特性以确定核爆炸的方法。

10.435 地震监测 seismological monitoring
通过测定和分析地震波的产生、传播和波形频谱特征来检测、识别和定位地下核爆炸的方法。

10.436 放射性监测 radionuclide monitoring
通过收集、分析、测量核爆炸产生的各种放射性核素用以监测核爆炸的方法。

10.437 次声监测 infrasound monitoring
利用麦克风仪或微气压计探测频率低于 20Hz 的声波，以监测大气层核爆炸的方法。

10.438 水声监测 hydroacoustic monitoring
利用水听器探测水中声波信号以监测水下核爆炸的方法。

10.439 核爆炸电磁脉冲监测 nuclear electromagnetic impulse monitoring
测量核爆炸时产生的电磁脉冲以监测大气层核爆炸和高空核爆炸的方法。

10.440 综合技术 polytechnics
在监测核试验爆炸时，利用不同监测技术的特点，发挥协同、配合和互相补充的作用，提高整个监测系统效率的综合监测技术。

10.441 虚警率 false alarm rate
监测系统由于不能识别真实信号而被假信号触发报警次数和总报警次数的比例。

10.442 目标定位 target positioning
探测系统确定被测目标所在位置(地理经纬度)的方法。

10.443 实时监测 real-time monitoring
能使探测器记录的数据几乎同时传输给远处分析人员的监测过程。

10.444 现场视察 on-site inspection
核查缔约国履行军控和裁军条约的一种手段。视察时视察员要进入被视察方的国境内，到现场对限制项目进行直接的观察和测量，但不得探测与条约无关的秘密。

10.445 基准数据视察 baseline data inspection
验证申报和宣布的项目类型和数量是否和条约规定的限制项目相符的活动。

10.446 数据更新视察 data update inspection
核实定期通报中根据条约对限制项目进行撤除、部分撤除或功能转换后所提供的数据准确性的活动。

10.447 新设施视察 new facility inspection
核实通报中确认为条约限制项目的新设施的类型和数量数据的活动。

10.448 可疑场地视察 suspect-site inspection
探测到某国有可疑的违约活动时，要求对该地进行现场视察以证实是否存在违约的活动。

10.449 设施关闭清点视察 facility close-out inspection
证实属于条约限制项目的设施的撤除已经完成，或该设施已经转换为合法用途的活动。

10.450 先前申报设施视察 formerly declared facility inspection
核实已申报撤出设施没有用于和本条约不一致目的的视察活动。

10.451 技术特性展示和视察 technical characteristics exhibition and inspection
缔约国在其条约限制的武器的各种型号中，每种型号抽一件进行展示的活动。

10.452 可区分性展示 distinguishability exhibition
缔约国把外形相似的武器型号进行展示，以表明各种类型的轰炸机或导弹是可以区分的活动。

10.453 进出口和厂区周围连续监测 perimeter portal continuous monitoring
在条约允许继续生产的设施或总装厂的出入口和周围进行连续监测，以证实生产的武器数量不超过条约规定的限额。

10.454 有源中子探测 active neutron detection
利用外源诱发裂变材料裂变，通过测量裂变发射出的中子和伽马射线从而证实裂变材料存在的方法。

10.455 无源中子探测 passive neutron detection
通过测量裂变材料自发裂变时产生的中子对裂变材料及含裂变材料的装置进行探测的方法。

10.456 无源伽马射线探测 passive gamma-ray detection
通过测量裂变材料衰变时产生的伽马射线对裂变材料及含裂变材料的装置进行探测的方法。

10.457 标签 tag
为便于核查，在军备控制条约限制的对象上设置的某种标志。

10.458 封签 seal
在军控核查中，利用制作特殊标记的方法防止武器及武器部件被移动和改动的措施。

10.459 核爆炸现场视察 on-site inspection of nuclear explosion
在现场视察期间用以测量、分析核爆炸是否发生的各种活动。

10.460 标准事件筛选判据 standard event screening criteria
在地震数据处理中为排除天然事件而又不丢失有效数据的判断依据。

10.461 放射性气体取样探测 radioactive gas sampling and detecting
通过对可疑事件进行表面或地下取样，探测其放射性气体，进而判断是否进行过地下核试验的一种方法。

10.462 伽马辐射监测和能量分辨分析 gamma radiation monitoring and energy spectrum analysis
通过测量环境中伽马射线能量特征以监测核爆炸的方法。

10.463 现场视察中的地球物理勘测 geophysical survey in on-site

现场核查中，通过观察勘测地形地貌等以确定是否进行了地下核试验的方法。

10.464 目视观察 visual observation

观察员通过裸眼或利用便携式光学仪对现场进行直观观测的活动。

10.465 环境取样 environmental sampling

为了分析判断其核设施运行或爆炸性质和溯源，在核设施或核爆炸点附近采集土壤、水及天然气等样品的活动。

10.08　中子物理学

10.466 中子学 neutronics

核物理的分支学科，主要研究中子与单核的作用机制、中子在物质中的输运规律，涉及中子产生、探测及应用。

10.467 中子学参数 neutronics parameter

表征中子学微观参数的统称。包括中子截面、共振参数、能谱或角分布、裂变产额等以及中子与宏观物质各种核反应的积分量。

10.468 中子学积分实验 neutronics integral experiment

中子与宏观物质发生各种核反应的条件下，研究物质内外中子强度、能量变化或反映物质核反应积分特性的一类基准实验。

10.469 宏观装置 macro assembly

用成分已知的一种或几种材料，其厚度以中子平均自由程衡量，制成的几何结构为一维球形、二维圆柱或三维结构的装置。

10.470 实验模拟 experimental simulation

采用蒙特卡罗方法或确定论方法结合评价核数据，对中子在宏观装置中的输运过程进行的模拟计算。

10.471 核数据检验 nuclear data check

以实测的中子学参数为基准，与评价核数据直接比对或采用评价核数据的理论模拟结果比对，以检验中子核数据质量的一类研究。

10.472 裂变反应率 fission reaction rate

中子与宏观裂变物质发生作用后，在裂变物质上归一到一个源中子诱发一个核发生裂变反应的比率。

10.473 反射中子系数 reflected neutron factor

中子入射到宏观装置后，反射中子通量与入射中子通量的比例。

10.474 裂变材料镀片 plating foil with fission material

基于电沉积等方法，将裂变材料镀在底衬材料上，制备出包含 μm 级厚度裂变材料的箔片。

10.475 小立体角装置 small solid angle device

探测器以准直孔限定观测区域，对裂变材料镀片所张立体角很小，以达到高精度定量及镀层厚度均匀性测量的一种装置。

10.476 固体径迹火花自动计数器 solid track spark auto counter

对粒子(如裂变碎片)轰击薄膜介质产生的径迹，通过高压击穿产生火花放电，形成电压脉冲，以实现对径迹进行读数的一种器件。

10.477　俘获探测器　capture detector
中子与裂变核素箔片作用后，以聚酯膜作为介质俘获裂变碎片，通过记录俘获到的裂变碎片的衰变 γ 射线来实现对裂变反应数进行统计的一种器件。

10.478　中子穿透率　neutron penetration rate
入射中子与宏观装置作用后，在某一方向一定阈能以上积分的泄漏中子通量与入射中子通量的比率。

10.479　泄漏中子能谱　leakage neutron spectrum
入射中子与宏观装置作用后，泄漏中子的通量随能量的分布。

10.480　中子角度谱　angular neutron spectrum
入射中子束与板状样品作用后，与样品后表面中心点成不同角度，单位立体角内对应一个源中子的出射中子能量分布。

10.481　液体闪烁探测器　liquid scintillation detector
以含氢液体闪烁体为探测介质，通过收集中子与氢核碰撞产生的反冲质子从而实现测量的一种器件。一般可以测量 1 MeV 以上的中子。

10.482　含氢正比计数管　hydrogen-contained proportional counter tube
以不同气压的甲烷或氢气和甲烷混合气体为探测介质，记录中子与氢核碰撞产生的反冲质子能量信息的一种器件。一般可以测量十几 keV 至 2 MeV 范围内的中子。

10.483　上升时间法　rise time method
在闪烁体中反冲质子与反冲电子激发的荧光衰减曲线快慢成分不同，将其转换成光电倍增管阳极输出的电压脉冲的上升时间也不同，将上升时间的差异转换成脉冲幅度的差异，从而实现对中子-γ 脉冲形状甄别。

10.484　过零时间法　cross-zero time method
将反冲质子或反冲电子激发的电压脉冲进行二次微分，微分后的脉冲与基线的过零点(交叉点)是电压脉冲上升时间的量度，将过零时间的差异转换成脉冲幅度的差异，从而实现对中子-γ 脉冲形状甄别。

10.485　反冲质子法　proton recoil method
利用入射中子和含氢物质中的氢原子发生碰撞，记录碰撞产生的反冲质子能量信息，通过一系列反卷积算法得到中子能谱的方法。

10.486　反冲电子法　electron recoil method
利用 γ 光子与有机闪烁体原子的核外电子发生非弹性碰撞，记录产生的反冲电子能量信息，通过一系列反卷积算法得到 γ 射线能谱的方法。

10.487　解谱　solving spectrum
从反冲质子谱或反冲电子谱得出中子能谱或 γ 射线能谱的一系列反卷积过程。

10.488　响应函数　response function
一定能量的中子或 γ 射线在闪烁体中产生的反冲质子或反冲电子强度随反冲质子或反冲电子能量的分布。

10.489　造氚率　tritium production rate
中子与包含锂核的宏观装置发生作用时，一个中子诱发一个锂原子发生产氚反应的比率。

10.490　锂玻璃闪烁探测器　Li glass scintillation detector
通过 $^6Li(n, \alpha)T$ 反应产生的 α 和 T 使闪烁体发光，所收集荧光经光电倍增管和电路处理后实现对中子测量的一种探测器。可以测量从热中子到百 keV 范围内的中子。

10.491 中子倍增率 neutron multiplication rate
源中子与中子倍增材料作用后，出射的中子强度与源中子强度的比率。反映材料的中子增殖性能。

10.492 全吸收探测器 total absorption detector
中子倍增材料置于体积很大的慢化、吸收体中，中子与材料作用后，通过测量泄漏中子的吸收反应数，获得泄漏中子数的一种大体积器件。

10.493 活化反应率 activation reaction rate
中子与宏观装置发生作用时，一个中子诱发一个特定核发生核反应，生成具有感生放射性核的比率。

10.494 造钚率 plutonium production rate
全称"铀钚转换率"。中子与包含 ^{238}U 核的宏观装置发生作用时，一个中子诱发一个 ^{238}U 核发生(n, γ)俘获反应生成或转换为 ^{239}Pu 的比率。

10.495 钍铀转换率 thorium-uranium conversion rate
中子与包含 ^{232}Th 核的宏观装置发生作用时，一个中子诱发一个 ^{232}Th 核发生(n, γ)俘获反应生成或转换为 ^{233}U 的比率。

10.496 俘获裂变比 ratio of capture to fission
中子与宏观裂变装置发生作用时，一个中子诱发一个裂变核发生俘获反应的比率与发生裂变反应的比率之比。

10.497 活化箔 activation foil
经中子辐照后通过观测特定反应道的诱发活度来实现中子测量的一类薄片材料的统称。

10.498 特征伽马射线自吸收 self-absorption of specific gamma-ray
具有一定厚度的放射性物质，由于其自身对 γ 射线的吸收，其实际产生的 γ 射线强度与从物质表面出射的 γ 射线强度存在差异的现象。

10.499 HPGe 伽马谱仪 HPGe gamma spectrometer
以具有高纯度的锗晶体为探测介质，伽马或 X 射线在其中沉积能量，通过电子学线路处理信号实现对射线能量和强度进行记录的一种仪器。

10.500 中子反应截面 neutron reaction cross section
一个入射中子同单位面积靶上一个靶核发生反应的概率。是入射中子能量的函数。

10.501 独立裂变产额 independent fission yield
一次裂变反应直接产生某种裂变产物核素的概率。即裂变碎片瞬发中子和伽马后，裂变产物核发生任何自发衰变前该核素的产生概率。

10.502 累积裂变产额 cumulative fission yield
一次裂变反应产生某种裂变产物核素的概率。包括裂变反应直接产生该核素及裂变反应产生的其他核素衰变后产生该核素的概率。

10.503 瞬发裂变中子谱 prompt fission neutron spectrum
原子核裂变后，具有高激发能的裂变碎片在 10^{-15} s 内释放出来的中子的能量分布。

10.504 ^{252}Cf 自发裂变中子源 ^{252}Cf spontaneous fission neutron source
利用 ^{252}Cf 自发裂变产生中子的装置。

10.505 ^{241}Am-Be 中子源 ^{241}Am-Be neutron source
利用 ^{241}Am 衰变的 α 粒子轰击 Be 发生(α,

n)反应产生中子的装置。

10.506 加速器聚变中子源 accelerator-based fusion neutron source
利用被加速到一定能量的氘或氚离子轰击氚或氘靶，发生氘氚聚变反应或氘氘聚变反应产生中子的装置。一般用端电压在 $100 \sim 600\ kV$ 的倍压加速器产生聚变中子的装置称为中子发生器。

10.507 中子靶室 target chamber
一种置于加速器后装有靶片的真空腔室。利用加速后的带电粒子轰击靶片发生核反应产生中子。

10.508 聚变中子产额 fusion neutron yield
在单位时间、4π 立体角内通过氘氚或氘氘聚变反应产生的中子数。

10.509 金硅面垒半导体探测器 Au-Si surface barrier semiconductor detector
以金硅面垒半导体为介质，带电粒子在其中沉积能量，经过电荷收集、脉冲成形等过程实现带电粒子计数的一种器件。

10.510 中子波长 neutron wavelength
自由中子的德布罗意波长。对非相对论中子，其为普朗克常量与中子动量的商。

10.511 中子飞行时间 neutron time of flight
一定速度的自由中子通过一段确定距离的时间。

10.512 中子剂量当量 neutron dose equivalent
中子作用于人体组织细胞产生的生物效应和损伤程度的度量。通过对吸收剂量进行修正，使其能与 X 射线、α 离子、β 射线、γ 射线等辐射的损伤采用统一的度量。

10.513 中子角注量 angular neutron fluence
在空间一给定点处射入以该点为中心的单位截面小球体内能量为 E 的单位能量间隔内，运动方向为 Ω 的单位立体角内的中子数目。

10.514 中子屏蔽 neutron shield
为降低中子辐射强度所采取的措施。

10.515 中子平衡 neutron balance
系统中任一有限体积或任意小的体积元内的中子数随时间的变化率。等于该体积内的中子产生率减去中子消失率。

10.516 中子寿命 neutron life time
自由中子在给定的介质内自产生到消失(包括吸收和泄漏)的平均时间间隔。

10.517 中子探测 neutron detection
利用中子与某些物质相互作用产生的变化的测量来测量中子某个量的操作。

10.518 中子温度 neutron temperature
与无限大无吸收的散射介质核处于热平衡状态的热中子的最可几能量所对应的温度(也等于介质的温度)。

10.519 中子噪声 neutron noise
在反应堆(包括临界装置)中，由核反应的统计涨落、反应堆反应性的变化和中子探测器响应的变化等引起的测量到的中子信号的随机变化。

10.520 镉切割能 cadmium cut-off energy
被一定厚度的镉全部吸收的中子能量上限。是堆物理实验中用来划分热中子与共振中子的一种理想化的能量分界点，对于 1 mm 厚度的镉切割能一般选为 0.5 eV。

10.521 超镉中子 epicadmium neutron
能量超过镉的切割能(约 0.5 eV)的中子。

10.522 共振中子 resonance neutron
能量处于重核的共振能区(中子截面具有明显的共振结构，一般约在 1 eV 至数 keV)的中子。

10.523 反冲质子 recoil proton
由于受到中子的碰撞而具有一定能量的含氢物质中的质子。

10.524 瞬发中子寿命 prompt neutron lifetime
反应堆中由裂变反应产生的中子从裂变发生时刻到被吸收或泄漏的平均时间间隔。

10.525 瞬发中子衰减常数 prompt neutron decay constant
次瞬发临界系统中，瞬发中子密度随时间的相对变化率。

10.526 反应阈能 threshold energy of reaction
为使核反应能够发生，入射粒子在实验室系中的最小动能。

10.527 临界实验 critical experiment
在裂变材料构成的一个临界或者近临界系统上开展的实验。

10.528 脉冲[反应]堆 burst [pulse] reactor
用于产生短持续时间强中子脉冲的反应堆。

能够在很短时间间隔内达到可控的超临界状态，产生高脉冲功率和强中子注量，并能安全可靠地多次重复这一功能。

10.529 脉冲中子源 pulse neutron source
利用脉冲式的核反应产生中子的一种中子发生器。

10.530 脉冲中子源方法 pulse neutron source method
脉冲式地向系统中注入中子束，通过测量系统中中子密度或注量等随时间变化的规律，从而获得系统特性的方法。

10.531 中子发射率 neutron emission rate
放射性核素中子源单位时间内产生的中子数目。

10.532 中子比释动能 neutron kerma
中子与单位质量的物质发生反应产生的初始带电粒子的初始动能之和。

10.533 中子倍增 neutron multiplication
裂变材料系统内在的对引入系统中的中子由于裂变而延长其寿命的能力。

10.534 中子热化 neutron thermalization
中子与周围介质建立热平衡的过程。

10.535 中子能群 neutron energy group
按照中子能量从大到小进行的分区。

10.09 中子散衍射

10.536 中子散射 neutron scattering
中子与物质的相互作用(包含弹性、非弹性、相干和非相干过程)。可用于表征物质静态结构和微观动力学性质。

10.537 磁散射 magnetic scattering
中子磁矩与原子中未配对电子的磁相互作用。

10.538　中子散射长度　neutron scattering length
反映低能中子与原子核之间相互作用(排斥或吸引)的程度。具有长度的量纲。

10.539　中子多晶衍射　neutron powder diffraction
利用中子相干弹性散射测量粉末或微晶样品确定晶体和磁结构的一种技术。

10.540　中子应力扫描　neutron stress scanning
基于中子衍射原理无损测量材料与大型工程部件内部三维应力分布的一种技术。

10.541　中子织构分析　neutron texture analysis
用中子体探针分析块体多晶材料中晶粒取向分布(织构)并可进行原位测试的一种技术。

10.542　高压　high pressure
材料原位表征实验中大于 1 GPa 的压力条件。实验室通常利用大压机和对顶砧实现。

10.543　巴黎–爱丁堡压机　Paris-Edinburgh press cell
一种高压原位中子衍射普遍使用的凹曲面压腔对顶砧装置。由巴黎和爱丁堡大学的研究组改进。

10.544　中子小角散射　small angle neutron scattering
利用入射中子束附近的相干散射定量获取材料内部微观结构尺度分布信息的一种技术。

10.545　机械速度选择器　mechanical velocity selector
利用机械速度从白光中子束中选取出特定波长单色中子束的一种装置。

10.546　中子光阑　neutron aperture
用于限制中子束斑尺寸的一种孔状元件。因类似光学元件而得名。

10.547　散射矢量　scattering vector
散射波矢与入射波矢之差。其量纲为长度的倒数。

10.548　散射长度密度　scattering length density
物质单位体积内所有原子的散射长度之和。

10.549　形状因子　form factor
小角散射理论中用于描述粒子自身特征(如形状和尺寸)对散射信号贡献的函数。

10.550　结构因子　structure factor
小角散射理论中用于描述粒子之间相互干涉作用(如相对距离)对散射信号贡献的函数。

10.551　关联函数　correlation function
小角散射理论中用于描述以任一散射粒子为原点的空间中任意体积元内发现任何其他粒子的概率函数。

10.552　衬度变换　contrast variation
通过调控散射长度密度差来表征特定微结构的中子小角散射实验方法。

10.553　距离分布函数　distance distribution function
小角散射理论中用于描述散射粒子内部任意点相对于给定点坐标的空间分布概率的函数。可分析粒子几何形状等信息。

10.554　中子反射谱仪　neutron reflectometer
基于中子光学反射原理测量获取表面和界面结构(如界面厚度和粗糙度)信息的一种装置。

10.555　极化器　polarizer
使中子自旋在空间某个特定方向(通常为外磁场方向)具有择优取向的一种装置。

10.556　中子自旋翻转器　neutron spin flipper
利用中子自旋在磁场中的拉莫尔进动来翻转中子自旋态的装置。

10.557　超镜　super mirror
利用临界角全反射原理来传输中子的人工多层膜。

10.558　中子斩波器　neutron chopper
将连续中子束切割为一系列宽度相等的脉冲中子束的一种装置。

10.559　中子狭缝　neutron slit
通过狭缝限制中子束流形状大小以及发散度的组件。

10.560　飞行时间模式　time-of-flight mode
通过测量脉冲中子飞行一定距离所需时间从而测定其能量的中子散射谱仪工作模式。

10.561　极化分析器　polarization analyzer
基于极化器相同原理来分析中子极化效率的一种装置。

10.562　中子反射率　neutron reflectivity
反射中子和入射中子的强度比。用来衡量表面和界面对中子反射能力的物理量。

10.563　非镜反射　off-specular reflection
反射角与入射角不相等的中子反射。

10.564　中子导管　neutron guide
基于中子全反射原理来传输中子的一种矩形空腔管部件。

10.565　中子自旋回波谱仪　neutron spin-echo spectrometer
用于中子准弹性散射或非弹性散射的一种高分辨谱仪。其基本原理是利用中子自旋拉莫尔进动测定散射中子能量差。

10.566　自旋回波时间　spin echo time
两个中子自旋态在样品处的相对时间延迟。反映在此时间内可探测到的微观动力学行为。

10.567　自旋回波长度　spin echo length
两个中子自旋态在样品处的距离。反映可探测到的微观结构尺度。

10.568　共振型中子自旋回波　neutron resonance spin echo
采用中子自旋翻转器替代静磁场进动区域边界(进动区域磁场保持为零场)的中子自旋回波技术。

10.569　声子聚焦　phonon focusing
通过调节磁场边界使自旋回波相位与声子保持一致的方法。可用于测量声子激发线宽等。

10.570　软模相变　soft mode transition
随着温度降低，某种振动模式点阵波频率趋于零而引起的晶体结构改变的现象。

10.571　量子相变　quantum phase transition
绝对零度下量子涨落引起物质性质改变的现象。仅通过改变一些物理参数(如磁场或压力)就可实现。

10.572　柯西关系式　Cauchy relation
线弹性理论中由柯西提出的弹性张量完全对称的数学关系。

10.573　格林艾森系数　Grüneisen coefficient
晶格动力学中定量描述晶体中原子振动非简谐效应(即改变晶格体积对振动性能的影

响)的参量。

10.574　声子色散曲线　phonon dispersion curve
声子的能量(动量)关系曲线。反映晶格的动力学特征。

10.575　磁形状因子　magnetic form factor
磁性原子中未配对电子磁矩在倒空间中的傅里叶变换。反映电子云的有限尺寸对磁散射的影响。

10.10　中　子　照　相

10.576　中子射线照相　neutron radiography
将中子与样品作用后强度、相位等变化转换为图像，并由此获取样品结构、磁场分布、物质组分等信息的无损检测方法。

10.577　中子成像　neutron imaging
利用中子穿透被检物后的中子分布信息获取样品内部结构的无损检测方法。利用中子粒子性特点的有中子照相、中子层析成像、极化中子成像、中子共振成像、能量选择成像等，利用中子波动性特点的有中子差分成像、相衬中子成像、中子全息成像等。

10.578　中子层析成像　neutron tomography
对被检物进行多角度中子透射成像，再对成像结果进行重建计算以得到被检物三维结构分布信息的中子成像方法。

10.579　中子相衬成像　neutron phase imaging
利用中子相位改变引起的图像衬度变化获取被检物内部信息的中子成像方法。

10.580　极化中子　polarized neutron
自旋方向杂乱无章的中子通过极化器进行极化得到的自旋方向一致的中子。

10.581　同位素中子源　isotope neutron source
利用同位素自发裂变或核反应得到中子的中子源。

10.582　加速器中子源　accelerator neutron source
利用加速器加速离子轰击靶材得到中子的中子源。

10.583　反应堆中子源　reactor neutron source
利用反应堆中核材料发生链式反应得到中子的中子源。

10.584　慢化体　moderator
用于包围中子源使快中子经过多次碰撞慢化为热中子的结构。

10.585　中子/伽马比　n/γ ratio
中子照相系统中某处(一般指转换屏附近)中子注量率与伽马剂量率的比值。

10.586　准直比　*L/D* ratio
准直器入口处到探测器的距离与准直器入口直径的比值。

10.587　中子照相灵敏度　neutron radiographic sensitivity
中子照相系统对被照物在中子入射方向上可被检测缺陷的最小厚度。

10.588　中子照相对比度　neutron radiographic contrast
中子照相检测图像中被照物不同位置的灰度值/黑度值相对差异。

10.589　中子照相分辨率　neutron radiographic resolution

中子照相系统对被照物所能分辨的最小缺陷尺寸。

10.590　直接曝光法　direct exposure imaging

将被测物体、转换屏和成像系统放在中子束中，被测物体曝光后转换信号直接被成像系统采集记录的成像方法。

10.591　间接曝光法　indirect exposure imaging

只将中子转换屏置于中子束上接受照射，中子束穿透被照物体后在中子转换屏上形成潜在的放射影像，然后再将转换屏转移到暗盒中并置于胶片上让胶片间接感应的曝光方法。

10.592　转换屏　conversion screen

将中子转换为容易被探测的 α、β、γ 射线或者可见光，记录中子束的空间分布，用高中子截面材料制作成的均匀薄膜或者薄板。

10.593　荧光屏　fluorescent converter

中子与转换屏中的吸收物质发生相互作用产生次级辐射激发荧光物质发光，被成像系统采集的一种中子成像转换屏。

10.594　金属转换屏　metal converter

中子射线与转换屏中镝、钆等敏感元素发生相互作用产生伽马等次级辐射，被成像系统采集的一种中子成像转换屏。

10.595　光纤转换屏　fiber converter

中子射线与闪烁体发生相互作用产生次级辐射激发闪烁体发光，光信号就近进入移波光纤并传输至屏外，被成像系统采集的一种中子成像转换屏。

10.596　中子成像板　neutron imaging plate

中子射线与中子敏感元素发生相互作用产生次级辐射，并被存储荧光粉以缺陷(色心)的形式存储，经激光扫描后存储信息转换为数字图像信号的一种中子成像转换屏。

10.597　数字成像　digital imaging

中子射线在转换屏形成的次级辐射图像被成像系统探测后经过数字化处理，形成数字图像信号的成像方法。

10.598　像质计　image quality indicator

束流纯度指示器和灵敏度指示器的组合。是评价中子照相成像质量的标准器件。

10.599　束流纯度指示器　beam purity indicator

用于定量评价中子束流品质的器件。是以聚四氟乙烯块为基底，内嵌两个氮化硼圆片、两个铅圆片和两个镉棒的试块。

10.600　灵敏度指示器　sensitivity indicator

用于定量测定中子照相图像上可视细节灵敏度的器件。一般由已知尺寸间隙或孔的阶梯楔块构成。

10.601　设备散射中子　facility scattered neutron

在装置部件中发生散射后到达转换屏的非成像用中子。

10.602　有效散射中子含量　effective scattered neutron content

经样品散射到达转换屏的非成像用中子。

10.603　物体散射中子　object scattered neutron

中子照相过程中由中子源产生的在被检物体中发生多次散射后到达转换屏的非成像用中子。

10.604 快门 shutter

用于控制中子照相过程中中子束流通闭的器件。

10.605 能量选择成像方法 energy selective imaging method

筛选不同波长的中子进行成像，通过比较不同波长中子成像结果，对被检物特定结构材料实现无损检测的中子成像方法。

10.606 束流控制器 beam limiter

中子照相过程中控制成像面中子束流分布及尺寸的器件。

10.607 中子差分成像方法 neutrondifferential imaging method

对不同波长的中子成像结果进行差分以得到特定元素分布情况的中子成像方法。

10.608 布拉格边成像方法 Bragg edge imaging method

针对待测样品中特定元素，筛选其布拉格衍射波长及非布拉格衍射波长分别成像，对成像结果进行差分等处理以增强该元素图像衬度的中子成像方法。

11. 铀 矿 地 质

11.01 铀 矿 物

11.001 铀矿物 uranium mineral

铀的天然化合物。它们有相对确定的化学组分、固定的晶体结构和物理特性，并在一定的物理化学条件范围内稳定，是铀在自然界存在的主要形式。

11.002 次生铀矿物 secondary uranium mineral

原生四价铀矿物被氧化后形成的铀酰矿物。

11.003 含铀矿物 U-bearing mineral

铀不是固定组分或含量低的矿物。铀含量变化大，从 $0.0n\%$ 到 $n.0\%$，甚至更高。铀在矿物中以类质同象形式进入矿物晶格或呈矿物微粒、吸附状态等存在。

11.004 晶质铀矿 uraninite

化学式为 UO_2 的矿物。等轴晶系。晶体呈立方形、八面体、菱形十二面体或其聚形。黑色。晶质铀矿常含不定量的六价铀，并随着含量增多，结晶程度变低。

11.005 沥青铀矿 pitchblende

晶质铀矿的变种。不具晶体形态，呈肾状、钟乳状、葡萄状、鲕状和细脉状等。

11.006 铀黑 uranium black

晶质铀矿的变种。六价铀含量明显高于四价铀，结晶程度很低，呈烟灰状或土状集合体。

11.007 铀石 coffinite

化学式为 $U(SiO_4) \cdot nH_2O$ 的矿物。四方晶系。晶体呈针状、短柱状或粒状。集合体呈粒状、放射状、晶簇状。黑色、褐黑色、灰褐色。

11.008 钛铀矿 brannerite

化学式为 $UTiO_6$ 的矿物。单斜晶系。常呈变生状态。晶体呈柱状、板状。黑色。

11.009 铀钍石 uranothorite

化学式为 $(Th, U)(SiO_4)$ 的矿物。四方晶系。晶体呈四方双锥或短柱状。一般呈晶簇产出。褐黄色、黄色到橙黄色，褐黑色、浅红褐色，偶尔呈浅绿黑到深绿色。

11.010 水斑铀矿 ianthinite
化学式为 $U_2^{4+}(UO_2)_4O_6(OH)_4 \cdot 9H_2O$ 的矿物。斜方晶系。晶体呈小薄板状或板条状。集合体呈纤维状、放射状或薄板状。紫黑色、紫色，有时为绛红或灰紫色。

11.011 红铀矿 fourmarierite
化学式为 $Pb_{1-x}O_{3-2x}(UO_2)_4(OH)_{4+2x} \cdot 4H_2O$ 的矿物。斜方晶系。晶体具假六方形轮廓。集合体呈粉末状、致密块状。橙红、红棕色，偶尔为浅红褐色和褐色。

11.012 板铅铀矿 curite
化学式为 $Pb_{3+x}[(UO_2)_4O_{4+x}(OH)_{3-x}]_2 \cdot 2H_2O$ 的矿物。斜方晶系。晶体呈柱状或针状。集合体呈致密块状、土状或放射状。橙红色到红褐色。

11.013 硅钙铀矿 uranophane
化学式为 $Ca(UO_2)_2(SiO_3OH)_2 \cdot 5H_2O$ 的矿物。单斜晶系。晶体呈针状、柱状。集合体多为放射状、球状、纤维状、肾状，有时为致密块状。柠檬黄至浅稻黄、浅黄白色。在紫外线照射下发弱的浅绿色荧光，块状集合体不发荧光。

11.014 β 硅钙铀矿 β-uranophane
又称"斜硅钙铀矿"。化学式为 $Ca(UO_2)_2(SiO_3OH)_2 \cdot 5H_2O$ 的矿物。单斜晶系，是硅钙铀矿的同质多象变体。晶体呈柱状、针状。集合体多为放射状、星状、致密块状。浅黄绿、柠檬黄、纯黄色。在紫外线照射下发污黄绿色荧光。

11.015 硅铅铀矿 kasolite
又称"硅铀铅矿"。化学式为 $Pb(UO_2)(SiO_4) \cdot H_2O$ 的矿物。单斜晶系。晶体呈柱状、细针状和发状。集合体呈放射状、星状。

棕黄、赭石黄、琥珀黄色。

11.016 硅铀矿 soddyite
化学式为 $(UO_2)_2(SiO_4) \cdot 2H_2O$ 的矿物。斜方晶系。晶体呈双锥状、厚板状或柱状。集合体呈晶簇或土状、细晶纤维状。透明的变种为深黄到金黄色，纤维状、土状集合体为深稻草黄到浅绿黄色。在紫外线照射下发弱的橙黄色荧光或不发荧光。

11.017 钙铀云母 autunite
化学式为 $Ca(UO_2)_2(PO_4)_2 \cdot (10\sim12)H_2O$ 的矿物。四方晶系。晶体呈正方形或八边形板状、片状。黄、淡绿黄、黄绿、深黄绿色。在紫外线照射下发强的黄绿色荧光。

11.018 变钙铀云母 meta-autunite
又称"准钙铀云母"。化学式为 $Ca(UO_2)_2(PO_4)_2 \cdot (6\sim8)H_2O$ 的矿物。四方晶系。晶体呈板状。黄、绿色。在紫外线照射下发亮黄绿色荧光。

11.019 钡铀云母 uranocircite
化学式为 $Ba(UO_2)_2(PO_4)_2 \cdot 10H_2O$ 的矿物。四方晶系。晶体呈长方形或正方形薄板状。集合体呈晶簇状、鳞片状。黄、黄绿色。在紫外线照射下发亮黄绿色荧光。

11.020 铜铀云母 torbernite
化学式为 $Cu(UO_2)_2(PO_4)_2 \cdot 12H_2O$ 的矿物。四方晶系。晶体呈四方或八角形的薄板状，集合体常呈鳞片状或被膜状。翠绿色。

11.021 变铜铀云母 metatorbernite
又称"准铜铀云母"。化学式为 $Cu(UO_2)_2(PO_4)_2 \cdot 8H_2O$ 的矿物。四方晶系。晶体呈正方形或长方形和板状。集合体呈鳞片状、叶片状、粉末状薄膜。翠绿、草绿、宝石绿和深绿色。

11.022 翠砷铜铀矿 zeunerite
化学式为 $Cu(UO_2)_2(AsO_4)_2 \cdot 12H_2O$ 的矿物。四方晶系。晶体呈四方形板状或八边形板状。集合体呈鳞片状、晶簇状、星点状。翠绿、苹果绿色。

11.023 砷铀矿 troegerite
化学式为 $(H_3O)(UO_2)(AsO_4) \cdot 3H_2O$ 的矿物。四方晶系。晶体呈板条状。集合体呈晶簇状、鳞片状。柠檬黄、褐黄色。

11.024 钒钙铀矿 tyuyamunite
化学式为 $Ca(UO_2)_2(VO_4)_2 \cdot (5\sim8)H_2O$ 的矿物。斜方晶系。晶体呈板状、鳞片状或扁平状。集合体呈土状、薄膜状或致密块状。黄、金黄或柠檬黄色。

11.025 钒钾铀矿 carnotite
化学式为 $K_2(UO_2)_2(VO_4)_2 \cdot 3H_2O$ 的矿物。单斜晶系。晶体呈扁平状。集合体呈粉末状或致密块状。鲜黄、柠檬黄、淡黄绿色。在紫外线照射下有的发很弱的污黄绿色荧光。

11.026 钒铀矿 uvanite
化学式为 $(UO_2)_2V_6^{5+}O_{17} \cdot 15H_2O(?)$ 的矿物。斜方晶系。集合体为由细小晶体组成的致密的皮壳状。淡褐黄色。

11.027 菱钾铀矿 grimselite
又称"碳钾铀矿(carbon potassium uranium)"。化学式为 $K_3Na(UO_2)(CO_3)_3 \cdot H_2O$ 的矿物。六方晶系。晶体呈六方柱状。集合体呈皮壳状。黄色。

11.028 水铀矾 zippeite
化学式为 $K_3(UO_2)_4(SO_4)_2O_3(OH) \cdot 3H_2O$ 的矿物。斜方晶系。晶体呈细长片状、纺锤状、板条状和针状。集合体呈土状、花瓣状、鲕状。金黄色。在紫外线照射下发亮黄色荧光。

11.029 钼铀矿 umohoite
化学式为 $(UO_2)(MoO_4) \cdot 2H_2O$ 的矿物。单斜晶系。晶体呈针状、六边形板状。集合体呈叶片状、玫瑰花状、放射状。黑色、蓝黑色。

11.030 硒钡铀矿 guilleminite
化学式为 $Ba(UO_2)_3(Se^{4+}O_3)_2O_2 \cdot 3H_2O$ 的矿物。斜方晶系。晶体呈板状，集合体呈薄膜状、粉末状、丝状。黄色。

11.031 碲铀矿 schmitterite
化学式为 $(UO_2)(Te^{4+}O_3)$ 的矿物。斜方晶系。晶体呈叶片状、纤维状。集合体呈玫瑰花状。无色至亮黄、浅稻草黄、浅绿色。

11.032 板菱铀矿 schroeckingerite
又称"板碳铀矿(plate carbon uranium)"。化学式为 $NaCa_3(UO_2)(SO_4)(CO_3)_3F \cdot 10H_2O$ 的矿物。斜方晶系。晶体呈假六方板状。集合体呈鳞片状、玫瑰状、皮壳状。浅绿黄、浅黄、浅绿色。在紫外线照射下发特有的强蓝绿色荧光。

11.033 芙蓉铀矿 furongite
化学式为 $Al_2(UO_2)(PO_4)_2(OH)_2 \cdot 8H_2O$ 的矿物。三斜晶系。晶体呈板状。集合体呈扇状。鲜黄色至柠檬黄色。在紫外线照射下发浅黄绿色荧光。

11.034 湘江铀矿 xiangjiangite
化学式为 $Fe^{3+}(UO_2)_4(PO_4)_2(SO_4)_2(OH) \cdot 22H_2O$ 的矿物。假四方晶系(斜方晶系或单斜晶系)。晶体呈微拉长的六边形、矩形、八角形。集合体呈土状、皮壳状。黄色到亮黄色。中国首次发现。

11.035 盈江铀矿 yingjiangite
化学式为 $K_2Ca(UO_2)_7(PO_4)_4(OH)_6 \cdot 6H_2O$ 的矿物。斜方晶系。晶体呈针状。集合体呈微

晶状、致密块状。金黄、深黄色或带褐的黄色。在紫外线照射下发弱的绿黄色荧光。中国首次发现。

11.036　腾冲铀矿　tengchongite
化学式为 $Ca(UO_2)_6(MoO_4)_2O_5 \cdot 12H_2O$ 的矿物。斜方晶系。晶体呈云母片状、薄板状、板状。黄、淡黄绿色。中国首次发现。

11.037　冕宁铀矿　mianningite
化学式为 $(\square,Pb,Ce,Na)(U^{4+},Mn,U^{6+})Fe_2^{3+}$ $(Ti,Fe^{3+})_{18}O_{38}$ 的矿物。三方晶系。晶体多呈半板状。集合体呈粒状。黑色。中国首次发现。

11.038　氧钠细晶石　oxynatromicrolite
化学式为 $(Na,Ca,U)_2(Ta,Nb)_2O_6(O,F)$ 的矿物。等轴晶系。晶体十二面体和立方体。集合体呈粒状。褐色或黄褐色。中国首次发现。

11.039　斜方钛铀矿　orthobrannerite
化学式为 $U^{4+}U^{6+}Ti_4O_{12}(OH)_2$ 的矿物。斜方晶系。呈单个晶体或不规则晶体集合体。黑色。中国首次发现。

11.040　铀的复杂氧化物　complex uranium oxide
UO、TiO_2 或 $(Nb,Ta)_2O_5$ 为主要成分构成的矿物。铀含量一般为百分之几到百分之十几，最高达 40%。该类矿物结构不稳定，容易变生。

11.041　含铀磷灰石　U-bearing apatite
铀含量增高的磷灰石。UO_2 含量一般 > 0.03%，最高可达 $0.n\%$。磷灰石多为隐晶质的胶磷矿。铀以类质同象、极微细矿物或被吸附态三种形式存在其中。

11.042　含铀独居石　U-bearing monazite
铀含量增高的独居石。UO_2 含量一般为 $0.3\% \sim n\%$，最高可达 15.6%。铀在独居石中以类质同象形式存在。含铀独居石多产于酸性和碱性岩浆岩中。

11.02　产铀岩石和构造

11.043　铀矿主岩　host rock of uranium ore
对容存铀矿化具有专属性的岩石。主要有碱性岩浆岩、花岗岩、火山岩、沉积碎屑岩(砂岩、砾岩)、碳硅泥岩和变质岩等。

11.044　沉积岩　sedimentary rock
地壳表层母岩经风化作用、生物作用、化学作用或火山作用形成的产物。经过搬运、沉积所形成层状松散的沉积物，后固结而成的岩石。

11.045　沉积碎屑岩　sedimentary-clastic rock
沉积作用形成的层状松散碎屑沉积物构成的岩石。

11.046　砾岩　conglomerate
粗粒碎屑沉积岩。由粒径 > 2 mm 的圆状、次圆状砾石经胶结而成，砾石之间的填隙物为砂、粉砂、黏土物质及化学沉积物。

11.047　砂岩　sandstone
中粒碎屑沉积岩。粒径 2～0.625 mm 砂粒的含量占 50% 以上，其余为基质或胶结物。砂粒的主要成分为石英，其次为长石、云母、岩屑等。胶结物的成分有硅质、铁质、钙质。

11.048　粉砂岩　siltstone
细碎屑沉积岩。粒径为 0.625～0.0039 mm 的粉砂占 50%以上，其余为砂、黏土或化学沉淀物。粉砂的成分以石英为主，其次为白云母和长石，岩屑少见，重矿物含量可达 2%～3%。胶结物以钙质、铁质为主。

11.049　泥岩　mudstone
成分较复杂和层理不明显的块状黏土岩。是弱固结的土经压固、脱水和微弱的重结晶作用形成的。

11.050　页岩　shale
成分较复杂并具有薄页状或薄片状层理的黏土岩。是弱固结的黏土，经较强的压固、脱水和重结晶作用后形成。成分中除黏土矿物外，混入有石英、长石等碎屑矿物及其他化学物质。

11.051　石灰岩　limestone
以方解石为主要组分的碳酸盐岩。常混入黏土、粉砂等杂质。滴稀盐酸会剧烈起泡。

11.052　硅质岩　siliceous rock
二氧化硅含量 70%～90%的沉积岩石。主要矿物成分是蛋白石、玉髓及自生石英，混入有碳酸盐、氧化铁、海绿石、黏土矿物等。具隐晶质和非晶质的致密块状结构或生物结构。常具薄层状及结核状构造。

11.053　磷块岩　phosphorite
P_2O_5 含量>12%的沉积岩。磷呈隐晶或显微晶质磷灰石，并含有石英、方解石、白云石、玉髓、海绿石及泥质矿物等，有时含有黄铁矿、含钾矿物，以及稀土元素、放射性元素等。

11.054　变质岩　metamorphic rock
基于温度和压力增高，原始岩石矿物成分、结构发生变化形成的岩石。

11.055　板岩　slate
具板状构造的浅变质岩石。由黏土岩、粉砂岩或中酸性凝灰岩经轻微变质作用形成。岩石中矿物基本上没有重结晶或只有部分重结晶，但岩石硬度增高。

11.056　片岩　schist
具明显片状构造的变质岩石。以云母、绿泥石、滑石、角闪石等片状或柱状矿物为主，并呈定向排列。粒状矿物含量>30%，主要为石英和长石，常含有红柱石、蓝晶石、石榴子石、堇青石、十字石、绿帘石及蓝闪石等变质矿物。具鳞片变晶结构、纤状变晶结构或斑状变晶结构。

11.057　片麻岩　gneiss
含长石和石英较多，粒度较粗，具明显片麻状构造的变质岩石。长石(钾长石、斜长石)和石英的含量>50%。片状或柱状矿物为白云母、黑云母、角闪石、辉石等，有时含石榴子石、矽线石、红柱石、堇青石等变质矿物。

11.058　麻粒岩　granulite
以含紫苏辉石为特征的区域变质岩石。其中暗色矿物以紫苏辉石、透辉石、石榴子石等无水暗色矿物为主，角闪石、黑云母等含水暗色矿物较少或不出现。浅色矿物主要为斜长石、条纹长石、反条纹长石和石英，有时含矽线石、堇青石等。岩石一般为中细粒粒状变晶结构，具不明显的片麻状构造或块状构造。

11.059　侵入岩　intrusive rock
岩浆上升侵入于地壳上层围岩之中，经冷凝后形成的岩石。岩体边缘有冷凝边，周边围岩石有一热变质接触带。

11.060　碱性岩　alkaline rock
碱性元素含量高的火成岩。主要矿物成分为碱性长石(微斜长石、正长石、钠长石)和各种副长石(霞石、方钠石、钙霞石等)，以及碱性深色矿物(霓石、霓辉石、钠铁闪石、钠闪石等)。其深成岩的代表为霞石正长岩，浅成岩为霞石正长斑岩，喷出岩为响岩。

11.061　花岗岩　granite
酸性深成侵入岩。SiO_2含量>70%。由石英、长石及少量深色矿物组成。石英含量>20%。碱性长石(钾长石及钠长石)常多于斜长石(主要为酸性长石)，深色矿物以黑云母为主。颜色多为灰白色、肉红色。具花岗结构、似斑状结构或等粒结构。

11.062　伟晶岩　pegmatite
具巨粒或粗粒结构的酸性至碱性脉岩。矿物晶体达数厘米至数米。有时具带状构造。是富含挥发分的硅酸盐残浆，侵入到围岩裂隙中缓慢结晶的产物。

11.063　花岗伟晶岩　granite-pegmatite
化学成分和矿物成分与花岗岩相似的一种伟晶岩。主要由钾长石、石英、云母等的巨大晶体组成。

11.064　白岗岩　alaskite
碱长花岗岩的浅色变种。化学成分与碱长花岗岩相似，SiO_2含量近于75%，属超酸性岩石。几乎不含深色矿物，全部由石英、碱性长石和酸性斜长石组成，可含少量的云母。具花岗结构。

11.065　正长岩　syenite
SiO_2含量约60%，碱性元素含量稍高(Na_2O约4%，K_2O约5%)的中性深成侵入岩。矿物成分以长石、角闪石和黑云母为主，不含或只含极少量石英。呈浅灰色或玫瑰色。具等粒或斑状结构、块状构造。

11.066　闪长岩　diorite
SiO_2含量55%~60%的中性深成侵入岩。主要由中性斜长石和角闪石组成，有时含有黑云母和少量碱性长石。副矿物为磷灰石、磁铁矿、钛铁矿和榍石等。深灰色或浅绿。多为半自形粒状结构，有时为似斑状或斑状结构。

11.067　辉长岩　gabbro
基性深成侵入岩的一种。主要矿物成分为单斜辉石和基性斜长石，二者含量近于相等。次要矿物有角闪石、橄榄石、黑云母等，副矿物为磷灰石、磁铁矿、钛铁矿等。半自形等粒结构。灰黑色。

11.068　煌斑岩　lamprophyre
特殊的深色脉岩类岩石的总称。具有明显的斑状结构。深色矿物(黑云母、角闪石、辉石)含量很高，自形程度良好。其含量在斑晶和基质中>30%。浅色矿物有斜长石、正长石等，都局限在基质中。此外，还有较多含挥发分的矿物。

11.069　辉绿岩　diabase
基性浅成侵入岩。主要矿物成分为辉石和基性斜长石，有少量橄榄石、黑云母、石英、磷灰石、磁铁矿、钛铁矿等。斜长石较辉石自形，构成辉绿结构。灰黑色。

11.070　火山岩　volcanic rock
岩浆上升喷出地表形成的喷发岩或在近地表下形成的浅成侵入岩。可分为喷发相、火山通道相、次火山相、火山沉积相。

11.071　次火山岩　subvolcanic rock
又称"潜火山岩"。与喷出岩同源的浅成侵入岩石。岩性特征与喷出岩相似，一般晶体较大，形成深度一般<3 km。常具熔岩的外貌，而又具侵入岩的产状，如岩墙、岩盖、岩床和岩株等。

11.072 花岗斑岩 granite-porphyry

浅成相的酸性火成岩。化学成分、矿物组成与花岗岩相当。肉红色或灰白色。具全晶质斑状结构。斑晶为石英及碱性长石，含少量斜长石、黑云母、辉石、角闪石等。基质由细粒石英、长石及少量深色矿物组成。

11.073 石英斑岩 quartz-porphyry

流纹岩成分的浅成火成岩。具斑状结构。斑晶以石英为主，还有少量透长石或正长石及黑云母。基质为隐晶质。

11.074 流纹岩 rhyolite

成分与花岗岩相当的酸性火山岩。具斑状结构，斑晶为石英、碱性长石(透长石、歪长石)及斜长石。基质一般为致密的隐晶质或玻璃质，有时见球粒结构。常具流纹构造。

11.075 流纹斑岩 rhyolite-porphyry

成分与流纹岩相当的次火山岩。斑状结构。斑晶为石英、碱性长石及斜长石。基质一般为致密的隐晶质或玻璃质。

11.076 霏细岩 felsite

具无斑隐晶质结构或霏细结构的流纹斑岩。主要由石英和长石组成。基质脱玻化现象很明显，在重结晶以后出现微晶和雏晶，形成放射状排列的球粒结构。浅色。最初指具微晶质基质的斑岩，现在普遍用于花岗质成分的微晶质岩石。

11.077 安山岩 andesite

成分相当于闪长岩的中性火山岩。斑状结构。基质具玻基织结构、交织结构及玻璃质结构。斑晶通常为具环带状的中、基性斜长石。基质中斜长石成分酸性较斑晶高。深灰、浅玫瑰和褐色。

11.078 玄武岩 basalt

成分相当于辉长岩的基性火山岩。一般呈灰黑色，细粒致密状，常具气孔状构造、杏仁状构造，以及形成六方柱状节理。常见斑状结构。斑晶为橄榄石、辉石、基性斜长石等。基质一般是细粒的，有时为隐晶质或半晶质。

11.079 火山碎屑岩 pyroclastic rock

火山碎屑物的含量75%～100%的岩石。大多数是火山爆发产物直接从空气中坠落堆积而成。有的是火山灰流或碎屑岩流形成。细分为火山集块岩、熔结集块岩，熔结角砾岩和熔结凝灰岩。

11.080 凝灰岩 tuff

压实固结的火山碎屑岩。主要由粒径<2 mm的晶屑、岩屑及玻屑组成。碎屑物质<50%，分选很差，填隙物是更细的火山微尘。质软多空隙。

11.081 熔结凝灰岩 ignimbrite

熔结成团的火山碎屑岩。岩石比较致密，貌似熔岩，但具有火山碎屑结构。碎屑有岩屑、晶屑，塑变玻屑、浆屑等。塑性碎屑常被压扁拉长，围绕刚性碎屑平行排列，形成假流纹构造。

11.082 铀矿控矿构造 uranium ore controlling structure

控制铀矿化在空间上分布的构造。主要为区域性的断裂和褶皱等。

11.083 铀矿赋矿构造 uranium ore bearing structure

赋存铀矿体的构造。主要为高序次的断裂、裂隙、破碎带、角砾岩带和小的褶皱。

11.084 地台 platform

又称"陆台"。地壳上稳定的、形成后未再遭受褶皱变形的地区。具双层结构：上部为未经变形、大体保持水平产状的浅海相或陆相沉积盖层；下部则是已经强烈变形和变质的前寒武纪结晶基底。

11.085 克拉通 craton
由古老地壳构成的大地构造单元。其形成之后(至少自显生宙以来)保持稳定状态，极少经受强烈构造变形。

11.086 地盾 shield
克拉通内前寒武纪结晶基底大面积出露地区。周缘被有盖层的地台所环绕，平面形态呈盾状。

11.087 造山带 orogenic belt
造山运动形成的褶皱和逆冲-挤压变形带。其内广泛发育钙碱性岩浆活动和区域变质作用。

11.088 褶皱带 fold belt
由线型褶皱和断裂组合构成的强烈构造变形地带。在其内常伴有同造山期的大规模酸性岩浆侵入和广泛的区域变质作用。

11.089 中间地块 median massif
褶皱带中面积较大的稳定块体。当周边强烈拗陷接受巨厚沉积时，表现为相对隆起，仅接受较薄的沉积；当周边褶皱隆起遭受剥蚀时，又表现为总体下陷，由较厚的沉积岩系形成。

11.090 盆地 basin
地壳上被相当厚的沉积物充填的大型拗陷。

11.091 内陆盆地 inland basin
产于陆块内部的盆地。其形成与地幔物质上涌导致地壳拉伸与减薄密切相关。盆内的沉积物主要为大陆环境的河湖相碎屑沉积，晚期可能有海水侵入，形成海陆交互相碎屑岩和碳酸盐岩沉积。

11.092 山间盆地 intermountain basin
产于造山带内僵化了褶皱基底上的不同大小和不同形状的凹地。其内充填的沉积物多为陆源河湖相碎屑沉积。

11.093 上叠盆地 superposed basin
古地理环境和古构造格局改变后，在古盆地上形成的年青盆地。后期沉积不仅可与前期沉积范围不同，而且会对前期原型盆地进行改造。

11.094 构造 structure
地质体在形成过程中产生或形成之后发生变形、变位的形迹，如褶皱、断层、劈理、线理、节理和层理、波痕等。

11.095 隆起 uplift
大型的正构造。包括大型背斜构造。

11.096 拗陷 depression
大型的负构造。包括狭窄的洼地和地台上平缓的向斜。

11.097 裂谷 rift valley
两侧以高角度正断层为边界的窄长线状凹地。是伸展构造作用的产物。

11.098 火山机构 volcanic edifice
构成一座火山的各个组成部分的总称。包括地表以上喷发物质的锥体、地下岩浆通道中有成因联系的次火山岩体和构造等。

11.099 火山洼地 volcanic depression
火山作用形成并被火山喷发物充填的洼地。

11.100 火山盆地 volcanic basin
由各种火山物质堆积的盆地。接受外来火山喷出物堆积的盆地称火山堆积盆地；内部火山活动产物就地堆积的盆地称火山喷发盆地。

11.101 塌陷破火山口 collapse caldera
在张性环境下，由岩浆大量喷发和自由表面压力的释放作用导致地表岩层和非造山花岗岩类塌陷形成的具有环状特征的火山构造。

11.102 花岗岩体 granite massif
由花岗岩类岩石组成的侵入体。具不规则状，出露面积可达几百甚至数万平方千米。

11.103 复式岩体 composite massif multi-stage and multi-period
由多期次岩浆侵入作用形成的多相侵入岩组成的岩体。

11.104 岩脉 dike
又称"岩墙"。充填在岩石断裂中的板状岩体。在沉积-变质岩层中横切岩层或与层理斜交，属于不整合侵入体的一种。

11.105 深大断裂带 deep-seated fault zone
发育时间长、规模大与切割深，与岩石建造有一定联系的断裂带。对岩浆岩、金属矿床和其他矿物富集体的出现和分布起着主要作用，控制着沉积岩类型及其厚度的空间分布。

11.106 断层 fault
岩石在应力作用下发生破裂并使其两侧岩块发生相对位移的不连续面。位移方向平行于不连续面。

11.107 断裂 fracture
又称"破裂"。在应力的作用下岩石发生断开或破坏，使其连续性和完整性遭到破坏形迹的总称。岩石中的断裂包括小的裂隙、节理到大的区域性断层。

11.108 褶皱 fold
由一个或一系列弯曲的地质体变形所构成的面状构造。多见于层状地质体内。

11.109 背斜 anticline
褶皱面弯曲凸向地层由老变新的方向。即核部地层老，翼部地层新的褶皱。

11.110 向斜 syncline
褶皱面弯曲凸向地层由新变老的方向，即核部地层新、翼部地层老的褶皱。

11.03 铀成矿作用

11.111 铀克拉克值 clark value of uranium
铀在地壳的平均含量。含量为 1.7×10^{-6} ~ 4.5×10^{-6}，平均为 2.7×10^{-6}。

11.112 铀丰度 abundance of uranium
铀在各种宇宙体或地质体中的平均含量。宇宙丰度值为 0.012×10^{-6}，地球丰度值为 0.015×10^{-6}，地壳丰度值即克拉克值。

11.113 自然界铀价态 valence state of uranium in nature
自然界铀在化合物中的价态有Ⅳ、Ⅴ和Ⅵ价。其中Ⅴ价铀易歧化变为Ⅳ和Ⅵ价。

11.114 自然界铀分布 distribution of uranium in nature
铀在地球各壳层及天然水中的含量。地壳中铀平均含量为 $(1.7 \sim 4.5) \times 10^{-6}$，地幔中为 0.012×10^{-6}，地核中为 0.003×10^{-6}；海水中铀含量为 0.3×10^{-6} ~ 3.7×10^{-6} g/L；湖泊水中铀含量变化大，一般为 3×10^{-8} ~ $n \times 10^{-4}$ g/L，平均为 8×10^{-6} g/L；河水中铀含量一般变化在 2×10^{-8} ~ 5×10^{-5} g/L，平均为 6×10^{-7} g/L；地下水铀含量中变化范围较大，一般

铀含量$< n \times 10^{-5}$ g/L，在流经富铀岩石地区的地下水中铀含量达$< n \times 10^{-5} \sim 1 \times 10^{-4}$ g/L。

11.115　铀存在形式　form of uranium existence
铀在各种地质体中的赋存状态。主要呈铀矿物、以类质同象置换进入其他矿物、被吸附剂吸附，以及存在于生物中等形式。

11.116　铀源岩　uranium source rock
为成矿作用直接或间接提供铀的岩石。一般为铀含量偏高的酸性、碱性火成岩、黑色富含有机质和黄铁矿的沉积岩及其变质岩等。

11.117　铀源体　uranium source body
为铀成矿直接或间接提供铀的地质体。一般为铀含量偏高或富铀的岩浆岩岩体、富含碳质和黄铁矿的沉积岩与变质岩岩层。

11.118　富铀建造　uranium-rich formation
在特定的地质环境中，形成的铀含量显著增高(一般$> 10 \times 10^{-6}$)的岩石建造。主要为碱性、酸性岩浆岩和富含有机质、黄铁矿的沉积岩与其变质岩建造。

11.119　活动铀　mobile uranium
在地质作用中易从岩石中析出和迁移的铀。

11.120　古铀场　paleo-uranium field
岩石中原始铀的含量分布特征。古铀量是根据$^{238}_{92}$U-$^{206}_{82}$Pb同位素演化系列推导出的计算公式求得的。

11.121　铀迁移　migration of uranium
在自然界的外界条件影响下，铀不断结合、分离、集合、分散的运动过程。例如，大气降水与岩石作用，铀从岩石中析出进入地下水并随其迁移，在新的地球化学条件又沉淀聚集。

11.122　铀迁移形式　migration form of uranium
铀在自然界中迁移时的状态。在岩浆作用中以铀元素形式随岩浆一起迁移；在变质作用、热液作用和表生作用中以铀元素或铀酰络合物迁移；在表生作用中以铀酰络合物或含铀碎屑物形式迁移。

11.123　铀沉淀　precipitation of uranium
铀从介质中的溶解形式转变为不溶的固体物的过程。一般是由介质本身或周围环境的地球物理-化学性质改变引起。例如，在氧化环境中以铀酰络合物迁移的水溶液进入到还原环境或富含吸附剂的地段，铀酰络合物便变得不稳定并形成固态化合物，或被吸附剂吸附。

11.124　铀成矿作用　uranium metallogenesis
地壳中铀元素形成达到可利用富集程度的地质作用。广义上包括形成铀矿床、伴生矿矿床和各种矿化现象。

11.125　岩浆铀成矿作用　magmatic uranium metallogenesis
与岩浆活动有关的铀成矿作用。(1)广义包括正岩浆作用、伟晶岩作用、接触交代作用及热液作用等成矿作用。(2)狭义专指正岩浆作用阶段，通过岩浆的分异，使成矿物质聚集而形成矿床的作用。

11.126　热液铀成矿作用　hydrothermal uranium metallogenesis
由各种成因含铀热水溶液或流体形成铀矿床的过程。铀成矿热液主要为中低温热液，主要形成大脉状、网脉状、细脉-浸染状和浸染状矿体。

11.127　沉积-成岩铀成矿作用　sedimentary-diagenetic uranium metallogenesis
在沉积-成岩过程中铀富集并形成矿床的过

程。形成主要矿床类型有泥岩、砂岩、黑色页岩和磷块岩型。

11.128 变质铀成矿作用 metamorphic uranium metallogenesis
早期形成的铀矿床或富铀地质体受到变质作用，使原来的物质成分发生强烈的改造，铀活化原地或转移富集而成的矿床。

11.129 外生铀成矿作用 exogenic uranium metallogenesis
在地壳表层营力作用下铀的成矿过程。分为同生沉积型和后生改造型两大类。

11.130 蒸发铀成矿作用 evaporation uranium metallogenesis
通过地表水蒸发形成铀矿床的成矿过程。一般形成钙/膏结岩型矿床。

11.131 古地下水铀成矿作用 uranium metallogenesis by palaeogroundwater
前第四纪古地下水作用形成铀矿化的过程。

11.132 铀成矿时代 epoch of uranium metallogenic
根据地球发展历史中地壳运动或构造-热事件划分出的产生铀成矿的地质时期。

11.133 铀成矿期 period of uranium metallogenetic
以成矿地质条件和物理-化学环境显著改变为标志而划分出较长时间的铀成矿作用过程。

11.134 铀矿化阶段 stage of uranium mineralization
铀成矿期内一段较短时间的成矿作用过程。

11.135 铀成矿化年龄 age of uranium mineralization
形成铀矿的时间。一般以通过同位素测量计算出的铀矿物或与其共生矿物的形成年龄值表示。

11.136 铀成矿实验 experimental of uranium metallogenic
在实验室条件下，人工模拟铀成矿的物理、化学条件，分析成矿机理和规律。

11.137 铀成矿模型 model for uranium metallogenic
又称"铀成矿模式"。反映对矿床形成机理和成矿规律认识的一种概括的表达方式。是对同一类型铀矿床的地质、构造、地球物理、地球化学和其他基本特征的概括，并用简洁的文字和图表表述。

11.138 铀矿床围岩蚀变 wallrock alteration of uranium deposit
在铀成矿热液或流体作用下，围岩的矿物成分、化学成分、结构、构造发生变化，产生适合新的物理-化学条件下新的矿物或矿物组合的现象。

11.139 碱交代 alkalic metasomatism
富含钾或钠的碱质溶液与围岩的作用，形成以碱性长石(钾长石或钠长石)、碳酸盐为主的绢云母、绿泥石、赤铁矿等矿物组合的现象。基本分为钾质交代和钠质交代两大类。

11.140 酸交代 acid metasomatism
酸性溶液与围岩的作用，岩石发生硅化、萤石化、黏土化等的现象。

11.141 钠长石化 albitization
含钠的溶液与岩石作用，形成新生钠长石的现象。

11.142 钾长石化 potash feldspathization
含钾的溶液与岩石作用形成新生钾长石的

现象。

11.143 黄铁绢英岩化 beresitization
中、酸性火成岩和变质岩发生的中低温热液蚀变作用。表现为长石发生绢云母和石英化，暗色矿物分解并形成黄铁矿等，形成由黄铁矿、石英、绢云母等组成的蚀变岩石。

11.144 伊利石−水云母化 illite-hydromica-zation
产生含有伊利石−水云母化等的中低温热液蚀变作用。表现为岩石中的长石被伊利石−水云母代替。

11.145 硅化 silicification
产生含有石英类等矿物的蚀变作用。与铀矿化有关的主要是中低温热液生成的硅化岩石，一般由微晶石英或隐晶质玉髓，以及非晶质的蛋白石、似碧玉等组成。

11.146 赤铁矿化 hematitization
又称"红色蚀变(red-color alteration)"。形成赤铁矿的中低温热液蚀变作用。一般为原来围岩的铁镁矿物中的铁组分分解、氧化和形成浸染状微小的赤铁矿，使岩石呈红色、褐红色。

11.147 碳酸盐化 carbonatization
岩石与富含 CO_3^{2-} 离子热液作用产生碳酸盐矿物的蚀变作用。碳酸盐矿物有方解石、菱铁矿、铁白云石、白云石等。

11.148 绿泥石化 chloritization
形成绿泥石的中低温热液蚀变作用。表现为岩石中的暗色矿物被绿泥石代替和形成细脉−浸染体。

11.149 萤石化 fluoritization
热液在与围岩交代过程中使氟与钙化合形成氟化钙沉淀的作用。与铀成矿有关的萤石一般呈紫色、深紫色。

11.150 褪色化 decolorization
暗色岩石与流体作用，深色矿物和有机质消失，使原来岩石变为浅色的蚀变作用。

11.151 氧化带 oxidized zone
水文地球化学环境分带中的上游带。其范围包括地下水动力分带中的包气带、潜水位变动带和水交替强烈带。主要标志是含游离氧，还原电势(E_h)为正值；有机质被氧化消失；铁氧化形成褐铁矿、赤铁矿，使岩石呈黄色、褐黄色、红色。

11.152 层间氧化带 interlayer oxidized zone
氧化带的一个亚类。是地下水沿有上下隔水层的透水岩层形成的层状氧化带。

11.153 潜水氧化带 phreatic oxidized zone
氧化带的一个亚类。是潜水与透水岩层发生作用而形成的氧化带。具面状形态。

11.154 还原带 redox zone
与氧化带接壤的同沉积的富含有机质、黄铁矿等还原物质的暗色岩层段或被后生还原气体充填的地段。主要标志是不含游离氧，还原电势(E_h)低或为负值。

11.155 层间氧化带前锋线 front of interlayer oxidized zone
层间氧化带前方尖灭端与原始还原岩层的接触边界。在平面上呈弯曲的带状，在剖面上呈弧形，是地球化学条件的突变地段。

11.156 氧化−还原界面 redox interface, surface of oxidized-redox
氧化带和还原带之间的接壤面。是重要的地球化学界面，也是铀和多种矿质元素富集成矿的重要场所。

突然降低，导致其沉淀富集。

11.157 铀地球化学障 geochemical barrier of uranium

地球化学性质发生突变的地段。能使溶液的性质发生改变，并使铀和相关元素迁移强度

11.158 铀地球物理化学障 geophysical and geochemical barrier of uranium

影响铀元素迁移、沉淀的地层地球物理和地球化学条件发生突变的地段。

11.04 铀 矿 床

11.159 铀矿床工业类型 commercial type of uranium deposit

根据铀矿床在工业上的使用价值和现实意义，特别是有关采矿、选矿、冶炼等矿石加工工艺方面的特征所划分的矿床类型。

11.160 砂岩型铀矿床 sandstone type uranium deposit

产于海陆相砂岩、砂砾岩等碎屑岩中的外生铀矿床。可分为同生沉积型、后生渗入型和复成因型。

11.161 层间氧化带型砂岩铀矿床 interlayer oxidized zone type sandstone uranium deposit

与地下层间水氧化作用有成因关系并在氧化带前锋线附近形成的铀矿床。特点是氧化带具水平分带。是砂岩型铀矿床的一个亚类。

11.162 古河道型砂岩铀矿床 paleochannel type sandstone uranium deposit

又称"古河谷型砂岩铀矿床(paleovalley type sandstone uranium deposit)"。产于古河道内砂岩层中的铀矿床。属后生渗入层间氧化带型。

11.163 卷型砂岩铀矿床 roll type sandstone uranium deposit

矿体前部呈卷状的砂岩型铀矿床。是层间氧

化带型砂岩铀矿床的一个亚类。

11.164 潜水氧化带型砂岩铀矿床 phreatic oxidized type sandstone uranium deposit

砂岩型铀矿床的一个亚类。是产于地下潜水氧化-还原界面附近的铀矿床。特点是潜水氧化带具垂向分带，矿体呈面状。

11.165 地浸砂岩型铀矿床 in-situ leaching type sandstone uranium deposit

适于采用地浸方法开采的砂岩型铀矿床。特点是赋矿砂岩较松散、渗透性好、含水，而且赋矿砂岩层具上下隔水层。

11.166 花岗岩型铀矿床 granite type uranium deposit

与花岗岩岩浆作用有成因联系的铀矿床。包括产于花岗岩体内和外接触带沉积-变质岩，以及岩体上叠沉积盆地岩层中的铀矿床。

11.167 硅质脉型铀矿床 siliceous vein type uranium deposit

花岗岩型铀矿床的一个亚类。专指产于硅质脉中的铀矿床。

11.168 交点型铀矿床 cross-point type uranium deposit

花岗岩型铀矿床的一个亚类。专指产于硅质

脉与基性岩岩脉交切处的铀矿床。特点是矿石富、矿体规模小。

11.169　碱交代岩型铀矿床　alkalic-metasomatic type uranium deposit

碱性含铀溶液与围岩通过交代作用而形成的矿床。分为钠交代型和钾交代型。

11.170　火山岩型铀矿床　volcanic rock type uranium deposit

与火山作用有成因联系的铀矿床。包括产于火山洼地内各种火山岩和沉积岩相，以及下伏基底变质岩、侵入岩内的铀矿床。

11.171　次火山岩型铀矿床　subvolcanic rock type uranium deposit

火山岩型铀矿床的一个亚类。专指产于火山洼地内次火山岩中的铀矿床。

11.172　火山碎屑岩型铀矿床　pyroclastic rock type uranium deposit

火山岩型铀矿床的一个亚类。专指产于火山碎屑岩中的铀矿床。

11.173　火山碎屑沉积岩型铀矿床　pyroclastic sedimentary rock type uranium deposit

火山岩型铀矿床的一个亚类。专指产于火山洼地内火山碎屑沉积岩中的铀矿床。

11.174　碳硅泥岩型铀矿床　carbonate-siliceous-pelitic rock type uranium deposit

产于未变质或弱变质的海相碳硅泥岩中不同成因的铀矿床。包括沉积-成岩、外生渗入和热液成因的矿床。

11.175　黑色页岩型铀矿床　black shale type uranium deposit

产于海相富含有机质或腐殖酸/煤、黄铁矿页岩中的铀矿床。以矿石铀品位低、铀资源量大为特征。

11.176　岩浆型铀矿床　magmatic type uranium deposit

又称"侵入岩型铀矿床(intrusive deposit)"。产于不同化学成分侵入岩或深熔岩石(白岗岩、花岗岩、二长岩、过碱性正长岩、碳酸岩和伟晶岩)的铀矿床。特点是侵入岩体与铀矿化有共生关系，往往岩体的某一部分就是铀矿体或矿化体。

11.177　白岗岩型铀矿床　alaskite type uranium deposit

岩浆型铀矿床的一个亚类。专指产于白岗岩内的铀矿床。

11.178　碱性岩型铀矿床　alkalic rock type uranium deposit

岩浆型铀矿床的一个亚类。专指产于碱性-过碱性霞石正长岩内并由岩浆高度分异形成的铀矿床。

11.179　伟晶岩型铀矿床　pegmatite type uranium deposit

岩浆型铀矿床的一个亚类。专指岩浆结晶分异的残余酸性熔浆在冷凝结晶和气成交代过程中形成的铀矿床。

11.180　变质岩型铀矿床　metamorphic type uranium deposit

产于变质的沉积碎屑岩或变长英质火山岩中的铀矿床。特点是矿体呈大致连续的透镜状或不规则状，与围岩整合产出，矿化呈浸染状。

11.181　不整合面型铀矿床　unconformity related type uranium deposit

产于中元古代碎屑岩层与下伏古元古代结晶基底间不整合面上或附近的铀矿床。特征是矿石铀品位高(一般为1%~n%或更高)，铀资源量巨大(多为万吨级，最高可达20万吨以上)。

11.182 赤铁矿角砾杂岩型铀矿床 breccia complex type deposit

产于被赤铁矿-绿泥石-绢云母-硅质胶结的由花岗岩和赤铁矿粗碎屑构成的角砾岩中的铀矿床。特征是铀资源量巨大、矿石具铜-铀-金-铁-稀土元素型建造。

11.183 石英卵石砾岩型铀矿床 quartz pebble conglomerate type uranium deposit

产于太古宙花岗岩-绿岩基底上的古元古代克拉通盆地内古石英-卵石砾岩层中的铀矿床。有时矿石以金为主。该类矿床仅形成于地球大气缺氧的时期。

11.184 表生型铀矿床 supergene type uranium deposit

在地壳表层营力作用下形成的各种铀矿床。包括沉积作用、大气降水渗入作用和蒸发作用形成的铀矿床。

11.185 钙结岩型铀矿床 calcrete type uranium deposit

产于地表钙结岩中的铀矿床。特点是矿体产于近地表并呈带状，铀呈铀酰矿物。

11.186 磷块岩型铀矿床 phosphorite type uranium deposit

产于磷块岩中的铀矿床。铀主要赋存于胶磷矿中，矿体呈层状，铀资源量大。矿石品位低。铀可作为副产品回收。

11.187 泥岩型铀矿床 mudstone type uranium deposit

产于泥岩层中的铀矿床。属同生沉积成因。矿体呈板状。

11.188 煤岩型铀矿床 coal type uranium deposit

又称"含铀煤型铀矿床(uraniferous coal type uranium deposit)"。后生渗入型铀矿床的一个亚类型。专指产于褐煤和相接触砂岩层中的铀矿床。

11.05 铀矿区域预测评价和勘查

11.189 铀资源 uranium resource

天然赋存于地壳内部或地壳表面、由地质作用形成的呈固态或液态的具有现实或潜在经济意义的铀富集体。

11.190 铀资源量 amount uranium resource

经过专门方法计算或估算的铀资源的数量。包括经济的基础储量、边际经济的基础储量、次边际经济的资源量和内蕴经济的资源量。

11.191 铀基础储量 uranium basic reserve

查明铀矿资源的一部分。能满足现行开采的品位、质量、厚度、采冶技术条件等指标要求，包括经详查、勘探所获控制的、探明的并经过预可行性研究、可行性研究认为属于经济的、边际经济的部分，用未扣除设计、开采损失的数量表述。

11.192 内蕴经济的铀资源量 intrinsically economic uranium resource

可行性评价工作只进行了概略研究，尚分不清其真实的经济意义的铀资源量。

11.193 铀储量 uranium reserve

铀矿基础储量中的一部分。包括经详查、勘探地质可靠程度达到控制的、探明的，经过预可行性研究、可行性研究认为在当时是经济可采或已经开采的部分，用扣除了设计、开采损失的可实际开采的数量表述。

11.194　铀工业储量　uranium industrial reserve

曾称"铀矿表内储量"。符合当时工业技术经济条件、可开采利用的铀矿储量。

11.195　铀后备储量　uranium backing reserve

曾称"后备铀储量"。不符合当时工业技术经济条件、暂不可开采利用的铀矿储量。

11.196　远景铀资源量　uranium prospective resource

根据少量勘查工程估算的、可作为进一步部署铀矿地质勘查工作依据的铀矿资源量。

11.197　预测铀资源量　uranium predicted resource

根据铀矿区域地质调查和成矿规律研究等资料预测和估算的铀矿资源量。

11.198　非常规铀资源　unconventional uranium resource

低于边界品位，目前尚不具经济意义，或者其中的铀仅可作为副产品回收的铀资源。主要指碱性侵入岩型、黑色页岩和磷块岩型等铀资源，也包括盐湖和海水中的铀资源。

11.199　铀矿地质勘查　geological exploration for uranium

发现铀矿床并查明其中铀矿体的分布、产状、规模、数量及矿石类型、质量、水文地质、工程地质和环境地质条件、铀资源储量、开采利用技术经济条件、开发前景等，满足铀矿山建设需要的全部铀矿地质工作。

11.200　铀矿勘查阶段　stage of prospecting and exploration for uranium

遵循循序渐进原则，逐渐缩小铀矿勘查范围，不断提高研究程度，以期减少投资风险，提高勘查工作效果而划分的勘查工作阶段。不同时期有不同的划分，根据《固体矿产资源储量分类》(GB/T 17766—2020)，划分为普查、详查、勘探三个阶段。

11.201　铀矿预查　uranium reconnaissance

铀矿勘查的第一阶段工作。主要目的：在综合分析和类比工作区地质矿产等资料的基础上，适当开展地质调查、遥感、物探、化探和水文地质等工作，开展稀疏的地表槽、井探工程揭露，必要时进行少量的钻探工程验证，大致估算预测的资源量，大致评价工作区内铀矿资源远景，提出可供普查的远景区。

11.202　铀矿普查　uranium prospecting

铀矿勘查的第二阶段工作。主要目的：对预查阶段圈定的成矿潜力较大的远景区或物探、化探异常区开展较系统的地质填图、物探、化探、水文地质和取样分析测试等工作，进行系统的槽、井探工程揭露，并开展稀疏钻探工程揭露，估算工作区相应类型的铀资源量，进行技术经济条件概略研究，对已知矿化区做出初步评价，圈出可供详查的范围，为开展详查提供依据。

11.203　铀矿详查　uranium detailed prospecting

铀矿勘查的第三阶段工作。主要目的：采用有效的勘查方法和手段，对工作区进行系统勘查和取样分析测试，基本查明矿床开采技术条件，进行预可行性研究，估算铀矿资源/储量，圈出可供勘探的范围，并对开发前景和经济意义做出评价，为进一步勘探提供依据，为编制铀矿山总体规划、矿山建设立项建议书提供资料。

11.204　铀矿勘探　uranium exploration

铀矿勘查的第四阶段工作。主要目的：采用系统的钻探、坑探工程，对矿体进行加密控制和取样分析测试，查明矿床开采技术条件，进行预可行性研究或可行性研究，估算铀矿资源/储量，为编制矿山总体规划和矿山设计等提供依据。

11.205 铀矿勘查类型 type of uranium exploration

依据铀矿体规模(用矿体的长度和宽度衡量)、厚度稳定程度(用厚度变化系数衡量)、形态复杂程度、构造复杂程度以及铀矿化均匀程度(用品位变化系数衡量)等地质因素，以及它对勘查难易程度的影响大小而对铀矿床进行的分类。

11.206 铀矿体 uranium ore body

赋存于地壳中、具有各种几何形态和产状的铀矿石天然聚集体。是构成铀矿床的基本单位。

11.207 铀矿石 uranium ore

在现有技术经济条件下能从中提取出可为经济所用的铀元素的天然矿物集合体。

11.208 铀矿储量计算 calculation of uranium reserve

根据铀矿地质勘查获得的矿床、矿体资料、数据，运用矿床学理论及一定的数学方法，确定矿床或矿体各个部分有用矿产的数量、质量、空间分布、技术条件及勘查和研究精度(地质可靠性类别)的过程。

11.209 铀矿储量计算方法 calculation method for uranium reserve

计算或估算铀矿蕴藏量(铀矿石量或铀金属量)的方法。基本分为三类方法：几何学方法、数学分析方法、地质统计学方法。

11.210 铀矿工业指标 economical parameter for delineating U-ore body

在当前技术经济条件下，用于圈定矿体和估算资源/储量的技术经济参数。根据开采方式分为两类：常规开采类主要包括边界品位、最低工业品位、最小可采厚度、夹石剔除厚度；地浸开采类主要包括边界品位、边界平米铀量、允许最大可渗透夹层厚度。

11.211 铀矿石品位 grade of uranium ore

铀矿石中铀元素的含量。一般用铀金属或U_3O_8的百分比表示。

11.212 铀矿石边界品位 cut-off grade of uranium ore

区分铀矿石与围岩(废石)的最低铀品位界限。

11.213 铀矿石最低工业品位 lowest commercial grade of uranium ore

衡量铀矿床是否值得开发和开发后能否获得经济效益的矿石铀含量界限。

11.214 铀矿石品级 category grade uranium ore

根据铀矿石中的铀含量对铀矿石所划分的等级。一般划分为三级：高品位(富)矿石、中品位(普通)矿石、低品位(贫)矿石。

11.215 铀矿石共伴生有益组分 associated-paragenetic useful component of uranium ore

在同一铀矿床或铀矿体中共伴生产出，具有经济价值，在当前技术经济条件下可以提取利用的组分。

11.216 铀矿石共伴生有害组分 associated-paragenetic harmful component of uranium ore

在同一铀矿床或铀矿体中共伴生产出，不具有经济价值，并且对水冶加工过程或产品质量起不良影响的组分。

11.217 铀矿找矿标志 criteria for uranium prospecting

直接或间接指示铀矿体或铀矿化存在的地质、地球物理、地球化学、水文地质、遥感等特征性信息。

11.218 铀成矿控制因素 controlling factor of uranium ore-forming

控制铀矿床形成和分布的地质因素。包括构造、岩浆活动、地层、岩相、岩性、古地理、古水文、区域地球化学、区域地球物理、区域放射性场、变质作用、表生(风化)作用等。

11.219 铀成矿远景预测 uranium metallogenic prognosis

为了提高铀矿找矿成效和预见性的一项综合研究工作。主要通过收集整理工作区地质、物化探、遥感等资料,综合分析工作区地质构造背景、铀矿成矿环境和条件、已发现的铀矿化的类型和时空分布规律等,建立铀矿预测模型,进而预测找矿远景区或找矿靶区。

11.220 铀矿预测要素 factor for uranium metallogenic prognosis

根据典型铀成矿区和矿床资料总结出的可作为预测铀成矿地段和成矿潜力的地质、物化探、放射性水化学、遥感、自然重砂等信息要素。按不同铀矿床类型选定的预测因子,也是能直接或间接指示可能存在铀矿的控矿要素和找矿标志。

11.221 铀矿预测模型 model for assessment of uranium prognosis

基于同一类型(或相似的)铀矿的铀成矿模式和铀矿预测要素,综合工作区地质、物化探、放射性水化学、遥感等信息,用多种变量或变量组合表达,可用于预测铀矿田、铀矿床或铀矿体的一种地质模型。

11.222 铀资源预测方法 method for assessment of uranium resource

在铀资源潜力预测评价过程中用来分析铀矿预测要素、圈定成矿远景区、估算潜在铀资源量的技术方法。常用的有体积估计法、丰度估计法、矿床模型法和综合信息法等。

11.223 铀资源潜力评价 assessment of uranium resource

对一个较大地区,如一个国家、一个省、一条成矿带或一个盆地等可能蕴藏的铀矿资源总量进行预测,并对其经济意义进行分析论证的一项综合研究工作。

11.224 铀矿找矿模型 exploration model for uranium

通过研究已有铀矿床的发现、勘查史和矿床赋存的地质、地球化学、地球物理等基本特征,结合有效的找矿方法技术而建立起来的可用于类似地质条件的地区进行铀矿找矿、并用文字图表综合表达的一种找矿模式。

11.225 铀成矿远景区 uranium metallogenic prospective area

经综合预测研究圈定的具有有利的铀成矿地质条件并可能发现铀矿床的地区。

11.226 铀矿找矿靶区 target for exploration uranium

从铀成矿远景区中筛选出来的最有找矿远景的目标区。

11.227 铀成矿域 uranium metallogenic megaprovince

跨洲际的全球铀成矿单元,即Ⅰ级铀成矿单元。受控于全球性的洋、陆格局及其地球动力学体系,对应于全球性构造域的在全球性大地构造-岩浆旋回期间发育形成,出现特定的区域铀成矿作用和相对的铀矿化类型。

11.228　铀成矿省　uranium metallogenic province

铀成矿域内部的次级铀成矿单元，即Ⅱ级铀成矿单元。与大地构造单元对应或跨越几个大地构造单元的地质演化历史及相应的岩浆组合、沉积建造、构造环境，分布有若干个铀成矿区带。

11.229　铀成矿带　uranium metallogenic belt

铀成矿省内圈出的次一级铀成矿单元，即Ⅲ级铀成矿单元。受控于某一构造-岩浆带、岩相带、区域构造、沉积体系，或变质作用的分布，产出的铀矿床、矿点、矿化点相互密切联系，呈带状展布。具有相似的成矿环境、成矿机制。其中部分由独立的沉积盆地控制时称铀成矿区。

11.230　铀矿区　uranium ore district

曾经开采或正在开采或未曾开采的铀矿床及其毗邻地区。有时也指某铀矿床的一个区块，如某矿床的北矿区、南矿区等。

11.231　铀矿田　uranium ore field

由一系列在空间上、时间上和成因上紧密联系的铀矿床组成的矿床聚集区。属铀成矿带(区)或亚带(区)之后的Ⅴ级铀成矿单元。

11.232　铀矿化集中区　uranium mineralized concentrate district

受控于构造-岩浆带或岩相带，有相似的成因、相同的成矿期的铀矿床、矿点、矿化点的聚集区。

11.233　铀矿床　uranium deposit

由一定的地质作用在地壳某一特定地质环境下形成，并在质量方面适合于当前或未来开采利用和具有经济价值的一定规模的铀矿物和/或含铀物质的堆积体。

11.234　铀矿产地　uranium property

通过地质调查或铀矿地质预查或普查，并经勘查工程验证，具有进一步勘查意义和经济价值的铀矿体，并有可能发展为铀矿床的地区。

11.235　铀矿点　uranium ore site

铀资源量不足小型铀矿床下限规模的铀矿产地。

11.236　铀矿化点　uranium mineralized site

有铀矿化显示，铀资源量不足铀矿点下限规模的铀矿化产地。

11.237　铀异常点　uranium anomaly site

明显受某些地质因素控制，且有一定分布范围的铀含量明显高于周围岩石本底的地段。

11.238　铀矿地质编图　geological map compilation of uranium deposit

通过充分收集和分析铀地质资料，将铀矿勘查成果(如矿床、矿点、矿化点、异常区带等)和研究成果(如成矿规律、成矿区划、成矿远景区等)综合描绘在选定比例尺的地质图、地形地质图或构造地质图上并配有编制说明书(或报告)的一项综合研究工作。

11.239　铀矿地质图　geological map of uranium deposit

以地质图、地形地质图或构造地质图为底图，综合反映铀成矿地质条件、铀矿地质勘查成果和研究成果的图件。

11.240　铀成矿规律图　map of uranium metallogenic

以铀矿地质图、铀矿构造-地质图或铀成矿要素图为底图，专门反映铀成矿时空分布规律的地质图件。

11.241 铀成矿区划图 map of uranium metallogenic planning

以铀矿地质图或铀矿构造地质图为底图，专门反映铀成矿单元划分及其分布的地质图件。

11.242 铀成矿预测图 prognosis map of uranium metallogenic

以铀矿地质图或铀矿构造地质图为底图，专门反映铀成矿远景区等预测成果及其分布的地质图件。

11.06　放射性物化探

11.243 放射性物探 radioactive geophysical prospecting

又称"放射性测量"。全称"放射性地球物理勘探"。通过测量自然界各介质中放射性元素的射线强度或射气浓度来寻找放射性矿产的一种方法。

11.244 放射性化探 radioactive geochemical prospecting

全称"放射性地球化学勘探"。通过测量自然界各种介质中放射性核素的含量或比值来寻找放射性矿产的一种方法。

11.245 放射系 radioactive series

放射性核素衰变过程中起始核素与子体核素形成的放射性核素系列。

11.246 放射性射线 radioactive ray

原子核衰变过程中放出的射线。包括 α 射线（α 粒子）、β 射线（β 粒子）和 γ 射线（γ 光子），以及由激发态原子壳层电子跃迁放出的 X 射线等。

11.247 质量吸收系数 mass absorption coefficient

又称"质量衰减系数"。射线在物质中穿过单位距离时被吸收的百分数与穿过物质的密度之比。

11.248 放射性平衡 radioactive equilibrium

当起始核素（母体）的半衰期比任何一代衰变子体都长时，经过足够长时间（一般 11 倍于最长衰变子体半衰期）以后，母体的原子数（或放射性活度）与子体的原子数（或放射性活度）之比不随时间变化的状态。

11.249 铀镭平衡系数 equilibrium coefficient of uranium-radium

表征铀系中铀镭之间平衡状态的物理参数。在数值上为镭、铀含量的比值与其在平衡时含量的比值之比，通常用 K_p 表示。

11.250 铀矿石有效平衡系数 effective equilibrium coefficient of uranium-ore

铀矿石中铀镭平衡破坏及射气逸散两种作用的总影响参数。即平衡系数经射气系数修正后的值。

11.251 射气系数 emanation coefficient

在某一时间间隔内，矿石或岩石中释放出来的射气量与同一时间内在矿石或岩石中形成的总射气量之比。常用 η 表示，其数值在 0～1 变化。

11.252 放射性能量刻度 radioactive energy calibration

确定入射粒子的能量与多道分析器的道数

之间对应关系的实验工作。即利用已知不同能量的 γ 射线源测出对应能量的峰位，并作出 γ 射线能量与能谱仪道址的关系曲线。

11.253　放射性仪器标定模型　radioactive calibration model
已知各种放射性物质含量和参数的人造辐射体源。共有五种：平衡铀模型、钍模型、铀模型和钍混合模型、钾模型和零值模型。

11.254　核仪器标定　nuclear instrument calibration
用核仪器测量射线标准源或标准物质，建立核仪器的读数与射线标准源或标准物质中目标元素含量间的关系的过程。

11.255　地面 γ 总量测量　ground gamma survey
使用 γ 辐射仪在地表测量 γ 照射量率的一种方法。也指运用该方法开展的一项找矿专门工作。

11.256　地面 γ 能谱测量　ground gamma-spectrometry survey
利用 γ 能谱仪测量地表岩石和土壤中的当量铀、当量钍和钾含量的一种方法。也指运用该方法开展的一项专门工作。

11.257　车载 γ 总量测量　car-borne gamma total survey
利用安装在汽车上的 γ 辐射仪在地表测量 γ 照射量率的一种方法。也指运用该方法开展的一项找矿专门工作。

11.258　车载 γ 能谱测量　car-borne gamma-spectrometry survey
利用车载 γ 能谱仪测量地表岩石、土壤和大气中的当量铀、当量钍和钾含量的一种方法。也指运用该方法开展的一项找矿专门工作。

11.259　航空 γ 总量测量　air-borne gamma total survey
利用航空 γ 总量测量系统测量地表岩石、土壤和大气中的钾、铀、钍和其他放射性核素产生的 γ 射线强度的一种方法。也指运用该方法开展的一项找矿专门工作。

11.260　航空 γ 能谱测量　air-borne gamma-spectrometry survey
利用航空 γ 能谱测量系统测量地表岩石、土壤和大气中的当量铀、当量钍和钾含量的一种方法。也指运用该方法开展的一项找矿专门工作。

11.261　氡及其子体测量　radon and daughter survey
通过在地表测量氡及其子体直接寻找隐伏铀矿的放射性勘查方法。分为瞬时测量和累积测量。瞬时测量包括氡的常规方法测量和氡的 ^{210}Po 测量；累积测量有 α 径迹蚀刻法测氡、活性炭吸附法测氡等方法。也指运用该方法开展的一项找矿专门工作。

11.262　γ-γ 法　method of gamma-gamma
用测量物质对放射源 γ 射线的散射 γ 射线照射量率来确定物质密度的一种方法。

11.263　α 径迹蚀刻测量　α-track etch survey
又称"径迹找矿法(track mineral exploration method)"。通过测量浮土层中的 α 径迹来寻找深部铀矿的方法。其原理是应用 α 粒子穿过物质时可在物质中留下痕迹，其痕迹的数量与放射性矿物含量成正比。也指运用该方法开展的一项找矿专门工作。

11.264　γ 测井　gamma-ray logging
利用 γ 辐射仪沿钻孔自下向上测量岩(矿)石 γ 照射量率，确定铀矿化(矿体)位置、厚度和品位的一项找矿专门工作。

11.265 中子测井 neutron logging

利用中子源在井中照射围岩，使其中一些元素转变为放射性同位素，测量这些元素放射性强度，直接确定有关元素含量的一种放射性测井方法。

11.266 辐射编录 radiometric documentary

在探矿工程中，用辐射仪进行详细的 γ 测量，查明铀矿化的分布范围和形态，确定取样位置和了解铀的大致富集程度的一项找矿专门工作。

11.267 辐射取样 radiometric sampling

在探矿工程中的含矿地段，用辐射取样仪按一定点距精确测量放射性强度来确定矿体厚度和铀含量的方法。

11.268 钋-210 法测量 polonium-210 measurement survey

通过测定土壤中氡的子体 ^{210}Po 含量并圈定其异常晕圈，进而推断深部有无铀矿存在的一种方法。也指运用该方法开展的一项找矿专门工作。

11.269 土壤金属活动态测量 leaching of mobile form of metal in overburden survey

(1)使用特定溶剂一步或逐步从采集的表层土壤样品中提取不同活动相态中的目标元素(铀、钍、钼等)，分析其含量，圈定其异常晕圈，并进而推断深部有无金属矿存在的一种方法。(2)运用该方法开展的一项找矿专门工作。

11.270 铀分量化探测量 uranium-partial content geochemical survey

(1)使用特定溶剂一步或逐步从采集的表层土壤样品中提取不同活动相态中的铀，分析其含量，圈定其异常晕圈，并进而推断深部有无铀矿存在的一种方法。(2)运用该方法开展的一项找矿专门工作。

11.271 裂变径迹测量 fission track survey

(1)通过径迹数计算裂变元素含量的方法。其原理是样品产生的径迹数与裂变元素含量成正相关。具体做法是利用反应堆热中子对样品进行照射，使铀、钍产生裂变，通过裂变碎片轰击白云母并留下痕迹(11 nm 以下)，再利用化学试剂浸泡白云母，使痕迹增大到几微米，即使潜迹变为径迹，最后对其数量进行统计。(2)运用该方法开展的一项找矿专门工作。

11.272 土壤热释光测量 soil thermoluminescence survey

(1)对土壤样品进行加热并测量释放的光量，得出样品接受辐射的剂量的一种方法。其原理是矿物受到天然放射性物质产生的放射线照射，会将受照射的能量储存在晶体之中。而该晶体被加热到一定温度时，以发光的形式，将储存的能量释放出来，恢复到基态。释放出来的光量与累积接受照射的剂量成正比。(2)运用该方法开展的一项找矿专门工作。

11.273 铅同位素测量 lead isotope measurement survey

(1)通过分析测试地质样品中现代铅同位素与原始铅同位素及其比值来进行找矿和解决其他一系列问题的一组方法。原始铅系指在地球形成的最初阶段地球物质中均匀分布的铅，而现代铅则是变化的，是在原始的基础上叠加了铀钍衰变后新增加的铅量。(2)运用该方法开展的一项找矿专门工作。

11.274 异常晕 anomaly halo

岩石、土壤、水、气中所含放射性核素活度或元素含量比同介质的背景值或测量平均值高出 2～3 倍，或高出背景平均值加上统计方差的 2～3 倍时，所圈出的高值场。有时亦可按测量结果低于某一给定阈值圈出低值场。

11.275　原生晕　primary halo

在铀矿床形成过程中围绕矿体同时生成的铀与相关元素富集的过渡带。

11.276　次生晕　secondary halo

铀矿体或原生晕出露到地表，由于风化作用和侵蚀作用形成的铀与相关元素的富集带。

11.277　放射性异常综合图　integrated map of radioactive anomalous

按一定比例尺综合反映多种找矿方法发现异常的图件。包括放射性方法、磁法、电法、重力测量等各种物探方法，以及化探方法、水文地球化学找矿，或其中几种方法圈定的异常。

11.07　铀矿地质遥感

11.278　铀矿遥感地质调查　remote sensing geological survey for uranium deposit

利用航天、航空、地面等多平台遥感数据，结合其他多源地学信息，通过数据处理、遥感地质解译及野外查证、铀成矿要素和遥感异常信息提取等，综合分析区域铀成矿环境、评价铀成矿前景的一项专门工作。

11.279　铀成矿要素遥感识别　remote sensing information identification of uranium mineralization factor

利用遥感技术方法，识别与铀成矿密切相关的控矿构造、含矿岩体、含矿层、矿化蚀变、水文地质单元等地学要素呈现的波谱异常和影像特征的一项专门工作。

11.280　遥感地质解译　remote sensing geological interpretation

依据地质体的电磁波谱特征，从遥感图像中提取地质要素信息、编制地质图件、研究地质问题的工作过程。

11.281　高光谱矿物填图　hyperspectral mineral mapping

利用高光谱信息识别技术，提取遥感影像中矿物成分和丰度的信息，编制遥感专题图件的一项专门工作。

11.282　多光谱遥感蚀变异常　multi-spectral remote sensing alteration anomaly information

基于多光谱遥感数据，通过主成分分析等分类识别方法圈定出的黏土化、铁氧化物化、硅化等蚀变的发育地段。

11.283　遥感影像岩石单元　remote sensing image lithological unit

反映单一岩石类型或岩石类型组合特征、具有建立或划分填图单位意义、有清晰边界和一定规模的遥感影像地质体。

11.284　铀矿物光谱识别谱系　spectral identification pedigrees of uranium mineral

利用高光谱测量和分析方法，通过研究典型四价和六价铀矿物诊断谱带特征建立起来的一套光谱异常信息识别标志。

11.285　全谱段遥感探测　full spectral range remote sensing identification

在可见光–热红外全谱段范围内，系统研究和探测地质体光谱特征的一种遥感技术。

11.286　多极化雷达遥感　multi-polarization radar

通过发射和接收水平极化和垂直极化的电

磁波，获取、处理和分析地质体不同极化状态的散射特性的一种遥感技术。

11.287　热红外高光谱遥感　thermal infrared hyperspectral remote sensing

利用地质体在 8～14 μm 谱段的自身热红外辐射能量进行空间探测的遥感技术。

11.288　遥感信息协同处理　remote sensing information cooperative processing

通过不同种类遥感影像光谱、空间和辐射信息的归一化处理，建立遥感信息地学知识挖掘模式，以提高地质体综合识别能力的遥感信息处理方式。

11.289　多尺度数据融合　multi-scale data fusion

通过多尺度遥感数据和其他多源地学信息的综合处理，以实现信息互补、消除数据冗余、获取地质体相对完整和更加丰富的地学信息的遥感数据处理方式。

11.290　岩心高光谱编录　hyperspectral logging of drill core

利用高光谱遥感技术，获取、处理及分析钻孔岩心的岩矿光谱异常信息，并编制地质体柱状图的一项专门工作。

11.291　光–能谱集成　integration of spectral and radioactivity data

基于同一区域光学遥感影像与放射性能谱数据融合，综合分析地质体光谱和能谱异常特征的遥感信息处理技术。

11.292　高空间分辨率遥感技术　high spatial resolution remote sensing technology

空间分辨率优于 1 m 的遥感对地观测技术。

11.293　高光谱矿物变异规律分析　hyperspectral mineral variation pattern

根据高光谱识别的矿物共生组合关系、矿物组成元素含量变化与类质同象置换等形成的光谱变异特征，综合研究地质环境的遥感分析技术。

11.08　放射性水文地球化学

11.294　放射性水化学区调　regional investigation of radioactive hydrochemistry

大致查明大区域范围内地表水、地下水中放射性元素分布和富集规律及其控制因素，预测区域铀成矿远景，并编制相应比例尺的系列图件的一项专门工作。

11.295　放射性水化学找矿　radioactive hydrochemical prospecting

全称"放射性水文地球化学测量"。以地质学、水文地质学和地球化学为基础，通过调查研究地球化学和水动力特征、铀及其子体(镭、氡等)在各种天然水体中的分布状况及其与各类岩石中铀分布的关系、水–岩作用下铀在水中富集、迁移的基本规律等，圈出

铀及其伴生元素形成的水分散晕和水分散流的一种铀矿找矿方法。

11.296　地表水放射性元素测量　measurement of radioactive element of surface water

采用仪器测量和化学分析方法测量地表水中铀、镭、氡、氦、总 α 放射性、总 β 放射性等放射性核素与总量的一项专门工作。地表水包括：河水、溪水、湖泊水、水库水与池塘水等。

11.297　水系沉积物放射性元素测量　measurement of radioactive element of stream sediment

采用仪器测量和化学分析方法测量水系沉

积物中铀、钍、钾及其伴生元素的含量，以及氡及其子体含量的一项专门找矿工作。

11.298 放射性水化学找矿标志 indicator of radioactive hydrochemical prospecting

天然水中具有铀矿化存在信息的水化学组分。分为直接找矿标志和间接找矿标志，与铀矿化直接有关的水中铀含量及其衰变子体元素镭和氡含量为直接找矿标志，而水中的其他相关元素和组分以及某些比值、系数为间接找矿标志。

11.299 水中铀测量 uranium measurement of water

利用荧光比色法、激光荧光法和质谱仪等测量各类水中的铀含量的一项专门工作。

11.300 水中镭测量 radium measurement of water

采用射气法、伽马能谱法测量水中镭含量的一项专门工作。

11.301 水中氡测量 radon measurement of water

采用射气电离法或闪烁法测量各类水中氡含量的一项专门工作。

11.302 水中氦测量 helium measurement of water

采用离子泵、质谱仪测量各类水中氦含量的一项专门工作。

11.303 放射性水异常 hydroradioactive anomalies

采用坐标展直法或其他数理统计方法，在各类水中圈定出的被统计元素等于或超过自然底数加三倍均方差(S)的含量值(若为对数正态分布时，则为底数乘以 S_3)的分布范围。

11.304 水系沉积物铀异常 uranium anomalous of stream sediment

水系沉积物中等于或超过自然底数加三倍均方差(S)的铀含量值(若为对数正态分布时，则为底数乘以 S_3)的分布范围。

11.305 放射性水异常评价 assessment of hydroradioactive anomalous

在分析区域地质、水文地质条件的基础上，研究铀成矿的有利地质背景、构造环境及水文地球化学特征，参考有关的地球物理资料，对放射性水异常进行分析与筛选，对特定异常的远景进行评估的一项专门工作。

11.306 铀成矿水文地质条件 hydrogeological condition for uranium mineralization

与形成铀矿床或矿化有关的水文地质的物理化学条件。包括含铀流体运移的孔隙、裂隙体系及其水动力性质，地下水温度、压力、氧逸度，水化学成分以及 pH、Eh 等要素。

11.307 铀矿水化学成果图 uranium hydrochemical exploration result map

以相应比例尺的地质图或水文地质图为底图，直观表示铀矿水文地球化学勘查成果的图件。内容包括图面标示水中铀(氡)滑动平均等值线，水中铀(氡)偏高、增高、异常区片和代表性水异常点等。

11.308 放射性水文地质条件综合评价 comprehensive evaluation of radioactive hydrogeological condition

利用放射性水文地质信息开展铀成矿远景区预测的一项综合研究工作。包括对铀成矿带(区)和铀矿床的水文地质结构、地下水水动力和地下水补-径-排条件、天然水中铀及其子体元素镭和氡的聚散和分布规律、放射性水文地质区划、不同水文地质单元中地下水化学成分和水中放射性元素含量、放射性同位素组成及其演化规律和铀成矿水文地球化学环境等进行综合分析和成矿远景预测研究。

11.309 渗入型沉积盆地 infiltration-type sedimentation basin

盖层中有由大气降水渗入作用形成的层状结构含水层的沉积盆地。盆地中层间水的运动方向在剖面上以向下为主，在平面上呈现为向盆地中心运动。补给区位于盆地连接基底露头的隆起区，排泄区则为盆内较低标高的含水层出露部位，或者通过断裂构造排泄。

11.310 渗出型沉积盆地 exudation-type sedimentation basin

具有层状结构的含水层。其间地下水是在后期成岩过程的地静压力作用下从原始沉积物中压榨出或自地壳深部沿断裂向上进入含水层所形成的沉积盆地。盆地地下水的运动方式由盆地深部向盆地边缘运动，盆地边缘或盆中切层断裂为泄水区。

11.09 核地质分析

11.311 核地质分析 nuclear geoanalysis

为满足涉核地质勘查和研究工作的需求，对岩石、矿物、土壤、沉积物、水、生物和气体等样品进行元素含量或其形态含量、同位素组成、核素比活度、微区形态形貌、有机化合物组成或结构等参数进行分析测试的技术总称。

11.312 主次量元素分析 major and minor element analysis

对岩石、矿物、土壤、沉积物、水、生物和气体等样品中主量和次量元素(主次量元素总和所占比例一般超过 99.9%)进行定量测定，获得元素量值的技术总称。

11.313 微量元素分析 trace element analysis

对岩石、矿物、土壤、沉积物、水、生物和气体等样品中的除主量和次量元素外的微量和痕量元素进行定量测定，获得元素量值的技术方法。微量和痕量元素总和一般不超过 0.1%，单一元素含量的质量分数一般在 $10^{-9} \sim 10^{-5}$。

11.314 核素分析 nuclide analysis

对岩石、矿物、土壤、沉积物、水、生物和气体等样品中的核素种类、活度浓度或活度比进行定性或定量测定，获得定性或定量分析结果的技术方法。

11.315 刻度放射源 radioactive source for calibration

用于校准放射性测量仪器的具有给定特性计量值的放射性标准物质。

11.316 放射性参考物质 radioactive reference material

用于放射性物质种类或强度等相关测试或监控的放射性标准物质。

11.317 放射性同位素分析 radioactive isotope analysis

对岩石、矿物、土壤、沉积物、水、生物和气体等样品中的放射性同位素比值或组成进行定量测定的技术方法。

11.318 Rb-Sr 同位素等时线年龄 Rb-Sr isotope isochron age

利用 Rb-Sr 同位素等时线计算得到的地质年龄。基于 $^{87}Rb-^{87}Sr$ 放射性衰变原理，通过测定具有同源、同时形成但具有不同 Rb/Sr 比值的一组岩石矿物样品，获得 $^{87}Rb/^{86}Sr$-$^{87}Sr/^{86}Sr$ 比值的线性关系直线，利用其斜率计算得到的岩石或矿物形成年龄。

11.319　含铀岩石 U-Pb 等时线年龄　uranium bearing rock U-Pb isochron age

利用含铀岩石 U-Pb 同位素等时线计算得到的地质年龄。基于 ^{238}U-^{206}Pb(或 ^{235}U-^{207}Pb)放射性衰变原理，通过测定具有同源、同时形成但具有不同 U/Pb 比值的一组含铀岩石样品中的 $^{238}U/^{204}Pb$(或 $^{235}U/^{204}Pb$)、$^{206}Pb/^{204}Pb$(或 $^{207}Pb/^{204}Pb$)比值构成 $^{238}U/^{204}Pb$-$^{206}Pb/^{204}Pb$(或 $^{235}U/^{204}Pb$-$^{207}Pb/^{204}Pb$)线性关系直线，利用其斜率计算得到的含铀岩石的形成年龄。

11.320　晶质铀矿 U-Pb 表观年龄　uraninite U-Pb apparent age

又称"视年龄"。用 U-Pb 同位素方法直接测定的晶质铀矿的年龄。基于 ^{238}U-^{206}Pb(或 ^{235}U-^{207}Pb)放射性衰变原理，通过测定晶质铀矿样品中 U 和 Pb 的含量及 $^{206}Pb/^{204}Pb$、$^{207}Pb/^{204}Pb$、$^{208}Pb/^{204}Pb$ 比值，依据地球单阶段演化模型或大陆铅两阶段演化模型扣除存在的普通铅后计算得到的年龄。

11.321　锆石 U-Pb 年龄　zircon U-Pb age

基于 ^{238}U-^{206}Pb(或 ^{235}U-^{207}Pb)放射性衰变原理，通过测定多组(或多点)锆石样品中 U 和 Pb 的含量及 $^{206}Pb/^{204}Pb$、$^{207}Pb/^{204}Pb$、$^{208}Pb/^{204}Pb$ 比值，依据地球单阶段演化模型或大陆铅两阶段演化模型扣除存在的普通铅后，由 ^{238}U-^{206}Pb(或 ^{235}U-^{207}Pb)放射性衰变方程计算得到的加权平均年龄。

11.322　石英流体包裹体 Rb-Sr 等时线年龄　Rb-Sr isochron from inclusion in quartz age

基于 ^{87}Rb-^{87}Sr 放射性衰变原理，通过一组具有同源、同时形成但具有不同 Rb/Sr 比值的石英流体包裹体样品，经高温爆裂后测定获得

$^{87}Rb/^{86}Sr$-$^{87}Sr/^{86}Sr$ 比值的线性关系直线，利用其斜率计算得到的石英流体包裹体形成年龄。

11.323　K-Ar 年龄　K-Ar age

基于 ^{40}K-^{40}Ar 放射性衰变原理，通过测定含钾岩石或矿物样品中母体同位素 ^{40}K 和子体同位素 ^{40}Ar 含量及 Ar 同位素比值，依据 ^{40}K-^{40}Ar 放射性衰变方程计算得到的岩石或矿物形成封闭体系后的年龄。

11.324　Ar-Ar 年龄　Ar-Ar age

利用反应堆快中子照射含钾岩石或矿物样品，使其中的 ^{39}K 发生核反应转化为 ^{39}Ar，利用稀有气体同位素质谱仪测量样品 $^{40}Ar/^{39}Ar$ 比值，根据放射性衰变方程计算得到的岩石或矿物形成年龄。

11.325　稳定同位素分析　stable isotope analysis

根据样品类型的不同，利用相应的预处理方法，将样品转化为适于质谱测量的形式，用同位素质谱仪或其他具备同位素测定能力的仪器对元素中的稳定同位素组成进行分析的技术方法。

11.326　X 射线衍射物相分析　phase analysis of X-ray diffraction

利用 X 射线在不同矿物晶体物质中的衍射效应，获得不同矿物相的衍射特征，得到样品中矿物种类和组成信息的技术方法。

11.327　X 射线衍射晶胞参数　X-ray diffraction lattice parameter

利用 X 衍射分析获得的描述晶格单位大小和形状的数值。对三维晶格有 a、b、c 和 α、β、γ 等 6 个标量参数。其中，a、b、c 分别为晶轴基矢量的长度，α、β、γ 分别为晶轴矢量夹角值。对于二维情况，其标量参数分别为 a、b 晶轴基矢量的长度和 $a \wedge b$ 角度值；对于一维情况，其标量参数为 a。

11.328 放射性照相 radioactive photography
利用矿物中放射性元素的射线对感光材料的作用而在感光材料上形成的影像及其特征，分析放射性元素在样品中的分布特征，确定其存在形式，寻找放射性矿物，以及估算其含量的技术方法。

11.329 铀矿有机物分析 organic analysis for uranium ore and mineral
针对铀矿样品中的有机物进行种类、含量或结构测定的技术方法。

11.330 铀有机络合物 uranium organic complex
铀与有机配位体形成的一类金属有机配合物的统称。

11.331 铀价态 uranium valence state
铀原子失去外层电子后所处的能级状态。铀化合物中通常以+4 和+6 价形式存在。

11.332 $^{234}U/^{238}U$ 活度比 $^{234}U/^{238}U$ activity ratio
一秒内 ^{234}U 原子衰变的次数与 ^{238}U 原子衰变的次数之比。

11.333 矿物裂变径迹测定 mineral fission track analysis
通过对含微量铀的矿物进行化学蚀刻，并利用显微镜等裂变径迹分析仪器，对该矿物自发或诱发裂变径迹进行测量所得到的径迹长度、径迹密度等参数的技术方法。

11.334 裂变径迹年龄 fission track dating age
根据放射性裂变原理，通过测定矿物内 ^{238}U 自发裂变径迹密度和 ^{235}U 诱发裂变径迹密度而获得的年龄。

11.335 流体包裹体 fluid inclusion
又称"矿物包裹体(mineral inclusion)"。成岩成矿流体在矿物结晶生长过程中，被圈闭于矿物晶格缺陷、窝穴、位错或细微裂隙之中，至今仍被完好地封存并与圈闭其主矿物有着相界线的那部分物质。

11.336 流体包裹显微岩相学分析 micro lithological analysis of fluid inclusion
在显微镜下观察识别成岩矿物发育特征、世代或先后关系与相应流体包裹体发育期次、类型及流体包裹体组合、相态比例的一种技术方法。

11.337 流体包裹体均一温度 homogenization temperature of fluid inclusion
矿物包裹体中气-液相重新转变成均一相时的温度。

11.338 流体包裹体盐度 salinity of fluid inclusion
流体包裹体中各种液相盐类物质的质量浓度。以 NaCl 重量百分含量表示(wt%NaCl)。

11.339 电子探针显微分析 electron probe microanalysis
利用电子束经过电子光学系统聚焦到约 11 nm～1 μm 的细束斑，轰击样品表面，产生特征 X 射线，通过 X 射线波谱仪或能谱仪检测特征 X 射线的波长/能量和强度，对测区的元素组成进行定性或定量分析的技术方法。

11.340 扫描电镜微区分析 scanning electronic microscopy analysis
利用细聚焦电子束在样品表面扫描时激发出来的各种物性信号来调制成像，获得待测样品表面微区图像信息的一种技术方法。

11.341 二次离子质谱微区分析 secondary ionization mass spectrometry
在真空环境中，利用经过离子光学系统调制的初级离子束(如 O_2^+、O^-、Cs^+、Ga^+、Ar^+ 等)轰击固体试样微区表面，溅射出各种类型的二次离子,经过二次离子收集、调制和传输,通过质量分析器使不同质荷比的离子分开并用检测器检测,得到二次离子强度-质荷比关系曲线或图像,经解析得到同位素比值或其他同位素数值或图像信息的一种质谱分析技术方法。

12. 铀 矿 冶

12.01 铀 矿 开 采

12.001 常规开采 conventional mining
采用地下开采、露天开采、堆浸开采和原地爆破浸出方法开采铀矿石的统称。

12.002 铀矿床开拓 development of uranium deposit
从地表挖掘通达铀矿体的井巷,形成开发铀矿床所必备的运输、提升、行人、通风、排水、充填及安全出口等完整井巷系统。分平硐开拓、斜井开拓、竖井开拓、斜坡道开拓及联合开拓。

12.003 铀矿采掘比 production-development ratio of uranium mining
铀矿山年度开采矿石总量(kt)与年度掘进总量(m)之比。年度掘进总量包括开拓工程、生产探矿工程、切割工程、采准工程等总量,可分为开拓千吨比、探矿千吨比、切割千吨比、采准千吨比,统一单位为 kt/m。

12.004 铀矿含矿系数 coefficient of mineralization of uranium deposit
铀矿床、矿体或矿块中工业可采部分的数值(如长度、面积、体积)与整个铀矿床、矿体或块段相应数值之比。根据所用数值不同,可分为线含矿系数、面含矿系数和体含矿系数三种。

12.005 铀矿储采比 reserve-productivity ratio of uranium mining
铀矿开采中矿床储量与矿井年生产规模之比。储采比是矿山均衡生产的重要指标之一,过大将积压勘探资金,过小则保证不了矿山均衡生产。

12.006 铀矿井充填 stope backfilling of uranium mining
铀矿地下开采中,将充填料(石块、尾砂)充入井下采空区的工艺。其目的是提高采空区承受外力,控制地表下沉、减轻大面积地压活动,改善矿柱回收条件,保证井下作业安全。

12.007 铀矿山废石 waste rock of uranium mine
铀矿山采矿过程中产生的、无利用价值的脉石和经过分选的低于边界品位的铀矿石。

12.008 铀矿山三级矿量 three graded reserves of uranium mine
铀矿地下开采中矿井所保有的开拓矿量、采准矿量及备采矿量。三级矿量保有期一般为开拓矿量 3 年、采准矿量 1 年、备采矿量 6 个月。露天铀矿山开拓矿量一般为 2 年,备采矿量为 1 年。

12.009 铀矿石放射性检查站 radiometric check-point of uranium ore
检测装在矿车或汽车中的铀矿石 γ 射线强度的工业设施。按设施的安装位置分为井下和地表两种。

12.010　炮孔γ测量　gamma-ray measurement in hole

在铀矿勘探和开采过程中,使用γ测井仪测量炮孔中的γ强度,以追索和圈定矿体边界,了解矿体形态和产状变化,寻找盲矿体以及确定掘进方向等的方法。

12.011　铀矿充填采矿法　uranium mining by backfill

以充填料充填采空区的铀矿开采方法,根据采场分层回采顺序不同,分水平分层填充和倾斜分层充填;根据铀矿山充填料的不同,分干式充填、水砂充填、胶结充填等。

12.012　铀矿空场采矿法　uranium mining by open stopping

回采时将铀矿块划分为矿房与矿柱,先采矿房,后采矿柱,所形成的采空区不进行充填或整个采场采完之后进行事后一次性充填的铀矿开采方法。该方法适用于矿石和围岩相对稳固条件的矿床。

12.013　铀矿崩落采矿法　uranium mining by caving method

以铀矿块为单元,按一定的回采顺序进行单步骤回采,并随着工作面的推进有步骤地强制或自然崩落围岩充填采空区,控制和管理地压的采矿方法。主要分为有底柱崩落法、无底柱分段崩落法、壁式崩落法和分层崩落法等。

12.014　铀矿无轨开采　uranium mining by trackless method

采、掘、运环节全部采用无轨自行式设备的一种铀矿开采方法。

12.015　铀矿石品级分类　classification of uranium ore

对非地浸铀矿石的品级分类。常规开采矿石工业边界品位0.03%;最低工业品位0.05%;低品位矿石小于0.1%;中品位矿石0.1%～0.3%;高品位矿石大于等于0.3%。

12.016　原地爆破浸出采铀　blasted stope in-situ leaching of uranium mining

借助爆破手段将天然埋藏条件下的铀矿体破碎到一定块度并就地筑堆,用浸出剂对矿堆淋浸,通过井下集液系统将浸出液抽送到车间加工处理的采冶方法。

12.017　铀矿采矿强度　uranium mining intension

井下铀矿开采平均单位采场面积在单位时间内采下的矿房矿石量。

12.018　铀矿露天开采　uranium mining by open pit

剥离铀矿体上的围岩,从敞露地表的采矿场采出有用矿物的工艺。主要包括穿孔、爆破、采装、运输和排土等流程。按作业的连续性,可分为间断式、连续式和半连续式。与地下开采相比,该方法资源利用率高、贫化率低,适于用大型机械施工,劳动条件好,生产安全。

12.019　铀矿平均剥采比　stripping ratio of uranium mining

铀矿露天开采境界内剥离的岩石总量与铀矿石总量之比。

12.020　铀矿露天开采境界　open-pit boundary of uranium mining

露天铀矿采矿场的底层平面、最终边坡及开采深度所构成的空间几何形状。开采境界的大小决定着露天矿的可采矿量、剥离岩石量、露天矿生产能力和开采年限等。

12.021　铀矿床露天开拓　opencast development of uranium deposit

开挖地面到露天采矿场内各梯段以及各梯段

之间的矿岩运输的通路。根据运输方式，可分为公路运输开拓、铁路运输开拓、胶带运输开拓、平硐溜井开拓、提升机提升开拓等。

12.022　铀矿开采技术条件　technological condition of uranium mining

矿床地质、水文地质、工程地质、环境地质、物质组成和放射性等方面影响铀矿床开采的技术条件。

12.023　铀矿最小可采厚度　minimum minable thickness of uranium deposit

当前技术和经济条件下，可开采的最小铀矿层厚度。主要取决于铀矿层产状、围岩、开采方法等。

12.02　原地浸出采铀

12.024　原地浸出采铀　in-situ leaching of uranium mining

原地浸出采铀是通过钻孔工程，借助化学试剂(浸出剂)，将矿石中的铀从天然埋藏条件下溶解出来，而不使矿石产生位移的集采、冶于一体的铀矿开采方法。

12.025　酸法地浸采铀　acid in-situ leaching of uranium mining

利用酸作为浸出剂的地浸采铀方法。酸法地浸采铀最常用的浸出剂为硫酸。

12.026　碱法地浸采铀　alkaline in-situ leaching of uranium mining

利用碱作为浸出剂的地浸采铀方法。碱法地浸采铀最常用的浸出剂为碳酸盐和碳酸氢盐。

12.027　中性地浸采铀　neutral in-situ leaching of uranium mining

利用二氧化碳和氧气作为浸出剂的地浸采铀方法。浸出过程中一般将 pH 值控制在 6.5～8。

12.028　地浸采铀条件试验　exploring test for in-situ leaching of uranium mining

为探索铀矿床地浸开采可行性，在现场开展的不少于 1 组抽注单元的地下浸出试验。地浸采铀条件试验应在矿床达到普查或以上阶段，或试验地段局部达到普查或以上阶段的条件下开展。

12.029　地浸采铀扩大试验　pilot test for in-situ leaching of uranium mining

为获得矿床扩大规模下的地浸采铀技术参数，在现场开展的不少于 4 组抽注单元的地下浸出试验。地浸采铀扩大试验应在矿床达到详查或以上阶段，或试验地段局部达到详查或以上阶段的条件下开展。

12.030　地浸采铀工业性试验　commercial test for in-situ leaching of uranium mining

为获得矿床地浸采铀工业生产技术和经济参数，在现场开展的 20 t/a 或以上铀产能的地下浸出试验。地浸采铀工业性试验应在矿床达到勘探阶段，或试验地段局部达到勘探阶段的条件下开展。

12.031　井场酸化　well field acidification

在酸法地浸采铀中将浸出剂注入地下，使浸出液的 pH 值降至 4 以下或浸出液铀浓度达到工业回收浓度的过程。井场酸化分为直接酸化和超前酸化两种。

12.032　超前酸化　pre-acidification

地浸采铀矿山在井场进入正常生产前预先

将浸出剂注入矿层的过程。超前酸化过程中，无论是注入井还是抽出井均作为注入浸出剂的通道，此阶段矿层只注入而不抽出。

12.033　直接酸化　direct acidification
地浸采铀矿山在井场进入正常生产前注入浸出剂与抽出浸出液同时展开的过程。

12.034　矿层有效厚度　effective thickness of ore bed
地浸采铀浸出过程中抽注井之间垂向上液流扩散或弥散的最大厚度。矿层有效厚度大于矿层几何厚度。

12.035　矿砂厚度比　thickness ratio of ore body to sand body
砂岩型铀矿床矿层厚度与含矿砂体厚度的比值。是评价矿床是否适宜地浸开采的参数之一。矿砂厚度比越大，越有利于浸出剂在矿层中流动。

12.036　人工隔水层　artificial impermeable layer
在矿层上部或下部通过人工的方法建造的不渗透或弱渗透隔水层。

12.037　地浸采铀浸出剂　lixiviant for in-situ leaching of uranium mining
注入矿层并能通过化学反应浸出矿体中铀的化学试剂。地浸采铀浸出剂常用的化学试剂有硫酸、碳酸盐、碳酸氢盐和二氧化碳。

12.038　浸出剂覆盖率　lixiviant covering rate
地浸采铀过程中，平面上浸出剂流经矿层的面积与抽注井所圈定的几何面积的比值。表征不同井型所覆盖的浸出范围的大小。

12.039　地浸采铀浸出液　pregnant solution of in-situ leaching of uranium mining
地浸采铀过程中，从抽出井抽出的含铀溶液。

12.040　浸出液铀浓度　uranium concentration in pregnant solution
地浸过程中所形成的浸出液中铀的含量。常用 mg/L 表示。浸出液铀浓度是计算地浸采铀矿山生产能力的基本要素，也是衡量浸出效果的重要指标之一。

12.041　地浸采铀氧化剂　oxidant for in-situ leaching of uranium mining
地浸采铀过程中，注入矿层中促使四价铀氧化的化学试剂。地浸采铀常用的氧化剂有过氧化氢和氧气。

12.042　溶浸范围　leaching area
地浸采铀过程中，在水力梯度的作用下浸出剂在含矿层中发生各个方向渗流所形成的三维空间。溶浸范围大于抽注井所圈定的几何体积。

12.043　溶浸死角　dead corner of leaching
地浸采铀抽注井圈定的几何范围内浸出剂未能流经的区域。理论上溶浸死角的数量取决于井型，而体积与浸出时间有关。

12.044　地浸采铀井场　well field of in-situ leaching of uranium mining
地浸采铀矿山抽出井、注入井、监测井、集控室、集配液泵房、集配液池、气体站、抽注液管网等设施的集合。

12.045　井场浸出率　well field leaching rate
简称"浸出率"。地浸采铀过程中，某一时间从地下浸出的金属量与设计利用储量的比值。用百分比(%)表示。

12.046　地浸采铀钻孔　drilling well of in-situ leaching of uranium mining
在井场施工的具有不同功能的钻孔。主要承担注入浸出剂、抽出浸出液、监测地下水成分变化、检查浸出状态等功能。

12.047　钻孔结构　well configuration
钻孔的内部构造。按钻孔直径变化与否，地浸采铀钻孔可分为非变径结构和变径结构；按止水方式可分为隔塞式、托盘式；按矿层部位直径变化可分为扩孔式、非扩孔式；按过滤器段结构可分为填砾式、裸孔式、射孔式等。

12.048　钻孔布置　well layout
地浸采铀井场钻孔在平面上的分布形式。主要是注入井、抽出井和监测井的布置形式，与所设计的井型和井距有关，取决于矿体形态、埋藏深度、矿层渗透系数等因素。

12.049　地浸采铀抽出井　pumping well of in-situ leaching of uranium mining
简称"抽出井""抽液井"。具有抽出矿层浸出液功能的井。

12.050　地浸采铀注入井　injection well of in-situ leaching of uranium mining
简称"注入井""注液井"。具有向矿层注入浸出剂功能的井。

12.051　地浸采铀监测井　monitor well of in-situ leaching of uranium mining
简称"监测井"。布置在采区内或外围目的层具有采集地下水样品功能的井。

12.052　地浸采铀检查井　inspection well of in-situ leaching of uranium mining
简称"检查井"。为获得某时刻、某地段浸出状态而施工的井。

12.053　钻孔过滤器　borehole filter
简称"过滤器"。位于目的矿层段具有一定孔隙率使液体能够自由进出的圆柱形附件。分为固定式和可更换式。是地浸采铀浸出剂和浸出液进出的咽喉。

12.054　沉砂管　sump pipe
位于地浸钻孔套管最底部，与过滤器相连具有收集沉砂作用的一段底端封闭的管道。

12.055　填砾式钻孔结构　gravel filling well configuration
过滤器段套管与井壁之间的环形空间充填砾石的地浸采铀钻孔结构。

12.056　托盘式钻孔结构　salver type well configuration
使用托盘将含矿含水层和上含水层分隔的地浸采铀钻孔结构。托盘通常坐落在泥岩层中。

12.057　裸孔式钻孔结构　naked hole well configuration
不使用任何人为加工的过滤器，而保持矿层段开放的地浸采铀钻孔结构。

12.058　射孔式钻孔结构　perforation well configuration
通过射孔方式建造过滤器的地浸采铀钻孔结构。射孔分为聚能射孔、水力射孔等方式。

12.059　扩孔式钻孔结构　underreaming well configuration
为扩大钻孔过水面积而在矿层段扩大钻孔直径的地浸采铀钻孔结构。

12.060　切割式钻孔结构　cutoff filter well configuration
使用专用工具将矿层段的套管、水泥环和岩层切掉，置入可更换式过滤器的钻孔结构。

12.061　填砾　gravel filling
又称"投砾"。地浸采铀通过人工作业或使用投砾泵通过投砾管，将石英砂(砾石)或其他浑圆颗粒物质投放到过滤器部位套管与孔壁之间的环形空间中的一种施工工序。

12.062　填砾高度　height of gravel filling
填砾式钻孔结构套管与井壁之间环形空间充填砾石的垂向高度。

12.063　地浸钻孔固井　cementing of well for in-situ leaching
采用合适的止水材料封闭钻孔套管与孔壁之间环形空间的工艺过程。

12.064　正向注浆　downwards grouting
通过插入套管与孔壁之间环形空间的注浆管，完成地浸采铀钻孔封孔注浆的工艺。

12.065　逆向注浆　upwards grouting
利用套管或插入套管内的注浆管注入水泥浆的固井工艺。注浆过程中，水泥浆在压力作用下，沿套管与孔壁之间的环形空间上返至井口。

12.066　地浸采铀洗井　well washing for in-situ leaching of uranium mining
利用某种方法将钻孔过滤器周围和底部淤塞物清洗掉的工艺过程。常用的洗井方式有活塞洗井、泡沫洗井、化学洗井、超声波洗井等。

12.067　活塞洗井　piston well washing
为清除地浸采铀钻孔内过滤器周围和底部淤塞物，增大钻孔抽注液量而使用活塞清洗钻孔的一种洗井工艺。

12.068　泡沫洗井　foam well washing
为清除地浸采铀钻孔内过滤器周围和底部淤塞物，增大钻孔抽注液量而使用泡沫清洗钻孔的一种洗井工艺。

12.069　化学洗井　chemical well washing
为清除地浸采铀钻孔内过滤器周围和底部淤塞物，增大钻孔抽注液量而使用化学试剂清洗钻孔的一种洗井工艺。常用的化学试剂

有盐酸、氢氟酸、硫酸、氟化氢铵等。

12.070　钻孔托盘　drilling hole salver
与套管固结坐入岩层中承担隔断含矿含水层与上部含水层作用的圆盘。托盘由两层塑料板中间夹橡胶板构成，橡胶板直径略大于钻孔直径，保证与孔壁接触的紧密性。

12.071　地浸采铀采区　mining block of in-situ leaching of uranium mining
按照矿体开采顺序将地浸采铀井场划分为若干采区，由若干注入井、抽出井、监测井组成的具有独立抽注液循环系统的开采作业区。

12.072　开采单元　mining cell
由一个抽出井和若干注入井构成的最小开采区域。是地浸采铀采区或井场构成的基本元素。根据设计的井型不同，开采单元的注入井数量各异。

12.073　地浸采铀井型　well pattern of in-situ leaching of uranium mining
地浸采铀抽出井与注入井在平面上的排列形式。表征抽出井与注入井在平面上的相对位置及分布形态。地浸采铀井型主要有两种形式：网格式和行列式。

12.074　地浸采铀井网密度　well density of in-situ leaching of uranium mining
地浸采铀矿山井场单位面积内钻孔的数量。表征单位面积钻孔的生产能力。

12.075　网格式井型　reticular well pattern
地浸采铀钻孔布置时，抽出井和注入井在平面上以网格状展布的方式。4 点型、5 点型和 7 点型井型是典型的网格式井型。

12.076　两点型井型　2-spot well pattern
地浸采铀 1 个抽出井对应 1 个注入井的钻孔

布置方式。该井型多用于矿床勘探阶段地浸采铀可行性评价或地浸采铀条件试验阶段。

12.077　4 点型井型　4-spot well pattern
地浸采铀 1 个抽出井对应 3 个注入井的正三角形钻孔布置方式。抽出井位于正三角形中心，3 个注入井分别位于正三角形 3 个顶点。

12.078　5 点型井型　5-spot well pattern
地浸采铀 1 个抽出井对应 4 个注入井的正方形钻孔布置方式。抽出井位于正方形中心，4 个注入井分别位于正方形 4 个顶点。

12.079　7 点型井型　7-spot well pattern
地浸采铀 1 个抽出井对应 6 个注入井的正六边形钻孔布置方式。抽出井位于正六边形中心，6 个注入井分别位于正六边形 6 个顶点。

12.080　9 点型井型　9-spot well pattern
地浸采铀 3 个抽出井对应 6 个注入井的行列式钻孔布置方式。3 个抽出井在中间排成一列，两边分列 6 个注入井形成"田"字形。该井型一般用于条件试验。

12.081　行列式井型　line drive well pattern
地浸采铀钻孔布置时，抽出井和注入井在平面上成行成列的展布方式。

12.082　地浸采铀井距　well spacing of in-situ leaching of uranium mining
地浸采铀相邻两个钻孔间的距离。包括两层含义：一是抽出井与注入井之间的距离；二是注入井与注入井(或抽出井与抽出井)之间的距离，如未加说明，常提到的井距指抽出井与注入井之间的距离。

12.083　抽注比　volume ratio of pumping to injecting
地浸采铀井场总抽液量与总注液量的比值。抽注比是浸出过程中控制溶浸范围的重要参数。

12.084　井场液固比　well field ratio of liquid to solid
地浸采铀试验或生产期间，浸出一定时间时所注入的浸出剂总量与被浸岩矿量的比值。即液体量与固体量之比。

12.085　浸出液提升方式　lifting fashion of pregnant solution
简称"提升方式"。地浸采铀过程中将浸出液从地下提升到地表所采取的方式。根据抽液设备的不同，提升方式分为潜水泵提升和空气提升两种。

12.086　浸出液提升高度　lifting height of pregnant solution
地浸采铀浸出液抽出过程中，地下水动水位至地表出水口的高度，表征抽液设备工作的实际扬程大小。

12.087　地浸采铀气液分离器　air-liquid separator of in-situ leaching of uranium mining
采用空气提升浸出液的地浸采铀矿山或试验现场，安装在井场地表将抽出的浸出液中的气体分离的装置。

12.088　空气提升　air lifting
地浸采铀过程中，使用压缩空气提升浸出液至地表的方式。

12.089　潜水泵提升　submersible pump lifting
地浸采铀矿山使用潜水泵提升浸出液至地表的方式。

12.090　沉没比　sunk ratio
地浸采铀空气提升浸出液时，气管末端混合器沉入动水位以下的深度与混合器下入井内的总深度之比值。是空气提升设计的重要参数之一，表征一定水位条件下，气管末端混合器下入井内的合理位置。

12.091 集控室 header house

地浸采铀坐落在井场，完成采区工艺钻孔汇集、控制和监测的操作室。集控室分为固定式和移动式，通常每个采区设置一个，通过仪表计量抽注井的流量、压力等参数。

12.092 集液池 pregnant solution pond

地浸采铀矿山汇集浸出液的池型构筑物。

12.093 集液泵房 pregnant solution pumping house

又称"原液泵房"。地浸采铀与集液池连通安装化工泵，控制设备及供配电设备的房间，为浸出液从井场输送至水冶厂提供动力。

12.094 配液池 lixiviant pond

地浸采铀配制浸出剂的池型构筑物。

12.095 注液泵房 lixiviant injection pumping house

地浸采铀与配液池连通安装化工泵，控制设备及供配电设备的房间。为浸出剂从水冶厂输送至井场提供动力。

12.096 地浸采铀蒸发池 evaporation pond for in-situ leaching of uranium mining

地浸采铀利用自然条件蒸发废液的池型构筑物。

12.097 气体站 gas station

CO_2+O_2 地浸采铀集中供应 CO_2 和 O_2 的装置集合。气体站主要包括液态 CO_2 储罐、液态 O_2 储罐、汽化器、加压系统、控制系统和输送系统。

12.098 注液总管道 trunk pipeline for lixiviant injecting

地浸采铀连接配液池与井场将浸出剂从配液池输送至井场的管道。

12.099 注液主管道 main pipeline for lixiviant injecting

地浸采铀接替注液总管将浸出剂输送至集控室的管道。

12.100 注液支管道 branch pipeline for lixiviant injecting

地浸采铀连接集控室与注入井将浸出剂从集控室输送至注入井的管道。

12.101 集液总管道 trunk pipeline for pregnant solution pumping

地浸采铀连接集液池与水冶厂将井场浸出液输送至水冶厂的管道。

12.102 集液主管道 main pipeline for pregnant solution pumping

地浸采铀连接集控室与集液池将浸出液从集控室输送至集液池的管道。

12.103 集液支管道 branch pipeline for pregnant solution pumping

地浸采铀连接抽出井与集控室将浸出液从抽出井输送至集控室的管道。

12.104 浸出液提升管 lifting pipe of pregnant solution

地浸采铀插入抽出井内提升浸出液至地表的管道。

12.105 地下水治理 groundwater restoration

地浸采铀采区生产结束后将地下水水质治理达到国家有关部门规定的标准或恢复到开采前本底值水平所进行的工作。地下水治理通常包括清除法、脱除反注法(离子交换、反渗透、电渗析)和还原沉淀法等。

12.106 清除法 sweeping
地浸采铀地下水治理的一种方法。即通过井场生产期间的抽出井和注入井不断地抽出地下污染溶液，迫使井场外围新鲜水涌入，达到清除污染物的目的。

12.107 深井处置法 disposal method by deep well
地浸采铀通过深处置井将废液注入地下深处具有渗透性，但与周围岩层封隔的高盐含水层中，使废液被永久性隔离的一种处置方法。

12.108 指示参量 indicator
地浸采铀过程中，特别是地下水治理阶段能反映地下浸出状态和溶浸范围控制效果的离子。指示参量应易分析、易测得，具有较高的敏感度，水中化学成分发生变化时能及时给出指示。

12.109 地浸采铀控制中心 control center of in-situ leaching of uranium mining
地浸采铀矿山监测全矿生产运行状态的控制室。

12.110 多层矿地浸开采 multi-ore layer mining by in-situ leaching
施工一次钻孔，同时或分阶段开采多层矿体的地浸采铀工艺。多层矿地浸开采时使用封隔器隔断多层矿体之间的水力联系，创造各分层独立的溶液流动系统。

12.111 地浸二次开采 secondary mining by in-situ leaching
针对地浸采铀矿山已退役或因故停产的采区，利用原有钻孔或增加少量钻孔重新开采的技术。

12.112 地浸卫星厂 in-situ leaching satellite
仅具备树脂吸附功能的地浸采铀矿山浸出液处理厂。饱和树脂用专用槽车运送至中心处理厂完成淋洗、沉淀、压滤、干燥，吸附尾液配制浸出剂返回井场。

12.113 中心处理厂 central processing plant
地浸采铀矿山中具备树脂吸附、淋洗、沉淀、压滤、干燥功能，同时又可处理其他卫星厂的饱和树脂，并生产最终产品的浸出液处理厂。

12.114 地浸开拓储量 developed reserve for in-situ leaching
地浸采铀矿山生产钻孔施工后所控制的储量。

12.115 地浸备采储量 ready-made reserve for in-situ leaching
地浸采铀矿山完成生产钻孔施工和成井已安装好抽注设备、井场管路、集控室、集液池等生产必要设施，具备浸出剂注入和浸出液抽出条件，随时可投入生产的井场所控制的储量。

12.03 铀水冶工艺

12.116 铀水冶 uranium hydrometallurgy/processing
以湿法冶金的方式从铀矿石中提取铀并生产出铀化学浓缩物或氧化物产品的过程。包括矿石预处理、浸出、矿浆固液分离或分级、浸出液中铀回收和纯化、产品制备以及废弃物处理等。

12.117 非常规铀资源提铀 uranium recovery from unconventional uranium resources
从品位很低、尚不具经济意义或者铀仅作为

次要副产品回收的铀资源中回收铀。非常规铀资源包括含铀的磷酸盐矿、独居石、煤和煤灰、碳硅泥岩、尾矿、废石以及矿山排水和盐湖水体等。

12.118　海水提铀　uranium extraction from sea water

通过吸附等方法从海水中提取回收铀的工艺。海水提铀尚处研究阶段，主要集中在高效吸附剂研制和吸附装置设计等方面。

12.119　铀矿石放射性显明度　radioactive contrast of uranium ore

放射性元素铀在矿石中嵌布的不均匀程度。

12.120　焙烧预处理　pretreatment by roasting

在物料熔点以下进行加热预处理的一种方法。目的在于改变物料的化学组成和物理性质以改善水冶性能，分为氧化焙烧、加盐焙烧、硫酸化焙烧等。

12.121　浓酸拌酸熟化　concentrated acid mixed and curing

以强化浸出为目的，将浓硫酸或混合酸与一定粒度的干矿均匀拌合并熟化的工艺。熟化期间完成主要浸出反应，再用水或稀酸溶液洗出已溶解的铀。

12.122　铀原矿石　raw uranium ore

又称"101产品(101 product)"。从采场采出的铀矿石。铀矿业界称其为"101"产品。

12.123　入浸矿石　feed ore for leaching

采出的原矿石经预处理后作为浸出单元进料的矿石。预处理包括选矿、破碎、制粒、焙烧、磨矿、分级、浓密等操作。

12.124　铀浸出剂　lixiviant reagent for uranium，leaching reagent for uranium

能将矿石中的铀有选择性地和有效地溶解到溶液中的化学试剂。泛指浸出剂与氧化剂一起配成的用于铀矿石浸出的化学试剂。

12.125　铀浸出液　uranium pregnant solution

从浸出单元获得的含铀溶液，是浸出剂与矿石中铀矿物反应后将铀从固相转入液相所形成的溶液。

12.126　浸出电势　leaching redox potential

铀浸出过程中溶液的氧化还原电势。反映了溶液中所有物质表现出来的宏观氧化-还原性。电势越高，氧化性越强。

12.127　浸出余酸　leaching residual acid

浸出后的矿浆或浸出液中含有的以硫酸量计的游离酸浓度。表征经过浸出后未消耗掉的浸出剂量或为了达到浸出效果而需要保持的浸出剂浓度。

12.128　铀酸法浸出　acid leaching of uranium

通常指以硫酸为浸出剂的铀矿石浸出过程。浸出液中铀主要以硫酸铀酰离子形式存在。

12.129　铀碱法浸出　alkaline leaching of uranium

以碳酸盐为浸出剂的铀矿石浸出过程。或浸出液中铀以碳酸铀酰形式存在的浸出过程。

12.130　铀矿石搅拌浸出　agitation leaching of uranium ore

矿石经磨细形成矿浆后在空气或机械搅拌作用下的浸出过程。

12.131　常规铀水冶厂　conventional uranium mill

包括矿石破磨、搅拌浸出和固液分离等工艺单元的铀水冶厂。

12.132 加压浸出 pressure leaching

在加压反应器内将反应温度提高到溶液沸点以上进行的搅拌浸出。是加温加压条件下进行的液-固或气-液-固多相水热反应过程。

12.133 铀矿堆浸 heap leaching of uranium

破碎到一定粒度的铀矿石堆置于敷设防渗底垫层的浸出场地形成矿堆，浸出剂从堆顶自上而下渗滤流过矿堆将铀从矿石中浸出的工艺。

12.134 铀矿渗滤浸出 percolation leaching of uranium

破碎到一定粒度的铀矿石堆置于底部有进液、集液、排液系统的浸出池中，浸出剂从池底进入向上通过矿堆或以浸泡方式浸出的工艺。

12.135 堆浸布液/喷淋 solution spraying for heap leaching

在矿堆顶部施加浸出剂的过程。布液方式包括喷淋、滴淋、浇灌、雾化等。

12.136 矿堆渗透性 heap permeability

堆浸中浸出剂或过程溶液渗滤均匀流过矿堆的过液性能。用来衡量矿堆结垢、板结和堵塞的程度。

12.137 生物浸出 bioleaching

又称"细菌浸出(bacterial leaching)"。利用生物或其代谢产物的氧化、分解、吸附等作用从铀矿石中浸出铀的方法。常用于铀矿浸出的生物多是微生物中的细菌。

12.138 生物接触氧化槽 biological oxidation tank

在铀矿生物浸出工艺中，用于浸矿细菌培养和吸附尾液氧化再生的设备。

12.139 巴秋克浸出槽 Pachuca leach tank

又称"帕丘克浸出槽"。用作铀矿浸出、用压缩空气作搅拌动力的有中心出料筒和圆锥底结构的一种筒形设备。

12.140 逆流倾析 counter current decantation, CCD

利用浸出矿浆中固体颗粒的沉降作用，在多级串联浓密机中多次进行沉降分离和连续逆流洗涤的工艺。过程中矿浆与洗水逆向流动。

12.141 流态化分级洗涤 fluidized classification and washing

流态化塔式设备中，浸出矿浆中的粗砂依靠重力沉降并与上升洗水相向运动而从塔底排出，浸出液和细泥随上升洗水从塔顶排出，从而实现粗砂分离和洗涤的工艺。

12.142 离子交换法提铀 uranium recovery through ion exchange

用树脂离子交换工艺从浸出液或其他铀溶液中提取回收铀的工艺。溶液中的铀络离子转入树脂相的过程称为吸附，而树脂相的铀络离子转入溶液中的过程称为淋洗或解吸。

12.143 阳离子交换树脂 cation exchange resin

含有酸性官能团且能与溶液中的阳离子起交换作用的树脂。按酸性官能团的强弱分为强酸性阳离子树脂和弱酸性阳离子树脂。

12.144 阴离子交换树脂 anion exchange resin

含有碱性官能团且能与溶液中的阴离子起交换作用的树脂。按碱性官能团的强弱分为强碱性阴离子树脂和弱碱性阴离子树脂。

12.145 矿浆吸附 resin in pulp
用离子交换树脂直接从浸出矿浆或稀释的矿浆中吸附铀的工艺。

12.146 树脂铀容量 resin capacity for uranium
树脂上吸附的铀量。包括饱和容量、吸附容量和残余容量等，通常以 mg/g 干树脂或 mg/ml 湿树脂表示。

12.147 铀负载树脂 uranium loaded resin
吸附了铀的离子交换树脂。通常指达到最大吸附工作容量的树脂。

12.148 饱和再吸附 loaded resin re-adsorption
从浸出液中吸附铀所得负载树脂再与部分淋洗液接触进一步吸附铀和提高树脂容量的工艺。

12.149 铀淋洗剂 eluant reagent for uranium, stripping reagent for uranium
能从铀负载树脂有效地解吸铀的化学试剂水溶液。淋洗剂中的可交换离子既与树脂有较大的亲和力，又能通过质量作用定律被铀酰络离子所取代。

12.150 树脂转型 resin type transition
改变树脂上可交换离子类型的过程。

12.151 吸附尾液转型 resin type transition with raffinate
淋洗后的氯型树脂直接用于从浸出液中吸附铀，在树脂吸附铀周期的前期利用吸附尾液中的硫酸(氢)根或碳酸(氢)根离子完成树脂转型的工艺。

12.152 树脂中毒 resin poisoning
阻碍树脂对铀的吸附、显著降低树脂工作容量的现象。分为化学中毒和物理中毒。某种离子与树脂交换基结合过于紧密而不被普通淋洗剂解吸称为化学中毒，某种物质堵塞树脂孔隙通道称为物理中毒。

12.153 树脂解毒 resin detoxifying
通过化学或物理的方法使中毒树脂恢复正常铀吸附容量的过程。

12.154 淋洗合格液 pregnant eluate
负载树脂淋洗过程中得到的产品淋洗液，可作为产品沉淀或溶剂萃取单元的料液。

12.155 流化床离子交换塔 fluidized bed ion exchange column
吸附原液以大于树脂流化速度但小于带出速度的流速自下而上通过树脂床，使树脂床发生膨胀呈流化运动状态的一种塔式吸附设备。

12.156 密实固定床离子交换塔 compacted fixed bed ion exchange column
离子交换过程中树脂床始终处于密实状态下的吸附或淋洗设备。吸附原液或淋洗剂从塔顶进入、塔底流出，设备在密闭状态下运行且在塔内保持一定的压力。

12.157 密实移动床吸附塔 compacted moving bed ion exchange column
吸附过程中树脂床处于密实状态下的塔式吸附设备。吸附原液以高于树脂带出速度的流速向上通过树脂床并从上部出液装置流出，出液装置上方保持一定高度树脂层以对树脂床施加一定重力，使树脂床在密实状态下进行吸附，负载树脂定期从底部排出，整个树脂床作活塞式周期性移动。

12.158 溶剂萃取法提铀 uranium recovery through solvent extraction
用溶剂萃取工艺(包括萃取和反萃取)从浸出液或其他铀溶液中提取回收铀的过程。

12.159 铀萃取剂 extractant for uranium extraction
用于从浸出液或其他铀溶液中提取铀并与

其他杂质有效分离的有机溶剂。铀水冶常用的胺类萃取剂为碱性萃取剂，如叔胺萃取剂(俗称 N-235)；磷类萃取剂分为酸性萃取剂，如磷酸二异辛酯(D2EHPA，俗称 P-204)以及中性萃取剂，如磷酸三丁酯(TBP)、三烷基氧膦(TRPO)。

12.160　协同萃取　synergistic extraction
在含有两种或以上萃取剂的多元萃取体系中，待分离物质的分配比显著大于每一萃取剂在相同条件下单独使用时的分配比之和的体系。

12.161　淋萃流程　Eluex process
离子交换与溶剂萃取相结合的铀提取与纯化工艺流程。以硫酸溶液作负载树脂淋洗剂，淋洗液用作溶剂萃取的萃原液，萃余液通常返回配制淋洗剂。

12.162　铀纯化　uranium purification
含铀溶液或粗制铀化学浓缩物进一步除杂并制备铀氧化物产品的工艺。通常包括溶剂萃取、化学沉淀和煅烧等环节。

12.163　萃取纯化　purification through solvent extraction
用溶剂萃取工艺从铀溶液中提取铀并进一步与其他杂质分离、最终制备符合特殊质量要求的铀产品的工艺。

12.164　铀反萃取剂　stripping reagent for uranium
能将铀从负载有机相转入水相的化学试剂水溶液。

12.165　还原反萃取　reductive stripping
反萃取剂作为还原剂将负载有机相中的六价铀还原成与萃取剂无亲和作用的四价铀而进入水相的反萃取过程。

12.166　结晶反萃取　crystallizing stripping
具有盐析剂和结晶剂功能的反萃取剂将铀从负载有机相反萃到水相后形成结晶，使反萃取与产品结晶于同一设备中同时完成的过程。

12.167　铀沉淀剂　precipitant for uranium
可将溶液中铀通过化学作用生成沉淀物，即铀化学浓缩物产品的化学试剂，如氢氧化钠/铵、氧化镁、过氧化氢等。

12.168　浆体循环沉淀　precipitation with slurry recycle
铀沉淀过程中生成的沉淀物经沉降分离或浓密后得到的浆体作为晶种返回到循环沉淀操作的工艺。

12.169　流态化沉淀　fluidized precipitation
应用流态化技术从铀溶液中沉淀铀化学浓缩物产品的过程。沉淀器内的流态化反应区新生成的沉淀物沿轴向循环运动，细小晶体不断长大到一定粒度后依靠重力作用并克服上升流体的阻力沉降下来作为产品排出。

12.170　111 产品　sodium/ammonium diranate, SDU/ADU
国内对重铀酸钠/铵产品的称谓。是以氢氧化钠/铵(或氨气)为沉淀剂从铀溶液中沉淀出的铀化学浓缩物产品。

12.171　黄饼　yellowcake
(1)以重铀酸盐或铀酸盐形式存在的铀浓缩物，因呈黄色而得名。(2)国外也常常将八氧化三铀产品称为黄饼。

12.172　131 产品　ammonium uranyl tricarbonate，AUC
国内对三碳酸铀酰铵产品的称谓。铀水冶工艺中，通过盐析结晶法和结晶反萃取法制备的浅黄色结晶铀产品,是制备铀氧化物产品的重要原料。

12.173 铀转化 uranium conversion
将纯化后的铀化合物转化为金属铀、UO_2、UF_6 等以及将浓缩后的 UF_6 还原转化为 UO_2、UF_4 和金属铀的工艺过程。天然铀转化通常指将 UO_2 或 U_3O_8 最终转化为 UF_6 产品的全过程。

12.174 氢氟化 hydrofluorination of uranium
二氧化铀与 HF 反应制备四氟化铀的工艺过程。有干法和湿法两种工艺。

12.175 氟化 fluorination of uranium
高温条件下四氟化铀与氟气反应制备六氟化铀的工艺。主要有 UF_4 氟化法和氟化物挥发法两种工艺。

12.04 铀 分 析

12.176 铀矿石全分析 total analysis of uranium ore
对铀矿石样品中主、次量组分和特定元素的定量分析。

12.177 矿石中铀价态分析 uranium valence analysis for uranium ore
矿石中 U(Ⅳ) 和 U(Ⅵ) 的含量分析。通常测定矿石中总铀含量和六价铀含量,通过计算得到四价铀含量。

12.178 铀矿冶控制分析 control analysis for uranium ore processing
在铀矿冶生产流程中,对过程溶液中的主要物质组分和性质进行的快速分析。通常控制分析的检测项目有 U、Fe、Al、Ca、Mg、Mo、Cl^-、SO_4^{2-}、PO_4^{3-}、pH、Eh、酸度、碱度等。

12.179 铀浓缩物分析 uranium concentrate analysis
铀浓缩物产品(包括重铀酸盐、三碳酸铀酰铵、铀氧化物等产品)中铀及杂质元素含量的分析。

12.180 铀在线分析 online analysis of uranium
通过在线检测仪器应用化学方法或物理方法对铀含量进行的分析。通常用于萃取过程、离子交换及生产过程中铀的测定。

12.181 痕量铀分析 trace uranium analysis
固体中 $10^{-6}/10^{-9}$ 级、液体中 10^{-9} 级铀含量的分析。

12.182 铀激光荧光法 uranium analysis by laser-induced fluorometry
利用铀酰离子生成的络合物在激光照射下产生的荧光特性而定量分析铀的方法。

12.183 树脂铀干灰分析法 analysis of uranium in resin through dry ash method
通过高温碳化、灰化去除树脂中的有机物后再浸出和测定铀的分析方法。

12.184 钒酸铵测铀法 uranium analysis by ammonium vanadate titration
用亚铁或亚钛等还原剂将铀(Ⅵ)还原为铀(Ⅳ),以钒酸铵定量与铀(Ⅳ)反应而测定试样中铀含量的分析方法。

12.185 重铬酸钾测铀法 uranium analysis by potassium dichromate titration
以重铬酸钾为滴定剂,测定试样中铀含量的分析方法。通常用于产品中铀的测定。

12.186 铀矿石标准物质 reference material of uranium ore

赋予铀矿石中铀或其他元素特性值，用以校准设备、评价测量方法或给材料赋值的物质。

12.187 八氧化三铀标准物质 reference material of triuranium octoxide

赋予八氧化三铀中一种或多种元素特性值，用以校准设备、评价测量方法或给材料赋值的物质。

12.188 余酸分析 residual acidity analysis

以氢氧化钠标准溶液滴定法测定铀浸出液中游离酸含量的分析。结果以硫酸计。

12.189 铀矿石 X 射线荧光分析法 uranium ore analysis by X-ray fluorometry

基于 X 射线荧光光谱的波长和强度测定铀矿石中化学组分及其含量的方法。

12.190 铀溶液质谱分析法 uranium solution analysis by mass spectrometric method

应用质谱仪测定铀溶液中铀及其他元素含量或同位素丰度的方法。

12.191 铀溶液光谱分析法 uranium solution analysis by spectrographic method

采用原子吸收(AAS)、原子荧光(AFS)和原子发射(AES)等光谱仪测定含铀溶液中多种元素的方法。

12.192 重铀酸盐杂质分析 impurity analysis of diuranate

重铀酸盐中硅、磷、硫、氟、氯等杂质元素含量的分析。

12.193 放射性物理分析 radiophysical analysis

利用放射性元素的射线强度或射气浓度，通过专用仪器测定放射性元素含量的方法。

12.194 铀分光光度法分析 uranium analysis by spectrophotometry

根据铀与显色剂显色后对一定波段范围单色光的吸收或反射光谱特性对铀进行定量分析的方法。

12.195 淋洗合格液分析 pregnant eluate analysis

负载树脂淋洗过程中得到的产品淋洗液中铀及淋洗剂含量的分析。

12.196 有机相中铀分析 uranium analysis of organic phase

萃取工艺中负载有机相或贫有机相中的铀含量分析。通常用容量法和分光光度法。

12.197 铀萃取剂组成分析 uranium extractant component analysis

萃取工艺的有机相中萃取剂组分(如各种胺类和磷类萃取剂)的含量分析。

12.198 余碱分析 residual alkalinity analysis for uranium leach liquor

碱性浸出或中性浸出的铀水冶过程中，浸出液中游离碳酸根、碳酸氢根或氢氧根含量的测定分析。

12.199 铀的库仑分析法 uranium analysis by coulometry

以测量电解过程中铀在电极上发生电化学反应所消耗的电量来进行定量分析的一种电化学分析法。

12.200 铀氟化物分析 uranium fluoride analysis

铀氟化物中铀含量与价态以及杂质元素含量的分析。

12.05 铀矿冶辐射防护

12.201 氡浓度 radon concentration
(1)以放射性活度表示的单位体积介质中氡的含量。通常应用于放射性危害评价和防护工作中，常用单位有 Bq/m^3、Bq/L 等。(2)人们常说的氡浓度一般特指空气中 ^{222}Rn 浓度。

12.202 氡暴露量 radon exposure
又称"氡照射量"。空气中氡浓度对时间的积分。表征人在含氡空气环境停留期间所接受的氡的放射性照射，通常应用于放射性危害评价和防护工作中。

12.203 当量氡析出率 equivalent radon fluxrate
相对于氡在介质中的单位含量(当量)，单位时间内从该介质单位面积中释放的氡活度。表征单位浓度某种物质的氡释放量。

12.204 射气面积 emanation area
可释放氡到空气中的含氡介质在空气中的暴露面积。射气面积与氡析出率的乘积表示单位时间该介质的氡析出量。

12.205 当量射气面积 equivalent emanation area
将含铀介质换算为铀品位 1%、铀镭平衡系数为1的射气面积。

12.206 氡子体 radon daughter
^{222}Rn 短寿命衰变产物的总称。主要为 $^{218}Po(RaA)$、$^{214}Pb(RaB)$、$^{214}Bi(RaC)$ 和 $^{214}Po(RaC')$。悬浮于空气中的氡子体气溶胶通过呼吸进入人体后，其衰变 α 粒子造成器官的内照射危害。

12.207 氡子体暴露量 radon daughter exposure
又称"氡子体照射量"。空气中氡子体浓度对时间的积分。表征人在含氡子体空气环境停留期间所接受的氡子体的放射性照射量，通常应用于放射性危害评价和防护工作中。

12.208 氡子体 α 潜能浓度 potential α energy concentration of radon daughter，PAEC
单位体积空气中存在的短寿命氡子体的任何混合物的全部子体原子，按衰变链分别衰变到 $^{210}Pb(RaD)$的过程中所发射的总 α 能量。单位为 $\mu J/m^3$ 或 WL。

12.209 平衡因子 F equilibrium factor F
氡的平衡当量浓度与氡的实际浓度之比值。平衡当量氡浓度是氡与其短寿命子体处于平衡状态，并具有与实际非平衡混合物相同的 α 潜能浓度时的氡的活度浓度。

12.210 钍射气子体 thoron daughter
^{220}Rn 短寿命衰变产物的总称。主要为 $^{216}Po(ThA)$、$^{212}Pb(ThB)$、$^{212}Bi(ThC)$ 和 $^{212}Po(ThC')$。悬浮于空气中的钍射气子体气溶胶通过呼吸进入人体后，其衰变 α 粒子会造成器官的内照射危害。

12.211 长寿命气溶胶 long-lived aerosol
以气溶胶形态存在于空气中的具有较长半衰期的 α 核素。进入人体后其衰变 α 粒子会造成器官的内照射危害。

12.212 长寿命气溶胶浓度 long-lived aerosol concentration
以放射性活度表示的单位体积介质中的长寿命 α 核素气溶胶的含量。通常应用于放射性危害评价和防护工作中，常用单位有 Bq/m^3、Bq/L 等。

12.213　铀矿工个人剂量　personal dose of uranium miner

铀矿冶企业从业人员在工作期间所受到的来自于氡子体、γ、长寿命 α 核素气溶胶等放射性内、外照射所致个人剂量之和。地下采铀矿山的井下作业人员其剂量贡献主要来源于氡子体的内照射。

12.214　铀矿工个人剂量计　personal dosimeter of uranium miner

用于监测铀矿冶企业从业人员工作期间个人剂量的个体佩戴仪器。目前我国的铀矿工个人剂量计可监测铀矿冶从业人员的氡子体内照射剂量和 γ 外照射剂量。

12.215　氡扩散　radon diffusion

氡原子自身热运动造成的氡迁移。以氡的浓度梯度为动力。

12.216　氡渗流　radon seepage

氡在空气中的渗透引起的气相氡迁移。以空气的压力梯度为动力。

12.217　氡污染　radon contamination

氡及氡子体进入矿井或井下工作面入风流中使风质下降的现象。

12.218　铀矿井通风　underground uranium mine ventilation

采用主扇工作方式不断地向井下各生产作业场所供给足够量的新鲜空气的通风方式。

调节井下气候条件，实现井下良好的工作环境，降低空气中氡及氡子体、一氧化碳、氮氧化合物以及粉尘等有毒有害物质使其不超过规定的限值。

12.219　生产空间　working space

铀矿井开采活动中需要利用到的空间。其空气中氡及氡子体浓度受到有关规范的约束，包括所有采掘工作面、固定工作面、人员活动的通道、进风道和其他指定的地下空间。

12.220　废弃空间　cast space

铀矿井开采活动中废弃不再利用的空间。其空气中氡及氡子体浓度不受有关规范的约束，包括采空区和废弃井巷。

12.221　无限制开放或使用　unrestricted release or use

污染或潜在污染水平足够低的设备、器材、建(构)筑物和场址不受任何放射性限制地开放或使用。

12.222　有限制开放或使用　restricted release or use

设备、器材、建(构)筑物和场址因其放射性危害而限制其开放或使用。这种限制通常以禁止某种特定活动(如建房居住、种植或收获特定食物)或规定某种方式(如规定某种材料只能在某一设施内循环或再利用)来约定。

13. 核燃料与核材料

13.01　核　燃　料

13.001　核燃料　nuclear fuel

(1)含有易裂变核素或聚变核素，在反应堆里能够持续发生核反应、释放核能的材料。包括裂变核燃料和聚变核燃料。(2)通常是指裂变核燃料。

13.002　裂变核燃料　fission nuclear fuel
(1)含有易裂变核素 ^{235}U(铀-235)、^{239}Pu(钚-239)、^{233}U(铀-233)，在反应堆里能使核裂变反应自持的材料。(2)通常称为核燃料。

13.003　聚变核燃料　fusion nuclear fuel
含有 ^2H(氘)、^3H(氚)、^6Li(锂)三种核素，在反应装置中发生核聚变反应的材料。

13.004　铀钚燃料循环　uranium-plutonium fuel cycle
以 ^{235}U 作为初始燃料，^{238}U 作为转换材料，在反应堆内转换生成 ^{239}Pu，再以铀和钚的混合物作为新燃料的核燃料循环。

13.005　铀化工转化　chemical conversion of uranium
铀化合物从一种形态转化为另一种形态的工艺过程。例如，铀盐、铀氧化物、铀氟化物等铀化合物之间的相互化工转化。

13.006　铀同位素分离　uranium isotope separation
又称"铀浓缩(uranium enrichment)"。提高铀同位素混合物中 ^{235}U 含量的工艺过程。同位素分离的方法主要有气体扩散法、离心分离法和激光分离法等。

13.007　铀冶金　uranium metallurgy
制取铀金属及其合金材料的工艺过程。包括铀的钙热还原、熔炼、铸造、压力加工、热处理等工艺技术。

13.008　铀粉末冶金　powder metallurgy of uranium
铀金属、铀合金、铀非金属化合物等粉末的制取，并用这些粉末制造铀的金属材料、复合材料和陶瓷材料的工艺技术。

13.009　核燃料元件制造　nuclear fuel element manufacturing
将不同形态的核燃料材料制造成满足各种反应堆使用要求的堆芯部件的工艺技术。包括芯体材料制备、芯体密封包覆、组件组装和质量检验等。

13.010　乏燃料后处理　spent fuel reprocessing
从乏燃料中去除裂变产物，回收、纯化的可再利用的铀和钚的工艺技术。后处理工艺分为湿法和干法两大类。

13.011　混合氧化物燃料　mixed oxide fuel
简称"MOX 燃料(MOX fuel)"。铀钚、铀钍混合氧化物燃料的统称。以 $(U, Pu)O_2$、$(U, Th)O_2$ 表示。分别含易裂变核素 ^{239}Pu、^{235}U 和可转换核素 ^{238}U 和 ^{232}Th。

13.012　钍基燃料　thorium-base fuel
以钍-232 为基体，或混合有铀-235、钚-239，在反应堆中以转换成易裂变核素铀-233 为目的，具有增殖和裂变反应同时进行的核燃料。

13.013　再生燃料　regenerated fuel
^{238}U、^{232}Th 和 ^6Li、^7Li 这些能在中子辐照下转换出 ^{239}Pu、^{233}U 和 ^3H 的核素以及含有这些核素的材料。

13.014　金属型燃料　metallic fuel
以铀、钚、钍等易裂变核素的金属及其合金或铀钚钍合金等金属材料作为芯体材料而制得的核燃料。

13.015　弥散型燃料　dispersion fuel
含有易裂变核素的燃料相颗粒均匀地弥散分布在非裂变基体材料中而制成的混合物燃料。燃料相可以是金属体、陶瓷体或化合物。基体材料可以是金属材料或非金属材料。

13.016　均匀堆燃料　homogeneous reactor
燃料相同的慢化剂均匀混合弥散的反应堆燃料。有液体燃料和固体燃料之分。

13.017　陶瓷体燃料　ceramic fuel
铀、钚、钍的化合物，包括氧化物、碳化物和氮化物等，经粉末冶金工艺制成陶瓷体作为燃料相或燃料芯体的燃料和陶瓷化的弥散型燃料。

13.018　氧化物燃料　oxide fuel
用铀、钚、钍的氧化物或混合氧化物制得的燃料。是目前应用得最多的燃料。包括 UO_2、$(U-Pu)O_2$ 和 $(U-Th)O_2$ 燃料。氧化物陶瓷燃料的优点是熔点高；高温热循环稳定性好；中子经济性好；辐照稳定性好，与包壳相容性好。

13.019　铀碳化物燃料　uranium carbide fuel
用 UC 或$(U, Pu)C$ 作为燃料相制得的燃料。碳化物燃料具有较高的金属原子密度和热导率，在快堆中使用碳化物燃料可以得到更高的增殖比和功率密度。

13.020　铀氮化物燃料　uranium nitride fuel
用 UN 或$(U, Pu)N$ 作为燃料相制得的燃料。氮化物燃料具有高密度、高熔点、高热导率等特点。

13.021　包覆颗粒燃料　coated particle fuel
在可裂变核素的氧化物或碳化物陶瓷微球表面涂覆若干层用以约束裂变材料、阻挡裂变产物释放的难熔陶瓷材料而制成的燃料颗粒称为包覆颗粒，再将包覆颗粒弥散在非裂变的陶瓷基体材料中制成的混合型燃料称为包覆颗粒燃料。是一种全陶瓷体的弥散型燃料。

13.022　燃料棒　fuel rod
燃料组件的棒形结构燃料单元。有两种类型：一类是将燃料芯体棒装入包壳管内通过压力加工使芯体和包壳紧密贴合并密封的密合型燃料棒。一类是将柱形陶瓷芯块叠装于包壳管内，充灌一定压力的惰性气体后，密封焊接上、下端塞的间隙型燃料棒。

13.023　燃料板　fuel plate
燃料组件的三层复合板结构燃料单元。中间层是燃料芯体，外面两层和周边是包壳材料。是将燃料芯体包覆在包壳材料内制成轧制坯，经多道次热轧和冷轧而制成的复合燃料板。有平板、弧板和渐开线板等形状。

13.024　燃料管　fuel pipe
燃料组件的管形结构燃料单元。由内、外包壳和燃料芯体构成的三层复合圆管。燃料管制造有多种工艺路线，如共挤压工艺、弧板焊接工艺、旋压密合工艺、环形芯块装管焊接工艺等。

13.025　压水堆燃料组件　pressurized water reactor fuel assembly
通常指压水堆型核电站用燃料组件。由燃料棒、导向管、格架以及上、下管座等部件构成。燃料芯体为二氧化铀陶瓷芯块，包壳材料为锆合金。为长棒束型结构。

13.026　重水堆燃料组件　heavy water reactor fuel assembly
通常指重水堆型核电站用燃料组件。由燃料棒、隔离块、支承垫和端板等构成的短棒束结构组件。燃料芯体为天然二氧化铀陶瓷芯块，包壳材料为锆合金。

13.027　快中子堆燃料组件　fast neutron reactor fuel assembly
通常指液态金属冷却的快中子堆燃料组件。结构多为绕丝的六角形棒束盒装结构。燃料芯体可为二氧化铀、铀-钚化合物、铀金属、铀-钚金属或铀-钍燃料。包壳材料为具有一定冷变形量的特种不锈钢。

13.028 研究试验堆燃料元件 research testing reactor fuel element

在反应堆中以提供中子源、γ 辐射源为主要目的的燃料元件(或元件盒)。元件种类较多,形状与结构各异。由于运行温度较低,燃料芯体多为金属或弥散体,包壳材料主要是铝合金。

13.029 高温气冷堆燃料元件 high temperature gas-cooled reactor fuel assembly

包覆颗粒弥散在石墨基体中的全陶瓷型燃料。燃料核芯是直径为零点几毫米的微球,由含可裂变材料的氧化物、碳化物、混合氧化物或混合碳化物制成。燃料元件结构有球形和棱柱形。球床型高温气冷堆用球形燃料元件。

13.030 脉冲堆燃料元件 pulsed reactor fuel element

一种粗棒状研究试验堆燃料元件。燃料芯体为 U-ZrH 合金,包壳材料为不锈钢。包壳管内装有三节环形燃料芯体,芯体内孔中插有锆芯棒,燃料芯体两端各装一根石墨芯体。

13.031 中子活化堆燃料元件 miniature neutron source reactor fuel element

又称"微堆燃料元件(microreactor fuel element)"。目前尺寸最小的单棒结构燃料元件。有高浓铀铝合金芯体+铝合金包壳和低浓二氧化铀芯块+锆合金包壳两种结构元件。

13.032 棒束型燃料组件 bundle fuel assembly

一种燃料组件的结构形式。燃料结构单元为燃料棒,几根、几十根、几百根燃料棒按设定的排列方式由结构件支撑组合成棒束状结构。排列方式有正方形、正六角形、同心圆形等。

13.033 板型燃料组件 plate-type fuel assembly

又称"片组型燃料元件"。一种燃料组件的结构形式。燃料结构单元为燃料板,几层、几十层燃料板按设定的结构叠装在侧板上组装成燃料元件盒(组件)。板与板之间的间隙构成冷却剂流道。

13.034 管型燃料组件 tube type fuel assembly

一种燃料组件的结构形式。燃料结构单元为燃料管,由若干根不同直径的燃料管和不含燃料芯体的内外套管套装在一起组装成套管状燃料元件盒(组件)。管与管之间的间隙构成冷却剂流道。

13.035 球形燃料元件 spherical fuel element

球床型高温气冷堆用的燃料元件。包覆颗粒燃料,外形为球形,独自构成燃料结构单元。基体石墨用来慢化中子和导出裂变热。石墨球壳和基体石墨一起承受外压、冲击和磨蚀。

13.036 环形燃料组件 annular fuel assembly

结构形式类似棒状燃料组件。燃料结构单元为管状燃料棒,由于燃料芯块为二氧化铀陶瓷短管,故称为环形燃料。管状燃料棒为双包壳结构,内包壳管为冷却剂通道。这是环形燃料组件与棒状燃料组件的根本区别。目的是降低芯块中心温度,提高组件安全性。

13.037 燃料盒 fuel box

一般是指燃料组件的外套。能把燃料结构单元包围或固定在其中组成燃料组件主体结构,同时构成冷却剂的通道。燃料盒通常由铝材、不锈钢等材料制成,断面形状有方形、六角形和圆形等。广义上指燃料组件的一种结构形式,即带盒的燃料组件。

13.038　先导燃料组件　leading fuel assembly
在目标反应堆中全面应用前进行辐照验证的定型燃料组件。

13.039　辐照考验燃料组件　irradiation test fuel assembly
为在研究试验堆、动力堆或目标反应堆中进行辐照考验而设计制造的燃料组件，用以测试燃料组件材料、结构、制造工艺在辐照环境下的性能及变化情况。可以是小组件、模拟组件、特征组件或全尺寸组件。

13.040　堆外试验燃料组件　out-of-pile test fuel assembly
全尺寸或缩小比例的燃料组件(一般不带燃料)。用于堆外试验装置上进行热工水力试验和结构完整性试验。

13.041　相关组件　associated assembly，core component
反应堆内的非燃料组件，插入堆芯内用于点火、控制堆芯反应性以及布置在堆芯周围屏蔽射线、反射中子等功能的各类组件的总称。包括控制棒组件、中子源组件、可燃毒物组件、阻流塞组件、屏蔽层组件、反射层组件等与燃料组件相关的组件。

13.042　调节棒组件　regulating rod assembly
在保持反应堆临界状态的同时精确地调整反应性变化从而精准调整反应堆功率并维持反应堆稳定运行的控制棒组件。调节棒还用于提升或降低反应堆功率水平。

13.043　控制棒　control rod
控制棒组件的主要结构单元。控制棒芯体材料由中子吸收截面大的材料制成，常用的有铪、镉、硼-10、铕、钆等元素的金属、合金和化合物。包壳材料一般用不锈钢或镍基合金。根据其功能，控制棒可分为调节棒、安全棒、补偿棒等。

13.044　阻流塞组件　thimble plug assembly，flow restrictor
装在压水堆燃料组件的导向管内，为限制导向管旁流流量而设置的固定式专用部件。阻流塞棒材料为不锈钢。

13.045　中子源组件　neutron source assembly
用于建立中子探测器中子通量水平，监控反应堆启动、运行、换料等过程中的次临界状态，装有中子源的部件。有一次中子源和二次中子源之分。

13.046　启动中子源　start-up neutron source
又称"一次中子源(primary neutron source)"。用于监控初始装料中的次临界状态。中子源由外部引入。其中子发射体一般为超钚同位素：镅(^{241}Am)、锔(^{244}Cm)和锎(^{242}Cf)。常用的是锎-242。

13.047　工作中子源　working neutron source
又称"二次中子源(secondary neutron source)"。用于监控反应堆停堆再启动时的次临界状态。中子源是由中子源材料在反应堆运行时辐照产生的。一般采用锑-铍中子源。锑在反应堆运行时俘获中子活化，并放出 γ 射线，铍吸收 γ 射线放出中子。

13.048　屏蔽层组件　shield assembly
在快堆系统中，布置在转换区组件或反射层组件周围，为堆壳和堆内的主要部件提供中子和 γ 辐射屏蔽的组件。其结构、外形与燃料组件相似。屏蔽材料一般选用 B_4C 或含硼石墨。

13.049　反射层组件　reflector assembly
在快堆系统中，布置在燃料组件区或转换区组件区外围，将逸出堆芯和转换区的中子反射回堆芯或转换区的组件。反射材料一般选用不锈钢棒。其结构、外形与燃料组件相似。

13.02　核　材　料

13.050　核材料　nuclear material

源材料、特种可裂变材料、氚及含氚的材料和制品、⁶Li 及含 ⁶Li 的材料和制品。源材料是指天然铀、贫化铀和钍，以及含上述任何物质的金属、合金和化合物；特种可裂变材料就是含有易裂变核素 ^{239}Pu、^{233}U、富集了 ^{235}U 或 ^{233}U 的铀，以及含以上一种或几种物质的任何材料。

13.051　天然铀　natural uranium

(1)全称"天然丰度铀(natural abundance uranium)"。^{235}U 重量含量为 0.714%，未经铀浓缩的铀。(2)全称"天然浓缩铀(natural enriched uranium)"。指未经中子辐照的浓缩铀，非人工核素铀或回收铀，称天然浓缩铀。

13.052　金属铀　metal uranium

金属状态的铀。银白色金属光泽，熔点 1130 ℃，密度为 19.07 g/cm³，100 ℃时的热导率为 0.25 W/(cm·℃)。在熔点以下有三种同素异晶体：α 相、β 相和 γ 相。铀具有良好的机械性能和加工性能。金属铀可用作多种堆型的燃料。金属铀的化学性质很活泼。氧化性的酸可快速溶解铀。

13.053　低浓铀　slightly enriched uranium

一般是指 ^{235}U 富集度等于或低于 20%(质量分数)的铀。

13.054　高浓铀　highly enriched uranium

一般是指 ^{235}U 富集度等于或高于 80%(质量分数)的铀。高于 90%(质量分数)的称为武器级高浓铀。

13.055　贫化铀　depleted uranium

简称"贫铀"。经铀同位素分离后，^{235}U 的含量降低到天然铀丰度以下的铀。一般是指 ^{235}U 含量低于 0.3%(质量分数)的铀浓缩尾料。

13.056　回收铀　recycled uranium

乏燃料经过后处理回收的可再利用的铀。

13.057　铀氧化物　uranium oxide

铀-氧二元体系中，在 UO_2 至 U_3O_8 组成区间内存在着许多铀氧化物相。在核燃料生产中具有应用价值的，一般仅限于三个热力学稳定的氧化物相，即 UO_2、U_3O_8 和 UO_3。其中 UO_2 是应用得最为广泛的动力堆核燃料，也是制备 UF_4 的物料。UO_3 和 U_3O_8 通常是作为制备 UO_2 的起始物料。

13.058　二氧化铀　uranium dioxide

化学式为 UO_2，面心立方晶体结构，特征颜色呈深棕色，理论密度为 10.96 g/cm³，公认的熔点为 (2865±15) ℃。具有在强辐照时不发生异性变形、在高温下晶格结构不变、不挥发和不与水发生化学反应等特性。

13.059　八氧化三铀　uranousuranic oxide

化学式为 U_3O_8，存在三种晶型，常见的 α-U_3O_8 是面心斜方结构，理论密度为 8.3 g/cm³，特征颜色呈棕黑色。在 800 ℃以下是稳态的铀氧化物，因而常被用作重量分析的基准物。

13.060　三氧化铀　uranium trioxide

化学式为 UO_3，密度为 7.84~8.78 g/cm³。可由铀酰的化合物，如碳酸铀酰、草酸铀酰或硝酸铀酰热分解制得。存在 6 种晶型结构，只有 γ 型在常压下较稳定。α、β、γ、δ 4 种晶型在常压下加热时均分解生成八氧化三铀。三氧化铀是一种两性氧化物，在溶液中以 UO_2^{2+} 或 $U_2O_7^{2-}$ 存在。

13.061　铀氟化物　uranium fluoride

由铀、氟组成的氟化物。在铀-氟二元体系中，存在有多种氟化物，在核燃料生产中常见的铀氟化物为四氟化铀和六氟化铀。六氟化铀是唯一稳定而易挥发的铀化合物，因而成为气体扩散法和离心法分离铀同位素的起始物料和最终产品，同时也是浓缩铀燃料和贫铀制品制备的起始物料。四氟化铀是生产金属铀或六氟化铀的原料，也可用作熔盐堆的燃料相。

13.062　铀硅化物　uranium silicide

由铀、硅组成的硅化物。在铀-硅二元体系中有六种化合物，其中 U_3Si、U_3Si_2、USi 可用作核燃料。铀硅化合物具有稳定的化学性能、良好的辐照性能和较高的铀密度。U_3Si_2 具有四方晶体结构，密度为 12.2 g/cm^3，熔点为 1665 ℃。由金属铀和高纯硅真空熔炼制得。U_3Si_2 是脆性材料，易破碎制粉。因而被广泛用于弥散型燃料。

13.063　碳化铀　uranium carbide

在铀-碳二元系中有 UC、UC_2 和 U_2C_3 三种化合物。只有 UC 在熔点以下无相变。UC 晶体呈面心立方结构，理论密度为 13.61 t/m^3，含铀密度等于 12.96 t/m^3；在 1237 K 时的热导率为 21.7 $W/(m \cdot K)$，约为二氧化铀的 8 倍；裂变气体释放量约为 UO_2 的 1/2。故被认为是性能优越的核燃料。UC 的化学性质活泼，易与水、空气发生反应。

13.064　氮化铀　uranium nitride

分子式为 UN，浅灰色粉末，体心立方结构，熔点～2630 ℃，理论密度值为 14.32 g/cm^3，具金属性，是热和电的良导体。溶于硝酸、浓高氯酸或热磷酸，不溶于热的或冷的盐酸、硫酸或氢氧化钠溶液。UN 的铀原子密度高、慢化能力低和熔点高，是潜在的高致密度核燃料。

13.065　铀合金　uranium alloy

铀可与多种合金元素组成合金，合金元素的添加可以显著改善金属铀的抗腐蚀性能和机械性能等。铀与铝、锆、钼等组成的合金，具有良好的机械、耐腐蚀和抗辐照性能，常被用作核燃料。铀与铌、钛组成的合金常被用作结构材料和屏蔽材料。

13.066　铀锆合金　U-Zr alloy

由铀、锆制成的一种常用的铀金属燃料。锆在铀中有显著的溶解度，添加锆能细化 α 铀的晶粒尺寸，提高其在水中的抗腐蚀稳定性，热处理可消除晶粒择优取向以改善 α 铀的质量，可以改善在热循环条件下的尺寸稳定性。

13.067　铀钼合金　U-Mo alloy

由铀、钼制成的一种常用的铀金属燃料。铀钼合金有 α、β、γ 三种固溶体。其中 γ 固溶体占有很宽广的温度和浓度范围，在室温下是稳定的。铀钼合金在高温下具有较好的机械性能与耐腐蚀性能，在辐照和热循环条件下具有较高的尺寸稳定性。

13.068　铀氢锆合金　U-ZrH alloy

金属铀均匀弥散分布在 δ 相氢化锆基体相内的合金燃料，是一种均匀堆固体燃料。熔铸渗氢法制备铀氢锆合金首先要制备 U-Zr 合金，再通过渗氢工艺，使铀逐渐从合金中分离出来作为细小的均匀弥散燃料相而存在，而氢化锆就成为基体相。常用作脉冲堆燃料。

13.069　钚同位素　plutonium isotope

钚是 18 种放射性同位素组成的元素。铀-238 在反应堆受中子辐照发生各种核反应而产生钚的各种同位素。其中，^{239}Pu 占主体，少量的其他同位素主要有 ^{240}Pu、^{241}Pu、^{242}Pu 等。各种钚同位素都能自发裂变。

13.070　二氧化钚　plutonium dioxide

化学式为 PuO_2 的金属化合物，高温烧结的二氧化钚密度为 $11.46 \ g/cm^3$，属萤石型结构。二氧化钚具有熔点高、辐照稳定性高、与金属及反应堆冷却剂相容、易于制造等优点。与二氧化铀混合制成混合氧化物燃料被用作动力反应堆核燃料。

13.071　金属钚　metal plutonium

由钚组成的一种性质独特的银白色金属。熔点为 640 ℃，沸点为 3235 ℃。常温密度约为 $19.5 \ g/cm^3$。在室温和其熔点之间存在六种同素异形体：α-Pu、β-Pu、γ-Pu、δ-Pu、δ'-Pu 和 ε-Pu。其中 α 相及 β 相钚的强度高、塑性差，属于脆性金属，其线膨胀的各向异性十分明显。

13.072　铀钚混合氧化物　uranium plutonium mixed oxide

UO_2 和 PuO_2 的混合物。可由机械混合、共沉淀和熔盐电解等方法制得。烧结成芯块后成为单相固溶体$(U, Pu)O_2$。MOX 燃料主要用于快中子堆和压水堆。

13.073　金属钍　metal thorium

由钍组成的具有光亮银色光泽的金属。熔点为 1755 ℃，沸点为 4427 ℃，室温密度为 $11.72 \ g/cm^3$。金属钍是难熔金属，在室温到 1345 ℃ 的范围内不发生晶型转换，保持面心立方结构(fcc)，在 1400 ℃ 时 α 钍向 β 钍转化。钍具有十分高的热稳定性，是一种较好的结构材料。

13.074　二氧化钍　thorium dioxide

化学式为 ThO_2，重质白色粉末，可用硝酸钍溶液与草酸反应后灼烧得到。二氧化钍可用于制造高温陶瓷、核燃料、电子管阴极、电弧熔融用电极、光学玻璃，也用作耐火材料、催化剂。

13.075　铀钍混合氧化物　uranium and thorium mixed oxide

含有易裂变核素铀-235 和可转换核素钍-232 的混合核燃料。以$(U, Th)O_2$ 表示。作为增殖燃料可用于多种堆型。其晶体结构是与 UO_2、PuO_2 相同的面心立方结构。有比 UO_2 更高的熔点和热导率，可以在更高的温度和比功率下工作。在相同的功率下，燃料温度较低，裂变产物释放减少。其化学稳定性较好。

13.076　燃料芯体　fuel core

核燃料元件中被包壳材料包覆着作为燃料的物体。有粉末体、金属体、陶瓷体和弥散体等多种形态。燃料相为裂变元素铀、钚或铀钚混合的金属或化合物。基体材料多为铝、镁、锆等的粉体。

13.077　燃料芯块　fuel pellet

一般指二氧化铀或 MOX 的陶瓷燃料的圆柱形块体。叠摞于燃料包壳管内形成燃料柱。

13.078　弥散芯体　dispersion core

燃料相均匀地弥散在基体材料中形成的燃料芯体。往往与包壳材料复合压力加工成燃料板、燃料管或燃料棒，芯体与包壳紧密贴合在一起。

13.079　芯坯　core blank

弥散芯体在与包壳材料复合加工前，预先制备成一定形状、尺寸和密度均匀的坯料。有板状、管状和棒状。

13.080　燃料相　fuel phase
由易裂变核素的金属间化合物或非金属化合物组分组成的燃料物相。一般指弥散体中的裂变物质。

13.081　核芯　nuclear core
包覆颗粒燃料中的燃料相。一般是直径为零点几毫米的微球，其组分可以是铀的氧化物或碳化物，也可以是混合铀和钍的氧化物或碳化物，或是混合铀和钚的氧化物。

13.082　包覆颗粒　coated particle
由核芯微球及沉积在其表面的几层难熔陶瓷材料构成。这几层材料的主要作用是约束裂变材料、阻挡裂变产物的释放，相当于包壳。包覆颗粒实际上是微球燃料元件。

13.083　BISO 颗粒　bilevel-structural iso-tropic partical
含两种类型的包覆层材料，即低密度热解碳和高密度各向同性热解碳的一种包覆颗粒。低密度热解碳层为裂变气体提供空间，减少颗粒内压。致密热解碳层能滞留气态裂变产物，阻挡固态裂变产物的释放。

13.084　TRISO 颗粒　tri-structural iso-tropic partical
含有三种类型的包覆层材料，即低密度热解碳、致密各向同性热解碳和碳化硅的一种包覆颗粒。有四层包覆层，第一层是疏松的热解碳缓冲层。第二层是致密的热解碳内层。第三层是 SiC 层，是承受内压及阻挡裂变产物的关键层。第四层是致密热解碳外层，保护 SiC 层免受机械损伤，在 SiC 层破损时阻挡气态裂变产物的释放。

13.085　包覆材料　fuel cladding
包覆在燃料芯体外部，隔离燃料芯体与传热介质，传导裂变热能，包容裂变产物并防止其外泄的材料。常用的包覆材料有铝、锆、不锈钢、碳化硅等。

13.086　核级锆材　nuclear grade zirconium
铪和其他中子吸收截面大的元素的含量低于核用标准的各种锆及其合金材料。包括各种型材和粉末。主要用作燃料元件的包壳材料、基体材料和结构材料。其中铪是中子吸收截面大的元素，并与锆共生在矿物中，需进行分离。

13.087　核级海绵锆　nuclear grade zirconium sponge
经锆铪分离，铪含量达到核用标准的海绵锆。是制造核级锆合金材料的原材料。

13.088　核级锆合金　nuclear grade zirconium alloy
用于核燃料元件的锆材多为锆的合金材料。主要有三种合金体系：锆-锡合金、锆-铌合金和锆-锡-铌合金等。

13.089　核级铝材　nuclear grade aluminum
硼含量及其他中子吸收截面大的元素低于核用标准的各种铝及其合金材料。包括各种型材和粉末。主要用作研究试验堆的燃料元件和靶件的包壳、基体材料和结构材料。

13.090　核级不锈钢　nuclear grade stainless steel
钴含量及其他中子吸收截面大的元素低于核用标准的不锈钢材料。主要用作燃料元件、相关组件的包壳和结构件以及一回路的结构材料。

13.091　核级石墨　nuclear grade graphite
中子吸收截面大的元素低于核用标准的石墨材料。用于核燃料元件及反应堆慢化剂和反射层。

13.092　基体石墨粉　matrix graphite powder
用于高温气冷堆球形燃料元件的基体石墨。主要有三个功能：裂变中子的慢化剂；包覆燃料颗粒的裂变热传递到元件表面；作为结构材料保护包覆燃料颗粒不受外力破坏。已使用的基体石墨材料有 A3-3 和 A3-27 两种。

13.093　包壳管　cladding tube
燃料组件燃料棒或相关组件控制棒的管状包壳材料。它将燃料芯块或吸收体芯块密封其内，以防止裂变产物逸散和避免核燃料或吸收体材料与冷却剂接触以及有效地导出热能。材料主要有锆材、不锈钢和铝材，是燃料元件制造的关键材料。

13.094　格架条带　grid stripe
一种特制带状型材，是制造压水堆燃料组件格架的结构件。由因科镍合金或锆合金带材精密冲制而成。随燃料组件结构设计的不同，格架条带的尺寸、形状和孔型有很大差异，冲制精度要求极高。是燃料组件制造最为复杂的结构件。

13.095　导向管　guide tube
为中子吸收棒、可燃毒物棒、中子源棒和阻流塞棒提供插入通道的结构部件。导向管与管座和定位格架连接构成燃料组件的承载结构。通常有两种结构：内径变径结构和管中管结构。

13.096　仪表管　instrumentation tube
为中子探测器提供放置空间的管子。置于燃料组件的中心位置，两端与上下管座的孔板孔连接。

13.097　隔离块　spacer
坎杜(CANDU)型燃料棒束中间隔燃料棒距离、形成燃料棒束冷却剂流道的结构件。隔离块表面涂以铍金属作为钎料并钎焊在包壳管外表面。由锆合金线材加工而成。

13.098　管座　nozzle
压水堆燃料组件的上、下部结构件。与导

向管和仪表管连接，下管座与下孔板配合定位燃料组件，上管座与压紧机构配合，同时形成冷却剂的入口和出口，分配冷却剂流量。

13.099　吸收体材料　absorber materials
具有大的中子吸收截面的材料，常用的有硼-10、镉、铪、铕和钆等。在反应堆中用于控制裂变反应性，屏蔽中子外泄和射线。主要用作各种控制棒的芯体材料和燃料组件的可燃毒物。

13.100　一体化可燃毒物　integral fuel burnable absorber，IFBA
将二硼化锆喷涂在燃料芯块表面上形成一层薄的可燃毒物层。将带有可燃毒物的芯块封装在锆合金包壳管内制作成可燃毒物棒，并按一定的规则组装在燃料组件中。如 AP1000 燃料组件的可燃毒物。

13.101　铪棒　hafnium rod
由铪制成的材料。铪具有很好的核性质，又有良好的加工性能、足够的强度和对高温水的耐蚀性，所以它是理想的中子吸收材料。铪棒被用于轻水堆中作为控制棒。

13.102　银铟镉合金　Ag-In-Cd alloy
以银为基体元素同合金元素铟、镉组成的合金。典型的合金是 Ag-15In-5Cd，其中子吸收截面大、耐中子辐照、抗高温水腐蚀。常用作热中子反应堆控制棒材料。

13.103　氧化钆　gadolinium oxide
化学式为 Gd_2O_3，是目前轻水堆常用的可燃毒物。是将三氧化二钆和二氧化铀粉末压制、烧结成带可燃毒物的燃料芯块，并制成可燃毒物棒，装在燃料组件中。

13.104　硼化物　boride
由硼-10制成的化合物。硼-10是理想的中子吸收体材料。天然硼同位素中硼-10的含量约为19%。硼可与多种金属或非金属元素形成化合物。碳化硼是常用的反应堆控制材料或可燃毒物。其他硼化物如硼酸、硼钢、硼塑料等常被用作中子吸收或中子屏蔽材料。

13.105 二硼化锆 zirconium boride
化学式为 ZrB_2。为六方体晶型，灰色结晶或粉末，熔点约为 3000 ℃。具有高温强度高、耐热震性好、高温下抗氧化等优点。在核燃料元件中作为可燃毒物使用时，需制成高密度靶材，硼-10 的富集度要达到 40% 以上。

13.106 碳化硼 boron carbide
俗称"黑钻石"。分子式为 B_4C，通常为灰黑色微粉。碳化硼可以吸收大量的中子而不会形成任何放射性同位素，在核反应堆中主要用作控制棒材料、可燃毒物和屏蔽材料。

13.107 反射层材料 reflector materials
为减少堆芯的中子泄漏、降低临界质量和临界尺寸、提高并展平堆芯中子注量率而布置在堆芯四周的材料或部件。应具有大的中子散射截面和小的中子吸收截面。

13.108 冷却剂材料 coolant materials
又称"载热剂材料(heat carrier materials)"。将裂变能以热量形式输出反应堆加以利用，同时冷却堆芯，把各种结构部件控制于允许温度的材料。用于冷却剂的材料包括：水、重水、液态钠、液态铅(铋)、氦气等。

13.109 慢化剂材料 moderator materials
热中子堆内用以降低快中子能量的材料。具有慢化能力强、中子吸收弱、与冷却剂和燃料棒包壳以及其他结构材料的相容性好、热和辐照稳定性好等特性。主要有水、重水、石墨等。

13.110 重水 heavy water
化学式为 D_2O 或 $2H_2O$。是氘的重要化合物，因其密度比天然水大，故称重水。在常温常压下，重水是无色无臭的液体。氘浓度大于 99.75% 的重水可用作重水反应堆的减速剂和载热剂。

13.111 轻水 light water
普通水(H_2O)经过净化，用作反应堆的冷却剂和中子的慢化剂。相对于重水叫做轻水。

13.03 核材料加工

13.112 铀萃取纯化 uranium extraction and purification
核燃料元件制造中的一种工艺。使铀与其他杂质元素分离，得到纯度满足要求的铀产品。铀的萃取纯化常采用磷酸三丁酯(TBP)作萃取剂，磺化煤油作稀释剂。

13.113 重铀酸铵法 ammonium diuranate process，ADU process
制取二氧化铀陶瓷粉末的一种工艺方法。是用氨水从铀酰溶液中沉淀出重铀酸铵，经煅烧还原为陶瓷 UO_2 粉末。

13.114 三碳酸铀酰铵法 ammonium urany carbonate process，AUC process
制取二氧化铀陶瓷粉末的一种工艺方法。是用 NH_3 和 CO_2 从铀酰溶液中沉淀出三碳酸铀酰铵，经煅烧还原为陶瓷 UO_2 粉末。

13.115 一体化干法 integrated dry route，IDR
制取二氧化铀陶瓷粉末的一种工艺方法。在

反应器中使六氟化铀与水蒸气反应生成氟化铀酰，然后在回转炉中氟化铀酰与氢和水蒸气反应转化成二氧化铀陶瓷粉末。

化等。

13.116　铀钙热还原　calcium reduction of uranium

制取金属铀的一种工艺方法。将金属钙屑和四氟化铀混匀，装入反应炉内，引燃金属钙，还原反应迅即发生，生成液态铀和氟化钙。反应方程式：$UF_4+2Ca\!\!=\!\!\!=\!\!U+2CaF_2+577.4$ kJ。

13.117　铀物理冶金　physical metallurgy of uranium

通过非化学方法达到改变铀金属及其合金性能的冶金过程。主要是通过合金化和热处理工艺，改变铀金属及其合金的组成、组织结构使铀金属材料达到特定性能。主要研究铀金属材料的力学性能、物理性能、腐蚀性能和不同环境使用条件下，铀及其合金的行为，如铀的辐照效应、热循环条件下的性状、应力腐蚀破裂、氢脆等。

13.118　铀金属压力加工　uranium metal pressure processing

铀金属及其合金在外力作用下，通过塑性变形来制取一定形状、尺寸和力学性能的原材料、毛坯或零部件的工艺方法。包括：轧制、锻造、挤压、拉拔、冲压等。

13.119　铀合金热处理　heat treatment of uranium alloy

对铀合金进行相变热处理和形变热处理，使铀合金的宏观和微观组织发生变化，以改变铀合金的力学性能、物理性能、耐腐蚀性能和中子辐照性能。

13.120　铀合金表面处理　surface treatment of uranium alloy

为防止铀金属制品表面氧化所采取的工艺技术。包括：电镀、化学镀、涂层、表面硬

13.121　燃料管共挤压　fuel tube co-extrusion

将燃料芯体密封包覆在包壳材料中组成复合挤压坯，在一定的挤压比、变形温度、压力和变形速度下将燃料芯体和包壳同步共挤压成满足设计要求的圆形或异形复合燃料管的工艺技术。燃料芯体、内包壳和外包壳三层的厚度要均匀并达到冶金结合，燃料芯体不得外露。

13.122　燃料板复合轧制　fuel plate rolling

将燃料芯体密封包覆在包壳材料中组成复合轧制坯，通过热轧和冷轧多道轧制，得到满足要求的复合燃料板。燃料芯体、内包壳和外包壳三层的厚度要均匀并达到冶金结合，燃料芯体不得外露。

13.123　燃料密封包覆　fuel sealing coating

用包壳材料把燃料芯体密封包覆起来，隔绝燃料芯体与慢化剂或冷却剂的接触，不使燃料及裂变产物散逸泄漏到慢化剂或冷却剂中造成放射性污染，保护燃料芯体不受冷却剂或慢化剂的侵蚀。燃料芯体的密封包覆是燃料元件制造中最关键的技术之一。

13.124　燃料棒焊接　fuel rod welding

燃料密封包覆技术之一。将装有燃料芯块的包壳管与端塞焊接在一起，把燃料芯块密封包覆起来。焊接工艺包括：真空电子束焊、氩弧焊、压力电阻焊、激光焊等。

13.125　弥散芯体成型　dispersion core forming

将燃料相材料制成一定颗粒尺寸的粉末，与基体材料粉末混合均匀后，压制成一定的尺寸和形状，经过热处理后，加工成用于共挤压、复合轧制或其他密封包覆的弥散体芯坯的工艺技术。

13.126　芯块成型烧结　pellet molding

陶瓷体燃料芯块制备工艺技术。主要用于铀、钚氧化物陶瓷芯块的制备。通过压力成型和烧结使之达到一定的密度和尺寸。烧结一般在还原性气氛下进行，烧结温度通常在1700 ℃以上。

13.127　铀金属挤压　uranium metal rod extrusion

用于金属型燃料芯体的制备工艺技术。金属铀或铀合金挤压坯在表面施以防氧化涂层并加热到指定的相区温度后，挤压成一定的尺寸的棒材或管材，用于加工燃料芯体。

13.128　核芯制备–溶胶凝胶法　core preparation-sol-gel method

包覆颗粒燃料陶瓷 UO_2 微球的制备工艺技术。包括：用 U_3O_8 作原料，经过溶解、配胶、分散、陈化、洗涤、烘干、焙烧、还原烧结，即可得到 UO_2 陶瓷微球，即核芯。

13.129　颗粒包覆–气相沉积法　particle coating-vapor deposition

在高温流化床沉积炉中采用化学气相沉积的原理制备包覆燃料颗粒的包覆层的工艺技术。原料气体在流化床沉积炉中高温裂解为固相产物沉积在流动的核芯表面形成热解镀层。不同物质的热解镀层采用不同的原料气体。

13.130　燃料球高温纯化　high temperature purification fuel ball

经过低温碳化的石墨燃料球在真空下加热至 1800~1950 ℃进行处理，目的是进一步去除基体石墨中的气体和降低过渡金属元素的含量，纯化基体石墨表层，改善基体石墨的抗氧化腐蚀性能。

13.131　组件组装　component assembly

将燃料元件(燃料棒、燃料管、燃料板等)和结构部件在特定的工装平台上，机械连接或焊接成满足技术要求的燃料组件的工艺过程。不同的燃料组件的组装工艺有很大区别。

13.132　隔离块涂铍　isolated block coated beryllium

坎杜(CANDU)型燃料组件特有的工艺技术。铍作为钎料事先被气相沉积在隔离块焊接面上。涂铍是在独立的空间内由专用设备完成的。

13.133　隔离块钎焊　isolation block brazing

坎杜(CANDU)型燃料组件特有的工艺技术。涂铍的隔离块与包壳管的钎焊是在专用的高频真空感应加热装置中进行的。在钎焊温度下铍与锆形成铍锆合金，使隔离块与包壳达到冶金结合。

13.134　锆管涂石墨　zirconium tube coated graphite

坎杜(CANDU)型燃料组件特有的工艺技术。是在专用装置上将特制的石墨浆体涂到包壳管的内壁上并固化形成一层均匀的石墨薄层。其作用是可降低燃料芯块与包壳管之间的核燃料芯块与包壳的相互作用(pellet-cladding interaction, PCI)效应，从而降低包壳管的破损率。

13.135　端板焊接　end-plate welding

坎杜(CANDU)型燃料棒束的组装工艺。首先将燃料棒固定在特制的组装夹具内，形成燃料棒束要求的构形，并将端板固定在棒束两端，然后在专用的压力电阻焊机上，将端板逐一点焊到每根燃料棒的端塞上，组成燃料棒束组件。

13.136　格架焊接　grid welding

格架是压水堆核电燃料组件的主要结构件，起定位、隔离、夹持燃料棒的作用。格架由格架条带或格架栅元组合焊接而成。每个格架有二三百个栅元，六七百个焊点。格架焊接首先是将格架条带或栅元在特制的夹具中组装成型，然后在专用的格架焊接设备上自动焊接而成。焊接方式有激光焊、电子束焊、压力电阻焊和钎焊等。

13.137　骨架焊接　frame welding

骨架是压水堆燃料组件的承载结构件。骨架焊接是采用压力电阻焊将导向管、仪表管与各种格架连接成一体的工艺。导向管部件下端与下管座用轴间螺钉连接，导向管上端与上管座用套筒螺钉连接。

13.138　骨架胀接　frame expansion

采用专用胀接设备将导向管、仪表管与各种格架连接成一体的工艺。导向管部件下端与下管座用轴间螺钉连接，导向管上端与上管座用套筒螺钉连接。

13.139　拉棒　pull rod

在拉棒装置上将燃料棒拉入骨架的过程。拉棒前，拆去上、下管座。拉棒机从燃料棒预装盒中抓取燃料棒后将其拉入格架的栅元中。拉棒中要避免损伤燃料棒包壳和格架的刚凸、弹簧及翼片。

13.140　滚压　rolling

板型燃料组件在组装时，从第一层开始将燃料板插入带有滚压槽的侧板中，通过滚压轮在滚压槽上的直线滚动进行逐层滚压，将燃料板与侧板机械咬合实现固定的工艺。

13.04　核燃料检验试验

13.141　铀面密度　uranium areal density

单位面积下铀的含量。符号为 D，$D=\rho \cdot t$，单位是 g/cm^3，其中 ρ 表示芯体中铀的体密度，t 表示芯体厚度。是板状或管状弥散体燃料元件中特定的技术指标。

13.142　铀分布均匀性　uranium distribution uniformity

弥散体燃料芯体中燃料相(铀)分布的均匀程度。

13.143　芯体与包壳贴紧度　core and cladding tightness

弥散型燃料管或燃料板在共挤压或轧制过程中芯体与包壳之间达到冶金结合的状态。一般用超声波检测的方法来表征，是衡量产品质量的重要指标。

13.144　起泡试验　blistering test

在芯体与包壳密合型燃料元件中，由于裂变或其他来源的气体聚集到芯体和包壳之间，其压力增大至足以局部顶起包壳，使其脱离燃料芯体而产生鼓包，称为起泡。起泡试验是测量燃料管或燃料板的起泡阈值温度，用于衡量燃料管或板在高温下短期运行对起泡的抵抗能力，测量方法采用不同温度的连续退火，确定开始起泡时的退火温度。

13.145　水隙　water gap

又称"流道间隙(flow passage clearance)"。在管形燃料组件或板型燃料组件内，相邻两元件管、板之间留有一定的间隙，以便让冷却水流通过，带走核反应产生的热量。

13.146　活性区长度　length of the active zone

燃料元件中燃料芯体部分的长度。

13.147　铀总量　total mass of uranium

燃料芯体中铀的总含量。

13.148 硼当量 boron equivalent

燃料芯体中以硼的中子吸收截面为计量基准的各种元素的中子吸收截面的总和。

13.149 芯块氢含量 core hydrogen content

溶解于芯块中或容纳在芯块气孔中的氢原子含量。在芯块装入包壳管之前，必须对芯块的含氢量进行严格控制，确保芯块批总氢含量满足技术条件。

13.150 芯块密度 core density

单位体积内二氧化铀芯块的重量。天然同位素含量的二氧化铀芯块的理论密度为 10.96 g/cm^3。

13.151 碟形尺寸 dish size

重水堆和压水堆的燃料芯块的端部采用碟形带倒角的端面。碟形端面的芯块可以补偿中心部位较大的热膨胀和减少包壳管产生的竹节变形。

13.152 焊缝腐蚀性能 weld corrosion resistance

评价焊缝质量和焊接工艺的指标。一般用腐蚀增重来表征。焊缝腐蚀试验是在高压釜中进行的，在规定的腐蚀介质、压力、温度和时间内，测量腐蚀产物重量和观察表面氧化膜的颜色来评价焊缝的抗腐蚀性能。焊缝的腐蚀性能主要受焊接工艺的影响。

13.153 锆材氢化物取向 zirconium hydride orientation

片状氢化锆与包壳管周向之间的取向。锆合金容易吸氢形成氢化锆造成氢脆。对于薄壁的锆包壳管，片状氢化锆的取向是影响其性能和使用寿命的重要因素。控制氢化物取向是包壳管加工工艺必须考量的重要技术指标。氢化物的径向取向对包壳管的性能是不利的，无序取向或环向取向是允许的。

13.154 焊缝爆破性能 weld blasting performance

焊缝爆破是检验焊缝机械强度最有效的方法，它实际上是对燃料棒焊缝的耐压检验。焊缝的爆破检验是在专门的爆破试验装置上进行的。不允许破裂发生在焊缝上，即焊缝强度应大于基体材料强度。

13.155 焊线尺寸 weld line size

压力电阻焊焊缝质量和焊接工艺的评价指标之一。由于是非熔化焊接，在焊缝上如有未冶金结合的部分，金相检验时会发现在原来分界面上有一段非常细的线，称之为焊接线。这条焊接线是用材料分界面完全冶金结合的长度对壁厚长度的百分比来表示的，一般规定其值不应小于90%。

13.156 芯块间隙检查 fuel pellet gap detect

燃料棒芯块之间间隙的检查。在装有压紧弹簧的燃料棒中，燃料芯块之间的间隙应控制在规定的限值内，以避免芯块缺失、芯块破碎及碎屑卡在芯块间或与包壳管内壁之间，形成间隙，造成燃料棒在反应堆内温度差异，甚至产生 PCI (燃料芯块与包壳之间的相互作用) 效应。间隙检查一般采用射线穿透法。

13.157 燃料棒富集度检查 fuel rod enrichment detection

燃料棒制作完成后，对内装芯块的富集度进行100%的符合性检测，以核实所装芯块的富集度是否符合技术要求，避免发生漏装、错装、混装现象。对于单一富集度的燃料棒，检查是否有其他富集度的芯块装入。对于多富集度的燃料棒，检查装入的位置、数量是否正确。检查是在专用的设备上进行的。

13.158　燃料棒气体含量　fuel rod gas content

在燃料棒制造时要充入一定压力、纯度≥99.995%的氦气。其作用是传递芯块裂变时释放的热能并保持燃料棒内压。燃料棒气体含量为采取抽样检查棒内气体的组分是否满足技术要求。

13.159　铀表面污染　uranium surface contamination

控制燃料元件表面污染是基本的技术要求。为防止燃料元件在制造过程中其表面受到铀污染，在燃料棒制造完成后，要对其表面进行铀污染检测。一般要求表面铀污染值不大于 54 μg/m²。表面污染是通过检测核污染物放出的 α 射线来实现检测的。铀污染的元件在反应堆中会造成冷却剂的污染。

13.160　焊缝氦检漏　weld helium leakage detection

利用氦质谱仪对燃料棒焊缝的密封性进行的检验。燃料棒在端塞密封焊前在其内部充入了一定的氦气，所以当燃料棒置入容器内对其抽真空时，如焊缝有贯穿性缺陷，燃料棒内部的氦气就会泄漏出来，被氦质谱检漏仪检出。由此可以确定燃料棒的密封性的好与坏。各种燃料棒都有泄漏率要求。

13.161　抽插力　pulling force

压水堆的控制棒组件是插入燃料组件的导向管中的。为保证反应堆运行中控制棒能够顺利抽出和落下，在燃料组件制造完成后，要进行抽插力测定。一般规定插进时的摩擦力应低于最大值 67 N，测量时需要一组标准的控制棒组件和一套记录控制棒组件下落时的重力变化的测力系统。

13.162　格架弹簧夹持力　grid spring clamping force

压水堆的定位格架栅元条带上的弹簧对燃料棒产生的力。燃料棒一边由弹簧施力，另一边顶住条带上冲出的刚性凸起，使燃料棒保持在中心位置。弹簧夹持力检测可用负荷传感器和电阻应变仪对弹簧的夹持力进行测定。也可以采用非接触式光学测量系统对弹簧和刚凸的高度进行测量，从而达到控制栅元夹持力的目的。

13.163　焊缝缺陷　weld defect

焊缝内存在的气孔、气胀、氧化色、熔深不足(即未焊透)、焊缝表面不光滑等现象。常用的检测方法有超声波、X 射线等。

13.164　辐照生长　irradiation growth

非立方型晶格的材料在中子辐照下，即使无载荷，也会发生尺寸变化，表现为定向伸长和缩短，而保持其密度基本不变的现象。

13.165　辐照损伤　irradiation damage

固体材料在高能粒子(如带电粒子、中子等)辐射下发生的一些基本的、微观的变化的现象。辐射损伤优先于辐照效应，是材料宏观性能变化(辐射效应)的基本原因。

13.166　辐照肿胀　irradiation swelling

某些材料在中子照射下产生体积增大、密度下降的现象。影响某种材料肿胀程度的主要因素是辐照积分通量和辐照温度。根据产生肿胀的原因可以分为固体裂变产物肿胀、气体裂变产物肿胀及空洞肿胀。

13.167　燃料芯块–包壳的相互作用　pellet-cladding interaction

燃料棒在使用过程中，经辐照的燃料芯块与包壳之间可能发生的机械相互作用和燃料棒内的裂变产物与包壳的化学相互作用的总称。它可能导致包壳应力腐蚀开裂，甚至造成燃料破损。

14. 核 化 工

14.01　核燃料循环

14.001　核燃料后处理　nuclear fuel repro-
　　　　　cessing
　对反应堆辐照过的核燃料进行化学再处
　理，分离回收未用尽的和新生成的核燃料
　物质，并对产生的放射性废物进行安全
　处理。

14.002　核燃料循环　nuclear fuel cycle
　核能生产涉及的核资源开发和核燃料加工、
　核燃料使用、核燃料回收再利用、放射性废
　物处理与最终处置的一系列工业过程。以反
　应堆为界分为前段、反应堆运行和后段。核
　燃料循环分为闭式循环和一次通过循环两
　种方式。

14.003　乏燃料　spent fuel
　在反应堆堆芯内受过辐照并从堆芯永久卸出
　的核燃料。

14.004　辐照燃料　irradiated nuclear fuel
　(1)泛指在反应堆内经中子辐照过的核燃料。
　(2)指乏燃料。

14.005　开式燃料循环　open fuel cycle
　又称"一次通过式燃料循环(once-through
　fuel cycle)"。核燃料只在反应堆内使用后，
　不经过后处理回收铀、钚而被直接永久地质
　处置的循环方式。

14.006　闭式燃料循环　closed fuel cycle
　乏燃料经过后处理，将回收的铀和钚重新
　制造成核燃料组件而使用的核燃料循环
　方式。

14.007　核燃料循环前段　front-end of nucle-
　　　　　ar fuel cycle
　核燃料在核反应堆中使用前的工业加工过
　程。一般包括铀(钍)矿勘察、采冶、铀纯化
　转化、铀同位素分离和核燃料组件加工制造
　等过程。

14.008　核燃料循环后段　back-end of nucle-
　　　　　ar fuel cycle
　核燃料从反应堆卸出后的处理和处置过程。
　对闭式燃料循环，其后段包括乏燃料的中间
　贮存、后处理回收核燃料、放射性废物的处
　理和最终处置等过程；对一次通过式燃料循
　环，其后段包括乏燃料的中间贮存、直接包
　装、深地质最终处置等过程。

14.009　乏燃料管理　spent fuel management
　对反应堆中卸出的乏燃料的贮存、运输、后
　处理、废物处理处置等过程中所进行的安
　全、技术和经济等方面活动的总称。

14.010　核燃料管理　nuclear fuel management
　在核燃料的提取、制造、使用、贮存、后处
　理及回收复用过程中所进行的安全、技术和
　经济等方面活动的总称。

14.011　易裂变材料　fissile materials
　含有一种或几种易裂变核素(如 ^{233}U、^{235}U、
　^{239}Pu)的材料。

14.012　可裂变材料　fissionable materials
　含有可裂变核素的材料。可裂变材料是指在
　足够快的中子(如动能高于 1 MeV 的中子)作

用下发生裂变的核素,如 ^{232}Th、^{238}U、^{237}Np、^{241}Am 等。

14.013　可转换材料　fertile materials
含有一种或几种可转换核素的材料。有两种天然存在的可转换材料,^{238}U 和 ^{232}Th,通过俘获中子和随后的两次 β 衰变,它们分别转变为易裂变的 ^{239}Pu 和 ^{233}U。

14.014　退役安全　decommissioning safety
核设施退役过程中涉及的安全问题。包括辐射安全、核安全、工业安全和环境安全。

14.015　钚再循环　plutonium recycling
从乏燃料后处理中回收得到的钚制备成核燃料在反应堆内再循环使用的过程。

14.016　铀再循环　uranium recycling
从乏燃料后处理中回收得到的铀制备成核燃料在反应堆内再循环使用的过程。

14.017　锕系元素再循环　actinide recycling
从乏燃料后处理中回收得到的锕系元素制备成核燃料组件(或靶件)在反应堆内再使用(作为燃料使用或嬗变)的过程。

14.018　钍铀燃料循环　thorium-uranium fuel cycle
又称"钍基核燃料循环"。^{232}Th 与 ^{233}U 构成的核燃料循环。即以天然钍(^{232}Th)为转换材料,在反应堆内转换为 ^{233}U 作为核燃料。钍-铀核燃料循环要先用 ^{235}U 或 ^{239}Pu 启动,再逐步过渡到 ^{232}Th-^{233}U 循环。

14.02　核燃料后处理

14.019　分离流程　separation process
对涉及核燃料提取和后处理过程中目标化学元素进行分离提取的工艺过程的统称。

14.020　水法后处理　aqueous reprocessing
处理过程是在水溶液中进行的核燃料后处理技术。一般采用酸溶解元件后再用溶剂萃取等方法进行处理。

14.021　干法后处理　dry reprocessing
相对水法后处理而言,不使用水和有机介质,而使用液态金属、熔盐或卤化物,通常在高温下处理乏燃料的非水方法。目前主要有氟化物挥发法、高温冶金法和电解精炼法等。

14.022　普雷克斯流程　PUREX process
采用磷酸三丁酯作萃取剂、从乏燃料溶解液中分离回收铀、钚的核燃料后处理商业化通用工艺流程。

14.023　二酰胺萃取流程　diamide extraction process,DIAMEX process
法国基于 CHON 原则,优选出二酰胺类与 M(Ⅲ)阳离子形成六环配合物,从酸性高放废液中萃取 Am(Ⅲ) 和 Ln(Ⅲ),并研发了 DIAMEX 流程。目前国际上正在对二酰胺萃取剂的结构作进一步的改进,以提高其萃取分离性能。

14.024　三烷基氧化磷流程　trialkyl phosphine oxide,TRPO process
20 世纪 80 年代,清华大学提出的用三烷基氧化膦混合物作萃取剂,从低酸度高放废液中萃取 An 和 Ln,然后分别反萃 Am(Ⅲ)和 Ln(Ⅲ)、Np 和 Pu、U 的分离流程。

14.025　TRUEX 流程　TRUEX process
20 世纪 80 年代,美国阿贡国家实验室(ANL)

研发了双配位萃取剂(CMPO)辛基(苯基)-N，N-二异丁基胺甲酰基甲基氧化膦，并发展了从酸性高放废液中共萃取 An 和 Ln 的工艺。但为了减少 CMPO 水解和辐解，提高萃取水相酸度，防止形成第三相，必须加入改性剂 TBP 组成混合萃取，需使用络合剂 DTPA 作反萃剂。

14.026　二异癸基磷酸流程　DIDPA process

从高放废液分离锕系元素的一种溶剂萃取流程。本流程由日本原子能研究所提出。采用二异癸基磷酸 diisodecylphosphoric acid (DIDPA) 作萃取剂 (分子式为 $(C_{10}H_{21}O)_2 POOH$)。

14.027　萃取分离锕系元素流程　SANEX process

欧洲一些研发中心采用中性 N 给予体萃取剂从二酰胺萃取流程产品液 Am(Ⅲ)+Ln(Ⅲ) 中萃取分离 Am(Ⅲ)，开发了选择性 An 萃取流程 SANEX。优先选用的萃取剂是 $CyMe_4$-BTBP 双(四甲基–四氢化苯并三嗪)联吡啶和 TODGA 四辛基二甘醇酰胺，Am(Ⅲ)回收率>99%。该流程目前还在继续改进开发中，发展方向是要选用新萃取剂直接从 PUREX 流程萃余液中萃取分离 Am(Ⅲ)。

14.028　查尔姆斯理工大学流程　CTH process

从高放废液中分离锕系元素和镧系元素的一种溶剂萃取流程。采用二乙基己基磷酸(HDEHP)作为萃取剂和二乙三胺五乙酸(DTPA)作为络合剂进行锕镧分离。

14.029　含磷萃取剂分离三价锕镧元素流程 TALSPEAK process

一种从高放废液中分离锕系元素和镧系元素的溶剂萃取流程。采用二乙基己基磷酸(HDEHP)作为萃取剂进行锕镧分离。

14.030　索雷克斯流程　Thorex process

采用磷酸三丁酯作萃取剂，从辐照钍基核燃料溶液中分离铀、钍和裂变产物的流程。

14.031　季米特洛夫勒干法流程　dimitrovgrad dry process，DDP

由俄罗斯原子反应堆研究院(RIAR)提出的干法流程。该流程针对氧化物乏燃料，在 NaCl+CsCl 熔盐体系中利用铀、钚、次锕元素以及稀土元素在不同气氛和不同组分的熔盐中行为的差别实现乏燃料中铀钚回收的干法后处理流程。

14.032　电解精炼流程　electrorefine process

乏燃料组分在电解池熔盐中的阳极溶解，根据不同组分的标准氧化还原电势的差异，先后在两个阴极上还原析出铀和钚及次锕系元素的一种乏燃料干法后处理流程。

14.033　DUPIC 流程　DUPIC process

韩国开发的将压水堆乏燃料直接用于坎度(CANDU)堆的处理、加工过程。具体过程如下：压水堆乏燃料经机械剪切和高温处理，释放出气体裂变产物和部分挥发性裂变产物，再压制烧结成芯块，制成 CANDU 堆燃料元件。

14.034　熔盐萃取流程　molten salt extraction process

在高温熔盐和熔融金属的两相体系中，利用金属组分在熔盐和熔融金属中溶解度的差异而实现不同组分之间分离的过程。

14.035　两循环流程　two cycle process

采用两个萃取循环即能满足铀、钚最终产品质量要求的改进的普雷克斯流程。

14.036　单循环流程　single cycle process

采用一个萃取循环即能满足或基本满足铀、

钚最终产品质量要求的改进的普雷克斯流程。

14.037 锕系元素 actinide
元素周期表中 89～103 号元素。即锕至铹共 15 个元素的总称。都是放射性元素，前四种存在于自然界中，其余 11 种全部用人工核反应合成。其中铀、钍和钚是主要的核燃料。

14.038 高释热核素 high heat release nuclide
在核反应过程中产生的衰变热较大的放射性核素。如 ^{137}Cs、^{90}Sr、^{238}Pu 等。

14.039 长寿命核素 long-lived nuclide
半衰期大于 30 a 的放射性核素。

14.040 高放废液分离 high-level liquid waste partitioning
属于分离-嬗变的第一部分。即从后处理产生的高放废液中，经过化学分离提取出长寿命的锕系元素和长寿命的裂变产物元素的分离过程。

14.041 全分离 overall separation
通常指对乏燃料中铀、钚、镎、锝及其他次锕系元素等有用元素进行分离提取的工艺过程。

14.042 次锕系分离 minor actinides partitioning
从后处理产生的高放废液中，经过化学分离提取出次锕系元素的过程。

14.043 锕镧分离 separation of actinides and lanthanides
从高放废液中分离次锕系元素(特别是三价次锕系元素)的过程中，因三价次锕系与三价镧系元素的化学性质十分相似，故首先采用组分离方法将三价次锕系-镧系元素作为一组分离出来，然后再用特殊方法实现三价次锕系与三价镧系元素之间的分离，后者被称为锕镧分离。

14.044 锔镅分离 separation of curium from americium
从锕镧分离获得的锔镅混合溶液中实现锔与镅之间分离的过程。

14.045 组分离 group separation
将高放废液中的三价次锕系与三价镧系元素作为一组分离出来的过程。

14.046 乏燃料燃耗信用制 burn credit of spent fuel
承认乏燃料的燃耗，按乏燃料的实际反应性来保证临界安全的做法。

14.03 核燃料后处理工艺

14.047 后处理工艺 reprocessing process
对反应堆中卸出的乏燃料进行贮存、首端剪切、溶解、化学分离回收铀钚及废物处理等工艺过程的统称。

14.048 首端 head end
在乏燃料后处理化学分离工艺之前所做的一些处理步骤。一般包括剪切、溶解、过滤(或澄清)、调料等过程。

14.049 乏燃料贮存 spent fuel storage
乏燃料在后处理或处置前的暂存过程。贮存分湿式和干式两种，湿式是将乏燃料暂时贮存在以水为屏蔽和冷却剂并衬有不锈钢覆面的池中。干式用空气冷却，多见于坎杜重水堆乏燃料干式贮存仓。

14.050 乏燃料冷却 spent fuel cooling
乏燃料中含有大量放射性物质，随着放置时

间的延长经自然衰变而使放射性活度和释热率减弱的过程。

14.051 乏燃料运输 spent fuel transportation
用特殊容器和专用运输工具,在严格的安全防护措施下,将乏燃料从一地转移到另一地的过程。

14.052 乏燃料剪切 spent fuel shearing
采用剪切机将乏燃料组件剪除端头和剪切成短段的过程。

14.053 高温氧化挥发法 high temperature vol-oxidation treatment
一种乏燃料后处理首端干法处理方法。通过高温氧化处理将乏燃料元件中的 UO_2 陶瓷芯块氧化为易被硝酸溶解的 U_3O_8 或者 UO_3 粉末,实现包壳与燃料芯块的分离,同时 ^3H、$^{85}K/Xe$、^{14}C、^{129}I、Cs、Ru、Tc 等易挥发性和半挥发性裂变产物元素以气体的形式被全部或部分去除的过程。

14.054 机械去壳 mechanical decladding
用机械方法去除乏燃料元件的包壳。

14.055 化学去壳 chemical decladding
用化学方法去除乏燃料元件的包壳。

14.056 废包壳 leached hull
乏燃料在切断–浸取过程中所产生的固体包壳废物。

14.057 乏燃料溶解 spent fuel dissolution
乏燃料后处理首端过程中的一个步骤,采用化学方法将乏燃料溶解于溶液中的过程。

14.058 批式溶解 batch-dissolution
分批往溶解器中加入乏燃料短段和溶解剂,并分批排出合格的溶解液的过程。

14.059 连续溶解 continuous-dissolution
以一定的速度连续往溶解器中加入乏燃料短棒和溶解剂,并以一定的速度连续排出合格的溶解液的过程。

14.060 切断–浸取 chop-leaching
乏燃料后处理首端处理的一种工艺过程。将除去端头的乏燃料组件剪切成两端裸露出燃料芯块的短棒,落入预先装有硝酸溶液的溶解器中,一边剪切一边浸取包壳中的芯块,当乏燃料短棒已够一批溶解量时,停止剪切进料,继续浸取溶解芯块,并留下未被溶解的包壳。

14.061 缺酸 acid deficiency
在硝酸介质中,硝酸根离子与金属离子之比值小于其化学计算量比时的状态。

14.062 次级沉淀 post-precipitate
乏燃料溶解液过滤后,滤液在澄清放置过程中形成的新的沉淀。

14.063 不溶残渣 insoluble residue
乏燃料芯块溶解过程中的不溶物。

14.064 溶解尾气 off-gas from dissolution
乏燃料在溶解过程中产生的气体。

14.065 溶解液 dissolved solution
溶芯后产生的溶解溶液。

14.066 絮凝剂 flocculant
能使固体分散体系中的微粒集合成较大的絮状物,以加快沉淀,改善分离性能的物质。

14.067 溶解液澄清 dissolved solution clarification
用离心分离和介质过滤等方法处理,使料液中其他固体杂质沉降得到澄清的过程。

14.068　溶解液过滤　dissolved solution filtration

料液通过多孔介质，以压差或其他外力为推动力，使固液混合物中的液体通过介质的微孔，使固体粒子被截留的过程。

14.069　除碘　iodide removal

用一种或一种以上的方法去除核反应过程中产生的碘核素，使其达到允许排放的水平。

14.070　溶剂萃取　solvent extraction

简称"萃取"。又称"液–液萃取(liquid-liquid extraction)"。两个不互溶或基本上不互溶的液相互相接触，利用各组分在两液相间不同的分配关系，通过相间传质使物质从一相转入另一相，实现组分间分离的过程。在核燃料循环中，溶剂萃取已广泛用于浸出液的铀回收、铀纯化、乏燃料后处理以及裂片元素的分离等工序。

14.071　地下水处理　underground water treatment

又称"地下水清污"。采用化学或物理方法，对受到放射性污染的地下水进行净化处理，使其达到有限制或无限制使用的目标。

14.072　补萃　re-extraction

用有机溶剂与反萃液混合接触，把不希望被反萃的物质重新萃取到有机相中的过程。

14.073　萃取循环　extraction cycle

通过萃取、洗涤和反萃使被萃取物从水相进入有机相，其后再从有机相回到水相，达到被萃取物的分离、浓缩和提纯的过程。

14.074　铀饱和度　degree of uranium saturation

萃取剂萃取的铀量与该萃取剂被铀饱和的量的比值。以百分数表示。

14.075　有机相饱和度　saturation of organic phase

溶剂萃取过程中待萃取物质(如金属离子)被萃取到有机相中的实际量与按化学反应式计算应被萃取的理论量之比值。

14.076　萃取容量　extraction capacity

在一定萃取体系中，单位浓度的萃取剂对某种溶质的最大萃取量。

14.077　流比　flow ratio

进入某一接触设备的各液体流量(体积、质量)之比。

14.078　相比　phase ratio

萃取过程中，有机相与水相(或水相与有机相)的体积比。

14.079　三相　the 3rd phase

溶剂萃取过程中，在有机相和水相之间形成的不相混溶的第二有机相。

14.080　乳化　emulsification

萃取操作中，两个物相(一般是有机相和水相)混合时形成难以分成清晰两层的乳浊液的现象。

14.081　分配　distribution

在一定条件下，某种物质在两相或多相体系某一相中的比例。

14.082　分配比　distribution ratio

某物质在互不相溶的两相中达到萃取平衡时，其在有机相和水相中浓度的比值。

14.083　分散相　dispersed phase

两相中以不连续的液滴形式存在的(那一)相。

14.084　连续相　continuous phase

两相中连成一体的相。

14.085　后处理稀释剂　diluent for reprocessing process
为满足后处理萃取工艺要求和改善萃取剂物化性能而加入的一种惰性有机溶剂。

14.086　后处理萃取剂　extractant for reprocessing process
后处理萃取工艺所使用的具有萃取铀、钚等目标元素功能的有机试剂。

14.087　磷酸三丁酯　tributyl phosphate
化学式为$(C_4H_9)_3PO_4$，核燃料提取和后处理PUREX流程中通常使用的萃取剂。

14.088　盐析剂　salting-out agent
指易溶于水，不仅不被有机溶剂萃取，而且与溶液中其他组分不发生化学反应的无机盐。盐析剂的存在可以提高铀、镎、钚的萃取率。

14.089　串级实验　cascade experiment
一种间歇操作的多级逆流液-液萃取过程实验方法。该方法首先根据萃取过程的分离要求，预先进行级数估算，大体确定一个级数，在设计的流比和进料物流组成条件下，用若干支分液漏斗(或试管)来进行多级逆流萃取，其结果(如流程收率、净化系数、分离系数、浓度分布等)可用来验证设计的条件实验是否达到预期的分离要求。

14.090　台架实验　bench experiment
采用微型萃取设备，实现多级逆流液-液萃取化学工艺过程的实验方法。对于料液组分复杂且各组分的分配系数又相互影响的萃取体系以及新的萃取体系，需要在实验室中进行台架实验，以验证化工工艺流程性能，确定用于工程设计的流程工艺参数。

14.091　冷实验　cold test
在核燃料后处理工艺研究中，只用铀(或钍)和硝酸，不引入其他放射性核素进行的实验。

14.092　温实验　warm test
又称"α核素实验(alpha nuclide experiment)"。在燃料后处理工艺研究中，在铀或钍中加入少量的钚、镎或裂变产物所配制的物料进行的实验。

14.093　热实验　hot test
在乏燃料后处理工艺研究中，用真实乏燃料溶解液所进行的工艺实验。

14.094　共处理　co-processing
在乏核燃料后处理工艺研究中，不进行铀、钚完全分离而将两者按一定比例提取净化的处理方法。

14.095　料液调制　feed conditioning
又称"调料"。溶芯的产品料液出料后，为满足后续工序的料液的要求，用稀硝酸调节料液的铀浓度，用浓硝酸调节料液的酸度，有时还需要调节金属离子价态的过程。

14.096　双酸洗涤　two nitric acid stripping, dual strip
采用低浓度酸和高浓度酸在萃取接触器的洗涤段对萃取物有机相分段进行洗涤净化的工艺。

14.097　界面污物　interfacial crud
萃取过程中积聚在两相界面上的聚集物。由多种物种(如料液中的固体微粒，某些溶剂降解产物形成的沉淀等)所组成。

14.098　料液　feed
物料溶解在液体中产生的溶液。

14.099　无盐工艺　salt-free process
水法乏燃料后处理过程中不采用金属盐类流程试剂，以减少需要最终处置的放射性废物量的工艺。

14.100　共去污分离循环　co-decontamination separation cycle

乏燃料溶解液通过铀、钚共萃取、还原反萃钚和铀反萃三步操作，实现铀、钚与裂变产物元素的分离净化的工艺过程。

14.101　共萃取　co-extraction

萃取某一元素时，另外一些元素也混同萃取的过程。

14.102　锝洗　technetium scrub

在乏燃料水法后处理工艺中，进行铀钚分离前，通过采用较高浓度硝酸洗涤的方法从流程中去除锝的过程。

14.103　氚洗　tritium scrub

在乏燃料水法后处理工艺中，从有机相中洗掉氚化硝酸的过程。

14.104　在线电解铀钚分离　on-line electrolysis uranium/plutonium separation

水法乏燃料后处理过程中，在铀钚分离阶段，直接在设备中采用电解还原技术生成四价铀还原钚，不需要外加还原剂进行铀钚分离的过程。

14.105　无盐还原剂　salt-free reductant

水法乏燃料后处理过程中，在钚化学还原过程中使用的不产生额外盐分的还原剂。通常指仅含 C、H、O、N 的有机小分子还原剂。

14.106　支持还原剂　supporting reducing agent

又称"清除剂(scavenging agent)"。用于协助主还原剂达到稳定还原目的的化学试剂。如水法后处理厂中使用的硝酸肼，清除亚硝酸，防止硝酸体系中三价钚发生再氧化而造成铀中除钚分离系数的下降。

14.107　料液预处理　pretreatment of the feed solution

为了满足下一工艺的特定要求，料液在进入下一工序处理之前，向料液中加入某种化学试剂，在加温或不加温条件下，对料液进行处理的过程。

14.108　铀纯化循环　uranium purification cycle

在乏燃料水法后处理过程中，对得到的铀初产品液再次进行萃取分离，进一步除去钚、镎和裂变产物的过程。

14.109　稀流程　dilute process

料液铀浓度较低(小于 100 g/L)的铀纯化萃取循环流程。

14.110　浓流程　concentrated process

料液铀浓度较高(大于 100 g/L)的铀纯化萃取循环流程。

14.111　无盐调价　valence adjustment by salt-free reagent

采用不含有金属离子的氧化剂或还原剂对料液中金属离子进行的价态调节。

14.112　钚料液调制　plutonium feed conditioning

在乏燃料水法后处理过程中，将钚料液中钚的价态和溶液酸度调整至目标状态的过程。

14.113　钚纯化循环　plutonium purification cycle

在乏燃料水法后处理过程中，对铀和裂变产物初步分离的硝酸钚溶液再次进行萃取分离，进一步除去铀和裂变产物，并将钚溶液加以浓缩的过程。

14.114　回流萃取　reflux extraction

提纯浓缩钚的一种萃取流程。萃取到有机相中的钚经萃取、反萃后，反萃水相按一定的

比例返回至萃取段进行再次萃取的工艺
过程。

14.115　有机相捕集　organic phase capture
在萃取或反萃过程中，由于分相不好，水
相产品液或萃残液中夹带有机溶剂时，可
以用少量惰性有机溶剂(如稀释剂)与之混
合接触，把被夹带的有机溶剂提取到有机
相中。

14.116　过程模拟　process simulation
用表示后处理各工艺过程的数学模型(物料
平衡、热量平衡、热力学平衡和设备设计方
程等)以及表示各工艺过程关系的数学式表
示后处理过程的特性。

14.117　阳阳离子络合　cation-cation coordi-nation
普遍存在于 An(V)(U(V)、Np(V)、Pu(V)、
Am(V))与其他金属离子之间的一种相互作
用。由于五价锕系元素具有特殊的轴线双氧
络合结构，所以其可以通过轴线氧原子与其
他金属离子发生络合。

14.118　锝行为　technetium behavior
乏燃料后处理工艺中裂变产物元素锝的化
学行为。

14.119　锆行为　zirconium behavior
乏燃料后处理工艺中裂变产物元素锆的化
学行为。

14.120　镎走向　routing of neptunium
乏燃料后处理工艺中镎元素的各液流中的
分布。

14.121　锝共萃　coextraction of technetium
由于锝与铀、锆等阳离子的相互作用，其与
阳离子共同被萃取到有机相的过程。

14.122　镎的提取　neptunium extraction
在乏燃料后处理工艺流程中提取可称量的镎
的过程。

14.123　溶剂再生　solvent regeneration
采取一定的措施从污溶剂中去除有害的降
解产物(如磷酸二丁酯、磷酸一丁酯)和保留
的痕量铀、钚和裂变产物元素(锆、钌)的过
程。恢复溶剂的萃取性能通常使用的方法
有碱-酸洗涤净化法，急骤蒸馏净化法和大
孔树脂净化法等。

14.124　溶剂洗涤　solvent washing
用一种或数种试剂与污溶剂接触，以去除其
中的杂质的过程。

14.125　溶剂降解　solvent degradation
有机溶剂在化学试剂或电离辐射作用下，有
机分子的键断裂并发生进一步反应的过程。

14.126　加氢煤油　hydrogenated kerosene
通过高压氢化的方法使煤油中的不饱和烃
变成饱和烃的煤油。

14.127　急骤蒸馏　flash distillation
污溶剂经预热后送入负压的加热器中，利用
负压和增大加热面积的方法使溶剂在很短
时间内受热气化，而后在负压精馏塔分馏，
使挥发度不同的组分相互分离的一种再生
污溶剂的方法。

14.128　碘值　iodine value
溶剂萃取稀释剂中不饱和碳氢化合物含量
的量度。通常以每 100 g 稀释剂所吸收的碘
的质量来表示。

14.129　钚保留值　retention of plutonium
保留在溶剂中不能被反萃的钚量。是衡量溶
剂降解程度的指标之一。一般以 1 mL 反萃
后保留在溶剂中钚的毫克数，或 10^9 L 反萃

后的溶剂中含有钚的摩尔数表示。

14.130　还原值　reduction value
稀释剂中含有的还原物质的量。是衡量稀释剂稳定性的指标之一。在 $H_2SO_4(2\ mol/L)$ 介质中，每升稀释剂所消耗的 $KMnO_4$ 摩尔数的五分之一。

14.131　锆指数　zirconium index
衡量溶剂萃取后处理中所用溶剂降解程度的指标之一。被测溶剂在一定条件下萃取 ^{95}Zr，接着用 $HNO_3(3\ mol/L)$ 洗涤 3 次，以除去被萃取剂络合的锆后，在 $10^9\ L$ 溶剂中保留锆的摩尔数。

14.132　辐解　radiolysis
电离辐射引发化合物的分解作用，生成激发分子、正离子和次级电子。

14.133　离子交换色谱法　ion exchange chromatography
以离子交换剂(一般为离子交换树脂)为固定相，流动相带着试样通过固定相时，利用试样离子与固定相表面离子交换基团之间的交换能力和速度不同，在固定相中保留时间不同使组分相互分离的技术。

14.134　色层分离法　chromatographic separation
利用不同溶质(样品)与固定相和流动相之间的作用力(分配、吸附、离子交换等)的差别，当两相做相对移动时，各溶质在两相间进行多次平衡，使各溶质达到相互分离的技术。

14.135　净化　decontamination
用物理、化学或生物的方法去除或降低产品中放射性污染程度的过程。

14.136　净化系数　decontamination factor，DF
又称"去污系数"。对某一分离过程而言，能消除产品中杂质的能力，或是经过某一分离过程后，产品中放射性杂质污染的减少程度。DF=(分离前样品中放射性杂质的相对含量)/(分离后样品中放射性杂质的相对含量)。

14.137　回收率　recovery rate
简称"收率"。经过某个过程处理后，所提取出来的某物质的总量与料液中该物质总量的比值。

14.138　萃取率　extraction efficiency
经过一次或多次萃取后某物质在萃取液中的总量与该物质在料液中总量的比值。

14.139　分离系数　separation factor，SF
表示两种物质(如铀与钚)在分离过程中相互分离效果的指标。通常以 SF 表示。某两种元素的分离系数，指两种元素在分离前含量的比值与分离后含量的比值之比值。

14.140　尾端　tail-end
在核燃料后处理流程中，经主要化学分离之后所采取的一些处理步骤。其目的是将纯化过的中间产品进行补充净化、浓缩以及转化为所需的最终形态。

14.141　铀尾端　tail-end process of uranium
在核燃料后处理流程中，经主要化学分离后，对所得到的铀中间产品进行补充净化、浓缩以及转化为最终产品形态的一整套工艺步骤。

14.142　热脱硝　thermal denitration process
通过加热使硝酸铀酰蒸发浓缩、脱水，最后分解，转化为铀氧化物的过程。

14.143　直接热脱硝　direct thermal denitration process
经过溶剂萃取或硅胶吸附等纯化工艺得到的硝酸铀酰溶液，不经过三碳酸铀酰铵沉淀和煅烧，而直接进行加热转化为铀氧化物的过程。

14.144 后处理铀 reprocessed uranium
通过后处理从乏燃料中回收的铀。

14.145 钚尾端 tail-end process of plutonium
在核燃料后处理流程中，经过主要化学分离后，对所得到的钚中间产品进行净化、浓缩以及转化为最终产品形态的一整套工艺步骤。

14.146 草酸钚沉淀 plutonium oxalate pre-cipitation
乏燃料后处理过程中将钚从硝酸水溶液中以草酸盐的形式沉淀下来的工艺过程。

14.147 铀钚共沉淀 uranium-plutonium co-precipitation
含有铀、钚的溶液经沉淀反应后形成各种成分均一沉淀的方法。

14.148 铀钚共转化 uranium-plutonium co-conversion
铀钚共沉淀后，一起转化为铀钚混合氧化物。

14.149 武器级钚 weapon-grade plutonium
钚-239 丰度高于 93% 的钚。

14.150 纯钚 pure plutonium
化学纯度达到钚产品质量标准的钚。

14.04 核燃料后处理设备

14.151 后处理厂设备与维修 equipment and maintenance of reprocessing plant
乏燃料后处理厂使用的专用设备及维护。

14.152 后处理厂 reprocessing plant
对反应堆使用过的核燃料进行化学处理，除去裂变产物，回收未用尽的和新生成的核燃料的设施。通常包括乏燃料贮存水池、首端处理、化学分离纯化、U 和 Pu 尾端处理及放射性废液废物处理等工段。

14.153 乏燃料运输容器 spent fuel shipping cask
用于包装乏燃料使之成为运输货包的屏蔽密封容器。

14.154 溶解器 dissolution vessel
完成乏燃料溶解的专用设备。

14.155 剪切机 spent nuclear fuel shear
剪切乏燃料组件的专用设备。

14.156 屏蔽 shielding
各种屏蔽体的设置和作用。

14.157 屏蔽体 shield
为降低进入某一区域的辐射强度所用的物体。

14.158 屏蔽塞 plug
降低屏蔽体上孔洞辐射的可移动部件。

14.159 脉冲萃取柱 pulse extraction column
以脉冲形式输入能量，使液体产生脉动的萃取柱。是柱式萃取设备的一种，可分为脉冲筛板柱(柱内装有筛板)和脉冲填料柱(柱内装有填料)。

14.160 离心萃取器 centrifugal extractor
借助离心力使两相迅速混合和分离的高效快速的一种液-液萃取设备。

14.161 混合澄清槽 mixer-settler
由混合室和澄清室单元组合而成的溶剂萃取设备。

14.162 重相堰 heavy phase weir
混合澄清槽中用于控制水相出口级的界面高度,防止有机相从水相出口级短路流走的结构。

14.163 液泛 flooding
萃取设备运行的一种不正常运行工况。由于操作条件控制不当或一相流量变化太大或界面污物不断积累等,出现萃取设备中某一相积累,其出口流量逐渐减少的现象。严重时还会造成某一相停止出料,而另一相从此相出口大量涌出的情况。

14.164 热室 hot cell
通过窥视窗并借助远距离操作工具(如机械手)对强放射性物进行操作的具有厚屏蔽层的封闭室。

14.165 工作箱 shielded box
具有屏蔽层(铅、铸铁等)的箱式设备。通过窥视窗并借助简单工具进行操作,其允许操作的放射性水平介于手套箱和热室之间。

14.166 机械手 manipulator
核领域隔离操作工具。用在屏蔽墙后操作放射性物质,进行维修、拆除、更换设备、搬运物品等作业,以使操作人员与被操作的放射性物质及其污染区隔开,从而保护操作人员不受放射性辐射损伤。

14.167 手套箱 glove box
工作人员通过窥视窗并借助手套对某些有毒的或有放射性的物质进行直接操作的一种装有手套的密闭箱式设备。

14.168 维修区 maintenance area
供检修放射性污染设备用的区域。需要对进出该区人员进行控制,并采取必要的防护措施。

14.169 直接维修 direct maintenance
人员接近放射性设备并对失效的设备进行现场直接修理或更换。

14.170 间接维修 indirect maintenance
又称"远距离维修(remote maintenance)"。相对于直接维修而言,借助远距离控制操作装置对放射性设备进行修理或更换。

14.171 免维修 maintenance-free
设备在设计寿命期内无须进行维修的设计理念。

14.172 铅玻璃 lead glass
含有铅化合物、具有较好屏蔽电离辐射性能的玻璃。

14.173 铅橡胶 lead rubber
含有铅化合物、具有较好屏蔽电离辐射性能的橡胶。

14.174 重混凝土 heavy concrete
含有高密度骨料(如铁矿石、铁块、重晶石等)以增强其屏蔽性能的混凝土。

14.175 空气闸门 airlock
简称"气闸"。核燃料循环设施内从一区域进到另一区域时,通过确保这两个区域的负压梯度和气流组织的流向不受影响,保证这两个区域不交叉污染的过渡空间。

14.176 双盖密封容器 double-lid sealed container
采用双 α 密封转运技术,进行 α 放射性物质转运的容器。

14.177 液下屏蔽泵 shielded pump in the liquid
用于输送放射性液体的、其屏蔽电机浸没于料液中的离心泵。

14.178 空气升液器 airlift
利用压缩空气(或其他气体)提升液体的一种装置。一般由供料槽、压空入口管、提升管、气液分离器等组成。

14.179　α密封屏蔽检修容器　α confinement and shielded repairing container
在检修、转运设备过程中保持α放射性核素不泄漏到周围环境中的具有生物屏蔽层和双盖门的容器。

14.180　α密封　α confinement
使α放射性物质封闭在规定区域中，使其不泄漏到周围环境中的措施。

14.181　非接触式测量仪表　non-contact measuring instrument
不接触被测物体进行精准测量的仪表。

14.182　吹气仪表　air purge instrument
输出压力能够自动跟随吹气管线出口压力的变化而变化，并保持输出气体流量稳定的非直接接触式液位测量装置。

14.183　免维修流体输送设备　maintenance-free fluid delivery device
以免维修为特征的流体输送设备。

14.184　袋封技术　bag sealing technology
在放射性物料输入输出过程中，在接口处采用塑料袋密封避免放射性扩散沾污的技术。

14.05　放射性废物管理及分类

14.185　放射性废物管理　radioactive waste management
为保护公众健康和环境免受放射性废物危害而采取的一系列改变放射性废物特性的行政和技术手段。包括制定法律法规、方针政策、辐射监测、安全分析和环境影响评价，以及对废物预处理、处理、整备、运输和处置在内的所有环节。

14.186　放射性废物最小化　radioactive waste minimization
为将放射性废物最终处置体积、重量及放射性废物中放射性核素含量减少至合理可达到最少的技术活动。

14.187　再循环　recycle
又称"再利用(reuse)"。为减少最终需要处置的放射性废物量及节约成本，将放射性污染物料经净化处理达到审管部门规定的清洁解控水平，并再次返回生产工艺流程使用的过程。核燃料后处理中，是指在对反应堆辐照过的核燃料进行化学再处理，分离回收未用尽的和新生成的核燃料物质，对产生的放射性废物进行安全处理这个过程中。

14.188　废物减容　waste volume reduction
通过蒸发浓缩、压缩、焚烧等技术将放射性废物最终需要处置的体积减小的活动统称。

14.189　放射性废物　radioactive waste
所有涉核活动过程中产生的含有放射性核素或被放射性核素所污染，其放射性核素浓度或比活度大于国家规定的环境排放水平，且预期不会再被利用的物质。

14.190　放射性气态废物　radioactive gaseous waste

简称"放射性废气"。含有放射性核素的气态废物的统称。

14.191　放射性液体废物　radioactive liquid waste

简称"放射性废液"。含有放射性溶解物、胶体或分散固体的液态废物的统称。

14.192　放射性固体废物　radioactive solid waste

又称"放射性固体""固体放射性废物"。受放射性污染而作废物处理的各种固态物质，以及放射性液体经固定或固化形成固化体的统称。

14.193　放射性有机废物　radioactive organic waste

简称"有机废物(organic waste)"。以有机化合物为主要成分的放射性废物。包括废离子交换树脂、废磷酸三丁酯(TBP)等有机萃取剂、废润滑油、废机油、废闪烁液等。

14.194　可燃性废物　combustible waste

具有可燃烧性的放射性废物。如布、纸、木材、塑料、橡胶制品、废树脂和有机溶剂等。

14.195　可压缩废物　compressible waste

又称"可压实废物(compactable waste)"。经加压可减容的放射性固体废物。如防护衣物、拖布、擦纸、塑料制品、过滤芯、废树脂、玻璃制品、金属管道、电缆、小型风机和电机等。

14.196　高水平放射性废物　high-level radioactive waste

简称"高放废物"。放射性核素含量或浓度高，释热量大，操作和运输过程中需要特殊屏障的放射性废物。这类废物主要包括：乏燃料后处理产生的高放废液及其固化体、准备直接处置的乏燃料及相应放射性水平的其他放射性废物。

14.197　中等水平放射性废物　intermediate-level radioactive waste，ILW

简称"中放废物"。放射性核素含量或浓度及释热量低于高放废物，但在正常操作和运输过程中需要采取屏蔽措施的放射性废物。

14.198　极低水平放射性废物　very low-level radioactive waste

放射性水平极低，可在工业垃圾填埋场处置的固体废物。其所含人工短寿命放射性活度浓度高于免管水平，但不高于监管部门认可的活度浓度值。

14.199　极短寿命废物　very short lived radioactive waste

放射性水平高于免管废物，且不能直接当作普通工业废物处理，但所含放射性核素半衰期极短，短时间内放射性水平就能下降到解控水平的放射性废物。

14.200　豁免废物　exempt waste

又称"免管废物"。按照清洁解控水平可以免除核审管控制的放射性废物。

14.201　超铀废物　trans-uranium waste

含半衰期大于 20 a、原子序数大于 92 的核素，且其放射性活度浓度大于或等于 3.7×10^6 Bq/kg，主要来自乏燃料后处理厂和钚加工处理设施的放射性废物。

14.202　核电废物　nuclear power plants waste，NPP waste

核电厂寿期内产生的放射性废物的统称。通常包括运行过程、检修过程以及意外事件产生的放射性废物。

14.203 工艺废物 process waste
为了保证核设施正常运行,定期对某些部件进行更换而产生的放射性废物统称。如废离子交换树脂、废过滤器芯、地面清洗废水及不复用的含硼废水等放射性废物。

14.204 技术废物 technical waste
核电站停车维修过程中产生的各类非工艺放射性废物统称。如劳保用品、木块等。

14.205 核技术应用废物 nuclear application waste
放射性同位素生产和应用过程中产生的放射性废物的统称。

14.206 废放射源 spent radioactive source
俗称"废源"。预见将来不再使用,而可能要长期闲置的放射源。

14.207 铀钍伴生放射性废物 associated uranium-thorium ore mining radioactive waste
铀、钍矿物开采加工过程中产生的放射性废物的统称。

14.208 尾矿 tailings
全称"水冶尾矿(hydrometallurgy)"。对铀矿石进行水冶后剩余的岩石统称。属于低放废物。

14.209 尾矿渗液 mining tailings leaching solution
从尾矿库渗出并对环境造成危害的液体。

14.210 氡析出 radon exhalation
氡(^{222}Rn)在物质内部通过扩散和对流等作用转移至物质表面并释放到空气中的现象。通常在尾矿堆积过程中产生。

14.211 核燃料循环废物 nuclear fuel cycle waste
在核燃料循环过程(如铀采冶、铀转化、铀浓缩、燃料制造、反应堆运行、乏燃料后处理和放射性废物管理等技术活动)中产生的放射性废物总称。

14.212 模拟废物 simulated waste
为了开展某种放射性废物处理工艺研究,需要通过加入示踪量放射性核素或稳定同位素,使其成分、物理性能、化学性能尽可能接近真实废物的模拟物料。

14.213 二次废物 secondary waste
放射性废物处理过程中作为副产物产生的废物统称。例如,在废气处理中产生的洗涤废液、废过滤器芯或吸附剂;再生离子交换树脂时产生的反冲废水、再生废液和失效的废树脂等。

14.214 含氚废物 tritium tritiated waste
所含氚的放射性活度浓度大于审管部门规定限值的放射性废物。

14.215 放射性废物处理 radioactive waste treatment
为满足放射性废物处置库/场接收要求,对放射性废物采取的减容、去污和改变其组分的一系列技术活动统称。包括:预处理、气态/液态/固体放射性废物处理、整备等。

14.216 废物预处理 pre treatment
为满足放射性废物处理工艺要求所采取的预先处理技术活动。包括:废物收集、废物分类、化学调制、去污等。

14.217 分拣 sorting
依据放射性分类标准,利用辐射监测装置或手工分拣,在分拣台上将废物分出放射性或非放射性废物,低放与中放废物,可

燃与不可燃废物，可压实与不可压实废物

的活动。

14.06 放射性废物处理

14.218 去污 decontamination
用物理、化学或生物的方法去除或降低放射性污染物体放射性水平的过程。根据其工艺特点有：初步去污、在役去污、事故去污和退役去污等。

14.219 调制 adjust
为了便于放射性废物处理工艺的实施，预先对其酸碱进行调节，或去除对于后续工艺产生不利影响组分的操作。

14.220 放射性气态废物处理 radioactive gaseous waste treatment
为保证净化后气体满足国家监管部门的环境排放要求，将放射性气态废物中放射性核素去除净化的技术活动统称。

14.221 尾气 off-gas
核设施运行过程中如溶解、蒸发、焚烧、玻璃固化、沥青固化、水泥固化等过程产生的放射性气体流出物。

14.222 滞留衰变 retaining decay
采用吸附滞留床等设备，将放射性气体废物中的半衰期短的放射性核素滞留，通过衰变降低其放射性水平的处理技术。

14.223 衰变贮存 decay storage
将工艺过程中的放射性气体采用贮存罐贮存，通过所含半衰期短的放射性核素衰变，实现降低放射性水平的处理技术。

14.224 吸附滞留 adsorption retaining
采用吸附材料将气态放射性废物所含核素吸附滞留，通过衰变降低其放射性水平，和

(或)减少放射性核素的迁移扩散可能性的处理技术。

14.225 高效粒子空气过滤器 high efficiency particulate air filter，HEPA filter
采用过滤材料去除空气中的亚微米级微粒的干式过滤装置。广泛应用于核空气净化和空气超净技术领域。

14.226 碘吸附器 iodine adsorber
后处理尾气处理工艺尾端设置对放射性碘吸附效率大于 99.99%的专用吸附过滤装置。

14.227 通风过滤 ventilation and filtration
采用通风方法将厂房内放射性核素浓度稀释，并通过通风系统过滤装置降低、除去放射性气体中放射性核素的处理技术。

14.228 过滤效率 filtration efficiency
过滤器净化效率指标。用于表示滞留尘埃或放射性物质的能力，其值为过滤前后气体中尘埃或放射性浓度之差与过滤前原始尘埃或放射性浓度之比。

14.229 放射性废液处理 radioactive liquid waste treatment
为保证净化后液体满足国家监管部门的环境排放要求或复用条件，采用必要的工艺技术降低放射性废液中放射性核素浓度，和(或)减少放射性废液体积的技术活动。

14.230 化学沉淀 chemical precipitation
又称"絮凝沉淀"。通过向放射性废液中加入沉淀剂，在适当条件下使之发生水解和凝聚并形成胶体颗粒，载带放射性核素

一起形成沉淀，实现净化放射性废液的处理技术。

14.231 泥浆 slurry
又称"污泥(sludge)"。在化学沉淀处理工艺过程中，絮凝剂将放射性核素载带并沉积在容器底部的浆状浓缩物统称。

14.232 离子交换 ion exchange
借助离子交换剂上可交换离子(活性基团)与废水中放射性离子交换，实现放射性废液净化的处理技术。

14.233 除盐床 desalination bed
将放射性废水中盐分除去的设备统称。

14.234 蒸发浓缩 evaporation and concentration
借助于外加热将放射性废水中水分汽化，蒸发过程中只有极少量易挥发的放射性核素随水蒸气进入冷凝水，大多数不挥发的放射性核素留在蒸残液中的处理技术。

14.235 蒸残物 evaporation residue
又称"蒸发残渣"。放射性废液在蒸发浓缩处理工艺中，蒸发釜底部的残余浓缩物的统称。

14.236 浓缩倍数 concentration factor
放射性废水蒸发浓缩处理过程中，原始废水体积与蒸残液体积之比。

14.237 热泵蒸发 heat pump evaporation
对放射性废水蒸发处理过程中产生的二次蒸汽进行压缩后，将其作为加热工质加热蒸发放射性废水的技术。与传统蒸发工艺相比，热泵蒸发可节能90%以上。

14.238 膜技术 membrane technology
采用膜分离法净化处理放射性废水的技术。

14.239 超滤 ultrafiltration
超滤膜孔径介于5～50 nm，典型操作压力低于1.4 MPa，可截留胶体颗粒和大分子有机物等，从而实现净化废液的膜分离方法。

14.240 微滤 microfiltration
微滤膜孔径介于0.1～10 μm，典型操作压力为0.1 MPa左右，可截留直径大于0.1 μm颗粒，从而实现净化废液的膜分离方法。

14.241 纳滤 nanofiltration
纳滤膜孔径介于0.5～5 nm，典型操作压力为0.3～4 MPa，可截留纳米级颗粒和分子量为200～500的有机物，从而实现废液净化的膜分离方法。

14.242 反渗透 reverse osmosis
在与半透膜接触的浓溶液一侧施加大于溶液自然渗透压的压力，使溶液产生与自然渗透相反的渗透时使用，即使浓溶液中的溶剂透过膜进入稀溶液的过程。

14.243 电渗析 electrodialysis
在直流电场的作用下，利用离子交换膜的选择透过性，使溶液中的离子定向迁移，以达到净化/浓缩液体目的的膜分离技术。

14.244 放射性固体废物处理 radioactive solid waste treatment
为了减少放射性废物最终需要处置的体积，对以固态形式存在的放射性废物进行减容的技术活动。如压缩和焚烧等。

14.245 压缩 compression
利用外力对放射性废物进行挤压，使物料间和物料内部的空隙减少，实现减小废物体积和外形尺寸的处理方法。

14.246　超级压实　super compaction
采用压头压力达到 10^7 N 以上的压缩机以减少金属、管件和罐体等强度高的设备体积的处理技术。

14.247　压缩减容因子　volume reduction factor of compression
用于评价固体废物处理后体积减小的程度。通常用放射性废物减容前、后体积比值表述。

14.248　焚烧　incineration
将分拣、破碎后可燃废物送入高温炉燃烧，放射性核素以灰渣形式排出或在尾气系统截留，实现废物减容的处理技术。

14.249　过量空气焚烧　excess air incineration
放射性废物中有机成分先在氧气不足或惰性气体条件的反应室中热解成挥发性气体，然后进入有过量空气的燃烧室完全燃烧的一种处理技术。

14.250　热解焚烧　pyrolytic incineration
在空气供应量大于理论计算量的情况下，实现可燃废物高温分解的处理技术。

14.251　流化床焚烧　fluidized bed incineration
放射性废物经分拣、破碎后，送进惰性介质为导热介质的床层中在高温下分解的处理技术。

14.252　等离子体焚烧　plasma incineration
利用等离子体作热源，进行放射性废物高温分解，实现废物减容的处理技术。

14.253　湿法氧化　wet oxidation
又称"湿法燃烧法(wet combustion)"。利用酸或其他强氧化性物质(如过氧化氢)将有机物无机化的处理方法。

14.254　废金属熔炼　waste metal smelting
将放射性污染的金属在高温下熔融，放射性核素以熔渣的形式排出，实现对放射性污染金属材料净化的技术活动。

14.255　分离−嬗变　partitioning and transmutation
为了减少需要最终处置放射性废物体积，从高放废液中化学分离提取出长寿命的锕系元素和长寿命的裂变产物，然后在快中子反应堆或加速器中进行核反应，使这些长寿命的放射性核素转变成短寿命的放射性核素或稳定核素的化学与物理过程。

14.256　快堆嬗变　fast reactor transmutation
利用快堆的快中子反应将放射性废物中的次锕系核素(MA)或长寿命裂变产物(LLFP)转变成短寿命或稳定同位素的处理技术。

14.257　加速器驱动次临界洁净核能系统嬗变　accelerator driven sub-critical system transmutation, ADS transmutation
利用质子加速器驱动的次临界系统，将长寿命核素裂变形成短寿命的放射性核素，减少需要深地质处置的放射性废物体积的处理技术。

14.258　铀钍矿冶废物处理　uranium/thorium ore mining waste treatment
铀钍矿开采和水冶过程中产生的废物处理技术活动的统称。

14.259　防氡覆盖层　radon prevention layer
为减少氡析出而在固体面加设的涂覆层或覆盖层。

14.260　尾矿稳定　stability of tailings
全称"尾矿稳定化"。为稳定矿渣所采取的

措施。可能包括尾矿脱水、排水、建造(维修)坝体、排洪设施和覆盖尾矿库等。

14.261 放射性废物整备 radioactive waste conditioning
简称"废物整备"。为使放射性废物适于装卸、运输、贮存或处置等环节，将其处理、包装等技术活动统称。

14.262 放射性废物固化 radioactive waste solidification
简称"废物固化"。为降低弥散性废物的不稳定性，按一定比例将适合固化基材、添加剂同放射性液体或湿固体(如泥浆)废物混合，在一定工艺条件下使放射性废物进入固化基材的结构中，并最终转变为稳定、易于操作、运输和装卸的固体废物形态的工艺过程。

14.263 固化基材 solidification base material
形成废物固化体主体结构，并能稳定地包容放射性核素的有机/无机材料。如水泥、沥青、塑料、玻璃、陶瓷等。

14.264 废物固化体 waste form
简称"固化体"。又称"废物形态"。放射性废物经过预处理、处理和整备等环节最终形成的适合处置的固体形态废物的统称。根据固化体基材分为水泥固化体、沥青固化体、塑料固化体、玻璃固化体、陶瓷固化体等。

14.265 水泥固化 cement solidification, cementation
常温下，以一定比例将水泥同放射性废物、添加剂等混合，并形成水泥废物固化体的工艺技术。

14.266 水力压裂 hydraulic fracturing
用高压水在页岩内造成裂缝，并压入低、中

水平放射性废液与水泥混合而成的泥浆，经固结成水泥浆片，使放射性核素被包容固定在地下页岩的预定区域内，以实现与生物圈的隔离，达到安全处置目的的技术活动。

14.267 桶内固化 in-drum solidification
在固化桶内加入放射性废物和水泥进行搅拌混合和固化的过程。

14.268 桶外固化 out-drum solidification
在固化桶外将废物和水泥搅拌混合均匀后注入桶内固化的过程。

14.269 水灰比 ratio of water to ash cement
水泥固化配方的一个指标，以掺入水/废液与水泥基材的质量比表述。

14.270 盐灰比 ratio of salt to ash cement
水泥固化配方的一个指标，以掺入废液所含盐分与水泥基材的质量比表述。

14.271 水化热 thermal of hydration heat
水泥固化过程的重要指标。用于表征放射性废物、水泥基材与水发生化合反应时所放出的热量。

14.272 流动度 fluidity
废液水泥浆流动性的一种指标。其大小以水泥浆在流动桌上扩展的平均直径(mm)表述。

14.273 沥青固化 bituminization
将放射性废水与熔融沥青以一定比例混合，通过加热蒸发脱除废水中水分，最终形成沥青固化体的处理技术。沥青固化工艺包括批式过程和连续过程(如螺杆挤压法和薄膜蒸发法等)。

14.274 螺杆挤压法 screw machine pressure extruder
从挤压机一端加入沥青、添加剂和放射性废

水，随着螺杆推进，不断蒸发出水分并均匀混合，最后从挤压机另一端排出混合均匀的沥青固化体产品的工艺技术。

14.275　薄膜蒸发法　thin film evaporation
废液与沥青从顶部加入，通过分配盘和旋转的刮板把混合物料均匀送到蒸发器内表面，在自上而下的流动过程中不断蒸发出水分，并通过刮板将废液中的盐分与沥青混合均匀，最后形成沥青固化体的处理工艺技术。

14.276　塑料固化　polymerzation
又称"聚合物固化"。把放射性废物掺和在聚合物基材中形成固化体的处理技术。目前应用较多的是不饱和聚酯固化、环氧树脂固化和苯乙烯固化等。

14.277　热固性固化　thermoset curing
沥青固化或塑料固化过程中固化基材在高温下加热后形成交联网络结构，无法反复塑形的工艺过程。

14.278　热塑性固化　thermoplastic curing
沥青固化或塑料固化过程中，固化基材在高温下加热后形成链式结构，可以反复塑形的工艺过程。

14.279　玻璃固化　vitrification
在 1000～1200 ℃条件下，将放射性废物同玻璃一起熔融并形成玻璃态固化体的过程。通常用于处理乏燃料后处理产生的高放废液。

14.280　玻璃固化体　glass form
利用玻璃固化工艺处理放射性废物，最终形成的玻璃固体废物统称。根据玻璃基料分为硼硅酸盐玻璃固化体和磷酸盐玻璃固化体。

14.281　硼硅酸盐玻璃固化体　borosilicate glass form
以二氧化硅和氧化硼为主要组分的固化基材同放射性废物按一定比例混合，在高温下熔融后浇铸形成的均匀玻璃固化体统称。

14.282　磷酸盐玻璃固化体　phosphate glass form
以五氧化二磷为主要组分的玻璃固化基材同放射性废物以一定比例混合，在高温下熔融后浇铸形成的均匀玻璃固化体统称。

14.283　黄相　yellow phase
在玻璃熔制过程中放射性废物硫、铬或钼含量超过玻璃网络结构溶解限值而从结构中分离的相。主要成分为碱和碱土金属硫酸盐、铬酸盐或钼酸盐，并在玻璃固化体表面形成富含 ^{137}Cs、^{90}Sr 等核素并易于溶解于水的黄色分相。

14.284　玻璃固化配方　glass formula
通过设计、计算获得同放射性废物高温熔融后形成满足一系列性能要求的玻璃固化体主体结构的多种氧化物的确定组成。

14.285　启动玻璃　starting glass
通过设计、计算获得满足玻璃固化启动工艺要求，不影响后续玻璃熔制工艺的多种氧化物确定组成的玻璃。

14.286　反玻璃化　devitrification
玻璃固化体产品出现析晶等晶化现象，导致玻璃结构破坏和玻璃固化性能下降的现象。

14.287　罐式玻璃固化　in-can melter vitrification
又称"罐式熔融法(in-can melter)"。采用多段感应加热，在金属罐内将高放废液与玻璃基料一起在高温下蒸发、煅烧和熔融，最终形成均匀的废物玻璃固化的工艺技术。

14.288　两步法金属熔炉感应玻璃固化 two-step metal induction-heated melter vitrification

放射性废液经蒸发脱硝和煅烧后形成的固体粉末在感应加热金属熔炉中同玻璃基材熔融，浇铸后形成玻璃固化体的工艺技术。

14.289　焦耳陶瓷电熔炉玻璃固化 Joule-heated ceramic electrical melter vitrification

又称"电熔炉法(electric melting furnace)"。基于玻璃在高温熔融状态下具有导电性，在陶瓷熔炉内利用硅钼电极棒加热熔融启动玻璃并产生焦耳热，将高放废液同玻璃基料在高温下熔融形成玻璃固化体的工艺技术。

14.290　冷坩埚玻璃固化 cold crucible melter vitrification

全称"两步法冷坩埚玻璃固化(two-step cold crucible glass curing)"。利用高频电源电磁感应加热熔融坩内经蒸发煅烧产生的煅烧产物和玻璃基料，最终形成玻璃固化体的工艺技术。由于坩壁通有冷却水，在运行过程中坩壁始终保持低于 200 ℃，该坩体称为冷坩埚。

14.291　陶瓷固化 ceramic solidification

将陶瓷基材同放射性废液一同经过高温、热压等工艺，形成陶瓷固化体的工艺技术。

14.292　人造岩石固化 synroc solidification

通过高温固相反应制造热力学稳定的、人工合成类似岩石的多相矿物固溶体的工艺过程。

14.293　玻璃陶瓷固化 glass-ceramic solidification

通过控制熔制温度，将放射性废物和玻璃基料熔融并形成具有陶瓷晶相的玻璃固化体

的工艺过程。

14.294　热等静压 hot equal-press isostatic-pressing

将样品放置到密闭的容器中，向样品施加各向同等的压力，在高温高压的作用下，获得致密化产品的工艺过程。

14.295　自蔓延高温合成 self-propagation high-temperature synthesis

又称"燃烧合成(combustion synthesis)"。利用放射性废物同反应物之间发生化学反应的自加热和自传导作用合成致密度高、理化性质稳定的放射性废物固化体的工艺技术。

14.296　废物固化体性能测试 characterization of waste form

为保证废物固化体性能满足国家相关标准，依据国家相关技术标准对废物体组成及其机械、物理、化学、生物和抗辐照等性能的检测和鉴定。

14.297　废物固化体化学稳定性 chemical stability of waste form

废物固化体同水体接触并发生化学反应(如腐蚀、溶解等)后，能维持其结构和组分的能力。是评价废物固化体质量的主要性能之一。

14.298　元素归一化浸出率 element normalized leaching rate

计算固化体样品元素浸出率的一种方法。用公式表示：$NL_i = (C_i - C_0)/(f_i \times (SA/V) \times t)$，其中，$C_i$ 是完成试验后浸出液中 i 元素的浓度(g/L)，C_0 是浸出液中 i 元素的初始浓度(g/L)，V 是浸出液体积(m^3)，f_i 是 i 元素在玻璃体中所占质量百分比，SA 是玻璃样品表面积(m^2)，t 是浸出时间(d)。

14.299 废物固化体均匀性 homogeneity of waste form

废物固化体中所含物质分布的均匀程度。是用于评价和控制废物固化体产品质量的指标之一。

14.300 废物固化体耐辐照性 radio durability irradiation stability of waste form

废物固化体受到所包容放射性核素衰变产生辐照作用后，维持其结构和化学性能的能力。

14.301 废物固化体热稳定性 thermal stability of waste form

废物固化体受到周围环境热或内部核素衰变热作用后，维持其结构和化学性质的能力。包括自燃性、着火性、热挥发、热分解等。

14.302 熔融玻璃高温黏度 viscosity of molten waste-glass

高温条件下，玻璃基材和放射性废物形成的熔融物随温度变化受到的摩擦阻力和压差阻力。用于指示玻璃流动度，是玻璃澄清和均化、成形的重要工艺参数(单位 P·s)。

14.303 熔融玻璃高温电导率 electrical conductivity of molten waste-glass

高温条件下，玻璃基材和放射性废物形成的熔融物的导电能力。是玻璃熔融阶段的重要工艺参数(单位 S/m)。

14.304 冻融试验 freezing-thawing test

模拟气候条件变化，在冷冻和室温条件下反复数次后，测试水泥固化体承受气候变化作用，仍旧维持其抗压能力的一种固化体性能评价试验。

14.305 抗压强度 compressive strength

固化体受到压缩负荷作用而破坏其结构时的单位面积所承受的极限压力值。通常用于测试水泥固化体。

14.306 溶胀性 swelling property

废物固化体因吸收溶剂而发生体积膨胀和结构变化的现象。

14.307 废物固化体中游离液体 free liquid in waste form

在固化工艺过程中，不能为固化基材结合并在固化体表面渗出的液体。

14.308 浸出试验 leaching test

测定废物固化体承受不同温度、浓度等条件下水体对其侵蚀，仍维持其化学稳定性的试验。包括美国材料与试验协会(American Society of Testing Materials, ASTM)发布的美国西北太平洋国家实验室材料表征中心(Materials Characterization Center, MCC) 系列以及国际标准化组织(International Organization for Standardization, ISO)发布的索氏(Soxhlet)萃取法等试验。

14.309 核素浸出率 nuclide leaching rate

放射性核素从固化体中浸出的速率。浸出率有多种表示方法，通常用单位时间自单位表面积固化体内浸出的某种组分的质量表示 $g/(m^2 \cdot d)$。

14.310 放射性废物固定 radioactive waste immobilization

简称"废物固定"。通过埋置或包封等技术把散件废物(如废金属部件)或散固体废物(如灰渣)转化为在装卸、运输、贮存和处置时放射性核素迁移或弥散可能性小的稳定废物体的工艺过程。

14.311 水泥固定 cement immobilization

用水泥砂浆埋置或封装等手段，把散件或具有弥散性废物转换为在搬运、运输和处置时，放射性核素迁移或弥散可能性小的稳定废物体的工艺过程。

14.312　放射性废物包装　radioactive waste packing

简称"废物包装"。为满足对处理后放射性废物的转运、暂存和处置等活动，需要将放射性废物包封在符合国家监管部门要求的容器中的活动。

14.313　废物包　waste package

废物整备后的包装体。包括废物体和容器，也包括可能存在的吸收材料和衬里，以便符合搬运、运输、贮存或处置的需要。

14.314　废物容器　waste container

装载放射性废物的容器。

14.315　外包装　over package

已被封装的放射性废物包的补充外部容器或包装物。包括：当废物包表面剂量率超过管理限值时，为降低包装表面的辐照水平而附加在废物包外面的包装；为了装卸、堆放和运输方便，将两件以上的废物包组合成一个装卸单元所使用的容器。

14.316　高整体容器　high integrity container

具备密封性好、化学稳定性和热稳定性高，寿命达 500～600 a，可用来装载未经固化或固定的低、中放固体废物的暂存或处置容器。

14.317　运输容器　transportation container

为安全运输不同放射性物质而设计的容器。例如，运输易裂变物质的容器一般由筒体、顶盖、O 型环、吊耳以及螺栓螺母等部件组成。

14.318　处置容器　disposal container

用于包容整备后放射性固体，并满足处置场(库)处置要求的容器。

14.319　放射性废物贮存　radioactive waste storage

根据国家监管要求，整备后的放射性废物在处置之前需放置在能提供隔离、环境保护、有人为控制(如监督)并能回取的核设施中的贮存方式。包括湿法贮存和干法贮存。

14.320　湿法贮存　wet storage

又称"水冷贮存"。在乏燃料进行处置或处理之前，将其放置在设有过滤装置水池中冷却的贮存方式。

14.321　干法贮存　dry storage

在自释热放射性固体废物或乏燃料进行处置或处理之前，将其放置在设有空气冷却的贮存设施中的贮存方式。

14.322　废液贮槽　liquid waste storage tank

用于满足核设施运行安全要求，通常由耐腐蚀材料制成并在底部设置有托盘，专门盛放核设施运行过程中产生的放射性废液的槽罐体。

14.323　高放固化体中间贮存　high level solidification interim storage

高放废物固化体送至处置库处置之前，需要通过暂存(30～50 a)降低其表面温度的技术操作。

14.324　放射性环境流出物　radioactive environment effluent

从核设施、放射性实验室中通过气体或液体经适当处理，其放射性浓度降至环保部门规定的允许浓度后向环境排放的放射性物质流。

14.325　放射性气体流出物　radioactive gaseous effluent

从核设施、放射性实验室中通过气体途径释出的放射性气态废物(如放射性惰性气体、蒸气、挥发性气体以及气溶胶等)经适当处理，其放射性浓度降至环保部门规定的允许浓度后排入环境的物质流。

后排入环境的放射性物质流。

14.326　放射性液体流出物　radioactive liquid effluent
从核设施、放射性实验室中通过液体途径释出的放射性液体废物(如放射性溶剂、溶质以及悬浮物中的放射性核素等)经适当处理，其放射性浓度降至环保部门规定的允许浓度

14.327　流出物监测　effluent monitor
为了确保环境流出物满足国家监管部门环境排放要求，对核设施在运行过程中排出的气载和液态放射性流出物的核素组成、活度和总量的实时监督测量的活动。

14.07　放射性废物处置

14.328　放射性废物处置　radioactive waste disposal
简称"废物处置"。整备后废物放置在一个经批准的、专门的设施(如近地表处置场或地质处置库)里，不再回取的活动。也包括满足国家审管部门环境排放要求的净化后流出物直接排入大气或水体。

14.329　洞穴处置　cave disposal
根据处置对象特性，在地表面下几十米的洞穴中放置整备后的中低水平放射性废物，设置工程屏障的处置方式。

14.330　矿井处置　spent mine disposal
根据处置对象特性，在废弃矿井中放置不再回取的中低水平放射性废物的处置方式。要求废矿井干燥、无地下水和符合安全处置要求。

14.331　深地质处置　deep geologic disposal
在地表下 500 m 左右深度建造设施放置高放废物，使其永久同人类生物圈隔离的处置方式。

14.332　深钻孔处置　depth borehole disposal
钻孔深度达到地表下 1000~4000 m，钻孔中、下部放置整备后放射性固体废物，中、上部分别用缓冲回填材料封隔的处置方式。

14.333　近地表处置　near surface disposal
在地表下几十米深度左右建造设施放置中低水平放射性废物，确保设施屏障功能维持至其所包容放射性废物的活度衰变至环境可接受范围内的处置方式。

14.334　多重屏障体系　multi-barrier system
在放射性废物处置中，为了满足国家长期安全性的放射性废物处置库/场安全设计要求，采用人工和天然介质建立的具有纵深防御和层层设防的放射性废物处置场的设计结构。主要包括工程屏障、缓冲材料、回填材料、天然屏障等。

14.335　工程屏障　engineering barrier
多重屏障系统的重要组成部分，用于延迟或防止放射性物质迁移释放进入人类生活环境的人工屏障设施。主要包括废物固化体、废物包装、回填材料等。

14.336　废物源项　waste source-term
又称"处置源项(disposal source-term)"。放置在处置设施中整备后乏燃料/放射性废物固化体的统称。

14.337　缓冲材料　buffer materials
处置库中，通常放置在放射性废物货包周围具有稳定环境，限制地下水接触废物货包或

阻滞、降低废物中放射性核素向周围迁移扩散的材料，并构成处置库工程屏障的一部分。

14.338　回填材料　backfill materials
放置于正在或已放置放射性废物的处置库中被挖空区域，具有较好机械强度的材料。

14.339　天然屏障　natural barrier
又称"主岩(main barrier)""围岩(surrounding rock)"。放射性废物处置场/库多重屏障最外层自然存在、稳定性好的地质介质。例如，高放废物处置的地质介质(如花岗岩、岩盐、凝灰岩、黏土岩、玄武岩等)。

14.340　处置设施　disposal facility
为了保证环境安全和人类健康，选定用于包容、隔离经过处理、整备后的固体废物的场所。包括处置单元和周围辅助设施等。

14.341　极低放废物填埋场　very low-level waste landfill site
简称"填埋场"。在地表下几米到十几米深度，设有防水层用于处置极低放废物的极低放废物处置设施。

14.342　近地表处置场　near surface disposal repository
在地表面或地表面下几十米深，用于放置中低水平放射性废物、设置工程屏障、最外层加几米厚的防护覆盖层的处置场所。

14.343　中等深度地质处置库　intermediate depth disposal repository
在地表下约30～300 m深度，用于放置含有较多长寿命核素的中等水平放射性废物的设施。

14.344　深地质处置库　deep geological deep disposal
在地表下约500～1000 m甚至更深处，设有

通风井、人员通道以及处置单元等用于放置高水平放射性废物的设施。

14.345　地下实验室　underground laboratory
为高水平放射性废物最终处置进行前期研究和验证而建造于地面之下的设施。通常分为普通地下实验室和特定场址地下实验室。

14.346　特定场址地下实验室　specific site underground laboratory
经政府批准，建立在满足放射性废物处置库场址要求地质区域的地下实验室。可开展针对性热实验，具有方法学研究和场址评价双重作用，实验结束后可为地质处置库的设计建造提供参数。

14.347　普通地下实验室　general underground laboratory
为开展放射性废物处置系统可行性研究而模拟地下处置库处置条件建造的通用型地下研究设施。

14.348　选址　siting
依据国家相关部门或机构批准，选择合适处置场址的过程。包括方案设计与规划、区域调查、场址预选、场址特性评价和场址确定。

14.349　区域预选　area screening
根据不同区域地球物理特点，对其作为放射性废物处置场(库)址所在区域的合理性进行初步评价。包括地质构造、水文地质、气象和社会/经济条件，推荐出候选场址进行场址预选。

14.350　场址预选　site screening
对选定区域内的不同场址作为放射性废物最终处置场(库)址的适合性进行勘察和场址特性调查的初步评价活动。

14.351 预选场址 candidate site
又称"候选场址(suitable candidate)"。通过区域预选和场址预选，最终确定要进行场址特性评价的场址。

14.352 场址特性评价 site characterization evaluation
为确定候选处置场(库)址的适宜性和评价其长期性能而进行的地表和地下的详细调查活动。

14.353 场址确认 site confirmation
通过场址预选、场址特性评价等环节，最终确定适合作为放射性废物处置场(库)场址的活动。

14.354 处置化学 disposal chemistry
放射性固体废物放置到处置设施上，由于热、水、力和辐照等因素，放射性固体废物与屏障介质，或屏障介质之间发生化学反应，由此带来的放射性核素释出及在处置库屏障体系中迁移行为的统称。

14.355 核素释出 nuclide release
放射性固体废物在处置条件下，受到热、水、力和辐照等(耦合)作用，导致其屏障功能逐步丧失，放射性核素从固化体结构中释出并进入处置库屏障体系的过程。

14.356 核素迁移 nuclide migration
放射性核素因自然作用在环境中发生的空间上的移动。包括吸附、扩散、弥散和随地下水流动等行为的统称。

14.357 自然类比研究 nature analogous study
又称"天然类比研究"。用天然或人造物质和自然作用类比放射性处置系统中的废物体、放射性核素和核素迁移作用，为性能评价和公众接受提供资料的研究活动。

14.358 热水力耦合作用 thermo-hydromechanical coupling effect
高放废物处置后，会在较长时间内处于自身放射性核素衰变热、周围环境介质收缩产生压力及渗透水体共同作用的耦合条件下，该种条件是地质处置典型条件之一。

14.359 公众参与 public participation
为了让公众理解放射性废物处置的安全性，支持放射性废物进行处置活动，邀请处置库/场周围居民参与，并推动处置库/场建设决策的相关活动。

14.360 处置库设计 disposal repository design
根据处置库场址特性，以及处置对象特性而开展的处置库布置方案设计、屏蔽计算和处置工艺设计等。包括进入方式、通风、废物包输入、放置、回填、封闭等。

14.361 处置单元 disposal cell
构成处置库的基本结构单位。根据处置对象的特性差异，处置单元的容积和结构不同，有处置钻孔单元和处置巷道单元。

14.362 运输巷道 transportation tunnel
用于将斜井传送的整备固体废物送入指定处置单元的通道。一般同处置单元处于同一深度。

14.363 处置巷道 disposal tunnel
根据处置库设计方案，通常由运输巷道钻出形成的通道。用于放置整备后固体废物的场所。

14.364 处置钻孔 borehole disposal
根据处置库设计方案，由运输巷道钻出形成的通道中根据处置容器尺寸间隔开挖竖直或水平孔道，用于放置整备后放射性固体废物的场所。

14.365　场址运行　site operation

处置库建成后，开始接受满足处置库要求的放射性废物，直至处置废物量达到设计限值的过程。

14.366　废物接收　waste reception

又称"废物放置(waste placed)"。来自放射性废物暂存设施或运行的核设施的放射性废物按废物接受准则转移至废物处置库，并记录存档废物放置位置的过程。

14.367　回填　backfill

放射性废物包堆放在处置单元内后，用回填材料将废物包之间及废物包与处置单元壁之间的空隙填充并压实的过程。

14.368　场址关闭　site closure

处置设施接受符合要求的放射性废物累计量达到设计容量或其他原因，需要对处置设施采取回填或封闭地质处置库及其通道，覆盖处置设施，终止和结束所有相关建筑设施的活动。是使处置库永久封闭的行政和技术措施。

14.369　有组织控制　organized control

依据国家法律规定，主管政府部门或授权机构对场址(如废物处置场址和退役设施场址)的控制。包括主动的(监督、检测、维护)或被动的(土地使用)控制。

14.370　覆盖层　cover layer

为保证对处置库(场)周围环境的影响尽可能低，放射性废物货包在处置单元内放满并用回填材料填充其空隙后，所有覆盖物(包括顶板)的总称。是放射性废物处置工程屏障的重要组成部分。

14.371　可回取性　retrievability

放射性废物或乏燃料从贮存设施或处置场库中处置后一定时间内能回取出来的技术。

14.372　缓冲区　buffer area

为确保核设施在运行工况下防止和(或)减少公众受到不可接受的照射，在核设施(如废物处置场)周围设置一个确保该设施与公众使用的或接近的场所之间有足够的距离的区域。

14.08　核设施退役

14.373　核设施退役　nuclear facility decommissioning

核设施使用停止服役后，为了充分考虑工作人员和公众的健康与安全及环境保护，通过场址调查，制定退役策略、退役目标，并采取去污、拆毁拆除、场址清污等活动，最终实现场址有限制或无限制开放和使用的过程。

14.374　安全封存　safety close

退役初期确定延缓拆除策略的核设施在进行退役之前，需对核设施内所有设备进行封存，并进行监督和维护的活动。

14.375　退役终态目标　decommissioning final state target

在退役初期根据核设施运行历史，制定经去污、拆除污染设备/系统和场址清污，达到需要控制的弥散态有害物质和残留的有害物质被消除或低于危害限制的程度。

14.376　有限制开放使用　limited open for use to public

核设施完成退役后，根据国家标准或审管部门审批确定，其场址具有潜在放射性危害，只能在核工业使用或建造新核设施的退役终态目标。

14.377　无限制开放使用　un-limited open for use to public

核设施完成退役后，根据国家标准或审管部门审批确定，其场址已无危害作用，可以无条件向公众开放或使用的退役终态目标。

14.378　核设施退役策略　nuclear facility decommissioning strategy

核设施退役初期为实现退役终态目标而制定的退役实施方案。根据国际原子能机构(IAEA)推荐包括立即拆除、延缓拆除和就地埋葬三种方式。

14.379　立即拆除　immediate dismantling

核设施永久关闭之后，尽可能快地处理和处置核设施内放射性物质，并实现场址有限制或无限制利用的退役策略。

14.380　延缓拆除　delay to dismantle, delayed dismantling

核设施永久关闭后，对其进行安全保护和长期封存，通过核设施内所包容放射性核素衰变降低其放射性水平后，开展退役活动的退役策略。

14.381　就地埋葬　in-situ disposal, in-situ burial

将退役设施埋葬在满足废物处置场要求的原设施场址或设施所在区域地表以下的退役策略。

14.382　源项调查　source term investigation

在核设施退役过程中对核设施中存在的放射性废物放射性水平、核素组成、废物数量、存在位置和存在形式等进行调查活动的统称。

14.383　场址特性调查　site characteristics survey

在核设施退役过程中，对退役核设施系统、设备的老化程度，安全隐患，辅助设施的可利用性，建筑物污染水平，场址土壤和地下水等放射性污染情况等进行调查活动的统称。

14.384　放射性废物盘存量　radioactive waste inventory

通常指核设施中放射性废物来源、废物种类、废物放射性水平和废物总量等特性。

14.385　监护封存　custody sealing up for safe-keeping

在监护条件下，对退役核设施进行安全封存的活动。主要用于反应堆退役。

14.386　退役方案　decommissioning plan

为核设施退役所制定的具体退役工作内容、相应技术措施和实施计划。包括去污、切割解体、整体吊装、拆除拆毁等。

14.387　放射性污染　radioactive contamination

简称"污染""沾污"。在核设施和核技术利用过程中，放射性物质富集在非放射性物体表面，或进入非放射性液体、气体内(包括在人体中)的状态。

14.388　非固定性污染　non-fixed contamination

又称"附着性污染(deposits contamination)""表面松散污染(loose surface contamination)"。放射性污染物在物体表面上沉积和附着，并易于从物体表面去除的放射性污染。

14.389　固定性污染　fixed contamination

非固定污染之外的放射性污染。包括弱固定污染和强固定污染。

14.390　强固定污染　strongly fixed contamination

污染核素通过扩散或其他过程渗入基体材料内一定深度，并难以去除的放射性污染。

14.391　热点　hot spot

由于事故(或事件)、材质缺陷、腐蚀或设备、管道形状等因素，放射性污染集中在设施/设备某些部位，其放射性水平远高于周围其他部位平均值。

14.392　去污剂　detergent

具有氧化还原、载带、配位等功能的化学试剂的统称。常用的去污剂有酸、碱、氧化剂、络合剂、缓蚀剂和表面活性剂等。

14.393　酸碱去污　acid and basic decontamination

采用强酸、弱酸、强碱或弱碱去污剂，通过对被污染物项表面侵蚀、实现去污的方法。

14.394　氧化还原去污　redox decontamination

用具有较强氧化或还原能力去污剂改变被放射性污染物体的核素价态和存在形态、实现去污的方法。

14.395　配合物去污　complexes decontamination

用具有配合能力的去污剂与被污染物体的放射性核素形成配合物并载带下来、实现去污的方法。

14.396　凝胶去污　gel decontamination

用化学凝胶剂与去污剂混合物喷涂到被污染物表面，将被污染物体的放射性核素载带到凝胶中的方法。

14.397　可剥离膜去污　strippable film decontamination

将具有多种官能团的络合剂、成膜剂、乳化剂等制成涂料，喷刷在被放射性污染的物项表面，形成一种可剥离或自剥裂涂层，将污染物随涂层除去的方法。

14.398　泡沫去污　foam decontamination

将化学去污剂与起泡剂混合，附着被污染物项表面，停留一段时间后用水冲洗的去污方法。

14.399　电化学去污　electrical electrochemical decontamination

又称"电抛光去污(electric polishing decontamination)"。将被污染金属物件放在电解槽中作为阳极，存在于金属表面和金属基体表面腐蚀层内的放射性核素在阳极溶解过程中进入电解液，实现去污的技术。

14.400　物理去污　physical decontamination

又称"机械去污(mechanical decontamination)"。利用机械方法，如擦拭法、研磨和刮刨等手段，去除或降低物体表面放射性污染的活动统称。

14.401　高压水去污　high press water decontamination

用高压喷射水流的物理冲击力对被污染物项表面去污的方法。高压水添加磨料(如微玻璃球、氧化铝、碳化硅、陶瓷体等)和化学试剂可提高去污效果。

14.402　机械擦拭法　mechanical wipe decontamination

采用机械锤等对被污染设备或建筑物表面进行刮、擦等的去污方法。

14.403　研磨去污　grinding decontamination

采用粉碎或研磨设备对被污染设备或建筑物表面进行研磨、实现去污的方法。

14.404　超声波去污　ultrasonic decontamination

利用超声波控制去污剂中微小气泡的振动，实现对被污染物项表面放射性核素去除的方法。

14.405　激光去污　laser decontamination
采用激光将附着于被污染物体表面的放射性污垢在高温下烧灼并去除的方法。

14.406　等离子去污　plasma decontamination
采用低温等离子体(温度几千度)，将附着在被污染物项表面的放射性核素通过高温烧灼并除去的方法。

14.407　切割解体　cutting and dismantling
在核设施退役中，为便于去污后设施/设备撤离场址，需将设备、阀门、管件、仪表等分割成小尺寸，从系统中拆下来的过程统称。

14.408　水下切割　cutting under water
退役过程中，为避免或减少切割放射性污染物体过程中产生气溶胶的危害，在水下进行切割的操作。

14.409　冷切割　cold cutting
退役过程中，切割放射性污染物体的工作温度低于 100 ℃的操作。

14.410　高压水切割　high press water cutting
利用高压喷射水流的物理冲击力实现对放射性污染物体进行切割的操作。

14.411　磨料切割　abrasive cutting
在高压喷射的水流中加入磨料，增强物理冲击力，实现对放射性污染物体切割的操作。

14.412　热切割　hot cutting
在放射性污染物体切割过程中工作温度高于 100 ℃的活动统称。如激光切割和等离子切割。

14.413　激光切割　laser cutting
利用高功率激光束照射放射性污染物体，实现将其切割成适合尺寸的整备技术。

14.414　等离子切割　plasma cutting
利用等离子枪将放射性污染的物体切割成较小尺寸的整备技术。

14.415　整体吊出　integral hoisting
对于物理尺寸较大，外形较为规整的设备，无须切割，直接从核设施/构筑物内吊出的拆除方式。

14.416　拆除　dismantling
核设施退役中，将设备、阀门、管件、仪表等从系统中拆卸下来的过程。

14.417　拆毁　demolition
对达到清洁解控水平的建(构)筑物的捣毁活动。如冷却塔和烟囱等的爆炸拆除。

14.418　场址清污　site clean up
退役核设施原场址上所有设备、构筑物和系统等移除之后，对场址上残留放射性物质或有毒有害物的去除和净化处理的活动。

14.419　环境整治　environmental remediation
又称"环境修复(environmental modification)"。对受到放射性污染，或地貌受到破坏的环境，采取措施清除放射性污染，修复地貌、植被等环境补救行动的统称。

14.420　场址残留物　site residue
退役核设施场址在去污、切割和拆卸拆毁、整体吊运等工序完成之后，场址上残留的放射性物质及有毒有害物质统称。

14.421　土壤去污　soil decontamination
又称"污染土治理(contaminated soil treatment)"。对核设施运行过程中以及退役过程中场址周围受到放射性物质污染的土壤进行去污，使其达到有限制或无限制开放目标的操作。

14.422　铲除法　excavating method
将受污染的土壤直接从场址移出至满足处置要求的场址进行处置的土壤去污方法。

14.423　化学去污法　chemical decontamination
用化学试剂配制成的去污剂去除或降低污染土壤中放射性核素含量，并将绝大部分土壤实现清洁解控的处理方法。

14.424　就地玻璃固化　in-situ vitrification
又称"现场玻璃固化"。通过向地下插入电极，在高温作用下将污染物与周围的土壤，包括地下设备(如槽罐、阀门、管道)一起熔融，形成整体结构的玻璃体，类似黑曜岩、火山岩类物质的土壤去污处理技术。

14.425　植物去污　plants decontamination
选择具有吸收放射性核素能力的植物种植于受放射性污染的土壤区域、实现土壤去污的活动统称。

14.426　微生物去污　biological decontamination
利用微生物细胞壁和细胞膜的吸附作用、沉积作用、离子交换作用、诱捕作用和微生物生成的酶及有机物引发的各种作用(如甲基化作用、脱羟作用、氧化还原作用等)来对土壤中放射性核素进行净化、实现去污的活动。

14.427　退役终态调查　decommissioning final state investigation
完成核设施退役的场址经场址清污和环境整治之后，对其场址及周围环境(地表、地下水等)进行放射性/有毒有害残留物检测，以确认场址满足其建设初期制定退役目标实现程度的活动。

14.428　主动监护　active custody
又称"积极控制(positive control)"。根据国家和地方政府有关法律法规要求，结合核设施所在地区自然状况和社会经济发展特点，在退役过程中采取有效的治理工程措施，开展检测和监督的活动统称。

14.429　被动监护　passive custody
又称"消极控制(negative control)"。根据国家和地方政府有关法律法规要求，结合核设施所在地区自然状况和社会经济发展特点，在退役过程中以行政管理手段对退役核设施实施控制监督的活动统称。

15. 辐 射 防 护

15.01　总　　论

15.001　源　source
全称"辐射源"。可以引起辐射照射的任何物质。诸如天然(辐射)源、射线发生器、人工放射源、密封放射源、非密封放射源、废(旧)放射源等。

15.002　辐射生物效应　radiation biological effect
电离辐射传递给生物机体的能量对生物机体分子、细胞、组织和器官的形态或功能所造成的影响。

15.003　辐射安全管理　radiation safety management
以实现保护人和环境免受于电离辐射任何不可接受的有害影响为目标的各种技术和行政管理活动。

15.004 辐射防护最优化 optimization of radiation protection

在考虑到经济和社会因素之后，正常照射及潜在照射的概率和辐射剂量的大小均保持在可合理达到的尽量低水平的过程。

15.005 安全基本原则 fundamental safety principle

为实现安全目标必须遵循的、具有普适意义的规则。

15.006 辐射安全 radiation safety

免于电离辐射对人和环境任何不可接受的有害影响的情况或状态。

15.007 放射性废物安全 radioactive waste safety

免于放射性废物对当代人及其后代和环境任何不可接受的有害影响的情况或状态。

15.008 放射性物质运输安全 safety of radioactive material transport

放射性物质运输全过程中，人和环境免受任何不可接受的有害影响的情况或状态。

15.009 核安保 nuclear security

通过预防、侦查涉及或直接针对核材料或其他放射性物质、相关设施或活动的犯罪行为或未经授权行为，并对此作出对应响应的一系列措施。

15.010 核与辐射应急 nuclear and radiological emergency

为预防和减缓核临界事故或辐射事故对设施功能、人体健康、生活质量，财产或环境可能产生的不利影响而实施的预防行动或紧急行动。

15.02 基 础 知 识

15.011 电离辐射 ionizing radiation

能够在生物机体中产生离子对的任何辐射。

15.012 天然存在放射性物质 naturally occurring radioactive material，NORM

除天然放射性核素外，不含显著量的其他放射性核素的放射性物质。

15.013 辐射照射 radiation exposure

又称"辐射暴露"。辐射能量授予受照射体的行为或状态。

15.014 辐射危险 radiation risk

辐射照射引起的各种效应及其发生概率之积。是一个多属性的量。

15.015 人工辐射水平 man-made radiation level

人为活动引起的人类辐射照射大小及其分布。

15.016 天然辐射水平 natural radiation level

天然存在源对人类产生的辐射照射大小及其分布。

15.017 质因数 quality factor

又称"品质因子"。描述辐射生物效能的因数。其值根据带电粒子在水中的非定限传能线密度值而指定。无量纲量。

15.018 传能线密度 linear energy transfer，LET

带电粒子在介质中单位长度径迹上传递的

能量。其 SI 单位是焦耳每米(J/m)，常用单位是千电子伏每微米(keV/μm)。

15.019　占用因数　occupancy factor
又称"居留因数"。某个人或某组人停留在一个场所或地点的典型时间份额。无量纲量。

15.020　代表人　representative person
曾称"关键居民组"。人群中受到高辐射照射人群组中个体的代表。

15.021　空气等效材料　air-equivalent materials
有效原子序数和质量密度与空气近似的材料。

15.022　组织等效材料　tissue-equivalent materials
有效原子序数和质量密度与某生物组织(如软组织、肌肉、骨骼等)近似的液体或固体材料。

15.023　累积因数　build-up factor
曾称"累积因子"。描述散射辐射存在对辐射衰减影响的因数。无量纲量。

15.024　活度浓度　activity concentration
某物质中放射性核素的活度除以该物质体积或质量所得的商。其 SI 单位为贝可[勒尔]每立方米或每千克。

15.025　戈[瑞]　Gray，Gy
曾称"拉德(rad)"。电离辐射在受照射物质中所产生的吸收剂量的 SI 单位制专用名称。1 Gy=1 J/kg，即 1 kg 物质中介质吸收的能量为 1 J 时吸收剂量为 1 戈[瑞](Gy)。1 Gy=100 rad。

15.026　希[沃特]　sievert，Sv
曾称"雷姆(rem)"。当量剂量、有效剂量和运行实用量的 SI 单位制专用名称。1 Sv=1

J/kg。1 Sv=100 rem。

15.027　比授予能　specific energy imparted
任何电离辐射授予质量为 m 的物质的能量 ε 除以 m 的商。其 SI 单位是焦耳每千克(J/kg)。

15.028　空气比释动能　air kerma
不带电粒子在某自由空气元内所产生的全部电离粒子的初始动能的总和与该空气元质量之商。其 SI 单位是焦耳每千克(J/kg)。

15.029　授予能　energy imparted
电离辐射授予某一体积中物质的能量。即沉积在该体积中所有能量之总和，其 SI 单位是焦耳(J)，也可用电子伏(eV)表示，1 eV= 1.6×10^{-19} J。

15.030　吸收剂量　absorbed dose
电离辐射授予某一体积元中单位质量物质的平均能量。它等于授予该体积元的总能量除以该体积元质量的商，其 SI 单位是焦耳每千克(J/kg)。

15.031　待积有效剂量　committed effective dose
预期因摄入所致终身剂量。其 SI 单位是焦耳每千克(J/kg)，专用单位是希沃特(Sv)。

15.032　剂量当量　dose equivalent
电离辐射在空间某点的吸收剂量和质因数的乘积。其 SI 单位是焦耳每千克(J/kg)。它是国际辐射单位与测量委员会(ICRU)使用的一个量。

15.033　当量剂量　equivalent dose
电离辐射在器官或组织内产生的平均吸收剂量与其辐射权重因数的乘积。其 SI 单位是焦耳每千克。

15.034　有效剂量　effective dose
人体各组织或器官的当量剂量与各组织或

器官相应的组织权重因数乘积之和。其 SI 单位是焦耳每千克。

15.035 运行实用量 operational quantity
在实际工作中为监测或调查外照射所使用的可测量的量。通常包括：周围剂量当量、定向剂量当量和个人剂量当量。

15.036 周围剂量当量 ambient dose equivalent
相应的齐向扩展场在国际辐射单位与测量委员会(ICRU)球内、逆齐向场方向矢径上深度 d 处产生的剂量当量。其 SI 单位是焦耳每千克。是针对辐射场内某一点定义的量。在外照射监测中使用时用作有效剂量的可直接测量量的替换量。针对强贯穿辐射，推荐 d 取值 10 mm。

15.037 定向剂量当量 directional dose equivalent
相应的扩展场在国际辐射单位与测量委员会(ICRU)球内、指定方向 Ω 半径上深度 d 处产生的剂量当量。其 SI 单位是 J/kg。在外照射监测中使用时用作皮肤当量剂量的可直接测量量的替换量。针对弱贯穿辐射，推荐 d 取值 0.07 mm。

15.038 个人剂量当量 personal dose equivalent
人体某一指定组织、器官或全身所受的累计剂量当量。单位是 J/kg。

15.039 辐射权重因数 radiation weighting factor
反映低传能线密度(LET)辐射诱发随机效应的相对生物效能(与高 LET 辐射相比较)的量。是一个无量纲量，用于估算器官或组织的当量剂量。

15.040 组织权重因数 tissue weighting factor
说明某组织和器官对人体受到均匀辐射照射时所产生的总的健康危害的相对贡献的量。是一个无量纲量，用于估算参考人的有效剂量。

15.041 集体有效剂量 collective effective dose
某一给定源所致所有受照射人群组中个人有效剂量的总和。其特定单位是人·希[伏特](人·Sv)。

15.03 辐 射 安 全

15.042 辐射防护标准 radiation protection standard
为了保障放射工作人员和公众的辐射安全，保护环境，根据剂量限制体系及辐射防护原则所制订的统一规定。

15.043 辐射防护基本原则 basic principle for radiation protection
为了保护工作人员和公众免受或少受辐射危害而必须遵循的基本原则。

15.044 辐射防护目标 radiation protection goal
防止辐射照射对人类和环境产生有害效应，保障工作人员和公众的健康和安全，保障非人类物种的生态环境及其生存和繁衍。

15.045 辐射防护评价 radiation protection assessment
以辐射防护标准为依据，根据设计采用理论计算方法或根据实际测量结果系统地分析和评估相关源和实践的危害及防护与安全措施的过程及其结果。

15.046 辐射安全文化 radiation safety culture

存在于核技术利用单位和人员中的种种特性和态度的总和。确立了安全第一的观念，使防护与安全问题由于其重要性而保证得到应有的重视。

15.047 辐射工作人员健康管理 health management for radiation worker

又称"放射工作人员健康管理"。为使放射工作人员健康状况满足于放射工作岗位适任性需求而进行的管理。主要涉及放射工作人员的医学监护和健康评价、过量照射的医学处理及辐射事故的医学应急准备和放射性疾病的诊断。

15.048 控制区 controlled area

在辐射工作场所中划分的并要求或可能要求采取专门防护手段或安全措施的任何区域。

15.049 排除 exclusion

将那些本质上不能通过实施辐射防护和辐射源安全标准及规章的要求控制其照射大小及其分布的天然辐射源照射情况排除在辐射防护和辐射源安全监管范围之外。

15.050 豁免 exemption

将确认符合规定的豁免准则或豁免水平的辐射实践和(或)其所涉及的辐射源，经审管部门同意后免于遵循辐射防护和辐射源安全标准及规章。

15.051 实践 practice

在辐射防护领域，任何引入新的照射源或照射途径，或扩大受照射人员范围，或改变现有源的照射途径网络，从而使人们受到照射或受到照射的可能性或受到照射的人数增加的人类活动。

15.052 干预 intervention

任何旨在减少或避免不属于受控实践的，或因事故而失控的源所致的照射或照射可能性的行动。

15.053 个人剂量限值 individual dose limit

国家有关监管部门针对受控实践对代表人所产生的个人剂量所规定的不得超过的有效剂量值或当量剂量值。

15.054 天然照射 natural exposure

天然辐射源所致人类的辐射照射。

15.055 急性照射 acute exposure

短时间内受到高剂量的辐射照射。

15.056 照射情况 exposure situation

根据辐射源和受到照射人员对受到照射状态的一种划分形式。包括计划照射情况、现存照射情况和应急照射情况。

15.057 计划照射情况 planned exposure situation

在辐射照射发生之前可以对辐射防护进行预先计划的及合理地对照射的大小和范围进行预估的那些照射情况。

15.058 现存照射情况 existing exposure situation

当那些不得不采取控制决定时已经存在的照射情况。包括天然本底辐射和过去实践的残留物引起的照射。

15.059 应急照射情况 emergency exposure situation

在实践过程中需要采取紧急行动所导致的非预期的照射情况。

15.060　正常照射　normal exposure
在某辐射装置或源正常运行条件下，工作人员和公众受到的辐射照射。也包括一些可能发生但预期可加以控制的小的意外事件中受到的辐射照射。

15.061　异常照射　abnormal exposure
当某辐射装置或源失去控制时，工作人员和公众所受到的可能超过个人剂量限值的辐射照射。例如，事故照射或应急照射。

15.062　公众照射　public exposure
除职业、医疗和正常天然辐射源照射之外，公众成员所受到的辐射照射。

15.063　职业照射　occupational exposure
除了国家有关法规和标准所排除的辐射照射以及根据国家有关法规和标准予以豁免的实践或源所产生的辐射照射以外，工作人员在工作过程中可合理地视为运行管理部门负有责任的那些照射情况下所受到的所有辐射照射。

15.064　年剂量　annual dose
在某一年内由外照射所产生的剂量和因在该年内摄入放射性核素所产生的待积剂量之和。除非另有所指，否则均是指个人有效剂量或个人当量剂量。

15.065　预期剂量　projected dose
在采取一项或一系列特殊对策或特别是在没有采取任何对策的情况下预期将受到的剂量。

15.066　可防止剂量　avertable dose，AD
针对某照射途径因实施某项防护行动可以减少的剂量。

15.067　剩余剂量　residual dose，RD
针对某照射途径经实施某项防护行动后仍存在的剂量。

15.068　参考水平　reference level
在应急照射情况或现存照射情况下所选择的某个剂量或危险水平。当计划准许存在的照射高于该水平时认为是不恰当的，而当低于该水平时应进行防护最优化。

15.069　剂量约束值　dose constraint
在计划照射情况下，对某源可能造成的个人剂量预先确定的一种限制以作为对该源进行防护和安全最优化的个人剂量约束条件。

15.070　危险约束值　risk constraint
在计划照射情况下，对某源可能产生的个人危险前瞻性地确定的一种限制以作为对源进行防护和安全最优化的个人危险约束条件。

15.071　行动水平　action level
在现存照射情况或应急照射情况下，预先确定的高于该水平即应采取补救行动或防护行动的一组剂量率或活度浓度值。

15.072　调查水平　investigation level
当某个被测量量(如剂量当量、摄入量等)高于此水平时即值得进一步调查所发生的原因和所造成的后果的一组剂量(率)值或活度(浓度)值。

15.073　记录水平　recording level
当某个被测量量达到或超过此水平时即要求记录有关数据的一组剂量(率)值或活度(浓度)值。

15.074　氡平衡当量浓度　equilibrium equivalent concentration of radon，EECRn
空气中实际不平衡氡子体混合物与处于放射性平衡的短寿命子体具有相同的α潜能浓

度所对应的空气中氡的放射性活度浓度。其 SI 单位是 Bq/m^3。

15.075　氡行动水平　radon action level
预先确定的超过或预期超过此活度浓度时就需要采取补救行动的氡平衡当量浓度。

15.076　工作水平　working level，WL
导致发射 1.3×10^5 MeV α 潜能的 1 L 空气中短寿命氡子体的任何组合。是历史上沿用的专用单位，其对应的 SI 单位数值约 2.08×10^{-5} J/m^3。

15.077　工作水平月　working level month，WLM
工作人员吸入 1 工作水平浓度大气在持续 1 工作月(170 h)所产生的氡累积暴露量。其 SI 单位数值约 3.54 mJ·h/m^3。

15.078　辐射监测　radiation monitoring
对辐射或放射性物质所进行的测量及对测量结果的解释。

15.079　个人监测　individual monitoring
对工作人员所受到的外照射、体内污染和体表污染所进行的测量及对测量结果的解释。

15.080　放射性流出物监测　monitoring of radioactive effluent
控制和评价核与辐射设施流出物排放所致周围环境的影响而进行的监视性监测。

15.081　场所监测　monitoring of workplace
为获取相关活动或操作在某场所所引起的有关辐射水平数据而进行的监测。

15.082　辐射环境监测　environmental radiation monitoring
通过测量环境中辐射水平和环境介质中放射性核素含量，并对测量结果进行解释的活动。

15.083　常规监测　routine monitoring
又称"例行监测"。独立于具体操作或活动而按事先规定的程序有规律地对持续存在的污染或照射情况进行的一种监测。

15.084　任务监测　task monitoring
又称"操作监测(operation monitoring)"。旨在为特定的任务或操作提供有关操作管理的即时决策或辐射防护最优化所需的相关资料而进行的一种非常规性监测。

15.085　特殊监测　special monitoring
怀疑或缺乏足够的信息说明工作场所的安全状况是否得到控制的情况时所进行的一种调查性测量。

15.086　辐射警告标志　radiation precaution sign
在实际或可能发射电离辐射的物质、材料及其容器和设备及其所在区域上附加的有一定规格和颜色的标志。

15.087　辐射屏蔽　radiation shielding
利用辐射与物质相互作用来降低某一区域辐射水平的一种辐射防护技术。

15.088　代价利益分析　cost-benefit analysis
在剂量约束值或危险约束值及参考水平约束条件下，经分析和权衡代价与利益达到最佳时所对应的防护方案的过程。

15.089　外照射　external exposure
全称"外部照射"。体外源所产生的辐射照射。

15.090　内照射　internal exposure
全称"内部照射"。体内源所产生的辐射

照射。

15.091 持续照射 prolonged exposure
持续性的较低水平的长期辐射照射。

15.092 外照射防护 protection from external exposure
避免或减少外照射的技术和管理措施。

15.093 内照射防护 protection from internal exposure
避免或减少内照射的技术和管理措施。

15.094 辐射安全分析 radiation safety analysis
在辐射安全的统一框架下对辐射防护和辐射源安全所进行的分析与评价。

15.095 放射源分类 categorization of radioactive source
按照它对人体健康和环境的潜在危害程度对放射源进行的分类。通常分为 Ⅰ ～ Ⅴ 类。

15.096 篡改指示装置 tamper-indicating device，TID
在核材料设施上安装的能对非法操作或侵袭行为有显示或报警功能的装置。

15.097 宽束条件 broad-beam condition
描述辐射在介质中被减弱的一种条件。在该条件下辐射场包括初级辐射(未散射辐射)和散射辐射。

15.098 窄束条件 narrow-beam condition
描述辐射在介质中被减弱的一种条件。在该条件下辐射场不包括散射辐射。

15.099 几何因子 geometry factor
又称"计数几何(counting geometry)"。探测器的窗或灵敏体积对源所张的相对立体角。

15.100 反照率 albedo
辐射通过介质表面入射并从同一表面返回的概率。

15.101 辐射监测仪表 radiation monitoring instrument
为辐射防护目的而采用的辐射监测装置或仪器的统称。

15.102 布拉格-戈瑞空腔电离室 Bragg-Gray cavity ionization chamber
满足布拉格-戈瑞空腔理论条件，用于测量电离辐射在均匀介质中吸收剂量的电离室。

15.103 组织等效电离室 tissue-equivalent chamber
电离室室壁和收集极均由组织等效材料构成，在其空腔内通常充以组织等效气体作为工作气体的均匀电离室。

15.104 中子周围剂量当量[率]仪 neutron ambient dose equivalent [rate] meter
用于测量和评价中子辐射产生的中子周围剂量当量率的仪器。

15.105 全身计数器 whole body counter，WBC
通过探测发自体内的 X、γ(有时也可利用高能 β 的韧致辐射)来确定体内放射性核素的种类、量、沉积部位和(或)其滞留份额的测量装置。

15.106 个人剂量计 personal dosimeter
供个人佩戴的旨在测定佩戴者所受到的吸收剂量或当量剂量大小的小型剂量计。

15.107 光激发光剂量计 optically stimulated luminescence dosimeter，OSL dosimeter
基于光激发光技术的一种个人剂量计。

15.108 辐射光致发光剂量计 radio-photoluminescence dosimeter，RPL dosimeter

由一个或数个光致发光探测器(元件)组成的剂量计。

15.109 最低可探测水平 minimum detectable level，MDL

在给定的置信水平下，能够探测出的区别于本底值的最小量值。

15.110 最小可探测活度 minimum detectable activity，MDA

在给定的置信水平下，能够探测到的被测量样品或介质中放射性的最小活度。通常高于本底。

15.111 地面沉积测量 ground deposition measurement

通过车载或航空测量，评估地面沉积放射性水平。包括地面沉积剂量率、沉积放射性核素组分及分布状况。

15.112 辐射环境影响评价 environmental impact assessment of radiation

对电离辐射或放射性物质可能造成的环境影响进行的分析、预测和评估。

15.113 环境辐射调查 environmental survey on radiation

又称"环境放射性水平调查"。对指定地区内放射性水平进行测量分析及照射评价所需其他相关资料进行收集研究分析的活动。

15.114 环境辐射调查大纲 program of survey on radiation in the environment

调查前制定的包括调查内容、方法、组织管理、数据处理、资源保证以及质量保证等内容的要求和要点。

15.115 辐射环境整治与恢复 environmental remediation and recovery of radiation

针对现存照射情况采取重建、修复或恢复等减小辐射照射的补救行动。

15.116 放射性核素环境转移 radionuclide transfer in environment

放射性核素在大气、水体、土壤、生态系统等环境介质中发生空间位置转移及其所引起的浓集、分散和消失。

15.117 照射途径 exposure pathway

放射性物质能够到达或者照射人体的途径。

15.118 关键照射途径 critical exposure pathway

任何给定实践中的放射性物质排放到环境后所致公众(代表人)剂量的主要贡献途径。

15.119 关键核素 critical nuclide

任何给定实践中的放射性物质排放到环境后公众(代表人)辐射照射的主要贡献核素。

15.120 超越边境照射 transboundary exposure

受到非本国发生的事故、排放或废物处置所释放的放射性物质而受到的照射。

15.121 槽式排放 tank discharge

须经取样监测符合排放控制标准的一个批次的液态放射性物质向环境排放的一种常规排放方式。

15.122 常规排放 routine release

又称"有组织排放(institutional release)"。核与辐射设施正常运行期间气载放射性物质或液载放射性物质有计划、有控制地按照监管部门批准的条件和数量向环境排放的行为。

15.123　计划外排放　non-plan release
又称"非计划排放"。有组织排放之外的放射性物质排放。包括正常运行和事故工况的非计划排放。

15.124　规划限制区　planning restricted zone
在核设施周围要求应对某些生产开发活动加以限制或控制的隔离带(区)。

15.125　环境中人工放射性　artificial radio-activity in environment
存在于自然环境中的人工放射性。

15.126　天然本底　natural background
全称"天然辐射本底(natural radiation background)"。与天然源或环境中不受控制的任何其他源有关的辐射剂量、辐射剂量率或放射性活度浓度。

15.127　环境本底调查　environmental background survey
对某特定区域环境中已存在的辐射水平、介质的放射性核素含量及为评价其照射所需的环境参数、社会状况等所进行的全面调查。

15.128　氡析出率　emanation of radon
单位时间、单位介质表面积内所析出的氡的放射性活度。其 SI 单位是 $Bq/(m \cdot s)$。

15.129　评价模式　assessment model
用于预估核与辐射设施正常运行和事故工况释放到环境中的放射性核素，经输运、弥散、迁移和生物积累进入各种环境介质(如空气、水、沉降物、土壤以及陆生和水生食物)，最终被人摄入及直接照射所致代表人个人剂量和评价区域内人群集体剂量所用的理论、方法或公式的统称。

15.130　评价参数　assessment parameter
环境辐射影响评价所采用模式中涉及的所有参数的统称。

15.131　模式有效性　validation of model
模式的预测结果与真值(一般用观测值代替)的偏离程度。

15.132　模式坚稳度　robustness of model
在辐射环境影响评价中，剂量模式预计的结果受输运、生态转移或生物体等估算模式中所有参数的不确定度联合影响的程度。

15.133　筛选模式　screening model
依据偏保守的假设、仅需简单运算和与厂址相关的最低限度的参数及用户决策就可确认是否符合法规要求的简单评估模式。

15.134　食物链　food chain
生态系统中各种生物以食物联系起来的链锁关系。

15.135　分配系数　distribution coefficient, K_d
又称"分布系数"。放射性核素在固相中的分布达到平衡后，该放射性核素在固相中的活度浓度 C_s(Bq/kg)除以液相中的活度浓度 C_l(Bq/m³)之商。一般用 K_d 表示，其值取决于放射性核素的化学状态和许多参数，诸如 pH 值、水和固体介质的化学性质等。

15.136　指示生物　indicator organism
对环境理化性质的现状及变化趋势有指示作用的生物的总称。

15.137　参考物质　reference material
全面证实其多种特性、用以校准剂量器具、评价剂量方法或给材料赋值的物质或材料。

15.138　包容　containment
防止放射性物质向确定外界以外转移或扩

散的方法或实体结构。

15.139　密封　confinement
防止或控制放射性物质向确定边界以外的释放。

15.140　非人类物种辐射效应　effect of radiation on non-human species
辐射对除人类以外的其他动物、植物和微生物等所产生的有害效应。通常分为早期死亡、发病率增加、繁殖能力下降和遗传效应等。

15.04　辐射生物效应

15.141　线性无阈模型　linear non-threshold model
又称"线性无阈假定(linear non-threshold hypothesis)"。基于在低剂量范围内超额癌症或遗传疾病按简单正比方式随辐射剂量而增加的这一假设的剂量响应模式。

15.142　有阈模型　threshold model
认为在某一特定的小剂量阈值以下不会发生辐射损害的假定。

15.143　辐射靶理论　radiation target theory
认为在细胞内至少存在一个对辐射作用特别敏感的区域(称作靶)，只有当射线粒子击中靶时细胞才会出现损伤效应且细胞的放射敏感性的高低取决于靶的大小的一种理论。通常认为DNA是辐射作用的靶。

15.144　确定效应　deterministic effect
又称"组织反应(tissue reaction)"。具有阈剂量特征的细胞群的损伤，且反应的严重程度随剂量的进一步增加而增加。

15.145　随机效应　stochastic effect
全称"辐射随机效应"。是一种由辐射诱发的健康效应，代表电离辐射诱发、引发恶性肿瘤疾病和遗传效应的概率而不是其严重性。

15.146　非癌疾病　non-cancer diseases
除癌之外的躯体疾病，诸如心血管疾病和白

内障。

15.147　躯体效应　somatic effect
全称"辐射躯体效应(radiation somatic effect)"。出现在直接受照者个体身上的辐射效应。

15.148　遗传效应　genetic effect
全称"辐射遗传效应(radiation genetic effect)"。出现在受照者后代中的辐射诱发健康效应。

15.149　辐射致癌效应　radiation carcinogenesis effect
指电离辐射对受到照射的人和所有生物造成癌症的健康效应。

15.150　辐射致癌危险估计　risk estimation of radiation-induced cancer
定量估计受电离辐射照射人群的癌症发病或死亡危险。

15.151　辐射诱发基因组不稳定性　radiation induced genomic instability
更替细胞状态的诱发，自发突变率或其他基因组相关变化在许多代中持续增加。

15.152　辐射适应性反应　radio-adaptive response
预先以低剂量的辐射照射处理细胞或机体

诱导细胞或机体对随后的高剂量的辐射照射所致损伤的抗性的现象。

15.153 旁效应 bystander effect
全称"辐射旁效应"。从受辐射照射邻近细胞接收的信号引发的未受照射细胞的响应。

15.154 相对生物效能 relative biological effectiveness，RBE
又称"相对生物效应"。产生等效生物效应的低传能线密度参考辐射的剂量除以所考虑辐射的剂量之商。是一个无量纲量。

15.155 剂量与剂量率效能因数 dose and dose-rate effectiveness factor，DDREF
表述与高剂量和高剂量率照射相比低剂量和低剂量率照射的生物效应通常较低的评价因数。

15.156 危害 detriment
电离辐射对受到照射人群及其后代所产生的总健康损害。主要涉及：归因于致死性癌症的概率；归因于非致死癌的加权概率；严重遗传效应的加权概率；如果存在伤害时寿命损失的时间长短。

15.157 DNA 损伤信号 DNA damage signaling
对细胞内 DNA 损伤识别和反应的相互作用的生物化学过程。例如，引起增殖细胞循环的停滞。

15.158 染色体畸变 chromosome aberration
染色体所发生的数目或结构的改变。

15.159 微核 micronucleus
又称"卫星核"。因 DNA 损伤所造成的染色体断片在细胞分裂后期所形成的直径小于主核三分之一且与主核完全分离的圆形或椭圆形微小核。

15.05 核与辐射应急

15.160 核与辐射事故 nuclear and radiological accident
在核与辐射领域中发生的对人员、环境或设施造成严重后果的事件。例如，人员伤亡、大量放射性物质向环境释放、反应堆堆芯熔化等。

15.161 核与辐射应急准备 preparedness for nuclear and radiological emergency
为应对核事故或辐射应急而进行的准备工作。包括制订应急预案，建立应急组织，准备必要的应急设施、设备与物资，以及进行人员培训与演习等。应急准备反映了采取有效缓解紧急情况对人和环境影响的行动的能力。

15.162 核与辐射应急计划 nuclear and radiological emergency plan
又称"核与辐射应急预案"。一份对核与辐射应急响应的目标、政策和运作方式以及对预先计划、协调一致和有效响应所需要的组织、管理和责任等描述性成文信息。应急计划是制定其他计划、程序和检查表的基础。

15.163 核与辐射应急监测 nuclear and radiological emergency monitoring
在核与辐射应急情况下，为发现和查明放射性污染情况和辐射水平而进行的辐射监测。

15.164 国际核与辐射事件分级 international nuclear and radiological event scale，INES

针对核能利用、核燃料循环、核与辐射技术利用以及放射性物质运输等活动中发生的核与辐射事件，通过分析它对人和环境的影响、对设施的辐射屏障和控制的影响以及对纵深防御的影响的安全意义，根据相应的分级原则对该事件所进行的分级。

15.165 应急程序 emergency procedure

详细描述在应急期间响应人员采取行动的一系列指令。

15.166 应急计划区 emergency planning zone

为在核与辐射设施发生事故时能及时有效地采取保护公众的防护行动，事先在设施周围建立的、制定有应急预案并做好应急准备的区域。

15.167 食入应急计划区 ingestion emergency planning zone

针对主要照射途径为摄入被事故释放的放射性物质污染的食物和水产生内照射而建立的应急计划区。它以核电厂反应堆为中心，半径一般为 30～50 km。

15.168 烟羽应急计划区 plume emergency planning zone

针对照射途径为放射性烟羽产生的直接外照射、吸入放射性烟羽中放射性核素产生的内照射和沉积在地面的放射性核素产生外照射而建立的应急计划区。以核电厂反应堆为中心，半径一般不大于 10 km。

15.169 预防性行动区 precautionary action zone，PAZ

已做出安排以便在万一发生核或辐射紧急情况时采取紧急防护行动以减少场外产生严重确定性健康效应危险的设施周围的特定区域。在这一区域范围内要根据设施当时的状况在放射性物质释放或发生照射之前或之后不久采取防护行动。

15.170 紧急防护行动计划区 urgent protective action planning zone

已做出安排以便在万一发生核或辐射紧急情况时按照有关安全标准采取紧急防护行动以防止放射性物质向场外扩散的设施周围大的特定区域。这一区域内的防护行动需要根据环境监测结果或根据设施当时的状况加以实施。

15.171 应急设施 emergency facility

用于应急目的的设施。根据有关法规的要求和积极兼容的原则而设置。对核电厂而言，一般包括：备用控制点、技术支援中心、应急控制中心、事故后果评价设施、应急监测设施、医学救护设施、后勤支援设施以及应急新闻中心等。

15.172 操作干预水平 operational intervention level, OIL

以环境监测结果表示的干预水平。相当于用可防止剂量表示的干预水平的可测量的放射性量。表示为环境或食物样品中放射性核素或可测量的剂量率。决策者应用操作干预水平可立即和直接地根据环境测量结果确定适当的防护行动。

15.173 应急演习 emergency exercise

旨在检验应急计划的有效性、应急准备的完善性、应急响应能力的适应性和应急人员的协同性而进行的一种模拟应急响应的实践活动。可以分为单项演习(练习)、综合演习以及联合演习等。

15.174 车载监测 vehicle-installed radiation monitoring

利用车载的辐射监测仪表进行的应急监测。

在事故放射性释放开始后，采用车载的辐射监测仪表实施的应急监测。是一种快速而方便的手段。

15.175　水上移动监测　overwater mobile monitoring

利用船只在水上进行的应急辐射监测。测量的主要作用是确定烟羽的分布范围，以及一旦有放射性废液泄漏到水体后按照应急监测计划开展水上监测和取样(水和水生动植物样品)。

15.176　航空辐射测量　aerial radiation survey

又称"航空放射性测量"。航空飞行器搭载辐射测量仪器，在空中进行环境辐射测量的方法。通过航空辐射测量，能够快速了解天然辐射、人工辐射、大气辐射等环境辐射状况。按搭载辐射仪器类型不同，分为航空 γ 辐射总量测量和航空 γ 能谱测量。

15.177　应急响应安排　arrangement for emergency response

在对核与辐射紧急情况做出响应时，为达到所要求的功能或完成规定的任务而提供的一整套必要的基础结构组成部分。这些组成部分可以包括管理机构和责任、组织、协调、人员、计划、程序、设施、设备或培训。

15.178　最初响应人员　first responder

在核与辐射紧急情况下做出响应的最初应急人员。

15.179　撤离　evacuation

将人员从受辐射影响的地区紧急转移，以避免或减少来自烟羽或高水平放射性沉积物引起大剂量照射的紧急防护行动。在预计的某一有限时间内人员可返回原住地。

15.180　隐蔽　sheltering

场外应急的紧急防护行动之一。使用建筑物(或构筑物)来减弱气载放射性烟羽和(或)沉积的放射性物质的照射。

15.181　避迁　relocation

将人员从受放射性污染的地区迁出，以避免或减少因地面放射性沉积物的长期累积而产生外照射累积剂量的措施。其返回原地区的时间或为几个月到 1～2 年，或难以估计。

15.182　紧急防护行动　urgent protective action

简称"防护行动"。旨在避免或减少在应急照射情况或现存照射情况下可能受到的剂量而必须采取的行动。

15.06　放射性废物安全

15.183　放射性废物分类　classification of radioactive waste

为了安全、经济、科学地进行放射性废物管理，根据其不同的物理状态、放射性水平、生物毒性等特征进行的划类分级的操作。

15.184　反胁迫报警　anti-compel alarm

又称"反劫持报警"。为值班、巡逻人员配

备的隐蔽报警装置的响应。

15.185　实物保护应急响应　physical protection emergency response

一旦发现对核材料有威胁的异常情况或意外事件，实物保护系统应对此作出的及时反应。

15.186 低放废物 low level radioactive waste, LLW

又称"低水平放射性废物"。放射性核素的含量或活度浓度较低，在正常操作和运输过程中通常不需要屏蔽的放射性废物。全称低水平放射性废物。

15.187 α废物 α waste

含有半衰期大于 30 年的 α 发射体核素在单个废物包中放射性活度浓度大于 4×10^6 Bq/kg 且在多个废物包中平均 α 活度浓度大于 4×10^5 Bq/kg 的放射性废物。

15.188 放射性废物管理原则 principle of radioactive waste management

放射性废物管理须履行旨在保护当代及未来人类健康和环境安全的各项行政管理和工程技术措施。

15.189 清洁解控 clearance

已通知或已获批准实践中的源(包括物质、材料和物品)，如果符合监管部门规定的清洁解控水平，且经监管部门认同，那么解除对该源实施的进一步放射性监管控制。

15.190 放射性废物再循环再利用 recycle and reuse of radioactive waste

被放射性物质污染的材料、设备、建筑物或场地经去污或清污后，其放射性活度浓度或总量不大于国家监管部门规定的清洁解控水平或控制值后有限制地或无限制地利用。

15.191 放射性废物减容 volume reduction of radioactive waste

在放射性废物管理全过程中，采取各种技术和管理措施，使放射性废物的体积减少到可合理达到的最小水平。

15.07 放射性物质运输安全

15.192 放射性物质运输 transport of radioactive material

用车、船、飞机等交通工具将放射性物品从一个地方搬运到另一个地方的活动。

15.193 放射性物质运输安全评价 safety assessment of radioactive material transport

分析并确定运输容器结构、热工、包容、屏蔽、临界等设计的安全性，以及分析放射性物质在正常运输和事故条件下的辐射影响。

15.194 表面污染物体 surface contaminated object，SCO

物体本身不属于放射性物质，但其表面受到放射性物质沾染的固态物体。

15.195 低比活度物质 low specific activity material，LSA

某物质本身比活度有限的放射性物质，或估计的平均活度浓度低于有关限值的放射性物质。

15.196 低毒性 α 发射体 low toxicity α emitter

天然铀、贫化铀、天然钍、^{235}U、^{238}U、^{232}Th、在矿石或物理和化学浓缩物中所含有 ^{228}Th、^{230}Th 以及半衰期小于 10 d 的 α 发射体。

15.197 低弥散放射性物质 low dispersible radioactive material

具有有限的弥散性但不是粉末状态的固体放射性物质或是装在密封小容器内的固体放射性物质。

15.198　特殊形式放射性物质　special form radioactive material

不会弥散的固体放射性物质或装有放射性物质的密封盒。

15.199　放射性核素基本值 A1　basic radionuclide values A1

A 型货包中容许装入的特殊形式放射性物质的最大活度。

15.200　放射性核素基本值 A2　basic radionuclide values A2

A 型货包中容许装入的、除特殊形式放射性物质以外的放射性物质的最大活度。

15.201　A 型货包　type A package

装有放射性活度低于 A1 的特殊形式放射性物质或低于 A2 的非特殊形式放射性物质的包装、罐或货运集装箱。

15.202　B 型货包　type B package

装有放射性活度可以超过 A1 的特殊形式放射性物质或超过 A2 的非特殊形式放射性物质的包装、罐或货运集装箱。

15.203　C 型货包　type C package

为用于运输大量放射性物质或高活性放射性物质而设计的包装。

15.204　工业货包　industrial package

装有低比活度物质或表面污染物体的包装、罐或货物集装箱。

15.205　例外货包　excepted package

满足特定活度限值的一类物件或包装。

15.206　货包和外包装分级　classification for package and over pack

按货包和外包装的运输指数及表面辐射水平确定其等级的过程。

15.207　货包内容物限值　content limit for package

一个货包中装入的放射性物质的量不得超过规定的相应数值。

15.208　货包试验　test for package

为证实货包具有承受正常运输条件和运输中事故条件的能力而进行的一系列试验。

15.209　放射性物质运输特殊安排　special arrangement for the transport of radioactive material

使不满足放射性物质运输安全规程要求的托运货物经主管当局批准可以进行运输。

15.210　放射性物质运输工具　radioactive material conveyance

公路或铁路运输时的任何车辆；水路运输时的任何船舶或任何船舱，隔间或船舶的有限舱面区；空中运输时的任何飞机。

15.211　放射性物质运输容器　transport vessel for radioactive material

为安全运输放射性物质而设计的包容放射性物质的容器。包括易裂变物质的专用容器。

15.212　放射性物质包容系统　containment system of radioactive materials

用以限制含放射性物质的气体向外部环境的非控释放而为核装置设置的外壳。包容壳及其相关系统(空调、过滤及送风等)应具有保持壳内负压的能力，保证出入壳内的气体按设计的路径流动。

15.213　放射性物质密闭系统　confinement system of radioactive materials

由设计者规定并经主管当局同意的，旨在整个运输过程中维护临界安全的易裂变物质和包装部件组成的组合体。

15.214 临界安全指数 criticality safety index
给装有易裂变物质的货包、外包装或货物集装箱指定的一个数字。利用其对装有易裂变物质的货包、外包装或货物集装箱的聚集作用加以控制。

15.215 运输指数 transport index
给货包、外包装或货物集装箱，或无包装的Ⅰ类低比活度物质或Ⅰ类表面污染物体指定的一个数字。利用其对运输中的辐射照射进行控制。

15.08 核 安 保

15.216 通行控制 entrance and exit control
又称"出入口控制"。在实体屏障上设置一个或若干个供人员、器材和车辆通行的专用控制手段。

15.217 核安保文化 nuclear security culture
用作一种支持和加强核安保措施的个人、组织、机构的特性、态度和行为的综合。

15.218 实物保护 physical protection
国家通过立法和监管以及采取技术手段对核材料和核设施进行保护，旨在防范或阻止核材料在使用、贮存和运输中被盗、丢失以及非法转移和防止对核材料和核设施进行人为蓄意破坏的措施。

15.219 放射源安保 security of radioactive source
针对放射源的偷盗、破坏、非法转移或其他恶意行为所采取的预防、侦查以及响应等系统性措施。

15.220 核安保措施 nuclear security measure
防止、侦察和应对涉及核材料、其他放射性物质及相关设施的偷窃、破坏、非法接触与转让或其他恶意行为，在核安保组织机构、规章制度、文化建设、技术措施等方面进行的监督、管理或采取的行动。

15.221 核安保计划 nuclear security plan
由运营单位制定、由监管部门根据要求进行审查，对放射性物质和相关设施的核安保相关安排进行翔实描述的成文信息。

15.222 核与辐射设计基准威胁 nuclear and radiation design basis threat
潜在外部的或内部的可能企图违反实体保卫系统设计和评估要求的、破坏或蓄意攻击核与辐射目标的敌对分子的属性和特征。

15.223 放射性物质运输安保 security in transport of radioactive materials
针对核材料或其他放射性物品及相关设备在运输中的偷窃、蓄意破坏、未经授权接近、非法转让或其他恶意行为所采取的预防、侦察以及响应等系统措施。

15.224 放射性物质散布装置 radiological dispersal device，RDD
又称"脏弹(dirty bomb)"。任何可实现放射性物质弥散并导致局部或局地放射性污染的装置。

15.225 核恐怖主义 nuclear terrorism
以核工业生产设施为袭击目标或以核技术与产品为主要工具，为实现一定政治目的而有意制造核恐怖的一种犯罪行为。

16. 核 安 全

16.01 核安全目标、核安全文化、核安全基本原则

16.001　[核]安全　[nuclear] safety
在核设施运行和核活动过程中，防止事故或减轻事故后果，从而保护工作人员、公众和环境免受不可接受的辐射危害。

16.002　安全文化　safety culture
单位和人员中所确立的安全第一观念的种种特性和态度的总和，使防护与安全问题由于其重要性而保证得到应有的重视并落实于行动。

16.003　大范围损伤缓解指南　extensive damage mitigation guideline，EDMG
针对核动力厂发生大范围设备损坏或不可达、监测与控制失效等情况而制定的用以缓解对反应堆、乏燃料水池和安全壳的威胁，从而避免放射性物质释放到环境的策略和指南。

16.004　大量放射性释放　large scale radioactive release
需要采取场外防护行动，以保护人员和环境的放射性释放。

16.005　早期放射性释放　early radioactive release
必要的场外防护行动在预期时间内不可能全面有效执行的放射性释放。

16.006　大量早期放射性释放频率　large scale early radioactive release frequency
根据核设施安全分析，在来不及采取相应的场外防护措施的情况下发生大量早期放射性释放的频率。是核设施设计的安全目标之一。

16.007　堆芯损坏频率　core damage frequency，CDF
又称"堆芯损伤频率"。根据核设施安全分析，反应堆发生堆芯严重损坏的频率。是核设施设计的安全目标之一。

16.008　多样性　diversity
为执行某一确定功能，设置两个或多个独立的系统或部件，这些不同的系统或部件具有不同的属性，从而减少了共因故障(包括共模故障)的可能性。

16.009　多重屏障　multiple barrier
为防止放射性物质对外释放而设置的多重实体屏障。

16.010　多重性　redundancy
又称"冗余"。为完成某项特定安全功能而采用多于最低需要配置的系统或部件，以保证该功能的高可靠性。

16.011　放射性废物安全管理　radioactive waste safety regulation
与放射性废物的产生、预处理、处理、整备、贮存、运输、处置和退役相关的各种行政与技术活动的安全管理。我国于2011年发布了《放射性废物安全管理条例》，对相关活动进行了规范。

16.012　风险　risk
表示与各种实际照射或潜在照射有关的危

害、危险，或产生有害或伤害后果的可能性的多重属性的量。与诸如可能产生各种特定有害后果的概率以及此类后果的大小与性质等量有关。其数学表达式为：$R=\sum P_i C_i$。式中，P_i 为情景(scenario)或事件序列(event sequence)i 的发生概率；C_i 为该情景或事件序列的后果的度量。

16.013　功能隔离　functional isolation
防止一个线路或系统的运行模式或故障对另一个线路或系统的功能造成有害后果而采取的隔离措施。

16.014　功能指标　functional indicator
构筑物、系统或部件满足验收准则要求的运行能力的度量。

16.015　固有安全特性　inherent safety feature
物项内在的一种安全特性，在时间、空间及其他条件改变的情况下，其安全特性能使物项保持或趋于相对稳定的状态。在反应堆设计中特别强调要尽量使其具有固有安全特性。

16.016　故障安全　fail-safe
安全设计原则之一。按照这一原则完成的设计可以保证当某一部件或系统发生任何故障时，不需要采取任何操作而使系统或设施进入安全状态。

16.017　国际原子能机构安全标准系列　International Atomic Energy Agency safety standard series，IAEA-SSS
国际原子能机构出版的关于核安全标准的系列。

16.018　核安全基本原则　nuclear safety fundamental principle
为达到核安全目标所必须遵循的、具有普遍应用意义的规则。其可归纳为国家监督管理、营运单位核安全管理和核安全技术原则三大类。

16.019　核安全目标　nuclear safety objective
对核设施和核活动期望并力求达到的安全水平。制定和贯彻安全目标是国家核安全监督管理的重要部分。其与相应的核安全政策、法规、标准体系、许可证制度以及检查、执法等措施共同保证核设施和核活动的安全。在核设施和核活动中建立并保持对放射性危害的有效防御，以保护人员、社会和环境免受危害。

16.020　利益相关者　stakeholder
又称"利益相关方"。受组织决策和行动影响的任何相关者。在核设施和核活动过程中特别要注意协调各相关方的利益。利益方通常包括：客户、营运单位、供应商及可能涉及的政府机构或监管人员、媒体、公众等，在边境地区还可能涉及相邻国家。

16.021　破前漏准则　criteria of leak before break，LBB
又称"先漏后破准则"。压力容器及管道的一种设计理念。要求管道等结构的设计和选材，必须保证裂纹在发生不稳定扩展(结构脆性断裂)至贯穿壁厚前，先出现可探测到的泄漏。

16.022　认可标准　endorsed standard
经核安全监管部门认可的一类标准。供民用核设施及核安全设备设计、制造、安装和无损检验单位采用。

16.023　设计规范　design specification
物项设计的技术规定和具体技术要求。一般包括总体目标、功能要求、技术指标、限制条件等。

16.024　实际消除　practically elimination
实质上不可能发生或按高置信度极不可能发生的工况。

16.025 移动[应急]设备 movable [emergency] equipment

核电厂应准备的在极端事故条件下所需要的移动[应急]设备。如移动电源、移动水泵等。

16.026 移动设备接口 movable equipment interface

在事故条件下移动[应急]设备能够迅速接入必要的相关系统的接口，以确保相关的安全功能。

16.027 放射性物品运输安全管理 safety regulation on radioactive material transportation

与放射性物品的运输和放射性物品运输容器的设计、制造等活动相关的安全管理。中国于2009年发布了《放射性物品运输安全管理条例》，对相关活动进行了规范。

16.028 纵深防御 defence in depth

多种构筑物、系统、部件和程序在不同层次分级布置，以便在运行状态下防止预计运行事件逐步升级，并保持置于辐射源或放射性物质与工作人员、公众或环境之间的实体屏障，以及事故工况下某些屏障的有效性。或者，对一个给定的安全目标采用一项以上的防护措施，以便在其中一项防护措施失效的情况下仍能实现该目标。

16.029 纵深防御层次 level of defence in depth

为确保核与辐射安全而对相应防护措施的逐级配置。核设施的纵深防御通常包括五个层次。第一层：防止异常运行和故障；第二层：控制异常运行并探测故障；第三层：控制设计基准范围内的事故；第四层：控制核设施的严重状况，包括防止事故发展并减轻严重事故的后果；第五层：减轻放射性物质大量释放所产生的放射学后果。

16.030 纵深防御层次的独立性 independence of the level of defence-in-depth

纵深防御各层次应具有相应的独立性，某一层次的失效不会造成任何其他层次的失效。

16.031 纵深防御原则 principle of defence in depth

核安全最重要的基本原则之一。对放射性物质应配备多重防御，以避免对人员和环境的伤害。

16.02 核安全监管

16.032 核安全措施 nuclear safety measure

为满足基本安全要求而可能采取的任何行动、可能适用的任何条件或可能遵循的任何程序。

16.033 核安全管理体系 nuclear safety management system

为使核设施和核活动保持在可接受安全水平而用以制订政策和目标并能够以高效和有效的方式实现这些目标的一套相互关联或相互配合的要素。核安全管理系统把一个组织的所有要素整合成一个综合连贯的系统，以便实现该组织的所有目标。这些要素包括结构、资源和过程。人员、设备和组织文化，以及成文归档的政策和过程文件也是管理系统的组成部分。

16.034 核安全政策声明 nuclear safety policy statement

与核设施和核活动及其监管单位有关的组织为了保证核安全，以权威形式规定该组织应该达到的奋斗目标、遵循的行动原则、完成的明确任务、实行的工作方式、阶段要求和应采取的具体措施等。

16.035　不符合项　non-conformance item
性能、文件或程序方面的缺陷，因而使某一物项的质量变得不可接受或不能确定。

16.036　场址评价　site evaluation
对可能影响场址上核设施或核活动安全的各种因素进行的分析。包括厂址特征、对可能影响核设施或核活动的安全特征而导致放射性物质释放和(或)可能影响这种物质在环境中弥散的各种因素的考虑；以及与安全相关的公众和资源利用问题(例如，撤离的可行性、人力和资源的配置)。

16.037　场址选择　site selection
在对一个大范围地区进行调查、否决不适合的场址并对剩余场址进行筛选和比较之后，选择一个或多个优先候选场址。

16.038　地区核与辐射安全监督站　regional inspection office of nuclear and radia-tion safety
国家核安全监管部门的派出机构。执行地区核与辐射安全监督工作。

16.039　定期安全审查　periodic safety review
按核安全监管法规要求营运单位定期(一般为 10 年)对现有核设施的老化、修改、运行经验、技术更新和厂址等方面的累积效应进行评价。包括按照现行安全标准和实践对核设施的设计和运行进行评价比较，以保证该设施在整个使用寿期内具有高的安全水平。

16.040　独立评定　independent assessment
为确定营运单位管理系统满足要求的程度，评价其管理系统的有效性和确定改进措施而进行的监查或监督等评定活动。这些活动应由未参加该项管理活动内部组织或独立的外部机构进行。

16.041　独立性　independency
具备以下两个特征的构筑物、系统或部件(SSC)：①该 SSC 执行所要求功能的能力不受其他 SSC 运行或故障的影响；②该 SSC 执行功能的能力不受需要其履行功能的假设始发事件所产生后果的影响。

16.042　放射性固体废物处置许可证　license for disposal of radioactive waste
根据《放射性废物安全管理条例》，国家核安全局设置了放射性固体废物处置许可证。从事放射性固体废物处置的单位，必须取得相应的资格许可证，方可从事所持证书准予从事的处置种类、范围和规模的活动。

16.043　放射性固体废物贮存许可证　solid radioactive waste storage permit
根据《放射性废物安全管理条例》，国家核安全局设置了放射性固体废物贮存许可证。从事放射性固体废物贮存的单位，必须取得相应的资格许可证，方可从事所持证书所准予的贮存种类、范围和规模的活动。

16.044　放射性同位素生产、销售、使用许可证　license for producing, selling and using radioisotope
根据《放射性同位素与射线装置安全和防护条例》，国家核安全局设置了放射性同位素生产、销售、使用许可证。从事放射性同位素生产、销售、使用的单位，必须取得相应的资格许可证，方可从事所持证书所准予的活动的种类和范围。

16.045　放射性物品　radioactive material
含有放射性核素，并且其活度或比活度均高于国家规定的豁免值的物品。

16.046　风险告知　risk-informed

又称"风险指引"。应用概率安全分析的成果更有针对性地研究具有重要风险的项目和问题，在不降低纵深防御水平和安全裕度的前提下，适当考虑执行安全要求的灵活性以更精准和有效地管理核设施的运行和监管其运行安全。

16.047　风险告知的技术规格书　risk-informed technical specification，RI-TS

基于应用概率安全分析(PSA)的成果建立和管理核动力厂的安全限值、安全系统整定值、运行限值、对构筑物、系统或部件的管理要求和排出流要求等的技术规格书。

16.048　风险告知的监管导则文件　risk-informed regulatory guide

指导如何利用风险告知技术的核安全监管文件。

16.049　风险告知和基于绩效的监管决策　risk-informed and performance-based regulatory decision-making

概率论方法与确定论方法相结合的认知风险并同时基于绩效而作出决策的一种新的安全监管模式(监管过程)。

16.050　风险评价　risk assessment

对与核设施正常运行以及涉及核设施或核活动的可能事故有关的放射性风险的评价。该术语通常会包括后果评定以及对产生这些后果的概率进行的评价。

16.051　国际核安全咨询组　International Nuclear Safety Advisory Group，INSAG

由国际原子能机构(IAEA)建立的、由机构总干事聘请国际安全专家组成的小组。已经为现有的和未来的反应堆堆型制订出一系列基本安全原则。国际核安全咨询组的工作开始于切尔诺贝利事故研究，至今已经发表了

一系列重要报告，如 INSAG-4 安全文化、INSAG-12 核动力厂基本安全原则等。

16.052　国家核安全监管机构　national nuclear safety regulatory body

政府指定的核安全监管机构或监管机构体系。其拥有实施监管过程包括颁发批准书的合法授权，从而对核安全、辐射安全、放射性废物安全和运输安全等实施监管。

16.053　国家核安全监管技术支持单位　technical supporting organization for national nuclear safety regulatory

为国家核安全监管部门提供长期技术支持和科学服务的单位。由称职的专业人员组成。他们可以独立地向政府提供建议以协助其实现核安全、废物管理、辐射防护等可能的最高安全和安保水平。

16.054　过程管理　process management

又称"流程管理"。使用一组实践方法、技术和工具来策划、控制和改进过程的效果、效率和适应性。包括过程策划、过程实施、过程监测(检查)和过程改进(处置)四个部分。

16.055　核安全导则　nuclear safety guide

国家核安全监管部门发布的就如何遵守安全规定中的安全要求的指导性文件。安全导则中的建议用"应当"来表述。如不采用导则中推荐的方法，则应证明所采用的等效替代方法不降低推荐方法的安全水平。

16.056　核安全电气设备设计许可证　nuclear safety electrical equipment design license

根据《民用核安全设备监督管理条例》，国家核安全局设置了核安全电气设备设计许可证。从事民用核安全电气设备设计的单位，必须取得相应的资格证书，方可从事与

所持证书等级相符的民用核安全电气设备的设计活动。

16.057　核安全电气设备制造许可证　nuclear safety electrical equipment manufacturing license

根据《民用核安全设备监督管理条例》，国家核安全局设置了核安全电气设备制造许可证。从事民用核安全电气设备制造的单位必须取得相应的资格证书，方可从事与所持证书等级相符的民用核安全电气设备的制造活动。

16.058　核安全法规体系　nuclear safety regulations system

我国核安全法规体系结构上分为法律、行政法规(条例)、部门规章(安全规定)和安全导则四个层次。其所覆盖的技术领域划分为 10 个系列：通用、核动力厂、研究堆、燃料循环设施、放射性废物管理、核材料管制、民用核安全设备监督管理、放射性物品运输管理、放射性同位素和射线装置监督管理以及辐射环境管理。

16.059　核安全非例行检查　nuclear safety non-routine inspection

又称"特殊检查(special examination)"。针对某一特定事件或问题作出反应的监督检查。

16.060　注册核安全工程师　registered nuclear safety engineer

通过国家统一考试，取得《中华人民共和国注册核安全工程师执业资格证书》并经注册登记后，从事核安全相关专业技术工作的人员。

16.061　核安全机械设备设计许可证　nuclear safety mechanical equipment design license

根据《民用核安全设备监督管理条例》，国家核安全局设置了核安全机械设备设计许可证。从事民用核安全机械设备的单位，必须取得相应的资格证书，方可从事与所持证书等级相符的民用核安全机械设备的设计活动。

16.062　核安全机械设备制造许可证　nuclear safety mechanical equipment manufacturing license

根据《民用核安全设备监督管理条例》，国家核安全局设置了核安全机械设备制造许可证。从事民用核安全机械设备的单位，必须取得相应的资格证书，方可从事与所持证书等级相符的民用核安全机械设备的制造活动。

16.063　核安全技术文件　nuclear safety technical document

核安全监管部门就核安全法规尚未明确的问题所发表的技术文件。这类文件可能是专家或者研究团队的技术见解、推荐的方法，有时是来自国际原子能机构的技术报告。核安全技术文件是推荐参考使用的。

16.064　核安全技术原则　nuclear safety technical principle

为保证达到核安全目标，在技术上必须遵循的指导原则。这些原则是，贯彻纵深防御概念，采用经过验证的工程实践，加强辐射防护，实施质量保证，贯彻人因工程学原理，实行安全评价和验证，重视运行经验反馈和安全研究等。

16.065　核安全监督　nuclear safety inspection

国家核安全局及其派出机构对核设施制造、建造和运行现场进行的监督活动。核安全监督员由国家核安全局任命并发给《核安全监督员证》。

16.066 核安全监管 nuclear safety regulation

国家对相关核安全活动的监督管理。我国由国家核安全局对全国核设施安全实施统一监督，独立行使核安全监督权，其主要职责是：①组织起草、制定有关核设施安全的规章和审查有关核安全的技术标准；②组织审查、评定核设施的安全性能及核设施营运单位保障安全的能力，负责颁发或者吊销核设施安全许可证件；③负责实施核安全监督；④负责核安全事故的调查、处理；⑤协同有关部门指导和监督核设施应急计划的制订和实施；⑥组织有关部门开展对核设施的安全与管理的科学研究、宣传教育及国际业务联系；⑦会同有关部门调解和裁决核安全的纠纷。

16.067 核安全监管强制性命令 nuclear safety regulatory mandatory order

国家核安全局在必要时有权采取强制性措施，命令核设施营运单位采取安全措施或停止危及安全的活动。核设施营运单位有权拒绝有害于安全的任何要求，但对国家核安全局的强制性措施(命令)必须执行。

16.068 核安全监督管理条例 nuclear safety regulations

国务院发布的规范核安全监督管理的行政法规。如民用核设施安全监督管理条例、核材料管制条例等。

16.069 核安全监管执法 nuclear safety regulatory enforcement

对违反国家核安全法规的行为，国家核安全局依其情节轻重，给予警告、限期改进、停工或者停业整顿、吊销核安全许可证件等处罚。

16.070 核安全例行检查 nuclear safety routine inspection

核安全检查组或核安全监督员根据国家核安全局制定的检查大纲，对持证单位在核设施选址、设计、建造、调试、运行、退役各阶段的安全重要活动所进行的有计划的核安全检查。

16.071 核安全日常检查 nuclear safety daily inspection

现场核安全监督员所做的日常检查。现场核安全监督员应对影响核安全的重要活动、物项和记录进行检查，并做好检查记录。

16.072 核安全设备安装许可证 nuclear safety equipment installation license

根据《民用核安全设备监督管理条例》，从事核安全设备安装的单位，必须取得相应的资格证书，方可从事与所持证书等级相符的民用核安全设备安装活动。

16.073 核安全相关法律 nuclear safety related law

全国人大发布的规范核能开发和核安全监督管理的法律。已发布的有《中华人民共和国放射性污染防治法》《中华人民共和国核安全法》，正在制定的有《中华人民共和国原子能法》。

16.074 核安全相关技术标准 nuclear safety related technical standard

国家核安全监管部门发布的标准。例如，GB 18871—2002《电离辐射防护与辐射源安全基本标准》、GB 6249—2011《核动力厂环境辐射防护规定》等，或国家核安全监管部门认可的其他技术标准。

16.075 核安全许可证 nuclear safety license

国家实行核设施安全许可制度，由国家核安全局负责制定和批准颁发核设施安全许可证件。包括：核设施建造许可证；核设施首次装料批准书；核设施运行许可证；核设施操纵员执照等。除核设施外，还有关于核材料、核安全设备、放射源和射线装置、放射性物品运输容器、放射性废物贮存处置等的许可证。

16.076　核安全许可证持有者　nuclear safety licensee/license holder
持有国家核安全监管部门颁发的许可证并承担相应安全责任的法人。

16.077　核安全许可证申请者　nuclear safety license applicant
向国家核安全监管部门申领许可证，提交相关材料，并承诺承担相应安全责任的法人。

16.078　核安全许可证审批依据　basis for review and approval of nuclear safety license
国家核安全监管部门审查核安全许可证申请者是否具备相应条件的法规依据。包括：①国家核安全法规，如《中华人民共和国放射性污染防治法》《中华人民共和国民用核设施安全监督管理条例》等；②国家的其他与原子能、辐射防护、环境保护、公安、卫生等有关的法律和法规；③国家核安全局已颁发的有关规定、核安全导则和已核准备案的标准。

16.079　核安全许可证条件　condition for nuclear safety license
国家核安全监管部门颁发许可证规定的许可证有效的前提条件、范围限制、持证者的承诺事项及补充条款等。

16.080　核动力厂安全许可证制度　nuclear power plant safety licensing system
为实施对核动力厂厂址选择、建造、调试、运行和退役五个主要阶段的安全监督管理，国家颁发相应的安全许可证件，规定相应的许可活动及其必须遵守的条件。

16.081　营运单位核安全责任　nuclear safety responsibility of operating organization
直接负责所营运的核设施的安全。其主要职责是：遵守国家有关法律、行政法规和技术标准，保证核设施的安全；接受国家核安全局的核安全监督，及时、如实地报告安全情况，并提供有关资料；对所营运的核设施的安全、核材料的安全、工作人员和群众以及环境的安全承担全面责任。

16.082　核材料许可证　nuclear materials license
国家对核材料实行许可证制度。持有核材料数量达到核材料管制条例规定限额的单位必须申请核材料许可证。

16.083　核活动　nuclear activity
泛指一切涉及核与辐射的活动。包括相关技术在工、农、科研及医疗等各个领域的应用、相关物质的进口和出口，放射性废物的管理活动以及受过去活动残留物影响的场址恢复等。

16.084　核级焊工资格证　certificate of nuclear safety class welder
根据《民用核安全设备监督管理条例》规定，从事民用核安全设备手工焊接的人员，必须取得相应的资格证书，经雇主授权后，方可从事与所持证书规定的方法和等级相符的民用核安全设备焊接活动。

16.085　核级焊接操作工许可证　certificate of nuclear safety class welding operator
根据《民用核安全设备监督管理条例》规定，从事民用核安全设备焊接操作的人员，必须取得相应的资格证书，经雇主授权后，方可从事与所持证书规定的方法和等级相符的民用核安全设备焊接操作活动。

16.086　核级无损检验员许可证　certificate of nuclear safety class NDT inspector

根据《民用核安全设备监督管理条例》和《民用核安全设备无损检验人员资格管理规定》，从事民用核安全设备无损检验的人员，必须取得相应的资格证书，经雇主授权后，方可从事与所持证书规定的方法和等级相符的民用核安全设备无损检验活动。

16.087　核技术利用　nuclear technology utilization

密封放射源、非密封放射源和射线装置在医疗、工业、农业、地质调查、科学研究和教学等领域中的使用。

16.088　核设施　nuclear facility/installation

在不同的领域对核设施有不同的解释，民用核设施包括：①核动力厂(核电厂、核热电厂、核供汽供热厂等)；②核动力厂以外的其他反应堆(研究堆、实验堆、临界装置等)；③核燃料生产、加工、贮存及后处理设施；④放射性废物的处理和处置设施；⑤其他需要严格监督管理的核设施。

16.089　核设施操纵员执照　licenses of nuclear facility operator

国家核安全监管部门对具备下列条件的人员批准发给《操纵员执照》：①身体健康，无职业禁忌证；②具有中专以上文化程度或同等学力，核动力厂操纵人员应具有大专以上文化程度或同等学力；③经过运行操作培训，并经考核合格。持《操纵员执照》的人员方可担任操纵核设施控制系统的工作。

16.090　核设施厂址审查意见书　site review statement of nuclear facility

根据申请者所提交的相关技术文件，国家核安全监管部门对拟选的核设施厂址适宜性提出的审查意见。

16.091　核设施辐射防护目标　objective of nuclear facility radiation protection

确保在所有的运行状态下在核设施内以及任何从核设施有计划排放的放射性物质引起的辐射照射低于规定限值，并保持可合理达到的尽量低水平。还应采取措施减轻任何事故的放射性后果。

16.092　核设施高级操纵员执照　license of nuclear facility senior operator

国家核安全监管部门对具备下列条件的，方可批准发给《高级操纵员执照》：①身体健康，无职业禁忌证；②具有大专以上文化程度或同等学力；③经运行操作培训，并经考核合格；④担任操纵员二年以上，成绩优秀者。持《高级操纵员执照》的人员方可担任操纵或者指导他人操纵核设施控制系统的工作。

16.093　核设施建造许可证　nuclear facility construction permit

按照国家核安全法规要求，核设施的营运单位向国家核安全监管部门提交《核设施建造申请书》《初步安全分析报告》和其他有关资料。国家核安全监管部门审评通过后，颁发《核设施建造许可证》，方可开始建造。

16.094　核设施设计安全要求　safety requirements on nuclear facility design

为确保核安全，国家核安全监管部门以法规形式所明确的对核设施设计的基本安全要求。例如贯彻纵深防御原则，采用经验证的成熟技术，培育安全文化，优化辐射防护措施，实现放射性废物最小化，做必要的事故应急准备，对环境的放射性物质排放满足国家要求等。

16.095　核设施首次装料批准书　instrument of ratification for initial fuel loading of nuclear facility

按照国家核安全法规要求，核设施安装完毕，经过冷调试后进入首次装(投)料阶段。核设施的营运单位向国家核安全监管部门提交《核设施首次装(投)料申请书》《最终安全分析报告》和其他有关资料。国家核安全监管部门审评通过后,颁发《核设施首次装(投)料批准书》,方可进行首次装(投)料。

16.096　核设施退役批准书　instrument of ratification for decommissioning of nuclear facility
按照国家核安全法规要求,核设施的营运单位向国家核安全监管部门提交《退役计划书》,经审评后,国家核安全监管部门颁发《核设施退役批准书》(临时),许可开始进行核设施退役活动。核设施退役完成后,经过国家核安全监管部门检查合格,颁发《核设施退役批准书》,该核设施才正式退役。

16.097　核设施选址安全要求　safety requirement on nuclear facility siting
国家核安全监管部门根据核设施特点而对拟选厂址提出的要求,如地震地质、气象、水文、社会经济及人文条件等,以确保在核设施整个寿期内的核安全及执行应急计划的可行性。

16.098　核设施业主　nuclear facility owner
出资建造并拥有核设施产权的所有者。

16.099　核设施营运单位　operating organization of nuclear facility
在中华人民共和国境内,申请或者持有核设施安全许可证,可以经营和运行核设施的单位。

16.100　核设施运行许可证　operation license of nuclear facility
核设施经试运行后,经国家核安全监管部门审查合格颁发的允许核设施正式运行的核安全许可证。

16.101　核设施质量保证安全要求　nuclear facility quality assurance safety requirement
国家核安全监管部门为确保核安全而对涉及核设施的相关活动(设计、制造、安装、运行、维护、检修、退役等)提出的质量管理要求。

16.102　核准　check and ratification
国家核安全监管部门书面同意申请者要求。

16.103　环境监测　environmental monitoring
对环境中的外照射剂量率或环境介质中的放射性核素浓度的测量。

16.104　环境影响评价　environmental impact assessment
对规划和建设项目实施后可能造成的环境影响进行分析、预测和评估。根据评价结果提出预防或者减轻不良环境影响的对策和措施,进行跟踪监测的方法和制度。

16.105　技术规格书　technical specifications
一种书面规定。说明产品、服务、材料或工艺必须满足的要求,并指出确定这些规定的要求是否得到满足的程序。

16.106　监查　audit
通过对客观证据的调查、检查和评价,以确定所制定的大纲、程序、细则、技术规格书、规程、标准、行政管理计划或运行大纲及其他文件是否齐全适用,是否得到切实遵守以及实施效果如何而进行的审核并提出书面报告的工作。

16.107　监督检查点　check point
国家核安全监管部门或其派出机构,根据民用核安全设备设计、制造、安装和无损检验单位报送文件,所选择的需检查的某一工作过程或者工作节点。根据检查方式的不同，检查点一般分记录确认点(R 点)、现场见证点(W 点)、停工待检点(H 点)等三类。

16.108　监督区　supervised area
核设施场区内未被确定为控制区、通常不需要采取专门防护手段和安全措施但要连续监测其职业照射条件的区域。

16.109　监管条例实施细则　detailed rule for implementing regulations
由国家核安全监管部门对国务院发布的核安全条例的实施做出的具体规定。与相关法规具有同等法律效力。

16.110　监督检查　regulatory inspection
由国家核安全监管部门或其派出机构进行的核安全检查。

16.111　检查　inspection
为评定构筑物、系统、部件和材料，以及运行活动、技术过程、组织过程、程序和工作人员能力而进行的考查、观察、测量或试验。

16.112　经授权[批准]的活动　authorized activity
经国家核安全监管部门授权的活动。

16.113　宽限期　grace period
在事件中无需有关人员采取行动仍能确保核设施安全的时间段。

16.114　射线装置生产、销售、使用许可证　licenses for producing，selling and using irradiation device
根据《放射性同位素与射线装置安全和防护条例》，国家核安全局设置了射线装置生产、销售、使用许可证。从事射线装置生产、销售、使用的单位，必须取得相应的资格许可证，方可从事所持证书所准予的活动的种类

和范围。

16.115　停工待检点　hold point
又称"H点"。必须由国家核安全监管部门或其派出机构的监督员在场见证并签字认可其检查结果的监督检查点。核安全监督员未到场，该项检查不能进行。

16.116　记录确认点　record confirmation point
又称"R点"。经国家核安全监管部门认可的制造、建造、运行过程中的监督检查点。其检查记录需向国家核安全监管部门或其派出机构报告。

16.117　现场见证点　on-site witness point
又称"W点"。事先已将检查计划告知国家核安全监管部门或其派出机构，核安全监督员一般会到场见证其检查结果。但如核安全监督员因故未能按时到检查现场，检查可按原计划执行，其结果报告国家核安全监管部门或其派出机构。

16.118　同行评议　peer review
由从事相同职业的其他单位的专家或代表对被评议单位的专业、学术或管理方面的效率和能力等进行的综合检查或评价。

16.119　文件控制　documentation control
对核设施或核活动中涉及的文件进行的控制活动。是核安全质量保证领域的重要组成部分。

16.120　一类放射性物品运输容器设计批准书　category I radioactive material transport container design permit
根据《放射性物品运输安全管理条例》，由国家核安全监管部门颁发的用于一类放射性物品运输的容器设计批准书。获得该批准书后，方可按该设计制造一类放射性物品运输容器。

16.121　一类放射性物品运输容器制造许可证 category I radioactive material transport container manufacturing license

根据《放射性物品运输安全管理条例》，由国家核安全监管部门颁发的一类放射性物品运输的容器制造许可证。获得该许可证的单位，方可按批准的设计制造一类放射性物品运输容器。

16.122　役前检查 pre-service inspection

核设施首次装(投)料或投入使用前进行的无损检验。

16.123　营运单位安全责任 safety responsibility of operating organization

核设施营运单位在法律上承担的对核设施自身、核设施员工、周边公众及环境在核安全方面的全部责任。

16.124　质量保证 quality assurance

为使物项或服务与规定的质量要求相符合并提供足够的置信度所必需的一系列有计划的系统的活动。

质量保证包括三层内容。①质量保证(QA)：包括为提供合适的置信度而有计划、有系统的全部必要活动；②质量控制(QC)：它包括在 QA 之内，为控制和核实材料、工艺、产品或特需服务的性质和特征的所有必要的活动；③监查/评估(audit/appraisal)：通过检验和评估客观证据来保证 QA 计划的相关内容已经有效地执行。

16.125　质量保证程序 quality assurance procedure，QA procedure

为满足质量保证大纲要求，对各相关活动制定的质量控制文件。

16.126　质量保证大纲 quality assurance program，QA program

规定一个单位全部质量保证活动管理原则、组织管理体系、技术要求和控制措施的综合管理文件。

16.127　质量保证记录 quality assurance record，QA record

质量保证活动中的记录文件。包括永久性记录和非永久性记录。

16.128　质量保证评价 quality assurance evaluation，QA evaluation

对相关质量保证活动有效性的评价。包括质量保证大纲及相关程序的完整性、质量保证文件的准确性、真实性等及执行过程的有效性。

16.129　质量保证文件 quality assurance document，QA document

质量保证过程中的文件。包括质量保证大纲、质量保证程序、质量保证记录文件等。

16.130　质量保证要求 quality assurance requirement，QA requirement

根据质量保证大纲及相关执行程序对质量活动中各个环节所提出的具体要求。

16.131　主管部门 competent authority

对核设施营运单位负有领导责任的国家和地方政府的有关行政机关。

16.132　注册核安全工程师制度 registered nuclear safety engineer system

为提高核安全专业技术人员素质，确保核与辐射环境安全，中国对从事核与辐射安全相关领域工作的专业技术人员实行的一种职业资格证书制度。其目的是逐步实现从事核安全关键岗位的专业技术人员都具有核安全工程师资质。

16.133　专项检查 special inspection

当发生问题或者认为可能有问题时，由国家

核安全监管部门或其派出机构对被检查单位进行的专项任务检查。主要包括对某一技术方面或者质量保证大纲某一要素的实施情况所进行的检查，以及核实对已提出的整改要求的落实情况。

16.134　综合性检查　integrated inspection
由国家核安全监管部门或其派出机构对被检查单位进行的较全面的检查。一般包括质量保证系统的检查和某些专项技术检查。

16.03　核安全系统、核安全级设备

16.135　安全驱动系统　safety actuation system
又称"安全执行系统"。在保护系统启动后完成必要安全动作所需的设备总称。

16.136　安全系统　safety system
(1)为确保核设施和核活动安全而配备的系统。(2)对核动力厂，是指用于保证反应堆安全停堆、从堆芯排出余热或限制预计运行事件和设计基准事故的后果的系统。安全系统由保护系统、安全驱动系统和安全系统辅助设施组成。

16.137　安全系统辅助设施　safety system support feature
为保护系统和安全驱动系统提供所需的冷却、润滑和能源供应等条件的设备总称。

16.138　安全系统整定值　safety system setpoint
核设施保护系统监测的系统和设备的物理、热工和水力等参数预先设定的安全限值。为防止出现超过安全限值的状态，在发生预计运行事件和事故工况时，作为启动有关自动保护功能的触发点。

16.139　安全有关系统　safety related system
安全重要物项中不属于安全系统组成部分或用于设计扩展工况的安全设施的安全重要构筑物、系统和部件。

16.140　安全重要物项　item important to safety
作为某一安全组合的组成部分和(或)其失效或故障可能导致现场人员或公众受到辐射照射的物项(构筑物、系统和部件)。安全重要物项包括安全有关系统、安全系统和用于设计扩展工况的安全设施。

16.141　安全组合　safety group
用于完成某一特定假设始发事件下所必需的各种动作的设备组合。其使命是防止预计运行事件和设计基准事故的后果超过设计基准的规定限值。

16.142　保护区　protected area
核设施场区内需受到严格控制的，由特殊实体屏障围起来的区域。

16.143　保护系统　protection system
监测核设施的运行，并根据探测到的异常信号，自动触发动作以防止发生不安全或潜在的不安全工况的系统。此系统包括从传感器到驱动装置输入端的所有电气装置和机械装置。

16.144　代表性模拟件　representative mock-up
国家核安全监管部门在审查民用核安全设备制造、安装许可证申请时，要求有关申请单位针对申请的目标产品，按照1:1或者适当比例制作的与目标产品在材料、结构、性能等方面相同或者相近的制品。该制品必须经历与目标产品或者样机一致的制作工序

以及检验、鉴定试验过程等。

16.145　电气隔离　electrical isolation
部件、设备、通道或系统之间不存在电回路的一种隔离。

16.146　实体隔离　physical separation
又称"实体分隔"。采用几何方法(距离和方位)和适当的屏障或两者结合的方法实施的物项分隔。

16.147　乏燃料池冷却系统　spent fuel pit cooling system
冷却乏燃料的水池及附设的池水净化处理设施的系统。

16.148　非能动部件　passive component
不依靠触发、机械运动或动力源等外部输入而执行功能的部件。

16.149　合格设备　qualified equipment
经认证,在安全功能相关条件下已满足设备鉴定要求的设备。

16.150　核安全电气设备　nuclear safety electrical equipment
执行核安全功能的传感器、电缆、电气贯穿件、仪控系统机柜(包括机架、机柜、仪控盘台屏箱)、电源设备(包括应急柴油发电机组、蓄电池(组)、充电器、逆变器、不间断电源)、阀门驱动装置、电动机、变压器、成套开关设备和控制设备等。

16.151　核安全分级　nuclear safety classification
确定属于安全重要物项的所有构筑物、系统和部件。包括仪表和控制软件,然后根据其安全功能和安全重要性分级。其设计、建造和维修必须使其质量和可靠性与这种分级相适应。

16.152　核安全机械设备　nuclear safety mechanical equipment
执行核安全功能的钢制安全壳、安全壳钢衬里、压力容器、储罐、热交换器、管道和管配件、泵、堆内构件、控制棒驱动机构、风机、压缩机、阀门、支承件、波纹管和膨胀节、闸门、机械贯穿件、法兰、铸锻件、设备模块等。

16.153　核设施状态　nuclear facility state
核设施运行状态和事故工况的总称。包括正常运行、预计运行事件、设计基准事故和设计扩展工况。

16.154　核动力厂运行状态　NPP operational state
包括正常运行和预计运行事件。

16.155　核设施物项安全分类　safety classification of nuclear facility item
对核设施物项按安全重要性进行分类,对核动力厂分类为:安全重要物项(包括安全有关系统、安全系统、用于设计扩展工况的安全设施)和非安全重要物项。

16.156　基本安全功能　fundamental safety function
核设施为确保安全必须具备的基本功能。核动力厂的三个基本安全功能如下:①控制反应性;②排出堆芯余热,导出乏燃料贮存设施所贮存燃料的热量;③包容放射性物质,屏蔽辐射,以及限制事故放射性释放。

16.157　鉴定试验　qualification test
为了保证物项满足预先设定的设计性能指标而对样机(或模拟件)实施的实物验证试验。鉴定试验包括功能试验、环境试验(包括运行条件试验和老化试验)、抗震试验及设计基准事故条件下的试验等。

16.158　鉴定寿命　qualified life
构筑物、系统或部件通过试验、分析或运行经验证明其能够在各种设计运行状态下履行其安全功能的时限。

16.159　可靠性　reliability
一个系统或部件在给定状态下和给定时间内完成要求功能的概率。

16.160　老化管理　aging management
为把构筑物、系统或部件的老化降质控制在可接受限值内而采取的工程、运行和维护等行动和措施。

16.161　民用核安全设备目录(表)　civilian nuclear safety equipment list
由国家核安全监管部门规定的需进行监管的民用核安全设备的目录。

16.162　能动部件　active component
依靠触发、机械运动或动力源等外部输入而执行功能的部件。

16.163　设备鉴定　equipment qualification
对设备按其设计要求,在规定条件下进行的鉴定。在整个使用寿期内,设备需能履行其安全功能,并能承受在正常运行、预期运行事件和事故工况期间预期可能会出现的各种环境因素及其老化效应。设备鉴定中最重要的两项是设备的环境鉴定和抗震鉴定。

16.164　设备环境鉴定　equipment environmental qualification
对设备按其设计要求,在规定环境条件(温度、压力、湿度、喷射冲击、辐射及动力学效应等)下进行的鉴定。

16.165　设备抗震鉴定　equipment seismic qualification
对设备按其设计要求,在设备可能承受的地震环境所产生的荷载下进行的鉴定。对采用特殊结构或动作机制的设备,通常需根据其重量、体积等条件,在相应的震动台架上作真实震动条件下的模拟试验。

16.166　设计基准　design basis
在核设施和物项的设计过程中所规定的能承受的工作条件和意外工况,其性能在此工况下能满足设计要求且不超过管理限值。

16.167　射线装置　irradiation device
X 射线机、加速器、中子发生器以及安装了放射源的装置。

16.168　使用寿命　service life
构筑物、系统或部件从服役开始到最后退役所经历的时间段。

16.169　无损检验　non-destructive testing, NDT
对系统、设备、材料进行结构缺欠检测而不对其造成实体结构损伤的检测方法等。包括射线、超声波、涡流、着色探伤等。

16.170　性能评价　performance assessment
对设施、系统、设备的性能能否满足设计要求所作的评价。

16.171　性能指标　performance indicator
按设计规定,设施、系统、设备的性能应达到的要求。

16.172　验收准则　acceptance criterion
按设计要求,设施、系统、设备能被准予验收的各项技术条件。

16.173　验证与确认　verification and validation
通过核实和验证取得证据而确认的过程。

16.174 用于设计扩展工况的安全设施 safety feature for design extension con-dition

在按设计基准工况配置之外，在设计扩展工况下执行某种安全功能的安全设施。这些设施不必完全按核安全级设施、设备要求，而可以按可能的实际事故工况考虑。

16.175 最终热阱 ultimate heat sink

即使所有其他的排热手段已经丧失或不足以排出热量时，总是能够接受核设施所排出余热的一种介质。其通常是水体或大气。

16.04 运行安全与事故分析

16.176 0 级事件[偏离] deviation

无安全重要性的事件。

16.177 1 级[异常情况] anomaly

超出经批准的运行范围，但不涉及安全措施明显失效、污染显著扩散或工作人员受到过量照射的事件。

16.178 2 级[事件] incident

这类事件涉及的安全措施虽明显失效，但仍具有足以继续处理进一步故障的纵深防御能力，和(或)导致工作人员所受剂量超过法定剂量限值和(或)导致在设计中未预见的厂区内存在放射性因而需要采取纠正行动。

16.179 3 级[严重事件] serious incident

又称"小事故"。此时仅有最后一道纵深防御仍然有效，和(或)涉及污染现场严重扩散或对工作人员造成确定性效应，和(或)放射性物质向厂外极少量释放(即关键人群组剂量为十分之几毫希沃特量级)。

16.180 4 级[无厂外明显风险的事故] acci-dent without significant off-site risk

事故涉及设施明显损坏(例如，堆芯部分熔化)，和(或)一名或多名工作人员受到很可能造成死亡的过量照射，和(或)向厂外释放的放射性物质使关键人群组剂量为几毫希沃

特量级的事故。

16.181 5 级[有厂外明显风险的事故] acci-dent with significant off-site risk

事故导致设施严重损坏，和(或)对外释放的放射性物质的放射性等效于数百或数千太贝可(TBq)的碘-131，由此可能导致需要部分执行应急计划中涵盖的对策。

16.182 6 级[严重事故] serious accident

事故涉及显著量的放射性物质释放，因此可能需要全面执行所计划的对策，但严重程度低于重大事故。碘-131 等效放射性剂量范围为 $10^{15} \sim 10^{16}$ Bq。

16.183 7 级[重大事故] major accident

这类事故涉及放射性物质的大量释放，并对健康和环境造成广泛影响。碘-131 等效放射性剂量超过 10^{16} Bq。

16.184 事故分析初始条件 initial conditions for accident analysis

在核设施的事故分析中，所假设的事故发生前的设施状态。

16.185 安全动作 safety action

由安全驱动系统执行的(单一)行动。

16.186 安全分析 safety analysis

对与从事某种活动有关的潜在危害进行分

析和评价。

16.187　安全分析报告　safety analysis report
核设施营运单位为申请核安全许可证件而向国家核安全监管部门提交的论述该核设施安全性能及确保核安全、保障工作人员和公众健康、保护环境措施的技术文件。根据核设施建设的不同阶段，安全分析报告分为初步安全分析报告(PSAR)、最终安全分析报告(FSAR)和修订的最终安全分析报告(RFSAR)。

16.188　安全功能的可用性　availability of safety function
根据各个安全系统与部件的多重和多样而得到的某个安全功能是否满足要求的概率。安全功能的可用性可以分为：完全满足要求；满足运行限值和条件的最低要求；刚刚满足基本要求；不满足要求。

16.189　安全评价　safety assessment
对核设施的设计和运行中涉及人员防护与核设施安全的各个方面所进行的一种分析的评价。包括对核设施的设计和运行中所建立的各种防护与安全措施或条件的评价，以及对正常条件下和事故情况下可能的各种危险的评价。

16.190　安全评价报告　safety evaluation report
国家核安全监管部门对核设施营运单位提交的安全分析报告进行审评后编制的对该核设施安全评价的报告。

16.191　安全审评　safety review
国家核安全监管部门对许可证申请者提交的文件进行安全审查并作出结论的过程。

16.192　安全停堆状态　safe shutdown state
反应堆处于足够次临界深度，并以可控速率排出堆芯余热，裂变产物屏障得到保证，从而使放射性产物释放保持在允许范围内，以及为维持这些条件所必需的系统正在其正常范围内工作的停堆状态。

16.193　安全停堆地震　safe shutdown earthquake
在核动力厂的设计基准中考虑的最大地震。在地面运动水平达到此值时，所有安全级物项必须保持其安全功能。目前安全停堆地震通常取其超越概率为 10^{-4}/年的水平。

16.194　安全限值　safety limit
各种运行参数的限值。核设施在这些限值内运行是安全的。

16.195　安全裕度　safety margin
安全限值与运行限值之间的差值。有时也用两限值之比表示。

16.196　安全指标　safety indicator
在评定中用来衡量核设施或核活动的放射性影响或防护和安全规定执行情况的数量指标，而不是对剂量或危险的预测。

16.197　安全重要的外部事件　external events important to safety
作为设计基准所必须考虑的外部事件或外部事件的组合，以防止外部事件引起的灾害。

16.198　安全状态　safe state
核设施正常运行或在发生预计运行事件或事故工况后，能够保证基本安全功能且长期保持稳定的状态。

16.199　不确定性分析　uncertainty analysis
对估算解决某问题所涉及的各个参数及得到的结果的不确定性和误差范围的分析。

16.200 超设计基准事故 beyond design basis accident
严重性超过设计基准事故的事故工况。

16.201 单一故障 single failure
造成系统或部件丧失执行其预定安全功能的能力的随机故障以及由此造成的任何继发性故障。

16.202 单一故障准则 single failure criterion
要求系统或部件组合在其任何部位发生可信的单一随机故障时，仍能执行其正常功能的设计准则。

16.203 低阶事件 low level event
发现可能会造成故障的薄弱环节或缺陷，但由于存在一个(或多个)纵深防御屏障而未造成后果。

16.204 调试 commissioning
核设施已安装的部件和系统投入运行并进行性能验证，以确认是否符合设计要求，是否满足性能指标的过程。调试包括非核试验和有核试验。

16.205 定期试验 periodic test
根据核设施的技术规格书的规定对其构筑物、系统和部件定期进行的试验。

16.206 陡边效应 cliff edge effect
在核设施中，由微小变化的输入引发的核设施状态的重大突变。例如，由参数微小的偏离导致核设施从一种状态突变到另一种状态的严重异常行为。

16.207 堆芯熔化 core melt
因堆芯燃料达到熔化温度造成堆芯严重损伤的事故。

16.208 辐射事故 radiological accident
核技术利用领域发生的涉及辐照或放射性

物质失控的事故。包括放射源丢失、被盗、失控，或者放射性同位素和射线装置失控导致人员受到意外的异常照射。

16.209 概率安全评价 probabilistic safety assessment
又称"概率安全分析(probabilistic safety analysis)"。是以概率论为基础的风险量化评价技术。

16.210 概率安全评价要素 probabilistic safety analysis element，PSA element
为进行概率安全评价所必需的基本参数或条件。对核动力厂主要包括：核动力厂状态；始发事件分析；事故序列分析；成功准则；系统分析；人因可靠性分析；数据分析；相关性失效分析；模型整合与堆芯损伤频率定量化；结果分析与解释。

16.211 主给水管道破裂 main feedwater line break，MFLB
核动力厂蒸汽发生器主给水管道发生破裂的事故。属于设计基准事故。

16.212 根本原因 root cause
始发事件的基本原因。该原因若被纠正将可防止始发事件再次发生(即根本原因是没有发现和纠正相关潜在弱点)。

16.213 共模故障 common mode failure
由单一事件或原因以相同方式或模式引起的两个或多个构筑物、系统和部件的故障。

16.214 共因故障 common cause failure
由特定的单一事件或原因导致两个或多个构筑物、系统或部件失效的故障。

16.215 故障模式 failure mode
构筑物、系统或部件发生故障的方式或

状态。

16.216　故障树分析　fault tree analysis
从假想和定义故障事件开始并系统地推演导致故障事件发生的事件或事件组合的一种推论技术。

16.217　规定限值　prescribed limit
由相关监管或主管部门确定或认可的限值。

16.218　国际核与辐射事件分级表　international nuclear event scale，INES
根据核事故对安全的影响作为分类，使传媒和公众更易了解。INES 由国际原子能机构(IAEA)和经济合作与发展组织(OECD)的核能机构(NEA)于 1990 年制定。2008 年修订升级为国际核与辐射事件分级表。分级准则详见 16.176～16.183。

16.219　核临界安全　nuclear criticality safety
在核设施运行和核活动过程中，采取各种措施、采用适用的数据、制定适宜的规程和加强裂变材料操作人员的培训以防止发生意外临界或超临界事故，并采取实体屏蔽或其他措施减轻一旦发生临界事故的后果，从而保护工作人员、公众和环境免受危害。

16.220　核设施运行　operation of nuclear facility
按照营运单位的政策和监管机构的要求，为实现核设施的建造目的及其安全运行而进行的全部活动。包括维修、换料、在役检查及其他有关活动，制订并实施适用于核设施正常运行、预期运行事件和事故工况的运行大纲和规程以确保在整个寿期内核设施的安全运行。

16.221　核设施运行安全要求　safety requirements on nuclear facility operation
国家核安全监管部门对核设施营运单位提出的运行安全要求。包括营运单位安全责任和安全管理，对个人与环境的辐射安全防护及优化，事故的防止及事故后果的缓解，应急准备和响应诸方面。覆盖核设施调试、运行、维修、测试、监督和检查、停运管理以及退役准备等各个阶段。

16.222　核事故　nuclear accident
核设施内的核燃料、放射性产物、放射性废物或者运入运出核设施的核材料所发生的放射性、毒害性、爆炸性或者其他危害性事故，或者一系列事故。

16.223　核事件　nuclear incident
造成或可能造成核损害的任何事件或事件序列。其后果或潜在后果不可忽略。诸如运行失误、设备故障、外部事件、事故先兆、险发事故或其他意外事故或未经授权(无论恶意还是非恶意)的行为等。

16.224　获准的排放　authorized discharge
根据国家环保/核安全监管部门批准进行的排放。

16.225　获准的限值　authorized limit
由国家核安全监管部门确定或正式接受的某一可测量值的限值。

16.226　假设始发事件　postulated initiating event，PIE
核设施设计中确定的可能导致预计运行事件或事故工况的假设事件。

16.227　假设事故　postulated accident
又称"假想事故"。在核设施安全分析中假设的事故。目的是验证安全设施的充分性或确定事故源项以确认厂址的适宜性。

16.228　较大辐射事故　larger radiation accident
Ⅲ类放射源丢失、被盗、失控，或者放射性

同位素和射线装置失控导致 9 人以下(含 9
人)急性重度放射病、局部器官残疾。

16.229　紧急停堆　reactor trip
为减轻或防止核动力厂危险状态而进行突
然停堆的动作。

16.230　纠正性维修　corrective maintenance
对发生故障的构筑物、系统或部件通过维
修、检修或更换使恢复其功能并满足验收准
则的行动。

16.231　预防性维修　preventive maintenance
探测、排除或缓解构筑物、系统或部件降
质的行动，以便通过将降质和故障控制在
可接受的水平而维持或延长其使用寿命。
预防维修可以是定期维修、计划维修或预
测维修。

16.232　可控状态　controlled state
发生预计运行事件或事故工况后，核设施能
够保证并维持基本安全功能，以便有足够的
时间采取有效措施使其达到安全状态的一
种核设施状态。

**16.233　控制棒弹出事故　control rod ejection
accident**
反应堆控制棒驱动机构承压壳损坏时，在堆
内压力作用下控制棒迅速弹出堆芯使反应
性迅速增加的事故。属于设计基准事故。

**16.234　控制棒失控抽出　inadvertent control
rod withdrawal**
反应堆控制棒失控提升的误动作。属于反应
性事故。

16.235　临界事故　criticality accident
含易裂变材料的系统由某种原因引起的非
预计临界或超临界事故。

16.236　流出物　effluence
又称"排出流"。释放到环境中含有放射性
物质的流体。

16.237　敏感性分析　sensitivity analysis
定量地考察系统的行为是如何随着通常起
主导作用参数的数值的变化而改变的。常用
分析方案有参数变化分析和扰动分析。

**16.238　核动力厂模拟机　full scope simula-
tor of NPP**
又称"仿真机(simulation machine)"。配备
与核动力厂主控室布置相同的模拟装置，
用于提高核动力厂运行人员的技能，尤其
是应对概率很低的异常、事故工况的操作
演练。

16.239　排放限值　discharge limit
国家环保/核安全监管部门对各种污染源规
定的不同污染物的排放限值。

16.240　配置管理　configuration management
确定和记录设施的构筑物、系统和部件(包括
计算机系统和软件)的特征，并确保正确地升
级、评定、核准、发布、实施、验证和记录
这些特征的变更以及将这些变更纳入设施
文件的过程。

16.241　硼稀释事故　boron dilution accident
在压水堆冷却剂或乏燃料水池中，硼浓度意
外被稀释，引入了正反应性的事故。

16.242　氢气点火器　hydrogen igniter
能动的、使氢气点火燃烧的装置。在发生严
重事故时，为消除由于锆水反应产生而聚集
在安全壳局部区域的氢气，使氢气在较低浓
度范围内在点火器中燃烧，由此消除氢气爆
炸的危险。

16.243　氢气复合器　hydrogen recombiner
又称"消氢器"。非能动地使氢气和氧气在钯-铂催化剂的作用下，氧化复合成水的一种装置。

16.244　全厂断电　station blackout
又称"全厂失电"。核设施失去全部交流电(包括厂外和厂内)的事故状态。

16.245　确定论安全分析　deterministic safety analysis
从安全重要物项失效或人员失误的角度，假定事故确定地发生，选用保守模型，分析核设施系统的响应以及事故的后果。

16.246　燃料错位事故　fuel malposition accident
燃料组件在堆芯内装错位置而可能影响反应堆安全的事故。

16.247　人因工程　human factor engineering
考虑了可能影响人员(操作)效能的各种因素的工程。

16.248　丧失厂外电源　loss of offsite power
不能从外电网获得电能的事故工况。

16.249　丧失主给水事故　loss-of-main-feed-water accident
核设施主给水泵故障而导致主给水中断。

16.250　筛选概率水平　screening probability level，SPL
又称"筛选概率截取值"。发生特定类型事件的年概率值。发生概率低于该值的事件在概率安全分析中不予考虑。

16.251　设计基准事故　design basis accident
根据核安全法规确定的，在设计中作为设计基准而采取了针对性措施的一组能考验核设施安全的有代表性的事故集合。这些事故

的放射性物质释放在可接受限值以内。

16.252　设计基准外部人为事件　design basis external man-induced event
核设施设计中作为设计基准需应对的对核动力厂安全有重要影响的外部人为事件(如飞机撞击、化学品爆炸等)，按照确定的设计准则和保守的方法设计，这些事件中的放射性物质的释放在可接受的限值以内。

16.253　设计基准外部事件　design basis external event
核设施设计中作为设计基准需应对的对核动力厂安全有重要影响的外部事件或外部事件组合。按照确定的设计准则和保守的方法设计，这些事件中的放射性物质的释放在可接受的限值以内。

16.254　设计基准外部自然事件　design basis external natural event
核设施设计中作为设计基准需应对的对核动力厂安全有重要影响的外部自然事件(如洪水、地震、龙卷风等)，按照确定的设计准则和保守的方法设计，这些事件中的放射性物质的释放在可接受的限值以内。

16.255　设计扩展工况　design extension condition
不在设计基准事故考虑范围的事故工况。包括无堆芯明显损伤的工况和有堆芯熔化(严重事故)的工况。在设计过程中按最佳估算方法加以考虑，并且该事故工况的放射性物质释放在可接受限值以内。

16.256　设计寿命　design life
构筑物、系统和部件在规定的运行条件下，性能满足要求的可以预期的时间。

16.257　设计准则　design criterion
按照国家核安全监管部门认可的国家标准

和工程实践，或国际上公认的且是国家有关监管部门认可的标准或实践，提出对核设施的构筑物、系统和部件的详细设计要求和规范。设计准则通常由设计主管部门提出，并报国家核安全监管部门认可或备案。

16.258　失流事故　loss-of-flow accident，LOFA

反应堆冷却剂系统因主泵失去电源、断轴或卡轴等电气或机械故障而造成反应堆冷却剂流量减少或中断的事故。

16.259　冷却剂丧失事故　loss of coolant accident，LOCA

又称"失水事故"。反应堆冷却剂流失速率超过正常补给系统补给能力的事故。对水堆亦称失水事故。

16.260　活态概率安全评价　living PSA

根据需要进行更新的概率安全评价。其以与核设施的设计文件，或分析采用的假设直接相关的方式和评价要素进行概率安全评价，以反映核设施当前的设计和实际运行特征。

16.261　始发事件　initiating event

导致预计运行事件或事故工况的事件。常用于事件报告和分析。

16.262　事故处理　accident handling

核设施发生事故后为使其恢复到受控安全状态并减轻事故后果而采取的一系列行动。

16.263　事故分析　accident analysis

研究核设施可能发生事故的种类及发生频率，确定事故发生后系统的响应及预计事故的进程，评价各种安全设施及安全屏障的有效性，研究各项因素及操纵员干预对事故进程的影响，估计事故情况下核设施的放射性释放量及计算工作人员和居民所受的辐射剂量。

16.264　事故工况　accident condition

比预计运行事件发生频率低但更严重的工况。事故工况包括设计基准事故和设计扩展工况。

16.265　事故管理　accident management

在设计基准事故、超设计基准事故/设计扩展工况发展过程中采取的一系列行动：①防止事件升级为严重事故；②减轻严重事故的后果；③实现长期稳定的安全状态。为减轻严重事故后果的事故管理称为严重事故管理。

16.266　事故缓解　accident mitigation

由营运单位或其他部门立即对事故采取的行动，以便：①减少导致需要在场内或场外采取应急行动的照射或放射性物质释放情况发展的可能性；或②缓解可能导致需要在厂内或厂外采取应急行动的照射或放射性物质释放。

16.267　事故先兆　accident precursor

预示可能发生事故的现象。

16.268　事故序列　accident sequence

由始发事件引发的、按逻辑顺序发生并最终导致事故状态的一系列事件。

16.269　事故预防　accident prevention

核设施按照"纵深防御"原则，设置了防线进行事故预防：①保证核设施设计、设备制造、建造、运行和检修的质量，防止出现偏差；②严格执行运行规程，及时检测设施状态和纠正偏差，防止异常事件演变成事故；③严格执行定期试验、维护和在役检查大纲，确保设施良好状态。

16.270　事件树分析　event tree analysis

从始发事件开始直至合乎逻辑地推导出各种可能的事故后果及相应的发生概率的一

种推演技术。

16.271　事件序列　incident sequence
系统中由始发事件引发的、按逻辑顺序发生的一系列事件。分析其系统部件和运行人员可能的动作及其后果，直至最终安全状态或事故状态。如最终导致事故状态则称为事故序列。

16.272　双端断裂事故　double end guillotine break
又称"大破口事故"。反应堆冷却剂管道沿圆周断开并完全错位导致反应堆冷却剂大量流失的一种假设事故。属于设计基准事故。

16.273　特别重大辐射事故　special significant radiation accident
Ⅰ类、Ⅱ类放射源丢失、被盗、失控造成大范围严重辐射污染后果，或者放射性同位素和射线装置失控导致 3 人以上(含 3 人)急性死亡。

16.274　条件概率值　conditional probability value，CPV
某一特定类型的事件在限定条件下导致不可接受的放射性后果的概率值。常用于安全分析与场(厂)址评价过程。

16.275　威胁评估　threat assessment
对涉及一国境内或境外的核设施、核活动或放射源的危险进行系统分析的过程，以便确定：①可能需要采取防护行动的事件和相关领域；②在减轻这类事件后果方面的有效行动。

16.276　维修　maintenance
为使构筑物、系统和部件保持良好运行状态而进行的有组织的管理和技术活动。包括预防性维修和纠正性维修。

16.277　未能紧急停堆的预期瞬态　anticipated transient without scram/trip，ATWS/ATWT
核动力厂发生预计运行瞬态引起的物理热工参数变化达到触发停堆保护动作的整定值，但因某种原因未能紧急停堆的瞬态工况。是一种超设计基准事故/设计扩展工况。

16.278　稀有事故　infrequent accident
核动力厂寿期内可能发生但频率很低(每年 $10^{-4}\sim10^{-2}$)的事故。该事故不会导致反应堆冷却剂系统屏障或安全壳屏障丧失功能，不应造成后果更为严重的事故，属于设计基准事故。

16.279　险发事件　near miss
又称"险兆事件"。可能会发生，但由于某些原因而得以避免发生的重大事件。

16.280　严重事故　severe accident
严重性超过设计基准事故并造成堆芯明显恶化的事故工况。

16.281　严重事故管理　severe accident management
为了减轻严重事故后果进行的事故管理。

16.282　严重事故管理指南　severe accident management guidelines，SAMG
由核设施营运单位编制的预防和缓解严重事故的指导性文件。包括一系列可能的预防和缓解行动及必要的备选行动。

16.283　一般辐射事故　ordinary radiation accident
Ⅳ类、Ⅴ类放射源丢失、被盗、失控，或者放射性同位素和射线装置失控导致人员受到超过年剂量限值的照射。

16.284　隐性弱点　latent weakness
又称"潜在弱点"。安全重要物项中未被检

测到的重大安全隐患或纵深防御层次某个要素中未被检测到的防御功能的弱化。

16.285　预计运行事件　anticipated operational occurrence

又称"异常运行(abnormal operation)"。在核设施运行寿期内预计至少发生一次的偏离正常运行的运行过程；由于设计中已采取相应措施，这类事件不至于引起安全重要物项的严重损坏，也不至于导致事故工况。

16.286　源项　source term

从核设施释放(或假定要释放)的放射性物质的数量、同位素组成及释放时间特性。

16.287　运行基准地震　operation basis earth-quake

在设计中所确定的核设施仍能正常运行的最高地震水平。此值对应于核设施运行寿命期间可能出现的地震。

16.288　运行经验反馈　operational experience feedback

将核设施在运行和维修过程中出现的设备故障和人因失效界定为不同级别的事件。对其进行直接原因与根本原因分析、吸取经验教训和采取纠正行动，以防止类似事件再次发生，从而持续提高安全水平与运行业绩。

16.289　运行限值和条件　operational limits and condition

经国家核安全监管部门认可的用于核设施安全运行的一套规则。其明确了对相关参数限值、系统及设备性能水平、人员能力水平及相应的管理要求。

16.290　蒸汽发生器传热管破裂事故　steam generator tube rupture accident

核动力厂蒸汽发生器中隔离一、二回路并实现能量传递的传热管发生破裂，使冷却剂从蒸汽发生器一次侧泄漏到二次侧，可能伴随环境污染的事故。此事故属于设计基准事故。

16.291　直接原因　direct cause

观察到的导致或造成始发事件或事故的直接诱因。通常包括构筑物、系统或部件故障，突发的外部事件、人因失误等。

16.292　重大辐射事故　significant radiation accident

Ⅰ类、Ⅱ类放射源丢失、被盗、失控，或者放射性同位素和射线装置失控导致2人以下(含2人)急性死亡或者10人以上(含10人)急性重度放射病、局部器官残的事故。

16.293　主冷却剂泵轴断裂事故　reactor coolant pump shaft break accident

核动力厂运行中主冷却剂泵轴断裂的事故。因冷却剂流量迅速下降，堆芯冷却能力不足，可能造成燃料元件的损伤。此事故属于设计基准事故。

16.294　主冷却剂泵卡轴事故　reactor coolant pump shaft seizure accident

核动力厂运行中主冷却剂泵轴因故障卡住的事故。因冷却剂流量迅速下降，堆芯冷却能力不足，可能造成燃料元件的损伤。此事故属于设计基准事故。

16.295　主蒸汽管道破裂事故　main steam line break accident，MSLB

核动力厂主蒸汽管道破裂造成大量蒸汽外喷的事故。主蒸汽管道破裂是压水堆核动力厂"二回路系统引起的排热增加"类事故(冷水事故)中最严重的一种，此事故属于设计基准事故。

16.296　技术支持中心　technical support center

核设施专家组在紧急情况下分析、评价和诊断核设施状况的场所，以便向主控室、应急指挥中心提供技术支持和建议。

16.05　核设施事故应急

16.297　应急待命　emergency standby

出现可能导致危及核设施核安全的某些特定情况或者外部事件，核设施有关人员进入戒备状态。

16.298　厂房应急　plant emergency

放射性物质的释放已经或者可能即将发生，但实际的或者预期的辐射后果仅限于场区局部区域的状态。宣布厂房应急后，营运单位应迅速采取行动缓解事故后果和保护现场人员。

16.299　场区应急　on-site emergency

事故后果蔓延至核设施整个场区，场区内的人员采取核事故应急响应行动，通知地方政府，某些场外核事故应急响应组织可能采取核事故应急响应行动。

16.300　场外应急　off-site emergency

事故后果超越场区边界，实施场内和场外核事故应急计划。

16.301　场区　site area

又称"厂区"。具有确定的边界、在核设施管理人员有效控制下的核设施所在地域。

16.302　非居住区　exclusion area

核设施周围一定范围内的区域。该区域内严禁有常住居民，由核设施的营运单位对这一区域行使有效的控制。

16.303　辅助控制点　supplementary control point

又称"辅助控制室"。在核动力厂内与控制室实体分隔、电气隔离和功能隔离的一个独立地点设置的在紧急情况下启用的辅助控制室。这里配置必要的仪表和控制设备，能在主控室丧失执行重要安全功能时完成下述任务：使反应堆进入并保持在停堆状态，排出余热以及监测核动力厂的重要参数等。

16.304　核或放射性紧急情况　nuclear/radiological emergency

由于下述原因已造成或预计将造成对人员或环境危害的紧急情况：①核链式反应或链式反应产物的衰变能量；或②射线照射。

16.305　核事故应急响应　nuclear accident emergency response

在发生或预计可能发生核事故时所采取的控制或缓解措施，以及为保护公众和环境不受放射性危害而采取的不同于正常秩序和正常工作程序的紧急行动。

16.306　核损害　nuclear damage

因发生核或辐射事故而对人员、财产、环境所造成的损失和伤害。

16.307　核应急状态　nuclear emergency state

由于核设施发生或可能发生事故，需要立即采取某些超出正常工作程序的行动，以避免核事故发生或减轻其后果的状态。中国将核事故应急状态按事故严重程度、可能影响的范围分为下列四级：应急待命、厂房应急、场区应急和场外应急。

16.308 恢复 restoration

核设施发生事故后,经处理使设施和环境恢复正常状态的行动。或核设施退役后,使环境恢复到免控状态的行动。

16.309 可居留性 inhabitability

核设施场区内某些场所(如主控室、辅助控制室、应急控制中心等)在特定条件下(如发生核事故、地震、火灾等)能保证人员在其中居留并执行应急响应行动的性能。

16.310 替代电源 alternative power supply

在核设施发生全厂断电事故(失去厂内和厂外全部交流电源)时,可以临时接入以应对事故工况的电源。

16.311 外部事件 external event

可能对核设施或核活动的安全产生影响的外部原因引起的事件。包括人为事件(如外来人员骚扰、敌对势力破坏)和自然事件(如地震、洪水)。

16.312 应急初始条件 emergency initial condition

按起始原因对应急行动水平进行的分类。我国对应急行动水平按其初始条件分为放射性水平异常、系统故障、裂变产物屏障失效及外部事件四类。

16.313 应急电源 emergency power supply

核设施按设计要求配备的在丧失厂外电时提供可靠电力的厂内自备电源。

16.314 应急操作规程 emergency operation procedure

为确保核设施在发生突发事件或异常时能迅速、果断进行处理而事先编制的应急执行程序。

16.315 应急执行程序 emergency response procedure

各应急响应组织事先编制的在进入应急状态时使用的应急响应和应急处置程序。

16.316 应急控制中心 emergency control centre

又称"应急指挥中心"。在核事故应急响应期间对应急响应进行决策、指挥、协调的工作场所。是应急指挥部所在地。包括核设施营运单位的场内应急控制中心和地方政府的场外应急控制中心。

16.317 应急行动水平 emergency action level,EAL

用作核设施应急状态分级基础的起始条件。如预先确定的、该核设施及其厂址特有的、可观测的阈值或判据。

16.318 应急演习场景 emergency exercise scenario

为实现演习的预定目标,以实际可能发生的事件序列和(或)事故情景为基础所编制的练习或演习控制文件。其对事故情景的事件、事件序列和时间进程进行适当编排,并给出相应的预期响应行动。

16.319 应急状态分级 emergency state classification

核设施发生或可能发生核事故时,根据应急行动水平确认应急状态等级的过程。应急状态等级的确定对正确采取应急响应行动具有重要意义。我国核动力厂的应急状态分为四级:应急待命、厂房应急、场区应急和场外应急(总体应急)。

17. 核 医 学

17.01 核医学基础与药物

17.001 核医学 nuclear medicine
研究核技术在医学上的应用及其理论的一门学科。

17.002 基础核医学 basic nuclear medicine
与核医学相关的基础学科。包括核医学物理、核药物学、核电子学等。

17.003 临床核医学 clinical nuclear medicine
利用放射性核素及其制品,通过相应技术方法与设备诊断和治疗疾病的临床医学学科。

17.004 实验核医学 experimental nuclear medicine
利用核技术探索生命和疾病相关基础与规律的一门学科。其研究内容主要涉及细胞生物学、分子生物学、药学和其他生命科学领域中利用核技术的各个方面。

17.005 分子核医学 molecular nuclear medicine
应用核医学示踪技术从分子和细胞水平认识疾病,阐明病变组织受体密度与功能的变化、基因的异常表达、生化代谢变化及细胞信息传导异常等,为临床诊断、治疗和疾病的研究提供分子水平信息的核医学分支学科。

17.006 显像 imaging
又称"成像"。利用专用设备对生物活体的结构、形态、血流及功能代谢等特征生成图像的技术手段。

17.007 分子影像 molecular imaging
又称"分子成像"。利用影像学的手段在细胞和分子水平无创性研究活体内生理或病理过程的成像方法。

17.008 闪烁显像 scintigraphy
利用闪烁探测设备将体内放射性核素发射的射线转化成观察对象体内功能图像或结构图像的技术。

17.009 功能显像 functional imaging
利用显像方法获得机体或器官血流、生理或生化等功能状态图像的技术。

17.010 代谢显像 metabolic imaging
利用显像方法获得机体或器官的蛋白质、葡萄糖、脂肪等物质代谢状态图像的技术。

17.011 多模态影像 multi-modality imaging
利用特定算法,将通过多种不同模式影像手段获得的影像在同一空间相互结合、互相补充的技术。

17.012 示踪 tracing
用微量信号物质显示体内外特定物质分布状态及行踪的技术。

17.013 放射性探针 radioactive probe
与特定目标靶分子结合,反映体内外特定分子活动状态的放射性药物。

17.014 多模态影像分子探针 molecular probe for multi-modality imaging
用多种方法进行标记,使其可以被不同成像

仪器灵敏检测到的示踪物质。

17.015　单光子放射性药物　single photon radiopharmaceutical

用发射单光子的放射性同位素标记的一类放射性药物。例如，^{99m}Tc 标记的药物。

17.016　正电子放射性药物　positron radio-pharmaceutical

发射正电子的放射性核素标记的放射性药物。例如，^{18}F 标记的药物。

17.017　靶向药物　targeting drug

能够被目标组织或器官选择性摄取的药物。具有非目标部位摄取较少、用量少、疗效高、毒副作用小等优势，可以提高诊断的准确率和治疗的疗效。

17.018　放射性治疗药物　radiotherapeutic drug

不依靠药物本身的药理作用，而是通过射线电离辐射生物效应产生治疗作用的一类放射性药物。具有靶向治疗作用，全身影响小等优势；常用发射 β 射线的放射性核素标记，α 射线和俄歇电子具有潜在的治疗优势。

17.019　多肽放射性药物　peptide radiopharmaceutical

以多肽为标记前体的放射性药物。具有分子量小、血液清除快、穿透力强、靶/非靶比值高、特异性强等优势。

17.020　代谢显像剂　metabolic imaging agent

可被细胞摄取，模拟体内特定物质的代谢过程，通过体外显像设备检测可反映组织细胞的功能结构和代谢水平变化的一类放射性药物。例如，葡萄糖代谢显像剂、脂肪酸代谢显像剂、氨基酸代谢显像剂等。

17.021　受体显像剂　receptor imaging agent

能与靶组织中相应的受体高亲和力特异性结合，通过显像设备显示受体的数量、功能和分布的一类放射性药物。例如，放射性核素标记的特定化学分子、多肽和蛋白等。

17.022　乏氧显像剂　hypoxia imaging agent

基于局部氧供应不足引起的细胞与基质改变，用于乏氧组织显像的一类放射性药物。例如，^{18}F 标记的亲脂性化合物硝基咪唑。

17.023　细胞凋亡显像剂　apoptosis imaging agent

基于细胞凋亡早期细胞结构变化，用于显示凋亡细胞的一类放射性药物。如 ^{99m}Tc-annexin V 等。主要用于肿瘤治疗效果监测、器官移植排斥反应监测、急性心肌梗死与心肌炎的评价等。

17.024　心肌灌注显像剂　myocardial perfusion imaging agent

能被正常或有功能的心肌细胞选择性摄取的某些单价阳离子或脂溶性标记化合物。用于评价心肌血流灌注情况的一类放射性药物。常用的有 ^{99m}Tc-MIBI、铊-201(^{201}Tl)等。

17.025　肿瘤显像剂　tumor imaging agent

基于肿瘤特殊成分或生物特征，能被肿瘤组织特异性摄取而正常组织摄取较少的一类放射性药物。

17.026　放射免疫显像剂　radioimmuno-imaging agent

利用抗原-抗体特异性结合的原理，用放射性核素标记能与体内相应抗原特异性结合的抗体或抗体产品产生的一类放射性药物。主要用于某些肿瘤的特异性诊断。

17.027　反义探针　antisense probe

利用核酸分子杂交原理，可与相应的靶基因

结合进行反义显像的放射性核素标记的反义寡核苷酸。包括单链脱氧核糖核酸(DNA)或核糖核酸(RNA)分子。

17.028 生物半衰期 biological half-life
因生物消除(代谢和排出)使进入生物体内的放射性核素或其标记化合物减少一半所需的时间。符号"$T_{生物}$"。

17.029 磷屏成像 phosphor imaging
用磷屏取代核乳胶作为成像装置、通过激光扫描读出结果的计算机控制数字化放射自显影系统。具有高分辨率、高灵敏度、可重复使用、在室温和可见光条件下操作、自动化分析图像等优点;与传统放射自显影技术相比,曝光时间缩短为 1/10,灵敏度提高 10~250 倍,线性范围提高 40 倍。

17.030 摄取 uptake
物质进入活体器官或组织的过程。包括进入程度和时间规律,通常指靶组织对放射性药物的主动性摄入。

17.031 组织摄取率 tissue uptake rate
特定器官或组织摄取的放射性剂量占注射总放射性剂量的百分比。符号"ID%"。

17.032 清除 clearance
进入生物体内血液或特定组织内的物质被消除的过程。包括清除的方式和速率规律。

17.033 特异性结合 specific binding
有指向的、能被相应物质竞争阻断的某种配基在体外或体内与特异结构位点相互作用的生物结合过程。如抗原和抗体或受体和配基之间的结合。

17.034 非特异性结合 non-specific binding
某种配基与其相对应的特异性结构位点外

其他无关物质(如非待测目标蛋白质、容器、分离材料等)的结合。其特点是亲和力低而结合容量大。

17.035 预定位 pretargeting
在体内引入某种与靶组织或器官特异性结合的介质物质,再引入标记探针完成示踪操作的方法。如先注射未标记单抗,足够时间后使其在肿瘤组织聚集,然后注射携带放射性并能与单抗特异结合的小分子物质,将放射性核素载带到肿瘤部位;一般预定位能起到放大信号的作用。

17.036 药盒 kit
包装在一起的便于临床快速制备药物所需的成套试剂。包括原料药、还原剂或氧化剂、稳定剂、赋形剂等。

17.037 体内稳定性 stability in vivo
药物或示踪剂在体内耐受酶降解等生物活动而保持自身结构及性质不变的特性。一般用动物或人血清中放射性药物维持基本性状的时间表示。

17.038 体外稳定性 stability in vitro
在药物或示踪剂制备、运输或储存过程中,耐受外界不利条件而保持自身结构和性质稳定的特性。一般用不同温度、湿度和其他环境条件下放射性药物维持自身基本性状的时间表示。

17.039 全身显像 whole body imaging
探测器沿体表匀速移动,从头至足依序采集全身各部位的放射性摄取情况。通过计算机图像软件将各部位放射性摄取合并成一幅完整影像的显像方式。

17.040 局部显像 regional imaging
只对身体某一部位或某一脏器进行的显像。

17.041　静态显像　static imaging
放射性示踪剂在体内的分布达到相对稳定状态后进行的显像。

17.042　动态显像　dynamic imaging
(1)显像剂引入体内后，以一定速度连续采集多帧影像，并系列化或以电影方式显示显像剂随血流进入脏器，被脏器不断摄取和排泄，或在脏器内反复充盈和射出等过程的显像方法。(2)以一定时间间隔，并以相同方式及条件显示显像剂随时间动态变化过程的显像方法。

17.043　核素显像　radionuclide imaging
根据示踪原理，将放射性示踪剂(显像剂)引入体内，参与组织代谢，用放射性探测器在体外通过探测、定位、定量地显示其发射的核射线，反映体内代谢过程，从而对疾病进行诊断的影像学方法。

17.044　多核素显像　multi-isotope imaging
使用不同能量核素标记的不同药物对同一病人同时采集，通过对不同能量核素的分别成像，显示同一组织不同功能代谢情况的显像方法。

17.045　多模式融合　multi-modality image fusion
将不同成像技术(如正电子发射体层摄影和计算机体层摄影)获得的图像通过空间配准、数据归一化等特殊程序和标准融合为一帧图像，同时表达来自人体结构和功能等不同方面信息的图像处理和表达方式。

17.046　延迟显像　delayed imaging
在核医学显像中，为了突出某种组织在不同的时间点对显像剂的代谢和摄取，而在常规显像之后延迟数小时至数十小时所进行的再次显像。

17.047　半定量分析　semiquantitative analysis
不计算绝对数值，以比值或相对数表达结果的分析方法。在核医学图像中，特指基于像素计数(或计数率)，由线性关系派生出来的数值，如组织中的放射性浓度、病灶本底比值、标准摄取值(SUV)等，这些指标不能直接反映具有生理学意义的相关功能，但简便易行。

17.048　定量分析　quantitative analysis
运用物理、化学、数学及统计学等方法将研究对象的相关属性、特征、成分等观察结果进行数量形式的分析。分为半定量和绝对定量两种：①核医学中指基于数学模型，利用动态显像数据，计算有关生物活动的生理学指标(如糖代谢率等)的处理过程。②测定和表达物质中组分(元素、无机和有机官能团、化合物、特定成分等)或性质(独特或非常规的物化性状)的量化分析方法。

17.049　血流显像　blood flow imaging
静脉内快速注入微小体积的注射显像剂(弹丸式注射)后，同时启动采集或显像设备进行动态采集，显示显像剂进入、流经和从器官流出的过程及在该器官分布的规律，从而获得组织器官血流灌注状态及其变化的显像方法。

17.050　血池显像　blood pool imaging
注射某种不透过毛细血管的放射性核素显像剂后，随血流被内脏器官浓集或暂停留在器官内，待其在全身组织内分布平衡后，靶器官或病变的放射性分布代表该部位的血管容积的显像方式。通常用于检测血管容积明显高于邻近组织的器官或病变。

17.051　早期显像　early imaging
显像剂进入机体后短时间内进行的动态显像。主要反映脏器动脉血流灌注、血管床分布和当时的功能状况。

17.052 多相显像 multi-phase imaging
将动态显像、静态显像以及延迟显像多时相联合进行的显像方法。可以全面显示病变组织、器官的局部血流灌注、血池、早期功能状态以及代谢平衡时的功能结构影像，有利于进一步提高核素显像的诊断效能。

17.053 平面显像 planar imaging
利用显像装置以二维方式采集某脏器的放射性分布影像的显像方式。

17.054 体层显像 tomographic imaging
利用可围绕人体旋转的显像装置，如单光子发射计算机体层仪(SPECT)或通过环形排列的探头，如正电子发射体层仪(PET)多角度采集数据，由计算机重建出机体不同轴向断面影像(如横体层影像、冠状体层影像和矢状体层影像等)的显像方式。

17.055 阳性显像 positive imaging
又称"热区显像(hot spot imaging)"。显像剂主要被病变组织摄取、正常组织不摄取或摄取少、静态显像上病灶组织的放射性高于正常组织的显像方式。如亲肿瘤显像、心肌梗死灶显像、放射免疫显像等。

17.056 阴性显像 negative imaging
又称"冷区显像(cold spot imaging)"。显像剂被正常组织摄取、病变组织摄取低或不摄取、在静态影像上病灶表现为放射性稀疏或缺损的显像方式。例如，心肌灌注显像、肝胶体显像和肾显像等。

17.057 负荷显像 stress imaging
又称"介入显像(interventional imaging)"。通过生理活动或药物干预改变机体负荷的状态下将显像剂引入体内的显像方法。用于突出特定功能或病变信息，提高诊断效率。

17.058 靶向显像 targeted imaging
以被特定组织成分或病变组织特异性摄取的放射性核素化合物为显像剂，从而显示该组织成分或病变的位置、大小、形态等信息的显像方法。

17.059 反义显像 antisense imaging
以放射性核素标记人工合成的反义寡核苷酸为显像剂的显像方法。根据核酸碱基互补原理，引入体内的核酸分子与体内目标 DNA 或 mRNA 结合，观察其结合程度、定位和定量信息，从而达到在基因水平早期、定性诊断疾病的目的。

17.060 报告基因显像 reporter gene imaging
利用编码特定酶、转运体或受体的外源性报告基因与待测目的基因同时传染靶细胞，使目的基因和报告基因编码的蛋白共表达，通过检测报告基因的表达情况，间接评价目的基因状态的显像方法。

17.061 放射免疫显像 radioimmunoimaging, RII
根据抗原-抗体反应原理，利用放射性核素标记抗体或抗体衍生物，与体内相应抗原特异性结合，以显示富含相应抗原的病变组织的显像方法。

17.062 放射受体显像 radioreceptor imaging
利用放射性核素标记的配体作显像剂，引入机体后与相应的受体特异性结合，以显示该受体的分布部位、数量(密度)和功能的显像方法。

17.063 闪烁图像 scintigram
利用闪烁探测器将探测的射线转变为光子和可被记录的电脉冲信号所形成的图像。

17.064 放射性核素示踪技术 radionuclide tracer technique

利用放射性核素或稳定性核素及其标记化合物研究物质的吸收、分布、排泄、转移或转化规律的方法。用放射性或稳定性核素取代化合物原有同种元素，可以做到真正的生理示踪剂，用于追踪各种微量外源性物质或生理性物质的体内过程。

17.065 双标记核素示踪技术 dual nuclide tracer technique

两种核素标记同一种化合物，分别测量，得到同一化合物不同示踪结果的研究技术。如分别用碳-14 及氢-3 标记同一药物的两种剂型，可以同时得到两种剂型的时相曲线。主要优点是可以避免实验对象的个体差异，用少数对象得到变异小的结果；本法也可用于放射自显影。

17.02　核医学辐射防护

17.066 单次瞬时注入示踪剂 transient influx of tracer in a single dose

将示踪剂一次全部引入血浆的方式。其血浆浓度随时间而下降，时相曲线下面积主要取决于其清除速率。

17.067 防护与安全 protection and safety

保护人员免受或少受电离辐射和保证辐射源安全的规定和措施。如使人员受照剂量与危险保持在低于规定约束值、可合理达到的尽量减少低辐照水平的各种方法和设备，以及防止事故和缓解事故后果的各种措施等。

17.068 照射 exposure

暴露于射线射程内的行为或状态。包括外照射和内照射。通常指由各种辐射源引起的职业照射、医疗照射或公众照射，包括正常照射和潜在照射。

17.069 照射量 exposure

光子(X 射线或 γ 射线)在单位质量的空气中所产生的正电荷或负电荷的总量。国际单位：C/kg。

17.070 照射量率常数 exposure rate constant

又称“γ 常数(γ constant)”“电离常数(ionization constant)”。描述单位活度的 γ 射线在空气中单位距离内产生电离能力的量。符号为“γ”。

17.071 潜在照射 potential exposure

可以预计但不能肯定一定发生的照射。包括在辐射源事故或具有某种随机性质的事件或设备故障和操作失误等条件下所造成的照射。

17.072 医疗照射 medical exposure

受检者与患者因医学检查或治疗目的而受到的照射。包括知情者自愿扶持、帮助受检者所受到的照射，以及生物医学研究中志愿者所受的照射。

17.073 有效剂量率 effective dose rate

全称“有效剂量当量率”。单位时间内的有效剂量。

17.074 本底辐射 background radiation

(1)来自所关注和操作的放射源之外任何天然或人工放射源的辐射。(2)天然存在的电离辐射。包括宇宙射线和自然界放射性物质产生的辐射。在放射性活度测量中，指被测放射样品之外的放射源产生的辐射。

17.075　辐射剂量　radiation dose

表征对象接收或吸收辐射总和的度量。包括吸收剂量、器官剂量、当量剂量、有效剂量、待积当量剂量或待积有效剂量等。

17.076　放射敏感性　radio sensitivity

又称"辐射敏感性"。表征细胞、组织、器官、机体或任何生物体对射线产生生物反应程度的指标。

17.077　比释动能　kinetic energy released in material，kerma

不带电电离粒子在质量为 dm 的某一物质内释出的全部带电电离粒子的初始动能的总和。单位为 J/kg。

17.078　参考空气比释动能率　reference air kerma rate

在空气中距放射源 1 m 距离处对空气衰减和散射修正后的比释动能率。

17.079　剂量率　dose rate

单位时间内的辐射照射剂量。

17.080　剂量当量率　dose equivalent rate

单位时间内的剂量当量。

17.081　待积当量剂量　committed equivalent dose

从摄入放射性物质的时刻开始到预期未来某一结束时刻的器官或组织的当量剂量率积分。在无预期结束时刻情况下，对成年人积分时间取 50 年，对儿童的摄入要算至 70 岁。

17.082　示踪动力学　tracer kinetics

用示踪剂观察某种物质或其转化产物在体内的动态过程，并通过数学模型求出该物质或其转化产物的动力学参数的理论和方法。

17.083　限值　limit

在规定的活动中或情况下不得超过所使用某个量的限值。

17.084　剂量限值　dose limit

在受控实践中规定个人受到的有效剂量或当量剂量不得超过的最大限度值。

17.085　器官剂量　organ dose

人体某一特定组织或器官内的平均剂量。

17.086　年摄入量限值　annual limit on intake，ALI

一年时间内经吸入、食入或通过皮肤所摄入的某种给定放射性核素对个人所产生的待积剂量达到个人剂量限值时的累积摄入量。用活度单位表示。

17.087　公众成员　member of the public

除职业受照人员和医疗受照人员以外的任何社会成员。公众照射年剂量限值概念中指有关人群组中有代表性的个人。

17.088　示踪实验　tracer experiment

用放射性核素标记被研究对象(化合物或细胞等)，利用核探测仪器追踪示踪剂在生物体系中的位置、数量及代谢变化的实验方法。

17.089　关键人群组　critical group

给定实践涉及的各受照人群中，受照均匀且剂量最高的一组人群。他们受到的照射可用于度量该时间所产生的个人剂量上限。

17.090　实践的正当性　justification of a practice

除非对受照个人或社会带来的利益足以弥补其可能引起的辐射危害(包括健康与非健康危害)，否则就不得采取此辐射实践的原则。是国际放射防护委员会提出的辐射防护三原则之一。

17.091　可合理达到的最低量原则　as low as reasonably achievable principle
又称"ALARA 原则(ALARA principle)"。采取辐射防护最优化方法，使已判定为正当并准予进行的实践中，个人受照剂量的大小、受照射人数以及潜在照射的危险全都保持在可以合理达到的尽量低水平的原则。

17.092　指导水平　guidance level
由国家或有关权威机构发布的特定辐射剂量水平。辐射剂量高于该水平时应考虑采取适当的行动。

17.093　医疗照射指导水平　guidance level for medical exposure
针对各种诊断性医疗照射中受检者所受照射，经有关部门洽商选定的剂量、剂量率或活度等的定量水平。用于指导有关执业医师医疗照射的防护最优化，是医疗照射防护最优化中应用剂量约束的具体体现。

17.094　干预水平　intervention level
启动某项干预所需的条件指标阈值。达到或超过此值时应进行相应干预。条件指标一般是相关的可测量，如有效剂量、摄入量或单位面积(体积)的污染水平等。

17.095　干预组织　intervening organization
政府指定或认可的、负责管理或实施某一方面干预事宜的组织。

17.096　事故　accident
超出正常实践、其后果或潜在后果不容忽视的任何意外事件。包括操作错误、设备失效或损坏。

17.097　事故照射　accident exposure
在事故情况下所受到的异常照射。专指非自愿的意外照射。

17.098　补救行动　remedial action
在核事故发生的情况下，为减少或避免照射所采取的行动。

17.099　致死剂量　lethal dose
可以导致死亡的辐射剂量。

17.100　剂量标准实验室　standard dosimetry laboratory
由国家有关机构指定的研制、保持或改进辐射剂量测定用基准或附加基准的实验室。

17.101　健康监护　health surveillance
为保证工作人员适应拟承担或所承担的工作任务而对其进行的医学监督。

17.102　医用放射性废物　medical radioactive waste
在应用放射性核素的医学实践中产生的放射性比活度或放射性浓度超过国家有关规定值的液体、固体和气载废物。

17.103　放射性核素的促排　decorporation of radionuclides
采用药物和其他物理、化学和生物方法阻止放射性核素的吸收和沉积，并促使已沉积于器官或组织内的放射性核素加速排出体外的过程与操作。

17.104　辐射剂量学　radiation dosimetry
研究电离辐射场中辐射能量在物质中转移和沉积的规律及其度量的一门学科。

17.105　内照射剂量估算法　medical internal radiation dose，MIRD
由美国核医学会内照射剂量委员会(Committee on Medical Internal Radiation Dose)提出的，估算放射性核素进入体内后所致各组织器官吸收剂量的方法。

17.106 吸收分数 absorbed fraction
源组织中核素衰变所发射出的总能量被靶组织所吸收部分的比例份额。

17.107 比吸收分数 specific absorbed fraction
单位质量靶组织的吸收分数。

17.108 S 值 S value
在内照射剂量估算法中使用的计算因子。物理意义为在给定放射性核素的源器官及靶器官条件下，源器官的单位累积活度在靶器官中产生的吸收剂量值。

17.109 等效年用量 equivalent annual usage amount
某种放射性核素的年用量与该核素的毒性组别系数(如极毒组为 10；高毒组为 1；中毒组为 0.1；低毒组为 0.01)的乘积。

17.110 等效日操作量 equivalent daily handling amount
某种放射性核素的日操作量与该核素的毒性组别系数的乘积。

17.111 平衡常数 equilibrium constant
在可逆反应达到平衡时，产物与反应物的平衡浓度或反应物与产物的平衡浓度比。符号"K"。

17.112 人体模型 human phantom
在电离辐射剂量学、辐射监测研究以及放射诊断、治疗中使用的模拟人体组织器官特征的模型。通常由各种组织的等效材料构成。

17.113 空气污染监测仪 polluted air monitor
用于监测空气辐射污染的仪器。多数是流气式的工作方法让空气不断流过探头，直接给出每升空气中的放射性活度的读数。

17.114 外照射剂量计算 calculation of external dose
在用放射性核素或核射线进行外照射治疗时进行的剂量计算。

17.03 显像设备

17.115 转换 transition
将一种模式的信号转变为另一种模式的信号的过程。

17.116 闪烁 scintillation
高能 γ 射线或其他射线粒子在特殊探测器物质(晶体)中被吸收，其能量转换为多个、低能、快速荧光光子发射的过程。

17.117 闪烁晶体 scintillation crystal
吸收 γ 射线或其他射线粒子后能继而发射低能荧光的结晶型固体类物质。

17.118 雪崩效应 avalanche effect
一个小事件引发巨大后果的现象。用雪崩进行比喻。核医学中多种设备器件的工作原理(包括盖革-米勒计数管、雪崩光电二极管等)均基于这种效应。

17.119 发射扫描 emission scan
探测体内放射性核素发射的 γ 射线，从而获得示踪剂在体内分布的采集方法。

17.120 直线扫描机 rectilinear scanner
早期的核素成像设备。由小直径的碘化钠晶体、单个光电倍增管和聚焦型准直器组成的探头作横向往复和纵向步进式扫描，把扫描区域测得的各点计数率以疏密浓淡(黑白)或彩色的变化显示或打印出来。

17.121 γ 闪烁相机 gamma scintillation camera

一种使用闪烁晶体探测 γ 射线二维(平面)分布图像的成像设备。

17.122 安格 γ 照相机 Anger gamma camera

简称"Anger 相机""γ 照相机"。一种接收 γ 射线并将射线发射源的空间分布以二维图像方式加以显示的显像设备。由 Hal O. Anger(安格)于 1958 年发明。工作原理:闪烁探头将入射的 γ 射线转换成电脉冲,并经脉冲放大电路放大、能量甄别器识别和位置电路计算坐标后,在存储矩阵相应坐标位置处的累加计数,生成反映放射性核素分布的二维图像。

17.123 多晶体 γ 照相机 multi-crystal scanning gamma camera

γ 照相机的一种。其探头中的晶体采用多块小晶体排列组成,可以提高入射光子的定位精度。

17.124 便携式 γ 照相机 portable gamma camera

一种小型化、可移动的 γ 相机。主要用于特殊患者的床边检查。

17.125 体层显像仪 tomographic imaging device

利用可旋转的或环形的探头,围绕体表 360° 多方位采集平面投影数据,再由计算机重建成垂直于体轴的体层图像的设备。包括正电子发射仪、单光子发射计算机体层仪、计算机体层仪。

17.126 发射体层仪 emission computed tomograph,ECT

利用可旋转的或环形的探头,围绕体表 360° 从各个方位采集由体内发射的 γ 光子形成一系列平面投影像,并经计算机重建出三维体层图像的显像设备。

17.127 单光子发射计算机体层仪 single photon emission computed tomography,SPECT

在 γ 相机的基础上增加了探头旋转支架、体层床和图像重建软件等,使探头能围绕人体旋转 360° 或 180°,从各个方位采集由体内核素发射的 γ 光子形成一系列平面投影像,并经计算机重建出三维体层图像的显像设备。

17.128 探头 probe, head, detector

探测射线的仪器部件。用于接收射线并将其转换为电信号。可由一个或多个探测器组成。有多种类型,如电离室型、闪烁晶体型等。

17.129 多探头 multi-probe

装配 2 个以上探头的计数仪或成像设备。

17.130 符合线路单光子发射计算机体层仪 coincidence circuit single photon emission computed tomography,coincidence circuit SPECT

用双探头或三探头单光子发射计算机体层仪加装符合电路,从而实现对正电子湮灭辐射光子对进行符合探测成像的设备。

17.131 碘化钠晶体 sodium iodide crystal

在碘化钠晶体中掺入了铊的闪烁晶体。分子式为 NaI[Tl]。广泛用于 γ 射线探测设备、γ 相机及单光子发射计算机体层仪。

17.132 准直器 collimator

一种规范射线传输方向的装置。用铅或铝钨合金板上打孔制成,覆盖在探头晶体探测面,从体内发射出的射线只有通过准直器的孔才能到达晶体,其他方向的射线则被准直器吸收或阻挡。孔的形状有圆柱形、六角形、圆锥形,孔数量可以是 1 个或多个。通过改变准直器的孔形、数量、壁厚等各种技术参数，可分为多种类型适合不同用途。

17.133 平行孔型准直器 parallel hole collimator

孔为柱形，互相平行，并与探测晶体表面垂直的准直器。其特征是图像的大小与物到准直器的距离无关。

17.134 扇型准直器 fanbeam hole collimator

结合了平行孔和汇聚孔型特点的一种特型准直器。通常用于脑单光子发射计算机体层显像。

17.135 针孔型准直器 pinhole collimator

在铅制的圆锥顶点上开一个孔的特型准直器。孔径为 3～6 mm，孔周圆锥体内壁用钨合金，周围用铅接合铸成；有扩大影像的作用，适用于小脏器显像。

17.136 汇聚孔型准直器 converging hole collimator

从晶体面向外看，孔的形状是缩小的锥形，且各孔从边缘向中心倾斜的准直器。适用于比探头视野小的器官放大显像。

17.137 发散孔型准直器 diverging hole collimator

准直孔呈从晶体面逐渐向外侧倾斜的锥形准直器。可以扩大探测野，适用于比探头视野大的区域显像。

17.138 低能高分辨准直器 low-energy high resolution collimator

孔壁和准直器厚度较薄，能防止低能 γ 射线穿透，且孔径较小的准直器。适用于有高分辨率需求时、能量在 170 keV 以下的 γ 射线显像。

17.139 低能通用准直器 low-energy all-purpose collimator

孔壁和准直器厚度较薄，能防止低能 γ 射线

穿透，且孔径大小适中、兼顾了灵敏度与空间分辨率平衡的准直器。适用于能量在 170 keV 以下的 γ 射线成像。临床中最常用的准直器。

17.140 中能通用准直器 medium energy all-purpose collimator

孔壁厚度和准直器厚度能防止能量在 300 keV 以下的 γ 射线穿透，且孔径大小适中，兼顾了灵敏度与空间分辨率平衡的准直器。适用于能量范围 170～300 keV 的 γ 射线显像的准直器。

17.141 高能通用准直器 high energy general purpose collimator

孔壁和准直器厚度能防止高能 γ 射线穿透，且孔径大小适中、兼顾灵敏度与空间分辨率平衡的准直器。适用于对能量范围 270～360 keV 的 γ 射线显像。

17.142 超高能通用准直器 super-high energy all-purpose collimator

孔壁和准直器较厚、能防止 511 keV γ 射线穿透且孔径较小的准直器。适用于能量在 511 keV 附近的 γ 射线的准直；主要用于单光子发射计算机体层仪对正电子核素的单光子成像。

17.143 编码板准直器 coded-aperture collimator

通过精心设计的掩模图案中的多孔结构实现对探测射线的准直器效应。可通过对采集数据的解码重建，提高图像的信噪比和探测几何效率(体层效果)。

17.144 电子准直 electronic collimation

用符合探测的响应线发挥准直效应确定核素方位的方法。因无物质准直器的阻挡，大幅度提高了系统灵敏度和空间分辨率。

17.145 脉冲高度分析器 pulse height analyser

对脉冲幅度进行分析的一类装置。包括脉冲幅度鉴别器、单道脉冲幅度分析器、多道脉冲幅度分析器等。

17.146 能量甄别器 energy discriminator

通过分析脉冲幅度来完成射线能量分析的仪器。包括脉冲幅度鉴别器、单道脉冲幅度分析器、多道脉冲幅度分析器。

17.147 半高宽 full width at half maximum, FWHM

单峰曲线的峰高度一半处所对应的横轴宽度。用于表征核医学设备的空间分辨率、时间分辨率等，能量分辨率用半高宽与峰值的百分比表示。

17.148 1/10 高宽 full width at tenth maximum, FWTM

单峰曲线的峰高度 1/10 处所对应的横轴宽度。在核医学中常用于表示空间分辨率等，与半高宽意义相仿。

17.149 固有性能 intrinsic characteristic

γ 相机或单光子发射计算机体层仪在无准直器的情况下所具有的性能。

17.150 系统性能 system performance

探头安装准直器后 γ 相机或单光子发射计算机体层仪的性能。

17.151 有效视野 effective field of view

对 γ 照相机和单光子发射计算机体层仪，从探头总视野中扣除边缘效应区域后的视野。

17.152 中心视野 central visual field

有效视野从所有方向向中心收缩到 75% 的区域。

17.153 固有能量分辨率 intrinsic energy resolution

评价 γ 相机或单光子发射计算机体层仪探头在无准直器的情况下分辨不同能量 γ 闪烁事件能力的指标。固有能量分辨率越高，数据采集的能窗就可设置得越窄，记录的散射光子就越少。

17.154 固有泛源均匀性 intrinsic flood field uniformity

γ 相机或单光子发射计算机体层仪探头在无准直器的情况下，对来自面源均匀通量辐射成像的均匀性进行评价的指标。分两个不同的均匀性参数：积分均匀性和微分均匀性。

17.155 计数率特性 count rate performance

放射性计数测量设备及显像设备的工作效率特性。一般用其计数率随放射性活度变化的曲线表征。

17.156 系统平面灵敏度 system planar sensitivity

γ 相机和单光子发射计算机体层仪在探头安装准直器后对平行放置于该探头上的特定平面源成像的灵敏度。

17.157 探头屏蔽 probe shield

遮挡探头，防止视野之外的射线进入探头的装置。

17.158 系统容积灵敏度 systematic volumetric sensitivity

单光子发射计算机体层仪对均匀体源体层成像的灵敏度。等于图像中所有体层计数率之和与源的放射性浓度之比。

17.159 多窗空间配准度 multiple window spatial registration

又称"多窗空间重合性"。衡量显像设备(单光子发射计算机体层仪、γ 照相机)在同一采集条件下对不同能量的入射光子通过不同能窗分别准确定位能力的指标。

17.160　体层均匀性　tomographic uniformity
对均匀体源所成的体层图像中放射性分布的均匀性。

17.161　空间分辨率　spatial resolution
成像系统分辨互相靠近的两个相邻点间的最小距离。用点扩展函数最大值一半处的宽度(半高宽)表示。分为系统空间分辨率、固有空间分辨率和体层空间分辨率三种参数。

17.162　体层空间分辨率　tomographic spatial resolution
在体层图像中分辨互相靠近的两个相邻点间的最小距离。用点源或线源的扩展函数的半高宽来表示。用于衡量体层显像设备性能。

17.163　全身扫描空间分辨率　space resolution of whole body scan
γ照相机和单光子发射计算机体层仪全身平面扫描图像的空间分辨率。分平行于床的运动方向和垂直于床的运动方向两种情况，分别用平行及垂直于床运动方向的线源扩展函数的半高宽及十分之一高宽表示。

17.164　正电子发射体层摄影　positron emission tomography，PET
使用环形探测器和符合探测技术从各个方位采集由体内正负电子对湮灭发射的γ光子对，并经计算机重建出三维体层图像的显像技术。

17.165　探头组块　detector block
正电子发射体层仪探头的一种设计方式。由数个小晶体组成一方形阵列，通过光导接一组光电倍增管和放大处理电路形成的一个计数、定位单元。

17.166　探测器环　detector ring
由多个探测器排列形成的环状结构。其直径决定系统横断面视野，轴向长度决定其轴向视野。

17.167　机架孔径　gantry aperture
机架中心为检查床和检查者通过的圆形孔洞的直径。

17.168　锗酸铋　bismuth germanate，BGO
一种锗酸盐闪烁晶体。分子式：$Bi_4Ge_3O_{12}$，可用于正电子发射体层摄影。

17.169　掺铈氧化正硅酸钆　cerium doped gadolinium oxyorthosilicate，GSO
又称"掺铈含氧正硅酸钆"。简称"硅酸钆"。在氧化正硅酸钆晶体中掺入了铈的一种闪烁晶体。分子式为：$Gd_2SiO_5[Ce]$，可用于正电子发射体层摄影。

17.170　掺铈氧化正硅酸镥　cerium doped lutetium oxyorthosilicate，LSO
又称"掺铈含氧正硅酸镥"。简称"硅酸镥"。在氧化正硅酸镥晶体中掺入了铈的一种闪烁晶体。分子式为：$Lu_2SiO_5[Ce]$，可用于正电子发射体层摄影。

17.171　掺铈硅酸钇镥　cerium doped lutetium yttrium oxyorthosilicate，LYSO
又称"正硅酸钇镥"。在硅酸钇镥中掺入了铈的一种闪烁晶体。分子式为：$Lu_{2(1-x)}Y_{2x}SiO_5[Ce]$，可用于正电子发射体层摄影。

17.172　叠层闪烁晶体　laminated scintillating crystal
将两种分别适合探测不同能量γ光子的闪烁晶体以不同厚度叠加起来形成的双层晶体。一般用于同时探测两种能量的核素，如140

keV 和 511 keV，前层晶体探测 140 keV 的 γ 光子，而不吸收 511 keV 的 γ 光子；后层晶体则仅探测 511 keV 的 γ 光子。

17.173 闪烁衰减时间 scintillation decay time
闪烁晶体激发后发射闪烁光子的数量从最大下降到初始值的 1/e 时所需的时间。闪烁晶体激发后，并非瞬间发射出所有的闪烁光子，而是有一个时间分布，通过测量时间分布可求出此闪烁衰减时间。

17.174 晶体发光效率 luminescence efficiency of crystal
闪烁晶体将入射光子转变为闪烁光子的能力。通常用入射光子每兆电子伏特能量产生的闪烁光子数量表示。

17.175 晶体发射光谱 emission spectrum of crystal
闪烁晶体所发射的闪烁光子波长的分布谱图。

17.176 晶体光电效应分支比 branch ratio of photoelectric effect of crystal
入射光子与晶体介质相互作用时发生光电效应的概率。光电效应有利于入射光子的探测。

17.177 晶体衰减长度 attenuation length of crystal
入射光子数衰减到初始值的 1/e 时在晶体中所经过的距离。衰减长度越短，穿透晶体的光子越少，探测效率越高。

17.178 位置敏感型光电倍增管 position sensitive photomultiplier tube，position sensitive PMT
将光子转变为电流、逐级倍增，并能分辨光子入射位置的一种高效光电转换器件。与普通光电倍增管不同的是各级阳极用栅网做成，各极间二次电子的飞行空间很小，并且

有相应的聚焦结构，由光阴极发射的光电子在倍增极间倍增，再由末极倍增极(反射型)反射出来的二次电子用两层交叉的丝型阳极(十字丝网型阳极)读取。

17.179 隔栅 septa
由铅或钨等重金属屏蔽材料制成、按一定间距平行排列的环形板。用于防止正电子发射体层显像的二维采集模式时，相距较远的不同环之间的符合事件发生。

17.180 单计数率 single count rate
正电子发射体层摄影中单一探测器的总计数率。包括非符合计数及符合计数。用于计算每一对探测器的随机符合计数率，用于随机符合校正。

17.181 符合时间窗 coincident time window
符合探测中确认符合事件的时间间隔。由于光子被转换为脉冲信号间存在多种不确定的延迟，所以符合事件中两个光子检测时间有一定差别，一般通过选定时间间隔作为判断两个检测光子是否作为符合计数的依据。当两个探测器检测到两个光子的时间差小于符合时间窗时，记录为一个符合计数。

17.182 符合事件 coincidence event
利用符合探测技术探测到的一个计数。

17.183 符合探测 coincidence detection
利用在符合时间窗内探测到湮灭辐射光子对的符合线，确定湮灭事件发生方位的检测方法。

17.184 符合线 coincidence line，line of coincidence
又称"响应线(line of response，LOR)"。在符合时间窗内同时探测到湮灭辐射光子对的两个探测器之间的连线。

17.185 真符合 true coincidence

符合探测到的两个 γ 光子来源于同一湮灭事件，且在到达探测器前两个光子都没有与介质发生任何相互作用的符合事件。含有正确的定位信息。

17.186 真符合计数 real coincidence counting

因真符合而产生的符合事件计数。

17.187 真符合计数率 real coincidence counting rate

单位时间内的真符合计数。

17.188 随机符合 accidental coincidence

符合探测到的两个光子分别来自于几乎同时发生的两个独立的湮灭事件。不含任何定位信息。

17.189 随机符合计数 accidental coincidence counting

因随机符合而产生的符合事件计数。

17.190 随机符合计数率 accidental coincidence counting rate

单位时间内的随机符合计数。

17.191 散射符合 scatter coincidence

符合探测到的两个光子来源于同一次湮灭，但两个或其中一个曾与介质发生相互作用而偏离了原有飞行方向，导致错误定位的符合记录。

17.192 散射符合计数 scatter coincidence counting

由散射符合产生的符合计数。

17.193 散射符合计数率 scatter coincidence counting rate

单位时间内的散射符合计数。

17.194 总符合计数 total coincidence counting

采集记录的所有符合计数。包括真符合计数、随机符合计数及散射符合计数。

17.195 总符合计数率 total coincidence counting rate

单位时间内的总符合计数。

17.196 噪声 noise

由非信号源产生的计数。因电路、探测器或被测量体本身原因产生的随机干扰信号。噪声来自本底射线、散射线和计数的统计涨落等。噪声是影响核医学图像质量的指标之一。

17.197 噪声等效计数 noise equivalent count，NEC

在无散射和随机复合计数条件下，达到同样的信噪比所需的真符合计数。以真计数与噪声之比的平方表示。

17.198 噪声等效计数率 noise equivalent count rate

单位时间内测得的等效噪声计数。

17.199 噪声水平 noise level

表征噪声强弱程度的指标。

17.200 图像噪声 picture noise

和有用信号混在一起的干扰信号。在图像上表现为高或低计数的伪像。

17.201 信号噪声比 signal to noise ratio，SNR

简称"信噪比"。测得的靶放射源的活度信号值与非靶放射源的活度信号值(包括本底及热噪声等)的比值。

17.202 校正 correction

对测量结果或图像偏离真实情况的因素进行的纠正。

17.203 校正精度 accuracy in calibration
评价校正效果与真实值接近程度的指标。

17.204 探测效率的归一化 normalization of detection efficiency
校正探头(如正电子发射体层摄影)中各探测器的探测效率的方法。使用同一强度的放射源,获得并计算所有探测器的计数平均值与各探测器的计数值之比,对各探测器不同探测效益进行归一化校正。

17.205 弓形几何校正 geometric arc correction
对正电子发射体层摄影探测器环形几何结构所造成的数据空间取样间隔不均匀性进行的校正。正电子发射体层摄影扫描仪探测器的环形排列使视野从中心到两边相邻符合线间的距离逐渐减小,这种校正在保持总计数不变的条件下,通过符合线等间距插值再分配纠正这种失真。

17.206 灵敏度的不均匀性 heterogeneity of sensitivity
由系统探头对视野空间内各个点的立体张角不相等造成的不同点计数率不同的现象。主要与扫描仪探头的构造设计及数据的采集方式有关。

17.207 时间分辨率 temporal resolution
探测设备区分两个相邻入射事件所需的最小时间间隔。

17.208 散射校正 scatter correction
从总符合计数中剔除散射符合计数部分的校正方法。散射符合含有错误的定位信息,会增加图像噪声。

17.209 散射分数 scatter fraction
散射光子(符合计数)在总计数(符合计数)中所占的百分比。表征正电子发射体层摄影系统对散射计数的敏感程度,与系统设计、采集方式和能量分辨率有关。散射分数越小,系统剔除散射符合的能力越强。

17.210 图像采集 image acquisition
通过成像设备获得图像构成信号(计算机体层摄影的 X 射线、核医学的 γ 光子)分布信息的过程。

17.211 视野 field of view,FOV
探头保持固定位置时所能探测的空间范围。对以 γ 相机为基础的设备,还分成中心视野和有效视野两部分,两部分的性能指标稍有差别。

17.212 轴向视野 axial field of view
核医学成像设备探头一次成像在轴向(Z 轴)上所能覆盖的范围。

17.213 扫描范围 scan range
成像设备在轴向上扫描成像时所覆盖(成像)的长度。

17.214 扫描视野 scan field of view
成像设备在横向(X-Y 轴)成像时所能覆盖的范围。

17.215 扫描速度 scanning speed
(1)对计算机体层摄影,指机架旋转一圈所用的时间。(2)对 γ 照相机全身扫描,指床的移动速度。(3)对正电子发射体层摄影,指一个床位数据采集所需的时间。

17.216 能峰 energy peak
能谱曲线中与特定能量和作用相关的峰。如全能峰、光电峰、散射峰等。

17.217 能窗 energy window
人为设定接收和处理射线的能量范围。用能量的范围(如 120~160 keV)或能量峰值±

上下变化的百分比(如 140 keV±20%)来表示。

7.218　能窗上限　energy window upper limit
射线被接收和处理的能量范围的上限值。

7.219　能窗下限　energy window lower limit
射线被接收和处理的能量范围的下限值。

7.220　非对称能窗　asymmetric energy window
不以能峰为中心设置的能窗。用于核素能峰接近的双核素显像时避免计数串扰，或用于能量分辨率不足时校正散射。

7.221　能量阈值　energy threshold
脉冲幅度鉴别器中预设的比较电压值，或单道脉冲幅度分析器的最小比较电压值(下阈)和最大比较电压值(上阈)。

7.222　原始数据　raw data
(1)由成像系统探头直接采集获得、未经任何校正和处理，但含有校正处理所需必要信息的数据。(2)未经任何加工的，从临床试验中直接观察、发现和检测的结果，和临床试验相关活动的最初记录。原始资料包括实验记录、备忘录、计算与文件、自动化仪器记录的数据、有效复印件或缩微胶片、磁性媒体等。

7.223　能量曲线　energy curve
又称"能谱曲线(energy spectrum curve)"。在探测射线时，探测器对不同能量射线输出不同范围和幅度的脉冲，代表各种能量射线的脉冲数量(计数)随脉冲幅度变化的曲线。

7.224　正弦图　sinogram
正电子发射体层摄影原始数据的一种存储方法。以所采集事件的径向坐标排列成行、角度坐标排列成列、不同符合探测面排列成

页所组成的一组投影矩阵。

17.225　分辨时间　resolving time
放射性探测仪器能够区分两个先后入射粒子的最短间隔时间。若在此间隔时间内入射两个或两个以上粒子，则仪器只能探出第一个粒子；分辨时间越短，漏计的粒子数越少。一般闪烁计数器的分辨时间约为 0.01 μs。

17.226　单光子发射与计算机体层显像仪　single photon emission computed tomography/computed tomography，SPECT/CT
将单光子发射计算机体层仪与计算机体层显像仪同轴、序贯安装于同一机架的显像设备。可以一次完成单光子发射计算机体层摄影采集，并利用计算机体层图像为单光子发射计算机体层图像重建提供衰减校正图，可同时获得病变部位的功能代谢状况和精确解剖结构定位信息，并可以图像融合的方式显示结果。

17.227　正电子发射与计算机体层显像仪　positron emission tomography and computed tomography，PET/CT
将正电子发射体层仪与计算机体层显像仪同轴、序贯安装于同一机架的显像设备。可以一次完成正电子发射计算机体层摄影采集，并利用计算机体层摄影图为正电子发射体层摄影图像重建提供衰减校正图，可同时获得病变部位的功能代谢状况和精确解剖结构定位信息，并可以图像融合的方式显示结果。

17.228　正电子发射与核磁共振显像仪　positron emission tomography and magnetic resonance imaging，PET/MRI
将正电子发射体层仪按同轴方式嵌入核磁共振显像仪机架的显像设备。可以一次完成正电子发射计算机体层摄影采集，并利用核磁共振影像为正电子发射体层摄影图像重

建提供衰减校正图，可同时获得病变部位的功能代谢状况和精确解剖结构定位信息，并可以图像融合的方式显示结果。

17.229 小动物正电子发射体层仪 micro positron emission tomography，micro PET；animal PET

专门用于小动物活体实验研究的正电子发射体层显像装置。与临床用系统相比，其系统空间分辨率和灵敏度更高，以适应小体积动物模型研究的要求。在药物研制和开发、疾病研究、基因显像等领域有重要作用。

17.230 小动物单光子发射计算机体层仪 micro single photon emission computed tomography，micro SPECT；animal SPECT

专门用于小动物活体实验研究的单光子发射体层显像装置。与临床用系统相比，其系统空间分辨率和灵敏度更高，以适应小体积动物模型研究的要求。在药物研制和开发、

疾病研究、基因显像等领域有重要作用。

17.231 小动物正电子发射与计算机体层显像仪 micro positron emission tomography and computed tomography，micro PET/CT；animal PET/CT

专门用于小动物活体实验研究的正电子发射与计算机体层显像装置。与临床用系统相比，其系统空间分辨率和灵敏度更高，以适应小体积动物模型研究的要求。在药物研制和开发、疾病研究、基因显像等领域有重要作用。

17.232 小动物单光子发射与计算机体层显像仪 micro single photon emission computed tomography/computed tomography，micro SPECT/CT；animal SPECT/CT

专门用于小动物活体实验研究的单光子发射与计算机体层显像装置。与临床用系统相比，其系统空间分辨率和灵敏度更高，以适应小体积动物模型研究的要求。在药物研制和开发、疾病研究、基因显像等领域有重要作用。

17.04 辅 助 设 备

17.233 固体闪烁探测器 solid scintillation detector

主要部件为由闪烁晶体和光电倍增管组成的射线探测器。可提供包括射线的能量、电荷、强度(计数率)以及射线与环境间关系等信息。

17.234 液体闪烁探测 liquid scintillation detection

利用以闪烁原理工作的液体物质进行的射线探测。

17.235 核背心装置 nuclear vest device

以类似背心或马夹的形状固定测量心电信号和放射线测定探头的便携式核医学装备。

注射心血池显像药物后，穿戴背心，利用其设备记录 $1\sim12$ h 内 2 道心电数据和射血分数等核医学数据。

17.236 γ 计数器 gamma counter

又称"闪烁计数器(scintillation counter)"。用于 γ 辐射样品计数测定的仪器。利用闪烁体吸收 γ 辐射产生的闪烁光，经光电倍增管进行光电转换与电子倍增放大，形成电脉冲信号，经脉冲放大与幅度分析并记录符合要求的脉冲数。

17.237 井型 γ 计数器 well-type gamma counter

用于测定低活度样品的仪器。由呈井型结构

的闪烁晶体和光电倍增管组成，其立体探测角接近 4π 空间，灵敏度高。

17.238 甲状腺功能测定仪 thyroid function tester

通过服用放射药物后测量甲状腺的放射性计数来评价甲状腺功能的仪器。

17.239 肾功能测定仪 renal function measuring device

描述并记录肾区时间-放射性计数率曲线的仪器。专用于人体肾功能测定。

17.240 术中伽马探测器 intraoperative gamma prober

一种小型的、可在手术中探测术前注射放射性药物分布的手持型仪器。

17.241 便携式剂量仪 pocket dosimeter

便于随身携带、用于监测放射性工作人员所受辐射剂量的仪器。

17.242 表面沾污检测仪 surface contamination detector

利用电离室原理测量和监测放射性核素工作场所的工作台面、地面、墙壁及工作人员体表和衣物表面等是否存在放射性污染的仪器。

17.243 环境辐射监测仪 environmental radiation monitor

用来测量工作场所的照射水平及寻找放射源位置并可测量其强度的仪器。

17.244 辐射测量设备 radiation measurement instrument

用于探测和记录放射性核素放出射线的种类、数量、能量、随时间的变化和空间分布的仪器。

17.245 薄层放射性扫描仪 radio-thin layer chromatography imaging scanner，radio-TLC imaging scanner

放射性同位素样品测定的薄层色谱分析仪器。通过对滴注在色谱板、凝胶柱或层析用滤纸上的待测样品进行直接扫描、计数，获得放射性药物各组分的分离和定量,用于放化纯度测定。

17.246 β 谱仪 β-spectrometer

利用 β 粒子在探测器中形成的脉冲高度分布，或利用电磁场对动量或能量不同的 β 粒子的不同聚焦作用进行 β 谱测量的设备。

17.247 γ 谱仪 γ-spectrometer

利用闪烁、电离室或其他技术高效测定并显示 γ 射线能量分布及数量的一种测定装置。

17.248 放射探测仪 radioscope

通过带窗口的屏蔽限制辐射接收方向和范围的电离室。用于搜索和定位辐射源,可通过声、光变化和 cps(counts/s)、mSv/h、mR/h 等计量值表达辐射强度。

17.249 放射性核素敷贴器 radionuclide applicator

将一定活度的放射性核素密封或固化制备成不同形状和面积的面状辐射源。用于体表敷贴治疗的仪器。

17.05 质 量 控 制

17.250 质量控制 quality control，QC

为达到质量要求而采取的一系列标准和措施。如用标准源和模型、按照特定的标准对

核医学设备性能指标进行经常或定期的专门测定和调整。

17.251　参考质控　reference testing
又称"参考测试"。在仪器进行了重要部件更换或场地搬迁等重大事件之后进行的质量控制测试。

17.252　常规质控　routine testing
固定周期(每日、周、月、季度)进行的质量控制测试。不同时间的质量控制项目有所不同。

17.253　验收质控　acceptance testing
仪器安装完成后，进行验收时必须进行的质量控制测试。

17.254　线源　line source
所产生的信号在二维测量平面上呈直线状分布的线状信号源。核医学中用于质量控制测试使用的小口径线形辐射源。

17.255　棒源　rod source
正电子发射体层显像进行透射扫描或质量控制测试时所使用的棒状辐射源。

17.256　面源　flood source
所产生的信号在二维测量空间平面上均匀分布的平面形信号源。核医学中用于质量控制测试使用的盘形或矩形辐射源。

17.06　图像采集与处理

17.257　标准放射源　standard radioactive source
由国家规范的基准测量仪器和方法所测得的、已知活度的放射源。可作为同类型放射活度的基准。要求活度稳定、准确度高，用以准确比较和测量未知放射源的活度。也用于精密仪器放射性绝对测量中的参考放射源。

17.258　蒙特卡罗拟合　Monte Carlo fitting
又称"蒙特卡罗方法(Monte Carlo method)"。一种通过不断产生随机数字列来模拟成像过程中随机过程的模拟算法。可以模拟自然界中的随机现象，核医学应用中可模拟成像过程中放射性核素的衰变过程、粒子发射机器在介质中运输等问题，或模拟核素的内照射治疗过程中射线在组织内的能量沉积、计算吸收剂量等。

17.259　浓聚　concentration
放射性药物在体内特定脏器、组织和病变部位的选择性聚集，使其与邻近组织之间形成一定程度的浓度差的过程。

17.260　图像质量　image quality
图像在反映原物的真实情况方面所呈现出来的品质属性。包含多个特征指标：层次再现、形状再现、清晰度、噪声、伪影等。

17.261　多能窗采集　multi-energy window acquisition
利用多个能窗同时分别采集不同能量光子的采集模式。一般在多核素显像中使用。

17.262　多时相采集　multi-phase acquisition
同一次检查中，在多个时间点上分别采集获得多帧图像的采集模式。

17.263　门控采集　gated acquisition
以周期性的生理信号(如心电图信号、呼吸信号)为触发开关控制数据采集，使之与生理信号同步的方式。主要用于消除器官运动所产生的模糊效应。核医学数据采集时间较长，对脏器的周期性运动分成若干时间段，利用门控周期性依次重复采集各时间段的数据，重建各时段相对无运动伪影的一组图像。

17.264　躯体轮廓跟踪　contour tracking
在γ照相机和单光子发射计算机体层摄影过程中，通过探测病人躯体的轮廓信息自动调整探头距离，以使探头尽量接近而又不接触到病人的扫描方式。

17.265　投影　projection
(1)对沿某一方向并穿过某一空间区域的所有平行线进行探测计数的过程。(2)按照选定关系函数，将两个图像像素对应变换，实现两个图像间点对点数字投射的图像学方法。

17.266　投影图像　projected image
采集沿某一方向投影所获得的计数分布图。

17.267　透射　transmission
射线从物体的一边进入，穿透物体后从另一边射出的过程。

17.268　透射扫描　transmission scan
探测由体外放射源发出并穿透物体的光子的数据采集方法。

17.269　图像重建　image reconstruction
由计算机按照一定的算法对采集的投影数据或图像数据进行运算处理从而得到另一种图像(如体层图像)的过程。

17.270　像素　pixel
构成数字图像的基本单位。二维图像中不可分割的最小面积元，三维图像中不可分割的最小体积元。

17.271　体素　voxel
组成三维图像的最小体积单元。

17.272　感兴趣区　region of interest，ROI
用鼠标或轨迹球等设备在图像上勾画出需要提取数据指标(如总计数、最大计数、平均计数、标准摄取值、体积大小等)的区域。

17.273　动力学分析　kinetic analysis
基于示踪剂在体内的动力学过程建立数学模型。定量描述示踪剂通过各种途径(如静脉注射、滴注或口服等)进入体内后的吸收、分布、代谢和消除过程中的"量-时"变化规律的分析方法。

17.274　房室模型　compartment model
按药物转运动力学特征划分的、有输入输出相互作用的若干功能单元(如单室、二室、三室模型等)的系统分析模型。每个房室是由具有相近的药物转运速率的器官、组织组合而成，并不代表固定的解剖或生理结构。①用于分析计算药物在体内各个转运环节的速率常数。②根据已有知识把物质在人(或动物)体内的分布和交换分为不同的间隔或空间。用于示踪动力学分析。

17.275　功能参数图　functional parameter mapping
像素值等于其组织的某一生理功能指标值的图像。是通过定量分析方法将每一个像素原计数值转换为生理功能参数后得到的图像。

17.276　统计参数图　statistical parameter mapping
对两组或多组图像数据进行逐像素统计分析，并用统计量图像直观表达分析结果的一种图像分析方法。图像中的像素值等于其统计分析得到的统计量(参数)值。

17.277　曲线拟合　curve fitting
通过某种算法从某两个变量的多对试验数据(x, y)中求出一个反映因变量y与自变量x关系的近似函数的过程。

17.278　时间-活度曲线　time-activity curve，TAC
又称"时间-放射性曲线"。以时间为横坐

标，以感兴趣区内放射性活度值为纵坐标绘制的曲线。用于观察体内某一部位的示踪剂随时间的变化并求测多种参数指标，反映脏器或组织的功能状态。

17.279　部分容积效应　partial volume effect
因成像系统空间分辨率有限而导致的一种图像劣化现象。核医学图像中表现为：热病灶活度降低，体积扩大，边界不清；冷病灶活度增加，体积缩小，边界不清。尤其是小病灶可能会淹没在背景中而不能被识别。

17.280　溅出效应　spill-over effect
核医学成像设备显像时，在图像中出现高浓度核素区向周边低浓度区或并不存在该核素区扩散的现象。

17.281　边缘效应　edge effect
在探头视野或图像边缘区域，由于缺乏边缘另一侧的数据造成边缘区域数据处理过程中误差增大的现象。

17.282　空间畸变　spatial distortion
物体影像的几何形状与实际物体不相符合的情况。

17.283　伪影　artifact
信息处理过程中产生的不属于身体信息的一些"假性"图像表现。可以表现为图像变形、重叠、缺失、添加、模糊或数值偏离等，有时和病变极为相似，可对临床阅片诊断产生不利影响。

17.284　图像融合　image fusion
将多种设备或多源信号通道所获得的同一对象的不同图像信息进行空间配准和归一化处理，综合成一帧携带多种信息，并在同一图像空间进行叠加显示的方法。包括不同成像设备(PET、SPECT、CT 和 MR 等)的多模式融合和不同显像剂、不同条件(双核素、

负荷-静息等)的单模式融合。

17.285　图像变换　image transformation
按一定规则，用具有某些特点的一族新正交函数对一帧图像进行线性可逆变换、转化生成另一帧图像的处理方法。有利于特征抽取、增强、压缩和图像编码等处理。

17.286　图像处理　image processing
从原始数据生成图像，或为改善图像效果进行的格式、对比度、显示方式与条件的加工过程。包括预处理、图像恢复、图像增强、图像配准、图像分割、采样、量化、图像分类和图像压缩等。

17.287　配准　registration
按一定规则，使不同方式获得同一事物的不同图像间的大小、位置、形态等参数差异最小化的处理过程。

17.288　同机融合　hybrid image fusion
将在同一台设备上对同一部位同时或先后分别采集两种或两种以上模态的图像在同一空间进行叠加显示的过程。特点是不同图像的大小、位置、形态等参数相同，不需要配准过程。

17.289　横断视野　transverse field-of-view，trans FOV
体层成像设备垂直于轴向的横断面(X，Y轴)内成像所能覆盖的范围。

17.290　均匀性　uniformity
反映成像系统在视野内各点性能一致性的指标。受计数统计涨落和探头非均匀性影响。偏差越小说明均匀性越好。

17.291　固有空间分辨率　intrinsic spatial resolution
在无准直器条件下，探测器晶体表面测定的

分辨率。反映设备本身,特别是探测器部分的性能。

17.292 系统空间分辨率 system spatial resolution

有准直器条件下,探测器表面测定的分辨率。反映设备本身性能和准直器综合性能。

17.293 体层分辨率均匀性 tomography resolution homogeneity

表征体层采集、重建的图像各轴向、各位点测定的分辨率一致性的指标。受体层设备硬件旋转中心精确度、图像处理和校正等综合性能影响。

17.294 对比度 contrast

成像系统对两种物理性质(密度、放射性分布)相近组织的区分能力。以病灶计数与本底计数之间的相对比值表示,反映在正常组织中区别异常组织的能力。

17.295 对比分辨率 contrast resolution

成像系统能分辨的两种相近组织最小物理性质(密度、放射性分布)的差别。

17.296 融合图像 fused image

按照一定的算法,将不同来源获得的(不同模式)图像在规定的共同空间坐标系中融合所生成的新图像。

17.297 四维影像 four-dimensional image

又称"动态立体影像(dynamic stereo image)"。在三维影像的基础上加上连续或分时检测所获时间信息所形成的影像。

17.298 门电路 gate circuit

采集设备中起开关作用的集成电路。限定只有采集的输入信号满足特定条件时,才有信号输出。

17.299 呼吸门控 respiratory gating

通过呼吸运动信息控制信号采集通路。用于同步采集与呼吸运动,减少呼吸运动造成的脏器图像上的移动伪影。

17.300 靶本底比值 target to background ratio,T/B

靶器官或靶组织放射性活度与本底放射性活度之比。

17.301 靶非靶比值 target to nontarget ratio,T/NT

靶器官或靶组织放射性活度与非靶部位放射性活度之比。

17.302 肿瘤本底比值 tumor to normal tissue ratio,T/N

肿瘤组织放射性活度与指定正常组织放射性活度之比。

17.303 标准摄取值 standard uptake value,SUV

描述示踪剂在体内感兴趣区域分布的半定量参数。等于病灶处放射性摄取与全身平均摄取之比。标准摄取值(SUV)=病灶的比活度/(注射活度/体重)。

17.304 最大标准摄取值 maximum standard uptake value,SUV_{max}

在特定层面的正电子体层图像上所设置的感兴趣区(ROI)内放射性摄取最高像素点的标准摄取值(SUV)。

17.305 平均标准摄取值 mean standard uptake value,SUV_{mean}

在特定正电子体层图像上设置感兴趣区(ROI)内所有像素点标准摄取值(SUV)的平均值。

17.306 帧 frame

表述图像数量的量词。核医学静态显像时表

示一幅图像。动态采集时表示系列图像中的每一个图像(二维或三维);体层采集时表示一套体层图像。

17.307　迭代法　iterative method
不断用变量的旧值递推新值,且每一次的新值更接近其真值的一种求解方法。使用时需要确定迭代的变量,建立从变量的旧值推出其新值的公式,以及结束迭代的条件。核医学中主要用于图像重建计算和定量分析参数估计。

17.308　滤波反投影　filtered back projection, FBP
基于对原始投影数据增加特定函数修订,并反向投射到虚拟空间组合成图像的一种解析型图像重建算法。

17.309　有序子集　ordered subset, OS
对采集的原始投影按照某种规则进行分组并排序后得到的系列投影集合。有序子集最大期望图像重建算法中的特有概念。

17.310　多事件　multiple event
在符合探测过程中,3个或3个以上的探测器同时(在符合时间窗内)探测到了入射光子的情况。这种情况因无法判断真符合事件,故放弃计数。

17.311　背景减除法　background subtraction method
通过从总符合计数中直接减去背景计数来校正随机符合的一种方法。随机符合因来源于不相关的任意两个随机发生的湮灭事件,因此其空间分布是均匀的,在背景区域因无湮灭事件,故探测到的计数可看作是随机符合事件。这种方法校正的误差较大。

17.312　延迟符合窗法　delayed coincidence window method
在正电子探测过程中一种通过延迟符合电路获取随机符合计数从而进行随机符合校正的方法。

17.313　衰减校正　attenuation correction
补偿光子到达探测器前因与介质相互作用而引起的计数丢失。光子到达探测器前在介质中穿行,因与介质相互作用而被反射、散射或吸收而丢失(衰减),因此需要补偿此部分丢失才能得到真实的情况(或核素分布图)。校正的方法是通过测定介质对光子的吸收系数并依据衰减定律来推算的。

17.314　衰变校正　decay correction
补偿数据采集期间因核素物理衰变而引起的计数率下降。数据采集期间其计数率会随核素衰变而不断下降,因此由总计数得到的计数率将与采集时间的长短相关。需要依据衰变规律对采集期间的计数进行校正,一般校正到采集起点时刻或药物注射时刻。

17.315　图像分割　image segmentation
按选定条件对原始图像中感兴趣和相类似的数据进行归类,将一幅图像分解为若干具备不同特性、互不交叠的区域,提取感兴趣目标的技术和过程。选定特性包括图像的灰度、衰减系数、纹理等;感兴趣目标包括单一特征区域或多个特征区域。

17.316　图像运算　image operation
为定量、定性分析的需要而对图像进行的各种数学操作和处理。

17.317　图像配准　image registration
将不同模式的两幅或多幅图像进行空间变换、结构匹配、像素叠加,实现不同模式图像空间对应的过程。

17.318　容积重建　volume reconstruction
三维图像处理技术之一。将对象的系列图像进行分割,将每个体素都视为接收或发出光线的粒子，设计光照模型，根据每一体素的空间位置与介质属性，编码为一定的光强和透明度，按观察者视线方向积分，重建成立体、半透明的三维投影图像，突出物体内部结构的信息。

17.07　临床诊断

17.319　核心脏病学　nuclear cardiology
应用核医学技术在体、无创进行现代心血管疾病诊断与研究的核医学重要分支。主要内容包括：①评价冠状动脉的灌注状态；②评估心室舒缩功能；③诊断和评价心肌损伤、梗死、存活等功能状态；④评价心肌代谢与神经支配状态。

17.320　放射性核素主动脉显像　radionuclide aorta-imaging
经外周静脉弹丸式注射显像剂后，连续采集其首次流经主动脉的动态图像，从而观察主动脉形态和血流状态的显像方法。

17.321　放射性核素静脉显像　radionuclide phlebo-imaging
将放射性显像剂注入静脉远心端，观察显像剂随静脉血流回归右心房过程的动态显像方法。

17.322　首次通过法　first-pass method
显像剂自肘静脉弹丸式注入后，观察其依次通过上腔静脉-右心房-右心室-肺动脉-肺毛细血管床-肺静脉-左心房-左心室-升降主动脉-腹主动脉过程而获得的一系列影像。

17.323　稀释曲线　dilution curve
以物质的不同浓度为纵坐标，稀释的过程(或时间)为横坐标在坐标系上作图获得的曲线。

17.324　多门电路平衡法核素心血管显像　multigated equilibrium radionuclide cardioangiography
又称"门控心血池显像(gated cardiac blood pool imaging)"。利用能较长时间保留在心血管内的放射性核素标记大分子物质为示踪剂，通过心电图信号控制门电路采集心动周期内心血池容积动态变化的显像方法。主要用于对左、右心室泵功能、舒缩状态、室壁运动和电传导功能的检测。

17.325　心室容积曲线　ventricle-volume curve
用感兴趣区(ROI)技术生成心室的时间-活度曲线。由于心室内放射性计数与心室血容量成正比而代表心动周期内心室容积的变化。

17.326　相位分析　phase analysis
心室容积曲线反映心室的周期性运动，通过对其进行正弦或余弦拟合(傅里叶转换)获得心室内每个像素开始收缩的时间(时相)及收缩幅度(振幅)两个参数的分析方法。

17.327　心肌灌注显像　myocardial perfusion imaging
利用正常或有功能的心肌细胞选择性摄取某些核素或标记化合物的特征，应用γ相机或 SPECT 进行的心肌平面或体层显像。可使正常或有功能的心肌显影，从而反映心肌各节段的血流灌注。

17.328　心肌代谢显像　myocardial metabolism imaging
静脉注入放射性核素标记的心肌能量底物(脂肪酸、葡萄糖等)，被心肌摄取后进行的心肌显像。反映心肌的代谢状态。

17.329 亲梗死灶显像 infarction focus imaging

通过使用亲急性梗死病灶的显像剂，如锝-99m 焦磷酸盐(^{99m}Tc-PYP)等，使急性梗死的心肌病灶显影，而正常心肌、瘢痕组织心肌不显影的一种显像技术。

17.330 血栓显像 thromb imaging

利用核素标记参与血栓形成的细胞成分、凝血物质及其抗体为示踪剂，静脉注入体内后能与血栓结合，显示血栓部位、数量、进展程度、分布和组成的显像方法。

17.331 心脏神经受体显像 cardiac neural receptor imaging

以放射性核素标记的配体为显像剂进行的心脏神经受体显像。如碘-123 标记的间位碘代苄胍(meta-iodobenzyl guanidine，MIBG)进行心脏 β 受体显像等。

17.332 心脏负荷试验 cardiac stress test

通过生理运动或药物介入诱发心脏、血管功能改变的手段。用于提高心脏功能或心肌灌注检查的准确性和诊断效率。

17.333 灌注缺损 perfusion defect

心肌灌注显像时，局部心肌无放射性分布或分布减低的现象。提示局部心肌缺血。

17.334 可逆性缺损 reversible defect

负荷心肌灌注显像上存在的缺损灶，在静息或延迟显像时被显像剂充填的现象。提示心肌可逆性缺血。

17.335 固定缺损 matched defect

运动和静息(或延迟)心肌灌注显像上存在同一部位和大小的放射性缺损的现象。提示心肌梗死或瘢痕组织。

17.336 不可逆性 irreversibility

不可恢复或逆转的严重功能损伤。

17.337 混合性缺损 mixed defect

在静息和负荷心肌血流灌注显像时，心肌内可逆性缺损和不可逆性缺损同时存在的现象。提示梗死心肌内部分心肌有活性。

17.338 反向再分布 reverse redistribution

负荷心肌灌注显像放射性正常分布，而静息或延迟显像显示出放射性稀疏或缺损；或负荷心肌显像出现的分布缺损，静息或再分布显像时表现更为严重的现象。原因不明，可能与冠状动脉血管的反应性有关。

17.339 匹配 match

两种不同类型或不同时间、条件下获得的同一解剖结构的影像结果表现一致的情况。

17.340 极坐标靶心图 polar map, bull's eye image

临床最常用的心肌体层图像简便定量分析法。根据圆周剖面分析法，以心尖为极点，将短轴心肌体层影像在极坐标系展开成二维图像，并以不同颜色或灰度表示心肌各壁相对计数值的直观分析法。

17.341 圆周剖面分析 circumferential profiles analysis

心肌灌注影像的一种定量分析方法。以左心室中心为中点，以心尖为 90°，每隔 6°~10°将心肌壁分成若干相等的扇形节段，求出各节段心肌的最大放射性计数值，以最大计数值为 100%，计算出心肌各节段最大计数的相对百分数，并以百分数为纵坐标，心脏 360°周径展开为横坐标绘制成圆周剖面(circumferential profiles)曲线，与正常±2SD 为正常范围(从正常人冠状动脉造影数据库资料获取)进行比较，由此可以估计心肌各个节段的供血情况以及异常范围。

17.342　神经核医学　nuclear neurology
将核医学基本理论和技术用于人体神经系统而形成的一门分支学科。主要应用于中枢神经的脑部，某些情况下用于脑池、脑室和脊髓。以核素显像为主要内容，也包括一些神经激素或生物活性物质的体外放射分析和某些颅内或颅底肿瘤的核素治疗。

17.343　脑静态显像　static cerebral imaging
又称"血脑屏障功能显像(blood brain barrier function imaging)"。不能透过血脑屏障的显像剂在脑内浓度达到分布平衡时所进行的显像。在生理条件下由于存在血脑屏障，某些显像剂不能进入脑细胞，但脑部病变处因血脑屏障破坏而使显像剂入脑，在病变部位出现异常放射性聚集。

17.344　放射性核素脑血管造影　radionuclide cerebral angiography
将体积小(<1 mL)、放射性浓度高的显像剂经肘静脉"弹丸"式注射后，即刻进行快速动态采集，获得双侧颈动脉和大脑前、中、后动脉的影像，并初步了解颅内大血管形态和首次脑血流灌注与显像剂清除情况的显像方法。

17.345　脑血流灌注显像　brain perfusion scan
简称"脑灌注显像(cerebral perfusion imaging)"。全称"脑血流灌注体层显像(cerebral blood flow perfusion imaging)"。利用某些显像剂能穿透完整的血脑脊液屏障进入脑细胞并滞留其内，其进入脑细胞量与局部脑血流量呈正相关，用显像仪器进行的脑体层显像。显示各部位的局部脑血流灌注情况，并可以采用半定量和定量方法计算局部脑血流量和全脑血流量的方法。

17.346　脑血流灌注显像介入试验　interventional cerebral perfusion imaging
利用药物、物理、生理和各种治疗的因素进行干预，使脑血流灌注和功能发生改变时进行的脑血流灌注显像。可用于正常和病理状态下脑功能判断与研究。

17.347　脑代谢显像　cerebral metabolic imaging
以放射性核素标记的脑代谢底物为显像剂，使用核医学显像设备所进行的脑体层显像。视显像剂的不同，可分为脑葡萄糖代谢、氧代谢或者氨基酸代谢等。

17.348　神经递质显像　neurotransmitter imaging
将放射性核素标记于合成神经递质的前体物质，通过参与神经递质合成与释放，并被突触前神经元再摄取，从而观察特定中枢神经递质的合成情况的显像方法。如 ^{18}F-dopa 用于多巴胺能神经递质显像，反映突触前神经元的功能和代谢情况。

17.349　神经受体显像　neuroreceptor imaging
利用放射性核素标记的配体与神经细胞表面相应的受体发生特异性结合反应，从而显示受体分布、数量(密度)、亲和力(功能)以及对药物的反应等变化的脑体层显像。该方法主要反映突触后神经元功能。

17.350　放射性核素脑池显像　radionuclide cisternography
简称"脑池显像(cisternography)"。将无菌、无毒、无热源、对脑膜无刺激，并且不易通过血脑屏障的显像剂注入蛛网膜下腔，可以随脑脊液循环，显示蛛网膜下腔及各脑池影像的方法。可以了解脑脊液的生成、流动和吸收情况，临床上用于脑脊液漏、蛛网膜囊肿、交通性脑积水的诊断和脑脊液分流术评价。

17.351　放射性核素脑室显像　radionuclide ventriculography

简称"脑室显像"。经侧脑室穿刺给药,直接显示脑室系统脑脊液循环情况的显像方法。可用于观察脑室、蛛网膜下腔梗阻部位及脑室-腹腔分流术通畅情况等。

17.352　基础显像　base-line imaging

当进行多次显像时,于基础状态(如介入试验前)进行的显像。

17.353　反转现象　flip-flop phenomenon

缺血性脑血管疾病行放射性脑血管造影时出现的一种特殊征象。表现为动脉相充盈、灌注减低,毛细血管相和静脉相消退延缓、显影不良,显像剂分布反而高于正常组织。

17.354　半暗区　penumbra

又称"缺血半暗带(ischemic penumbra)"。缺血灶中心坏死区与正常灌注脑组织之间的移行区域。该区域存在功能受损但结构完整仍有挽救可能的缺血脑组织,在一定时间内重灌注缺血脑组织有可能挽救脑细胞或增加恢复的可能性,但也可能导致再灌注损伤。

17.355　甲状腺摄碘-131试验　thyroid ^{131}I uptake test

通过测定甲状腺摄取碘-131的数量和速度来判断甲状腺功能的一种试验方法。以固定时间点甲状腺摄入碘-131率来表示。

17.356　甲状腺摄碘-131率　thyroid ^{131}I uptake rate

在不同的时间点,甲状腺部位放射性计数率占给予剂量(标准源计数率)的百分比。

17.357　放射性核素甲状腺显像　radionuclide thyroid imaging

利用某些放射性核素或其标记化合物在甲状腺组织中聚集的原理,显示甲状腺的大小、位置、形态和结构,反映甲状腺的血流、功能及代谢状况的一类显像方法。包括甲状腺静态显像、血流显像等。

17.358　甲状腺肿瘤阳性显像　thyroid positive imaging

利用某些显像剂(如 ^{201}TlCl、^{99m}Tc-MIBI、^{131}I-MIBG 和 ^{99m}Tc(V)-DMSA 等)显示甲状腺恶性肿瘤组织的显像方法。常用于甲状腺结节良、恶性的鉴别,以及寻找甲状腺癌转移灶。

17.359　甲状旁腺显像　parathyroid imaging

利用甲状腺和甲状旁腺对不同显像剂摄取的差异性,显示功能亢进的甲状旁腺病变组织的显像方法。常用方法包括减影法和双时相法。

17.360　核素骨显像　bone scintigraphy

以亲骨性放射性核素(如锶-85、氟-18)或放射性核素标记的化合物(如 ^{99m}Tc 标记的磷/膦酸盐)作为显像剂进行的骨关节显像。包括静态全身和局部、体层、融合等显像方式。采用动态和多时相显像可同时显示血流灌注和血池分布。

17.361　静态骨显像　static bone imaging

静脉注射骨显像剂后,当其在骨骼分布达到稳定状态后应用显像仪进行图像采集。包括全身骨显像、局部骨显像和体层骨显像。

17.362　全身骨骼显像　whole body bone imaging

静脉注射骨显像剂,当其在骨骼分布达到稳定状态后,应用全身扫描方式获得全身骨骼前位像和后位像的显像方式。

17.363　局部骨显像　regional bone imaging

静脉注射骨显像剂,当其在骨骼分布达到稳

定状态后，应用显像仪获得某一局部骨骼的前位像和后位像，也可为突出某一病变采取特殊体位采集局部图像的方式。

17.364 体层骨显像 bone tomography imaging
静脉注射骨显像剂，当其在骨骼分布达到稳定状态后进行体层采集，数据重建处理后可获得骨关节的横体层、矢状体层和冠状体层图像。体层显像有利于发现更小的病变和病变位置。

17.365 三时相骨显像 three-phase bone imaging
又称"骨动态显像(dynamic bone imaging)"。弹丸式静脉注射骨显像剂后，即刻采集局部骨组织的动态图像。5 min 后采集同一部位的血池相，2~6 h 后采集延迟静态骨显像的显像方式。

17.366 四时相骨显像 four-phase bone imaging
在三时相骨显像的基础上，注射后 24 小时采集延迟骨静态显像的方式。

17.367 血流相 perfusion phase
骨动态显像中的第一时相。弹丸式静脉注射显像剂后立即以每帧1~3 s的速度动态采集20~60 s。主要反映较大血管的通畅和局部动脉灌注情况。

17.368 关节显像 joint imaging
利用与增殖骨或滑膜有亲和性的显像剂(如锝标记二膦酸盐或高锝酸盐)注入关节腔显示病变骨关节组织的技术。

17.369 耻骨下位 tail on detector, TOD
患者取坐位，探头位于其盆腔下方获得盆腔局部影像的特殊显像体位。可将膀胱和耻骨分开，有利于识别耻骨病变。

17.370 超级骨显像 super bone scan
骨骼影像异常清晰的现象。特点是中轴骨和附肢骨近端呈均匀、对称性异常浓聚，或广泛多发异常浓聚，组织本底很低，肾影和膀胱影像常缺失。常见于恶性肿瘤广泛性骨转移、甲状旁腺功能亢进症等代谢性骨病。

17.371 闪烁现象 flare phenomenon
恶性肿瘤骨转移病灶经过化疗或放疗后，临床有好转表现，但骨显像所示肿瘤骨转移灶显像剂摄取的程度和范围较治疗前有增高和扩大的现象。其机制与治疗后成骨作用增强有关，一段时间后，骨骼病灶的浓聚会消退。

17.372 骨量 bone mass
骨骼组织的体积。等于骨总体积减去骨髓腔和哈弗斯管等腔隙后的差值。

17.373 骨矿物含量 bone mineral content，BMC
单位长度骨段所含骨内矿物质的含量。单位 g/cm。

17.374 骨密度 bone mineral density，BMD
骨内矿物质的密度。等于骨矿物质含量值除以骨横径的商。代表骨骼强度，单位 g/cm^2。

17.375 峰值骨量 peak bone mass，PBM
一定性别人群骨矿物质最大含量。一般采用流行病学方法分别对正常男性和女性人群进行骨密度测定，并计算各个年龄组的均值和标准差求出最高平均骨密度值。

17.376 骨髓显像 bone marrow imaging
全称"骨髓闪烁显像(bone marrow scintigraphy，BMS)"。利用针对骨髓内不同靶细胞的放射性药物为显像剂，显示红骨髓总容量、分布范围以及局部红骨髓功能状态的显像方法。

17.377　红细胞生成显像　erythropoietic imaging

利用铁-52、铁-59 以及与铁离子生物学活性相似的放射性核素，如铟-113 等显示红细胞生成情况的骨髓显像方法。

17.378　粒细胞生成显像　granulopoietic imaging

利用放射性核素标记的粒细胞抗体或白细胞显示粒细胞生成情况的骨髓显像方法。

17.379　血浆容量测定　plasma volume determination

根据放射性核素稀释法的原理，采用标记人血清白蛋白(HSA)或标记红细胞作为放射性示踪剂进行血浆容量测定的检查方法。

17.380　脾显像　spleen imaging

全称"脾闪烁显像(spleen scintigraphy)"。利用大颗粒放射性胶体或放射性核素标记的变性红细胞作为显像剂显示脾脏大小、形态和功能的显像方法。

17.381　淋巴显像　lymph imaging

全称"淋巴闪烁显像(lymph scintigraphy)"。在一组淋巴结引流区域的组织间质中注射放射性胶体，显示淋巴回流途径中的淋巴管和淋巴结的显像方法。

17.382　肺灌注显像　pulmonary perfusion imaging

显示局部肺血流灌注情况的显像方法。静脉注射肺灌注显像剂在右心与血液混合均匀并随血流一过性嵌顿在肺毛细血管床，其分布与肺局部血流量成正比，可以通过多角度平面或体层肺显像加以显示。

17.383　肺通气显像　pulmonary ventilation imaging

评估肺局部通气功能、气道通畅及肺泡气体交换功能状况的显像方法。通过面罩或吸管吸入放射性气体或气溶胶，其分布与肺局部通气量成正比。通过平面或体层显像，可以显示双肺局部放射性分布及动态变化，并计算局部通气功能参数。

17.384　吸入相　wash-in phase

深吸气吸入显像剂后屏气状态下完成的肺显像。反映肺各部位的气体吸入和气道畅通情况。

17.385　平衡相　equilibrium phase

吸入相后正常呼吸混合氧气的放射性气体 3～5 min，肺内与吸入装置内的放射性达到平衡时进行的肺显像。反映局部肺组织的容量。

17.386　清除相　wash-out phase

平衡相后，停止放射性气体吸入改为吸入空气，肺内放射性气体排出时完成的肺显像。反映肺组织的呼气功能和气道通畅情况。

17.387　通气/血流灌注比值　ventilation perfusion ratio

单位时间内肺泡通气量与肺血流量之比。比值增大表明生理无效腔增大，肺通气利用效率不足。比值减小表明存在功能性短路，肺血流气体交换效率不足。正常人通气/血流比值为 0.84，但因重力影响，肺尖通气/血流比较大，肺下部比值小。

17.388　食管通过显像　esophageal transit imaging

吞咽显像剂后对其通过食管的全过程进行动态显像，计算食管通过时间及通过率，从而了解食管通过功能的过程。

17.389　食管通过率　esophageal transit rate

吞食含有放射性示踪剂的食物后得到一定时间内示踪剂通过食管的比率。食管通过率

(%)=(食管最大计数–T 时食管计数)/食管最大计数×100%；临床意义同食管分段通过时间。

17.390　胃食管反流显像　gastroesophageal reflux imaging
将不被食管和胃黏膜吸收的酸性显像剂引入胃后，在上腹部加压条件下进行的食管显像过程。根据食管下段是否出现放射性及放射性与压力的关系，判断有无胃食管反流及反流的程度。

17.391　胃食管反流指数　gastroesophageal reflux index，GERI
胃食管反流显像中，利用感兴趣区(ROI)技术计算胃和食管计数变化得到的表达胃食管反流程度指数。GERI(%)=(E_n–EB)/G_0×100%。G_0 为压力 0 时胃内放射性计数；E_n 为不同压力时食管内放射性计数；EB 为不同压力时食管周围本底计数；正常值 GERI < 4%。

17.392　胃排空试验　gastric emptying study
将不被胃黏膜吸附和吸收、不被胃液或胃运动破坏或解离的试验餐引入胃内，连续动态观察胃区放射性分布的显像方法。经计算机处理，计算胃内放射性排空时间及某特定时间放射性残留率或排空率，以评价胃运动功能。

17.393　试餐　test meal
在胃排空显像中用放射性核素标记或加入示踪剂配制的食物。包括液体食物试餐、固体食物试餐以及半固体食物试餐等。通常液体食物胃排空检查对隐匿异常的检出敏感性不如固体食物试餐。

17.394　胃半排空时间　gastric half-emptying time
食入试餐后，胃内容物(放射性)清除一半所需要的时间。

17.395　胃排空率　gastric emptying rate
胃排空显像时，应用感兴趣区(ROI)技术绘制出胃部时间–活度曲线，计算特定时间胃内残存放射性与曲线峰值之比。

17.396　尿素呼气试验　urea breath test
利用幽门螺杆菌(HP)尿素酶分解碳-13/碳-14尿素产生标记二氧化碳，通过肺排出的原理，采集并定量测出呼出气体中碳-13/碳-14含量，诊断胃内有无幽门螺杆菌感染的检查方法。

17.397　异位胃黏膜显像　ectopic gastric mucosa imaging
根据异位胃黏膜与正常胃黏膜的摄取和分泌功能相近的原理，以高锝酸盐为示踪剂检测异位胃黏膜异常浓聚的方法。用于诊断巴雷特食管、部分梅克尔憩室、小肠重复畸形等与异位胃黏膜有关的疾病。

17.398　梅克尔憩室显像　Meckel diverticulum imaging
以高锝酸盐为示踪剂显示内部覆盖有异位胃黏膜的梅克尔憩室的方法。通常表现为与胃影同步显示的胃外近腹侧的放射性浓聚灶，其位置、形态无明显变化，放射性随时间有所增强。

17.399　小肠通过功能测定　determination of intestinal transit function
食入不被消化道黏膜吸收的放射性试餐，连续观察由胃进入小肠、排入结肠的整个过程。通过计算得出小肠通过时间和小肠残留率等参数，以了解小肠的运动功能。

17.400　小肠通过时间　intestinal transit time
小肠动力学的功能参数。以放射性从胃排出到大肠出现放射性所需的时间。

17.401 消化道出血显像 gastrointestinal bleeding imaging
静脉注射血池显像剂(如锝-99m 标记红细胞)后定期进行的腹部显像。显示消化道出血灶的方法。在出血部位，显像剂从血管破裂处逸出至胃肠内呈异常放射性聚集。

17.402 涎腺显像 salivary gland imaging
静脉注射高锝酸盐被小叶细胞摄取并通过唾液腺导管分泌至口腔的显像过程。可获得较大涎腺的位置、形态和功能图像。

17.403 肝胶体显像 liver colloid imaging
利用能被肝脏单核-巨噬细胞摄取的放射性胶体为显像剂显示肝脏位置、大小、形态和功能的显像方法。

17.404 肝血池显像 hepatic blood pool imaging
注射血池显像剂在全身血循环中达平衡后进行的肝脏多体位平面或体层显像。反映肝内血容量，用于诊断肝血管瘤。

17.405 肝血管灌注显像 hepatic artery perfusion imaging
静脉弹丸式注射血池显像剂(如锝-99m 标记红细胞)，在腹主动脉显影后的动态采集过程。由于正常肝组织的供血主要来自门静脉，动脉相肝区不显影，之后肝显影情况反映门静脉血流灌注，15 min 后为肝血池相显影期。

17.406 门体分流指数 portosystemic shunt index
经直肠注入高锝酸盐后对心、肝区进行的动态显像。根据心、肝时间-活度曲线下面积算出门脉系统血液分流到体循环中的百分比。

17.407 碳-14-氨基比林呼气试验 ^{14}C-aminopyrine breath test
通过口服 ^{14}C-氨基比林胶囊后，收集呼出气体中 ^{14}C 的放射性活度反映肝细胞的数量和肝脏的储备功能的试验。原理为氨基比林在肝细胞微粒体多功能氧化酶(P-450)催化下脱甲基、氧化生成甲醛、甲酸，再脱羧形成二氧化碳呼出体外；呼出量代表 P-450 酶的数量和活性。

17.408 肝胆动态显像 hepatobiliary dynamic imaging
静脉注射肝胆显像剂后连续观察肝胆显像过程的方法。通过显像剂被肝多角细胞摄取、分泌到毛细胆管，经肝胆管、胆囊和胆总管排至肠道的时间与程度，反映肝胆系统功能状态。

17.409 十二指肠胃反流显像 duodenogastric reflux imaging
十二指肠内容物反流入胃的异常表现。肝胆显像剂注入体内被肝脏多角细胞摄取并随胆汁进入十二指肠，正常时不进入胃内，如有反流则胃区出现放射性。

17.410 胃肠反流指数 enterogastric reflux index，EGRI
从十二指肠返流入胃的放射性占肝排入肠道总放射性的百分比。EGRI(%)=(胃内最高放射性计数/全肝最高放射性计数)×100%。

17.411 胃肠道蛋白质丢失测定 determination of gastrointestinal protein loss
利用静脉注射的放射性血浆蛋白与体内的血浆蛋白代谢途径相同为依据，通过测定大便中的放射性与注入体内的蛋白放射性总量推算经肠道蛋白质丢失量的技术。

17.412 泌尿系统核医学 urinary nuclear medicine
利用核医学技术(包括显像和非显像方法)，对泌尿系统各组织器官的血供、形态、功能、排泄及代谢等多方面进行研究的一门学科。

17.413　肾功能检查　renal function study
用于检测肾脏功能的各种放射性核素检查方法。包括显像和非显像两类。如肾动态显像、肾图、血标本法测定肾小球滤过率(GFR)和肾有效血浆流量(ERPF)等。

17.414　肾图　renogram
检测肾脏功能和上尿路通畅度的一种非显像放射性核素功能检查。静脉注射由肾小球滤过或肾小管上皮细胞摄取、分泌而不被重吸收的放射性示踪剂，在体外连续记录并绘制其肾脏滤过或摄取、分泌和排泄全过程的时间-放射性计数曲线，用于测定肾和上尿路功能参数。

17.415　利尿试验　diuresis test
通过静脉注射利尿剂(常用速尿)，在短时间内使肾脏产生大量尿液，对尿路产生巨大的冲刷作用，以此来鉴别梗阻性肾盂积液和单纯性肾盂扩张的试验。

17.416　利尿肾图　diuresis renogram
联合使用利尿剂与放射性核素肾图的检查方法。主要用于上尿路机械性梗阻与非梗阻性尿路扩张的鉴别诊断。

17.417　放射性核素肾脏显像　radionuclide renal imaging
应用放射性药物对肾脏进行显像的技术。包括肾动态显像和肾静态显像，可以获得双肾的血流灌注、肾脏功能、尿路通畅情况以及肾脏形态等信息。

17.418　肾静态显像　static renal imaging
静脉注射特定显像剂，被有功能的肾小管上皮细胞摄取，进而显示肾脏的平面或体层显像。反映双肾大小、形态、位置、分肾功能及占位性病变等相关信息。

17.419　放射性核素肾血管造影　radionuclide renal angiography
又称"肾动脉灌注显像(renal artery perfusion imaging)"。通过静脉弹丸注射显像剂，连续采集和观察双肾放射性摄取的动态表现，以此判定双肾动脉血液供应和血流灌注等情况的核素显像技术。

17.420　肾动态显像　dynamic renal imaging
选择经肾小球滤过或肾小管快速分泌型显像剂进行的肾脏连续动态显像。在肾脏血流灌注基础上，提供肾功能和尿路通畅度等更多信息。

17.421　肾延迟显像　delayed renal imaging
常规显像结束后，因注射利尿剂介入或其他原因延迟一定时间进行的肾显像。常用于肾盂积水的鉴别诊断。

17.422　放射性核素膀胱显像　radionuclide cystography
又称"膀胱输尿管反流显像(vesicoureteric reflux imaging)"。运用放射性核素对膀胱进行动态显像的一种技术方法。分直接法(逆行膀胱造影)和间接法，常用于膀胱输尿管反流的诊断。

17.423　肾上腺显像　adrenal imaging
利用肾上腺摄取的某种放射性药物而使其显影的技术。分为肾上腺皮质显像和髓质显像两类。

17.424　肾上腺皮质显像　adrenocortical imaging
利用某种特异性放射性药物而使肾上腺皮质显像的技术。可以观察肾上腺皮质的位置、形态、大小和功能状态。用于肾上腺皮质增生、腺瘤或癌的诊断与鉴别诊断，原发性醛固酮增多症的诊断。

17.425 肾上腺髓质显像 adrenal medullary imaging
利用某种特异性放射性药物而使肾上腺髓质显像的技术。可以了解肾上腺髓质形态和功能,主要用于诊断嗜铬细胞瘤、副神经节细胞瘤等。

17.08 核素体内治疗

17.426 放射免疫治疗 radioimmunotherapy, RIT
用放射性核素标记肿瘤相关抗原的特异性抗体,通过抗原-抗体作用和射线生物作用,破坏或干扰肿瘤细胞的结构或功能,抑制、杀伤或杀灭肿瘤细胞的内照射治疗方法。

17.427 放射性碘治疗 radioiodine therapy
治疗甲亢和分化型甲状腺癌(DTC)及其转移灶的常用方法。甲状腺细胞选择性摄取碘-131,利用其 β 射线的辐射生物效应破坏甲状腺滤泡上皮细胞或甲状腺癌细胞,从而达到治疗目的。

17.428 封闭甲状腺 blocking thyroid
用放射性碘标记的药物进行体内放射性治疗时对甲状腺的一种保护措施。为防止甲状腺摄取从标记药物脱落的碘-131,可以在治疗前若干天连续口服复方碘溶液,使甲状腺对碘的摄取达到饱和,以减少放射线对甲状腺的损伤。

17.429 高峰前移 peak forward
甲状腺摄碘试验时出现的一种摄碘-131 率曲线的表现形式。正常人的摄碘率在 24 h 达到高峰,而典型的甲亢患者摄碘高峰提前出现。

17.430 内照射治疗 internal radiation therapy
将辐射治疗源引入人体,使之进入或接近肿瘤细胞实施治疗的方式。基本特征是放射源可以相对特异地抵近肿瘤组织持续照射,提高肿瘤组织得到有效的杀伤剂量,而周围的正常组织受量较低。

17.431 近距离治疗 brachytherapy
通过人体的天然腔道(如食管、气管、直肠)或经皮、经血管介入或手术方式,将密闭放射源置于瘤组织内或邻近瘤体表面进行的内照射治疗。基本特征是放射源可以最大限度地贴近肿瘤组织,使肿瘤组织得到有效的杀伤剂量,而其他非置源的部位没有射线作用。

17.432 腔内近距离治疗 intracavity brachytherapy
把放射源引入自然体腔,以射线对该部位肿瘤或其他病变进行局部照射的治疗技术。

17.433 后装放射治疗 after-load radiotherapy
先把不带放射性的治疗容器置于治疗部位,由电脑遥控步进电机将放射源送入容器实施放射治疗的技术。可避免放置治疗源过程中医务人员受到不必要的辐射。

17.434 放射性核素介入治疗 radionuclide interventional therapy
利用穿刺、插管、植入等手段,经血管、体腔、囊腔、组织间质或淋巴收集区,以适当的载体将高活度放射性核素制剂引入病变部位,从而直接对病变组织、细胞进行照射的一类内照射治疗方法。

17.435 受体介导放射性核素治疗 receptortargeted radionuclide therapy
利用放射性核素标记的特异配体，通过配体与肿瘤细胞变异分化过程增高表达的某些受体的特异性结合，使大量放射性核素浓聚于肿瘤部位的内照射治疗方法。

17.436 基因介导核素治疗 gene mediated radionuclide therapy
利用基因转染技术使肿瘤细胞表达某种抗原、受体或酶，利用放射性核素标记的相应抗体、配体或底物，进行的靶向内照射治疗。

17.437 放射性反义治疗 radioactive antisense therapy
利用放射性核素标记的反义寡聚核苷酸与肿瘤细胞特异或过度表达的 DNA 或 mRNA 中的某些序列互补结合，抑制癌基因的表达，并通过射线产生电离辐射生物效应，发挥反义阻断和内照射双重作用的治疗方法。

17.438 肽受体介导放射性核素治疗 peptide receptor radionuclide therapy，PRRT
利用放射性核素标记相关结合肽与肿瘤细胞膜上某些高表达受体的特异结合进行的内照射治疗。肽的分子量小、免疫原性低，故有一定的生物学优势。

17.439 中子俘获治疗 neutron capture therapy，NCT
将无放射性的靶向化合物引入体内并聚积在肿瘤组织中，然后用中子束辐射活化其中的某一核素(靶核素)产生次级杀伤性辐射，从而达到治疗目的的一种内照射治疗方法。

17.440 硼中子俘获治疗 boron neutron capture therapy，BNCT
将与癌细胞有很强的亲和力的含同位素硼-10的化合物引入体内，迅速聚集于癌细胞内，而其他组织内分布很少，然后用超热中子经过正常组织到达肿瘤时慢化的热中子与硼-10 发生核反应，释放出 α 粒子和锂原子，从而杀死肿瘤细胞的治疗方法。

17.441 血管内近距离治疗 intravascular brachytherapy，IVBT
将放射源(常指表面附有放射源的血管内支架)置于血管腔内病灶附近对该病灶进行局部照射的放射治疗技术。

17.442 放射性滑膜切除术 radiation synovectomy
将放射性药物注入关节腔内，利用 β 射线的内照射，使滑膜绒毛充血消退、炎性细胞浸润减轻，去除或减轻滑膜炎症，并使滑膜硬化，达到治愈目的的方法。

17.443 放射性微球 radionuclide microsphere
放射性核素标记的粒径 20～70 μm 的颗粒源。如钇-90-玻璃微球、碘-131-蛋白微球等，主要用于肝癌等实体瘤的动脉栓塞内照射治疗。

17.444 放射性支架 radioactive stent
用放射性核素包被或中子辐射活化制备的带有放射性的支架，如磷-32-支架等。通过支架发出的射线，抑制血管内皮细胞的增生，避免血管再通术后再狭窄的发生。

17.445 治疗反应 therapeutic reaction
接受放射治疗后组织所发生的变化。

17.446 近期疗效 short term effect
接受治疗后 30 天内的疗效。

17.447 远期疗效 long term effect
接受治疗 30 天后到随访时间前的疗效。

17.09　核素体外治疗

17.448　放射免疫导向手术　radioimmuno-guided surgery，RIGS

利用便携式探测器，在放射性核素标记抗体的引导下确定肿瘤部位、边界和范围，指导肿瘤病灶切除的手术方式。

17.449　放射性核素敷贴治疗　radionuclide application therapy

将含有一定剂量放射性核素(一般选用 β 射线发射体)制成敷贴器，紧贴于皮肤/黏膜或角膜等病变处，利用射线所产生的电离辐射生物效应，使某些皮肤疾患或眼病得到治疗的方法。

17.450　敷贴器　applicator

将一定剂量的放射性核素均匀吸附在滤纸或银箔上制成的敷贴治疗装置。临床常用磷-32 和锶-90 敷贴器。前者多为临时自制，具有适应病患形态、大小的灵活性；后者已有固定规格的商品供应。

17.10　体 外 分 析

17.451　放射体外分析　in vitro radioassay

在体外实验条件下，以放射性核素标记配体为示踪剂，以特异性结合反应为基础的微量生物活性物质检测技术。具有灵敏度高、特异性强、精密度和准确度高及应用广泛等特点。目前已成为基础医学、现代分子生物学、分子药理和临床医学研究的重要手段。

17.452　标记免疫分析　labeling immunoassay

利用抗原抗体的特异性反应和标记技术的放大效应提高定性和定量分析检测灵敏度的技术。

17.453　放射性竞争结合分析　competitive radioactive binding assay

利用特异抗体与放射性标记抗原和非标记抗原的竞争结合反应，通过测定放射性复合物量来计算出非标记抗原的一种超微量分析方法。代表技术是放射免疫分析。

17.454　放射免疫分析　radioimmunoassay，RIA

利用特异抗体与标记抗原和非标记抗原的竞争结合反应，通过测定放射性复合物计算非标记抗原的一种超微量分析技术。基本原理：放射性同位素标记的抗原(标记抗原)和非标记抗原(标准抗原或待测抗原)同时与数量有限的特异性抗体发生竞争性结合(抗原-抗体反应)；在标记抗原和抗体数量恒定条件下，随待测抗原量的增加，标记抗原-抗体复合物的形成减少，通过测定标记抗原-抗体或标记抗原即可推算待测抗原的量。

17.455　放射性非竞争结合分析　non-competitive radioactive binding assay

用过量的放射性标记抗体与非标记抗原形成复合物，除去游离抗体后，复合物的放射性量可以定量反映待测样品中的抗原量的一种超微量分析方法。代表技术是免疫放射分析。

17.456　放射酶分析法　radioactive enzyme assay

用酶蛋白代替抗体而进行的一系列对酶底物的放射免疫分析方法。可反映酶底物的生物活性。

17.457　受体放射性配基结合分析　radioligand binding assay of receptor

又称"放射受体分析(radioreceptor assay, RRA)"。用放射性核素标记配体与相应受体进行特异结合，获得组织或细胞中相应受体数目及与配体的亲和力，并通过反应的量效关系和一些参数变化对受体类型、结合方式、反应可逆性、受体间的协作性进行定性或定量分析的方法。

17.458　放射配体分析　radioligand assay

在体外条件下，以放射性核素标记配体为示踪剂，以结合反应为基础，以放射性测量为定量方法对微量物质进行定量分析的技术。

17.459　体内活化分析　in vivo activation analysis

以核反应为基础的一种分析方法。利用具有一定能量的特定粒子(如中子、带电粒子等)照射样品，使其中待测稳定核素发生核反应，转变成放射性核素，测量其衰变放出的射线能量和活度，从而确定样品中各元素的种类和含量。主要优点：灵敏度高，可以同时测定几种到几十种元素，属于非破坏性分析。缺点：只能分析元素的种类和定量，不能测定化合物的量和结构。

17.460　特异性结合率　specific binding rate

标记抗原(抗体)或配体与对应的抗体(抗原)或受体结合占标记物在反应系统中总结合量中的百分比。为特异结合除以特异结合和非特异结合之和的比值。即特异结合/(特异结合+非特异结合)。

17.461　特异性结合试剂　specific binding agent

竞争放射分析中有特定结合指向的抗体、血浆特异结合球蛋白、受体蛋白。

17.462　总结合率　total binding rate

特异性结合率与非特异性结合率的总和。

17.463　标记抗原　labeling antigen

放射性核素所取代某些原子或某些原子基团或与其他提供识别信号的物质(如化学发光物质)化学连接的抗原分子。竞争结合反应的基本试剂，又是免疫分析的示踪剂。要求其免疫活性与待测抗原一致，有适当强度的信号活度和化学纯度。

17.464　标记抗体　labeling antibody

用放射性核素取代某些原子或原子基团或与其他提供识别信号的物质(如化学发光物质)化学连接的抗体分子。

17.465　标记配基　labeling ligand

用放射性核素取代某些原子或原子基团或与其他提供识别信号的物质(如化学发光物质)化学连接的配基分子。

17.466　内标准源法　internal standard source method

在液体闪烁测量中借助于加入测量样品的已知强度的标准放射性来确定样品探测效率的一种淬灭校正方法。其方法是测得样品计数率(cpm_1)后加一定衰变数的内标准源，再测计数率(cpm_2)，求出样品的探测效率(E)。$E=(cpm_2-cpm_1)/dpm$。

17.467　logit-log 模型　logit-log model
放射免疫分析的数据处理方法之一。
$\text{logit}(B_x)=\log(B_x/B_0-B_x)$；$B_x$：各标准量的结合率；$B_0$：标准量为零时的结合率；以标准品量的 log 值为横坐标，以 $\log B_x/(B_0-B_x)$ 值为纵坐标得到的下降的直线；待测样品的量可从计算公式获得。

17.468　四参数 logistic 模型　4-parameter logistic model
免疫分析的数据处理方法之一。从指数对数模型演化而来。其函数式为：$Y=[(a-b)/(1+(X/c)b)]+d$；a 代表 0 剂量时的结合率(包括非特异性结合)；b 代表 logit-log 函数中曲线的斜率；c 代表结合率(减非特异性结合)降低一半时 X 的剂量；d 代表非特异性结合率；用最小二乘法对各标准管的实测值进行拟合，求出 a、b、c、d，再将待测样品的实测数据代入，求其含量；此模型纵横坐标均不进行数学变换，保持了原来的灵敏度，通过拟合扣除非特异结合。适用于一般平衡法的放射免疫反应。

17.11　在　体　分　析

17.469　比活度时相曲线　time course of specific activity
以时间为横坐标、标记物及其各种转化产物的比活度为纵坐标作图所得的曲线。通常用于表达一次快速引入标记物后的结果；原标记物和各代谢产物比活度随时间的变化不相同，必须分别测定。

17.470　参入试验　incorporation test
又称"掺入试验"。将放射性核素标记于前体物质引入生物体内，对该标记物及其转变产物和中间物进行定性和定量分析，研究其相互间的关系及相互转化条件的方法。

17.471　参入率　incorporation rate
参入试验前身物质分子转变为中间物或产物分子的百分率或分数。

17.472　相对比活度　relative specific activity
产物或中间物的比活度与前身物质比活度之比，或产物比活度和中间物比活度之比。观察时须选择合适的时间，或连续观察。

17.473　绝对生物利用度　absolute bioavailability
生物活性物质被机体吸收利用程度与最理想利用度(100%)相比的百分率。通过同时测定理想条件与实测条件该物质血浆时相曲线下面积(AUC)相比获得。通常小于100%。

17.474　相对生物利用度　relative bioavailability
两种物质，或同一种物质两种剂型非静脉注射方式投入生物体，以两者的血浆时相曲线下面积(AUC)的比值表达两者生物利用度大小的百分率。可以大于 1 或小于 1。

17.475　可活化示踪技术　activable tracer technique
将稳定核素示踪和活化分析两者结合起来的一种实验技术。在待研究体系中加入稳定核素示踪剂，取样进行活化分析，对该示踪剂进行定性或定量分析。

17.12　实验核医学

17.476　宏观自显影 macroscopic autoradiography
用肉眼、放大镜或低倍显微镜，从整体水平来观察放射性示踪剂在体内分布状态的放射自显影技术。多用于小动物整体标本、大动物脏器或肢体标本以及各种电泳谱、色谱和免疫沉淀板的放射性示踪研究。

17.477　光镜自显影 light microscopic autoradiography
借助光学显微镜研究和观察放射性示踪剂在细胞水平分布状态的放射自显影技术。适用于观察范围较小、分辨率较高的组织切片、细胞涂片等标本的放射性示踪研究。

17.478　电镜自显影 electron microscopic autoradiography
使用电子显微镜显示放射性示踪剂在细胞或亚细胞水平分布状态的放射性自显影技术。适用于细胞超微结构，甚至是提纯大分子结构(DNA、RNA)精确定位和定量性放射性示踪研究。

17.479　离体示踪技术 in-vitro tracing technique
以离体组织、细胞或体液等简单标本为研究对象的示踪方法。用于某些特定物质如蛋白质、核酸等的转化规律研究、细胞动力学分析、药物和毒物在器官、组织、细胞及亚细胞水平的分布研究，以及超微量物质的体外测定等。

17.480　放射层析法 radiochromatography
又称"放射色谱法"。利用色谱技术使混合物中各组分分离，然后测定各组分的放射性活度的方法。主要用于放化纯度鉴定。最常用的是放射性纸层析法和放射性薄层层析法。

17.481　固相放射免疫分析 solid phase radioimmunoassay
将抗体吸附到固相载体表面，加入待测标本，再加入标记抗原进行反应后，通过测定固相载体上的放射活性而获得待测标本中抗原浓度的方法。

18. 核 农 学

18.01　核农学综合

18.001　核农学 nuclear agriculture sciences
核科学技术中的核素和辐射技术在农业科学和农业生产中广泛应用的一门新兴学科。

18.002　放射性比活度 specific radioactivity
放射性物质中单位质量单质或化合物的放射性活度。

18.003　放射性活度的测量 radioactivity measurement
利用各种核探测器对样品中放射性活度进行的测量。

18.004　衰变曲线　decay curve
样品的总放射性活度或某成分的放射性活度随时间而变化的关系图形。

18.005　特征 X 射线　characteristic X ray
当原子的内壳层电子被逐出后，处于较高能量状态的外壳层电子跃迁填充内壳层空穴时，所放出的与特定元素相联系的一定能量的 X 波段上的光子。

18.006　食品辐照用电子加速器　electron accelerator for food irradiation
加速器产生的高能电子束(能量低于 10 MeV)或经转换靶形成的 X 射线(能量低于 5 MeV)，照射食品后可产生物理、化学和生物学效应。食品辐照电子加速器已应用于食品加工与贮藏、食品材料改性、新材料创制、辐射检疫和延长食品货架期等领域。

18.007　阻止本领　stopping power
入射带电粒子由于碰撞作用，在介质单位路径上所损失的能量。其国际制单位为 J/cm。

18.008　放射生物学　radiobiology
研究辐射与生物体相互作用的生物效应及其机理的一门科学。

18.009　保健物理学　health physics
研究预防电离辐射对人体的有害作用的一门学科。包括：辐射防护安全标准制定；辐射防护方法和设备推荐；辐射监测方法；事故预防和处理监督；辐射防护评价；辐射防护规程与辐射防护管理；以及与公众有关的辐射防护问题。

18.010　放射生物学效应　radiobiology effect
在受到辐射照射后人体可能产生各种不同的生物学效应。按效应出现的对象可分为躯体效应和遗传效应；按效应产生的机理可分为非随机效应和随机效应；按效应出现的时间可分为近期效应和远期效应。

18.011　DNA 损伤　DNA damage
生物体遗传复制过程中发生的 DNA 核苷酸序列永久性改变，并导致遗传特征改变的现象。DNA 损伤既可以由生物体正常代谢的副产物攻击等引起，也可由外界物理或化学因素诱发造成。

18.012　定点突变　site-specific mutagenesis
通过聚合酶链式反应等方法向目的 DNA 片段中引入所需变化。包括碱基的添加、删除、点突变等。是蛋白质工程中采用的重要技术之一，可以有目的地改变 DNA 序列中的碱基。不仅可以阐明基因调控机理，还可以研究蛋白质结构与功能关系。

18.013　DNA 修复　DNA repair
细胞对 DNA 受到损伤后的一种反应。这种反应可能使 DNA 结构恢复原样，重新执行其原来功能；但有时并非能完全消除 DNA 的损伤，只是使细胞能够耐受 DNA 的损伤而继续生存。

18.014　切除修复　excision repair
在几种酶的协同作用下，先在损伤的任一端打开磷酸二酯键，然后外切掉碱基或一段寡核苷酸；留下的缺口由修复性合成来填补，再由连接酶将其连接起来。不同的 DNA 损伤需要不同的特殊核酸内切酶来识别和切割。切除修复对多种 DNA 损伤包括碱基脱落形成的无碱基点、嘧啶二聚体、碱基烷基化、单链断裂等都能起到修复作用。

18.015　重组修复　recombination repair
复制含有嘧啶二聚体或其他结构损伤的 DNA，当复制进行到损伤部位时，子代 DNA 链中与损伤部位相对应的部位出现缺口，新合成的子链比未损伤的 DNA 链要短一些。完整的母链与有缺口的子链重组，缺口由自母链的核苷酸片段弥补。合成重组后，母链中的缺口通过 DNA 多聚酶的作用，合成核苷酸片段，然后由连接酶使新片段与旧链连接，重组修复完成。

18.016　耐辐射奇球菌　deinococcus radiodurans，DR

1956 年由美国科学家安德森(Anderson)等首次从 4 kGy 电离辐射灭菌后仍然变质的肉类罐头中分离出来的一种极端微生物。被吉尼斯世界纪录收录并誉为"世界上最顽强的细菌"。因该细菌具有极强的 DNA 修复能力，已成为微生物中 DNA 损伤修复的理想模式生物。

18.017　γ 射线与物质相互作用　interaction of γ-ray with matter

生物体受到 γ 射线照射时，γ 射线能侵蚀复杂的有机分子，如蛋白质、核酸和酶，严重的可以使细胞死亡。γ 射线具有极强的穿透本领。γ 射线与物质相互作用的形式主要有光电效应、康普顿效应和电子对效应。

18.02　食品与农产品辐照加工

18.018　辐照食品卫生安全性　wholesomeness for irradiated food

辐照食品经过了包括致癌、致畸、致突变等方面的严格评估，没有毒理学上的危险，同时在营养学和微生物学上也是安全的，即辐照食品没有卫生安全性方面的问题。包括我国在内的众多国际组织、国家均以法规或标准形式充分肯定了辐照食品的卫生安全性。

18.019　辐照加工　irradiation processing

利用电离辐射在食品中产生的物理、化学与生物学效应而达到抑制发芽、延迟或促进成熟、杀虫、灭菌和贮藏保鲜等目的的辐照加工过程。

18.020　辐照加工工艺　standards for irradiation processing

按照辐照加工技术规范的要求，使食品辐照处理达到既定的工艺目的和卫生质量要求的工艺流程和措施。

18.021　剂量测量　dose measurement

确定剂量量值的一种测量方法。较高准确度的测量剂量方法主要有电离法、量热法和化学法。闪烁体、计数管及胶片等方法大多作为现场工作剂量的测量。

18.022　食品辐照标准　standards for food irradiation

为保证食品辐照加工技术规范化应用而建立的标准。在我国目前主要有卫生标准、卫生规范、工艺标准、辐照食品鉴定标准等，共同构成食品辐照的标准体系。

18.023　剂量不均匀度　dose uniformity

在特定辐照工艺条件下全部辐照产品中接收到的最大吸收剂量(D_{max})与最小吸收剂量(D_{min})的比值，是衡量辐照质量的重要指标。

18.024　γ 辐照装置　γ irradiation facility

利用 ^{60}Co 或 ^{137}Cs 核素衰变产生 γ 射线进行食品辐照加工的装置。广泛用于处理食品或农产品，以达到控制食源性致病菌、减少微生物数量和虫害、抑制块根类农作物发芽，以及延长货架期等目的。

18.025　半导体探测仪　semiconductor detector

以半导体材料作为探测介质的固体探测器。

18.026　食品辐照　food irradiation

利用电离辐射(γ射线、电子束或 X 射线)处理食品，通过射线在食品中产生的物理、化学和生物学效应而达到抑制发芽、延迟或促进成熟、杀虫、杀菌、改善品质和降解有害物质等目的的辐照加工过程。

18.027　辐照加工食品　irradiation processed food

为了达到某种实用目的，按照辐照工艺规范(标准)规定的要求，经过一定剂量的电离辐射辐照处理过的食品。

18.028　辐照食品标识　label requirement of irradiated food

粘贴、印刷、标记在食品或者其包装上，用以表示食品已经电离辐射处理的文字、符号、图案以及其他说明的总称。该标识为圆形、白底绿色，图案上方标注中文"辐照食品"，下方标注英文"IRRA-DIATED FOOD"。

18.029　辐照食品鉴定方法　identification method of irradiated food

基于射线在食品中产生的物理、化学、生物学和生理学等变化，利用现代食品检测分析手段，实现对食品是否经过了辐照处理进行判定的技术方法。

18.030　食品辐照保鲜　food irradiation preservation

利用电离辐射对食品进行处理，以达到抑制发芽、杀菌、杀虫、延迟后熟等目标，实现延长货架期的目的。

18.031　辐照杀菌　irradiation decontamination

利用电离辐射处理杀死食品中的微生物，防止腐烂、霉变，进而达到提高食品卫生质量的目的。

18.032　热释光鉴定　thermoluminescence detection

基于热释光材料为敏感元件研发形成的辐照食品检测鉴定方法。因热释光材料具有组织等效性好、线性响应好、量程较宽、可重复使用等优点，热释光鉴定可实现对大多数食品进行辐照与否的检测鉴定。

18.033　D_{10} 值　D_{10} value

杀灭90%微生物所需的辐照剂量。

18.034　有害污染物辐照降解　pollutant radiation degradation

由电子束、X 射线和 γ 射线等高能射线辐照引发的，针对环境、水体及农产品中的农残、兽残以及生物毒素等污染物的降解反应。

18.035　辐照装置的加工确认　process validation of irradiation facility

辐照装置运行前必须进行加工确认。其目的是要保证满足产品对吸收剂量的要求，证明确定产品要求的最小剂量已经达到，以及最大剂量不会引起产品品质的降低。确定运行模式、加工参数和辐照条件，以达到预定的吸收剂量的要求。

18.036　最高耐受剂量　maximum tolerance dose

在食品辐照时，不会对食品的品质和功能特性产生负面影响的最大剂量，即工艺剂量的上限值。

18.037　最低有效剂量　minimum effective dose

为达到辐照目的所需的工艺剂量下限值。

18.038　食品装载模式　food loading pattern

辐照容器内食品箱的放置方式。

18.039　剂量分布图　dose map

描述辐射场中剂量分布的等剂量线图。

18.03 辐照昆虫不育

18.040　辐照杀虫技术　radiation insecticidal technology，RIT
辐照杀虫是利用电离辐射与贮藏、检疫害虫的相互作用所产生的生物学效应，导致害虫不育或死亡的一种新型辐射防虫技术。用于辐照杀虫处理的射线主要是 γ 射线、电子束以及 X 射线。

18.041　种群密度　population density
在辐射昆虫防治中，指实验期间控制区内放飞的不育雄虫的绝对或相对数量。

18.042　辐射昆虫不育技术　sterile insect technique
用电离辐射辐照后使不育雄虫丧失繁殖能力，进而与野生雌虫交配而不能产生后代的生物特性来降低野生虫口密度的一种防治害虫的技术方法。

18.043　竞争力　competitive power
混合物种中某一物种获胜的能力。在辐射昆虫雄性不育中，辐照使饲养放飞的雄虫丧失生殖能力的同时，并不明显降低其与自然界正常雄虫竞争的能力。

18.044　昆虫不育技术　sterile insect technique，SIT
通过整个地区饱和式释放不育昆虫来减少田间同一种昆虫种群繁殖的有害生物防治方法[ISPM 3, IPPC 2017a]。

18.045　不育昆虫　sterile insect
经辐照或其他处理而不能繁殖的昆虫[ISPM 3, IPPC 2017a]。

18.046　大规模饲养　mass-rearing
像工厂一样为释放项目饲养并生产所需的昆虫，通常是大规模的，使用成群处理而不是单个处理昆虫的程序。大规模饲养的目标是以尽可能低的成本生产出大量可用的昆虫。

18.047　遗传不育　inherited sterility，IS
鳞翅目雌虫相对于雄虫具有更高的辐射敏感性，低剂量辐照可以导致雄虫部分不育，但可将辐射导致的损伤通过染色体遗传给子代(F1 代)，导致与野生雌虫交配产生的受精卵孵化率低，子代雄性比例大幅增加，且高度不育。遗传不育又称为遗传部分不育(inherited partial sterility)，部分不育(partial sterility)，延迟不育(delayed sterility)，半不育(semi-sterility)和 F1 不育(F1 sterility)。

18.048　大面积害虫综合治理　area-wide integrated pest management，AW-IPM
在一个界定的地理区域内，针对整个害虫种群的综合治理措施。这个地理区域要足够大，或者被一个缓冲区保护，以至于害虫种群的自然分布只能发生在该地区。

18.049　预防　prevention
采取植物检疫和管理措施防止有害生物传入或再传入非疫区。昆虫不育技术四个应用策略之一。

18.050　抑制　suppression
通过措施以降低某一地区害虫为害率，昆虫不育技术四个应用策略之一。

18.051　封锁　containment
在受害虫侵染地区及其周围采取措施以防止害虫扩散，昆虫不育技术四个应用策略之一。

18.052　根除　eradication

将一种有害生物从一个地区彻底消灭，昆虫不育技术四个应用策略之一。

18.053　预防性释放项目　preventive release programme，PRP

某一地区通过预防性释放不育昆虫以阻断某种害虫入侵的风险。例如美国自 1994 年起，在洛杉矶地区每周两次释放不育地中海实蝇，从而保证加利福尼亚州为地中海实蝇非疫区。

18.054　接种式释放和淹没式释放　inoculative release and inundative release

接种式释放指释放相对少量的天敌，期望它们在一个地区自然地定殖、繁殖和扩散，并达到控制害虫种群的效果；淹没式释放指释放大量大规模生产的生防或有益昆虫，以期迅速取得防治靶标害虫的效果，这是一种定期引入生物制剂的方法，类似于杀虫剂处理，使用的释放量比实际有效的多，重复可能是必要的，效果或多或少是立竿见影的。二者意义相反。

18.055　种群压制　population suppression

通过持续释放大量不育的雄性昆虫，与野生雌雄昆虫交配后，使其无法产生后代，从而导致目标昆虫数量下降，达到区域性根除目标害虫的目的。

18.056　内共生体　endosymbiont

一种以共生关系生活在另一种有机体中的有机体，例如蚂蚁、白蚁和其他以木材为食的昆虫含有内共生细菌，它们消化纤维素并将其作为食物。内共生体的一个典型例子是沃尔巴克氏菌属。

18.057　胞质不亲和性　cytoplasmic incompatibility，CI

同一物种的异体种群之间的生殖不相容，在这种情况下，受立克次体内共生体感染的雄性的精子受精的卵子无法孵化。这种效应主要发生在昆虫和其他节肢动物身上，而这些生殖操纵菌中研究最多、显然最常见的是沃尔巴克氏体。

18.058　条件致死突变　conditional lethal mutation

致死突变仅在某一条件下表达。在许可条件下正常发育但是在限制性条件下不再发育，表达致死突变，如温度敏感型致死突变(temperature sensitive lethal，TSL)导致在特定的温度范围内致死，但在允许的温度范围内，突变基因产物是稳定的，突变体是可存活的。

18.059　遗传区性品系　genetic sexing strain，GSS

通过遗传学的方法，建立可在昆虫大量饲养中，生产单一性别后代的饲养品系。

18.060　交尾竞争力　mating competitiveness

主要指经人工大量饲养并辐照处理的不育雄虫与野生雄虫进行交尾竞争的能力。

18.061　释放比　release rate

在一个特定地区、一段特定时间内释放不育昆虫的数量与野生虫的比率。

18.062　标记–释放–重捕　mark-release-recapture，MRR

通过标记、释放、再捕获个体，记数它们在随后取样中的比率而估计昆虫种群大小，以及不育昆虫扩散能力的技术。

18.04　辐射与航天诱变育种

18.063　γ 圃　gamma field
建有 γ 射线辐照源,并由防护隔离墙围起来,可对其中的栽培农作物在整个生长期内进行辐射的园圃。

18.064　γ 温室　gamma greenhouse
安装有 γ 射线辐照装置的用于在作物生长期内进行辐射的温室。

18.065　SOS 修复　SOS repair
DNA 损伤不是用由模板合成的互补片段进行填补,而是用任意的核苷酸进行填补的修复。

18.066　矮化突变　dwarfing mutation
由基因序列变异造成突变体株变矮的突变类型。

18.067　白化突变　albino mutation
基因序列变异造成叶绿素合成功能丧失,从而使突变体表现为白化类型的突变。

18.068　半数致死剂量　half lethal dose, LD_{50}
辐射处理后有 50%的植株能开花结实存活下来所需的剂量。

18.069　错修复　misrepair
细胞的酶修复系统在对 DNA 损伤进行修复时,因修复精度误差产生的错误修复。

18.070　点突变　point mutation
只有一个碱基对发生改变。

18.071　低本底测量　low background measurement
在低本底条件下对样品进行的测量。其中,本底是指在被测放射性样品中,除实验感兴趣的核素以外的其他因素(包括自然环境中的宇宙射线和天然放射性物质构成的辐射)在辐射探测器中产生的信号。

18.072　辐射遗传学　radiation genetics
遗传学和辐射生物学交叉的有关辐射遗传效应研究的一门遗传学分支学科。辐射遗传学旨在阐明电离辐射诱发基因突变和染色体畸变的规律和机制。

18.073　辐射诱变　radiation induced mutation
利用 X 射线、γ 射线、中子、β 射线、离子束、紫外线和激光等,辐照农作物种子、植株、器官和离体培养物组织,以诱发有机体基因突变或染色体变异的过程。

18.074　复制后修复　postreplication repair
DNA 损伤修复的方式之一,先复制然后再进行修复。重组修复和 SOS 修复都是复制后修复。

18.075　航天诱变　space mutagenesis
又称"空间诱变"。20 世纪 80 年代后期发展起来的新的诱变方法。返回式卫星(或宇宙飞船、航天飞机)和高空气球所能达到的空间环境长期处于微重力状态($10^{-3}g \sim 10^{-6}g$)、空间辐射、超真空和超洁净等环境条件下,与地面有很大的差异,在这些因素的作用下,可以诱发生物,包括各种微生物、植物细胞或器官以及农作物种子等产生生理损伤和遗传变异。

18.076　化学诱变剂　chemical mutagen
能诱发生物体的染色体畸变或基因突变的各种化学物质。人工化学诱变剂主要有:烷化剂、碱基类似物、叠氮化钠和其他化学诱变剂，如抗生素、亚硝酸、羟胺等。

18.077 回复突变 back mutation
突变体经过第二次突变又完全地或部分地
恢复为原来的基因型和表现型。

18.078 基因突变 gene mutation
基因组 DNA 分子发生的突然的、可遗传的
变异现象。

18.079 抗性突变 resistance mutation
由基因序列变异造成生物体对生物或非
生物胁迫因素的抵抗能力发生改变的突
变类型。如突变造成的抗病性、抗寒性改
变等。

18.080 抗诱变剂 antimutagen
能干扰且减弱诱变剂(包括自发的)致突变作
用的物质。

18.081 空间诱变育种 space mutation breeding
又称"太空育种""航天育种"。利用太空
特殊的极端环境所提供的微重力、宇宙射
线、高真空、弱磁场等物理诱变因子对生物
进行诱变和选育的过程。

18.082 离体诱变 in-vitro mutagenesis
人为地对外植体如花药、游离小孢子、幼穗、
幼胚等，或离体培养物如愈伤组织、悬浮细
胞系、原生质体等进行物理诱变因素或化学
诱变剂处理，诱发其产生遗传变异，以提高
再生植株后代变异率。

18.083 离子束育种 ion beam irradiation breeding
诱变育种方式之一。即以离子束为诱变因
素，将离子束注入植物的种子、细胞或其他
器官等，诱发产生植物遗传性改变，从而获
得各种各样的改变，经人工选择培育植物新
品种的方法。

18.084 离子注入 ion implantation
将经加速的某种元素离子强制注入生物体
以改变其基因或性状的过程。

18.085 零磁空间 magnetic free field
由于地磁场被屏蔽而创造出的零(极弱)的磁
场环境。

18.086 慢性照射 chronic irradiation
在几天到几年内长期接受射线的照射。

18.087 嵌合体 chimera
由两个或多个遗传特性上有差异的体细胞
组织组成的植株个体。

18.088 染色体倒位 chromosomal inversion
正常染色体的某一节段发生断裂后，倒转了
180°后又重新连接起来的现象。

18.089 染色体断裂 chromosomal breakage
染色体的臂出现裂开，若裂开的间距大于臂
的宽度称为断裂。断裂后不带着丝的部分称
断片。

18.090 染色体缺失 chromosomal deficiency
染色体中某个节段丢失的现象。

18.091 染色体易位 chromosomal translocation
非同源染色体之间交换片段的结构变异，两
个非同源染色体上的片段相互交换位置后
重新连接起来的现象。

18.092 染色体重复 chromosomal duplication
染色体个别节段的增加，因而染色体上的某
些基因拷贝数增加和重复，通常是由染色体
之间或染色单体之间非对等交换产生的。

18.093　扇形嵌合体　sectorial chimera
生长锥各个层的顶端原始细胞有一部分基因型发生了变化，变化部分呈扇形分布。

18.094　渗漏突变　leaky mutation
由于 DNA 上碱基的改变，形成突变体的表型介于野生型和完全突变型之间，具有部分活性的现象。

18.095　体细胞无性系变异　somaclonal variation
植物体细胞在组织培养过程发生变异，进而导致再生植株发生遗传改变的现象。

18.096　突变　mutation
细胞中的遗传基因发生的改变。

18.097　同义突变　synonymous mutation
碱基被替换之后，产生了新的密码子，但由于生物的遗传密码子存在简并现象，新旧密码子仍是同义密码子，所编码的氨基酸种类保持不变。

18.098　突变率　mutation rate
突变的配子数占总配子数的百分率。

18.099　突变频率　mutation frequency
某种特定的突变形式在整个诱变群体中所占的比例。

18.100　突变品种　mutant variety
由利用诱发突变手段获得的突变种质(参加突变种质)直接培育而成的，或者作为育种亲本之一与其他育种技术(如杂交、生物技术、细胞工程技术及染色体工程技术等)结合而选育的作物新品种。

18.101　突变谱　mutation spectrum
产生各种突变的类型。后代出现变异类型多，其突变谱则宽，反之突变谱窄。

18.102　突变扇形体　mutated sector
嵌合体中含突变基因的细胞或组织。

18.103　突变体　mutant
携带有诱发突变基因的个体。

18.104　突变体库　mutant library
含有若干份突变体种质材料的数据库。

18.105　诱变功效　mutagenic efficiency
突变率与生物损伤率的比率。生物损伤包括致死性、损伤、不育性或细胞分裂后期的畸变(种子根的根尖染色体片段或桥出现)等。

18.106　突变育种　mutation breeding
又称"诱变育种"。人为利用物理、化学等因素诱发生物体遗传物质产生突变，从中选择具有目标性状的突变个体培育成新品种，或者与其他种质杂交进而培育优良品种的一种育种方法。

18.107　突变种质　mutant germplasm
利用诱变手段创制的具有明显表型变化或者基因突变的种质资源。可以作为重要亲本对作物进行遗传改良，也可以作为遗传资源进行重要功能基因的挖掘与鉴定。

18.108　突变子　muton
DNA 分子能够突变的最小长度。

18.109　微重力　microgravity
重力或其他外力引起的加速度不超过$(10e^{-5} \sim 10e^{-4})g$ 的重力。太空环境就是微重力环境。

18.110　无义突变　nonsense mutation
DNA 上碱基的改变使原来的氨基酸密码子变为终止密码子，造成翻译过程提前终止，表达的蛋白质失去了活性。

18.111 物理诱变因素 physical mutagen
能诱发生物体的染色体畸变或基因突变的各种物理作用因子。例如，紫外线、X射线和γ射线、各种粒子束流、激光及太空诱变因子等。

18.112 显性突变 dominant mutation
由隐性基因突变成显性基因的突变。

18.113 相对生物学效应 relative biological effect
是为比较不同的电离辐射引起的生物学效应而引入的一个概念。相同的电离辐射在不同的吸收剂量下，以及不同的电离辐射在相同的吸收剂量下所产生的生物学效应都是不同的。相对生物学效应可以作为不同种类电离辐射产生的生物学效应的一个直观指标。

18.114 修复过程 repair process
细胞的修复酶系统对DNA的复制错误或辐射等损伤进行校验、纠错和使DNA双链的碱基顺序恢复正常的机制和过程。

18.115 氧效应 oxygen effect
受照机体组织、细胞或大分子溶液系统的辐射效应随介质中氧的浓度增加而增加的现象。

18.116 野生型 wild type
具有原始性状的生物或没有发生突变的生物。

18.117 移码突变 frameshift mutation
又称"移框突变"。DNA分子中每一个碱基都是三联密码子中的一个成员，而且遗传信息为DNA链上排列成特定序列的密码子所控制，当DNA中插入或缺失核苷酸时造成阅读框的移动，从而引起DNA编码氨基酸的改变，进而引起生物体表型的改变。

18.118 抑制突变 suppressor mutation
基因的第二个位点发生突变能够使第一个位点突变引起的表型效应，使第二次突变表型恢复为野生型。

18.119 隐性突变 recessive mutation
由显性基因突变成隐性基因的突变。

18.120 诱变剂 mutagen
又称"诱变因素"。凡是能引起生物体遗传物质发生突然或根本的改变，使其基因突变或染色体畸变达到自然水平以上的物质。

18.121 诱变剂量 induction dose
诱变处理生物体时所采用的实际剂量。对获得良好的诱变效果起重要作用。适宜诱变剂量的确定应以既能诱发产生较高比例的有利突变，又能在处理后获得较多的存活个体为原则。

18.122 诱变效应 mutagenic effect
采用人为措施对研究对象进行诱变处理后，诱变对象在当代和后代中表现出的生理和遗传变异。

18.123 诱发突变 induced mutation
采用人为措施诱导生物体的表型或者遗传基因信息产生变异。常用于功能基因的发掘、作物种质资源的改良以及优良新品种的培育。

18.124 育性突变 fertility mutation
基因序列变异造成生物体的育性发生改变的突变类型。多数表现为育性降低的突变类型。

18.125 增变基因 mutator gene
能提高突变率的基因。

18.126　致死突变　lethal mutation
基因序列变异造成生物体提前死亡的突变类型。

18.127　致突变性　mutagenesis
又称"致突变作用"。引起生物遗传物质发生可遗传变异的因素或作用。

18.128　中性突变　neutral mutation
虽然 DNA 的碱基发生了改变，但是突变体的性状几乎不变，蛋白质的活性也几乎不变。

18.129　周缘嵌合体　periclinal chimera
生长锥中的同一层次的所有顶端原始细胞的基因型发生了不同于其他层细胞的变化所形成的一种圆周形嵌合。

18.130　自发突变　spontaneous mutation
未经人为诱变剂处理或杂交等工程手段而自然发生的突变。

18.05　农用同位素示踪

18.131　自由基　free radical
化合物的分子在光热等外界条件下，共价键发生均裂而形成的具有不成对电子的原子或基团。

18.132　照射量率　exposure rate
单位时间内的照射量。单位：库仑每千克秒 (C/(kg · s))。

18.133　质量减弱系数　mass attenuation coefficient
不带电粒子在物质中穿过单位质量厚度后，因相互作用，粒子数减少的份额。

18.134　内照射的防护　internal radiation protection
防止放射性物质进入人体内引起内照射所采取的防护手段和措施。

18.135　比电离　specific ionization
入射粒子在介质中于单位长度径迹上所产生的离子对数。

18.136　粒子散射　particle scattering
入射粒子受介质原子核的库仑场或原子的极化库仑场作用时，运动方向发生改变的现象。

18.137　辐射损害防护　radiation damage protection
简称"辐射防护"。为使人类免受电离辐射的确定性效应，并限制随机性效应的发生率使之达到被认为可以接受的水平，同时也为了保障环境安全，在实践中对电离辐射源进行必要控制所采取的一切安全措施和技术防护手段。

18.138　核分析技术　nuclear analytical technique
以粒子与物质相互作用、辐射效应、核效应与核谱学等基本原理和实验方法为基础的，通过核辐射测量进行物质成分与结构分析的技术。

18.139　照射量-剂量转换系数　exposure to dose conversion coefficient
单位照射量(伦琴，R)相应的吸收剂量(戈瑞，Gy)的值，即转换关系中的系数。

18.140　危险度　dangerous degree
人体受到单位剂量当量的照射所致死亡性恶性疾病或诱发严重遗传疾病的概率。

18.141　表面污染　surface contamination

因放射性物质操作过程中的污染和沾污，人体、场所和其他环境介质表面放射性物质或辐射超出国家标准规定水平的现象。

18.142　农药结合残留　pesticide bound residue

在不显著改变农药残留物化学性质条件下，不能用常规提取方法提取的包括母体及其衍生物的农药残留，即不可提取的农药残留。通常用 ^{14}C 标记农药作为示踪剂。

18.143　切连科夫辐射　Cerenkov radiation

当高速带电粒子(电子)的速度大于光在相应介质中的传播速度时发出的辐射。

18.144　气体探测器　gas detector

以气体作为探测介质，利用核辐射对气体的电离效应而实现对其探测的器件。

18.145　同位素稀释质谱分析　isotope dilution mass spectrometry，IDMS

以稳定性同位素或稳定性同位素标记化合物作为内标的以同位素稀释原理进行计量的一种定量质谱分析法。

18.146　淬灭　quenching

在液闪测量中，导致闪烁体发光效率降低进而影响仪器探测效率的现象。

18.147　道比法　channel ratio method

在液闪测量中，利用粒子或康普顿电子在两预置能谱道内的计数比值随淬灭变化的现象，对仪器探测效率进行校准的方法。

18.148　每分钟衰变数　disintegration per minute，dpm

放射性物质的原子核在每分钟内发生衰变的个数。

18.149　每分钟计数　count per minute，cpm

计数测量核辐射粒子或核事件时，由仪器记录得到的每分钟内的粒子脉冲个数。

18.150　本底计数　background count

放射性测量装置在计数测定时，由环境放射性背景所引起的计数。

18.151　统计误差　statistical error

由放射性衰变的统计涨落所致放射性计数的测量误差。即用计数的一次测量值或数次测量的平均值作为计数期望值的估计值所引起的误差。

18.152　磷屏　phosphor screen

一种由储能磷光晶体制成的用于放射性射线感光成像的影像屏。

18.153　核素示踪　nuclide tracing

利用核素作为示踪剂，研究被追踪物质运动、转化规律的技术方法。

18.154　环境同位素示踪　environment isotope tracing

利用元素的天然同位素构成因其在地球化学原产地具有特异性或在演化过程中具有单向同位素分馏效应，而具有特定环境和过程指纹的特性，进行原位或过程标记的示踪研究。

18.155　亚化学计量同位素稀释法　sub-stoichiometric isotope dilution analysis，SIDA

用亚化学计量分离方法，从经过同位素稀释的样品溶液和起始标记化合物溶液中分离出等量纯化合物，根据二者的放射性活度来确定未知物含量的一种分析方法。

18.156　开瓶分装　diluting and dividing

对商业放射性制剂进行必要稀释、转化和分装保存的操作。

18.157 干灰化 drying incineration
通过焙烧使非挥发放射性样品成分留在灰烬中而用于测量的一种固形样品制备方法。

18.158 同位素质谱仪 isotope mass spectrometry
专门设计并用于稳定性同位素丰度测定的质谱仪。

18.159 稀土元素示踪 rare earth element tracer，REE
以天然环境中稀有的稀土元素作为示踪剂而进行的土壤侵蚀和稀土肥料等相关研究的一种示踪法。

18.160 同位素亲和标签技术 isotope coded affinity tag，ICAT
是蛋白质组学研究的一种新技术。该技术通过同位素亲和标签试剂预先选择性地标记某类蛋白质，然后将标记的蛋白质分离纯化并通过质谱进行鉴定，再根据质谱图上不同肽段的碎片离子强度比例，定量分析其母本蛋白质在原来细胞中的相对丰度。

18.161 直接同位素稀释法 direct isotope dilution analysis，DIDA
向待测样品中加入一定量的放射性或稳定性同位素标记物并混匀，通过测定分离出的部分纯化合物的比活度或丰度，进而计算得到样品中待测物含量的方法。

18.162 反同位素稀释法 inverse isotope dilution analysis，IIDA
将稳定同位素加入含有放射性同位素的待测样品中，通过测定分离出的部分纯化合物的比活度，进而计算得到样品中载体含量的方法。

19. 核技术工业应用等(含辐射研究)

19.01 辐射与辐射化学

19.001 初级辐射 primary radiation
由辐射源直接发出，尚未与物质发生相互作用的电离辐射和非电离辐射。

19.002 次级辐射 secondary radiation
不是由辐射源直接发出，而是在射线与物质相互作用过程中产生的辐射。

19.003 高能辐射 high energy radiation
能量高到能引发物质分子或原子电离和激发的辐射。

19.004 辐射直接作用 radiation direct action
电离辐射直接在物质分子上发生能量沉积并引起这些分子发生的物理和/或化学性质的变化。

19.005 辐射间接作用 radiation indirect action
一种物质分子吸收电离辐射能量后生成的活性粒子与另一种物质分子发生化学反应，从而导致其发生物理和/或化学性质的变化。

19.006 辐射发光 radiation luminescence
又称"高能粒子发光(high-energy luminescence)"。电离辐射激发物质分子引起发光的过程。

19.007 辐射引发 radiation initiation，radiation induction
利用电离辐射来诱导的物理、化学及生物

效应。

19.008 辐射化学 radiation chemistry
研究电离辐射与物质相互作用所产生的化学效应的化学分支学科。

19.009 辐射化学初级过程 primary process of radiation chemistry
电离辐射直接激发或电离物质分子(原子)的过程。

19.010 辐射化学次级过程 secondary process of radiation chemistry
电离辐射作用于物质分子生成的初级活性粒子等的后续反应过程。

19.011 气体辐射化学 radiation chemistry of gas
研究电离辐射作用于气体介质引起的化学效应。

19.012 水溶液辐射化学 radiation chemistry of aqueous solution
研究溶质的稀水溶液和浓水溶液在电离辐射作用下产生的化学反应。

19.013 固体辐射化学 radiation chemistry of solid
研究电离辐射作用于固体物质产生的物质的内部物理或化学变化及规律。

19.014 高分子辐射化学 radiation chemistry of polymer
研究电离辐射与有机单体和高分子化合物相互作用产生的物理、化学变化及规律。

19.015 生物物质辐射化学 radiation chemistry of biological material
生物物质体系(分子、细胞、组织和机体)吸收电离辐射能后产生的化学效应。

19.016 辐射引发的化学反应 radiation-induced chemical reaction
又称"辐射诱导的化学反应"。电离辐射与物质相互作用产生的化学反应。

19.017 辐射化学时间标度 time scale of radiation chemistry
以近似的时间标识电离辐射与物质相互作用引起化学变化的各个具体过程。

19.018 原初产额 primary yield
物质吸收电离辐射后，在未发生后续反应前所产生的最初活性粒子(如激发分子、离子和未热能化的电子、自由基)的产额。但在实际应用中，该产额不易准确测定，习惯指在介质中达到均匀分布时原初粒子的产额。

19.019 辐射化学产额 radiation chemistry yield
简称"G 值(G value)"。用来衡量辐射化学效应的量，以 G 值表示。某化学个体 x 的辐射化学产额 $G(x)$，是 $n(x)$ 除以 ε 所得的商，即 $G(x)=n(x)/\varepsilon$，式中，$n(x)$ 为以授予平均能量 ε 作用于物质体系后导致体系中该化学个体生成、破坏或发生变化的平均数值。G 值的常用单位为 $(100\ eV)^{-1}$，国际单位(SI) 为 mol/J。

19.020 离子-分子反应 ion-molecule reaction
一个离子与中性分子之间进行的反应(包括一个离子同时与多个中性分子进行的离子群团反应)。

19.021 水合电子 hydrated electron
又称"水化电子"。由水或水溶液在受电离辐射作用后产生大量次级电子与水所生成的溶剂化电子。用符号 e_{hyd}^- 或 e_{aq}^- 表示。

19.022 溶剂化电子 solvated electron
陷落在具有最佳溶剂分子排列和较低势能

极化位阱中的低能电子。是可能的最小阴离子，处于热力学平衡态的定域化电子。用符号 e^-_{solv} 表示。

19.023　刺迹　spur
在电离辐射穿过介质的路径上产生的、吸收能量约为 6~100 eV，由初级电离产物(2~3个离子对、激发分子及自由基)组成的活性粒子群团。

19.024　团迹　blob
又称"云团"。在电离辐射穿过介质的路径上产生的、吸收能量在 100~500 eV 范围内，由初级电离产物(7 个以上离子对、激发分子及自由基)组成的活性粒子群团。

19.025　激发分子　excited molecule
分子在各种因素(辐射能或光能)的作用下内能增加，导致分子偏离基态但尚未电离的状态。

19.026　陷落电子　trapped electron
在极性介质中，热电子的存在引起了围绕在其周围的极性分子偶极子取向。偶极子的正极端朝向电子，负极端远离电子，因而低能电子就陷落在此极化位阱中。溶剂分子排列较差，势能较高。是处于亚稳态的定域化电子。

19.027　陷落自由基　trapped radical
又称"冻结自由基(frozen radical)"。存在于介质分子间的自由基。一般具有高化学反应活性(低反应活化能)。

19.028　活性氧粒子　reactive oxygen species
在电离辐射与物质相互作用过程中产生的至少包含一个氧原子的活性粒子。诸如过氧化物、超氧自由基、羟基自由基、单线态氧等。

19.029　闪光光解　flash photolysis
采用强(脉冲)闪光产生浓度数千倍于通常体系瞬时存在的自由基或激发态分子等活性物种，并利用吸收光谱等探测技术来鉴定和研究这些活性物种及其基础反应过程的技术方法。

19.030　脉冲辐解　pulse radiolysis
利用短脉冲(通常脉冲宽度在微秒至飞秒之间)高能脉冲粒子束(电离辐射，如电子和重荷电粒子等)在体系内产生高浓度的中间粒子(如激发分子、溶剂化电子、离子、自由基)，被辐照体系在受到高强度的短脉冲电子辐射的同时或稍后测定辐射产生的短寿命初级活性物种在该体系中的性质、数量和反应动力学行为的技术。

19.031　民用非动力核技术　civilian non-powered nuclear technology
除核武器与核能源之外的核技术。应用领域涉及工业、农业、医疗卫生、环境保护、资源勘探和公众安全等。

19.02　辐射剂量学

19.032　中值剂量　mid-value dose
辐照产品的最大吸收剂量(D_{max})与最小吸收剂量(D_{min})的平均值。符号为 D_{mid}，$D_{mid}=(D_{max}+D_{min})/2$。

19.033　法定剂量　legal dose
国家行政主管部门批准的某项辐射加工工艺的剂量范围或剂量限值。

19.034 移动剂量 shuffle dose
动态步进辐照下，产品在一个辐照循环中从一个停顿位置移到下一个停顿位置的一系列短暂过程中所接受的剂量。

19.035 工艺剂量 processing dose
辐射加工中为使产品产生预期辐射效应，达到辐照的质量要求所规定的剂量范围或剂量限值。

19.036 剂量分布 absorbed-dose distribution
整个产品或辐射场中吸收剂量的空间变化。该剂量分布具有极值 D_{max} 和 D_{min}。

19.037 附加剂量 transit dose
产品从非辐照位置传输到辐照位置期间的吸收剂量，或辐射源移进或移出辐照位置的吸收剂量。

19.038 深度剂量分布 depth-dose distribution
产品不同深度处的组织吸收剂量。与产品的深度、辐射品质和产品对辐射源的取向及与辐射源的距离等因素有关。

19.039 放射性测量的符合方法 coincidence method of radioactive measurement
用两个或两个以上不同的辐射探测器记录同时发生的、相互关联的原子核事件，进而输出符合计数的测量方法。

19.040 放射性测量的假符合方法 pseudo coincidence method of radioactive measurement
通过设计一个延时或特定宽度的门控逻辑，使两个不同时发生的计数脉冲满足符合条件，进而输出计数的方法。

19.041 辐射剂量测量 radiation dose measurement
对辐射场中被辐照物质吸收能量的测量。测量方法分为物理方法(如量热法、电离室法、电荷收集法等)和化学方法(如硫酸亚铁剂量计法、重铬酸银剂量计法和硫酸铈剂量计法等)。

19.042 剂量测量系统 dosimetry system
由剂量计、测量仪器、剂量响应校准曲线(或剂量响应函数)或相关的参考标准和使用程序组成的，用于确定吸收剂量的系统。

19.043 基准剂量计 primary standard dosimeter
又称"初级标准剂量计"。具有最高计量学特性，经国家或国际标准化组织鉴定并批准作为统一全国吸收剂量量值的最高依据的标准剂量计。

19.044 参考标准剂量计 reference standard dosimeter
又称"次级标准剂量计(secondary standard dosimeter)"。具有较高的计量学特性，用于溯源至基准剂量计并与基准剂量计测量保持一致的剂量计。

19.045 传递标准剂量计 transfer standard dosimeter
在测量标准相互比较中用作媒介的剂量计。其能够可靠地传递吸收剂量值，用于比对、校准工作剂量计和刻度辐射场。

19.046 工作剂量计 working dosimeter
经基准、参考标准或传递标准剂量计校准过的用于日常吸收剂量测量的剂量计。

19.047 化学剂量计 chemical dosimeter
基于测定电离辐射在某些物质中产生的化学效应而制成的剂量计。

19.048 固体剂量计 solid-phase dosimeter
基于某些固体材料的电离辐射效应，对电离

辐射剂量进行测量的剂量计。例如，染色的聚甲基丙烯酸甲酯(红色有机玻璃)、未染色的聚氯乙烯(PVC)、染色的聚酰胺(含有蓝色染料的尼龙)、染色的聚氯苯乙烯(含有绿色染料的聚氯苯乙烯)。在暴露于电离辐射的情况下，固体材料的光密度(通常在可见光范围内)会发生变化。

19.049 硫酸亚铁剂量计 ferrous sulfate dosimeter

又称"弗里克剂量计(Fricke dosimeter)"。由二价铁离子、氯化钠的空气饱和硫酸水溶液和玻璃安瓿组成的剂量计。在电离辐射作用下二价铁离子被氧化为三价铁离子，在一定剂量范围内(30~400 Gy)，特定波长下溶液的净吸光度与吸收剂量有良好的线性关系。

19.050 重铬酸盐剂量计 dichromate dosimeter

由重铬酸盐的高氯酸溶液和玻璃安瓿组成的剂量计。在电离辐射作用下六价铬离子被还原为三价，在特定的波长下溶液的净吸光度与吸收剂量呈线性关系。可作为高剂量的传递标准剂量计，适用于 γ 射线和 0.1~5 MeV 的电子束吸收剂量的测定。

19.051 径迹蚀刻剂量计 track etch dosimeter

一种化学剂量计。由于 α 粒子及重离子辐照塑料(如聚烯丙基乙(撑)二醇碳酸酯)片后，在其径迹上会留下持久性的辐射损伤，经过化学蚀刻后用光学显微镜计数来计算辐照所接受的剂量。

19.052 硫酸铈剂量计 ceric sulfate dosimeter

由 Ce^{4+} 的空气饱和硫酸水溶液和玻璃安瓿组成的一种化学剂量计。在电离辐射作用下，Ce^{4+} 被还原成 Ce^{3+}，在一定剂量范围内，Ce^{3+} 的生成量与剂量计溶液的吸收剂量成正比。用分光光度计测定 Ce^{4+} 浓度变化，根据已知的 $G(Ce^{3+})$ 值，可以计算该剂量计体系的吸收剂量。

19.053 丙氨酸剂量计 alanine dosimeter

用辐射敏感材料丙氨酸与惰性物质(如黏合剂)制成的具有规定量和确定物理形状的测量吸收剂量的元件。辐照产生的稳定自由基的数量与吸收剂量有确定的关系。

19.054 丙氨酸-EPR 剂量测量系统 alanine-EPR dosimetry system

由丙氨酸剂量计、电子顺磁共振谱仪(EPR)、相关的标准物质、校准曲线以及系统所用程序组成的，用于测量吸收剂量的系统。

19.055 聚甲基丙烯酸甲酯剂量计 polymethyl methacrylate dosimeter，PMMA dosimeter

又称"有机玻璃剂量计(organic glass dosimeter)"。一种由片状 PMMA 材料构成的固体剂量计。这种片材经辐照后，其吸光度的变化与吸收剂量有显著的函数关系特性。

19.056 辐射显色薄膜剂量计 radiochromic film-dosimeter

含有某种隐色染料(如副品红氰化物、六羟乙基副品红等)的特制薄膜构成的一种固体剂量计。这种薄膜经辐照后，其吸光度的变化与吸收剂量相关。

19.057 三醋酸纤维素剂量计 cellulose triacetate dosimeter

简称"CTA 剂量计(CTA dosimeter)"。一种由三乙酸纤维素薄膜构成的固体剂量计。这种薄膜经辐照后，在特定波长下，其吸光度的变化与吸收剂量相关。多用于电子束辐照的剂量测量。

19.058 国家剂量保证服务 national dose assurance service，NDAS

为国内辐照设施服务而建立的，通过吸收剂

量测量方法的标准化来改进质量控制的方法。目的在于满足剂量测定标准化要求，使测得的吸收剂量量值直接或间接地溯源到国家标准剂量测量系统的测量值。

19.059 国际剂量保证服务 international dose assurance service，IDAS
为机构成员国的辐照设施服务而建立的，通过吸收剂量测量方法的标准化来改进质量控制的方法。目的是为满足剂量测定标准化要求，以及为了辐射处理的质量保证而实现有关的国际合作。

19.060 测量比对 measurement comparison
用可溯源至国家或国际认可标准的某一标准参考装置或物质对现场测量系统实施测量评价的过程。在辐射加工中，剂量计发放的主导实验室可在某一辐照装置上辐照参考标准或传递标准剂量计，然后将其返回参加比对的实验室进行测量分析。

19.061 辐照指示标签 radiation indicator label
用目视法可观察到辐照后颜色变化的标签。用以判断产品是否经过辐照，对产品进行库存控制。

19.03 材料辐射化学

19.062 辐射合成 radiation synthesis
在电离辐射的作用下合成有机化合物、无机化合物、高分子等的过程。单质和化合物分子被高能射线电离和激发，生成的离子和自由基可以引发化学反应，形成新的有机化合物、无机化合物、高分子等，是有机合成、无机合成、高分子合成的方法之一。

19.063 辐射聚合 radiation polymerization
全称"辐射引发聚合(radiation-induced polymerization)"。电离辐射引发单体分子形成自由基、离子等活性粒子，经链式反应而生成聚合物的过程。

19.064 预辐射聚合 preradiation polymerization
在辐射场内生成的短寿命活性自由基被保护起来，再在辐射场外给予适合的环境，使其恢复反应活性，引发聚合反应。

19.065 辐射共聚合 radiation copolymerization
利用高能辐射使两种或两种以上单体发生聚合反应产生共聚物的方法。

19.066 辐射后聚合 post radiation polymerization
受辐照体系在离开辐射场后，体系中继续发生聚合的现象。

19.067 辐射本体聚合 radiation bulk polymerization
单体在不加溶剂以及其他分散剂的条件下，由电离辐射引发的聚合反应。

19.068 辐射乳液聚合 radiation emulsion polymerization
在乳化剂作用下并借助于机械搅拌，使单体在水中分散成乳状液，由电离辐射引发而进行的聚合反应。

19.069 辐射引发自氧化 radiation-induced autoxidation
在辐照过程中，有机化合物或高分子等物质吸收辐射能产生自由基，在有氧存在下通常会发生自氧化反应，生成过氧自由基($RO_2•$)、烷基过氧化氢(RO_2H)和过氧化物($ROOR$)。

19.070　辐射氧化　radiation oxidation
有氧存在时，有机化合物或高分子等物质在电离辐射作用下发生氧化反应的过程。

19.071　辐射后效应　radiation post-effect
辐照停止以后，在辐照过的体系中反应仍可继续进行的现象。一般由长寿命自由基引起，在单体辐射聚合和聚合物辐射交联或降解中均发现有辐射后效应。

19.072　辐射交联　radiation crosslinking
在电离辐射作用下，线性聚合物分子链间产生交联键，随着交联键的增加，逐渐形成三维网络结构的过程。

19.073　强化辐射交联　enhanced radiation crosslinking
在聚合物的辐射交联体系中，为提高辐射加工效率，减少副效应，可在体系中添加敏化剂或多官能团单体(交联剂)，以提高体系的辐射交联产额(G值)，减少吸收剂量。

19.074　凝胶剂量　gelation dose, gelling dose
简称"凝胶化剂量""起始凝胶剂量(initial gelation dose)"。在辐射交联体系中，聚合物在高能射线作用下，发生辐射交联反应，体系开始出现凝胶时所需要的最低吸收剂量。

19.075　交联度　crosslinking degree
又称"交联指数(crosslinking index)"。聚合物吸收电离辐射能后分子链交联的程度。通常用交联密度(每个单元发生辐射交联的概率)或两个交联点之间数均分子量或每立方厘米交联点的摩尔数来表示。

19.076　降解度　degradation degree
又称"裂解度(radiolysis degree)"。聚合物吸收电离辐射能后分子链断裂的程度。通常用裂解密度，即每个单元发生裂解的概率表示。

19.077　凝胶分数　gel fraction
聚合物交联体系中凝胶在体系中所占的重量分数。凝胶为三维网络结构高分子，分子量无限大。凝胶分数加上溶胶分数等于1。

19.078　溶胶分数　sol fraction
聚合物交联体系中溶胶在体系中所占的重量分数。溶胶是聚合物接受电离辐射后分子间未形成立体网络结构，能继续溶解在溶剂中的那部分聚合物。凝胶分数加上溶胶分数等于1。

19.079　辐射接枝　radiation grafting
在高能电离辐射作用下，在聚合物分子链上产生活性点，然后将单体或其均聚物接枝到这些活性点上而发生共聚反应，形成接枝共聚物的过程。

19.080　预辐射接枝　preradiation grafting
将聚合物在有氧或真空下进行辐照产生自由基，然后将辐照过的聚合物浸入单体中通过加热引发单体在聚合物上的接枝反应。

19.081　共辐射接枝　direct, simultaneous, mutual radiation grafting
将基体聚合物和单体混合后在辐射场内直接辐照发生单体在基体聚合物上的接枝共聚反应。

19.082　接枝率　grafting yield
在聚合物辐射接枝体系中，接枝率一般是指被接枝上的聚合物占基体聚合物的重量百分比。

19.083　接枝效率　grafting efficiency
用于接枝的单体与所消耗单体的重量百分比。在聚合物辐射接枝体系中，反应消耗的单体包括接枝单体和均聚单体。

19.084 辐射固定化 radiation immobilization
利用电离辐射技术将酶、蛋白质、抗体、抗原细胞组织、抗凝血剂、抗细菌剂和药物分子等生物活性物质固定于有机或无机物质(载体)上的过程。

19.085 辐射降解 radiation degradation
又称"辐射裂解(radiation cleavage)"。聚合物分子在高能辐射作用下主链发生断裂,分子量降低,结果使聚合物在溶剂中的溶解度增加,而相应的热稳定性、机械性能降低。

19.086 辐解产物 radiolytic product
有机物或高分子等物质在辐射场中吸收电离辐射能后发生物理及化学变化后生成的产物。

19.087 辐射敏化 radiation sensitization
在辐射化学体系中加入某种物质后,该化学体系在电离辐射作用下,其辐射化学产额(G值)得到提高的一种现象。

19.088 辐射敏化剂 radiation sensitizer
在高分子材料辐射改性或辐射加工过程中,通常会向高分子中加入少量添加剂,以降低吸收剂量,缩短反应时间,降低高分子材料改性的成本。

19.089 辐射稳定性 radiation stability
在电离辐射作用下有机物或高分子等物质保持其固有物理、化学及机械等性能的能力。

19.090 抗辐射性 radiation resistance
物质接受一定剂量辐照后仍能保持其物理、化学等性能的能力。材料的抗辐射性与其分子结构、相对分子量及聚集状态等有关。

19.091 抗辐射剂 anti-radiation agent
为减少辐射对生物体或高分子材料等物质的损伤而研发的,具有提高材料辐射稳定性的物质。

19.092 辐射还原 radiation reduction
在电离辐射作用下水等溶剂分子辐解生成的溶剂化电子、氢原子等具有还原性,利用这些辐射生成的还原性粒子进一步引发反应的过程。

19.093 辐射改性 radiation modification
利用电离辐射与物质相互作用改变物质性质,达到提高某种性能的过程的统称。在聚合物体系中,一般通过辐射交联、辐射裂解和辐射接枝来实现性能的改变。

19.094 高分子材料辐射改性 radiation modification of polymer
电离辐射作用于高分子材料,通过辐射交联、降解或接枝,赋予其新的性能,或使其物理、化学及机械性能得到改善,从而提高材料的应用价值,拓宽其应用范围。

19.095 金属纳米粒子的辐射合成 radiation synthesis of metal nanoparticle
利用电离辐射产生的溶剂化电子等还原性活性物种将金属离子还原为低价金属离子或原子,并进一步聚集形成纳米粒子的过程。

19.096 石墨烯的辐射还原制备 preparation of graphene by radiation reduction
氧化石墨烯经电离辐射的作用,脱去含氧基团,还原成石墨烯的过程。

19.04 辐射源与辐照装置

19.097 平板源 plaque source
由多根放射性核素元件排布在平面框架中构成的辐射源。

19.098 密封源 sealed source
密封在包壳或紧密覆盖层里的一种放射源。该包壳或紧密覆盖层应具有足够的强度，使之在设计的使用条件和正常磨损下，不会有放射性物质泄漏出来。

19.099 开放源 open source
没有密封的放射源。主要是在基础和临床核医学中应用的各种放射性核素，对人体的危害主要是内照射、外照射和体表污染。

19.100 放射性碘连续监测仪 continuous radioactive iodine monitor
用于连续监测空气中放射性碘体积活度的设备。

19.101 ^{60}Co 辐射源 cobalt-60 radiation source
又称"^{60}Co 放射源"。含有放射性同位素 ^{60}Co 的辐射源。其半衰期为 5.27 a，发射的 γ 光子能量为 1.17 MeV 和 1.33 MeV，平均能量为 1.25 MeV。辐射加工用 ^{60}Co 辐射源采用双层不锈钢包壳密封。

19.102 ^{137}Cs 辐射源 cesium-137 radiation source
又称"^{137}Cs 放射源"。含有放射性同位素 ^{137}Cs 的辐射源。^{137}Cs 是辐照加工中可以使用的一种放射性同位素，半衰期为 30.17 a，发射的 γ 光子能量为 0.66 MeV。

19.103 电子束辐照装置 electron beam irradiation facility
利用加速器产生一定能量的电子束用于辐射加工的装置。由电子加速器、辐照室、束下装置、控制系统和安全设施等组成。

19.104 X 射线辐照装置 X-ray irradiation facility
将高能电子束转换为 X 射线的，用于辐射加工的装置。由 X 射线源、辐照室、束下装置、控制系统和安全设施等组成。

19.105 脉冲辐解装置 pulse radiolysis facility
主要包括脉冲辐射源(如电子直线加速器等)和快速检测装置(如紫外可见-近红外光谱仪、电子自旋共振谱仪、拉曼光谱仪等)两大部分。是研究辐射化学中瞬态活性粒子反应的重要工具和研究快反应的有效手段。

19.106 辐照容器 irradiation container
用于装载一个或多个产品箱，并作为一个整体传输和通过辐照的容器(如货箱、货架、托箱或其他装载工具)。

19.107 辐照物传输系统 conveying system of irradiation product
又称"辐照物输送系统"。用于辐照物传输的、由过源机械系统和迷道输送系统(或束下装置系统)及装卸料操作机械组成的系统总和。

19.108 传输速度 conveying speed
又称"传送速度"。产品在传输系统中通过辐射场时的速度。

19.109 辐射屏蔽材料 radiation shielding materials
用以减弱和抵御各种射线，保护工作人员免受伤害、防止结构材料和设备受损害的材料。

19.110 屏蔽系数 shielding coefficient
又称"减弱倍数"。辐射场中无和有屏蔽材料时，某一特定位置辐射强度的比值。该比值表示屏蔽材料对射线的减弱能力。

19.111 贫铀屏蔽 depleted uranium shield
全部或部分用贫铀制成的屏蔽体。

19.112 铅当量 lead equivalent
某材料在指定条件下对辐射水平的减弱用具有相同减弱效果的铅的厚度来表示。例如铅玻璃对某一管电压的 X 射线的减弱和 1 mm 厚的铅的减弱相当，则该铅玻璃的铅当量为 1 mm。

19.113 安全联锁 safety interlock
辐照装置的重要安全控制系统，其中有关部件的动作是相互关联的，每个部件的动作都受到预先规定的状态和(或)条件控制，只要其中任一组件的任何状态和(或)条件不满足预先的规定，就可阻止辐照装置的放射源从贮存状态投入使用，或使已投入或正在投入使用的放射源立即恢复到贮存状态，或使加速器辐照装置切断高压，阻止出束，或可阻止人员进入辐照装置的辐照室使其免受照射。

19.114 放射源退役 decommissioning of radioactive source
放射源使用期满或因其他原因停止服役后，为了工作人员和公众的健康以及环境安全而采取的措施。达到使用寿命期的放射源应及时退役，交回生产单位、返回原出口方或者送交放射性废物集中贮存单位贮存，并按照规定备案。

19.115 γ 辐照装置退役 decommissioning of γ irradiation facility
γ 辐照装置使用期满或因其他原因停止服役

后，为了工作人员和公众的健康以及环境安全而采取的措施，以实现场址无限制的开放或利用。

19.116 参考面 reference plane
为测量电子加速器束流参数，在辐射场中选定的垂直于束流轴线的平面。(注：通常取参考面在束流引出窗外并与引出窗相距不大于 200 mm。)

19.117 束流能量不稳定度 electron beam energy instability
给定时间内，由于电子加速器参数的未受控自然变化导致的束流能量变化率。

19.118 束流强度不稳定度 electron beam intensity instability
给定时间内，由于电子加速器参数的未受控自然变化导致的束流强度变化率。

19.119 束流功率 electron beam power
简称"束功率"。单位时间内束流所做的功。其数值为电子束能量与束流强度的乘积。

19.120 束流焦斑 electron beam focal spot
简称"束斑"。未经扫描的电子束，通过束流引出窗在参考面上形成的束流密度分布。以束流密度为束斑中心处 50%的等密度圆周的直径为束斑直径。

19.121 束流射程 electron beam range
测试模块表面处于参考面，沿辐射束流轴线的深度剂量曲线上，下降最陡处的切线外推线与该曲线末端的韧致辐射剂量的外推线相交点处材料的深度。

19.122 束流挡板 electron beam baffle
用于阻挡束流，使束流不能照射到扫描盒下部物体的挡板装置。通常在电子加速器运行前准备、调试及故障处理时使用。

19.123 束流扫描宽度 electron beam scanning width

电子束经扫描后在参考面上形成的垂直于产品运动方向的有用束流宽度。

19.124 束流扫描频率 electron beam scanning frequency

单位时间内电子束沿引出窗宽度方向周期性扫描的次数。

19.125 束流扫描不均匀度 electron beam scanning uniformity

在参考面上,电子束扫描宽度内,束流密度分布的不均匀程度。

19.126 换能效率 conversion efficiency

电子加速器正常运行时,束流功率与加速器输入功率之比。

19.127 束下装置 facility under beam

泛指束流引出窗下(外),用于输运物料进行辐射加工的装置。

19.128 X射线转换靶 X-ray converter

将高能电子束转换为X射线的物质。通常为高原子序数、高熔点的重金属(如钨、钽)。

19.05 辐 射 加 工

19.129 辐射技术 radiation technology

利用电离辐射对材料进行改性使其性能发生变化的技术。包括辐射交联、辐射接枝、辐射降解等。

19.130 辐射化工 radiation chemical engineering

利用电离辐射与物质相互作用产生的化学变化(如化合、分解、氧化、还原、聚合、接枝、固化、交联、裂解等)来实现材料的合成或改性的一种生产或加工方法。

19.131 辐射加工 radiation processing

电离辐射作用于产品或材料,使其品质或性能得以保留、修饰或改善的一种技术。

19.132 电子束辐照 electron beam irradiation

利用电子加速器产生的电子束对物质进行辐照,产生电离和激发,生成自由基等活性粒子,进而使被辐照物质的物理性质和化学组成发生变化的过程。

19.133 离子束辐照 ion beam irradiation

利用离子源产生的离子束对物质进行辐照,引起物质发生物理或化学变化的过程(包括材料剥离、沉积、注入等)。

19.134 动态步进辐照 moving shuffle-dwell irradiation

产品进入辐照室内辐照,在工位上停留一定时间,然后移到下一个辐照工位再停留相同时间,依次前进,直至送出辐照室。

19.135 动态连续辐照 moving continue irradiation

产品以一定的传输速度均匀连续地通过辐射场接受辐照。

19.136 静态分批辐照 stationary batch irradiation

简称"静态辐照(stationary irradiation)"。产品分批置于一定辐照位置,辐照过程中辐射源和产品均不移动。送入或取出产品时必须把辐射源降到贮存位置。

19.137 产品流动辐照 product moving irradiation

产品采用管道流动或传输带连续运载的方式通过辐射场接受辐照。如液体、谷物等。

19.138 停顿时间 dwell time

又称"工位时间(station time)"。在动态步进辐照装置中，产品停留在每个辐照工位的时间。

19.139 辐照循环 irradiation cycle

又称"生产循环(production cycle)"。产品从开始辐照至完成辐照所经历的辐照全过程。

19.140 辐照循环时间 irradiation cycle time

完成一个辐照循环所需要的时间。

19.141 产品等效 product equivalence

某物质的辐射吸收特性与含该物质产品的辐射吸收特性相近。

19.142 模拟产品 simulated product

与被辐照的产品、材料或物质具有相似的减弱、散射性质的材料。在描述辐照装置特性时，模拟产品作为用于实际辐照产品、材料或物质的替代物。在日常生产加工过程中，模拟产品为补偿模型；在测量吸收剂量分布时，模拟产品为模体材料。

19.143 源超盖 source overlap

辐射源的排布高度超过产品的高度。

19.144 产品超盖 product overlap

产品的高度超过辐射源的排布高度。

19.145 产品装载模式 product loading pattern

辐照容器内产品的放置方式。

19.146 堆积密度 bulk density

辐照容器内，产品单元的总质量除以产品单元的总体积。

19.147 测量质量保证计划 measurement quality assurance plan，MQAP

保证测量的总不确定度能满足特定应用要求，并建立量值溯源性的一整套测量程序的计划。

19.148 辐射交联热收缩材料 radiation cross-linked heat-shrinkable materials

结晶或半结晶的高分子材料经电离辐射产生的高分子自由基相互键合，形成立体网状结构，这种辐射交联的高分子材料经加热扩张变形(如尺寸变大)并冷却定型；当再次加热时，内应力释放，立体网状结构恢复到原来的形状，形成具有形状记忆效应的高分子功能材料。

19.149 辐射交联电线电缆 radiation cross-linked wire and cable

利用辐射交联工艺制备的电线电缆。挤出成型的电线电缆经过电子加速器产生的高能电子束辐照，绝缘层分子形成高分子自由基并产生交联，由线性结构转化为三维网状结构。

19.150 天然高分子辐射加工 radiation processing of natural polymer

利用 γ 射线和电子束辐照天然高分子及其衍生物，使其物理或化学性能发生变化的过程。通常在固态或稀水溶液状态下发生降解，而在黏稠溶液状态下发生交联形成水凝胶。

19.151 辐射硫化 radiation vulcanization

橡胶分子在电离辐射作用下，大分子自由基之间结合发生分子间交联反应形成三维网状结构的过程。

19.152 轮胎辐射预硫化 radiation pre-vulcanization of tyres

在轮胎部件复合成型和整体热硫化前，用电

子束照射轮胎部件，使橡胶分子产生交联反应，形成三维网状结构，通过控制吸收剂量达到初步硫化，以提高胶料的强度，减少成型过程中部件的变形。

19.153 辐射交联聚烯烃泡沫 radiation cross-linked polyolefin foam
以聚烯烃为主要原料，经辐射交联、发泡而成的软质或半硬质泡沫塑料。

19.154 辐射接枝电池隔膜 radiation grafted battery separator
采用辐射接枝方法制备的、置于电池正负极之间，允许离子透过且阻止电子导通的高分子膜材料。

19.155 水凝胶的辐射制备 radiation preparation of hydrogel
采用电离辐射引发单体/交联剂体系发生聚合、交联反应或水溶性聚合物体系发生交联反应生成的亲水性聚合物凝胶过程。

19.156 辐射固化 radiation curing
利用紫外线(UV)或电子束(EB)作为能源，使特定配制的百分之百活性成分组成的液态涂料，在常温下迅速固化成膜的技术。

19.157 涂层辐射固化 radiation curing of coating
利用电子束(EB)或紫外线(UV)在常温下引发特定配制的活性液体涂层迅速转化为固体的过程。

19.158 辐射筛选 radiation screening
利用辐射去除对辐照敏感的器件的方法。

19.159 辐射退火 radiation annealing
由辐射场的作用引起的退火。在固相热原子化学的研究中，退火是指在一定外界条件作用下(如辐射场的作用、温度和压力的变化)使反冲原子同周围的自由基作用复合成原始化合物的过程。

19.160 辐照脆化 irradiation embrittlement
金属材料在辐照后，延性和韧性下降，以及一些材料的延性-脆性转变温度升高的现象。

19.161 辐照强化 irradiation strengthening
又称"辐照硬化(irradiation hardening)"。金属材料在辐照下(主要指中子辐照)，强度极限、屈服极限和硬度提高的现象。

19.162 废气的辐照处理 irradiation treatment of waste gas
通常是指烟道气在电离辐射作用下，SO_2 和 NO_x 最终生成硫铵和硝铵，达到脱硫脱硝目的的过程。

19.163 废水的辐照处理 irradiation treatment of waste water
利用高能射线使污染物分解、氧化或还原，以去除废水中污染物的一种方法。

19.164 固体废物的辐照处理 irradiation treatment of solid waste
固体废物主要包括污泥、农业秸秆、甲壳素、塑料和医疗废弃物等，在电离辐射的作用下，达到消毒灭菌和辐射裂解的目的，使固体废物得到有效利用和无害化处理。

19.165 电子元器件的辐射改性 radiation modification of electronic components
利用高能电子束预辐射损伤等相关辐射工艺，来提高电子器件的增益、反向电压、恢复时间、开关速度，以及降低少子寿命、方向漏电等，使电子器件改性，提高产品质量和合格率，广泛应用于提高可控硅、阻尼二极管、超高速开关管、各种集成电路、芯片和航天抗辐射电子器件等的性能。

19.06 核技术工业应用

19.166 灭菌 sterilization
确认产品无活微生物的过程。在灭菌过程中，微生物灭活的性质是呈指数级的关系；这样在单个产品上微生物的存活能用概率来表示。虽然这个概率能被降到很低，但不可能降到零。

19.167 辐射灭菌 radiation sterilization
利用电离辐射杀灭食品、医疗保健品等物品中微生物的过程。

19.168 灭菌过程 sterilization process
达到规定的无菌要求而需要的一系列活动或操作。这一系列的活动包括产品的预处理，在规定的条件下接触灭菌介质和必要的后期处理。灭菌过程不包括灭菌之前的任何清洁、消毒和包装操作。

19.169 灭菌因子 sterilization agent
在规定条件下，具有充分的杀菌活力，使灭菌物质达到无菌的物理或化学物质，或其组合。

19.170 灭菌剂量审核 sterilization dose audit
证实已建立的灭菌剂量的适合性的活动。

19.171 灭菌剂量 sterilization dose
利用电离辐射灭菌，达到规定的无菌要求的最小剂量。

19.172 无菌 sterility
无活微生物的状态。在实践中无法证实没有微生物存在的这种绝对说法。

19.173 无菌检测 test for sterility
产品经过照射灭菌后，在产品上执行的国家药典中规定的技术操作。

19.174 无菌试验 test of sterility
为确定单元产品或其部分上有或没有活微生物而进行的试验。作为开发、确认或重新鉴定的一部分而完成的技术操作。

19.175 无菌屏障系统 sterile barrier system
为了使产品在使用时处于无菌状态而使用的防止微生物进入产品的最小包装。

19.176 辐射消毒 radiation disinfection
利用电离辐射杀灭细菌芽孢以外的致病微生物，将致病微生物的数量减少到无害化程度的过程。

19.177 生物负载 bioburden
一件产品和/或无菌屏障系统上和/或其中活微生物的总数。

19.178 无菌保证水平 sterility assurance level，SAL
灭菌后单元产品上存在单个活微生物的概率。SAL 表示一个量值，一般是 10^{-6} 或 10^{-3}，当这个量值用于无菌保证水平时，10^{-6} 的 SAL 拥有较低的值从而比 10^{-3} 的 SAL 提供更大的无菌保证水平。

19.179 生物指示物 biological indicator
又称"生物指示剂"。包含对规定的灭菌过程有确定抗力的活微生物的测试系统。

19.180 最大可接受剂量 maximum acceptable dose
辐射灭菌或辐射消毒过程规范所规定的剂量。作为最大剂量，能被应用到规定产品而又不会危及产品的安全、质量和性能。

19.181 剂量设定 dose setting
为使产品达到辐射加工效果所进行的辐射剂量拟定过程。

19.182 剂量验证 dose verification
采用测量方法确认被照物吸收剂量量值的过程。

19.183 辐照检疫 irradiation quarantine
利用电离辐射技术对有害生物或物品进行辐照处理的过程。旨在防止检疫性有害生物传入和(或)蔓延，或限制非检疫性限定有害生物产生经济、环境等影响。其中有害生物通常是指危害植物或植物产品的动植物或病原微生物的品种、品系或生物型。

19.184 剂量监测系统 dose monitoring system
为了评估和控制辐射或放射性物质的照射而进行的辐射测量或放射性测量体系。可分为常规监测系统、与工作任务相关的监测系统和特殊监测系统；也可分为场所监测系统、环境监测系统、流出物监测系统和个人监测系统。

19.185 个人剂量报警仪 personal alarm dosi-meter
用来监测 X 射线和 γ 射线对人体外照射的剂量当量率和剂量当量的电子仪器仪表。具有超阈报警功能，是对从事辐射工作人员进行辐射防护的重要手段之一。

19.186 多通道辐射监测系统 multi-channel radiation monitoring system
通过一个控制器和多路信号探测器对场所的放射性水平进行监测，并对异常情况进行快速报警的设备系统。

19.187 放射性测井 radioactivity logging
又称"核测井(nuclear logging)"。一种通过放射性技术获取地层及井内介质物理性质的测量方法。根据探测射线的类型可分为：中子测井与(自然)伽马测井。

19.188 放射性气溶胶连续监测仪 continuous radioactive aerosol monitor
用于连续监测空气中放射性气溶胶体积活度的设备。

19.189 工业计算机层析成像 industrial computer tomography，industrial computed tomography
又称"工业 CT(industrial CT)"。射线沿着多个视角方向穿过被检测物的特定区域后，由辐射探测器记录射线透射率的变化，再通过特定算法重建出该区域物理特征分布图像的一种数字化辐射成像无损检测技术。通常由辐射源系统、探测系统、数据采集传输系统、机械系统、控制系统、图像处理系统以及辐射防护安全系统等部分组成。

19.190 核子秤 nuclear scale
一种非接触式的对散装物料质量在线连续计量和监控的计量仪器。由带屏蔽的辐射源和辐射探测器组成，利用 γ 射线穿过物质射线辐射强度的衰减规律，计算出输送载荷，再乘以输送机速度得出物料流量及累计质量。

19.191 γ 射线料位计 radiation level meter，γ-ray level meter
又称"γ 射线物位计""γ 射线液位计"。利用射线照射被测物料后射线辐射强度的变化测量或指示容器内部被测物料高度的一种测量仪器。由辐射源和辐射测量仪表组成。

19.192 射线测厚仪 radiation thickness gauge
利用射线照射被测材料后，射线辐射强度的变化与材料厚度相关的特性，测定材料厚度的一种非接触式的动态计量仪器。按使用射线类型可分为 X 射线测厚仪、γ 射线测厚仪及 β 射线测厚仪等。

19.193　射线密度计　radiation density meter
又称"γ 射线密度计(γ-ray density meter)"。利用射线穿过物质后射线辐射强度变化的衰减规律，测量物质质量厚度，再根据物质形状与厚度信息计算物质密度的测量仪器。射线密度计适合测量固体、液体、固液混合物、悬浮液等物料的密度，特别适于测量管道中的液体、矿浆等物质。

19.194　中子水分计　neutron water content meter
又称"中子湿度计(neutron moisture meter)"。利用快中子在被测物中慢化所产生的热中子数量与被测物含氢量的对应关系获得被测物中水分含量的测量仪器。该仪器主要用于测量土壤、水泥、焦炭、铸造用砂和土建用泥沙等。

19.195　在线煤灰分仪　online coal ash monitor
利用放射性同位素发出的射线与煤中低原子序数(Z)元素(C、H、O、N)和高 Z 元素(Si、Al、Ca、Fe)作用差异的变化规律来确定煤灰分的测量仪器。

19.196　X 射线凸度仪　X-ray profile gauge
采用不同视角的两个 X 射线源和阵列探测器，利用射线穿过板材后的辐射强度衰减规律可获得板材同一截面不同位置两个视角的两组厚度数值，然后根据系统布局的几何位置关系以及两个视角的投影厚度得到与板材板形相关的各种参数，如中心线厚度、凸度、楔度以及横断面轮廓等。

19.197　X 射线荧光分析仪　X-ray fluorescence analyzer
又称"X 荧光含量仪""X 荧光仪"。通过测量 X 射线照射被分析样品激发的特征 X 射线荧光，确定样品的元素及其含量的仪器。该仪器由辐射源、X 射线探测器和电子设备组成。

19.198　中子活化分析仪　neutron activation analyzer
以特定能量和流强的中子轰击被测物质发生核反应，通过测定产生的瞬发伽马或放射性核素衰变产生的射线能量和强度等，进行物质中元素的定性和定量分析。

19.199　射线成像安全检查设备　radiographic safety inspection equipment
利用 X/γ 射线进行二维数字化透射扫描成像，根据获取的透射图像，查验物品是否符合法定和规范的要求的检查设备。例如，小型车辆安全检查设备、大型货物及车辆 X/γ 射线透射成像检查设备、行李及包裹 X 射线透射成像检查设备等。

20. 计 算 物 理

20.01　数 值 模 拟

20.001　建模　modelling
为了理解事物而对事物做出的一种抽象，形成反映事物特定性质和内在关系的描述。

20.002　模拟　simulation
对真实事物或者过程的虚拟。

20.003　实验　experiment
为了检验某种科学理论或假设而进行某种操作或从事某种活动。

20.004　试验　test
为了察看某种事件发生和演化的结果或某物的性能而从事某种活动。

20.005　热试验　nuclear test
又称"核试验"。按照核武器的设计采用核材料进行的核爆炸试验。

20.006　验证　verification
通过检查和提供客观证据，证实数学方程或模型得到正确求解。

20.007　确认　validation
通过检查和提供客观证据，证实数学方程或模型正确描述所求解的实际问题，或对特定的预期用途或使用要求已得到满足的认定。

20.008　认证　accreditation
通过体系化的评估过程，证实系统或功能符合它描述的要求，并且应用性是可接受的。

20.009　裕量和不确定性量化　quantification of the margin and uncertainty，QMU
一套考虑不确定性并以性能阈值和裕量为关键点的复杂系统风险决策支持的方法。

20.010　物理模型　physical model
对所要研究问题的物理抽象和简化描述，体现问题所遵循的基本物理规律。

20.011　控制方程　governing equation
表征对象遵循的基本物理规律的数学方程。

20.012　数学模型　mathematical model
对物理模型的数学化描述。包含控制方程和定解条件。

20.013　计算模型　computer model
数学模型的离散化。包括网格划分与计算格式。

20.014　科学计算　scientific calculation
以计算机语言编写的程序及计算机技术为工具和手段，利用数学理论所提供的各种方法和算法，借助计算机高速计算的能力，来解决现代科学、工程、经济或人文上的复杂科学问题或再现、预测和发现客观世界运动规律和演化特征的全过程的一门应用科学。

20.015　数字仿真　digital simulation
用数学模型在数字计算机上进行实验和研究的过程。

20.016　工程模拟　engineering simulation
利用数字仿真对工程问题进行的计算机分析。

20.017　几何建模　geometric modeling
以几何信息和拓扑信息反映结构体的形状、位置，以数据为表现形式进行建模，通过计算机表示、控制、分析和输出几何实体的一种技术。

20.018　网格　grid
数值解(物理量近似离散值)定义其上的基本计算单元。

20.019　算子分裂法　method of splitting operator
数值求解偏微分方程时，把复杂的算子分裂成几个较为简单的子算子之积而导出的数值解法。

20.020　拉格朗日方法　Lagrangian method
在跟随流体运动的网格上进行流场求解的数值解法。

20.021　欧拉方法　Eulerian method
在固定空间网格上进行流场求解的数值解法。

20.022　任意拉格朗日-欧拉方法　arbitrarily Lagrangian-Eulerian method，ALEM
结合拉格朗日方法和欧拉方法的特点，在以任意方式运动的网格上进行流场求解的数值解法。

20.023　区域分解　domain decomposition
把计算区域分割成若干子区域，在子区域上进行计算的方法。

20.024　有限差分法　finite difference method，FDM
求解微分方程(组)定解问题的一种数值方法。用泰勒级数展开，将微分方程中的导数用差商代替进行离散的方法。

20.025　有限元法　finite element method，FEM
以变分原理为基础，把计算区域划分为有限个互不重叠且相互连接的单元，利用每个单元内形状函数来分片近似地表示求解区域上的未知函数，将微分方程进行离散求解。

20.026　有限体积法　finite volume method，FVM
从积分形式方程(组)出发，通过对控制体单元边界积分直接离散的方法。

20.027　谱方法　spectral method
把解近似地表示为光滑函数的有限级数展开式进行离散求解的方法。

20.028　结构网格　structured grid
划分的网格能够用两个指标(二维)或三个指标(三维)标识，且网格单元之间的拓扑连接关系是简单的递增或递减的关系，在计算过程中不需要存储其拓扑结构。

20.029　非结构网格　unstructured grid
网格中单元与节点的编号无固定规则可循，不能用空间上的两个指标(二维)或三个指标(三维)识别，因而在这种网格上，除了每个单元及节点的信息必须存储外，与节点相邻的单元及编号，也必须作为邻域关系的信息存储起来。

20.02　计算流体力学

20.030　流体力学　fluid mechanics
研究流体在各种力的作用下，流体本身的静止状态和运动状态，以及流体和固体界面间有相对运动时的相互作用和流动规律。

20.031　控制体积　control volume
空间中某一确定的、有一定尺度(有限值或无限小)的、固定不变的任何体积。

20.032　流体力学基本方程　basic equation of fluid dynamics
将质量、动量和能量守恒定律用于流体运动所得到的联系流体密度、速度、压力和温度等物理量的关系式。

20.033　连续性假设　continuum assumption
认为真实流体或固体所占有的空间可以近似地看作连续地、无空隙地充满着质点。

20.034 质量守恒方程 mass conservation equation, conservation equation of mass, mass conservation, mass balance equation

单位时间流入控制体的质量等于控制体内质量的增加。

20.035 动量守恒方程 momentum equation, momentum conservation equation, conservation equation of momentum, momentum conservation

单位时间内，流入控制体的动量与作用于控制面和控制体上的外力之和等于控制体内动量的增加。

20.036 能量守恒方程 energy conservation equation, conservation equation of energy

单位时间内，流入控制体的各种能量与外力所做的功之和等于控制体内能量的增加。

20.037 状态方程 equation of state

表征介质性质的热力学量之间的关系式。通常指压强、密度、温度三个热力学参量的函数关系。

20.038 纳维-斯托克斯方程 Navier-Stokes equation

简称"N-S 方程(N-S equation)"。描述黏性可压缩流体动量守恒的运动方程。

20.039 欧拉方程 Euler equation

非黏性流体在无外力作用情况下的动量守恒方程。

20.040 固壁边界条件 wall boundary condition

表示流体在固体壁面上的边界条件。无黏流体在固壁上运动的法向速度与固壁运动保持一致，黏性流体则表现为流体完全跟随固壁运动，除了法向之外，流体在切向也必须与固壁运动一致。

20.041 数值通量 numerical flux

数值计算中，单位时间流过控制单元界面单位面积的某种物理量的离散近似值。

20.042 网格生成 mesh generation

对计算空间进行离散的过程。

20.043 网格尺度 mesh scale

单个网格的大小。

20.044 网格自适应 grid adaptive

根据物理问题特征、计算区域形状或计算方法的特点，合理生成或调整网格的形状、大小、疏密程度的过程。

20.045 可压缩流动 compressible flow

流体密度变化不能忽略的流动。

20.046 模型误差 model error

模型与实际问题之间的误差。

20.047 离散误差 discretization error

连续体被离散化模型所替代，并进行近似计算所带来的误差。

20.048 截断误差 truncation error

数值方法得到的数值解与数学模型的精确解之间的误差。

20.049 截断误差的阶数 order of truncation error

截断误差中最低阶导数项中的幂次数。

20.050 相容性 consistency

微分方程与逼近其差分方程间的一致性。

20.051 稳定性 stability

在数值计算过程中，误差的传播和积累是否受到控制。在应用差分格式求近似解的过程中，由于是按节点逐次递推进行，所以误差的传播是不可避免的。如果差分格式能有效地控制误差的传播，使它对于计算结果不会产生严重的影响，或者说差分方程的解对于边值和右端具有某种连续相依的性质，就叫做差分格式是稳定的。

20.052　收敛性　convergence
差分方程解与微分方程解之间的逼近程度。

20.053　显式格式　explicit scheme
如果差分方程中 $n+1$ 层只含单个未知函数，则称为显式格式。

20.054　隐式格式　implicit scheme
如果在差分方程中 $n+1$ 层含多个未知函数，则称为隐式格式。

20.055　不确定度　uncertainty
输入因素对数值计算输出结果或环境对实验测量值影响的分散程度。

20.056　偶然不确定性　aleatory uncertainty
由固有随机性产生的不确定性。

20.057　认知不确定性　epistemic uncertainty
由知识缺乏产生的不确定性。

20.058　可信度　credibility
在相同的输入条件下数值模拟结果与试验测试结果之间的一致程度。

20.059　置信度　confidence
置信度是数值模拟结果(范围)落在实验不确定度范围内的概率。

20.060　软件生命周期　software life cycle
描述软件经历孕育、诞生、成长、成熟、衰亡的整个过程。

20.061　软件测试　software testing
在规定的条件下对软件编码(程序)进行操作，以发现程序错误，衡量软件质量，并对其是否满足设计要求进行评估的过程。

20.062　静态测试　static testing
又称"静态分析(static analysis)"。不实际运行被测软件，而只是静态地检查程序代码、界面或文档中可能存在的错误的过程。

20.063　动态测试　dynamic testing
实际运行被测程序，输入相应的测试数据，检查实际输出结果和预期结果是否相符的过程。

20.064　回归测试　regression testing
在程序修改或扩充后对其进行测试，确保系统的总体功能不被破坏的一种测试技术。

20.065　黑盒测试　black-box testing
不考虑程序内部的逻辑结构和特性，只依据程序的需求规格说明书，检查程序的功能是否符合它的功能说明。

20.066　白盒测试　white-box testing
利用程序内部的逻辑结构及有关信息，设计或选择测试用例，对程序所有逻辑路径进行测试，确定实际的状态是否与预期的状态一致。

20.067　基准测试　benchmark testing
通过设计科学的测试方法、测试例子、测试工具和测试系统，实现对一类测试对象的某项性能指标进行定量的和可对比的测试。

20.068　单元测试　unit testing
对组成程序的单独构件(子程序、函数等)进行的测试。

20.069 子系统测试 subsystem testing
对若干模块集成为一定功能的子系统进行的联合测试。

20.070 系统测试 system testing
针对整个软件系统进行的测试。

20.071 集成测试 integration testing
在单元测试的基础上，将所有模块按照设计要求组装成为子系统或系统进行联合测试。

20.072 验收测试 acceptance testing
在软件完成了单元测试、集成测试和系统测试之后，软件发布之前所进行的软件测试。

20.073 预测 prediction
利用经过验证与确认后的应用程序对未知问题进行模拟的过程。

20.03 计算反应堆物理

20.074 加速迭代收敛方法 acceleration iteration method
为了加速输运方程和扩散方程的迭代求解而提出的方法。包括扩散综合加速和输运综合加速等方法，其主要思想是用较简单和容易求解的方法先计算一步作为一个中间过程来加速迭代。

20.075 中子输运 neutron transport
中子在介质中运动并与介质相互作用，造成中子位置和速度改变或消失、次级中子产生的过程。

20.076 中子流密度 neutron current density
中子流密度是一个矢量。某位置处的中子流密度是该处所有方向的角通量密度的矢量和，它的数值等于单位时间内穿过垂直于该矢量的单位面积的净中子数。

20.077 裂变中子产额 fission neutron yield
原子核一次裂变放出的中子数目。

20.078 有效缓发中子份额 effective delayed neutron fraction
考虑中子价值后的缓发中子份额。

20.079 裂变中子能谱 fission neutron spectrum
原子核裂变产生的中子的能量分布函数。

20.080 缓发中子能谱 delayed neutron spectrum
原子核裂变产生的缓发中子的能量分布函数。

20.081 材料曲率 material buckling
反应堆堆芯的宏观参数。表征反应堆内中子产生率高出吸收率的程度。当反应堆的材料曲率等于几何曲率时，反应堆临界。

20.082 中子输运方程 neutron transport equation
又称"玻尔兹曼方程(Boltzmann equation)"。根据中子守恒原则，在一定体积内中子角密度随时间的变化率为其产生率与消失率之差，导出的精确表示大量中子的空间、能量和运动方向期望分布随时间变化的方程。

20.083 中子扩散方程 neutron diffusion equation
根据中子守恒原则和菲克定律导出的表示大量中子的空间、能量期望分布随时间变化的方程。是中子输运方程的一种近似。

20.084　白边界　white boundary
粒子到达该边界时，以各向同性的方式反射回来的一种特殊的边界类型。

20.085　均匀化方法　homogenization method
在保证与未经均匀化而直接计算所得的特征结果在某种尺度上等效的前提下，将不同材料属性的非均匀栅格等效成均匀混合物的方法。

20.086　多群近似　multi-group approximation
为实现中子输运方程或扩散方程关于能量变量的离散，将中子能量划分为若干个能量区间，每个能量区间称为一个能群。

20.087　单群近似　one-group approximation
多群近似的特例，能群数为1。

20.088　群常数　group constant
利用适当平均的参数来表示多群近似下每个能群的参数。包含核反应截面和群速度等。

20.089　离散纵标法　discrete ordinate method
简称"S_n方法(S_n method)"。一种求解中子输运方程的方法。对角度变量采用直接离散的方法将输运方程化为微分方程组，利用求积关系式在离散方向上的求和代替对角度的积分，从而获得输运方程的解。

20.090　射线效应　ray effect
采用离散纵标方法求解多维输运问题时，由于该方法只沿有限个离散方向求解，在某些区域会出现强弱相间分布的非物理数值振荡现象。

20.091　特征线方法　method of characteristic
一种求解中子输运方程的方法，沿着事先生成的特征线对中子输运方程进行求解，其输运求解过程不受边界及区域划分的几何形状的限制。

20.092　P_n方法　P_n method
又称"球谐函数法(spherical harmonic method)"。一种求解中子输运方程的方法。把输运方程中与角度有关的物理量用球谐函数展开成级数，将输运方程化为微分方程组，由其确定级数中每个系数，从而获得输运方程的解。

20.093　节块法　nodal method
将模型空间划分为若干个尺度较大的节块，在节块内将中子通量用高阶多项式或解析函数级数展开，从而在较大空间尺度下获得与较细尺度有限差分方法相当的精度，显著提高计算效率。

20.094　扩散综合加速　diffusion synthetic acceleration
为提高光性厚区域输运方程源迭代求解的收敛速度，通过求解关于输运方程数值解误差的近似扩散方程来加速源迭代的算法。

20.095　随机数发生器　random number generator
用于产生随机数的物理装置或计算机程序。

20.096　赌与分裂方法　roulette and splitting method
蒙卡模拟中常用的减方差方法。赌是当粒子的权重低于截断权重时，以一定的概率丢弃该粒子或重置该粒子的权重。分裂是将权重为w的粒子分成n个权重为w/n的子粒子。

20.097　隐俘获　implicit capture
蒙卡模拟中常用的减方差方法。通过降低粒子权重来等效模拟粒子的吸收过程。

20.098　针孔成像　pinhole imaging
通过厚针孔准直器对辐射源空间分布进行成像的诊断方法。

20.099 指向概率法 next event estimator
当源粒子产生或粒子在探测器外发生碰撞时，通过计算其不发生碰撞直接到达探测器的概率，进而给出该粒子对探测器计数的贡献。常用于蒙卡程序点通量、针孔成像计算。

20.100 虚粒子 virtual particle
在蒙卡模拟中人为引入的具有某些特殊性质的粒子。该类粒子不影响正常粒子输运过程的模拟。

20.101 确定论方法 deterministic method
除统计性的蒙特卡罗方法外，对中子输运方程进行确定性求解的数值方法的总称。包括离散纵标法、球谐函数法、特征线法等。

20.102 微扰理论 perturbation theory
用来计算系统参数发生微小扰动引起系统宏观性能变化的一种理论和方法。

20.103 伴随通量 adjoint flux
又称"共轭通量"。中子输运共轭方程的解。

20.104 换料优化 refueling optimization
在保证反应堆安全的前提下，以卸料燃耗深度最大、循环周期最长、换料富集度最低或功率峰因子最小等为优化目标，寻求最佳换料方案。

20.105 随机中子场 stochastic neutron field
当中子数密度较低时，系统内的中子数及其空间分布等具有强随机性，可能明显偏离平均行为的中子场。

20.106 持续裂变链 persistent fission chain
一个中子及其后代在系统内形成持续裂变的链式过程。

20.107 Bell 方程 Bell's equation
某时刻相空间内中子概率分布及其概率母函数所满足的方程。用于描述随机中子场瞬态演化过程。

20.108 中子点火概率 neutron initiation probability
中子在裂变物质中形成持续裂变链的概率。

20.109 时间序列 time series
在随机过程中，对随机变量按一定时间间隔采样得到的一组离散值。

20.110 时序分析 time series analysis
对时间序列进行时域分析或频域分析，获取该过程的动态特性的方法。常用于反应堆噪声分析。

20.111 时空动力学方程 time-space kinetics equation
描述反应堆中子场随时间、空间演化的方程。用于研究中子瞬态行为及其影响因素。

20.112 点堆模型 point reactor model
反应堆动力学分析中常用的简化模型。它假设反应堆内各处的中子密度具有相同的随时间变化规律，相当于把反应堆视为一个点。

20.04 计算凝聚态物理

20.113 多尺度模拟 multiscale simulation
研究与多个时间或空间尺度相关的体系性质或过程的建模与模拟方法。

20.114 势函数 potential function
描述系统中粒子间相互作用的数学模型。

20.115　尺寸效应　size effect
当模拟体系尺寸不够大时，数值模拟结果呈现出的非物理现象。

20.116　时空关联函数　space-time correlation function
系统有序性的一种度量方式。描述系统某一物理特征在空间和时间上的关联强度。

20.117　约束方法　constraint method
在变量满足约束条件的情况下求解目标函数的方法。

20.118　匀质系　homogeneous system
体系中的化学组分和相处处相同，可用宏观足够小、微观足够大的单元表示整个体系。

20.119　非匀质系　heterogeneous system
体系中不同位置的化学组分或相不同。

20.120　涨落效应　fluctuation effect
系统物理量在统计平均值附近随机增大或减小的现象。

20.121　粒子步长　step of particle
描述粒子(离子)运动的时间步长。

20.122　电子步长　electronic step
描述电子运动的时间步长。

20.123　经典分子动力学　classical molecular dynamics
在原子、分子尺度上求解经典多体问题的确定性数值模拟方法。该方法通过对给定相互作用势多体系统的运动方程进行数值积分，得到系统在相空间的运动轨迹，利用统计物理相关理论获得系统的静态和动态性质。

20.124　经典蒙特卡罗方法　classical Monte Carlo method
经典多粒子系统的非确定性数值模拟方法，

该方法以随机行走为基础，按照一定的分布函数在相空间进行抽样，达到平衡时进行统计平均，获得系统的物理量。

20.125　液体微扰论　fluid perturbation theory
液体系统的一种数值模拟方法。假定液体可用无相互作用或有确定形式相互作用的等效系统表示，等效系统与真实系统的自由能之差采用微扰方法处理。

20.126　密度泛函理论　density functional theory
多体系统基态能量表示为电荷密度泛函的理论框架。

20.127　无轨道密度泛函理论　orbital-free density functional theory
在系统的总能泛函中，将电子的动能项表示为电子密度的泛函，不需要轨道(波函数)信息，其计算量随模拟体系的大小呈线性变化。

20.128　玻恩–奥本海默绝热近似　Born-Oppenheimer adiabatic approximation
将电子和离子的运动分开考虑，假设电子运动时离子处在它们的瞬时位置上，离子运动时忽略电子在空间的运动。

20.129　霍恩伯格–科恩定理　Hohenberg-Kohn theorem
密度泛函理论的基础，包括两个基本定理：①系统的基态能量是电荷密度的唯一泛函；②在电子数不变条件下，基态能量等于能量泛函对电荷密度分布函数的极小值。

20.130　科恩–沈方程　Kohn-Sham equation
将相互作用电子动能的泛函用无相互作用电子的动能泛函来代替，把两者能量泛函间的差别归入交换关联泛函。在单粒子近似下计算密度泛函、波函数和相互作用势之间的关系。

20.131 交换关联泛函 exchange-correlation functional
密度泛函理论中表示电子多体作用的能量泛函。包括交换能和关联能。其中交换能指由多电子体系的波函数具有交换反对称性而导致的体系能量的减少量；关联能指实际体系的真实总能与考虑交换能近似后的总能之差，即其他所有未知多体作用都包括在这部分能量中。

20.132 局域密度近似 local density approximation，LDA
密度泛函理论中构建交换关联泛函的一种近似。该近似认为交换关联能量仅与电荷密度分布函数有关。

20.133 广义梯度近似 generalized gradient approximation
密度泛函理论中构建交换关联泛函的一种近似。该近似认为交换关联能量与电荷密度分布函数及梯度有关。

20.134 平面波赝势方法 plane wave pseudo potential method
利用光滑的赝势函数近似替代离子实附近振荡的真实势函数，并将电子波函数基于平面波基函数展开，模拟离子实外电子结构的计算方法。

20.135 原子轨道线性组合方法 linear combination of atomic orbital，LCAO
将电子波函数基于原子轨道基函数线性组合进行展开的一种能带论计算方法。

20.136 线性化糕模轨道法 linearized muffin-tin orbital method
简称"LMTO 方法(LMTO method)"。在糕模近似原子球近似下，将电子波函数基于糕模近似轨道的线性组合进行展开的一种能带论计算方法。

20.137 紧束缚近似方法 tight binding approximation method
将固体单电子薛定谔方程中晶体势场表述为原子势场的线性叠加，用原子轨道的线性组合作为波函数基矢求解电子结构的计算方法。

20.138 格林函数方法 Green function method
由科林格(Korringa)、科恩(Kohn)、罗斯托克(Rostoer)共同提出的一种能带论计算方法。首先将电子运动化为单电子积分方程，然后在散射理论框架下，利用格林函数求解电子运动积分方程。

20.139 量子分子动力学 quantum molecular dynamics
研究多粒子系统有限温度性质的数值模拟方法。电子的运动遵从量子力学，离子的运动采用经典分子动力学方法模拟，其所受到的力通过求解电子的量子力学方程得到，数值模拟得到系统在相空间的运动轨迹，利用统计物理相关理论获得系统的静态和动态性质。

20.140 玻恩-奥本海默分子动力学 Born-Oppenheimer molecular dynamics
量子分子动力学模拟的一种方法。假定电子和核的运动分离，电子运动遵从量子力学，离子运动遵从经典力学，离子间相互作用由赫尔曼-费曼(Hellmann-Feynman)定理计算，对应每个时刻的核位置，电子均要弛豫到基态。

20.141 卡尔-帕林尼罗分子动力学 Car-Parrinello molecular dynamics
量子分子动力学模拟的一种方法。假定核位

置和电子态同时演化，对应每个时刻的核构型，电子不需要弛豫到基态的方法。

20.142 量子蒙特卡罗方法 quantum Monte Carlo method

量子多体系统的统计模拟方法。该方法以相空间的随机行走为基础求解多体薛定谔方程或布洛赫方程，对多体试探波函数或密度矩阵进行抽样，达到平衡时进行统计平均，获得系统的物理量。

20.143 电子自旋轨道耦合 electronic spin-orbit coupling

电子的自旋和轨道磁矩之间的相互作用。

20.144 哈伯德模型 Hubbard model

描述多电子系统的一种唯象模型。在周期势场中，将电子体系的哈密顿量近似为不同格点间电子的跃迁动能和同格点上电子的库仑排斥相互作用。

20.145 动力学平均场理论 dynamical mean field theory

处理强关联电子唯象模型的一种近似方法。忽略晶格的空间涨落，但考虑局域格点上时间涨落，将晶格模型映射成安德森杂质模型，精确描述电子的局域相互作用，包括了基态与高能激发态的贡献。

20.146 古茨维勒变分法 Gutzwiller variational method

引入古茨维勒变分参数唯象描述粒子间的关联效应，基于能量最低原理，优化变分参数，获得描述关联系统基态的古茨维勒波函数。

20.147 局域密度近似+X 方法 LDA+X method

从密度泛函理论的局域密度近似(LDA)出发，基于唯象 Hubbard 模型修正局域电子强关联效应的第一性原理方法。主要包括局域密度近似+静态平均场修正(LDA+U)，局域密度近似+动力学平均场修正(LDA+DMFT)，基于古茨维勒(Gutzwiller)变分法的修正(LDA+G)。

20.148 相场理论 phase field theory

以金兹堡-朗道的对称破缺理论为基础，通过微分方程描述涉及扩散、有序化势或热力学驱动等作用下界面演化问题的理论。

20.149 连续相场动力学模型 continuous phase field dynamic model

以近平衡、连续、均匀的场变量作为相场变量，忽略晶体点阵周期性产生的非连续变化，引入连续、扩散的界面层来描述材料微结构时空演化的一类相场模型。

20.05 计算原子分子物理

20.150 原子结构 atomic structure

用一组好量子数(总角动量和宇称等)描述的原子分立能级及其电子云分布状态。

20.151 单电子原子 one-electron atom

原子核外只有一个电子的原子(离子)。其非相对论原子结构可用解析方式严格描述。

20.152 复杂原子 complex atom

原子核外有多于一个电子的原子(离子)。其原子结构一般只能通过数值方法求解给出。

20.153 能级图 energy level diagram

用一系列水平线描述分立能级结构。每条水

平线表示一个能级，其纵坐标表示能量标度值，水平线之间的连线一般包含能级间的跃迁能量差、辐射寿命等跃迁信息。

20.154 自洽场方法 self-consistent field

一种求解全同多电子体系结构的近似方法。对于复杂多电子体系，在单粒子近似下，将电子感受到其他电子的作用势近似地用一个中心场描述，从而将多电子体系哈密顿方程简化成单电子径向耦合方程组，通过迭代循环的方式求解。

20.155 相对论修正 relativistic correction

为了近似考虑相对论效应，在非相对论理论框架下，在势能项中引入的质量速度修正、达尔文修正和自旋轨道耦合修正。

20.156 原子壳层结构 atomic shell structure

关于原子内电子排布的一种简化模型。把原子中具有相同主量子数 n 的电子轨道集合称为一个主壳层。在同一个主壳层中，具有不同轨道角动量量子数的电子轨道集合称为子壳层。电子主壳层根据主量子数 $n=1$，2，3，4，5，6，7 分别称为 K，L，M，N，O，P，Q 壳层。

20.157 变分原理 the variational principle

把一个物理问题用变分法化为求泛函极值（或驻值）的问题，称为该物理问题的变分原理。

20.158 哈特里方程 Hartree equation

将多电子体系的波函数表示为正交归一的单电子波函数的连乘积，得到的单电子运动联立方程。

20.159 哈特里-福克方程 Hartree-Fock equation

考虑电子交换的反对称性，将多电子体系的波函数表示为单电子波函数的 Slater 行列式，得到的单电子运动方程。

20.160 哈特里-福克-斯莱克方法 Hartree-Fock-Slater method，HFS method

在哈特里-福克方法基础上，采用自由电子气模型处理交换积分的一种近似方法。

20.161 组态平均能量 configuration average energy

一个组态内所有能级的加权平均能量。

20.162 量子数亏损 quantum defect

由电子关联、电子屏蔽和相对论等效应导致的单电子能级表达式中对主量子数的修正。例如，碱金属原子能级表达式为：$E(n)=E_0-\dfrac{R}{n^{*2}}$，其中 E_0 为离子实能量，R 为里德伯常量，$n^*=n-\delta$ 为有效主量子数，δ 被称为量子数亏损。

20.163 R 矩阵方法 R-matrix method

在处理原子物理和核物理中的散射问题时，将靶粒子的组态空间分为内区 $(r<a)$ 和外区 $(r>a)$（r 是碰撞粒子坐标），根据内区散射粒子与靶作用强（交换效应不能忽略）、外区散射粒子与靶作用弱（交换效应可以忽略），分别采用径向波函数的不同展开形式。通过散射粒子径向函数在界面 $(r=a)$ 处光滑连接得到 R 矩阵，从而求解散射截面和散射波函数的方法。

20.164 斯莱特基 Slater basis

对波函数进行展开时采用的一种一般形式的基函数。其表达式为 $\phi_{abc}^{STO}=Nx^ay^bz^ce^{-\zeta r}$，其中，$N$ 为归一化常数，$L=a+b+c$ 控制角动量，ζ 控制波函数的空间范围。如果仅考虑径向波函数，其形式为 $\phi_L^{STO}=Nr^Le^{-\zeta r}$，单电子径向波函数可写为 STO（基）的求和：$\varphi(r)=\sum c\cdot\phi_L^{STO}$。例如，氢原子 1s

径向波函数 $\varphi_{1s} = 2re^{-r}$ 只包含一个 STO；

3s 波函数 $\varphi_{3s} = \dfrac{2}{3\sqrt{3}} re^{-r/3}\left(1 - \dfrac{2}{3}r + \dfrac{2}{27}r^2\right)$ 就

是 3 个 STO 的求和(或称之为 3 个 Slater 基的展开)。

20.165　光激发　photo excitation

光子与原子、分子相互作用，使原子、分子从较低能量状态跃迁到较高能量状态的光反应过程。

20.166　电偶极近似　electric dipole approximation

光与原子、分子相互作用时，只考虑辐射场电偶极贡献的一种近似方法。

20.167　多极跃迁　multipole transition

又称"光学禁戒跃迁"。光与原子、分子相互作用时，除电偶极跃迁以外的其他通道跃迁，如电四极、磁偶极、磁四极跃迁等。

20.168　强场物理　strong field physics

随着超短超强激光技术的发展，激光峰值功率达到 PW 水平以上，这样高的功率密度带来了实验室中前所未有的强电场、强磁场、高压强和高温度的极端物理条件，此时电场已达数十至数百倍于氢原子第一玻尔半径库仑场。此类极端条件下，以往量子力学中常用的微扰理论不再适用，非线性和相对论效应尤为重要。对这种极端条件下新的物理现象的研究称为强场物理。

20.169　经典强场理论　classical strong-field theory

红外强激光场下物质主要的响应过程为多光子过程。根据量子-经典对应原理，此时经典物理图像近似成立，可以采用经典物理学基本方法研究强场物理现象，以比较方便地获得物理图像和规律认识。

20.170　半经典强场理论　semi-classical strong-field theory

采用经典物理学基本方法同时考虑量子效应，如隧穿效应，以获得比经典强场物理理论更准确的物理图像和规律认识。

20.171　含时薛定谔方程　time-dependent Schrödinger equation

描述随时间变化外场中原子、分子体系的薛定谔方程。

20.172　电子碰撞激发　electron impact excitation

电子与原子、分子相互作用，使原子、分子从较低能量状态跃迁到较高能量状态的碰撞反应过程。

20.173　电子碰撞电离　electron impact ionization

电子与原子、分子相互作用，使原子、分子中的一个或多个束缚电子跃迁到连续态的碰撞反应过程。

20.174　双电子复合　dielectronic recombination

电子与离子碰撞过程中，离子被激发的同时俘获入射电子，形成双激发共振态，伴随辐射退激发的碰撞过程。

20.175　强耦合方法　close-coupling method

在电子(离子)与原子、分子碰撞过程中，入射粒子角动量与不同状态靶粒子角动量按一定方式耦合，形成一组由靶状态和耦合量子数描述的多个通道，将多电子哈密顿方程投影，得到关于各通道径向波函数的耦合方程组，然后求解耦合方程组，得到通道波函数、碰撞强度和散射截面的一种理论方法。

20.176 弹性碰撞 elastic collision
粒子(光子、电子、离子)与靶(原子、分子)碰撞时，碰撞前后靶粒子状态保持不变的碰撞过程。

20.177 电荷转移过程 charge transfer process
离子与原子、分子发生碰撞时，入射离子俘获靶粒子中电子的碰撞过程。

20.06 计 算 光 学

20.178 化学激光 chemical laser
以燃料的化学反应能为泵浦源的激光器产生的激光。

20.179 固体激光 solid-state laser
以掺杂的玻璃、晶体或透明陶瓷等固体材料为工作物质的激光器产生的激光。

20.180 准分子激光 excimer laser
以准分子气体为工作物质的激光器产生的激光。

20.181 半导体激光 semiconductor laser
以半导体材料为工作物质的激光器产生的激光。

20.182 光纤激光 fiber laser
以掺稀土元素玻璃光纤作为工作物质的激光器产生的激光。

20.183 受激辐射 stimulated emission
在特定能量光子的诱导下，处于高能级的粒子跃迁到低能级，同时发出与诱导光子全同的光子。

20.184 自发辐射 spontaneous emission
不受外加场作用，处于高能级的粒子会自发地向低能级跃迁，同时发出一定能量光子。

20.185 受激发射截面 stimulated emission cross section
表征粒子在受激辐射过程中的截面大小。代

表了单位光子使粒子产生受激辐射的概率。

20.186 无辐射跃迁 nonradiative transition
粒子在不发射也不吸收光子的情况下，通过与外界进行能量交换而从一个能级改变到另一个能级的过程。

20.187 量子效率 quantum efficiency
产生激光的光子数占泵浦光的光子数的份额。

20.188 斯托克斯效率 Stokes factor
激光的光子能量与泵浦光的光子能量之比。

20.189 阈值反转 threshold inversion
激励源对工作物质进行泵浦，将粒子从低能级抽运到高能级，由此获得受激辐射。当增益大于损耗时，受激辐射得到放大产生激光。增益等于损耗，光强维持在初始值不变时，相应地存在一个粒子数反转阈值，简称阈值反转。

20.190 谐振腔模 resonator mode
谐振腔中能够存在的，不随时间改变的，具有特定场振幅分布的电磁场。

20.191 增益饱和 gain saturation
光强增大使反转粒子数减小而引起激光器增益系数趋于定值的现象。

20.192 泵浦吸收饱和 saturation of pump absorption
激光介质中，当吸收泵浦光的下能级与其上

能级之间的粒子数差不再改变时，介质的激光增益达到最大值，继续增大泵浦光强也不能进一步提升增益，这种现象就是泵浦吸收饱和。

20.193　弛豫振荡　relaxation oscillation
激光器在泵浦条件下，激光受激发射放大与泵浦光的吸收过程相互耦合，使得介质内激光光强与反转粒子数随时间此消彼长，最终导致激光输出表现出正弦阻尼振荡的瞬态特性。

20.194　寄生振荡　parasitic oscillation
在激光增益介质中，由于部分自发辐射光线的路径可形成较强的正反馈效应，最终表现为具有较长放大光程的非主激光振荡。

20.195　输出耦合器　output coupler
激光谐振腔中用于激光输出的腔镜。

20.196　相干长度　coherence length
具有一定谱宽的光源能够发生干涉的最大光程差。

20.197　波前探测　wave-front detect
由波前传感器对激光波前信息进行测量的过程。

20.198　非等晕误差　anisoplanatic error
当信标偏离目标，信标光束与发射光束将经历两条不同的湍流路径，信标通道的位相畸变与发射通道的位相畸变不同所引起的剩余位相误差。

20.199　湍流相屏　phase screen of turbulence
经过大气湍流扰动后的激光波前相位特性。

20.200　大气热晕　thermal blooming of atmosphere
在大气中传播的激光加热空气并导致空气密度和折射率变化，进而反过来影响激光传播的非线性效应。

20.201　大气消光　extinction of atmosphere
大气对光辐射的折射、吸收和散射作用而导致的能量损耗。

20.202　光学传递函数　optical transfer function
以空间频率为变量，表征成像过程中调制度和横向相移的相对变化的函数。

20.203　衍射积分　diffraction integral
设一单色光波的振幅 $E_1(\rho_1)$ 经过光学系统后得到输出振幅 $E_2(\rho_2)$，则 $E_2(\rho_2)=\int h(\rho_2,\rho_1)E_1(\rho_1)\mathrm{d}\rho_1$ 为单色光经过光学系统的衍射积分。可利用光学矩阵元表示衍射积分。

20.204　等效折射率方法　effective index method
把微结构光纤等效为传统的阶跃折射率光纤。

20.205　光线追迹方法　ray trace method
在光学设计时，追迹具有代表性的光线通过光学系统的准确路径。包括光学图解法和计算法。

20.206　慢变包络近似　slowly varying envelope approximation
通过使用前向行波脉冲的包络在时间和空间上与周期或波长相比缓慢变化的近似，使得推导所得到的求解方程在许多情况下比原始方程更容易求解。

20.207　琼斯矢量和琼斯矩阵　Jones vector and Jones matrix
任一偏振光的平面矢量可以由其光矢量的两个正交分量构成的列矩阵来表示，被称为琼斯矢量。琼斯矩阵联系了光通过光学器件前后的两个琼斯矢量，描述了光学器件对光的作用。

20.208 本征模展开方法 eigen-mode expansion method

将电磁波写成一系列本征模的线性组合。本征模的系数通过其他约束条件来确定，从而得到电磁波的具体解。

20.209 散射矩阵方法 scattering matrix method

将入射波、反射波和透射波的振幅直接由一个散射矩阵联系起来，对光波的传输进行分析的一种基于频域的研究方法。

20.210 光线劈裂方法 ray splitting method

光线遇到介质分界面通常会发生折射和反射，在使用光线追迹方法时，分别追迹反射光和折射光两束子光线，并依此不断进行追迹。

20.211 弱导波近似 weak-guidance approximation

当波导芯区与包层的折射率相差很小时，芯区对光的约束能力较弱，这种波导称为弱导，应用于导波方程时称为弱近似。

20.212 像差函数 aberration function

用近轴光线追迹方法进行光线计算得到的理想像点与在不同孔径下用精确的追迹公式进行光线计算得出的像点之间往往不重合，这个差别即像差，像差函数即是用来表示该像差的函数。

20.213 角谱方法 angular spectrum method

采用惠更斯原理在空间频域的表达式进行光波衍射计算的方法。

20.07 计算电磁学

20.214 电流连续性方程 current continuity equation

该方程描述了电流密度与电荷密度变化率之间的关系。宏观上是指单位时间内通过任一闭合面的总电流通量等于闭合面所包围的体积内的电荷减少量。

20.215 矢量波动方程 vector wave equation

波动方程是用于描述矢量波动的二阶线性偏微分方程。在计算电磁学中表征了电场或者磁场随几何空间和时间的变化关系。

20.216 亥姆霍兹方程 Helmholtz equation

二阶偏微分方程。可用于描述时谐的波动问题。

20.217 菲涅耳方程 Fresnel equation

由法国物理学家奥古斯丁·让·菲涅耳(Augustin-Jean Fresnel)推导出的一组方程。用于描述电磁波在两种不同折射率的介质中传播时的反射和折射，表征了反射波的强度、折射波的强度、相位与入射波的强度的关系。

20.218 电报方程 telegraph equation

又称"传输线方程(transmission line equation)"。将传输线用分布参数进行电路等效后根据基尔霍夫定律变化得到的。是有关传输线上电压和电流的一阶偏微分方程，表征了单位长度传输线上的电压或者电流随传输线位置和时间变化的关系。

20.219 辐射条件 radiation condition

通常指电磁能量可以脱离波源向空间进行传播的条件。主要包括了具有时变特性的电磁能量源以及具备可以将电磁能量有效辐射出去的结构。

20.220 斯内尔定律 Snell's law
平面波入射到介质分界面后折射角正弦与入射角正弦之比等于入射面介质折射率与折射面介质折射率之比。

20.221 基尔霍夫定律 Kirchhoff's law
电路中电压和电流所遵循的基本定律。包括基尔霍夫电流定律和基尔霍夫电压定律。基尔霍夫电流定律指在通过集总参数电路中的任一节点的所有支路电流的代数和等于零。基尔霍夫电压定律指集总参数电路中的任一路中所有支路电压的代数和等于零。

20.222 库仑定律 Coulomb's law
描述静止点电荷相互作用力的规律。真空中两个静止的点电荷之间的相互作用力，与其电荷量的乘积成正比，与其距离的二次方成反比，作用力的方向在其连线上，同性电荷相斥，异性电荷相吸。

20.223 斯托克斯定理 Stokes theorem
一矢量场的旋度在一开放表面上的面积分，等于该矢量沿包围该表面的围线的封闭线积分。

20.224 唯一性定理 uniqueness theorem
若给定区域内的源、初始条件与闭合边界面上的边界条件，则在该区域内麦克斯韦方程的解是唯一的。

20.225 位移电流 displacement current
建立麦克斯韦方程组的重要依据，形式上是电位移矢量对时间的微分，物理上不是由电荷定向流动形成的电流，表征了即使不存在电流的流动，时变电场也将产生磁场。

20.226 涡流 eddy current
导体与磁力线相对切割，引发导体内磁通量发生变化所产生的感应电流。该感应电流为有旋场，场分布类似于旋涡，故称之为涡流。

20.227 谐振腔 resonant cavity
在外加场激励下会产生电磁谐振的腔体。处于电磁谐振状态的谐振腔能量耗散远小于腔内的储能。

20.228 极化 polarization
表征电磁波电场矢量(或磁场矢量)的空间指向的变化性质。按电场矢量的变化方向，电磁波可分为线极化、圆极化和椭圆极化三种。

20.229 散射矩阵 scattering matrix
在计算电磁学中，散射矩阵主要指基于 S 参数构成的一维或者多维矩阵。表征单端口或者多端口微波网络的传输特性。

20.230 多物理/多算法自适应协同计算 multi-physics/multi-algorithmic self-adaptive cooperative computing
多物理/多算法自适应协同计算是在解决复杂物理问题时，该问题存在多时空尺度、多物理过程等的共存和相互耦合。需通过采用多算法的协同计算实现对复杂物理过程进行表征和求解。

20.231 高斯波束 gaussian beam
横截面上的振幅分布为理想高斯型函数的一种电磁波束。是一种重要的电磁场空间分布形式。

20.232 电偶极子 electric dipole
一对等量异号的点电荷，当其距离远小于场点到其距离时，这两个点电荷构成的电荷系统是电偶极子。

20.233 磁偶极子 magnetic dipole
具有等值异号的两个点磁荷构成的系统。是类比电偶极子而建立的物理模型。但由于没有发现单独存在的磁单极子，因此磁偶极子的物理模型不是两个磁单极子,而是一段封闭回路电流。

20.234 坡印亭矢量 Poynting vector
与电磁场有关的功率密度矢量。表征了电磁功率流的传播密度和传播方向。

20.235 欧姆损耗 Ohmic loss
流过电流的材料因发热导致温度上升,热损耗增加而出现的能量损耗。

20.236 介质损耗 dielectric loss
在电场作用下,介质内部由介质电导和介质极化的滞后效应而引起的电磁场能量损耗。

20.237 理想电导体 perfect electric conductor
通常称为理想导体,电阻为零即电导率为无穷大的物质。在实际中不存在。理想电导体内不存在电场。

20.238 趋肤深度 skin depth
电磁场在良导体中传播时衰减很快,振幅衰减为初始值的 $1/e$ 时电磁场在导体中的传播距离。

20.239 输入阻抗 input impedance
电路端口的端电压和电流的比值定义为该端口处的输入阻抗。表征了所求点向负载看去所呈现的阻抗。

20.240 固有阻抗 intrinsic impedance
又称"特性阻抗"。传输线的固有性质,等于入射波电压和入射波电流之比。

20.241 传输线 transmission line
(1)广义而言,凡是能够传送电磁信号和能量的导波系统都可成为传输线。(2)在微波技术中,传输线通常特指以横电磁波(TEM 波)工作的传输线,包括平行双线、同轴线、带状线,以及以准 TEM 波工作的微带线等多导体结构。

20.242 静态场 static field
又称"恒定场"。源和场都不随时间变化的电场和磁场,一般是在自由空间中由静止电荷或稳恒电流产生的场。

20.243 阻抗矩阵 impedance matrix
全称"开路阻抗矩阵(open-circuit impedance matrix)"。以端电流为激励,获得的表征多端口微波网络中电压、电流与阻抗的关系。

20.244 色散误差 dispersion error
由于电磁场数值计算的色散方法(如时域有限差分方法)只是对麦克斯韦旋度方程的一种近似,对电磁波的传播进行模拟时,在非色散介质空间中也会出现色散现象,这种非物理的色散现象称为数值色散,该现象对时域数值计算带来的误差称为色散误差。

20.245 色散关系 dispersion relation
波动方程中电磁波波矢和角频率的关系。

20.246 色散介质 dispersive media
电磁场在介质中传播时,对于不同的频率有不同的传播速度的介质。

20.247 弗洛奎定理 Floquet's theorem
对于一给定的传输模式,在给定的稳态频率下,任一截面内的场与相距一定空间周期的另一截面内的场只相差一复常数。

20.248 瑞利散射 Rayleigh scattering
粒子尺度远小于入射光波长时(小于波长的十分之一),其各方向上的散射光强度是不一样的,该强度与入射光的波长四次方成反比的现象。

20.249 雷达散射截面 radar cross section
单位立体角内目标向接收机返回散射功率

与入射波在目标上的功率密度之比的 4 位倍。是表征了目标在雷达波照射下所产生回波强度的一种物理量，是雷达隐身技术中最关键的概念。

20.250 辐射方向图 radiation pattern
描述天线或其他信号源发出电磁波的强度与方向(角度)之间依赖关系的图形。是一种表示天线辐射特性的数学函数或图示的空间坐标函数。

20.251 史密斯圆图 Smith chart
在反射系散平面上标绘有归一化输入阻抗(或导纳)等值圆族的计算图。主要用于传输线的阻抗匹配。

20.252 辐射问题 radiation problem
辐射装置在空间激励电磁波并向外传播的物理问题。

20.253 散射问题 scattering problem
电磁波照射在某个目标物体上产生再辐射的物理问题。

20.254 电磁兼容 electromagnetic compatibility
设备或系统在其所在电磁环境中正常运行，且不对其周围任何设备产生无法忍受的电磁干扰的电磁状态。

20.255 电磁干扰 electromagnetic interference
一切与有用信号无关的、不希望有的电磁辐射或电磁传导对电子设备和系统产生的不良影响。

20.256 谱域方法 spectral domain approach
借助傅里叶变换将电磁场边值问题转化为在(空间)谱域中求解的方法之一。适用于分层结构的边值问题。

20.257 自适应积分方法 adaptive integral method
是一种降低矩量法计算复杂度的加速算法。该方法将定义在三角形网格上的未知量转换至等间距的立方体网格上，利用格林函数的托普利兹特性，通过快速傅里叶变换，实现矩阵矢量乘积的快速计算。与共轭梯度快速傅里叶变换方法相比，对目标的几何外形拟合的精度更高。

20.258 高频近似方法 high frequency asymptotic method
用于求解超电大目标电磁特性的一类近似方法。对于电尺寸越来越大的目标，电磁场的矢量波动特征逐渐弱化，更类似光的传播特性。可以通过借鉴几何光学或物理光学的分析方法，对超电大目标的电磁问题进行近似求解。

20.259 几何光学 geometrical optics
通过射线理论求解散射能量的传播，计算直射场、反射场和折射场分布的一类高频近似方法。该方法在计算时未考虑目标边缘绕射效应带来的影响，会引入较大的误差。

20.260 几何绕射理论 geometrical theory of diffraction
针对几何光学方法阴影区绕射无法精确计算的问题，通过利用广义费马原理确定绕射射线的轨迹，消除几何光学阴影边界上场的不连续性，并对阴影区的场进行适当修正的一种高频近似方法。

20.261 物理光学 physical optics
通过假设散射体表面上感应电流的近似分布并对其进行积分，近似求解目标散射场分布的一种高频近似方法。该方法适用于曲率半径远大于波长的目标。在偏离入射波较小的角度区域内，物理光学法可以得到较为精确的计算结果。算法未考虑散射体上不连续性对感应电流的影响，是计算误差的来源之一。

20.262　物理绕射理论　physical theory of diffraction

基于物理光学法，对散射体上的感应电流采用几何光学近似，并对绕射的几何光学电流通过引入修正项进行修正，提高目标计算精度的一种高频近似方法。该方法在几何光学阴影边界过渡区和射线的散焦区都有较高的计算精度，但计算中包含大量的复杂积分，求解较为困难。

20.263　射线追踪方法　ray tracing method

给定发射点和接收点位置及介质中的波速，求解从发射点到接收点的射线轨迹及传播时长，并推算出场分布的一种高频算法。在电磁场正问题与逆问题的求解中均能运用。

20.264　米氏散射理论　Mie scattering theory

用于求解各类球体电磁散射的一组严格解。适用于任意直径、任意介质的均匀球体或分层球体。米氏散射理论在研究气溶胶、雨滴等目标的散射特性方面有广泛应用。

20.265　矩量法　method of moment

通过加权余量法求解电、磁场积分方程的一种数值算法。该方法通过使用定义在简单几何形体上的插值多项式作为基函数，使用伽辽金方法，将积分方程转化为数值可解的矩阵方程进行求解，最终得到场分布的最佳多项式逼近。

20.266　边界元方法　boundary element method

求解线性偏微分方程的一种数值方法。这种方法将偏微分方程转换成定义在边界上的积分形式，进而采用特定的求积规则将积分方程离散化后，得到可求解的线性方程组，进而求解出场分布。

20.267　快速多极子方法　fast multipole method

处理多体相互作用的一种加速方法。该方法基于格林函数的多级展开形式，将近邻的不同源合并成单一的源，从而简化远距离相互作用的计算。该算法可以大幅降低计算复杂度。在计算电磁学中通常用于加速矩量法的求解。

20.268　共轭梯度快速傅里叶变换方法　conjugate gradient fast Fourier transform method

加速矩量法求解的一种快速方法。该方法利用了格林函数的托普利兹特性，通过傅里叶变换，将源分布与格林函数的空间卷积关系变换为谱域的相乘关系，从而降低矩量法的计算复杂度。

20.269　时域积分方程方法　time domain integral equation method

以矩量法求解电磁场时域积分方程的数值方法。该方法在时域和空间域均采用基函数进行离散，通过求解线性方程组得到空间域的场分布，并通过显式或隐式的时间步进方法，求解场的时间变化。

20.270　时域平面波方法　plane wave time domain method

用于加速时域积分方程求解的加速算法。该算法结构类似于快速多极子方法，但在对格林函数展开时，用到了点源的平面波展开公式。该方法的采用可以显著降低时域积分方程的计算复杂度。

20.271　T矩阵方法　T-matrix method

又称"传输矩阵方法(transmission matrix method)"。用于研究多体或非均匀体的电磁散射。该方法通过传输矩阵反映入射波和散射波的关系，即散射体的固有特性。在该矩阵的基础上，可高效求解多目标或非均匀几何体对任意外来激励波的响应。

20.272　时域有限差分法　finite difference time domain

通过对时域微分方程中的微分算符采用有限差分近似以求出该方程数值解的一种数

值计算方法。将计算区域进行网格剖分，并将电场和磁场各分量在网格上错落排列使得每一个电场(磁场)分量处于四个磁场(电场)分量的环绕中心，并让电场和磁场以相差半个时间步等间距交替排列，并由此在时间轴上逐步推进求出整个空间的电磁场。

20.273　频域有限差分法　finite difference frequency domain

使用有限差分方法求解频域亥姆霍兹方程的一种数值方法。该方法将求解域离散为均匀网格，并以数值差分代替微分运算，建立线性方程组，求解出时谐场的空间分布。

20.274　时域有限体积法　finite volume time domain method

求解积分形式麦克斯韦方程组的一种数值方法。该方法将求解域离散为网格单元，通过建立单元面上的通量与单元中心场量的时域递推关系，以时间步进的方式求解时域麦克斯韦方程。

20.275　输运综合加速　transport synthetic acceleration

为提高光性厚区域输运方程源迭代求解的收敛速度，通过求解关于输运方程数值解误差的近似低阶离散纵标输运方程来加速源迭代的算法。

20.276　时域有限元法　finite element time domain method

基于矢量波动方程，求解时域电磁场分布的有限元方法。该方法对场的空间分布使用基函数进行离散并求解，并通过时间步进的方

式，递推场量随时间的变化。

20.277　频域有限元法　finite element frequency domain method

基于频域电磁场的亥姆霍兹方程，求解时谐场电磁场分布的有限元方法。由于不包含时间微分项，因而仅需在空间上对目标进行离散并求解。

20.278　时域间断伽辽金方法　discontinuous Galerkin time domain method

一种广义的有限元方法，该方法允许相邻单元使用不匹配的离散网格或基函数阶数，并使用数值通量条件来处理间断面两侧的单元，保证场量的连续性。

20.279　传输线矩阵法　transmission line matrix method

基于惠更斯的波传播机理，将连续波进行空间域和时间域的离散，网格点之间采用传输线模型连接，计算电磁波传输特性的一种时域电磁场数值计算方法。

20.280　区域分解方法　domain decomposition method

将原求解区域划分成若干个子区域，通过独立求解各子区域的物理场，并建立子区域间的传输条件，从而在子区域间迭代求得全域场分布的一种数值算法。该方法适合于大规模问题的分布式并行计算。

20.281　电大尺寸　electron-large scale

电尺寸是目标实际尺寸与激励波长的比值，电尺寸超过 10 个波长为电大尺寸目标。

20.08　计算辐射输运

20.282　热辐射　thermal radiation

由处于热激发状态的介质所发射的电磁辐射。

20.283　辐射谱强度　radiation intensity

在单位时间内沿特定方向单位立体角，通过

单位面积、单位频率间隔的辐射能量。通常是时间、空间位置、方向与频率的函数。

20.284 各向同性辐射 isotropic radiation
辐射谱强度与方向无关的辐射场。

20.285 热动平衡 thermodynamic equilibrium
一个孤立系统经过足够长的时间，系统的各种宏观性质不发生任何变化，这样的状态称为热力学平衡状态。热力学平衡是一种动的平衡，常称为热动平衡。

20.286 辐射谱能量密度 radiation spectral energy density
单位体积内单位频率间隔的辐射场能量。通常可表示为辐射谱强度对空间立体角的积分与光速之比。

20.287 辐射能流 radiation flux
辐射能流是一个矢量，某位置处的辐射能流是该处所有方向的辐射谱强度的矢量和。其数值等于单位时间内穿过垂直于该矢量的单位面积的净辐射能量。

20.288 辐射压强张量 radiation pressure tensor
辐射通过某一截面的动量流变化率。通常是一个对称张量。

20.289 辐射压强 radiation pressure
辐射压强张量在各向同性辐射场情形退化为标量形式，称为辐射压强。其数值等于能量密度的三分之一。

20.290 辐射自由程 radiation mean-free-path
辐射(光子)与介质发生相互作用前穿行的平均距离。

20.291 辐射不透明度 radiation opacity
辐射自由程与介质密度乘积的倒数。是表征物质对辐射吸收能力强弱的物理量。

20.292 罗斯兰平均不透明度 Rosseland mean opacity
以普朗克分布对温度的偏导数为权重，对辐射不透明度进行加权积分后得到的平均不透明度。

20.293 普朗克平均不透明度 Planck mean opacity
以普朗克分布为权重，对辐射不透明度进行加权积分后得到的平均不透明度。

20.294 光学厚度 optical depth
以辐射自由程为单位的介质厚度。其数值等于辐射自由程倒数关于距离的积分。

20.295 光性厚区 optical thick region
光学厚度远大于1的物质区域。

20.296 光性薄区 optical thin region
光学厚度小于1的物质区域。

20.297 辐射输运方程 radiation transport equation, radiative transfer equation
光子数守恒的数学描述。以辐射谱强度为因变量，描述辐射与物质相互作用的时空演化过程。

20.298 辐射矩方程 radiation moment equation
将辐射输运方程中的各项对角度方向的各阶矩进行空间立体角积分后，再加上适当的封闭条件得到的方程组。

20.299 辐射扩散近似 radiation diffusion approximation
对于弱各向异性且辐射能量密度空间梯度小的辐射场，辐射能流采用菲克定律描述的辐射输运方程的一种近似。

20.300 爱丁顿近似 Eddington approximation
输运过程的一种近似建模,其中辐射比强度对角方向的依赖表示为球谐展开的前两项。为得到灰体问题的近似解,爱丁顿引入关于辐射压 P 和辐射能量密度 E 之间的一个简化的假设 $P = \frac{1}{3}E$,其在扩散区和双流近似等情形下成立。

20.301 离化波阵面 ionization front
随着辐射在介质中传播,介质的离化状态发生显著变化的界面。

20.302 灰体近似 gray approximation
假设辐射场处于 Planck 平衡分布,把输运方程(或扩散方程)在整个频率空间上积分,得到与频率无关的辐射方程。是对辐射传输现象的频谱描述的一种近似。

20.303 限流扩散近似 flux-limited diffusion approximation
为了克服扩散方程求解的辐射流可能出现的非物理现象,采取通过对扩散系数进行修正,将扩散流限制在合理范围内,是一种对扩散近似的改进建模。

20.304 辐射多群近似 radiation multi-group approximation
为实现辐射输运方程或扩散方程关于辐射能量变量的离散,将辐射能量划分为若干个能量区间,每个能量区间称为一个能群。

20.305 隐式蒙特卡罗方法 implicit Monte Carlo method
求解辐射输运方程的一种近似方法。其核心思想是用伪散射近似物质对光子的吸收再发射过程。由于方程中引入了隐式因子 alpha,故称求解该方程的蒙特卡罗方法为隐式蒙特卡罗方法。

20.306 子网格平衡法 sub-cell balance method
能保持能量守恒的求解辐射输运方程的一种有限体积方法。它将每个单元分解为多个子单元,构造子单元上的离散平衡关系式,并求解所形成的小型线性代数方程组,得到单元上的辐射强度分布。

20.307 源迭代方法 source iteration method
将多群辐射扩散或输运方程的(人为散射)源项取为前一个迭代步的值的一种迭代求解方法。

21. 其 他

21.01 计 量

21.001 量 quantity
现象、物体或物质可定性区别和定量确定的特性。其大小可用一个数和一个参照对象表示。

21.002 基本量 base quantity
在给定量制中约定选取的一组不能用其他量表示的量。

21.003 导出量 derived quantity
量制中由基本量定义的量。

21.004 国际单位制 international system of units,SI
由国际计量大会(CGPM)批准采用的基于国际量制的单位制。包括单位名称和符号、词头名称和符号及其使用规则。

21.005　法定计量单位　legal unit of measurement
国家法律、法规规定使用的测量单位。

21.006　量值　quantity value
全称"量的值(value of a quantity)"。简称"值(value)"。用数和参照对象一起表示的量的大小。

21.007　量的真值　true quantity value, true value of quantity
简称"真值(true value)"。与给定的特定量的定义一致的量值。

21.008　量的约定真值　conventionally true value of a quantity
又称"给定值""参考值"。赋予一个特定量的值。该值具有与其预期用途相适应的不确定度。

21.009　测量　measurement
通过实验获得并可合理赋予某量一个或多个量值的过程。

21.010　计量　metrology
实现单位统一、量值准确可靠的活动。

21.011　比对　comparison
在规定条件下，对相同准确度等级或指定不确定度范围的同种测量仪器复现的量值之间比较的过程。

21.012　校准　calibration
又称"标定""刻度"。在规定条件下，为确定测量仪器、测量系统所表示的量值或实物量具、标准物质所代表的量值与对应的测量标准所复现的量值之间关系的一组操作。

21.013　校准规范　calibration specification
为确定由测量标准提供的量值与计量器具示值之间的关系，规定了计量特性、校准条件、校准项目和校准方法以及校准结果的处理等内容的计量技术规范。

21.014　校准因子　calibration factor
仪器测量量的约定真值除以仪器示值(经过必要的修正)而得的商。

21.015　修正因子　correction factor
无量纲的因子。用于将仪器在特定条件下工作的指示值修正为参考条件下工作的值。

21.016　校准证书　calibration certificate
证明测量器具已经经过校准并表示校准结果的文件。

21.017　测量准确度　measurement accuracy, accuracy of measurement
简称"准确度(accuracy)"。被测量的测得值与量的真值间的一致程度。

21.018　测量精密度　measurement precision
简称"精密度(precision)"。在规定条件下对同一或类似被测对象重复测量所得示值或测得值间的一致程度。

21.019　测量重复性　measurement repeatability
简称"重复性(repeatability)"。在相同的测量条件下，同一被测量多次测量结果之间的一致性。

21.020　重复性测量条件　measurement repeatability condition of measurement
简称"重复性条件(repeatability condition)"。相同测量程序、相同操作者、相同操作条件和相同地点，并在短时间内对同一或相类似被测对象重复测量的一组测量条件。

21.021 测量复现性 measurement reproducibility
简称"复现性(reproducibility)"。在变化的测量条件下，同一被测量的多次测量结果之间的一致性。

21.022 复现性测量条件 measurement reproducibility condition of measurement
简称"复现性条件(reproducibility condition)"。不同地点、不同操作者、不同测量系统，对同一或相类似被测对象重复测量的一组测量条件。

21.023 实验标准偏差 experimental standard deviation
简称"实验标准差"。又称"试验标准偏差"。对同一被测量进行 n 次测量，表征测量结果分散性的量。

21.024 标准不确定度 standard uncertainty
全称"标准测量不确定度(standard measurement uncertainty，standard uncertainty of measurement)"。以标准偏差表示的测量不确定度。

21.025 合成标准不确定度 combined standard uncertainty
全称"合成标准测量不确定度(combined standard measurement uncertainty)"。由在一个测量模型中各输入量的标准测量不确定度获得的输出量的标准测量不确定度。

21.026 相对标准不确定度 relative standard uncertainty
全称"相对标准测量不确定度(relative standard measurement uncertainty)"。标准不确定度除以测得值的绝对值。

21.027 扩展不确定度 expanded uncertainty
全称"扩展测量不确定度(expanded measurement uncertainty)"。合成标准不确定度与一个大于1的数字因子的乘积。

21.028 包含因子 coverage factor
为获得扩展不确定度，对合成标准不确定度所乘的大于1的数。

21.029 包含区间 coverage interval
基于可获得的信息确定的包含被测量一组值的区间。被测量以一定概率落在该区间内。

21.030 测量仪器 measuring instrument
又称"计量器具"。单独与一个或多个辅助设备组合，用于进行测量的装置。

21.031 实物量具 material measure
具有所赋量值，使用时以固定形态复现或提供一个或多个已知量值的测量仪器。

21.032 示值 indication
由测量仪器或测量系统给出的量值。

21.033 标称量值 nominal quantity value
简称"标称值(nominal value)"。由测量仪器或测量系统特征量的经化整的值或近似值，以便为适当使用提供指导。

21.034 标称范围 nominal range
测量仪器的操纵器件调到特定位置时可得到的示值范围。

21.035 测量范围 measuring range
使测量器具的误差范围处在规定极限范围内的一组被测量值。

21.036 额定工作条件 rated operating condition
为使测量仪器或测量系统按设计性能工作，在测量时必须满足的工作条件。

21.037　极限工作条件　limiting operating condition

为使测量仪器或测量系统所规定的计量特性不受损害也不降低，其后仍可在额定工作条件下工作，所能承受的极端工作条件。

21.038　参考工作条件　reference operating condition

简称"参考条件(reference condition)"。为测量仪器或测量系统的性能评价或测量结果的相互比较而规定的工作条件。

21.039　标准试验条件　standardization test condition

为验证设备性能而选择的具有确定范围的参考条件。

21.040　[设备的]运行条件　operational condition [of equipment]

在影响量的范围内，设备按规定要求运行的条件。

21.041　环境条件　environmental condition

作为正常运行工况或假设始发事件后果预期的物理环境。例如，环境温度、压力、辐射、湿度、化学烟雾等。

21.042　型式试验　type test

对代表产品的一个或多个物项进行的符合性试验。

21.043　常规试验　conventional test

在参考条件或标准试验条件下对每个产品均进行的符合性试验。

21.044　分辨力　resolution

引起相应示值产生可觉察到变化的被测量的最小变化。

21.045　鉴别阈　discrimination threshold

引起相应示值不可检测到变化的被测量的最大变化。这种变化应该是较慢的和单向的。

21.046　检出限　detection limit，limit of detection

由给定测量程序获得的测得值。其声称的物质成分不存在的误判概率为 β，声称物质成分存在的误判概率为 α。

21.047　测量仪器的稳定性　stability of a measurement instrument

简称"稳定性(stability)"。又称"稳定度(stability)"。测量仪器保持其计量特性随时间持续恒定的能力。

21.048　仪器偏移　instrument bias

重复测量示值的平均值减去参考量值，即示值的系统误差。

21.049　仪器漂移　instrument drift

由测量仪器计量特性的变化引起的示值在一段时间内的连续或增量的慢变化。

21.050　仪器的测量不确定度　instrumental measurement uncertainty

由所用的测量仪器或测量系统引起的测量不确定度的分量。

21.051　准确度等级　accuracy class

在规定工作条件下，符合规定的计量要求，使测量误差或仪器不确定度保持在规定极限内的测量仪器或测量系统的等别或级别。

21.052　最大允许测量误差　maximum permissible measurement error

简称"最大允许误差(maximum permissible

error)"。又称"误差限(limit of error)"。对给定的测量、测量仪器或测量系统，由规范或规程所允许的，相对于已知参考量值的测量误差的极限值。

21.053　引用误差　quoted error
测量仪器中通用误差的一种表示方式，是相对于测量仪器满量程的一种误差。即测量仪器的绝对误差与该测量仪器的满量程之比。

21.054　示值误差　error of indication
测量仪器示值与对应输入量的参考量值之差。

21.055　粗大误差　gross error
明显超出统计规律预期值的误差。

21.056　测量标准　measurement standard，etalon
具有确定的量值和相关联的测量不确定度，实现给定量定义的参照对象。

21.057　国际测量标准　international measurement standard
由国际协议签约方承认的并旨在世界范围使用的测量标准。

21.058　国家测量标准　national measurement standard
简称"国家标准(national standard)"。经国家权威机构承认，在一个国家或经济体内作为同类量的其他测量标准定值依据的测量标准。

21.059　原级测量标准　primary measurement standard
简称"原级标准(primary standard)"。又称"基准"。使用原级参考测量程序或约定选用的一种人造物品建立的测量标准。

21.060　次级测量标准　secondary measurement standard
简称"次级标准(secondary standard)"。通过用同类量的原级测量标准对其进行校准而建立的测量标准。

21.061　参考测量标准　reference measurement standard
简称"参考标准(reference standard)"。在给定组织或给定地区内指定用于校准或检定同类量其他测量标准的测量标准。

21.062　工作测量标准　working measurement standard
简称"工作标准(working standard)"。用于日常校准或检定测量仪器或测量系统的测量标准。

21.063　传递标准　transfer standard
在测量标准相互比较中用作媒介的测量标准。

21.064　传递测量装置　transfer measurement device
简称"传递装置(transfer device)"。在测量标准比对中用作媒介的装置。

21.065　核查装置　check device
用于日常验证测量仪器或测量系统性能的装置。

21.066　有证参考物质　certified reference material，CRM
又称"有证标准物质"。附有由权威机构发布的文件，提供使用有效程序获得的具有不确定度和溯源性的一个或多个特性量值的标准物质。

21.067　计量溯源性　metrological traceability
通过文件规定的不间断的校准链，将测量结

果与参照对象联系起来的特性。校准链中的每项校准均会引入测量不确定度。

21.068　溯源等级图　hierarchy scheme
代表等级顺序的一种框图。用以表明测量仪器的计量特性与给定量的测量标准之间的关系。

21.069　量值传递　dissemination of the value of a quantity
通过对测量仪器的校准或检定，将国家测量标准所实现的单位量值通过各等级的测量标准传递到工作测量仪器的活动，以保证测量所得的量值准确一致。

21.070　测量仪器的检定　verification of a measurement instrument
又称"计量器具的检定(verification of a measuring instrument)"。简称"计量检定(metrological verification)""检定(verification)"。由法定计量技术机构确定并证实测量仪器完全满足规定的技术要求而进行的全部工作。包括检查、加标记和/或出具检定证书。

21.071　检定系统表　verification scheme
国家对计量基准到各等级的计量标准直至工作计量器具的检定程序所作的技术规定。检定系统表由文字和框图构成，内容包括：基准、各等级计量标准、工作计量器具的名称、测量范围、准确度等级(或不确定度或最大允许误差)和检定方法等。

21.072　计量检定规程　regulation for verification
为评定计量器具的计量特性，规定了计量性能、法制计量控制要求、检定条件和检定方法以及检定周期等内容，并对计量器具作出合格与否的判定的计量技术法规。

21.073　首次检定　initial verification
对未被检定过的测量仪器进行的检定。

21.074　后续检定　subsequent verification
测量仪器在首次检定后的一种检定。包括强制周期检定和修理后检定。

21.075　强制周期检定　mandatory periodic verification
根据规程规定的周期和程序，对测量仪器定期进行的一种后续检定。

21.076　仲裁检定　arbitrate verification
用计量基准或社会公用计量标准进行的以裁决为目的的检定活动。

21.077　检定证书　verification certificate
证明计量器具已经检定并符合相关法定要求的文件。

21.078　不合格通知书　rejection notice
说明计量器具被发现不符合或不再符合相关法定要求的文件。

21.079　检定标记　verification mark
施加于测量仪器上证明其已经检定并符合要求的标记。

21.080　计量确认　metrological confirmation
为确保测量设备处于满足预期使用要求的状态所需要的一组操作。

21.081　检测　testing
对给定产品，按照规定程序确定某一种或多种特性、进行处理或提供服务所组成的技术操作。

21.082　能力验证　proficiency testing
利用实验室间比对确定实验室的检定、校准和检测的能力。

21.083　期间核查　intermediate check
根据规定程序，为了确定计量标准、标准物质或其他测量仪器是否保持其原有状态而进行的操作。

21.084　电离辐射计量　ionizing radiation metrology
又称"电离辐射测量(ionizing radiation measurement)"。对表述辐射源、辐射场或电离辐射与物质相互作用的物理量的测量。

21.085　辐射场　radiation field
辐射传播所通过的区域。

21.086　辐射质　radiation quality
又称"辐射品质(adiation quality)"。描述带电粒子(包括初级带电电离粒子或由不带电电离粒子产生的次级带电粒子)在物质中能量传递的微观空间分布的辐射特性。传能线密度即为描述辐射品质的方法之一。

21.087　参考辐射场　reference radiation field
为校准电离辐射测量装置或测量仪表及确定其能量响应特性提供的具有不同辐射能量、不同发射率和辐射质等参数，并符合相应技术规范要求的辐射束的辐照场所。

21.088　照射野　field of beam
辐射束在与其轴线相垂直的平面上的照射面。

21.089　有用射束　useful beam
由准直器限定的直接用于辐照或测量目的的辐射束。

21.090　泄漏辐射　leakage radiation
穿过屏蔽体的电离辐射。

21.091　散射辐射　scattering radiation，scattered radiation
粒子在通过物质的过程中方向受到改变的辐射。

21.092　杂散辐射　stray radiation
泄漏辐射和散射辐射的总称。

21.093　宇宙辐射　cosmic radiation
来自外空间的电离辐射。包括初级宇宙射线和次级宇宙射线。前者由初级银河系宇宙射线和初级太阳系宇宙射线构成，主要是高能质子和重带电粒子；后者是由初级宇宙射线进入大气层与空气中原生核发生反应产生的中子、质子、π介子和K介子等。

21.094　平面源　plane source
放射性核素均匀分布在一面，而衬底厚度足以防止从源的背面发射粒子的一种板状放射源。

21.095　模拟源　simulated source
某种辐射源的仿制品。对于密封源来说，可能有两种模拟源：一种是其包壳结构和材料与真实放射源的完全相同，模拟源芯的材料是指在机械、物理和化学性质方面尽可能接近真实放射源的材料，但所含的放射性物质仅为示踪量；一种是密封在特定容器中，由天然或人工基体材料作为候选物，并混合单一或多种具有较长半衰期的放射性核素，其能谱与具有较短半衰期的某种放射性核素相近似，并用作后者活度测量时的放射源。

21.096　薄放射源　thin source
包括保护膜在内的厚度足够小的放射源。在此源中放射性材料发出的有用辐射在源材料内部的吸收可以忽略不计。

21.097　活性区　active zone
放射源内源芯所在的区域。

21.098 基体 matrix
放射性物质所依附的惰性材料。

21.099 源托 source holder
又称"源的底衬(source backing)"。放射源中活性物质的依托支撑体。

21.100 工作源 working source
其活度或表面发射率系法定计量部门认可的实验室用传递仪器测量给出，并附有证书的放射源。

21.101 发射速率 emission rate
简称"发射率"。一个给定的放射源，在单位时间内发射出的给定类型和能量的粒子数。

21.102 表面发射率 surface emission rate
放射源在 2π 球面度内的发射率。

21.103 中子源强度 neutron source strength
中子源在单位时间内发射出的中子数。

21.104 中子反照率 neutron albedo
穿过一表面进入某区域的中子仍能穿过该表面返回的概率。

21.105 质量[放射性]活度 mass [radio-] activity
又称"比活度(specific activity)"。单位质量某种物质的放射性活度。

21.106 表面[放射性]活度 surface [radio-] activity
单位表面积上某种物质的放射性活度。

21.107 总活度 total activity
电离辐射源或放射性样品中各放射性核素活度的总和。

21.108 能注量 energy fluence
入射到单位截面积小球内的辐射能量。

21.109 能注量率 energy fluence rate
单位时间间隔内的能注量。

21.110 光子辐射的有效能量 effective photon radiation energy
如多能光子辐射和某单能光子辐射在给定组分和给定厚度的吸收体中具有相同的减弱，则该单能光子辐射的能量称为多能光子辐射的有效能量。

21.111 最大 β 能量 maximum beta energy
由可能发射一个或具有不同最大能量的几个 β 粒子连续谱的特定核素发射的 β 粒子的最大能量。

21.112 剩余最大 β 能量 residual maximum beta energy
在校准距离下经过散射和吸收的改变后，β 粒子谱的最大能量值。

21.113 β 粒子的平均能量 beta particle mean energy
按某一放射性核素的 β 辐射能谱确定的 β 粒子的平均能量。

21.114 氡子体 α 潜能 radon daughter alpha potential energy
氡子体完全衰变为 Pb-210[RaD]时所放出的 α 粒子能量的总和。

21.115 最可几能量 most probable energy
电子束能谱中峰值所对应的能量。

21.116 电子射程 electron range
电子在给定物质中沿其入射方向其动能降低至不能引起电离时所穿越的垂直直线距离。

21.117　实际射程　practical range

电子束深度-剂量曲线下降最陡段(斜率最大处)切线的外推线与该曲线尾部轫致辐射剂量的外推线相交点处材料的深度。

21.118　连续慢化近似射程　continuous-slowing-down-approximation range，CSDA range

电子在无限均匀介质中能量从初始能量降低到 0 所穿行的平均路程长度。

21.119　剂量学　dosimetry

研究辐射在吸收介质中的能量沉积分布及其与辐射所引起的生物、化学或物理效应之间的关系的一门学科。

21.120　微剂量学　microdosimetry

研究电离辐射在细胞或亚细胞水平的微观体积内能量沉积的分布规律及其对生物效应影响的一门学科。对授予能、比能和线能三个随机量的概率分布及其与生物效应之间的关系的研究构成微剂量学的主要内容。

21.121　量热法　calorimetric method

通过测量电离辐射与材料作用转变成热能来确定吸收剂量或放射性活度的测量方法。

21.122　等温法　isothermal method

在量热探测器和周围介质之间温度差恒定的条件下建立的量热法。

21.123　绝热法　adiabatic method

在量热探测器和周围介质之间无热交换的条件下建立的量热法。

21.124　电离法　ionizing method

通过测量电离辐射与探测器灵敏区物质作用所产生的电离效应来确定吸收剂量、表面发射率或粒子能谱信息的测量方法。

21.125　化学法　chemical method

通过测量电离辐射与物质作用所产生的辐射化学效应来确定吸收剂量的方法。

21.126　闪烁法　scintillation method

通过记录和分析电离辐射与探测器灵敏区物质作用所产生的闪烁信号来确定放射性活度或粒子能谱信息的方法。

21.127　热释光法　thermoluminescent method

通过测量某些物质被电离辐射辐照后再被加热时因受辐照激发而产生的光谱信息来确定吸收剂量的方法。

21.128　光致发光法　photo luminescence method

又称"光释光法(optically stimulated luminescence method)"。通过测量某些物质被电离辐射辐照后再被光照时因受光照激发而产生的光谱信息来确定吸收剂量的方法。

21.129　径迹法　track method

通过测量电离辐射与物质作用所形成的径迹数或径迹密度来确定吸收剂量的方法。

21.130　核乳胶法　nuclear emulsion method

通过分析电离辐射与核乳胶的组成物质作用所生成的反应产物和反冲核的粒子径迹来确定粒子能量分布的径迹法。

21.131　电导率法　method of electroconductivity

通过测量电离辐射与物质作用所产生的电导率变化来确定吸收剂量的方法。

21.132　照相法　photographic method

通过测量电离辐射与感光材料作用所引起的光密度变化(经显影后)来确定吸收剂量的方法。

21.133　计数法　counting method

测量电离辐射与探测器灵敏区物质作用所发生的独立事件数的方法。

21.134　固定立体角法　definite solid angle method

又称"小立体角法(small solid angle method)"。通过测量放射源对探测器入射窗所张某一固定立体角内的计数率来计算放射源活度的计数法。

21.135　符合计数法　coincidence counting method

用规定时间间隔内发生的两个或两个以上的事件(或脉冲)在电路或仪器的输出端产生一个信号的计数法。

21.136　带电粒子–光子符合法　charged particle-photon coincidence method

通过分别记录同一放射源发出的带电粒子和光子，并与其之间的时间符合计数相配合的符合计数法。

21.137　光子符合法　photon coincidence method

通过两个或更多的光子探测器分别记录同一放射源发射的各种光子，并与其之间的时间符合计数相配合的符合计数法。

21.138　反符合法　anticoincidence method

用某个事件或脉冲在规定的时间间隔内阻止电路或仪器在指定的输入端出现信号时产生相应的输出信号的方法。

21.139　核反应法　nuclear reaction method

测量电离辐射与物质之间的核反应所生成的放射性核素的活度或所生成的电离粒子的数目或能量的方法。

21.140　活化法　activation method

通过测量电离辐射与物质作用所生成的放射性核素活度来确定中子注量或元素含量的核反应法。

21.141　伴随粒子法　associated particle method

通过测量带电粒子与物质相互作用产生中子的核反应中与中子同时产生的伴随粒子来确定中子注量或物质组成成分的核反应法。

21.142　裂变碎片法　fission fragment method

通过测量中子辐射与可裂变物质作用所产生的裂变碎片数来确定中子注量的核反应法。

21.143　标准截面法　standard cross-section method

当中子与某些物质的相互作用截面准确已知时，通过测量中子与其产生的致电离次级粒子的数目来确定中子注量的核反应法。

21.144　飞行时间法　time-of-flight method

通过测量粒子飞越一给定路程所需要的时间，再按照粒子速率来分析粒子能量分布或质量等信息的方法。

21.145　锰浴法　manganese bath method

通过测量中子在硫酸锰溶液中通过充分慢化后被溶液中的 Mn-55 俘获产生 Mn-56 的放射性活度来确定中子源强度的方法。

21.146　长距 α 测量法　long range alpha detection method，LRAD method

利用气流将 α 粒子与空气作用产生的电离离子经过输送一段距离(几十厘米至数米)后，通过测量产生的电离电流来估算不规则表面或空腔内 α 表面污染的非破坏性测量方法。

21.147　β衰变诱发 X 射线谱法　β-decay induced X-ray spectroscopy method，BIXS method

利用氚衰变产生的 β 射线与材料作用诱发的特征 X 射线和韧致辐射 X 射线，获得材料中氚的含量和深度分布的非破坏性测量方法。

21.148　多道谱仪法　multi-channel spectrometry

利用多道谱仪进行能谱测量，该谱仪通过系统采集数据的个数等于或大于待测量的个数，多道谱仪由单个探测器构成，通过构建系统的响应函数与探测器的脉冲幅度谱之间的关系，建立矩阵方程，再通过矩阵求逆获得能谱的方法。

21.149　少道谱仪法　few-channel spectrometry

利用少道谱仪进行能谱测量，该谱仪通过系统采集数据的个数小于待测量的个数，少道谱仪由多个能量响应不同的探测器组成，通过构建系统的响应函数与每个探测器的脉冲计数率、微分电荷量或放射性活度之间的关系，建立矩阵方程，再通过最大熵原理、遗传算法、蒙特卡罗技术等数学技巧对矩阵求逆的方法获得能谱的方法。

21.150　电沉积法　electro-deposition method

通过原子或分子电镀来制备放射性平面源的方法。

21.151　外加磁场电沉积法　electro-deposition method under external magnetic field

利用磁场和电场的相互作用，在外加磁场条件下通过电沉积法制备平面源的方法。

21.152　替代法　substitution method

将被检定或校准的计量器具放置在预先用标准装置准确测定过的校准点处辐照，以授

予确定量值的方法。

21.153　符合分辨时间　coincidence resolving time

两个或两个以上同时出现的关联事件进入各符合道产生符合的最大时间间隔。

21.154　偶然符合　random coincidence

又称"假符合(false coincidence)"。在符合分辨时间内，由来自非关联事件的脉冲偶然到达符合电路的输入端形成的一种符合。

21.155　反符合　anticoincidence

用某个事件或脉冲在规定的时间间隔内阻止电路或仪器在指定的输入端出现信号时产生相应的输出信号。

21.156　符合相加　coincidence summing

来自同一次核衰变的两个或两个以上的粒子被同时探测，但只产生一个能量叠加的观察脉冲。

21.157　[辐射谱仪的]能量分辨力　energy resolution [of a radiation spectrometer]

辐射谱仪能分辨的两个粒子能量之间的最小差值。通常情况下以单能粒子分布曲线峰的半高宽(能量)除以峰位的能量以百分数表示。

21.158　[电离室的]饱和电流　saturation current [of an ionization chamber]

在给定的辐照下，所加的电压高到基本上足以收集全部离子对，但尚未到达气体放大区时所得到的电离电流。

21.159　[电离室的]复合损失　loss due to recombination [in ionization chamber]

电离室中产生的部分正负离子的相互作用使其电荷中和(但质量保持守恒)，导致电离室收

集到的电离电流小于其饱和电流的现象。

21.160 串道比 interfere ratio of crosstalk
仪器测量单一 α 或 β 道的计数与 α 和 β 的总计数之比。

21.161 γ 射线全能峰效率 full-energy-peak efficiency for gamma-ray
对于给定的放射源(或放射性样品)–探测器距离等测量几何条件,测得的能量为 E 的 γ 射线全能峰净面积计数与同一时间间隔内放射源(或放射性样品)发射该能量 γ 射线计数的比值。

21.162 γ 射线总效率 total efficiency for gamma-ray
对于给定的放射源(或放射性样品)–探测器距离等测量几何条件,测得的能量为 E 的 γ 射线全谱总计数率与同一时间间隔内放射源(或放射性样品)发射该能量 γ 射线计数的比值。

21.163 源效率 efficiency of a source
单位时间内从放射源的表面或从源窗发射出大于给定能量的给定类型的粒子数(表面发射率)与单位时间内在源内(对一个薄源)或它的饱和层厚度内(对一个厚源)产生或释放的相同类型的粒子数之比。

21.164 带电粒子平衡 charged particle equilibrium,CPE
在受照射介质中某点周围的体积元内,带电粒子的能量、数目和运动方向均保持不变,即带电粒子辐射率和谱分布在该体积元内不变,也即进入和离开该体积元的带电粒子的能量(不包括静止能量)彼此相等的状态。

21.165 扩展场 expanded field
由实际的辐射场导出的一个假设的辐射场。在其中的整个有关体积内,光子注量及其角分布

和能量分布与参考点处实际辐射场相同。

21.166 扩展齐向场 expanded and aligned field
由实际的辐射场导出的一个假设的辐射场。在其中的整个有关体积内,光子注量及其角分布和能量分布与参考点处实际辐射场相同,但光子注量是单向的。

21.167 ICRU 球 ICRU sphere
一个直径为 30 cm 的组织等效材料组成的球体。其密度为 1 g/cm^3,质量百分组成为氧 76.2%、碳 11.1%、氢 10.1%和氮 2.6%。

21.168 参考点 reference point
检定或校准时用于定位仪表作出的标记。

21.169 试验点 point of test
在辐射场中被测量的约定真值已知的点。

21.170 仪器参考点 reference point of an assembly
在仪器外部用于将仪器定位在试验点的标志。通常是探测器的几何中心或是其有效中心的标记。

21.171 剂量响应 dose response
仪器的响应与吸收剂量的关系,或仪器的响应随吸收剂量的变化。

21.172 剂量率响应 dose rate response
又称"响应的剂量率依赖性(dose rate dependence of response)"。仪器的响应与吸收剂量率的关系,或仪器的响应随剂量率的变化。

21.173 能量响应 energy response
又称"响应的能量依赖性(energy dependence of response)"。仪器的响应与辐射能量的关系,或仪器的响应随辐射能量的变化。

21.174 角响应 angle response

又称"响应的角度依赖性(angle dependence of response)"。仪器的响应与辐射入射角的关系，或仪器的响应随辐射入射角的变化。

21.175 半值层 half value layer，HVL

置于某种辐射束通过的路径上，能使指定的辐射量的值减小一半所需的给定材料的厚度。

21.176 源–表面距离 source-surface distance

沿着射束轴，从辐射源的前表面到被照射对象表面之间的距离。

21.177 百分深度剂量 percentage depth dose

模体中任一深度处的吸收剂量与射束轴上固定参考点(通常为峰值点)的吸收剂量的比值，以百分数表示。

21.178 等剂量曲线 isodose curve

吸收剂量是常数的线(通常在一个平面上)。

21.179 等剂量图 isodose chart

表示模体中一个特定平面上吸收剂量分布的一组等剂量曲线。常以百分点深度剂量间隔画成。

21.180 表面剂量 surface dose

受照物体入射至表面某点处(通常选择在辐射束轴上)的吸收剂量。包括反散射产生的吸收剂量。

21.181 深度剂量 depth dose

在受辐照物体入射表面下方特定深度处(通常在辐射束轴处)的吸收剂量。

21.182 最大剂量深度 depth of maximum dose

体模表面位于特定距离时，体模内辐射束轴上最大吸收剂量的深度。

21.183 均整度 flatness

在一个辐射野的限定部分内，最高与最低的吸收剂量之比。标准体模入射面与辐射束轴垂直，并在其特定深度上与规定的辐射条件下测量吸收剂量。

21.184 γ[总量]测井 [total-count] γ-ray logging

使用γ测井仪在钻孔中测定放射性元素沿深度分布及其富集部位，来计算其含量和厚度以及划分岩性。

21.185 γ能谱测井 γ-ray spectrometric logging

使用γ能谱测井仪在钻孔中测定铀、钍、钾沿深度分布，以圈定其富集部位，计算其含量和厚度，划分岩性及研究其他地质问题。

21.186 等效面活度 equivalent surface activity

将具有一定深度分布的放射性活度浓度，通过辐射场相等的原理，等效为厚度可以忽略的放射性面活度。

21.187 饱和模型体源 saturated model body source

能模拟在水平方向和垂直方向无限延伸均匀辐射介质所形成的天然辐射特征的放射性标准物质。

21.188 航空模型 airborne model

全称"航空放射性测量模型(airborne radiation measurement model)"。用于检定或校准航空γ能谱仪的饱和模型体源。包括铀模型体源(AP-U)、钍模型体源(AP-Th)、钾模型体源(AP-K)、混合模型体源(AP-M)和本底模型体源(AP-B)。

21.189　静态测试　static test
又称"模型测试(model test)"。航空γ能谱仪系统停于航空模型上进行γ能谱剥离系数和地面上窗灵敏度确定的测试。

21.190　高高度测试　high height test
在地面放射性和空中大气氡影响可以忽略的高度上,确定飞机本底和宇宙射线影响系数的高空飞行测试。

21.191　动态测试带　dynamic check line
用来模拟现场实际航空γ能谱测量的一块区域。通常由地面放射性含量已知的陆地和无放射性污染的水域两部分组成。

21.192　航空动态校准　airborne dynamic calibration
飞机在动态测试带上进行不同高度(通常是30～300 m)的飞行测试,用于大气氡影响修正系数(简称大气氡系数)、飞行高度修正系数(简称高度系数)、空中灵敏度的确定。

21.193　高度衰减系数　height attenuation coefficient
又称"高度归一系数"。不同测量高度测量结果的归一系数的简称。

21.194　当量镭含量　equivalent content of radium
在同样测量条件下,待检固体镭源和铂铱合金管镭标准源的γ辐射对空气的电离作用相同时,标准镭源的参考镭含量即为待检镭源的当量镭含量,以质量单位 mg 表示。

21.195　含量灵敏度　sensitivity of content
仪器读数与模型放射性元素当量铀含量的比值。

21.196　空气比释动能率灵敏度　sensitivity of air kerma rate
仪器读数与模型空气比释动能率的比值。

21.197　定向能力　orientation measurement capability
全称"定向补偿能力"。定向γ辐射仪消除来自测量张角外干扰γ辐射的能力。

21.198　灵敏张角　tensile angle of sensitivity
辐射编录仪在点源产生的γ辐射场中,选择过点源的水平面,测量仪器对γ辐射的响应,以响应最大值方向与二分之一最大值方向夹角的两倍表示。

21.199　同位素丰度标准物质　isotopic abundance reference material
具有一个或多个元素的同位素丰度特性量值及其不确定度的标准物质。

21.200　铀同位素丰度标准物质　uranium isotopic abundance reference material
具有铀同位素丰度及其不确定度的标准物质。

21.201　成分分析标准物质　component analysis reference material
具有一个或多个主要组成元素量值及其不确定度的标准物质。

21.202　铀化合物中杂质分析标准物质　impurity element analysis in uranium compound reference material
具有一个或多个铀化合物中杂质元素量值及其不确定度的标准物质。

21.203　钚化合物中杂质分析标准物质　impurity element analysis in plutonium compound reference material
具有一个或多个钚化合物中杂质元素量值

及其不确定度的标准物质。

21.02　质　　量

21.204　质量　quality
一组固有特性满足要求的程度。

21.205　等级　grade
对功能用途相同的产品、过程或体系所做的不同质量要求的分类或分级。

21.206　质量要求　requirement for quality
对需要的表述或将需要转化为一组针对实体特性的定量或定性的规定要求，以使其实现并进行考核。

21.207　社会要求　requirement of society
法律、法规、准则、规章、条例以及其他考虑事项所规定的义务。

21.208　可信性　dependability
描述可用性及其影响因素，包括可靠性、维修性和维修保障等性能的一个集合术语。

21.209　相容性　compatibility
若干实体在特定条件下共同使用，满足有关要求的能力。

21.210　互换性　interchangeability
一个实体不加改变即可代替另一实体满足同样要求的能力。

21.211　合格　conformity
又称"符合"。满足某个规定的要求。

21.212　不合格　nonconformity
又称"不符合"。没有满足某个规定的要求。

21.213　缺陷　defect
未满足与预期或规定用途有关的要求。

21.214　产品责任　product liability
用于描述生产者或他方对因产品造成的与人员伤害、财产损坏或其他损害有关的损失赔偿责任。

21.215　鉴定过程　qualification process
证实满足规定要求的能力的过程。

21.216　鉴定合格　qualified
某个实体满足规定要求的能力得到了证实的状况。

21.217　自检　self inspection
由工作的完成者依据规定的规则对该工作进行的检验。

21.218　客观证据　objective evidence
建立在通过观察、测量、试验或其他手段所获事实的基础上，证明是真实的信息。

21.219　质量方针　quality policy
由组织最高管理者正式发布的关于质量方面的全部意图和方向。

21.220　质量管理　quality management
确定质量方针、目标和职责并在质量体系中通过诸如质量策划、质量控制、质量保证和质量改进使其实施的全部管理职能的所有活动。

21.221　质量策划　quality planning
质量管理的一部分内容。致力于制定质量目标并规定必要的运行过程和相关资源以实现质量目标。

21.222　质量体系　quality system
为实施质量管理所需的组织结构、程序、过

程和资源。

21.223　全面质量管理　total quality management
一个组织以质量为中心，以全员参与为基础，目的在于通过让顾客满意和本组织所有成员及社会受益而达到长期成功的管理途径。

21.224　管理评审　management review
由最高管理者就质量方针和目标，对质量体系的现状和适应性进行的正式评价。

21.225　合同评审　contract review
合同签订前，为了确保质量要求规定得合理、明确并形成文件，且供方能实现，由供方所进行的系统的活动。

21.226　质量手册　quality manual
阐明一个组织的质量方针并描述其质量体系的文件。规定组织质量管理体系的文件。

21.227　质量计划　quality plan
针对特定的产品、项目、过程或合同，规定专门的质量措施、资源和活动顺序的文件。

21.228　规范　specification
阐明要求的文件。

21.229　记录　record
为已完成的活动或达到的结果提供客观证据的文件。

21.230　可追溯性　traceability
根据记载的标识，追踪实体的历史、应用情况和所处位置的能力。

21.231　质量环　quality loop
从识别需要到评定这些需要是否得到满足的各阶段中，影响质量的相互作用活动的概念模式。

21.232　质量成本　quality-related cost
为了确保和保证满意的质量而发生的费用以及没有达到满意的质量所造成的损失。

21.233　质量保证模式　model for quality assurance
为了满足给定情况下质量保证的需要，标准化的或经选择的一组质量体系的综合要求。

21.234　证实程度　degree of demonstration
为使人们相信规定的要求已经得到满足而提出证据的广度和深度。

21.235　质量评价　quality evaluation
对实体具备的满足规定要求能力的程度所作的有系统的检查。

21.236　质量监督　quality surveillance
为了确保满足规定的要求，对实体的状况进行连续的监视和验证并对记录进行分析。

21.237　质量审核　quality audit
为获得审核证据并对其进行客观的评价，以确定满足审核准则的程度所进行的系统的、独立的并形成文件的过程。

21.238　审核发现　audit finding
将收集的审核证据对照审核准则进行评价的结果。

21.239　审核证据　audit evidence
与审核准则有关并能够证实的记录、事实陈述或其他信息。

21.240　受审核方　auditee
受审核的组织。

21.241　预防措施　preventive action

为了防止潜在的不合格、缺陷或其他不希望情况的发生，消除其原因所采取的措施。

21.242　纠正措施　corrective action

为了防止已出现的不合格、缺陷或其他不希望的情况再次发生，消除其原因所采取的措施。

21.243　不合格的处置　disposition of nonconformity

为了解决不合格问题，处理现有的不合格实体而采取的措施。

21.244　生产许可　production permit

又称"偏离许可(deviation permit)"。产品生产前，对偏离原规定要求的许可。

21.245　让步　concession

对使用或放行不符合规定要求的产品的书面认可。

21.246　返修　repair

对不合格产品所采取的措施。虽然不符合原规定的要求，但能使其满足预期的使用要求。

21.247　返工　rework

对不合格产品所采取的措施，使其满足规定的要求。

21.03　可　靠　性

21.248　耐久性　durability

产品在规定的使用和维修条件下，达到某种技术或经济指标极限时，完成规定功能的能力。

21.249　保障性　supportability

装备的设计特性和计划的保障资源满足平时战备完好性和战时利用率要求的能力。

21.250　失效机理　failure mechanism

引起故障的物理的、化学的、生物的或其他的过程。

21.251　故障诊断　fault diagnosis

检测和隔离故障的过程。

21.252　系统性故障　systematic failure

由某一固有因素引起，以特定形式出现的故障。它只能通过修改设计、关联因素来消除。

21.253　偶然故障　random failure

由偶然因素引起的故障。

21.254　早期故障　infant mortality，early life failure

产品在寿命的早期因设计、制造、装配的缺陷等发生的故障。其故障率随着寿命单位数的增加而降低。

21.255　耗损故障　wear out failure

疲劳、磨损、老化等引起的故障。其故障率随着寿命单位数的增加而增加。

21.256　修复性维修　corrective maintenance

又称"修理"。产品发生故障后，使其恢复到规定状态所进行的全部活动。它可以包括下述一个或多个步骤：故障定位、故障隔离、分解、更换、组装、调校及检测等。

21.257　装备完好率　material readiness time

能够随时遂行作战或训练任务的完好装备

数与实有装备数之比。通常用百分数表示。主要用以衡量装备的技术现状和管理水平，以及装备对作战、训练、执勤的可能保障程度。

21.258　使用可用度　operational availability，Ao
与能工作时间和不能工作时间有关的一种可用性参数。其一种度量方法为：产品的能工作时间与能工作时间、不能工作时间的和之比。

21.259　可达可用度　achieved availability，Aa
仅与工作时间、修复性维修和预防性维修时间有关的一种可用性参数。其一种度量方法为：产品的工作时间与工作时间、修复性维修时间、预防性维修时间的和之比。

21.260　固有可用度　inherent availability，Ai
仅与工作时间和修复性维修时间有关的一种可用性参数。其一种度量方法为：时间与平均故障间隔时间和平均修复时间的和之比。

21.261　成功概率　probability of success
产品在规定的条件下成功完成规定功能的概率。通常适用于一次性使用产品。

21.262　故障检测率　fault detection rate，FDR
用规定的方法正确检测到的故障数与故障总数之比。用百分数表示。

21.263　故障隔离率　fault isolation rate，FIR
用规定的方法将检测到的故障正确隔离到不大于规定模糊度的故障数与检测到的故障数之比。用百分数表示。

21.264　环境适应性　environmental worthiness
装备在其寿命期预计可能遇到的各种环境的作用下能实现其所有预定功能、性能和(或)不被破坏的能力。

21.265　测试性　testability
产品能及时并准确地确定其状态(可工作、不可工作或性能下降)，并隔离其内部故障的能力。

21.266　机内测试　built-in test，BIT
系统或设备自身具有的检测和隔离故障的自动测试功能。

21.267　虚警　false alarm
机内测试(BIT)或其他监测电路指示有故障而实际上不存在故障的现象。

21.268　储存寿命　storage life
产品在规定的储存条件下能够满足规定要求的储存期。

21.269　总寿命　total life
在规定条件下，产品从开始使用到报废的寿命单位数。

21.270　可靠寿命　reliable life
给定的可靠度所对应的寿命单位数。

21.271　耐久性试验　endurance test
为考察产品的性能与所加的应力条件的影响关系而在一定时间内所进行的试验。

21.272　可靠性研制试验　reliability development test
对样机施加一定的环境应力和(或)工作应力，以暴露样机设计和工艺缺陷的试验、分析和改进的过程。

21.273　可靠性增长试验　reliability growth test
为暴露产品的薄弱环节，有计划、有目标地

对产品施加模拟实际环境的综合环境应力及工作应力，以激发故障、分析故障和改进设计与工艺，并验证改进措施有效性而进行的试验。

21.274　可靠性鉴定试验　reliability qualification test

为验证产品设计是否达到规定的可靠性要求，由订购方认可的单位按选定的抽样方案，抽取有代表性的产品在规定的条件下所进行的试验。

21.275　可靠性验收试验　reliability acceptance test

为验证批生产产品是否达到规定的可靠性要求，在规定条件下所进行的试验。

21.276　环境应力筛选　environmental stress screening，ESS

为减少早期故障，对产品施加规定的环境应力，以发现和剔除制造过程中的不良零件、元器件和工艺缺陷的一种工序和方法。

21.277　可靠性强化试验　reliability enhancement test，RET

通过系统地施加逐步增大的环境应力和工作应力，激发和暴露产品设计中的薄弱环节，以便改进设计和工艺，提高产品可靠性的试验。它是一种可靠性研制试验。

21.278　高加速应力试验　highly accelerated life test，HALT

又称"高加速寿命试验"。在产品研制阶段，通过步进的方法向产品施加高于技术条件规定的应力，不断找出设计和工艺缺陷并加以改进，逐步提高产品的耐环境能力，并找出产品承受环境应力的工作极限和破坏极限的过程，但不能确定产品寿命。

21.279　高加速应力筛选　highly accelerated stress screening，HASS

为了加速筛选进度并降低成本，参照高加速应力试验得到的应力极限值，以既能充分激发产品的缺陷又不过量消耗其使用寿命为前提，对批量产品进行的筛选。

21.280　可靠性模型　reliability model

为分配、预计、分析或估算产品的可靠性所建立的模型。

21.281　降额　derating

产品在低于额定应力的条件下使用，以提高其使用可靠性的一种方法。

21.282　容错　fault tolerance

系统在其组成部分出现特定故障或差错的情况下仍能执行规定功能的一种设计特性。

21.283　故障模式与影响分析　failure mode and effective analysis，FMEA

分析产品中每一个可能的故障模式并确定其对该产品及上层产品所产生的影响，以及把每一个故障模式按其影响的严重程度予以分类的一种分析技术。

21.284　故障模式、影响与危害性分析　failure mode，effect and criticality analysis，FMECA

同时考虑故障发生概率与故障危害程度的故障模式与影响分析。

21.285　电路容差分析　circuit tolerance analysis

预测电路性能参数稳定性的一种分析技术。研究电子元器件和电路在规定的使用条件范围内，电路组成部分参数的容差对电路性能容差的影响。

21.286　潜在状态分析　sneak analysis

简称"潜在分析"。确定在产品的所有组成

部分均正常工作的条件下，能抑制正常功能或诱发不正常功能的潜在状态的一种分析技术。包括针对电路的潜在电路分析、针对液气管路的潜在通路分析、针对软件的潜在状态分析。

21.287 老化 burn-in
产品在规定的应力条件下改为产品在规定的时间、温度、压强、应力、辐照等条件下，使其特性达到稳定的方法。

21.288 可靠性评估 reliability assessment
利用产品研制、试验、生产、使用等过程中收集到的数据和信息来估算和评价产品的可靠性。

21.289 可靠性增长 reliability growth
随着产品设计、研制、生产各阶段工作的逐渐进行，产品的可靠性特征量逐步提高的过程。

21.290 可靠性认证 reliability certification
有可靠性要求的产品的质量认证的一个组成部分。由生产方和使用方以外的第三方，通过对生产方的可靠性组织及其管理和产品的技术文件进行审查，对产品进行可靠性试验，以确定产品是否达到所要求的可靠性水平。

21.04 情 报

21.291 图书馆学 library science
研究图书馆事业的产生和发展、文献资料的组织管理和图书馆工作规律的学科。

21.292 情报学 information science
研究情报产生、传递、利用的一般规律及情报系统管理基本原理的学科。

21.293 信息管理学 information management science
研究信息或信息资源的产生、传播、加工、利用的特征、规律和方法的学科。

21.294 信息资源 information resource
各种可供人们直接或间接开发与利用的信息集合的总称。

21.295 文献 literature，document
有历史价值或参考价值的图书资料。

21.296 文献信息资源 document and information resources
简称"文献资源(literature resources)"。可供人们直接或间接开发与利用的记录在文献中的信息集合。

21.297 网络信息资源 network information resource
通过计算机网络可以利用的各种信息资源的总和。即所有以电子数据形式把文字、图像、声音、动画等多种形式的信息存储在光、磁等非纸介质的载体中，并通过网络通信、计算机或终端等方式再现出来的信息资源。

21.298 核科技信息资源 nuclear scientific and technical information resource
各种可供人们直接或间接开发与利用的核科技信息集合的总称。

21.299 核科技图书情报事业 nuclear scientific and technical library and information cause
以满足核工业对文献信息服务的需求为目标，具有一定的组织形式，并达到一定规模，对核科研生产管理发展产生影响的活动。

21.300 核信息资源管理 management of nuclear information resource

以提高核信息利用效率、最大限度地实现信息效用价值为目的,综合运用各种方法和手段对涉及信息活动的各种要素(信息、人、机器、机构等)进行合理的组织和控制的活动。

21.301 大数据 big data

具有数量巨大、变化速度快、类型多样和价值密度低等主要特征的数据。是一种具有重要战略意义的信息资源。

21.302 数字对象 digital object

由一个或多个数字内容文档及对应的元数据组成的一个物理上或逻辑上完整的数字信息实体。

21.303 知识管理学 knowledge management science

研究知识管理实践和应用中一般理论、方法、技术和规律的学科。

21.304 显性知识 explicit knowledge

又称"客观知识(objective knowledge)""编码知识(coding knowledge)"。以文字、符号、图形等方式表达的知识。

21.305 隐性知识 tacit knowledge

存在于人的大脑中,未以文字、符号、图形等方式表达的知识。

21.306 知识管理 knowledge management

对知识的创建、获取、组织、存储、传播、利用等过程的管理;对知识及与知识有关的各种资源和无形资产的管理。

21.307 核知识 nuclear knowledge

核实践、探索过程中所获得的认识和经验的总和。

21.308 核知识管理 nuclear knowledge management

核知识的创建、获取、组织、存储、传播、利用等过程的管理;对核知识及与核知识有关的各种资源和无形资产的管理。

21.309 核知识共享 nuclear knowledge sharing

核知识或与核知识相关产品在不同层次、不同部门、不同地域的信息系统的交流与共用。

21.310 核工业知识产权 intellectual property of nuclear industry

在核工业领域受法律保护的著作权、商标权、专利权、工业设计权和商业秘密等权利的总称。

21.311 图书馆核心价值 library core value

图书馆界对于自己的责任或使命的一种系统的说明,用以规定图书馆的基本观念和存在的原因,是图书馆拥有不可替代、最基本和最持久的信念。

21.312 科技情报学 science of scientific information

研究科技情报的记录、搜集、整理、传递、管理和利用的规律、原理和方法,以及运用信息技术使科技情报流通过程、科技情报系统保持最佳效能的学科。

21.313 知识计量学 knowledge metrics

对知识单元或知识载体、知识内容、知识活动规律及其影响进行定量测度的综合性交叉学科。

21.314 信息采集 information acquisition

根据特定的目标和要求,将分散蕴含在不同时空领域的有关信息,通过特定的手段和措施采掘和汇聚的过程。包括对信息的收集和处理，不仅是信息工作的起点，还贯穿于信息工作全过程。

21.315　信息收集　information gathering
从各种信息源直接获取原始形态信息的过程。是对信息进行加工整理和使用的前提，要求全面完整，翔实可靠，保持系统性和连续性。

21.316　信息融合　information fusion
利用信息技术进行多方面信息采集和重新组织的过程。在处理中需要对多源信息进行关联组织和内容的重新组合。

21.317　数字图书馆技术　digital library technology
(1)应用于数字图书馆建设与服务的各种技术，主要包括内容获取、存储和管理、互操作及数字产权管理、知识组织与服务等。
(2)广义的数字图书馆技术包括所有可以提高图书馆服务效率、转变图书馆服务模式的信息技术。

21.318　图书馆自动化　library automation
利用自动或半自动的设备完成图书馆各项业务工作，以代替人工直接操作的措施。主要涉及文献采访、编目、流通以及连续出版物管理、索引编制和信息检索等方面。

21.319　个性图书馆　personalized library
又称"我的图书馆(my library)"。在数字图书馆系统中，根据用户的特点、需求向用户提供针对性的服务。

21.320　图书馆业务管理　library service management
图书馆对其信息资源建设、用户服务等业务活动实施计划、组织、控制、协调、评价的过程。

21.321　核科技图书馆　library for nuclear science and technology
致力于核科学技术文献的收集、整理和加工，为核领域工作者提供深度信息服务的图书馆。

21.322　数字图书馆　digital library
以海量、经过组织和序化的数字信息资源为基础，利用先进的信息技术，通过网络提供服务的数字空间。

21.323　科技情报机构　science and technology intelligence institute
能够对大量的科技信息进行搜集整理、综合分析和深度挖掘，产生高质量结论，并直接指导科研、生产、决策的部门。

21.324　咨询服务机构　advisory service agency
对各类信息开展搜集、加工、整理、分析、传递，并向用户提供解决问题的方案、策略、建议、规划或措施等信息产品的机构。

21.325　开放获取　open access
在尊重版权和作者权益的前提下，在互联网上免费提供文献全文，允许任何用户阅读、下载、复制、分发、打印、搜索或链接文献全文，是一种新的出版模式和学术交流模式。是国际学术界、出版界、文献信息服务机构为推动科研成果在互联网的自由传播而发起的运动，分为金色道路和绿色道路两种模式。

21.326　资源共建　resource co-construction
图书馆之间相互分工协作，共同进行文献资源建设的活动。目的在于提高图书馆资源建设与服务的社会效益与经济效益。

21.327　资源共享　resource sharing
图书馆之间实现各类资源互通有无、共享共用的活动。共享的资源通常包括馆藏资料、书目数据、人员和设备等。资源共享一般要通过一定的协议来执行，目的在于提高图书馆信息服务的社会效益与经济效益。按照规模，可分为地区性资源共享、全国性资源共享和国际性资源共享。

21.328　信息工作者　information worker
掌握信息技术和信息管理技能，从事信息采集、整理、传播与利用等工作的专业人员。

21.329　信息主管　chief information officer，CIO
又称"首席信息官""信息总监(director of information)"。负责对机构内部信息系统和信息资源进行规划、协调以及运行管理的高级行政管理人员。

21.330　能源技术数据交换　energy technology data exchange，ETDE
能源技术数据交换是国际能源机构(IEA)框架下的多边能源信息交换倡议。其设立是为了让参与国将非保密能源研究资料的概要集中存储，供共同而又分散使用。该倡议为期27年，已于2014年6月30日正式结束。

21.331　数字资源建设　digital resource development
信息服务机构对处于无序状态的数字信息进行选择、采集、组织和开发等活动，使之形成可资利用的数字资源体系的全过程。

21.332　知识库　knowledge base，repository
基于人工智能应用的，在计算机系统中存贮或记忆的各种知识的集合。所贮存的知识包括书本知识、规则、经验、元知识等。其中一部分内容属于长期不变的，称为长期记忆知识；一部分内容是相对稳定的，称为中期记忆知识；还有一部分是临时性信息，属于短期记忆知识。

21.333　知识仓库　knowledge warehouse
在知识库基础上发展形成的包含海量知识(事实、规则等)并具有智能分析和逻辑推理能力，同时面向业务主题，经过集成的知识集合。

21.334　核心馆藏　core collection
图书馆馆藏中最重要的组成部分。即在知识门类和出版物类型方面都与该图书馆馆藏特色相一致，最有理论和实用价值的最低限量馆藏。

21.335　信息资源开发　information resource development
(1)广义指包括对信息本体的开发、信息技术的研究、信息系统的建设、信息设备的制造以及信息机构建立、信息规则制定和信息人才培养等在内的行为。(2)狭义指信息资源的生产、搜集、组织、存储、检索、传播、评价和利用等活动。

21.336　信息资源评价　information resource evaluation
通过科学的评价体系、标准和方法对信息资源的价值、开发利用的成果、信息系统的设计与应用和信息规则的科学性进行定性或定量评估的工作。

21.337　核科技信息　nuclear scientific and technical information
有关核科学技术领域的成就和动向的信息。

21.338　特色资源　special resource，characteristic resource
本馆拥有而别馆不具备或本馆收藏丰富而别馆却相对贫乏的各种馆藏资源。

21.339　特色数据库　characteristic literature database，special database
能充分反映本单位在同行中具有文献和数据资源特色的信息总汇，是图书馆在充分利用自己的馆藏特色基础上建立起来的一种具有本馆特色的数据库。

21.340 专题数据库 subject database

由特定主题、特定领域、特殊行业相互关联的数据和信息所构成的数据库。

21.341 国际核信息系统 international nuclear information system，INIS

国际原子能机构(IAEA)及其成员国共同建设的一个国际性信息系统。以国际合作为运营模式，专业、全面地收集核文献信息资源，保存核知识，促进世界范围核科学与技术的进展与应用。

21.342 电子资源管理 electronic resource management

按照一定的流程和规范，进行电子资源的选择、评估、订购、维护等工作，从而保证为读者提供有效的资源服务。

21.343 电子资源评估 electronic resources evaluation

根据一定的电子资源评价指标，对电子资源进行系统化评估，为图书馆电子资源采选、续订等决策提供依据。

21.344 数字资源 digital resource

以数字形式存取、发布和利用的各类文献、信息、数据等资源的总称。

21.345 资源数字化 resource digitization

运用计算机技术和扫描技术，对文本、数据、音像等资源进行加工和处理，将其转换为数字形式，并提供给计算机和其他阅读工具使用的过程。

21.346 全文数字化文献 digital full-text literature

以数字化形式展现文献中文本、图表、图像和数据等，并可以提供各类信息关联与链接的文献形式。

21.347 网络资源评价 internet resource evaluation

对存在于互联网上的各种信息资源进行选择和评估，以确定其特征、质量和价值的行为。

21.348 网络出版物 network publication

以互联网为载体和流通渠道发布和销售的出版物。

21.349 内部研究资料 unpublished research materials

简称"内部资料(inside information)"。机构或团体为了方便内部资源共享与对外保密的需要，仅限于内部一定范围内发行而未公开发表的科研资料。

21.350 专题报告 monographic report，report on a special topic

全称"专题研究报告(thematic research report)"。围绕某一特定问题对有关信息资料进行浓缩和提炼所做的有数据、有观点的一种研究报告。

21.351 核专业工具书 nuclear reference book

比较完备地汇集核科学技术领域的知识、资料、事实，按照特定的方法加以编排，供给专业人员检索查找而不是提供系统阅读的书。

21.352 核科技出版物 nuclear scientific and technical publication

反映核科学技术领域进展和知识积累的各类出版物。

21.353　核科技文献　nuclear scientific and technical literature
报道核科学技术原创实证研究与理论研究的文献。

21.354　核科技图书　nuclear scientific and technical book
核科学技术学科或核科技领域某一专题进行较为集中论述的著作。

21.355　核科技期刊　nuclear scientific and technical journal
刊登核科学技术领域研究进展的连续出版物。

21.356　核科技论文　nuclear scientific and technical paper
刊登核科学技术领域研究进展的学术论文。

21.357　核科技报告　nuclear scientific and technical report
核科学技术人员为了描述其从事的科研、设计、工程、试验和鉴定等活动的过程、进展和结果，按照规定的标准格式编写而成的特种文献。

21.358　核专利文献　nuclear patent document
政府专利机构公布或归档的核专业领域内与专利有关的所有文献。包括各种类型的专利说明书、国家专利机构审理的专利申请案及诉讼案的有关文件、各国专利机构出版的专利公报以及各种专利文摘和索引等二次专利信息文献等。其中以专利说明书为主。

21.359　核行业标准　nuclear industry standard
又称"核工业标准"。对没有国家标准而又需要在全国核行业范围内统一技术要求所制定的标准。核行业标准不得与有关国家标准相抵触。

21.360　文献主题　document subject
表达文献中心论题的一个概念或若干个概念的组合。

21.361　受控词表　controlled vocabulary
又称"控制词表"。一系列预先确定且经规范化处理的术语列表。可解决同形异义词、同义词和多义词的问题，以保证检索效果。

21.362　信息挖掘　information mining
利用信息技术分析信息资源，从各类信息源中抽取先前未知的、完整的信息进行关键业务决策的过程。包括数据挖掘和文本挖掘两种类型。

21.363　数据挖掘　data mining
从大量结构化和非结构化数据中提取有用的信息和知识的过程。要求数据源是大量、真实、含有噪声的；所发现的信息和知识隐藏在大量数据背后，是用户感兴趣并可理解、可运用的知识。

21.364　知识挖掘　knowledge mining
按照某种既定目标，对大量数据进行分析和探索，从现有的信息中发现和抽取知识，查找出用户需要的深层次知识的过程。

21.365　知识发现　knowledge discovery
从大量数据中获得有效的、新颖的、有潜在应用价值的和最终可理解的高级处理过程。

21.366　知识整合　knowledge integration
将不同来源、不同载体、不同内容和不同形态的知识，通过新的排列组合、交叉和创造，实现知识应用和产生新知识的动态过程。

21.367　数字资源整合　integration of digital resource
采用一定的方式和手段，对具有自主性、分

布性、异构性的数字信息源进行类聚、融合和重组，使其重新组织为一个新的有机整体，形成一个效能更好、效率更高的新的数字资源体系的过程。

21.368　专业分类表　professional classification table

又称"专用分类系统(special taxonomy)""专用分类表(special classification table)"。以某一学科或专业的文献(一般包括相关学科或专业的文献)为适用范围的分类表。

21.369　国际核信息系统/能源技术数据交换主题类目与范畴说明　INIS/ETDE description of subject categories and categories

用于划定 INIS 数据库与 ETDE 数据库收录文献范围的说明，供文献处理与检索使用。

21.370　专业叙词表　subject thesaurus

面向某一学科或某一类型的文献主题的叙词表。收词范围较窄，只收录本专业领域的叙词及少量的相关领域的叙词。

21.371　核科学技术叙词表　nuclear scientific and technical thesaurus

为建立核科技文献计算机检索系统而编制的专业性综合叙词表。适用于国内外各类核科技文献的标引、计算机存储与检索及检索工具的编制。

21.372　国际核信息系统叙词表　INIS thesaurus

国际原子能机构为综合概括核领域在语义上和类属关系上相关的名词术语而编制的一部词典。用以标引和检索文献。

21.373　词表管理　thesaurus management

借助某种力量或工具对词表进行日常维护、更新和改进等活动的总称。

21.374　计算机编目　computer cataloging

利用计算机辅助开展文献编目的方式。

21.375　机读目录通讯格式　machine-readable cataloging communication format

简称"机读目录格式(machine readable catalogue format)"。又称"机读目录交换格式(machine readable catalogue exchange format)"。图书馆自动化系统之间传输和交换机读目录数据时共同遵循和使用的标准记录格式。

21.376　图书馆目录　library catalog

又称"馆藏目录(collection catalogue)"。揭示、识别、检索图书馆入藏文献的工具。它揭示文献特征，提供识别文献的依据，从文献的题名、责任者、主题、分类等方面指引检索文献的途径，并标识文献在书架上的排列位置。

21.377　文献标引　document indexing

在文献分析的基础上，以一定的检索语言作为依据，将文献中具有检索意义的内容特征及形式特征转换成相应的检索标识的过程。

21.378　主题标引　subject indexing

根据信息资源的内容特征提取信息资源主题，赋予信息资源词语标识的过程。

21.379　非主题标引　non-subject indexing

以文献中涉及的非主题要素为对象的一种标引工作。是编制非主题索引的基础工作。

21.380　人工标引语言　artificial indexing language

又称"规范化的标引语言(standardized indexing language)"。根据信息检索的需要而由人工创制的，用来专指或网罗文献资源属性和特征的规范化语言。包括分类标引语言、主题标引语言和代码标引语言等。

21.381　信息检索　information retrieval
又称"情报检索"。(1)广义为信息存储与检索。(2)狭义为利用适当的方法或手段从信息集合中查出需要信息的过程。

21.382　知识检索　knowledge retrieval
在知识组织的基础上，从知识库中检索出知识的过程。是一种基于知识组织体系、能够实现知识关联和语义检索的智能化的检索方式。

21.383　新颖率　novelty ratio
从检索系统中检出的对用户具有新颖性的相关信息量占所检出的总相关信息量的比例。是评价信息检索效果的指标之一。

21.384　网络信息检索　web information retrieval，web information search，information retrieval on the internet
将网络信息按一定方式存储起来，用科学的方法，利用检索工具，为用户检索、揭示、传递知识和信息的业务过程。

21.385　战略情报研究　strategic intelligence analysis
为长期或全局的战略目标服务的情报研究过程。战略情报研究人员根据战略决策需要，使用信息技术手段和战略情报研究方法，分析、综合战略情报内容，揭示研究对象的发展规律、发展态势和未来发展前景。

21.386　战术情报研究　tactical intelligence analysis
为解决当前的或具体的问题而提供的情报研究过程。主要着眼于解决科研和生产中的实际问题，提供具体的技术和解决办法，较注重适用性和经济效益。

21.387　专题情报研究　subject intelligence analysis
情报研究人员根据特定用户的需求，围绕特定问题或研究专题，收集有关的文献情报进行历史地、全面地调查研究，运用相关的逻辑方法和技术方法，并对这些文献情报进行不同形式的加工和研究，撰写文字材料以提供创造性劳动成果的过程。

21.388　动态情报研究　dynamic intelligence analysis
对基于某一领域最新技术、知识或产品信息，通过情报研究的方法和研究手段进行科学的筛选、提炼和综合，形成或生产有参考价值的情报产品所进行的分析。

21.389　智库　think tank
又称"思想库"。一种研究性咨询服务机构。将各种高智力的专家人才合理组织聚合，使之致力于社会政策、经济、军事战略和科技发展等重大问题的研究，为政府、企业或社会团体的决策和行动调查研究、出谋划策，并为其提供专业的知识、技术、经验等研究性咨询服务。

21.390　专业智库　professional think tank
致力于特定专业领域的研究性服务机构。将该专业领域内的高智力专家人才聚集起来，使之致力于该专业重大问题的研究，为决策者出谋划策，并为其提供专业的知识、技术、经验等研究性咨询服务。

21.391　引文分析　citation analysis
利用各种数学及统计学的方法和比较、归纳、抽象、概括等逻辑方法，对科学期刊、论文、著者等各种分析对象的引证与被引关系进行分析，以便揭示其数量特征和内在规律的一种文献计量研究方法。

21.392　学术影响力　academic influence
某一段时期内期刊、著者等对相关学术研究领域内科研活动的影响范围和影响深度。

21.393　核心期刊　core journal
某一学科或专业领域中，刊载大量专业论文和利用率较高的少数重要期刊。

21.394　网络数据分析　web data analysis
采用数据挖掘、流量分析、多维分析、定性分析等多种方法，对网络上各种元数据、结构化、半结构化以及非结构化数据进行的分析。

21.395　知识服务　knowledge service
以信息搜寻、组织、分析等为基础，根据用户的需求和信息环境，融入用户解决问题的过程中，提供能够有效支持知识应用和知识创新的行为。

21.396　信息服务能力　information service ability
利用现有资源和设施最大程度地满足用户文献信息需求的能力。包括信息资源提供能力、信息人才保障能力、服务方式、优化能力、服务质量、控制能力等。

21.397　科技查新　novelty search service
具有相关资格的图书馆或信息机构为查新委托人的专利、发明以及科研成果的新颖性做出鉴证的信息服务工作。

21.398　专利查新　patent novelty searching
在专利申请过程中，为审查所述发明创造是否达到专利法所规定的新颖性、创造性和实用性要求，也就是判断发明创造是否符合专利申请条件而进行的信息查询行为。科技查新包含专利查新，而专利查新在新颖度和时间限制上要求更为严格。

21.399　定题服务　selective dissemination of information，SDI
图书情报机构根据用户课题的信息需求，通过收集、筛选、整理信息，定期或不定期地提供给用户，直至协助用户完成课题的一种连续性服务。

21.400　情报用户　intelligence user
在科研、教学、管理、生产、技术应用以及其他活动中需要利用情报机构服务的个人或团体。是图书情报机构的服务对象。

英 汉 索 引

A

access control system 门禁系统 06.495

accident 事故 17.096

accidental coincidence 随机符合 17.188

accidental coincidence counting 随机符合计数 17.189

accidental coincidence counting rate 随机符合计数率 17.190

accident analysis 事故分析 16.263

accident condition 事故工况 16.264

accident exposure 事故照射 17.097

accident handling 事故处理 16.262

accident management 事故管理 16.265

accident mitigation 事故缓解 16.266

accident precursor 事故先兆 16.267

accident prevention 事故预防 16.269

accident procedure 事故处理规程 05.460

accident sequence 事故序列 16.268

accident without significant off-site risk 4级[无厂外明显风险的事故] 16.180

accident with significant off-site risk 5级[有厂外明显风险的事故] 16.181

accreditation 认证 20.008

accumulation effect 累积效应 04.113

accumulator ring 积累环 06.131

accuracy *准确度 21.017

accuracy class 准确度等级 21.051

accuracy in calibration 校正精度 17.203

accuracy of measurement 测量准确度 21.017

achieved availability 可达可用度 21.259

achromatic 消色差 06.167

acid and basic decontamination 酸碱去污 14.393

acid deficiency 缺酸 14.061

acid in-situ leaching of uranium mining 酸法地浸采铀 12.025

acid leaching of uranium 铀酸法浸出 12.128

acid metasomatism 酸交代 11.140

AC power input voltage 交流供电输入电压 09.106

actinide 锕系元素 14.037

actinide recycling 锕系元素再循环 14.017

actinide contraction 锕系收缩 02.095

actinium 锕 02.065

actinium-225 锕-225 08.080

actinium series 锕系 01.163

actinyl 锕系酰 02.096

action level 行动水平 15.071

activable tracer technique 可活化示踪技术 17.475

activation analysis 活化分析 02.297

activation detector 活化探测器 09.265

activation foil 活化箔 10.497

activation indicator 活化指示剂 10.227

activation method 活化法 21.140

activation reaction rate 活化反应率 10.493

active area *活性块 08.149

active area dimension 活性区尺寸 08.158

active component 能动部件 16.162

active control of potential 电势主动控制 04.147

active custody 主动监护 14.428

active fuel length 燃料活性长度 05.023

active height 活性区高度 05.024

active interrogation 有[放射]源探询 02.277

active neutron detection 有源中子探测 10.454

active neutron interrogation 有源中子探询 02.278

active nuclear stockpile 现役核库存 10.372

active safety facility 能动安全设施 05.441

active zone 活性区 21.097

activity [放射性]活度 02.122

activity concentration 活度浓度 15.024

acute exposure 急性照射 15.055

AD 可防止剂量 15.066

adaptive integral method 自适应积分方法 20.257

ADC 模拟-数字变换器 09.303

adiabatic compression heating 绝热压缩加热 03.193

adiabatic damping 绝热阻尼 06.169

adiabatic invariant 绝热不变量,*浸渐不变量 03.113

adiabaticity parameter 绝热系数 01.192

adiabatic method 绝热法 21.123

adiation quality *辐射品质 21.086

adjoint flux 伴随通量,*共轭通量 20.103

adjust 调制 14.219

adjustment calculation 平差计算 06.444

admittance 接收度 06.177

adrenal imaging 肾上腺显像 17.423

adrenal medullary imaging 肾上腺髓质显像 17.425

adrenocortical imaging 肾上腺皮质显像 17.424

ADS 加速器驱动次临界系统 06.619

adsorption-desorption 吸附-解吸 02.309

adsorption of radioactivity 放射性吸附 02.006

adsorption retaining 吸附滞留 14.224

adsorptive coprecipitation 吸附共沉淀 02.009

ADS reactor system 加速器驱动次临界反应堆系统 05.281

ADS transmutation 加速器驱动次临界洁净核能系统嬗变 14.257

ADU process 重铀酸铵法 13.113

advisory service agency 咨询服务机构 21.324

AE 阿尔芬本征模 03.196

aerial radiation survey 航空辐射测量，*航空放射性测量 15.176

aerodynamic isotope separation process 空气动力学同位素分离法 08.123

aerosol sample 气溶胶样品 10.269

affiliated evidence 附属证据 10.283

after-load radiotherapy 后装放射治疗 17.433

aftershock detection 余震检测 10.434

age characterization 年龄表征 10.307

age of uranium mineralization 铀成矿化年龄 11.135

Ag-In-Cd alloy 银铟镉合金 13.102

aging management 老化管理 16.160

agitation leaching of uranium ore 铀矿石搅拌浸出 12.130

Ai 固有可用度 21.260

airborne debris 气载碎片 02.043

airborne dynamic calibration 航空动态校准 21.192

air-borne gamma-spectrometry survey 航空γ能谱测量 11.260

air-borne gamma total survey 航空γ总量测量 11.259

airborne model 航空模型 21.188

airborne radiation measurement model *航空放射性测量模型 21.188

airborne radionuclide transfer process in terrestrial ecosystem 气载放射性核素在陆地生态系统的转移过程 02.352

air-equivalent ionization chamber 空气等效电离室 09.131

air-equivalent materials 空气等效材料 15.021

air-equivalent scintillation detector 空气等效闪烁探测器 09.184

air kerma 空气比释动能 15.028

airlift 空气升液器 14.178

air lifting 空气提升 12.088

air-liquid separator of in-situ leaching of uranium mining 地浸采铀气液分离器 12.087

airlock 空气闸门，*气闸 14.175

air nuclear test 空中核试验 10.257

airplane sampling 飞机穿云取样 10.264

air purge instrument 吹气仪表 14.182

air shock wave in nuclear explosion 核爆炸空气冲击波 10.129

alanine dosimeter 丙氨酸剂量计 19.053

alanine-EPR dosimetry system 丙氨酸-EPR剂量测量系统 19.054

ALARA principle *ALARA原则 17.091

alarm system of nuclear power plant 核动力装置报警系统 05.352

alaskite 白岗岩 11.064

alaskite type uranium deposit 白岗岩型铀矿床 11.177

albedo 反照率 15.100

albedo neutron 反照中子 10.232

albino mutation 白化突变 18.067

albitization 钠长石化 11.141

aleatory uncertainty 偶然不确定性 20.056

ALEM 任意拉格朗日-欧拉方法 20.022

alert rate 戒备率 10.382

alerting rate of nuclear missile 导弹核武器的戒备率 10.098

Alfven eigenmode 阿尔芬本征模 03.196

Alfven eigenmode caused by circularity *环形性引起的阿尔芬本征模 03.332

Alfven frequency gap 阿尔芬频率间隙 03.197

Alfven velocity　阿尔芬速度　03.025

Alfven wave　阿尔芬波　03.024

Alfven [wave] instability　阿尔芬[波]不稳定性　03.195

ALI　年摄入量限值　17.086

alignment　准直　06.442

alignment reference　准直基准　06.443

alkalic-metasomatic type uranium deposit　碱交代岩型铀矿床　11.169

alkalic metasomatism　碱交代　11.139

alkalic rock type uranium deposit　碱性岩型铀矿床　11.178

alkaline in-situ leaching of uranium mining　碱法地浸采铀　12.026

alkaline leaching of uranium　铀碱法浸出　12.129

alkaline rock　碱性岩　11.060

Allison emittance meter　阿利森发射度仪　06.457

allowed transition　容许跃迁，*允许跃迁　01.138

alpha decay　阿尔法衰变　01.109

alpha-decay spectroscopy　阿尔法衰变谱学　01.167

alpha glove box　α手套箱　08.002

alpha magnet　阿尔法磁铁　06.291

alpha nuclide experiment　*α核素实验　14.092

alpha particle　阿尔法粒子　01.097

alpha particle channeling　阿尔法粒子隧道效应　03.198

alpha particle heating　阿尔法粒子加热　03.199

alpha radioactivity　阿尔法放射性　01.100

alpha ray　阿尔法射线　01.103

alpha-ray spectrum　阿尔法射线谱　01.106

alternating gradient focusing　交变梯度聚焦　06.040

alternating gradient focusing principle　交变梯度聚焦原理　06.023

alternating gradient synchrotron　交变梯度同步加速器　06.087

alternating polarity magnetic focus　交变极性场聚焦　07.139

alternative power supply　替代电源　16.310

Alvarez accelerator　阿尔瓦瑞兹加速器　06.103

241Am-Be neutron source　241Am-Be 中子源　10.505

ambient dose equivalent　周围剂量当量　15.036

americium　镅　02.071

americium-241　镅-241　08.086

americium-241-beryllium neutron source　镅-241-铍中子源　08.246

americium-241 low energy photon source　镅-241 低能光子源　08.237

americium-241 α radioactive source　镅-241 α放射源　08.223

ammonium diuranate process　重铀酸铵法　13.113

ammonium uranyl carbonate process　三碳酸铀酰铵法　13.114

ammonium uranyl tricarbonate　131 产品　12.172

amount uranium resource　铀资源量　11.190

amplifying semiconductor detector　内放大半导体探测器　09.217

amplitude analyser　幅度分析器　09.338

amplitude control loop　幅控环　06.411

amplitude stability　幅度稳定度　06.406

amplitude-time converter　幅度–时间变换器　09.307

AMS　加速器质谱计　06.150，加速器质谱分析　06.579

analog offset　模拟偏置　09.093

analogue ratemeter　模拟率表　09.347

analogue-to-digital converter　模拟–数字变换器　09.303

analysis method for species of radionuclide　放射性核素化学形态分析方法，*放射性核素化学种态分析方法　02.304

analysis of transient nuclear reaction of charged particle　*带电粒子瞬发核反应分析　02.236

analysis of uranium in resin through dry ash method　树脂铀干灰分析法　12.183

analytic hierarchy process　层次分析方法　04.252

ANC coefficient　*ANC 系数　01.184

andesite　安山岩　11.077

Anger gamma camera　安格 γ 照相机，*Anger 相机，γ 照相机　17.122

angle dependence of response　*响应的角度依赖性　21.174

angle neutron flow　*角中子流　05.014

angle response　角响应　21.174

angular distribution　角分布　02.175

angular neutron fluence　中子角注量　10.513

angular neutron spectrum 中子角度谱 10.480

angular spectrum method 角谱方法 20.213

animal PET 小动物正电子发射体层仪 17.229

animal PET/CT 小动物正电子发射与计算机体层显像仪 17.231

animal SPECT 小动物单光子发射计算机体层仪 17.230

animal SPECT/ CT 小动物单光子发射与计算机体层显像仪 17.232

anion exchange resin 阴离子交换树脂 12.144

anisoplanatic error 非等晕误差 20.198

annealing 退火 04.175

annealing factor 退火系数 04.071

annual dose 年剂量 15.064

annual limit on intake 年摄入量限值 17.086

annular electron beam 环形电子束 07.108

annular fuel assembly 环形燃料组件 13.036

annular source 环状源 08.196

anomalous absorption 反常吸收 03.346

anomalous electron thermal conductivity 反常电子热传导 03.200

anomalous mixed crystal 反常混晶 02.041

anomalous transport 反常输运 03.201

anomaly 1 级[异常情况] 16.177

anomaly halo 异常晕 11.274

antechamber 带前室真空盒 06.414

antenna gain 天线增益 04.212

anticipated operational occurrence 预计运行事件 16.285

anticipated transient without scram/trip 未能紧急停堆的预期瞬态 16.277

anticline 背斜 11.109

anticoincidence 反符合 21.155

anticoincidence circuit 反符合电路 09.299

anticoincidence method 反符合法 21.138

anti-compel alarm 反胁迫报警,*反劫持报警 15.184

anti-Compton gamma ray spectrometer 反康普顿γ谱仪 09.355

antidiffusion 反扩散 03.202

antigen 抗原 08.297

anti-interception capability 反拦截能力 10.096

antimatter 反物质 01.050

antimatter nucleus 反物质原子核 01.051

antimutagen 抗诱变剂 18.080

antineutron 反中子 01.048

anti pile-up *反堆积 09.294

antiproton 反质子 01.047

antiproton storage ring 反质子储存环 06.115

anti-radiation agent 抗辐射剂 19.091

anti-reconnaissance capability 反侦察能力 10.095

antisense imaging 反义显像 17.059

antisense nuclear acid imaging agent 反义核酸显像剂 08.321

antisense probe 反义探针 17.027

Ao 使用可用度 21.258

aperture 孔径 06.048

aperture coupling 孔缝耦合 04.203

apoptosis imaging agent 细胞凋亡显像剂 17.023

application specific integrated circuit 专用集成电路 09.310

applicator 敷贴器 17.450

aqueous reprocessing 水法后处理 14.020

Ar-Ar age Ar-Ar 年龄 11.324

arbitrarily Lagrangian-Eulerian method 任意拉格朗日-欧拉方法 20.022

arbitrate verification 仲裁检定 21.076

archiver 数据存档服务器 06.491

arc plasma sintering radioactive source preparation technology 电弧等离子烧结制源工艺 08.214

area screening 区域预选 14.349

area target 面目标 10.387

area-wide integrated pest management 大面积害虫综合治理 18.048

argon sampling tube 氩气取样管 05.504

argon scavenging tube 氩气吹扫管 05.505

argon system 氩气系统 05.515

arming 解保 10.079

arms control 军备控制 10.334

arms race stability 军备竞赛稳定性 10.338

arrangement for emergency response 应急响应安排

15.177

artifact 伪影 17.283

artificial earth satellite 人造地球卫星，*人造卫星，*卫星 04.256

artificial impermeable layer 人工隔水层 12.036

artificial indexing language 人工标引语言 21.380

artificial power network *人工电源网络 04.216

artificial radiation belt 人工辐射带 04.014

artificial radioactivity 人工放射性 01.096

artificial radioactivity in environment 环境中人工放射性 15.125

artificial [radio] element 人工放射性元素 02.067

artificial radioisotope 人造放射性同位素，*人工放射性同位素 08.004

artificial radionuclide 人工放射性核素 02.059

ash meter 灰分计 08.271

ASIC 专用集成电路 09.310

as low as reasonably achievable principle 可合理达到的最低量原则 17.091

aspect ratio 环径比 03.093

assembling-checking ground equipment 地面设备 10.029

assembling-checking special equipment 装检设备 10.030

assessment model 评价模式 15.129

assessment of hydroradioactive anomalous 放射性水异常评价 11.305

assessment of uranium resource 铀资源潜力评价 11.223

assessment parameter 评价参数 15.130

associated assembly 相关组件 13.041

associated-paragenetic harmful component of uranium ore 铀矿石共伴生有害组分 11.216

associated-paragenetic useful component of uranium ore 铀矿石共伴生有益组分 11.215

associated particle method 伴随粒子法 21.141

associated uranium-thorium ore mining radioactive waste 铀钍伴生放射性废物 14.207

astatine 砹 02.062

astatine-211 砹-211 08.078

astrophysical S-factor 天体物理 S 因子 01.390

asymmetric energy window 非对称能窗 17.220

asymmetric fission 非对称裂变 02.154

asymptotic normalization coefficient 渐近归一化系数 01.184

atmospheric nuclear explosion 大气层核爆炸 04.037

atmospheric nuclear test 大气层核试验 10.392

atmospheric pressure plasma 常压等离子体 03.056

atomic bomb 原子弹 10.009

atomic mass 原子质量 01.008

atomic mass unit 原子质量单位 01.009

atomic nuclear physics 原子核物理[学]，*核物理[学] 01.002

atomic nucleus 原子核 01.001

atomic number *原子序数 01.007

atomic shell structure 原子壳层结构 20.156

atomic structure 原子结构 20.150

attenuation correction 衰减校正 17.313

attenuation length of crystal 晶体衰减长度 17.177

ATWS/ATWT 未能紧急停堆的预期瞬态 16.277

AUC 131 产品 12.172

AUC process 三碳酸铀酰铵法 13.114

audit 监查 16.106

auditee 受审核方 21.240

audit evidence 审核证据 21.239

audit finding 审核发现 21.238

Auger electron 俄歇电子 01.147

Auger electron source 俄歇电子源 08.179

aurora particle 极光粒子 04.028

Au-Si surface barrier semiconductor detector 金硅面垒半导体探测器 10.509

authorized activity 经授权[批准]的活动 16.112

authorized discharge 获准的排放 16.224

authorized limit 获准的限值 16.225

automatic recorder of air shock wave pressure 压力自记仪[钟表式等] 10.132

automatic synthesis device 自动合成装置 08.336

autoradiogram 放射自显影图 08.290

autoradiography 放射性自影像，*放射自显影术 09.002

autunite 钙铀云母 11.017

auxiliary feedwater system 辅助给水系统 05.323

auxiliary steam system 辅助蒸汽系统 05.299

availability factor of NPP 核电厂可用因子 05.428

availability of safety function 安全功能的可用性 16.188

avalanche effect 雪崩效应 17.118

avalanche model 雪崩模型 03.125

average binding energy *平均结合能 01.016

average channel 平均通道 05.135

average core burn up 堆芯平均燃耗 05.079

average current 平均流强 06.012

average fission yield 平均裂变产额 10.236

average power density 平均功率密度 05.059

avertable dose 可防止剂量 15.066

AW-IPM 大面积害虫综合治理 18.048

axial field of view 轴向视野 17.212

axially-symmetric deformation 轴对称形变 01.213

axial offset 轴向偏移 05.061

axial peaking factor 轴向峰因子 05.144

axisymmetric mode 轴对称模 03.178

B

backbending 回弯 01.226

back-door coupling 后门耦合 04.199

back-end of nuclear fuel cycle 核燃料循环后段 14.008

backfill 回填 14.367

backfilling 回填堵塞 10.142

backfilling plug 回填堵塞段 10.170

backfill materials 回填材料 14.338

background count 本底计数 18.150

background radiation 本底辐射 17.074

background subtraction method 背景减除法 17.311

back mutation 回复突变 18.077

back-scattering 反散射 02.052

backscattering analysis 背散射分析 02.264

β backscatter thickness gauging β反散射测厚 08.265

bacterial leaching *细菌浸出 12.137

bag sealing technology 袋封技术 14.184

balanced radiation hardening 均衡加固 04.126

balance mixer 平衡混频器 06.349

balance of nuclear power plant 核电厂配套设施 05.285

ballast resistor 限流电阻,*镇流电阻 07.037

ballistic missile 弹道导弹 04.257

ballistic missile early warning system 导弹预警系统 10.093

ballooning instability 气球不稳定性 03.166

ban 禁止 10.342

banana orbit 香蕉轨道 03.124

banana regime 香蕉区 03.203

band 带 01.221

bandwidth 带宽 06.384

bang time 爆炸时间 03.347

Bardeen-Cooper-Schrieffer resistance BCS电阻 06.535

barrier distribution 势垒分布 01.356

baryon 重子 01.056

basalt 玄武岩 11.078

base 源底托 08.153

baseline data inspection 基准数据视察 10.445

base-line imaging 基础显像 17.352

baseline restorer 基线恢复 09.293

baseline shift 基线漂移 09.292

base load operating mode 基本负荷运行方式 05.458

base quantity 基本量 21.002

basic equation of fluid dynamics 流体力学基本方程 20.032

basic nuclear medicine 基础核医学 17.002

basic principle for radiation protection 辐射防护基本原则 15.043

basic radionuclide values A1 放射性核素基本值 A1 15.199

basic radionuclide values A2 放射性核素基本值 A2 15.200

basin 盆地 11.090

basis for review and approval of nuclear safety license 核安全许可证审批依据 16.078

batch-dissolution 批式溶解 14.058

batch refueling scheme 分批换料法 05.103

Bayesian method 贝叶斯方法 04.247

bayonet 低温卡口 06.551

BBA 基于束流准直 06.483

BBGKY theory 波玻格基伊理论 03.033

BBNs 大爆炸核合成 01.391

BCP 缓冲化学抛光 06.523

BCS resistance BCS 电阻 06.535

B-dot sensor 磁场探头 07.146

beam 束流 06.003

beam based alignment 基于束流准直 06.483

beam-beam interaction 束-束相互作用 06.223

beam-beam parameter 束-束作用参量 06.225

beam breakup effect 束流崩溃效应 06.222

beam centroid 束流质心 07.174

beam chemistry 束化学 02.204

beam current 束流强度 06.006

beam current transformer 束流变压器 06.465

beam diaphragm 限束光阑 06.447

beam dump 束流收集器, *束流垃圾桶 06.466

beam dynamics 束流动力学 06.155

beam ejection 束流引出 06.059

beam energy 束流能量 06.005

beam envelope 束流包络 06.244

beam envelope radius 束流包络半径 07.176

beam extraction 束流引出 06.059

beam-foil spectroscopy 束-箔谱学 02.270

beam flux 束流通量 01.270

beam-gas scattering 束-气散射 06.214

beam halo 束晕 06.236

beam halo monitor 束晕检测仪 06.460

beam induced fluorescence monitor 束流荧光探测器 06.479

beam injection 束流注入 06.057

beam intensity 束流强度 06.006

beam lifetime 束流寿命 06.237

beam limiter 束流控制器 10.606

beam line stand 束线支架 06.446

beam loading 束流负载效应 06.229

beam loss monitor 束流损失探头 06.477

beam manipulation 束流操控 06.234

beam matching 束流匹配 06.242

beam optics 束流光学 06.156

beam physics *束流物理 06.154

beam-plasma instability 束-等离子体不稳定性 03.204

beam position monitor 束流位置探头 06.449

beam profile 束流横向截面 06.008

beam profile monitor 束流剖面仪 06.458

beam pulsed technology 束流脉冲化技术 06.566

beam purity indicator 束流纯度指示器 10.599

beam scan 束流扫描 06.565

beam smoothing 束匀滑 03.348

beamstrahlung 束致辐射 06.052

beam transport line 束流传输线 06.060

beam waist 束腰 06.162

beam wake-field acceleration 束流尾场加速 06.030

beam wake-field accelerator 束流尾场加速器 06.146

beginning of life 寿期初 05.070

bellows 波纹管 06.438

Bell-Plesset effect 贝尔-普勒赛特效应 03.349

Bell's equation Bell 方程 20.107

bench experiment 台架实验 14.090

benchmark testing 基准测试 20.067

bending magnet 偏转磁铁 06.287

beresitization 黄铁绢英岩化 11.143

berkelium 锫 02.073

Bernstein-Greene-Kruskal mode 伯格克模 03.034

beta decay 贝塔衰变 01.110

beta-decay spectroscopy 贝塔衰变谱学 01.168

beta-delayed fission 贝塔延迟裂变 01.345

beta induced Alfven eigenmode 比压阿尔芬本征模 03.205

beta particle 贝塔粒子 01.098

beta particle mean energy β 粒子的平均能量 21.113

beta radioactivity 贝塔放射性 01.101

beta ray 贝塔射线 01.104

beta-ray spectrum 贝塔射线谱 01.107

beta-stability line 贝塔稳定线 01.021

betatron 电子感应加速器 06.077

betatron function β 函数 06.180

betatron oscillation 横向振荡, *感应加速器振荡 06.036

beyond design basis accident 超设计基准事故 16.200

B-factory B-介子工厂 06.138

BGK mode *BGK 模 03.034

BGO 锗酸铋 17.168

BIAE 比压阿尔芬本征模 03.205

bias [of a radiation detector] [核辐射探测器]偏置 09.043

BIF monitor 束流荧光探测器 06.479

bifunctional chelator 双功能螯合剂 08.281

bifunctional conjugating agent 双功能连接剂 08.280

big-bang nucleosynthesis 大爆炸核合成 01.391

big data 大数据 21.301

bilevel-structural iso-tropic partical BISO 颗粒 13.083

binding energy 结合能, *束缚能 01.015

bioburden 生物负载 19.177

bioleaching 生物浸出 12.137

biological decontamination 微生物去污 14.426

biological effect of tritium in environment 环境中氚的生物效应 02.346

biological half-life 生物半衰期 17.028

biological indicator 生物指示物, *生物指示剂 19.179

biological oxidation tank 生物接触氧化槽 12.138

biological transfer of tritium 氚的生物转移 02.341

biology isotope effect 生物学同位素效应, *同位素生物学效应 08.101

biosynthesis 生物合成法 08.436

bismuth-212 铋-212 08.076

bismuth germanate 锗酸铋 17.168

BIT 机内测试 21.266

bituminization 沥青固化 14.273

BIXS method β 衰变诱发 X 射线谱法 21.147

black body radiation 黑体辐射 04.036

black-box testing 黑盒测试 20.065

black shale type uranium deposit 黑色页岩型铀矿床 11.175

blasted stope in-situ leaching of uranium mining 原地爆破浸出采铀 12.016

blistering test 起泡试验 13.144

blob 滴状截面结构 03.206, 团迹, *云团 19.024

blocking effect 阻塞效应 02.267

blocking thyroid 封闭甲状腺 17.428

blood brain barrier function imaging *血脑屏障功能显像 17.343

blood flow imaging 血流显像 17.049

blood perfusion imaging agent 血液灌注显像剂 08.306

blood pool imaging 血池显像 17.050

blood pool imaging agent 血池显像剂 08.307

Blumlein line 布鲁莱恩线, *双线 07.047

BMC 骨矿物含量 17.373

BMD 骨密度 17.374

BMS *骨髓闪烁显像 17.376

BNCT 硼中子俘获治疗 17.440

body activation indicator 体活化指示剂 10.228

Bohm diffusion 玻姆扩散 03.207

Bohm transport *玻姆输运 03.207

bohrium 𨨢 02.083

boiling water reactor 沸水堆 05.251

BOL 寿期初 05.070

Bolten-Hunter labeling method 博尔顿-亨特标记法 08.447

Boltzmann equation *玻尔兹曼方程 20.082

bone imaging agent 骨显像剂 08.319

bone marrow imaging　骨髓显像　17.376

bone marrow scintigraphy　*骨髓闪烁显像　17.376

bone mass　骨量　17.372

bone mineral content　骨矿物含量　17.373

bone mineral density　骨密度　17.374

bone scintigraphy　核素骨显像　17.360

bone tomography imaging　体层骨显像　17.364

boosted atomic bomb　助爆型原子弹　10.012

booster　增强器　06.111

bootstrap current　自举电流　03.208

borehole disposal　处置钻孔　14.364

borehole filter　钻孔过滤器，*过滤器　12.053

boride　硼化物　13.104

Born-Oppenheimer adiabatic approximation　玻恩-奥本海默绝热近似　20.128

Born-Oppenheimer molecular dynamics　玻恩-奥本海默分子动力学　20.140

boron-10　硼-10　08.131

boron carbide　碳化硼，*黑钻石　13.106

boron carbide shield assembly　碳化硼屏蔽组件　05.496

boron coated semiconductor detector　涂硼半导体探测器　09.220

boron differential worth　硼微分价值　05.094

boron dilution accident　硼稀释事故　16.241

boron equivalent　硼当量　13.148

boron neutron capture therapy　硼中子俘获治疗　17.440

boron recycle system　硼回收系统　05.327

boron trifluoride counter　三氟化硼计数器　09.169

boron trifluoride ionization chamber　三氟化硼电离室　09.139

boron-lined ionization chamber　涂硼电离室　09.125

boron-lined proportional counter tube　涂硼正比计数管　09.154

borosilicate glass form　硼硅酸盐玻璃固化体　14.281

Borromean nucleus　波罗米昂核　01.254

bottom nozzle　下管座　05.226

bottom width　底宽　07.022

boundary element method　边界元方法　20.266

bound state　束缚态　01.235

BP effect　贝尔-普勒赛特效应　03.349

BPM　束流位置探头　06.449

brachytherapy　近距离治疗　17.431

Bragg curve　布拉格曲线　04.107

Bragg edge imaging method　布拉格边成像方法　10.608

Bragg-Gray cavity　布拉格-戈瑞空腔　09.065

Bragg-Gray cavity ionization chamber　布拉格-戈瑞空腔电离室　15.102

Bragg-Gray ionization chamber　布拉格-戈瑞电离室　09.129

brain imaging agent　脑显像剂　08.316

brain perfusion scan　脑血流灌注显像　17.345

branching decay　分支衰变　02.157

branching ratio　分支比　01.118

branch pipeline for lixiviant injecting　注液支管道　12.100

branch pipeline for pregnant solution pumping　集液支管道　12.103

branch ratio of photoelectric effect of crystal　晶体光电效应分支比　17.176

brannerite　钛铀矿　11.008

breakdown　击穿　07.014

breakdown strength　击穿强度　07.016

breakeven condition　能量得失相当条件　03.001

breakup reaction　破裂反应　01.332

breccia complex type deposit　赤铁矿角砾杂岩型铀矿床　11.182

breeder assembly　增殖组件　05.210

breeder zone　增殖再生区　05.486

breeding blanket　增殖包层　03.021

breeding region　增殖区　05.207

Breit-Wigner formula　布雷特-维格纳公式　01.365

bremsstrahlung　韧致辐射　06.050

bremsstrahlung source　韧致辐射源　08.181

brick backfilling plug　预制块回填段　10.171

brightness　[光源]亮度　06.055

brilliance　[光源]亮度　06.055

Brillouin flow　布里渊流　07.100

brittle fracture　脆性断裂　04.060

broad-beam condition　宽束条件　15.097

bromine-76 溴-76 08.048

bubble chamber 气泡室 09.237

bubble competition 气泡竞争 03.350

buffer area 缓冲区 14.372

buffer materials 缓冲材料 14.337

buffered chemical polishing 缓冲化学抛光 06.523

build-up factor 累积因数, *累积因子 15.023

built-in test 机内测试 21.266

bulk analysis tool 宏量分析工具 10.327

bulk boiling *大容积沸腾 05.148

bulk density 堆积密度 19.146

bull's eye image 极坐标靶心图 17.340

bump-in-tail instability 尾隆不稳定性 03.209

bump magnet 凸轨磁铁 06.302

bunch 束团 06.004

bunch by bunch feedback 逐束团反馈 06.486

bunch by bunch measurement 逐束团测量 06.473

bunch compression 束团压缩 06.235

buncher 聚束器 06.573

bunching 聚束 06.042

bunching cavity 聚束腔 06.371

bunch length 束团长度 06.007

bunch lengthening 束团拉伸 06.215

bunch length monitor 束团长度探测器 06.474

bunch shape monitor 束团形状探测器 06.475

bundle fuel assembly 棒束型燃料组件 13.032

burnable poison 可燃毒物 05.216

burn credit of spent fuel 乏燃料燃耗信用制 14.046

burn-in 老化 21.287

burning plasma 燃烧等离子体 03.015

burnup equation 燃耗方程 05.076

burn-up level 燃耗深度 05.075

burn-up life [of a neutron detector] [中子探测器的]燃耗寿命 09.030

burn-up measurement apparatus 燃耗测量装置 05.554

burn-up of nuclear fuel 核燃耗 10.046

burst [in an ionization chamber] [电离室中的]猝发 09.059

burst [pulse] reactor 脉冲[反应]堆 10.528

burst pulses 猝发脉冲 07.004

bus 总线 09.312

BWFA 束流尾场加速器 06.146

B-W formula *B-W 公式 01.365

bystander effect 旁效应, *辐射旁效应 15.153

C

cable frequency-amplitude compensation 电缆[幅频]补偿 10.217

cadmium cut-off energy 镉切割能 10.520

cadmium-109 low energy photon source 镉-109 低能光子源 08.240

caesium-137 γ radioactive source 铯-137 γ 放射源 08.234

cadmium telluride detector 碲化镉探测器 09.201

cadmium zinc telluride detector 碲锌镉探测器 09.202

calandria vessel for heavy water reactor 重水堆排管容器 05.537

calandria vessel for HWR 重水堆排管容器 05.537

calcium reduction of uranium 铀钙热还原 13.116

calcrete type uranium deposit 钙结岩型铀矿床 11.185

calculation method for uranium reserve 铀矿储量计算方法 11.209

calculation of external dose 外照射剂量计算 17.114

calculation of uranium reserve 铀矿储量计算 11.208

calibration 校准, *标定, *刻度 21.012

calibration certificate 校准证书 21.016

calibration curve 校准曲线 09.101

calibration factor 校准因子 21.014

calibration specification 校准规范 21.013

californium 锎 02.074

californium-252 锎-252 08.087

californium-252 bothridium source 锎-252 裂片源 08.250

californium-252 neutron source 锎-252 中子源 08.245

californium neutron source assembly 锎中子源组件 05.497

calorimeter 量能器 09.245

calorimetric detector 量热探测器 09.276

calorimetric method 量热法 21.121

CAMAC crate controller *CAMAC 机箱控制器 09.318

CAMAC standard *CAMAC 标准 09.317

^{14}C-aminopyrine breath test 碳-14-氨基比林呼气试验 17.407

candidate site 预选场址 14.351

canned motor pump 屏蔽泵 05.368

cannon sampling 炮伞取样 10.266

capability of radiation hardening 抗辐射能力 04.235

capability of striking hardened target 打击硬目标能力 10.092

capability of striking soft target 打击软目标能力 10.091

capacitance coupling 电容耦合,*电耦合 06.401

capacitive divider 电容分压器 07.147

capacitive energy storage 电容储能 07.036

capacitor ionization chamber 电容器电离室 09.143

capsule 源包壳 08.151

capture 俘获 02.159

capture cross-section 俘获截面 02.160

capture detector 俘获探测器 10.477

capture hole 捕获穴 10.212

capture radiation 俘获辐射 01.146

capture reaction 俘获反应 01.335

carbon-11 碳-11 08.031

carbon-13 碳-13 08.132

carbon-14 碳-14 08.032

carbonate-siliceouspelitic rock type uranium deposit 碳硅泥岩型铀矿床 11.174

carbonatization 碳酸盐化 11.147

carbon-13 labeled compound 碳-13 标记化合物 08.400

carbon potassium uranium *碳钾铀矿 11.027

car-borne gamma-spectrometry survey 车载γ能谱测量 11.258

car-borne gamma total survey 车载γ总量测量 11.257

carcinogenic effect caused by tritium 氚的致癌效应 02.347

cardiac neural receptor imaging 心脏神经受体显像 17.331

cardiac stress test 心脏负荷试验 17.332

carnotite 钒钾铀矿 11.025

Car-Parrinello molecular dynamics 卡尔-帕林尼罗分子动力学 20.141

carrier 载体 02.011

carrier coprecipitation 载体共沉淀 02.038

carrier-free separation 无载体分离 02.040

carrier scattering 载流子散射 04.049

carry system 运载系统 04.253

cascade decay 级联衰变 01.124

cascade experiment 串级实验 14.089

cascade extraction ratio 级联提取率 08.112

cast space 废弃空间 12.220

catalytic halogen-tritium replacement 催化氚卤置换 08.444

categorization of radioactive source 放射源分类 15.095

category grade uranium ore 铀矿石品级 11.214

category I radioactive material transport container design permit 一类放射性物品运输容器设计批准书 16.120

category I radioactive material transport container manufacturing license 一类放射性物品运输容器制造许可证 16.121

cathode strip chamber detector 阴极条探测器 09.181

cation-cation coordination 阳阳离子络合 14.117

cation exchange resin 阳离子交换树脂 12.143

Cauchy relation 柯西关系式 10.572

cave disposal 洞穴处置 14.329

cavity dissipation 腔耗 06.377

cavity quench 腔失超 06.511

cavity system electromagnetic pulse *腔体系统电磁脉冲 04.207

cavity voltage 腔压 06.389

C band C 波段 06.338

^{13}C/^{14}C breath test diagnostic reagent ^{13}C/^{14}C-呼气试验诊断

试剂 08.020

CCD 逆流倾析 12.140

[^{11}C]-CFT [^{11}C]-甲基-N-2β-甲基酯-3β-(4-F-苯基)托烷 08.378

[^{11}C]-choline [^{11}C]-胆碱 08.380

CDF 堆芯损坏频率，*堆芯损伤频率 16.007

CdTe detector 碲化镉探测器 09.201

cellulose triacetate dosimeter 三醋酸纤维素剂量计 19.057

cementation 水泥固化 14.265

cement immobilization 水泥固定 14.311

cementing of well for in-situ leaching 地浸钻孔固井 12.063

cement solidification 水泥固化 14.265

central force 中心力，*有心力 01.078

central ignition 中心点火 03.351

centralized control system 集中式控制 06.490

central processing plant 中心处理厂 12.113

central visual field 中心视野 17.152

centrifugal barrier 离心势垒 02.181

centrifugal extractor 离心萃取器 14.160

centrifugal force 离心力 01.073

ceramic fuel 陶瓷体燃料 13.017

ceramic radioactive source preparation technology 陶瓷制源工艺 08.204

ceramic solidification 陶瓷固化 14.291

cerebral blood flow perfusion imaging *脑血流灌注体层显像 17.345

cerebral imaging agent 脑显像剂 08.316

cerebral metabolic imaging 脑代谢显像 17.347

cerebral perfusion imaging *脑灌注显像 17.345

Cerenkov counting 切连科夫计数法 02.299

Cerenkov detector 切连科夫探测器 09.249

Cerenkov imaging technique 切连科夫成像技术 08.312

Cerenkov radiation 切连科夫辐射 18.143

Cerenkov radiation emittance meter 切连科夫辐射发射度测量仪 06.450

ceric sulfate dosimeter 硫酸铈剂量计 19.052

cerium doped gadolinium oxyorthosilicate 掺铈氧化正硅酸钆，*掺铈含氧正硅酸钆，*硅酸钆 17.169

cerium doped lutetium oxyorthosilicate 掺铈氧化正硅酸镥，*掺铈含氧正硅酸镥，*硅酸镥 17.170

cerium doped lutetium yttrium oxyorthosilicate 掺铈硅酸钇镥，*正硅酸钇镥 17.171

certificate of nuclear safety class NDT inspector 核级无损检验员许可证 16.086

certificate of nuclear safety class welder 核级焊工资格证 16.084

certificate of nuclear safety class welding operator 核级焊接操作工许可证 16.085

certified reference material 有证参考物质，*有证标准物质 21.066

cesium-137 铯-137 08.066

cesium-137 radiation source ^{137}Cs 辐射源，*^{137}Cs 放射源 19.102

^{252}Cf spontaneous fission neutron source ^{252}Cf 自发裂变中子源 10.504

chain fission reaction 链式裂变反应 05.025

channel carrier mobility degradation 沟道载流子迁移率衰减 04.050

channel ratio 道比 09.023

channel ratio method 道比法 18.147

channeling effect 沟道效应 02.265

channeling radiation 沟道辐射 06.051

characteristic curve [of radiation detector] [核辐射探测器的]特性曲线 09.057

characteristic impedance 特征阻抗 06.219

characteristic literature database 特色数据库 21.339

characteristic ray 特征射线 08.172

characteristic resource 特色资源 21.338

characteristic time 特征时间 08.092

characteristic X ray 特征 X 射线 18.005

characterization 表征 10.296

characterization of waste form 废物固化体性能测试 14.296

charge accumulation effect 电荷累积效应 07.178

charge-discharge lifting machine 装卸料提升机 05.492

charged particle activation analysis 带电粒子活化分析

02.249

charged particle equilibrium 带电粒子平衡 21.164

[charged] particle-induced X-ray emission [带电]粒子激发 X 射线荧光分析 02.257

charged particle-photon coincidence method 带电粒子-光子符合法 21.136

charged-particle reaction 带电粒子反应 01.285

charge emission detector 电荷发射探测器 09.267

charge exchanger 电荷交换器 06.564

charge exchange reaction 电荷交换反应 01.327

charge leakage path 电荷泄放通道 04.148

charge sensitive preamplifier 电荷灵敏前置放大器 09.283

charge stripper 电荷剥离器 06.563

charge transfer process 电荷转移过程 20.177

charging and discharging effect 充放电效应 04.098

charging circuit 上充回路 05.374

charging pump 上充泵 05.372

τ-charm factory τ-粲工厂 06.139

Charpak chamber *恰帕克室 09.178

chart of nuclides 核素图 01.020

CH cavity CH 腔 06.503

check and ratification 核准 16.102

check device 核查装置 21.065

check point 监督检查点 16.107

chemical addition system 化学物添加系统 05.339

chemical and volume control system 化学和容积控制系统 05.316

chemical characterization 化学表征 10.304

chemical compound semiconductor detector 化合物半导体探测器 09.198

chemical conversion of uranium 铀化工转化 13.005

chemical decladding 化学去壳 14.055

chemical decomposition 化学分解 08.415

chemical decontamination 化学去污法 14.423

chemical detector 化学探测器 09.271

chemical dosimeter 化学剂量计 19.047

chemical grade 化学品位 10.054

chemical isotope separation process 化学同位素分离法 08.125

chemical laser 化学激光 20.178

chemical method 化学法 21.125

chemical mutagen 化学诱变剂 18.076

chemical plating radioactive source preparation technology 化学镀制源工艺 08.208

chemical precipitation 化学沉淀，*絮凝沉淀 14.230

chemical purity 化学纯度 08.286

chemical shim control 化学补偿控制 05.096

chemical stability of waste form 废物固化体化学稳定性 14.297

chemical state of fission product 裂变产物的化学状态 02.117

chemical well washing 化学洗井 12.069

chemistry of recoil atom 反冲原子化学 02.148

chicane 曲柄磁压缩器 06.290

chief information officer 信息主管，*首席信息官 21.329

chimera 嵌合体 18.087

chiral doublet band 手征双重带 01.233

chirality 手征性 01.232

chirped pulse amplification 啁啾脉冲放大 03.352

chloramine-T method 氯胺-T 法 08.441

chloritization 绿泥石化 11.148

Chodura sheath criterion Chodura 鞘层判据 03.035

choke 扼流结构 06.397

chop-leaching 切断-浸取 14.060

chopper 斩束器，*束流扫描切割器 06.575

chopping switch 斩波开关 07.069

chromatic aberration 色差 06.166

chromatic dispersion 色散 06.197

chromaticity 色品 06.196

chromatographic separation 色层分离法 14.134

chromosomal breakage 染色体断裂 18.089

chromosomal deficiency 染色体缺失 18.090

chromosomal duplication 染色体重复 18.092

chromosomal inversion 染色体倒位 18.088

chromosomal translocation 染色体易位 18.091

chromosome aberration 染色体畸变 15.158

chronic irradiation 慢性照射 18.086

CI 胞质不亲和性 18.057

Ci 居里 02.176

CIO 信息主管，*首席信息官 21.329

circuit tolerance analysis 电路容差分析 21.285

circular accelerator 圆形加速器 06.076

circular collider 环形对撞机 06.127

circular tunnel 环形廊道 10.163

circulating pump 循环泵 05.404

circulation ratio 循环倍率 05.160

circulator 环流器 06.351

circumferential profiles analysis 圆周剖面分析 17.341

circumvention 瞬时回避 04.139

cisternography *脑池显像 17.350

citation analysis 引文分析 21.391

civilian nonpowered nuclear technology 民用非动力核技术 19.031

civilian nuclear safety equipment list 民用核安全设备目录(表) 16.161

[11C] labeling method 碳-11 标记方法 08.337

cladding tube 包壳管 13.093

clark value of uranium 铀克拉克值 11.111

classical molecular dynamics 经典分子动力学 20.123

classical Monte Carlo method 经典蒙特卡罗方法 20.124

classical strong-field theory 经典强场理论 20.169

classical transport 经典输运 03.210

classification for package and over pack 货包和外包装分级 15.206

classification of radioactive waste 放射性废物分类 15.183

classification of uranium ore 铀矿石品级分类 12.015

cleaning system for sodium equipment of fast reactor 快中子堆钠设备清洗系统 05.471

clean-up circuit 净化回路 05.375

clearance 清洁解控 15.189，清除 17.032

cliff edge effect 陡边效应 16.206

clinical nuclear medicine 临床核医学 17.003

close-coupling method 强耦合方法 20.175

closed fuel cycle 闭式燃料循环 14.006

closed magnetic surface 封闭磁面，*闭合磁面 03.103

closed orbit 闭轨 06.189

closed orbit correction 闭轨校正 06.191

closed orbit distortion 闭轨畸变 06.190

closing switch 闭合开关 07.083

cloud chamber 云室 09.236

cluster decay 集团衰变 01.154，簇衰变 02.141

cluster injection 粒子团簇注入 03.211

cluster model 集团模型 01.245

cluster radioactivity 簇放射性 02.140

cluster structure 集团结构，*团簇结构 01.259

[11C]-methionine [11C]-蛋氨酸 08.379

[11C]-methyl-N-2β-carbomethoxy-3β-(4-fluorophenyl) tropane [11C]-甲基-N-2β-甲基酯-3β-(4-F-苯基)托烷 08.378

CNO cycle 碳氮氧循环 01.397

coal type uranium deposit 煤岩型铀矿床 11.188

coated particle 包覆颗粒 13.082

coated particle fuel 涂敷颗粒燃料 05.546，包覆颗粒燃料 13.021

coating 包被 08.296

coaxial resonant cavity 同轴谐振腔 06.374

coaxial semiconductor detector 同轴型半导体探测器 09.228

coaxial to waveguide converter 门钮，*同轴转波导 06.383

coaxial transmission line 同轴传输线 06.334

cobalt-57 钴-57 08.039

cobalt-59 钴-59 08.141

cobalt-60 钴-60 08.040

cobalt-57 graduated source 钴-57 刻度源 08.253

cobalt-57 Mössbauer source 钴-57 穆斯堡尔源 08.244

cobalt-60 radiation source 60Co 辐射源，*60Co 放射源 19.101

cobalt-60 γ radioactive source 钴-60 γ 放射源 08.233

Cockcroft-Walton accelerator 倍压加速器 06.067

co-decontamination separation cycle 共去污分离循环 14.100

coded-aperture collimator 编码板准直器 17.143

coded neutron source　编码中子源　10.332

coded source neutron imaging　中子编码成像　10.291

co-deposition　共沉积　03.212

coding knowledge　*编码知识　21.304

coefficient of mineralization of uranium deposit　铀矿含矿系数　12.004

co-extraction　共萃取　14.101

coextraction of technetium　锝共萃　14.121

coffinite　铀石　11.007

coherence length　相干长度　20.196

coherent synchrotron radiation　相干同步辐射　06.249

coherent synchrotron radiation method　相干同步辐射法　06.455

coherent transition radiation method　相干渡越辐射法　06.454

coincidence circuit　符合电路　09.298

coincidence circuit single photon emission computed tomography　符合线路单光子发射计算机体层仪　17.130

coincidence circuit SPECT　符合线路单光子发射计算机体层仪　17.130

coincidence counting method　符合计数法　21.135

coincidence detection　符合探测　17.183

coincidence event　符合事件　17.182

coincidence line　符合线　17.184

coincidence method of radioactive measurement　放射性测量的符合方法　19.039

coincidence resolving time　符合分辨时间　21.153

coincidence summing　符合相加　21.156

coincident time window　符合时间窗　17.181

cold cathode　冷阴极　07.102

cold cathode gauge　冷规　06.418

cold cathode ionization vacuum gauge　*冷阴极真空电离规　06.418

cold crucible melter vitrification　冷坩埚玻璃固化　14.290

cold cutting　冷切割　14.409

cold labeling　冷标记　08.410

cold neutron　冷中子　02.223

cold neutron activation analysis　冷中子活化分析　02.244

cold plasma model　冷等离子体模型　03.011

cold shutdown　冷停堆　05.466

cold spare　冷备份　04.136

cold spot imaging　*冷区显像　17.056

cold spot imaging agent　冷区显像剂　08.314

cold test　冷实验　14.091

cold trap　冷阱　06.432

cold X ray　*冷 X 射线　04.029

collapse caldera　塌陷破火山口　11.101

collecting electrode　收集电极　09.037

collection catalogue　*馆藏目录　21.376

collective effect　集体效应　06.200

collective effective dose　集体有效剂量　15.041

collective excitation　集体激发　01.190

collective instability　集体不稳定性　06.203

collective rotation　集体转动　01.194

collective vibration　集体振动　01.195

collective model　集体模型　01.241

collider　对撞机　06.126

collimator　准直器　17.132

collisional absorption　碰撞吸收　03.353

collisional ionization　碰撞电离　03.354

collisional region　碰撞区　03.213

collision-free Boltzmann equation　*无碰撞玻尔兹曼方程　03.026

collisionless drift instability　无碰撞漂移不稳定性　03.214

collisionless instability　无碰撞不稳定性　03.215

collisionless tearing instability　无碰撞撕裂不稳定性　03.216

collisionless trapped electron mode　无碰撞捕获电子模　03.217

color interaction　*色相互作用　01.065

combined source　组合源　08.197

combined standard measurement uncertainty　*合成标准测量不确定度　21.025

combined standard uncertainty　合成标准不确定度　21.025

combining function focusing　组合作用聚焦　06.024

combustible waste　可燃性废物　14.194

combustion synthesis　*燃烧合成　14.295

commercial radioactive source　商用放射源　10.288

commercial test for in-situ leaching of uranium mining　地浸采铀工业性试验　12.030

commercial type of uranium deposit　铀矿床工业类型　11.159

commissioning　调试　16.204

committed effective dose　待积有效剂量　15.031

committed equivalent dose　待积当量剂量　17.081

common cause failure　共因故障　16.214

common electric deposition radioactive source preparation technology　共电沉积制源工艺　08.218

common mode failure　共模故障　16.213

compactable waste　*可压实废物　14.195

compact cyclotron　紧凑型回旋加速器　06.083

compacted fixed bed ion exchange column　密实固定床离子交换塔　12.156

compacted moving bed ion exchange column　密实移动床吸附塔　12.157

compact peripheral component interconnect standard　紧凑型计算机接口标准,*紧凑型 PCI　09.323

compact torus　紧凑环　03.097

comparative half-life　比较半衰期　01.137

comparison　比对　21.011

compartment model　房室模型　17.274

compatibility　相容性　21.209

compensated ionization chamber　补偿电离室　09.135

compensated semiconductor detector　补偿型半导体探测器　09.215

compensation　补偿　07.170

compensation factor〔of a compensated ionization chamber〕　〔补偿电离室的〕补偿因子　09.062

compensation ratio〔of a compensated ionization chamber〕　〔补偿电离室的〕补偿比　09.063

competent authority　主管部门　16.131

competitive power　竞争力　18.043

competitive radioactive binding assay　放射性竞争结合分析　17.453

competitive radioassay　竞争放射分析　08.285

complete cascade　完整级联　08.111

complete fusion-fission　全熔合裂变　01.350

complete fusion reaction　全熔合反应　01.338

complex atom　复杂原子　20.152

complexes decontamination　配合物去污　14.395

complex uranium oxide　铀的复杂氧化物　11.040

component analysis reference material　成分分析标准物质　21.201

component and structure cooling system　部件和结构冷却系统　05.520

component assembly　组件组装　13.131

component cooling water pump　设备冷却水泵　05.382

component cooling water surge tank　设备冷却水波动箱　05.381

component cooling water system　设备冷却水系统　05.324

composite gate dielectric　复合栅介质　04.167

composite massif multistage and multi-period　复式岩体　11.103

composite nuclear system　复核系统,*复核体系　01.320

compound-elastic scattering　复合〔核〕弹性散射　01.370

compound nuclear reaction　复合核反应　01.340

compound nucleus　复合核　01.321

compound-nucleus theory　复合核理论　01.368

comprehensive evaluation of radioactive hydrogeological condition　放射性水文地质条件综合评价　11.308

compressible flow　可压缩流动　20.045

compressible waste　可压缩废物　14.195

compression　压缩　14.245

compressional Alfven wave　压缩阿尔芬波　03.187

compressive strength　抗压强度　14.305

Compton back-scattering　康普顿背散射　06.056

Compton back-scattering gamma source　*康普顿背散射伽马射线源　06.580

Compton continuum　康普顿连续谱　09.036

Compton diode gamma detector　康普顿二极管探测器　10.214

computer automated measurement and control crate controller　计算机辅助测量与控制机箱控制器　09.318

computer automated measurement and control standard　计算机辅助测量与控制标准　09.317

computer cataloging　计算机编目　21.374

computer model　计算模型　20.013

concentrated acid mixed and curing　浓酸拌酸熟化　12.121

concentrated process　浓流程　14.110

concentration　浓聚　17.259

concentration factor　浓缩倍数　14.236

concentration ratio of radionuclide in biota to environment　核素在环境介质和生物体中的浓度比　02.126

concession　让步　21.245

condenser vacuum system　凝汽器真空系统　05.347

conditional lethal mutation　条件致死突变　18.058

conditional probability value　条件概率值　16.274

condition for nuclear safety license　核安全许可证条件　16.079

conducted coupling　传导耦合　04.187

conduction-limited regime　传导限制状态　03.218

cone effect　圆锥效应　01.265

cone-in-shell target　锥壳靶　03.355

confidence　置信度　20.059

confidence and security-building measure　建立信任与安全措施　10.345

confidence factor　置信因子　04.246

configuration average energy　组态平均能量　20.161

configuration management　配置管理　16.240

configuration mixing　组态混合　01.180

confinement　密封　15.139

α confinement　α 密封　14.180

α confinement and shielded repairing container　α 密封屏蔽检修容器　14.179

confinement scaling law　约束定标律　03.219

confinement system of radioactive materials　放射性物质密闭系统　15.213

conformity　合格，*符合　21.211

conglomerate　砾岩　11.046

conjugate　偶联物　08.283

conjugate gradient fast Fourier transform method　共轭梯度快速傅里叶变换方法　20.268

conjugation-based design approach　偶联设计法　08.284

connection length　连接长度　03.220

conservation equation of energy　能量守恒方程　20.036

conservation equation of mass　质量守恒方程　20.034

conservation equation of momentum　动量守恒方程　20.035

consistency　相容性　20.050

console　控制台　06.492

γ constant　*γ 常数　17.070

constant concentration point　恒浓度点　08.109

constant current source　恒流源　06.321

constant ratio timing　恒比定时　09.302

constant voltage source　恒压源　06.322

constraint improvement factor　*约束改善因子　03.261

constraint method　约束方法　20.117

contact fuze　*触发引信　10.086

contact heat conduction　接触热导　05.147

containment　安全壳　05.383，包容　15.138，封锁　18.051

containment cage　封闭壳　10.144

containment equipment airlock　安全壳设备闸门　05.385

containment hydrogen recombination system　安全壳氢复合系统　05.320

containment isolation system　安全壳隔离系统　05.319

containment penetration　安全壳贯穿件　05.384

containment personnel airlock　安全壳人员闸门　05.386

containment spray system　安全壳喷淋系统　05.318

containment system of radioactive materials　放射性物质包容系统　15.212

containment ventilation and purge system　安全壳通风和净化系统　05.321

contaminated soil treatment　*污染土治理　14.421

content limit for package　货包内容物限值　15.207

continuous beam　连续束　06.010

continuous discharge *持续放电 04.110

continuous-dissolution 连续溶解 14.059

continuous phase 连续相 14.084

continuous phase field dynamic model 连续相场动力学模型 20.149

continuous radioactive aerosol monitor 放射性气溶胶连续监测仪 19.188

continuous radioactive iodine monitor 放射性碘连续监测仪 19.100

continuousslowing-down-approximation range 连续慢化近似射程 21.118

continuum assumption 连续性假设 20.033

continuum state 连续态 01.238

contour tracking 躯体轮廓跟踪 17.264

contract review 合同评审 21.225

contrast 对比度 17.294

contrast resolution 对比分辨率 17.295

contrast variation 衬度变换 10.552

control analysis for uranium ore processing 铀矿冶控制分析 12.178

control center of in-situ leaching of uranium mining 地浸采铀控制中心 12.109

controlled area 控制区 15.048

controlled state 可控状态 16.232

controlled thermal nuclear fusion 受控热核聚变 03.020

controlled vocabulary 受控词表,*控制词表 21.361

controlling factor of uranium ore-forming 铀成矿控制因素 11.218

control rod 控制棒 13.043

control rod assembly 控制棒组件 05.214

control rod drive mechanism 控制棒驱动机构 05.220

[control rod drive mechanism] pressure housing [控制棒驱动机构]耐压壳 05.233

control rod ejection accident 控制棒弹出事故 16.233

control rod guide tube 控制棒导向管 05.232

control rod guide tube lifting machine 控制棒导管提升机构 05.491

control rod upper guide tube 控制棒上导管 05.490

control rod worth 控制棒价值 05.093

control room 控制室 06.493

control volume 控制体积 20.031

convective instability 对流不稳定性 03.031

conventional-electrode germanium coaxial semiconductor detector 普通电极锗同轴半导体探测器 09.229

conventional island 常规岛 05.284

conventionally true value of a quantity 量的约定真值,*给定值,*参考值 21.008

conventional mining 常规开采 12.001

conventional test 常规试验 21.043

conventional uranium mill 常规铀水冶厂 12.131

convergence 收敛性 20.052

convergence ratio 收缩比 03.356

converging hole collimator 汇聚孔型准直器 17.136

conversion efficiency 换能效率 19.126

conversion gain 变换增益 09.015

conversion ratio 转换比 05.080

conversion screen 转换屏 10.592

conversion zone assembly 转换区组件 05.475

conveying speed 传输速度,*传送速度 19.108

conveying system of irradiation product 辐照物传输系统,*辐照物输送系统 19.107

coolant materials 冷却剂材料 13.108

coolant purification system 冷却剂净化系统 05.314

cooling water system 冷却水系统 05.297

cool plasma 冷等离子体 03.050

copernicium 𬭩 02.088

copper-64 铜-64 08.042

copper-67 铜-67 08.043

co-precipitation 共沉淀 02.007

co-processing 共处理 14.094

core and cladding tightness 芯体与包壳贴紧度 13.143

core auxiliary heat exchanger 堆芯辅助换热器 05.551

core baffle 堆芯围板 05.234

[core] barrel [堆芯]吊篮 05.228

core blank 芯坯 13.079

core catcher *堆芯捕集器 05.238

core collection 核心馆藏 21.334

core component 相关组件 13.041

core-corona structure 芯–晕结构 03.434

core damage frequency 堆芯损坏频率，*堆芯损伤频率 16.007

core density 芯块密度 13.150

core grid 堆芯栅板 05.222

core hydrogen content 芯块氢含量 13.149

core journal 核心期刊 21.393

core lifetime 堆芯寿期 05.069

core melt 堆芯熔化 16.207

core power density 堆芯功率密度 05.057

core power distribution 堆芯功率分布 05.058

core preparation-sol-gel method 核芯制备-溶胶凝胶法 13.128

corkscrew motion 螺旋运动 07.177

corona 冕区 03.357

corona counter 电晕计数器 09.164

corrected synthesis yield 校正合成效率 08.333

correction 校正 17.202

correction factor 修正因子 21.015

correction magnet 校正磁铁 06.319

corrective action 纠正措施 21.242

corrective maintenance 纠正性维修 16.230，修复性维修，*修理 21.256

correlation function 关联函数 10.551

cosmic radiation 宇宙辐射 21.093

cosmogenic radionuclide 宇生放射性核素 02.056

cosmological lithium problem 宇宙锂问题 01.394

cost-benefit analysis 代价利益分析 15.088

Coulomb barrier 库仑势垒 01.317

[Coulomb] barrier height [库仑]势垒高度 01.318

[Coulomb] barrier radius [库仑]势垒半径 01.319

Coulomb correction factor *库仑修正因子 01.134

Coulomb excitation 库仑激发 01.187

Coulomb force 库仑力 01.071

Coulomb parameter *库仑参数 01.308

Coulomb rainbow 库仑虹 01.312

Coulomb scattering 库仑散射 01.306

Coulomb's law 库仑定律 20.222

count 计数 09.078

counter-city strategy 打击城市战略 10.353

counter current decantation 逆流倾析 12.140

counter-force strategy 打击军事力量战略 10.354

counter-overpressure capability 抗超压能力 10.385

counter tube 计数管 09.150

counting geometry *计数几何 15.099

counting method 计数法 21.133

counting rate 计数率 09.079

counting ratemeter 计数率表 09.351

count loss 计数损失 09.082

count per minute 每分钟计数 18.149

count rate 计数率 09.079

count rate performance 计数率特性 17.155

coupled bunch instability 耦合束团不稳定性 06.206

coupled-channel effect 耦合道效应 01.358

coupled-channel model 耦合道模型 01.359

coupling coefficient 耦合系数 06.391

coupling impedance 耦合阻抗 06.216

Courant-Snyder parameter *柯朗-斯奈德参量 06.188

coverage factor 包含因子 21.028

coverage interval 包含区间 21.029

cover layer 覆盖层 14.370

CPA 啁啾脉冲放大 03.352

CPAA 带电粒子活化分析 02.249

CPCI standard 紧凑型计算机接口标准，*紧凑型 PCI 09.323

CPE 带电粒子平衡 21.164

[^{11}C]-PIB [^{11}C]-匹兹堡化合物 B 08.376

cpm 每分钟计数 18.149

CPV 条件概率值 16.274

[^{11}C]-raclopride [^{11}C]-雷氯必利 08.377

cranking shell model 推转壳模型 01.248

cratering effect of explosion 爆炸成坑效应 10.135

craton 克拉通 11.085

CRDM 控制棒驱动机构 05.220

credibility 可信度 20.058

crisis stability 危机稳定性 10.337

crisscross control element 十字形控制元件 05.534

criteria for uranium prospecting 铀矿找矿标志 11.217

criteria of leak before break 破前漏准则，*先漏后破准

则 16.021

critical boron concentration 临界硼浓度 05.097

critical charge 临界电荷 04.089

critical coupling 临界耦合 06.393

critical density 临界密度 03.358

critical experiment 临界实验 10.527

critical exposure pathway 关键照射途径 15.118

critical facility 临界装置 05.257

critical field [of a counter tube] [计数管的]临界电场 09.053

critical flow 临界流 05.193

critical group 关键人群组 17.089

critical heat flux 临界热流密度 05.130

criticality accident 临界事故 16.235

criticality safety index 临界安全指数 15.214

critical LET 临界线性能量转移值 04.103

critical linear energy transfer 临界线性能量转移值 04.103

critical mass 临界质量 05.040

critical nuclide 关键核素 15.119

critical size 临界尺寸 05.039

critical state of nuclear reactor 反应堆临界状态 05.034

CRM 有证参考物质，*有证标准物质 21.066

cross beam technique 交叉束技术 02.262

cross bombardment 交叉轰击 02.174

crosslinking degree 交联度 19.075

crosslinking index *交联指数 19.075

cross-over walk 过零游动 09.073

cross-point type uranium deposit 交点型铀矿床 11.168

cross-section 截面 04.117

cross-talk 串扰 06.396

cross-zero time method 过零时间法 10.484

crowbar switch 撬棒开关，*撬断开关 07.068

cryogenic distillation method 低温精馏法 08.114

cryogenic distribution valve box 低温阀箱 06.550

cryogenic transfer line 低温传输管线 06.549

cryogenic undulator 低温波荡器 06.297

cryomodule 超导加速组元 06.541

cryo-panel 冷板 06.440

cryo-pump 低温泵 06.426

cryostat 低温恒温器 06.542

crystal conduction detector 晶体导电型探测器 09.223

crystallizing stripping 结晶反萃取 12.166

CSC detector 阴极条探测器 09.181

CSDA range 连续慢化近似射程 21.118

C-shaped magnet C 型磁铁 06.307

[11C]-sodium acetate [11C]-醋酸钠 08.381

CTA dosimeter *CTA 剂量计 19.057

CTEM 无碰撞捕获电子模 03.217

CTH process 查尔姆斯理工大学流程 14.028

CTR method 相干渡越辐射法 06.454

cumulative fission yield 累积裂变产额 10.502

cumulative yield 累积产额 02.180

[14C]-urea C-14 尿素 08.448

Curie 居里 02.176

curite 板铅铀矿 11.012

curium 锔 02.072

current balance basic equation 电流平衡基本方程 04.230

current continuity equation 电流连续性方程 20.214

current integrator 束流积分仪 06.470

current ionization chamber 电流电离室 09.122

current quench 电流猝灭 03.221

current sensitive preamplifier 电流灵敏前置放大器 09.286

current sensor 电流探头 07.148

current transformer 电流互感器 07.154

current-viewing resistor 电流测量电阻 07.144

curvature drift 曲率漂移 03.119

curve fitting 曲线拟合 17.277

custody sealing up for safekeeping 监护封存 14.385

cutoff filter well configuration 切割式钻孔结构 12.060

cut-off grade of uranium ore 铀矿石边界品位 11.212

cutting and dismantling 切割解体 14.407

cutting under water 水下切割 14.408

CVR 电流测量电阻 07.144

cyclosynchrotron 同步回旋加速器 06.084

cyclotron 回旋加速器 06.078

cyclotron center　*回旋中心　03.108

cyclotron damping　回旋阻尼　03.222

cyclotron resonance　回旋共振　03.226

cyclotron resonance heating　回旋共振加热　03.224

cytoplasmic incompatibility　胞质不亲和性　18.057

CZT detector　碲锌镉探测器　09.202

D

DAC　数字-模拟变换器　09.305

damage induced by electrostatic discharge　静电放电损伤　04.111

damage zone of rock and soil in underground explosion　岩土介质破坏分区，*岩石破坏分区　10.134

damped collision　阻尼碰撞　01.329

damping magnet　阻尼磁铁　06.308

damping time　阻尼时间　06.246

dangerous degree　危险度　18.140

DAQ　数据获取　09.334

dark current　暗电流　06.241

darmstadtium　𫟼　02.086

data acquisition　数据获取　09.334

data mining　数据挖掘　21.363

data update inspection　数据更新视察　10.446

daughter nucleus　子核　01.122

DBM　双平衡混频器　06.350

D-dot sensor　电场探头　07.149

DDP　季米特洛夫勒干法流程　14.031

DDREF　剂量与剂量率效能因数　15.155

de-activation　解除或降低战斗状态　10.366

dead band　死区　09.105

dead corner of leaching　溶浸死角　12.043

dead time　死时间　09.004

dead time correction　死时间校正　09.084

dead zone　死区　09.105

deaerization plant　除氧器　05.403

de-alerting　降低核武器的警戒水平　10.363

debuncher　散束器　06.574

debunching　散束　06.043

α-decay　*α衰变　01.109

β-decay　*β衰变　01.110

β⁺-decay　β⁺衰变　02.133

γ-decay　*γ衰变　01.111

0νββ decay　无中微子双贝塔衰变　01.131

2νββ decay　两中微子双贝塔衰变　01.130

decay chain　衰变链　01.158

decay constant　衰变常数　01.117

decay correction　衰变校正　17.314

decay curve　衰变曲线　18.004

decay energy　衰变能　01.120

decay heat　衰变热　05.121

β-decay induced X-ray spectroscopy method　β衰变诱发X射线谱法　21.147

decay law　衰变定律　01.114

decay power　衰变功率　05.122

decay rate　衰变率　01.113

decay series of artificial radionuclide　人工放射性衰变系　02.199

decay series of natural radionuclides　天然放射性衰变系　02.208

α-decay spectroscopy　*α衰变谱学　01.167

β-decay spectroscopy　*β衰变谱学　01.168

decay storage　衰变贮存　14.223

decay width　衰变宽度　01.155

decolorization　褪色化　11.150

decommissioning final state investigation　退役终态调查　14.427

decommissioning final state target　退役终态目标　14.375

decommissioning of γ irradiation facility　γ辐照装置退役　19.115

decommissioning of radioactive source 放射源退役 19.114

decommissioning plan 退役方案 14.386

decommissioning safety 退役安全 14.014

decontamination 净化 14.135, 去污 14.218

decontamination factor 净化系数, *去污系数 14.136

decorporation of radionuclides 放射性核素的促排 17.103

decoupled underground nuclear explosion 解耦地下核爆炸 10.401

dE/dx semiconductor detector dE/dx 半导体探测器 09.219

Dee D 形盒 06.415

deep geologic disposal 深地质处置 14.331

deep geological deep disposal 深地质处置库 14.344

deep inelastic collision *深部非弹性碰撞 01.328

deep inelastic scattering 深度非弹性散射 01.328

deeply-bound nucleus 紧束缚核 01.250

deep-seated fault zone 深大断裂带 11.105

deexcitation 退激发 01.186

defect 缺陷 21.213

defence in depth 纵深防御 16.028

definite solid angle method 固定立体角法 21.134

deflecting cavity 偏转腔 06.453

deflection function 偏转函数 01.304

deformed nucleus 形变核, *变形核 01.212

degassing 除气 06.436

degradation degree 降解度 19.076

degrading design 降额设计 04.135

degree of demonstration 证实程度 21.234

degree of uranium saturation 铀饱和度 14.074

deinococcus radiodurans 耐辐射奇球菌 18.016

deionized water system 去离子水系统 05.298

delay circuit 延时电路 09.311

delayed coincidence window method 延迟符合窗法 17.312

delayed decay 延迟衰变 01.123

delayed dismantling 延缓拆除 14.380

β-delayed fission *β 延迟裂变 01.345

delayed imaging 延迟显像 17.046

delayed neutron 缓发中子 01.125

delayed neutron emitter 缓发中子发射体 02.169

delayed neutron fraction 缓发中子份额 05.021

delayed neutron precursor 缓发中子前驱核素 02.170

delayed neutron spectrum 缓发中子能谱 20.080

delayed neutron yield 缓发中子产额 05.022

delayed proton 缓发质子 01.126

delayed renal imaging 肾延迟显像 17.421

delay time 延时 07.019

delay to dismantle 延缓拆除 14.380

delta value δ 值 08.097

de-mating 弹头与弹体分离 10.365

demolition 拆毁 14.417

dense lattice 稠密栅格 05.106

dense plasma focus 等离子体焦点装置 07.120

dense Z-pinch 稠密 Z 箍缩 03.424

density functional theory 密度泛函理论 20.126

density gauge 密度计 08.267

density wave oscillation 密度波振荡 05.195

3'-deoxy-3'-[^{18}F]-fluorothymidine 3'-脱氧-3'-[^{18}F]-氟代胸腺嘧啶核苷 08.372

departure from nucleate boiling 偏离泡核[核态]沸腾 05.126

departure from nucleate boiling critical heat flux 偏离泡核沸腾热流密度 05.128

departure from nucleate boiling ratio 偏离泡核[核态]沸腾比 05.131

dependability 可信性 21.208

DEPFET pixel detector 耗尽型场效像素探测器 09.210

depleted field effect transistor pixel detector 耗尽型场效应像素探测器 09.210

depleted uranium 贫化铀, *贫铀 13.055

depleted uranium shield 贫铀屏蔽 19.111

depletion 燃耗 05.063

deployed nuclear weapon 部署核武器 10.375

deposits contamination *附着性污染 14.388

depression 坳陷 11.096

depth borehole disposal 深钻孔处置 14.332

depth dose 深度剂量 21.181

depth-dose curve 剂量深度曲线 04.227

depth-dose distribution 深度剂量分布 19.038

depth of burial [line of least resistance] 埋深[最小抵抗线]，*绝对埋深 10.141

depth of maximum dose 最大剂量深度 21.182

derating 降额 21.281

derived quantity 导出量 21.003

desalination bed 除盐床 14.233

design basis 设计基准 16.166

design basis accident 设计基准事故 16.251

design basis external event 设计基准外部事件 16.253

design basis external man-induced event 设计基准外部人为事件 16.252

design basis external natural event 设计基准外部自然事件 16.254

design burn-up 设计燃耗 05.077

design criterion 设计准则 16.257

design extension condition 设计扩展工况 16.255

design life 设计寿命 16.256

design lifetime of satellite 卫星设计寿命 04.261

design, manufacture and installation permit of nuclear pressure retaining component 核承压设备设计、制造、安装资格许可证 05.411

design specification 设计规范 16.023

destruction 销毁 10.343

desulfurization and denitrification of exhaust gases 废气电子束脱硫脱硝 06.614

detached regime 脱靶状态 03.225

detailed rule for implementing regulations 监管条例实施细则 16.109

de-targeting 不瞄准对方目标 10.364

detecting position [of a detector] [探测器]测点 10.210

detection efficiency 探测效率 09.025

detection limit 检出限 21.046

detection of nuclear explosion 核爆炸探测 10.376

detection system 探测系统 10.205

detector 探头 17.128，检波器 07.155

detector block 探头组块 17.165

detector efficiency 探测器效率 09.026

detector ring 探测器环 17.166

detergent 去污剂 14.392

determination of gastrointestinal protein loss 胃肠道蛋白质丢失测定 17.411

determination of intestinal transit function 小肠通过功能测定 17.399

deterministic effect 确定效应 15.144

deterministic method 确定论方法 20.101

deterministic safety analysis 确定论安全分析 16.245

detonation train 爆轰序列 10.042

detriment 危害 15.156

detuning angle 失谐角 06.399

deuterated ratio 氘代率 08.412

deuterated reagent 氘代试剂 08.282

deuteration 氘化 08.423

deuterium 氘 08.130

deuterium abundance 氘丰度 10.055

deuterium depleted water 低氘水 08.450

deuterium labeled compound 氘标记化合物，*氘化物 08.399

developed reserve for in-situ leaching 地浸开拓储量 12.114

development of uranium deposit 铀矿床开拓 12.002

deviation 0 级事件[偏离] 16.176

deviation permit *偏离许可 21.244

devitrification 反玻璃化 14.286

DF 净化系数，*去污系数 14.136

diabase 辉绿岩 11.069

diagnostic information inherent in the interdicted materials 截获材料固有特征信息 10.312

diagnostic radiopharmaceutical 诊断用放射性药物 08.275

diamagnetic drift 反磁漂移，*逆磁漂移 03.115

diamagnetic loop 反磁回路 07.175

DIAMEX process 二酰胺萃取流程 14.023

diamide extraction process 二酰胺萃取流程 14.023

diamond detector 金刚石探测器 09.206

DIC *深部非弹性碰撞 01.328

dichromate dosimeter 重铬酸盐剂量计 19.050

DIDA 直接同位素稀释法 18.161

DIDPA process 二异癸基磷酸流程 14.026

dielectric loss 介质损耗 20.236

dielectric wake field accelerator 电介质尾场加速器 06.149

dielectric wall accelerator 介质壁加速器 07.119

dielectronic recombination 双电子复合 20.174

difference ionization chamber 差分电离室 09.141

difference linear ratemeter 差分线性率表 09.348

difference resonance 差共振 06.187

differential charging 不等量带电，*差分带电 04.109

differential cross-section 微分截面 01.292

differential nonlinearity 微分非线性 09.075

differential sensor 微分探头 07.160

diffraction integral 衍射积分 20.203

diffraction limit storage ring 衍射极限储存环 06.120

diffused junction detector 扩散结探测器 09.213

diffusion chamber 扩散室 09.242

diffusion coefficient 扩散系数 05.053

diffusion length 扩散长度 05.055

diffusion model for radionuclide in atmosphere 放射性核素大气扩散模型 02.332

diffusion of radionuclide in rock formation 放射性核素岩体扩散 02.305

diffusion synthetic acceleration 扩散综合加速 20.094

diffusion time 扩散时间 05.050

digital full-text literature 全文数字化文献 21.346

digital imaging 数字成像 10.597

digital library 数字图书馆 21.322

digital library technology 数字图书馆技术 21.317

digital object 数字对象 21.302

digital offset 数字偏置 09.091

digital ratemeter 数字率表 09.349

digital resource 数字资源 21.344

digital resource development 数字资源建设 21.331

digital simulation 数字仿真 20.015

digital-to-analogue converter 数字–模拟变换器 09.305

dike 岩脉，*岩墙 11.104

diluent for reprocessing process 后处理稀释剂 14.085

dilute process 稀流程 14.109

diluting and dividing 开瓶分装 18.156

dilution curve 稀释曲线 17.323

dilution iterative method 稀释迭代法 10.278

dimitrovgrad dry process 季米特洛夫勒干法流程 14.031

diode 二极管 07.090

diorite 闪长岩 11.066

dip counter tube 浸入式计数管 09.151

dip detector 浸入式探测器 09.273

dipole corrector *二极校正磁铁 06.289

dipole magnet 二极磁铁 06.283

direct acidification 直接酸化 12.033

direct cause 直接原因 16.291

direct current transducer 直流传感器 06.329

direct-drive 直接驱动 03.359

directed energy weapon 定向能武器 07.132

direct environmental measurement of radiation 辐射环境直接测量 02.324

direct exposure imaging 直接曝光法 10.590

direct fission yield 直接裂变产额 02.216

directional coupler 定向耦合器 06.353

directional dose equivalent 定向剂量当量 15.037

direct isotope dilution analysis 直接同位素稀释法 18.161

direct labeling method 直接标记方法 08.342

direct maintenance 直接维修 14.169

director of information *信息总监 21.329

direct reaction 直接反应 01.322

direct, simultaneous, mutual radiation grafting 共辐射接枝 19.081

direct thermal denitration process 直接热脱硝 14.143

direct-use materials 直接使用材料 10.411

dirty bomb *脏弹 15.224

disarmament 裁军 10.335

discharge circuit 下泄回路 05.373

discharge cleaning　放电清洗　03.039

discharge limit　排放限值　16.239

discharge noise［of a corona counter tube］　［光晕计数管的］放电噪声　09.058

discharging tube　卸球管　05.549

discontinuous Galerkin time domain method　时域间断伽辽金方法　20.278

discrete ordinate method　离散纵标法　20.089

discretization error　离散误差　20.047

discrimination threshold　鉴别阈　21.045

discrimination threshold［of a radiation detector］　［核辐射探测器］甄别阈　09.044

discriminator　甄别器　09.297

dish size　碟形尺寸　13.151

disintegration per minute　每分钟衰变数　18.148

disk loaded waveguide　盘荷波导　06.372

dismantling　拆除　14.416

dispenser cathode　储备式阴极　07.109

dispersed phase　分散相　14.083

dispersion core　弥散芯体　13.078

dispersion core forming　弥散芯体成型　13.125

dispersion error　色散误差　20.244

dispersion fuel　弥散型燃料　13.015

dispersion function　色散函数　06.198

dispersion relation　色散关系　20.245

dispersive media　色散介质　20.246

displacement current　位移电流　20.225

displacement damage　位移损伤　04.085

disposal cell　处置单元　14.361

disposal chemistry　处置化学　14.354

disposal container　处置容器　14.318

disposal facility　处置设施　14.340

disposal method by deep well　深井处置法　12.107

disposal repository design　处置库设计　14.360

disposal source-term　*处置源项　14.336

disposal tunnel　处置巷道　14.363

disposition of nonconformity　不合格的处置　21.243

disruptive instability　破裂不稳定性　03.164

dissemination of the value of a quantity　量值传递　21.069

dissipative trapped electron instability　耗散捕获电子不稳定性　03.227

dissipative trapped electron mode　*耗散捕获电子模　03.227

dissolution vessel　溶解器　14.154

dissolved solution　溶解液　14.065

dissolved solution clarification　溶解液澄清　14.067

dissolved solution filtration　溶解液过滤　14.068

distance distribution function　距离分布函数　10.553

distinguishability exhibition　可区分性展示　10.452

distributed control system　分布式控制　06.489

distribution　分配　14.081

distribution coefficient　分配系数, *分布系数　15.135

distribution of tritium in environment　环境中氚的分布　02.338

distribution of uncertainty　不确定性分布　04.240

distribution of uranium in nature　自然界铀分布　11.114

distribution ratio　分配比　14.082

diuresis renogram　利尿肾图　17.416

diuresis test　利尿试验　17.415

diverging hole collimator　发散孔型准直器　17.137

diversity　多样性　16.008

divertor　偏滤器　03.228

DNA damage　DNA 损伤　18.011

DNA damage signaling　DNA 损伤信号　15.157

DNA repair　DNA 修复　18.013

DNB　偏离泡核［核态］沸腾　05.126

DNBR　偏离泡核［核态］沸腾比　05.131

document　文献　21.295

document and information resources　文献信息资源　21.296

documentation control　文件控制　16.119

document indexing　文献标引　21.377

document subject　文献主题　21.360

domain decomposition　区域分解　20.023

domain decomposition method　区域分解方法　20.280

dominant mutation　显性突变　18.112

doorway state 门[槛]态 01.373

Doppler broadening *多普勒展宽 05.017

Doppler coefficient of reactivity 多普勒反应性系数 05.087

Doppler effect 多普勒效应 05.017

dose and dose-rate effectiveness factor 剂量与剂量率效能因数 15.155

dose constraint 剂量约束值 15.069

dose conversion coefficient 剂量转换系数 02.336

dose equivalent 剂量当量 15.032

dose equivalent rate 剂量当量率 17.080

dose limit 剂量限值 17.084

dose map 剂量分布图 18.039

dose measurement 剂量测量 18.021

dosemeter 剂量计 09.365

dose model 剂量模型 02.335

dose monitoring system 剂量监测系统 19.184

dose rate 剂量率 17.079

dose rate burnout 剂量率烧毁 04.065

dose rate dependence of response *响应的剂量率依赖性 21.172

dose rate effect *剂量率效应 04.043

dose rate latchup 剂量率闩锁 04.066

dose rate response 剂量率响应 21.172

dose rate upset 剂量率翻转 04.064

dose ratemeter 剂量率计 09.374

dose response 剂量响应 21.171

dose setting 剂量设定 19.181

dose uniformity 剂量不均匀度 18.023

dose verification 剂量验证 19.182

dosimetry 剂量学 21.119

dosimetry system 剂量测量系统 19.042

double-arm spectrometer 双臂谱仪 09.354

double balance mixer 双平衡混频器 06.350

double bend achromat cell DBA 结构 06.159

double container 双层安全容器 05.487

double β-decay 双贝塔衰变，*双 β 衰变 01.129

double-differential cross-section 双微分截面 01.293

double end guillotine break 双端断裂事故，*大破口事故 16.272

double-lid sealed container 双盖密封容器 14.176

double magic nucleus 双幻核 02.206

double magic [number] nucleus 双幻[数]核 01.172

double-shell target 双壳层靶 03.360

double Z-pinch hohlraum 双 Z 箍缩黑腔 03.444

down-scatter-ratio 下散射比 03.361

down shaft accident 井下事故 10.176

downstream facility 下游设施 10.420

downwards grouting 正向注浆 12.064

dpm 每分钟衰变数 18.148

DR 耐辐射奇球菌 18.016

3-D radiation shielding analysis for satellite 卫星三维屏蔽分析 04.226

drift approximation 漂移近似 03.229

drift chamber 漂移室 09.179

drift-cyclotron instability 漂移-回旋不稳定性 03.223

drift flux model 漂移流模型 05.186

drift instability 漂移不稳定性 03.230

drift kinetics 漂移动理学 03.231

drift-tube linac 漂移管直线加速器 06.101

drift velocity 漂移速度 05.167

drift wave 漂移波 03.232

drift wave turbulence 漂移波湍流 03.233

drill-core sample 固体样品 10.222

drilling and coring of tunnel nuclear test 平洞钻探取样 10.180

drilling hole salver 钻孔托盘 12.070

drilling site for sampling 取样钻场 10.165

drilling well of in-situ leaching of uranium mining 地浸采铀钻孔 12.046

drill sampling 钻探取样 10.223

drill sampling of shaft nuclear test 竖井钻探取样 10.177

drip line 滴线 01.022

driver efficiency 驱动器效率 03.362

drug used in boron neutron capture therapy 硼中子俘获治疗药物 08.329

dry dissolution 干法溶样 10.271

dry out 干涸 05.127

dry reprocessing 干法后处理 14.021

dry storage 干法贮存 14.321

drying incineration 干灰化 18.157

dryout critical heat flux 干涸热流密度 05.129

DSR 下散射比 03.361

DTEM *耗散捕获电子模 03.227

DTL 漂移管直线加速器 06.101

dual interlocked storage cell 双互锁存储单元 04.153

dual-loop cooling system 双回路冷却系统 05.558

dual-nuclide labeling 双核素标记 08.393

dual nuclide tracer technique 双标记核素示踪技术 17.065

dual strip 双酸洗涤 14.096

dual temperature exchange [method] 双温交换［法］ 08.127

dubnium 𨧀 02.081

ductile fracture 延性断裂 04.072

dummy load 水负载 06.366

duodenogastric reflux imaging 十二指肠胃反流显像 17.409

duoplasmatron ion source 双等离子体离子源 06.256

DUPIC process DUPIC 流程 14.033

durability 耐久性 21.248

dusty plasma 尘埃等离子体 03.052

duty factor 占空因子 03.022

D_{10} value D_{10} 值 18.033

DWA 电介质尾场加速器 06.149

dwarfing mutation 矮化突变 18.066

dwell time 停顿时间 19.138

dynamical mean field theory 动力学平均场理论 20.145

dynamical polarization 动力学极化 01.360

dynamic aperture 动力学孔径 06.199

dynamic bone imaging *骨动态显像 17.365

dynamic check line 动态测试带 21.191

dynamic function survey meter 动态功能检查仪 09.372

dynamic heat loss 动态热损 06.540

dynamic hohlraum 动态黑腔 03.445

dynamic imaging 动态显像 17.042

dynamic intelligence analysis 动态情报研究 21.388

dynamic isotope effect 同位素动力学效应 08.100

dynamic range 动态范围 09.116

dynamic renal imaging 肾动态显像 17.420

dynamic stereo image *动态立体影像 17.297

dynamic testing 动态测试 20.063

dynamitron *地那米加速器 06.070

dynamoelectric driving mechanism 电动式驱动机构 05.532

E

EAL 应急行动水平 16.317

early imaging 早期显像 17.051

early life failure 早期故障 21.254

early radioactive release 早期放射性释放 16.005

earth radiation belt 地球辐射带 04.021

earthquake monitoring system 地震监测系统 05.294

economical parameter for delineating U-ore body 铀矿工业指标 11.210

economic analysis of NPP project 核电厂项目经济分析 05.423

economic analysis of nuclear power plant project 核电厂项目经济分析 05.423

economic competitiveness of nuclear power plant 核电厂经济性 05.409

ECR ion source *ECR 离子源 06.257

ECT 发射体层仪 17.126

ectopic gastric mucosa imaging 异位胃黏膜显像 17.397

Eddington approximation 爱丁顿近似 20.300

eddy current 涡流 20.226

edge effect 边缘效应 17.281

edge localized mode　边缘局域模　03.151

edge localized mode-free high confinementmode　无边缘局域模的高约束模　03.244

edge transport barrier　边缘输运垒　03.234

EDMG　大范围损伤缓解指南　16.003

EDXA　能量色散 X 射线分析　02.259

EECRn　氡平衡当量浓度　15.074

effective charge number　有效电荷数　03.235

effective delayed neutron fraction　有效缓发中子份额　20.078

effective dose　有效剂量　15.034

effective dose rate　有效剂量率，*有效剂量当量率　17.073

effective equilibrium coefficient of uranium-ore　铀矿石有效平衡系数　11.250

effective field of view　有效视野　17.151

effective full power day　等效满功率天　05.073

effective full power hour　等效满功率小时　05.074

effective half-life　有效半减期　08.276

effective index method　等效折射率方法　20.204

effective interaction　有效相互作用　01.069

effective multiplication factor　有效增殖因子　05.026

effective photon radiation energy　光子辐射的有效能量　21.110

effective range　有效力程　01.077

effective scattered neutron content　有效散射中子含量　10.602

effective thickness of ore bed　矿层有效厚度　12.034

effect of radiation on non-human species　非人类物种辐射效应　15.140

effect of the high altitude nuclear explosion　高空核爆炸效应　10.157

effect parameter　效应参数　04.172

efficiency of a source　源效率　21.163

efficiency of the nuclear device　爆炸燃耗　10.310

effluence　流出物，*排出流　16.236

effluent monitor　流出物监测　14.327

EFPD　等效满功率天　05.073

EFPH　等效满功率小时　05.074

EGRI　胃肠反流指数　17.410

eigen-mode expansion method　本征模展开方法　20.208

einsteinium　锿　02.075

elastic coefficient of superconducting cavity　超导腔弹性系数　06.543

elastic collision　弹性碰撞　20.176

elastic scattering　弹性散射　01.310

elastic strain　弹性应变　04.061

ELDRS　低剂量率增强效应　04.062

electret ionization chamber　驻极体电离室　09.147

electrical conductivity of molten waste-glass　熔融玻璃高温电导率　14.303

electrical electrochemical decontamination　电化学去污　14.399

electrical insulation　电绝缘　07.008

electrical isolation　电气隔离　16.145

electric and hydraulic hybrid-driven mechanism　电力水力联合驱动机构　05.535

electric dipole approximation　电偶极近似　20.166

electric dipole　电偶极子　20.232

electric drift　电漂移　03.114

electric field shear　电场剪切　03.236

electric heater of pressurizer　稳压器电加热元件　05.355

electricity generating cost of NPP　核发电成本　05.425

electricity generating cost of nuclear power plant　核发电成本　05.425

electric [magnetic] dipole　电[磁]偶极子　04.190

electric melting furnace　*电熔炉法　14.289

electric polishing decontamination　*电抛光去污　14.399

electric sputtering radioactive source preparation technology　电溅射制源工艺　08.216

electric transition　电跃迁　01.141

electrochemical replacement　*电化学置换　02.026

electrochemical separation　电化学分离　02.025

electro-deposition method　电沉积法　21.150

electro-deposition method under external magnetic field　外加磁场电沉积法　21.151

electrodialysis　电渗析　14.243

electro-explosive generator　爆电发生器　07.031

electroless plating　*自催化镀　08.208

electrolytic deposition　电解沉积　02.027

electrolytic iodination　电解碘化法　08.443

electromagnetic calorimeter　电磁量能器　09.246

electromagnetic coil gun　电磁线圈炮　07.131

electromagnetic compatibility　电磁兼容　20.254

electromagnetic coupling　电磁耦合　04.083

electromagnetic instability　电磁不稳定性　03.237

electromagnetic interaction　电磁相互作用　01.067

electromagnetic interference　电磁干扰　20.255

electromagnetic launcher　电磁发射器　07.129

electromagnetic pulse degradation degree　电磁脉冲降级度　04.193

electromagnetic pulse effect　电磁脉冲效应　04.080

electromagnetic pulse sensibility　电磁脉冲敏感性　04.194

electromagnetic pulse simulator　电磁脉冲模拟器　07.114

electromagnetic pulse vulnerability　电磁脉冲易损性　04.195

electromagnetic pump　电磁钠泵　05.482

electromagnetic radiation　电磁辐射　04.005

electromagnetic rail gun　电磁轨道炮　07.130

electromagnetic separation [method]　电磁分离[法]　08.126

electromagnetic shielding effectiveness　电磁屏蔽效能　04.144

electromagnetic shielding　电磁屏蔽　07.157

electromagnetic soliton　电磁孤立子　03.363

electromagnetic stress　电磁应力　04.081

electromagnetic topology　电磁拓扑　04.225

electromagnetic turbulence　电磁湍流　03.238

electrometer　静电计　09.344

electron　电子　01.005

electron accelerator　电子加速器　06.092

electron accelerator for food irradiation　食品辐照用电子加速器　18.006

electron beam baffle　束流挡板　19.122

electron beam diode　电子束二极管　07.091

electron beam energy instability　束流能量不稳定度　19.117

electron beam focal spot　束流焦斑，*束斑　19.120

electron beam intensity instability　束流强度不稳定度　19.118

electron beam ion source　电子束离子源　06.258

electron beam irradiation　电子束辐照　19.132

electron beam irradiation facility　电子束辐照装置　19.103

electron beam power　束流功率，*束功率　19.119

electron beam range　束流射程　19.121

electron beam scanning frequency　束流扫描频率　19.124

electron beam scanning uniformity　束流扫描不均匀度　19.125

electron beam scanning width　束流扫描宽度　19.123

electron beam welding　电子束焊接　06.513

electron Bernstein wave　电子伯恩斯坦波　03.179

electron bunching　电子群聚　06.035

electron capture detector　电子俘获鉴定器　08.263

electron cloud instability　电子云不稳定性　06.209

electron collection pulse ionization chamber　电子收集脉冲电离室　09.137

electron collection time　电子收集时间　09.034

electron cooling　电子冷却　06.062

electron curtain accelerator　电子帘加速器　06.073

electron cyclotron resonance heating　电子回旋共振加热　03.239

electron cyclotron resonance ion source　电子回旋共振离子源　06.257

electron cyclotron wave　电子回旋波　03.180

electron drift wave　电子漂移波　03.240

electron drift wave instability　电子漂移波不稳定性　03.241

electron gun　电子枪　06.263

electronic collimation　电子准直　17.144

electronic resource management　电子资源管理　21.342

electronic resources evaluation　电子资源评估　21.343

electronic spinorbit coupling 电子自旋轨道耦合 20.143

electronics system for nuclear warhead 核战斗部电子学系统 10.075

electronic step 电子步长 20.122

electron impact excitation 电子碰撞激发 20.172

electron impact ionization 电子碰撞电离 20.173

electron-ion collider 电子-离子对撞机 06.135

electron-large scale 电大尺寸 20.281

electron linac 电子直线加速器 06.104

electron linear accelerator 电子直线加速器 06.104

electron microscopic autoradiography 电镜自显影 17.478

electron plasma frequency 电子等离子体频率 03.030

electron plasma wave 电子等离子体波 03.029

electron-positron collider 正负电子对撞机 06.129

electron probe microanalysis 电子探针显微分析 11.339

electron-proton collider 电子-质子对撞机 06.133

electron quiver motion 电子抖动运动 03.365

electron radiography 电子照相 07.126

electron range 电子射程 21.116

electron recoil method 反冲电子法 10.486

electron storage ring 电子储存环 06.113

electron synchrotron 电子同步加速器 06.089

electron temperature gradient mode 电子温度梯度模 03.242

electron therapy 电子治疗 06.592

electron thermal transport 电子热输运 03.243

electro-optic sampling method 电光采样法 06.452

electrophilic [^{18}F]-fluorination 亲电氟[^{18}F]化 08.339

electrophoresis 电泳法 02.028

electrophoresis radioactive source preparation technology 电泳制源工艺 08.220

electroplate radioactive source preparation technology 电镀制源工艺 08.203

electropolishing 电抛光 06.524

electrorefine process 电解精炼流程 14.032

electro-spray radioactive source preparation technology 电喷射制源工艺 08.219

electrostatic accelerator 静电加速器 06.068

electrostatic analyzer 静电分析器 06.568

electrostatic instability 静电不稳定性 03.156

electrostatic lens 静电透镜 06.569

electrostatic oscillation 静电振荡 03.045

electrostatic quadrupole lens 静电四极透镜 06.570

electrostatic turbulence 静电湍流 03.340

electrostatic wave 静电波 03.186

electro-thermal instability 电热不稳定性 03.431

elemental characterization 元素表征 10.299

element normalized leaching rate 元素归一化浸出率 14.298

elliptical superconducting RF cavity 椭球形超导腔 06.499

ELM 边缘局域模 03.151

ELM-free H-mode 无边缘局域模的高约来模 03.244

ELMy H-mode 边缘局域模高约束模 03.245

eluant reagent for uranium 铀淋洗剂 12.149

Eluex process 淋萃流程 12.161

emanation area 射气面积 12.204

emanation coefficient 射气系数 11.251

emanation of radon 氡析出率 15.128

emergency action level 应急行动水平 16.317

emergency control centre 应急控制中心, *应急指挥中心 16.316

emergency core cooling system *应急堆芯冷却系统 05.317

emergency diesel generation system 应急柴油发电机系统 05.349

emergency diesel generator set 应急柴油发电机组 05.405

emergency exercise 应急演习 15.173

emergency exercise scenario 应急演习场景 16.318

emergency exposure situation 应急照射情况 15.059

emergency facility 应急设施 15.171

emergency initial condition 应急初始条件 16.312

emergency operation procedure 应急操作规程 16.314

emergency planning zone 应急计划区 15.166

emergency power supply 应急电源 16.313

emergency procedure 应急程序 15.165

emergency response procedure 应急执行程序 16.315

emergency standby 应急待命 16.297

emergency state classification 应急状态分级 16.319

emergency trip system 危急遮断系统 05.345

emission computed tomograph 发射体层仪 17.126

emission rate 发射速率，*发射率 21.101

emission scan 发射扫描 17.119

emission spectrum of crystal 晶体发射光谱 17.175

emittance 发射度 06.170

emittance exchange 发射度交换 06.176

emittance meter 发射度仪 06.456

emulsification 乳化 14.080

enamel radioactive source preparation technology 搪瓷制源工艺 08.205

encapsulated radioactive source 密封放射源 08.155

enclosed layout transistor 环形栅晶体管 04.160

end effect [of a counter tube] [计数管的]边缘效应 09.054

end of life 寿期末 05.072

endorsed standard 认可标准 16.022

endosymbiont 内共生体 18.056

endothermic reaction 吸能反应 01.283

end-plate welding 端板焊接 13.135

endurance test 耐久性试验 21.271

energetic atom 高能原子 02.231

energetic particle 高能量粒子 03.246

energetic particle mode 高能量粒子模 03.247

energizing coil 励磁线圈 06.272

energizing current 励磁电流 06.273

energy analyzer *能量分析器 06.464

energy calibration 能量刻度 09.005

energy confinement time 能量约束时间 03.285

energy conservation equation 能量守恒方程 20.036

energy curve 能量曲线 17.223

energy degrader 降能器 06.601

energy dependence of response *响应的能量依赖性 21.173

energy discriminator 能量甄别器 17.146

energy dispersive X-ray analysis 能量色散 X 射线分析 02.259

energy doubler 能量倍增器 06.361

energy fluence 能注量 21.108

energy fluence rate 能注量率 21.109

energy group 能群 05.062

energy imparted 授予能 15.029

[energy] level density 能级密度 01.197

energy level diagram 能级图 20.153

[energy] level lifetime 能级寿命 01.198

[energy] level scheme 能级纲图 01.196

energy peak 能峰 17.216

energy recovery linac 能量回收直线加速器 06.124

energy resolution 能量分辨率 09.071

energy resolution [of a radiation spectrometer] [辐射谱仪的]能量分辨力 21.157

energy response 能量响应 21.173

energy selective imaging method 能量选择成像方法 10.605

energy self-shielding effect 能量自屏效应 05.049

energy spectrometer 束流能谱仪 06.464

energy spectrum curve *能谱曲线 17.223

energy spread 能散度 06.178

energy storage density 储能密度 07.038

energy storage dielectric 储能电介质，*储能介质 07.040

energy technology data exchange 能源技术数据交换 21.330

energy threshold 能量阈值 17.221

energy window 能窗 17.217

energy window lower limit 能窗下限 17.219

energy window upper limit 能窗上限 17.218

engineered safety feature 专设安全设施 05.309

engineering barrier 工程屏障 14.335

engineering factor 工程因子 05.146

engineering hot channel factor 工程热通道因子 05.137

engineering hot point factor 工程热点因子 05.142

engineering of tunnel nuclear test 平洞工程 10.159

engineering simulation 工程模拟 20.016

enhanced low dose rate sensitivity 低剂量率增强效应 04.062

enhanced radiation crosslinking　强化辐射交联　19.073

enhancement factor for underground nuclear explosion　地爆增强因子　10.233

enriched uranium　浓缩铀，*富集铀　05.006

enriched target　富集靶　02.163

enrichment plant　浓缩厂　10.415

enterogastric reflux index　胃肠反流指数　17.410

entrance and exit control　通行控制，*出入口控制　15.216

entrance channel　入射道　01.278

envelope function　*包络函数　06.180

environment isotope tracing　环境同位素示踪　18.154

environmental background survey　环境本底调查　15.127

environmental condition　环境条件　21.041

environmental dosemeter　环境剂量计　09.367

environmental impact assessment　环境影响评价　16.104

environmental impact assessment of radiation　辐射环境影响评价　15.112

environmental investigation of radioactive contamination　放射性污染环境调查　02.021

environmental modification　*环境修复　14.419

environmental monitoring　环境监测　16.103

environmental pollution from uranium mines　铀矿山环境污染　02.314

environmental radiation monitor　环境辐射监测仪　17.243

environmental radiation monitoring　辐射环境监测　15.082

environmental radiochemistry　环境放射化学　02.300

environmental remediation　环境整治　14.419

environmental remediation and recovery of radiation　辐射环境整治与恢复　15.115

environmental sampling　环境取样　10.465

environmental stress screening　环境应力筛选　21.276

environmental survey on radiation　环境辐射调查，*环境放射性水平调查　15.113

environmental worthiness　环境适应性　21.264

enzymatic iodination　酶促碘标记　08.439

enzymatic synthesis　酶促合成　08.438

EOL　寿期末　05.072

EP　电抛光　06.524

epicadmium neutron　超镉中子　10.521

EPICS　实验物理与工业控制系统　06.487

epistemic uncertainty　认知不确定性　20.057

epithermal neutron　超热中子　02.224

epithermal neutron activation analysis　超热中子活化分析　02.243

EPM　高能量粒子模　03.247

epoch of uranium metallogenic　铀成矿时代　11.132

equation of point reactor kinetics　点堆动力学方程　05.098

equation of state　状态方程　20.037

equilibrium coefficient of uranium-radium　铀镭平衡系数　11.249

equilibrium constant　平衡常数　17.111

equilibrium cycle　平衡循环　05.102

equilibrium equivalent concentration of radon　氡平衡当量浓度　15.074

equilibrium factor F　平衡因子 F　12.209

equilibrium phase　平衡相　17.385

equilibrium plasma　平衡等离子体　03.053

equilibrium potential of satellite surface charging　卫星表面充电平衡电势　04.229

equilibrium quality　平衡含气率　05.161

equilibrium thermodynamic quality　*热力学含气率　05.161

equipment and maintenance of reprocessing plant　后处理厂设备与维修　14.151

equipment cleaning system　设备清洗系统　05.519

equipment environmental qualification　设备环境鉴定　16.164

equipment qualification　设备鉴定　16.163

equipment seismic qualification　设备抗震鉴定　16.165

equivalent annual usage amount　等效年用量　17.109

equivalent cell　等效栅元　05.107

equivalent content of radium　当量镭含量　21.194

equivalent daily handling amount　等效日操作量　17.110

equivalent dose 当量剂量 15.033

equivalent emanation area 当量射气面积 12.205

equivalent megatonnage 等效百万吨数 10.061

equivalent noise charge 等效噪声电荷 09.074

equivalent noise referred to input 输入等效噪声 09.100

equivalent potential design 等电势设计 04.146

equivalent radius 等效半径 10.208

equivalent radon fluxrate 当量氡析出率 12.203

equivalent surface activity 等效面活度 21.186

eradication 根除 18.052

ERL 能量回收直线加速器 06.124

error 错误 04.244

error detection and correction 检纠错 04.140

error of indication 示值误差 21.054

error of measurement 测量误差 09.113

error probability 错误概率 04.245

erythropoietic imaging 红细胞生成显像 17.377

escape peak 逃逸峰 09.098

esophageal transit imaging 食管通过显像 17.388

esophageal transit rate 食管通过率 17.389

ESS 环境应力筛选 21.276

etalon 测量标准 21.056

etched track detector 蚀刻径迹探测器 09.235

ETDE 能源技术数据交换 21.330

ETG mode *ETG 模 03.242

ETGM 电子温度梯度模 03.242

Euler equation 欧拉方程 20.039

Eulerian method 欧拉方法 20.021

evacuation 撤离 15.179

evaluation and governance of radioactive contamination 放射性污染评价及治理 02.218

evaluation for radiation hardness 抗辐射性能评估 04.233

evaluation of uncertainty in test 试验不确定度评定 04.242

evaporation and concentration 蒸发浓缩 14.234

evaporation model 蒸发模型 01.377

evaporation particle 蒸发粒子 01.374

evaporation pond for in-situ leaching of uranium mining 地浸采铀蒸发池 12.096

evaporation residue 蒸残物，*蒸发残渣 14.235

evaporation spectrum 蒸发谱 01.375

evaporation uranium metallogenesis 蒸发铀成矿作用 11.130

even-A nucleus 偶 A 核 01.207

even-even nucleus 偶-偶核 01.203

even-odd nucleus 偶-奇核 01.204

event filter *事例过滤 09.332

event oriented emergency operational procedure 事件导向应急操作规程 05.462

event tree analysis 事件树分析 16.270

EXAFS 扩展 X 射线吸收精细结构 02.254

excavating method 铲除法 14.422

excepted package 例外货包 15.205

excess air incineration 过量空气焚烧 14.249

excess reactivity 剩余反应性 05.091

exchange-correlation functional 交换关联泛函 20.131

exchange force 交换力 01.080

exchange half-life 半交换期 02.035

exchange half-time 半交换期 02.035

excimer laser 准分子激光 20.180

excision repair 切除修复 18.014

excitation 激发 01.185

excitation curve 激发曲线 02.172

excitation energy 激发能 01.176

excitation function 激发函数 01.298

excited molecule 激发分子 19.025

excited state 激发态 01.175

exciting coil 励磁线圈 06.272

exciting current 励磁电流 06.273

exciton model 激子模型 01.372

exclusion 排除 15.049

exclusion area 非居住区 16.302

exemption 豁免 15.050

exempt waste 豁免废物，*免管废物 14.200

existing exposure situation 现存照射情况 15.058

existing stock 现有库存 10.421

exit channel 出射道 01.279

exogenic information 外源信息 10.322

exogenic uranium metallogenesis 外生铀成矿作用 11.129

exothermic reaction 放能反应 01.282

exotic atom 奇异原子 02.226

exotic atom chemistry 奇异原子化学 02.195

exotic nucleus 奇特核 01.258

expanded and aligned field 扩展齐向场 21.166

expanded field 扩展场 21.165

expanded measurement uncertainty *扩展测量不确定度 21.027

expanded uncertainty 扩展不确定度 21.027

expected running event *预期运行事件 05.438

experiment 实验 20.003

experimental nuclear medicine 实验核医学 17.004

experimental of uranium metallogenic 铀成矿实验 11.136

experimental physics and industrial control system 实验物理与工业控制系统 06.487

experimental simulation 实验模拟 10.470

experimental standard deviation 实验标准偏差,*实验标准差,*试验标准偏差 21.023

explicit knowledge 显性知识 21.304

explicit scheme 显式格式 20.053

exploration model for uranium 铀矿找矿模型 11.224

exploring test for in-situ leaching of uranium mining 地浸采铀条件试验 12.028

explosion chamber 爆室 10.121

explosion valve 爆破阀 05.389

explosive emission 爆炸发射 07.096

explosive magnetic flux compression 爆磁压缩,*爆炸磁通量压缩 07.122

explosive magnetic flux compression generator 爆炸磁通压缩发生器 07.030

explosive nucleosynthesis 爆发性核合成 01.393

exponential margin method 指数裕度法 04.251

exposure 照射 17.068,照射量 17.069

exposure labeling 曝射标记 08.434

exposure pathway 照射途径 15.117

exposure rate 照射量率 18.132

exposure rate constant 照射量率常数 17.070

exposure situation 照射情况 15.056

exposure to dose conversion coefficient 照射量-剂量转换系数 18.139

extended X-ray absorption fine structure 扩展 X 射线吸收精细结构 02.254

extensive damage mitigation guideline 大范围损伤缓解指南 16.003

external activation indicator 外活化指示剂 10.253

external cathode counter tube 外阴极计数管 09.160

external earth radiation belt 外辐射带 04.022

external event 外部事件 16.311

external events important to safety 安全重要的外部事件 16.197

external exposure 外照射,*外部照射 15.089

external neutron generator 外中子源系统,*外源系统 10.083

external quality factor 外部品质因数 06.388

external target 外靶 08.018

external tunnel construction of underground nuclear test *地下核试验地面工程 10.168

external tunnel construction 洞外工程 10.168

external Van Allen radiation belt *外范艾伦辐射带 04.022

extinction of atmosphere 大气消光 20.201

extractant for reprocessing process 后处理萃取剂 14.086

extractant for uranium extraction 铀萃取剂 12.159

extraction capacity 萃取容量 14.076

extraction chromato graphic separation 萃取色谱分离 02.020

extraction cycle 萃取循环 14.073

extraction efficiency 萃取率 14.138

extrapolation ionization chamber 外推电离室 09.134

exudation-type sedimentation basin　渗出型沉积盆地　11.310

F

facility close-out inspection　设施关闭清点视察　10.449

facility scattered neutron　设备散射中子　10.601

facility under beam　束下装置　19.127

factor for uranium metallogenic prognosis　铀矿预测要素　11.220

factory electricity　厂用电　05.430

Faddeev equation　法捷耶夫方程　01.380

fail-safe　故障安全　16.016

fail time　下降时间　09.069

failure mechanism　失效机理　21.250

failure mode　故障模式　16.215

failure mode and effective analysis　故障模式与影响分析　21.283

failure mode，effect and criticality analysis　故障模式、影响与危害性分析　21.284

failure probability　失效概率　04.243

false alarm　虚警　21.267

false alarm rate　虚警率　10.441

false coincidence　*假符合　21.154

false neutron　伪聚变中子　03.040

fanbeam hole collimator　扇型准直器　17.134

Faraday cage structure of satellite　卫星法拉第筒，*卫星法拉第笼　04.104

Faraday cylinder　法拉第筒　06.448

Faraday rotation effect　法拉第旋光效应　07.150

fast beam-ion instability　快离子不稳定性　06.208

fastbus　快总线　09.321

fast capture γ-ray　快俘获高能伽马　10.199

fast-closing steam valve　蒸汽速关阀　05.394

fast closing valve　快阀　06.431

fast control system　快控制系统　09.325

fast cool down　快速降温　06.548

fast current transformer　快速束流变压器　06.468

fast extraction　*快引出　06.559

fast Faraday cylinder　快速法拉第筒　06.476

fast fission　快裂变　01.347

fast fission factor　快中子增殖因子　05.028

fast headtail instability　*快头尾不稳定性　06.205

fast ignition　快点火　03.366

fast magnetosonic wave　快磁声波　03.188

fast multipole method　快速多极子方法　20.267

fast neutron　快中子　05.002

fast neutron reactor fuel assembly　快中子堆燃料组件　13.027

fast neutron reactor　快中子反应堆　05.242

fast particle　*快粒子　03.246

fast reactor transmutation　快堆嬗变　14.256

fast recovery diode　快恢复二极管　07.190

fast tuner　快调谐　06.380

fast wave in lower hybrid wave range　*低杂波频段的快波　03.255

fast Z-pinch　快 Z 箍缩　03.426

fault　断层　11.106

fault coverage　故障覆盖率　04.219

fault detection rate　故障检测率　21.262

fault diagnosis　故障诊断　21.251

fault injection　故障注入　04.218

fault isolation rate　故障隔离率　21.263

fault tolerance　容错　21.282

fault-tolerant design　容错设计　04.130

fault tree analysis　故障树分析　16.216

fault tree method　故障树方法　04.248

[^{18}F]-AV-45　[^{18}F]-氟罗贝它　08.368

[^{18}F]-BAY94-9172　[^{18}F]-氟比他班　08.371

FBP　滤波反投影　17.308

FCT　快速束流变压器　06.468

FDM 有限差分法 20.024

FDR 故障检测率 21.262

feature extraction 特征提取 09.330

FEE 前端电子学 09.281

feed 料液 14.098

feed conditioning 料液调制，*调料 14.095

feed-in 馈入 03.367

feed ore for leaching 入浸矿石 12.123

feed-out 馈出 03.368

feedwater control system 给水调节系统 05.315

feed water pump 给水泵 05.402

feedwater-steam circuit 给水–蒸汽回路 05.295

FEL 自由电子激光装置 06.121

felsite 霏细岩 11.076

FEM 有限元法 20.025

Fermi function 费米函数 01.134

Fermi transition 费米跃迁 01.132

fermium 镄 02.076

ferroelectric cathode 铁电阴极 07.107

ferrous sulfate dosimeter 硫酸亚铁剂量计 19.049

fertile materials 可转换材料 14.013

fertile nuclide 可转换核素 02.179

fertility mutation 育性突变 18.124

few-channel spectrometry 少道谱仪法 21.149

F-factory F-介子工厂 06.140

FFAG accelerator 固定磁场交变梯度加速器 06.091

[^{18}F]-FDG [^{18}F]-氟代脱氧葡萄糖 08.365

[^{18}F]-FLT 3'-脱氧-3'-[^{18}F]-氟代胸腺嘧啶核苷 08.372

[^{18}F]-fluorode-oxyglucose [^{18}F]-氟代脱氧葡萄糖 08.365

[^{18}F]-fluorodopa [^{18}F]-氟代多巴 08.370

[^{18}F]-fluoromisonidazole [^{18}F]-氟咪索硝唑 08.373

[^{18}F]-FMISO [^{18}F]-氟咪索硝唑 08.373

[^{18}F]-GE-067 [^{18}F]-氟美他酚 08.367

fiber converter 光纤转换屏 10.595

fiber laser 光纤激光 20.182

Fick's law 菲克定律 05.052

field area hardening 场区加固 04.168

field distortion switch 场畸变开关 07.087

field flatness 场平坦度 06.515

field flatness tuning 场调平 06.516

field index 场指数 06.274

field of beam 照射野 21.088

field of view 视野 17.211

field programmable logic array 现场可编程逻辑阵列 09.309

field reversed configuration 反场位形 03.070

field reversed pinch 反场箍缩 03.069

field strength 场强 04.185

filamentational instability 成丝不稳定性 03.369

filling time 填充时间 06.342

film badge 胶片剂量计 09.358

film boiling 膜态沸腾 05.125

film dosemeter 胶片剂量计 09.358

filter 过滤器 05.378

filtered back projection 滤波反投影 17.308

filtering 滤波 04.145

filtration efficiency 过滤效率 14.228

fine grain niobium cavity 细晶铌腔 06.510

finite difference frequency domain 频域有限差分法 20.273

finite difference method 有限差分法 20.024

finite difference time domain 时域有限差分法 20.272

finite element frequency domain method 频域有限元法 20.277

finite element method 有限元法 20.025

finite element time domain method 时域有限元法 20.276

finite volume method 有限体积法 20.026

finite volume time domain method 时域有限体积法 20.274

FIR 故障隔离率 21.263

fire-hose instability 水龙带不稳定性 03.169

fire protection system of nuclear power plant 核电厂消防系统 05.333

firing range 射程 10.377

firing the nuclear weapon 核武器引爆 10.076

first critical 首次临界 05.444

first field integral 一次积分 06.279

first harmonic field component 一次谐波场 06.277

first loading 首次装料 05.443

first nuclear strike 第一次核打击 10.101

first-pass method 首次通过法 17.322

first responder 最初响应人员 15.178

first strike strategy 第一次打击战略 10.351

fishbone mode 鱼骨模 03.176

fissile isotope 易裂变同位素 05.003

fissile materials 易裂变材料 14.011

fissile nuclide 易裂变核素 02.177

fissility 可裂变性 01.352

fissility parameter 可裂变参数 01.353

fissionable isotope 可裂变同位素 05.004

fissionable materials 可裂变材料 14.012

fissionable materials used for nuclear weapon 核武器用裂变材料 10.409

fissionable nucleus 可裂变核 01.351

fissionable nuclide 可裂变核素 02.178

fission barrier 裂变势垒 01.355

fission chemistry 裂变化学 02.116

fission counter 裂变计数器 02.189

fission counter tube 裂变计数管 09.158

fission cross-section 裂变截面 02.190

fission device 裂变装置 10.033

fission energy 裂变能 05.018

fission fragment 裂变碎片 02.191

fission fragment method 裂变碎片法 21.142

fission-fusion hybrid reactor 裂变聚变混合堆 05.280

fission ionization chamber 裂变电离室 09.126

fission isomer 裂变同质异能素，*裂变同核异能素 02.192

fission materials 裂变材料 10.243

fission neutron 裂变中子 05.019

fission neutron spectrum 裂变中子能谱 20.079

fission neutron yield 裂变中子产额 20.077

fission nuclear fuel 裂变核燃料 13.002

fission product 裂变产物 02.184

fission product chemistry 裂变产物化学 02.188

fission product [decay] chain 裂变产物[衰变]链 02.185

fission reaction rate 裂变反应率 10.472

fission semiconductor detector 裂变半导体探测器 09.222

fission track dating age 裂变径迹年龄 11.334

fission track survey 裂变径迹测量 11.271

fission weapon 裂变武器 10.008

fission yield 裂变产额 02.183，裂变威力 10.064

fissium 裂片元素合金 02.193

fixed contamination 固定性污染 14.389

fixed-field alternating-gradient accelerator 固定磁场交变梯度加速器 06.091

fixed surface contamination 固定表面污染 08.174

flange 法兰，*凸缘 06.437

flare phenomenon 闪烁现象 17.371

flash distillation 急骤蒸馏 14.127

flashover 闪络 07.020

flash photolysis 闪光光解 19.029

flash radiography 闪光照相 07.124

flat counter tube 平面计数管 09.161

flatness 均整度 21.183

flerovium 铁 02.090

flip-flop phenomenon 反转现象 17.353

floating nuclear power plant 浮动核电站 05.265

flocculant 絮凝剂 14.066

flooding 液泛 14.163

flood source 面源 17.256

Floquet's theorem 弗洛奎定理 20.247

florbetaben ［18F]-氟比他班 08.371

florbetapir ［18F]-氟罗贝它 08.368

flow boiling 流动沸腾 05.149

flow coastdown 流量惰走 05.199

flow passage clearance *流道间隙 13.145

flow pattern of two-phase flow 两相流流型 05.169

flow ratio 流比 14.077

flow restrictor 阻流塞组件 13.044

fluctuation effect 涨落效应 20.120

fluid equation 流体方程 03.128

fluid inclusion 流体包裹体 11.335

fluidity 流动度 14.272

fluid mechanics 流体力学 20.030

fluid perturbation theory 液体微扰论 20.125

fluidized bed incineration 流化床焚烧 14.251

fluidized bed ion exchange column 流化床离子交换塔 12.155

fluidized classification and washing 流态化分级洗涤 12.141

fluidized precipitation 流态化沉淀 12.169

fluorescence 荧光 09.040

fluorescent converter 荧光屏 10.593

fluorescent screen monitor 荧光屏探测器 06.451

fluorin-18 氟-18 08.035

fluorination of uranium 氟化 12.175

fluoritization 萤石化 11.149

flute instability *槽纹不稳定性 03.155

flutemetamol [^{18}F]-氟美他酚 08.367

flux limitation 限流 03.370

flux-limited diffusion approximation 限流扩散近似 20.303

FMEA 故障模式与影响分析 21.283

FMECA 故障模式、影响与危害性分析 21.284

foam decontamination 泡沫去污 14.398

foam well washing 泡沫洗井 12.068

focusing 聚焦 06.038

FODO cell FODO 结构 06.158

Fokker-Planck equation 福克尔–普朗克方程 03.027

fold 褶皱 11.108

fold belt 褶皱带 11.088

food chain 食物链 15.134

food irradiation 食品辐照 18.026

food irradiation preservation 食品辐照保鲜 18.030

food loading pattern 食品装载模式 18.038

forbidden transition 禁戒跃迁 01.140

forced circulation 强迫循环 05.197

foreign labeled compound 外来标记化合物 08.388

formation cross-section 生成截面 02.202

formerly declared facility inspection 先前申报设施视察 10.450

form factor 形状因子 10.549

form of uranium existence 铀存在形式 11.115

four-dimensional image 四维影像 17.297

fourmarierite 红铀矿 11.011

four-phase bone imaging 四时相骨显像 17.366

FOV 视野 17.211

FPGA 现场可编程逻辑阵列 09.309

fractional independent yield 分独立产额 02.155

fractional cumulative yield 分累积产额 02.156

fractionation 分凝 10.226

fracture 断裂，*破裂 11.107

fragmentation reaction 碎裂反应 01.333

frame 帧 17.306

frame expansion 骨架胀接 13.138

frameshift mutation 移码突变，*移框突变 18.117

frame welding 骨架焊接 13.137

francium 钫 02.063

fratricidal effect of nuclear weapon 核武器自相摧毁效应 10.117

fratricide radiation environment 自相摧毁辐射环境 04.013

free air ionization chamber 自由空气电离室 09.130

free-electron laser 自由电子激光装置 06.121

free liquid in waste form 废物固化体中游离液体 14.307

free radical 自由基 18.131

freeze 冻结 10.340

freezing-thawing test 冻融试验 14.304

frequency control loop 频控环 06.409

frequency domain response to electromagnetic pulse 电磁脉冲的频域响应 04.191

frequency-modulated cyclotron *调频回旋加速器 06.084

frequency response 频率响应 07.164

Fresnel equation 菲涅耳方程 20.217

Fricke dosimeter *弗里克剂量计 19.049

frictional pressure drop 摩擦压降 05.188

fringe field 边缘场 06.276

front-door coupling 前门耦合 04.210

front end electronics 前端电子学 09.281

front-end of nuclear fuel cycle 核燃料循环前段 14.007

front of interlayer oxidized zone 层间氧化带前锋线 11.155

Froude number 弗劳德数 03.371

frozen radical *冻结自由基 19.027

[18F]-sodium fluoride [18F]-氟化钠 08.369

F transition *F 跃迁 01.132

fuel assembly 燃料组件 05.209

fuel box 燃料盒 13.037

fuel burst detecting system 燃料破损检测系统 05.522

fuel cell 燃料栅元 05.224

fuel cladding 包覆材料 13.085

fuel core 燃料芯体 13.076

fuel element 燃料元件 05.208

fuel element rupture monitoring system 燃料元件破损检测系统 05.310

fuel handling machine 燃料装卸机 05.556

fuel malposition accident 燃料错位事故 16.246

fuel pebble reload system 燃料球再装载系统 05.555

fuel pellet 燃料芯块 13.077

fuel pellet gap detect 芯块间隙检查 13.156

fuel phase 燃料相 13.080

fuel pipe 燃料管 13.024

fuel plate 燃料板 13.023

fuel plate rolling 燃料板复合轧制 13.122

fuel rod 燃料棒 13.022

fuel rod enrichment detection 燃料棒富集度检查 13.157

fuel rod gas content 燃料棒气体含量 13.158

fuel rod welding 燃料棒焊接 13.124

fuel rupture detection system 燃料破损监测系统 05.326

fuel sealing coating 燃料密封包覆 13.123

fuel specific power 燃料比功率 05.119

fuel temperature coefficient *燃料温度系数 05.087

fuel transfer mechanism 燃料移送机构 05.557

fuel transport container 燃料运输容器 05.406

fuel tube co-extrusion 燃料管共挤压 13.121

full elemental analysis 全元素表征 10.300

full-energy-peak efficiency for gamma-ray γ射线全能峰效率 21.161

full scope simulator of NPP 核动力厂模拟机 16.238

full spectral range remote sensing identification 全谱段遥感探测 11.285

full width at half maximum 半高宽 17.147

full width at tenth maximum 1/10 高宽 17.148

fully-ceramic component 全陶瓷型元件 05.544

fully ionized plasma 完全电离等离子体 03.249

functional imaging 功能显像 17.009

functional imaging agent 功能显像剂 08.320

functional indicator 功能指标 16.014

functional isolation 功能隔离 16.013

functional parameter mapping 功能参数图 17.275

fundamental mode 基模 06.354

fundamental safety function 基本安全功能 16.156

fundamental safety principle 安全基本原则 15.005

funnel effect 漏斗效应 04.105

furongite 芙蓉铀矿 11.033

fused image 融合图像 17.296

fusion barrier 熔合势垒 01.354

fusion chemistry 聚变化学 02.119

fusion demonstration reactor 聚变示范堆，*聚变演示堆 03.008

fusion DEMO reactor 聚变示范堆，*聚变演示堆 03.008

fusion device 聚变装置 10.034

fusion energy gain factor 聚变能量增益因子 03.005

fusion experimental device 聚变实验装置 03.007

fusion-fission 熔合-裂变 01.346

fusion-fission hybrid reactor 聚变-裂变混合堆 03.006

fusion fuel cycle 聚变燃料循环 03.014

fusion ignition condition 聚变点火条件 03.002

fusion materials 聚变材料 10.244

fusion neutronics 聚变中子学 03.009

fusion neutron yield 聚变中子产额 10.508

fusion nuclear fuel 聚变核燃料 13.003

fusion power plant 聚变电厂 03.003

fusion product 聚变产物 10.240

fusion γ-ray 聚变高能伽马 10.198

fusion reaction 熔合反应 01.337

fusion reactor 聚变反应堆，*聚变堆 03.004

fusion yield 聚变威力 10.065

FVM 有限体积法 20.026

FWHM 半高宽 17.147

FWTM 1/10 高宽 17.148

G

gabbro 辉长岩 11.067

gadolinium-153 low energy photon source 钆-153 低能光子源 08.242

gadolinium oxide 氧化钆 13.103

gain saturation 增益饱和 20.191

[68Ga]-DOTA-(Tyr3)-octreotate [68Ga]-镓道塔泰特 08.364

[68Ga]-DOTA0-Tyr3-octreotate [68Ga]-镓道塔泰特 08.364

[68Ga]-labeled DOTATATE [68Ga]-镓道塔泰特 08.364

galactic cosmic rays 银河宇宙线 04.018

gallium-67 镓-67 08.044

gallium-68 镓-68 08.045

gallium nitride detector 氮化镓探测器 09.205

GAM 测地声模 03.250

gamma angular distribution 伽马角分布 01.218

gamma camera 伽马相机 09.379

gamma counter γ 计数器 17.236

gamma decay 伽马衰变 01.111

gamma field γ 圃 18.063

gamma-gamma angular correlation 伽马-伽马角关联 01.219

gamma-gamma collider 伽马-伽马对撞机 06.141

gamma greenhouse γ 温室 18.064

gamma photon 伽马光子 01.099

gamma radiation-induced current 伽马辐照电流 10.151

gamma radiation monitoring and energy spectrum analysis 伽马辐射监测和能量分辨分析 10.462

gamma radioactivity 伽马放射性 01.102

gamma ray 伽马射线 01.105

gamma-ray linear polarization 伽马光子线形极化 01.220

gamma-ray logging γ 测井 11.264

gamma-ray measurement in hole 炮孔 γ 测量 12.010

gamma-ray spectrometer γ 射线谱仪 09.353

gamma-ray spectroscopy 伽马射线谱学 01.169

gamma-ray spectrum 伽马射线谱 01.108

gamma scintillation camera γ 闪烁相机 17.121

gamma transition 伽马跃迁 01.191

Gamow factor 伽莫夫因子 01.387

Gamow peak 伽莫夫峰 01.388

Gamow-Teller transition 伽莫夫-泰勒跃迁 01.133

Gamow window 伽莫夫窗口 01.389

GaN detector 氮化镓探测器 09.205

gantry aperture 机架孔径 17.167

[68Ga]-oxodotreotide [68Ga]-镓道塔泰特 08.364

gas activation indicator 气体指示剂 10.255

gas-cooled fast reactor 气冷快堆 05.275

gas cooled reactor 气冷反应堆 05.247

gas detector 气体探测器 18.144

gaseous separation method *气态分离法 02.024

gaseous tracer 气体示踪剂 10.270

gas fission product 气体裂变产物 10.238

gas flow detector 流气式探测器 09.173

gas-flow ionization chamber 流气式电离室 09.149

gas load 气载 06.433

gas multiplication 气体放大 09.049

gas multiplication factor 气体放大因子 09.050

gas puff Z-pinch 喷气 Z 箍缩 03.425

gas sample 气体样品 10.220

gas sampling by steel cable 钢丝绳气体取样 10.221

gas sampling coefficient 气体取样系数 10.241

gas station 气体站 12.097

gas switch 气体开关 07.075

gastric emptying rate 胃排空率 17.395

gastric emptying study 胃排空试验 17.392

gastric half-emptying time 胃半排空时间 17.394

gastroesophageal reflux imaging 胃食管反流显像 17.390

gastroesophageal reflux index 胃食管反流指数 17.391

gastrointestinal bleeding imaging 消化道出血显像 17.401

gate circuit 门电路 17.298

gated acquisition 门控采集 17.263

gated cardiac blood pool imaging *门控心血池显像 17.324

gate oxide 栅氧 04.154

gate oxide hardening process 栅氧化层加固工艺 04.165

gate turn-off thyristor 门极可关断晶闸管 07.191

gaussian beam 高斯波束 20.231

Geiger-Müller region 盖革-米勒区 09.009

Geiger-Müller threshold 盖革-米勒阈 09.052

Geiger-Nuttall law 盖革-努塔尔定律 01.127

gelation dose 凝胶剂量，*凝胶化剂量 19.074

gel decontamination 凝胶去污 14.396

gel fraction 凝胶分数 19.077

Ge [Li] detector 锗[锂]探测器 09.197

gelling dose 凝胶剂量，*凝胶化剂量 19.074

gene imaging agent 基因显像剂 08.318

gene mediated radionuclide therapy 基因介导核素治疗 17.436

gene mutation 基因突变 18.078

general clues 一般线索 10.313

generalized gradient approximation 广义梯度近似 20.133

generalized Ohm's law 广义欧姆定律 03.043

generally labeled compound 全标记化合物 08.395

general procedure 总体规程 05.452

generation Ⅳ nuclear energy system 第四代核能系统 05.273

general underground laboratory 普通地下实验室 14.347

genetic effect 遗传效应 15.148

genetic effect caused by tritium 氚的遗传效应 02.349

genetic sexing strain 遗传区性品系 18.059

geochemical barrier of uranium 铀地球化学障 11.157

geodesic acoustic mode 测地声模 03.250

geographical tracer characterization 地域指示剂表征 10.306

geological exploration for uranium 铀矿地质勘查 11.199

geological map compilation of uranium deposit 铀矿地质编图 11.238

geological map of uranium deposit 铀矿地质图 11.239

geomagnetic trapping 地磁捕获 04.020

geometrical cross-section 几何截面 01.297

geometrical optics 几何光学 20.259

geometrical theory of diffraction 几何绕射理论 20.260

geometric arc correction 弓形几何校正 17.205

geometric emittance 几何发射度 06.173

geometric modeling 几何建模 20.017

geometry factor 几何因子 15.099

geometry shunt impedance 几何分路阻抗 06.386

geophysical and geochemical barrier of uranium 铀地球物理化学障 11.158

geophysical effect of nuclear explosion 核爆炸地球物理效应 10.128

geophysical survey in on-site 现场视察中的地球物理勘测 10.463

geostationary orbit 地球静止轨道，*静止轨道 04.263

geosynchronous orbit 地球同步轨道 04.262

GERI 胃食管反流指数 17.391

germanium-68 锗-68 08.046

germanium-68/gallium-68 generator 锗-68/镓-68 发生器 08.023

germanium-68 graduated source 锗-68 刻度源 08.252

giant resonance 巨共振 01.366

gigahertz transverse electromagnetic cell GTEM 室 04.181

glass-ceramic solidification 玻璃陶瓷固化 14.293

glass form 玻璃固化体 14.280

glass formula 玻璃固化配方 14.284

glass radioactive source preparation technology 玻璃制源工艺 08.206

glassy sample 玻璃体样品 10.268

Glauber model 格劳伯模型 01.379

global photocurrent 全局光电流 04.069

glove box 手套箱 14.167

gluon 胶子 01.053

gneiss 片麻岩 11.057

governing equation 控制方程 20.011

grace period 宽限期 16.113

grade 等级 21.205

grade of uranium ore 铀矿石品位 11.211

Grad-Shafranov equation 格拉德-沙夫拉诺夫方程 03.134

grafting efficiency 接枝效率 19.083

grafting yield 接枝率 19.082

granddaughter nuclide 第二代子体核素 02.143

granite 花岗岩 11.061

granite massif 花岗岩体 11.102

granite-pegmatite 花岗伟晶岩 11.063

granite-porphyry 花岗斑岩 11.072

granite type uranium deposit 花岗岩型铀矿床 11.166

granulite 麻粒岩 11.058

granulopoietic imaging 粒细胞生成显像 17.378

graphite-moderated reactor 石墨反应堆 05.245

gravel filling 填砾, *投砾 12.061

gravel filling well configuration 填砾式钻孔结构 12.055

gravitational drift 重力漂移 03.126

gravitational pressure drop 提升压降, *重位压降 05.189

Gray 戈[瑞] 15.025

gray approximation 灰体近似 20.302

grazing collision 擦边碰撞 01.305

Green function method 格林函数方法 20.138

Greenwald density 格林沃尔德密度 03.251

grid 网格 20.018

grid adaptive 网格自适应 20.044

grid electrode 栅极 07.101

grid ionization chamber 屏栅电离室 09.124

grid spring clamping force 格架弹簧夹持力 13.162

grid stripe 格架条带 13.094

grid welding 格架焊接 13.136

grimselite 菱钾铀矿 11.027

grinding decontamination 研磨去污 14.403

gross error 粗大误差 21.055

ground damage effect 地表破坏效应 10.182

ground deposition measurement 地面沉积测量 15.111

ground gamma-spectrometry survey 地面γ能谱测量 11.256

ground gamma survey 地面γ总量测量 11.255

grounding 接地 07.151

ground motion in the near-source region of underground explosion 近区地运动, *核爆炸近区地运动测量 10.136

ground nuclear test 地面核试验 10.258

ground [on-submarine, on-aeroplane] equipment for test and control 地面[艇上、机上]测控设备 10.031

ground state 基态 01.174

ground state band 基态带 01.222

groundwater abnormality 地下水异常 10.186

groundwater restoration 地下水治理 12.105

ground zero 地面零点 04.189

group constant 群常数 20.088

group separation 组分离 14.045

group velocity 群速度 06.195

grouting backfilling plug 注浆回填段 10.172

growth and decay of radioactivity 放射性的生长与衰变 02.149

Grüneisen coefficient 格林艾森系数 10.573

GSO 掺铈氧化正硅酸钆, *掺铈含氧正硅酸钆, *硅酸钆 17.169

GSS 遗传区性品系 18.059

GTEM cell GTEM室 04.181

GTO 门极可关断晶闸管 07.191

G-T transition *G-T跃迁 01.133

guard container 保护容器 05.501

guard container drain pipe 保护容器排泄管 05.503

guard ring 保护环 04.161，09.046

guard ring semiconductor detector 保护环半导体探测器 09.231

guidance level 指导水平 17.092

guidance level for medical exposure 医疗照射指导水平 17.093

guided-wave electromagnetic pulse simulator 有界波电磁脉冲模拟器 04.179

guideline for designing of radiation hardening 抗辐射加固设计指南 04.234

guide tube 导向管 13.095

guiding center 导向中心 03.108

guiding center drift 导向中心漂移 03.109

guilleminite 硒钡铀矿 11.030

gun-type atomic bomb 枪法原子弹 10.010

Gutzwiller variational method 古茨维勒变分法 20.146

G value *G 值 19.019

Gy 戈[瑞] 15.025

gyro-Bohm diffusion 回旋玻姆扩散 03.252

gyrofluid theory 回旋流体理论 03.253

gyrokinetics 回旋动理学 03.254

H

hadron 强子 01.055

hadronic calorimeter 强子量能器 09.247

hafnium rod 铪棒 13.101

half lethal dose 半数致死剂量 18.068

half-life [period] 半衰期 01.115

half thickness value 半厚度值 08.170

half-time of exchange 半交换时间 08.108

half value layer 半值层 21.175

half wave resonator 半波长谐振腔 06.501

Hall sensor 霍尔元件 07.162

halo current 晕电流 03.177

halogen counter 卤素计数器 09.167

halo nucleus 晕核 01.251

HALT 高加速应力试验，*高加速寿命试验 21.278

hard damage *硬损伤 04.115

hardened target 加固目标 10.388

hardware radiation hardening 硬件加固 04.124

hard X ray 硬 X 射线 04.030

harmonic cavity 谐波腔 06.370

harmonic component 谐波分量 06.281

Hartree equation 哈特里方程 20.158

Hartree-Fock equation 哈特里-福克方程 20.159

Hartree-Fock-Slater method 哈特里-福克-斯莱克方法 20.160

Hasegawa-Mima equation 长谷川-三间方程 03.032

HASS 高加速应力筛选 21.279

hassium 镙 02.084

Hauser-Feshbach model 豪泽-费希巴赫模型 01.376

head 探头 17.128

head end 首端 14.048

header house 集控室 12.091

headtail instability 头尾不稳定性 06.204

health management for radiation worker 辐射工作人员健康管理，*放射工作人员健康管理 15.047

health physics 保健物理学 18.009

health surveillance 健康监护 17.101

heap leaching of uranium 铀矿堆浸 12.133

heap permeability 矿堆渗透性 12.136

heat and electricity cogeneration reactor 热电联产堆 05.271

heat carrier materials *载热剂材料 13.108

heat flux of fuel element surface 燃料元件表面热流密度 05.118

heating reactor 供热堆 05.270

heating ventilation and air conditioning system　空气调节系统　05.304

heat pipe factor　*热管因子　05.136

heat pressing radioactive source preparation technology　热压制源工艺　08.212

heat pump evaporation　热泵蒸发　14.237

heat transfer tube　传热管　05.365

heat treatment of uranium alloy　铀合金热处理　13.119

heavy concrete　重混凝土　14.174

heavy hydrogen　*重氢　08.130

heavy-ion　重离子　01.046

heavy-ion accelerator　重离子加速器　06.094

heavy-ion-beam　重离子束　03.372

heavy-ion collider　重离子对撞机　06.134

heavy-ion fusion　重离子聚变　03.364

heavy-ion inertial confinement fusion　重离子惯性约束聚变　06.620

heavy-ion linac　重离子直线加速器　06.106

heavy-ion linear accelerator　重离子直线加速器　06.106

heavy-ion [nuclear] reaction　重离子[核]反应　01.288

heavy-ion radioactivity　重离子放射性　01.153

heavy-ion storage ring　重离子储存环　06.116

heavy-ion synchrotron　重离子同步加速器　06.090

heavy oxygen water　重氧水，*氧-18 水　08.449

heavy phase weir　重相堰　14.162

heavy water　重水　13.110

heavy water reactor　重水反应堆　05.244

heavy water reactor fuel assembly　重水堆燃料组件　13.026

"hedge" warhead stockpile　后备核弹头　10.374

HEDP　高能量密度物理学　03.373

height attenuation coefficient　高度衰减系数，*高度归一系数　21.193

height of gravel filling　填砾高度　12.062

height of nuclear burst　核爆炸高度　10.062

helical tube steam generator　螺旋管式蒸气发生器　05.009

helical wave　螺旋波　03.255

helitron　*螺旋器　03.076

helium blower　氦气鼓风机　05.548

helium burning　氦燃烧　01.399

helium circulator　氦循环风机　05.542

helium-3 counter　氦-3 计数器　09.170

helium fan auxiliary system　氦风机辅助系统　05.562

helium gas turbine　氦气轮机　05.540

helium measurement of water　水中氦测量　11.302

helium purification system　氦净化系统　05.550

helium storage system　氦气储存系统　05.560

helium valve　氦气阀门　05.543

Helmholtz equation　亥姆霍兹方程　20.216

hematitization　赤铁矿化　11.146

HEMP　高空[核]电磁脉冲　04.077

HEPA filter　高效粒子空气过滤器　14.225

hepatic artery perfusion imaging　肝血管灌注显像　17.405

hepatic blood pool imaging　肝血池显像　17.404

hepatobiliary dynamic imaging　肝胆动态显像　17.408

heterogeneity of sensitivity　灵敏度的不均匀性　17.206

heterogeneous system　非匀质系　20.119

HFS method　哈特里-福克-斯莱克方法　20.160

HGHG-FEL　高增益高次谐波放大自由电子激光装置　06.123

HGI　高梯度绝缘微堆　07.185

hierarchy scheme　溯源等级图　21.068

HIF　重离子聚变　03.364

high-altitude [nuclear] electromagnetic pulse　高空[核]电磁脉冲　04.077

high-altitude nuclear test　高空核爆炸　10.393

high β cavity　高 β 腔　06.507

high confinement mode　高约束模式　03.258

high confinement mode power threshold　高约束模功率阈值　03.257

high confinement-mode with edge localized mode　边缘局域模高约束模　03.245

high efficiency particulate air filter　高效粒子空气过滤器　14.225

high energy density physics　高能量密度物理学　03.373

high-energy electron storm　高能电子暴　04.027

high energy general purpose collimator 高能通用准直器 17.141

high-energy luminescence *高能粒子发光 19.006

high-energy neutron 高能中子 02.225

high-energy nuclear reaction 高能核反应 01.269

high energy radiation 高能辐射 19.003

high energy X ray 高能 X 射线 04.032

higher-order field error 高阶场误差 06.317

higher-order harmonic field components 高次谐波场 06.278

higher order mode 高次模 06.221

high flux engineering test reactor 高通量工程实验堆 05.256

high frequency asymptotic method 高频近似方法 20.258

high-frequency high-voltage accelerator 高频高压型加速器 06.070

high gain harmonic generation free-electron laser 高增益高次谐波放大自由电子激光装置 06.123

high gradient insulator 高梯度绝缘微堆 07.185

high heat release nuclide 高释热核素 14.038

high height test 高高度测试 21.190

high impedance accelerator 高阻抗加速器 07.117

high integrity container 高整体容器 14.316

high-K gate dielectric 高 K 栅介质 04.159

high-level liquid waste partitioning 高放废液分离 14.040

high-level radioactive waste 高水平放射性废物, *高放废物 14.196

high level solidification interim storage 高放固化体中间贮存 14.323

high level trigger 高级触发 09.332

highly accelerated life test 高加速应力试验, *高加速寿命试验 21.278

highly accelerated stress screening 高加速应力筛选 21.279

highly enriched uranium 高浓铀 13.054

high order mode 高阶模 06.355

high order mode coupler 高阶模耦合器 06.356

high performance liquid chromatography 高效液相色谱分离 02.019

high power diode *高功率二极管 04.034

high power ion beam diode 高功率离子束二极管 07.094

high power microwave 高功率微波 07.115

high power microwave source 高功率微波源 04.197

high power solid resistor 高功率固体电阻 07.184

high press rinsing 高压水冲洗 06.530

high pressure 高压 10.542

high pressure cylinder 高压缸 05.397

high pressure safety injection pump 高压安注泵 05.371

high press water cutting 高压水切割 14.410

high press water decontamination 高压水去污 14.401

high-purity semiconductor detector 高纯半导体探测器 09.224

high recycling regime *高再循环状态 03.218

high reliability of ultra-thin gate oxide technology 高可靠超薄栅氧技术 04.166

high spatial resolution remote sensing technology 高空间分辨率遥感技术 11.292

high-spin state 高自旋态 01.225

high temperature evaporation radioactive source preparation technology 高温挥发制源工艺 08.211

high temperature gas-cooled reactor fuel assembly 高温气冷堆燃料元件 13.029

high temperature purification fuel ball 燃料球高温纯化 13.130

high temperature treatment 高温处理 06.528

high temperature vol-oxidation treatment 高温氧化挥发法 14.053

high voltage acceleration 高压加速 06.018

high voltage accelerator 高压型加速器 06.066

high voltage modulator 高压脉冲调制器 06.403

high voltage power supply 高压电源 06.320

high voltage pulse generator 高压脉冲发生器 06.324

high-voltage-pulse isolated silicon stack 脉冲高压隔离硅堆 07.082

high-voltage transformer accelerator 高压变压器型加速器 06.071

H-L transition　H-L 转换　03.259

H-mode　*H-模　03.258

H-mode power threshold　*H-模功率阈值　03.257

H-mode power threshold scaling　*H-模功率阈值定标　03.278

Hohenberg-Kohn theorem　霍恩伯格-科恩定理　20.129

hohlraum　黑腔　03.374

hohlraum energetics　黑腔能量学　03.375

holdback carrier　反载体　02.012

hold point　停工待检点，*H 点　16.115

holmium-166　钬-166　08.069

HOM　高次模　06.221

homogeneity of waste form　废物固化体均匀性　14.299

homogeneous flow model　均相流模型　05.183

homogeneous reactor　均匀堆燃料　13.016

homogeneous system　匀质系　20.118

homogenization method　均匀化方法　20.085

homogenization temperature of fluid inclusion　流体包裹体均一温度　11.337

horizontal polarization　水平极化　04.211

horizontal test　水平测试　06.520

〔horizontal tube〕 annular flow　〔水平通道〕环状流　05.180

〔horizontal tube〕 plug flow　〔水平通道〕塞状流　05.176

〔horizontal tube〕 slug flow　〔水平通道〕弹状流　05.179

〔horizontal tube〕 stratified flow　〔水平通道〕分层流　05.177

〔horizontal tube〕 wavy flow　〔水平通道〕波状流　05.178

host rock of uranium ore　铀矿主岩　11.043

hot-assembly factor　热组件因子　05.143

hot atom annealing　热原子退火　02.198

hot atom chemistry　热原子化学　02.120

hot atom recoil labeling　热原子反冲标记法，*反冲标记　08.437

hot cathode　热阴极　07.103

hot cell　热室　14.164

hot channel　热通道　05.134

hot channel factor　热通道因子　05.136

hot CNO cycle　高温碳氮氧循环　01.398

hot cutting　热切割　14.412

hot equal-press isostatic-pressing　热等静压　14.294

hot gas duct of high temperature gas-cooled reactor　高温气冷堆热气导管　05.541

hot gas duct of HTGR　高温气冷堆热气导管　05.541

hot shutdown　热停堆　05.467

hot spare　热备份　04.138

hot spot　热斑　03.376

hot spot factor　热点因子　05.140

hot spot imaging　*热区显像　17.055

hot spot imaging agent　热区显像剂　08.313

hot spot　热点　05.139，14.391

hot test　热实验　14.093

hot X ray　*热 X 射线　04.031

Hoyle state　霍伊尔态　01.157

HPGe gamma spectrometer　HPGe 伽马谱仪　10.499

H-shaped magnet　H 型磁铁　06.306

Hubbard model　哈伯德模型　20.144

human factor engineering　人因工程　16.247

human phantom　人体模型　17.112

HVL　半值层　21.175

HWR　半波长谐振腔　06.501

hybrid image fusion　同机融合　17.288

hybrid operation mode　混合运行模式　03.328

hydrated electron　水合电子，*水化电子　19.021

hydraulic equivalent diameter　水力等效直径，*水力当量直径　05.202

hydraulic fracturing　水力压裂　14.266

hydroacoustic monitoring　水声监测　10.438

hydroacoustic monitoring network　水声监测网　10.432

hydrodynamic efficiency　流体力学效率　03.377

hydrodynamic experiment of simulation for nuclear test　核爆炸模拟的流体动力学实验　10.403

hydrofluorination of uranium　氢氟化　12.174

hydrogenated kerosene　加氢煤油　14.126

hydrogen bomb　氢弹　10.013

hydrogen bomb body　*氢弹主体　10.038

［hydrogen bomb］secondary　［氢弹］次级　10.038

hydrogen burning　氢燃烧　01.395

hydrogen-contained proportional counter tube　含氢正比计数管　10.482

hydrogen igniter　氢气点火器　16.242

hydrogen recombiner　氢气复合器，*消氢器　16.243

hydrogen sulfide-water exchange method　硫化氢−水交换法　08.128

hydrogeological condition for uranium mineralization　铀成矿水文地质条件　11.306

hydrolysis reaction　水解反应　02.307

hydrometallurgy　*水冶尾矿　14.208

hydronuclear experiment　流体核实验　10.404

hydroradioactive anomalies　放射性水异常　11.303

hydrothermal uranium metallogenesis　热液铀成矿作用　11.126

hyper-deformation　巨超形变　01.215

hypernucleus　超核　01.063

hyperon　超子　01.062

hyperspectral logging of drill core　岩心高光谱编录　11.290

hyperspectral mineral mapping　高光谱矿物填图　11.281

hyperspectral mineral variation pattern　高光谱矿物变异规律分析　11.293

hypothesis of minimum potential energy　最小势能假说　02.221

hypothesis of unchanged charge density　恒电荷密度假设　02.168

hypoxia imaging agent　乏氧显像剂　17.022

I

IAEA-SSS　国际原子能机构安全标准系列　16.017

ianthinite　水斑铀矿　11.010

IBFM　相互作用玻色子−费米子模型　01.247

IBM　相互作用玻色子模型　01.246

IBW　离子伯恩斯坦波，*伯恩斯坦波　03.190

ICAT　同位素亲和标签技术　08.121，18.160

ICCD　离子回旋波电流驱动　03.270

ICF　惯性约束聚变　03.341

ICP-MS　电感耦合等离子体质谱法　02.268

ICRH　离子回旋共振加热　03.268

ICRU sphere　ICRU 球　21.167

ICT　积分束流变压器　06.467

IDA　同位素稀释分析　02.272

IDAS　国际剂量保证服务　19.059

ideal magnetohydrodynamic instability　理想磁流体不稳定性　03.162

identification method of irradiated food　辐照食品鉴定方法　18.029

IDMS　同位素稀释质谱分析　18.145

IDR　一体化干法　13.115

IEMP　内电磁脉冲　04.207

IFAR　飞行形状因子　03.382

IFBA　一体化可燃毒物　13.100

IGBT　绝缘栅双极型晶体管　07.186

IGCT　集成门极换流晶闸管　07.192

ignimbrite　熔结凝灰岩　11.081

ignition condition　*点火条件　03.002

ignition criterion　点火判据　03.378

ignitron　引燃管　07.078

IGRT　图像引导放疗技术　06.603

IHE　钝感高能炸药　10.045

IIDA　反同位素稀释法　18.162

illite-hydromicazation　伊利石−水云母化　11.144

ILW　中等水平放射性废物，*中放废物　14.197

image acquisition　图像采集　17.210

image fusion　图像融合　17.284

image guided radiotherapy　图像引导放疗技术　06.603

image operation　图像运算　17.316

image processing　图像处理　17.286

image quality　图像质量　17.260

image quality indicator　像质计　10.598

image reconstruction　图像重建　17.269

image registration　图像配准　17.317

image segmentation　图像分割　17.315

image transformation　图像变换　17.285

imaginary [part] potential　虚[部]势　01.093

imaging　显像，*成像　17.006

imaging analysis　成像分析　10.330

imaging reconnaissance satellite　成像侦察卫星　10.427

immediate dismantling　立即拆除　14.379

immersion lens　浸没透镜　06.571

immersion magnetic diode　场浸型二极管　07.092

immunoradiometric assay　免疫放射分析　08.332

I-mode　*I-模　03.260

impact distance　*瞄准距离　01.303

impact fuze　碰撞引信　10.086

impact parameter　碰撞参数　01.303

impedance match　阻抗匹配　07.052

impedance matrix　阻抗矩阵　20.243

implanted junction detector　注入结探测器　09.214

implicit capture　隐俘获　20.097

implicit Monte Carlo method　隐式蒙特卡罗方法　20.305

implicit scheme　隐式格式　20.054

imploding liner　电磁套筒内爆　07.116

implosion dynamics　内爆动力学　03.379

implosion stagnation　内爆阻滞　03.380

implosion time　内爆时间　03.429

implosion-type atomic bomb　内爆法原子弹　10.011

improved confinement factor　约束增强因子　03.261

improved *L-mode　改善的低约束模式　03.260

improvement of nuclear weapon　核武器改造　10.111

improvised nuclear device　粗糙核装置　10.292

IMPT　调强适形质子治疗技术　06.604

impulse coupling coefficient　冲量耦合系数　04.058

impulse current generator　冲击电流发生器　07.032

impulse generator　脉冲发电机　07.029

impulse voltage generator　冲击电压发生器　07.033

impurity analysis of diuranate　重铀酸盐杂质分析　12.192

impurity element analysis in plutonium compound reference material　钚化合物中杂质分析标准物质　21.203

impurity element analysis in uranium compound reference material　铀化合物中杂质分析标准物质　21.202

impurity screen　杂质屏蔽　03.262

impurity seeding　杂质植入　03.263

IMRA　免疫放射分析　08.332

IMRT　调强适形放疗技术　06.602

INAA　仪器中子活化分析　02.242

in-situ disposal　就地埋葬　14.381

in-situ neutron activation analysis　现场中子活化分析　02.248

in vitro radioassay　放射体外分析　17.451

in vitro stability of radiopharmaceutical　放射性药物体外稳定性　08.278

in vivo activation analysis　体内活化分析　17.459

[in vivo] biodistribution　[体内]生物分布　08.302

in vivo stability of radiopharmaceutical　放射性药物体内稳定性　08.279

inactive nuclear stockpile　非现役库存　10.373

inadvertent control rod withdrawal　控制棒失控抽出　16.234

in-beam spectroscopy　在束谱学　02.271

in-beam γ-spectroscopy　在束γ谱学　01.217

in-can melter　*罐式熔融法　14.287

in-can melter vitrification　罐式玻璃固化　14.287

incident　2级[事件]　16.178

incident particle　*入射粒子　01.272

incident sequence　事件序列　16.271

incineration　焚烧　14.248

incoming channel　入射道　01.278

incomplete fusion reaction　不完全熔合反应　01.339

incorporation rate　参入率　17.471

incorporation test　参入试验，*掺入试验　17.470

independence of the level of defence-in-depth　纵深防

御层次的独立性 16.030

independency 独立性 16.041

independent assessment 独立评定 16.040

independent fission yield 独立裂变产额 10.501

independent heat exchanger 独立热交换器 05.484

independent-particle model *独立粒子模型 01.240

independent yield 独立产额 02.145

indication 示值 21.032

indicator 指示参量 12.108

indicator of radioactive hydrochemical prospecting 放射性水化学找矿标志 11.298

indicator organism 指示生物 15.136

indirect-drive 间接驱动 03.381

indirect exposure imaging 间接曝光法 10.591

indirect labeling method 间接标记方法 08.340

indirect maintenance 间接维修 14.170

indirect use materials 非直接使用材料 10.287

indium-111 铟-111 08.060

individual dose limit 个人剂量限值 15.053

individual monitoring 个人监测 15.079

in-drum solidification 桶内固化 14.267

induced fission 诱发裂变 01.344

induced mutation 诱发突变 18.123

induced shock metamorphic effect on surrounding rock 围岩冲击变质作用 10.185

induction dose 诱变剂量 18.121

inductive acceleration 感应加速 06.020

inductive coupling 电感耦合 06.402

inductive energy storage 电感储能 07.035

inductive isolated Marx generator 电感隔离型 Marx 发生器 07.028

inductively coupled plasma mass spectrometry 电感耦合等离子体质谱法 02.268

inductive output triode 感应输出管 06.364

inductive plasma current drive 感应驱动等离子体电流 03.264

inductive voltage adder 感应电压叠加器 07.056

industrial computed tomography 工业计算机层析成像 19.189

industrial computer tomography 工业计算机层析成像 19.189

industrial CT *工业 CT 19.189

industrial package 工业货包 15.204

industry flaw detection radioactive source 工业探伤源 08.202

inelastic scattering 非弹性散射，*非弹散射 01.314

inertia fuze 惯性引信，*过载引信 10.084

inertial confinement fusion 惯性约束聚变 03.341

inertial energy storage 惯性储能 07.034

INES 国际核与辐射事件分级 15.164，国际核与辐射事件分级表 16.218

infant mortality 早期故障 21.254

infarction focus imaging 亲梗死灶显像 17.329

infection imaging agent 炎症显像剂 08.305

infiltration-type sedimentation basin 渗入型沉积盆地 11.309

infinite multiplication factor 无限介质增殖因数 05.033

in-flight aspect ratio 飞行形状因子 03.382

information acquisition 信息采集 21.314

information fusion 信息融合 21.316

information gathering 信息收集 21.315

information management science 信息管理学 21.293

information mining 信息挖掘 21.362

information redundancy 信息冗余 04.134

information resource 信息资源 21.294

information resource development 信息资源开发 21.335

information resource evaluation 信息资源评价 21.336

information retrieval 信息检索，*情报检索 21.381

information retrieval on the internet 网络信息检索 21.384

information science 情报学 21.292

information service ability 信息服务能力 21.396

information worker 信息工作者 21.328

infrasound monitoring 次声监测 10.437

infrasound monitoring network 次声监测网 10.431

infrequent accident 稀有事故 16.278

ingestion emergency planning zone 食入应急计划区 15.167

inhabitability 可居留性 16.309

inherent availability 固有可用度 21.260

inherent capabilities of missile 导弹的固有能力 10.425

inherent safe operating performance 固有安全运行性能 05.434

inherent safety feature 固有安全特性 16.015

inherited sterility 遗传不育 18.047

inhour equation 倒时方程 05.100

INIS 国际核信息系统 21.341

INIS/ETDE description of subject categories and categories 国际核信息系统/能源技术数据交换主题类目与范畴说明 21.369

INIS thesaurus 国际核信息系统叙词表 21.372

initial conditions for accident analysis 事故分析初始条件 16.184

initial gelation dose *起始凝胶剂量 19.074

initial nuclear radiation 早期核辐射 10.127

initial reactivity 初始反应性 05.090

initial verification 首次检定 21.073

initiating event 始发事件 16.261

initiation component 起爆元件 10.043

initiation [explosive] train 起爆[传爆]序列 10.041

injection well of in-situ leaching of uranium mining 地浸采铀注入井，*注入井，*注液井 12.050

injector 注入器 06.109

injurious and destructive effect of nuclear weapon 核武器杀伤破坏效应 10.122

inland basin 内陆盆地 11.091

inoculative release and inundative release 接种式释放和淹没式释放 18.054

inorganic ion exchanger 无机离子交换剂 02.017

in-pile refueling machine 堆内换料机 05.489

input impedance 输入阻抗 20.239

INSAG 国际核安全咨询组 16.051

insensitive high explosive 钝感高能炸药 10.045

insertion device 插入件 06.292

insertion loss 插入损耗，*介入损耗 04.184

inservice inspection 在役检查 05.429

inside information *内部资料 21.349

in-situ burial 就地埋葬 14.381

in-situ leaching of uranium mining 原地浸出采铀 12.024

in-situ leaching satellite 地浸卫星厂 12.112

in-situ leaching type sandstone uranium deposit 地浸砂岩型铀矿床 11.165

in-situ vitrification 就地玻璃固化，*现场玻璃固化 14.424

insoluble residue 不溶残渣 14.063

inspection 检查 16.111

inspection well of in-situ leaching of uranium mining 地浸采铀检查井，*检查井 12.052

institutional release *有组织排放 15.122

instrumental measurement uncertainty 仪器的测量不确定度 21.050

instrumental neutron activation analysis 仪器中子活化分析 02.242

instrumentation tube 仪表管 13.096

instrument bias 仪器偏移 21.048

instrument drift 仪器漂移 21.049

instrument of ratification for decom-missioning of nuclear facility 核设施退役批准书 16.096

instrument of ratification for initial fuel loading of nuclear facility 核设施首次装料批准书 16.095

insulated gate bipolar transistor 绝缘栅双极型晶体管 07.186

insulatingcore-transformer accelerator 绝缘芯变压器型加速器 06.072

integral fuel burnable absorber 一体化可燃毒物 13.100

integral hoisting 整体吊出 14.415

integral nonlinearity 积分非线性 09.076

integral power coefficient *积分功率系数 05.089

integrated design for radio pharmaceutical 放射性药物整体设计法 08.274

integrated dry route 一体化干法 13.115

integrated gate commutated thyristor 集成门极换流晶闸管 07.192

integrated inspection 综合性检查 16.134

integrated luminosity 积分亮度 06.054

integrated map of radioactive anomalous　放射性异常综合图　11.277

integrated simulation　集成模拟　03.383

integrated test of electronics system for nuclear warhead　核战斗部电子学系统联试　10.081

integrating current transformer　积分束流变压器　06.467

integrating ionization chamber　积分电离室　09.123

integration cross-section　积分截面　01.294

integration of digital resource　数字资源整合　21.367

integration of spectral and radioactivity data　光-能谱集成　11.291

integration testing　集成测试　20.071

integrator　积分器　07.161

intellectual property of nuclear industry　核工业知识产权　21.310

intelligence user　情报用户　21.400

intense bunching diode　强聚焦二极管　04.035

intense current diode　强流二极管　04.034

intensity modulated proton therapy　调强适形质子治疗技术　06.604

intensity modulated radiation therapy　调强适形放疗技术　06.602

interacting boson-fermion model　相互作用玻色子-费米子模型　01.247

interacting boson model　相互作用玻色子模型　01.246

interaction of γ-ray with matter　γ射线与物质相互作用　18.017

interchange ability　互换性　21.210

interchange instability　交换不稳定性　03.155

interdiction of nuclear materials　截获核材料　10.284

interdiction of radio materials　截获放射性材料　10.285

interface state　界面态　04.046

interface state control technology　界面态控制技术　04.164

interfacial crud　界面污物　14.097

interference　干扰　07.159

interfere ratio of crosstalk　串道比　21.160

interior recycle valve　内置式再循环泵　05.533

interlayer oxidized zone　层间氧化带　11.152

interlayer oxidized zone type sandstone uranium deposit　层间氧化带型砂岩铀矿床　11.161

intermediate check　期间核查　21.083

intermediate depth disposal repository　中等深度地质处置库　14.343

intermediate-energy nuclear reaction　中能核反应　01.268

intermediate heat exchanger　中间热交换器　05.480

intermediate-level radioactive waste　中等水平放射性废物，*中放废物　14.197

intermountain basin　山间盆地　11.092

internal activation indicator　内活化指示剂　10.254

internal conversion　内转换　01.148

internal conversion coefficient　内转换系数　01.149

internal conversion electron　内转换电子　01.150

internal conversion electron source　内转换电子源　08.180

internal earth radiation belt　内辐射带　04.023

internal electromagnetic pulse　内电磁脉冲　04.207

internal exposure　内照射，*内部照射　15.090

internal gas detector　内充气体探测器　09.174

internal inductance　内电感　03.135

internal pump of boiling water reactor　沸水堆内置泵　05.536

internal radiation protection　内照射的防护　18.134

internal radiation therapy　内照射治疗　17.430

internal standard source method　内标准源法　17.466

internal target　内靶　08.017

internal transport barrier　内部输运垒　03.265

internal Van Allen radiation belt　*内范艾伦辐射带　04.023

International Atomic Energy Agency safety standard series　国际原子能机构安全标准系列　16.017

international data centre　国际数据中心　10.433

international dose assurance service　国际剂量保证服务　19.059

international measurement standard　国际测量标准　21.057

international monitoring system　国际监测系统　10.428

international nuclear and radiological event scale　国际核与辐射事件分级　15.164

international nuclear event scale　国际核与辐射事件分

级表 16.218

international nuclear information system 国际核信息系统 21.341

International Nuclear Safety Advisory Group 国际核安全咨询组 16.051

international system of units 国际单位制 21.004

International Thermonuclear Experiment Reactor 国际热核聚变实验堆 03.078

internet resource evaluation 网络资源评价 21.347

intervening organization 干预组织 17.095

intervention 干预 15.052

interventional cerebral perfusion imaging 脑血流灌注显像介入试验 17.346

interventional imaging *介入显像 17.057

intervention level 干预水平 17.094

intestinal transit time 小肠通过时间 17.400

intra-beam scattering 束内散射 06.213

intracavity brachytherapy 腔内近距离治疗 17.432

intraoperative gamma prober 术中伽马探测器 17.240

intravascular brachytherapy 血管内近距离治疗 17.441

intrinsically economic uranium resource 内蕴经济的铀资源量 11.192

intrinsic characteristic 固有性能 17.149

intrinsic energy resolution 固有能量分辨率 17.153

intrinsic error 固有误差 09.115

intrinsic flood field uniformity 固有泛源均匀性 17.154

intrinsic impedance 固有阻抗，*特性阻抗 20.240

intrinsic spatial resolution 固有空间分辨率 17.291

intruder state 闯入态 01.234

intrusive deposit *侵入岩型铀矿床 11.176

intrusive rock 侵入岩 11.059

inverse Compton scattering gamma source 逆康普顿散射伽马射线源 06.580

inverse free-electron accelerator 逆自由电子激光加速器 06.148

inverse island 反转岛 01.260

inverse isotope dilution analysis 反同位素稀释法 18.162

inverse kinematics 逆运动学 01.264

inverse model 反演模型 10.320

investigation level 调查水平 15.072

investment control of nuclear power plant 核电厂投资控制 05.415

in-vitro mutagenesis 离体诱变 18.082

in-vitro tracing technique 离体示踪技术 17.479

iodide removal 除碘 14.069

iodination damage 碘化损伤 08.422

iodine-123 碘-123 08.061

iodine-124 碘-124 08.062

iodine-125 碘-125 08.063

iodine-131 碘-131 08.064

iodine adsorber 碘吸附器 14.226

iodine [125I]-brachytherapy source 碘[125I]密封籽源 08.349

iodine [131I]-metuximab 碘[131I]美妥昔单抗 08.346

iodine [131I] tumor necrosis therapy monoclonal antibody injection 碘[131I]肿瘤细胞核人鼠嵌合单克隆抗体注射液 08.347

iodine-125 low energy photon source 碘-125 低能光子源 08.241

iodine value 碘值 14.128

iodine well 碘坑 05.066

iodogen labeling method 氯甘脲标记法 08.440

ion acoustic instability 离子声波不稳定性 03.266

ion acoustic wave 离子声波 03.267

ion beam analysis 离子束分析 02.263

ion beam irradiation 离子束辐照 19.133

ion beam irradiation breeding 离子束育种 18.083

ion Bernstein wave 离子伯恩斯坦波，*伯恩斯坦波 03.190

ion collection pulse ionization chamber 离子收集脉冲电离室 09.138

ion collection time 离子收集时间 09.035

ion cyclotron resonance heating 离子回旋共振加热 03.268

ion cyclotron wave current drive 离子回旋波电流驱动 03.270

ion cyclotron wave　离子回旋波　03.269

ion exchange　离子交换　14.232

ion exchange chromatography　离子交换色谱法　14.133

ion exchange membrane　离子交换膜　02.018

ion exchange radioactive source preparation technology　离子交换制源工艺　08.221

ion exchange separation　离子交换分离　02.022

ion implantation　离子注入　18.084

ion implantation semicon ductor detector　离子注入型半导体探测器　06.612

ion implanter　离子注入机　06.611

ionization　电离　09.001

ionization chamber　电离室　09.120

2π ionization chamber　2π 电离室　09.144

4π ionization chamber　4π 电离室　09.145

ionization chamber with internal gas source　内充气体放射源电离室　09.142

ionization constant　*电离常数　17.070

ionization cooling　电离冷却　06.065

ionization current　电离电流　09.031

ionization detector　电离探测器　09.277

ionization effect　电离效应　08.169

ionization energy　电离能　09.006

ionization front　离化波阵面　20.301

ionization profile monitor　电离型截面探测器　06.478

ionization smoke detector　离子感烟探测器　08.261

ionization track　电离径迹　09.066

ionization vacuum gauge　电离真空计　08.262

ionizing method　电离法　21.124

ionizing radiation　电离辐射　15.011

ionizing radiation effect　电离辐射效应　04.042

ionizing radiation measurement　*电离辐射测量　21.084

ionizing radiation metrology　电离辐射计量　21.084

ion-molecule reaction　离子-分子反应　19.020

ionospheric effect　电离层效应　10.156

ion plasma frequency　离子等离子体频率　03.191

ion source　离子源　06.252

ion temperature gradient mode　离子温度梯度模　03.271

ion trapping　离子俘获　06.207

I-phase　中间相　03.272

IPM　电离型截面探测器　06.478

iridium-192　铱-192　08.074

iridium abnormality　铱反常　02.214

iridium-192 γ radioactive source　铱-192 γ 放射源　08.235

iron-55　铁-55　08.038

iron core　磁铁芯柱　06.312

iron-55 low energy photon source　铁-55 低能光子源　08.239

irradiated nuclear fuel　辐照燃料　14.004

irradiation　辐照　04.169

irradiation accelerator　辐照加速器　06.152

irradiation container　辐照容器　19.106

irradiation cycle　辐照循环　19.139

irradiation cycle time　辐照循环时间　19.140

irradiation damage　辐照损伤　13.165

irradiation decontamination　辐照杀菌　18.031

irradiation device　射线装置　16.167

irradiation embrittlement　辐照脆化　19.160

γ irradiation facility　γ 辐照装置　18.024

irradiation growth　辐照生长　13.164

irradiation hardening　*辐照硬化　19.161

irradiation monitoring tube　辐照监督管　05.237

irradiation processed food　辐照加工食品　18.027

irradiation processing　辐照加工　18.019

irradiation quarantine　辐照检疫　19.183

irradiation strengthening　辐照强化　19.161

irradiation swelling　辐照肿胀　13.166

irradiation test　辐照试验　04.170

irradiation test fuel assembly　辐照考验燃料组件　13.039

irradiation treatment of macromolecular compound　高分子化合物的辐照改性　06.615

irradiation treatment of solid waste　固体废物的辐照处理　19.164

irradiation treatment of waste gas　废气的辐照处理　19.162

irradiation treatment of waste water　废水的辐照处理　19.163

irreversibility 不可逆性 17.336

IS 遗传不育 18.047

ischemic penumbra *缺血半暗带 17.354

isentrope parameter 熵增因子 03.384

island of stability 稳定岛 02.103

island of superheavy nucleus 超重核稳定岛 01.361

isobar 同量异位素 01.026

isobaric analogy state 同位旋相似态 01.178

isobaric tag for relative and absolute quantitation 同位素标记相对和绝对定量技术 08.122

isocentrifugal approximation 等离心近似 01.074

isochronous cyclotron 等时性回旋加速器 06.080

isodose chart 等剂量图 21.179

isodose curve 等剂量曲线 21.178

isolated block coated beryllium 隔离块涂铍 13.132

isolation block brazing 隔离块钎焊 13.133

isolation transformer 隔离变压器 06.332

isolator 隔离器 06.352

isomer 同核异能素 01.027

isomeric ratio 同质异能素比 02.209

isomer ratio 同质异能素比 02.209

isomorphic coprecipitation 同晶共沉淀 02.008

isospin 同位旋 01.038

isospin multiplet *同位旋多重态 01.178

iso-static hot press radioactive source preparation technology 热等静压制源工艺 08.213

isothermal method 等温法 21.122

isotone 同中子异位素，*同中子素 02.210

isotope 同位素 01.025

isotope abundance 同位素丰度 08.089

isotope chemistry 同位素化学 02.033

isotope coded affinity tag 同位素亲和标签技术 18.160

isotope-coded affinity tag technology 同位素亲和标签技术 08.121

isotope dating 同位素年代测定 02.296

isotope dilution 同位素稀释 08.098

isotope dilution analysis 同位素稀释分析 02.272

isotope dilution mass spectrometry 同位素稀释质谱法 08.104，同位素稀释质谱分析 18.145

isotope enrichment 同位素富集 08.007

isotope equilibrium 同位素平衡 08.093

isotope exchange 同位素交换 02.034，同位素交换法 08.435

isotope fractionation 同位素分馏 02.032

isotope internal standard reagent 同位素内标试剂 08.409

isotope labeled amino acid 同位素标记氨基酸 08.403

isotope labeled glucose 同位素标记葡萄糖 08.406

isotope labeled peptide 同位素标记多肽 08.404

isotope labeled reagent 同位素标记试剂 08.095

isotope labeled spirulina 同位素标记螺旋藻 08.405

isotope labeling 同位素标记 08.390

isotope mass spectrometry 同位素质谱仪 18.158

isotope neutron source 同位素中子源 10.581

isotope ratio 同位素比值 08.096

isotope ratio mass spectrometry 同位素比质谱仪 10.333

isotope separation 同位素分离 08.006

isotope separation on-line facility 在线同位素分离装置 06.578

isotope total labeled compound 同位素全标记化合物 08.408

isotope tracer 同位素示踪剂 08.009

isotopic abundance reference material 同位素丰度标准物质 21.199

isotopically modified compound 同位素[组成]改变的化合物 08.392

isotopically unmodified compound 同位素[组成]未变化合物 08.391

isotopic biosynthesis 同位素生物合成 08.119

isotopic carrier 同位素载体 02.036

isotopic characterization 同位素表征 10.305

isotopic diagnostic reagent 同位素诊断试剂 08.107

isotopic diagnostic technology 同位素诊断技术 08.106

isotopic effect 同位素效应 08.389

isotopic exchange 同位素交换 02.034

isotopic fractionation 同位素分馏 02.032

isotopic fractionation effect 同位素分馏效应 08.102

isotopic memory effect 同位素记忆效应 08.103

isotopic tracer technique　同位素示踪技术　08.010

isotropic radiation　各向同性辐射　20.284

ITB　内部输运垒　03.265

item important to safety　安全重要物项　16.140

ITER　国际热核聚变实验堆　03.078

iterative method　迭代法　17.307

ITGM　离子温度梯度模　03.271

131I-TNT　碘[131I]肿瘤细胞核人鼠嵌合单克隆抗体注射液　08.347

iTRAQ　同位素标记相对和绝对定量技术　08.122

IVA　感应电压叠加器　07.056

IVBT　血管内近距离治疗　17.441

J

jet transfer　射流传送　02.201

jitter　抖动　07.018

joint check of measuring system　联试　10.204

joint imaging　关节显像　17.368

Jones vector and Jones matrix　琼斯矢量和琼斯矩阵　20.207

Joule-heated ceramic electrical melter vitrification　焦耳陶瓷电熔炉玻璃固化　14.289

justification of a practice　实践的正当性　17.090

K

K-Ar age　K-Ar 年龄　11.323

kasolite　硅铅铀矿, *硅铀铅矿　11.015

KBM　动理学气球模　03.275

K-capture　K 俘获　02.131

2 K cryogenic system　2 K 低温系统　06.544

4 K cryogenic system　4 K 低温系统　06.545

K_d　分配系数, *分布系数　15.135

kerma　比释动能　17.077

kerma factor　比释动能因子　04.057

Kerr effect　克尔效应　07.152

Khlopin law　赫洛平定律　02.010

kicker magnet　冲击磁铁　06.301

kill probability　摧毁概率　10.381

kinetic Alfven eigenmode　动理学阿尔芬本征模　03.273

kinetic Alfven wave　动理学阿尔芬波　03.274

kinetic analysis　动力学分析　17.273

kinetic ballooning mode　动理学气球模　03.275

kinetic energy released in material　比释动能　17.077

kinetic instability　*动理学不稳定性　03.281

kinetic magnetohydrodynamic　动理学磁流体力学　03.149

kink instability　扭曲不稳定性　03.163

Kirchhoff's law　基尔霍夫定律　20.221

kit　药盒　17.036

kit for radiopharmaceutical preparation　放射性标记药盒　08.277

klystrode　*速调四极管　06.364

klystron　速调管　06.359

knockout reaction　敲出反应　01.331

knowledge base　知识库　21.332

knowledge base of nuclear process　核取证知识库　10.323

knowledge discovery　知识发现　21.365

knowledge integration　知识整合　21.366

knowledge management　知识管理　21.306

knowledge management science　知识管理学　21.303

knowledge metrics　知识计量学　21.313

knowledge mining　知识挖掘　21.364

knowledge retrieval　知识检索　21.382

knowledge service　知识服务　21.395

knowledge warehouse　知识仓库　21.333

Kohn-Sham equation　科恩-沈方程　20.130

Kruskal-Shafranov condition　克鲁斯卡尔-沙夫拉诺夫条件　03.160

krypton-85　氪-85　08.049

krypton-85 β radioactive source　氪-85 β 放射源　08.228

Ku band　Ku 波段　06.341

Kurie plot　库里厄图　01.135

L

labeled compound　标记化合物　08.382

labeled precursor　标记前体　08.433

labeling antibody　标记抗体　17.464

labeling antigen　标记抗原　17.463

labeling efficiency　标记率　08.299

labeling immunoassay　标记免疫分析　17.452

labeling ligand　标记配基　17.465

labeling of monoclonal antibody　单克隆抗体标记　08.295

label requirement of irradiated food　辐照食品标识　18.028

labile tritium　活泼氚，*不稳氚　08.432

LaBr₃ detector　溴化镧探测器　09.189

LaCl₃ detector　氯化镧探测器　09.190

Lagrangian method　拉格朗日方法　20.020

laminar flow　层流　05.200，层状流　07.111

laminated scintillating crystal　叠层闪烁晶体　17.172

lamprophyre　煌斑岩　11.068

Landau damping　朗道阻尼　03.042，[粒子振荡的]朗道阻尼　06.212

Landau growth　*朗道增长　03.276

Langmuir oscillation　朗缪尔振荡　03.189

Langmuir wave　*朗缪尔波　03.029

lanthanum chloride detector　氯化镧探测器　09.190

lanthanum tribromide detector　溴化镧探测器　09.189

large container inspection system　集装箱检查系统　06.608

large grain niobium cavity　大晶粒铌腔　06.509

larger radiation accident　较大辐射事故　16.228

large scale early radioactive release frequency　大量早期放射性释放频率　16.006

large scale radioactive release　大量放射性释放　16.004

laser ablation　激光烧蚀　03.385

laser acceleration　激光加速　06.026

laser accelerator　激光加速器　06.142

laser alignment　激光准直　06.445

laser cooling　激光冷却　06.064

laser cutting　激光切割　14.413

laser decontamination　激光去污　14.405

laser imprint　激光印痕　03.386

laser inertial confinement fusion　激光惯性约束聚变　03.342

laser ion source　激光离子源　06.261

laser isotope separation process　激光同位素分离法　08.124

laser particle acceleration　激光粒子加速　03.387

laser-plasma-wakefield acceleration　激光等离子体尾场加速　06.031

laser ponderomotive force　激光有质动力　03.396

laser pressure acceleration　激光光压加速　06.034

laser resonance ionization mass spectrometry　激光共振电离质谱法　02.295

laser triggered switch　激光触发开关　07.086

laser-wakefield acceleration　激光尾场加速　06.028

laser wire beam profile monitor　激光丝束流截面探测器　06.472

latency time 滞后时间 09.089

latent weakness 隐性弱点，*潜在弱点 16.284

lattice 磁聚焦结构 06.157

lattice substitution 晶格置换 02.311

launch-on-warning 接到预警即发射 10.360

launch system 运载系统 04.253

launch-under-attack 受攻击后发射 10.361

lawrencium 铹 02.079

Lawson condition *劳森条件 03.010

Lawson criterion 劳森判据 03.010

L band L 波段 06.337

LBB 破前漏准则，*先漏后破准则 16.021

LCAO 原子轨道线性组合方法 20.135

LCR bridge *LCR* 电桥 07.169

LD$_{50}$ 半数致死剂量 18.068

LDA 局域密度近似 20.132

LDA+X method 局域密度近似+X 方法 20.147

LDD 轻掺杂漏极技术 04.156

L/D ratio 准直比 10.586

leached hull 废包壳 14.056

leaching area 溶浸范围 12.042

leaching of mobile form of metal in overburden survey 土壤金属活动态测量 11.269

leaching reagent for uranium 铀浸出剂 12.124

leaching redox potential 浸出电势 12.126

leaching residual acid 浸出余酸 12.127

leaching test 浸出试验 14.308

lead chamber 铅室 08.008

lead-cooled fast reactor 铅冷快堆 05.276

lead equivalent 铅当量 19.112

lead glass 铅玻璃 14.172

leading edge discriminator *前沿定时电路 09.300

leading fuel assembly 先导燃料组件 13.038

lead isotope measurement survey 铅同位素测量 11.273

lead rubber 铅橡胶 14.173

leakage current 漏电流 09.033

leakage monitoring in underground nuclear test 地下核试验泄漏监测 10.190

leakage neutron spectrum 泄漏中子能谱 10.479

leakage radiation 泄漏辐射 21.090

leakage radioactive gas analysis 泄漏放射性气体分析 10.193

leak detection 检漏 06.435

leaky mutation 渗漏突变 18.094

legal dose 法定剂量 19.033

legal unit of measurement 法定计量单位 21.005

length of the active zone 活性区长度 13.146

lens scanning method *透镜扫描法 06.461

lepton 轻子 01.057

LET 传能线密度 15.018

lethal dose 致死剂量 17.099

lethal mutation 致死突变 18.126

level gauge 料位计 08.269

level ground for vehicle group 车群场坪 10.178

level of defence in depth 纵深防御层次 16.029

L-H conversion power threshold *L-H 转换功率阈值 03.257

L-H transition L-H 转换 03.277

L-H transition power threshold scaling L-H 转换功率阈值定标 03.278

library automation 图书馆自动化 21.318

library catalog 图书馆目录 21.376

library core value 图书馆核心价值 21.311

library for nuclear science and technology 核科技图书馆 21.321

library science 图书馆学 21.291

library service management 图书馆业务管理 21.320

license for disposal of radioactive waste 放射性固体废物处置许可证 16.042

license for producing, selling and using radioisotope 放射性同位素生产、销售、使用许可证 16.044

license of nuclear facility senior operator 核设施高级操纵员执照 16.092

licenses for producing, selling and using irradiation device 射线装置生产、销售、使用许可证 16.114

licenses of nuclear facility operator 核设施操纵员执照 16.089

life management 寿期管理 05.422

lifespan of nuclear weapon　核武器寿命　10.115

lifetime extention and decommissioning of nuclear wea-
　pon　核武器的延寿与退役　10.110

lifting fashion of pregnant solution　浸出液提升方式，
　*提升方式　12.085

lifting height of pregnant solution　浸出液提升高度
　12.086

lifting pipe of pregnant solution　浸出液提升管　12.104

ligand exchange　*配体交换　08.335

light microscopic autoradiography　光镜自显影　17.477

lightly doped drain　轻掺杂漏极技术　04.156

lightning direct effect　雷电直接效应　04.206

lightning electromagnetic pulse　雷电电磁脉冲　04.205

light〔thermal〕radiation〔of nuclear explosion〕　〔核
　爆〕光〔热〕辐射　10.126

light water　轻水　13.111

light water reactor　轻水反应堆　05.243

Li glass scintillation detector　锂玻璃闪烁探测器　10.490

limestone　石灰岩　11.051

limit　限制　10.339，限值　17.083

limit cycle oscillation　极限环振荡　03.044

limited deterrence strategy　有限核威慑战略　10.356

limited open for use to public　有限制开放使用　14.376

limiter　限制器，*孔栏　03.137

limiting accident　极限事故　05.439

limiting condition for operation　运行限制条件　05.451

limiting operating condition　极限工作条件　21.037

limit of detection　检出限　21.046

limit of error　*误差限　21.052

linac　直线加速器　06.096

linear accelerator　直线加速器　06.096

linear collider　直线对撞机　06.128

linear combination of atomic orbital　原子轨道线性组
　合方法　20.135

linear detector　线性探测器　09.263

linear energy transfer　传能线密度　15.018

linear gate　线性门　09.295

linear induction accelerator　直线感应加速器　07.121

linearity error　线性误差　09.117

linearized muffintin orbital method　线性化糕模轨道法
　20.136

linear non-threshold hypothesis　*线性无阈假定　15.141

linear non-threshold model　线性无阈模型　15.141

linear power density of fuel element　燃料线功率密度
　05.117

linear pulsed transformer　直线型脉冲变压器，*多磁芯
　分布式脉冲变压器　07.054

linear ratemeter　线性率表　09.350

linear resonance　线性共振　06.183

linear transformer driver　直线脉冲变压器驱动源
　07.055

line drive well pattern　行列式井型　12.081

line impedance stabilization network　阻抗稳定网络
　04.216

line of coincidence　符合线　17.184

line of response　*响应线　17.184

line-of-sight pipe　测试管道　10.211

line source　线源　08.195，17.254

liquid counter tube　液体计数管　09.159

liquid-drop model　液滴模型　01.242

liquid helium heater　液氦加热器　06.552

liquid helium tank　液氦槽　06.526

liquid-liquid extraction　*液-液萃取　14.070

liquid metal cooled reactor　液态金属冷却反应堆
　05.248

liquid nitrogen shielding　液氮屏　06.527

liquid scintillation counting　液体闪烁计数法　02.298

liquid scintillation detection　液体闪烁探测　17.234

liquid scintillation detector　液体闪烁探测器　10.481

liquid-wall ionization chamber　液体壁电离室　09.132

liquid waste storage tank　废液贮槽　14.322

LISN　阻抗稳定网络　04.216

literature　文献　21.295

literature resources　*文献资源　21.296

lithium-6　锂-6　08.138

lithium coated semiconductor detector　涂锂半导体探测器
　09.221

lithium drifted semiconductor detector　锂漂移半导体

探测器 09.216

lithium problem *锂疑难 01.394

liver colloid imaging 肝胶体显像 17.403

livermorium 铊 02.092

live time 活时间 09.003

living PSA 活态概率安全评价 16.260

lixiviant covering rate 浸出剂覆盖率 12.038

lixiviant for in-situ leaching of uranium mining 地浸采铀浸出剂 12.037

lixiviant injection pumping house 注液泵房 12.095

lixiviant pond 配液池 12.094

lixiviant reagent for uranium 铀浸出剂 12.124

LLW 低放废物,*低水平放射性废物 15.186

L-mode *L-模 03.279

LMTO method *LMTO 方法 20.136

load 装料 10.245

loaded resin re-adsorption 饱和再吸附 12.148

load factor of NPP 核电厂负荷因子 05.427

load following operating mode 负荷跟踪运行方式 05.459

loading angle *负载角 06.400

LOCA 冷却剂丧失事故,*失水事故 16.259

local density approximation 局域密度近似 20.132

local instability 局域不稳定性 03.157

local oxidation of silicon 局部氧化物隔离技术 04.155

local photocurrent 局部光电流 04.067

local pressure drop 局部压降 05.191

local thermal equilibrium 局域热动平衡 03.388

located dish sampling 布盘取样 10.267

LOCOS 局部氧化物隔离技术 04.155

LOFA 失流事故 16.258

logarithmic mean temperature difference 对数平均温差 05.196

logarithmic ratemeter 对数率表 09.346

logging 测井 08.272

logit-log model logit-log 模型 17.467

long range alpha detection method 长距 α 测量法 21.146

long term effect 远期疗效 17.447

longitudinal feedback 纵向反馈 06.484

longitudinal impedance 纵向阻抗 06.218

longitudinal magnetic field *纵向磁场 03.067

longitudinal oscillation 纵向振荡 06.037

longitudinal tune 纵向振荡频数 06.047

long-lived aerosol 长寿命气溶胶 12.211

long-lived aerosol concentration 长寿命气溶胶浓度 12.212

long-lived nuclide 长寿命核素 14.039

long-range effect *长程力效应 06.202

long-range force 长程力 01.076

loosely-bound nucleus 弱束缚核 01.249

loose part monitoring system 松动件监测系统 05.335

loose surface contamination *表面松散污染 14.388

LOR *响应线 17.184

Lorentz coefficient 洛伦兹系数 06.532

Lorentz force detuning 洛伦兹失谐 06.531

loss cone 损失锥,*漏失锥 03.120

loss-cone instability 损失锥不稳定性,*漏失锥不稳定性 03.121

loss due to recombination [in ionization chamber] [电离室的]复合损失 21.159

loss factor 损失因子 06.220

loss of coolant accident 冷却剂丧失事故,*失水事故 16.259

loss-of-flow accident 失流事故 16.258

loss-of-main-feedwater accident 丧失主给水事故 16.249

loss of offsite power 丧失厂外电源 16.248

low background measurement 低本底测量 18.071

low β cavity 低 β 腔 06.505

low confinement mode 低约束模式 03.279

low dispersible radioactive material 低弥散放射性物质 15.197

low-energy allpurpose collimator 低能通用准直器 17.139

low-energy high resolution collimator 低能高分辨准直器 17.138

low-energy nuclear reaction 低能核反应 01.267

low energy photon source 低能光子源 08.186

lower hybrid wave 低混杂波 03.183

lowest commercial grade of uranium ore 铀矿石最低工业品位 11.213

low impedance accelerator 低阻抗加速器 07.118

low level event 低阶事件 16.203

low level radioactive waste 低放废物，*低水平放射性废物 15.186

low level RF control 低电平控制 06.405

low level RF test 冷测 06.382

low pressure cylinder 低压缸 05.398

low pressure plasma 低气压等离子体 03.055

low recycling regime *低再循环状态 03.323

low specific activity material 低比活度物质 15.195

low temperature baking 低温烘烤 06.529

low temperature plasma 低温等离子体 03.049

low toxicity α emitter 低毒性 α 发射体 15.196

LRAD method 长距 α 测量法 21.146

LRPA 激光光压加速 06.034

LSA 低比活度物质 15.195

LSO 掺铈氧化正硅酸镥，*掺铈含氧正硅酸镥，*硅酸镥 17.170

LTD 直线脉冲变压器驱动源 07.055

LTE 局域热动平衡 03.388

L1 trigger 一级硬件触发 09.331

[177Lu]-DOTA-(Tyr3)-octreotate [177Lu]-镥道塔泰特 08.363

[177Lu]-DOTA0-Tyr3-octreotate [177Lu]-镥道塔泰特 08.363

[177Lu]-labeled DOTATATE [177Lu]-镥道塔泰特 08.363

luminescence efficiency of crystal 晶体发光效率 17.174

luminosity [对撞]亮度 06.053

luminosity lifetime 亮度寿命 06.240

[177Lu]-oxodotreotide [177Lu]-镥道塔泰特 08.363

lutecium-177 镥-177 08.071

lymph imaging 淋巴显像 17.381

lymph scintigraphy *淋巴闪烁显像 17.381

LYSO 掺铈硅酸钇镥，*正硅酸钇镥 17.171

M

machine protection system 机器保护系统 06.498

machine-readable cataloging communication format *机读目录通讯格式 21.375

machine readable catalogue exchange format *机读目录交换格式 21.375

machine readable catalogue format *机读目录格式 21.375

macro assembly 宏观装置 10.469

macro-instability 宏观不稳定性 03.153

macro-particle 宏粒子 06.243

macroscopic autoradiography 宏观自显影 17.476

macroscopic cross section 宏观截面 05.008

macroscopic potential 宏观势 01.089

magic nucleus 幻核 02.171

magic number 幻数 01.170

magic [number] nucleus 幻[数]核 01.171

magmatic type uranium deposit 岩浆型铀矿床 11.176

magmatic uranium metallogenesis 岩浆铀成矿作用 11.125

magnet 磁铁 06.269

magnetic axis 磁轴 03.092

magnetic axis collimation 磁轴校正 07.138

magnetic configuration 磁场位形 03.082

magnetic confinement device 磁约束装置 03.077

magnetic core 磁铁芯柱 06.312

magnetic coupling *磁耦合 06.402

magnetic dipole 磁偶极子 20.233

magnetic excitation curve 励磁曲线 06.315

magnetic field correction coil 磁场调节线圈 06.314

magnetic field error 磁场误差 06.316

magnetic field frozen 磁场冻结 03.080

magnetic field gradient 磁场梯度 06.275

magnetic field gradient drift 磁场梯度漂移 03.110

magnetic field line reconnection *磁场线重联 03.142

magnetic field measurement 磁场测量 06.310

magnetic field shimming 磁场垫补 06.313

magnetic flux function 磁通函数 03.091

magnetic flux surface 磁通量面 03.086

magnetic flux tube 磁通管, *磁通量管 03.090

magnetic form factor 磁形状因子 10.575

magnetic free field 零磁空间 18.085

magnetic helicity 磁螺旋度 03.087

magnetic helicity injection 磁螺旋度注入 03.256

magnetic insulation 磁绝缘 07.057

magnetic insulation transmission line 磁绝缘传输线 07.062

magnetic island 磁岛 03.083

magnetic island divertor 磁岛偏滤器 03.084

magnetic lens 磁透镜 06.318

magnetic lens radiography 磁透镜成像 07.125

magnetic Mach number 磁马赫数 03.088

magnetic mirror 磁镜 03.075

magnetic mirror instability 磁镜不稳定性 03.146

magnetic moment 磁矩 03.112

magnetic pole 磁极 06.270

magnetic pole gap 磁极间隙 06.309

magnetic pulse compression 磁脉冲压缩 07.058

magnetic reconnection 磁重联 03.142

magnetic Reynolds number 磁雷诺数 03.089

magnetic scattering 磁散射 10.537

magnetic separatrix 磁分界面 03.079

magnetic shear 磁场剪切, *磁剪切 03.081

magnetic sheath 磁鞘 03.280

magnetic shield 磁屏蔽 06.522

magnetic storm 磁暴 04.025

magnetic surface *磁面 03.086

magnetic switch 磁开关 07.065

magnetic well 磁阱 03.074

magnetic yoke 磁轭 06.271

magnetic transition 磁跃迁 01.142

magnetized liner inertial fusion 磁化套筒惯性聚变 03.448

magnetized plasma 磁化等离子体 03.073

magnetohydrodynamic energy principle 磁流体力学能量原理 03.141

magnetohydrodynamic equation 磁流体力学方程, *磁流体方程 03.132

magnetohydrodynamic equilibrium 磁流体力学平衡, *磁流体平衡 03.133

magnetohydrodynamic generation 磁流体发电 03.140

magnetohydrodynamic instability 磁流体不稳定性 03.139

magnetohydrodynamics 磁流体力学 03.127

magnetohydrodynamic wave 磁流体波 03.138

magneto-Rayleigh-Taylor instability 磁瑞利-泰勒不稳定性 03.439

magnetospheric substorm environment simulation test 地磁亚暴环境模拟试验 04.220

magnetospheric substorm 磁层亚暴 04.026

magnetron 磁控管 06.360

magnet swing expansion method 磁铁摆动扩展法 06.596

magnicon 磁旋管 07.113

main barrier *主岩 14.339

main charge 主装药 10.044

main condensate system 主凝结水系统 05.296

main control room 主控制室 05.290

main feedwater line break 主给水管道破裂 16.211

main pipeline for lixiviant injecting 注液主管道 12.099

main pipeline for pregnant solution pumping 集液主管道 12.102

main-steam isolation valve 主蒸汽隔离阀 05.393

main steam line break accident 主蒸汽管道破裂事故 16.295

maintenance 维修 16.276

maintenance area 维修区 14.168

maintenance-free 免维修 14.171

maintenance-free fluid delivery device 免维修流体输送

设备　14.183

maintenance shutdown mode　维修停堆模式　05.448

main tunnel　主坑道　10.161

main value　*主汽门　05.394

main vessel　主容器　05.500

major accident　7级[重大事故]　16.183

major and minor element analysis　主次量元素分析　11.312

major elemental analysis　主要元素表征　10.301

major grid plate　大栅板联箱　05.498

management of nuclear information resource　核信息资源管理　21.300

management review　管理评审　21.224

mandatory periodic verification　强制周期检定　21.075

maneuverable reentry vehicle　机动弹头　10.369

maneuvering launch　机动发射　04.254

manganese bath method　锰浴法　21.145

manipulator　机械手　14.166

man-made radiation level　人工辐射水平　15.015

man-made [radio] element　*人造放射性元素　02.067

man-made radionuclide　人工放射性核素　02.059

map of uranium metallogenic　铀成矿规律图　11.240

map of uranium metallogenic planning　铀成矿区划图　11.241

MARFE　边缘多元非对称辐射　03.286

margin　裕量　04.238

marine environmental radiochemistry　海洋环境放射化学　02.301

marine transport of radionuclides　放射性核素海洋输运　02.302

mark-release-recapture　标记-释放-重捕　18.062

mass ablation rate　质量消融率　03.436

mass absorption coefficient　质量吸收系数，*质量衰减系数　11.247

mass attenuation coefficient　质量减弱系数　18.133

mass balance equation　质量守恒方程　20.034

mass conservation　质量守恒方程　20.034

mass conservation equation　质量守恒方程　20.034

mass defect　质量亏损　01.012

mass distribution of fission product　裂变产物质量分布，

*裂变产物按质量分布的产额　02.187

mass-energy absorption coefficient　质能吸收系数　08.171

mass excess　质量过剩　01.013

mass flow rate　质量流量　05.157

mass [radio-] activity　质量[放射性]活度　21.105

mass-rearing　大规模饲养　18.046

mass stopping power　质量阻止本领　04.119

mass vapor content　*质量含气率　05.159

mass yield　质量产额　02.217

master oscillator　主振荡器　06.398

match　匹配　17.339

matched defect　固定缺损　17.335

material buckling　材料曲率　20.081

material charging characteristics test　材料带电特性试验　04.221

material measure　实物量具　21.031

material readiness time　装备完好率　21.257

mathematical model　数学模型　20.012

mathematics modeling　数学建模　04.223

mating competitiveness　交尾竞争力　18.060

matrix　基体　21.098

matrix graphite powder　基体石墨粉　13.092

maximum acceptable dose　最大可接受剂量　19.180

maximum acceptable irradiation rate [of a detector]　[探测器的]最大可接受辐照率　09.038

maximum beta energy　最大β能量　21.111

maximum permissible error　*最大允许误差　21.052

maximum permissible measurement error　最大允许测量误差　21.052

maximum standard uptake value　最大标准摄取值　17.304

maximum tolerance dose　最高耐受剂量　18.036

maximum yield　极限产量　08.118

MCP detector　微通道板探测器　09.260

MCU　单粒子多位翻转　04.097

MDA　最小可探测活度　15.110

MDL　最低可探测水平　15.109

mean field　平均场　01.087

mean field approximation　平均场近似　01.239

mean fission yield 折合裂变产额 10.237

mean lifetime 平均寿命 01.116

mean standard uptake value 平均标准摄取值 17.305

mean time to failure 平均故障间隔时间 04.237

measurement 测量 21.009

measurement accuracy 测量准确度 21.017

measurement comparison 测量比对 19.060

measurement of radioactive element of stream sediment 水系沉积物放射性元素测量 11.297

measurement of radioactive element of surface water 地表水放射性元素测量 11.296

measurement precision 测量精密度 21.018

measurement quality assurance plan 测量质量保证计划 19.147

measurement repeatability 测量重复性 21.019

measurement repeatability condition of measurement 重复性测量条件 21.020

measurement reproducibility 测量复现性 21.021

measurement reproducibility condition of measurement 复现性测量条件 21.022

measurement standard 测量标准 21.056

measuring instrument 测量仪器, *计量器具 21.030

measuring range 测量范围 21.035

mechanical decladding 机械去壳 14.054

mechanical decontamination *机械去污 14.400

mechanical effect in underground nuclear explosion 地下核爆炸力学效应 10.133

mechanical pump 机械泵 06.422

mechanical safety 力学安全 10.138

mechanical sodium pump 钠机械泵 05.473

mechanical velocity selector 机械速度选择器 10.545

mechanical wipe decontamination 机械擦拭法 14.402

Meckel diverticulum imaging 梅克尔憩室显像 17.398

median massif 中间地块 11.089

medical accelerator 医用加速器 06.151

medical cyclotron 医用回旋加速器 09.369

medical electron accelerator 医用电子加速器 06.589

medical electron linear accelerator 医用电子直线加速器 09.370

medical exposure 医疗照射 17.072

medical heavy-ion accelerator 医用重离子加速器 06.590

medical internal radiation dose 内照射剂量估算法 17.105

medical positron imaging 医用正电子成像 06.606

medical proton cyclotron 医用质子回旋加速器 06.586

medical proton synchrocyclotron 医用质子同步回旋加速器 06.588

medical proton synchrotron 医用质子同步回旋加速器 06.587

medical radioactive preparation 放射性核素制剂 08.304

medical radioactive waste 医用放射性废物 17.102

medical radioisotope 医用同位素 08.011

medium β cavity 中 β 腔 06.506

medium energy all-purpose collimator 中能通用准直器 17.140

medium frequency accident 中等频率事件 05.438

meitnerium 鿏 02.085

melting core catcher 熔化堆芯收集器 05.238

member of the public 公众成员 17.087

membrane technology 膜技术 14.238

mendelevium 钔 02.077

merchant ship nuclear power plant 船用核动力装置 05.263

meschemistry 介子化学 02.227

mesh generation 网格生成 20.042

mesh scale 网格尺度 20.043

meson 介子 01.060

meson chemistry 介子化学 02.227

mesonic atom 介子原子 01.061

mesonium 介子素 02.228

meta-autunite 变钙铀云母, *准钙铀云母 11.018

metabolic imaging 代谢显像 17.010

metabolic imaging agent 代谢显像剂 17.020

metal converter 金属转换屏 10.594

metallic fuel 金属型燃料 13.014

metal-oxide-semiconductor field effect transistor 金属-氧化物-半导体场效应晶体管 07.194

metal plutonium 金属钚 13.071

metal thorium 金属钍 13.073

metal uranium 金属铀 13.052

metal wire 金属绕丝 05.476

metamorphic rock 变质岩 11.054

metamorphic type uranium deposit 变质岩型铀矿床 11.180

metamorphic uranium metallogenesis 变质铀成矿作用 11.128

metastable state 亚稳态 01.177

metatorbernite 变铜铀云母，*准铜铀云母 11.021

method for assessment of uranium resource 铀资源预测方法 11.222

method of characteristic 特征线方法 20.091

method of determining explosive yield by using mechanic effect 力学方法定当量 10.131

method of electroconductivity 电导率法 21.131

method of external activation indication analysis 外活化法 10.231

method of [^{18}F]-fluorination 氟-18 标记方法 08.341

method of gamma-gamma γ-γ 法 11.262

method of internal activation indication analysis 内活化法 10.230

method of isotopic abundance difference 丰度差法 10.277

method of mass balance in group 分组物料平衡法 10.280

method of moment 矩量法 20.265

method of production 生产工艺 10.315

method of radionuclide labeling 放射性核素标记 08.417

method of relevance thorium with uranium ratio 铀钍关联法 10.279

method of splitting operator 算子分裂法 20.019

metrological confirmation 计量确认 21.080

metrological traceability 计量溯源性 21.067

metrological verification *计量检定 21.070

metrology 计量 21.010

1 MeV neutron damage equivalence 1 MeV 中子损伤等效 04.087

MFLB 主给水管道破裂 16.211

MHD 磁流体力学 03.127

MHD generation 磁流体发电 03.140

mianningite 冕宁铀矿 11.037

microanalysis 微区分析 10.331

micro-analytical technique 微量分析技术 10.329

microarc oxidation 微弧氧化 03.059

microarc plasma oxidation *微弧等离子体氧化 03.059

microbeam test 微束试验 04.177

microbial decomposition 微生物分解 08.387

micro-channel plate detector 微通道板探测器 09.260

microdosimetry 微剂量学 21.120

microfiltration 微滤 14.240

microgravity 微重力 18.109

microinstability 微观不稳定性 03.281

micro lithological analysis of fluid inclusion 流体包裹显微岩相学分析 11.336

micro-mesh gaseous detector 微网气体探测器 09.177

micronucleus 微核，*卫星核 15.159

micro-pattern gas detector 微结构气体探测器 09.176

micro PET 微型正电子发射计算机断层显像 08.309，小动物正电子发射体层仪 17.229

micro PET/CT 小动物正电子发射与计算机体层显像仪 17.231

microphonics 麦克风效应 06.533

micro positron emission computed tomography 微型正电子发射计算机断层显像 08.309

micro positron emission tomography 小动物正电子发射体层仪 17.229

micro positron emission tomography and computed tomography 小动物正电子发射与计算机体层显像仪 17.231

microreactor fuel element *微堆燃料元件 13.031

microscopic cross section 微观截面 05.007

microscopic reaction of radionuclide in aqueous environment 放射性核素水环境微观反应 02.306

micro single photon emission computed tomography 微型单光子发射计算机断层显像 08.310，小动物单光子发射计算机体层仪 17.230

micro single photon emission computed tomography/ computed tomography 小动物单光子发射与计算机

像分子探针 17.014

molten salt extraction process 熔盐萃取流程 14.034

molten salt reactor 熔盐堆 05.249

molybdenum-98 钼-98 08.144

molybdenum-99 钼-99 08.056

molybdenum-99/technetium-99m generator 钼-99/锝-99m 发生器 08.021

momentum compaction factor 动量压缩因子 06.226

momentum confinement time 动量约束时间 03.284

momentum conservation 动量守恒方程 20.035

momentum conservation equation 动量守恒方程 20.035

momentum equation 动量守恒方程 20.035

momentum spread 动量散度 06.179

monitoring of radioactive effluent 放射性流出物监测 15.080

monitoring of workplace 场所监测 15.081

monitor well of in-situ leaching of uranium mining 地浸采铀监测井，*监测井 12.051

monoclonal antibody 单克隆抗体 08.298

monographic report 专题报告 21.350

Monte Carlo fitting 蒙特卡罗拟合 17.258

Monte Carlo method *蒙特卡罗方法 17.258

moratorium on nuclear testing 暂停核试验 10.398

mosaic semiconductor detector 镶嵌半导体探测器 09.232

moscovium 镆 02.091

MOSFET 金属-氧化物-半导体场效应晶体管 07.194

Mössbauer source 穆斯堡尔源 08.192

Mössbauer spectrometer 穆斯堡尔谱仪 02.288

most probable energy 最可几能量 21.115

most probable charge 最概然电荷 02.220

Mott scattering 莫特散射 01.307

movable〔emergency〕equipment 移动〔应急〕设备 16.025

movable equipment interface 移动设备接口 16.026

moving continue irradiation 动态连续辐照 19.135

moving shuffle-dwell irradiation 动态步进辐照 19.134

MOX fuel *MOX 燃料 13.011

MPS 机器保护系统 06.498

MQAP 测量质量保证计划 19.147

MRR 标记-释放-重捕 18.062

MSLB 主蒸汽管道破裂事故 16.295

mudstone 泥岩 11.049

mudstone type uranium deposit 泥岩型铀矿床 11.187

multi-barrier system 多重屏障体系 14.334

multi-bend achromat cell MBA 结构 06.161

multi-bunch effect 多束团效应 06.202

multi-bunch instability *多束团不稳定性 06.206

multi-channel analyser 多道分析器 09.337

multi-channel radiation monitoring system 多通道辐射监测系统 19.186

multi-channel spectrometry 多道谱仪法 21.148

multi-crystal scanning gamma camera 多晶体γ照相机 17.123

multidrug resistance imaging agent 多药耐药性显像剂 08.322

multi-energy window acquisition 多能窗采集 17.261

multifaceted asymmetric radiation from the edge 边缘多元非对称辐射 03.286

multi-fluid theory 多流体理论 03.036

multifold enrichment factor 富集倍数 08.091

multigated equilibrium radionuclide cardioangiography 多门电路平衡法核素心血管显像 17.324

multi-group approximation 多群近似 20.086

multi-group radiation diffusion 多群辐射扩散 03.389

multi-group transport equation 多群输运方程 05.105

multi-isotope imaging 多核素显像 17.044

multijunction semiconductor detector 多结型半导体探测器 09.226

multi-modality image fusion 多模式融合 17.045

multi-modality imaging 多模态影像 17.011

multi-modality imaging agent 多模态显像剂 08.323

multinucleon transfer reaction 多核子转移反应 01.330

multi-ore layer mining by in-situ leaching 多层矿地浸开采 12.110

multi-phase acquisition 多时相采集 17.262

multi-phase imaging 多相显像 17.052

multiphysics/multi-algorithmic self-adaptive cooperative

computing　多物理/多算法自适应协同计算　20.230

multiple barrier　多重屏障　16.009

multiple cell upset　单粒子多位翻转　04.097

multiple event　多事件　17.310

multiple independently targetable reentry vehicle　分导式多弹头　10.368

multiple-isotope labled compound　同位素混合标记化合物　08.407

multiple-nuclide labeling　多核素标记　08.420

multiple window spatial registration　多窗空间配准度，*多窗空间重合性　17.159

multiplier phototube　光电倍增管　09.279

multi-polarization radar　多极化雷达遥感　11.286

multipole transition　多极跃迁，*光学禁戒跃迁　20.167

multi-probe　多探头　17.129

multi-scale data fusion　多尺度数据融合　11.289

multi-scale simulation　多尺度模拟　20.113

multi-spectral remote sensing alteration anomaly information　多光谱遥感蚀变异常　11.282

multistage multi-channel spark switch　多级多通道火花开关　07.084

multistep avalanche chamber　多步雪崩室　09.136

multistep process　多步过程　01.323

multi-turn injection　多圈注入　06.558

multiwire proportional chamber　多丝正比室　09.178

muon　缪子，*μ子　01.058

muon accelerator　缪子加速器　06.095

muon collider　缪子对撞机　06.136

muon counter　缪子计数器　09.163

muonic atom　缪原子，*μ原子　01.059

muon linac　缪子直线加速器　06.107

muon linear accelerator　缪子直线加速器　06.107

muon spectroscopy　μ子谱学　02.256

muon storage ring　缪子储存环　06.117

mutagen　诱变剂，*诱变因素　18.120

mutagenesis　致突变性，*致突变作用　18.127

mutagenic effect　诱变效应　18.122

mutagenic efficiency　诱变功效　18.105

mutant　突变体　18.103

mutant germplasm　突变种质　18.107

mutant library　突变体库　18.104

mutant variety　突变品种　18.100

mutated sector　突变扇形体　18.102

mutation　突变　18.096

mutation breeding　突变育种，*诱变育种　18.106

mutation frequency　突变频率　18.099

mutation rate　突变率　18.098

mutation spectrum　突变谱　18.101

mutator gene　增变基因　18.125

muton　突变子　18.108

mutual assured destruction strategy　相互确保摧毁战略　10.357

my library　*我的图书馆　21.319

myocardial metabolism imaging　心肌代谢显像　17.328

myocardial perfusion imaging　心肌灌注显像　17.327

myocardial perfusion imaging agent　心肌灌注显像剂　17.024

N

NAA　中子活化分析　02.240

naked hole well configuration　裸孔式钻孔结构　12.057

[13N]-ammonia　[13N]-氨　08.375

nanofiltration　纳滤　14.241

narrow-beam condition　窄束条件　15.098

national dose assurance service　国家剂量保证服务　19.058

national measurement standard　国家测量标准　21.058

national nuclear safety regulatory body　国家核安全监管机构　16.052

national standard　*国家标准　21.058

national technical mean　国家技术手段　10.426

natrium analyzing and detecting system　钠分析检测系统　05.513

natrium clean-up system　钠净化系统　05.512

natrium filling and discharging system　钠充−排系统　05.511

natural abundance uranium　*天然丰度铀　13.051

natural background　天然本底　15.126

natural barrier　天然屏障　14.339

natural circulation steam generator　自然循环蒸汽发生器　05.361

natural circulation　自然循环　05.198

natural colloid　天然胶体　02.205

natural enriched uranium　*天然浓缩铀　13.051

natural exposure　天然照射　15.054

natural isotope abundance　天然同位素丰度　08.090

natural isotopic abundance compound　*天然同位素丰度化合物　08.391

naturally occurring radioactive material　天然存在放射性物质　15.012

natural radiation background　*天然辐射本底　15.126

natural radiation level　天然辐射水平　15.016

natural radioactivity　天然放射性　01.095

natural radioelement　天然放射性元素　02.057

natural radioisotope　天然放射性同位素　08.005

natural radionuclide　天然放射性核素　02.058

natural uranium　天然铀　13.051

nature analogous study　自然类比研究,*天然类比研究　14.357

naval reactor　海军反应堆,*舰艇堆　10.419

Navier-Stokes equation　纳维-斯托克斯方程　20.038

Na-water steam generator　钠-水蒸汽发生器　05.474

NCT　中子俘获治疗　17.439

NDA　非破坏性分析　10.326

NDAS　国家剂量保证服务　19.058

NDT　无损检验　16.169

near area physical testing　*近区物理测试　10.195

near edge X-ray absorption fine structure　X 射线吸收近边结构　02.255

near-Gaussian pulse shaping　近高斯脉冲成形,*准高斯型　09.288

near miss　险发事件,*险兆事件　16.279

near region　近区　04.202

near-spherical nucleus　近球形核　01.211

near surface disposal　近地表处置　14.333

near surface disposal repository　近地表处置场　14.342

NEC　噪声等效计数　17.197

NEG pump　*NEG 泵　06.424

negative control　*消极控制　14.429

negative imaging　阴性显像　17.056

negative-ion injection　负离子注入　06.058

negative ion source　负离子源　06.260

negative ion source neutral beam injection　负离子源中性束注入　03.287

negative shear　*负磁剪切　03.105

NEMP　核电磁脉冲　04.076

neoclassical tearing mode　新经典撕裂模　03.175

neoclassical theory　新经典理论　03.288

neoclassical transport　新经典输运　03.289

neon-20　氖-20　08.135

neon-22　氖-22　08.136

neptunium　镎　02.070

neptunium extraction　镎的提取　14.122

neptunium series　镎系　01.164

nested wire-array　嵌套丝阵　03.433

network analyser　网络分析仪　07.187

network information resource　网络信息资源　21.297

network publication　网络出版物　21.348

network schedule for construction of nuclear power plant　核电厂建设网络进度　05.417

neuroreceptor imaging　神经受体显像　17.349

neurotransmitter imaging　神经递质显像　17.348

neutral beam current drive　*中性束电流驱动　03.290

neutral beam heating　*中性束加热　03.291

neutral beam injection current drive　中性束注入电流驱动　03.290

neutral beam injection heating　中性束注入加热　03.291

neutral in-situ leaching of uranium mining 中性地浸采铀 12.027

neutral mutation 中性突变 18.128

neutrino 中微子 01.064

neutrino factory 中微子工厂 06.137

neutrinoless double-β decay 无中微子双贝塔衰变 01.131

neutron 中子 01.004

neutron absorption layer 中子吸收层 10.167

neutron activation analysis 中子活化分析 02.240

neutron activation analyzer 中子活化分析仪 19.198

neutron albedo 中子反照率 21.104

neutron ambient dose equivalent [rate] meter 中子周围剂量当量[率]仪 15.104

neutron angular current 中子角流量 05.014

neutron angular density 中子角密度 05.012

neutron angular flux 中子角通量 05.013

neutron aperture 中子光阑 10.546

neutron balance 中子平衡 10.515

neutron binding energy 中子结合能 01.017

neutron bomb 中子弹 10.015

neutron capture therapy 中子俘获治疗 17.439

neutron chopper 中子斩波器 10.558

neutron current density 中子流密度 20.076

neutron-deficient isotope *缺中子同位素 01.031

neutron-deficient nuclide *缺中子核素 01.029

neutron density 中子密度 05.010

neutron detection 中子探测 10.517

neutron detector 中子探测器 09.252

neutrondifferential imaging method 中子差分成像方法 10.607

neutron diffraction analysis 中子衍射分析 02.238

neutron diffusion equation 中子扩散方程 20.083

neutron dose equivalent 中子剂量当量 10.512

neutron drip-line 中子滴线 01.024

neutron emission rate 中子发射率 10.531

neutron energy group 中子能群 10.535

neutron fluence rate 中子注量率 05.011

neutron gamma ratio n/γ 比 04.178

neutron generation time 中子代时间 05.051

neutron generator 中子发生器 06.610

neutron guide 中子导管 10.564

neutron halo 中子晕 01.252

neutronics 中子学 10.466

neutronics integral experiment 中子学积分实验 10.468

neutronics parameter 中子学参数 10.467

neutron imaging 中子成像 10.577

neutron imaging plate 中子成像板 10.596

neutron [induced] reaction 中子[引起]反应 01.286

neutron induced single event effect 中子单粒子效应 04.075

neutron initiation probability 中子点火概率 20.108

neutron kerma 中子比释动能 10.532

neutron life time 中子寿命 10.516

neutron logging 中子测井 11.265

neutronmicroscope imaging 中子显微成像 10.414

neutron moderation 中子慢化 05.041

neutron moisture meter *中子湿度计 19.194

neutron multiplication 中子倍增 10.533

neutron multiplication rate 中子倍增率 10.491

neutron noise 中子噪声 10.519

neutron nuclear data 中子核数据 05.015

neutron output ratio 中子输出率 08.163

neutron penetration rate 中子穿透率 10.478

neutron phase imaging 中子相衬成像 10.579

neutron photography 中子照相术 02.239

neutron pinhole image 中子针孔照相 10.200

neutron powder diffraction 中子多晶衍射 10.539

neutron-proton-scattering chamber 反冲质子靶室 10.213

neutronquantificational imaging method 中子定量成像方法 10.367

neutron radiographic contrast 中子照相对比度 10.588

neutron radiographic resolution 中子照相分辨率 10.589

neutron radiographic sensitivity 中子照相灵敏度 10.587

neutron radiography 中子射线照相 10.576

neutron reaction cross section 中子反应截面 10.500

neutron real-time imaging method 中子实时成像方法 10.389

neutron reflectivity　中子反射率　10.562

neutron reflectometer　中子反射谱仪　10.554

neutron resonance spin echo　共振型中子自旋回波　10.568

neutron-rich isotope　丰中子同位素　01.030

neutron-rich nuclide　丰中子核素　01.028

neutron scattering　中子散射　10.536

neutron scattering analysis　中子散射分析　02.237

neutron scattering length　中子散射长度　10.538

neutron sensitive materials　中子灵敏材料　09.028

neutron shield　中子屏蔽　10.514

neutron skin　中子皮　01.255

neutron slit　中子狭缝　10.559

neutron source　中子源　08.182

neutron source assembly　中子源组件　13.045

neutron source strength　中子源强度　21.103

neutron spin-echo spectrometer　中子自旋回波谱仪　10.565

neutron spin flipper　中子自旋翻转器　10.556

neutron stress scanning　中子应力扫描　10.540

neutron temperature　中子温度　10.518

neutron texture analysis　中子织构分析　10.541

neutron therapy　中子束放射治疗　06.593

neutron thermalization　中子热化　10.534

neutron thermopile　中子热电偶　09.266

neutron time of flight　中子飞行时间　10.511

neutron tomography　中子层析成像　10.578

neutron transport　中子输运　20.075

neutron transport equation　中子输运方程　20.082

neutron water content meter　中子水分计　19.194

neutron wavelength　中子波长　10.510

neutron worth　中子价值　05.095

neutron yield anisotropy　中子产额各向异性　03.421

new facility inspection　新设施视察　10.447

NEXAFS　X射线吸收近边结构　02.255

next event estimator　指向概率法　20.099

nickel-62　镍-62　08.142

nickel-63　镍-63　08.041

nickel-64　镍-64　08.143

nickel-63 micro-battery　镍-63微电池　08.258

nickel-63 β radioactive source　镍-63 β放射源　08.227

NIEL　非电离能量损失　04.086

nihonium　鿭　02.089

Nilsson [energy] level　尼尔逊能级　01.201

NIM　核仪器插件　09.315

NIM bin　NIM机箱　09.316

NIM standard　*NIM标准　09.314

niobium cavity　纯铌腔　06.508

nitrogen-13　氮-13　08.033

nitrogen-15　氮-15　08.133

nitrogen doping　氮掺杂　06.525

nitrogen flooding system　氮气淹没系统　05.526

nitrogen-15 labeled compound　氮-15标记化合物　08.401

[N-methyl-^{11}C]2-(4-methy-laminophenyl)-6-hydroxybenzo thiazole　[^{11}C]-匹兹堡化合物B　08.376

NMR　核磁共振　09.011

nobelium　锘　02.078

no-carrier-added separation　不加载体分离　02.039

no-Coriolis approximation　*无科里奥利近似　01.074

nodal method　节块法　20.093

no-first-use of nuclear weapon　不首先使用核武器　10.358

NO-HNO$_3$ chemical exchange method　NO-HNO$_3$化学交换法　08.115

noise　噪声　09.099，17.196

noise equivalent count　噪声等效计数　17.197

noise equivalent count rate　噪声等效计数率　17.198

noise level　噪声水平　17.199

nominal labeling　准定位标记，*名义定位标记　08.383

nominal quantity value　标称量值　21.033

nominal range　标称范围　21.034

nominal value　*标称值　21.033

non-cancer diseases　非癌疾病　15.146

non-central force　非中心力，*非有心力　01.079

noncircular cross section plasma　非圆截面等离子体　03.106

non-competitive radioactive binding assay　放射性非竞争结合分析　17.455

non-conformance item 不符合项 16.035

nonconformity 不合格,*不符合 21.212

non-contact measuring instrument 非接触式测量仪表 14.181

non destructive assay 非破坏性分析 10.326

non-destructive testing 无损检验 16.169

nondestructive testing accelerator 无损检测加速器 06.153

nonelastic scattering 去弹性散射,*去弹散射 01.315

non-equilibrium plasma 非平衡等离子体 03.054

non-evaporable getter pump 非蒸散型吸气剂泵 06.424

non-fixed contamination 非固定性污染 14.388

noninductive current drive 非感应电流驱动 03.292

non-ionizing energy loss 非电离能量损失 04.086

non-isotopic carrier 非同位素载体 02.037

non-labile tritium 非活泼氚,*稳定氚 08.385

non-leakage probability 不泄漏概率 05.032

non-linear detector 非线性探测器 09.264

nonlinear resonance 非线性共振 06.184

nonlocal transport 非局域输运 03.293

non-neutral plasma 非中性等离子体 03.037

non-plan release 计划外排放,*非计划排放 15.123

nonradiative transition 无辐射跃迁 20.186

nonresonance heating 非共振加热 03.294

nonsense mutation 无义突变 18.110

non-specific binding 非特异性结合 17.034

non-specific labeling 非定位标记 08.416

non-subject indexing 非主题标引 21.379

non-thermal emission 非热发射 03.041

non-uniform transmission line 非均匀传输线 07.051

non-volatile memory 非易失存储器件 04.271

NORM 天然存在放射性物质 15.012

normal exposure 正常照射 15.060

normalization of detection efficiency 探测效率的归一化 17.204

normalized emittance 归一化发射度 06.172

normal operating condition 正常运行工况 05.437

novelty ratio 新颖率 21.383

novelty search service 科技查新 21.397

nozzle 管座 13.098

NPP operational state 核动力厂运行状态 16.154

NPP waste 核电废物 14.202

NQR 核四极共振 09.014

n/γ ratio 中子/伽马比 10.585

N-S equation *N-S 方程 20.038

nuclear accident emergency response 核事故应急响应 16.305

nuclear accident 核事故 16.222

nuclear activity 核活动 16.083

nuclear agriculture sciences 核农学 18.001

nuclear analytical technique 核分析技术 18.138

nuclear and radiation design basis threat 核与辐射设计基准威胁 15.222

nuclear and radiological accident 核与辐射事故 15.160

nuclear and radiological emergency monitoring 核与辐射应急监测 15.163

nuclear and radiological emergency 核与辐射应急 15.010

nuclear and radiological emergency plan 核与辐射应急计划,*核与辐射应急预案 15.162

nuclear application waste 核技术应用废物 14.205

nuclear artillery shell 核炮弹 10.023

nuclear astrophysics 核天体物理[学] 01.383

nuclear attribution 核取证溯源 10.321

nuclear auxiliary system 核辅助系统 05.301

nuclear black box 核黑匣子 10.105

nuclear bomb 核炸弹 10.018

nuclear cardiology 核心脏病学 17.319

nuclear charge distribution of fission product 核裂变产物电荷分布 02.186

nuclear charge number 核电荷数 01.007

nuclear chemistry 核化学 02.115

nuclear core 核芯 13.081

nuclear criticality safety 核临界安全 16.219

nuclear damage 核损害 16.306

nuclear data check 核数据检验 10.471

nuclear decay 核衰变 02.166

nuclear decay chemistry 核衰变化学 02.167

nuclear deformation 核形变 01.209

nuclear density 核密度 01.044

nuclear depth bomb 核深水炸弹 10.019

[nuclear device] chemical explosion [核装置]化爆 10.050

[nuclear device] primary [核装置]初级，*扳机，*引爆弹 10.035

[nuclear device] self-heating [核装置]自热 10.056

nuclear earth penetrator 核钻地弹 10.020

nuclear electric moment 核电矩 01.040

nuclear electromagnetic impulse monitoring 核爆炸电磁脉冲监测 10.439

nuclear electromagnetic pulse 核电磁脉冲 04.076

nuclear electromagnetic pulse simulator 核电磁脉冲模拟器 04.198

nuclear electromagnetic pulse weapon 核电磁脉冲弹 10.017

nuclear emergency state 核应急状态 16.307

nuclear emulsion 核乳胶 09.240

nuclear emulsion method 核乳胶法 21.130

nuclear energy level *核能级 01.173

nuclear energy seawater desalination unit 核能海水淡化装置 05.272

nuclear ethics 核伦理学 10.359

nuclear excitation 核激发 01.188

nuclear [explosion] device 核[爆炸]装置 10.032

nuclear explosion effect 核爆炸效应 10.153

nuclear explosion fault 核爆炸断层[断层重新活动] 10.187

nuclear explosion fireball 核爆炸火球 10.154

nuclear explosion phenomenology 核爆炸现象学 10.397

nuclear explosion radiation environment 核爆辐射环境 04.011

nuclear facility construction permit 核设施建造许可证 16.093

nuclear facility decommissioning 核设施退役 14.373

nuclear facility decommissioning strategy 核设施退役策略 14.378

nuclear facility/installation 核设施 16.088

nuclear facility owner 核设施业主 16.098

nuclear facility quality assurance safety requirement 核设施质量保证安全要求 16.101

nuclear facility state 核设施状态 16.153

nuclear fission 核裂变 01.341

nuclear force 核力 01.070

nuclear forensic interpretation 核取证解读 10.311

nuclear forensic investigation 核取证调查 10.293

nuclear forensic laboratory 核取证学实验室 10.297

nuclear forensics 核取证学 10.281

nuclear fuel 核燃料 13.001

nuclear fuel breeding 核燃料增殖 05.081

nuclear fuel conversion 核燃料转换 05.078

nuclear fuel cycle 核燃料循环 14.002

nuclear fuel cycle cost 核燃料循环成本 05.426

nuclear fuel cycle waste 核燃料循环废物 14.211

nuclear fuel element manufacturing 核燃料元件制造 13.009

nuclear fuel handling and storage system 核燃料装卸运输和储存系统 05.337

nuclear fuel management 核燃料管理 14.010

nuclear fuel reprocessing 核燃料后处理 14.001

nuclear geoanalysis 核地质分析 11.311

nuclear grade aluminum 核级铝材 13.089

nuclear grade graphite 核级石墨 13.091

nuclear grade stainless steel 核级不锈钢 13.090

nuclear grade zirconium 核级锆材 13.086

nuclear grade zirconium alloy 核级锆合金 13.088

nuclear grade zirconium sponge 核级海绵锆 13.087

nuclear hardening 抗核加固，*核加固 04.002

nuclear hot channel factor 核热通道因子 05.138

nuclear hotspot factor 核热点因子 05.141

nuclear ignition 核点火 10.047

nuclear ignition component 核点火部件 10.049

nuclear incident 核事件 16.223

nuclear industry standard 核行业标准，*核工业标准 21.359

nuclear instrumentation module 核仪器插件 09.315

nuclear instrumentation module bin NIM 机箱 09.316

nuclear instrumentation module standard 核仪器插件

标准 09.314

nuclear instrument calibration 核仪器标定 11.254

nuclear interaction 核相互作用 01.068

nuclear island 核岛 05.283

nuclear isomer [核]同质异能素 02.127

nuclear knowledge 核知识 21.307

nuclear knowledge management 核知识管理 21.308

nuclear knowledge sharing 核知识共享 21.309

nuclear logging *核测井 19.187

nuclear magnetic moment 核磁矩 01.041

nuclear magnetic resonance 核磁共振 09.011

nuclear mass 核质量 01.010

nuclear mass number 核质量数 01.011

nuclear material 核材料 13.050

nuclear materials license 核材料许可证 16.082

nuclear matter 核物质 01.043

nuclear medicine 核医学 17.001

nuclear microprobe 核微探针 02.266

nuclear mine 核地雷 10.021

nuclear missile 核导弹 10.006

nuclear moment of inertia 核转动惯量 01.039

nuclear neurology 神经核医学 17.342

nuclear operation plan 核作战计划 10.119

nuclear patent document 核专利文献 21.358

nuclear pharmaceuticals 核药物 08.287

nuclear pharmacy 核药[物]学 08.288

nuclear power plant 核电站，*核电厂 05.262

nuclear power plant commissioning 核电厂调试 05.433

nuclear power plant design 核电厂设计 05.432

nuclear power plant installation 核电厂安装 05.431

nuclear power plant maintenance 核电厂维修 05.421

nuclear power plant periodic test 核电厂定期试验 05.419

nuclear power plant peripheral facilities 核电厂外围设施 05.286

nuclear power plant safety licensing system 核动力厂安全许可证制度 16.080

nuclear power plant site 核电站选址 05.410

nuclear power plant status control 核电厂状态的控制 05.420

nuclear power plants waste 核电废物 14.202

nuclear quadrupole resonance 核四极共振 09.014

nuclear radiation 核辐射 04.004

nuclear radiation detector 核辐射探测器 09.251

nuclear radiation environment 核辐射环境 10.152

nuclear radiation shield 核辐射屏蔽 10.150

nuclear/radiological emergency 核或放射性紧急情况 16.304

nuclear radius 核半径 01.042

nuclear rainbow 核虹 01.313

nuclear reaction 核反应 01.261

nuclear reaction analysis 核反应分析 02.236

nuclear reaction dynamics 核反应动力学 01.266

nuclear reaction kinematics 核反应运动学 01.263

nuclear reaction method 核反应法 21.139

[nuclear] reaction network [核]反应网络 01.385

[nuclear] reaction rate [核]反应率 01.386

nuclear reactor 核反应堆 05.204

nuclear reference book 核专业工具书 21.351

[nuclear] safety [核]安全 16.001

nuclear safety classification 核安全分级 16.151

nuclear safety daily inspection 核安全日常检查 16.071

nuclear safety electrical equipment 核安全电气设备 16.150

nuclear safety electrical equipment design license 核安全电气设备设计许可证 16.056

nuclear safety electrical equipment manufacturing license 核安全电气设备制造许可证 16.057

nuclear safety equipment installation license 核安全设备安装许可证 16.072

nuclear safety fundamental principle 核安全基本原则 16.018

nuclear safety guide 核安全导则 16.055

nuclear safety inspection 核安全监督 16.065

nuclear safety license 核安全许可证 16.075

nuclear safety license applicant 核安全许可证申请者 16.077

nuclear safety licensee/license holder 核安全许可证持

nuclear weapon miniaturization 核武器小型化 10.024

nuclear weapon stockpile 核武器库存 10.371

nuclear weapon system 核武器系统 10.002

nuclear winter 核冬天 10.362

nucleate boiling 泡核沸腾，*核态沸腾 05.124

nucleon 核子 01.006

nucleonic configuration 核子组态 01.179

nucleophilic [^{18}F]-fluorination 亲核氟[^{18}F]化 08.338

nucleus *核 01.001

nucleus-nucleus collision 核-核碰撞 01.262

nuclide 核素 01.019

nuclide analysis 核素分析 11.314

nuclide balance method 核素平衡法 10.276

nuclide far from β stability 远离β稳定线核素 02.215

nuclide leaching rate 核素浸出率 14.309

nuclide linear scanner 核素线性扫描机 09.368

nuclide migration 核素迁移 14.356

nuclide release 核素释出 14.355

nuclide tracing 核素示踪 18.153

numerical flux 数值通量 20.041

NVM 非易失存储器件 04.271

O

object scattered neutron 物体散射中子 10.603

objective evidence 客观证据 21.218

objective knowledge *客观知识 21.304

objective of nuclear facility radiation protection 核设施辐射防护目标 16.091

occupancy factor 占用因数，*居留因数 15.019

occupational exposure 职业照射 15.063

octahedral spherical hohlraum 六孔球腔 03.390

octupole magnet 八极磁铁 06.286

odd-A nucleus 奇A核 01.208

odd-even nucleus 奇-偶核 01.205

odd-odd nucleus 奇-奇核 01.206

off-gas 尾气 14.221

off-gas from dissolution 溶解尾气 14.064

off-site emergency 场外应急 16.300

off-specular reflection 非镜反射 10.563

oganesson 鿫 02.094

Ohmic heating 欧姆加热 03.295

Ohmic loss 欧姆损耗 20.235

OIL 操作干预水平 15.172

oil-free pump 无油泵 06.419

Oklo phenomena 奥克洛现象 02.097

ONB 泡核沸腾起始点 05.153

once-through fuel cycle *一次通过式燃料循环 14.005

once-through steam generator 直流蒸汽发生器 05.363

one-electron atom 单电子原子 20.151

one-group approximation 单群近似 20.087

one-group diffusion theory 单群扩散理论 05.054

online analysis of uranium 铀在线分析 12.180

online coal ash monitor 在线煤灰分仪 19.195

on-line electrolysis uranium/plutonium separation 在线电解铀钚分离 14.104

on-line measurement 在线测量 04.173

on-power refueling 不停堆换料 05.469

onset of net vapor generation 净蒸气产生起始点 05.154

onset of nucleate boiling 泡核沸腾起始点 05.153

on-site emergency 场区应急 16.299

on-site inspection 现场视察 10.444

on-site inspection of nuclear explosion 核爆炸现场视察 10.459

on-site witness point 现场见证点，*W点 16.117

ONVG 净蒸气产生起始点 05.154

OPCPA 光学参量啁啾脉冲放大 03.392

OPCPA technology *OPCPA技术 03.392

open access 开放获取 21.325

open cascade 开口级联 08.110

opencast development of uranium deposit 铀矿床露天开拓 12.021

open-circuit impedance matrix *开路阻抗矩阵 20.243

open fuel cycle 开式燃料循环 14.005

opening switch 断路开关 07.067

open magnetic configuration 开端磁场位形 03.098

open source 开放源 19.099

open-pit boundary of uranium mining 铀矿露天开采境界 12.020

operating condition 运行工况 05.436

operating organization of nuclear facility 核设施营运单位 16.099

operating technical specification 运行技术规格书 05.456

operational availability 使用可用度 21.258

operational condition [of equipment] [设备的]运行条件 21.040

operational effectiveness of nuclear weapon 核武器作战效能 10.118

operational experience feedback 运行经验反馈 16.288

operational intervention level 操作干预水平 15.172

operational limits and condition 运行限值和条件 16.289

operational quantity 运行实用量 15.035

operational safety management system 运行安全管理体系 05.453

operational safety review 运行安全评估 05.457

operation basis earthquake 运行基准地震 16.287

operation license of nuclear facility 核设施运行许可证 16.100

operation mode of nuclear power plant 核电厂运行模式 05.468

operation monitoring *操作监测 15.084

operation of nuclear facility 核设施运行 16.220

operation performance indicator of nuclear power plant 核电厂运行性能指标 05.455

operation preparation for nuclear power plant 核电厂生产准备 05.418

operation procedure 运行规程 05.446

operation research and analysis of nuclear weapon

employment 核武器运用运筹分析 10.116

operator license 操纵员执照 05.442

optical damage 光损伤 03.391

optical depth 光学厚度 20.294

optically stimulated luminescence dosimeter 光激发光剂量计 15.107

optically stimulated luminescence method *光释光法 21.128

optical model 光学模型 01.309

optical [model] potential 光学[模型]势 01.091

optical parametric chirped pulse amplification 光学参量啁啾脉冲放大 03.392

optical thick region 光性厚区 20.295

optical thin region 光性薄区 20.296

optical transfer function 光学传递函数 20.202

optical transition radiography 光学渡越辐射成像 07.173

optimization of radiation protection 辐射防护最优化 15.004

orbital electron capture 轨道电子俘获 01.145

orbital-free density functional theory 无轨道密度泛函理论 20.127

orbit surface 轨道面 03.116

ordered subset 有序子集 17.309

order of truncation error 截断误差的阶数 20.049

ordinary radiation accident 一般辐射事故 16.283

organ dose 器官剂量 17.085

organic analysis for uranium ore and mineral 铀矿有机物分析 11.329

organic counter 有机计数器 09.166

organic glass dosimeter *有机玻璃剂量计 19.055

organic phase capture 有机相捕集 14.115

organic polymerization radioactive source preparation technology 有机聚合制源工艺 08.222

organic waste *有机废物 14.193

organ imaging agent 器官显像剂 08.315

organized control 有组织控制 14.369

orientation measurement capability 定向能力,*定向补偿能力 21.197

orogenic belt 造山带 11.087

orphan source 无看管源 10.289

orthobrannerite 斜方钛铀矿 11.039

OS 有序子集 17.309

oscillation frequency 振荡频率 06.044

oscillation function *自由振荡函数 06.180

OSL dosimeter 光激发光剂量计 15.107

out-drum solidification 桶外固化 14.268

outgoing channel 出射道 01.279

outgoing particle 出射粒子 01.274

outline dimension 放射源外形尺寸 08.157

out-of-pile test fuel assembly 堆外试验燃料组件 13.040

output coupler 输出耦合器 20.195

output ripple 输出纹波 06.328

overall optimization 总体优化 04.127

overall separation 全分离 14.041

over ball count device 过球计数装置 05.553

over coupling 过耦合 06.394

over-current protection 过流保护 09.110

over package 外包装 14.315

overpressure protection system 超压保护系统 05.525

overshoot 过冲 07.166

over-temperature [heat] protection 过温[热]保护 09.112

over-voltage [of a Geiger-Müller counter tube] [盖革-米勒计数管的]过电压 09.055

over-voltage protection 过压保护 09.111

overwater mobile monitoring 水上移动监测 15.175

[^{15}O]-water [^{15}O]-水 08.374

oxidant for in-situ leaching of uranium mining 地浸采铀氧化剂 12.041

oxidation-reduction 氧化-还原 02.308

oxide fuel 氧化物燃料 13.018

oxide-trapped charge 氧化物陷阱电荷 04.047

oxidized zone 氧化带 11.151

oxygen-15 氧-15 08.034

oxygen-18 氧-18 08.134

oxygen effect 氧效应 18.115

oxygen-18 labeled compound 氧-18 标记化合物 08.402

oxynatromicrolite 氧钠细晶石 11.038

P

PAA 光子活化分析 02.250

Pachuca leach tank 巴秋克浸出槽，*帕丘克浸出槽 12.139

PAEC 氡子体 α 潜能浓度 12.208

pairing 配对 01.081

pairing correlation [配]对关联 01.084

pairing effect [配]对效应 01.083

pairing force [配]对力 01.082

pair-production effect 电子对效应 04.118

paleochannel type sandstone uranium deposit 古河道型砂岩铀矿床 11.162

paleo-uranium field 古铀场 11.120

paleovalley type sandstone uranium deposit *古河谷型砂岩铀矿床 11.162

Panofsky-Wenzel theorem 潘诺夫斯基-文泽尔定理 06.228

parallel CAMAC crate controller 并行 CAMAC 机箱控制器 09.319

parallel computer automated measurement and control crate controller *并行计算机辅助测量与控制机箱控制器 09.319

parallel hole collimator 平行孔型准直器 17.133

parallel impedance *并联阻抗 06.219

parallel plate electromagnetic pulse simulator 平行板电磁脉冲模拟器 04.209

paralysis time 间歇时间 09.087

4-parameter logistic model 四参数 logistic 模型 17.468

parametric instability 参量不稳定性 03.393

parametric resonance　参数共振　06.185

parapotential flow　顺位流　07.112

parasitic beam-beam interaction　寄生束-束相互作用　06.224

parasitic oscillation　寄生振荡　20.194

parathyroid imaging　甲状旁腺显像　17.359

parent nucleus　母核　01.121

parent nuclide　母体核素　02.194

Paris-Edinburgh press cell　巴黎-爱丁堡压机　10.543

parity　宇称　01.037

partial cross-section　分截面　01.291

partial decay constant　分衰变常数　01.119

partial volume effect　部分容积效应　17.279

α-particle　*α粒子　01.097

β-particle　*β粒子　01.098

particle accelerator　粒子加速器，*加速器　06.001

particle beam cooling　粒子束流冷却　06.061

particle beam weapon　粒子束武器　06.622

particle coating-vapor deposition　颗粒包覆-气相沉积法　13.129

particle confinement time　粒子约束时间　03.296

particle energy spectrum　粒子能谱　08.160

particle fluence　粒子注量　04.121

particle fluence rate　粒子注量率　04.122

particle identification　粒子鉴别　09.017

particle-in-cell simulation　PIC模拟　03.324

particle pinch　粒子箍缩　03.117

particle scattering　粒子散射　18.136

particle therapy　粒子治疗　06.591

partitioning and transmutation　分离-嬗变　14.255

passing particle　通行粒子　03.123

passivated implanted planar silicon detector　钝化保护离子注入平面硅探测器　09.200

passivation hardening technology　钝化加固技术　04.162

passive component　非能动部件　16.148

passive custody　被动监护　14.429

passive gamma-ray detection　无源伽马射线探测　10.456

passive interrogation　无[放射]源探询　02.276

passive neutron detection　无源中子探测　10.455

passive safety facility　非能动安全设施　05.440

passive safety system　非能动安全系统　05.340

patent novelty searching　专利查新　21.398

pattern recognition　模式识别　09.329

payload　有效载荷　10.379

PAZ　预防性行动区　15.169

PBM　峰值骨量　17.375

peaceful nuclear explosion　和平核爆炸　10.399

peak bone mass　峰值骨量　17.375

peak current　峰值流强　06.013

peak field　峰值电场　06.390

peak forward　高峰前移　17.429

peaking switch　陡化开关，*峰化开关　07.079

peak magnetic field　峰值磁场　06.538

peak-to-Compton ratio　峰康比　09.094

peak-to-total ratio　峰总比　09.095

peak to valley ratio [of mass distribution curve of fission product]　[裂变产物的质量分布曲线的]峰谷比　02.129

pebble-bed reactor　球床堆　05.545

pedestal　台基　03.297

pedestal in high confinement plasma　*高约束模台基　03.297

peeling-ballooning mode　剥离-气球模　03.145

peeling mode　剥离模　03.144

peer review　同行评议　16.118

pegmatite　伟晶岩　11.062

pegmatite type uranium deposit　伟晶岩型铀矿床　11.179

pellet-cladding interaction　燃料芯块-包壳的相互作用　13.167

pellet injection　弹丸注入　03.298

pellet molding　芯块成型烧结　13.126

pencil beam scanning method　铅笔束扫描法　06.597

penetrability probability of nuclear weapon　核武器突防概率　10.073

penetration ability　突防能力　10.383

penetration aid of nuclear missile　导弹核武器的突防装置　10.094

Penning ion source 潘宁离子源 06.255

penumbra 半暗区 17.354

pepper pot method 胡椒瓶法 06.463

peptide radiopharmaceutical 多肽放射性药物 17.019

peptide receptor radionuclide therapy 肽受体介导放射性核素治疗 17.438

percentage depth dose 百分深度剂量 21.177

percolation leaching of uranium 铀矿渗滤浸出 12.134

perfect electric conductor 理想电导体 20.237

perforation well configuration 射孔式钻孔结构 12.058

performance assessment 性能评价 16.170

performance assignment for hardening 指标分配 04.128

performance indicator 性能指标 16.171

perfusion defect 灌注缺损 17.333

perfusion phase 血流相 17.367

periclinal chimera 周缘嵌合体 18.129

perimeter portal continuous monitoring 进出口和厂区周围连续监测 10.453

period meter for reactor 反应堆周期仪 09.060

period of uranium metallogenetic 铀成矿期 11.133

periodic safety review 定期安全审查 16.039

periodic scrubbing 定时刷新 04.143

periodic test 定期试验 16.205

permanent damage 永久损伤 04.115

permitted transition 容许跃迁，*允许跃迁 01.138

persistent fission chain 持续裂变链 20.106

personal alarm dosimeter 个人剂量报警仪 19.185

personal dose equivalent 个人剂量当量 15.038

personal dose of uranium miner 铀矿工个人剂量 12.213

personal dosimeter 个人剂量计 15.106

personal dosimeter of uranium miner 铀矿工个人剂量计 12.214

personalized library 个性图书馆 21.319

personal protection system 人身保护系统 06.497

perturbation theory 微扰理论 20.102

perturbed angular correlation technique 扰动角关联技术 02.245

pesticide bound residue 农药结合残留 18.142

PET 正电子发射体层摄影 17.164，*正电子发射成像 06.606

PET/CT 正电子发射与计算机体层显像仪 17.227

PET/MRI 正电子发射与核磁共振显像仪 17.228

PET pharmaceutical *PET 药物 08.303

PFC 面向等离子体部件 03.302

Pfirsch-Schluter current 普费尔施-施吕特尔电流 03.299

Pfirsch-Schluter region *普费尔施-施吕特尔区 03.213

PFL 脉冲形成线 07.046

PFN 脉冲成形网络，*人工线，*仿真线 07.053

PGNAA 瞬发 γ 射线中子活化分析 02.247

phase analysis 相位分析 17.326

phase analysis of X-ray diffraction X 射线衍射物相分析 11.326

phase characterization 相表征 10.308

phase control loop 相控环 06.410

phase discriminator 鉴相器 06.344

phase field theory 相场理论 20.148

phase meter 相位测量仪 06.480

phase ratio 相比 14.078

phase screen of turbulence 湍流相屏 20.199

phase shifter 移相器 06.343

phase space 相空间 06.168

phase stability 相位稳定度 06.407

phase transition of nuclear matter 核物质相变 01.045

phase velocity 相速度 06.194

phasotron *稳相加速器 06.084

phenomenological potential *唯象势 01.089

phonon dispersion curve 声子色散曲线 10.574

phonon focusing 声子聚焦 10.569

phosphate glass form 磷酸盐玻璃固化体 14.282

phosphor-32 磷-32 08.036

phosphor-33 磷-33 08.037

phosphorescence 磷光 09.039

phosphorite 磷块岩 11.053

phosphorite type uranium deposit 磷块岩型铀矿床 11.186

phosphor imaging 磷屏成像 17.029

phosphor screen 磷屏 18.152

photocathode　光阴极　07.104

photo-cathode electron gun　光阴极电子枪　06.266

photoconductive semiconductor switch　光导开关　07.076

photoelectric peak　光电峰　09.096

photoelectronic emission　光致发射　07.095

photo excitation　光激发　20.165

photographic dosimeter　胶片剂量计　09.358

photographic method　照相法　21.132

photo luminescence detector　光致发光探测器　09.256

photo luminescence dosemeter　光致发光剂量计，*光致荧光剂量计　09.366

photo luminescence method　光致发光法　21.128

photomultiplier tube　光电倍增管　09.279

γ-photon　*γ光子　01.099

photon absorber　光子吸收器　06.434

photon activation analysis　光子活化分析　02.250

photon beam　光子束　08.162

photon coincidence method　光子符合法　21.137

photon emissivity　光子发射率　08.161

photoneutron source　*光中子源　08.184

photo-nuclear reaction　光[致]核反应　01.287

photon therapy　光子治疗　06.594

phreatic oxidized type sandstone uranium deposit　潜水氧化带型砂岩铀矿床　11.164

phreatic oxidized zone　潜水氧化带　11.153

physical characterization　物理表征　10.309

physical decontamination　物理去污　14.400

physical diagnosis　物理测试　10.195

physical field abnormality in rock　岩体物理场异常　10.188

physical grade　物理品位　10.053

physical metallurgy of uranium　铀物理冶金　13.117

physical model　物理模型　20.010

physical mutagen　物理诱变因素　18.111

physical optics　物理光学　20.261

physical protection　实物保护　15.218

physical protection emergency response　实物保护应急响应　15.185

physical redundancy　物理冗余　04.133

physical security of defence in depth　纵深防御的实体保障　05.435

physical separation　实体隔离，*实体分隔　16.146

physical theory of diffraction　物理绕射理论　20.262

phytoremediation　植物修复　02.323

pickup reaction　拾取反应　01.325

PIC simulation　PIC模拟　03.324

picture noise　图像噪声　17.200

PIE　假设始发事件　16.226

pile-up effect　堆积效应　09.291

pile-up rejection　堆积判弃　09.294

pilot test for in-situ leaching of uranium mining　地浸采铀扩大试验　12.029

pilot type safety valve group of pressurizer　稳压器先导式安全阀组　05.357

pinch current　箍缩电流　03.430

pinhole collimator　针孔型准直器　17.135

pinhole imaging　针孔成像　20.098

[pinhole] pipe factor　[厚针孔]管道因子　10.215

pipeline current　管道电流　10.148

pipeline processing　流水线式处理　09.328

pipe plugging　管道封堵　10.145

PIPS detector　钝化保护离子注入平面硅探测器　09.200

piston well washing　活塞洗井　12.067

pit　地坑　05.387

pitchblende　沥青铀矿　11.005

pit recirculation system　地坑再循环系统　05.351

PIXE　[带电]粒子激发X射线荧光分析　02.257，质子激发X射线荧光分析　02.258

pixel　像素　17.270

pixel detector　像素探测器　09.207

planar imaging　平面显像　17.053

planar semiconductor detector　平板型半导体探测器　09.227

Planck mean free path　普朗克平均自由程　03.394

Planck mean opacity　普朗克平均不透明度　20.293

plane isolation technology　*平面隔离技术　04.155

plane source　平面源　21.094

plane wave pseudo potential method　平面波赝势方法

20.134

plane wave time domain method 时域平面波方法 20.270

planned exposure situation 计划照射情况 15.057

planning restricted zone 规划限制区 15.124

plant circulating cooling water system 厂房循环冷却水系统 05.342

plant emergency 厂房应急 16.298

plants decontamination 植物去污 14.425

plaque imaging agent 斑块显像剂 08.324

plaque source 平板源 19.097

plasma accelerator 等离子体加速器 06.143

plasma activation 等离子体活化 03.062

plasma antenna 等离子体天线 03.066

plasma chemical vapor deposition 等离子体化学气相沉积 03.058

plasma chemistry 等离子体化学 03.060

plasma cutting 等离子切割 14.414

plasma decontamination 等离子去污 14.406

plasma diagnostics 等离子体诊断学 03.300

plasma elongation 等离子体拉长比 03.094

plasma emission 等离子体发射 03.301

plasma etching 等离子体刻蚀 03.061

plasma facing component 面向等离子体部件 03.302

plasma focus 等离子体焦点 03.038

plasma fueling 等离子体加料 03.303

plasma heating 等离子体加热 03.304

plasma incineration 等离子体焚烧 14.252

plasma ion source 等离子体离子源 06.253

plasma medicine 等离子体医学 03.064

plasma physical vapor deposition 等离子体物理气相沉积 03.057

plasma pinch 等离子体箍缩 03.305

plasma pressure ratio 等离子体比压 03.072

plasma seal window 等离子体密封窗 06.427

plasma stealth 等离子体隐身 03.065

plasma sterilization 等离子体消毒灭菌 03.063

plasma-surface interaction 等离子体与壁相互作用 03.308

plasma turbulence 等离子体湍流 03.306

plasma volume determination 血浆容量测定 17.379

plasma-wakefield acceleration 等离子体尾场加速 06.029

plasma wakefield accelerator 等离子体尾场加速器 06.145

plasma wetted area 等离子体浸润面 03.307

plasmon 等离子体激元 03.028

plastic scintillator 塑料闪烁体 09.186

plastic strain 塑性应变 04.070

plateau 坪 09.010

plateau regime 坪区 03.309

plateau relative slope 坪斜 09.056

plate carbon uranium *板碳铀矿 11.032

plate-type fuel assembly 板型燃料组件, *片组型燃料元件 13.033

platform 地台, *陆台 11.084

plating foil with fission material 裂变材料镀片 10.474

plug 屏蔽塞 14.158

plug assembly 阻力塞组件 05.215

plumbum-212/bismuth-212 generator 铅-212/铋-212发生器 08.029

plume emergency planning zone 烟羽应急计划区 15.168

plutonium-238 钚-238 08.084

plutonium-239 钚-239 08.085

plutonium-238-beryllium neutron source 钚-238-铍中子源 08.247

plutonium dioxide 二氧化钚 13.070

plutonium feed conditioning 钚料液调制 14.112

plutonium isotope 钚同位素 13.069

plutonium load 钚装料 10.247

plutonium-238 low energy photon source 钚-238 低能光子源 08.238

plutonium oxalate precipitation 草酸钚沉淀 14.146

plutonium production rate 造钚率, *铀钚转换率 10.494

plutonium production reactor 产钚堆 10.417

plutonium purification cycle 钚纯化循环 14.113

plutonium-239 α radioactive source 钚-239 α放射源 08.224

plutonium-238 radioisotope battery　钚-238 同位素电池　08.255

plutonium-238 radioisotope heat source　钚-238 同位素热源　08.254

plutonium recycling　钚再循环　14.015

plutonyl　钚酰　02.099

P_n method　P_n 方法　20.092

PMMA dosimeter　聚甲基丙烯酸甲酯剂量计　19.055

pneumatic rabbit　气动跑兔　08.013

PN junction detector　PN 结探测器　09.193

pocket dosimeter　便携式剂量仪　17.241

point design target　基准设计靶　03.395

point mutation　点突变　18.070

point of entry　引入点　04.208

point of test　试验点　21.169

point reactor model　点堆模型　20.112

point source　点源　08.193

point spread function　点扩散函数　10.216

point target　点目标　10.386

polar crane in reactor building　反应堆厂房环形吊车　05.390

polarization　极化　20.228

polarization analyzer　极化分析器　10.561

polarization beam　极化束流　06.250

polarized electron source　极化电子枪　06.267

polarized ion source　极化离子源　06.262

polarized neutron　极化中子　10.580

polarizer　极化器　10.555

polar map　极坐标靶心图　17.340

polar orbit　极地轨道　04.265

pole-zero cancellation　极零[点]相消，*零极点相消　09.016

pollutant radiation degradation　有害污染物辐照降解　18.034

polluted air monitor　空气污染监测仪　17.113

poloidal β　极向比压　03.154

poloidal field　极向磁场　03.095

poloidal pinch heating　角向箍缩加热　03.310

poloidal pressure ratio　极向比压　03.154

polonium　钋　02.060

polonium-210　钋-210　08.077

polonium-210-beryllium neutron source　钋-210-铍中子源　08.248

polonium-210 measurement survey　钋-210 法测量　11.268

polonium-210 α radioactive source　钋-210 α 放射源　08.225

polymerzation　塑料固化，*聚合物固化　14.276

polymethyl methacrylate dosimeter　聚甲基丙烯酸甲酯剂量计　19.055

polytechnics　综合技术　10.440

ponderomotive force　有质动力　06.033

pool boiling　池式沸腾　05.148

pool type system　池式系统　05.481

population density　种群密度　18.041

population suppression　种群压制　18.055

portable gamma camera　便携式 γ 照相机　17.124

portosystemic shunt index　门体分流指数　17.406

position sensitive photomultiplier tube　位置敏感型光电倍增管　17.178

position sensitive PMT　位置敏感型光电倍增管　17.178

position sensitive semiconductor detector　位置灵敏半导体探测器　09.199

positive control　*积极控制　14.428

positive imaging　阳性显像　17.055

positron　正电子，*反电子　01.049

positron annihilation technique　正电子湮灭技术　02.246

positron emission tomography　正电子发射体层摄影　17.164，*正电子发射成像　06.606

positron emission tomography and computed tomography　正电子发射与计算机体层显像仪　17.227

positron emission tomography and magnetic resonance imaging　正电子发射与核磁共振显像仪　17.228

positron emission topography pharmaceutical　正电子发射断层显像药物　08.303

positronium　正电子素　02.229

positronium chemistry　正电子素化学　02.230

positron radiopharmaceutical　正电子放射性药物

17.016

positron source 正电子源 06.268

post-irradiation uranium 堆后料 10.052

post-precipitate 次级沉淀 14.062

post radiation polymerization 辐射后聚合 19.066

postreplication repair 复制后修复 18.074

postulated accident 假设事故，*假想事故 16.227

postulated initiating event 假设始发事件 16.226

potash feldspathization 钾长石化 11.142

potential α energy concentration of radon daughter 氡子体α潜能浓度 12.208

potential exposure 潜在照射 17.071

potential function 势函数 20.114

potential scattering *势散射 01.369

powder metallurgy of uranium 铀粉末冶金 13.008

powder metallurgy radioactive source preparation technology 粉末冶金制源工艺 08.207

powder mixing and pressing radioactive source preparation technology 粉末混合压片制源工艺 08.210

power coefficient 功率系数 05.088

power combiner 功率合成器 06.346

power combining 功率合成技术 07.133

power coupler 功率耦合器 06.345

power defect 功率亏损 05.089

power density 功率密度 07.039

power divider 功率分配器 06.347

powered phase 主动段 10.390

power peak factor 功率峰因子 05.056

power reactor 动力堆 05.261

power regulating system 功率调节系统 05.311

power supply system of nuclear power plant 核电厂供电系统 05.331

Poynting vector 坡印亭矢量 20.234

p-p chain *p-p 反应链 01.396

p-process *p 过程 01.034

PPS 人身保护系统 06.497

practically elimination 实际消除 16.024

practical range 实际射程 21.117

practice 实践 15.051

pre-acidification 超前酸化 12.032

preamplifier 前置放大器 09.282

precautionary action zone 预防性行动区 15.169

precipitant for uranium 铀沉淀剂 12.167

precipitation-dissolution 沉淀-溶解 02.310

precipitation of uranium 铀沉淀 11.123

precipitation separation 沉淀分离 02.023

precipitation with slurry recycle 浆体循环沉淀 12.168

precision *精密度 21.018

precursor nuclide 前驱核素 02.196

precursor of delayed neutron 缓发中子先驱核 05.020

prediction 预测 20.073

prediction for radiation hardness 抗辐射性能预测 04.236

pre-equilibration emission 预平衡发射 01.371

pre-equilibrium fission 预平衡裂变 01.349

[pre-]formation factor [预]形成因子 01.128

pregnant eluate 淋洗合格液 12.154

pregnant eluate analysis 淋洗合格液分析 12.195

pregnant solution of in-situ leaching of uranium mining 地浸采铀浸出液 12.039

pregnant solution pond 集液池 12.092

pregnant solution pumping house 集液泵房，*原液泵房 12.093

preignition 过早点火 10.048

pre-injector 预注入器 06.110

pre-irradiation uraium 堆前料 10.051

preparation of graphene by radiation reduction 石墨烯的辐射还原制备 19.096

preparedness for nuclear and radiological emergency 核与辐射应急准备 15.161

pre-pulse 预脉冲 07.059

preradiation grafting 预辐射接枝 19.080

preradiation polymerization 预辐射聚合 19.064

prescribed limit 规定限值 16.217

pre-service inspection 役前检查 16.122

preset height of fuzing 装定高度 10.080

pressure coefficient 压力系数 05.085

pressure leaching 加压浸出 12.132

pressure safety system　压力安全系统　05.303

pressure tube component　压力管部件　05.502

pressure tube for HWR　重水堆压力管　05.538

pressurized water reactor　压水堆　05.250

pressurized water reactor fuel assembly　压水堆燃料组件　13.025

pressurized water reactor nuclear power plant　压水堆核电厂　05.282

pressurizer　稳压器　05.353

prestressed concrete containment vessel　预应力混凝土安全壳　05.559

pretargeting　预定位　17.035

pretreatment　废物预处理　14.216

pretreatment by roasting　焙烧预处理　12.120

pretreatment of environmental sample　环境样品前处理　02.326

pretreatment of the feed solution　料液预处理　14.107

prevention　预防　18.049

preventive action　预防措施　21.241

preventive maintenance　预防性维修　16.231

preventive release programme　预防性释放项目　18.053

primary argon scavenging and decay system　一次氩气吹扫与衰变系统　05.516

primary external decomposition　初级外分解　08.429

primary fragment　初级裂片　02.138

primary halo　原生晕　11.275

primary internal decomposition　初级内分解　08.431

primary isotopic effect　初级同位素效应,＊一级同位素效应　08.430

primary loop process detecting system　一回路过程检测系统　05.530

primary measurement standard　原级测量标准,＊基准　21.059

primary neutron multiplication rate　初级中子增殖率　10.197

primary neutron source　一次中子源,＊初级中子源　05.218,＊一次中子源　13.046

primary photocurrent　初始光电流　04.059

[primary] pit　[初级]弹芯　10.036

primary process of radiation chemistry　辐射化学初级过程　19.009

primary radiation　初级辐射　19.001

primary scintillator　初级闪烁体　09.187

primary shield　一次屏蔽体　05.229

primary sodium system　一次钠系统　05.478

primary standard　＊原级标准　21.059

primary standard dosimeter　基准剂量计,＊初级标准剂量计　19.043

primary startup neutron source　初级启动中子源　08.199

primary yield　原初产额　19.018

primordial nucleosynthesis　＊原初核合成　01.391

principle of defence in depth　纵深防御原则　16.031

principle of phase stability　自动稳相原理　06.021

principle of radioactive waste management　放射性废物管理原则　15.188

prismatic reactor　棱柱堆　05.547

probabilistic safety analysis　＊概率安全分析　16.209

probabilistic safety analysis element　概率安全评价要素　16.210

probabilistic safety assessment　概率安全评价　16.209

probability of success　成功概率　21.261

probable risk estimation of nuclear weapon　核武器安全概率风险评估　10.069

probe　探头　17.128

probe shield　探头屏蔽　17.157

3α-process　＊3α过程　01.400

processing dose　工艺剂量　19.035

process management　过程管理,＊流程管理　16.054

process simulation　过程模拟　14.116

process validation of irradiation facility　辐照装置的加工确认　18.035

process waste　工艺废物　14.203

101 product　＊101产品　12.122

product equivalence　产品等效　19.141

production cross-section　生成截面　02.202

production cycle　＊生产循环　19.139

production-development ratio of uranium mining　铀矿采掘比　12.003

production history 生产历史 10.324

production permit 生产许可 21.244

production reactor 生产堆 05.260

productive facilities of fissile materials for nuclear weapon 核武器用裂变材料生产设施 10.413

product liability 产品责任 21.214

product loading pattern 产品装载模式 19.145

product moving irradiation 产品流动辐照 19.137

product overlap 产品超盖 19.144

professional classification table 专业分类表 21.368

professional think tank 专业智库 21.390

proficiency testing 能力验证 21.082

prognosis map of uranium metallogenic 铀成矿预测图 11.242

programer 程序控制装置 10.077

program of survey on radiation in the environment 环境辐射调查大纲 15.114

prohibition of nuclear proliferation 防止核扩散 10.424

projected dose 预期剂量 15.065

projected emittance 投影发射度 06.174

projected image 投影图像 17.266

projectile nucleus [炮]弹核 01.272

projectile-target combination 弹靶组合 02.142

projection 投影 17.265

projection of nuclear weapon 核武器投射 10.108

project management of nuclear power plant 核电厂项目管理 05.412

prolonged exposure 持续照射 15.091

promethium 钷 02.069

promethium-147 钷-147 08.067

promethium-147 β radioactive source 钷-147 β放射源 08.231

prompt critical 瞬发临界 05.037

prompt fission neutron spectrum 瞬发裂变中子谱 10.503

prompt gamma ray neutron activation analysis 瞬发γ射线中子活化分析 02.247

prompt neutron decay constant 瞬发中子衰减常数 10.525

prompt neutron lifetime 瞬发中子寿命 10.524

prompt period 瞬发周期 05.038

prompt radiation 瞬发辐射 02.207

prompt radiation analysis 瞬发辐射分析 02.290

proportional counter 正比计数器 09.168

proportional region 正比区 09.007

prosthetic group labeling method *辅基标记法 08.340

protactinium 镤 02.066

protected area 保护区 16.142

protection and safety 防护与安全 17.067

protection from external exposure 外照射防护 15.092

protection from internal exposure 内照射防护 15.093

protection system 保护系统 16.143

protective airtight door 防护密闭门 10.174

protective layer 保护层 08.154

protium 氕 08.129

proton 质子 01.003

proton accelerator 质子加速器 06.093

proton-antiproton collider 质子-反质子对撞机 06.132

proton binding energy 质子结合能 01.018

proton [capture] process 质子[俘获]过程 01.034

proton decay *质子衰变 01.151

proton-deficient isotope *缺质子同位素 01.030

proton-deficient nuclide *缺质子核素 01.028

proton drip-line 质子滴线 01.023

proton halo 质子晕 01.253

proton-induced X-ray emission 质子激发X射线荧光分析 02.258

proton linac 质子直线加速器 06.105

proton linear accelerator 质子直线加速器 06.105

proton-proton collider 质子-质子对撞机 06.130

proton-proton reaction chain 质子-质子反应链 01.396

proton radioactivity 质子放射性 01.151

proton radiography 质子照相 07.127

proton recoil method 反冲质子法 10.485

proton-rich isotope 丰质子同位素 01.031

proton-rich nuclide 丰质子核素 01.029

proton skin 质子皮 01.256

proton storage ring 质子储存环 06.114

proton synchrotron 质子同步加速器 06.088

prototype source 原型源 08.166

prototype source scoring test 原型源分级检验 08.167

PRP 预防性释放项目 18.053

PRRT 肽受体介导放射性核素治疗 17.438

PSA element 概率安全评价要素 16.210

pseudo coincidence method of radioactive measurement 放射性测量的假符合方法 19.040

pseudocolloid 假胶体 02.004

pseudo-retention 假保留 02.233

pseudospark discharge 赝火花放电，*伪火花放电 07.012

pseudospark switch 赝火花开关，*伪火花开关 07.074

PSI 等离子体与壁相互作用 03.308

psychology effect of nuclear weapon 核武器心理效应 10.114

public exposure 公众照射 15.062

public participation 公众参与 14.359

Pu-239 burn-up ^{239}Pu 燃耗 10.250

puddle sample 锅底样品 10.224

pulling force 抽插力 13.161

pull rod 拉棒 13.139

pulmonary perfusion imaging 肺灌注显像 17.382

pulmonary ventilation imaging 肺通气显像 17.383

pulse amplitude 脉冲幅度 07.005

pulse bursts 脉冲串 07.006

pulse capacitor 脉冲电容器 07.025

pulse conflux 脉冲汇流 07.134

pulse current 脉冲流强 06.011

pulsed beam 脉冲束 06.009

pulsed current injection 脉冲电流注入 04.217

pulsed discharge desulfurization and denitrification 脉冲放电脱硫脱硝 07.142

pulsed high voltage divider 脉冲高压分压器 07.171

pulse discharge 脉冲放电 07.009

pulsed light-feedback charge sensitive preamplifier 脉冲光反馈电荷灵敏前置放大器 09.284

pulsed magnet 脉冲磁铁 06.282

pulsed magnet power supply 磁铁脉冲电源 06.325

pulsed power supply 脉冲电源 06.323

pulsed power technology 脉冲功率技术 07.001

pulsed reactor 脉冲堆 05.253

pulsed reactor fuel element 脉冲堆燃料元件 13.030

pulse electric dust removal 脉冲电除尘 07.143

pulse extraction column 脉冲萃取柱 14.159

pulse fall time 脉冲下降时间 07.003

pulse flat-top 脉冲平顶 07.013

pulse flat-topped stability 脉冲平顶稳定度 06.326

pulse forming circuit 脉冲成形电路 06.331

pulse forming line 脉冲形成线 07.046

pulse forming network 脉冲成形网络，*人工线，*仿真线 07.053

pulse height analyser 脉冲高度分析器 17.145

pulse ionization chamber 脉冲电离室 09.121

pulse ionization detector 脉冲电离探测器 09.278

pulse load 脉冲载荷 04.053

pulse modulation 脉冲调制 07.060

pulse modulator 脉冲调制器 06.330

pulse neutron source 脉冲中子源 10.529

pulse neutron source method 脉冲中子源方法 10.530

pulse radiolysis 脉冲辐解 19.030

pulse radiolysis facility 脉冲辐解装置 19.105

pulse rise time 脉冲上升时间 07.002

[pulse] selector [脉冲]选择器 09.343

pulse shaper 脉冲成形器 09.308

pulse sharpening 脉冲陡化 07.048

pulse thyristor 脉冲晶闸管 07.077

pulse topped stability 脉冲平顶稳定度 06.326

pulse transformer 脉冲变压器 07.042

pulse transmission line 脉冲传输线 07.045

pulse wave form 脉冲波形 07.021

pumping well of in-situ leaching of uranium mining 地浸采铀抽出井，*抽出井，*抽液井 12.049

pure plutonium 纯钚 14.150

PUREX process 普雷克斯流程 14.022

purification of contaminated surface water 污染地表水净化 02.322

purification through solvent extraction 萃取纯化 12.163

PWFA 等离子体尾场加速器 06.145

PWR nuclear power plant   压水堆核电厂   05.282

pygmy resonance   矮共振   01.367

pyroclastic rock   火山碎屑岩   11.079

pyroclastic rock type uranium deposit   火山碎屑岩型铀

矿床   11.172

pyroclastic sedimentary rock type uranium deposit   火山碎屑沉积岩型铀矿床   11.173

pyrolytic incineration   热解焚烧   14.250

Q

Q_c 临界电荷   04.089

QA document   质量保证文件   16.129

QA evaluation   质量保证评价   16.128

QA procedure   质量保证程序   16.125

QA program   质量保证大纲   16.126

QA record   质量保证记录   16.127

QA requirement   质量保证要求   16.130

QC   质量控制   17.250

QMU   裕量和不确定性量化   20.009

QMU method   *QMU 方法   04.249

Q slope   品质因数下降   06.518

quadrant power tilt ratio   象限功率倾斜比   05.060

quadrupole magnet   四极磁铁   06.284

qualification process   鉴定过程   21.215

qualification test   鉴定试验   16.157

qualified   鉴定合格   21.216

qualified equipment   合格设备   16.149

qualified life   鉴定寿命   16.158

quality   质量   21.204

quality assurance   质量保证   16.124

quality assurance document   质量保证文件   16.129

quality assurance evaluation   质量保证评价   16.128

quality assurance procedure   质量保证程序   16.125

quality assurance program   质量保证大纲   16.126

quality assurance record   质量保证记录   16.127

quality assurance requirement   质量保证要求   16.130

quality audit   质量审核   21.237

quality control   质量控制   17.250

quality control of nuclear power plant   核电厂质量控制
05.413

quality evaluation   质量评价   21.235

quality factor   品质因数   06.387，质因数，*品质因子
15.017

quality loop   质量环   21.231

quality management   质量管理   21.220

quality manual   质量手册   21.226

quality plan   质量计划   21.227

quality planning   质量策划   21.221

quality policy   质量方针   21.219

quality-related cost   质量成本   21.232

quality surveillance   质量监督   21.236

quality system   质量体系   21.222

quantification of margins and uncertainties method   裕量与
不确定度量化方法   04.249

quantification of the margin and uncertainty   裕量和不
确定性量化   20.009

quantitative analysis   定量分析   17.048

quantity   量   21.001

quantity value   量值   21.006

quantum defect   量子数亏损   20.162

quantum efficiency   量子效率   20.187

quantum excitation   量子激发   06.248

quantum fluctuation   量子涨落   06.247

quantum lifetime   量子寿命   06.238

quantum molecular dynamics   量子分子动力学   20.139

quantum Monte Carlo method   量子蒙特卡罗方法
20.142

quantum phase transition   量子相变   10.571

quark   夸克   01.052

quark-gluon plasma   夸克–胶子等离子体   01.054

quarter wave resonator 四分之一波长谐振腔 06.500

quartz pebble conglomerate type uranium deposit 石英卵石砾岩型铀矿床 11.183

quartz-porphyry 石英斑岩 11.073

quasi-elastic scattering 准弹性散射，*准弹散射 01.316

quasi-fissible nuclide 准易裂变核素 02.219

quasi-fission 准裂变 01.348

quasi-free scattering 准自由散射 01.382

quasi-linear turbulent theory 准线性湍流理论 03.312

quasi-neutrality 准中性 03.131

quasi-spherical implosion 准球形内爆 03.447

quench 淬灭 09.012

quenching 淬灭 18.146

quenching circuit 淬灭电路 09.047

quenching effect 淬灭效应 09.020

quenching gas 淬灭气体 09.048

quench protection of cryogenic system 低温系统失超保护 06.553

quoted error 引用误差 21.053

Q value[of a nuclear reaction] [核反应的]Q值 02.128

QWR 四分之一波长谐振腔 06.500

R

rabbit 跑兔 05.240

rack for measurement instrument 测试刚架 10.209

rad *拉德 15.025

radar cross section 雷达散射截面 20.249

radar fuze 雷达引信 10.085

radial peaking factor 径向峰因子 05.145

radiating shock 辐射激波 03.446

radiating-wave electromagnetic pulse simulator 辐射波电磁脉冲模拟器 04.180

radiation 辐射 04.003

radiation annealing 辐射退火 19.159

radiation assymmetry 辐照不对称性 03.398

radiation biological effect 辐射生物效应 15.002

radiation bulk polymerization 辐射本体聚合 19.067

radiation capture cross-section 辐射俘获截面 02.162

radiation carcinogenesis effect 辐射致癌效应 15.149

radiation channel 辐照孔道 05.239

radiation chemical engineering 辐射化工 19.130

radiation chemistry 辐射化学 19.008

radiation chemistry of aqueous solution 水溶液辐射化学 19.012

radiation chemistry of biological material 生物物质辐射化学 19.015

radiation chemistry of gas 气体辐射化学 19.011

radiation chemistry of polymer 高分子辐射化学 19.014

radiation chemistry of solid 固体辐射化学 19.013

radiation chemistry yield 辐射化学产额 19.019

radiation cleavage *辐射裂解 19.085

radiation compensated semiconductor detector 辐照补偿半导体探测器 09.225

radiation condition 辐射条件 20.219

radiation content meter 辐射含量计 09.361

radiation copolymerization 辐射共聚合 19.065

radiation crosslinked heat-shrinkable materials 辐射交联热收缩材料 19.148

radiation crosslinked polyolefin foam 辐射交联聚烯烃泡沫 19.153

radiation crosslinked wire and cable 辐射交联电线电缆 19.149

radiation crosslinking 辐射交联 19.072

radiation curing 辐射固化 19.156

radiation curing of coating 涂层辐射固化 19.157

radiation damage 辐射损伤 04.007

radiation damage equivalence 辐射损伤等效 04.100

radiation damage protection 辐射损害防护，*辐射防护

18.137

radiation damping　辐射阻尼　06.245

radiation degradation　辐射降解　19.085

radiation density meter　射线密度计　19.193

radiation detection assembly　辐射探测装置　09.162

2π radiation detector　2π 核辐射探测器　09.268

4π radiation detector　4π 核辐射探测器　09.269

radiation diffusion approximation　辐射扩散近似　20.299

radiation direct action　辐射直接作用　19.004

radiation disinfection　辐射消毒　19.176

radiation dose　辐射剂量　17.075

radiation dose measurement　辐射剂量测量　19.041

radiation dosimetry　辐射剂量学　17.104

radiation effect　辐射效应　04.006

radiation emulsion polymerization　辐射乳液聚合　19.068

radiation environment　辐射环境　04.010

radiation environment in nuclear stockpile　库存核武器辐射环境　04.012

radiation exposure　辐射照射，*辐射暴露　15.013

radiation field　辐射场　21.085

radiation field parameter　辐射场参数　04.171

γ radiation flaw detection　γ 辐射探伤　08.268

radiation flux　辐射能流　20.287

radiation from nuclear explosion　核爆辐射　10.125

radiation genetic effect　*辐射遗传效应　15.148

radiation genetics　辐射遗传学　18.072

radiation grafted battery separator　辐射接枝电池隔膜　19.154

radiation grafting　辐射接枝　19.079

radiation hardened standard cell library　加固标准单元库　04.152

radiation hardening by design　器件设计加固　04.149

radiation hardening by packaging　器件封装加固　04.151

radiation hardening by process　器件工艺加固　04.150

radiation hardening technology　抗辐射加固技术　04.001

radiation hardness　抗辐射性能　04.008

radiation-hydrodynamics　辐射流体力学　03.400

radiation immobilization　辐射固定化　19.084

radiation indicator　辐射指示器　09.364

radiation indicator label　辐照指示标签　19.061

radiation indirect action　辐射间接作用　19.005

radiation-induced autoxidation　辐射引发自氧化　19.069

radiation-induced chemical reaction　辐射引发的化学反应，*辐射诱导的化学反应　19.016

radiation induced genomic instability　辐射诱发基因组不稳定性　15.151

radiation induced mutation　辐射诱变　18.073

radiation-induced polymerization　*辐射引发聚合　19.063

radiation induction　辐射引发　19.007

radiation initiation　辐射引发　19.007

radiation insecticidal technology　辐照杀虫技术　18.040

radiation intensity　辐射谱强度　20.283

radiation level meter　γ 射线料位计，*γ 射线物位计，*γ 射线液位计　19.191

radiation luminescence　辐射发光　19.006

radiation mean-free-path　辐射自由程　20.290

radiation measurement instrument　辐射测量设备　17.244

radiation meter　辐射测量仪　09.360

radiation modification　辐射改性　19.093

radiation modification of electronic components　电子元器件的辐射改性　19.165

radiation modification of polymer　高分子材料辐射改性　19.094

radiation moment equation　辐射矩方程　20.298

radiation monitor　辐射监测器　09.363

radiation monitoring　辐射监测　15.078

radiation monitoring instrument　辐射监测仪表　15.101

radiation multi-group approximation　辐射多群近似　20.304

radiation opacity　辐射不透明度　20.291

radiation oxidation　辐射氧化　19.070

radiation pattern　辐射方向图　20.250

radiation polymerization　辐射聚合　19.063

radiation post-effect　辐射后效应　19.071

radiation precaution sign　辐射警告标志　15.086

radiation preparation of hydrogel　水凝胶的辐射制备　19.155

radiation pressure 辐射压强 20.289

radiation pressure acceleration 辐射压加速 03.397

radiation pressure tensor 辐射压强张量 20.288

radiation pre-vulcanization of tyres 轮胎辐射预硫化 19.152

radiation problem 辐射问题 20.252

radiation processing 辐射加工 19.131

radiation processing of natural polymer 天然高分子辐射加工 19.150

radiation protection assessment 辐射防护评价 15.045

radiation protection goal 辐射防护目标 15.044

radiation protection standard 辐射防护标准 15.042

radiation quality 辐射质 21.086

radiation reduction 辐射还原 19.092

radiation resistance 抗辐射性 19.090

radiation risk 辐射危险 15.014

radiation safety 辐射安全 15.006

radiation safety analysis 辐射安全分析 15.094

radiation safety culture 辐射安全文化 15.046

radiation safety management 辐射安全管理 15.003

radiation screening 辐射筛选 19.158

radiation self-decomposition *辐射自分解 08.386

radiation sensitization 辐射敏化 19.087

radiation sensitizer 辐射敏化剂 19.088

radiation shielding 辐射屏蔽 15.087

radiation shielding materials 辐射屏蔽材料 19.109

radiation simulator 辐射波模拟器 07.140

radiation somatic effect *辐射躯体效应 15.147

radiation spectral energy density 辐射谱能量密度 20.286

radiation spectrometer 辐射能谱仪 09.362

radiation stability 辐射稳定性 19.089

radiation sterilization 辐射灭菌 19.167

radiation synovectomy 放射性滑膜切除术 17.442

radiation synthesis 辐射合成 19.062

radiation synthesis of metal nanoparticle 金属纳米粒子的辐射合成 19.095

radiation target theory 辐射靶理论 15.143

radiation technology 辐射技术 19.129

radiation temperature 辐射温度 03.399

radiation thickness gauge 射线测厚仪 19.192

radiation transport equation 辐射输运方程 20.297

radiation treatment of waste water 污水辐射处理 06.616

radiation vulcanization 辐射硫化 19.151

radiation warning apparatus 辐射报警装置 09.359

radiation weighting factor 辐射权重因数 15.039

radiation capture 辐射俘获 02.161

radiative capture reaction 辐射俘获反应 01.336

radiative collapse 辐射坍塌 03.442

radiative transfer equation 辐射输运方程 20.297

radioactive aerosol 放射性气溶胶 02.005

radioactive antisense therapy 放射性反义治疗 17.437

radioactive background 放射性本底 02.053

radioactive beam 放射性束 02.150

radioactive calibration model 放射性仪器标定模型 11.253

radioactive cloud dose measurement 云照剂量测量 10.194

radioactive concentration 放射性浓度 08.012

radioactive contamination 放射性污染,*污染,*沾污 14.387

radioactive contamination around the nuclear power plant 核电站周边放射性污染 02.318

radioactive contrast of uranium ore 铀矿石放射性显明度 12.119

radioactive decay 放射性衰变 01.160

[radioactive] decay chain [放射性]衰变链 02.125

[radioactive] decay constant [放射性]衰变常数 02.123

radioactive decay law 放射性衰变律 02.151

[radioactive] decay scheme [放射性]衰变纲图 02.124

[radioactive] decontamination [放射性]去污 02.048

radioactive deposit 放射性淀质 02.046

radioactive drug 放射性药品 08.294

radioactive element 放射性元素 02.106

radioactive energy calibration 放射性能量刻度 11.252

radioactive environment effluent 放射性环境流出物 14.324

radioactive enzyme assay 放射酶分析法 17.456

radioactive equilibrium 放射性平衡 11.248

radioactive exhaust gas treatment system 放射性废气处理系统 05.328

radioactive gaseous effluent 放射性气体流出物 14.325

radioactive gaseous waste treatment 放射性气态废物处理 14.220

radioactive gaseous waste 放射性气态废物，*放射性废气 14.190

radioactive gas sampling and detecting 放射性气体取样探测 10.461

radioactive geochemical prospecting 放射性化探，*放射性地球化学勘探 11.244

radioactive geophysical prospecting 放射性物探，*放射性测量，*放射性地球物理勘探 11.243

radioactive hydrochemical prospecting 放射性水化学找矿，*放射性水文地球化学测量 11.295

radioactive imaging agent 放射性显像剂 08.308

radioactive ion beam 放射性离子束 01.271

radioactive isotope analysis 放射性同位素分析 11.317

radioactive isotope lightning arrester 放射性同位素避雷器 08.260

radioactive liquid effluent 放射性液体流出物 14.326

radioactive liquid waste 放射性液体废物，*放射性废液 14.191

radioactive liquid waste treatment 放射性废液处理 14.229

radioactive liquid waste treatment system 放射性废液处理系统 05.329

radioactive luminotron 放射性发光管 08.264

radioactive material 放射性物品 16.045

radioactive material containment 放射性封闭 10.143

radioactive material containment evaluation 放射性泄漏评估 10.147

radioactive material conveyance 放射性物质运输工具 15.210

radioactive measurement of environmental sample 环境样品放射性测量 02.328

radioactive nuclear beam *放射性核束 01.271

radioactive nuclide 放射性核素 01.159

radioactive organic waste 放射性有机废物 14.193

radioactive photography 放射性照相 11.328

radioactive probe 放射性探针 17.013

radioactive purity 放射性纯度 02.029

radioactive ray 放射性射线 11.246

radioactive reference material 放射性参考物质 11.316

radioactive sampling system 放射性取样系统 05.312

radioactive secular equilibrium 放射性长期平衡 02.153

radioactive seed *放射性种子 08.330

radioactive seed source 放射性籽源，*放射性粒子 08.330

radioactive series 放射系 11.245

radioactive solid waste 放射性固体废物，*放射性固体，*固体放射性废物 14.192

radioactive solid waste treatment 放射性固体废物处理 14.244

radioactive solid waste treatment system 放射性固体废物处理系统 05.330

radioactive source 放射源 08.147

α radioactive source α放射源 08.175

β radioactive source β放射源 08.176

γ radioactive source γ放射源 08.177

radioactive source for calibration 刻度放射源 11.315

radioactive source leakage check 放射源泄漏检验 08.168

radioactive standard 放射性标准 02.054

radioactive standard solution 放射性标准溶液 08.148

radioactive standard source 放射性标准源 02.055

radioactive stent 放射性支架 17.444

radioactive surface contamination 放射源表面污染 08.159

radioactive transient equilibrium 放射性暂时平衡 02.152

radioactive waste 放射性废物 14.189

radioactive waste conditioning 放射性废物整备，*废物整备 14.261

radioactive waste disposal 放射性废物处置，*废物处置 14.328

radioactive waste immobilization 放射性废物固定，*废物固定 14.310

radioactive waste inventory　放射性废物盘存量　14.384

radioactive waste management　放射性废物管理　14.185

radioactive waste minimization　放射性废物最小化　14.186

radioactive waste packing　放射性废物包装，*废物包装　14.312

radioactive waste safety　放射性废物安全　15.007

radioactive waste safety regulation　放射性废物安全管理　16.011

radioactive waste solidification　放射性废物固化，*废物固化　14.262

radioactive waste storage　放射性废物贮存　14.319

radioactive waste treatment　放射性废物处理　14.215

radioactive yield　放射性产额　08.019

radioactive fallout　放射性沉降物　02.047

radioactivity　放射性　01.094，[放射性]活度　02.122

α-radioactivity　*α放射性　01.100

β-radioactivity　*β放射性　01.101

γ-radioactivity　*γ放射性　01.102

radioactivity associated mine　伴生放射性矿物　02.102

radioactivity-contaminated atmosphere　大气放射性污染　02.315

radioactivity-contaminated environment　放射性污染环境　02.313

radioactivity-contaminated environment governance　放射性污染环境治理　02.319

radioactivity-contaminated soil　土壤放射性污染　02.317

radioactivity-contaminated surface water　地表水放射性污染　02.316

radioactivity logging　放射性测井　19.187

radioactivity measurement　活度测量　10.274，放射性活度的测量　18.003

radioactivity meter　放射性活度测量仪　09.140

radio-adaptive response　辐射适应性反应　15.152

radioaerosol monitoring　放射性气溶胶监测　10.192

radioanalysis and measurement of environmental water　环境水中放射性分析与测量　02.329

radioanalysis and measurement of organism　生物中放射性分析与测量　02.330

radioanalysis and measurement of soil and rock　土壤与岩石中放射性分析与测量　02.331

radioanalytical chemistry　放射分析化学，*核分析化学　02.235

radioassay　放射性检测　02.285

radiobiology　放射生物学　18.008

radiobiology effect　放射生物学效应　18.010

radiochemical analysis　放射化学分析，*放化分析　02.294

radiochemical diagnosis　放化诊断　10.219

radiochemical purity　放射化学纯度　02.030

radiochemical sensor　放化传感器　02.293

radiochemical separation　放射化学分离　02.042

radiochemical yield　放射化学产率　02.031

radiochemistry　放射化学　02.001

radiochemistry analysis of radioactivity in environment　环境放射化学分析　02.325

radiochromatography　放射层析法，*放射色谱法　17.480

radiochromic film-dosimeter　辐射显色薄膜剂量计　19.056

radiocolloid　放射性胶体　02.002

radiodefect detector　辐射损伤探测器　09.272

radio durability irradiation stability of waste form　废物固化体耐辐照性　14.300

radioecology　放射生态学　02.350

radioelectrochemical analysis　放射电化学分析　02.279

radioelectrophoresis　放射性电泳　02.283

radioelement　放射性元素　02.106

radiofrequency acceleration　射频加速　06.019

radio frequency cavity　射频腔　06.368

radio frequency current drive　射频波电流驱动　03.313

radio frequency heating　射频波加热　03.314

radio frequency linac　射频直线加速器　06.097

radio frequency quadruple　射频四极场加速器　06.098

radio frequency seal　射频密封　06.412

radio frequency transmitter　射频发射机　06.362

radiographic safety inspection equipment　射线成像安全检查设备　19.199

radiography　辐射成像　07.123

radioimmunoassay 放射免疫分析 17.454

radioimmunoelectrophoresis 放射免疫电泳 02.284

radioimmunoguided surgery 放射免疫导向手术 17.448

radioimmunoimaging 放射免疫显像 17.061

radioimmunoimaging agent 放射免疫显像剂 17.026

radioimmunotherapy 放射免疫治疗 17.426

radioiodination 放射性碘标记 08.418

radioiodine therapy 放射性碘治疗 17.427

radioisotope 放射性同位素 08.001

radioisotope battery 同位素电池 08.173

radioisotope heat source 同位素热源 08.178

radiolabeled compound 放射性标记化合物 08.419

radiolabeled imaging agent 放射性显像剂 08.308

radioligand assay 放射配体分析 17.458

radioligand binding assay 放射性配基分析 02.289

radioligand binding assay of receptor 受体放射性配基结合分析 17.457

radiological accident 辐射事故 16.208

radiological dispersal device 放射性物质散布装置 15.224

radiological weapon 放射性武器 10.370

radioluminescence detector 辐射发光探测器 09.274

radiolysis 辐解 14.132

radiolysis degree *裂解度 19.076

radiolytic product 辐解产物 19.086

radiometric calorimetry 放射量热法 02.280

radiometric check-point of uranium ore 铀矿石放射性检查站 12.009

radiometric documentary 辐射编录 11.266

radiometric sampling 辐射取样 11.267

radiometric titration 放射性滴定 02.282

radiometrology 放射计量学 02.286

radionuclide aorta-imaging 放射性核素主动脉显像 17.320

radionuclide application therapy 放射性核素敷贴治疗 17.449

radionuclide applicator 放射性核素敷贴器 17.249

radionuclide cerebral angiography 放射性核素脑血管造影 17.344

radionuclide cisternography 放射性核素脑池显像 17.350

radionuclide concentration coefficient for freshwater biota 核素在淡水生物中的浓集系数 02.105

radionuclide concentration coefficient for marine biota 核素在海洋生物中的浓集系数 02.182

radionuclide cystography 放射性核素膀胱显像 17.422

radionuclide generator 放射性核素发生器 08.003

radionuclide imaging 核素显像 17.043

radionuclide interventional therapy 放射性核素介入治疗 17.434

radionuclide microsphere 放射性微球 17.443

radionuclide monitoring 放射性监测 10.436

radionuclide monitoring network 大气放射性核素监测网 10.430

radionuclide phlebo-imaging 放射性核素静脉显像 17.321

radionuclide renal angiography 放射性核素肾血管造影 17.419

radionuclide renal imaging 放射性核素肾脏显像 17.417

radionuclide thyroid imaging 放射性核素甲状腺显像 17.357

radionuclide tracer technique 放射性核素示踪技术 17.064

radionuclide transfer coefficient from soil to plant 核素土壤–植物转移系数 02.354

radionuclide transfer in econological system 放射性核素在生态系统中的转移 02.351

radionuclide transfer in environment 放射性核素环境转移 15.116

radionuclide transfer in marine ecosystem 核素在海洋生态系统中的转移 02.114

radionuclide transfer process from soil to plant 核素在土壤–植物系统的转移过程 02.353

radionuclide ventriculography 放射性核素脑室显像, *脑室显像 17.351

radionuclidic purity *放射性核素纯度 02.029

radiopharmaceutical 放射性药物 08.273

radiopharmaceutical chemistry 放射性药物化学 08.293

radiopharmaceutics 放射药剂学 08.292

radiopharmacy 放射性药物学 08.291，放射药剂学 08.292

radio-photoluminescence dosimeter 辐射光致发光剂量计 15.108

radiophysical analysis 放射性物理分析 12.193

radiopolarography 放射极谱法 02.292

radioreceptor assay 放射性受体分析 02.287，*放射受体分析 17.457

radioreceptor imaging 放射受体显像 17.062

radio-release determination 放射性释放测定 02.291

radioscope 放射探测仪 17.248

radio sensitivity 放射敏感性，*辐射敏感性 17.076

radiotherapeutic drug 放射性治疗药物 17.018

radio-thin layer chromatography imaging scanner 薄层放射性扫描仪 17.245

radio-TLC imaging scanner 薄层放射性扫描仪 17.245

radium 镭 02.064

radium-223 镭-223 08.079

radium measurement of water 水中镭测量 11.300

radium [²²³Ra] dichloride 二氯化镭[²²³Ra] 08.345

radon 氡 02.061

radon action level 氡行动水平 15.075

radon and daughter survey 氡及其子体测量 11.261

radon concentration 氡浓度 12.201

radon contamination 氡污染 12.217

radon daughter 氡子体 12.206

radon daughter alpha potential energy 氡子体α潜能 21.114

radon daughter exposure 氡子体暴露量，*氡子体照射量 12.207

radon diffusion 氡扩散 12.215

radon exhalation 氡析出 14.210

radon exposure 氡暴露量，*氡照射量 12.202

radon measurement of water 水中氡测量 11.301

radon meter 测氡仪 09.375

radon pollution 氡的污染 02.320

radon prevention layer 防氡覆盖层 14.259

radon seepage 氡渗流 12.216

radon control 氡的治理 02.321

rail span collapse effect 路轨塌陷效应 04.068

rainbow scattering 虹散射 01.311

random coincidence 偶然符合 21.154

random error 随机误差 09.119

random failure 偶然故障 21.253

random number generator 随机数发生器 20.095

random pulser 随机脉冲产生器 09.335

range modulator 量程调制器 06.600

range of nuclear missile 导弹核武器射程 10.099

rapid [neutron capture] process 快[中子俘获]过程 01.033

rapid proton [capture] process 快质子[俘获]过程 01.035

rapid radiochemical separation 快速放化分离 02.016

rare earth element tracer 稀土元素示踪 18.159

rare ion beam *稀有离子束 01.271

raster scanning method 光栅扫描法 06.599

rated operating condition 额定工作条件 21.036

rated power 额定功率 05.114

rated power density 额定功率密度 05.116

rated range 额定范围 09.102

ratemeter 率表 09.345

rational magnetic surface 有理磁面 03.102

ratio of capture to fission 俘获裂变比 10.496

ratio of salt to ash cement 盐灰比 14.270

ratio of water to ash cement 水灰比 14.269

raw data 原始数据 17.222

raw uranium ore 铀原矿石 12.122

α-ray *α射线 01.103

β-ray *β射线 01.104

γ-ray *γ射线 01.105

γ-ray density meter *γ射线密度计 19.193

ray effect 射线效应 20.090

Rayleigh scattering 瑞利散射 20.248

Rayleigh-Taylor instability 瑞利−泰勒不稳定性 03.167

γ-ray level meter γ射线料位计，*γ射线物位计，*γ射线液位计 19.191

γ-ray spectrometric logging γ能谱测井 21.185

γ-ray spectrometry γ 射线能谱法 02.136

γ-ray spectroscopy *γ 射线谱学 01.169

ray splitting method 光线劈裂方法 20.210

ray trace method 光线追迹方法 20.205

ray tracing 射线轨迹跟踪，*光路跟踪 03.047

ray tracing method 射线追踪方法 20.263

RBE 相对生物效能，*相对生物效应 15.154

[⁸²Rb]-rubidium chloride [⁸²Rb]-氯化铷 08.366

Rb-Sr isochron from inclusion in quartz age 石英流体
包裹体 Rb-Sr 等时线年龄 11.322

Rb-Sr isotope isochron age Rb-Sr 同位素等时线年龄
11.318

RD 剩余剂量 15.067

RDD 放射性物质散布装置 15.224

reaction channel 反应道 01.277

reaction cross-section 反应截面 01.289

reaction energy 反应能 01.280

(α, n) reaction neutron source (α, n)反应中子源 08.183

(γ, n) reaction neutron source (γ, n)反应中子源 08.184

reactive oxygen species 活性氧粒子 19.028

reaction Q-value 反应 Q 值 01.281

reactivity 反应性 05.082

reactivity coefficient 反应性系数 05.083

reactivity meter 反应性仪 09.072

reactor auxiliary workshop 反应堆辅助厂房 05.288

reactor boron and water supply system 反应堆硼和水补
给系统 05.338

reactor building 反应堆厂房 05.287

reactor cold start-up 冷启动 05.464

reactor coolant pump 反应堆冷却剂泵 05.367

reactor coolant pump shaft break accident 主冷却剂泵
轴断裂事故 16.293

reactor coolant pump shaft seizure accident 主冷却剂
泵卡轴事故 16.294

reactor coolant system 反应堆冷却剂系统 05.293

[reactor] core [反应堆]堆芯 05.206

reactor core fuel management 堆芯燃料管理 05.101

reactor dead time 反应堆死时间 05.068

reactor fluid mechanics 反应堆流体力学 05.112

reactor gas heating system 反应堆气体加热系统 05.514

reactor hot start-up 热启动 05.465

reactor instrumentation and control system 反应堆仪表
和控制系统 05.307

reactor internal 堆内构件 05.221

reactor lattice 反应堆栅格 05.223

reactor neutron source 反应堆中子源 10.583

reactor noise 反应堆噪声 05.308

reactor nuclear design 反应堆核设计 05.108

reactor period 反应堆周期 05.099

reactor physical start-up 反应堆物理启动 05.109

reactor physics 反应堆物理 05.001

reactor physics experiment 反应堆物理实验 05.110

reactor power density 反应堆功率密度 05.115

reactor pressure vessel 反应堆压力容器 05.236

reactor protection system 反应堆保护系统 05.305

reactor roof fixed shield 堆顶固定屏蔽 05.493

reactor roof hood 堆顶防护罩 05.494

reactor sodium pool 反应堆钠池 05.477

reactor start-up 反应堆启动 05.447

reactor structure 反应堆结构 05.205

reactor thermalhydraulics 反应堆热工水力学 05.111

reactor thermal hydrodynamics *反应堆热工流体力学
05.111

reactor trip 紧急停堆 16.229

reactor vessel 反应堆容器 05.235

ready-made reserve for in-situ leaching 地浸备采储量
12.115

real coincidence counting 真符合计数 17.186

real coincidence counting rate 真符合计数率 17.187

real-colloid 真胶体 02.003

real [part] potential 实[部]势 01.092

real time 实时间 09.092

real-time monitoring 实时监测 10.443

REB 相对论电子束 04.033

reburn-up 再燃耗 10.251

receptor imaging agent 受体显像剂 17.021

receptortargeted radionuclide therapy 受体介导放射性
核素治疗 17.435

recessive mutation 隐性突变 18.119

recognition countermeasure 反识别对抗 10.097

recoil 反冲 02.234

recoil chamber 反冲室 02.147

recoil nuclei counter tube 反冲核计数管 09.155

recoil nuclei ionization chamber 反冲核电离室 09.127

recoil nucleus 反冲核 01.275

recoil proton 反冲质子 10.523

recoil proton counter 反冲质子计数器 09.171

recoil proton ionization chamber 反冲质子电离室 09.128

recoil proton spectrometer 反冲质子[能]谱仪 09.357

recoil reaction of fission fragment 裂变碎片的反冲反应 02.118

recombination repair 重组修复 18.015

recommended working life 建议使用期 08.165

reconfigurable nuclear instrumentation 可重构核仪器 09.352

record 记录 21.229

record confirmation point 记录确认点, *R 点 16.116

recording level 记录水平 15.073

recording system 记录系统 10.207

recovery and utilization of waste 废料辐照回收利用 06.617

recovery rate 回收率, *收率 14.137

recovery time 恢复时间 09.088

recovery tunnel 回收廊道 10.166

rectangular magnet 矩形磁铁 06.305

rectifier diode 整流二极管 07.189

rectilinear scanner 直线扫描机 17.120

recuperative heat exchanger 再生式热交换器 05.376

recycle 再循环 03.315, 14.187

recycle and reuse of radioactive waste 放射性废物再循环再利用 15.190

recycled uranium 回收铀 13.056

red-color alteration *红色蚀变 11.146

re-deposition 再沉积 03.316

redox decontamination 氧化还原去污 14.394

redox interface 氧化-还原界面 11.156

redox zone 还原带 11.154

reduced decay width 约化衰变宽度 01.156

reduced magnetohydrodynamic equation 约化磁流体力学方程 03.130

reduced residual radiation weapon 减少剩余辐射弹 10.016

reduced transition probability 约化跃迁概率 01.144

reduction 削减 10.341

reduction value 还原值 14.130

reduction with tritiated metalhydrides 氚化金属还原 08.446

reductive stripping 还原反萃取 12.165

redundancy 多重性, *冗余 16.010

redundant design 冗余设计 04.131

REE 稀土元素示踪 18.159

reentry phase 再入段 10.391

reentry vehicle bearing a nuclear warhead 核弹头 10.005

reentry vehicle bearing a training nuclear warhead 发射训练核弹头 10.025

reentry vehicle bearing an instructional training nuclear warhead 教练核弹头 10.026

re-extraction 补萃 14.072

reference air kerma rate 参考空气比释动能率 17.078

reference condition *参考条件 21.038

reference level 参考水平 15.068

reference material 参考物质 15.137

reference material of triuranium octoxide 八氧化三铀标准物质 12.187

reference material of uranium ore 铀矿石标准物质 12.186

reference measurement standard 参考测量标准 21.061

reference operating condition 参考工作条件 21.038

reference plane 参考面 19.116

reference point 参考点 21.168

reference point of an assembly 仪器参考点 21.170

reference radiation field 参考辐射场 21.087

reference source 参考源 08.187

reference standard *参考标准 21.061

reference standard dosimeter 参考标准剂量计 19.044

reference testing 参考质控，*参考测试 17.251

reflected neutron factor 反射中子系数 10.473

reflection coefficient 反射系数 06.395

reflective pulse 反射脉冲 07.023

reflector 反射层 05.219

reflector assembly 反射层组件 13.049

reflector materials 反射层材料 13.107

reflux extraction 回流萃取 14.114

refueling core for low neutron leakage 低泄漏堆芯 05.104

refueling machine of HWR 重水堆换料机 05.539

refueling optimization 换料优化 20.104

refueling pool 换料水池 05.291

refueling water storage tank 换料水箱 05.377

regenerated fuel 再生燃料 13.013

regenerative extraction 再生引出 06.562

regenerative extraction steam system 回热抽气系统 05.350

regional bone imaging 局部骨显像 17.363

regional imaging 局部显像 17.040

regional inspection office of nuclear and radiation safety 地区核与辐射安全监督站 16.038

regional investigation of radioactive hydrochemistry 放射性水化学区调 11.294

region of interest 感兴趣区 17.272

region of limited proportionality 有限正比区 09.008

registered nuclear safety engineer 注册核安全工程师 16.060

registered nuclear safety engineer system 注册核安全工程师制度 16.132

registration 配准 17.287

regression testing 回归测试 20.064

regulating rod 调节棒 05.211

regulating rod assembly 调节棒组件 13.042

regulation for verification 计量检定规程 21.072

regulatory inspection 监督检查 16.110

regulatory oversight was lost 失去监管的途径 10.318

reinforced concrete barricade 钢筋混凝土挡墙 10.173

rejection notice 不合格通知书 21.078

relative bioavailability 相对生物利用度 17.474

relative biological effect 相对生物学效应 18.113

relative biological effectiveness 相对生物效能，*相对生物效应 15.154

relative error 相对误差 09.114

relative extraction ratio 相对抽提率 08.113

relative measurement method 相对测量法 02.252

relative radioactivity measurement 活度相对测量 10.275

relative specific activity 相对比活度 17.472

relative standard measurement uncertainty *相对标准测量不确定度 21.026

relative standard uncertainty 相对标准不确定度 21.026

relative cross-section 相对截面 01.295

relativistic correction 相对论修正 20.155

relativistic electron beam 相对论电子束 04.033

relativistic $J \times B$ heating 相对论 $J \times B$ 加热 03.401

relaxation oscillation 弛豫振荡 20.193

release rate 释放比 18.061

reliability 可靠性 16.159

reliability acceptance test 可靠性验收试验 21.275

reliability assessment 可靠性评估 21.288

reliability certification 可靠性认证 21.290

reliability development test 可靠性研制试验 21.272

reliability enhancement test 可靠性强化试验 21.277

reliability growth 可靠性增长 21.289

reliability growth test 可靠性增长试验 21.273

reliability model 可靠性模型 21.280

reliability of nuclear explosion 核爆可靠度 10.071

reliability of nuclear power plant 核电厂可靠性 05.408

reliability of nuclear weapon 核武器可靠性 10.068

reliability qualification test 可靠性鉴定试验 21.274

reliable life 可靠寿命 21.270

relief tank of pressurizer 稳压器泄压箱 05.359

relief valve of pressurizer 稳压器卸压阀 05.358

relocation 避迁 15.181

rem *雷姆 15.026

remanence 剩磁 06.311

remedial action 补救行动 17.098

remediation for radioactivity-contaminated environment 放射性污染环境修复 02.312

remote maintenance *远距离维修 14.170

remote sensing geological interpretation 遥感地质解译 11.280

remote sensing geological survey for uranium deposit 铀矿遥感地质调查 11.278

remote sensing image lithological unit 遥感影像岩石单元 11.283

remote sensing information cooperative processing 遥感信息协同处理 11.288

remote sensing information identification of uranium mineralization factor 铀成矿要素遥感识别 11.279

renal artery perfusion imaging *肾动脉灌注显像 17.419

renal function measuring device 肾功能测定仪 17.239

renal function study 肾功能检查 17.413

renal imaging agent 肾显像剂 08.311

renogram 肾图 17.414

repair 返修 21.246

repair process 修复过程 18.114

repeatability *重复性 21.019

repeatability condition *重复性条件 21.020

repetitive rate 重复频率 07.007

report on a special topic 专题报告 21.350

reporter gene imaging 报告基因显像 17.060

repository 知识库 21.332

representative mock-up 代表性模拟件 16.144

representative person 代表人, *关键居民组 15.020

reprocessed uranium 后处理铀 14.144

reprocessing plant 后处理厂 14.152

reprocessing process 后处理工艺 14.047

reproducibility *复现性 21.021

reproducibility condition *复现性条件 21.022

reproduction factor 有效裂变中子数, *热裂变因子 05.031

requirement for quality 质量要求 21.206

requirement of society 社会要求 21.207

research reactor 研究堆, *实验堆, *试验堆 05.252

research testing reactor fuel element 研究试验堆燃料元件 13.028

reserve-productivity ratio of uranium mining 铀矿储采比 12.005

residual acidity analysis 余酸分析 12.188

residual alkalinity analysis for uranium leach liquor 余碱分析 12.198

residual current [of a detector] [探测器的]剩余电流 09.032

residual dose 剩余剂量 15.067

residual effect *残留效应 08.103

residual heat 余热 05.120

residual heat removal system 余热排出系统 05.322

residual interaction 剩余相互作用 01.088

residual internal stress 残余内应力 04.082

residual maximum beta energy 剩余最大β能量 21.112

residual nucleus [剩]余核, *残余核 01.276

residual radioactivity 剩余放射性 10.155

residual resistance 剩余电阻 06.536

resin bed 树脂床 05.379

resin capacity for uranium 树脂铀容量 12.146

resin detoxifying 树脂解毒 12.153

resin in pulp 矿浆吸附 12.145

resin poisoning 树脂中毒 12.152

resin type transition 树脂转型 12.150

resin type transition with raffinate 吸附尾液转型 12.151

resistance mutation 抗性突变 18.079

resistive instability 电阻不稳定性 03.148

resistive wall mode 电阻壁模 03.147

resistor loop 电阻环 07.179

resolution 分辨力 21.044

resolving time 分辨时间 17.225

resolving time correction 分辨时间校正 09.083

resonance 共振 06.181

resonance absorption 共振吸收 03.402

resonance energy 共振能量 01.363

resonance escape probability 逃脱共振吸收概率 05.029

resonance extraction 共振引出技术 06.555

resonance frequency 共振频率 06.182

resonance integral 共振积分 05.016

resonance neutron　共振中子　10.522

resonance reaction　共振反应　01.362

resonance width　共振宽度　01.364

resonance cross-section　共振截面　02.164

resonant cavity　谐振腔　20.227

resonant magnetic perturbation　共振磁场扰动　03.317

resonant state　共振态　01.237

resonator mode　谐振腔模　20.190

resource co-construction　资源共建　21.326

resource digitization　资源数字化　21.345

resource sharing　资源共享　21.327

respiratory gating　呼吸门控　17.299

response function　响应函数　10.488

response threshold　响应阈　09.086

response time　响应时间　09.085，反应时间　10.380

restoration　恢复　16.308

restoration time　复原时间　09.090

restricted release or use　有限制开放或使用　12.222

restructuring of the arsenal　改组武库构成　10.344

RET　可靠性强化试验　21.277

retaining decay　滞留衰变　14.222

retargeting capability　更换打击目标能力　10.103

retention　保留　02.232

retention of plutonium　钚保留值　14.129

reticular well pattern　网格式井型　12.075

retrievability　可回取性　14.371

reuse　*再利用　14.187

reversed phase extraction chromatography　*反相萃取色谱法　02.020

reversed phase partition chromatography　*反相分配色谱法　02.020

reverse-electrode germanium coaxial semiconductor detector　反电极锗同轴半导体探测器　09.230

reverse isotope dilution analysis　逆同位素稀释分析，*反同位素稀释分析　02.273

reverse Landau damping　逆朗道阻尼　03.276

reverse magnetic shear　反磁剪切　03.105

reverse osmosis　反渗透　14.242

reverse redistribution　反向再分布　17.338

reverse switching dynistor　反向触通晶体管　07.081

reversible defect　可逆性缺损　17.334

reversible scaler　可逆定标器　09.341

rewetting temperature　再湿润温度　05.152

rework　返工　21.247

Reynolds stress　雷诺协强　03.318

RF electron gun　微波电子枪　06.265

RF ion source　高频离子源　06.254

RF shielding bellows　射频屏蔽波纹管　06.439

RFQ　射频四极场加速器　06.098

RHBD　器件设计加固　04.149

rhenium-188　铼-188　08.073

Rhodotron　花瓣形加速器　06.074

rhyolite　流纹岩　11.074

rhyolite-porphyry　流纹斑岩　11.075

RIA　放射免疫分析　17.454

Rice scaling　赖斯定标　03.319

RIDA　逆同位素稀释分析，*反同位素稀释分析　02.273

Ridgetron　脊型加速器　06.075

rift valley　裂谷　11.097

RIGS　放射免疫导向手术　17.448

RII　放射免疫显像　17.061

ripple　纹波　09.108

rippling mode　纹波模　03.174

rise time　上升时间　09.018

rise time method　上升时间法　10.483

rising time discriminator　上升时间甄别器　09.300

risk　风险　16.012

risk assessment　风险评价　16.050

risk constraint　危险约束值　15.070

risk estimation of radiation-induced cancer　辐射致癌危险估计　15.150

risk-informed　风险告知，*风险指引　16.046

risk-informed and performance-based regulatory decision-making　风险告知和基于绩效的监管决策　16.049

riskinformed regulatory guide　风险告知的监管导则文件　16.048

risk-informed technical specification　风险告知的技术规格书　16.047

RIT 放射免疫治疗 17.426，辐照杀虫技术 18.040

RI-TS 风险告知的技术规格书 16.047

R［L］BA 放射性配基分析 02.289

R-matrix method R 矩阵方法 20.163

RMP 共振磁场扰动 03.317

rms emittance 均方根发射度 06.171

Robinson instability 罗宾逊不稳定性 06.211

robustness of model 模式坚稳度 15.132

rock damage zone 岩石破坏分区 10.183

rocket model 火箭模型 03.403

rocket sampling 火箭取样 10.265

rod pinch diode 棒箍缩二极管，*杆箍缩二极管 07.093

rod source 棒源 17.255

roentgenium 轮 02.087

Rogowski coil 罗戈夫斯基线圈 07.153

ROI 感兴趣区 17.272

rolling 滚压 13.140

roll type sandstone uranium deposit 卷型砂岩铀矿床 11.163

root cause 根本原因 16.212

Roots pump 罗茨泵 06.421

Rosseland mean free path 罗斯兰平均自由程 03.404

Rosseland mean opacity 罗斯兰平均不透明度 20.292

rotating frame approximation *旋转坐标系近似 01.074

rotating shield plug 旋转屏蔽塞，*旋塞 05.488

rotational band 转动带 01.223

rotational ［energy］ level 转动能级 01.199

rotational transform angle 旋转变换角 03.101

roulette and splitting method 赌与分裂方法 20.096

route of contraband nuclear materials 核材料走私路线 10.295

routine monitoring 常规监测，*例行监测 15.083

routine release 常规排放 15.122

routine testing 常规质控 17.252

routing of neptunium 镎走向 14.120

RPA 辐射压加速 03.397

RPC detector 阻性板探测器 09.175

RPL dosimeter 辐射光致发光剂量计 15.108

rp-process *rp 过程 01.035

r-process *r 过程 01.033

RRA *放射受体分析 17.457

RSD 反向触通晶体管 07.081

RSD switch *RSD 开关 07.081

rubidium-82 铷-82 08.050

runaway electron 逃逸电子 03.122

run-in phase 内爆阶段 03.437

running state *运行状态 05.436

rupture disk 爆破片 06.554

ruthenium-106 β radioactive source 钌-106 β 放射源 08.230

rutherfordium 轳 02.080

S

safe boundary 安全边界 10.140

safe shutdown earthquake 安全停堆地震 16.193

safe shutdown state 安全停堆状态 16.192

safe state 安全状态 16.198

safety action 安全动作 16.185

safety actuation system 安全驱动系统，*安全执行系统 16.135

safety analysis 安全分析 16.186

safety analysis report 安全分析报告 16.187

safety arming fuzing and firing system 引爆控制系统，*引控系统 10.082

safety assessment 安全评价 16.189

safety assessment of radioactive material transport 放射性物质运输安全评价 15.193

safety classification of nuclear facility item 核设施物项安全分类 16.155

safety close　安全封存　14.374

safety culture　安全文化　16.002

safety design　安全设计　10.139

safety device　保险装置　10.087

safety evaluation report　安全评价报告　16.190

safety factor　安全因子　03.085

safety factor limit　安全因子极限　03.320

safety feature for design extension condition　用于设计扩展工况的安全设施　16.174

safety group　安全组合　16.141

safety indicator　安全指标　16.196

safety injection pump　安全注射泵　05.380

safety injection system　安全注射系统　05.317

safety interlock of NPP　核动力装置安全联锁　05.306

safety interlock of nuclear power plant　核动力装置安全联锁　05.306

safety interlock　安全联锁　19.113

safety interlock of accelerator　加速器安全联锁　06.496

safety limit　安全限值　16.194

safety margin　安全裕度　16.195

safety margin method　安全裕度法　04.250

safety of nuclear power plant　核电厂安全性　05.407

safety of nuclear weapon　核武器安全性　10.066

safety of radioactive material transport　放射性物质运输安全　15.008

safety regulation on radioactive material transportation　放射性物品运输安全管理　16.027

safety related system　安全有关系统　16.139

safety requirement on nuclear facility siting　核设施选址安全要求　16.097

safety requirements on nuclear facility design　核设施设计安全要求　16.094

safety requirements on nuclear facility operation　核设施运行安全要求　16.221

safety responsibility of operating organization　营运单位安全责任　16.123

safety review　安全审评　16.191

safety rod　安全棒　05.213

safety system　安全系统　16.136

safety system setpoint　安全系统整定值　16.138

safety system support feature　安全系统辅助设施　16.137

SAL　无菌保证水平　19.178

salinity of fluid inclusion　流体包裹体盐度　11.338

salivary gland imaging　涎腺显像　17.402

salt-free process　无盐工艺　14.099

salt-free reductant　无盐还原剂　14.105

salting-out agent　盐析剂　14.088

salver type well configuration　托盘式钻孔结构　12.056

samarium-153　钐-153　08.068

samarium [153Sm]-lexidronam　来昔决南钐[153Sm]　08.344

samarium-149 poisoning　钐中毒　05.065

SAMG　严重事故管理指南　16.282

sampling　取样　10.263

sampling coefficient　取样系数　10.225

sandstone　砂岩　11.047

sandstone type uranium deposit　砂岩型铀矿床　11.160

SANEX process　萃取分离锕系元素流程　14.027

Sargent curve　萨金特曲线　01.136

SASE-FEL　自发射自放大自由电子激光装置　06.122

satellite command　卫星遥控　04.267

satellite discharging insensitivity test　卫星放电不敏感性试验　04.222

satellite environment　卫星环境　04.268

satellite internal charging　卫星内带电　04.112

satellite platform　卫星平台　04.258

satellite surface charging analysis　卫星表面带电分析　04.231

satellite system design　卫星总体设计　04.259

saturable pulse transformer　可饱和脉冲变压器　07.061

saturated model body source　饱和模型体源　21.187

saturated-steam turbine　饱和蒸汽汽轮机　05.399

saturation current [of an ionization chamber]　[电离室的]饱和电流　21.158

saturation curve　饱和曲线　09.064

saturation of organic phase　有机相饱和度　14.075

saturation of pump absorption　泵浦吸收饱和　20.192

saturation voltage [of an ionization chamber]　[电离室

的]饱和电压 09.061

sausage instability 腊肠形不稳定性 03.161

sawtooth oscillation 锯齿振荡 03.158

S band S 波段 06.339

SBS 受激布里渊散射 03.410

scaled depth of burst 比例埋深 10.396

scaled height of burst 比高, *比例爆高 10.063

scaled height of nuclear burst 比例爆炸高度 10.395

scaler 定标器 09.340

scan field of view 扫描视野 17.214

scanning electronic microscopy analysis 扫描电镜微区
分析 11.340

scanning speed 扫描速度 17.215

scan range 扫描范围 17.213

scatter coincidence 散射符合 17.191

scatter coincidence counting rate 散射符合计数率 17.193

scatter coincidence counting 散射符合计数 17.192

scatter correction 散射校正 17.208

scattered radiation 散射辐射 21.091

scatter fraction 散射分数 17.209

scattering amplitude 散射振幅 01.300

scattering beam expansion method 散射束流扩展法
06.595

scattering cross-section 散射截面 02.200

scattering length 散射长度 01.302

scattering length density 散射长度密度 10.548

scattering matrix 散射矩阵 20.229

scattering matrix method 散射矩阵方法 20.209

scattering phase shift 散射相移 01.301

scattering problem 散射问题 20.253

scattering radiation 散射辐射 21.091

scattering vector 散射矢量 10.547

scavenger 清除剂, *清扫剂 02.015

scavenging agent *清除剂 14.106

SCE 短沟道效应 04.158

schedule control point for construction of nuclear power
plant 核电厂建设进度控制点 05.416

scheduling in construction of nuclear power plant 核电
厂建设进度控制 05.414

schist 片岩 11.056

schmitterite 碲铀矿 11.031

schroeckingerite 板菱铀矿 11.032

science and technology intelligence institute 科技情报
机构 21.323

science based stockpile stewardship and management
program 以科学为基础的核库存技术保障与管理
计划 10.408

science of scientific information 科技情报学 21.312

scientific calculation 科学计算 20.014

scintigram 闪烁图像 17.063

scintigraphy 闪烁显像 17.008

scintillation 闪烁 09.067, 17.116

scintillation chamber 闪烁室 09.188

scintillation counter *闪烁计数器 17.236

scintillation crystal 闪烁晶体 17.117

scintillation decay time 闪烁衰减时间 17.173

scintillation detector 闪烁探测器 09.182

scintillation duration 闪烁持续时间 09.068

scintillation method 闪烁法 21.126

scintillator 闪烁体 09.185

SCO 表面污染物体 15.194

scrape off layer 刮削层 03.107

screening model 筛选模式 15.133

screening probability level 筛选概率水平, *筛选概率
截取值 16.250

screen of Compton current 康普顿挡墙, *康普顿电子
挡墙 10.149

screw machine pressure extruder 螺杆挤压法 14.274

SDD 硅漂移室探测器 09.262

SDI 定题服务 21.399

SDU/ADU 111 产品 12.170

seaborgium 𬭳 02.082

seal 封签 10.458

sealed source 密封源 19.098

seawater cooling water system 海水冷却水系统 05.348

SEB 单粒子烧毁 04.095

secondary arcing effect 二次放电效应 04.110

secondary decomposition 次级分解 08.425

secondary electron multipacting　次级电子倍增　06.376

secondary emission detector　次级发射探测器　09.275

secondary halo　次生晕　11.276

secondary ionization mass spectrometry　二次离子质谱微区分析　11.341

secondary isotopic effect　次级同位素效应　08.424

secondary loop process detecting system　二回路过程检测系统　05.531

secondary low energy photon source　次级低能光子源　08.243

secondary measurement standard　次级测量标准　21.060

secondary mining by in-situ leaching　地浸二次开采　12.111

secondary neutron source　*二次中子源　13.047

secondary photocurrent　二次光电流　04.063

secondary process of radiation chemistry　辐射化学次级过程　19.010

secondary radiation　次级辐射　19.002

secondary shield　二次屏蔽体　05.230

secondary sodium system　二次钠系统　05.479

secondary standard　*次级标准　21.060

secondary standard dosimeter　*次级标准剂量计　19.044

secondary startup neutron source　次级启动中子源　08.200

secondary uranium mineral　次生铀矿物　11.002

secondary waste　二次废物　14.213

secondary fragment　次级碎片　02.139

second field integral　二次积分　06.280

second nuclear strike　第二次核打击　10.102

second reactor trip system　第二停堆系统　05.334

second stability regime　第二稳定区　03.150

second strike strategy　第二次打击战略　10.352

section steam content　*截面含气率　05.163

sector focusing cyclotron　扇形聚焦回旋加速器　06.081

sectorial chimera　扇形嵌合体　18.093

sector magnet　扇形磁铁　06.304

security and safety system　安保系统　10.089

security in transport of radioactive materials　放射性物质运输安保　15.223

security of nuclear weapon　核武器安保性　10.067

security of radioactive source　放射源安保　15.219

sedimentary-clastic rock　沉积碎屑岩　11.045

sedimentary-diagenetic uranium metallogenesis　沉积–成岩铀成矿作用　11.127

sedimentary rock　沉积岩　11.044

SEE　单粒子效应　04.088

SEFI　单粒子功能中断　04.096

SEGR　单粒子栅穿　04.094

seismological monitoring　地震监测　10.435

seismological monitoring network　地震监测网　10.429

SEL　单粒子锁定　04.093

selective dissemination of information　定题服务　21.399

selenium-75　硒-75　08.047

selenium-75 γ radioactive source　硒-75 γ 放射源　08.236

self-absorption　自吸收　02.050

self-absorption of specific gamma-ray　特征伽马射线自吸收　10.498

selfamplified spontaneous emission free electron laser　自发射自放大自由电子激光装置　06.122

self-breakdown　自击穿　07.015

self-consistent field　自洽场方法　20.154

self-diffusion　自扩散　02.049

self-electrodeposition　自发电沉积　02.026

self-excitation control　自激励控制　06.408

self-focusing　自聚焦　03.405

self-heating　自加热　03.406

self inspection　自检　21.217

self-powered neutron detector　自给能中子探测器　09.257

self-propagation high-temperature synthesis　自蔓延高温合成　14.295

self-quenched counter　自猝灭计数器　09.172

self-radiolysis　自辐解　08.386

self-scattering　自散射　02.051

self-sustaining burn　自持燃烧　03.023

self-sustaining burning condition　*自持燃烧条件　03.002

self-sustaining burn wave　自持燃烧波　03.407

self-sustaining thermonuclear burn　自持热核燃烧　10.040

semi-classical strong-field theory 半经典强场理论 20.170

semiconductor 半导体 09.191

semiconductor detector 半导体探测器 09.192，半导体探测仪 18.025

semiconductor laser 半导体激光 20.181

semiconductor opening switch 半导体断路开关 07.073

[semi-] microscopic potential ［半］微观势 01.090

semiquantitative analysis 半定量分析 17.047

sensitive volume 敏感体积 04.090

sensitive volume [of a detector] ［探测器的］灵敏体积 09.027

sensitivity 灵敏度 09.081

sensitivity analysis 敏感性分析 16.237

sensitivity indicator 灵敏度指示器 10.600

sensitivity of air kerma rate 空气比释动能率灵敏度 21.196

sensitivity of content 含量灵敏度 21.195

separated flow model 分相流模型 05.184

separated-sector cyclotron 分离扇回旋加速器 06.082

separate function focusing 分离作用聚焦 06.025

separation and purification of radionuclide in environment sample 环境样品中放射性核素分离纯化 02.327

separation energy 分离能 01.014

separation factor 分离系数 14.139

separation of actinides and lanthanides 锕镧分离 14.043

separation of curium from americium 锔镅分离 14.044

separation process 分离流程 14.019

separator of steam generator 汽水分离器 05.364

septa 隔栅 17.179

septum magnet 切割磁铁 06.303

sequential fission 继发裂变 02.173

serial CAMAC crate controller 串行CAMAC机箱控制器 09.320

serial computer automated measurement and control crate controller *串行计算机辅助测量与控制机箱控制器 09.320

serial reaction 串级反应 10.252

series decay 级联衰变 01.124

serious accident 6级［严重事故］ 16.182

serious incident 3级［严重事件］，*小事故 16.179

service life 使用期限 08.164，使用寿命 16.168

service safety 勤务保险 10.078

SET 单粒子瞬态 04.092

setting time 建立时间 09.070

SEU 单粒子翻转 04.091

SEU rate prediction 单粒子翻转率预估 04.228

severe accident 严重事故 16.280

severe accident management 严重事故管理 16.281

severe accident management guidelines 严重事故管理指南 16.282

severe accident procedure 严重事故导则 05.463

sewage pit pump 污水坑泵 05.388

sextupole magnet 六极磁铁 06.285

SF 分离系数 14.139

S-factor *S因子 01.183

SGEMP 系统电磁脉冲 04.078

Shafranov shift 沙夫拉诺夫位移 03.136

shaft nuclear test 竖井核试验 10.261

shaft seal pump 轴封泵 05.369

shaft site design 井场设计 10.179

shale 页岩 11.050

shallow trench isolation 浅槽隔离 04.157

shape-elastic scattering 形状弹性散射 01.369

shape isomer 形状同质异能素 02.212

shape of resistance *形阻 05.191

shaving extraction 切削引出 06.560

shear Alfven eigenmode 剪切阿尔芬本征模 03.184

shear Alfven wave 剪切阿尔芬波 03.185

sheared flow 剪切流 03.321

shearing field 剪切磁场 03.096

sheath acceleration 鞘层加速 06.032

sheath heat transmission coefficient 鞘层热传输系数 03.322

sheath-limited regime 鞘层限制状态 03.323

shell model 壳［层］模型 01.240

sheltering 隐蔽 15.180

shield 地盾 11.086，屏蔽体 14.157

shield assembly 屏蔽层组件 13.048

shielded box 工作箱 14.165

shielded nuclide 受屏蔽核 02.203

shielded pump in the liquid 液下屏蔽泵 14.177

shielding 屏蔽 14.156

shielding blanket 屏蔽包层 03.012

shielding coefficient 屏蔽系数, *减弱倍数 19.110

shielding room 屏蔽室 07.158

shim rod 补偿棒 05.212

shock ignition 冲击点火 03.408

shock timing 冲击波时间调配 03.409

shock wave 冲击波 04.052

shock wave from nuclear explosion 核爆炸冲击波 10.124

short-channel effect 短沟道效应 04.158

short-range effect *短程力效应 06.201

short-range force 短程力 01.075

short term effect 近期疗效 17.446

shower counter 簇射计数器 09.165

shuffle dose 移动剂量 19.034

shunt 分流器 07.145

shunt impedance 分路阻抗 06.385

shutdown cooling system *停堆冷却系统 05.322

shut-down margin 停堆深度 05.092

shut-down refueling 停堆换料 05.450

shutter 快门 10.604

shuttle 跑兔 05.240

SI 国际单位制 21.004

SiC detector 碳化硅探测器 09.204

SIDA 亚化学计量同位素稀释法 18.155

side band mode 边带模 03.152

side-coupling cavity 边耦合腔 06.369

sievert 希[沃特] 15.026

signal pick-up 信号拾取器 06.357

signal saturation 信号饱和 09.104

signal to noise ratio 信号噪声比, *信噪比 17.201

signature 旋称 01.230, 识别标志 10.298

signature inversion 旋称反转 01.231

significant quantity 重要量 10.423

significant radiation accident 重大辐射事故 16.292

siliceous rock 硅质岩 11.052

siliceous vein type uranium deposit 硅质脉型铀矿床 11.167

silicification 硅化 11.145

silicon-28 硅-28 08.139

silicon carbide detector 碳化硅探测器 09.204

silicon drift detector 硅漂移室探测器 09.262

silicon-on-insulator 绝缘体上硅 04.269

silicon on insulator detector fully-depleted silicon-on-insulator detector 绝缘衬底硅探测器 09.211

silicon photoelectron multiplier detector 硅光电倍增探测器 09.261

silicon photomultiplier 硅光电倍增器 09.280

silicon pixel detector 硅像素探测器, *硅像素传感器 09.208

silicon strip detector 硅条探测器 09.209

Si [Li] detector 硅[锂]探测器 09.196

siltstone 粉砂岩 11.048

simulated product 模拟产品 19.142

simulated source 模拟源 21.095

simulated waste 模拟废物 14.212

simulation 模拟 20.002

simulation machine *仿真机 16.238

simulation of nuclear explosion 核爆炸模拟 10.402

simulation technology of radiation environment 辐射环境模拟技术 04.009

simulation technology of space radiation environment 空间辐射环境模拟技术 04.101

simultaneously firing device 同步引爆装置, *同步装置 10.088

sin/cos coil sin/cos 线圈 07.136

single bunch effect 单束团效应 06.201

single-channel analyser 单道分析器 09.336

single channel model 单通道模型 05.132

single count rate 单计数率 17.180

single cycle process 单循环流程 14.036

single event burnout 单粒子烧毁 04.095

single event effect 单粒子效应 04.088

single event effect cross section　单粒子效应截面　04.099

single event function interrupt　单粒子功能中断　04.096

single event gate rupture　单粒子栅穿　04.094

single event latchup　单粒子锁定　04.093

single event transient　单粒子瞬态　04.092

single event upset　单粒子翻转　04.091

single-event upset rate prediction　单粒子翻转率预估　04.228

single failure　单一故障　16.201

single failure criterion　单一故障准则　16.202

single fluid theory　单流体理论　03.046

single lens　单透镜　06.572

single-particle excitation　单粒子激发　01.189

single-particle model　单粒子模型　01.244

single particle orbit theory　单粒子轨道理论　03.118

single-particle state　单粒子态　01.181

single phase flow　单相流　05.155

single photon counting　单光子计数　09.019

single photon emission computed tomography　单光子发射计算机体层仪　17.127

single photon emission computed tomography/computed tomography　单光子发射与计算机体层显像仪　17.226

single photon emission computed topography pharmaceutical　单光子发射计算机断层显像药物　08.331

single photon radiopharmaceutical　单光子放射性药物　17.015

single turn extraction　单圈引出　06.559

single-turn injection　单圈注入　06.557

sinogram　正弦图　17.224

SiPM　硅光电倍增器　09.280

SiPM detector　硅光电倍增探测器　09.261

SIT　昆虫不育技术　18.044

site area　场区，*厂区　16.301

site characteristics survey　场址特性调查　14.383

site characterization evaluation　场址特性评价　14.352

site clean up　场址清污　14.418

site closure　场址关闭　14.368

site confirmation　场址确认　14.353

site evaluation　场址评价　16.036

site operation　场址运行　14.365

site residue　场址残留物　14.420

site review statement of nuclear facility　核设施厂址审查意见书　16.090

site screening　场址预选　14.350

site selection　场址选择　16.037

site-specific mutagenesis　定点突变　18.012

siting　选址　14.348

siting in nuclear test engineering　工程选址　10.189

six-factor formula　六因子公式　05.027

size effect　尺寸效应　20.115

skin depth　趋肤深度　20.238

skin nucleus　皮核　01.257

slate　板岩　11.055

Slater basis　斯莱特基　20.164

slice emittance　切片发射度　06.175

sliding pulser　滑移脉冲产生器　09.339

slightly enriched uranium　低浓铀　13.053

slip ratio　滑速比　05.168

slit and wire method　缝丝测量法　06.462

slow control system　慢控制系统　09.326

slow extraction　慢引出技术　06.556

[slow] magneto-acoustic wave　[慢]磁声波　03.181

slow [neutron capture] process　慢[中子俘获]过程　01.032

slow tuner　慢调谐　06.381

slowing-down density　慢化密度　05.045

slowing-down power　慢化能力　05.043

slowing-down spectrum　慢化能谱　05.046

slowing-down time　慢化时间　05.047

slowing-down time of ion beam　离子束慢化时间　03.325

slowly varying envelope approximation　慢变包络近似　20.206

slow-wave structure　慢波结构　06.373

SLR　分离环谐振腔　06.504

sludge　*污泥　14.231

sludge irradiation treatment　污泥辐照处理　06.618

slurry　泥浆　14.231

small angle neutron scattering　中子小角散射　10.544

small solid angle device　小立体角装置　10.475

small solid angle method　*小立体角法　21.134

S_n method　*S_n 方法　20.089

Smith chart　史密斯圆图　20.251

sneak analysis　潜在状态分析，*潜在分析　21.286

Snell's law　斯内尔定律　20.220

snowflake divertor　雪花偏滤器　03.326

snow-plow model　雪耙模型　03.438

SNR　信号噪声比，*信噪比　17.201

SOBP　扩展布拉格峰　06.605

SOC device　*SOC 器件　04.270

society effect of nuclear weapon　核武器社会效应　10.113

soddyite　硅铀矿　11.016

sodium/ammonium diuranate　111 产品　12.170

sodium buffer tank　钠缓冲罐　05.523

sodium-cooled fast reactor　钠冷快堆　05.274

sodium fire accident　钠火事故　05.529

sodium fire protection system of fast reactor　快中子堆钠火消防系统　05.472

sodium iodide [^{131}I]　碘[^{131}I]化钠　08.348

sodium iodide crystal　碘化钠晶体　17.131

sodium pertechnetate [^{99m}Tc]　高锝[^{99m}Tc]酸钠　08.350

sodium phosphate [^{32}P]　磷[^{32}P]酸钠盐　08.362

sodium-22 positron source　钠-22 正电子源　08.251

sodium pump air cooling system　钠泵空气冷却系统　05.509

sodium pump distilled water cooling system　钠泵蒸馏水冷却系统　05.508

sodium pump lube oil cooling system　钠泵润滑油冷却系统　05.507

sodium system of fast reactor　快中子堆钠介质系统　05.470

sodium-to-air heat exchanger　钠空气热交换器　05.524

sodium-to-sodium heat exchanger　钠-钠热交换器　05.485

sodium valve　钠阀　05.527

sodium-water reaction　钠水反应　05.528

soft destructive effect of nuclear weapon　核武器软毁伤效应　10.112

soft error　软错误　04.114

soft mode transition　软模相变　10.570

software life cycle　软件生命周期　20.060

software radiation hardening　软件加固　04.125

software testing　软件测试　20.061

soft X ray　软 X 射线　04.029

soft X-ray microscopy　软 X 射线显微成像　06.583

SOI　绝缘体上硅　04.269

SOI detector FDSOI detector　绝缘衬底硅探测器　09.211

soil decontamination　土壤去污　14.421

soil thermoluminescence survey　土壤热释光测量　11.272

SOI pixel detector　绝缘衬底硅像素探测器　09.212

solar cell array　太阳电池阵，*太阳阵　04.266

solar cosmic rays　太阳宇宙线　04.017

solar wind　太阳风　04.016

solenoid　螺线管　06.288

solenoid magnetic axis　螺线管磁轴　07.137

sol fraction　溶胶分数　19.078

solid activation indicator　固体指示剂　10.256

solid fission product　固体裂变产物　10.239

solidification base material　固化基材　14.263

solid-phase dosimeter　固体剂量计　19.048

solid phase radioimmunoassay　固相放射免疫分析　17.481

solid pulse forming line　固态脉冲形成线　07.050

solid radioactive waste storage permit　放射性固体废物贮存许可证　16.043

solid sampling coefficient　固体取样系数　10.242

solid scintillation detector　固体闪烁探测器　17.233

solid state amplifier　固态放大器　06.363

solid-state laser　固体激光　20.179

solid track detector　固体径迹探测器　09.234

solid track spark auto counter　固体径迹火花自动计数器　10.476

soluble poison　可溶毒物　05.217

solution evaporation radioactive source preparation technology　溶液蒸发制源工艺　08.217

solution spraying for heap leaching　堆浸布液/喷淋

12.135

solvated electron 溶剂化电子 19.022

solvent degradation 溶剂降解 14.125

solvent extraction 溶剂萃取, *萃取 14.070

solvent isotope effect 溶剂同位素效应 08.394

solvent regeneration 溶剂再生 14.123

solvent washing 溶剂洗涤 14.124

solving spectrum 解谱 10.487

somaclonal variation 体细胞无性系变异 18.095

somatic effect 躯体效应 15.147

Sommerfeld parameter 索末菲参数 01.308

sorting 分拣 14.217

SOS 半导体断路开关 07.073

SOS repair SOS 修复 18.065

source 源, *辐射源 15.001

source backing *源的底衬 21.099

source core 源芯 08.149

source holder 源托 21.099

source iteration method 源迭代方法 20.307

source limited 源限制 07.105

source of contraband nuclear materials 核材料走私源头 10.294

source overlap 源超盖 19.143

source region 源区 04.214

source region electromagnetic pulse 源区电磁脉冲 04.079

source-surface distance 源-表面距离 21.176

source term 源项 16.286

source term investigation 源项调查 14.382

source term of radionuclide released 核素释出源项 02.165

source window 源窗 08.150

south Atlantic anomaly 南大西洋异常区 04.024

space 空间 04.255

space charge effect 空间电荷效应 06.233

space charge limited 空间电荷限制 07.106

space LET spectrum 空间线性能量转移谱 04.106

space linear energy transfer spectrum 空间线性能量转移谱 04.106

space mutagenesis 航天诱变, *空间诱变 18.075

space mutation breeding 空间诱变育种, *太空育种, *航天育种 18.081

space nuclear power 空间核电源 05.266

space nuclear propulsion unit 空间核推进动力装置 05.269

space plasma 空间等离子体, *太空等离[子]体 04.019

spacer 隔离块 13.097

space radiation effect and damage 空间辐射效应与损伤 04.102

space radiation environment 空间辐射环境 04.015

space resolution of whole body scan 全身扫描空间分辨率 17.163

spacer grid 定位格架 05.225

space self-shielding effect 空间自屏效应 05.048

space-time correlation function 时空关联函数 20.116

spallation neutron source 散裂中子源 06.125

spallation reaction 散裂反应 01.334

spark chamber 火花室 09.238

spark counter tube 火花计数管 09.152

spark detector 火花探测器 09.254

spark discharge 火花放电 07.011

spark gap 火花隙 04.201

spark inductance 火花电感, *通道电感 07.088

spark resistance 火花电阻, *通道电阻 07.089

spatial distortion 空间畸变 17.282

spatial resolution 空间分辨率 17.161

special arrangement for the transport of radioactive material 放射性物质运输特殊安排 15.209

special classification table *专用分类表 21.368

special database 特色数据库 21.339

special examination *特殊检查 16.059

special fissionable materials 特种可裂变材料 10.410

special form radioactive material 特殊形式放射性物质 15.198

special inspection 专项检查 16.133

special isotope separation program 特种同位素分离计划 10.416

special monitoring 特殊监测 15.085

special resource　特色资源　21.338

special significant radiation accident　特别重大辐射事故　16.273

special taxonomy　*专用分类系统　21.368

species of radionuclide　放射性核素化学形态，*放射性核素化学种态　02.303

species of tritium in environment　环境中氚的存在形态　02.339

specific absorbed fraction　比吸收分数　17.107

specific activity　*比活度　21.105

specifically labeled compound　定位标记　08.421

specification　规范　21.228

specific binding　特异性结合　17.033

specific binding agent　特异性结合试剂　17.461

specific binding energy　比结合能　01.016

specific binding rate　特异性结合率　17.460

specific clue　特定线索　10.314

specific energy imparted　比授予能　15.027

specific investment of nuclear power plant　核电厂比投资　05.424

specific ionization　比电离　18.135

specific location in the history of the materials　材料曾经停留过的具体地点　10.319

specific radioactivity　放射性比活度　18.002

specific site underground laboratory　特定场址地下实验室　14.346

SPECT　单光子发射计算机体层仪　17.127

SPECT/CT　单光子发射与计算机体层显像仪　17.226

SPECT pharmaceutical　*SPECT 药物　08.331

spectral domain approach　谱域方法　20.256

spectral identification pedigrees of uranium mineral　铀矿物光谱识别谱系　11.284

spectral method　谱方法　20.027

spectral peak　能谱峰　09.042

β-spectrometer　β 谱仪　17.246

γ-spectrometer　γ 谱仪　17.247

spectroscope amplifier　谱仪放大器　09.289

spectroscopic amplitude　谱幅度　01.182

spectroscopic factor　谱因子　01.183

α-spectroscopy　α 谱学　02.132

β-spectroscopy　β 谱学　02.134

γ-spectroscopy　γ 谱学　02.135

spectrum　谱线图　09.077

α-spectrum　*α 谱　01.106

β-spectrum　*β 谱　01.107

γ-spectrum　*γ 谱　01.108

spectrum of a pulse height distribution　脉冲高度分布谱　09.045

spectrum stabilizer　稳谱器　09.290

spent fuel　乏燃料　14.003

spent fuel assembly cleaning system　乏燃料组件清洗系统　05.518

spent fuel cooling　乏燃料冷却　14.050

spent fuel dissolution　乏燃料溶解　14.057

spent fuel management　乏燃料管理　14.009

spent fuel pit cooling and clean-up system　乏燃料储存水池冷却及净化系统　05.325

spent fuel pit cooling system　乏燃料池冷却系统　16.147

spent fuel pool　乏燃料水池　05.292

spent fuel reprocessing　乏燃料后处理　13.010

spent fuel shearing　乏燃料剪切　14.052

spent fuel shipping cask　乏燃料运输容器　14.153

spent fuel storage　乏燃料贮存　14.049

spent fuel transportation　乏燃料运输　14.051

spent mine disposal　矿井处置　14.330

spent nuclear fuel shear　剪切机　14.155

spent radioactive source　废放射源，*废源　14.206

spherical fuel element　球形燃料元件　13.035

spherical fuel handling system of HTGR　高温气冷堆球状燃料装卸系统　05.483

spherical harmonic method　*球谐函数法　20.092

spherical nucleus　球形核　01.210

spherical Tokamak　球形环　03.100

spherical torus　球形环　03.100

spheromak　球马克　03.099

spiker　稀释剂　10.273

spill-over effect　溅出效应　17.280

spin echo length　自旋回波长度　10.567

spin echo time 自旋回波时间 10.566

spin-orbit coupling force 自旋轨道耦合力 01.072

SPL 筛选概率水平，*筛选概率截取值 16.250

spleen imaging 脾显像 17.380

spleen scintigraphy *脾闪烁显像 17.380

split ring resonator 分离环谐振腔 06.504

spoke cavity 轮辐式腔 06.502

spontaneous decay 自发衰变 01.112

spontaneous emission 自发辐射 20.184

spontaneous fission 自发裂变 01.343

spontaneous fission neutron source 自发裂变中子源 08.185

spontaneous mutation 自发突变 18.130

spot scanning method 点扫描法 06.598

2-spot well pattern 两点型井型 12.076

4-spot well pattern 4 点型井型 12.077

5-spot well pattern 5 点型井型 12.078

7-spot well pattern 7 点型井型 12.079

9-spot well pattern 9 点型井型 12.080

spray valve of pressurizer 稳压器喷淋阀 05.356

spread-out Bragg peak 扩展布拉格峰 06.605

s-process *s 过程 01.032

spur 刺迹 19.023

sputter ion pump 溅射离子泵 06.425

SREMP 源区电磁脉冲 04.079

SRS 受激拉曼散射 03.411

SRXRF 同步辐射 X 射线荧光分析 02.260

ST 球形环 03.100

stability *稳定性,*稳定度 21.047, 稳定性 20.051

stability in vitro 体外稳定性 17.038

stability in vivo 体内稳定性 17.037

stability island 稳定岛 02.103

β-stability line *β 稳定线 01.021

stability of a measurement instrument 测量仪器的稳定性 21.047

stability of helium pressure 氦压稳定度 06.546

stability of liquid helium 氦液面稳定度 06.547

stability of power supply 电源稳定性 09.107

stability of tailings 尾矿稳定,*尾矿稳定化 14.260

stable isotope 稳定同位素 08.088

stable isotope analysis 稳定同位素分析 11.325

stable isotope labeled inorganic compound 稳定同位素标记无机化合物 08.396

stable isotope labeled organic compound 稳定同位素标记有机化合物 08.397

stable isotope labeling 稳定同位素标记 08.384

stable isotope labeling by amino acid in cell culture 细胞培养稳定同位素标记技术 08.120

stable isotope medicine 稳定同位素药物 08.105

stable isotope probe technique 稳定同位素探针技术 08.414

stable isotope referencematerial 稳定同位素标准物质 08.398

stable isotopic positioning label 稳定同位素定位标记 08.413

stacked line voltage multiplier 层叠传输线倍压器 07.049

stage of prospecting and exploration for uranium 铀矿勘查阶段 11.200

stage of uranium mineralization 铀矿化阶段 11.134

stagnation phase 滞止阶段 03.440

stainless steel reflector assembly 不锈钢反射层组件 05.495

stakeholder 利益相关者,*利益相关方 16.020

standard cross-section method 标准截面法 21.143

standard dosimetry laboratory 剂量标准实验室 17.100

standard event screening criteria 标准事件筛选判据 10.460

standardization test condition 标准试验条件 21.039

standardized indexing language *规范化的标引语言 21.380

standard measurement uncertainty *标准测量不确定度 21.024

standard model of accelerator control 加速器控制标准模型 06.488

standard radioactive source 标准放射源 17.257

standards for food irradiation 食品辐照标准 18.022

standards for irradiation processing 辐照加工工艺

18.020

standard source 标准源 08.188

α standard source α标准源 08.189

β standard source β标准源 08.190

γ standard source γ标准源 08.191

standard uncertainty of measurement *标准测量不确定度 21.024

standard uncertainty 标准不确定度 21.024

standard uptake value 标准摄取值 17.303

standing wave accelerating cavity 驻波加速腔 06.336

standing-wave linac 驻波直线加速器 06.100

standing wave ratio 驻波比 06.367

stannum-113/indium-113m generator 锡-113/铟-113m 发生器 08.024

stannum-117m 锡-117m 08.059

starting glass 启动玻璃 14.285

start-up neutron source 启动中子源 13.046

state oriented emergency operational procedure 状态导向应急操作规程 05.461

static analysis *静态分析 20.062

static bone imaging 静态骨显像 17.361

static cerebral imaging 脑静态显像 17.343

static discharging response analysis 静电放电响应分析 04.232

static electricity eliminator 静电消除器 08.259

static field 静态场，*恒定场 20.242

static heat loss 静态热损 06.539

static imaging 静态显像 17.041

static renal imaging 肾静态显像 17.418

static test 静态测试 21.189

static testing 静态测试 20.062

static-walled hohlraum 静态壁黑腔 03.443

stationary batch irradiation 静态分批辐照 19.136

stationary irradiation *静态辐照 19.136

station blackout 全厂断电，*全厂失电 16.244

station time *工位时间 19.138

statistical error 统计误差 18.151

statistical fluctuation 统计涨落 09.103

statistical model 统计模型 01.243

statistical parameter mapping 统计参数图 17.276

steady-state operation 稳态运行 03.327

steam bypass system 蒸汽旁路排放系统 05.344

steam bypass valve 蒸汽旁路阀 05.392

steam condenser 凝汽器 05.401

steam flow limiter 蒸汽限流器 05.366

steam generator 蒸汽发生器 05.360

steam generator accident protection system 蒸汽发生器事故保护系统 05.510

steam generator blowdown system 蒸汽发生器排污系统 05.341

steam generator pressure relief system 蒸汽发生器卸压系统 05.521

steam generator tube rupture accident 蒸汽发生器传热管破裂事故 16.290

steam relief valve 蒸汽泄压阀 05.391

steam turbine *蒸汽透平 05.396

steam turbine generator building 汽轮发电机厂房 05.289

steam turbine lubricating oil system 汽轮机润滑油系统 05.346

steam turbine regulating oil system 汽轮机调节油系统 05.343

steam-water dump system 汽-水排放系统 05.561

steering magnet 导向磁铁 06.289

stellarator 仿星器 03.076

stellar nuclear reaction 天体核反应 01.384

stellar nucleosynthesis 恒星核合成 01.392

step of particle 粒子步长 20.121

step response 阶跃响应 07.167

sterile barrier system 无菌屏障系统 19.175

sterile insect 不育昆虫 18.045

sterile insect technique 辐射昆虫不育技术 18.042，昆虫不育技术 18.044

sterility 无菌 19.172

sterility assurance level 无菌保证水平 19.178

sterilization 灭菌 19.166

sterilization agent 灭菌因子 19.169

sterilization dose 灭菌剂量 19.171

sterilization dose audit 灭菌剂量审核 19.170

sterilization process　灭菌过程　19.168

STI　浅槽隔离　04.157

stibium-124-beryllium neutron source　锑-124-铍中子源　08.249

stiffening　加强筋　06.514

stimulated Brillouin scattering　受激布里渊散射　03.410

stimulated emission　受激辐射　20.183

stimulated emission cross section　受激发射截面　20.185

stimulated Raman scattering　受激拉曼散射　03.411

stochastic cooling　随机冷却　06.063

stochastic effect　随机效应，*辐射随机效应　15.145

stochastic neutron field　随机中子场　20.105

stockpile stewardship and management program　核库存技术保障与管理计划　10.407

stockpile to target sequence　服役历程　10.109

Stokes factor　斯托克斯效率　20.188

Stokes theorem　斯托克斯定理　20.223

stope backfilling of uranium mining　铀矿井充填　12.006

stopping power　阻止本领　18.007

storage life　储存寿命　21.268

storage period of nuclear weapon　核武器贮存期　10.074

storage ring　储存环　06.112

strain　应变　04.073

strategic intelligence analysis　战略情报研究　21.385

strategic nuclear weapon　战略核武器　10.003

strategic stability　*战略稳定性　10.336

stray capacitance　杂散电容　07.064

stray inductance　杂散电感　07.063

stray radiation　杂散辐射　21.092

streak camera　条纹相机　06.459

streamer chamber　流光室　09.239

stress　应力　04.074

stress imaging　负荷显像　17.057

stress relief technology　应力消除技术　04.163

strippable film decontamination　可剥离膜去污　14.397

stripping extraction　剥离引出　06.561

stripping ratio of uranium mining　铀矿平均剥采比　12.019

stripping reaction　削裂反应　01.324

stripping reagent for uranium　铀淋洗剂　12.149，铀反萃取剂　12.164

strong coupled plasma　强耦合等离子体　03.013

strong coupling　过耦合　06.394

strong current counter tube　强流计数管　09.153

strong field physics　强场物理　20.168

strong focusing　*强聚焦　06.040

strong focusing principle　*强聚焦原理　06.023

strong focusing synchrotron　*强聚焦同步加速器　06.087

strong interaction　强相互作用　01.065

strongly fixed contamination　强固定污染　14.390

strontium-89　锶-89　08.051

strontium-90　锶-90　08.052

strontium-90 β radioactive source　锶-90β放射源　08.229

strontium-90 radioisotope battery　锶-90同位素电池　08.257

strontium-90 radioisotope heat source　锶-90同位素热源　08.256

strontium-82/rubidium-82 generator　锶-82/铷-82发生器　08.025

strontium [^{89}Sr]-chloride　氯化锶[^{89}Sr]　08.343

strontium-90/yttrium-90 generator　锶-90/钇-90发生器　08.026

structure　构造　11.094

structured grid　结构网格　20.028

structure factor　结构因子　10.550

structure respond　结构响应　04.056

STS　服役历程　10.109

S type Marx generator　S型Marx发生器　07.027

subatomic particle　亚原子粒子　02.213

sub-barrier fusion　垒下熔合，*亚垒熔合　01.357

sub-cell balance method　子网格平衡法　20.306

subchannel model　子通道模型　05.133

subcooled boiling　欠热沸腾，*过冷沸腾　05.123

subcooling of coolant　冷却剂欠热度，*过冷度　05.150

subcritical assembly　次临界装置　05.258

subcritical experiment 次临界实验 10.405

subcritical state of nuclear reactor 反应堆次临界状态 05.036

subject database 专题数据库 21.340

subject indexing 主题标引 21.378

subject intelligence analysis 专题情报研究 21.387

subject thesaurus 专业叙词表 21.370

submersible pump lifting 潜水泵提升 12.089

subsequent verification 后续检定 21.074

substitution method 替代法 21.152

substoichiometric analysis 亚化学计量分析 02.274

substoichiometric isotope dilution analysis 亚化学计量同位素稀释分析 02.275，亚化学计量同位素稀释法 18.155

subsystem of satellite 卫星分系统 04.260

subsystem testing 子系统测试 20.069

subvolcanic rock 次火山岩，*潜火山岩 11.071

subvolcanic rock type uranium deposit 次火山岩型铀矿床 11.171

suitable candidate *候选场址 14.351

sulfur-34 硫-34 08.140

sump pipe 沉砂管 12.054

sum resonance 和共振 06.186

sunk ratio 沉没比 12.090

sun-synchronous orbit 太阳同步轨道 04.264

superallowed transition 超容许跃迁，*超允许跃迁 01.139

super bone scan 超级骨显像 17.370

supercapacitor 超级电容器 07.041

super compaction 超级压实 14.246

superconducting linac 超导直线加速器 06.108

superconducting linear accelerator 超导直线加速器 06.108

superconducting magnet 超导磁铁 06.299

superconducting undulator 超导波荡器 06.298

supercritical state of nuclear reactor 反应堆超临界状态 05.035

supercritical water-cooled reactor 超临界水堆 05.277

super-deformation 超形变 01.214

superficial velocity of the gas phase 气相折算速度 05.165

superficial velocity of the liquid phase 液相折算速度 05.166

supergene type uranium deposit 表生型铀矿床 11.184

superheating critical field 超热临界磁场 06.537

superheavy element *超重元素 02.100

superheavy hydrogen *超重氢 08.030

superheavy island *超重岛 01.361

superheavy nucleus 超重核 02.104

super-high energy all-purpose collimator 超高能通用准直器 17.142

super light water *超轻水 08.450

super mirror 超镜 10.557

superposed basin 上叠盆地 11.093

supersonic molecular beam injection 超声分子束注入 03.329

supervised area 监督区 16.108

supper-X divertor 超级 X 偏滤器 03.330

supplementary control point 辅助控制点，*辅助控制室 16.303

supportability 保障性 21.249

supporting reducing agent 支持还原剂 14.106

suppression 抑制 18.050

suppressor mutation 抑制突变 18.118

surface activation indicator 面活化指示剂 10.229

surface barrier detector 面垒探测器 09.194

surface contaminated object 表面污染物体 15.194

surface contamination 表面污染 18.141

surface contamination detector 表面沾污检测仪 17.242

surface contamination meter 表面污染剂量仪 09.373

surface current injection 表面电流注入 04.182

surface dose 表面剂量 21.180

surface emission rate 表面发射率 21.102

surface field 表面场 06.375

surface ionization ion source 表面电离离子源 06.259

surface of oxidized-redox 氧化-还原界面 11.156

surface [radio-] activity 表面[放射性]活度 21.106

surface resistance 表面电阻 06.534

surface source 面源 08.194

surface treatment 表面处理 06.512

surface treatment of uranium alloy 铀合金表面处理 13.120

surge line of pressurizer 稳压器波动管 05.354

surge protection device 浪涌保护装置，*电涌保护器 04.204

surplus fissile materials 多余的裂变材料 10.422

surrogate reaction 替代反应 01.381

surrounding rock *围岩 14.339

survivability 生存能力 10.384

survival probability of nuclear weapon 核武器生存概率 10.072

suspect-site inspection 可疑场地视察 10.448

SUV 标准摄取值 17.303

SUV$_{max}$ 最大标准摄取值 17.304

SUV$_{mean}$ 平均标准摄取值 17.305

Suydam criterion 苏丹姆判据 03.171

Sv 希[沃特] 15.026

S value S 值 17.108

sweeping 清除法 12.106

swelling property 溶胀性 14.306

swimming pool research reactor 游泳池式研究堆 05.259

switching magnet 开关磁铁 06.300

switching power supply 开关电源 06.327

SWR 驻波比 06.367

syenite 正长岩 11.065

symmetric fission 对称裂变 02.146

synchrocyclotron 同步回旋加速器 06.084

synchronization 同步 07.017

synchronization device 同步机 07.180

synchronized trigging with prompt γ 瞬发伽马同步触发 10.203

synchronous particle 同步粒子 06.192

synchronous phase 同步相位 06.193

synchrotron 同步加速器 06.085

synchrotron oscillation *同步振荡 06.037

synchrotron radiation 同步辐射 06.049

synchrotron radiation facility 同步辐射装置 06.119

synchrotron radiation infrared spectroscopy technology 同步辐射红外光谱技术 06.585

synchrotron radiation monitor 同步辐射探头 06.481

synchrotron radiation source 同步辐射光源 06.118

synchrotron radiation X-ray diffraction 同步辐射 X 射线衍射 06.584

synchrotron radiation X-ray fluorescence analysis 同步辐射 X 射线荧光分析 02.260

syncline 向斜 11.110

synergetic effect 协和效应 04.116

synergistic extraction 协同萃取 12.160

synonymous mutation 同义突变 18.097

synroc solidification 人造岩石固化 14.292

systematic error 系统误差 09.118

systematic failure 系统性故障 21.252

systematic volumetric sensitivity 系统容积灵敏度 17.158

system-generated electromagnetic pulse 系统电磁脉冲 04.078

system on chip 片上系统 04.270

system performance 系统性能 17.150

system planar sensitivity 系统平面灵敏度 17.156

system radiation hardening 系统加固 04.123

system reconfiguration 系统重构 04.142

system spatial resolution 系统空间分辨率 17.292

system testing 系统测试 20.070

Szilard-Chalmers effect 齐拉−却尔曼斯效应 02.121

T

TAC 时间−幅度变换器 09.306，时间−活度曲线，*时间−放射性曲线 17.278

tacit knowledge 隐性知识 21.305

tactical intelligence analysis 战术情报研究 21.386

tactical nuclear weapon 战术核武器 10.004

TAE 环形阿尔芬本征模 03.332

tag 标签 10.457

tagged atom *标记原子 08.094

tail-end 尾端 14.140

tail-end process of plutonium 钚尾端 14.145

tail-end process of uranium 铀尾端 14.141

tailings 尾矿 14.208

tail on detector 耻骨下位 17.369

TALSPEAK process 含磷萃取剂分离三价锕镧元素流程 14.029

tamper-indicating device 篡改指示装置 15.096

tandem accelerator 串列加速器 06.069

tank discharge 槽式排放 15.121

tapered undulator 斜场波荡器 06.296

target 靶 08.014

target chamber 中子靶室 10.507

target chemistry 靶化学 02.137

targeted imaging 靶向显像 17.058

target for exploration uranium 铀矿找矿靶区 11.226

target holder 靶托 08.015

targeting drug 靶向药物 17.017

target normal sheath acceleration 靶面法向鞘场加速 03.412

target nucleus 靶核 01.273

target of nuclear strike 核打击目标 10.104

target positioning 目标定位 10.442

targetry 制靶技术 08.016

target tissue 靶组织 08.300

target to background ratio 靶本底比值 17.300

target to nontarget ratio 靶非靶比值 17.301

target volume 靶体积 08.301

task monitoring 任务监测 15.084

T/B 靶本底比值 17.300

TBA 双束加速器 06.147

[^{99m}Tc]-DTPA 锝[^{99m}Tc]喷替酸盐 08.357

[^{99m}Tc]-EC 锝[^{99m}Tc]双半胱氨酸 08.356

[^{99m}Tc]-ECD 锝[^{99m}Tc]双半胱乙酯 08.355

[^{99m}Tc]-MDP 锝[^{99m}Tc]亚甲基二膦酸盐 08.351

[^{99m}Tc]-MDP 锝[^{99m}Tc]亚甲基二膦酸盐 08.354

[^{99m}Tc] methylenediphosphonate 锝[^{99m}Tc]亚甲基二膦酸盐 08.351

[^{99m}Tc]-MIBI 锝[^{99m}Tc]甲氧异腈 08.360

tearing instability 撕裂不稳定性 03.170

technetium 锝 02.068

technetium-99 锝-99 08.057

technetium behavior 锝行为 14.118

technetium-99m 锝-99m 08.058

technetium scrub 锝洗 14.102

technetium [^{99m}Tc] albumin aggregated 锝[^{99m}Tc]聚合白蛋白 08.358

technetium [^{99m}Tc] bicisate 锝[^{99m}Tc]双半胱乙酯 08.355

technetium [^{99m}Tc] etifenin 锝[^{99m}Tc]依替菲宁 08.353

technetium [^{99m}Tc] labeled radiopharmaceutical 锝[^{99m}Tc]放射性药物 08.361

technetium [^{99m}Tc] methoxyisobutyl isonitrile 锝[^{99m}Tc]甲氧异腈 08.360

technetium [^{99m}Tc] methylene-diphosphonate 锝[^{99m}Tc]亚甲基二膦酸盐 08.354

technetium [^{99m}Tc] N, N'-ethylenedicy-steine 锝[^{99m}Tc]双半胱氨酸 08.356

technetium [^{99m}Tc] pentetate 锝[^{99m}Tc]喷替酸盐 08.357

technetium [^{99m}Tc] phytate 锝[^{99m}Tc]植酸盐 08.352

technetium [^{99m}Tc] pyrophosphate 锝[^{99m}Tc]焦磷酸盐 08.359

technetium [^{99m}Tc] sestamibi 锝[^{99m}Tc]甲氧异腈 08.360

technical characteristics exhibition and inspection 技术特性展示和视察 10.451

technical specifications 技术规格书 16.105

technical support center 技术支持中心 16.296

technical supporting organization for national nuclear safety regulatory 国家核安全监管技术支持单位 16.053

technical waste 技术废物 14.204

technological condition of uranium mining 铀矿开采技术条件 12.022

telegraph equation 电报方程 20.218

γ telemetering γ遥测 10.191

tellurium-124 碲-124 08.145

temperature and strain measuring system 温度–应变测量系统 05.506

temperature coefficient 温度系数 05.084

temperature measuring with X-ray X射线测温 10.201

temperature profile consistency [stiffness] 温度剖面不变性 03.311

temperature profile rigidity *温度剖面刚性 03.311

temperature quench *温度猝灭 03.331

temporal redundancy 时间冗余 04.132

temporal resolution 时间分辨率 17.207

tengchongite 腾冲铀矿 11.036

tennessine 鿬 02.093

tensile angle of sensitivity 灵敏张角 21.198

tensor force 张量力 01.085

teratogenic effect caused by tritium 氚的致畸效应 02.348

terminal protection device 端口保护装置 04.196

ternary [nuclear] fission 三分[核]裂变 01.342

terrorist nuclear detonation 恐怖核爆炸 10.290

Tesla transformer Tesla变压器 07.043

test 试验 20.004

testability 测试性 21.265

test engineering arrangement 试验工程布局 10.160

test for package 货包试验 15.208

test for sterility 无菌检测 19.173

testing 检测 21.081

testing in nuclear test engineering 工程测试 10.181

testing tunnel 测试廊道 10.162

test meal 试餐 17.393

test of sterility 无菌试验 19.174

tetrode 四极管 06.365

thallium-201 铊-201 08.075

thallium bromide detector 溴化铊探测器 09.203

thallium-204 β radioactive source 铊-204 β放射源 08.232

thematic research report *专题研究报告 21.350

theory of nuclear deterrence 核威慑理论 10.347

theory of rocket nuclear strategy 火箭核战略理论 10.349

theory of victory decided by nuclear weapon 核武器制胜论 10.348

the point of origin of materials 材料的源头 10.325

theragnostic radionuclide pair 诊断治疗放射性核素对 08.328

theragnostic radionuclide 诊断治疗用放射性核素 08.327

therapeutic radionuclide 治疗用放射性核素 08.326

therapeutic radiopharmaceutical 治疗用放射性药物 08.325

therapeutic reaction 治疗反应 17.445

the 3rd phase 三相 14.079

thermal blooming of atmosphere 大气热晕 20.200

thermal-cathode electron gun 热阴极电子枪 06.264

thermal denitration process 热脱硝 14.142

thermal diffusion method 热扩散法 08.117

thermal emission 热发射 07.097

thermal infrared hyperspectral remote sensing 热红外高光谱遥感 11.287

thermal ionization mass spectrometry 热电离质谱法 02.269

thermal margin 热工裕量 05.203

thermal-mechanical effect 热–力学效应 04.051

thermal neutron 热中子 02.222

thermal neutron reactor 热中子反应堆 05.241

thermal neutron utilization factor 热中子利用系数 05.030

thermal of hydration heat 水化热 14.271

thermal plasma 热等离子体 03.051

thermal power [of a reactor] [反应堆]热功率 05.113

thermal quench 热猝灭 03.331

thermal radiation 热辐射 20.282

thermal shield 热屏蔽体 05.231

thermal shock wave 热激波 04.055

thermal stability of waste form 废物固化体热稳定性 14.301

thermal stratification 热分层 05.181

thermionic energy converter　热离子能量转换器　05.268

thermion nuclear reactor power supply　热离子反应堆电源　05.267

thermochromatography　热色谱法　02.281

thermocouple　热电偶　07.156

thermocouple gauge　热偶规管　06.417

thermodynamic equilibrium　热动平衡　20.285

thermodynamic isotope effect　热力学同位素效应, *同位素热力学效应　08.099

thermo-electric effect　热电效应　03.413

thermo-hydromechanical coupling effect　热水力耦合作用　14.358

thermoluminescence　热释光　09.041

thermoluminescence detection　热释光鉴定　18.032

thermoluminescence detector　热释光探测器　09.255

thermoluminescent dosemeter　热释光剂量计　09.378

thermoluminescent method　热释光法　21.127

thermo-mechanical effect induced by X-ray radiation　X射线热-力学效应　10.158

thermonuclear fusion　热核聚变　03.017

thermonuclear ignition　热核点火　10.039

thermonuclear materials　*热核材料　10.244

thermonuclear plasma　热核等离子体　03.016

thermoplastic curing　热塑性固化　14.278

thermoset curing　热固性固化　14.277

thesaurus management　词表管理　21.373

the variational principle　变分原理　20.157

the worst-case bias　最劣偏置　04.176

thick lens　厚透镜　06.164

γ thickness gauge　γ测厚仪　08.270

thickness ratio of ore body to sand body　矿砂厚度比　12.035

thickness source　测厚源　08.198

thimble ionization chamber　指形电离室　09.148

thimble plug assembly　阻流塞组件　13.044

thin film cavity　薄膜腔　06.517

thin film evaporation　薄膜蒸发法　14.275

think tank　智库, *思想库　21.389

thin lens　薄透镜　06.163

thin source　薄放射源　21.096

thin wall counter tube　薄壁计数管　09.156

Thomson scattering X-ray source　汤姆孙散射X射线源　06.581

Thorex process　索雷克斯流程　14.030

thorium　钍　02.110

thorium-227　钍-227　08.081

thorium-base fuel　钍基燃料　13.012

thorium dioxide　二氧化钍　13.074

thorium series　钍系　01.161

thorium-uranium conversion rate　钍铀转换率　10.495

thorium-uranium fuel cycle　钍铀燃料循环, *钍基核燃料循环　14.018

thoron daughter　钍射气子体　12.210

threat assessment　威胁评估　16.275

three-body force　三体力　01.086

three essential factor for thermonuclear reaction　热核反应三要素　10.037

three graded reserves of uranium mine　铀矿山三级矿量　12.008

three gradient method　三梯度法　06.461

three-phase bomb　三相弹　10.014

three-phase bone imaging　三时相骨显像　17.365

threshold detector　阈探测器　09.258

threshold energy　反应阈[值]能[量], *反应阈　01.284

threshold energy [of an endoergic nuclear reaction]　[吸能核反应的]阈能　02.130

threshold energy of reaction　反应阈能　10.526

threshold inversion　阈值反转　20.189

threshold model　有阈模型　15.142

threshold voltage drift　阈值电压漂移　04.048

thromb imaging　血栓显像　17.330

throttling header　节流联箱　05.552

throw weight　投掷重量　10.378

throw weight of nuclear missile　导弹核武器投掷质量　10.100

thyratron　闸流管　06.404

thyristor　晶闸管　07.188

thyroid function tester　甲状腺功能测定仪　17.238

thyroid imaging agent　甲状腺显像剂　08.317

thyroid ^{131}I uptake rate　甲状腺摄碘-131 率　17.356

thyroid ^{131}I uptake test　甲状腺摄碘-131 试验　17.355

thyroid positive imaging　甲状腺肿瘤阳性显像　17.358

TID　电离辐射总剂量效应，*总剂量效应　04.044，
　篡改指示装置　15.096

tight binding approximation method　紧束缚近似方法
　20.137

tightly-bound nucleus　紧束缚核　01.250

time-activity curve　时间-活度曲线，*时间-放射性曲
　线　17.278

time-amplitude converter　时间-幅度变换器　09.306

time analyser　时间分析器　09.342

time correlation　时间关联　10.202

time course of specific activity　比活度时相曲线　17.469

time-delay device　延时机　07.181

time-delay line　延时线　07.182

time-dependent Schrödinger equation　含时薛定谔方程
　20.171

time domain integral equation method　时域积分方程
　方法　20.269

time-domain response to electromagnetic pulse　电磁脉
　冲的时域响应　04.192

time expansion chamber　时间扩展室　09.180

time jitter　时间抖动，*时间晃动　09.022

time-of-flight　飞行时间　09.080

time-of-flight counter　飞行时间计数器　09.248

time-of-flight method　飞行时间法　21.144

time-of-flight mode　飞行时间模式　10.560

time-of-flight neutron spectrometer　飞行时间中子谱仪
　09.356

time of production　生产时间　10.316

time over threshold measurement　过阈时间测量　09.296

time projection chamber　时间投影室　09.244

time resolution　时间分辨　09.013

time scale of radiation chemistry　辐射化学时间标度
　19.017

time series　时间序列　20.109

time series analysis　时序分析　20.110

time-space kinetics equation　时空动力学方程　20.111

time-to-digital converter　时间-数字变换器　09.304

time walk　时间游动　09.021

timing filter amplifier　定时滤波放大器　09.287

timing system　定时系统　06.494

TIMS　热电离质谱法　02.269

tissue-equivalent chamber　组织等效电离室　15.103

tissue-equivalent materials　组织等效材料　15.022

tissue equivalent scintillation detector　组织等效闪烁探
　测器　09.183

tissue reaction　*组织反应　15.144

tissue uptake rate　组织摄取率　17.031

tissue weighting factor　组织权重因数　15.040

titanium sublimation pump　钛升华泵　06.423

TlBr detector　溴化铊探测器　09.203

T-matrix method　T 矩阵方法　20.271

T/N　肿瘤本底比值　17.302

TNSA　靶面法向鞘场加速　03.412

T/NT　靶非靶比值　17.301

TNT equivalent　[梯恩梯]当量　10.059

TOD　耻骨下位　17.369

Tokamak　托卡马克　03.071

tolerance design　容差设计　04.129

tomographic imaging　体层显像　17.054

tomographic imaging device　体层显像仪　17.125

tomographic spatial resolution　体层空间分辨率　17.162

tomographic uniformity　体层均匀性　17.160

tomography resolution homogeneity　体层分辨率均匀性
　17.293

top nozzle　上管座　05.227

torbernite　铜铀云母　11.020

toroidal Alfven eigenmode　环形阿尔芬本征模　03.332

toroidal magnetic configuration　环状磁场位形　03.068

toroidal magnetic field　环向磁场　03.067

toroidicity effect　环效应　03.104

total absorption detector　全吸收探测器　10.492

total absorption peak　全吸收峰　09.097

total action time　总作用时间　10.196

total activity　总活度　21.107

total analysis of uranium ore　铀矿石全分析　12.176

total binding rate　总结合率　17.462

total coincidence counting　总符合计数　17.194

total coincidence counting rate　总符合计数率　17.195

[total-count] γ-ray logging　γ［总量］测井　21.184

total cross-section　总截面　01.290

total efficiency for gamma-ray　γ 射线总效率　21.162

total ionization　总电离　09.024

total ionizing dose effect　电离辐射总剂量效应，*总剂量效应　04.044

total life　总寿命　21.269

totally depleted semiconductor detector　全耗尽半导体探测器　09.195

total mass of uranium　铀总量　13.147

total quality management　全面质量管理　21.223

total reflection X-ray fluorescence analysis　全反射 X 射线荧光分析　02.261

Touschek lifetime　托切克寿命　06.239

Townsend avalanche　汤森雪崩　09.051

TPD　双等离子体衰变　03.414

traceability　可追溯性　21.230

trace constituent　痕量元素表征　10.303

trace element analysis　微量元素分析　11.313

trace level　痕量级　02.044

tracer　示踪剂　10.234

tracer experiment　示踪实验　17.088

tracer-isotope atom　同位素示踪原子　08.094

tracer kinetics　示踪动力学　17.082

trace technique　痕量分析技术　10.328

trace uranium analysis　痕量铀分析　12.181

tracing　示踪　17.012

track chamber　径迹室　09.241

track detector　径迹探测器　09.233

track etch dosimeter　径迹蚀刻剂量计　19.051

α-track etch survey　α 径迹蚀刻测量　11.263

track method　径迹法　21.129

track mineral exploration method　*径迹找矿法　11.263

traditional forensics　传统取证学　10.282

trailing mass　拖尾质量　03.441

training，assessment and licensing of operating personnel　运行人员培训考核与取照　05.454

transactinide element　超锕系元素　02.100，*锕系后元素　02.100

transboundary exposure　超越边境照射　15.120

transcalifornium element　超锎元素　02.108

transchelation　转移螯合　08.335

transcurium element　超锔元素　02.107

transfer device　*传递装置　21.064

transfer efficiency　传递效率　07.024

transfer impedance　转移阻抗　04.084

transfer matrix　传输矩阵　06.227

transfer measurement device　传递测量装置　21.064

transfer of radionuclide in ecological chain　放射性核素生态链转移　02.334

transfer reaction　转移反应　01.326

transfer standard　传递标准　21.063

transfer standard dosimeter　传递标准剂量计　19.045

trans FOV　横断视野　17.289

transient effect　瞬态效应　09.109

transient influx of tracer in a single dose　单次瞬时注入示踪剂　17.066

transient injurious and destructive factor　瞬时杀伤破坏因素　10.123

transient ionizing radiation effect　瞬时电离辐射效应　04.043

transient response　瞬态响应　07.163

transistor　晶体管　07.193

transit dose　附加剂量　19.037

transition　转换　17.115

γ transition　*γ 跃迁　01.191

transition probability　跃迁概率　01.143

transition radiation　渡越辐射　07.172

transition radiation detector　穿越辐射探测器　09.250

transit route and the way　传输途经路线　10.317

transmission　透射　17.267

transmission coefficient　透射系数　02.211

transmission line　传输线　20.241

transmission line equation　*传输线方程　20.218

transmission line matrix method　传输线矩阵法　20.279

transmission line transformer　传输线变压器　07.044

transmission matrix method　*传输矩阵方法　20.271

transmission scan　透射扫描　17.268

transmission semiconductor detector　透射式半导体探测器　09.218

β transmission thickness gauging　β透射测厚　08.266

transmitting system　传输系统　10.206

transplutonium element　超钚元素　02.098

transportation container　运输容器　14.317

transportation tunnel　运输巷道　14.362

transport barrier　输运垒　03.192

transport index　运输指数　15.215

transport model　输运模型　01.378

transport of radioactive material　放射性物质运输　15.192

transport synthetic acceleration　输运综合加速　20.275

transport vessel for radioactive material　放射性物质运输容器　15.211

transuranium element　超铀元素　02.101

transuranium element pseudo-colloid　超铀元素假胶体　02.014

transuranium element real-colloid　超铀元素真胶体　02.013

trans-uranium waste　超铀废物　14.201

transverse feedback　横向反馈　06.485

transverse field-of-view　横断视野　17.289

transverse focusing　横向聚焦　06.041

transverse impedance　横向阻抗　06.217

transverse oscillation　横向振荡，*感应加速器振荡　06.036

transverse tune　横向振荡频数　06.046

trapped electron　陷落电子　19.026

trapped particle　捕获粒子，*俘陷粒子，*俘获粒子　03.111

trapped particle instability　捕获粒子不稳定性，*俘获粒子不稳定性　03.333

trapped radical　陷落自由基　19.027

traveling wave accelerating cavity　行波加速腔　06.335

traveling-wave linac　行波直线加速器　06.099

traveling wave reactor　行波堆　05.279

triadic strategic nuclear force　三位一体战略核力量　10.090

trialkyl phosphine oxide　三烷基氧化磷流程　14.024

triaxiality deformation　三轴形变　01.216

tributyl phosphate　磷酸三丁酯　14.087

tri-electrode switch　三电极开关　07.070

trigatron spark gap switch　三电极火花开关　07.071

trigger　触发判选　09.327

triggered vacuum switch　触发真空开关　07.072

triggering　触发　07.080

trigger table　触发表　09.333

triple-alpha process　三阿尔法过程　01.400

triple bend achromat cell　TBA结构　06.160

tri-structural iso-tropic partical　TRISO颗粒　13.084

tritiation　氚化　08.426

tritium　氚　08.030

tritium analysis and measurement in organism　生物体中氚的分析与测量　02.345

tritium analysis in environment　环境中氚的分析　02.342

tritium gas exposure method　氚气曝射法　08.445

tritium in environment　环境中的氚　02.337

tritium labeled compound　氚标记化合物　08.427

tritium labeling　*氚标记　08.426

tritium measurement in atmosphere　大气中氚的测量　02.343

tritium measurement in environmental water　环境水中氚的测量　02.344

tritium production rate　造氚率　10.489

tritium production reactor　产氚堆　10.418

tritium ratio　氚比　08.428

tritium scrub　氚洗　14.103

tritium-titanium target　氚钛靶　08.226

tritium tritiated waste　含氚废物　14.214

tritium unit　*氚单位　08.428

troegerite　砷铀矿　11.023

Troyon β limit　特罗荣比压极限　03.173

TRPO process　三烷基氧化磷流程　14.024

TRU　超铀元素　02.101

true coincidence　真符合　17.185

true quality　真实含气率　05.159

true quantity value　量的真值　21.007

true value　*真值　21.007

true value of quantity　量的真值　21.007

TRUEX process　TRUEX 流程　14.025

truncation error　截断误差　20.048

trunk pipeline for lixiviant injecting　注液总管道　12.098

trunk pipeline for pregnant solution pumping　集液总管道　12.101

TRXF　全反射 X 射线荧光分析　02.261

tube type fuel assembly　管型燃料组件　13.034

tuff　凝灰岩　11.080

tumor imaging agent　肿瘤显像剂　17.025

tumor to normal tissue ratio　肿瘤本底比值　17.302

tune　振荡频数　06.045

tuner　调谐器　06.379

tungsten-188　钨-188　08.072

tungsten-188/rhenium-188 generator　钨-188/铼-188 发生器　08.022

tunnel backfilling engineering　坑道回填堵塞工程　10.169

tunnel closed　坑道封闭　10.146

tunnel damage zone　坑道破坏分区　10.184

tunnel for radiation hardening　抗辐射加固廊道　10.164

tunnel nuclear test　平洞核试验　10.262

tunnel supporting construction　平洞配套工程　10.175

turbine　汽轮机　05.396

turbomolecular pump　分子泵　06.420

turbulence flow　湍流　05.201

turbulent plasma　湍性等离子体　03.334

turbulent spectrum　湍流谱　03.335

turbulent transport　湍性输运　03.336

turn by turn measurement　逐圈测量　06.482

TVS　触发真空开关　07.072

Twiss parameter　Twiss 参量　06.188

two-beam accelerator　双束加速器　06.147

two cycle process　两循环流程　14.035

two fluid equation　双流体方程　03.129

two-fluid model　两流体模型　05.185

two fluid theory　双流体理论　03.048

two neutrino double-β decay　两中微子双贝塔衰变　01.130

two nitric acid stripping　双酸洗涤　14.096

two-phase flow　两相流　05.156

two-phase flow instability　两相流动不稳定性　05.194

two-phase flow model　两相流模型　05.182

two-phase friction pressure drop multiplier　两相摩擦压降倍率　05.192

two-phase pressure drop　两相压降　05.187

two plasma decay　双等离子体衰变　03.414

two-proton decay　*双质子衰变　01.152

two-proton radioactivity　双质子放射性　01.152

two-step cold crucible glass curing　*两步法冷坩埚玻璃固化　14.290

two-step metal induction-heated melter vitrification　两步法金属熔炉感应玻璃固化　14.288

type A package　A 型货包　15.201

type B package　B 型货包　15.202

type C package　C 型货包　15.203

type of nuclear burst　核爆炸方式　10.107

type of uranium exploration　铀矿勘查类型　11.205

type test　型式试验　21.042

tyuyamunite　钒钙铀矿　11.024

U

U-bearing apatite　含铀磷灰石　11.041

U-bearing mineral　含铀矿物　11.003

U-bearing monazite　含铀独居石　11.042

U-235 burn-up　^{235}U 燃耗　10.248

U-238 burn-up ^{238}U 燃耗 10.249

UED 超快电子衍射装置 06.582

ultimate heat sink 最终热阱 16.175

ultra-fast electron diffraction 超快电子衍射装置 06.582

ultrafiltration 超滤 14.239

ultra-hard X ray 超硬 X 射线 04.031

ultrasonic decontamination 超声波去污 14.404

ultra trace level 超痕量级 02.045

ultra wide band high power microwave 超宽带高功率微波 04.186

U-Mo alloy 铀钼合金 13.067

umohoite 钼铀矿 11.029

unbound state 非束缚态 01.236

uncertainty 不确定性 04.239, 不确定度 20.055

uncertainty analysis 不确定性分析 16.199

uncertainty in numerical simulation 数值模拟不确定度 04.224

uncertainty in test 试验不确定度 04.241

unconformity related type uranium deposit 不整合面型铀矿床 11.181

unconventional uranium resource 非常规铀资源 11.198

uncorrected synthesis yield 不校正合成产率 08.334

under coupling 欠耦合 06.392

underground laboratory 地下实验室 14.345

underground nuclear test 地下核试验 10.259

underground uranium mine ventilation 铀矿井通风 12.218

underground water treatment 地下水处理，*地下水清污 14.071

underreaming well configuration 扩孔式钻孔结构 12.059

underwater nuclear explosion 水下核爆炸 10.394

underwater nuclear test 水下核试验 10.260

undulator 波荡器 06.294

undulator period 波荡器周期 06.295

unencapsulated radioactive source 非密封放射源 08.156

uniformity 均匀性 17.290

uniformly labeled compound 均匀标记化合物 08.411

uniqueness theorem 唯一性定理 20.224

unirradiated direct use materials 未辐照过的直接使用材料 10.286

unit testing 单元测试 20.068

universal instability 普适不稳定性 03.165

un-limited open for use to public 无限制开放使用 14.377

unpublished research materials 内部研究资料 21.349

unrestricted release or use 无限制开放或使用 12.221

unstable nuclide *不稳定核素 01.159

unstructured grid 非结构网格 20.029

uplift 隆起 11.095

upper hybrid wave 高混杂波 03.182

uptake 摄取 17.030

upwards grouting 逆向注浆 12.065

uraniferous coal type uranium deposit *含铀煤型铀矿床 11.188

uraninite 晶质铀矿 11.004

uraninite U-Pb apparent age 晶质铀矿 U-Pb 表观年龄，*视年龄 11.320

uranium 铀 02.109

uranium-235 铀-235 08.082

uranium-238 铀-238 08.083

uranium alloy 铀合金 13.065

uranium analysis by ammonium vanadate titration 钒酸铵测铀法 12.184

uranium analysis by coulometry 铀的库仑分析法 12.199

uranium analysis by laser-induced fluorometry 铀激光荧光法 12.182

uranium analysis by potassium dichromate titration 重铬酸钾测铀法 12.185

uranium analysis by spectrophotometry 铀分光光度法分析 12.194

uranium analysis of organic phase 有机相中铀分析 12.196

uranium and thorium mixed oxide 铀钍混合氧化物 13.075

uranium anomalous of stream sediment 水系沉积物铀异常 11.304

uranium anomaly site 铀异常点 11.237

uranium areal density 铀面密度 13.141

uranium background 铀本底 10.235

uranium backing reserve 铀后备储量，*后备铀储量 11.195

uranium basic reserve 铀基础储量 11.191

uranium bearing rock U-Pb isochron age 含铀岩石 U-Pb 等时线年龄 11.319

uranium black 铀黑 11.006

uranium carbide 碳化铀 13.063

uranium carbide fuel 铀碳化物燃料 13.019

uranium concentrate analysis 铀浓缩物分析 12.179

uranium concentration in pregnant solution 浸出液铀浓度 12.040

uranium conversion 铀转化 12.173

uranium deposit 铀矿床 11.233

uranium detailed prospecting 铀矿详查 11.203

uranium dioxide 二氧化铀 13.058

uranium distribution uniformity 铀分布均匀性 13.142

uranium enrichment *铀浓缩 13.006

uranium exploration 铀矿勘探 11.204

uranium extractant component analysis 铀萃取剂组成分析 12.197

uranium extraction and purification 铀萃取纯化 13.112

uranium extraction from sea water 海水提铀 12.118

uranium fluoride 铀氟化物 13.061

uranium fluoride analysis 铀氟化物分析 12.200

uranium hexafluoride 六氟化铀 02.112

uranium hydrochemical exploration result map 铀矿水化学成果图 11.307

uranium hydrometallurgy/processing 铀水冶 12.116

uranium industrial reserve 铀工业储量，*铀矿表内储量 11.194

uranium isotope separation 铀同位素分离 13.006

uranium isotopic abundance reference material 铀同位素丰度标准物质 21.200

uranium load 铀装料 10.246

uranium loaded resin 铀负载树脂 12.147

uranium measurement of water 水中铀测量 11.299

uranium metallogenesis 铀成矿作用 11.124

uranium metallogenesis by palaeogroundwater 古地下水铀成矿作用 11.131

uranium metallogenic belt 铀成矿带 11.229

uranium metallogenic megaprovince 铀成矿域 11.227

uranium metallogenic prognosis 铀成矿远景预测 11.219

uranium metallogenic prospective area 铀成矿远景区 11.225

uranium metallogenic province 铀成矿省 11.228

uranium metallurgy 铀冶金 13.007

uranium metal pressure processing 铀金属压力加工 13.118

uranium metal rod extrusion 铀金属挤压 13.127

uranium mineral 铀矿物 11.001

uranium mineralized concentrate district 铀矿化集中区 11.232

uranium mineralized site 铀矿化点 11.236

uranium mining by backfill 铀矿充填采矿法 12.011

uranium mining by caving method 铀矿崩落采矿法 12.013

uranium mining by open pit 铀矿露天开采 12.018

uranium mining by open stopping 铀矿空场采矿法 12.012

uranium mining by trackless method 铀矿无轨开采 12.014

uranium mining intension 铀矿采矿强度 12.017

uranium nitride 氮化铀 13.064

uranium nitride fuel 铀氮化物燃料 13.020

uranium ore 铀矿石 11.207

uranium ore analysis by X-ray fluorometry 铀矿石 X 射线荧光分析法 12.189

uranium ore bearing structure 铀矿赋矿构造 11.083

uranium ore body 铀矿体 11.206

uranium ore controlling structure 铀矿控矿构造 11.082

uranium ore district 铀矿区 11.230

uranium ore field 铀矿田 11.231

uranium ore site 铀矿点 11.235

uranium organic complex 铀有机络合物 11.330

uranium oxide 铀氧化物 13.057

uranium-partial content geochemical survey 铀分量化

探测量　11.270

uranium-plutonium coconversion　铀钚共转化　14.148

uranium-plutonium coprecipitation　铀钚共沉淀　14.147

uranium-plutonium fuel cycle　铀钚燃料循环　13.004

uranium plutonium mixed oxide　铀钚混合氧化物　13.072

uranium predicted resource　预测铀资源量　11.197

uranium pregnant solution　铀浸出液　12.125

uranium property　铀矿产地　11.234

uranium prospecting　铀矿普查　11.202

uranium prospective resource　远景铀资源量　11.196

uranium purification　铀纯化　12.162

uranium purification cycle　铀纯化循环　14.108

uranium reconnaissance　铀矿预查　11.201

uranium recovery from unconventional uranium resources　非常规铀资源提铀　12.117

uranium recovery through ion exchange　离子交换法提铀　12.142

uranium recovery through solvent extraction　溶剂萃取法提铀　12.158

uranium recycling　铀再循环　14.016

uranium reserve　铀储量　11.193

uranium resource　铀资源　11.189

uranium-rich formation　富铀建造　11.118

uranium series　铀系　01.162

uranium silicide　铀硅化物　13.062

uranium solution analysis by mass spectrometric method　铀溶液质谱分析法　12.190

uranium solution analysis by spectrographic method　铀溶液光谱分析法　12.191

uranium source body　铀源体　11.117

uranium source rock　铀源岩　11.116

uranium surface contamination　铀表面污染　13.159

uranium/thorium ore mining waste treatment　铀钍矿冶废物处理　14.258

uranium trioxide　三氧化铀　13.060

uranium valence analysis for uranium ore　矿石中铀价态分析　12.177

uranium valence state　铀价态　11.331

uranocircite　钡铀云母　11.019

uranophane　硅钙铀矿　11.013

β-uranophane　β 硅钙铀矿，*斜硅钙铀矿　11.014

uranothorite　铀钍石　11.009

uranousuranic oxide　八氧化三铀　13.059

uranyl　铀酰　02.111

urea breath test　尿素呼气试验　17.396

urgent protective action　紧急防护行动，*防护行动　15.182

urgent protective action planning zone　紧急防护行动计划区　15.170

urinary nuclear medicine　泌尿系统核医学　17.412

useful beam　有用射束　21.089

useful life [of a detector]　[探测器的]使用寿命　09.029

U-tube steam generator　U 形管蒸汽发生器　05.362

$^{234}U/^{238}U$ activity ratio　$^{234}U/^{238}U$ 活度比　11.332

uvanite　钒铀矿　11.026

U-Zr alloy　铀锆合金　13.066

U-ZrH alloy　铀氢锆合金　13.068

V

vacuum chamber　真空盒　06.413

vacuum chamber coating　真空盒镀膜　06.441

vacuum discharge　真空放电　07.010

vacuum evaporation radioactive source preparation

technology　真空蒸发制源工艺　08.209

vacuum gate valve　真空闸板阀　06.430

vacuum gauge　真空计　06.416

vacuum heating　真空加热　03.415

vacuum seal　真空密封　06.428

vacuum switch　真空开关　07.066

vacuum system　真空系统　05.517

vacuum valve　真空阀　06.429

valence adjustment by salt-free reagent　无盐调价　14.111

valence state of uranium in nature　自然界铀价态　11.113

validation　确认　20.007

validation of model　模式有效性　15.131

value　*值　21.006

β value　*β值　03.072

δ value　δ值　08.097

value of a quantity　*量的值　21.006

Van Allen radiation belt　*范艾伦辐射带　04.021

van der Graaff accelerator　*范德格拉夫加速器　06.068

vector wave equation　矢量波动方程　20.215

vehicle-installed radiation monitoring　车载监测　15.174

velocity space instability　*速度空间不稳定性　03.281

ventilation and filtration　通风过滤　14.227

ventilation perfusion ratio　通气/血流灌注比值　17.387

ventilation system　通风系统　05.300

ventricle-volume curve　心室容积曲线　17.325

verification　验证　20.006，*检定　21.070

verification and validation　验证与确认　16.173

verification certificate　检定证书　21.077

verification mark　检定标记　21.079

verification of a measurement instrument　测量仪器的检定　21.070

verification of a measuring instrument　*计量器具的检定　21.070

verification scheme　检定系统表　21.071

versa module eurocard standard　欧洲通用板卡标准　09.322

vertex detector　顶点探测器　09.259

vertical displacement instability　垂直位移不稳定性　03.143

vertical polarization　垂直极化　04.188

vertical test　垂直测试　06.519

vertical test stand　竖井　06.521

[vertical tube] drop flow　[竖直通道]雾状流　05.175

[vertical tube] annular flow　[竖直通道]环状流　05.173

[vertical tube] bubbly flow　[竖直通道]泡状流　05.170

[vertical tube] churn flow　[竖直通道]搅浑流　05.172

[vertical tube] slug flow　[竖直通道]弹状流　05.171

[vertical tube] wispy-annular flow　[竖直通道]细束环状流　05.174

very high-temperature gas reactor　超高温气冷堆　05.278

very low-level radioactive waste　极低水平放射性废物　14.198

very low-level waste landfill site　极低放废物填埋场，*填埋场　14.341

very short lived radioactive waste　极短寿命废物　14.199

vesicoureteric reflux imaging　*膀胱输尿管反流显像　17.422

vibrational band　振动带　01.224

vibrational [energy] level　振动能级　01.200

vibration monitoring system of reactor internals　堆内构件振动监测系统　05.336

view factor　视因子　03.416

vircator　虚阴极振荡器　07.110

virtual anode　虚阳极　07.098

virtual cathode　虚阴极　07.099

virtual particle　虚粒子　20.100

viscosity of molten waste-glass　熔融玻璃高温黏度　14.302

visual detuning angle　视在失谐角　06.400

visual observation　目视观察　10.464

vitrification　玻璃固化　14.279

Vlasov equation　弗拉索夫方程　03.026

VME standard　*VME标准　09.322

void coefficient　空泡系数　05.086

void fraction　空泡份额　05.163

volatilization separation　挥发分离　02.024

volcanic basin　火山盆地　11.100

volcanic depression　火山洼地　11.099

volcanic edifice　火山机构　11.098

volcanic rock　火山岩　11.070

volcanic rock type uranium deposit　火山岩型铀矿床

11.170

voltage-multiplying accelerator 倍压加速器 06.067

voltage sensitive preamplifier 电压灵敏前置放大器 09.285

volume control tank 容控箱 05.370

volume ignition 体点火 03.417

volume ratio of pumping to injecting 抽注比 12.083

volume reconstruction 容积重建 17.318

volume reduction factor of compression 压缩减容因子

14.247

volume reduction of radioactive waste 放射性废物减容 15.191

volumetric flow quality 体积含气率，*容积含气率 05.162

volumetric flow rate 体积流量 05.158

voxel 体素 17.271

vulnerability threshold 毁伤阈值 04.200

W

waiting-point 等待点 01.401

waiting-point nucleus 等待点核 01.402

wakefield 尾场 06.230

wakefield acceleration 尾场加速 06.027

wakefield accelerator 尾场加速器 06.144

wake function 尾场函数 06.232

wake potential 尾场势 06.231

wall albedo 腔壁反照率 03.418

wall boundary condition 固壁边界条件 20.040

wall conditioning 壁处理 03.337

wall current 壁电流 07.165

wall current monitor 壁电流探头 06.469

wall-less ionization chamber 无壁电离室 09.133

wallrock alteration of uranium deposit 铀矿床围岩蚀变 11.138

wall superheat 壁面过热度 05.151

Ware pinch 韦尔箍缩 03.338

warm spare 温备份 04.137

warm test 温实验 14.092

warm X ray *温 X 射线 04.030

wash-in phase 吸入相 17.384

wash-out phase 清除相 17.386

α waste α 废物 15.187

waste container 废物容器 14.314

waste form 废物固体化,*固化体,*废物形态 14.264

waste metal smelting 废金属熔炼 14.254

waste package 废物包 14.313

waste placed *废物放置 14.366

waste reception 废物接收 14.366

waste rock of uranium mine 铀矿山废石 12.007

waste source-term 废物源项 14.336

waste treatment system 废物处理系统 05.302

waste volume reduction 废物减容 14.188

watchdog timer 看门狗 04.141

water-cooled reactor 水冷反应堆 05.246

water distillation 水精馏法 08.116

water gap 水隙 13.145

water load 水负载 06.366

water resistor 水电阻 07.183

water supply system of nuclear power plant 核电厂供水 系统 05.332

water switch 水开关 07.085

wave breaking 波破 03.419

waveform distortion 波形畸变 07.168

wave-front detect 波前探测 20.197

wave guide 波导 06.333

waveguide below cutoff 下截止波导 04.213

wave impedance 波阻抗 04.183

WBC 全身计数器 15.105

weak coupling 欠耦合 06.392

weak focusing 弱聚焦 06.039

weak focusing principle 弱聚焦原理 06.022

weak focusing synchrotron 弱聚焦同步加速器 06.086

weak-guidance approximation 弱导波近似 20.211

weak interaction 弱相互作用 01.066

weakly-bound nucleus 弱束缚核 01.249

weakly coupled plasma 弱耦合等离子体 03.019

weakly ionized plasma 弱电离等离子体 03.018

weak shock wave focusing 弱冲击波聚焦 10.130

weapon-grade plutonium 武器级钚 14.149

weapon-usable materials 可用于武器的材料 10.412

wear out failure 耗损故障 21.255

web data analysis 网络数据分析 21.394

web information retrieval 网络信息检索 21.384

web information search 网络信息检索 21.384

Weibel instability 韦伯不稳定性 03.420

Wein filter 交叉场分析器 06.567

Weisskopf unit 韦斯科普夫单位 01.193

weld blasting performance 焊缝爆破性能 13.154

weld corrosion resistance 焊缝腐蚀性能 13.152

weld defect 焊缝缺陷 13.163

welded joint 焊缝 08.152

weld helium leakage detection 焊缝氦检漏 13.160

weld line size 焊线尺寸 13.155

well configuration 钻孔结构 12.047

well density of in-situ leaching of uranium mining 地浸采铀井网密度 12.074

well field acidification 井场酸化 12.031

well field leaching rate 井场浸出率，*浸出率 12.045

well field of in-situ leaching of uranium mining 地浸采铀井场 12.044

well field ratio of liquid to solid 井场液固比 12.084

well layout 钻孔布置 12.048

well-logging source 测井源 08.201

well pattern of in-situ leaching of uranium mining 地浸采铀井型 12.073

well spacing of in-situ leaching of uranium mining 地浸采铀井距 12.082

well-type detector 井型探测器 09.270

well-type gamma counter 井型 γ 计数器 17.237

well-type ionization chamber 井型电离室 09.146

well washing for in-situ leaching of uranium mining 地浸采铀洗井 12.066

wet combustion *湿法燃烧法 14.253

wet dissolution 湿法溶样 10.272

wet oxidation 湿法氧化 14.253

wet steam turbine *湿蒸汽轮机 05.399

wet storage 湿法贮存，*水冷贮存 14.320

whistler instability 哨声不稳定性 03.168

whistler wave 哨声波 03.339

white boundary 白边界 20.084

white-box testing 白盒测试 20.066

whole body bone imaging 全身骨骼显像 17.362

whole body counter 全身计数器 15.105

whole-body gamma spectrum analyser 全身 γ 谱分析器 09.377

whole body imaging 全身显像 17.039

whole-body radiation meter 全身辐射计 09.376

wholesomeness for irradiated food 辐照食品卫生安全性 18.018

Wideroe accelerator 维德罗加速器 06.102

width of charge distribution 电荷分布宽度 02.144

wiggler 扭摆器，*扭摆磁铁 06.293

wild type 野生型 18.116

Wilson cloud chamber 威尔逊云室 09.243

Wilzbach technique *韦茨巴赫技术 08.434

window counter tube 窗计数管 09.157

wire-array 丝阵 03.432

wire scanner 丝扫描器 06.471

WL 工作水平 15.076

WLM 工作水平月 15.077

working dosimeter 工作剂量计 19.046

working level 工作水平 15.076

working level month 工作水平月 15.077

working measurement standard 工作测量标准 21.062

working neutron source 工作中子源 13.047

working source 工作源 21.100

working space 生产空间 12.219

working standard *工作标准 21.062

X

XANES　X 射线吸收近边结构　02.255

X band　X 波段　06.340

xenon-124　氙-124　08.137

xenon-133　氙-133　08.065

xenon oscillation　氙振荡　05.067

xenon-135 poisoning　氙中毒　05.064

xiangjiangite　湘江铀矿　11.034

X-pinch　X 箍缩　07.135

X-ray absorption near edge structure　X 射线吸收近边结构　02.255

X-ray converter　X 射线转换靶　19.128

X-ray detector　X 射线探测器　09.253

X-ray diffraction lattice parameter　X 射线衍射晶胞参数　11.327

X-ray dose enhancement effect　X 射线剂量增强效应　04.045

X-ray fluorescence analyzer　X 射线荧光分析仪,*X 荧光含量仪,*X 荧光仪　19.197

X-ray inspection system　X 射线安检机　06.609

X-ray irradiation facility　X 射线辐照装置　19.104

X-ray lithography　X 射线光刻　06.607

X-ray profile gauge　X 射线凸度仪　19.196

X-ray generator　X 射线发生器　02.253

xTCA standard　xTCA 标准　09.324

Y

yellowcake　黄饼　12.171

yellow phase　黄相　14.283

yield　威力　10.058

yield-over-clean　产净比　03.422

yield-to-weight ratio　比威力　10.060

yingjiangite　盈江铀矿　11.035

YOC　产净比　03.422

yrast band　转晕带　01.229

yrast line　转晕线　01.228

yrast state　转晕态　01.227

ytterbium-169　镱-169　08.070

ytterbium-176　镱-176　08.146

yttrium-86　钇-86　08.053

yttrium-90　钇-90　08.054

Z

zero crossing discriminator　过零甄别器　09.301

zero-energy breakeven reactor condition　*零能量盈亏堆条件　03.001

zero power reactor　零功率堆　05.254

zero power test　零功率试验　05.445

zero time of nuclear test　核试验零时　10.218

zero-yield experiment　零当量实验　10.406

zeunerite　翠砷铜铀矿　11.022

zincum-62/copper-62 generator 锌-62/铜-62 发生器 08.027

zippeite 水铀矾 11.028

zirconium-89 锆-89 08.055

zirconium behavior 锆行为 14.119

zirconium boride 二硼化锆 13.105

zirconium hydride orientation 锆材氢化物取向 13.153

zirconium index 锆指数 14.131

zirconium tube coated graphite 锆管涂石墨 13.134

zircon U-Pb age 锆石 U-Pb 年龄 11.321

zonal flow 带状流 03.248

zonal magnetic field 带状磁场 03.194

Z-pinch Z 箍缩 03.423

Z-pinch gas puff load Z 箍缩喷气负载 04.040

Z-pinch inertial confinement fusion Z 箍缩惯性约束聚变 04.041

Z-pinch plasma Z 箍缩等离子体 03.427

Z-pinch plasma radiation Z 箍缩等离子体辐射 04.038

Z-pinch plasma radiation source Z 箍缩等离子体辐射源 03.428

Z-pinch wire array load Z 箍缩丝阵负载 04.039

Z type Marx generator Z 型 Marx 发生器 07.026

Zumbro lens 詹布拉透镜 07.141

汉 英 索 引

A

阿尔法磁铁　alpha magnet　06.291

阿尔法放射性　alpha radioactivity　01.100

阿尔法粒子　alpha particle　01.097

阿尔法粒子加热　alpha particle heating　03.199

阿尔法粒子隧道效应　alpha particle channeling　03.198

阿尔法射线　alpha ray　01.103

阿尔法射线谱　alpha-ray spectrum　01.106

阿尔法衰变　alpha decay　01.109

阿尔法衰变谱学　alpha-decay spectroscopy　01.167

阿尔芬本征模　Alfven eigenmode，AE　03.196

阿尔芬波　Alfven wave　03.024

阿尔芬[波]不稳定性　Alfven [wave] instability　03.195

阿尔芬频率间隙　Alfven frequency gap　03.197

阿尔芬速度　Alfven velocity　03.025

阿尔瓦瑞兹加速器　Alvarez accelerator　06.103

阿利森发射度仪　Allison emittance meter　06.457

锕　actinium　02.065

锕-225　actinium-225　08.080

锕-225/铋-213 发生器　$[^{225}Ac]/[^{213}Bi]$ generator　08.028

锕镧分离　separation of actinides and lanthanides　14.043

锕系　actinium series　01.163

*锕系后元素　transactinide element　02.100

锕系收缩　actinide contraction　02.095

锕系酰　actinyl　02.096

锕系元素　actinide　14.037

锕系元素再循环　actinide recycling　14.017

锿　einsteinium　02.075

矮共振　pygmy resonance　01.367

矮化突变　dwarfing mutation　18.066

砹　astatine　02.062

砹-211　astatine-211　08.078

爱丁顿近似　Eddington approximation　20.300

安保系统　security and safety system　10.089

安格 γ 照相机　Anger gamma camera　17.122

安全棒　safety rod　05.213

安全边界　safe boundary　10.140

安全动作　safety action　16.185

安全分析　safety analysis　16.186

安全分析报告　safety analysis report　16.187

安全封存　safety close　14.374

安全功能的可用性　availability of safety function　16.188

安全基本原则　fundamental safety principle　15.005

安全壳　containment　05.383

安全壳隔离系统　containment isolation system　05.319

安全壳贯穿件　containment penetration　05.384

安全壳喷淋系统　containment spray system　05.318

安全壳氢复合系统　containment hydrogen recombination system　05.320

安全壳人员闸门　containment personnel airlock　05.386

安全壳设备闸门　containment equipment airlock　05.385

安全壳通风和净化系统　containment ventilation and purge system　05.321

安全联锁　safety interlock　19.113

安全评价　safety assessment　16.189

安全评价报告　safety evaluation report　16.190

安全驱动系统　safety actuation system　16.135

安全设计　safety design　10.139

安全审评　safety review　16.191

安全停堆地震 safe shutdown earthquake 16.193

安全停堆状态 safe shutdown state 16.192

安全文化 safety culture 16.002

安全系统 safety system 16.136

安全系统辅助设施 safety system support feature 16.137

安全系统整定值 safety system setpoint 16.138

安全限值 safety limit 16.194

安全因子 safety factor 03.085

安全因子极限 safety factor limit 03.320

安全有关系统 safety related system 16.139

安全裕度 safety margin 16.195

安全裕度法 safety margin method 04.250

*安全执行系统 safety actuation system 16.135

安全指标 safety indicator 16.196

安全重要的外部事件 external events important to safety 16.197

安全重要物项 item important to safety 16.140

安全注射泵 safety injection pump 05.380

安全注射系统 safety injection system 05.317

安全状态 safe state 16.198

安全组合 safety group 16.141

安山岩 andesite 11.077

[^{13}N]-氨 [^{13}N]-ammonia 08.375

暗电流 dark current 06.241

坳陷 depression 11.096

奥克洛现象 Oklo phenomena 02.097

𫭼 oganesson 02.094

B

八极磁铁 octupole magnet 06.286

八氧化三铀 uranousuranic oxide 13.059

八氧化三铀标准物质 reference material of triuranium octoxide 12.187

巴黎–爱丁堡压机 Paris-Edinburgh press cell 10.543

巴秋克浸出槽 Pachuca leach tank 12.139

靶 target 08.014

靶本底比值 target to background ratio，T/B 17.300

靶非靶比值 target to nontarget ratio，T/NT 17.301

靶核 target nucleus 01.273

靶化学 target chemistry 02.137

靶面法向鞘场加速 target normal sheath acceleration，TNSA 03.412

靶体积 target volume 08.301

靶托 target holder 08.015

靶向显像 targeted imaging 17.058

靶向药物 targeting drug 17.017

靶组织 target tissue 08.300

白边界 white boundary 20.084

白岗岩 alaskite 11.064

白岗岩型铀矿床 alaskite type uranium deposit 11.177

白盒测试 white-box testing 20.066

白化突变 albino mutation 18.067

百分深度剂量 percentage depth dose 21.177

*扳机 [nuclear device] primary 10.035

斑块显像剂 plaque imaging agent 08.324

板菱铀矿 schroeckingerite 11.032

板铅铀矿 curite 11.012

*板碳铀矿 plate carbon uranium 11.032

板型燃料组件 plate-type fuel assembly 13.033

板岩 slate 11.055

半暗区 penumbra 17.354

半波长谐振腔 half wave resonator，HWR 06.501

半导体 semiconductor 09.191

半导体断路开关 semiconductor opening switch，SOS 07.073

半导体激光 semiconductor laser 20.181

半导体探测器 semiconductor detector 09.192

dE/dx 半导体探测器 dE/dx semiconductor detector 09.219

半导体探测仪 semiconductor detector 18.025

半定量分析 semiquantitative analysis 17.047

半高宽 full width at half maximum，FWHM 17.147

半厚度值 half thickness value 08.170

半交换期 exchange half-time，exchange half-life 02.035

半交换时间 half-time of exchange 08.108

半经典强场理论 semi-classical strong-field theory 20.170

半数致死剂量 half lethal dose，LD_{50} 18.068

半衰期 half-life [period] 01.115

[半]微观势 [semi-] microscopic potential 01.090

半值层 half value layer，HVL 21.175

伴生放射性矿物 radioactivity associated mine 02.102

伴随粒子法 associated particle method 21.141

伴随通量 adjoint flux 20.103

棒箍缩二极管 rod pinch diode 07.093

棒束型燃料组件 bundle fuel assembly 13.032

棒源 rod source 17.255

包被 coating 08.296

包覆材料 fuel cladding 13.085

包覆颗粒 coated particle 13.082

包覆颗粒燃料 coated particle fuel 13.021

包含区间 coverage interval 21.029

包含因子 coverage factor 21.028

包壳管 cladding tube 13.093

*包络函数 envelope function 06.180

包容 containment 15.138

胞质不亲和性 cytoplasmic incompatibility，CI 18.057

薄壁计数管 thin wall counter tube 09.156

薄层放射性扫描仪 radio-thin layer chromatography imaging scanner，radio-TLC imaging scanner 17.245

薄放射源 thin source 21.096

薄膜腔 thin film cavity 06.517

薄膜蒸发法 thin film evaporation 14.275

薄透镜 thin lens 06.163

饱和模型体源 saturated model body source 21.187

饱和曲线 saturation curve 09.064

饱和再吸附 loaded resin re-adsorption 12.148

饱和蒸汽汽轮机 saturated-steam turbine 05.399

保护层 protective layer 08.154

保护环 guard ring 04.161，09.046

保护环半导体探测器 guard ring semiconductor detector 09.231

保护区 protected area 16.142

保护容器 guard container 05.501

保护容器排泄管 guard container drain pipe 05.503

保护系统 protection system 16.143

保健物理学 health physics 18.009

保留 retention 02.232

保险装置 safety device 10.087

保障性 supportability 21.249

报告基因显像 reporter gene imaging 17.060

曝射标记 exposure labeling 08.434

爆磁压缩 explosive magnetic flux compression 07.122

爆电发生器 electro-explosive generator 07.031

爆发性核合成 explosive nucleosynthesis 01.393

爆轰序列 detonation train 10.042

爆破阀 explosion valve 05.389

爆破片 rupture disk 06.554

爆室 explosion chamber 10.121

爆炸成坑效应 cratering effect of explosion 10.135

*爆炸磁通量压缩 explosive magnetic flux compression 07.122

爆炸磁通压缩发生器 explosive magnetic flux compression generator 07.030

爆炸发射 explosive emission 07.096

爆炸燃耗 efficiency of the nuclear device 10.310

爆炸时间 bang time 03.347

贝尔-普勒赛特效应 Bell-Plesset effect，BP effect 03.349

贝塔放射性 beta radioactivity 01.101

贝塔粒子 beta particle 01.098

贝塔射线 beta ray 01.104

贝塔射线谱 beta-ray spectrum 01.107

贝塔衰变 beta decay 01.110

贝塔衰变谱学 beta-decay spectroscopy 01.168

贝塔稳定线 beta-stability line 01.021

贝塔延迟裂变 beta-delayed fission 01.345

贝叶斯方法 Bayesian method 04.247

背景减除法　background subtraction method　17.311

背散射分析　backscattering analysis　02.264

背斜　anticline　11.109

钡铀云母　uranocircite　11.019

倍压加速器　Cockcroft-Walton accelerator，voltage-multiplying accelerator　06.067

被动监护　passive custody　14.429

焙烧预处理　pretreatment by roasting　12.120

本底辐射　background radiation　17.074

本底计数　background count　18.150

本征模展开方法　eigen-mode expansion method　20.208

*NEG 泵　NEG pump　06.424

泵浦吸收饱和　saturation of pump absorption　20.192

n/γ 比　neutron gamma ratio　04.178

比电离　specific ionization　18.135

比对　comparison　21.011

比高　scaled height of burst　10.063

*比活度　specific activity　21.105

比活度时相曲线　time course of specific activity　17.469

比较半衰期　comparative half-life　01.137

比结合能　specific binding energy　01.016

*比例爆高　scaled height of burst　10.063

比例爆炸高度　scaled height of nuclear burst　10.395

比例埋深　scaled depth of burst　10.396

比释动能　kinetic energy released in material，kerma　17.077

比释动能因子　kerma factor　04.057

比授予能　specific energy imparted　15.027

比威力　yield-to-weight ratio　10.060

比吸收分数　specific absorbed fraction　17.107

比压阿尔芬本征模　beta induced Alfven eigenmode，BIAE　03.205

闭轨　closed orbit　06.189

闭轨畸变　closed orbit distortion　06.190

闭轨校正　closed orbit correction　06.191

*闭合磁面　closed magnetic surface　03.103

闭合开关　closing switch　07.083

闭式燃料循环　closed fuel cycle　14.006

铋-212　bismuth-212　08.076

壁处理　wall conditioning　03.337

壁电流　wall current　07.165

壁电流探头　wall current monitor　06.469

壁面过热度　wall superheat　05.151

避迁　relocation　15.181

边带模　side band mode　03.152

边界元方法　boundary element method　20.266

边耦合腔　side-coupling cavity　06.369

边缘场　fringe field　06.276

边缘多元非对称辐射　multifaceted asymmetric radiation from the edge，MARFE　03.286

边缘局域模　edge localized mode，ELM　03.151

边缘局域模高约束模　high confinement-mode with edge localized mode，ELMy H-mode　03.245

边缘输运垒　edge transport barrier　03.234

边缘效应　edge effect　17.281

编码板准直器　coded-aperture collimator　17.143

*编码知识　coding knowledge　21.304

编码中子源　coded neutron source　10.332

变分原理　the variational principle　20.157

变钙铀云母　meta-autunite　11.018

变换增益　conversion gain　09.015

变铜铀云母　metatorbernite　11.021

*变形核　deformed nucleus　01.212

Tesla 变压器　Tesla transformer　07.043

变质岩　metamorphic rock　11.054

变质岩型铀矿床　metamorphic type uranium deposit　11.180

变质铀成矿作用　metamorphic uranium metallogenesis　11.128

便携式剂量仪　pocket dosimeter　17.241

便携式 γ 照相机　portable gamma camera　17.124

标称范围　nominal range　21.034

标称量值　nominal quantity value　21.033

*标称值　nominal value　21.033

*标定　calibration　21.012

标记化合物　labeled compound　08.382

标记抗体　labeling antibody　17.464

标记抗原　labeling antigen　17.463

标记率　labeling efficiency　08.299

标记免疫分析　labeling immunoassay　17.452

标记配基　labeling ligand　17.465

标记前体　labeled precursor　08.433

标记–释放–重捕　mark-release-recapture，MRR　18.062

*标记原子　tagged atom　08.094

标签　tag　10.457

*CAMAC 标准　CAMAC standard　09.317

*NIM 标准　NIM standard　09.314

*VME 标准　VME standard　09.322

xTCA 标准　xTCA standard　09.324

标准不确定度　standard uncertainty　21.024

*标准测量不确定度　standard measurement uncertainty，standard uncertainty of measurement　21.024

标准放射源　standard radioactive source　17.257

标准截面法　standard cross-section method　21.143

标准摄取值　standard uptake value，SUV　17.303

标准事件筛选判据　standard event screening criteria　10.460

标准试验条件　standardization test condition　21.039

标准源　standard source　08.188

α 标准源　α standard source　08.189

β 标准源　β standard source　08.190

γ 标准源　γ standard source　08.191

表面场　surface field　06.375

表面处理　surface treatment　06.512

表面电离离子源　surface ionization ion source　06.259

表面电流注入　surface current injection　04.182

表面电阻　surface resistance　06.534

表面发射率　surface emission rate　21.102

表面[放射性]活度　surface [radio-] activity　21.106

表面剂量　surface dose　21.180

*表面松散污染　loose surface contamination　14.388

表面污染　surface contamination　18.141

表面污染剂量仪　surface contamination meter　09.373

表面污染物体　surface contaminated object，SCO　15.194

表面沾污检测仪　surface contamination detector　17.242

表生型铀矿床　supergene type uranium deposit　11.184

表征　characterization　10.296

丙氨酸-EPR 剂量测量系统　alanine-EPR dosimetry system　19.054

丙氨酸剂量计　alanine dosimeter　19.053

*并联阻抗　parallel impedance　06.219

并行 CAMAC 机箱控制器　parallel CAMAC crate controller　09.319

*并行计算机辅助测量与控制机箱控制器　parallel computer automated measurement and control crate controller　09.319

波玻格基伊理论　BBGKY theory　03.033

波荡器　undulator　06.294

波荡器周期　undulator period　06.295

波导　wave guide　06.333

C 波段　C band　06.338

Ku 波段　Ku band　06.341

L 波段　L band　06.337

S 波段　S band　06.339

X 波段　X band　06.340

𬭛　bohrium　02.083

波罗米昂核　Borromean nucleus　01.254

波破　wave breaking　03.419

波前探测　wave-front detect　20.197

波纹管　bellows　06.438

波形畸变　waveform distortion　07.168

波阻抗　wave impedance　04.183

玻恩–奥本海默分子动力学　Born-Oppenheimer molecular dynamics　20.140

玻恩–奥本海默绝热近似　Born-Oppenheimer adiabatic approximation　20.128

*玻尔兹曼方程　Boltzmann equation　20.082

玻璃固化　vitrification　14.279

玻璃固化配方　glass formula　14.284

玻璃固化体　glass form　14.280

玻璃陶瓷固化　glass-ceramic solidification　14.293

玻璃体样品　glassy sample　10.268

玻璃制源工艺　glass radioactive source preparation technology　08.206

玻姆扩散　Bohm diffusion　03.207

*玻姆输运　Bohm transport　03.207

剥离模　peeling mode　03.144

剥离-气球模　peeling-ballooning mode　03.145

剥离引出　stripping extraction　06.561

*伯恩斯坦波　ion Bernstein wave，IBW　03.190

伯格克模　Bernstein-Greene-Kruskal mode　03.034

博尔顿-亨特标记法　Bolten-Hunter labeling method　08.447

补偿　compensation　07.170

补偿棒　shim rod　05.212

补偿电离室　compensated ionization chamber　09.135

[补偿电离室的]补偿比　compensation ratio [of a compensated ionization chamber]　09.063

[补偿电离室的]补偿因子　compensation factor [of a compensated ionization chamber]　09.062

补偿型半导体探测器　compensated semiconductor detector　09.215

补萃　re-extraction　14.072

补救行动　remedial action　17.098

捕获粒子　trapped particle　03.111

捕获粒子不稳定性　trapped particle instability　03.333

捕获穴　capture hole　10.212

不等量带电　differential charging　04.109

*不符合　nonconformity　21.212

不符合项　non-conformance item　16.035

不合格　nonconformity　21.212

不合格的处置　disposition of nonconformity　21.243

不合格通知书　rejection notice　21.078

不校正合成产率　uncorrected synthesis yield　08.334

不加载体分离　no-carrier-added separation　02.039

不可逆性　irreversibility　17.336

不瞄准对方目标　de-targeting　10.364

不确定度　uncertainty　20.055

不确定性　uncertainty　04.239

不确定性分布　distribution of uncertainty　04.240

不确定性分析　uncertainty analysis　16.199

不溶残渣　insoluble residue　14.063

不首先使用核武器　no-first-use of nuclear weapon　10.358

不停堆换料　on-power refueling　05.469

不完全熔合反应　incomplete fusion reaction　01.339

*不稳氚　labile tritium　08.432

*不稳定核素　unstable nuclide　01.159

不泄漏概率　non-leakage probability　05.032

不锈钢反射层组件　stainless steel reflector assembly　05.495

不育昆虫　sterile insect　18.045

不整合面型铀矿床　unconformity related type uranium deposit　11.181

布拉格边成像方法　Bragg edge imaging method　10.608

布拉格-戈瑞电离室　Bragg-Gray ionization chamber　09.129

布拉格-戈瑞空腔　Bragg-Gray cavity　09.065

布拉格-戈瑞空腔电离室　Bragg-Gray cavity ionization chamber　15.102

布拉格曲线　Bragg curve　04.107

布雷特-维格纳公式　Breit-Wigner formula　01.365

布里渊流　Brillouin flow　07.100

布鲁莱恩线　Blumlein line　07.047

布盘取样　located dish sampling　10.267

钚-238　plutonium-238　08.084

钚-239　plutonium-239　08.085

钚保留值　retention of plutonium　14.129

钚纯化循环　plutonium purification cycle　14.113

钚-238 低能光子源　plutonium-238 low energy photon source　08.238

钚-239 α 放射源　plutonium-239 α radioactive source　08.224

钚化合物中杂质分析标准物质　impurity element analysis in plutonium compound reference material　21.203

钚料液调制　plutonium feed conditioning　14.112

钚-238-铍中子源　plutonium-238-beryllium neutron source　08.247

钚同位素　plutonium isotope　13.069

钚-238 同位素电池　plutonium-238 radioisotope battery　08.255

钚-238 同位素热源　plutonium-238 radioisotope heat source　08.254

钚尾端　tail-end process of plutonium　14.145

钚酰 plutonyl 02.099

钚再循环 plutonium recycling 14.015

钚装料 plutonium load 10.247

部分容积效应 partial volume effect 17.279

部件和结构冷却系统 component and structure cooling system 05.520

部署核武器 deployed nuclear weapon 10.375

C

擦边碰撞 grazing collision 01.305

材料曾经停留过的具体地点 specific location in the history of the materials 10.319

材料带电特性试验 material charging characteristics test 04.221

材料的源头 the point of origin of materials 10.325

材料曲率 material buckling 20.081

裁军 disarmament 10.335

*参考标准 reference standard 21.061

参考标准剂量计 reference standard dosimeter 19.044

参考测量标准 reference measurement standard 21.061

*参考测试 reference testing 17.251

参考点 reference point 21.168

参考辐射场 reference radiation field 21.087

参考工作条件 reference operating condition 21.038

参考空气比释动能率 reference air kerma rate 17.078

参考面 reference plane 19.116

参考水平 reference level 15.068

*参考条件 reference condition 21.038

参考物质 reference material 15.137

参考源 reference source 08.187

*参考值 conventionally true value of a quantity 21.008

参考质控 reference testing 17.251

Twiss 参量 Twiss parameter 06.188

参量不稳定性 parametric instability 03.393

参入率 incorporation rate 17.471

参入试验 incorporation test 17.470

参数共振 parametric resonance 06.185

*残留效应 residual effect 08.103

*残余核 residual nucleus 01.276

残余内应力 residual internal stress 04.082

τ-粲工厂 τ-charm factory 06.139

操纵员执照 operator license 05.442

操作干预水平 operational intervention level，OIL 15.172

*操作监测 operation monitoring 15.084

槽式排放 tank discharge 15.121

*槽纹不稳定性 flute instability 03.155

草酸钚沉淀 plutonium oxalate precipitation 14.146

测地声模 geodesic acoustic mode，GAM 03.250

测氡仪 radon meter 09.375

γ 测厚仪 γ thickness gauge 08.270

测厚源 thickness source 08.198

测井 logging 08.272

γ 测井 gamma-ray logging 11.264

测井源 well-logging source 08.201

测量 measurement 21.009

测量比对 measurement comparison 19.060

测量标准 measurement standard，etalon 21.056

测量重复性 measurement repeatability 21.019

测量范围 measuring range 21.035

测量复现性 measurement reproducibility 21.021

测量精密度 measurement precision 21.018

测量误差 error of measurement 09.113

测量仪器 measuring instrument 21.030

测量仪器的检定 verification of a measurement instrument 21.070

测量仪器的稳定性 stability of a measurement instrument 21.047

测量质量保证计划 measurement quality assurance

plan，MQAP 19.147

测量准确度 measurement accuracy，accuracy of measurement 21.017

测试刚架 rack for measurement instrument 10.209

测试管道 line-of-sight pipe 10.211

测试廊道 testing tunnel 10.162

测试性 testability 21.265

层次分析方法 analytic hierarchy process 04.252

层叠传输线倍压器 stacked line voltage multiplier 07.049

层间氧化带 interlayer oxidized zone 11.152

层间氧化带前锋线 front of interlayer oxidized zone 11.155

层间氧化带型砂岩铀矿床 interlayer oxidized zone type sandstone uranium deposit 11.161

层流 laminar flow 05.200

层状流 laminar flow 07.111

插件 module 09.313

插入件 insertion device 06.292

插入损耗 insertion loss 04.184

查尔姆斯理工大学流程 CTH process 14.028

*差分带电 differential charging 04.109

差分电离室 difference ionization chamber 09.141

差分线性率表 difference linear ratemeter 09.348

差共振 difference resonance 06.187

拆除 dismantling 14.416

拆毁 demolition 14.417

*掺入试验 incorporation test 17.470

掺铈硅酸钇镥 cerium doped lute tium yttrium oxyorthosilicate，LYSO 17.171

*掺铈含氧正硅酸钆 cerium doped gadolinium oxyorthosilicate，GSO 17.169

*掺铈含氧正硅酸镥 cerium doped lutetium oxyorthosilicate，LSO 17.170

掺铈氧化正硅酸钆 cerium doped gadolinium oxyorthosilicate，GSO 17.169

掺铈氧化正硅酸镥 cerium doped lutetium oxyorthosilicate，LSO 17.170

产钚堆 plutonium production reactor 10.417

产氚堆 tritium production reactor 10.418

产净比 yield-over-clean，YOC 03.422

*101 产品 101 product 12.122

111 产品 sodium/ammonium diuranate，SDU/ADU 12.170

131 产品 ammonium uranyl tricarbonate，AUC 12.172

产品超盖 product overlap 19.144

产品等效 product equivalence 19.141

产品流动辐照 product moving irradiation 19.137

产品责任 product liability 21.214

产品装载模式 product loading pattern 19.145

铲除法 excavating method 14.422

长程力 long-range force 01.076

*长程力效应 long-range effect 06.202

长谷川-三间方程 Hasegawa-Mima equation 03.032

长距 α 测量法 long range alpha detection method，LRAD method 21.146

长寿命核素 long-lived nuclide 14.039

长寿命气溶胶 long-lived aerosol 12.211

长寿命气溶胶浓度 long-lived aerosol concentration 12.212

常规岛 conventional island 05.284

常规监测 routine monitoring 15.083

常规开采 conventional mining 12.001

常规排放 routine release 15.122

常规试验 conventional test 21.043

常规铀水冶厂 conventional uranium mill 12.131

常规质控 routine testing 17.252

*γ 常数 γ constant 17.070

常压等离子体 atmospheric pressure plasma 03.056

厂房循环冷却水系统 plant circulating cooling water system 05.342

厂房应急 plant emergency 16.298

*厂区 site area 16.301

厂用电 factory electricity 05.430

场畸变开关 field distortion switch 07.087

场浸型二极管 immersion magnetic diode 07.092

场平坦度 field flatness 06.515

场强 field strength 04.185

场区　site area　16.301

场区加固　field area hardening　04.168

场区应急　on-site emergency　16.299

场所监测　monitoring of workplace　15.081

场调平　field flatness tuning　06.516

场外应急　off-site emergency　16.300

场址残留物　site residue　14.420

场址关闭　site closure　14.368

场址评价　site evaluation　16.036

场址清污　site clean up　14.418

场址确认　site confirmation　14.353

场址特性调查　site characteristics survey　14.383

场址特性评价　site characterization evaluation　14.352

场址选择　site selection　16.037

场址预选　site screening　14.350

场址运行　site operation　14.365

场指数　field index　06.274

超锕系元素　transactinide element　02.100

超钚元素　transplutonium element　02.098

超导波荡器　superconducting undulator　06.298

超导磁铁　superconducting magnet　06.299

超导加速组元　cryomodule　06.541

超导腔弹性系数　elastic coefficient of superconducting cavity　06.543

超导直线加速器　superconducting linear accelerator, superconducting linac　06.108

超高能通用准直器　super-high energy all-purpose collimator　17.142

超高温气冷堆　very high-temperature gas reactor　05.278

超镉中子　epicadmium neutron　10.521

超核　hypernucleus　01.063

超痕量级　ultra trace level　02.045

超级电容器　supercapacitor　07.041

超级骨显像　super bone scan　17.370

超级 X 偏滤器　supper-X divertor　03.330

超级压实　super compaction　14.246

超镜　super mirror　10.557

超锔元素　transcurium element　02.107

超锎元素　transcalifornium element　02.108

超快电子衍射装置　ultra-fast electron diffraction, UED　06.582

超宽带高功率微波　ultra wide band high power microwave　04.186

超临界水堆　supercritical water-cooled reactor　05.277

超滤　ultrafiltration　14.239

超前酸化　pre-acidification　12.032

*超轻水　super light water　08.450

超热临界磁场　superheating critical field　06.537

超热中子　epithermal neutron　02.224

超热中子活化分析　epithermal neutron activation analysis　02.243

超容许跃迁　superallowed transition　01.139

超设计基准事故　beyond design basis accident　16.200

超声波去污　ultrasonic decontamination　14.404

超声分子束注入　supersonic molecular beam injection　03.329

超形变　super-deformation　01.214

超压保护系统　overpressure protection system　05.525

超硬 X 射线　ultra-hard X ray　04.031

超铀废物　trans-uranium waste　14.201

超铀元素　transuranium element, TRU　02.101

超铀元素假胶体　transuranium element pseudo-colloid　02.014

超铀元素真胶体　transuranium element real-colloid　02.013

超越边境照射　transboundary exposure　15.120

*超允许跃迁　superallowed transition　01.139

*超重岛　superheavy island　01.361

超重核　superheavy nucleus　02.104

超重核稳定岛　island of superheavy nucleus　01.361

*超重氢　superheavy hydrogen　08.030

*超重元素　superheavy element　02.100

超子　hyperon　01.062

车群场坪　level ground for vehicle group　10.178

车载 γ 能谱测量　car-borne gamma-spectrometry survey　11.258

车载 γ 总量测量　car-borne gamma total survey　11.257

车载监测　vehicle-installed radiation monitoring　15.174

撤离　evacuation　15.179

尘埃等离子体　dusty plasma　03.052

沉淀分离　precipitation separation　02.023

沉淀-溶解　precipitation-dissolution　02.310

沉积-成岩铀成矿作用　sedimentary-diagenetic uranium metallogenesis　11.127

沉积碎屑岩　sedimentary-clastic rock　11.045

沉积岩　sedimentary rock　11.044

沉没比　sunk ratio　12.090

沉砂管　sump pipe　12.054

衬度变换　contrast variation　10.552

成分分析标准物质　component analysis reference material　21.201

成功概率　probability of success　21.261

成丝不稳定性　filamentational instability　03.369

*成像　imaging　17.006

成像分析　imaging analysis　10.330

成像侦察卫星　imaging reconnaissance satellite　10.427

程序控制装置　programer　10.077

池式沸腾　pool boiling　05.148

池式系统　pool type system　05.481

弛豫振荡　relaxation oscillation　20.193

*持续放电　continuous discharge　04.110

持续裂变链　persistent fission chain　20.106

持续照射　prolonged exposure　15.091

尺寸效应　size effect　20.115

耻骨下位　tail on detector，TOD　17.369

赤铁矿化　hematitization　11.146

赤铁矿角砾杂岩型铀矿床　breccia complex type deposit　11.182

冲击波　shock wave　04.052

冲击波时间调配　shock timing　03.409

冲击磁铁　kicker magnet　06.301

冲击点火　shock ignition　03.408

冲击电流发生器　impulse current generator　07.032

冲击电压发生器　impulse voltage generator　07.033

冲量耦合系数　impulse coupling coefficient　04.058

充放电效应　charging and discharging effect　04.098

重复频率　repetitive rate　07.007

*重复性　repeatability　21.019

重复性测量条件　measurement repeatability condition of measurement　21.020

*重复性条件　repeatability condition　21.020

*重组修复　recombination repair　18.015

抽插力　pulling force　13.161

*抽出井　pumping well of in-situ leaching of uranium mining　12.049

*抽液井　pumping well of in-situ leaching of uranium mining　12.049

抽注比　volume ratio of pumping to injecting　12.083

稠密 Z 箍缩　dense Z-pinch　03.424

稠密栅格　dense lattice　05.106

*出入口控制　entrance and exit control　15.216

出射道　exit channel，outgoing channel　01.279

出射粒子　outgoing particle　01.274

*初级标准剂量计　primary standard dosimeter　19.043

［初级］弹芯　［primary］pit　10.036

初级辐射　primary radiation　19.001

初级裂片　primary fragment　02.138

初级内分解　primary internal decomposition　08.431

初级启动中子源　primary startup neutron source　08.199

初级闪烁体　primary scintillator　09.187

初级同位素效应　primary isotopic effect　08.430

初级外分解　primary external decomposition　08.429

*初级中子源　primary neutron source　05.218

初级中子增殖率　primary neutron multiplication rate　10.197

初始反应性　initial reactivity　05.090

初始光电流　primary photocurrent　04.059

除碘　iodide removal　14.069

除气　degassing　06.436

除盐床　desalination bed　14.233

除氧器　deaerization plant　05.403

储备式阴极　dispenser cathode　07.109

储存环　storage ring　06.112

储存寿命　storage life　21.268

储能电介质　energy storage dielectric　07.040

*储能介质　energy storage dielectric　07.040

储能密度　energy storage density　07.038

处置单元 disposal cell 14.361

处置化学 disposal chemistry 14.354

处置库设计 disposal repository design 14.360

处置容器 disposal container 14.318

处置设施 disposal facility 14.340

处置巷道 disposal tunnel 14.363

*处置源项 disposal source-term 14.336

处置钻孔 borehole disposal 14.364

触发 triggering 07.080

触发表 trigger table 09.333

触发判选 trigger 09.327

*触发引信 contact fuze 10.086

触发真空开关 triggered vacuum switch，TVS 07.072

氚 tritium 08.030

氚比 tritium ratio 08.428

*氚标记 tritium labeling 08.426

氚标记化合物 tritium labeled compound 08.427

*氚单位 tritium unit 08.428

氚的生物转移 biological transfer of tritium 02.341

氚的遗传效应 genetic effect caused by tritium 02.349

氚的致癌效应 carcinogenic effect caused by tritium 02.347

氚的致畸效应 teratogenic effect caused by tritium 02.348

氚化 tritiation 08.426

氚化金属还原 reduction with tritiated metalhydrides 08.446

氚气曝射法 tritium gas exposure method 08.445

氚钛靶 tritium-titanium target 08.226

氚洗 tritium scrub 14.103

氚在环境中的迁移和转化 migration and transformation of tritium in environment 02.340

穿越辐射探测器 transition radiation detector 09.250

传导耦合 conducted coupling 04.187

传导限制状态 conduction-limited regime 03.218

传递标准 transfer standard 21.063

传递标准剂量计 transfer standard dosimeter 19.045

传递测量装置 transfer measurement device 21.064

传递效率 transfer efficiency 07.024

*传递装置 transfer device 21.064

传能线密度 linear energy transfer，LET 15.018

传热管 heat transfer tube 05.365

传输矩阵 transfer matrix 06.227

*传输矩阵方法 transmission matrix method 20.271

传输速度 conveying speed 19.108

传输途经路线 transit route and the way 10.317

传输系统 transmitting system 10.206

传输线 transmission line 20.241

传输线变压器 transmission line transformer 07.044

*传输线方程 transmission line equation 20.218

传输线矩阵法 transmission line matrix method 20.279

*传送速度 conveying speed 19.108

传统取证学 traditional forensics 10.282

船用核动力装置 merchant ship nuclear power plant 05.263

串道比 interfere ratio of crosstalk 21.160

串行CAMAC机箱控制器 serial CAMAC crate controller 09.320

*串行计算机辅助测量与控制机箱控制器 serial computer automated measurement and control crate controller 09.320

串级反应 serial reaction 10.252

串级实验 cascade experiment 14.089

串列加速器 tandem accelerator 06.069

串扰 cross-talk 06.396

窗计数管 window counter tube 09.157

闯入态 intruder state 01.234

吹气仪表 air purge instrument 14.182

垂直测试 vertical test 06.519

垂直极化 vertical polarization 04.188

垂直位移不稳定性 vertical displacement instability 03.143

纯钚 pure plutonium 14.150

纯铌腔 niobium cavity 06.508

词表管理 thesaurus management 21.373

磁暴 magnetic storm 04.025

磁层亚暴 magnetospheric substorm 04.026

磁场测量 magnetic field measurement 06.310

磁场垫补　magnetic field shimming　06.313

磁场冻结　magnetic field frozen　03.080

磁场剪切　magnetic shear　03.081

磁场探头　B-dot sensor　07.146

磁场梯度　magnetic field gradient　06.275

磁场梯度漂移　magnetic field gradient drift　03.110

磁场调节线圈　magnetic field correction coil　06.314

磁场位形　magnetic configuration　03.082

磁场误差　magnetic field error　06.316

*磁场线重联　magnetic field line reconnection　03.142

磁重联　magnetic reconnection　03.142

磁岛　magnetic island　03.083

磁岛偏滤器　magnetic island divertor　03.084

磁轭　magnetic yoke　06.271

磁分界面　magnetic separatrix　03.079

磁化等离子体　magnetized plasma　03.073

磁化套筒惯性聚变　magnetized liner inertial fusion　03.448

磁极　magnetic pole　06.270

磁极间隙　magnetic pole gap　06.309

*磁剪切　magnetic shear　03.081

磁阱　magnetic well　03.074

磁镜　magnetic mirror　03.075

磁镜不稳定性　magnetic mirror instability　03.146

磁矩　magnetic moment　03.112

磁聚焦结构　lattice　06.157

磁绝缘　magnetic insulation　07.057

磁绝缘传输线　magnetic insulation transmission line　07.062

磁开关　magnetic switch　07.065

磁控管　magnetron　06.360

磁雷诺数　magnetic Reynolds number　03.089

磁流体波　magnetohydrodynamic wave　03.138

磁流体不稳定性　magnetohydrodynamic instability　03.139

磁流体发电　magnetohydrodynamic generation，MHD generation　03.140

*磁流体方程　magnetohydrodynamic equation　03.132

磁流体力学　magnetohydrodynamics，MHD　03.127

磁流体力学方程　magnetohydrodynamic equation　03.132

磁流体力学能量原理　magnetohydrodynamic energy principle　03.141

磁流体力学平衡　magnetohydrodynamic equilibrium　03.133

*磁流体平衡　magnetohydrodynamic equilibrium　03.133

磁螺旋度　magnetic helicity　03.087

磁螺旋度注入　magnetic helicity injection　03.256

磁马赫数　magnetic Mach number　03.088

磁脉冲压缩　magnetic pulse compression　07.058

*磁面　magnetic surface　03.086

磁偶极子　magnetic dipole　20.233

*磁耦合　magnetic coupling　06.402

磁屏蔽　magnetic shield　06.522

磁鞘　magnetic sheath　03.280

磁瑞利-泰勒不稳定性　magneto-Rayleigh-Taylor instability　03.439

磁散射　magnetic scattering　10.537

磁铁　magnet　06.269

磁铁摆动扩展法　magnet swing expansion method　06.596

磁铁脉冲电源　pulsed magnet power supply　06.325

磁铁芯柱　magnetic core，iron core　06.312

磁通管　magnetic flux tube　03.090

磁通函数　magnetic flux function　03.091

*磁通量管　magnetic flux tube　03.090

磁通量面　magnetic flux surface　03.086

磁透镜　magnetic lens　06.318

磁透镜成像　magnetic lens radiography　07.125

磁形状因子　magnetic form factor　10.575

磁旋管　magnicon　07.113

磁约束装置　magnetic confinement device　03.077

磁跃迁　magnetic transition　01.142

磁轴　magnetic axis　03.092

磁轴校正　magnetic axis collimation　07.138

次锕系分离　minor actinides partitioning　14.042

次锕系元素　minor actinide　02.113

次火山岩　subvolcanic rock　11.071

次火山岩型铀矿床　subvolcanic rock type uranium

D

*大破口事故 double end guillotine break 16.272

大气层核爆炸 atmospheric nuclear explosion 04.037

大气层核试验 atmospheric nuclear test 10.392

大气放射性核素监测网 radionuclide monitoring network 10.430

大气放射性污染 radioactivity-contaminated atmosphere 02.315

大气热晕 thermal blooming of atmosphere 20.200

大气消光 extinction of atmosphere 20.201

大气中氚的测量 tritium measurement in atmosphere 02.343

*大容积沸腾 bulk boiling 05.148

大数据 big data 21.301

大栅板联箱 major grid plate 05.498

代表人 representative person 15.020

代表性模拟件 representative mock-up 16.144

代价利益分析 cost-benefit analysis 15.088

代谢显像 metabolic imaging 17.010

代谢显像剂 metabolic imaging agent 17.020

带 band 01.221

带电粒子反应 charged-particle reaction 01.285

带电粒子-光子符合法 charged particle-photon coincidence method 21.136

带电粒子活化分析 charged particle activation analysis, CPAA 02.249

[带电]粒子激发 X 射线荧光分析 [charged] particle-induced X-ray emission, PIXE 02.257

带电粒子平衡 charged particle equilibrium, CPE 21.164

*带电粒子瞬发核反应分析 analysis of transient nuclear reaction of charged particle 02.236

带宽 bandwidth 06.384

带前室真空盒 antechamber 06.414

带状磁场 zonal magnetic field 03.194

带状流 zonal flow 03.248

待积当量剂量 committed equivalent dose 17.081

待积有效剂量 committed effective dose 15.031

袋封技术 bag sealing technology 14.184

单次瞬时注入示踪剂 transient influx of tracer in a single dose 17.066

单道分析器 single-channel analyser 09.336

单电子原子 one-electron atom 20.151

单光子发射计算机断层显像药物 single photon emission computed topography pharmaceutical 08.331

单光子发射计算机体层仪 single photon emission computed tomography, SPECT 17.127

单光子发射与计算机体层显像仪 single photon emission computed tomography/computed tomography, SPECT/CT 17.226

单光子放射性药物 single photon radiopharmaceutical 17.015

单光子计数 single photon counting 09.019

单计数率 single count rate 17.180

单克隆抗体 monoclonal antibody 08.298

单克隆抗体标记 labeling of monoclonal antibody 08.295

单粒子多位翻转 multiple cell upset, MCU 04.097

单粒子翻转 single event upset, SEU 04.091

单粒子翻转率预估 single-event upset rate prediction, SEU rate prediction 04.228

单粒子功能中断 single event function interrupt, SEFI 04.096

单粒子轨道理论 single particle orbit theory 03.118

单粒子激发 single-particle excitation 01.189

单粒子模型 single-particle model 01.244

单粒子烧毁 single event burnout, SEB 04.095

单粒子瞬态 single event transient, SET 04.092

单粒子锁定 single event latchup, SEL 04.093

单粒子态 single-particle state 01.181

单粒子效应 single event effect, SEE 04.088

单粒子效应截面 single event effect cross section 04.099

单粒子栅穿 single event gate rupture, SEGR 04.094

单流体理论 single fluid theory 03.046

单圈引出 single turn extraction 06.559

单圈注入 single-turn injection 06.557

单群近似 one-group approximation 20.087

单群扩散理论 one-group diffusion theory 05.054

单束团效应 single bunch effect 06.201

单通道模型 single channel model 05.132

单透镜　single lens　06.572

单相流　single phase flow　05.155

单循环流程　single cycle process　14.036

单一故障　single failure　16.201

单一故障准则　single failure criterion　16.202

单元测试　unit testing　20.068

[^{11}C]-胆碱　[^{11}C]-choline　08.380

弹靶组合　projectile-target combination　02.142

弹道导弹　ballistic missile　04.257

弹头与弹体分离　de-mating　10.365

弹丸注入　pellet injection　03.298

[^{11}C]-蛋氨酸　[^{11}C]-methionine　08.379

氮-13　nitrogen-13　08.033

氮-15　nitrogen-15　08.133

氮-15 标记化合物　nitrogen-15 labeled compound　08.401

氮掺杂　nitrogen doping　06.525

氮化镓探测器　gallium nitride detector，GaN detector　09.205

氮化铀　uranium nitride　13.064

氮气淹没系统　nitrogen flooding system　05.526

当量氡析出率　equivalent radon fluxrate　12.203

当量剂量　equivalent dose　15.033

当量镭含量　equivalent content of radium　21.194

当量射气面积　equivalent emanation area　12.205

氘　deuterium　08.130

氘标记化合物　deuterium labeled compound　08.399

氘代率　deuterated ratio　08.412

氘代试剂　deuterated reagent　08.282

氘丰度　deuterium abundance　10.055

氘化　deuteration　08.423

*氘化物　deuterium labeled compound　08.399

导出量　derived quantity　21.003

导弹的固有能力　inherent capabilities of missile　10.425

导弹核武器的戒备率　alerting rate of nuclear missile　10.098

导弹核武器的突防装置　penetration aid of nuclear missile　10.094

导弹核武器射程　range of nuclear missile　10.099

导弹核武器投掷质量　throw weight of nuclear missile　10.100

导弹预警系统　ballistic missile early warning system　10.093

导向磁铁　steering magnet　06.289

导向管　guide tube　13.095

导向中心　guiding center　03.108

导向中心漂移　guiding center drift　03.109

倒时方程　inhour equation　05.100

道比　channel ratio　09.023

道比法　channel ratio method　18.147

锝　technetium　02.068

锝-99　technetium-99　08.057

锝-99m　technetium-99m　08.058

锝[^{99m}Tc]放射性药物　technetium [^{99m}Tc] labeled radiophar-maceutical　08.361

锝共萃　coextraction of technetium　14.121

锝[^{99m}Tc]甲氧异腈　technetium [^{99m}Tc] methoxyisobutyl isonitrile，[^{99m}Tc]-MIBI，technetium [^{99m}Tc] sestamibi　08.360

锝[^{99m}Tc]焦磷酸盐　technetium [^{99m}Tc] pyrophosphate　08.359

锝[^{99m}Tc]聚合白蛋白　technetium [^{99m}Tc] albumin aggregated　08.358

锝[^{99m}Tc]喷替酸盐　technetium [^{99m}Tc] pentetate，[^{99m}Tc]-DTPA　08.357

锝[^{99m}Tc]双半胱氨酸　technetium [^{99m}Tc] N,N'-ethylenedicy-steine，[^{99m}Tc]-EC　08.356

锝[^{99m}Tc]双半胱乙酯　technetium [^{99m}Tc] bicisate，[^{99m}Tc]-ECD　08.355

锝洗　technetium scrub　14.102

锝行为　technetium behavior　14.118

锝[^{99}Tc]亚甲基二膦酸盐　[^{99}Tc] methylenediphos-phonate，[^{99}Tc]-MDP　08.351

锝[^{99m}Tc]亚甲基二膦酸盐　technetium [^{99m}Tc] methylene-diphosphonate，[^{99m}Tc]-MDP　08.354

锝[^{99m}Tc]依替菲宁　technetium [^{99m}Tc] etifenin　08.353

锝[^{99m}Tc]植酸盐　technetium [^{99m}Tc] phytate　08.352

等待点　waiting-point　01.401

等待点核　waiting-point nucleus　01.402

等电势设计　equivalent potential design　04.146

等级　grade　21.205

等剂量曲线　isodose curve　21.178

等剂量图　isodose chart　21.179

等离心近似　isocentrifugal approximation　01.074

等离子切割　plasma cutting　14.414

等离子去污　plasma decontamination　14.406

等离子体比压　plasma pressure ratio　03.072

等离子体发射　plasma emission　03.301

等离子体焚烧　plasma incineration　14.252

等离子体箍缩　plasma pinch　03.305

等离子体化学　plasma chemistry　03.060

等离子体化学气相沉积　plasma chemical vapor deposition
　03.058

等离子体活化　plasma activation　03.062

等离子体激元　plasmon　03.028

等离子体加料　plasma fueling　03.303

等离子体加热　plasma heating　03.304

等离子体加速器　plasma accelerator　06.143

等离子体焦点　plasma focus　03.038

等离子体焦点装置　dense plasma focus　07.120

等离子体浸润面　plasma wetted area　03.307

等离子体刻蚀　plasma etching　03.061

等离子体拉长比　plasma elongation　03.094

等离子体离子源　plasma ion source　06.253

等离子体密封窗　plasma seal window　06.427

等离子体天线　plasma antenna　03.066

等离子体湍流　plasma turbulence　03.306

等离子体尾场加速　plasma-wakefield acceleration
　06.029

等离子体尾场加速器　plasma wakefield accelerator，
　PWFA　06.145

等离子体物理气相沉积　plasma physical vapor deposition
　03.057

等离子体消毒灭菌　plasma sterilization　03.063

等离子体医学　plasma medicine　03.064

等离子体隐身　plasma stealth　03.065

等离子体与壁相互作用　plasma-surface interaction，
　PSI　03.308

等离子体诊断学　plasma diagnostics　03.300

等时性回旋加速器　isochronous cyclotron　06.080

等温法　isothermal method　21.122

等效百万吨数　equivalent megatonnage　10.061

等效半径　equivalent radius　10.208

等效满功率天　effective full power day，EFPD　05.073

等效满功率小时　effective full power hour，EFPH
　05.074

等效面活度　equivalent surface activity　21.186

等效年用量　equivalent annual usage amount　17.109

等效日操作量　equivalent daily handling amount　17.110

等效噪声电荷　equivalent noise charge　09.074

等效栅元　equivalent cell　05.107

等效折射率方法　effective index method　20.204

低本底测量　low background measurement　18.071

低比活度物质　low specific activity material，LSA
　15.195

低氘水　deuterium depleted water　08.450

低电平控制　low level RF control　06.405

低毒性 α 发射体　low toxicity α emitter　15.196

低放废物　low level radioactive waste，LLW　15.186

低混杂波　lower hybrid wave　03.183

低剂量率增强效应　enhanced low dose rate sensitivity，
　ELDRS　04.062

低阶事件　low level event　16.203

低弥散放射性物质　low dispersible radioactive material
　15.197

低能高分辨准直器　low-energy high resolution collimator
　17.138

低能光子源　low energy photon source　08.186

低能核反应　low-energy nuclear reaction　01.267

低能通用准直器　low-energy allpurpose collimator
　17.139

低浓铀　slightly enriched uranium　13.053

低气压等离子体　low pressure plasma　03.055

低 β 腔　low β cavity　06.505

*低水平放射性废物　low level radioactive waste，LLW
　15.186

低温泵　cryo-pump　06.426

低温波荡器　cryogenic undulator　06.297

低温传输管线　cryogenic transfer line　06.549

低温等离子体　low temperature plasma　03.049

低温阀箱　cryogenic distribution valve box　06.550

低温恒温器　cryostat　06.542

低温烘烤　low temperature baking　06.529

低温精馏法　cryogenic distillation method　08.114

低温卡口　bayonet　06.551

2 K 低温系统　2 K cryogenic system　06.544

4 K 低温系统　4 K cryogenic system　06.545

低温系统失超保护　quench protection of cryogenic system　06.553

低泄漏堆芯　refueling core for low neutron leakage　05.104

低压缸　low pressure cylinder　05.398

低约束模式　low confinement mode　03.279

*低杂波频段的快波　fast wave in lower hybrid wave range　03.255

*低再循环状态　low recycling regime　03.323

低阻抗加速器　low impedance accelerator　07.118

滴线　drip line　01.022

滴状截面结构　blob　03.206

底宽　bottom width　07.022

地爆增强因子　enhancement factor for underground nuclear explosion　10.233

地表破坏效应　ground damage effect　10.182

地表水放射性污染　radioactivity-contaminated surface water　02.316

地表水放射性元素测量　measurement of radioactive element of surface water　11.296

地磁捕获　geomagnetic trapping　04.020

地磁亚暴环境模拟试验　magnetospheric substorm environment simulation test　04.220

地盾　shield　11.086

地浸备采储量　ready-made reserve for in-situ leaching　12.115

地浸采铀采区　mining block of in-situ leaching of uranium mining　12.071

地浸采铀抽出井　pumping well of in-situ leaching of uranium mining　12.049

地浸采铀工业性试验　commercial test for in-situ leaching of uranium mining　12.030

地浸采铀监测井　monitor well of in-situ leaching of uranium mining　12.051

地浸采铀检查井　inspection well of in-situ leaching of uranium mining　12.052

地浸采铀浸出剂　lixiviant for in-situ leaching of uranium mining　12.037

地浸采铀浸出液　pregnant solution of in-situ leaching of uranium mining　12.039

地浸采铀井场　well field of in-situ leaching of uranium mining　12.044

地浸采铀井距　well spacing of in-situ leaching of uranium mining　12.082

地浸采铀井网密度　well density of in-situ leaching of uranium mining　12.074

地浸采铀井型　well pattern of in-situ leaching of uranium mining　12.073

地浸采铀控制中心　control center of in-situ leaching of uranium mining　12.109

地浸采铀扩大试验　pilot test for in-situ leaching of uranium mining　12.029

地浸采铀气液分离器　air-liquid separator of in-situ leaching of uranium mining　12.087

地浸采铀条件试验　exploring test for in-situ leaching of uranium mining　12.028

地浸采铀洗井　well washing for in-situ leaching of uranium mining　12.066

地浸采铀氧化剂　oxidant for in-situ leaching of uranium mining　12.041

地浸采铀蒸发池　evaporation pond for in-situ leaching of uranium mining　12.096

地浸采铀注入井　injection well of in-situ leaching of uranium mining　12.050

地浸采铀钻孔　drilling well of in-situ leaching of uranium mining　12.046

地浸二次开采　secondary mining by in-situ leaching　12.111

地浸开拓储量 developed reserve for in-situ leaching 12.114

地浸砂岩型铀矿床 in-situ leaching type sandstone uranium deposit 11.165

地浸卫星厂 in-situ leaching satellite 12.112

地浸钻孔固井 cementing of well for in-situ leaching 12.063

地坑 pit 05.387

地坑再循环系统 pit recirculation system 05.351

地面沉积测量 ground deposition measurement 15.111

地面核试验 ground nuclear test 10.258

地面零点 ground zero 04.189

地面γ能谱测量 ground gamma-spectrometry survey 11.256

地面设备 assembling-checking ground equipment 10.029

地面[艇上、机上]测控设备 ground [on-submarine, on-aeroplane] equipment for test and control 10.031

地面γ总量测量 ground gamma survey 11.255

*地那米加速器 dynamitron 06.070

地球辐射带 earth radiation belt 04.021

地球静止轨道 geostationary orbit 04.263

地球同步轨道 geosynchronous orbit 04.262

地区核与辐射安全监督站 regional inspection office of nuclear and radiation safety 16.038

地台 platform 11.084

地下核爆炸力学效应 mechanical effect in underground nuclear explosion 10.133

地下核试验 underground nuclear test 10.259

*地下核试验地面工程 external tunnel construction of underground nuclear test 10.168

地下核试验泄漏监测 leakage monitoring in underground nuclear test 10.190

地下实验室 underground laboratory 14.345

地下水处理 underground water treatment 14.071

*地下水清污 underground water treatment 14.071

地下水异常 groundwater abnormality 10.186

地下水治理 groundwater restoration 12.105

地域指示剂表征 geographical tracer characterization 10.306

地震监测 seismological monitoring 10.435

地震监测网 seismological monitoring network 10.429

地震监测系统 earthquake monitoring system 05.294

第二次打击战略 second strike strategy 10.352

第二次核打击 second nuclear strike 10.102

第二代子体核素 granddaughter nuclide 02.143

第二停堆系统 second reactor trip system 05.334

第二稳定区 second stability regime 03.150

第四代核能系统 generation Ⅳ nuclear energy system 05.273

第一次打击战略 first strike strategy 10.351

第一次核打击 first nuclear strike 10.101

碲-124 tellurium-124 08.145

碲化镉探测器 cadmium telluride detector，CdTe detector 09.201

碲锌镉探测器 cadmium zinc telluride detector，CZT detector 09.202

碲铀矿 schmitterite 11.031

*H 点 hold point 16.115

*R 点 record confirmation point 16.116

*W 点 on-site witness point 16.117

点堆动力学方程 equation of point reactor kinetics 05.098

点堆模型 point reactor model 20.112

点火判据 ignition criterion 03.378

*点火条件 ignition condition 03.002

点扩散函数 point spread function 10.216

点目标 point target 10.386

点扫描法 spot scanning method 06.598

点突变 point mutation 18.070

4 点型井型 4-spot well pattern 12.077

5 点型井型 5-spot well pattern 12.078

7 点型井型 7-spot well pattern 12.079

9 点型井型 9-spot well pattern 12.080

点源 point source 08.193

碘-123 iodine-123 08.061

碘-124 iodine-124 08.062

碘-125 iodine-125 08.063

碘-131 iodine-131 08.064

碘-125 低能光子源 iodine-125 low energy photon source 08.241

碘[^{131}I]化钠 sodium iodide [^{131}I] 08.348

碘化钠晶体 sodium iodide crystal 17.131

碘化损伤 iodination damage 08.422

碘[^{131}I]美妥昔单抗 iodine [^{131}I]-metuximab 08.346

碘[^{125}I]密封籽源 iodine [^{125}I]-brachytherapy source 08.349

碘坑 iodine well 05.066

碘吸附器 iodine adsorber 14.226

碘值 iodine value 14.128

碘[^{131}I]肿瘤细胞核人鼠嵌合单克隆抗体注射液 iodine [^{131}I] tumor necrosis therapy monoclonal antibody injection, ^{131}I-TNT 08.347

电报方程 telegraph equation 20.218

电场剪切 electric field shear 03.236

电场探头 D-dot sensor 07.149

电沉积法 electro-deposition method 21.150

电磁不稳定性 electromagnetic instability 03.237

电磁发射器 electromagnetic launcher 07.129

电磁分离[法] electromagnetic separation [method] 08.126

电磁辐射 electromagnetic radiation 04.005

电磁干扰 electromagnetic interference 20.255

电磁孤立子 electromagnetic soliton 03.363

电磁轨道炮 electromagnetic rail gun 07.130

电磁兼容 electromagnetic compatibility 20.254

电磁量能器 electromagnetic calorimeter 09.246

电磁脉冲的频域响应 frequency domain response to electromagnetic pulse 04.191

电磁脉冲的时域响应 time-domain response to electromagnetic pulse 04.192

电磁脉冲降级度 electromagnetic pulse degradation degree 04.193

电磁脉冲敏感性 electromagnetic pulse sensibility 04.194

电磁脉冲模拟器 electromagnetic pulse simulator 07.114

电磁脉冲效应 electromagnetic pulse effect 04.080

电磁脉冲易损性 electromagnetic pulse vulnerability 04.195

电磁钠泵 electromagnetic pump 05.482

电[磁]偶极子 electric [magnetic] dipole 04.190

电磁耦合 electromagnetic coupling 04.083

电磁屏蔽 electromagnetic shielding 07.157

电磁屏蔽效能 electromagnetic shielding effectiveness 04.144

电磁套筒内爆 imploding liner 07.116

电磁湍流 electromagnetic turbulence 03.238

电磁拓扑 electromagnetic topology 04.225

电磁线圈炮 electromagnetic coil gun 07.131

电磁相互作用 electromagnetic interaction 01.067

电磁应力 electromagnetic stress 04.081

电大尺寸 electron-large scale 20.281

电导率法 method of electroconductivity 21.131

电动式驱动机构 dynamoelectric driving mechanism 05.532

电镀制源工艺 electroplate radioactive source preparation technology 08.203

电感储能 inductive energy storage 07.035

电感隔离型 Marx 发生器 inductive isolated Marx generator 07.028

电感耦合 inductive coupling 06.402

电感耦合等离子体质谱法 inductively coupled plasma mass spectrometry，ICP-MS 02.268

电光采样法 electro-optic sampling method 06.452

电荷剥离器 charge stripper 06.563

电荷发射探测器 charge emission detector 09.267

电荷分布宽度 width of charge distribution 02.144

电荷交换反应 charge exchange reaction 01.327

电荷交换器 charge exchanger 06.564

电荷累积效应 charge accumulation effect 07.178

电荷灵敏前置放大器 charge sensitive preamplifier 09.283

电荷泄放通道 charge leakage path 04.148

电荷转移过程 charge transfer process 20.177

电弧等离子烧结制源工艺 arc plasma sintering radioactive

source preparation technology 08.214

电化学分离 electrochemical separation 02.025

电化学去污 electrical electrochemical decontamination 14.399

*电化学置换 electrochemical replacement 02.026

电溅射制源工艺 electric sputtering radioactive source preparation technology 08.216

电解沉积 electrolytic deposition 02.027

电解碘化法 electrolytic iodination 08.443

电解精炼流程 electrorefine process 14.032

电介质尾场加速器 dielectric wake field accelerator, DWA 06.149

电镜自显影 electron microscopic autoradiography 17.478

电绝缘 electrical insulation 07.008

电缆[幅频]补偿 cable frequency-amplitude compensation 10.217

电离 ionization 09.001

电离层效应 ionospheric effect 10.156

*电离常数 ionization constant 17.070

电离电流 ionization current 09.031

电离法 ionizing method 21.124

电离辐射 ionizing radiation 15.011

*电离辐射测量 ionizing radiation measurement 21.084

电离辐射计量 ionizing radiation metrology 21.084

电离辐射效应 ionizing radiation effect 04.042

电离辐射总剂量效应 total ionizing dose effect, TID 04.044

电离径迹 ionization track 09.066

电离冷却 ionization cooling 06.065

电离能 ionization energy 09.006

电离室 ionization chamber 09.120

2π电离室 2π ionization chamber 09.144

4π电离室 4π ionization chamber 09.145

[电离室的]饱和电流 saturation current [of an ionization chamber] 21.158

[电离室的]饱和电压 saturation voltage [of an ionization chamber] 09.061

[电离室的]复合损失 loss due to recombination [in ionization chamber] 21.159

[电离室中的]猝发 burst [in an ionization chamber] 09.059

电离探测器 ionization detector 09.277

电离效应 ionization effect 08.169

电离型截面探测器 ionization profile monitor, IPM 06.478

电离真空计 ionization vacuum gauge 08.262

电力水力联合驱动机构 electric and hydraulic hybrid-driven mechanism 05.535

电流测量电阻 current-viewing resistor, CVR 07.144

电流猝灭 current quench 03.221

电流电离室 current ionization chamber 09.122

电流互感器 current transformer 07.154

电流连续性方程 current continuity equation 20.214

电流灵敏前置放大器 current sensitive preamplifier 09.286

电流平衡基本方程 current balance basic equation 04.230

电流探头 current sensor 07.148

电路容差分析 circuit tolerance analysis 21.285

电偶极近似 electric dipole approximation 20.166

电偶极子 electric dipole 20.232

*电耦合 capacitance coupling 06.401

电抛光 electropolishing, EP 06.524

*电抛光去污 electric polishing decontamination 14.399

电喷射制源工艺 electro-spray radioactive source preparation technology 08.219

电漂移 electric drift 03.114

电气隔离 electrical isolation 16.145

LCR电桥 LCR bridge 07.169

电热不稳定性 electro-thermal instability 03.431

电容储能 capacitive energy storage 07.036

电容分压器 capacitive divider 07.147

电容耦合 capacitance coupling 06.401

电容器电离室 capacitor ionization chamber 09.143

*电熔炉法 electric melting furnace 14.289

电渗析 electrodialysis 14.243

电势主动控制 active control of potential 04.147

电压灵敏前置放大器 voltage sensitive preamplifier

09.285

电泳法 electrophoresis 02.028

电泳制源工艺 electrophoresis radioactive source preparation technology 08.220

*电涌保护器 surge protection device 04.204

电源稳定性 stability of power supply 09.107

电跃迁 electric transition 01.141

电晕计数器 corona counter 09.164

电子 electron 01.005

电子伯恩斯坦波 electron Bernstein wave 03.179

电子步长 electronic step 20.122

电子储存环 electron storage ring 06.113

电子等离子体波 electron plasma wave 03.029

电子等离子体频率 electron plasma frequency 03.030

电子抖动运动 electron quiver motion 03.365

电子对效应 pair-production effect 04.118

电子俘获鉴定器 electron capture detector 08.263

电子感应加速器 betatron 06.077

电子回旋波 electron cyclotron wave 03.180

电子回旋共振加热 electron cyclotron resonance heating 03.239

电子回旋共振离子源 electron cyclotron resonance ion source 06.257

电子回旋加速器 microtron 06.079

电子加速器 electron accelerator 06.092

电子冷却 electron cooling 06.062

电子-离子对撞机 electron-ion collider 06.135

电子帘加速器 electron curtain accelerator 06.073

电子碰撞电离 electron impact ionization 20.173

电子碰撞激发 electron impact excitation 20.172

电子漂移波 electron drift wave 03.240

电子漂移波不稳定性 electron drift wave instability 03.241

电子枪 electron gun 06.263

电子群聚 electron bunching 06.035

电子热输运 electron thermal transport 03.243

电子射程 electron range 21.116

电子收集脉冲电离室 electron collection pulse ionization chamber 09.137

电子收集时间 electron collection time 09.034

电子束二极管 electron beam diode 07.091

电子束辐照 electron beam irradiation 19.132

电子束辐照装置 electron beam irradiation facility 19.103

电子束焊接 electron beam welding 06.513

电子束离子源 electron beam ion source 06.258

电子探针显微分析 electron probe microanalysis 11.339

电子同步加速器 electron synchrotron 06.089

电子温度梯度模 electron temperature gradient mode, ETGM 03.242

电子元器件的辐射改性 radiation modification of electronic components 19.165

电子云不稳定性 electron cloud instability 06.209

电子照相 electron radiography 07.126

电子直线加速器 electron linear accelerator, electron linac 06.104

电子-质子对撞机 electron-proton collider 06.133

电子治疗 electron therapy 06.592

电子准直 electronic collimation 17.144

电子资源管理 electronic resource management 21.342

电子资源评估 electronic resources evaluation 21.343

电子自旋轨道耦合 electronic spinorbit coupling 20.143

BCS 电阻 Bardeen-Cooper-Schrieffer resistance, BCS resistance 06.535

电阻壁模 resistive wall mode 03.147

电阻不稳定性 resistive instability 03.148

电阻环 resistor loop 07.179

调查水平 investigation level 15.072

迭代法 iterative method 17.307

叠层闪烁晶体 laminated scintillating crystal 17.172

碟形尺寸 dish size 13.151

顶点探测器 vertex detector 09.259

定标器 scaler 09.340

定点突变 site-specific mutagenesis 18.012

定量分析 quantitative analysis 17.048

定期安全审查 periodic safety review 16.039

定期试验 periodic test 16.205

定时滤波放大器 timing filter amplifier 09.287

定时刷新 periodic scrubbing 04.143

定时系统　timing system　06.494

定题服务　selective dissemination of information，SDI　21.399

定位标记　specifically labeled compound　08.421

定位格架　spacer grid　05.225

*定向补偿能力　orientation measurement capability　21.197

定向剂量当量　directional dose equivalent　15.037

定向能力　orientation measurement capability　21.197

定向能武器　directed energy weapon　07.132

定向耦合器　directional coupler　06.353

氡　radon　02.061

氡暴露量　radon exposure　12.202

氡的污染　radon pollution　02.320

氡的治理　radon control　02.321

氡行动水平　radon action level　15.075

氡及其子体测量　radon and daughter survey　11.261

氡扩散　radon diffusion　12.215

氡浓度　radon concentration　12.201

氡平衡当量浓度　equilibrium equivalent concentration of radon，EECRn　15.074

氡渗流　radon seepage　12.216

氡污染　radon contamination　12.217

氡析出　radon exhalation　14.210

氡析出率　emanation of radon　15.128

*氡照射量　radon exposure　12.202

氡子体　radon daughter　12.206

氡子体暴露量　radon daughter exposure　12.207

氡子体α潜能　radon daughter alpha potential energy　21.114

氡子体α潜能浓度　potential α energy concentration of radon daughter，PAEC　12.208

*氡子体照射量　radon daughter exposure　12.207

动理学阿尔芬本征模　kinetic Alfven eigenmode　03.273

动理学阿尔芬波　kinetic Alfven wave　03.274

*动理学不稳定性　kinetic instability　03.281

动理学磁流体力学　kinetic magnetohydrodynamic　03.149

动理学气球模　kinetic ballooning mode，KBM　03.275

动力堆　power reactor　05.261

动力学分析　kinetic analysis　17.273

动力学极化　dynamical polarization　01.360

动力学孔径　dynamic aperture　06.199

动力学平均场理论　dynamical mean field theory　20.145

动量散度　momentum spread　06.179

动量守恒方程　momentum equation，momentum conservation equation，conservation equation of momentum，momentum conservation　20.035

动量压缩因子　momentum compaction factor　06.226

动量约束时间　momentum confinement time　03.284

动态步进辐照　moving shuffle-dwell irradiation　19.134

动态测试　dynamic testing　20.063

动态测试带　dynamic check line　21.191

动态范围　dynamic range　09.116

动态功能检查仪　dynamic function survey meter　09.372

动态黑腔　dynamic hohlraum　03.445

*动态立体影像　dynamic stereo image　17.297

动态连续辐照　moving continue irradiation　19.135

动态情报研究　dynamic intelligence analysis　21.388

动态热损　dynamic heat loss　06.540

动态显像　dynamic imaging　17.042

冻结　freeze　10.340

*冻结自由基　frozen radical　19.027

冻融试验　freezing-thawing test　14.304

洞外工程　external tunnel construction　10.168

洞穴处置　cave disposal　14.329

抖动　jitter　07.018

陡边效应　cliff edge effect　16.206

陡化开关　peaking switch　07.079

独立产额　independent yield　02.145

*独立粒子模型　independent-particle model　01.240

独立裂变产额　independent fission yield　10.501

独立评定　independent assessment　16.040

独立热交换器　independent heat exchanger　05.484

独立性　independency　16.041

赌与分裂方法　roulette and splitting method　20.096

𨧀　dubnium　02.081

渡越辐射　transition radiation　07.172

端板焊接　end-plate welding　13.135

端口保护装置　terminal protection device　04.196

短程力　short-range force　01.075

*短程力效应　short-range effect　06.201

短沟道效应　short-channel effect，SCE　04.158

断层　fault　11.106

断裂　fracture　11.107

断路开关　opening switch　07.067

堆顶防护罩　reactor roof hood　05.494

堆顶固定屏蔽　reactor roof fixed shield　05.493

堆后料　post-irradiation uranium　10.052

堆积密度　bulk density　19.146

堆积判弃　pile-up rejection　09.294

堆积效应　pile-up effect　09.291

堆浸布液/喷淋　solution spraying for heap leaching　12.135

堆内构件　reactor internal　05.221

堆内构件振动监测系统　vibration monitoring system of reactor internals　05.336

堆内换料机　in-pile refueling machine　05.489

堆前料　pre-irradiation uraium　10.051

堆外试验燃料组件　out-of-pile test fuel assembly　13.040

*堆芯捕集器　core catcher　05.238

[堆芯]吊篮　[core] barrel　05.228

堆芯辅助换热器　core auxiliary heat exchanger　05.551

堆芯功率分布　core power distribution　05.058

堆芯功率密度　core power density　05.057

堆芯平均燃耗　average core burn up　05.079

堆芯燃料管理　reactor core fuel management　05.101

堆芯熔化　core melt　16.207

堆芯寿期　core lifetime　05.069

堆芯损坏频率　core damage frequency，CDF　16.007

*堆芯损伤频率　core damage frequency，CDF　16.007

堆芯围板　core baffle　05.234

堆芯栅板　core grid　05.222

对比度　contrast　17.294

对比分辨率　contrast resolution　17.295

对称裂变　symmetric fission　02.146

对流不稳定性　convective instability　03.031

对数率表　logarithmic ratemeter　09.346

对数平均温差　logarithmic mean temperature difference　05.196

对撞机　collider　06.126

[对撞]亮度　luminosity　06.053

钝感高能炸药　insensitive high explosive，IHE　10.045

钝化保护离子注入平面硅探测器　passivated implanted planar silicon detector，PIPS detector　09.200

钝化加固技术　passivation hardening technology　04.162

多步过程　multistep process　01.323

多步雪崩室　multistep avalanche chamber　09.136

多层矿地浸开采　multi-ore layer mining by in-situ leaching　12.110

多尺度模拟　multi-scale simulation　20.113

多尺度数据融合　multi-scale data fusion　11.289

多重屏障　multiple barrier　16.009

多重屏障体系　multi-barrier system　14.334

多重性　redundancy　16.010

*多窗空间重合性　multiple window spatial registration　17.159

多窗空间配准度　multiple window spatial registration　17.159

*多磁芯分布式脉冲变压器　linear pulsed transformer　07.054

多道分析器　multi-channel analyser　09.337

多道谱仪法　multi-channel spectrometry　21.148

多光谱遥感蚀变异常　multi-spectral remote sensing alteration anomaly information　11.282

多核素标记　multiple-nuclide labeling　08.420

多核素显像　multi-isotope imaging　17.044

多核子转移反应　multinucleon transfer reaction　01.330

多级多通道火花开关　multistage multi-channel spark switch　07.084

多极化雷达遥感　multi-polarization radar　11.286

多极跃迁　multipole transition　20.167

多结型半导体探测器　multijunction semiconductor

detector 09.226

多晶体γ照相机 multi-crystal scanning gamma camera 17.123

多流体理论 multi-fluid theory 03.036

多门电路平衡法核素心血管显像 multigated equilibrium radionuclide cardioangiography 17.324

多模式融合 multi-modality image fusion 17.045

多模态显像剂 multi-modality imaging agent 08.323

多模态影像 multi-modality imaging 17.011

多模态影像分子探针 molecular probe for multimodality imaging 17.014

多能窗采集 multi-energy window acquisition 17.261

多普勒反应性系数 Doppler coefficient of reactivity 05.087

多普勒效应 Doppler effect 05.017

*多普勒展宽 Doppler broadening 05.017

多圈注入 multi-turn injection 06.558

多群辐射扩散 multi-group radiation diffusion 03.389

多群近似 multi-group approximation 20.086

多群输运方程 multi-group transport equation 05.105

多时相采集 multi-phase acquisition 17.262

多事件 multiple event 17.310

*多束团不稳定性 multi-bunch instability 06.206

多束团效应 multi-bunch effect 06.202

多丝正比室 multiwire proportional chamber 09.178

多肽放射性药物 peptide radiopharmaceutical 17.019

多探头 multi-probe 17.129

多通道辐射监测系统 multi-channel radiation monitoring system 19.186

多物理/多算法自适应协同计算 multi-physics/multi-algorithmic self-adaptive cooperative computing 20.230

多相显像 multi-phase imaging 17.052

多样性 diversity 16.008

多药耐药性显像剂 multidrug resistance imaging agent 08.322

多余的裂变材料 surplus fissile materials 10.422

E

俄歇电子 Auger electron 01.147

俄歇电子源 Auger electron source 08.179

额定范围 rated range 09.102

额定工作条件 rated operating condition 21.036

额定功率 rated power 05.114

额定功率密度 rated power density 05.116

扼流结构 choke 06.397

二次放电效应 secondary arcing effect 04.110

二次废物 secondary waste 14.213

二次光电流 secondary photocurrent 04.063

二次积分 second field integral 06.280

二次离子质谱微区分析 secondary ionization mass spectrometry 11.341

二次钠系统 secondary sodium system 05.479

二次屏蔽体 secondary shield 05.230

*二次中子源 secondary neutron source 13.047

二回路过程检测系统 secondary loop process detecting system 05.531

二极磁铁 dipole magnet 06.283

二极管 diode 07.090

*二极校正磁铁 dipole corrector 06.289

二氯化镭[223Ra] radium [223Ra] dichloride 08.345

二硼化锆 zirconium boride 13.105

二酰胺萃取流程 diamide extraction process，DIAMEX process 14.023

二氧化钚 plutonium dioxide 13.070

二氧化钍 thorium dioxide 13.074

二氧化铀 uranium dioxide 13.058

二异癸基磷酸流程 DIDPA process 14.026

F

发散孔型准直器　diverging hole collimator　17.137

发射度　emittance　06.170

发射度交换　emittance exchange　06.176

发射度仪　emittance meter　06.456

*发射率　emission rate　21.101

发射扫描　emission scan　17.119

发射速率　emission rate　21.101

发射体层仪　emission computed tomograph，ECT　17.126

发射训练核弹头　reentry vehicle bearing a training nuclear warhead　10.025

乏燃料　spent fuel　14.003

乏燃料池冷却系统　spent fuel pit cooling system　16.147

乏燃料储存水池冷却及净化系统　spent fuel pit cooling and clean-up system　05.325

乏燃料管理　spent fuel management　14.009

乏燃料后处理　spent fuel reprocessing　13.010

乏燃料剪切　spent fuel shearing　14.052

乏燃料冷却　spent fuel cooling　14.050

乏燃料燃耗信用制　burn credit of spent fuel　14.046

乏燃料溶解　spent fuel dissolution　14.057

乏燃料水池　spent fuel pool　05.292

乏燃料运输　spent fuel transportation　14.051

乏燃料运输容器　spent fuel shipping cask　14.153

乏燃料贮存　spent fuel storage　14.049

乏燃料组件清洗系统　spent fuel assembly cleaning system　05.518

乏氧显像剂　hypoxia imaging agent　17.022

γ-γ 法　method of gamma-gamma　11.262

法定计量单位　legal unit of measurement　21.005

法定剂量　legal dose　19.033

法捷耶夫方程　Faddeev equation　01.380

法拉第筒　Faraday cylinder　06.448

法拉第旋光效应　Faraday rotation effect　07.150

法兰　flange　06.437

钒钙铀矿　tyuyamunite　11.024

钒钾铀矿　carnotite　11.025

钒酸铵测铀法　uranium analysis by ammonium vanadate titration　12.184

钒铀矿　uvanite　11.026

反玻璃化　devitrification　14.286

反常电子热传导　anomalous electron thermal conductivity　03.200

反常混晶　anomalous mixed crystal　02.041

反常输运　anomalous transport　03.201

反常吸收　anomalous absorption　03.346

反场箍缩　field reversed pinch　03.069

反场位形　field reversed configuration　03.070

反冲　recoil　02.234

*反冲标记　hot atom recoil labeling　08.437

反冲电子法　electron recoil method　10.486

反冲核　recoil nucleus　01.275

反冲核电离室　recoil nuclei ionization chamber　09.127

反冲核计数管　recoil nuclei counter tube　09.155

反冲室　recoil chamber　02.147

反冲原子化学　chemistry of recoil atom　02.148

反冲质子　recoil proton　10.523

反冲质子靶室　neutron-proton-scattering chamber　10.213

反冲质子电离室　recoil proton ionization chamber　09.128

反冲质子法　proton recoil method　10.485

反冲质子计数器　recoil proton counter　09.171

反冲质子[能]谱仪　recoil proton spectrometer　09.357

反磁回路　diamagnetic loop　07.175

反磁剪切　reverse magnetic shear　03.105

反磁漂移　diamagnetic drift　03.115

反电极锗同轴半导体探测器　reverse-electrode germanium coaxial semiconductor detector　09.230

*反电子　positron　01.049

*反堆积　anti pile-up　09.294

反符合　anticoincidence　21.155

反符合电路　anticoincidence circuit　09.299

反符合法　anticoincidence method　21.138

*反劫持报警　anti-compel alarm　15.184

反康普顿γ谱仪　anti-Compton gamma ray spectrometer　09.355

反扩散　antidiffusion　03.202

反拦截能力　anti-interception capability　10.096

反散射　back-scattering　02.052

β反散射测厚　β backscatter thickness gauging　08.265

反射层　reflector　05.219

反射层材料　reflector materials　13.107

反射层组件　reflector assembly　13.049

反射脉冲　reflective pulse　07.023

反射系数　reflection coefficient　06.395

反射中子系数　reflected neutron factor　10.473

反渗透　reverse osmosis　14.242

反识别对抗　recognition countermeasure　10.097

反同位素稀释法　inverse isotope dilution analysis，IIDA　18.162

*反同位素稀释分析　reverse isotope dilution analysis，RIDA　02.273

反物质　antimatter　01.050

反物质原子核　antimatter nucleus　01.051

*反相萃取色谱法　reversed phase extraction chromatography　02.020

*反相分配色谱法　reversed phase partition chromatography　02.020

反向触通晶体管　reverse switching dynistor，RSD　07.081

反向再分布　reverse redistribution　17.338

反胁迫报警　anti-compel alarm　15.184

反演模型　inverse model　10.320

反义核酸显像剂　antisense nuclear acid imaging agent　08.321

反义探针　antisense probe　17.027

反义显像　antisense imaging　17.059

反应道　reaction channel　01.277

反应堆保护系统　reactor protection system　05.305

反应堆厂房　reactor building　05.287

反应堆厂房环形吊车　polar crane in reactor building　05.390

反应堆超临界状态　supercritical state of nuclear reactor　05.035

反应堆次临界状态　subcritical state of nuclear reactor　05.036

[反应堆]堆芯　[reactor] core　05.206

反应堆辅助厂房　reactor auxiliary workshop　05.288

反应堆功率密度　reactor power density　05.115

反应堆核设计　reactor nuclear design　05.108

反应堆结构　reactor structure　05.205

反应堆冷却剂泵　reactor coolant pump　05.367

反应堆冷却剂系统　reactor coolant system　05.293

反应堆临界状态　critical state of nuclear reactor　05.034

反应堆流体力学　reactor fluid mechanics　05.112

反应堆钠池　reactor sodium pool　05.477

反应堆硼和水补给系统　reactor boron and water supply system　05.338

反应堆启动　reactor start-up　05.447

反应堆气体加热系统　reactor gas heating system　05.514

*反应堆热工流体力学　reactor thermal hydrodynamics　05.111

反应堆热工水力学　reactor thermalhydraulics　05.111

[反应堆]热功率　thermal power [of a reactor]　05.113

反应堆容器　reactor vessel　05.235

反应堆死时间　reactor dead time　05.068

反应堆物理　reactor physics　05.001

反应堆物理启动　reactor physical start-up　05.109

反应堆物理实验　reactor physics experiment　05.110

反应堆压力容器　reactor pressure vessel　05.236

反应堆仪表和控制系统　reactor instrumentation and control system　05.307

反应堆噪声　reactor noise　05.308

反应堆栅格　reactor lattice　05.223

反应堆中子源　reactor neutron source　10.583

反应堆周期　reactor period　05.099

反应堆周期仪　period meter for reactor　09.060

反应截面　reaction cross-section　01.289

*p-p 反应链　p-p chain　01.396

反应能　reaction energy　01.280

反应时间　response time　10.380

反应性　reactivity　05.082

反应性系数　reactivity coefficient　05.083

反应性仪　reactivity meter　09.072

*反应阈　threshold energy　01.284

反应阈能　threshold energy of reaction　10.526

反应阈[值]能[量]　threshold energy　01.284

反应 Q 值　reaction Q-value　01.281

(α，n)反应中子源　(α，n) reaction neutron source　08.183

(γ，n)反应中子源　(γ，n) reaction neutron source　08.184

反载体　holdback carrier　02.012

反照率　albedo　15.100

反照中子　albedo neutron　10.232

反侦察能力　anti-reconnaissance capability　10.095

反质子　antiproton　01.047

反质子储存环　antiproton storage ring　06.115

反中子　antineutron　01.048

反转岛　inverse island　01.260

反转现象　flip-flop phenomenon　17.353

返工　rework　21.247

返修　repair　21.246

*范艾伦辐射带　Van Allen radiation belt　04.021

*范德格拉夫加速器　van der Graaff accelerator　06.068

Bell 方程　Bell's equation　20.107

*N-S 方程　N-S equation　20.038

*LMTO 方法　LMTO method　20.136

P_n 方法　P_n method　20.092

*QMU 方法　QMU method　04.249

*S_n 方法　S_n method　20.089

钫　francium　02.063

防氡覆盖层　radon prevention layer　14.259

*防护行动　urgent protective action　15.182

防护密闭门　protective airtight door　10.174

防护与安全　protection and safety　17.067

防止核扩散　prohibition of nuclear proliferation　10.424

房室模型　compartment model　17.274

仿星器　stellarator　03.076

*仿真机　simulation machine　16.238

*仿真线　pulse forming network，PFN　07.053

放电清洗　discharge cleaning　03.039

放化传感器　radiochemical sensor　02.293

*放化分析　radiochemical analysis　02.294

放化诊断　radiochemical diagnosis　10.219

放能反应　exothermic reaction　01.282

放射层析法　radiochromatography　17.480

放射电化学分析　radioelectrochemical analysis　02.279

放射分析化学　radioanalytical chemistry　02.235

*放射工作人员健康管理　health management for radiation worker　15.047

放射化学　radiochemistry　02.001

放射化学产率　radiochemical yield　02.031

放射化学纯度　radiochemical purity　02.030

放射化学分离　radiochemical separation　02.042

放射化学分析　radiochemical analysis　02.294

放射极谱法　radiopolarography　02.292

放射计量学　radiometrology　02.286

放射量热法　radiometric calorimetry　02.280

放射酶分析法　radioactive enzyme assay　17.456

放射免疫导向手术　radioimmunoguided surgery，RIGS　17.448

放射免疫电泳　radioimmunoelectrophoresis　02.284

放射免疫分析　radioimmunoassay，RIA　17.454

放射免疫显像　radioimmunoimaging，RII　17.061

放射免疫显像剂　radioimmunoimaging agent　17.026

放射免疫治疗　radioimmunotherapy，RIT　17.426

放射敏感性　radio sensitivity　17.076

放射配体分析　radioligand assay　17.458

*放射色谱法　radiochromatography　17.480

放射生态学　radioecology　02.350

放射生物学　radiobiology　18.008

放射生物学效应　radiobiology effect　18.010

放射受体分析　*radioreceptor assay，RRA　17.457

放射受体显像　radioreceptor imaging　17.062

放射探测仪 radioscope 17.248

放射体外分析 in vitro radioassay 17.451

放射系 radioactive series 11.245

放射性 radioactivity 01.094

*α放射性 α-radioactivity 01.100

*β放射性 β-radioactivity 01.101

*γ放射性 γ-radioactivity 01.102

放射性本底 radioactive background 02.053

放射性比活度 specific radioactivity 18.002

放射性标记化合物 radiolabeled compound 08.419

放射性标记药盒 kit for radiopharmaceutical preparation 08.277

放射性标准 radioactive standard 02.054

放射性标准溶液 radioactive standard solution 08.148

放射性标准源 radioactive standard source 02.055

放射性参考物质 radioactive reference material 11.316

放射性测井 radioactivity logging 19.187

*放射性测量 radioactive geophysical prospecting 11.243

放射性测量的符合方法 coincidence method of radioactive measurement 19.039

放射性测量的假符合方法 pseudo coincidence method of radioactive measurement 19.040

放射性产额 radioactive yield 08.019

放射性沉降物 radioactive fallout 02.047

放射性纯度 radioactive purity 02.029

放射性的生长与衰变 growth and decay of radioactivity 02.149

放射性滴定 radiometric titration 02.282

*放射性地球化学勘探 radioactive geochemical prospecting 11.244

*放射性地球物理勘探 radioactive geophysical prospecting 11.243

放射性碘标记 radioiodination 08.418

放射性碘连续监测仪 continuous radioactive iodine monitor 19.100

放射性碘治疗 radioiodine therapy 17.427

放射性电泳 radioelectrophoresis 02.283

放射性淀质 radioactive deposit 02.046

放射性发光管 radioactive luminotron 08.264

放射性反义治疗 radioactive antisense therapy 17.437

放射性非竞争结合分析 non-competitive radioactive binding assay 17.455

*放射性废气 radioactive gaseous waste 14.190

放射性废气处理系统 radioactive exhaust gas treatment system 05.328

放射性废物 radioactive waste 14.189

放射性废物安全 radioactive waste safety 15.007

放射性废物安全管理 radioactive waste safety regulation 16.011

放射性废物包装 radioactive waste packing 14.312

放射性废物处理 radioactive waste treatment 14.215

放射性废物处置 radioactive waste disposal 14.328

放射性废物分类 classification of radioactive waste 15.183

放射性废物固定 radioactive waste immobilization 14.310

放射性废物固化 radioactive waste solidification 14.262

放射性废物管理 radioactive waste management 14.185

放射性废物管理原则 principle of radioactive waste management 15.188

放射性废物减容 volume reduction of radioactive waste 15.191

放射性废物盘存量 radioactive waste inventory 14.384

放射性废物再循环再利用 recycle and reuse of radioactive waste 15.190

放射性废物整备 radioactive waste conditioning 14.261

放射性废物贮存 radioactive waste storage 14.319

放射性废物最小化 radioactive waste minimization 14.186

*放射性废液 radioactive liquid waste 14.191

放射性废液处理 radioactive liquid waste treatment 14.229

放射性废液处理系统 radioactive liquid waste treatment system 05.329

放射性封闭 radioactive material containment 10.143

*放射性固体 radioactive solid waste 14.192

放射性固体废物 radioactive solid waste 14.192

放射性固体废物处理 radioactive solid waste treatment 14.244

放射性固体废物处理系统 radioactive solid waste treatment system 05.330

放射性固体废物处置许可证 license for disposal of radioactive waste 16.042

放射性固体废物贮存许可证 solid radioactive waste storage permit 16.043

*放射性核束 radioactive nuclear beam 01.271

放射性核素 radioactive nuclide 01.159

放射性核素标记 method of radionuclide labeling 08.417

*放射性核素纯度 radionuclidic purity 02.029

放射性核素大气扩散模型 diffusion model for radionuclide in atmosphere 02.332

放射性核素的促排 decorporation of radionuclides 17.103

放射性核素地表水迁移 migration of radionuclide in surface water 02.333

放射性核素发生器 radionuclide generator 08.003

放射性核素敷贴器 radionuclide applicator 17.249

放射性核素敷贴治疗 radionuclide application therapy 17.449

放射性核素海洋输运 marine transport of radionuclides 02.302

放射性核素化学形态 species of radionuclide 02.303

放射性核素化学形态分析方法 analysis method for species of radionuclide 02.304

*放射性核素化学种态 species of radionuclide 02.303

*放射性核素化学种态分析方法 analysis method for species of radionuclide 02.304

放射性核素环境转移 radionuclide transfer in environment 15.116

放射性核素基本值 A1 basic radionuclide values A1 15.199

放射性核素基本值 A2 basic radionuclide values A2 15.200

放射性核素甲状腺显像 radionuclide thyroid imaging 17.357

放射性核素介入治疗 radionuclide interventional therapy 17.434

放射性核素静脉显像 radionuclide phlebo-imaging 17.321

放射性核素脑池显像 radionuclide cisternography 17.350

放射性核素脑室显像 radionuclide ventriculography 17.351

放射性核素脑血管造影 radionuclide cerebral angiography 17.344

放射性核素膀胱显像 radionuclide cystography 17.422

放射性核素肾血管造影 radionuclide renal angiography 17.419

放射性核素肾脏显像 radionuclide renal imaging 17.417

放射性核素生态链转移 transfer of radionuclide in ecological chain 02.334

放射性核素示踪技术 radionuclide tracer technique 17.064

放射性核素水环境微观反应 microscopic reaction of radionuclide in aqueous environment 02.306

放射性核素岩体扩散 diffusion of radionuclide in rock formation 02.305

放射性核素在生态系统中的转移 radionuclide transfer in econological system 02.351

放射性核素制剂 medical radioactive preparation 08.304

放射性核素主动脉显像 radionuclide aorta-imaging 17.320

放射性滑膜切除术 radiation synovectomy 17.442

放射性化探 radioactive geochemical prospecting 11.244

放射性环境流出物 radioactive environment effluent 14.324

[放射性]活度 radioactivity，activity 02.122

放射性活度测量仪 radioactivity meter 09.140

放射性活度的测量 radioactivity measurement 18.003

放射性监测 radionuclide monitoring 10.436

放射性检测 radioassay 02.285

放射性胶体 radiocolloid 02.002

放射性竞争结合分析 competitive radioactive binding assay 17.453

放射性离子束 radioactive ion beam 01.271

*放射性粒子 radioactive seed source 08.330

*放射性种子 radioactive seed 08.330

放射性流出物监测 monitoring of radioactive effluent 15.080

放射性能量刻度　radioactive energy calibration　11.252

放射性浓度　radioactive concentration　08.012

放射性配基分析　radioligand binding assay，R[L]BA　02.289

放射性平衡　radioactive equilibrium　11.248

放射性气溶胶　radioactive aerosol　02.005

放射性气溶胶监测　radioaerosol monitoring　10.192

放射性气溶胶连续监测仪　continuous radioactive aerosol monitor　19.188

放射性气态废物　radioactive gaseous waste　14.190

放射性气态废物处理　radioactive gaseous waste treatment　14.220

放射性气体流出物　radioactive gaseous effluent　14.325

放射性气体取样探测　radioactive gas sampling and detecting　10.461

放射性取样系统　radioactive sampling system　05.312

[放射性]去污　[radioactive] decontamination　02.048

放射性射线　radioactive ray　11.246

放射性释放测定　radio-release determination　02.291

放射性受体分析　radioreceptor assay　02.287

放射性束　radioactive beam　02.150

放射性衰变　radioactive decay　01.160

[放射性]衰变常数　[radioactive] decay constant　02.123

[放射性]衰变纲图　[radioactive] decay scheme　02.124

[放射性]衰变链　[radioactive] decay chain　02.125

放射性衰变律　radioactive decay law　02.151

放射性水化学区调　regional investigation of radioactive hydrochemistry　11.294

放射性水化学找矿　radioactive hydrochemical prospecting　11.295

放射性水化学找矿标志　indicator of radioactive hydrochemical prospecting　11.298

*放射性水文地球化学测量　radioactive hydrochemical prospecting　11.295

放射性水文地质条件综合评价　comprehensive evaluation of radioactive hydrogeological condition　11.308

放射性水异常　hydroradioactive anomalies　11.303

放射性水异常评价　assessment of hydroradioactive anomalous　11.305

放射性探针　radioactive probe　17.013

放射性同位素　radioisotope　08.001

放射性同位素避雷器　radioactive isotope lightning arrester　08.260

放射性同位素分析　radioactive isotope analysis　11.317

放射性同位素生产、销售、使用许可证　license for producing，selling and using radioisotope　16.044

放射性微球　radionuclide microsphere　17.443

放射性污染　radioactive contamination　14.387

放射性污染环境　radioactivity-contaminated environment　02.313

放射性污染环境调查　environmental investigation of radioactive contamination　02.021

放射性污染环境修复　remediation for radioactivity-contaminated environment　02.312

放射性污染环境治理　radioactivity-contaminated environment governance　02.319

放射性污染评价及治理　evaluation and governance of radioactive contamination　02.218

放射性武器　radiological weapon　10.370

放射性物理分析　radiophysical analysis　12.193

放射性物品　radioactive material　16.045

放射性物品运输安全管理　safety regulation on radioactive material transportation　16.027

放射性物探　radioactive geophysical prospecting　11.243

放射性物质包容系统　containment system of radioactive materials　15.212

放射性物质密闭系统　confinement system of radioactive materials　15.213

放射性物质散布装置　radiological dispersal device，RDD　15.224

放射性物质运输　transport of radioactive material　15.192

放射性物质运输安保　security in transport of radioactive materials　15.223

放射性物质运输安全　safety of radioactive material transport　15.008

放射性物质运输安全评价　safety assessment of radioactive material transport　15.193

放射性物质运输工具　radioactive material conveyance

15.210

放射性物质运输容器　transport vessel for radioactive material　15.211

放射性物质运输特殊安排　special arrangement for the transport of radioactive material　15.209

放射性吸附　adsorption of radioactivity　02.006

放射性显像剂　radiolabeled imaging agent，radioactive imaging agent　08.308

放射性泄漏评估　radioactive material containment evaluation　10.147

放射性药品　radioactive drug　08.294

放射性药物　radiopharmaceutical　08.273

放射性药物化学　radiopharmaceutical chemistry　08.293

放射性药物体内稳定性　in vivo stability of radiopharmaceutical　08.279

放射性药物体外稳定性　in vitro stability of radiopharmaceutical　08.278

放射性药物学　radiopharmacy　08.291

放射性药物整体设计法　integrated design for radiopharmaceutical　08.274

放射性液体废物　radioactive liquid waste　14.191

放射性液体流出物　radioactive liquid effluent　14.326

放射性仪器标定模型　radioactive calibration model　11.253

放射性异常综合图　integrated map of radioactive anomalous　11.277

放射性有机废物　radioactive organic waste　14.193

放射性元素　radioactive element，radioelement　02.106

放射性暂时平衡　radioactive transient equilibrium　02.152

放射性长期平衡　radioactive secular equilibrium　02.153

放射性照相　radioactive photography　11.328

放射性支架　radioactive stent　17.444

放射性治疗药物　radiotherapeutic drug　17.018

放射性籽源　radioactive seed source　08.330

放射性自影像　autoradiography　09.002

放射药剂学　radiopharmaceutics，radiopharmacy　08.292

*60Co 放射源　cobalt-60 radiation source　19.101

*137Cs 放射源　cesium-137 radiation source　19.102

放射源　radioactive source　08.147

α 放射源　α radioactive source　08.175

β 放射源　β radioactive source　08.176

γ 放射源　γ radioactive source　08.177

放射源安保　security of radioactive source　15.219

放射源表面污染　radioactive surface contamination　08.159

放射源分类　categorization of radioactive source　15.095

放射源退役　decommissioning of radioactive source　19.114

放射源外形尺寸　outline dimension　08.157

放射源泄漏检验　radioactive source leakage check　08.168

*放射自显影术　autoradiography　09.002

放射自显影图　autoradiogram　08.290

飞机穿云取样　airplane sampling　10.264

飞行时间　time-of-flight　09.080

飞行时间法　time-of-flight method　21.144

飞行时间计数器　time-of-flight counter　09.248

飞行时间模式　time-of-flight mode　10.560

飞行时间中子谱仪　time-of-flight neutron spectrometer　09.356

飞行形状因子　in-flight aspect ratio，IFAR　03.382

非癌疾病　non-cancer diseases　15.146

非常规铀资源　unconventional uranium resource　11.198

非常规铀资源提铀　uranium recovery from unconventional uranium resources　12.117

非等晕误差　anisoplanatic error　20.198

非电离能量损失　non-ionizing energy loss，NIEL　04.086

非定位标记　non-specific labeling　08.416

非对称裂变　asymmetric fission　02.154

非对称能窗　asymmetric energy window　17.220

非感应电流驱动　noninductive current drive　03.292

非共振加热　nonresonance heating　03.294

非固定性污染　non-fixed contamination　14.388

非活泼氚　non-labile tritium　08.385

*非计划排放　non-plan release　15.123

非接触式测量仪表　non-contact measuring instrument　14.181

非结构网格　unstructured grid　20.029

非镜反射　off-specular reflection　10.563

非居住区　exclusion area　16.302

非局域输运　nonlocal transport　03.293

非均匀传输线　non-uniform transmission line　07.051

非密封放射源　unencapsulated radioactive source　08.156

非能动安全设施　passive safety facility　05.440

非能动安全系统　passive safety system　05.340

非能动部件　passive component　16.148

非平衡等离子体　non-equilibrium plasma　03.054

非破坏性分析　non destructive assay　NDA　10.326

非热发射　non-thermal emission　03.041

非人类物种辐射效应　effect of radiation on non-human species　15.140

非束缚态　unbound state　01.236

*非弹散射　inelastic scattering　01.314

非弹性散射　inelastic scattering　01.314

非特异性结合　non-specific binding　17.034

非同位素载体　non-isotopic carrier　02.037

非现役库存　inactive nuclear stockpile　10.373

非线性共振　nonlinear resonance　06.184

非线性探测器　non-linear detector　09.264

非易失存储器件　non-volatile memory，NVM　04.271

*非有心力　non-central force　01.079

非圆截面等离子体　noncircular cross section plasma　03.106

非匀质系　heterogeneous system　20.119

非蒸散型吸气剂泵　non-evaporable getter pump　06.424

非直接使用材料　indirect use materials　10.287

非中心力　non-central force　01.079

非中性等离子体　non-neutral plasma　03.037

非主题标引　non-subject indexing　21.379

菲克定律　Fick's law　05.052

菲涅耳方程　Fresnel equation　20.217

霏细岩　felsite　11.076

肺灌注显像　pulmonary perfusion imaging　17.382

肺通气显像　pulmonary ventilation imaging　17.383

废包壳　leached hull　14.056

废放射源　spent radioactive source　14.206

废金属熔炼　waste metal smelting　14.254

废料辐照回收利用　recovery and utilization of waste　06.617

废气的辐照处理　irradiation treatment of waste gas　19.162

废气电子束脱硫脱硝　desulfurization and denitrification of exhaust gases　06.614

废弃空间　cast space　12.220

废水的辐照处理　irradiation treatment of waste water　19.163

α 废物　α waste　15.187

废物包　waste package　14.313

*废物包装　radioactive waste packing　14.312

废物处理系统　waste treatment system　05.302

*废物处置　radioactive waste disposal　14.328

*废物放置　waste placed　14.366

*废物固定　radioactive waste immobilization　14.310

*废物固化　radioactive waste solidification　14.262

废物固化体　waste form　14.264

废物固化体化学稳定性　chemical stability of waste form　14.297

废物固化体均匀性　homogeneity of waste form　14.299

废物固化体耐辐照性　radio durability irradiation stability of waste form　14.300

废物固化体热稳定性　thermal stability of waste form　14.301

废物固化体性能测试　characterization of waste form　14.296

废物固化体中游离液体　free liquid in waste form　14.307

废物减容　waste volume reduction　14.188

废物接收　waste reception　14.366

废物容器　waste container　14.314

*废物形态　waste form　14.264

废物预处理　pre treatment　14.216

废物源项　waste source-term　14.336

*废物整备　radioactive waste conditioning　14.261

废液贮槽　liquid waste storage tank　14.322

*废源　spent radioactive source　14.206

沸水堆　boiling water reactor　05.251

沸水堆内置泵　internal pump of boiling water reactor

05.536

费米函数　Fermi function　01.134

费米跃迁　Fermi transition　01.132

镄　fermium　02.076

分辨力　resolution　21.044

分辨时间　resolving time　17.225

分辨时间校正　resolving time correction　09.083

分布式控制　distributed control system　06.489

*分布系数　distribution coefficient，K_d　15.135

分导式多弹头　multiple independently targetable reentry vehicle　10.368

分独立产额　fractional independent yield　02.155

分拣　sorting　14.217

分截面　partial cross-section　01.291

分累积产额　fractional cumulative yield　02.156

分离环谐振腔　split ring resonator，SLR　06.504

分离流程　separation process　14.019

分离能　separation energy　01.014

分离扇回旋加速器　separated-sector cyclotron　06.082

分离-嬗变　partitioning and transmutation　14.255

分离系数　separation factor，SF　14.139

分离作用聚焦　separate function focusing　06.025

分流器　shunt　07.145

分路阻抗　shunt impedance　06.385

分凝　fractionation　10.226

分配　distribution　14.081

分配比　distribution ratio　14.082

分配系数　distribution coefficient，K_d　15.135

分批换料法　batch refueling scheme　05.103

分散相　dispersed phase　14.083

分衰变常数　partial decay constant　01.119

分相流模型　separated flow model　05.184

分支比　branching ratio　01.118

分支衰变　branching decay　02.157

分子泵　turbomolecular pump　06.420

*分子成像　molecular imaging　17.007

分子电镀制源工艺　molecular plating radioactive source preparation technology　08.215

分子镀　molecular plating　02.158

分子核医学　molecular nuclear medicine　17.005

分子活化分析　molecular activation analysis　02.241

分子探针　molecular probe　08.289

分子影像　molecular imaging　17.007

分组物料平衡法　method of mass balance in group　10.280

焚烧　incineration　14.248

粉末混合压片制源工艺　powder mixing and pressing radioactive source preparation technology　08.210

粉末冶金制源工艺　powder metallurgy radioactive source preparation technology　08.207

粉砂岩　siltstone　11.048

丰度　abundance　05.005

丰度差法　method of isotopic abundance difference　10.277

丰质子核素　proton-rich nuclide　01.029

丰质子同位素　proton-rich isotope　01.031

丰中子核素　neutron-rich nuclide　01.028

丰中子同位素　neutron-rich isotope　01.030

风险　risk　16.012

风险告知　risk-informed　16.046

风险告知的技术规格书　risk-informed technical speci-fication，RI-TS　16.047

风险告知的监管导则文件　riskinformed regulatory guide　16.048

风险告知和基于绩效的监管决策　risk-informed and performance-based regulatory decision-making　16.049

风险评价　risk assessment　16.050

*风险指引　risk-informed　16.046

封闭磁面　closed magnetic surface　03.103

封闭甲状腺　blocking thyroid　17.428

封闭壳　containment cage　10.144

封签　seal　10.458

封锁　containment　18.051

*峰化开关　peaking switch　07.079

峰康比　peak-to-Compton ratio　09.094

峰值磁场　peak magnetic field　06.538

峰值电场　peak field　06.390

峰值骨量　peak bone mass，PBM　17.375

峰值流强 peak current 06.013

峰总比 peak-to-total ratio 09.095

缝丝测量法 slit and wire method 06.462

铁 flerovium 02.090

敷贴器 applicator 17.450

弗拉索夫方程 Vlasov equation 03.026

弗劳德数 Froude number 03.371

*弗里克剂量计 Fricke dosimeter 19.049

弗洛奎定理 Floquet's theorem 20.247

芙蓉铀矿 furongite 11.033

服役历程 stockpile to target sequence，STS 10.109

氟-18 fluorin-18 08.035

[18F]-氟比他班 [18F]-BAY94-9172，florbetaben 08.371

氟-18 标记方法 method of [18F]-fluorination 08.341

[18F]-氟代多巴 [18F]-fluorodopa 08.370

[18F]-氟代脱氧葡萄糖 [18F]-fluorode-oxyglucose，[18F]-FDG 08.365

氟化 fluorination of uranium 12.175

[18F]-氟化钠 [18F]-sodium fluoride 08.369

[18F]-氟罗贝它 [18F]-AV-45，florbetapir 08.368

[18F]-氟美他酚 [18F]-GE-067，flutemetamol 08.367

[18F]-氟咪索硝唑 [18F]-fluoromisonidazole，[18F]-FMISO 08.373

俘获 capture 02.159

K 俘获 K-capture 02.131

俘获反应 capture reaction 01.335

俘获辐射 capture radiation 01.146

俘获截面 capture cross-section 02.160

*俘获粒子 trapped particle 03.111

*俘获粒子不稳定性 trapped particle instability 03.333

俘获裂变比 ratio of capture to fission 10.496

俘获探测器 capture detector 10.477

*俘陷粒子 trapped particle 03.111

浮动核电站 floating nuclear power plant 05.265

*符合 conformity 21.211

符合电路 coincidence circuit 09.298

符合分辨时间 coincidence resolving time 21.153

符合计数法 coincidence counting method 21.135

符合时间窗 coincident time window 17.181

符合事件 coincidence event 17.182

符合探测 coincidence detection 17.183

符合线 coincidence line，line of coincidence 17.184

符合线路单光子发射计算机体层仪 coincidence circuit single photon emission computed tomography，coincidence circuit SPECT 17.130

符合相加 coincidence summing 21.156

幅度分析器 amplitude analyser 09.338

幅度-时间变换器 amplitude-time converter 09.307

幅度稳定度 amplitude stability 06.406

幅控环 amplitude control loop 06.411

辐解 radiolysis 14.132

辐解产物 radiolytic product 19.086

辐射 radiation 04.003

辐射安全 radiation safety 15.006

辐射安全分析 radiation safety analysis 15.094

辐射安全管理 radiation safety management 15.003

辐射安全文化 radiation safety culture 15.046

辐射靶理论 radiation target theory 15.143

辐射报警装置 radiation warning apparatus 09.359

*辐射暴露 radiation exposure 15.013

辐射本体聚合 radiation bulk polymerization 19.067

辐射编录 radiometric documentary 11.266

辐射波电磁脉冲模拟器 radiating-wave electromagnetic pulse simulator 04.180

辐射波模拟器 radiation simulator 07.140

辐射不透明度 radiation opacity 20.291

辐射测量设备 radiation measurement instrument 17.244

辐射测量仪 radiation meter 09.360

辐射场 radiation field 21.085

辐射场参数 radiation field parameter 04.171

辐射成像 radiography 07.123

辐射多群近似 radiation multi-group approximation 20.304

辐射发光 radiation luminescence 19.006

辐射发光探测器 radioluminescence detector 09.274

辐射方向图 radiation pattern 20.250

*辐射防护 radiation damage protection 18.137

辐射防护标准　radiation protection standard　15.042

辐射防护基本原则　basic principle for radiation protection　15.043

辐射防护目标　radiation protection goal　15.044

辐射防护评价　radiation protection assessment　15.045

辐射防护最优化　optimization of radiation protection　15.004

辐射俘获　radiation capture　02.161

辐射俘获反应　radiative capture reaction　01.336

辐射俘获截面　radiation capture cross-section　02.162

辐射改性　radiation modification　19.093

辐射工作人员健康管理　health management for radiation worker　15.047

辐射共聚合　radiation copolymerization　19.065

辐射固定化　radiation immobilization　19.084

辐射固化　radiation curing　19.156

辐射光致发光剂量计　radio-photoluminescence dosimeter, RPL dosimeter　15.108

辐射还原　radiation reduction　19.092

辐射含量计　radiation content meter　09.361

辐射合成　radiation synthesis　19.062

辐射后聚合　post radiation polymerization　19.066

辐射后效应　radiation post-effect　19.071

辐射化工　radiation chemical engineering　19.130

辐射化学　radiation chemistry　19.008

辐射化学产额　radiation chemistry yield　19.019

辐射化学初级过程　primary process of radiation chemistry　19.009

辐射化学次级过程　secondary process of radiation chemistry　19.010

辐射化学时间标度　time scale of radiation chemistry　19.017

辐射环境　radiation environment　04.010

辐射环境监测　environmental radiation monitoring　15.082

辐射环境模拟技术　simulation technology of radiation environment　04.009

辐射环境影响评价　environmental impact assessment of radiation　15.112

辐射环境整治与恢复　environmental remediation and recovery of radiation　15.115

辐射环境直接测量　direct environmental measurement of radiation　02.324

辐射激波　radiating shock　03.446

辐射技术　radiation technology　19.129

辐射剂量　radiation dose　17.075

辐射剂量测量　radiation dose measurement　19.041

辐射剂量学　radiation dosimetry　17.104

辐射加工　radiation processing　19.131

辐射间接作用　radiation indirect action　19.005

辐射监测　radiation monitoring　15.078

辐射监测器　radiation monitor　09.363

辐射监测仪表　radiation monitoring instrument　15.101

辐射降解　radiation degradation　19.085

辐射交联　radiation crosslinking　19.072

辐射交联电线电缆　radiation crosslinked wire and cable　19.149

辐射交联聚烯烃泡沫　radiation crosslinked polyolefin foam　19.153

辐射交联热收缩材料　radiation crosslinked heat- shrinkable materials　19.148

辐射接枝　radiation grafting　19.079

辐射接枝电池隔膜　radiation grafted battery separator　19.154

辐射警告标志　radiation precaution sign　15.086

辐射矩方程　radiation moment equation　20.298

辐射聚合　radiation polymerization　19.063

辐射昆虫不育技术　sterile insect technique　18.042

辐射扩散近似　radiation diffusion approximation　20.299

*辐射裂解　radiation cleavage　19.085

辐射流体力学　radiation-hydrodynamics　03.400

辐射硫化　radiation vulcanization　19.151

辐射灭菌　radiation sterilization　19.167

*辐射敏感性　radio sensitivity　17.076

辐射敏化　radiation sensitization　19.087

辐射敏化剂　radiation sensitizer　19.088

辐射能流　radiation flux　20.287

辐射能谱仪　radiation spectrometer　09.362

*辐射旁效应　bystander effect　15.153

*辐射品质　adiation quality　21.086

辐射屏蔽　radiation shielding　15.087

辐射屏蔽材料　radiation shielding materials　19.109

辐射谱能量密度　radiation spectral energy density　20.286

辐射谱强度　radiation intensity　20.283

[辐射谱仪的]能量分辨力　energy resolution [of a radiation spectrometer]　21.157

*辐射躯体效应　radiation somatic effect　15.147

辐射取样　radiometric sampling　11.267

辐射权重因数　radiation weighting factor　15.039

辐射乳液聚合　radiation emulsion polymerization　19.068

辐射筛选　radiation screening　19.158

辐射生物效应　radiation biological effect　15.002

辐射事故　radiological accident　16.208

辐射适应性反应　radio-adaptive response　15.152

辐射输运方程　radiation transport equation，radiative transfer equation　20.297

*辐射随机效应　stochastic effect　15.145

辐射损害防护　radiation damage protection　18.137

辐射损伤　radiation damage　04.007

辐射损伤等效　radiation damage equivalence　04.100

辐射损伤探测器　radiodefect detector　09.272

辐射坍塌　radiative collapse　03.442

辐射探测装置　radiation detection assembly　09.162

γ辐射探伤　γ radiation flaw detection　08.268

辐射条件　radiation condition　20.219

辐射退火　radiation annealing　19.159

辐射危险　radiation risk　15.014

辐射温度　radiation temperature　03.399

辐射稳定性　radiation stability　19.089

辐射问题　radiation problem　20.252

辐射显色薄膜剂量计　radiochromic film-dosimeter　19.056

辐射消毒　radiation disinfection　19.176

辐射效应　radiation effect　04.006

辐射压加速　radiation pressure acceleration，RPA　03.397

辐射压强　radiation pressure　20.289

辐射压强张量　radiation pressure tensor　20.288

辐射氧化　radiation oxidation　19.070

*辐射遗传效应　radiation genetic effect　15.148

辐射遗传学　radiation genetics　18.072

辐射引发　radiation initiation，radiation induction　19.007

辐射引发的化学反应　radiation-induced chemical reaction　19.016

*辐射引发聚合　radiation-induced polymerization　19.063

辐射引发自氧化　radiation-induced autoxidation　19.069

辐射诱变　radiation induced mutation　18.073

*辐射诱导的化学反应　radiation-induced chemical reaction　19.016

辐射诱发基因组不稳定性　radiation induced genomic instability　15.151

辐射源　*source　15.001

^{60}Co 辐射源　cobalt-60 radiation source　19.101

^{137}Cs 辐射源　cesium-137 radiation source　19.102

辐射照射　radiation exposure　15.013

辐射直接作用　radiation direct action　19.004

辐射指示器　radiation indicator　09.364

辐射质　radiation quality　21.086

辐射致癌危险估计　risk estimation of radiation-induced cancer　15.150

辐射致癌效应　radiation carcinogenesis effect　15.149

*辐射自分解　radiation self-decomposition　08.386

辐射自由程　radiation mean-free-path　20.290

辐射阻尼　radiation damping　06.245

辐照　irradiation　04.169

辐照补偿半导体探测器　radiation compensated semiconductor detector　09.225

辐照不对称性　radiation assymmetry　03.398

辐照脆化　irradiation embrittlement　19.160

辐照加工　irradiation processing　18.019

辐照加工工艺　standards for irradiation processing　18.020

辐照加工食品　irradiation processed food　18.027

辐照加速器　irradiation accelerator　06.152

辐照监督管　irradiation monitoring tube　05.237

辐照检疫　irradiation quarantine　19.183

辐照考验燃料组件　irradiation test fuel assembly　13.039

辐照孔道　radiation channel　05.239

辐照强化　irradiation strengthening　19.161

辐照燃料　irradiated nuclear fuel　14.004

辐照容器　irradiation container　19.106

辐照杀虫技术　radiation insecticidal technology，RIT　18.040

辐照杀菌　irradiation decontamination　18.031

辐照生长　irradiation growth　13.164

辐照食品标识　label requirement of irradiated food　18.028

辐照食品鉴定方法　identification method of irradiated food　18.029

辐照食品卫生安全性　wholesomeness for irradiated food　18.018

辐照试验　irradiation test　04.170

辐照损伤　irradiation damage　13.165

辐照物传输系统　conveying system of irradiation product　19.107

*辐照物输送系统　conveying system of irradiation product　19.107

辐照循环　irradiation cycle　19.139

辐照循环时间　irradiation cycle time　19.140

*辐照硬化　irradiation hardening　19.161

辐照指示标签　radiation indicator label　19.061

辐照肿胀　irradiation swelling　13.166

γ辐照装置　γ irradiation facility　18.024

辐照装置的加工确认　process validation of irradiation facility　18.035

γ辐照装置退役　decommissioning of γ irradiation facility　19.115

福克尔-普朗克方程　Fokker-Planck equation　03.027

*辅基标记法　prosthetic group labeling method　08.340

辅助给水系统　auxiliary feedwater system　05.323

辅助控制点　supplementary control point　16.303

*辅助控制室　supplementary control point　16.303

辅助蒸汽系统　auxiliary steam system　05.299

*负磁剪切　negative shear　03.105

负荷跟踪运行方式　load following operating mode　05.459

负荷显像　stress imaging　17.057

负离子源　negative ion source　06.260

负离子源中性束注入　negative ion source neutral beam injection　03.287

负离子注入　negative-ion injection　06.058

*负载角　loading angle　06.400

附加剂量　transit dose　19.037

附属证据　affiliated evidence　10.283

*附着性污染　deposits contamination　14.388

复合核　compound nucleus　01.321

复合核反应　compound nuclear reaction　01.340

复合核理论　compound-nucleus theory　01.368

复合[核]弹性散射　compound-elastic scattering　01.370

复合栅介质　composite gate dielectric　04.167

*复核体系　composite nuclear system　01.320

复核系统　composite nuclear system　01.320

复式岩体　composite massif multistage and multi-period　11.103

*复现性　reproducibility　21.021

复现性测量条件　measurement reproducibility condition of measurement　21.022

*复现性条件　reproducibility condition　21.022

复原时间　restoration time　09.090

复杂原子　complex atom　20.152

复制后修复　postreplication repair　18.074

富集靶　enriched target　02.163

富集倍数　multifold enrichment factor　08.091

*富集铀　enriched uranium　05.006

富铀建造　uranium-rich formation　11.118

覆盖层　cover layer　14.370

G

伽马放射性　gamma radioactivity　01.102

伽马辐射监测和能量分辨分析　gamma radiation monitoring and energy spectrum analysis　10.462

伽马辐照电流　gamma radiation-induced current　10.151

伽马–伽马对撞机　gamma-gamma collider　06.141

伽马–伽马角关联　gamma-gamma angular correlation　01.219

伽马光子　gamma photon　01.099

伽马光子线形极化　gamma-ray linear polarization　01.220

伽马角分布　gamma angular distribution　01.218

HPGe 伽马谱仪　HPGe gamma spectrometer　10.499

伽马射线　gamma ray　01.105

伽马射线谱　gamma-ray spectrum　01.108

伽马射线谱学　gamma-ray spectroscopy　01.169

伽马衰变　gamma decay　01.111

伽马相机　gamma camera　09.379

伽马跃迁　gamma transition　01.191

伽莫夫窗口　Gamow window　01.389

伽莫夫峰　Gamow peak　01.388

伽莫夫–泰勒跃迁　Gamow-Teller transition　01.133

伽莫夫因子　Gamow factor　01.387

钆-153 低能光子源　gadolinium-153 low energy photon source　08.242

改善的低约束模式　improved L-mode　03.260

改组武库构成　restructuring of the arsenal　10.344

钙结岩型铀矿床　calcrete type uranium deposit　11.185

钙铀云母　autunite　11.017

[盖革–米勒计数管的]过电压　over-voltage [of a Geiger-Müller counter tube]　09.055

盖革–米勒区　Geiger-Müller region　09.009

盖革–米勒阈　Geiger-Müller threshold　09.052

盖革–努塔尔定律　Geiger-Nuttall law　01.127

*概率安全分析　probabilistic safety analysis　16.209

概率安全评价　probabilistic safety assessment　16.209

概率安全评价要素　probabilistic safety analysis element，PSA element　16.210

肝胆动态显像　hepatobiliary dynamic imaging　17.408

肝胶体显像　liver colloid imaging　17.403

肝血池显像　hepatic blood pool imaging　17.404

肝血管灌注显像　hepatic artery perfusion imaging　17.405

*杆箍缩二极管　rod pinch diode　07.093

感兴趣区　region of interest，ROI　17.272

感应电压叠加器　inductive voltage adder，IVA　07.056

感应加速　inductive acceleration　06.020

*感应加速器振荡　transverse oscillation，betatron oscillation　06.036

感应驱动等离子体电流　inductive plasma current drive　03.264

感应输出管　inductive output triode　06.364

干法后处理　dry reprocessing　14.021

干法溶样　dry dissolution　10.271

干法贮存　dry storage　14.321

干涸　dry out　05.127

干涸热流密度　dryout critical heat flux　05.129

干灰化　drying incineration　18.157

干扰　interference　07.159

干预　intervention　15.052

干预水平　intervention level　17.094

干预组织　intervening organization　17.095

钢筋混凝土挡墙　reinforced concrete barricade　10.173

钢丝绳气体取样　gas sampling by steel cable　10.221

高纯半导体探测器　high-purity semiconductor detector　09.224

高次模　higher order mode，HOM　06.221

高次谐波场　higher-order harmonic field components　06.278

高锝[⁹⁹ᵐTc]酸钠　sodium pertechnetate［⁹⁹ᵐTc］　08.350

*高度归一系数　height attenuation coefficient　21.193

高度衰减系数　height attenuation coefficient　21.193

*高放废物　high-level radioactive waste　14.196

高放废液分离　high-level liquid waste partitioning　14.040

高放固化体中间贮存　high level solidification interim storage　14.323

高分子材料辐射改性　radiation modification of polymer　19.094

高分子辐射化学　radiation chemistry of polymer 19.014

高分子化合物的辐照改性　irradiation treatment of macromolecular compound　06.615

高峰前移　peak forward　17.429

高高度测试　high height test　21.190

*高功率二极管　high power diode　04.034

高功率固体电阻　high power solid resistor　07.184

高功率离子束二极管　high power ion beam diode　07.094

高功率微波　high power microwave　07.115

高功率微波源　high power microwave source　04.197

高光谱矿物变异规律分析　hyperspectral mineral variation pattern　11.293

高光谱矿物填图　hyperspectral mineral mapping　11.281

高混杂波　upper hybrid wave　03.182

高级触发　high level trigger　09.332

*高加速寿命试验　highly accelerated life test，HALT　21.278

高加速应力筛选　highly accelerated stress screening，HASS　21.279

高加速应力试验　highly accelerated life test，HALT　21.278

高阶场误差　higher-order field error　06.317

高阶模　high order mode　06.355

高阶模耦合器　high order mode coupler　06.356

高可靠超薄栅氧技术　high reliability of ultra-thin gate oxide technology　04.166

高空核爆炸　high-altitude nuclear test　10.393

高空核爆炸效应　effect of the high altitude nuclear explosion　10.157

高空［核］电磁脉冲　high-altitude ［nuclear］ electro-magnetic pulse，HEMP　04.077

高空间分辨率遥感技术　high spatial resolution remote sensing technology　11.292

1/10 高宽　full width at tenth maximum，FWTM　17.148

高能电子暴　high-energy electron storm　04.027

高能辐射　high energy radiation　19.003

高能核反应　high-energy nuclear reaction　01.269

*高能粒子发光　high-energy luminescence　19.006

高能量粒子　energetic particle　03.246

高能量粒子模　energetic particle mode，EPM　03.247

高能量密度物理学　high energy density physics，HEDP　03.373

高能 X 射线　high energy X ray　04.032

高能通用准直器　high energy general purpose collimator　17.141

高能原子　energetic atom　02.231

高能中子　high-energy neutron　02.225

高浓铀　highly enriched uranium　13.054

高频高压型加速器　high-frequency high-voltage accelerator　06.070

高频近似方法　high frequency asymptotic method　20.258

高频离子源　RF ion source　06.254

高 β 腔　high β cavity　06.507

高 K 栅介质　high-K gate dielectric　04.159

高释热核素　high heat release nuclide　14.038

高水平放射性废物　high-level radioactive waste　14.196

高斯波束　gaussian beam　20.231

高梯度绝缘微堆　high gradient insulator，HGI　07.185

高通量工程实验堆　high flux engineering test reactor　05.256

高温处理　high temperature treatment　06.528

高温挥发制源工艺　high temperature evaporation radioactive source preparation technology　08.211

高温气冷堆球状燃料装卸系统　spherical fuel handling system of HTGR　05.483

高温气冷堆燃料元件　high temperature gas-cooled

reactor fuel assembly 13.029

高温气冷堆热气导管 hot gas duct of high temperature gas-cooled reactor，hot gas duct of HTGR 05.541

高温碳氮氧循环 hot CNO cycle 01.398

高温氧化挥发法 high temperature vol-oxidation treatment 14.053

高效粒子空气过滤器 high efficiency particulate air filter，HEPA filter 14.225

高效液相色谱分离 high performance liquid chromatography 02.019

高压 high pressure 10.542

高压安注泵 high pressure safety injection pump 05.371

高压变压器型加速器 high-voltage transformer accelerator 06.071

高压电源 high voltage power supply 06.320

高压缸 high pressure cylinder 05.397

高压加速 high voltage acceleration 06.018

高压脉冲发生器 high voltage pulse generator 06.324

高压脉冲调制器 high voltage modulator 06.403

高压水冲洗 high press rinsing 06.530

高压水切割 high press water cutting 14.410

高压水去污 high press water decontamination 14.401

高压型加速器 high voltage accelerator 06.066

高约束模功率阈值 high confinement mode power threshold 03.257

高约束模式 high confinement mode 03.258

*高约束模台基 pedestal in high confinement plasma 03.297

*高再循环状态 high recycling regime 03.218

高增益高次谐波放大自由电子激光装置 high gain harmonic generation free-electron laser，HGHG-FEL 06.123

高整体容器 high integrity container 14.316

高自旋态 high-spin state 01.225

高阻抗加速器 high impedance accelerator 07.117

锆-89 zirconium-89 08.055

锆材氢化物取向 zirconium hydride orientation 13.153

锆管涂石墨 zirconium tube coated graphite 13.134

锆石 U-Pb 年龄 zircon U-Pb age 11.321

锆行为 zirconium behavior 14.119

锆指数 zirconium index 14.131

锔 copernicium 02.088

戈［瑞］ Gray，Gy 15.025

格架焊接 grid welding 13.136

格架弹簧夹持力 grid spring clamping force 13.162

格架条带 grid stripe 13.094

格拉德-沙夫拉诺夫方程 Grad-Shafranov equation 03.134

格劳伯模型 Glauber model 01.379

格林艾森系数 Grüneisen coefficient 10.573

格林函数方法 Green function method 20.138

格林沃尔德密度 Greenwald density 03.251

隔离变压器 isolation transformer 06.332

隔离块 spacer 13.097

隔离块钎焊 isolation block brazing 13.133

隔离块涂铍 isolated block coated beryllium 13.132

隔离器 isolator 06.352

隔栅 septa 17.179

镉-109 低能光子源 cadmium-109 low energy photon source 08.240

镉切割能 cadmium cut-off energy 10.520

个人剂量报警仪 personal alarm dosimeter 19.185

个人剂量当量 personal dose equivalent 15.038

个人剂量计 personal dosimeter 15.106

个人剂量限值 individual dose limit 15.053

个人监测 individual monitoring 15.079

个性图书馆 personalized library 21.319

各向同性辐射 isotropic radiation 20.284

*给定值 conventionally true value of a quantity 21.008

给水泵 feed water pump 05.402

给水调节系统 feedwater control system 05.315

给水-蒸汽回路 feedwater-steam circuit 05.295

根本原因 root cause 16.212

根除 eradication 18.052

更换打击目标能力 retargeting capability 10.103

工程测试 testing in nuclear test engineering 10.181

工程模拟　engineering simulation　20.016

工程屏障　engineering barrier　14.335

工程热点因子　engineering hot point factor　05.142

工程热通道因子　engineering hot channel factor　05.137

工程选址　siting in nuclear test engineering　10.189

工程因子　engineering factor　05.146

*工位时间　station time　19.138

*工业 CT　industrial CT　19.189

工业货包　industrial package　15.204

工业计算机层析成像　industrial computer tomography，industrial computed tomography　19.189

工业探伤源　industry flaw detection radioactive source　08.202

工艺废物　process waste　14.203

工艺剂量　processing dose　19.035

*工作标准　working standard　21.062

工作测量标准　working measurement standard　21.062

工作剂量计　working dosimeter　19.046

工作水平　working level，WL　15.076

工作水平月　working level month，WLM　15.077

工作箱　shielded box　14.165

工作源　working source　21.100

工作中子源　working neutron source　13.047

弓形几何校正　geometric arc correction　17.205

*B-W 公式　B-W formula　01.365

公众参与　public participation　14.359

公众成员　member of the public　17.087

公众照射　public exposure　15.062

功率分配器　power divider　06.347

功率峰因子　power peak factor　05.056

功率合成技术　power combining　07.133

功率合成器　power combiner　06.346

功率亏损　power defect　05.089

功率密度　power density　07.039

功率耦合器　power coupler　06.345

功率调节系统　power regulating system　05.311

功率系数　power coefficient　05.088

功能参数图　functional parameter mapping　17.275

功能隔离　functional isolation　16.013

功能显像　functional imaging　17.009

功能显像剂　functional imaging agent　08.320

功能指标　functional indicator　16.014

供热堆　heating reactor　05.270

共沉淀　co-precipitation　02.007

共沉积　co-deposition　03.212

共处理　co-processing　14.094

共萃取　co-extraction　14.101

共电沉积制源工艺　common electric deposition radioactive source preparation technology　08.218

共轭梯度快速傅里叶变换方法　conjugate gradient fast Fourier transform method　20.268

*共轭通量　adjoint flux　20.103

共辐射接枝　direct，simultaneous，mutual radiation grafting　19.081

共模故障　common mode failure　16.213

共去污分离循环　co-decontamination separation cycle　14.100

共因故障　common cause failure　16.214

共振　resonance　06.181

共振磁场扰动　resonant magnetic perturbation，RMP　03.317

共振反应　resonance reaction　01.362

共振积分　resonance integral　05.016

共振截面　resonance cross-section　02.164

共振宽度　resonance width　01.364

共振能量　resonance energy　01.363

共振频率　resonance frequency　06.182

共振态　resonant state　01.237

共振吸收　resonance absorption　03.402

共振型中子自旋回波　neutron resonance spin echo　10.568

共振引出技术　resonance extraction　06.555

共振中子　resonance neutron　10.522

沟道辐射　channeling radiation　06.051

沟道效应　channeling effect　02.265

沟道载流子迁移率衰减　channel carrier mobility degradation　04.050

构造 structure 11.094

X 箍缩 X-pinch 07.135

Z 箍缩 Z-pinch 03.423

Z 箍缩等离子体 Z-pinch plasma 03.427

Z 箍缩等离子体辐射 Z-pinch plasma radiation 04.038

Z 箍缩等离子体辐射源 Z-pinch plasma radiation source 03.428

箍缩电流 pinch current 03.430

Z 箍缩惯性约束聚变 Z-pinch inertial confinement fusion 04.041

Z 箍缩喷气负载 Z-pinch gas puff load 04.040

Z 箍缩丝阵负载 Z-pinch wire array load 04.039

古茨维勒变分法 Gutzwiller variational method 20.146

古地下水铀成矿作用 uranium metallogenesis by palaeogroundwater 11.131

古河道型砂岩铀矿床 paleochannel type sandstone uranium deposit 11.162

*古河谷型砂岩铀矿床 paleovalley type sandstone uranium deposit 11.162

古铀场 paleo-uranium field 11.120

*骨动态显像 dynamic bone imaging 17.365

骨架焊接 frame welding 13.137

骨架胀接 frame expansion 13.138

骨矿物含量 bone mineral content，BMC 17.373

骨量 bone mass 17.372

骨密度 bone mineral density，BMD 17.374

*骨髓闪烁显像 bone marrow scintigraphy，BMS 17.376

骨髓显像 bone marrow imaging 17.376

骨显像剂 bone imaging agent 08.319

钴-57 cobalt-57 08.039

钴-59 cobalt-59 08.141

钴-60 cobalt-60 08.040

钴-60 γ 放射源 cobalt-60 γ radioactive source 08.233

钴-57 刻度源 cobalt-57 graduated source 08.253

钴-57 穆斯堡尔源 cobalt-57 Mössbauer source 08.244

固壁边界条件 wall boundary condition 20.040

固定表面污染 fixed surface contamination 08.174

固定磁场交变梯度加速器 fixed-field alternating-gradient accelerator，FFAG accelerator 06.091

固定立体角法 definite solid angle method 21.134

固定缺损 matched defect 17.335

固定性污染 fixed contamination 14.389

固化基材 solidification base material 14.263

*固化体 waste form 14.264

固态放大器 solid state amplifier 06.363

固态脉冲形成线 solid pulse forming line 07.050

*固体放射性废物 radioactive solid waste 14.192

固体废物的辐照处理 irradiation treatment of solid waste 19.164

固体辐射化学 radiation chemistry of solid 19.013

固体激光 solid-state laser 20.179

固体剂量计 solid-phase dosimeter 19.048

固体径迹火花自动计数器 solid track spark auto counter 10.476

固体径迹探测器 solid track detector 09.234

固体裂变产物 solid fission product 10.239

固体取样系数 solid sampling coefficient 10.242

固体闪烁探测器 solid scintillation detector 17.233

固体样品 drill-core sample 10.222

固体指示剂 solid activation indicator 10.256

固相放射免疫分析 solid phase radioimmunoassay 17.481

固有安全特性 inherent safety feature 16.015

固有安全运行性能 inherent safe operating performance 05.434

固有泛源均匀性 intrinsic flood field uniformity 17.154

固有可用度 inherent availability，Ai 21.260

固有空间分辨率 intrinsic spatial resolution 17.291

固有能量分辨率 intrinsic energy resolution 17.153

固有误差 intrinsic error 09.115

固有性能 intrinsic characteristic 17.149

固有阻抗 intrinsic impedance 20.240

故障安全 fail-safe 16.016

故障覆盖率 fault coverage 04.219

故障隔离率 fault isolation rate，FIR 21.263

故障检测率 fault detection rate，FDR 21.262

故障模式 failure mode 16.215

故障模式、影响与危害性分析 failure mode, effect and criticality analysis，FMECA 21.284

广义欧姆定律　generalized Ohm's law　03.043

广义梯度近似　generalized gradient approximation　20.133

归一化发射度　normalized emittance　06.172

规定限值　prescribed limit　16.217

规范　specification　21.228

*规范化的标引语言　standardized indexing language　21.380

规划限制区　planning restricted zone　15.124

硅-28　silicon-28　08.139

硅钙铀矿　uranophane　11.013

β硅钙铀矿　β-uranophane　11.014

硅光电倍增器　silicon photomultiplier, SiPM　09.280

硅光电倍增探测器　silicon photoelectron multiplier detector, SiPM detector　09.261

硅化　silicification　11.145

硅[锂]探测器　Si[Li]detector　09.196

硅漂移室探测器　silicon drift detector, SDD　09.262

硅铅铀矿　kasolite　11.015

*硅酸钆　cerium doped gadolinium oxyorthosilicate GSO　17.169

*硅酸镥　cerium doped lutetium oxyorthosilicate, LSO　17.170

硅条探测器　silicon strip detector　09.209

*硅像素传感器　silicon pixel detector　09.208

硅像素探测器　silicon pixel detector　09.208

硅铀矿　soddyite　11.016

*硅铀铅矿　kasolite　11.015

硅质脉型铀矿床　siliceous vein type uranium deposit　11.167

硅质岩　siliceous rock　11.052

轨道电子俘获　orbital electron capture　01.145

轨道面　orbit surface　03.116

滚压　rolling　13.140

锅底样品　puddle sample　10.224

国际测量标准　international measurement standard　21.057

国际单位制　international system of units, SI　21.004

国际核安全咨询组　International Nuclear Safety Advisory Group, INSAG　16.051

国际核信息系统　international nuclear information system, INIS　21.341

国际核信息系统/能源技术数据交换主题类目与范畴说明　INIS/ETDE description of subject categories and categories　21.369

国际核信息系统叙词表　INIS thesaurus　21.372

国际核与辐射事件分级　international nuclear and radiological event scale, INES　15.164

国际核与辐射事件分级表　international nuclear event scale, INES　16.218

国际剂量保证服务　international dose assurance service, IDAS　19.059

国际监测系统　international monitoring system　10.428

国际热核聚变实验堆　International Thermonuclear Experiment Reactor, ITER　03.078

国际数据中心　international data centre　10.433

国际原子能机构安全标准系列　International Atomic Energy Agency safety standard series, IAEA-SSS　16.017

*国家标准　national standard　21.058

国家测量标准　national measurement standard　21.058

国家核安全监管机构　national nuclear safety regulatory body　16.052

国家核安全监管技术支持单位　technical supporting organization for national nuclear safety regulatory　16.053

国家技术手段　national technical mean　10.426

国家剂量保证服务　national dose assurance service, NDAS　19.058

*3α过程　3α-process　01.400

*p过程　p-process　01.034

*rp过程　rp-process　01.035

*r过程　r-process　01.033

*s过程　s-process　01.032

过程管理　process management　16.054

过程模拟　process simulation　14.116

过冲　overshoot　07.166

*过冷度　subcooling of coolant　05.150

*过冷沸腾　subcooled boiling　05.123

过量空气焚烧　excess air incineration　14.249

过零时间法　cross-zero time method　10.484

过零游动　cross-over walk　09.073

过零甄别器　zero crossing discriminator　09.301

过流保护　over-current protection　09.110

过滤器　filter　05.378，*borehole filter　12.053

过滤效率　filtration efficiency　14.228

过耦合　over coupling, strong coupling　06.394

过球计数装置　over ball count device　05.553

过温[热]保护　over-temperature [heat] protection　09.112

过压保护　over-voltage protection　09.111

过阈时间测量　time over threshold measurement　09.296

*过载引信　inertia fuze　10.084

过早点火　preignition　10.048

H

哈伯德模型　Hubbard model　20.144

哈特里方程　Hartree equation　20.158

哈特里–福克方程　Hartree-Fock equation　20.159

哈特里–福克–斯莱克方法　Hartree-Fock-Slater method，HFS method　20.160

铪棒　hafnium rod　13.101

海军反应堆　naval reactor　10.419

海水冷却水系统　seawater cooling water system　05.348

海水提铀　uranium extraction from sea water　12.118

海洋环境放射化学　marine environmental radiochemistry　02.301

亥姆霍兹方程　Helmholtz equation　20.216

氦风机辅助系统　helium fan auxiliary system　05.562

氦-3 计数器　helium-3 counter　09.170

氦净化系统　helium purification system　05.550

氦气储存系统　helium storage system　05.560

氦气阀门　helium valve　05.543

氦气鼓风机　helium blower　05.548

氦气轮机　helium gas turbine　05.540

氦燃烧　helium burning　01.399

氦循环风机　helium circulator　05.542

氦压稳定度　stability of helium pressure　06.546

氦液面稳定度　stability of liquid helium　06.547

含氚废物　tritium tritiated waste　14.214

含量灵敏度　sensitivity of content　21.195

含磷萃取剂分离三价锕镧元素流程　TALSPEAK process　14.029

含氢正比计数管　hydrogen-contained proportional counter tube　10.482

含时薛定谔方程　time-dependent Schrödinger equation　20.171

含铀独居石　U-bearing monazite　11.042

含铀矿物　U-bearing mineral　11.003

含铀磷灰石　U-bearing apatite　11.041

*含铀煤型铀矿床　uraniferous coal type uranium deposit　11.188

含铀岩石 U-Pb 等时线年龄　uranium bearing rock U-Pb isochron age　11.319

β 函数　betatron function　06.180

焊缝　welded joint　08.152

焊缝爆破性能　weld blasting performance　13.154

焊缝腐蚀性能　weld corrosion resistance　13.152

焊缝氦检漏　weld helium leakage detection　13.160

焊缝缺陷　weld defect　13.163

焊线尺寸　weld line size　13.155

行列式井型　line drive well pattern　12.081

航空动态校准　airborne dynamic calibration　21.192

*航空放射性测量　aerial radiation survey　15.176

*航空放射性测量模型　airborne radiation measurement model　21.188

航空辐射测量　aerial radiation survey　15.176

航空模型　airborne model　21.188

航空 γ 能谱测量　air-borne gamma-spectrometry survey　11.260

航空 γ 总量测量　air-borne gamma total survey　11.259

航天诱变　space mutagenesis　18.075

*航天育种 space mutation breeding 18.081

豪泽-费希巴赫模型 Hauser-Feshbach model 01.376

耗尽型场效应像素探测器 depleted field effect transistor pixel detector，DEPFET pixel detector 09.210

耗散捕获电子不稳定性 dissipative trapped electron instability 03.227

*耗散捕获电子模 dissipative trapped electron mode，DTEM 03.227

耗损故障 wear out failure 21.255

合成标准不确定度 combined standard uncertainty 21.025

*合成标准测量不确定度 combined standard measurement uncertainty 21.025

合格 conformity 21.211

合格设备 qualified equipment 16.149

合同评审 contract review 21.225

和共振 sum resonance 06.186

和平核爆炸 peaceful nuclear explosion 10.399

*核 nucleus 01.001

核安保 nuclear security 15.009

核安保措施 nuclear security measure 15.220

核安保计划 nuclear security plan 15.221

核安保文化 nuclear security culture 15.217

[核]安全 [nuclear] safety 16.001

核安全措施 nuclear safety measure 16.032

核安全导则 nuclear safety guide 16.055

核安全电气设备 nuclear safety electrical equipment 16.150

核安全电气设备设计许可证 nuclear safety electrical equipment design license 16.056

核安全电气设备制造许可证 nuclear safety electrical equipment manufacturing license 16.057

核安全法规体系 nuclear safety regulations system 16.058

核安全非例行检查 nuclear safety non-routine inspection 16.059

核安全分级 nuclear safety classification 16.151

核安全管理体系 nuclear safety management system 16.033

核安全机械设备 nuclear safety mechanical equipment 16.152

核安全机械设备设计许可证 nuclear safety mechanical equipment design license 16.061

核安全机械设备制造许可证 nuclear safety mechanical equipment manufacturing license 16.062

核安全基本原则 nuclear safety fundamental principle 16.018

核安全技术文件 nuclear safety technical document 16.063

核安全技术原则 nuclear safety technical principle 16.064

核安全监督 nuclear safety inspection 16.065

核安全监督管理条例 nuclear safety regulations 16.068

核安全监管 nuclear safety regulation 16.066

核安全监管强制性命令 nuclear safety regulatory mandatory order 16.067

核安全监管执法 nuclear safety regulatory enforcement 16.069

核安全例行检查 nuclear safety routine inspection 16.070

核安全目标 nuclear safety objective 16.019

核安全日常检查 nuclear safety daily inspection 16.071

核安全设备安装许可证 nuclear safety equipment installation license 16.072

核安全相关法律 nuclear safety related law 16.073

核安全相关技术标准 nuclear safety related technical standard 16.074

核安全许可证 nuclear safety license 16.075

核安全许可证持有者 nuclear safety licensee/license holder 16.076

核安全许可证申请者 nuclear safety license applicant 16.077

核安全许可证审批依据 basis for review and approval of nuclear safety license 16.078

核安全许可证条件 condition for nuclear safety license 16.079

核安全政策声明 nuclear safety policy statement 16.034

核半径 nuclear radius 01.042

核爆辐射 radiation from nuclear explosion 10.125

核爆辐射环境 nuclear explosion radiation environment

power plant 05.418

核电厂调试 nuclear power plant commissioning 05.433

核电厂投资控制 investment control of nuclear power plant 05.415

核电厂外围设施 nuclear power plant peripheral facilities 05.286

核电厂维修 nuclear power plant maintenance 05.421

核电厂项目管理 project management of nuclear power plant 05.412

核电厂项目经济分析 economic analysis of nuclear power plant project，economic analysis of NPP project 05.423

核电厂消防系统 fire protection system of nuclear power plant 05.333

核电厂运行模式 operation mode of nuclear power plant 05.468

核电厂运行性能指标 operation performance indicator of nuclear power plant 05.455

核电厂质量控制 quality control of nuclear power plant 05.413

核电厂状态的控制 nuclear power plant status control 05.420

核电磁脉冲 nuclear electromagnetic pulse，NEMP 04.076

核电磁脉冲弹 nuclear electromagnetic pulse weapon 10.017

核电磁脉冲模拟器 nuclear electromagnetic pulse simulator 04.198

核电废物 nuclear power plants waste，NPP waste 14.202

核电荷数 nuclear charge number 01.007

核电矩 nuclear electric moment 01.040

核电站 nuclear power plant 05.262

核电站选址 nuclear power plant site 05.410

核电站周边放射性污染 radioactive contamination around the nuclear power plant 02.318

核冬天 nuclear winter 10.362

核动力厂安全许可证制度 nuclear power plant safety licensing system 16.080

核动力厂模拟机 full scope simulator of NPP 16.238

核动力厂运行状态 NPP operational state 16.154

核动力装置安全联锁 safety interlock of nuclear power plant，safety interlock of NPP 05.306

核动力装置报警系统 alarm system of nuclear power plant 05.352

核发电成本 electricity generating cost of nuclear power plant，electricity generating cost of NPP 05.425

核反应 nuclear reaction 01.261

[核反应的]Q 值 Q value[of a nuclear reaction] 02.128

核反应动力学 nuclear reaction dynamics 01.266

核反应堆 nuclear reactor 05.204

核反应法 nuclear reaction method 21.139

核反应分析 nuclear reaction analysis 02.236

[核]反应率 [nuclear] reaction rate 01.386

[核]反应网络 [nuclear] reaction network 01.385

核反应运动学 nuclear reaction kinematics 01.263

*核分析化学 radioanalytical chemistry 02.235

核分析技术 nuclear analytical technique 18.138

核辐射 nuclear radiation 04.004

核辐射环境 nuclear radiation environment 10.152

核辐射屏蔽 nuclear radiation shield 10.150

核辐射探测器 nuclear radiation detector 09.251

2π核辐射探测器 2π radiation detector 09.268

4π核辐射探测器 4π radiation detector 09.269

[核辐射探测器的]特性曲线 characteristic curve [of radiation detector] 09.057

[核辐射探测器]偏置 bias [of a radiation detector] 09.043

[核辐射探测器]甄别阈 discrimination threshold [of a radiation detector] 09.044

核辅助系统 nuclear auxiliary system 05.301

*核工业标准 nuclear industry standard 21.359

核工业知识产权 intellectual property of nuclear industry 21.310

核行业标准 nuclear industry standard 21.359

核-核碰撞 nucleus-nucleus collision 01.262

核黑匣子 nuclear black box 10.105

核虹 nuclear rainbow 01.313

核化学 nuclear chemistry 02.115

核活动 nuclear activity 16.083

核或放射性紧急情况 nuclear/radiological emergency 16.304

核激发 nuclear excitation 01.188

核级不锈钢 nuclear grade stainless steel 13.090

核级锆材 nuclear grade zirconium 13.086

核级锆合金 nuclear grade zirconium alloy 13.088

核级海绵锆 nuclear grade zirconium sponge 13.087

核级焊工资格证 certificate of nuclear safety class welder 16.084

核级焊接操作工许可证 certificate of nuclear safety class welding operator 16.085

核级铝材 nuclear grade aluminum 13.089

核级石墨 nuclear grade graphite 13.091

核级无损检验员许可证 certificate of nuclear safety class NDT inspector 16.086

核技术利用 nuclear technology utilization 16.087

核技术应用废物 nuclear application waste 14.205

*核加固 nuclear hardening 04.002

核结构 nuclear structure 01.165

核科技报告 nuclear scientific and technical report 21.357

核科技出版物 nuclear scientific and technical publication 21.352

核科技论文 nuclear scientific and technical paper 21.356

核科技期刊 nuclear scientific and technical journal 21.355

核科技图书 nuclear scientific and technical book 21.354

核科技图书馆 library for nuclear science and technology 21.321

核科技图书情报事业 nuclear scientific and technical library and information cause 21.299

核科技文献 nuclear scientific and technical literature 21.353

核科技信息 nuclear scientific and technical information 21.347

核科技信息资源 nuclear scientific and technical information resource 21.298

核科学技术叙词表 nuclear scientific and technical thesaurus 21.371

核恐怖主义 nuclear terrorism 15.225

核库存技术保障与管理计划 stockpile stewardship and management program 10.407

核力 nuclear force 01.070

核裂变 nuclear fission 01.341

核裂变产物电荷分布 nuclear charge distribution of fission product 02.186

核临界安全 nuclear criticality safety 16.219

核伦理学 nuclear ethics 10.359

核密度 nuclear density 01.044

核能海水淡化装置 nuclear energy seawater desalination unit 05.272

*核能级 nuclear energy level 01.173

核农学 nuclear agriculture sciences 18.001

核炮弹 nuclear artillery shell 10.023

核谱学 nuclear spectroscopy 01.166

核汽轮机组 nuclear steam turbine 05.395

核取证调查 nuclear forensic investigation 10.293

核取证解读 nuclear forensic interpretation 10.311

核取证溯源 nuclear attribution 10.321

核取证学 nuclear forensics 10.281

核取证学实验室 nuclear forensic laboratory 10.297

核取证知识库 knowledge base of nuclear process 10.323

核燃耗 burn-up of nuclear fuel 10.046

核燃料 nuclear fuel 13.001

核燃料管理 nuclear fuel management 14.010

核燃料后处理 nuclear fuel reprocessing 14.001

核燃料循环 nuclear fuel cycle 14.002

核燃料循环成本 nuclear fuel cycle cost 05.426

核燃料循环废物 nuclear fuel cycle waste 14.211

核燃料循环后段 back-end of nuclear fuel cycle 14.008

核燃料循环前段 front-end of nuclear fuel cycle 14.007

核燃料元件制造 nuclear fuel element manufacturing

13.009

核燃料增殖 nuclear fuel breeding 05.081

核燃料转换 nuclear fuel conversion 05.078

核燃料装卸运输和储存系统 nuclear fuel handling and storage system 05.337

核热点因子 nuclear hotspot factor 05.141

核热通道因子 nuclear hot channel factor 05.138

核乳胶 nuclear emulsion 09.240

核乳胶法 nuclear emulsion method 21.130

核散射 nuclear scattering 01.299

核设施 nuclear facility/installation 16.088

核设施操纵员执照 licenses of nuclear facility operator 16.089

核设施厂址审查意见书 site review statement of nuclear facility 16.090

核设施辐射防护目标 objective of nuclear facility radiation protection 16.091

核设施高级操纵员执照 license of nuclear facility senior operator 16.092

核设施建造许可证 nuclear facility construction permit 16.093

核设施设计安全要求 safety requirements on nuclear facility design 16.094

核设施首次装料批准书 instrument of ratification for initial fuel loading of nuclear facility 16.095

核设施退役 nuclear facility decommissioning 14.373

核设施退役策略 nuclear facility decommissioning strategy 14.378

核设施退役批准书 instrument of ratification for decommissioning of nuclear facility 16.096

核设施物项安全分类 safety classification of nuclear facility item 16.155

核设施选址安全要求 safety requirement on nuclear facility siting 16.097

核设施业主 nuclear facility owner 16.098

核设施营运单位 operating organization of nuclear facility 16.099

核设施运行 operation of nuclear facility 16.220

核设施运行安全要求 safety requirements on nuclear

facility operation 16.221

核设施运行许可证 operation license of nuclear facility 16.100

核设施质量保证安全要求 nuclear facility quality assurance safety requirement 16.101

核设施状态 nuclear facility state 16.153

核深水炸弹 nuclear depth bomb 10.019

核事故 nuclear accident 16.222

核事故应急响应 nuclear accident emergency response 16.305

核事件 nuclear incident 16.223

*核试验 nuclear test 20.005

核试验安全 nuclear test safety 10.137

核试验场 nuclear test site 10.400

核试验零时 zero time of nuclear test 10.218

核数据检验 nuclear data check 10.471

核衰变 nuclear decay 02.166

核衰变化学 nuclear decay chemistry 02.167

核四极共振 nuclear quadrupole resonance，NQR 09.014

核素 nuclide 01.019

核素分析 nuclide analysis 11.314

核素骨显像 bone scintigraphy 17.360

核素浸出率 nuclide leaching rate 14.309

核素平衡法 nuclide balance method 10.276

核素迁移 nuclide migration 14.356

*α核素实验 alpha nuclide experiment 14.092

核素示踪 nuclide tracing 18.153

核素释出 nuclide release 14.355

核素释出源项 source term of radionuclide released 02.165

核素图 chart of nuclides 01.020

核素土壤-植物转移系数 radionuclide transfer coefficient from soil to plant 02.354

核素显像 radionuclide imaging 17.043

核素线性扫描机 nuclide linear scanner 09.368

核素在淡水生物中的浓集系数 radionuclide concentration coefficient for freshwater biota 02.105

核素在海洋生态系统中的转移 radionuclide transfer in marine ecosystem 02.114

核素在海洋生物中的浓集系数 radionuclide concentration coefficient for marine biota 02.182

核素在环境介质和生物体中的浓度比 concentration ratio of radionuclide in biota to environment 02.126

核素在土壤-植物系统的转移过程 radionuclide transfer process from soil to plant 02.353

核损害 nuclear damage 16.306

核态 nuclear state 01.173

*核态沸腾 nucleate boiling 05.124

核天体物理[学] nuclear astrophysics 01.383

核听诊器 nuclear stethoscope 09.371

[核]同质异能素 nuclear isomer 02.127

核突击 nuclear strike 10.106

核威慑理论 theory of nuclear deterrence 10.347

核微探针 nuclear microprobe 02.266

核武器 nuclear weapon 10.001

核武器安保性 security of nuclear weapon 10.067

核武器安全概率风险评估 probable risk estimation of nuclear weapon 10.069

核武器安全性 safety of nuclear weapon 10.066

核武器的延寿与退役 lifetime extention and decommissioning of nuclear weapon 10.110

核武器改造 improvement of nuclear weapon 10.111

核武器可靠性 reliability of nuclear weapon 10.068

核武器库存 nuclear weapon stockpile 10.371

核武器软毁伤效应 soft destructive effect of nuclear weapon 10.112

核武器杀伤破坏效应 injurious and destructive effect of nuclear weapon 10.122

核武器社会效应 society effect of nuclear weapon 10.113

核武器生存概率 survival probability of nuclear weapon 10.072

核武器事故 nuclear weapon accident 10.027

核武器事故响应 nuclear weapon accident response 10.120

*核武器事故应急行动 nuclear weapon accident response 10.120

核武器寿命 lifespan of nuclear weapon 10.115

核武器投射 projection of nuclear weapon 10.108

核武器突防概率 penetrability probability of nuclear weapon 10.073

核武器系统 nuclear weapon system 10.002

核武器小型化 nuclear weapon miniaturization 10.024

核武器心理效应 psychology effect of nuclear weapon 10.114

核武器引爆 firing the nuclear weapon 10.076

核武器用裂变材料 fissionable materials used for nuclear weapon 10.409

核武器用裂变材料生产设施 productive facilities of fissile materials for nuclear weapon 10.413

核武器运用运筹分析 operation research and analysis of nuclear weapon employment 10.116

核武器战术技术性能 military characteristics of nuclear weapon 10.057

核武器制胜论 theory of victory decided by nuclear weapon 10.348

核武器贮存期 storage period of nuclear weapon 10.074

核武器自相摧毁效应 fratricidal effect of nuclear weapon 10.117

核武器作战效能 operational effectiveness of nuclear weapon 10.118

*核物理[学] atomic nuclear physics 01.002

核物质 nuclear matter 01.043

核物质相变 phase transition of nuclear matter 01.045

核相互作用 nuclear interaction 01.068

核心馆藏 core collection 21.334

核心期刊 core journal 21.393

核心脏病学 nuclear cardiology 17.319

核芯 nuclear core 13.081

核芯制备-溶胶凝胶法 core preparation-sol-gel method 13.128

核信息资源管理 management of nuclear information resource 21.300

核形变 nuclear deformation 01.209

核药物 nuclear pharmaceuticals 08.287

核药[物]学 nuclear pharmacy 08.288

核医学 nuclear medicine 17.001

核仪器标定 nuclear instrument calibration 11.254

核仪器插件 nuclear instrumentation module，NIM 09.315

核仪器插件标准 nuclear instrumentation module standard 09.314

核应急状态 nuclear emergency state 16.307

核鱼雷 nuclear torpedo 10.022

核与辐射设计基准威胁 nuclear and radiation design basis threat 15.222

核与辐射事故 nuclear and radiological accident 15.160

核与辐射应急 nuclear and radiological emergency 15.010

核与辐射应急计划 nuclear and radiological emergency plan 15.162

核与辐射应急监测 nuclear and radiological emergency monitoring 15.163

*核与辐射应急预案 nuclear and radiological emergency plan 15.162

核与辐射应急准备 preparedness for nuclear and radiological emergency 15.161

核炸弹 nuclear bomb 10.018

核战斗部 nuclear warhead 10.007

核战斗部电子学系统 electronics system for nuclear warhead 10.075

核战斗部电子学系统联试 integrated test of electronics system for nuclear warhead 10.081

核战斗部自毁 nuclear warhead self-destruction 10.070

核战略 nuclear strategy 10.346

核战争 nuclear war 10.350

核蒸气供应系统 nuclear steam supply system 05.313

核知识 nuclear knowledge 21.307

核知识共享 nuclear knowledge sharing 21.309

核知识管理 nuclear knowledge management 21.308

核质量 nuclear mass 01.010

核质量数 nuclear mass number 01.011

核专利文献 nuclear patent document 21.358

核专业工具书 nuclear reference book 21.351

核转变化学 nuclear transformation chemistry 02.197

核转动惯量 nuclear moment of inertia 01.039

[核装置]初级 [nuclear device] primary 10.035

[核装置]化爆 [nuclear device] chemical explosion 10.050

[核装置]自热 [nuclear device] self-heating 10.056

核准 check and ratification 16.102

核子 nucleon 01.006

核子秤 nuclear scale 19.190

核子组态 nucleonic configuration 01.179

核自旋 nuclear spin 01.036

核钻地弹 nuclear earth penetrator 10.020

核作战计划 nuclear operation plan 10.119

赫洛平定律 Khlopin law 02.010

黑盒测试 black-box testing 20.065

黑腔 hohlraum 03.374

黑腔能量学 hohlraum energetics 03.375

黑色页岩型铀矿床 black shale type uranium deposit 11.175

黑体辐射 black body radiation 04.036

*黑钻石 boron carbide 13.106

镙 hassium 02.084

痕量分析技术 trace technique 10.328

痕量级 trace level 02.044

痕量铀分析 trace uranium analysis 12.181

痕量元素表征 trace constituent 10.303

恒比定时 constant ratio timing 09.302

恒电荷密度假设 hypothesis of unchanged charge density 02.168

*恒定场 static field 20.242

恒流源 constant current source 06.321

恒浓度点 constant concentration point 08.109

恒星核合成 stellar nucleosynthesis 01.392

恒压源 constant voltage source 06.322

横断视野 transverse field-of-view，trans FOV 17.289

横向反馈 transverse feedback 06.485

横向聚焦 transverse focusing 06.041

横向振荡 transverse oscillation，betatron oscillation 06.036

横向振荡频数 transverse tune 06.046

横向阻抗 transverse impedance 06.217

*红色蚀变 red-color alteration 11.146

红细胞生成显像 erythropoietic imaging 17.377

红铀矿 fourmarierite 11.011

宏观不稳定性 macro-instability 03.153

宏观截面 macroscopic cross section 05.008

宏观势 macroscopic potential 01.089

宏观装置 macro assembly 10.469

宏观自显影 macroscopic autoradiography 17.476

宏粒子 macro-particle 06.243

宏量分析工具 bulk analysis tool 10.327

虹散射 rainbow scattering 01.311

后备核弹头 "hedge" warhead stockpile 10.374

*后备铀储量 uranium backing reserve 11.195

后处理厂 reprocessing plant 14.152

后处理厂设备与维修 equipment and maintenance of reprocessing plant 14.151

后处理萃取剂 extractant for reprocessing process 14.086

后处理工艺 reprocessing process 14.047

后处理稀释剂 diluent for reprocessing process 14.085

后处理铀 reprocessed uranium 14.144

后门耦合 back-door coupling 04.199

后续检定 subsequent verification 21.074

后装放射治疗 after-load radiotherapy 17.433

厚透镜 thick lens 06.164

[厚针孔]管道因子 [pinhole] pipe factor 10.215

*候选场址 suitable candidate 14.351

$^{13}C/^{14}C$-呼气试验诊断试剂 $^{13}C/^{14}C$ breath test diagnostic reagent 08.020

呼吸门控 respiratory gating 17.299

胡椒瓶法 pepper pot method 06.463

互换性 interchangeability 21.210

花瓣形加速器 Rhodotron 06.074

花岗斑岩 granite-porphyry 11.072

花岗伟晶岩 granite-pegmatite 11.063

花岗岩 granite 11.061

花岗岩体 granite massif 11.102

花岗岩型铀矿床 granite type uranium deposit 11.166

滑速比 slip ratio 05.168

滑移脉冲产生器 sliding pulser 09.339

化合物半导体探测器 chemical compound semiconductor detector 09.198

化学表征 chemical characterization 10.304

化学补偿控制 chemical shim control 05.096

化学沉淀 chemical precipitation 14.230

化学纯度 chemical purity 08.286

化学镀制源工艺 chemical plating radioactive source preparation technology 08.208

化学法 chemical method 21.125

化学分解 chemical decomposition 08.415

化学和容积控制系统 chemical and volume control system 05.316

化学激光 chemical laser 20.178

化学剂量计 chemical dosimeter 19.047

NO-HNO₃化学交换法 NO-HNO₃ chemical exchange method 08.115

化学品位 chemical grade 10.054

化学去壳 chemical decladding 14.055

化学去污法 chemical decontamination 14.423

化学探测器 chemical detector 09.271

化学同位素分离法 chemical isotope separation process 08.125

化学物添加系统 chemical addition system 05.339

化学洗井 chemical well washing 12.069

化学诱变剂 chemical mutagen 18.076

还原带 redox zone 11.154

还原反萃取 reductive stripping 12.165

还原值 reduction value 14.130

环径比 aspect ratio 03.093

环境本底调查 environmental background survey 15.127

环境放射化学 environmental radiochemistry 02.300

环境放射化学分析 radiochemistry analysis of radioactivity in environment 02.325

*环境放射性水平调查 environmental survey on radiation 15.113

环境辐射调查 environmental survey on radiation 15.113

环境辐射调查大纲 program of survey on radiation in

the environment 15.114

环境辐射监测仪 environmental radiation monitor 17.243

环境剂量计 environmental dosemeter 09.367

环境监测 environmental monitoring 16.103

环境取样 environmental sampling 10.465

环境适应性 environmental worthiness 21.264

环境水中氚的测量 tritium measurement in environmental water 02.344

环境水中放射性分析与测量 radioanalysis and measurement of environmental water 02.329

环境条件 environmental condition 21.041

环境同位素示踪 environment isotope tracing 18.154

*环境修复 environmental modification 14.419

环境样品放射性测量 radioactive measurement of environmental sample 02.328

环境样品前处理 pretreatment of environmental sample 02.326

环境样品中放射性核素分离纯化 separation and purification of radionuclide in environment sample 02.327

环境影响评价 environmental impact assessment 16.104

环境应力筛选 environmental stress screening，ESS 21.276

环境整治 environmental remediation 14.419

环境中氚的存在形态 species of tritium in environment 02.339

环境中氚的分布 distribution of tritium in environment 02.338

环境中氚的分析 tritium analysis in environment 02.342

环境中氚的生物效应 biological effect of tritium in environment 02.346

环境中的氚 tritium in environment 02.337

环境中人工放射性 artificial radioactivity in environment 15.125

环流器 circulator 06.351

环向磁场 toroidal magnetic field 03.067

环效应 toroidicity effect 03.104

环形阿尔芬本征模 toroidal Alfven eigenmode，TAE 03.332

环形电子束 annular electron beam 07.108

环形对撞机 circular collider 06.127

环形廊道 circular tunnel 10.163

环形燃料组件 annular fuel assembly 13.036

*环形性引起的阿尔芬本征模 Alfven eigenmode caused by circularity 03.332

环形栅晶体管 enclosed layout transistor 04.160

环状磁场位形 toroidal magnetic configuration 03.068

环状源 annular source 08.196

缓冲材料 buffer materials 14.337

缓冲化学抛光 buffered chemical polishing，BCP 06.523

缓冲区 buffer area 14.372

缓发质子 delayed proton 01.126

缓发中子 delayed neutron 01.125

缓发中子产额 delayed neutron yield 05.022

缓发中子发射体 delayed neutron emitter 02.169

缓发中子份额 delayed neutron fraction 05.021

缓发中子能谱 delayed neutron spectrum 20.080

缓发中子前驱核素 delayed neutron precursor 02.170

缓发中子先驱核 precursor of delayed neutron 05.020

幻核 magic nucleus 02.171

幻数 magic number 01.170

幻[数]核 magic [number] nucleus 01.171

换料水池 refueling pool 05.291

换料水箱 refueling water storage tank 05.377

换料优化 refueling optimization 20.104

换能效率 conversion efficiency 19.126

黄饼 yellowcake 12.171

黄铁绢英岩化 beresitization 11.143

黄相 yellow phase 14.283

煌斑岩 lamprophyre 11.068

灰分计 ash meter 08.271

灰体近似 gray approximation 20.302

挥发分离 volatilization separation 02.024

恢复 restoration 16.308

恢复时间 recovery time 09.088

辉绿岩 diabase 11.069

辉长岩　gabbro　11.067

回复突变　back mutation　18.077

回归测试　regression testing　20.064

回流萃取　reflux extraction　14.114

回热抽气系统　regenerative extraction steam system　05.350

回收廊道　recovery tunnel　10.166

回收率　recovery rate　14.137

回收铀　recycled uranium　13.056

回填　backfill　14.367

回填材料　backfill materials　14.338

回填堵塞　backfilling　10.142

回填堵塞段　backfilling plug　10.170

回弯　backbending　01.226

回旋玻姆扩散　gyro-Bohm diffusion　03.252

回旋动理学　gyrokinetics　03.254

回旋共振　cyclotron resonance　03.226

回旋共振加热　cyclotron resonance heating　03.224

回旋加速器　cyclotron　06.078

回旋流体理论　gyrofluid theory　03.253

*回旋中心　cyclotron center　03.108

回旋阻尼　cyclotron damping　03.222

毁伤阈值　vulnerability threshold　04.200

汇聚孔型准直器　converging hole collimator　17.136

混合澄清槽　mixer-settler　14.161

混合性缺损　mixed defect　17.337

混合氧化物燃料　mixed oxide fuel　13.011

混合运行模式　hybrid operation mode　03.328

混合折算速度　mixture superficial velocity　05.164

混频器　mixer　06.348

活动铀　mobile uranium　11.119

$^{234}U/^{238}U$ 活度比　$^{234}U/^{238}U$ activity ratio　11.332

活度测量　radioactivity measurement　10.274

活度浓度　activity concentration　15.024

活度相对测量　relative radioactivity measurement　10.275

活化箔　activation foil　10.497

活化法　activation method　21.140

活化反应率　activation reaction rate　10.493

活化分析　activation analysis　02.297

活化探测器　activation detector　09.265

活化指示剂　activation indicator　10.227

活泼氚　labile tritium　08.432

活塞洗井　piston well washing　12.067

活时间　live time　09.003

活态概率安全评价　living PSA　16.260

*活性块　active area　08.149

活性区　active zone　21.097

活性区尺寸　active area dimension　08.158

活性区高度　active height　05.024

活性区长度　length of the active zone　13.146

活性氧粒子　reactive oxygen species　19.028

火花电感　spark inductance　07.088

火花电阻　spark resistance　07.089

火花放电　spark discharge　07.011

火花计数管　spark counter tube　09.152

火花室　spark chamber　09.238

火花探测器　spark detector　09.254

火花隙　spark gap　04.201

火箭核战略理论　theory of rocket nuclear strategy　10.349

火箭模型　rocket model　03.403

火箭取样　rocket sampling　10.265

火山机构　volcanic edifice　11.098

火山盆地　volcanic basin　11.100

火山碎屑沉积岩型铀矿床　pyroclastic sedimentary rock type uranium deposit　11.173

火山碎屑岩　pyroclastic rock　11.079

火山碎屑岩型铀矿床　pyroclastic rock type uranium deposit　11.172

火山洼地　volcanic depression　11.099

火山岩　volcanic rock　11.070

火山岩型铀矿床　volcanic rock type uranium deposit　11.170

钬-166　holmium-166　08.069

货包和外包装分级　classification for package and over pack　15.206

货包内容物限值　content limit for package　15.207

货包试验　test for package　15.208

获准的排放　authorized discharge　16.224

获准的限值　authorized limit　16.225

霍恩伯格–科恩定理　Hohenberg-Kohn theorem　20.129

霍尔元件　Hall sensor　07.162

霍伊尔态　Hoyle state　01.157

豁免　exemption　15.050

豁免废物　exempt waste　14.200

J

击穿　breakdown　07.014

击穿强度　breakdown strength　07.016

机动弹头　maneuverable reentry vehicle　10.369

机动发射　maneuvering launch　04.254

*机读目录格式　machine readable catalogue format　21.375

*机读目录交换格式　machine readable catalogue exchange format　21.375

机读目录通讯格式　machine-readable cataloging communication format　21.375

机架孔径　gantry aperture　17.167

机内测试　built-in test，BIT　21.266

机器保护系统　machine protection system，MPS　06.498

NIM 机箱　nuclear instrumentation module bin，NIM bin　09.316

*CAMAC 机箱控制器　CAMAC crate controller　09.318

机械泵　mechanical pump　06.422

机械擦拭法　mechanical wipe decontamination　14.402

机械去壳　mechanical decladding　14.054

*机械去污　mechanical decontamination　14.400

机械手　manipulator　14.166

机械速度选择器　mechanical velocity selector　10.545

奇–奇核　odd-odd nucleus　01.206

奇 A 核　odd-A nucleus　01.208

奇–偶核　odd-even nucleus　01.205

积分电离室　integrating ionization chamber　09.123

积分非线性　integral nonlinearity　09.076

*积分功率系数　integral power coefficient　05.089

积分截面　integration cross-section　01.294

积分亮度　integrated luminosity　06.054

积分器　integrator　07.161

积分束流变压器　integrating current transformer，ICT　06.467

*积极控制　positive control　14.428

积累环　accumulator ring　06.131

基本安全功能　fundamental safety function　16.156

基本负荷运行方式　base load operating mode　05.458

基本量　base quantity　21.002

基础核医学　basic nuclear medicine　17.002

基础显像　base-line imaging　17.352

基尔霍夫定律　Kirchhoff's law　20.221

基模　fundamental mode　06.354

基态　ground state　01.174

基态带　ground state band　01.222

基体　matrix　21.098

基体石墨粉　matrix graphite powder　13.092

基线恢复　baseline restorer　09.293

基线漂移　baseline shift　09.292

基因介导核素治疗　gene mediated radionuclide therapy　17.436

基因突变　gene mutation　18.078

基因显像剂　gene imaging agent　08.318

基于束流准直　beam based alignment，BBA　06.483

基准　*primary measurement standard　21.059

基准测试　benchmark testing　20.067

基准剂量计　primary standard dosimeter　19.043

基准设计靶　point design target　03.395

基准数据视察　baseline data inspection　10.445

激发　excitation　01.185

激发分子　excited molecule　19.025

激发函数　excitation function　01.298

激发能　excitation energy　01.176

激发曲线　excitation curve　02.172

激发态　excited state　01.175

激光触发开关　laser triggered switch　07.086

激光等离子体尾场加速　laser-plasma-wakefield acceleration　06.031

激光共振电离质谱法　laser resonance ionization mass spectrometry　02.295

激光惯性约束聚变　laser inertial confinement fusion　03.342

激光光压加速　laser pressure acceleration，LRPA　06.034

激光加速　laser acceleration　06.026

激光加速器　laser accelerator　06.142

激光冷却　laser cooling　06.064

激光离子源　laser ion source　06.261

激光粒子加速　laser particle acceleration　03.387

激光切割　laser cutting　14.413

激光去污　laser decontamination　14.405

激光烧蚀　laser ablation　03.385

激光丝束流截面探测器　laser wire beam profile monitor　06.472

激光同位素分离法　laser isotope separation process　08.124

激光尾场加速　laser-wakefield acceleration　06.028

激光印痕　laser imprint　03.386

激光有质动力　laser ponderomotive force　03.396

激光准直　laser alignment　06.445

激子模型　exciton model　01.372

级联衰变　cascade decay，series decay　01.124

级联提取率　cascade extraction ratio　08.112

2 级[事件]　incident　16.178

0 级事件[偏离]　deviation　16.176

4 级[无厂外明显风险的事故]　accident without significant off-site risk　16.180

6 级[严重事故]　serious accident　16.182

3 级[严重事件]　serious incident　16.179

1 级[异常情况]　anomaly　16.177

5 级[有厂外明显风险的事故]　accident with significant off-site risk　16.181

7 级[重大事故]　major accident　16.183

极低放废物填埋场　very low-level waste landfill site　14.341

极低水平放射性废物　very-lowlevel radioactive waste　14.198

极地轨道　polar orbit　04.265

极短寿命废物　very short lived radioactive waste　14.199

极光粒子　aurora particle　04.028

极化　polarization　20.228

极化电子枪　polarized electron source　06.267

极化分析器　polarization analyzer　10.561

极化离子源　polarized ion source　06.262

极化器　polarizer　10.555

极化束流　polarization beam　06.250

极化中子　polarized neutron　10.580

极零[点]相消　pole-zero cancellation　09.016

极限产量　maximum yield　08.118

极限工作条件　limiting operating condition　21.037

极限环振荡　limit cycle oscillation　03.044

极限事故　limiting accident　05.439

极向比压　poloidal pressure ratio，poloidal β　03.154

极向磁场　poloidal field　03.095

极坐标靶心图　polar map，bull's eye image　17.340

急性照射　acute exposure　15.055

急骤蒸馏　flash distillation　14.127

集成测试　integration testing　20.071

集成门极换流晶闸管　integrated gate commutated thyristor，IGCT　07.192

集成模拟　integrated simulation　03.383

集控室　header house　12.091

集体不稳定性　collective instability　06.203

集体激发　collective excitation　01.190

集体模型　collective model　01.241

集体效应　collective effect　06.200

集体有效剂量　collective effective dose　15.041

集体振动　collective vibration　01.195

集体转动　collective rotation　01.194

集团结构　cluster structure　01.259

集团模型　cluster model　01.245

集团衰变　cluster decay　01.154

集液泵房　pregnant solution pumping house　12.093

集液池　pregnant solution pond　12.092

集液支管道　branch pipeline for pregnant solution pumping　12.103

集液主管道　main pipeline for pregnant solution pumping　12.102

集液总管道　trunk pipeline for pregnant solution pumping　12.101

集中式控制　centralized control system　06.490

集装箱检查系统　large container inspection system　06.608

几何发射度　geometric emittance　06.173

几何分路阻抗　geometry shunt impedance　06.386

几何光学　geometrical optics　20.259

几何建模　geometric modeling　20.017

几何截面　geometrical cross-section　01.297

几何绕射理论　geometrical theory of diffraction　20.260

几何因子　geometry factor　15.099

脊型加速器　Ridgetron　06.075

计划外排放　non-plan release　15.123

计划照射情况　planned exposure situation　15.057

计量　metrology　21.010

*计量检定　metrological verification　21.070

计量检定规程　regulation for verification　21.072

*计量器具　measuring instrument　21.030

*计量器具的检定　verification of a measuring instrument　21.070

计量确认　metrological confirmation　21.080

计量溯源性　metrological traceability　21.067

计数　count　09.078

计数法　counting method　21.133

计数管　counter tube　09.150

[计数管的]边缘效应　end effect [of a counter tube]　09.054

[计数管的]临界电场　critical field [of a counter tube]　09.053

*计数几何　counting geometry　15.099

计数率　count rate，counting rate　09.079

计数率表　counting ratemeter　09.351

计数率特性　count rate performance　17.155

γ 计数器　gamma counter　17.236

计数损失　count loss　09.082

计算机编目　computer cataloging　21.374

计算机辅助测量与控制标准　computer automated measurement and control standard　09.317

计算机辅助测量与控制机箱控制器　computer automated measurement and control crate controller　09.318

计算模型　computer model　20.013

记录　record　21.229

记录确认点　record confirmation point　16.116

记录水平　recording level　15.073

记录系统　recording system　10.207

*OPCPA 技术　OPCPA technology　03.392

技术废物　technical waste　14.204

技术规格书　technical specifications　16.105

技术特性展示和视察　technical characteristics exhibition and inspection　10.451

技术支持中心　technical support center　16.296

季米特洛夫勒干法流程　dimitrovgrad dry process，DDP　14.031

剂量标准实验室　standard dosimetry laboratory　17.100

剂量不均匀度　dose uniformity　18.023

剂量测量　dose measurement　18.021

剂量测量系统　dosimetry system　19.042

剂量当量　dose equivalent　15.032

剂量当量率　dose equivalent rate　17.080

剂量分布　absorbed-dose distribution　19.036

剂量分布图　dose map　18.039

剂量计　dosemeter　09.365

* CTA 剂量计　CTA dosimeter　19.057

剂量监测系统　dose monitoring system　19.184

剂量率　dose rate　17.079

剂量率翻转　dose rate upset　04.064

剂量率计　dose ratemeter　09.374

交叉轰击　cross bombardment　02.174

交叉束技术　cross beam technique　02.262

交点型铀矿床　cross-point type uranium deposit　11.168

交换不稳定性　interchange instability　03.155

交换关联泛函　exchange-correlation functional　20.131

交换力　exchange force　01.080

交联度　crosslinking degree　19.075

*交联指数　crosslinking index　19.075

交流供电输入电压　AC power input voltage　09.106

交尾竞争力　mating competitiveness　18.060

胶片剂量计　film dosemeter，film badge，photographic dosimeter　09.358

胶子　gluon　01.053

焦耳陶瓷电熔炉玻璃固化　Joule-heated ceramic electrical melter vitrification　14.289

角分布　angular distribution　02.175

角谱方法　angular spectrum method　20.213

角响应　angle response　21.174

角向箍缩加热　poloidal pinch heating　03.310

*角中子流　angle neutron flow　05.014

校正　correction　17.202

校正磁铁　correction magnet　06.319

校正合成效率　corrected synthesis yield　08.333

校正精度　accuracy in calibration　17.203

校准　calibration　21.012

校准规范　calibration specification　21.013

校准曲线　calibration curve　09.101

校准因子　calibration factor　21.014

校准证书　calibration certificate　21.016

较大辐射事故　larger radiation accident　16.228

教练核弹头　reentry vehicle bearing an instructional training nuclear warhead　10.026

阶跃响应　step response　07.167

接触热导　contact heat conduction　05.147

接到预警即发射　launch-on-warning　10.360

接地　grounding　07.151

接收度　admittance，acceptance　06.177

接枝率　grafting yield　19.082

接枝效率　grafting efficiency　19.083

接种式释放和淹没式释放　inoculative release and inundative release　18.054

节块法　nodal method　20.093

节流联箱　throttling header　05.552

DBA 结构　double bend achromat cell　06.159

FODO 结构　FODO cell　06.158

MBA 结构　multi-bend achromat cell　06.161

TBA 结构　triple bend achromat cell　06.160

结构网格　structured grid　20.028

结构响应　structure respond　04.056

结构因子　structure factor　10.550

结合能　binding energy　01.015

结晶反萃取　crystallizing stripping　12.166

PN 结探测器　PN junction detector　09.193

截断误差　truncation error　20.048

截断误差的阶数　order of truncation error　20.049

截获材料固有特征信息　diagnostic information inherent in the interdicted materials　10.312

截获放射性材料　interdiction of radio materials　10.285

截获核材料　interdiction of nuclear materials　10.284

截面　cross-section　04.117

*截面含气率　section steam content　05.163

解保　arming　10.079

解除或降低战斗状态　de-activation　10.366

解耦地下核爆炸　decoupled underground nuclear explosion　10.401

解谱　solving spectrum　10.487

*介入损耗　insertion loss　04.184

*介入显像　interventional imaging　17.057

介质壁加速器　dielectric wall accelerator　07.119

介质损耗　dielectric loss　20.236

介子　meson　01.060

B-介子工厂　B-factory　06.138

F-介子工厂　F-factory　06.140

介子化学　meson chemistry，meschemistry　02.227

介子素　mesonium　02.228

介子原子　mesonic atom　01.061

戒备率　alert rate　10.382

界面态　interface state　04.046

界面态控制技术 interface state control technology 04.164

界面污物 interfacial crud 14.097

金刚石探测器 diamond detector 09.206

金硅面垒半导体探测器 Au-Si surface barrier semiconductor detector 10.509

金属钚 metal plutonium 13.071

金属纳米粒子的辐射合成 radiation synthesis of metal nanoparticle 19.095

金属绕丝 metal wire 05.476

金属钍 metal thorium 13.073

金属型燃料 metallic fuel 13.014

金属–氧化物–半导体场效应晶体管 metal-oxide-semiconductor field effect transistor，MOSFET 07.194

金属铀 metal uranium 13.052

金属转换屏 metal converter 10.594

紧凑环 compact torus 03.097

*紧凑型 PCI compact peripheral component interconnect standard，CPCI standard 09.323

紧凑型回旋加速器 compact cyclotron 06.083

紧凑型计算机接口标准 compact peripheral component interconnect standard，CPCI standard 09.323

紧急防护行动 urgent protective action 15.182

紧急防护行动计划区 urgent protective action planning zone 15.170

紧急停堆 reactor trip 16.229

紧束缚核 tightly-bound nucleus，deeply-bound nucleus 01.250

紧束缚近似方法 tight binding approximation method 20.137

进出口和厂区周围连续监测 perimeter portal continuous monitoring 10.453

近地表处置 near surface disposal 14.333

近地表处置场 near surface disposal repository 14.342

近高斯脉冲成形 near-Gaussian pulse shaping 09.288

近距离治疗 brachytherapy 17.431

近期疗效 short term effect 17.446

近球形核 near-spherical nucleus 01.211

近区 near region 04.202

近区地运动 ground motion in the near-source region of underground explosion 10.136

*近区物理测试 near area physical testing 10.195

浸出电势 leaching redox potential 12.126

浸出剂覆盖率 lixiviant covering rate 12.038

*浸出率 well field leaching rate 12.045

浸出试验 leaching test 14.308

浸出液提升方式 lifting fashion of pregnant solution 12.085

浸出液提升高度 lifting height of pregnant solution 12.086

浸出液提升管 lifting pipe of pregnant solution 12.104

浸出液铀浓度 uranium concentration in pregnant solution 12.040

浸出余酸 leaching residual acid 12.127

*浸渐不变量 adiabatic invariant 03.113

浸没透镜 immersion lens 06.571

浸入式计数管 dip counter tube 09.151

浸入式探测器 dip detector 09.273

禁戒跃迁 forbidden transition 01.140

禁止 ban 10.342

经典分子动力学 classical molecular dynamics 20.123

经典蒙特卡罗方法 classical Monte Carlo method 20.124

经典强场理论 classical strong-field theory 20.169

经典输运 classical transport 03.210

经授权［批准］的活动 authorized activity 16.112

晶格置换 lattice substitution 02.311

晶体导电型探测器 crystal conduction detector 09.223

晶体发光效率 luminescence efficiency of crystal 17.174

晶体发射光谱 emission spectrum of crystal 17.175

晶体管 transistor 07.193

晶体光电效应分支比 branch ratio of photoelectric effect of crystal 17.176

晶体衰减长度 attenuation length of crystal 17.177

晶闸管 thyristor 07.188

晶质铀矿 uraninite 11.004

晶质铀矿 U-Pb 表观年龄 uraninite U-Pb apparent age 11.320

*聚变堆　fusion reactor　03.004

聚变反应堆　fusion reactor　03.004

聚变高能伽马　fusion γ-ray　10.198

聚变核燃料　fusion nuclear fuel　13.003

聚变化学　fusion chemistry　02.119

聚变–裂变混合堆　fusion-fission hybrid reactor　03.006

聚变能量增益因子　fusion energy gain factor　03.005

聚变燃料循环　fusion fuel cycle　03.014

聚变实验装置　fusion experimental device　03.007

聚变示范堆　fusion demonstration reactor，fusion DEMO reactor　03.008

聚变威力　fusion yield　10.065

*聚变演示堆　fusion demonstration reactor，fusion DEMO reactor　03.008

聚变中子产额　fusion neutron yield　10.508

聚变中子学　fusion neutronics　03.009

聚变装置　fusion device　10.034

*聚合物固化　polymerzation　14.276

聚甲基丙烯酸甲酯剂量计　polymethyl methacrylate dosimeter，PMMA dosimeter　19.055

聚焦　focusing　06.038

聚束　bunching　06.042

聚束器　buncher　06.573

聚束腔　bunching cavity　06.371

卷型砂岩铀矿床　roll type sandstone uranium deposit　11.163

绝对不稳定性　absolute instability　03.159

绝对测量法　absolute measurement method　02.251

绝对带电　absolute charging　04.108

绝对截面　absolute cross-section　01.296

*绝对埋深　depth of burial［line of least resistance］　10.141

绝对生物利用度　absolute bioavailability　17.473

绝热不变量　adiabatic invariant　03.113

绝热法　adiabatic method　21.123

绝热系数　adiabaticity parameter　01.192

绝热压缩加热　adiabatic compression heating　03.193

绝热阻尼　adiabatic damping　06.169

绝缘衬底硅探测器　silicon on insulator detector fully-depleted silicon-on-insulator detector，SOI detector FDSOI detector　09.211

绝缘衬底硅像素探测器　SOI pixel detector　09.212

绝缘体上硅　silicon-on-insulator，SOI　04.269

绝缘芯变压器型加速器　insulatingcore-transformer accelerator　06.072

绝缘栅双极型晶体管　insulated gate bipolar transistor，IGBT　07.186

军备竞赛稳定性　arms race stability　10.338

军备控制　arms control　10.334

军事稳定性　military stability　10.336

均方根发射度　rms emittance　06.171

均衡加固　balanced radiation hardening　04.126

均相流模型　homogeneous flow model　05.183

均匀标记化合物　uniformly labeled compound　08.411

均匀堆燃料　homogeneous reactor　13.016

均匀化方法　homogenization method　20.085

均匀性　uniformity　17.290

均整度　flatness　21.183

K

卡尔–帕林尼罗分子动力学　Car-Parrinello molecular dynamics　20.141

开采单元　mining cell　12.072

开端磁场位形　open magnetic configuration　03.098

开放获取　open access　21.325

开放源　open source　19.099

*RSD 开关　RSD switch　07.081

开关磁铁　switching magnet　06.300

开关电源　switching power supply　06.327

开口级联　open cascade　08.110

*开路阻抗矩阵 open-circuit impedance matrix 20.243

开瓶分装 diluting and dividing 18.156

开式燃料循环 open fuel cycle 14.005

锎 californium 02.074

锎-252 californium-252 08.087

锎-252 裂片源 californium-252 bothridium source 08.250

锎-252 中子源 californium-252 neutron source 08.245

锎中子源组件 californium neutron source assembly 05.497

看门狗 watchdog timer 04.141

康普顿背散射 Compton back-scattering 06.056

*康普顿背散射伽马射线源 Compton back-scattering gamma source 06.580

康普顿挡墙 screen of Compton current 10.149

*康普顿电子挡墙 screen of Compton current 10.149

康普顿二极管探测器 Compton diode gamma detector 10.214

康普顿连续谱 Compton continuum 09.036

抗超压能力 counter-overpressure capability 10.385

抗辐射剂 anti-radiation agent 19.091

抗辐射加固技术 radiation hardening technology 04.001

抗辐射加固廊道 tunnel for radiation hardening 10.164

抗辐射加固设计指南 guideline for designing of radiation hardening 04.234

抗辐射能力 capability of radiation hardening 04.235

抗辐射性 radiation resistance 19.090

抗辐射性能 radiation hardness 04.008

抗辐射性能评估 evaluation for radiation hardness 04.233

抗辐射性能预测 prediction for radiation hardness 04.236

抗核加固 nuclear hardening 04.002

抗性突变 resistance mutation 18.079

抗压强度 compressive strength 14.305

抗诱变剂 antimutagen 18.080

抗原 antigen 08.297

*柯朗-斯奈德参量 Courant-Snyder parameter 06.188

柯西关系式 Cauchy relation 10.572

科恩–沈方程 Kohn-Sham equation 20.130

科技查新 novelty search service 21.397

科技情报机构 science and technology intelligence institute 21.323

科技情报学 science of scientific information 21.312

科学计算 scientific calculation 20.014

BISO 颗粒 bilevel-structural iso-tropic partical 13.083

TRISO 颗粒 tri-structural iso-tropic partical 13.084

颗粒包覆-气相沉积法 particle coating-vapor deposition 13.129

壳[层]模型 shell model 01.240

可饱和脉冲变压器 saturable pulse transformer 07.061

可剥离膜去污 strippable film decontamination 14.397

可达可用度 achieved availability，Aa 21.259

可防止剂量 avertable dose，AD 15.066

可合理达到的最低量原则 as low as reasonably achievable principle 17.091

可回取性 retrievability 14.371

可活化示踪技术 activable tracer technique 17.475

可居留性 inhabitability 16.309

可靠寿命 reliable life 21.270

可靠性 reliability 16.159

可靠性鉴定试验 reliability qualification test 21.274

可靠性模型 reliability model 21.280

可靠性评估 reliability assessment 21.288

可靠性强化试验 reliability enhancement test，RET 21.277

可靠性认证 reliability certification 21.290

可靠性研制试验 reliability development test 21.272

可靠性验收试验 reliability acceptance test 21.275

可靠性增长 reliability growth 21.289

可靠性增长试验 reliability growth test 21.273

可控状态 controlled state 16.232

可裂变材料 fissionable materials 14.012

可裂变参数 fissility parameter 01.353

可裂变核 fissionable nucleus 01.351

可裂变核素 fissionable nuclide 02.178

可裂变同位素 fissionable isotope 05.004

可裂变性 fissility 01.352

可逆定标器 reversible scaler 09.341

可逆性缺损 reversible defect 17.334

可区分性展示 distinguishability exhibition 10.452

可燃毒物 burnable poison 05.216

可燃性废物 combustible waste 14.194

可溶毒物 soluble poison 05.217

可信度 credibility 20.058

可信性 dependability 21.208

*可压实废物 compactable waste 14.195

可压缩废物 compressible waste 14.195

可压缩流动 compressible flow 20.045

可疑场地视察 suspect-site inspection 10.448

可用于武器的材料 weapon-usable materials 10.412

可重构核仪器 reconfigurable nuclear instrumentation 09.352

可转换材料 fertile materials 14.013

可转换核素 fertile nuclide 02.179

可追溯性 traceability 21.230

克尔效应 Kerr effect 07.152

克拉通 craton 11.085

克鲁斯卡尔-沙夫拉诺夫条件 Kruskal-Shafranov condition 03.160

*刻度 calibration 21.012

刻度放射源 radioactive source for calibration 11.315

客观证据 objective evidence 21.218

*客观知识 objective knowledge 21.304

氪-85 krypton-85 08.049

氪-85 β 放射源 krypton-85 β radioactive source 08.228

坑道封闭 tunnel closed 10.146

坑道回填堵塞工程 tunnel backfilling engineering 10.169

坑道破坏分区 tunnel damage zone 10.184

空间 space 04.255

空间等离子体 space plasma 04.019

空间电荷限制 space charge limited 07.106

空间电荷效应 space charge effect 06.233

空间分辨率 spatial resolution 17.161

空间辐射环境 space radiation environment 04.015

空间辐射环境模拟技术 simulation technology of space radiation environment 04.101

空间辐射效应与损伤 space radiation effect and damage 04.102

空间核电源 space nuclear power 05.266

空间核推进动力装置 space nuclear propulsion unit 05.269

空间畸变 spatial distortion 17.282

空间线性能量转移谱 space linear energy transfer spectrum，space LET spectrum 04.106

*空间诱变 space mutagenesis 18.075

空间诱变育种 space mutation breeding 18.081

空间自屏效应 space self-shielding effect 05.048

空泡份额 void fraction 05.163

空泡系数 void coefficient 05.086

空气比释动能 air kerma 15.028

空气比释动能率灵敏度 sensitivity of air kerma rate 21.196

空气等效材料 air-equivalent materials 15.021

空气等效电离室 air-equivalent ionization chamber 09.131

空气等效闪烁探测器 air-equivalent scintillation detector 09.184

空气动力学同位素分离法 aerodynamic isotope separation process 08.123

空气升液器 airlift 14.178

空气提升 air lifting 12.088

空气调节系统 heating ventilation and air conditioning system 05.304

空气污染监测仪 polluted air monitor 17.113

空气闸门 airlock 14.175

空中核试验 air nuclear test 10.257

孔缝耦合 aperture coupling 04.203

孔径 aperture 06.048

*孔栏 limiter 03.137

恐怖核爆炸 terrorist nuclear detonation 10.290

控制棒 control rod 13.043

控制棒导管提升机构 control rod guide tube lifting machine 05.491

控制棒导向管 control rod guide tube 05.232

控制棒价值 control rod worth 05.093

控制棒驱动机构 control rod drive mechanism，CRDM

05.220

[控制棒驱动机构]耐压壳　[control rod drive mechanism] pressure housing　05.233

控制棒上导管　control rod upper guide tube　05.490

控制棒失控抽出　inadvertent control rod withdrawal　16.234

控制棒弹出事故　control rod ejection accident　16.233

控制棒组件　control rod assembly　05.214

*控制词表　controlled vocabulary　21.361

控制方程　governing equation　20.011

控制区　controlled area　15.048

控制室　control room　06.493

控制台　console　06.492

控制体积　control volume　20.031

库存核武器辐射环境　radiation environment in nuclear stockpile　04.012

库里厄图　Kurie plot　01.135

*库仑参数　Coulomb parameter　01.308

库仑定律　Coulomb's law　20.222

库仑虹　Coulomb rainbow　01.312

库仑激发　Coulomb excitation　01.187

库仑力　Coulomb force　01.071

库仑散射　Coulomb scattering　01.306

库仑势垒　Coulomb barrier　01.317

[库仑]势垒半径　[Coulomb] barrier radius　01.319

[库仑]势垒高度　[Coulomb] barrier height　01.318

*库仑修正因子　Coulomb correction factor　01.134

夸克　quark　01.052

夸克–胶子等离子体　quark-gluon plasma　01.054

快磁声波　fast magnetosonic wave　03.188

快点火　fast ignition　03.366

快堆嬗变　fast reactor transmutation　14.256

快阀　fast closing valve　06.431

快俘获高能伽马　fast capture γ-ray　10.199

快 Z 箍缩　fast Z-pinch　03.426

快恢复二极管　fast recovery diode　07.190

快控制系统　fast control system　09.325

快离子不稳定性　fast beam-ion instability　06.208

*快粒子　fast particle　03.246

快裂变　fast fission　01.347

快门　shutter　10.604

快速多极子方法　fast multipole method　20.267

快速法拉第筒　fast Faraday cylinder　06.476

快速放化分离　rapid radiochemical separation　02.016

快速降温　fast cool down　06.548

快速束流变压器　fast current transformer，FCT　06.468

快调谐　fast tuner　06.380

*快头尾不稳定性　fast headtail instability　06.205

*快引出　fast extraction　06.559

快质子[俘获]过程　rapid proton [capture] process　01.035

快中子　fast neutron　05.002

快中子堆钠火消防系统　sodium fire protection system of fast reactor　05.472

快中子堆钠介质系统　sodium system of fast reactor　05.470

快中子堆钠设备清洗系统　cleaning system for sodium equipment of fast reactor　05.471

快中子堆燃料组件　fast neutron reactor fuel assembly　13.027

快中子反应堆　fast neutron reactor　05.242

快[中子俘获]过程　rapid [neutron capture] process　01.033

快中子增殖因子　fast fission factor　05.028

快总线　fastbus　09.321

宽束条件　broad-beam condition　15.097

宽限期　grace period　16.113

矿层有效厚度　effective thickness of ore bed　12.034

矿堆渗透性　heap permeability　12.136

矿浆吸附　resin in pulp　12.145

矿井处置　spent mine disposal　14.330

矿砂厚度比　thickness ratio of ore body to sand body　12.035

矿石中铀价态分析　uranium valence analysis for uranium ore　12.177

*矿物包裹体　mineral inclusion　11.335

矿物裂变径迹测定　mineral fission track analysis　11.333

馈出　feed-out　03.368

馈入　feed-in　03.367

昆虫不育技术　sterile insect technique，SIT　18.044

扩孔式钻孔结构　underreaming well configuration　12.059

扩散长度　diffusion length　05.055

扩散结探测器　diffused junction detector　09.213

扩散时间　diffusion time　05.050

扩散室　diffusion chamber　09.242

扩散系数　diffusion coefficient　05.053

扩散综合加速　diffusion synthetic acceleration　20.094

扩展不确定度　expanded uncertainty　21.027

扩展布拉格峰　spread-out Bragg peak，SOBP　06.605

*扩展测量不确定度　expanded measurement uncertainty　21.027

扩展场　expanded field　21.165

扩展齐向场　expanded and aligned field　21.166

扩展X射线吸收精细结构　extended X-ray absorption fine structure，EXAFS　02.254

L

拉棒　pull rod　13.139

*拉德　rad　15.025

拉格朗日方法　Lagrangian method　20.020

腊肠形不稳定性　sausage instability　03.161

来昔决南钐[^{153}Sm]　samarium [^{153}Sm]-lexidronam　08.344

铼-188　rhenium-188　08.073

赖斯定标　Rice scaling　03.319

*朗道增长　Landau growth　03.276

朗道阻尼　Landau damping　03.042

*朗缪尔波　Langmuir wave　03.029

朗缪尔振荡　Langmuir oscillation　03.189

浪涌保护装置　surge protection device　04.204

劳森判据　Lawson criterion　03.010

*劳森条件　Lawson condition　03.010

铹　lawrencium　02.079

老化　burn-in　21.287

老化管理　aging management　16.160

雷达散射截面　radar cross section　20.249

雷达引信　radar fuze　10.085

雷电电磁脉冲　lightning electromagnetic pulse　04.205

雷电直接效应　lightning direct effect　04.206

[^{11}C]-雷氯必利　[^{11}C]-raclopride　08.377

*雷姆　rem　15.026

雷诺协强　Reynolds stress　03.318

镭　radium　02.064

镭-223　radium-223　08.079

垒下熔合　sub-barrier fusion　01.357

累积产额　cumulative yield　02.180

累积裂变产额　cumulative fission yield　10.502

累积效应　accumulation effect　04.113

累积因数　build-up factor　15.023

*累积因子　build-up factor　15.023

棱柱堆　prismatic reactor　05.547

冷板　cryo-panel　06.440

冷备份　cold spare　04.136

冷标记　cold labeling　08.410

冷测　low level RF test　06.382

冷等离子体　cool plasma　03.050

冷等离子体模型　cold plasma model　03.011

冷坩埚玻璃固化　cold crucible melter vitrification　14.290

冷规　cold cathode gauge　06.418

冷阱　cold trap　06.432

冷启动　reactor cold start-up　05.464

冷切割　cold cutting　14.409

*冷区显像　cold spot imaging　17.056

冷区显像剂　cold spot imaging agent　08.314

冷却剂材料　coolant materials　13.108

冷却剂净化系统　coolant purification system　05.314

冷却剂欠热度　subcooling of coolant　05.150

冷却剂丧失事故　loss of coolant accident，LOCA　16.259

冷却水系统　cooling water system　05.297

*冷 X 射线　cold X ray　04.029

冷实验　cold test　14.091

冷停堆　cold shutdown　05.466

冷阴极　cold cathode　07.102

*冷阴极真空电离规　cold cathode ionization vacuum gauge　06.418

冷中子　cold neutron　02.223

冷中子活化分析　cold neutron activation analysis　02.244

离化波阵面　ionization front　20.301

离散误差　discretization error　20.047

离散纵标法　discrete ordinate method　20.089

离体示踪技术　in-vitro tracing technique　17.479

离体诱变　in-vitro mutagenesis　18.082

离心萃取器　centrifugal extractor　14.160

离心力　centrifugal force　01.073

离心势垒　centrifugal barrier　02.181

离子伯恩斯坦波　ion Bernstein wave，IBW　03.190

离子等离子体频率　ion plasma frequency　03.191

离子-分子反应　ion-molecule reaction　19.020

离子俘获　ion trapping　06.207

离子感烟探测器　ionization smoke detector　08.261

离子回旋波　ion cyclotron wave　03.269

离子回旋波电流驱动　ion cyclotron wave current drive，ICCD　03.270

离子回旋共振加热　ion cyclotron resonance heating，ICRH　03.268

离子交换　ion exchange　14.232

离子交换法提铀　uranium recovery through ion exchange　12.142

离子交换分离　ion exchange separation　02.022

离子交换膜　ion exchange membrane　02.018

离子交换色谱法　ion exchange chromatography　14.133

离子交换制源工艺　ion exchange radioactive source preparation technology　08.221

离子声波　ion acoustic wave　03.267

离子声波不稳定性　ion acoustic instability　03.266

离子收集脉冲电离室　ion collection pulse ionization chamber　09.138

离子收集时间　ion collection time　09.035

离子束分析　ion beam analysis　02.263

离子束辐照　ion beam irradiation　19.133

离子束慢化时间　slowing-down time of ion beam　03.325

离子束育种　ion beam irradiation breeding　18.083

离子温度梯度模　ion temperature gradient mode，ITGM　03.271

离子源　ion source　06.252

*ECR 离子源　ECR ion source　06.257

离子注入　ion implantation　18.084

离子注入机　ion implanter　06.611

离子注入型半导体探测器　ion implantation semiconductor detector　06.612

理想磁流体不稳定性　ideal magnetohydrodynamic instability　03.162

理想电导体　perfect electric conductor　20.237

锂-6　lithium-6　08.138

锂玻璃闪烁探测器　Li glass scintillation detector　10.490

锂漂移半导体探测器　lithium drifted semiconductor detector　09.216

*锂疑难　lithium problem　01.394

力学安全　mechanical safety　10.138

力学方法定当量　method of determining explosive yield by using mechanic effect　10.131

立即拆除　immediate dismantling　14.379

励磁电流　exciting current，energizing current　06.273

励磁曲线　magnetic excitation curve　06.315

励磁线圈　exciting coil，energizing coil　06.272

利尿肾图　diuresis renogram　17.416

利尿试验　diuresis test　17.415

*利益相关方　stakeholder　16.020

利益相关者　stakeholder　16.020

沥青固化　bituminization　14.273

沥青铀矿　pitchblende　11.005

例外货包　excepted package　15.205

*例行监测　routine monitoring　15.083

砾岩　conglomerate　11.046

粒细胞生成显像　granulopoietic imaging　17.378

*α 粒子 α-particle 01.097

*β 粒子 β-particle 01.098

粒子步长 step of particle 20.121

β 粒子的平均能量 beta particle mean energy 21.113

粒子箍缩 particle pinch 03.117

粒子加速器 particle accelerator 06.001

粒子鉴别 particle identification 09.017

粒子能谱 particle energy spectrum 08.160

粒子散射 particle scattering 18.136

粒子束流冷却 particle beam cooling 06.061

粒子束武器 particle beam weapon 06.622

粒子团簇注入 cluster injection 03.211

粒子约束时间 particle confinement time 03.296

[粒子振荡的]朗道阻尼 Landau damping 06.212

粒子治疗 particle therapy 06.591

粒子注量 particle fluence 04.121

粒子注量率 particle fluence rate 04.122

铊 livermorium 02.092

连接长度 connection length 03.220

连续慢化近似射程 continuousslowing-down-approximation range，CSDA range 21.118

连续溶解 continuous-dissolution 14.059

连续束 continuous beam 06.010

连续态 continuum state 01.238

连续相 continuous phase 14.084

连续相场动力学模型 continuous phase field dynamic model 20.149

连续性假设 continuum assumption 20.033

联试 joint check of measuring system 10.204

链式裂变反应 chain fission reaction 05.025

两步法金属熔炉感应玻璃固化 twostep metal induction-heated melter vitrification 14.288

*两步法冷坩埚玻璃固化 two-step cold crucible glass curing 14.290

两点型井型 2-spot well pattern 12.076

两流体模型 two-fluid model 05.185

两相流 two-phase flow 05.156

两相流动不稳定性 two-phase flow instability 05.194

两相流流型 flow pattern of two-phase flow 05.169

两相流模型 two-phase flow model 05.182

两相摩擦压降倍率 two-phase friction pressure drop multiplier 05.192

两相压降 two-phase pressure drop 05.187

两循环流程 two cycle process 14.035

两中微子双贝塔衰变 two neutrino double-β decay，2νββ decay 01.130

亮度寿命 luminosity lifetime 06.240

量 quantity 21.001

量程调制器 range modulator 06.600

量的约定真值 conventionally true value of a quantity 21.008

量的真值 true quantity value，true value of quantity 21.007

*量的值 value of a quantity 21.006

量能器 calorimeter 09.245

量热法 calorimetric method 21.121

量热探测器 calorimetric detector 09.276

量值 quantity value 21.006

量值传递 dissemination of the value of a quantity 21.069

量子分子动力学 quantum molecular dynamics 20.139

量子激发 quantum excitation 06.248

量子蒙特卡罗方法 quantum Monte Carlo method 20.142

量子寿命 quantum lifetime 06.238

量子数亏损 quantum defect 20.162

量子相变 quantum phase transition 10.571

量子效率 quantum efficiency 20.187

量子涨落 quantum fluctuation 06.247

钌-106 β 放射源 ruthenium-106 β radioactive source 08.230

料位计 level gauge 08.269

料液 feed 14.098

料液调制 feed conditioning 14.095

料液预处理 pretreatment of the feed solution 14.107

裂变半导体探测器 fission semiconductor detector 09.222

裂变材料 fission materials 10.243

裂变材料镀片 plating foil with fission material 10.474

裂变产额 fission yield 02.183

裂变产物 fission product 02.184

*裂变产物按质量分布的产额 mass distribution of fission product 02.187

裂变产物的化学状态 chemical state of fission product 02.117

[裂变产物的质量分布曲线的]峰谷比 peak to valley ratio [of mass distribution curve of fission product] 02.129

裂变产物化学 fission product chemistry 02.188

裂变产物[衰变]链 fission product [decay] chain 02.185

裂变产物质量分布 mass distribution of fission product 02.187

裂变电离室 fission ionization chamber 09.126

裂变反应率 fission reaction rate 10.472

裂变核燃料 fission nuclear fuel 13.002

裂变化学 fission chemistry 02.116

裂变计数管 fission counter tube 09.158

裂变计数器 fission counter 02.189

裂变截面 fission cross-section 02.190

裂变径迹测量 fission track survey 11.271

裂变径迹年龄 fission track dating age 11.334

裂变聚变混合堆 fission-fusion hybrid reactor 05.280

裂变能 fission energy 05.018

裂变势垒 fission barrier 01.355

裂变碎片 fission fragment 02.191

裂变碎片的反冲反应 recoil reaction of fission fragment 02.118

裂变碎片法 fission fragment method 21.142

*裂变同核异能素 fission isomer 02.192

裂变同质异能素 fission isomer 02.192

裂变威力 fission yield 10.064

裂变武器 fission weapon 10.008

裂变中子 fission neutron 05.019

裂变中子产额 fission neutron yield 20.077

裂变中子能谱 fission neutron spectrum 20.079

裂变装置 fission device 10.033

裂谷 rift valley 11.097

*裂解度 radiolysis degree 19.076

裂片元素合金 fissium 02.193

临床核医学 clinical nuclear medicine 17.003

临界安全指数 criticality safety index 15.214

临界尺寸 critical size 05.039

临界电荷 critical charge，Q_c 04.089

临界流 critical flow 05.193

临界密度 critical density 03.358

临界耦合 critical coupling 06.393

临界硼浓度 critical boron concentration 05.097

临界热流密度 critical heat flux 05.130

临界实验 critical experiment 10.527

临界事故 criticality accident 16.235

临界线性能量转移值 critical linear energy transfer，critical LET 04.103

临界质量 critical mass 05.040

临界装置 critical facility 05.257

*淋巴闪烁显像 lymph scintigraphy 17.381

淋巴显像 lymph imaging 17.381

淋萃流程 Eluex process 12.161

淋洗合格液 pregnant eluate 12.154

淋洗合格液分析 pregnant eluate analysis 12.195

磷-32 phosphor-32 08.036

磷-33 phosphor-33 08.037

磷光 phosphorescence 09.039

磷块岩 phosphorite 11.053

磷块岩型铀矿床 phosphorite type uranium deposit 11.186

磷屏 phosphor screen 18.152

磷屏成像 phosphor imaging 17.029

磷[32P]酸钠盐 sodium phosphate [32P] 08.362

磷酸三丁酯 tributyl phosphate 14.087

磷酸盐玻璃固化体 phosphate glass form 14.282

灵敏度 sensitivity 09.081

灵敏度的不均匀性 heterogeneity of sensitivity 17.206

灵敏度指示器 sensitivity indicator 10.600

灵敏张角 tensile angle of sensitivity 21.198

菱钾铀矿 grimselite 11.027

螺线管 solenoid 06.288

螺线管磁轴 solenoid magnetic axis 07.137

螺旋波 helical wave 03.255

螺旋管式蒸气发生器 helical tube steam generator 05.009

*螺旋器 helitron 03.076

螺旋运动 corkscrew motion 07.177

裸孔式钻孔结构 naked hole well configuration 12.057

洛伦兹失谐 Lorentz force detuning 06.531

洛伦兹系数 Lorentz coefficient 06.532

M

麻粒岩 granulite 11.058

埋深［最小抵抗线］ depth of burial［line of least resistance］ 10.141

麦克风效应 microphonics 06.533

脉冲变压器 pulse transformer 07.042

脉冲波形 pulse wave form 07.021

脉冲成形电路 pulse forming circuit 06.331

脉冲成形器 pulse shaper 09.308

脉冲成形网络 pulse forming network，PFN 07.053

脉冲传输线 pulse transmission line 07.045

脉冲串 pulse bursts 07.006

脉冲磁铁 pulsed magnet 06.282

脉冲萃取柱 pulse extraction column 14.159

脉冲电除尘 pulse electric dust removal 07.143

脉冲电离室 pulse ionization chamber 09.121

脉冲电离探测器 pulse ionization detector 09.278

脉冲电流注入 pulsed current injection 04.217

脉冲电容器 pulse capacitor 07.025

脉冲电源 pulsed power supply 06.323

脉冲陡化 pulse sharpening 07.048

脉冲堆 pulsed reactor 05.253

脉冲堆燃料元件 pulsed reactor fuel element 13.030

脉冲发电机 impulse generator 07.029

脉冲［反应］堆 burst［pulse］reactor 10.528

脉冲放电 pulse discharge 07.009

脉冲放电脱硫脱硝 pulsed discharge desulfurization and denitrification 07.142

脉冲幅度 pulse amplitude 07.005

脉冲辐解 pulse radiolysis 19.030

脉冲辐解装置 pulse radiolysis facility 19.105

脉冲高度分布谱 spectrum of a pulse height distribution 09.045

脉冲高度分析器 pulse height analyser 17.145

脉冲高压分压器 pulsed high voltage divider 07.171

脉冲高压隔离硅堆 high-voltage-pulse isolated silicon stack 07.082

脉冲功率技术 pulsed power technology 07.001

脉冲光反馈电荷灵敏前置放大器 pulsed light-feedback charge sensitive preamplifier 09.284

脉冲汇流 pulse conflux 07.134

脉冲晶闸管 pulse thyristor 07.077

脉冲流强 pulse current 06.011

脉冲平顶 pulse flat-top 07.013

脉冲平顶稳定度 pulse flat-topped stability，pulse topped stability 06.326

脉冲上升时间 pulse rise time 07.002

脉冲束 pulsed beam 06.009

脉冲调制 pulse modulation 07.060

脉冲调制器 pulse modulator 06.330

脉冲下降时间 pulse fall time 07.003

脉冲形成线 pulse forming line，PFL 07.046

［脉冲］选择器 ［pulse］selector 09.343

脉冲载荷 pulse load 04.053

脉冲中子源 pulse neutron source 10.529

脉冲中子源方法 pulse neutron source method 10.530

𨧀 meitnerium 02.085

慢变包络近似 slowly varying envelope approximation 20.206

慢波结构　slow-wave structure　06.373

[慢]磁声波　[slow] magneto-acoustic wave　03.181

慢化比　moderating ratio　05.044

慢化剂　moderator　05.042

慢化剂材料　moderator materials　13.109

慢化密度　slowing-down density　05.045

慢化能力　slowing-down power　05.043

慢化能谱　slowing-down spectrum　05.046

慢化时间　slowing-down time　05.047

慢化体　moderator　10.584

慢控制系统　slow control system　09.326

慢调谐　slow tuner　06.381

慢性照射　chronic irradiation　18.086

慢引出技术　slow extraction　06.556

慢[中子俘获]过程　slow [neutron capture] process 01.032

梅克尔憩室显像　Meckel diverticulum imaging　17.398

煤岩型铀矿床　coal type uranium deposit　11.188

酶促碘标记　enzymatic iodination　08.439

酶促合成　enzymatic synthesis　08.438

镅　americium　02.071

镅-241　americium-241　08.086

镅-241 低能光子源　americium-241 low energy photon source　08.237

镅-241 α 放射源　americium-241 α radioactive source 08.223

镅锔分离　separation of curium from americium　14.044

镅-241-铍中子源　americium-241-beryllium neutron source　08.246

每分钟计数　count per minute，cpm　18.149

每分钟衰变数　disintegration per minute，dpm　18.148

门电路　gate circuit　17.298

门极可关断晶闸管　gate turn-off thyristor，GTO　07.191

门禁系统　access control system　06.495

门[槛]态　doorway state　01.373

门控采集　gated acquisition　17.263

*门控心血池显像　gated cardiac blood pool imaging 17.324

门钮　coaxial to waveguide converter　06.383

门体分流指数　portosystemic shunt index　17.406

钔　mendelevium　02.077

*蒙特卡罗方法　Monte Carlo method　17.258

蒙特卡罗拟合　Monte Carlo fitting　17.258

锰浴法　manganese bath method　21.145

弥散芯体　dispersion core　13.078

弥散芯体成型　dispersion core forming　13.125

弥散型燃料　dispersion fuel　13.015

米氏散射理论　Mie scattering theory　20.264

泌尿系统核医学　urinary nuclear medicine　17.412

密度波振荡　density wave oscillation　05.195

密度泛函理论　density functional theory　20.126

密度计　density gauge　08.267

密封　confinement　15.139

α 密封　α confinement　14.180

密封放射源　encapsulated radioactive source　08.155

α 密封屏蔽检修容器　α confinement and shielded repairing container　14.179

密封源　sealed source　19.098

密实固定床离子交换塔　compacted fixed bed ion exchange column　12.156

密实移动床吸附塔　compacted moving bed ion exchange column　12.157

*免管废物　exempt waste　14.200

免维修　maintenance-free　14.171

免维修流体输送设备　maintenance-free fluid delivery device　14.183

免疫放射分析　immunoradiometric assay，IMRA　08.332

冕宁铀矿　mianningite　11.037

冕区　corona　03.357

面活化指示剂　surface activation indicator　10.229

面垒探测器　surface barrier detector　09.194

面目标　area target　10.387

面向等离子体部件　plasma facing component，PFC 03.302

面源　surface source　08.194，flood source　17.256

*瞄准距离　impact distance　01.303

灭菌　sterilization　19.166

灭菌过程　sterilization process　19.168

灭菌剂量　sterilization dose　19.171

灭菌剂量审核　sterilization dose audit　19.170

灭菌因子　sterilization agent　19.169

民用非动力核技术　civilian nonpowered nuclear technology　19.031

民用核安全设备目录(表)　civilian nuclear safety equipment list　16.161

敏感体积　sensitive volume　04.090

敏感性分析　sensitivity analysis　16.237

*名义定位标记　nominal labeling　08.383

缪原子　muonic atom　01.059

缪子　muon　01.058

缪子储存环　muon storage ring　06.117

缪子对撞机　muon collider　06.136

缪子计数器　muon counter　09.163

缪子加速器　muon accelerator　06.095

缪子直线加速器　muon linear accelerator，muon linac　06.107

*BGK 模　BGK mode　03.034

*ETG 模　ETG mode　03.242

*H-模　H-mode　03.258

*I-模　I-mode　03.260

*L-模　L-mode　03.279

*H-模功率阈值　H-mode power threshold　03.257

*H-模功率阈值定标　H-mode power threshold scaling　03.278

模拟　simulation　20.002

PIC 模拟　particle-in-cell simulation，PIC simulation　03.324

模拟产品　simulated product　19.142

模拟废物　simulated waste　14.212

模拟率表　analogue ratemeter　09.347

模拟偏置　analog offset　09.093

模拟-数字变换器　analogue-to-digital converter，ADC　09.303

模拟源　simulated source　21.095

模式堆　model reactor　05.264

模式坚稳度　robustness of model　15.132

模式识别　pattern recognition　09.329

模式有效性　validation of model　15.131

logit-log 模型　logit-log model　17.467

*模型测试　model test　21.189

模型误差　model error　20.046

膜技术　membrane technology　14.238

膜态沸腾　film boiling　05.125

摩擦压降　frictional pressure drop　05.188

磨料切割　abrasive cutting　14.411

莫特散射　Mott scattering　01.307

镆　moscovium　02.091

母核　parent nucleus　01.121

母体核素　parent nuclide　02.194

目标定位　target positioning　10.442

目视观察　visual observation　10.464

钼-98　molybdenum-98　08.144

钼-99　molybdenum-99　08.056

钼-99/锝-99m 发生器　molybdenum-99/technetium-99m generator　08.021

钼铀矿　umohoite　11.029

穆斯堡尔谱仪　Mössbauer spectrometer　02.288

穆斯堡尔源　Mössbauer source　08.192

N

镎　neptunium　02.070

镎的提取　neptunium extraction　14.122

镎系　neptunium series　01.164

镎走向　routing of neptunium　14.120

纳滤　nanofiltration　14.241

纳维-斯托克斯方程　Navier-Stokes equation　20.038

钠泵空气冷却系统　sodium pump air cooling system　05.509

钠泵润滑油冷却系统　sodium pump lube oil cooling system　05.507

钠泵蒸馏水冷却系统　sodium pump distilled water cooling system　05.508

钠长石化　albitization　11.141

钠充-排系统　natrium filling and discharging system　05.511

钠阀　sodium valve　05.527

钠分析检测系统　natrium analyzing and detecting system　05.513

钠缓冲罐　sodium buffer tank　05.523

钠火事故　sodium fire accident　05.529

钠机械泵　mechanical sodium pump　05.473

钠净化系统　natrium clean-up system　05.512

钠空气热交换器　sodium-to-air heat exchanger　05.524

钠冷快堆　sodium-cooled fast reactor　05.274

钠-钠热交换器　sodium-to-sodium heat exchanger　05.485

钠水反应　sodium-water reaction　05.528

钠-水蒸汽发生器　Na-water steam generator　05.474

钠-22 正电子源　sodium-22 positron source　08.251

氖-20　neon-20　08.135

氖-22　neon-22　08.136

耐辐射奇球菌　deinococcus radiodurans，DR　18.016

耐久性　durability　21.248

耐久性试验　endurance test　21.271

南大西洋异常区　south Atlantic anomaly　04.024

*脑池显像　cisternography　17.350

脑代谢显像　cerebral metabolic imaging　17.347

*脑灌注显像　cerebral perfusion imaging　17.345

脑静态显像　static cerebral imaging　17.343

*脑室显像　radionuclide ventriculography　17.351

脑显像剂　brain imaging agent，cerebral imaging agent　08.316

*脑血流灌注体层显像　cerebral blood flow perfusion imaging　17.345

脑血流灌注显像　brain perfusion scan　17.345

脑血流灌注显像介入试验　interventional cerebral perfusion imaging　17.346

内靶　internal target　08.017

内爆动力学　implosion dynamics　03.379

内爆法原子弹　implosion-type atomic bomb　10.011

内爆阶段　run-in phase　03.437

内爆时间　implosion time　03.429

内爆阻滞　implosion stagnation　03.380

内标准源法　internal standard source method　17.466

内部输运垒　internal transport barrier，ITB　03.265

内部研究资料　unpublished research materials　21.349

*内部照射　internal exposure　15.090

*内部资料　inside information　21.349

内充气体放射源电离室　ionization chamber with internal gas source　09.142

内充气体探测器　internal gas detector　09.174

内电磁脉冲　internal electromagnetic pulse，IEMP　04.207

内电感　internal inductance　03.135

*内范艾伦辐射带　internal Van Allen radiation belt　04.023

内放大半导体探测器　amplifying semiconductor detector　09.217

内辐射带　internal earth radiation belt　04.023

内共生体　endosymbiont　18.056

内活化法　method of internal activation indication analysis　10.230

内活化指示剂　internal activation indicator　10.254

内陆盆地　inland basin　11.091

内蕴经济的铀资源量　intrinsically economic uranium resource　11.192

内照射　internal exposure　15.090

内照射的防护　internal radiation protection　18.134

内照射防护　protection from internal exposure　15.093

内照射剂量估算法　medical internal radiation dose，MIRD　17.105

内照射治疗　internal radiation therapy　17.430

内置式再循环泵　interior recycle valve　05.533

内转换　internal conversion　01.148

内转换电子　internal conversion electron　01.150

内转换电子源　internal conversion electron source　08.180

内转换系数　internal conversion coefficient　01.149

能窗　energy window　17.217

能窗上限　energy window upper limit　17.218

能窗下限　energy window lower limit　17.219

能动安全设施　active safety facility　05.441

能动部件　active component　16.162

能峰　energy peak　17.216

能级纲图　[energy] level scheme　01.196

能级密度　[energy] level density　01.197

能级寿命　[energy] level lifetime　01.198

能级图　energy level diagram　20.153

能力验证　proficiency testing　21.082

能量倍增器　energy doubler　06.361

能量得失相当条件　breakeven condition　03.001

能量分辨率　energy resolution　09.071

*能量分析器　energy analyzer　06.464

能量回收直线加速器　energy recovery linac，ERL
　06.124

能量刻度　energy calibration　09.005

能量曲线　energy curve　17.223

能量色散 X 射线分析　energy dispersive X-ray anal-
　ysis，EDXA　02.259

能量守恒方程　energy conservation equation，conser-
　vation equation of energy　20.036

能量响应　energy response　21.173

能量选择成像方法　energy selective imaging method
　10.605

能量阈值　energy threshold　17.221

能量约束时间　energy confinement time　03.285

能量甄别器　energy discriminator　17.146

能量自屏效应　energy self-shielding effect　05.049

γ 能谱测井　γ-ray spectrometric logging　21.185

能谱峰　spectral peak　09.042

*能谱曲线　energy spectrum curve　17.223

能群　energy group　05.062

能散度　energy spread　06.178

能源技术数据交换　energy technology data exchange，
　ETDE　21.330

能注量　energy fluence　21.108

能注量率　energy fluence rate　21.109

尼尔逊能级　Nilsson [energy] level　01.201

泥浆　slurry　14.231

泥岩　mudstone　11.049

泥岩型铀矿床　mudstone type uranium deposit　11.187

钚　nihonium　02.089

*逆磁漂移　diamagnetic drift　03.115

逆康普顿散射伽马射线源　inverse Compton scattering
　gamma source　06.580

逆朗道阻尼　reverse Landau damping　03.276

逆流倾析　counter current decantation，CCD　12.140

逆同位素稀释分析　reverse isotope dilution analysis，
　RIDA　02.273

逆向注浆　upwards grouting　12.065

逆运动学　inverse kinematics　01.264

逆自由电子激光加速器　inverse free-electron accelerator
　06.148

年剂量　annual dose　15.064

Ar-Ar 年龄　Ar-Ar age　11.324

K-Ar 年龄　K-Ar age　11.323

年龄表征　age characterization　10.307

年摄入量限值　annual limit on intake，ALI　17.086

C-14 尿素　[14C]-urea　08.448

尿素呼气试验　urea breath test　17.396

镍-62　nickel-62　08.142

镍-63　nickel-63　08.041

镍-64　nickel-64　08.143

镍-63 β 放射源　nickel-63 β radioactive source　08.227

镍-63 微电池　nickel-63 micro-battery　08.258

凝灰岩　tuff　11.080

凝胶分数　gel fraction　19.077

*凝胶化剂量　gelation dose，gelling dose　19.074

凝胶剂量　gelation dose，gelling dose　19.074

凝胶去污　gel decontamination　14.396

凝汽器　steam condenser　05.401

凝汽器真空系统　condenser vacuum system　05.347

*扭摆磁铁　wiggler　06.293

扭摆器　wiggler　06.293

扭曲不稳定性　kink instability　03.163

农药结合残留 pesticide bound residue 18.142

浓聚 concentration 17.259

浓流程 concentrated process 14.110

浓酸拌酸熟化 concentrated acid mixed and curing 12.121

浓缩倍数 concentration factor 14.236

浓缩厂 enrichment plant 10.415

浓缩铀 enriched uranium 05.006

锘 nobelium 02.078

O

欧拉方程 Euler equation 20.039

欧拉方法 Eulerian method 20.021

欧姆加热 Ohmic heating 03.295

欧姆损耗 Ohmic loss 20.235

欧洲通用板卡标准 versa module eurocard standard 09.322

偶 A 核 even-A nucleus 01.207

偶联设计法 conjugation-based design approach 08.284

偶联物 conjugate 08.283

偶-偶核 even-even nucleus 01.203

偶-奇核 even-odd nucleus 01.204

偶然不确定性 aleatory uncertainty 20.056

偶然符合 random coincidence 21.154

偶然故障 random failure 21.253

耦合道模型 coupled-channel model 01.359

耦合道效应 coupled-channel effect 01.358

耦合模不稳定性 mode coupling instability 06.205

耦合束团不稳定性 coupled bunch instability 06.206

耦合系数 coupling coefficient 06.391

耦合阻抗 coupling impedance 06.216

P

*帕丘克浸出槽 Pachuca leach tank 12.139

*排出流 effluence 16.236

排除 exclusion 15.049

排放限值 discharge limit 16.239

潘宁离子源 Penning ion source 06.255

潘诺夫斯基-文泽尔定理 Panofsky-Wenzel theorem 06.228

盘荷波导 disk loaded waveguide 06.372

旁效应 bystander effect 15.153

*膀胱输尿管反流显像 vesicoureteric reflux imaging 17.422

跑兔 rabbit，shuttle 05.240

泡核沸腾 nucleate boiling 05.124

泡核沸腾起始点 onset of nucleate boiling，ONB 05.153

泡沫去污 foam decontamination 14.398

泡沫洗井 foam well washing 12.068

[炮]弹核 projectile nucleus 01.272

炮孔 γ 测量 gamma-ray measurement in hole 12.010

炮伞取样 cannon sampling 10.266

锫 berkelium 02.073

配对 pairing 01.081

[配]对关联 pairing correlation 01.084

[配]对力 pairing force 01.082

[配]对效应 pairing effect 01.083

配合物去污 complexes decontamination 14.395

*配体交换 ligand exchange 08.335

配液池 lixiviant pond 12.094

配置管理　configuration management　16.240

配准　registration　17.287

喷气 Z 箍缩　gas puff Z-pinch　03.425

盆地　basin　11.090

硼-10　boron-10　08.131

硼当量　boron equivalent　13.148

硼硅酸盐玻璃固化体　borosilicate glass form　14.281

硼化物　boride　13.104

硼回收系统　boron recycle system　05.327

硼微分价值　boron differential worth　05.094

硼稀释事故　boron dilution accident　16.241

硼中子俘获治疗　boron neutron capture therapy，BNCT　17.440

硼中子俘获治疗药物　drug used in boron neutron capture therapy　08.329

碰撞参数　impact parameter　01.303

碰撞电离　collisional ionization　03.354

碰撞区　collisional region　03.213

碰撞吸收　collisional absorption　03.353

碰撞引信　impact fuze　10.086

批式溶解　batch-dissolution　14.058

皮核　skin nucleus　01.257

*脾闪烁显像　spleen scintigraphy　17.380

脾显像　spleen imaging　17.380

匹配　match　17.339

[^{11}C]-匹兹堡化合物 B　[N-methyl-^{11}C]2-(4-methylami-nophenyl)-6-hydroxybenzothiazole，[^{11}C]-PIB　08.376

偏离泡核［核态］沸腾　departure from nucleate boiling，DNB　05.126

偏离泡核［核态］沸腾比　departure from nucleate boiling ratio，DNBR　05.131

偏离泡核沸腾热流密度　departure from nucleate boiling critical heat flux　05.128

*偏离许可　deviation permit　21.244

偏滤器　divertor　03.228

偏转磁铁　bending magnet　06.287

偏转函数　deflection function　01.304

偏转腔　deflecting cavity　06.453

片麻岩　gneiss　11.057

片上系统　system on chip　04.270

片岩　schist　11.056

*片组型燃料元件　plate-type fuel assembly　13.033

漂移波　drift wave　03.232

漂移波湍流　drift wave turbulence　03.233

漂移不稳定性　drift instability　03.230

漂移动理学　drift kinetics　03.231

漂移管直线加速器　drift-tube linac，DTL　06.101

漂移-回旋不稳定性　drift-cyclotron instability　03.223

漂移近似　drift approximation　03.229

漂移流模型　drift flux model　05.186

漂移室　drift chamber　09.179

漂移速度　drift velocity　05.167

氕　protium　08.129

贫化铀　depleted uranium　13.055

*贫铀　depleted uranium　13.055

贫铀屏蔽　depleted uranium shield　19.111

频控环　frequency control loop　06.409

频率响应　frequency response　07.164

频域有限差分法　finite difference frequency domain　20.273

频域有限元法　finite element frequency domain method　20.277

品质因数　quality factor　06.387

品质因数下降　Q slope　06.518

*品质因子　quality factor　15.017

平板型半导体探测器　planar semiconductor detector　09.227

平板源　plaque source　19.097

平差计算　adjustment calculation　06.444

平洞工程　engineering of tunnel nuclear test　10.159

平洞核试验　tunnel nuclear test　10.262

平洞配套工程　tunnel supporting construction　10.175

平洞钻探取样　drilling and coring of tunnel nuclear test　10.180

平衡常数　equilibrium constant　17.111

平衡等离子体　equilibrium plasma　03.053

平衡含气率　equilibrium quality　05.161

平衡混频器　balance mixer　06.349

平衡相　equilibrium phase　17.385

平衡循环　equilibrium cycle　05.102

平衡因子 F　equilibrium factor F　12.209

平均标准摄取值　mean standard uptake value，SUV_{mean}　17.305

平均场　mean field　01.087

平均场近似　mean field approximation　01.239

平均功率密度　average power density　05.059

平均故障间隔时间　mean time to failure　04.237

*平均结合能　average binding energy　01.016

平均裂变产额　average fission yield　10.236

平均流强　average current　06.012

平均寿命　mean lifetime　01.116

平均通道　average channel　05.135

平面波赝势方法　plane wave pseudo potential method　20.134

*平面隔离技术　plane isolation technology　04.155

平面计数管　flat counter tube　09.161

平面显像　planar imaging　17.053

平面源　plane source　21.094

平行板电磁脉冲模拟器　parallel plate electromagnetic pulse simulator　04.209

平行孔型准直器　parallel hole collimator　17.133

评价参数　assessment parameter　15.130

评价模式　assessment model　15.129

坪　plateau　09.010

坪区　plateau regime　03.309

坪斜　plateau relative slope　09.056

屏蔽　shielding　14.156

屏蔽包层　shielding blanket　03.012

屏蔽泵　canned motor pump　05.368

屏蔽层组件　shield assembly　13.048

屏蔽塞　plug　14.158

屏蔽室　shielding room　07.158

屏蔽体　shield　14.157

屏蔽系数　shielding coefficient　19.110

屏栅电离室　grid ionization chamber　09.124

钋　polonium　02.060

钋-210　polonium-210　08.077

钋-210 法测量　polonium-210 measurement survey　11.268

钋-210 α 放射源　polonium-210 α radioactive source　08.225

钋-210-铍中子源　polonium-210-beryllium neutron source　08.248

坡印亭矢量　Poynting vector　20.234

钷　promethium　02.069

钷-147　promethium-147　08.067

钷-147 β 放射源　promethium-147 β radioactive source　08.231

*破裂　fracture　11.107

破裂不稳定性　disruptive instability　03.164

破裂反应　breakup reaction　01.332

破前漏准则　criteria of leak before break，LBB　16.021

镤　protactinium　02.066

γ 圃　gamma field　18.063

普费尔施-施吕特尔电流　Pfirsch-Schluter current　03.299

*普费尔施-施吕特尔区　Pfirsch-Schluter region　03.213

普朗克平均不透明度　Planck mean opacity　20.293

普朗克平均自由程　Planck mean free path　03.394

普雷克斯流程　PUREX process　14.022

普适不稳定性　universal instability　03.165

普通地下实验室　general underground laboratory　14.347

普通电极锗同轴半导体探测器　conventional-electrode germanium coaxial semiconductor detector　09.229

*α 谱　α-spectrum　01.106

*β 谱　β-spectrum　01.107

*γ 谱　γ-spectrum　01.108

谱方法　spectral method　20.027

谱幅度　spectroscopic amplitude　01.182

谱线图　spectrum　09.077

α 谱学　α-spectroscopy　02.132

β 谱学　β-spectroscopy　02.134

γ 谱学　γ-spectroscopy　02.135

β 谱仪　β-spectrometer　17.246

γ 谱仪　γ-spectrometer　17.247

谱仪放大器　spectroscope amplifier　09.289

谱因子　spectroscopic factor　01.183

谱域方法　spectral domain approach　20.256

Q

期间核查　intermediate check　21.083

齐拉−却尔曼斯效应　Szilard-Chalmers effect　02.121

奇特核　exotic nucleus　01.258

奇异原子　exotic atom　02.226

奇异原子化学　exotic atom chemistry　02.195

启动玻璃　starting glass　14.285

启动中子源　start-up neutron source　13.046

起爆[传爆]序列　initiation [explosive] train　10.041

起爆元件　initiation component　10.043

起泡试验　blistering test　13.144

*起始凝胶剂量　initial gelation dose　19.074

气动跑兔　pneumatic rabbit　08.013

气冷反应堆　gas cooled reactor　05.247

气冷快堆　gas-cooled fast reactor　05.275

气泡竞争　bubble competition　03.350

气泡室　bubble chamber　09.237

气球不稳定性　ballooning instability　03.166

气溶胶样品　aerosol sample　10.269

*气态分离法　gaseous separation method　02.024

气体放大　gas multiplication　09.049

气体放大因子　gas multiplication factor　09.050

气体辐射化学　radiation chemistry of gas　19.011

气体开关　gas switch　07.075

气体裂变产物　gas fission product　10.238

气体取样系数　gas sampling coefficient　10.241

气体示踪剂　gaseous tracer　10.270

气体探测器　gas detector　18.144

气体样品　gas sample　10.220

气体站　gas station　12.097

气体指示剂　gas activation indicator　10.255

气相折算速度　superficial velocity of the gas phase　05.165

气载　gas load　06.433

气载放射性核素在陆地生态系统的转移过程　airborne radionuclide transfer process in terrestrial ecosystem　02.352

气载碎片　airborne debris　02.043

*气闸　airlock　14.175

汽轮发电机厂房　steam turbine generator building　05.289

汽轮机　turbine　05.396

汽轮机润滑油系统　steam turbine lubricating oil system　05.346

汽轮机调节油系统　steam turbine regulating oil system　05.343

汽水分离器　separator of steam generator　05.364

汽水分离再热器　moisture separator reheater　05.400

汽−水排放系统　steam-water dump system　05.561

器官剂量　organ dose　17.085

器官显像剂　organ imaging agent　08.315

*SOC 器件　SOC device　04.270

器件封装加固　radiation hardening by packaging　04.151

器件工艺加固　radiation hardening by process　04.150

器件设计加固　radiation hardening by design，RHBD　04.149

*恰帕克室　Charpak chamber　09.178

铅笔束扫描法　pencil beam scanning method　06.597

铅 -212/ 铋 -212 发生器　plumbum-212/bismuth-212 generator　08.029

铅玻璃　lead glass　14.172

铅当量　lead equivalent　19.112

铅冷快堆　lead-cooled fast reactor　05.276

铅室　lead chamber　08.008

铅同位素测量　lead isotope measurement survey　11.273

铅橡胶　lead rubber　14.173

前端电子学　front end electronics，FEE　09.281

前门耦合　front-door coupling　04.210

前驱核素 precursor nuclide 02.196

*前沿定时电路 leading edge discriminator 09.300

前置放大器 preamplifier 09.282

*潜火山岩 subvolcanic rock 11.071

潜水泵提升 submersible pump lifting 12.089

潜水氧化带 phreatic oxidized zone 11.153

潜水氧化带型砂岩铀矿床 phreatic oxidized type sandstone uranium deposit 11.164

*潜在分析 sneak analysis 21.286

*潜在弱点 latent weakness 16.284

潜在照射 potential exposure 17.071

潜在状态分析 sneak analysis 21.286

浅槽隔离 shallow trench isolation，STI 04.157

欠耦合 under coupling，weak coupling 06.392

欠热沸腾 subcooled boiling 05.123

嵌合体 chimera 18.087

嵌套丝阵 nested wire-array 03.433

枪法原子弹 gun-type atomic bomb 10.010

CH 腔 CH cavity 06.503

腔壁反照率 wall albedo 03.418

腔耗 cavity dissipation 06.377

腔内近距离治疗 intracavity brachytherapy 17.432

腔失超 cavity quench 06.511

*腔体系统电磁脉冲 cavity system electromagnetic pulse 04.207

腔压 cavity voltage 06.389

强场物理 strong field physics 20.168

强固定污染 strongly fixed contamination 14.390

强化辐射交联 enhanced radiation crosslinking 19.073

*强聚焦 strong focusing 06.040

强聚焦二极管 intense bunching diode 04.035

*强聚焦同步加速器 strong focusing synchrotron 06.087

*强聚焦原理 strong focusing principle 06.023

强流二极管 intense current diode 04.034

强流计数管 strong current counter tube 09.153

强耦合等离子体 strong coupled plasma 03.013

强耦合方法 close-coupling method 20.175

强迫循环 forced circulation 05.197

强相互作用 strong interaction 01.065

强制周期检定 mandatory periodic verification 21.075

强子 hadron 01.055

强子量能器 hadronic calorimeter 09.247

敲出反应 knockout reaction 01.331

撬棒开关 crowbar switch 07.068

*撬断开关 crowbar switch 07.068

鞘层加速 sheath acceleration 06.032

Chodura 鞘层判据 Chodura sheath criterion 03.035

鞘层热传输系数 sheath heat transmission coefficient 03.322

鞘层限制状态 sheath-limited regime 03.323

切除修复 excision repair 18.014

切断-浸取 chop-leaching 14.060

切割磁铁 septum magnet 06.303

切割解体 cutting and dismantling 14.407

切割式钻孔结构 cutoff filter well configuration 12.060

切连科夫成像技术 Cerenkov imaging technique 08.312

切连科夫辐射 Cerenkov radiation 18.143

切连科夫辐射发射度测量仪 Cerenkov radiation emittance meter 06.450

切连科夫计数法 Cerenkov counting 02.299

切连科夫探测器 Cerenkov detector 09.249

切片发射度 slice emittance 06.175

切削引出 shaving extraction 06.560

侵入岩 intrusive rock 11.059

*侵入岩型铀矿床 intrusive deposit 11.176

亲电氟[18F]化 electrophilic [18F]-fluorination 08.339

亲梗死灶显像 infarction focus imaging 17.329

亲核氟[18F]化 nucleophilic [18F]-fluorination 08.338

勤务保险 service safety 10.078

轻掺杂漏极技术 lightly doped drain，LDD 04.156

轻水 light water 13.111

轻水反应堆 light water reactor 05.243

轻子 lepton 01.057

氢弹 hydrogen bomb 10.013

[氢弹]次级 [hydrogen bomb] secondary 10.038

*氢弹主体 hydrogen bomb body 10.038

氢氟化 hydrofluorination of uranium 12.174

氢气点火器 hydrogen igniter 16.242

氢气复合器 hydrogen recombiner 16.243

氢燃烧 hydrogen burning 01.395

清除 clearance 17.032

清除法 sweeping 12.106

清除剂 scavenger 02.015,*scavenging agent 14.106

清除相 wash-out phase 17.386

清洁解控 clearance 15.189

*清扫剂 scavenger 02.015

*情报检索 information retrieval 21.381

情报学 information science 21.292

情报用户 intelligence user 21.400

琼斯矢量和琼斯矩阵 Jones vector and Jones matrix 20.207

ICRU 球 ICRU sphere 21.167

球床堆 pebble-bed reactor 05.545

球马克 spheromak 03.099

*球谐函数法 spherical harmonic method 20.092

球形核 spherical nucleus 01.210

球形环 spherical torus, spherical Tokamak, ST 03.100

球形燃料元件 spherical fuel element 13.035

区域分解 domain decomposition 20.023

区域分解方法 domain decomposition method 20.280

区域预选 area screening 14.349

驱动器效率 driver efficiency 03.362

躯体轮廓跟踪 contour tracking 17.264

躯体效应 somatic effect 15.147

趋肤深度 skin depth 20.238

曲柄磁压缩器 chicane 06.290

曲率漂移 curvature drift 03.119

曲线拟合 curve fitting 17.277

取样 sampling 10.263

取样系数 sampling coefficient 10.225

取样钻场 drilling site for sampling 10.165

去离子水系统 deionized water system 05.298

*去弹散射 nonelastic scattering 01.315

去弹性散射 nonelastic scattering 01.315

去污 decontamination 14.218

去污剂 detergent 14.392

*去污系数 decontamination factor, DF 14.136

全标记化合物 generally labeled compound 08.395

全厂断电 station blackout 16.244

*全厂失电 station blackout 16.244

全反射 X 射线荧光分析 total reflection X-ray fluorescence analysis，TRXF 02.261

全分离 overall separation 14.041

全耗尽半导体探测器 totally depleted semiconductor detector 09.195

全局光电流 global photocurrent 04.069

全面质量管理 total quality management 21.223

全谱段遥感探测 full spectral range remote sensing identification 11.285

全熔合反应 complete fusion reaction 01.338

全熔合裂变 complete fusion-fission 01.350

全身辐射计 whole-body radiation meter 09.376

全身骨骼显像 whole body bone imaging 17.362

全身计数器 whole body counter，WBC 15.105

全身 γ 谱分析器 whole-body gamma spectrum analyser 09.377

全身扫描空间分辨率 space resolution of whole body scan 17.163

全身显像 whole body imaging 17.039

全陶瓷型元件 fully-ceramic component 05.544

全文数字化文献 digital full-text literature 21.346

全吸收峰 total absorption peak 09.097

全吸收探测器 total absorption detector 10.492

全元素表征 full elemental analysis 10.300

缺酸 acid deficiency 14.061

缺陷 defect 21.213

*缺血半暗带 ischemic penumbra 17.354

*缺质子核素 proton-deficient nuclide 01.028

*缺质子同位素 proton-deficient isotope 01.030

*缺中子核素 neutron-deficient nuclide 01.029

*缺中子同位素 neutron-deficient isotope 01.031

确定论安全分析 deterministic safety analysis 16.245

确定论方法 deterministic method 20.101

确定效应 deterministic effect 15.144

确认 validation 20.007

群常数 group constant 20.088

群速度　group velocity　06.195

R

燃耗　depletion　05.063

^{239}Pu 燃耗　Pu-239 burn-up　10.250

^{235}U 燃耗　U-235 burn-up　10.248

^{238}U 燃耗　U-238 burn-up　10.249

燃耗测量装置　burn-up measurement apparatus　05.554

燃耗方程　burnup equation　05.076

燃耗深度　burn-up level　05.075

*MOX 燃料　MOX fuel　13.011

燃料板　fuel plate　13.023

燃料板复合轧制　fuel plate rolling　13.122

燃料棒　fuel rod　13.022

燃料棒富集度检查　fuel rod enrichment detection　13.157

燃料棒焊接　fuel rod welding　13.124

燃料棒气体含量　fuel rod gas content　13.158

燃料比功率　fuel specific power　05.119

燃料错位事故　fuel malposition accident　16.246

燃料管　fuel pipe　13.024

燃料管共挤压　fuel tube co-extrusion　13.121

燃料盒　fuel box　13.037

燃料活性长度　active fuel length　05.023

燃料密封包覆　fuel sealing coating　13.123

燃料破损监测系统　fuel rupture detection system　05.326

燃料破损检测系统　fuel burst detecting system　05.522

燃料球高温纯化　high temperature purification fuel ball　13.130

燃料球再装载系统　fuel pebble reload system　05.555

*燃料温度系数　fuel temperature coefficient　05.087

燃料线功率密度　linear power density of fuel element　05.117

燃料相　fuel phase　13.080

燃料芯块　fuel pellet　13.077

燃料芯块–包壳的相互作用　pellet-cladding interaction 13.167

燃料芯体　fuel core　13.076

燃料移送机构　fuel transfer mechanism　05.557

燃料元件　fuel element　05.208

燃料元件表面热流密度　heat flux of fuel element surface　05.118

燃料元件破损检测系统　fuel element rupture monitoring system　05.310

燃料运输容器　fuel transport container　05.406

燃料栅元　fuel cell　05.224

燃料装卸机　fuel handling machine　05.556

燃料组件　fuel assembly　05.209

燃烧等离子体　burning plasma　03.015

*燃烧合成　combustion synthesis　14.295

染色体重复　chromosomal duplication　18.092

染色体倒位　chromosomal inversion　18.088

染色体断裂　chromosomal breakage　18.089

染色体畸变　chromosome aberration　15.158

染色体缺失　chromosomal deficiency　18.090

染色体易位　chromosomal translocation　18.091

让步　concession　21.245

扰动角关联技术　perturbed angular correlation technique　02.245

热斑　hot spot　03.376

热备份　hot spare　04.138

热泵蒸发　heat pump evaporation　14.237

热猝灭　thermal quench　03.331

热等静压　hot equal-press isostatic-pressing　14.294

热等静压制源工艺　iso-static hot press radioactive source preparation technology　08.213

热等离子体　thermal plasma　03.051

热点　hot spot　05.139，14.391

热点因子　hot spot factor　05.140

人工辐射带　artificial radiation belt　04.014

人工辐射水平　man-made radiation level　15.015

人工隔水层　artificial impermeable layer　12.036

*人工线　pulse forming network，PFN　07.053

人身保护系统　personal protection system，PPS　06.497

人体模型　human phantom　17.112

人因工程　human factor engineering　16.247

人造地球卫星　artificial earth satellite　04.256

人造放射性同位素　artificial radioisotope　08.004

*人造放射性元素　man-made [radio] element　02.067

*人造卫星　artificial earth satellite　04.256

人造岩石固化　synroc solidification　14.292

认可标准　endorsed standard　16.022

认证　accreditation　20.008

认知不确定性　epistemic uncertainty　20.057

任务监测　task monitoring　15.084

任意拉格朗日-欧拉方法　arbitrarily Lagrangian-Eulerian method，ALEM　20.022

韧致辐射　bremsstrahlung　06.050

韧致辐射源　bremsstrahlung source　08.181

容差设计　tolerance design　04.129

容错　fault tolerance　21.282

容错设计　fault-tolerant design　04.130

容积重建　volume reconstruction　17.318

*容积含气率　volumetric flow quality　05.162

容控箱　volume control tank　05.370

容许跃迁　allowed transition，permitted transition　01.138

溶剂萃取　solvent extraction　14.070

溶剂萃取法提铀　uranium recovery through solvent extraction　12.158

溶剂化电子　solvated electron　19.022

溶剂降解　solvent degradation　14.125

溶剂同位素效应　solvent isotope effect　08.394

溶剂洗涤　solvent washing　14.124

溶剂再生　solvent regeneration　14.123

溶胶分数　sol fraction　19.078

溶解器　dissolution vessel　14.154

溶解尾气　off-gas from dissolution　14.064

溶解液　dissolved solution　14.065

溶解液澄清　dissolved solution clarification　14.067

溶解液过滤　dissolved solution filtration　14.068

溶浸范围　leaching area　12.042

溶浸死角　dead corner of leaching　12.043

溶液蒸发制源工艺　solution evaporation radioactive source preparation technology　08.217

溶胀性　swelling property　14.306

熔合反应　fusion reaction　01.337

熔合-裂变　fusion-fission　01.346

熔合势垒　fusion barrier　01.354

熔化堆芯收集器　melting core catcher　05.238

熔结凝灰岩　ignimbrite　11.081

熔融玻璃高温电导率　electrical conductivity of molten waste-glass　14.303

熔融玻璃高温黏度　viscosity of molten waste-glass　14.302

熔盐萃取流程　molten salt extraction process　14.034

熔盐堆　molten salt reactor　05.249

融合图像　fused image　17.296

*冗余　redundancy　16.010

冗余设计　redundant design　04.131

铷-82　rubidium-82　08.050

乳化　emulsification　14.080

入浸矿石　feed ore for leaching　12.123

入射道　entrance channel，incoming channel　01.278

*入射粒子　incident particle　01.272

软错误　soft error　04.114

软件测试　software testing　20.061

软件加固　software radiation hardening　04.125

软件生命周期　software life cycle　20.060

软模相变　soft mode transition　10.570

软 X 射线　soft X ray　04.029

软 X 射线显微成像　soft X-ray microscopy　06.583

瑞利散射　Rayleigh scattering　20.248

瑞利-泰勒不稳定性　Rayleigh-Taylor instability　03.167

弱冲击波聚焦　weak shock wave focusing　10.130

弱导波近似　weak-guidance approximation　20.211

弱电离等离子体　weakly ionized plasma　03.018

弱聚焦　weak focusing　06.039

弱聚焦同步加速器　weak focusing synchrotron　06.086

弱聚焦原理　weak focusing principle　06.022

弱耦合等离子体　weakly coupled plasma　03.019

弱束缚核　weakly-bound nucleus, loosely-bound nucleus　01.249

弱相互作用　weak interaction　01.066

S

萨金特曲线　Sargent curve　01.136

三阿尔法过程　triple-alpha process　01.400

三醋酸纤维素剂量计　cellulose triacetate dosimeter　19.057

三电极火花开关　trigatron spark gap switch　07.071

三电极开关　tri-electrode switch　07.070

三分[核]裂变　ternary [nuclear] fission　01.342

三氟化硼电离室　boron trifluoride ionization chamber　09.139

三氟化硼计数器　boron trifluoride counter　09.169

三时相骨显像　three-phase bone imaging　17.365

三碳酸铀酰铵法　ammonium uranyl carbonate process, AUC process　13.114

三梯度法　three gradient method　06.461

三体力　three-body force　01.086

三烷基氧化磷流程　trialkyl phosphine oxide, TRPO process　14.024

三位一体战略核力量　triadic strategic nuclear force　10.090

三相　the 3rd phase　14.079

三相弹　three-phase bomb　10.014

三氧化铀　uranium trioxide　13.060

三轴形变　triaxiality deformation　01.216

散裂反应　spallation reaction　01.334

散裂中子源　spallation neutron source　06.125

散射长度　scattering length　01.302

散射长度密度　scattering length density　10.548

散射分数　scatter fraction　17.209

散射符合　scatter coincidence　17.191

散射符合计数　scatter coincidence counting　17.192

散射符合计数率　scatter coincidence counting rate　17.193

散射辐射　scattering radiation, scattered radiation　21.091

散射校正　scatter correction　17.208

散射截面　scattering cross-section　02.200

散射矩阵　scattering matrix　20.229

散射矩阵方法　scattering matrix method　20.209

散射矢量　scattering vector　10.547

散射束流扩展法　scattering beam expansion method　06.595

散射问题　scattering problem　20.253

散射相移　scattering phase shift　01.301

散射振幅　scattering amplitude　01.300

散束　debunching　06.043

散束器　debuncher　06.574

丧失厂外电源　loss of offsite power　16.248

丧失主给水事故　loss-of-main-feedwater accident　16.249

扫描电镜微区分析　scanning electronic microscopy analysis　11.340

扫描范围　scan range　17.213

扫描视野　scan field of view　17.214

扫描速度　scanning speed　17.215

色层分离法　chromatographic separation　14.134

色差　chromatic aberration　06.166

色品　chromaticity　06.196

色散　chromatic dispersion　06.197

色散关系　dispersion relation　20.245

色散函数　dispersion function　06.198

色散介质　dispersive media　20.246

色散误差　dispersion error　20.244

*色相互作用　color interaction　01.065

铯-137　cesium-137　08.066

铯-137 γ 放射源 caesium-137 γ radioactive source 08.234

沙夫拉诺夫位移 Shafranov shift 03.136

砂岩 sandstone 11.047

砂岩型铀矿床 sandstone type uranium deposit 11.160

*筛选概率截取值 screening probability level，SPL 16.250

筛选概率水平 screening probability level，SPL 16.250

筛选模式 screening model 15.133

山间盆地 intermountain basin 11.092

钐-153 samarium-153 08.068

钐中毒 samarium-149 poisoning 05.065

栅极 grid electrode 07.101

栅氧 gate oxide 04.154

栅氧化层加固工艺 gate oxide hardening process 04.165

闪长岩 diorite 11.066

闪光光解 flash photolysis 19.029

闪光照相 flash radiography 07.124

闪络 flashover 07.020

闪烁 scintillation 09.067，17.116

闪烁持续时间 scintillation duration 09.068

闪烁法 scintillation method 21.126

*闪烁计数器 scintillation counter 17.236

闪烁晶体 scintillation crystal 17.117

闪烁室 scintillation chamber 09.188

闪烁衰减时间 scintillation decay time 17.173

闪烁探测器 scintillation detector 09.182

闪烁体 scintillator 09.185

闪烁图像 scintigram 17.063

闪烁显像 scintigraphy 17.008

闪烁现象 flare phenomenon 17.371

γ 闪烁相机 gamma scintillation camera 17.121

扇形磁铁 sector magnet 06.304

扇形聚焦回旋加速器 sector focusing cyclotron 06.081

扇形嵌合体 sectorial chimera 18.093

扇型准直器 fanbeam hole collimator 17.134

商用放射源 commercial radioactive source 10.288

熵增因子 isentrope parameter 03.384

上充泵 charging pump 05.372

上充回路 charging circuit 05.374

上叠盆地 superposed basin 11.093

上管座 top nozzle 05.227

上升时间 rise time 09.018

上升时间法 rise time method 10.483

上升时间甄别器 rising time discriminator 09.300

烧蚀 ablation 04.054

烧蚀层 ablator 03.344

烧蚀面 ablation front 03.343

少道谱仪法 few-channel spectrometry 21.149

哨声波 whistler wave 03.339

哨声不稳定性 whistler instability 03.168

[设备的]运行条件 operational condition [of equipment] 21.040

设备环境鉴定 equipment environmental qualification 16.164

设备鉴定 equipment qualification 16.163

设备抗震鉴定 equipment seismic qualification 16.165

设备冷却水泵 component cooling water pump 05.382

设备冷却水波动箱 component cooling water surge tank 05.381

设备冷却水系统 component cooling water system 05.324

设备清洗系统 equipment cleaning system 05.519

设备散射中子 facility scattered neutron 10.601

设计规范 design specification 16.023

设计基准 design basis 16.166

设计基准事故 design basis accident 16.251

设计基准外部人为事件 design basis external man-induced event 16.252

设计基准外部事件 design basis external event 16.253

设计基准外部自然事件 design basis external natural event 16.254

设计扩展工况 design extension condition 16.255

设计燃耗 design burn-up 05.077

设计寿命 design life 16.256

设计准则 design criterion 16.257

设施关闭清点视察 facility close-out inspection 10.449

社会要求 requirement of society 21.207

射程 firing range 10.377

射孔式钻孔结构　perforation well configuration　12.058

射流传送　jet transfer　02.201

射频波电流驱动　radio frequency current drive　03.313

射频波加热　radio frequency heating　03.314

射频发射机　radio frequency transmitter　06.362

射频加速　radiofrequency acceleration　06.019

射频密封　radio frequency seal　06.412

射频屏蔽波纹管　RF shielding bellows　06.439

射频腔　radio frequency cavity　06.368

射频四极场加速器　radio frequency quadruple，RFQ　06.098

射频直线加速器　radio frequency linac　06.097

射气面积　emanation area　12.204

射气系数　emanation coefficient　11.251

*α 射线　α-ray　01.103

*β 射线　β-ray　01.104

*γ 射线　γ-ray　01.105

X 射线安检机　X-ray inspection system　06.609

射线测厚仪　radiation thickness gauge　19.192

X 射线测温　temperature measuring with X-ray　10.201

射线成像安全检查设备　radiographic safety inspection equipment　19.199

X 射线发生器　X-ray generator　02.253

X 射线辐照装置　X-ray irradiation facility　19.104

X 射线光刻　X-ray lithography　06.607

射线轨迹跟踪　ray tracing　03.047

X 射线剂量增强效应　X-ray dose enhancement effect　04.045

γ 射线料位计　radiation level meter，γ-ray level meter　19.191

射线密度计　radiation density meter　19.193

*γ 射线密度计　γ-ray density meter　19.193

γ 射线能谱法　γ-ray spectrometry　02.136

*γ 射线谱学　γ-ray spectroscopy　01.169

γ 射线谱仪　gamma-ray spectrometer　09.353

γ 射线全能峰效率　full-energy-peak efficiency for gamma-ray　21.161

X 射线热-力学效应　thermo-mechanical effect induced by X-ray radiation　10.158

X 射线探测器　X-ray detector　09.253

X 射线凸度仪　X-ray profile gauge　19.196

*γ 射线物位计　radiation level meter，γ-ray level meter　19.191

X 射线吸收近边结构　X-ray absorption near edge structure，XANES；near edge X-ray absorption fine structure，NEXAFS　02.255

射线效应　ray effect　20.090

X 射线衍射晶胞参数　X-ray diffraction lattice parameter　11.327

X 射线衍射物相分析　phase analysis of X-ray diffraction　11.326

*γ 射线液位计　radiation level meter，γ-ray level meter　19.191

X 射线荧光分析仪　X-ray fluorescence analyzer　19.197

γ 射线与物质相互作用　interaction of γ-ray with matter　18.017

X 射线照相　X-ray radiography　07.128

X 射线转换靶　X-ray converter　19.128

射线装置　irradiation device　16.167

射线装置生产、销售、使用许可证　licenses for producing, selling and using irradiation device　16.114

射线追踪方法　ray tracing method　20.263

γ 射线总效率　total efficiency for gamma-ray　21.162

摄取　uptake　17.030

砷铀矿　troegerite　11.023

*深部非弹性碰撞　deep inelastic collision，DIC　01.328

深大断裂带　deep-seated fault zone　11.105

深地质处置　deep geologic disposal　14.331

深地质处置库　deep geological deep disposal　14.344

深度非弹性散射　deep inelastic scattering　01.328

深度剂量　depth dose　21.181

深度剂量分布　depth-dose distribution　19.038

深井处置法　disposal method by deep well　12.107

深钻孔处置　depth borehole disposal　14.332

神经递质显像　neurotransmitter imaging　17.348

神经核医学　nuclear neurology　17.342

神经受体显像　neuroreceptor imaging　17.349

审核发现　audit finding　21.238

时间分析器 time analyser 09.342

时间－幅度变换器 time-amplitude converter，TAC 09.306

时间关联 time correlation 10.202

*时间晃动 time jitter 09.022

时间－活度曲线 time-activity curve，TAC 17.278

时间扩展室 time expansion chamber 09.180

时间冗余 temporal redundancy 04.132

时间－数字变换器 time-to-digital converter 09.304

时间投影室 time projection chamber 09.244

时间序列 time series 20.109

时间游动 time walk 09.021

时空动力学方程 time-space kinetics equation 20.111

时空关联函数 space-time correlation function 20.116

时序分析 time series analysis 20.110

时域积分方程方法 time domain integral equation method 20.269

时域间断伽辽金方法 discontinuous Galerkin time domain method 20.278

时域平面波方法 plane wave time domain method 20.270

时域有限差分法 finite difference time domain 20.272

时域有限体积法 finite volume time domain method 20.274

时域有限元法 finite element time domain method 20.276

识别标志 signature 10.298

实[部]势 real [part] potential 01.092

实际射程 practical range 21.117

实际消除 practically elimination 16.024

实践 practice 15.051

实践的正当性 justification of a practice 17.090

实时间 real time 09.092

实时监测 real-time monitoring 10.443

*实体分隔 physical separation 16.146

实体隔离 physical separation 16.146

实物保护 physical protection 15.218

实物保护应急响应 physical protection emergency response 15.185

实物量具 material measure 21.031

实验 experiment 20.003

*实验标准差 experimental standard deviation 21.023

实验标准偏差 experimental standard deviation 21.023

*实验堆 research reactor 05.252

实验核医学 experimental nuclear medicine 17.004

实验模拟 experimental simulation 10.470

实验物理与工业控制系统 experimental physics and industrial control system，EPICS 06.487

拾取反应 pickup reaction 01.325

食管通过率 esophageal transit rate 17.389

食管通过显像 esophageal transit imaging 17.388

食品辐照 food irradiation 18.026

食品辐照保鲜 food irradiation preservation 18.030

食品辐照标准 standards for food irradiation 18.022

食品辐照用电子加速器 electron accelerator for food irradiation 18.006

食品装载模式 food loading pattern 18.038

食入应急计划区 ingestion emergency planning zone 15.167

食物链 food chain 15.134

蚀刻径迹探测器 etched track detector 09.235

史密斯圆图 Smith chart 20.251

矢量波动方程 vector wave equation 20.215

使用可用度 operational availability，Ao 21.258

使用期限 service life 08.164

使用寿命 service life 16.168

始发事件 initiating event 16.261

示值 indication 21.032

示值误差 error of indication 21.054

示踪 tracing 17.012

示踪动力学 tracer kinetics 17.082

示踪剂 tracer 10.234

示踪实验 tracer experiment 17.088

势函数 potential function 20.114

势垒分布 barrier distribution 01.356

*势散射 potential scattering 01.369

事故 accident 17.096

事故处理 accident handling 16.262

事故处理规程 accident procedure 05.460

事故分析 accident analysis 16.263

事故分析初始条件 initial conditions for accident analysis 16.184

事故工况 accident condition 16.264

事故管理 accident management 16.265

事故缓解 accident mitigation 16.266

事故先兆 accident precursor 16.267

事故序列 accident sequence 16.268

事故预防 accident prevention 16.269

事故照射 accident exposure 17.097

事件导向应急操作规程 event oriented emergency operational procedure 05.462

事件树分析 event tree analysis 16.270

事件序列 incident sequence 16.271

*事例过滤 event filter 09.332

试餐 test meal 17.393

试验 test 20.004

*试验标准偏差 experimental standard deviation 21.023

试验不确定度 uncertainty in test 04.241

试验不确定度评定 evaluation of uncertainty in test 04.242

试验点 point of test 21.169

*试验堆 research reactor 05.252

试验工程布局 test engineering arrangement 10.160

*视年龄 uraninite U-Pb apparent age 11.320

视野 field of view，FOV 17.211

视因子 view factor 03.416

视在失谐角 visual detuning angle 06.400

GTEM 室 gigahertz transverse electromagnetic cell，GTEM cell 04.181

释放比 release rate 18.061

收集电极 collecting electrode 09.037

收敛性 convergence 20.052

*收率 recovery rate 14.137

收缩比 convergence ratio 03.356

手套箱 glove box 14.167

α 手套箱 alpha glove box 08.002

手征双重带 chiral doublet band 01.233

手征性 chirality 01.232

首次检定 initial verification 21.073

首次临界 first critical 05.444

首次通过法 first-pass method 17.322

首次装料 first loading 05.443

首端 head end 14.048

*首席信息官 chief information officer，CIO 21.329

寿期初 beginning of life，BOL 05.070

寿期管理 life management 05.422

寿期末 endoflife，EOL 05.072

寿期中 middle of life，MOL 05.071

受攻击后发射 launch-under-attack 10.361

受激布里渊散射 stimulated Brillouin scattering，SBS 03.410

受激发射截面 stimulated emission cross section 20.185

受激辐射 stimulated emission 20.183

受激拉曼散射 stimulated Raman scattering，SRS 03.411

受控词表 controlled vocabulary 21.361

受控热核聚变 controlled thermal nuclear fusion 03.020

受屏蔽核 shielded nuclide 02.203

受审核方 auditee 21.240

受体放射性配基结合分析 radioligand binding assay of receptor 17.457

受体介导放射性核素治疗 receptortargeted radionuclide therapy 17.435

受体显像剂 receptor imaging agent 17.021

授予能 energy imparted 15.029

输出耦合器 output coupler 20.195

输出纹波 output ripple 06.328

输入等效噪声 equivalent noise referred to input 09.100

输入阻抗 input impedance 20.239

输运垒 transport barrier 03.192

输运模型 transport model 01.378

输运综合加速 transport synthetic acceleration 20.275

术中伽马探测器 intraoperative gamma prober 17.240

*束斑 electron beam focal spot 19.120

束-箔谱学 beam-foil spectroscopy 02.270

束-等离子体不稳定性 beam-plasma instability 03.204

*束缚能 binding energy 01.015

束缚态　bound state　01.235

*束功率　electron beam power　19.119

束化学　beam chemistry　02.204

束流　beam　06.003

束流包络　beam envelope　06.244

束流包络半径　beam envelope radius　07.176

束流崩溃效应　beam breakup effect　06.222

束流变压器　beam current transformer　06.465

束流操控　beam manipulation　06.234

束流传输线　beam transport line　06.060

束流纯度指示器　beam purity indicator　10.599

束流挡板　electron beam baffle　19.122

束流动力学　beam dynamics　06.155

束流负载效应　beam loading　06.229

束流功率　electron beam power　19.119

束流光学　beam optics　06.156

束流横向截面　beam profile　06.008

束流积分仪　current integrator　06.470

束流焦斑　electron beam focal spot　19.120

束流控制器　beam limiter　10.606

*束流垃圾桶　beam dump　06.466

束流脉冲化技术　beam pulsed technology　06.566

束流能量　beam energy　06.005

束流能量不稳定度　electron beam energy instability　19.117

束流能谱仪　energy spectrometer　06.464

束流匹配　beam matching　06.242

束流剖面仪　beam profile monitor　06.458

束流强度　beam intensity，beam current　06.006

束流强度不稳定度　electron beam intensity instability　19.118

束流扫描　beam scan　06.565

束流扫描不均匀度　electron beam scanning uniformity　19.125

束流扫描宽度　electron beam scanning width　19.123

束流扫描频率　electron beam scanning frequency　19.124

*束流扫描切割器　chopper　06.575

束流射程　electron beam range　19.121

束流收集器　beam dump　06.466

束流寿命　beam lifetime　06.237

束流损失探头　beam loss monitor　06.477

束流通量　beam flux　01.270

束流尾场加速　beam wake-field acceleration　06.030

束流尾场加速器　beam wake-field accelerator，BWFA　06.146

束流位置探头　beam position monitor，BPM　06.449

*束流物理　beam physics　06.154

束流引出　beam ejection，beam extraction　06.059

束流荧光探测器　beam induced fluorescence monitor，BIF monitor　06.479

束流质心　beam centroid　07.174

束流注入　beam injection　06.057

束内散射　intra-beam scattering　06.213

束-气散射　beam-gas scattering　06.214

束-束相互作用　beam-beam interaction　06.223

束-束作用参量　beam-beam parameter　06.225

束团　bunch　06.004

束团长度　bunch length　06.007

束团长度探测器　bunch length monitor　06.474

束团拉伸　bunch lengthening　06.215

束团形状探测器　bunch shape monitor　06.475

束团压缩　bunch compression　06.235

束下装置　facility under beam　19.127

束线支架　beam line stand　06.446

束腰　beam waist　06.162

束晕　beam halo　06.236

束晕检测仪　beam halo monitor　06.460

束匀滑　beam smoothing　03.348

束致辐射　beamstrahlung　06.052

树脂床　resin bed　05.379

树脂解毒　resin detoxifying　12.153

树脂铀干灰分析法　analysis of uranium in resin through dry ash method　12.183

树脂铀容量　resin capacity for uranium　12.146

树脂中毒　resin poisoning　12.152

树脂转型　resin type transition　12.150

竖井　vertical test stand　06.521

竖井核试验　shaft nuclear test　10.261

竖井钻探取样　drill sampling of shaft nuclear test　10.177

[竖直通道]环状流　[vertical tube] annular flow　05.173

[竖直通道]搅浑流　[vertical tube] churn flow　05.172

[竖直通道]泡状流　[vertical tube] bubbly flow　05.170

[竖直通道]弹状流　[vertical tube] slug flow　05.171

[竖直通道]雾状流　[vertical tube] drop flow　05.175

[竖直通道]细束环状流　[vertical tube] wispy-annular flow　05.174

数据存档服务器　archiver　06.491

数据更新视察　data update inspection　10.446

数据获取　data acquisition，DAQ　09.334

数据挖掘　data mining　21.363

数学建模　mathematics modeling　04.223

数学模型　mathematical model　20.012

数值模拟不确定度　uncertainty in numerical simulation　04.224

数值通量　numerical flux　20.041

数字成像　digital imaging　10.597

数字对象　digital object　21.302

数字仿真　digital simulation　20.015

数字率表　digital ratemeter　09.349

数字–模拟变换器　digital-to-analogue converter，DAC　09.305

数字偏置　digital offset　09.091

数字图书馆　digital library　21.322

数字图书馆技术　digital library technology　21.317

数字资源　digital resource　21.344

数字资源建设　digital resource development　21.331

数字资源整合　integration of digital resource　21.367

*α 衰变　α-decay　01.109

*β 衰变　β-decay　01.110

β⁺衰变　β⁺-decay　02.133

*γ 衰变　γ-decay　01.111

衰变常数　decay constant　01.117

衰变定律　decay law　01.114

衰变功率　decay power　05.122

衰变校正　decay correction　17.314

衰变宽度　decay width　01.155

衰变链　decay chain　01.158

衰变率　decay rate　01.113

衰变能　decay energy　01.120

*α 衰变谱学　α-decay spectroscopy　01.167

*β 衰变谱学　β-decay spectroscopy　01.168

衰变曲线　decay curve　18.004

衰变热　decay heat　05.121

β 衰变诱发 X 射线谱法　β-decay induced X-ray spectroscopy method，BIXS method　21.147

衰变贮存　decay storage　14.223

衰减校正　attenuation correction　17.313

双贝塔衰变　double β-decay　01.129

双臂谱仪　double-arm spectrometer　09.354

双标记核素示踪技术　dual nuclide tracer technique　17.065

双层安全容器　double container　05.487

双等离子体离子源　duoplasmatron ion source　06.256

双等离子体衰变　two plasma decay，TPD　03.414

双电子复合　dielectronic recombination　20.174

双端断裂事故　double end guillotine break　16.272

双盖密封容器　double-lid sealed container　14.176

双功能螯合剂　bifunctional chelator　08.281

双功能连接剂　bifunctional conjugating agent　08.280

双核素标记　dual-nuclide labeling　08.393

双互锁存储单元　dual interlocked storage cell　04.153

双幻核　double magic nucleus　02.206

双幻[数]核　double magic [number] nucleus　01.172

双回路冷却系统　dual-loop cooling system　05.558

双壳层靶　double-shell target　03.360

双流体方程　two fluid equation　03.129

双流体理论　two fluid theory　03.048

双平衡混频器　double balance mixer，DBM　06.350

双束加速器　two-beam accelerator，TBA　06.147

*双 β 衰变　double β-decay　01.129

双酸洗涤　two nitric acid stripping，dual strip　14.096

双微分截面　double-differential cross-section　01.293

双温交换[法]　dual temperature exchange [method]

08.127

*双线 Blumlein line 07.047

双质子放射性 two-proton radioactivity 01.152

*双质子衰变 two-proton decay 01.152

$[^{15}O]$-水 $[^{15}O]$-water 08.374

水斑铀矿 ianthinite 11.010

水电阻 water resistor 07.183

水法后处理 aqueous reprocessing 14.020

水负载 water load, dummy load 06.366

水合电子 hydrated electron 19.021

*水化电子 hydrated electron 19.021

水化热 thermal of hydration heat 14.271

水灰比 ratio of water to ash cement 14.269

水解反应 hydrolysis reaction 02.307

水精馏法 water distillation 08.116

水开关 water switch 07.085

水冷反应堆 water-cooled reactor 05.246

*水冷贮存 wet storage 14.320

*水力当量直径 hydraulic equivalent diameter 05.202

水力等效直径 hydraulic equivalent diameter 05.202

水力压裂 hydraulic fracturing 14.266

水龙带不稳定性 fire-hose instability 03.169

水泥固定 cement immobilization 14.311

水泥固化 cement solidification, cementation 14.265

水凝胶的辐射制备 radiation preparation of hydrogel 19.155

水平测试 horizontal test 06.520

水平极化 horizontal polarization 04.211

[水平通道]波状流 [horizontal tube] wavy flow 05.178

[水平通道]分层流 [horizontal tube] stratified flow 05.177

[水平通道]环状流 [horizontal tube] annular flow 05.180

[水平通道]塞状流 [horizontal tube] plug flow 05.176

[水平通道]弹状流 [horizontal tube] slug flow 05.179

水溶液辐射化学 radiation chemistry of aqueous solution 19.012

水上移动监测 overwater mobile monitoring 15.175

水声监测 hydroacoustic monitoring 10.438

水声监测网 hydroacoustic monitoring network 10.432

水系沉积物放射性元素测量 measurement of radioactive element of stream sediment 11.297

水系沉积物铀异常 uranium anomalous of stream sediment 11.304

水隙 water gap 13.145

水下核爆炸 underwater nuclear explosion 10.394

水下核试验 underwater nuclear test 10.260

水下切割 cutting under water 14.408

*水冶尾矿 hydrometallurgy 14.208

水铀矾 zippeite 11.028

水中氡测量 radon measurement of water 11.301

水中氦测量 helium measurement of water 11.302

水中镭测量 radium measurement of water 11.300

水中铀测量 uranium measurement of water 11.299

顺位流 parapotential flow 07.112

瞬发辐射 prompt radiation 02.207

瞬发辐射分析 prompt radiation analysis 02.290

瞬发伽马同步触发 synchronized trigging with prompt γ 10.203

瞬发裂变中子谱 prompt fission neutron spectrum 10.503

瞬发临界 prompt critical 05.037

瞬发γ射线中子活化分析 prompt gamma ray neutron activation analysis, PGNAA 02.247

瞬发中子寿命 prompt neutron lifetime 10.524

瞬发中子衰减常数 prompt neutron decay constant 10.525

瞬发周期 prompt period 05.038

瞬时电离辐射效应 transient ionizing radiation effect 04.043

瞬时回避 circumvention 04.139

瞬时杀伤破坏因素 transient injurious and destructive factor 10.123

瞬态响应 transient response 07.163

瞬态效应 transient effect 09.109

丝扫描器 wire scanner 06.471

丝阵　wire-array　03.432

*思想库　think tank　21.389

斯莱特基　Slater basis　20.164

斯内尔定律　Snell's law　20.220

斯托克斯定理　Stokes theorem　20.223

斯托克斯效率　Stokes factor　20.188

锶-89　strontium-89　08.051

锶-90　strontium-90　08.052

锶-90 β 放射源　strontium-90 β radioactive source
　08.229

锶-82/铷-82 发生器　strontium-82/rubidium-82 generator
　08.025

锶-90 同位素电池　strontium-90 radioisotope battery
　08.257

锶-90 同位素热源　strontium-90 radioisotope heat
　source　08.256

锶-90/钇-90 发生器　strontium-90/yttrium-90 generator
　08.026

撕裂不稳定性　tearing instability　03.170

死区　dead band，dead zone　09.105

死时间　dead time　09.004

死时间校正　dead time correction　09.084

四参数 logistic 模型　4-parameter logistic model　17.468

四分之一波长谐振腔　quarter wave resonator，QWR
　06.500

四极磁铁　quadrupole magnet　06.284

四极管　tetrode　06.365

四时相骨显像　four-phase bone imaging　17.366

四维影像　four-dimensional image　17.297

松动件监测系统　loose part monitoring system　05.335

苏丹姆判据　Suydam criterion　03.171

*速度空间不稳定性　velocity space instability　03.281

速调管　klystron　06.359

*速调四极管　klystrode　06.364

塑料固化　polymerzation　14.276

塑料闪烁体　plastic scintillator　09.186

塑性应变　plastic strain　04.070

溯源等级图　hierarchy scheme　21.068

酸法地浸采铀　acid in-situ leaching of uranium mining
　12.025

酸碱去污　acid and basic decontamination　14.393

酸交代　acid metasomatism　11.140

算子分裂法　method of splitting operator　20.019

随机符合　accidental coincidence　17.188

随机符合计数　accidental coincidence counting　17.189

随机符合计数率　accidental coincidence counting rate
　17.190

随机冷却　stochastic cooling　06.063

随机脉冲产生器　random pulser　09.335

随机数发生器　random number generator　20.095

随机误差　random error　09.119

随机效应　stochastic effect　15.145

随机中子场　stochastic neutron field　20.105

碎裂反应　fragmentation reaction　01.333

DNA 损伤　DNA damage　18.011

DNA 损伤信号　DNA damage signaling　15.157

损失因子　loss factor　06.220

损失锥　loss cone　03.120

损失锥不稳定性　loss-cone instability　03.121

索雷克斯流程　Thorex process　14.030

索末菲参数　Sommerfeld parameter　01.308

锁模　mode locking　03.172

T

铊-201　thallium-201　08.075

铊-204 β 放射源　thallium-204 β radioactive source
　08.232

塌陷破火山口　collapse caldera　11.101

台基　pedestal　03.297

台架实验　bench experiment　14.090

*太空等离[子]体 space plasma 04.019

*太空育种 space mutation breeding 18.081

太阳电池阵 solar cell array 04.266

太阳风 solar wind 04.016

太阳同步轨道 sun-synchronous orbit 04.264

太阳宇宙线 solar cosmic rays 04.017

*太阳阵 solar cell array 04.266

肽受体介导放射性核素治疗 peptide receptor radionuclide therapy，PRRT 17.438

钛升华泵 titanium sublimation pump 06.423

钛铀矿 brannerite 11.008

弹性碰撞 elastic collision 20.176

弹性散射 elastic scattering 01.310

弹性应变 elastic strain 04.061

[探测器]测点 detecting position [of a detector] 10.210

[探测器的]灵敏体积 sensitive volume [of a detector] 09.027

[探测器的]剩余电流 residual current [of a detector] 09.032

[探测器的]使用寿命 useful life [of a detector] 09.029

[探测器的]最大可接受辐照率 maximum acceptable irradiation rate [of a detector] 09.038

探测器环 detector ring 17.166

探测器效率 detector efficiency 09.026

探测系统 detection system 10.205

探测效率 detection efficiency 09.025

探测效率的归一化 normalization of detection efficiency 17.204

探头 probe，head，detector 17.128

探头屏蔽 probe shield 17.157

探头组块 detector block 17.165

碳-11 carbon-11 08.031

碳-13 carbon-13 08.132

碳-14 carbon-14 08.032

碳-14-氨基比林呼气试验 ^{14}C-aminopyrine breath test 17.407

碳-11 标记方法 [^{11}C] labeling method 08.337

碳-13 标记化合物 carbon-13 labeled compound 08.400

碳氮氧循环 CNO cycle 01.397

碳硅泥岩型铀矿床 carbonate-siliceouspelitic rock type uranium deposit 11.174

碳化硅探测器 silicon carbide detector，SiC detector 09.204

碳化硼 boron carbide 13.106

碳化硼屏蔽组件 boron carbide shield assembly 05.496

碳化铀 uranium carbide 13.063

*碳钾铀矿 carbon potassium uranium 11.027

碳酸盐化 carbonatization 11.147

汤姆孙散射 X 射线源 Thomson scattering X-ray source 06.581

汤森雪崩 Townsend avalanche 09.051

搪瓷制源工艺 enamel radioactive source preparation technology 08.205

逃脱共振吸收概率 resonance escape probability 05.029

逃逸电子 runaway electron 03.122

逃逸峰 escape peak 09.098

陶瓷固化 ceramic solidification 14.291

陶瓷体燃料 ceramic fuel 13.017

陶瓷制源工艺 ceramic radioactive source preparation technology 08.204

特别重大辐射事故 special significant radiation accident 16.273

特定场址地下实验室 specific site underground laboratory 14.346

特定线索 specific clue 10.314

特罗荣比压极限 Troyon β limit 03.173

特色数据库 characteristic literature database，special database 21.339

特色资源 special resource，characteristic resource 21.338

特殊监测 special monitoring 15.085

*特殊检查 special examination 16.059

特殊形式放射性物质 special form radioactive material 15.198

*特性阻抗 intrinsic impedance 20.240

特异性结合 specific binding 17.033

特异性结合率　specific binding rate　17.460

特异性结合试剂　specific binding agent　17.461

特征伽马射线自吸收　self-absorption of specific gamma-ray　10.498

特征射线　characteristic ray　08.172

特征 X 射线　characteristic X ray　18.005

特征时间　characteristic time　08.092

特征提取　feature extraction　09.330

特征线方法　method of characteristic　20.091

特征阻抗　characteristic impedance　06.219

特种可裂变材料　special fissionable materials　10.410

特种同位素分离计划　special isotope separation program　10.416

腾冲铀矿　tengchongite　11.036

[梯恩梯]当量　TNT equivalent　10.059

锑-124-铍中子源　stibium-124-beryllium neutron source　08.249

*提升方式　lifting fashion of pregnant solution　12.085

提升压降　gravitational pressure drop　05.189

体层分辨率均匀性　tomography resolution homogeneity　17.293

体层骨显像　bone tomography imaging　17.364

体层均匀性　tomographic uniformity　17.160

体层空间分辨率　tomographic spatial resolution　17.162

体层显像　tomographic imaging　17.054

体层显像仪　tomographic imaging device　17.125

体点火　volume ignition　03.417

体活化指示剂　body activation indicator　10.228

体积含气率　volumetric flow quality　05.162

体积流量　volumetric flow rate　05.158

体内活化分析　in vivo activation analysis　17.459

[体内]生物分布　[in vivo] biodistribution　08.302

体内稳定性　stability in vivo　17.037

体素　voxel　17.271

体外稳定性　stability in vitro　17.038

体细胞无性系变异　somaclonal variation　18.095

替代电源　alternative power supply　16.310

替代法　substitution method　21.152

替代反应　surrogate reaction　01.381

天然本底　natural background　15.126

天然存在放射性物质　naturally occurring radioactive material，NORM　15.012

天然放射性　natural radioactivity　01.095

天然放射性核素　natural radionuclide　02.058

天然放射性衰变系　decay series of natural radionuclides　02.208

天然放射性同位素　natural radioisotope　08.005

天然放射性元素　natural radioelement　02.057

*天然丰度铀　natural abundance uranium　13.051

*天然辐射本底　natural radiation background　15.126

天然辐射水平　natural radiation level　15.016

天然高分子辐射加工　radiation processing of natural polymer　19.150

天然胶体　natural colloid　02.205

*天然类比研究　nature analogous study　14.357

*天然浓缩铀　natural enriched uranium　13.051

天然屏障　natural barrier　14.339

天然同位素丰度　natural isotope abundance　08.090

*天然同位素丰度化合物　natural isotopic abundance compound　08.391

天然铀　natural uranium　13.051

天然照射　natural exposure　15.054

天体核反应　stellar nuclear reaction　01.384

天体物理 S 因子　astrophysical S-factor　01.390

天线增益　antenna gain　04.212

填充时间　filling time　06.342

填砾　gravel filling　12.061

填砾高度　height of gravel filling　12.062

填砾式钻孔结构　gravel filling well configuration　12.055

*填埋场　very low-level waste landfill site　14.341

鿬　tennessine　02.093

条件概率值　conditional probability value，CPV　16.274

条件致死突变　conditional lethal mutation　18.058

条纹相机　streak camera　06.459

调节棒　regulating rod　05.211

调节棒组件　regulating rod assembly　13.042

*调料　feed conditioning　14.095

同位素记忆效应　isotopic memory effect　08.103

同位素交换　isotope exchange，isotopic exchange　02.034

同位素交换法　isotope exchange　08.435

同位素内标试剂　isotope internal standard reagent　08.409

同位素年代测定　isotope dating　02.296

同位素平衡　isotope equilibrium　08.093

同位素亲和标签技术　isotope coded affinity tag，ICAT　18.160

同位素亲和标签技术　isotope-coded affinity tag technology，ICAT　08.121

同位素全标记化合物　isotope total labeled compound　08.408

*同位素热力学效应　thermodynamic isotope effect　08.099

同位素热源　radioisotope heat source　08.178

同位素生物合成　isotopic biosynthesis　08.119

*同位素生物学效应　biology isotope effect　08.101

同位素示踪技术　isotopic tracer technique　08.010

同位素示踪剂　isotope tracer　08.009

同位素示踪原子　tracer-isotope atom　08.094

同位素稀释　isotope dilution　08.098

同位素稀释分析　isotope dilution analysis，IDA　02.272

同位素稀释质谱法　isotope dilution mass spectrometry　08.104

同位素稀释质谱分析　isotope dilution mass spectrometry，IDMS　18.145

同位素效应　isotopic effect　08.389

同位素载体　isotopic carrier　02.036

同位素诊断技术　isotopic diagnostic technology　08.106

同位素诊断试剂　isotopic diagnostic reagent　08.107

同位素质谱仪　isotope mass spectrometry　18.158

同位素中子源　isotope neutron source　10.581

同位素［组成］改变的化合物　isotopically modified compound　08.392

同位素［组成］未变化合物　isotopically unmodified compound　08.391

同位旋　isospin　01.038

*同位旋多重态　isospin multiplet　01.178

同位旋相似态　isobaric analogy state　01.178

同义突变　synonymous mutation　18.097

同质异能素比　isomer ratio，isomeric ratio　02.209

*同中子素　isotone　02.210

同中子异位素　isotone　02.210

同轴传输线　coaxial transmission line　06.334

同轴谐振腔　coaxial resonant cavity　06.374

同轴型半导体探测器　coaxial semiconductor detector　09.228

*同轴转波导　coaxial to waveguide converter　06.383

铜-64　copper-64　08.042

铜-67　copper-67　08.043

铜铀云母　torbernite　11.020

统计参数图　statistical parameter mapping　17.276

统计模型　statistical model　01.243

统计误差　statistical error　18.151

统计涨落　statistical fluctuation　09.103

桶内固化　in-drum solidification　14.267

桶外固化　out-drum solidification　14.268

头尾不稳定性　headtail instability　06.204

*投砾　gravel filling　12.061

投影　projection　17.265

投影发射度　projected emittance　06.174

投影图像　projected image　17.266

投掷重量　throw weight　10.378

*透镜扫描法　lens scanning method　06.461

透射　transmission　17.267

β透射测厚　β transmission thickness gauging　08.266

透射扫描　transmission scan　17.268

透射式半导体探测器　transmission semiconductor detector　09.218

透射系数　transmission coefficient　02.211

凸轨磁铁　bump magnet　06.302

*凸缘　flange　06.437

突变　mutation　18.096

突变率　mutation rate　18.098

突变频率　mutation frequency　18.099

W

外靶 external target 08.018

外包装 over package 14.315

外部品质因数 external quality factor 06.388

外部事件 external event 16.311

*外部照射 external exposure 15.089

*外范艾伦辐射带 external Van Allen radiation belt 04.022

外辐射带 external earth radiation belt 04.022

外活化法 method of external activation indication analysis 10.231

外活化指示剂 external activation indicator 10.253

外加磁场电沉积法 electro-deposition method under external magnetic field 21.151

外来标记化合物 foreign labeled compound 08.388

外生铀成矿作用 exogenic uranium metallogenesis 11.129

外推电离室 extrapolation ionization chamber 09.134

外阴极计数管 external cathode counter tube 09.160

*外源系统 external neutron generator 10.083

外源信息 exogenic information 10.322

外照射 external exposure 15.089

外照射防护 protection from external exposure 15.092

外照射剂量计算 calculation of external dose 17.114

外中子源系统 external neutron generator 10.083

完全电离等离子体 fully ionized plasma 03.249

完整级联 complete cascade 08.111

网格 grid 20.018

网格尺度 mesh scale 20.043

网格生成 mesh generation 20.042

网格式井型 reticular well pattern 12.075

网格自适应 grid adaptive 20.044

网络出版物 network publication 21.348

网络分析仪 network analyser 07.187

网络数据分析 web data analysis 21.394

网络信息检索 web information retrieval，web information search，information retrieval on the internet 21.384

网络信息资源 network information resource 21.297

网络资源评价 internet resource evaluation 21.347

危害 detriment 15.156

危机稳定性 crisis stability 10.337

危急遮断系统 emergency trip system 05.345

危险度 dangerous degree 18.140

危险约束值 risk constraint 15.070

威尔逊云室 Wilson cloud chamber 09.243

威力 yield 10.058

威胁评估 threat assessment 16.275

微波不稳定性 microwave instability 06.210

微波窗 microwave window 06.378

微波电子枪 RF electron gun 06.265

*微堆 miniature research reactor 05.255

*微堆燃料元件 microreactor fuel element 13.031

微分非线性 differential nonlinearity 09.075

微分截面 differential cross-section 01.292

微分探头 differential sensor 07.160

微观不稳定性 microinstability 03.281

微观截面 microscopic cross section 05.007

微核 micronucleus 15.159

*微弧等离子体氧化 microarc plasma oxidation 03.059

微弧氧化 microarc oxidation 03.059

微剂量学 microdosimetry 21.120

微结构气体探测器 micro-pattern gas detector 09.176

微量分析技术 micro-analytical technique 10.329

微量元素分析 trace element analysis 11.313

微滤 microfiltration 14.240

微区分析 microanalysis 10.331

微扰理论 perturbation theory 20.102

微生物分解 microbial decomposition 08.387

微生物去污 biological decontamination 14.426

微束试验　microbeam test　04.177

微撕裂模　microtearing mode　03.282

微通道板探测器　micro-channel plate detector，MCP detector　09.260

微湍流　microturbulence　03.283

微网气体探测器　micro-mesh gaseous detector　09.177

微型单光子发射计算机断层显像　micro single photon emission computed tomography，micro SPECT　08.310

微型研究堆　miniature research reactor　05.255

微型正电子发射计算机断层显像　micro positron emission computed tomography，micro PET　08.309

微重力　microgravity　18.109

韦伯不稳定性　Weibel instability　03.420

*韦茨巴赫技术　Wilzbach technique　08.434

韦尔箍缩　Ware pinch　03.338

韦斯科普夫单位　Weisskopf unit　01.193

*围岩　surrounding rock　14.339

围岩冲击变质作用　induced shock metamorphic effect on surrounding rock　10.185

*唯象势　phenomenological potential　01.089

唯一性定理　uniqueness theorem　20.224

维德罗加速器　Wideroe accelerator　06.102

维修　maintenance　16.276

维修区　maintenance area　14.168

维修停堆模式　maintenance shutdown mode　05.448

伟晶岩　pegmatite　11.062

伟晶岩型铀矿床　pegmatite type uranium deposit　11.179

*伪火花放电　pseudospark discharge　07.012

*伪火花开关　pseudospark switch　07.074

伪聚变中子　false neutron　03.040

伪影　artifact　17.283

尾场　wakefield　06.230

尾场函数　wake function　06.232

尾场加速　wakefield acceleration　06.027

尾场加速器　wakefield accelerator　06.144

尾场势　wake potential　06.231

尾端　tail-end　14.140

尾矿　tailings　14.208

尾矿渗液　mining tailings leaching solution　14.209

尾矿稳定　stability of tailings　14.260

*尾矿稳定化　stability of tailings　14.260

尾隆不稳定性　bump-in-tail instability　03.209

尾气　off-gas　14.221

*卫星　artificial earth satellite　04.256

卫星表面充电平衡电势　equilibrium potential of satellite surface charging　04.229

卫星表面带电分析　satellite surface charging analysis　04.231

*卫星法拉第笼　Faraday cage structure of satellite　04.104

卫星法拉第筒　Faraday cage structure of satellite　04.104

卫星放电不敏感性试验　satellite discharging insensitivity test　04.222

卫星分系统　subsystem of satellite　04.260

*卫星核　micronucleus　15.159

卫星环境　satellite environment　04.268

卫星内带电　satellite internal charging　04.112

卫星平台　satellite platform　04.258

卫星三维屏蔽分析　3-D radiation shielding analysis for satellite　04.226

卫星设计寿命　design lifetime of satellite　04.261

卫星遥控　satellite command　04.267

卫星总体设计　satellite system design　04.259

未辐照过的直接使用材料　unirradiated direct use materials　10.286

未能紧急停堆的预期瞬态　anticipated transient without scram/trip，ATWS/ATWT　16.277

位移电流　displacement current　20.225

位移损伤　displacement damage　04.085

位置灵敏半导体探测器　position sensitive semiconductor detector　09.199

位置敏感型光电倍增管　position sensitive photomultiplier tube，position sensitive PMT　17.178

胃半排空时间　gastric half-emptying time　17.394

胃肠道蛋白质丢失测定　determination of gastrointestinal protein loss　17.411

胃肠反流指数　enterogastric reflux index，EGRI

17.410

胃排空率　gastric emptying rate　17.395

胃排空试验　gastric emptying study　17.392

胃食管反流显像　gastroesophageal reflux imaging　17.390

胃食管反流指数　gastroesophageal reflux index，GERI　17.391

温备份　warm spare　04.137

*温度猝灭　temperature quench　03.331

温度剖面不变性　temperature profile consistency［stiffness］　03.311

*温度剖面刚性　temperature profile rigidity　03.311

温度系数　temperature coefficient　05.084

温度–应变测量系统　temperature and strain measuring system　05.506

*温 X 射线　warm X ray　04.030

温实验　warm test　14.092

γ 温室　gamma greenhouse　18.064

文件控制　documentation control　16.119

文献　literature，document　21.295

文献标引　document indexing　21.377

文献信息资源　document and information resources　21.296

文献主题　document subject　21.360

*文献资源　literature resources　21.296

纹波　ripple　09.108

纹波模　rippling mode　03.174

*稳定氚　non-labile tritium　08.385

稳定岛　island of stability，stability island　02.103

*稳定度　stability　21.047

稳定同位素　stable isotope　08.088

稳定同位素标记　stable isotope labeling　08.384

稳定同位素标记无机化合物　stable isotope labeled inorganic compound　08.396

稳定同位素标记有机化合物　stable isotope labeled organic compound　08.397

稳定同位素标准物质　stable isotope referencematerial　08.398

稳定同位素定位标记　stable isotopic positioning label　08.413

稳定同位素分析　stable isotope analysis　11.325

稳定同位素探针技术　stable isotope probe technique　08.414

稳定同位素药物　stable isotope medicine　08.105

*β 稳定线　β-stability line　01.021

稳定性　stability　20.051，*stability　21.047

稳谱器　spectrum stabilizer　09.290

稳态运行　steady-state operation　03.327

*稳相加速器　phasotron　06.084

稳压器　pressurizer　05.353

稳压器波动管　surge line of pressurizer　05.354

稳压器电加热元件　electric heater of pressurizer　05.355

稳压器喷淋阀　spray valve of pressurizer　05.356

稳压器先导式安全阀组　pilot type safety valve group of pressurizer　05.357

稳压器泄压箱　relief tank of pressurizer　05.359

稳压器卸压阀　relief valve of pressurizer　05.358

涡流　eddy current　20.226

*我的图书馆　my library　21.319

*污泥　sludge　14.231

污泥辐照处理　sludge irradiation treatment　06.618

*污染　radioactive contamination　14.387

污染地表水净化　purification of contaminated surface water　02.322

*污染土治理　contaminated soil treatment　14.421

污水辐射处理　radiation treatment of waste water　06.616

污水坑泵　sewage pit pump　05.388

钨-188　tungsten-188　08.072

钨-188/铼-188 发生器　tungsten-188/rhenium-188 generator　08.022

无壁电离室　wall-less ionization chamber　09.133

无边缘局域模的高约束模　edge localized mode-free high confinementmode，ELM-free H-mode　03.244

无［放射］源探询　passive interrogation　02.276

无辐射跃迁　nonradiative transition　20.186

无轨道密度泛函理论　orbital-free density functional theory　20.127

无机离子交换剂　inorganic ion exchanger　02.017

无菌　sterility　19.172

无菌保证水平　sterility assurance level，SAL　19.178

无菌检测　test for sterility　19.173

无菌屏障系统　sterile barrier system　19.175

无菌试验　test of sterility　19.174

无看管源　orphan source　10.289

*无科里奥利近似　no-Coriolis approximation　01.074

*无碰撞玻尔兹曼方程　collision-free Boltzmann equation　03.026

无碰撞捕获电子模　collisionless trapped electron mode，CTEM　03.217

无碰撞不稳定性　collisionless instability　03.215

无碰撞漂移不稳定性　collisionless drift instability　03.214

无碰撞撕裂不稳定性　collisionless tearing instability　03.216

无损检测加速器　nondestructive testing accelerator　06.153

无损检验　non-destructive testing，NDT　16.169

无限介质增殖因数　infinite multiplication factor　05.033

无限制开放或使用　unrestricted release or use　12.221

无限制开放使用　un-limited open for use to public　14.377

无盐工艺　salt-free process　14.099

无盐还原剂　salt-free reductant　14.105

无盐调价　valence adjustment by salt-free reagent　14.111

无义突变　nonsense mutation　18.110

无油泵　oil-free pump　06.419

无源伽马射线探测　passive gamma-ray detection　10.456

无源中子探测　passive neutron detection　10.455

无载体分离　carrier-free separation　02.040

无中微子双贝塔衰变　neutrinoless double-β decay，$0\nu\beta\beta$ decay　01.131

武器级钚　weapon-grade plutonium　14.149

物理表征　physical characterization　10.309

物理测试　physical diagnosis　10.195

物理光学　physical optics　20.261

物理模型　physical model　20.010

物理品位　physical grade　10.053

物理去污　physical decontamination　14.400

物理绕射理论　physical theory of diffraction　20.262

物理冗余　physical redundancy　04.133

物理诱变因素　physical mutagen　18.111

物体散射中子　object scattered neutron　10.603

*误差限　limit of error　21.052

X

吸附共沉淀　adsorptive coprecipitation　02.009

吸附-解吸　adsorption-desorption　02.309

吸附尾液转型　resin type transition with raffinate　12.151

吸附滞留　adsorption retaining　14.224

吸能反应　endothermic reaction　01.283

[吸能核反应的]阈能　threshold energy [of an endoergic nuclear reaction]　02.130

吸入相　wash-in phase　17.384

吸收分数　absorbed fraction　17.106

吸收剂量　absorbed dose　15.030

吸收剂量率　absorption dose rate　04.120

吸收体材料　absorber materials　13.099

希[沃特]　sievert，Sv　15.026

硒-75　selenium-75　08.047

硒-75 γ 放射源　selenium-75 γ radioactive source　08.236

硒钡铀矿　guilleminite　11.030

稀流程　dilute process　14.109

稀释迭代法　dilution iterative method　10.278

稀释剂　spiker　10.273

稀释曲线　dilution curve　17.323

稀土元素示踪　rare earth element tracer，REE　18.159

*稀有离子束　rare ion beam　01.271

稀有事故　infrequent accident　16.278

锡-117m　stannum-117m　08.059

锡-113/铟-113m 发生器　stannum-113/indium-113m generator　08.024

𨭎　seaborgium　02.082

*ANC 系数　ANC coefficient　01.184

系统测试　system testing　20.070

系统重构　system reconfiguration　04.142

系统电磁脉冲　system-generated electromagnetic pulse, SGEMP　04.078

系统加固　system radiation hardening　04.123

系统空间分辨率　system spatial resolution　17.292

系统平面灵敏度　system planar sensitivity　17.156

系统容积灵敏度　systematic volumetric sensitivity　17.158

系统误差　systematic error　09.118

系统性故障　systematic failure　21.252

系统性能　system performance　17.150

细胞凋亡显像剂　apoptosis imaging agent　17.023

细胞培养稳定同位素标记技术　stable isotope labeling by amino acid in cell culture　08.120

细晶铌腔　fine grain niobium cavity　06.510

*细菌浸出　bacterial leaching　12.137

下管座　bottom nozzle　05.226

下降时间　fail time　09.069

下截止波导　waveguide below cutoff　04.213

下散射比　down-scatter-ratio，DSR　03.361

下泄回路　discharge circuit　05.373

下游设施　downstream facility　10.420

先导燃料组件　leading fuel assembly　13.038

*先漏后破准则　criteria of leak before break，LBB　16.021

先前申报设施视察　formerly declared facility inspection　10.450

氙-124　xenon-124　08.137

氙-133　xenon-133　08.065

氙振荡　xenon oscillation　05.067

氙中毒　xenon-135 poisoning　05.064

涎腺显像　salivary gland imaging　17.402

显式格式　explicit scheme　20.053

显像　imaging　17.006

显性突变　dominant mutation　18.112

显性知识　explicit knowledge　21.304

险发事件　near miss　16.279

*险兆事件　near miss 16.279

*现场玻璃固化　in-situ vitrification　14.424

现场见证点　on-site witness point　16.117

现场可编程逻辑阵列　field programmable logic array，FPGA　09.309

现场视察　on-site inspection　10.444

现场视察中的地球物理勘测　geophysical survey in on-site　10.463

现场中子活化分析　in-situ neutron activation analysis　02.248

现存照射情况　existing exposure situation　15.058

现役核库存　active nuclear stockpile　10.372

现有库存　existing stock　10.421

限流　flux limitation　03.370

限流电阻　ballast resistor　07.037

限流扩散近似　flux-limited diffusion approximation　20.303

限束光阑　beam diaphragm　06.447

限值　limit　17.083

限制　limit　10.339

限制器　limiter　03.137

sin/cos 线圈　sin/cos coil　07.136

线性共振　linear resonance　06.183

线性化糕模轨道法　linearized muffintin orbital method　20.136

线性率表　linear ratemeter　09.350

线性门　linear gate　09.295

线性探测器　linear detector　09.263

*线性无阈假定　linear non-threshold hypothesis　15.141

线性无阈模型　linear non-threshold model　15.141

线性误差　linearity error　09.117

线源　line source　08.195，17.254

陷落电子　trapped electron　19.026

陷落自由基　trapped radical　19.027

相对比活度　relative specific activity　17.472

相对标准不确定度　relative standard uncertainty　21.026

*相对标准测量不确定度　relative standard measurement uncertainty　21.026

相对测量法　relative measurement method　02.252

相对抽提率　relative extraction ratio　08.113

相对截面　relative cross-section　01.295

相对论电子束　relativistic electron beam，REB　04.033

相对论 $J×B$ 加热　relativistic $J×B$ heating　03.401

相对论修正　relativistic correction　20.155

相对生物利用度　relative bioavailability　17.474

相对生物效能　relative biological effectiveness，RBE　15.154

*相对生物效应　relative biological effectiveness，RBE　15.154

相对生物学效应　relative biological effect　18.113

相对误差　relative error　09.114

相干渡越辐射法　coherent transition radiation method，CTR method　06.454

相干同步辐射　coherent synchrotron radiation　06.249

相干同步辐射法　coherent synchrotron radiation method　06.455

相干长度　coherence length　20.196

相关组件　associated assembly，core component　13.041

相互确保摧毁战略　mutual assured destruction strategy　10.357

相互作用玻色子-费米子模型　interacting boson-fermion model，IBFM　01.247

相互作用玻色子模型　interacting boson model，IBM　01.246

相容性　consistency　20.050，compatibility　21.209

香蕉轨道　banana orbit　03.124

香蕉区　banana regime　03.203

湘江铀矿　xiangjiangite　11.034

镶嵌半导体探测器　mosaic semiconductor detector　09.232

*响应的剂量率依赖性　dose rate dependence of response　21.172

*响应的角度依赖性　angle dependence of response　21.174

*响应的能量依赖性　energy dependence of response　21.173

响应函数　response function　10.488

响应时间　response time　09.085

*响应线　line of response，LOR　17.184

响应阈　response threshold　09.086

向斜　syncline　11.110

*Anger 相机　Anger gamma camera　17.122

相空间　phase space　06.168

相控环　phase control loop　06.410

相比　phase ratio　14.078

相表征　phase characterization　10.308

相场理论　phase field theory　20.148

相速度　phase velocity　06.194

相位测量仪　phase meter　06.480

相位分析　phase analysis　17.326

相位稳定度　phase stability　06.407

象限功率倾斜比　quadrant power tilt ratio　05.060

像差　aberration　06.165

像差函数　aberration function　20.212

像素　pixel　17.270

像素探测器　pixel detector　09.207

像质计　image quality indicator　10.598

消化道出血显像　gastrointestinal bleeding imaging　17.401

*消极控制　negative control　14.429

*消氢器　hydrogen recombiner　16.243

消融阶段　ablation phase　03.435

消色差　achromatic　06.167

销毁　destruction　10.343

小肠通过功能测定　determination of intestinal transit function　17.399

小肠通过时间　intestinal transit time　17.400

小动物单光子发射计算机体层仪　micro single photon emission computed tomography，micro SPECT；animal SPECT　17.230

小动物单光子发射与计算机体层显像仪　micro single photon emission computed tomography/computed tomography，micro SPECT/CT；animal SPECT/CT 17.232

小动物正电子发射体层仪 micro positron emission tomography，micro PET；animal PET 17.229

小动物正电子发射与计算机体层显像仪 micro positron emission tomography and computed tomography，micro PET/CT；animal PET/CT 17.231

*小立体角法 small solid angle method 21.134

小立体角装置 small solid angle device 10.475

小栅板联箱 minor grid plate 05.499

*小事故 serious incident 16.179

效应参数 effect parameter 04.172

协和效应 synergetic effect 04.116

协同萃取 synergistic extraction 12.160

斜场波荡器 tapered undulator 06.296

斜方钛铀矿 orthobrannerite 11.039

*斜硅钙铀矿 β-uranophane 11.014

谐波分量 harmonic component 06.281

谐波腔 harmonic cavity 06.370

谐振腔 resonant cavity 20.227

谐振腔模 resonator mode 20.190

泄漏放射性气体分析 leakage radioactive gas analysis 10.193

泄漏辐射 leakage radiation 21.090

泄漏中子能谱 leakage neutron spectrum 10.479

卸球管 discharging tube 05.549

心肌代谢显像 myocardial metabolism imaging 17.328

心肌灌注显像 myocardial perfusion imaging 17.327

心肌灌注显像剂 myocardial perfusion imaging agent 17.024

心室容积曲线 ventricle-volume curve 17.325

心脏负荷试验 cardiac stress test 17.332

心脏神经受体显像 cardiac neural receptor imaging 17.331

芯块成型烧结 pellet molding 13.126

芯块间隙检查 fuel pellet gap detect 13.156

芯块密度 core density 13.150

芯块氢含量 core hydrogen content 13.149

芯坯 core blank 13.079

芯体与包壳贴紧度 core and cladding tightness 13.143

芯–晕结构 core-corona structure 03.434

锌-62/铜-62 发生器 zincum-62/copper-62 generator 08.027

新经典理论 neoclassical theory 03.288

新经典输运 neoclassical transport 03.289

新经典撕裂模 neoclassical tearing mode 03.175

新设施视察 new facility inspection 10.447

新颖率 novelty ratio 21.383

信号饱和 signal saturation 09.104

信号拾取器 signal pick-up 06.357

信号噪声比 signal to noise ratio，SNR 17.201

信息采集 information acquisition 21.314

信息服务能力 information service ability 21.396

信息工作者 information worker 21.328

信息管理学 information management science 21.293

信息检索 information retrieval 21.381

信息融合 information fusion 21.316

信息冗余 information redundancy 04.134

信息收集 information gathering 21.315

信息挖掘 information mining 21.362

信息主管 chief information officer，CIO 21.329

信息资源 information resource 21.294

信息资源开发 information resource development 21.335

信息资源评价 information resource evaluation 21.336

*信息总监 director of information 21.329

*信噪比 signal to noise ratio，SNR 17.201

行波堆 traveling wave reactor 05.279

行波加速腔 traveling wave accelerating cavity 06.335

行波直线加速器 traveling-wave linac 06.099

行动水平 action level 15.071

形变核 deformed nucleus 01.212

U 形管蒸汽发生器 U-tube steam generator 05.362

D 形盒 Dee 06.415

形状弹性散射 shape-elastic scattering 01.369

形状同质异能素 shape isomer 02.212

形状因子 form factor 10.549

*形阻 shape of resistance 05.191

C 型磁铁 C-shaped magnet 06.307

H 型磁铁　H-shaped magnet　06.306

S 型 Marx 发生器　S type Marx generator　07.027

Z 型 Marx 发生器　Z type Marx generator　07.026

A 型货包　type A package　15.201

B 型货包　type B package　15.202

C 型货包　type C package　15.203

型式试验　type test　21.042

性能评价　performance assessment　16.170

性能指标　performance indicator　16.171

DNA 修复　DNA repair　18.013

SOS 修复　SOS repair　18.065

修复过程　repair process　18.114

修复性维修　corrective maintenance　21.256

*修理　corrective maintenance　21.256

修正因子　correction factor　21.015

溴-76　bromine-76　08.048

溴化镧探测器　lanthanum tribromide detector，LaBr₃ detector　09.189

溴化铊探测器　thallium bromide detector，TlBr detector　09.203

虚[部]势　imaginary [part] potential　01.093

虚警　false alarm　21.267

虚警率　false alarm rate　10.441

虚粒子　virtual particle　20.100

虚阳极　virtual anode　07.098

虚阴极　virtual cathode　07.099

虚阴极振荡器　vircator　07.110

*絮凝沉淀　chemical precipitation　14.230

絮凝剂　flocculant　14.066

玄武岩　basalt　11.078

旋称　signature　01.230

旋称反转　signature inversion　01.231

*旋塞　rotating shield plug　05.488

旋转变换角　rotational transform angle　03.101

旋转屏蔽塞　rotating shield plug　05.488

*旋转坐标系近似　rotating frame approximation　01.074

选址　siting　14.348

削减　reduction　10.341

削裂反应　stripping reaction　01.324

学术影响力　academic influence　21.392

雪崩模型　avalanche model　03.125

雪崩效应　avalanche effect　17.118

雪花偏滤器　snowflake divertor　03.326

雪耙模型　snow-plow model　03.438

血池显像　blood pool imaging　17.050

血池显像剂　blood pool imaging agent　08.307

血管内近距离治疗　intravascular brachytherapy，IVBT　17.441

血浆容量测定　plasma volume determination　17.379

血流显像　blood flow imaging　17.049

血流相　perfusion phase　17.367

*血脑屏障功能显像　blood brain barrier function imaging　17.343

血栓显像　thromb imaging　17.330

血液灌注显像剂　blood perfusion imaging agent　08.306

循环倍率　circulation ratio　05.160

循环泵　circulating pump　05.404

Y

压力安全系统　pressure safety system　05.303

压力管部件　pressure tube component　05.502

压力系数　pressure coefficient　05.085

压力自记仪[钟表式等]　automatic recorder of air shock wave pressure　10.132

压水堆　pressurized water reactor　05.250

压水堆核电厂　pressurized water reactor nuclear power plant，PWR nuclear power plant　05.282

压水堆燃料组件　pressurized water reactor fuel assembly　13.025

压缩 compression 14.245

压缩阿尔芬波 compressional Alfven wave 03.187

压缩减容因子 volume reduction factor of compression 14.247

亚化学计量分析 substoichiometric analysis 02.274

亚化学计量同位素稀释法 substoichiometric isotope dilution analysis，SIDA 18.155

亚化学计量同位素稀释分析 substoichiometric isotope dilution analysis 02.275

*亚垒熔合 sub-barrier fusion 01.357

亚稳态 metastable state 01.177

亚原子粒子 subatomic particle 02.213

氩气吹扫管 argon scavenging tube 05.505

氩气取样管 argon sampling tube 05.504

氩气系统 argon system 05.515

烟羽应急计划区 plume emergency planning zone 15.168

延迟符合窗法 delayed coincidence window method 17.312

*β延迟裂变 β-delayed fission 01.345

延迟衰变 delayed decay 01.123

延迟显像 delayed imaging 17.046

延缓拆除 delay to dismantle，delayed dismantling 14.380

延时 delay time 07.019

延时电路 delay circuit 09.311

延时机 time-delay device 07.181

延时线 time-delay line 07.182

延性断裂 ductile fracture 04.072

严重事故 severe accident 16.280

严重事故导则 severe accident procedure 05.463

严重事故管理 severe accident management 16.281

严重事故管理指南 severe accident management guidelines，SAMG 16.282

岩浆型铀矿床 magmatic type uranium deposit 11.176

岩浆铀成矿作用 magmatic uranium metallogenesis 11.125

岩脉 dike 11.104

*岩墙 dike 11.104

*岩石破坏分区 damage zone of rock and soil in underground explosion 10.134

岩石破坏分区 rock damage zone 10.183

岩体物理场异常 physical field abnormality in rock 10.188

岩土介质破坏分区 damage zone of rock and soil in underground explosion 10.134

岩心高光谱编录 hyperspectral logging of drill core 11.290

炎症显像剂 infection imaging agent 08.305

研究堆 research reactor 05.252

研究试验堆燃料元件 research testing reactor fuel element 13.028

研磨去污 grinding decontamination 14.403

盐灰比 ratio of salt to ash cement 14.270

盐析剂 salting-out agent 14.088

衍射积分 diffraction integral 20.203

衍射极限储存环 diffraction limit storage ring 06.120

验收测试 acceptance testing 20.072

验收质控 acceptance testing 17.253

验收准则 acceptance criterion 16.172

验证 verification 20.006

验证与确认 verification and validation 16.173

赝火花放电 pseudospark discharge 07.012

赝火花开关 pseudospark switch 07.074

阳离子交换树脂 cation exchange resin 12.143

阳性显像 positive imaging 17.055

阳阳离子络合 cation-cation coordination 14.117

氧-15 oxygen-15 08.034

氧-18 oxygen-18 08.134

氧-18标记化合物 oxygen-18 labeled compound 08.402

氧化带 oxidized zone 11.151

氧化钆 gadolinium oxide 13.103

氧化-还原 oxidation-reduction 02.308

氧化-还原界面 redox interface，surface of oxidized-redox 11.156

氧化还原去污 redox decontamination 14.394

氧化物燃料 oxide fuel 13.018

氧化物陷阱电荷 oxide-trapped charge 04.047

tainty 21.050

仪器偏移 instrument bias 21.048

仪器漂移 instrument drift 21.049

仪器中子活化分析 instrumental neutron activation analysis，INAA 02.242

移动剂量 shuffle dose 19.034

移动设备接口 movable equipment interface 16.026

移动[应急]设备 movable [emergency] equipment 16.025

*移框突变 frameshift mutation 18.117

移码突变 frameshift mutation 18.117

移相器 phase shifter 06.343

遗传不育 inherited sterility，IS 18.047

遗传区性品系 genetic sexing strain，GSS 18.059

遗传效应 genetic effect 15.148

以科学为基础的核库存技术保障与管理计划 science based stockpile stewardship and management program 10.408

钇-86 yttrium-86 08.053

钇-90 yttrium-90 08.054

异常环境 abnormal environment 10.028

异常晕 anomaly halo 11.274

*异常运行 abnormal operation 16.285

异常运行规程 abnormal operation procedure 05.449

异常照射 abnormal exposure 15.061

异位胃黏膜显像 ectopic gastric mucosa imaging 17.397

抑制 suppression 18.050

抑制突变 suppressor mutation 18.118

役前检查 pre-service inspection 16.122

易裂变材料 fissile materials 14.011

易裂变核素 fissile nuclide 02.177

易裂变同位素 fissile isotope 05.003

镱-169 ytterbium-169 08.070

镱-176 ytterbium-176 08.146

*S因子 S-factor 01.183

阴极条探测器 cathode strip chamber detector，CSC detector 09.181

阴离子交换树脂 anion exchange resin 12.144

阴性显像 negative imaging 17.056

铟-111 indium-111 08.060

银河宇宙线 galactic cosmic rays 04.018

银铟镉合金 Ag-In-Cd alloy 13.102

*引爆弹 [nuclear device] primary 10.035

引爆控制系统 safety arming fuzing and firing system 10.082

*引控系统 safety arming fuzing and firing system 10.082

引燃管 ignitron 07.078

引入点 point of entry 04.208

引文分析 citation analysis 21.391

引用误差 quoted error 21.053

隐蔽 sheltering 15.180

隐俘获 implicit capture 20.097

隐式格式 implicit scheme 20.054

隐式蒙特卡罗方法 implicit Monte Carlo method 20.305

隐性弱点 latent weakness 16.284

隐性突变 recessive mutation 18.119

隐性知识 tacit knowledge 21.305

荧光 fluorescence 09.040

*X荧光含量仪 X-ray fluorescence analyzer 19.197

荧光屏 fluorescent converter 10.593

荧光屏探测器 fluorescent screen monitor 06.451

*X荧光仪 X-ray fluorescence analyzer 19.197

盈江铀矿 yingjiangite 11.035

萤石化 fluoritization 11.149

营运单位安全责任 safety responsibility of operating organization 16.123

营运单位核安全责任 nuclear safety responsibility of operating organization 16.081

应变 strain 04.073

应急操作规程 emergency operation procedure 16.314

应急柴油发电机系统 emergency diesel generation system 05.349

应急柴油发电机组 emergency diesel generator set 05.405

应急程序 emergency procedure 15.165

应急初始条件 emergency initial condition 16.312

应急待命 emergency standby 16.297

铀分光光度法分析　uranium analysis by spectrophoto-metry　12.194

铀分量化探测量　uranium-partial content geochemical survey　11.270

铀粉末冶金　powder metallurgy of uranium　13.008

铀丰度　abundance of uranium　11.112

铀氟化物　uranium fluoride　13.061

铀氟化物分析　uranium fluoride analysis　12.200

铀负载树脂　uranium loaded resin　12.147

铀钙热还原　calcium reduction of uranium　13.116

铀锆合金　U-Zr alloy　13.066

铀工业储量　uranium industrial reserve　11.194

铀硅化物　uranium silicide　13.062

铀合金　uranium alloy　13.065

铀合金表面处理　surface treatment of uranium alloy　13.120

铀合金热处理　heat treatment of uranium alloy　13.119

铀黑　uranium black　11.006

铀后备储量　uranium backing reserve　11.195

铀化工转化　chemical conversion of uranium　13.005

铀化合物中杂质分析标准物质　impurity element analysis in uranium compound reference material　21.202

铀基础储量　uranium basic reserve　11.191

铀激光荧光法　uranium analysis by laser-induced fluorometry　12.182

铀价态　uranium valence state　11.331

铀碱法浸出　alkaline leaching of uranium　12.129

铀金属挤压　uranium metal rod extrusion　13.127

铀金属压力加工　uranium metal pressure processing　13.118

铀浸出剂　lixiviant reagent for uranium，leaching reagent for uranium　12.124

铀浸出液　uranium pregnant solution　12.125

铀克拉克值　clark value of uranium　11.111

铀矿崩落采矿法　uranium mining by caving method　12.013

*铀矿表内储量　uranium industrial reserve　11.194

铀矿采掘比　production-development ratio of uranium mining　12.003

铀矿采矿强度　uranium mining intension　12.017

铀矿产地　uranium property　11.234

铀矿充填采矿法　uranium mining by backfill　12.011

铀矿储采比　reserve-productivity ratio of uranium mining　12.005

铀矿储量计算　calculation of uranium reserve　11.208

铀矿储量计算方法　calculation method for uranium reserve　11.209

铀矿床　uranium deposit　11.233

铀矿床工业类型　commercial type of uranium deposit　11.159

铀矿床开拓　development of uranium deposit　12.002

铀矿床露天开拓　opencast development of uranium deposit　12.021

铀矿床围岩蚀变　wallrock alteration of uranium deposit　11.138

铀矿地质编图　geological map compilation of uranium deposit　11.238

铀矿地质勘查　geological exploration for uranium　11.199

铀矿地质图　geological map of uranium deposit　11.239

铀矿点　uranium ore site　11.235

铀矿堆浸　heap leaching of uranium　12.133

铀矿赋矿构造　uranium ore bearing structure　11.083

铀矿工个人剂量　personal dose of uranium miner　12.213

铀矿工个人剂量计　personal dosimeter of uranium miner　12.214

铀矿工业指标　economical parameter for delineating U-ore body　11.210

铀矿含矿系数　coefficient of mineralization of uranium deposit　12.004

铀矿化点　uranium mineralized site　11.236

铀矿化集中区　uranium mineralized concentrate district　11.232

铀矿化阶段　stage of uranium mineralization　11.134

铀矿井充填　stope backfilling of uranium mining　12.006

铀矿井通风　underground uranium mine ventilation

铀面密度　uranium areal density　13.141

铀钼合金　U-Mo alloy　13.067

*铀浓缩　uranium enrichment　13.006

铀浓缩物分析　uranium concentrate analysis　12.179

铀迁移　migration of uranium　11.121

铀迁移形式　migration form of uranium　11.122

铀氢锆合金　U-ZrH alloy　13.068

铀溶液光谱分析法　uranium solution analysis by spectrographic method　12.191

铀溶液质谱分析法　uranium solution analysis by mass spectrometric method　12.190

铀石　coffinite　11.007

铀水冶　uranium hydrometallurgy/processing　12.116

铀酸法浸出　acid leaching of uranium　12.128

铀碳化物燃料　uranium carbide fuel　13.019

铀同位素分离　uranium isotope separation　13.006

铀同位素丰度标准物质　uranium isotopic abundance reference material　21.200

铀钍伴生放射性废物　associated uranium-thorium ore mining radioactive waste　14.207

铀钍关联法　method of relevance thorium with uranium ratio　10.279

铀钍混合氧化物　uranium and thorium mixed oxide　13.075

铀钍矿冶废物处理　uranium/thorium ore mining waste treatment　14.258

铀钍石　uranothorite　11.009

铀尾端　tail-end process of uranium　14.141

铀物理冶金　physical metallurgy of uranium　13.117

铀系　uranium series　01.162

铀酰　uranyl　02.111

铀氧化物　uranium oxide　13.057

铀冶金　uranium metallurgy　13.007

铀异常点　uranium anomaly site　11.237

铀有机络合物　uranium organic complex　11.330

铀原矿石　raw uranium ore　12.122

铀源体　uranium source body　11.117

铀源岩　uranium source rock　11.116

铀再循环　uranium recycling　14.016

铀在线分析　online analysis of uranium　12.180

铀转化　uranium conversion　12.173

铀装料　uranium load　10.246

铀资源　uranium resource　11.189

铀资源量　amount uranium resource　11.190

铀资源潜力评价　assessment of uranium resource　11.223

铀资源预测方法　method for assessment of uranium resource　11.222

铀总量　total mass of uranium　13.147

游泳池式研究堆　swimming pool research reactor　05.259

有[放射]源探询　active interrogation　02.277

有害污染物辐照降解　pollutant radiation degradation　18.034

*有机玻璃剂量计　organic glass dosimeter　19.055

*有机废物　organic waste　14.193

有机计数器　organic counter　09.166

有机聚合制源工艺　organic polymerization radioactive source preparation technology　08.222

有机相饱和度　saturation of organic phase　14.075

有机相捕集　organic phase capture　14.115

有机相中铀分析　uranium analysis of organic phase　12.196

有界波电磁脉冲模拟器　guided-wave electromagnetic pulse simulator　04.179

有理磁面　rational magnetic surface　03.102

有限差分法　finite difference method, FDM　20.024

有限核威慑战略　limited deterrence strategy　10.356

有限体积法　finite volume method, FVM　20.026

有限元法　finite element method, FEM　20.025

有限正比区　region of limited proportionality　09.008

有限制开放或使用　restricted release or use　12.222

有限制开放使用　limited open for use to public　14.376

有效半减期　effective half-life　08.276

有效电荷数　effective charge number　03.235

有效缓发中子份额　effective delayed neutron fraction　20.078

有效剂量　effective dose　15.034

*原初核合成　primordial nucleosynthesis　01.391

原地爆破浸出采铀　blasted stope in-situ leaching of uranium mining　12.016

原地浸出采铀　in-situ leaching of uranium mining　12.024

*原级标准　primary standard　21.059

原级测量标准　primary measurement standard　21.059

原生晕　primary halo　11.275

原始数据　raw data　17.222

原型源　prototype source　08.166

原型源分级检验　prototype source scoring test　08.167

*原液泵房　pregnant solution pumping house　12.093

*ALARA 原则　ALARA principle　17.091

*μ 原子　muonic atom　01.059

原子弹　atomic bomb　10.009

原子轨道线性组合方法　linear combination of atomic orbital，LCAO　20.135

原子核　atomic nucleus　01.001

原子核物理［学］　atomic nuclear physics　01.002

原子结构　atomic structure　20.150

原子壳层结构　atomic shell structure　20.156

*原子序数　atomic number　01.007

原子质量　atomic mass　01.008

原子质量单位　atomic mass unit　01.009

圆形加速器　circular accelerator　06.076

圆周剖面分析　circumferential profiles analysis　17.341

圆锥效应　cone effect　01.265

源　source　15.001

源包壳　capsule　08.151

源-表面距离　source-surface distance　21.176

源超盖　source overlap　19.143

源窗　source window　08.150

*源的底衬　source backing　21.099

源底托　base　08.153

源迭代方法　source iteration method　20.307

源区　source region　04.214

源区电磁脉冲　source region electromagnetic pulse，SREMP　04.079

源托　source holder　21.099

源限制　source limited　07.105

源项　source term　16.286

源项调查　source term investigation　14.382

源效率　efficiency of a source　21.163

源芯　source core　08.149

远景铀资源量　uranium prospective resource　11.196

*远距离维修　remote maintenance　14.170

远离 β 稳定线核素　nuclide far from β stability　02.215

远期疗效　long term effect　17.447

约化磁流体力学方程　reduced magnetohydrodynamic equation　03.130

约化衰变宽度　reduced decay width　01.156

约化跃迁概率　reduced transition probability　01.144

约束定标律　confinement scaling law　03.219

约束方法　constraint method　20.117

*约束改善因子　constraint improvement factor　03.261

约束增强因子　improved confinement factor　03.261

*F 跃迁　F transition　01.132

*G-T 跃迁　G-T transition　01.133

*γ 跃迁　γ transition　01.191

跃迁概率　transition probability　01.143

晕电流　halo current　03.177

晕核　halo nucleus　01.251

云室　cloud chamber　09.236

*云团　blob　19.024

云照剂量测量　radioactive cloud dose measurement　10.194

匀质系　homogeneous system　20.118

*允许跃迁　allowed transition，permitted transition　01.138

运输容器　transportation container　14.317

运输巷道　transportation tunnel　14.362

运输指数　transport index　15.215

运行安全管理体系　operational safety management system　05.453

运行安全评估　operational safety review　05.457

运行工况　operating condition　05.436

运行规程　operation procedure　05.446

运行基准地震　operation basis earthquake　16.287

运行技术规格书　operating technical specification　05.456

运行经验反馈　operational experience feedback　16.288

运行人员培训考核与取照　training, assessment and licensing of operating personnel　05.454

运行实用量　operational quantity　15.035

运行限值和条件　operational limits and condition　16.289

运行限制条件　limiting condition for operation　05.451

*运行状态　running state　05.436

运载系统　launch system, carry system　04.253

Z

杂散电感　stray inductance　07.063

杂散电容　stray capacitance　07.064

杂散辐射　stray radiation　21.092

杂质屏蔽　impurity screen　03.262

杂质植入　impurity seeding　03.263

载流子散射　carrier scattering　04.049

*载热剂材料　heat carrier materials　13.108

载体　carrier　02.011

载体共沉淀　carrier coprecipitation　02.038

再沉积　re-deposition　03.316

*再利用　reuse　14.187

再燃耗　reburn-up　10.251

再入段　reentry phase　10.391

再生燃料　regenerated fuel　13.013

再生式热交换器　recuperative heat exchanger　05.376

再生引出　regenerative extraction　06.562

再湿润温度　rewetting temperature　05.152

再循环　recycle　03.315, 14.187

在束谱学　in-beam spectroscopy　02.271

在束 γ 谱学　in-beam γ-spectroscopy　01.217

在线测量　on-line measurement　04.173

在线电解铀钚分离　on-line electrolysis uranium/plutonium separation　14.104

在线煤灰分仪　online coal ash monitor　19.195

在线同位素分离装置　isotope separation on-line facility　06.578

在役检查　inservice inspection　05.429

暂停核试验　moratorium on nuclear testing　10.398

*脏弹　dirty bomb　15.224

早期放射性释放　early radioactive release　16.005

早期故障　infant mortality, early life failure　21.254

早期核辐射　initial nuclear radiation　10.127

早期显像　early imaging　17.051

造钚率　plutonium production rate　10.494

造氚率　tritium production rate　10.489

造山带　orogenic belt　11.087

噪声　noise　09.099, 17.196

噪声等效计数　noise equivalent count, NEC　17.197

噪声等效计数率　noise equivalent count rate　17.198

噪声水平　noise level　17.199

增变基因　mutator gene　18.125

增强器　booster　06.111

增益饱和　gain saturation　20.191

增殖包层　breeding blanket　03.021

增殖区　breeding region　05.207

增殖再生区　breeder zone　05.486

增殖组件　breeder assembly　05.210

闸流管　thyratron　06.404

窄束条件　narrow-beam condition　15.098

*沾污　radioactive contamination　14.387

詹布拉透镜　Zumbro lens　07.141

斩波开关　chopping switch　07.069

斩束器　chopper　06.575

占空因子　duty factor　03.022

占用因数　occupancy factor　15.019

战略核武器　strategic nuclear weapon　10.003

战略情报研究　strategic intelligence analysis　21.385

*战略稳定性　strategic stability　10.336

战术核武器　tactical nuclear weapon　10.004

战术情报研究　tactical intelligence analysis　21.386

张量力　tensor force　01.085

涨落效应　fluctuation effect　20.120

照射　exposure　17.068

照射量　exposure　17.069

照射量-剂量转换系数　exposure to dose conversion coefficient　18.139

照射量率　exposure rate　18.132

照射量率常数　exposure rate constant　17.070

照射情况　exposure situation　15.056

照射途径　exposure pathway　15.117

照射野　field of beam　21.088

照相法　photographic method　21.132

*γ 照相机　Anger gamma camera　17.122

折合裂变产额　mean fission yield　10.237

锗-68　germanium-68　08.046

锗-68/镓-68 发生器　germanium-68/gallium-68 generator　08.023

锗-68 刻度源　germanium-68 graduated source　08.252

锗[锂]探测器　Ge [Li] detector　09.197

锗酸铋　bismuth germanate，BGO　17.168

褶皱　fold　11.108

褶皱带　fold belt　11.088

针孔成像　pinhole imaging　20.098

针孔型准直器　pinhole collimator　17.135

帧　frame　17.306

真符合　true coincidence　17.185

真符合计数　real coincidence counting　17.186

真符合计数率　real coincidence counting rate　17.187

真胶体　real-colloid　02.003

真空阀　vacuum valve　06.429

真空放电　vacuum discharge　07.010

真空盒　vacuum chamber　06.413

真空盒镀膜　vacuum chamber coating　06.441

真空计　vacuum gauge　06.416

真空加热　vacuum heating　03.415

真空开关　vacuum switch　07.066

真空密封　vacuum seal　06.428

真空系统　vacuum system　05.517

真空闸板阀　vacuum gate valve　06.430

真空蒸发制源工艺　vacuum evaporation radioactive source preparation technology　08.209

真实含气率　true quality　05.159

*真值　true value　21.007

甄别器　discriminator　09.297

诊断用放射性药物　diagnostic radiopharmaceutical　08.275

诊断治疗放射性核素对　theragnostic radionuclide pair　08.328

诊断治疗用放射性核素　theragnostic radionuclide　08.327

振荡频率　oscillation frequency　06.044

振荡频数　tune　06.045

振动带　vibrational band　01.224

振动能级　vibrational [energy] level　01.200

*镇流电阻　ballast resistor　07.037

蒸残物　evaporation residue　14.235

*蒸发残渣　evaporation residue　14.235

蒸发粒子　evaporation particle　01.374

蒸发模型　evaporation model　01.377

蒸发浓缩　evaporation and concentration　14.234

蒸发谱　evaporation spectrum　01.375

蒸发铀成矿作用　evaporation uranium metallogenesis　11.130

蒸汽发生器　steam generator　05.360

蒸汽发生器传热管破裂事故　steam generator tube rupture accident　16.290

蒸汽发生器排污系统　steam generator blowdown system　05.341

蒸汽发生器事故保护系统　steam generator accident protection system　05.510

蒸汽发生器卸压系统　steam generator pressure relief system　05.521

蒸汽旁路阀　steam bypass valve　05.392

蒸汽旁路排放系统　steam bypass system　05.344

蒸汽速关阀　fast-closing steam valve　05.394

*蒸汽透平　steam turbine　05.396

指数裕度法　exponential margin method　04.251

指向概率法　next event estimator　20.099

指形电离室　thimble ionization chamber　09.148

制靶技术　targetry　08.016

质量　quality　21.204

质量保证　quality assurance　16.124

质量保证程序　quality assurance procedure，QA procedure　16.125

质量保证大纲　quality assurance program，QA program　16.126

质量保证记录　quality assurance record，QA record　16.127

质量保证模式　model for quality assurance　21.233

质量保证评价　quality assurance evaluation，QA evaluation　16.128

质量保证文件　quality assurance document，QA document　16.129

质量保证要求　quality assurance requirement，QA requirement　16.130

质量策划　quality planning　21.221

质量产额　mass yield　02.217

质量成本　quality-related cost　21.232

质量方针　quality policy　21.219

质量[放射性]活度　mass [radio-] activity　21.105

质量管理　quality management　21.220

质量过剩　mass excess　01.013

*质量含气率　mass vapor content　05.159

质量环　quality loop　21.231

质量计划　quality plan　21.227

质量监督　quality surveillance　21.236

质量减弱系数　mass attenuation coefficient　18.133

质量控制　quality control，QC　17.250

质量亏损　mass defect　01.012

质量流量　mass flow rate　05.157

质量评价　quality evaluation　21.235

质量审核　quality audit　21.237

质量手册　quality manual　21.226

质量守恒方程　mass conservation equation，conservation equation of mass，mass conservation，mass balance equation　20.034

*质量衰减系数　mass absorption coefficient　11.247

质量体系　quality system　21.222

质量吸收系数　mass absorption coefficient　11.247

质量消融率　mass ablation rate　03.436

质量要求　requirement for quality　21.206

质量阻止本领　mass stopping power　04.119

质能吸收系数　mass-energy absorption coefficient　08.171

质因数　quality factor　15.017

质子　proton　01.003

质子储存环　proton storage ring　06.114

质子滴线　proton drip-line　01.023

质子-反质子对撞机　proton-antiproton collider　06.132

质子放射性　proton radioactivity　01.151

质子[俘获]过程　proton [capture] process　01.034

质子激发 X 射线荧光分析　proton-induced X-ray emission，PIXE　02.258

质子加速器　proton accelerator　06.093

质子结合能　proton binding energy　01.018

质子皮　proton skin　01.256

*质子衰变　proton decay　01.151

质子同步加速器　proton synchrotron　06.088

质子晕　proton halo　01.253

质子照相　proton radiography　07.127

质子直线加速器　proton linear accelerator，proton linac　06.105

质子-质子对撞机　proton-proton collider　06.130

质子-质子反应链　proton-proton reaction chain　01.396

治疗反应　therapeutic reaction　17.445

治疗用放射性核素　therapeutic radio-nuclide　08.326

治疗用放射性药物　therapeutic radiopharmaceutical　08.325

致死剂量　lethal dose　17.099

致死突变　lethal mutation　18.126

致突变性　mutagenesis　18.127

*致突变作用　mutagenesis　18.127

智库　think tank　21.389

滞后时间　latency time　09.089

滞留衰变　retaining decay　14.222

滞止阶段　stagnation phase　03.440

置信度　confidence　20.059

置信因子　confidence factor　04.246

中等频率事件　medium frequency accident　05.438

中等深度地质处置库　intermediate depth disposal repository　14.343

中等水平放射性废物　intermediate-level radioactive waste，ILW　14.197

*中放废物　intermediate-level radioactive waste，ILW　14.197

中间地块　median massif　11.089

中间热交换器　intermediate heat exchanger　05.480

中间相　I-phase　03.272

中能核反应　intermediate-energy nuclear reaction　01.268

中能通用准直器　medium energy all-purpose collimator　17.140

中β腔　medium β cavity　06.506

中微子　neutrino　01.064

中微子工厂　neutrino factory　06.137

中心处理厂　central processing plant　12.113

中心点火　central ignition　03.351

中心力　central force　01.078

中心视野　central visual field　17.152

中性地浸采铀　neutral in-situ leaching of uranium mining　12.027

*中性束电流驱动　neutral beam current drive　03.290

*中性束加热　neutral beam heating　03.291

中性束注入电流驱动　neutral beam injection current drive　03.290

中性束注入加热　neutral beam injection heating　03.291

中性突变　neutral mutation　18.128

中、远区　middle，far region　04.215

中值剂量　mid-value dose　19.032

中子　neutron　01.004

中子靶室　target chamber　10.507

中子倍增　neutron multiplication　10.533

中子倍增率　neutron multiplication rate　10.491

中子比释动能　neutron kerma　10.532

中子编码成像　coded source neutron imaging　10.291

中子波长　neutron wavelength　10.510

中子测井　neutron logging　11.265

中子层析成像　neutron tomography　10.578

中子差分成像方法　neutrondifferential imaging method　10.607

中子产额各向异性　neutron yield anisotropy　03.421

中子成像　neutron imaging　10.577

中子成像板　neutron imaging plate　10.596

中子穿透率　neutron penetration rate　10.478

中子代时间　neutron generation time　05.051

中子单粒子效应　neutron induced single event effect　04.075

中子弹　neutron bomb　10.015

中子导管　neutron guide　10.564

中子滴线　neutron drip-line　01.024

中子点火概率　neutron initiation probability　20.108

中子定量成像方法　neutronquantificational imaging method　10.367

中子多晶衍射　neutron powder diffraction　10.539

中子发射率　neutron emission rate　10.531

中子发生器　neutron generator　06.610

中子反射率　neutron reflectivity　10.562

中子反射谱仪　neutron reflectometer　10.554

中子反应截面　neutron reaction cross section　10.500

中子反照率　neutron albedo　21.104

中子飞行时间　neutron time of flight　10.511

中子俘获治疗　neutron capture therapy，NCT　17.439

中子/伽马比　n/γ ratio　10.585

中子光阑　neutron aperture　10.546

中子核数据　neutron nuclear data　05.015

中子活化堆燃料元件　miniature neutron source reactor fuel element　13.031

中子活化分析　neutron activation analysis，NAA　02.240

中子活化分析仪　neutron activation analyzer　19.198

中子剂量当量　neutron dose equivalent　10.512

中子价值　neutron worth　05.095

中子角度谱　angular neutron spectrum　10.480

中子角流量　neutron angular current　05.014

中子角密度　neutron angular density　05.012

中子角通量　neutron angular flux　05.013

中子角注量　angular neutron fluence　10.513

中子结合能　neutron binding energy　01.017

中子扩散方程　neutron diffusion equation　20.083

中子灵敏材料　neutron sensitive materials　09.028

中子流密度　neutron current density　20.076

中子慢化　neutron moderation　05.041

中子密度　neutron density　05.010

中子能群　neutron energy group　10.535

中子皮　neutron skin　01.255

中子平衡　neutron balance　10.515

中子屏蔽　neutron shield　10.514

中子热电偶　neutron thermopile　09.266

中子热化　neutron thermalization　10.534

中子散射　neutron scattering　10.536

中子散射长度　neutron scattering length　10.538

中子散射分析　neutron scattering analysis　02.237

中子射线照相　neutron radiography　10.576

*中子湿度计　neutron moisture meter　19.194

中子实时成像方法　neutron real-time imaging method
　10.389

中子寿命　neutron life time　10.516

中子输出率　neutron output ratio　08.163

中子输运　neutron transport　20.075

中子输运方程　neutron transport equation　20.082

中子束放射治疗　neutron therapy　06.593

中子水分计　neutron water content meter　19.194

1 MeV 中子损伤等效　1 MeV neutron damage equivalence
　04.087

中子探测　neutron detection　10.517

中子探测器　neutron detector　09.252

[中子探测器的]燃耗寿命　burn-up life [of a neutron
　detector]　09.030

中子温度　neutron temperature　10.518

中子吸收层　neutron absorption layer　10.167

中子狭缝　neutron slit　10.559

中子显微成像　neutronmicroscope imaging　10.414

中子相衬成像　neutron phase imaging　10.579

中子小角散射　small angle neutron scattering　10.544

中子学　neutronics　10.466

中子学参数　neutronics parameter　10.467

中子学积分实验　neutronics integral experiment　10.468

中子衍射分析　neutron diffraction analysis　02.238

中子[引起]反应　neutron [induced] reaction　01.286

中子应力扫描　neutron stress scanning　10.540

中子源　neutron source　08.182

241Am-Be 中子源　241Am-Be neutron source　10.505

中子源强度　neutron source strength　21.103

中子源组件　neutron source assembly　13.045

中子晕　neutron halo　01.252

中子噪声　neutron noise　10.519

中子斩波器　neutron chopper　10.558

中子照相对比度　neutron radiographic contrast　10.588

中子照相分辨率　neutron radiographic resolution　10.589

中子照相灵敏度　neutron radiographic sensitivity　10.587

中子照相术　neutron photography　02.239

中子针孔照相　neutron pinhole image　10.200

中子织构分析　neutron texture analysis　10.541

中子周围剂量当量[率]仪　neutron ambient dose equi-
　valent [rate] meter　15.104

中子注量率　neutron fluence rate　05.011

中子自旋翻转器　neutron spin flipper　10.556

中子自旋回波谱仪　neutron spin-echo spectrometer
　10.565

肿瘤本底比值　tumor to normal tissue ratio，T/N　17.302

肿瘤显像剂　tumor imaging agent　17.025

种群密度　population density　18.041

种群压制　population suppression　18.055

仲裁检定　arbitrate verification　21.076

重大辐射事故　significant radiation accident　16.292

重铬酸钾测铀法　uranium analysis by potassium dic-
　hromate titration　12.185

重铬酸盐剂量计　dichromate dosimeter　19.050

重混凝土　heavy concrete　14.174

重离子　heavy-ion　01.046

重离子储存环　heavy-ion storage ring　06.116

重离子对撞机　heavy-ion collider　06.134

重离子放射性　heavy-ion radioactivity　01.153

重离子惯性约束聚变 heavy-ion inertial confinement fusion 06.620

重离子［核］反应 heavy-ion [nuclear] reaction 01.288

重离子加速器 heavy-ion accelerator 06.094

重离子聚变 heavy-ion fusion，HIF 03.364

重离子束 heavy-ion-beam 03.372

重离子同步加速器 heavy-ion synchrotron 06.090

重离子直线加速器 heavy-ion linear accelerator，heavy-ion linac 06.106

重力漂移 gravitational drift 03.126

*重氢 heavy hydrogen 08.130

重水 heavy water 13.110

重水堆换料机 refueling machine of HWR 05.539

重水堆排管容器 calandria vessel for heavy water reactor，calandria vessel for HWR 05.537

重水堆燃料组件 heavy water reactor fuel assembly 13.026

重水堆压力管 pressure tube for HWR 05.538

重水反应堆 heavy water reactor 05.244

*重位压降 gravitational pressure drop 05.189

重相堰 heavy phase weir 14.162

重氧水 heavy oxygen water 08.449

重要量 significant quantity 10.423

重铀酸铵法 ammonium diuranate process，ADU process 13.113

重铀酸盐杂质分析 impurity analysis of diuranate 12.192

重子 baryon 01.056

周围剂量当量 ambient dose equivalent 15.036

周缘嵌合体 periclinal chimera 18.129

啁啾脉冲放大 chirped pulse amplification，CPA 03.352

轴对称模 axisymmetric mode 03.178

轴对称形变 axially-symmetric deformation 01.213

轴封泵 shaft seal pump 05.369

轴向峰因子 axial peaking factor 05.144

轴向偏移 axial offset 05.061

轴向视野 axial field of view 17.212

逐圈测量 turn by turn measurement 06.482

逐束团测量 bunch by bunch measurement 06.473

逐束团反馈 bunch by bunch feedback 06.486

主次量元素分析 major and minor element analysis 11.312

主动段 powered phase 10.390

主动监护 active custody 14.428

主给水管道破裂 main feedwater line break，MFLB 16.211

主管部门 competent authority 16.131

主坑道 main tunnel 10.161

主控制室 main control room 05.290

主冷却剂泵卡轴事故 reactor coolant pump shaft seizure accident 16.294

主冷却剂泵轴断裂事故 reactor coolant pump shaft break accident 16.293

主凝结水系统 main condensate system 05.296

*主汽门 main value 05.394

主容器 main vessel 05.500

主题标引 subject indexing 21.378

*主岩 main barrier 14.339

主要元素表征 major elemental analysis 10.301

主振荡器 master oscillator 06.398

主蒸汽隔离阀 main-steam isolation valve 05.393

主蒸汽管道破裂事故 main steam line break accident，MSLB 16.295

主装药 main charge 10.044

助爆型原子弹 boosted atomic bomb 10.012

注册核安全工程师 registered nuclear safety engineer 16.060

注册核安全工程师制度 registered nuclear safety engineer system 16.132

注浆回填段 grouting backfilling plug 10.172

注入结探测器 implanted junction detector 09.214

*注入井 injection well of in-situ leaching of uranium mining 12.050

注入器 injector 06.109

注液泵房 lixiviant injection pumping house 12.095

*注液井 injection well of in-situ leaching of uranium mining 12.050

注液支管道 branch pipeline for lixiviant injecting 12.100

注液主管道 main pipeline for lixiviant injecting 12.099

注液总管道　trunk pipeline for lixiviant injecting　12.098

驻波比　standing wave ratio，SWR　06.367

驻波加速腔　standing wave accelerating cavity　06.336

驻波直线加速器　standing-wave linac　06.100

驻极体电离室　electret ionization chamber　09.147

专利查新　patent novelty searching　21.398

专设安全设施　engineered safety feature　05.309

专题报告　monographic report，report on a special topic　21.350

专题情报研究　subject intelligence analysis　21.387

专题数据库　subject database　21.340

*专题研究报告　thematic research report　21.350

专项检查　special inspection　16.133

专业分类表　professional classification table　21.368

专业叙词表　subject thesaurus　21.370

专业智库　professional think tank　21.390

*专用分类表　special classification table　21.368

*专用分类系统　special taxonomy　21.368

专用集成电路　application specific integrated circuit，ASIC　09.310

转换　transition　17.115

H-L 转换　H-L transition　03.259

L-H 转换　L-H transition　03.277

转换比　conversion ratio　05.080

*L-H 转换功率阈值　L-H conversion power threshold　03.257

L-H 转换功率阈值定标　L-H transition power threshold scaling　03.278

转换屏　conversion screen　10.592

转换区组件　conversion zone assembly　05.475

转移螯合　transchelation　08.335

转移反应　transfer reaction　01.326

转移阻抗　transfer impedance　04.084

转动带　rotational band　01.223

转动能级　rotational [energy] level　01.199

转晕带　yrast band　01.229

转晕态　yrast state　01.227

转晕线　yrast line　01.228

装备完好率　material readiness time　21.257

装定高度　preset height of fuzing　10.080

装检设备　assembling-checking special equipment　10.030

装料　load　10.245

装卸料提升机　charge-discharge lifting machine　05.492

状态导向应急操作规程　state oriented emergency operational procedure　05.461

状态方程　equation of state　20.037

锥壳靶　cone-in-shell target　03.355

准定位标记　nominal labeling　08.383

准分子激光　excimer laser　20.180

*准钙铀云母　meta-autunite　11.018

*准高斯型　near-Gaussian pulse shaping　09.288

准裂变　quasi-fission　01.348

准球形内爆　quasi-spherical implosion　03.447

*准确度　accuracy　21.017

准确度等级　accuracy class　21.051

*准弹散射　quasi-elastic scattering　01.316

准弹性散射　quasi-elastic scattering　01.316

*准铜铀云母　metatorbernite　11.021

准线性湍流理论　quasi-linear turbulent theory　03.312

准易裂变核素　quasi-fissible nuclide　02.219

准直　alignment　06.442

准直比　L/D ratio　10.586

准直基准　alignment reference　06.443

准直器　collimator　17.132

准中性　quasi-neutrality　03.131

准自由散射　quasi-free scattering　01.382

咨询服务机构　advisory service agency　21.324

资源共建　resource co-construction　21.326

资源共享　resource sharing　21.327

资源数字化　resource digitization　21.345

*μ 子　muon　01.058

子核　daughter nucleus　01.122

μ 子谱学　muon spectroscopy　02.256

子通道模型　subchannel model　05.133

子网格平衡法　sub-cell balance method　20.306

子系统测试　subsystem testing　20.069

自持燃烧　self-sustaining burn　03.023

自持燃烧波　self-sustaining burn wave　03.407

*自持燃烧条件 self-sustaining burning condition 03.002

自持热核燃烧 self-sustaining thermonuclear burn 10.040

自猝灭计数器 self-quenched counter 09.172

*自催化镀 electroless plating 08.208

自动合成装置 automatic synthesis device 08.336

自动稳相原理 principle of phase stability 06.021

自发电沉积 self-electrodeposition 02.026

自发辐射 spontaneous emission 20.184

自发裂变 spontaneous fission 01.343

自发裂变中子源 spontaneous fission neutron source 08.185

^{252}Cf 自发裂变中子源 ^{252}Cf spontaneous fission neutron source 10.504

自发射自放大自由电子激光装置 selfamplified spontaneous emission freeelectron laser, SASE-FEL 06.122

自发衰变 spontaneous decay 01.112

自发突变 spontaneous mutation 18.130

自辐解 self-radiolysis 08.386

自给能中子探测器 self-powered neutron detector 09.257

自击穿 self-breakdown 07.015

自激励控制 self-excitation control 06.408

自加热 self-heating 03.406

自检 self inspection 21.217

自举电流 bootstrap current 03.208

自聚焦 self-focusing 03.405

自扩散 self-diffusion 02.049

自蔓延高温合成 self-propagation high-temperature synthesis 14.295

自洽场方法 self-consistent field 20.154

自然界铀分布 distribution of uranium in nature 11.114

自然界铀价态 valence state of uranium in nature 11.113

自然类比研究 nature analogous study 14.357

自然循环 natural circulation 05.198

自然循环蒸汽发生器 natural circulation steam generator 05.361

自散射 self-scattering 02.051

自适应积分方法 adaptive integral method 20.257

自吸收 self-absorption 02.050

自相摧毁辐射环境 fratricide radiation environment 04.013

自旋轨道耦合力 spin-orbit coupling force 01.072

自旋回波长度 spin echo length 10.567

自旋回波时间 spin echo time 10.566

自由电子激光装置 free-electron laser，FEL 06.121

自由基 free radical 18.131

自由空气电离室 free air ionization chamber 09.130

*自由振荡函数 oscillation function 06.180

综合技术 polytechnics 10.440

综合性检查 integrated inspection 16.134

总电离 total ionization 09.024

总符合计数 total coincidence counting 17.194

总符合计数率 total coincidence counting rate 17.195

总活度 total activity 21.107

*总剂量效应 total ionizing dose effect，TID 04.044

总结合率 total binding rate 17.462

总截面 total cross-section 01.290

γ［总量］测井 ［total-count］γ-ray logging 21.184

总寿命 total life 21.269

总体规程 general procedure 05.452

总体优化 overall optimization 04.127

总线 bus 09.312

总作用时间 total action time 10.196

纵深防御 defence in depth 16.028

纵深防御层次 level of defence in depth 16.029

纵深防御层次的独立性 independence of the level of defence-in-depth 16.030

纵深防御的实体保障 physical security of defence in depth 05.435

纵深防御原则 principle of defence in depth 16.031

*纵向磁场 longitudinal magnetic field 03.067

纵向反馈 longitudinal feedback 06.484

纵向振荡 longitudinal oscillation 06.037

纵向振荡频数 longitudinal tune 06.047

纵向阻抗 longitudinal impedance 06.218

阻抗矩阵 impedance matrix 20.243

阻抗匹配 impedance match 07.052

阻抗稳定网络 line impedance stabilization network，LISN 04.216

阻力塞组件 plug assembly 05.215

阻流塞组件 thimble plug assembly，flow restrictor 13.044

阻尼磁铁 damping magnet 06.308

阻尼碰撞 damped collision 01.329

阻尼时间 damping time 06.246

阻塞效应 blocking effect 02.267

阻性板探测器 RPC detector 09.175

阻止本领 stopping power 18.007

组分离 group separation 14.045

组合源 combined source 08.197

组合作用聚焦 combining function focusing 06.024

组件组装 component assembly 13.131

组态混合 configuration mixing 01.180

组态平均能量 configuration average energy 20.161

组织等效材料 tissue-equivalent materials 15.022

组织等效电离室 tissue-equivalent chamber 15.103

组织等效闪烁探测器 tissue equivalent scintillation detector 09.183

*组织反应 tissue reaction 15.144

组织权重因数 tissue weighting factor 15.040

组织摄取率 tissue uptake rate 17.031

钻孔布置 well layout 12.048

钻孔过滤器 borehole filter 12.053

钻孔结构 well configuration 12.047

钻孔托盘 drilling hole salver 12.070

钻探取样 drill sampling 10.223

最初响应人员 first responder 15.178

最大标准摄取值 maximum standard uptake value，SUV_{max} 17.304

最大剂量深度 depth of maximum dose 21.182

最大可接受剂量 maximum acceptable dose 19.180

最大β能量 maximum beta energy 21.111

最大允许测量误差 maximum permissible measurement error 21.052

*最大允许误差 maximum permissible error 21.052

最低可探测水平 minimum detectable level，MDL 15.109

最低限度核威慑战略 minimum deterrence strategy 10.355

最低有效剂量 minimum effective dose 18.037

最概然电荷 most probable charge 02.220

最高耐受剂量 maximum tolerance dose 18.036

最可几能量 most probable energy 21.115

最劣偏置 the worst-case bias 04.176

最小可探测活度 minimum detectable activity，MDA 15.110

最小势能假说 hypothesis of minimum potential energy 02.221

最终热阱 ultimate heat sink 16.175

www.sciencep.com

（SCPC–20240305–1131）

ISBN 978-7-03-076707-3

9 787030 767073 >

定　价：268.00 元